历代修身处世经典采撷录

本书编写组 编

上册

中共中央党校出版社

图书在版编目（CIP）数据

历代修身处世经典采摭录：全三册 / 本书编写组编
. —— 北京：中共中央党校出版社，2022.7
ISBN 978-7-5035-7333-0

Ⅰ . ①历…　Ⅱ . ①本…　Ⅲ . ①人生哲学 – 中国 – 古代
Ⅳ . ① B821

中国版本图书馆 CIP 数据核字（2022）第 117746 号

历代修身处世经典采摭录

策划统筹	冯　研
责任编辑	齐慧超
责任印制	陈梦楠
责任校对	王明明
出版发行	中共中央党校出版社
地　　址	北京市海淀区长春桥路 6 号
电　　话	（010）68922815（总编室）　（010）68922233（发行部）
传　　真	（010）68922814
经　　销	全国新华书店
印　　刷	中煤（北京）印务有限公司
开　　本	710 毫米 ×1000 毫米　1/16
字　　数	1535 千字
印　　张	124
版　　次	2022 年 7 月第 1 版　2022 年 7 月第 1 次印刷
定　　价	330.00 元（全三册）

微 信 **ID**：中共中央党校出版社　　　　邮　箱：zydxcbs2018@163.com

目 录

卷三　隋唐宋元

卷四　明　朝

卷五　清朝民国

（明）仇英绘《孔子》像

卷一

·先秦

姬昌、孔子《周易》: 被誉为"诸经之首、大道之源"的立身处世圣经

《象》曰：天行健，君子以自强不息。潜龙勿用，阳在下也。见龙再田，德施普也。终日乾乾，反复道也。或跃在渊，进无咎也。飞龙在天，大人造也。亢龙有悔，盈不可久也。用九，天德不可为首也。

"九三曰：'君子终日乾乾，夕惕若厉，无咎。'何谓也？"子曰："君子进德修业，忠信，所以进德也。修辞立其诚，所以居业也。知至至之，可与几也；知终终之，可与存义也。是故居上位而不骄，在下位而不忧。故乾乾因其时而惕，虽危而无咎矣。"

《彖》曰：谦，亨。天道下济而光明，地道卑而上行。天道亏盈而

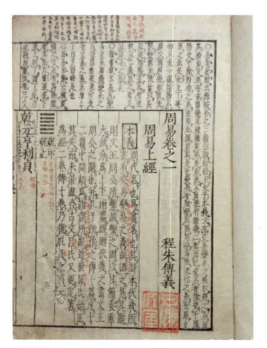

（宋）朱熹、程颐《周易传义》，清康熙三年和刻本

益谦，地道变盈而流谦，鬼神害盈而福谦，人道恶盈而好谦。谦尊而光，卑而不可逾，君子之终也。

《象》曰：地中有山，谦；君子以裒多益寡，称物平施。

初六：谦谦君子，用涉大川，吉。

《象》曰：谦谦君子，卑以自牧也。

九三：劳谦，君子有终吉。

《象》曰：劳谦君子，万民服也。

《象》曰：火在天上，大有。君子以遏恶扬善，顺天休命。

《象》曰：天在山中，大畜。君子以多识前言往行，以畜其德。

《象》曰：泽灭木，大过。君子以独立不惧，遁世无闷。

《象》曰：天下有山，遁。君子以远小人，不恶而严。

《象》曰：山下有雷，颐。君子以慎言语，节饮食。

《象》曰：山上有泽，咸。君子以虚受人。

《象》曰：山下有泽，损。君子以惩忿窒欲。

《象》曰：风雷，益。君子以见善则迁，有过则改。

君子以言有物，而行有恒。

《象》曰：洊雷，震。君子以恐惧修身。

《象》曰：兼山，艮；君子以思不出其位。

《象》曰：小过，小者过而亨也。过以利贞，与时行也。柔得中，是以小事吉也。刚失位而不中，是以不可大事也。有飞鸟之象焉，有飞鸟遗之音。不宜上，宜下，大吉，上逆而下顺也。

《象》曰：山上有雷，小过；君子以行过乎恭，丧过乎哀，用过乎俭。

《象》曰：无妄之药，不可试也。

九五：无妄之疾，勿药有喜。

子曰："小人不耻不仁，不畏不义，不见利不劝，不威不惩，小惩而大诚，此小人之福也。《易》曰：'履校灭趾，无咎。'此之谓也。"

"善不积，不足以成名：恶不积，不足以灭身。小人以小善为无益，而弗为也，以小恶为无伤，而弗去也，故恶积而不可掩，罪大而不可解。《易》曰：'何校灭耳，凶'。"

子曰："危者，安其位者也：亡者，保其存者也：乱者，有其治者也。是故，君子安而不忘危，存而不忘亡，治而不忘乱：是以身安而国家可保也。《易》曰：'其亡其亡，系于苞桑'。"

子曰："德薄而位尊，知小而谋大，力小而任重，鲜不及矣，《易》曰：'鼎折足，覆公餗，其形渥，凶。'不胜其任也。"

子曰："知几其神乎？君子上交不谄，下交不渎，其知几乎，几者动之微，吉之先见者也，君子见几而作，不俟终日。《易》曰：'介于石，不终日，贞吉。'介如石焉，宁用终日，断可识矣，君子知微知

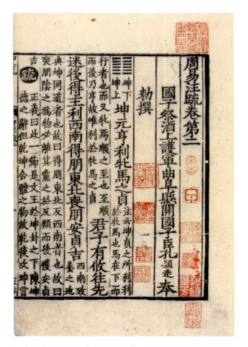

| （唐）孔颖达《周易注疏》，明朝万历年间刻本

彰，知柔知刚，万夫之望。"

"亢"之为言也，知进而不知退，知存而不知亡，知得而不知丧。其唯圣人乎？知进退存亡，而不失其正者，其唯圣人乎？

积善之家，必有余庆；积不善之家，必有余殃。臣弑其君，子弑其父，非一朝一夕之故，其所由来者渐矣，由辩之不早辩也。《易》曰："履霜坚冰至。"盖言顺也。

直其正也，方其义也。君子敬以直内，义以方外，敬义立，而德不孤。"直，方，大，不习无不利"，则不疑其所行也。

《十三经注疏》

解读

《易经》，即《周易》，是我国一部阐述天地万物、宇宙万象变化的古老经典，是蕴涵着朴素而深刻的自然法则、人天和谐相处和辩证思想的哲学典籍。

《易经》包括《连山》《归藏》《周易》三部易书，现存于世的只有《周易》。按照《史记》《汉书》记载，《易经》的作者是周文王姬昌和孔子。姬昌被纣王囚禁于羑里，遂体察天道人伦阴阳消息之理，将伏羲八卦演绎为六十四卦，并作卦爻辞，即"文王拘而演《周易》"；孔子喜"易"，韦编三绝，感叹当下礼崩乐坏，故撰写《易传》十篇。

《易经》被尊为"群经之首""六艺之源"。几千年来，大到治国安邦，小到家务琐事，人们都习惯于到《周易》中去寻找答案。《易经》中蕴含着观察天文地理、研究治国理政的大学问，也包括做人处世的各种规则和千年不变之定理。我们今天耳熟能详的词汇，如"否极泰来""出神入化""群龙无首""革故鼎新""应天顺人""殊途同归""满腹经纶""匪夷所思""触类旁通""见仁见智""数往知来""极深研几""探赜索隐""谦尊而光""改过迁善""履霜坚冰""物以类聚""见机而作""安不忘危""尺蠖之屈""藏器待时""朝乾夕惕""刚柔相济""信及豚鱼""卑以自牧""惩忿窒欲""自强不息""厚德载物"，等等，都出自《易经》。在此，我们选录了《周易》经和传中部分关于做人处世的名言名句，以飨读者。通过这些论断，可以知道古代先贤对如何做圣人、做君子的基本要求，有对其人格标准的要求，也有对其日常言行的要求，更有谆谆告诫，如要谦虚谨慎，要做善事、言之有物、行之有恒，要遵循自然界的规律去观察和处理问题，等等。可以说，《易经》凝结了中国几千年持续沉淀下来的先人们的智慧，是治国理政、做人处世的教科书。

姬旦《戒子》：《易》有一道，谦之谓也

成王封伯禽于鲁，周公诫之曰："往矣，子其无以鲁国骄士。吾，文王之子，武王之弟，成王之叔父也，又相天子。吾于天下亦不轻矣。然一沐三握发，一饭三吐哺，犹恐失天下之士。吾闻，德行宽裕，守之以恭者，荣；土地广大，守之以俭者，安；禄位尊盛，守之以卑者，贵；人众兵强，守之以畏者，胜；聪明睿智，守之以愚者，哲；博闻强记，守之以浅者，智。夫此六者，皆谦德也。夫贵为天子，富有四海，由此德也。不谦而失天下亡其身者，桀、纣是也。可不慎欤！故《易》有一道，大足以守天下，中足以守其国家，小足以守其身，谦之谓也。夫天道亏盈而益谦，地道变盈而流谦，鬼神害盈而福谦，人道恶盈而好谦。是以衣成则必缺衿，宫成则必缺隅，屋成则必加措，示不成者，天道然也。《易》曰：'《谦》，亨，君子有终，吉。'《诗》曰：'汤降不迟，圣敬日跻。'诫之哉！子其无以鲁国骄士也。"

《韩诗外传》

（明）朱天然绘《历代古人像赞·周公》

解读

周公，姬姓名旦，亦称叔旦。周文王姬昌第四子，周武王姬发的弟弟。生卒年不详，大约生活于商末周初，西周开国元勋。因其采邑在周，故称周公。周公是西周初期杰出的政治家、军事家、思想家、教育家，被尊为"元圣"和儒学先驱。

这篇短文，说的是周公儿子伯禽即将赴封国时，他以父亲兼国家执政者身份告诫儿子，怎样治理民众，怎样顺天道人情，以"握发吐哺"形容君王为国礼贤下士，殷切求才；以六种"谦才"强调谦虚谨慎是理天下、成大业的第一要素。在此，周公提出了"恭""俭""卑""畏""愚""浅"六条原则：道德品行宽广博大却又坚持恭谨的人，才会荣耀；土地广阔富饶却又坚持节俭的人，才会安乐；俸禄多、爵位高却坚持谦卑的人，才会尊贵；兵源众多、武器精良却保持戒慎的人，才会获胜；聪明机智却保持愚拙姿态的人，才会受益；

博闻强记却保持浅陋态度的人，才会更加广博。这六种操守，都是谦虚的美德。贵为天子富有四海，品德不谦逊的，国破家亡，桀、纣就是这样的人，后人能不谨慎吗？所以《易经》上说，有一种处世之道，大能保住天下，中能保住封国，小能保住自身，说的就是谦逊。谦，几千年来，做人做官做事，明哲保身，家道昌盛，一条万世不易之法则。

老子《道德经》: 祸兮福之所倚，福兮祸之所伏

持而盈之，不如其已。揣而锐之，不可长保。金玉满堂，莫之能守。富贵而骄，自遗其咎。功成身退，天之道也。

古之善为士者，微妙玄通，深不可识。夫唯不可识，故强为之容。豫兮若冬涉川，犹兮若畏四邻，俨兮其若客，涣兮若冰之将释，敦兮其若朴，旷兮其若谷，混兮其若浊。孰能浊以止，静之徐清？孰能安以久，动之徐生？保此道者，不欲盈。夫唯不盈，故能蔽而新成。

曲则全，枉则直，洼则盈，敝则新，少则得，多则惑。是以圣人抱一，为天下式。不自见故明，不自是故彰，不自伐故有功，不自矜故长。夫唯不争，故天下莫能与之争。古之所谓曲则全者，岂虚言哉！诚全而归之。

宠辱若惊，贵大患若身。何谓宠辱若惊？宠为下，得之若惊，失之若惊，是谓宠辱若惊。何谓贵大患若身？吾所以有大患者，为吾有身，及吾无身，吾有何患！故贵以身为天下，若可寄天下；爱以身为天下，若可托天下。

希言自然。故飘风不终朝，骤雨不终日。孰为此者？天地。天地

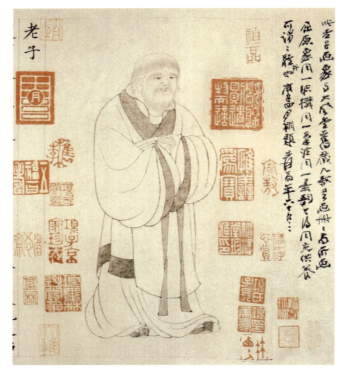

（宋）赵孟頫《老子像》

尚不能久，而况于人乎？故从事于道者，道者同于道，德者同于德，失者同于失。同于道者，道亦乐得之；同于德者，德亦乐得之；同于失者，失亦乐得之。信不足焉，有不信焉。

企者不立，跨者不行，自见者不明，自是者不彰，自伐者无功，自矜者不长。其在道也，曰"余食赘行，物或恶之。"故有道者不处。

曲则全，枉则直，洼则盈，敝则新，少则得，多则惑。是以圣人抱一为天下式。不自见，故明；不自伐，故有功；不自矜，故长。夫唯不争，故天下莫能与之争。古之所谓"曲则全"者，岂虚言哉！诚全而归之。

善行无辙迹，善言无瑕谪，善数不用筹策，善闭无关楗而不可开，善结无绳约而不可解。是以圣人常善救人，故无弃人；常善救物，故无弃物，是谓袭明。故善人者，不善人之师；不善人者，善人之资。不贵其师，不爱其资，虽智大迷，是谓"要妙"。

知其雄，守其雌，为天下谿。为天下谿，常德不离，复归于婴儿。知其白，守其黑，为天下式。为天下式，常德不忒，复归于无极。知其荣，守其辱，为天下谷。为天下谷，常德乃足，复归于朴。朴散则为器，圣人用之，则为官长，故大制不割。

知人者智，自知者明。胜人者有力，自胜者强。知足者富，强行者有志，不失其所者久，死而不亡者寿。

名与身孰亲？身与货孰多？得与亡孰病？是故甚爱必大费，多藏必厚亡。知足不辱，知止不殆，可以长久。

大成若缺，其用不弊。大盈若冲，其用不穷。大直若屈，大巧若

汉画像石《孔子见老子》

拙，大辩若讷。躁胜寒，静胜热。清静为天下正。

天下有道，却走马以粪；天下无道，戎马生于郊。祸莫大于不知足，咎莫大于欲得，故知足之足，常足矣。

为无为，事无事，味无味。大小多少，报怨以德。图难于其易，为大于其细。天下难事，必作于易；天下大事，必作于细。是以圣人终不为大，故能成其大。夫轻诺必寡信，多易必多难。是以圣人犹难之，故终无难矣。

其安易持，其未兆易谋；其脆易泮，其微易散。为之于未有，治之于未乱。合抱之木，生于毫末；九层之台，起于累土；千里之行，始于足下。为者败之，执者失之。是以圣人无为故无败，无执故无失。民之从事，常于几成而败之。慎终如始，则无败事。是以圣人欲不欲，不贵难得之货；学不学，复众人之所过，以辅万物之自然而不敢为。

天下皆谓我道大，似不肖。夫唯大，故似不肖。若肖，久矣其细也夫。我有三宝，持而保之。一曰慈，二曰俭，三曰不敢为天下先。慈，故能勇；俭，故能广；不敢为天下先，故能成器长。今舍慈且勇，舍俭且广，舍后且先，死矣！夫慈，以战则胜，以守则固，天将救之，以慈卫之。

《诸子集成》

解读

《道德经》，为春秋时期老子的哲学作品。

老子（约前571～前471年），姓李名耳，字聃，一字伯阳，楚国苦县厉乡曲仁里人。曾做过周朝"守藏室之官"，是中国伟大的哲学家和思想家。

《道德经》也称《道德真经》《老子》《五千言》《老子五千文》，分上下两篇，以哲学意义之"道德"为纲宗，论述修身、治国、用兵、养生之道，而多以政治为旨归，乃所谓"内圣外王"之学，文意深奥，包涵广博，被誉为万经之王。作为一本哲学经典，本书在为人处世方面的论述非常深刻，也具有非常广泛的实用性和普世价值，不论是为官还是做学问，不论是达官贵人还是平民百姓，都可以从中找到为人处世的至理名言。其中许多经典名句，迄今仍然是鲜活和管用的，如"祸兮，福之所倚；福兮，祸之所伏"，"祸莫大于不知足，咎莫大于欲得"，"富贵而骄，自遗其咎"，"知人者智，自知者明；胜人者有力，自胜者强。知者不言，言者不知"，"夫轻诺必寡信，多易必多难"，"功遂身退，天之道"，"曲则全，枉则直，洼则盈"，"自见者不明，自是者不彰，自伐者无功，自矜者不长"，"天下难事，必作于易；天下大事，必作于细"，"大方无隅，大器晚成，大音希声，大象无形"，"不敢为天下先"，等等。可以说，《道德经》蕴含着千古大智慧，学透此经，受益无穷，做人做事势如破竹。

孔子《论语》：君子小人，不可不辨

子曰："富与贵，是人之所欲也；不以其道得之，不处也。贫与贱，是人之所恶也；不以其道得之，不去也。君子去仁，恶乎成名？君子无终食之间违仁，造次必于是，颠沛必于是。"

子曰："我未见好仁者，恶不仁者。好仁者，无以尚之；恶不仁者，其为仁矣，不使不仁者加乎其身。有能一日用其力于仁矣乎？我未见力不足者。盖有之矣，我未见也。"

子曰："人之过也，各于其党。观过，斯知仁矣。"

子曰："朝闻道，夕死可矣。"

子曰："士志于道，而耻恶衣恶食者，未足与议也。"

子曰："君子之于天下也，无适也，无莫也，义之与比。"

子曰："君子怀德，小人怀土；君子怀刑，小人怀惠。"

子曰："放于利而行，多怨。"

子曰："能以礼让为国乎？何有？不能以礼让为国，如礼何？"

子曰："不患无位，患所以立；不患莫己知，求为可知也。"

子曰："参乎！吾道一以贯之。"曾子曰："唯。"子出，门人问曰："何谓也？"曾子曰："夫子之道，忠恕而已矣。"

子曰："君子喻于义，小人喻于利。"

子曰："见贤思齐焉，见不贤而内自省也。"

子曰："古者言之不出，耻躬之不逮也。"

子曰："以约失之者鲜矣。"

（晋）何晏集解、（宋）邢昺疏《论语注疏解经》，
清光绪丁未贵池刘氏玉海堂影元刻本

子曰："君子欲讷于言而敏于行。"

子曰："德不孤，必有邻。"

子曰："侍于君子有三愆：言未及之而言谓之躁，言及之而不言谓之隐，未见颜色而言谓之瞽。"

子曰："君子有三戒：少之时，血气未定，戒之在色；及其壮也，血气方刚，戒之在斗；及其老也，血气既衰，戒之在得。"

子曰："君子有三畏：畏天命，畏大人，畏圣人之言。小人不知天命而不畏也，狎大人，侮圣人之言。"

子曰："生而知之者上也，学而知之者次也，困而学之又其次也。困而不学，民斯为下矣。"

子曰："君子有九思：视思明，听思聪，色思温，貌思恭，言思忠，事思敬，疑思问，忿思难，见得思义。"

子曰："见善如不及，见不善如探汤。吾见其人矣，吾闻其语矣。隐居以求其志，行义以达其道；吾闻其语矣，未见其人也。"

子曰："君子义以为质，礼以行之，孙以出之，信以成之。君子哉！"

子曰："君子病无能焉，不病人之不己知也。"

子曰："君子疾没世而名不称焉。"

子曰："君子求诸己，小人求诸人。"

子曰："君子矜而不争，群而不党。"

子曰："君子不以言举人，不以人废言。"

子贡问曰："有一言而可以终身行之者乎？"子曰："其恕乎！己所不欲，勿施于人。"

子曰："吾之于人也，谁毁谁誉？如有所誉者，其有所试矣。斯民也，三代之所以直道而行也。"

（明）仇英绘《孔子》像

子曰："吾犹及史之阙文也，有马者借人乘之，今亡矣夫！"

子曰："巧言乱德，小不忍，则乱大谋。"

子曰："众恶之，必察焉；众好之，必察焉。"

子曰："人能弘道，非道弘人。"

子曰："过而不改，是谓过矣。"

子曰："吾尝终日不食、终夜不寝以思，无益，不如学也。"

子曰："君子谋道不谋食。耕也馁在其中矣，学也禄在其中矣。君子忧道不忧贫。"

子曰："知及之，仁不能守之，虽得之，必失之。知及之，仁能守之，不庄以莅之，则民不敬。知及之，仁能守之，庄以莅之，动之不以礼，未善也。"

子曰："君子不可小知而可大受也，小人不可大受而可小知也。"

《十三经注疏》

解读

《论语》成书于春秋战国之际，由孔子的弟子及其再传弟子所记录整理。孔子（前551～前479年），名丘，字仲尼，鲁国陬邑（今山东省曲阜市）人，中国古代伟大的思想家、政治家、教育家，儒家学派创始人，被誉为"大成至圣先师"。

《论语》一书涉及哲学、政治、经济、教育、文艺等诸多方面，内容非常丰富，是儒学最主要的经典。在表达上，《论语》语言精练而形象生动，是语录体散文的典范。在编排上，《论语》没有严格的编纂体例，每一条就是一章，集章为篇，篇、章之间并无紧密联系，只是大致归类，并有重复章节出现。

本文选录的主要是孔子关于如何以"仁"为根基做君子，同时，辨析了如何是君子、如何是小人。《论语》里"君子"共出现108次，"小人"共出现24次，其中19次"君子"和"小人"同时出现。孔子给我们制订了一系列判断君子与小人的标准，从人的心理状态、对待荣辱名利、对人处世等若干方面，孔子提出了一系列准则，如"君子坦荡荡，小人长戚戚"，"君子周而不比，小人比而不周"，"君子和而不同，小人同而不和"，"君子泰而不骄，小人骄而不泰"，"君子怀德，小人怀土；君子怀刑，小人怀惠"，"君子喻于义，小人喻于利"，"君子求诸己，小人求诸人"，"君子不可小知，而可大受也。小人不可大受，而可小知也"，"君子上达，小人下达"，等等。做君子是每个人的追求和

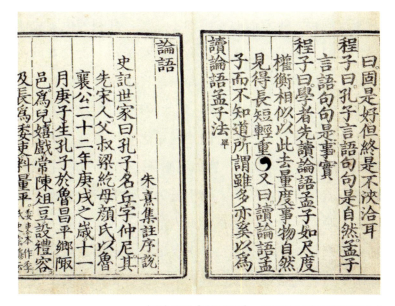

（宋）朱熹《论语集注》，明正统十二年司礼监刻本

向往，那么，孔子的君子标准是什么，如何做？在《论语》中孔子给出了答案。子路问什么叫君子，孔子说了三句话，可以代表君子的三个层次：一是修养自己，保持严肃恭敬的态度；二是修养自己，使周围的人们安乐；三是修养自己，使所有百姓都安乐。修己以安人，就是要通过自身修养的提升，遇到问题从自身找原因，从而理顺人际关系。但孔子紧跟着又说了一句："修养自己使所有百姓都安乐，就连尧舜恐怕也难于做到。"说明修养达到如此境界是相当不容易的。

邓析《邓析子》: 知命知时，心安虑深

死生自命，贫富自时。怨夭折者，不知命也；怨贫贱者，不知时也。故临难不惧，知天命也。贫穷无慑，达时序也。凶饥之岁，父死于室，子死于户，而不相怨者，无所顾也。同舟渡海，中流遇风，救患若一，所忧同也。张罗而畋，唱和不差者，其利等也。故体痛者口不能不呼，心悦者颜不能不笑。责疲者以举千钧，责兀者以及走兔。驱逸足于庭，求援捷于槛。斯逆理而求之，犹倒裳而索领。事有远而亲，近而疏，就而不用，去而反求。凡此四行，明主大忧也。

夫水浊则无掉尾之鱼，政苛则无逸乐之士。故令烦则民诈，政扰则民不定。不治其本而务其末，譬如拯溺锤之以石，救火投之以薪。

夫言荣不若辱，非诚辞也。得不若失，非实谈也。不进则退，不喜则忧，不得则亡，此世人之常，真人危斯，十者而为一矣。所谓大辩者，别天下之行，具天下之物。选善退恶，时措其宜，而功立德至矣。小辩则不然。别言异道，以言相射，以行相伐，使民不知其要。无他故焉，故知浅也。君子并物而措之，兼涂而用之。五味未尝而辨

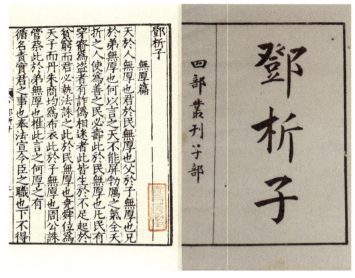

（春秋）邓析《邓析子》，民国涵芬楼四部丛刊

于口，五行在身而布于人。故无方之道不从，面从之义不行，治乱之法不用，恢然宽裕，荡然简易，略而无失，精详入纤微也。

世间悲哀喜乐，嗔怒忧愁，久惑于此。今转之，在己为哀，在他为悲；在己为乐，在他为喜；在己为嗔，在他为怒；在己为愁，在他为忧。在己若扶之与携，谢之与议。故之与古，诺之与己，相去千里也。

夫言之术，与智者言，依于博；与博者言，依于辩；与辩者言，依于安；与贵者言，依于势；与富者言，依于豪；与贫者言，依于利；与勇者言，依于敢；与愚者言，依于说。此言之术也。

不困，在早图；不穷，在早稼。非所宜言，勿言，以避其口；非所宜为，勿为，以避其危；非所宜取，勿取，以避其咎；非所宜争，勿争，以避其声。一声而非，驷马勿追；一言而急，驷马不及。故恶言不出口，苟语不留耳，此谓君子也。

欲之与恶，善之与恶，四者变之失。恭之与俭，敬之与傲，四者失之修。故善素朴任，恢忧而无失。未有修焉，此德之永也。言有信而不为信，言有善而不为善者，不可不察也。

心欲安静，虑欲深远。心安静则神策生，虑深远则计谋成。心不欲躁，虑不欲浅。心躁则精神滑，虑浅则百事倾。

夫人情，发言欲胜，举事欲成。故明者不以其短，疾人之长；不以其拙，疾人之工。言有善者，明而赏之；言有非者，显而罚之。塞邪枉之路，荡淫辞之端。臣下闭口，左右结舌，可谓明君。为善者君与之赏，为恶者君与之罚。因其所以来而报之，循其所以进而答之。圣人因之，故能用之。因之循理，故能长久。今之为君，无尧舜之才，而慕尧舜之治，故终颠殒乎混冥之中，而事不觉于昭明之术。是以虚慕欲治之名，无益乱世之理也。

患生于官成，病始于少瘳，祸生于懈慢，孝衰于妻子。此四者，慎终如始也。富必给贫，壮必给老，快情恣欲，必多侮侮。故曰尊贵无以高人，聪明无以笼人，资给无以先人，刚勇无以胜人。能履行此，可以为天下君。

夫谋莫难于必听，事莫难于必成，成必合于数，听必合于情。故抱薪加火，烁者必先燃；平地注水，湿者必先濡。故曰动之以其类，安有不应者，独行之术也。

明君立法之后，中程者赏，缺绳者诛，此之谓君曰乱君，国曰亡国。

智者察于是非，故善恶有别；明者审于去就，故进退无类。若智不能察是非，明不能审去就，斯谓虚妄。

目贵明，耳贵聪，心贵公。以天下之目视，则无不见；以天下之耳听，则无不闻；以天下之智虑，则无不知。得此三术，则存于不为也。

解读

《邓析子》是春秋时学者邓析所作。邓析子（约前545～前501年），郑国人，郑国大夫，春秋末期思想家，"名辨之学"倡始人。

与当时郑国的执政子产为同时代人。他当时反对子产所铸刑书，就私自编了一部适应新兴地主阶级要求的成文法，把它写在竹简上，叫做"竹刑"，并私家传授法律。对此，《列子·力命篇》有记载说："邓析操两可之说，设无穷之词。子产执政，作竹刑，郑国用之。数难子产之治，子产屈之。子产执而戮之，俄而诛之。"

在本书选录的内容中，邓析辨析了做人如何对待命运、荣辱、进退的问题，核心内容是告诫人们如何通过慎言、安静、不怠而保持自己的聪明和判断能力。特别是在如何与人交流的问题上，他列出了同八种人说话的规则，该说的说，该做的做，该取的取，否则，则危则咎。

慎到《慎子》：利莫长于简，福莫久于安

天道因则大，化则细。因也者，因人之情也。人莫不自为也，化而使之为我，则莫可得而用矣。是故先王见不受禄者不臣，禄不厚者不与人难。人不得其所以自为也，则上不取用焉。故用人之自为，不用人之为我，则莫不可得而用矣。此之谓因。

谚云：不聪不明，不能为王；不瞽不聋，不能为公。海与山争水，海必得之。

有权衡者，不可欺以轻重；有尺寸者，不可差以长短；有法度者，不可巧以诈伪。

离朱之明，察秋毫之末于百步之外；下于水尺，而不能见浅深。非目不明也，其势难睹也。

孔子曰："丘少而好学，晚而闻道，以此博矣。"

饮过度者生水，食过度者生贪。

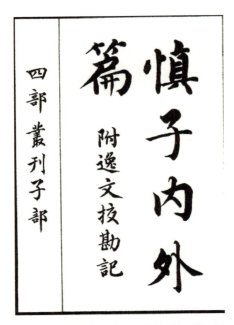

（战国）慎到《慎子》，四部丛刊本，据江阴缪氏艺风堂薄香钞本

一兔走街，百人追之，贪人具存，人莫之非者，以兔为未定分也。积兔满市，过而不顾，非不欲兔也，分定之后，虽鄙不争。

匠人知为门，能以门，所以不知门也。故必杜，然后能门。

劲而害能，则乱也；云能而害无能，则乱也。

匠人成棺，不憎人死，利之所在，忘其丑也。

夫德，精微而不见，聪明而不发，是故外物不累其内。

夫道，所以使贤无奈不肖何也，所以使智无奈愚何也。若此，则谓之道胜矣。道胜，则名不彰。

久处无过之地，则世俗听矣。

两贵不相事，两贱不相使。

家富则疏族聚，家贫则兄弟离，非不相爱，利不足相容也。

昼无事者，夜不梦。

日月为天下眼目，人不知德；山川为天下衣食，人不能感。有勇不以怒，反与怯均也。

古之全大体者，望天地，观江海，因山谷，日月所照，四时所行，云布风动。不以智累心，不以私累己。寄治乱于法术，托是非于赏罚，属轻重于权衡。不逆天理，不伤情性。不吹毛而求小疵，不洗垢而察难知。不引绳之外，不推绳之内。不急法之外，不缓法之内。守成理，因自然。

祸福生乎道法，而不出乎爱恶；荣辱之责在乎己，而不在乎人。故至安之世，法如朝露，纯朴不欺，心无结怨，口无烦言。故车马不弊于远路，旌旗不乱于大泽，万民不失命于寇戎，豪杰不著名于图书，不录功于盘盂，记年之牒空虚。故曰：利莫长于简，福莫久于安。

鹰，善击也，然日击之，则疲而无全翼矣；骥，善驰也，然日驰之，则蹶而无全蹄矣。

能辞万钟之禄于朝陛，不能不拾一金于无人之地；能谨百节之礼于庙宇，不能不弛一容于独居之余。盖人情每狎于所私故也。

不肖者，不自谓不肖也，而不肖见于行，虽自谓贤，人犹谓之不肖也；愚者不自谓愚也，而愚见于言，虽自谓智，人犹谓之愚。

何足以动之？死不足以禁之，害何足以恐之？明于死生之分，达于利害之变。是以目观玉辂、琬象之状，耳听《白雪》《清角》之声，不能以乱其神；登千仞之溪，临猿眩之岸，不足以滑其知。夫如是，身可以杀，生可以无，仁可以成。

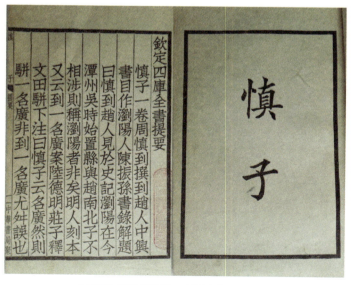

（战国）慎到《慎子》，民国中华书局据守山阁丛书本刊印

鸟飞于空，鱼游于渊，非术也。故为鸟、为鱼者，亦不自知其能飞、能游。苟知之，立心以为之，则必堕、必溺。犹人之足驰手提，耳听目视，当其驰、提、听、视之际，应机自至，又不待思而施之也，苟须思之而后可施之，则疲矣。是以任自然者久，得其常者济。

《守山阁丛书》

解读

慎到（约前390～前315年），赵国人，《史记》说他专攻"黄老之术"。齐宣王、齐泯王时游学稷下，在稷下学宫讲学多年，有不少学生，在当时享有盛名。明慎懋编纂《慎子内外篇》，并辑录慎到传记，大略谓："慎到者，赵之邯郸人也。慎到博识强记，于学无所不究。自孔子之卒，七十子之徒散游列国，或为卿相，或为士大夫，故卜子夏馆于西河，吴起、段干木、慎到之徒受业于其门，及门弟子者甚众。慎到与孟轲同时，皆通五经；轲长于《诗》，慎到长于《易》。"

与慎子的政治思想一脉相承，对待社会和人世，慎子讲究"势"，认为人生首先要认清势，这里的"势"就是客观存在，所以慎子说："尧为匹夫，不能治三人；而桀为天子，能乱天下。"没有权势，尧的圣贤就无法施展，而夏桀纵然暴虐无道，但其一言一行仍能影响天下，就是因为他坐拥至高无上的权势。意思为，人们做事处世就要因势利导，不仅事半功倍，而且可以省力避祸取得成功。

孟轲《孟子》：穷则独善其身，达则兼善天下

孟子曰："君子有三乐，而王天下不与存焉。父母俱存，兄弟无故，一乐也；仰不愧于天，俯不怍于人，二乐也；得天下英才而教育

之，三乐也。君子有三乐，而王天下不与存焉。"

孟子曰："挟太山以超北海，语人曰'我不能'，是诚不能也。为长者折枝，语人曰'我不能'，是不为也，非不能也。故王之不王，非挟太山以超北海之类也；王之不王，是折枝之类也。老吾老，以及人之老；幼吾幼，以及人之幼。天下可运于掌。《诗》云：'刑于寡妻，至于兄弟，以御于家邦。'言举斯心加诸彼而已。"

孟子曰："自暴者，不可与有言也；自弃者，不可与有为也。言非礼义，谓之自暴也；吾身不能居仁由义，谓之自弃也。仁，人之安宅也；义，人之正路也。旷安宅而弗居，舍正路而不由，哀哉！"

孟子曰："居下位而不获于上，民不可得而治也。获于上有道；不信于友，弗获于上矣；信于友有道：事亲弗悦，弗信于友矣；悦亲有道：反身不诚，不悦于亲矣；诚身有道：不明乎善，不诚其身矣。是故诚者，天之道也；思诚者，人之道也。至诚而不动者，未之有也；不诚，未有能动者也。"

孟子曰："道在尔而求诸远，事在易而求之难。"

孟子曰："君子所性，虽大行不加焉，虽穷居不损焉，分定故也。"

孟子曰："鱼，我所欲也，熊掌亦我所欲也。二者不可得兼，舍鱼而取熊掌者也。生，亦我所欲也，义亦我所欲也。二者不可得兼，舍生而取义者也。生亦我所欲，所欲有甚于生者，故不为苟得也；死亦我所恶，所恶有甚于死者，故患有所不辟也。如使人之所欲莫甚于生，则凡可以得生者，何不用也？使人之所恶莫甚于死者，则凡可以辟患者，何不为也？由是则生而有不用也，由是则可以辟患而有不为也，是故所欲有甚于生者，所恶有甚于死者。非独贤者有是心也，人皆有之，贤者能勿丧耳。一箪食，一豆羹，得之则生，弗得则死，呼尔而与之，行道之人弗受；蹴尔而与之，乞人不屑也。万钟则不辩礼义而受之。万钟于我何加焉？为宫室之美、妻妾之奉、所识穷乏者得我与？向为身死而不受，今为宫室之美为之；向为身死而不受，今为妻妾之奉为之；向为身死而不受，今为所识穷乏者得我而为之，是亦不可以已乎？此之谓失其本心。"

孟子曰："君子所以异于人者，以其存心也。君子以仁存心，以礼存心。仁者爱人，有礼者敬人。爱人者，人恒爱之；敬人者，人恒敬之。有人于此，其待我以横逆，则君子必自反也：我必不仁也，必无礼也，此物奚宜至哉？其自反而仁矣，自反而有礼矣，其横逆由是也，君子必自反也，我必不忠。自反而忠矣，其横逆由是也。君子曰：'此亦妄人也已矣。如此，则与禽兽奚择哉？于禽兽又何难焉？'是故君子有终身之忧，无一朝之患也。乃若所忧则有之：舜，人也；我，亦人也。舜为法于天下，可传于后世，我由未免为乡人也，是则可忧也。忧之如何？如舜而已矣。若夫君子所患则亡矣。非仁无为也，非礼无行也。如有一朝之患，则君子不患矣。"

孟子曰："自暴者，不可与有言也；自弃者，不可与有为也。言非礼义，谓之自暴也；吾身不能居仁由义，谓之自弃也。仁，人之安宅也；义，人之正路也。旷安宅而弗居，舍正路而不由，哀哉！"

孟子曰："存乎人者，莫良于眸子。眸子不能掩其恶。胸中正，则眸子瞭焉；胸中不正，则眸子眊焉。听其言也，观其眸子，人焉廋哉？"

孟子曰："有不虞之誉，有求全之毁。"

孟子曰："人之患在好为人师。"

孟子曰："人有不为也，而后可以有为。"

孟子曰："大人者，言不必信，行不必果，惟义所在。"

孟子曰："君子深造之以道，欲其自得之也。自得之，则居之安；居之安，则资之深；资之深，则取之左右逢其原。故君子往其自得之也。"

孟子曰："舜发于畎亩之中，傅说举于版筑之间，胶鬲举于鱼盐之中，管夷吾举于士，孙叔敖举于海，百里奚举于市。故天将降大任于是人也，必先苦其心志，劳其筋骨，饿其体肤，空乏其身，行拂乱其所为，所以动心忍性，曾益其所不能。人恒过，然后能改；困于心，衡于虑，而后作；征于色，发于声，而后喻。入则无法家拂士，出则无敌国外患者，国恒亡。然后知生于忧患而死于安乐也。"

孟子曰："尽信书，则不如无书。吾于《武成》，取二三策而已矣。仁人无敌于天下，以至仁伐至不仁，而何其血之流杵也？"

孟子曰："言近而指远者，善言也；守约而施博者，善道也。君子之言也，不下带而道存焉；君子之守，修其身而天下平。人病舍其田，而耘人之田；所求于人者重，而所以自任者轻。"

孟子曰："天时不如地利，地利不如人和。"

孟子曰："大人者，不失其赤子之心者也。"

孟子曰："君子以仁存心，以礼存心。仁者爱人，有礼者敬人。爱人者人恒爱之，敬人者人恒敬之。"

孟子曰："人之于身也，兼所爱。兼所爱，则兼所养也。无尺寸之肤不爱焉，则无尺寸之肤不养也。所以考其善不善者，岂有他哉？于己取之而已矣。体有贵贱，有小大。无以小害大，无以贱害贵。养其小者为小人，养其大者为大人。今有场师，舍其梧槚，养其樲棘，则为贱场师焉。养其一指而失其肩背，而不知也，则为狼疾人也。饮食之人，则人贱之矣，为其养小以失大也。饮食之人无有失也，则口腹岂适为尺寸之肤哉？"

孟子曰："求则得之，舍则失之，是求有益于得也，求在我者也。

求之有道，得之有命，是求无益于得也，求在外者也。"

孟子曰："万物皆备于我矣。反身而诚，乐莫大焉。强恕而行，求仁莫近焉。"

孟子曰："人不可以无耻。无耻之耻，无耻矣。"

孟子曰："耻之于人大矣。为机变之巧者，无所用耻焉。不耻不若人，何若人有？"

孟子谓宋句践曰："子好游乎？吾语子游。人知之，亦嚣嚣；人不知，亦嚣嚣。"曰："何如斯可以嚣嚣矣？"曰："尊德乐义，则可以嚣嚣矣。故士穷不失义，达不离道。穷不失义，故士得己焉；达不离道，故民不失望焉。古之人，得志，泽加于民；不得志，修身见于世。穷则独善其身，达则兼善天下。"

孟子曰："于不可已而已者，无所不已；于所厚者薄，无所不薄也。其进锐者，其退速。"

孟子曰："天下有道，以道殉身；天下无道，以身殉道。未闻以道殉乎人者也。"

孟子曰："人皆有所不忍，达之于其所忍，仁也；人皆有所不为，达之于其所为，义也。人能充无欲害人之心，而仁不可胜用也；人能充无穿逾之心，而义不可胜用也。人能充无受尔汝之实，无所往而不为义也。士未可以言而言，是以言餂之也；可以言而不言，是以不言餂之也，是皆穿逾之类也。"

孟子曰："言近而指远者，善言也；守约而施博者，善道也。君子之言也，不下带而道存焉。君子之守，修其身而天下平。人病舍其田而芸人之田，所求于人者重，而所以自任者轻。"

孟子曰："说大人，则藐之，勿视其巍巍然。堂高数仞，榱题数尺，我得志弗为也；食前方丈，侍妾数百人，我得志弗为也；般乐饮酒，驱骋田猎，后车千乘，我得志弗为也。在彼者，皆我所不为也；在我者，皆古之制也，吾何畏彼哉？"

孟子曰："养心莫善于寡欲。其为人也寡欲，虽有不存焉者，寡矣；其为人也多欲，虽有存焉者，寡矣。"

《十三经注疏》

解读

孟子（前372～前289年），名轲，战国时期伟大的思想家，儒家的主要代表人物之一。《孟子》有七篇传世：《梁惠王》上下、《公孙丑》上下、《滕文公》上下、《离娄》上下、《万章》上下、《告子》上下、《尽心》上下。其学说出发点为性善论，提出"仁政""王道"，主张德治。南宋时朱熹将《孟子》与《论语》《大学》《中庸》合在一起称"四书"，从此直到清末，"四书"一直是科举必考内容。孟子的文章说理畅达，气势充沛，并长于论辩，逻辑严密，尖锐机智，代表着先秦传统散文写作的高峰。

在《孟子》一书中，孟子不仅一直以帝师自居，告诉梁惠王治国理政的方法，而且对如何做一个君子、大丈夫有着独到精辟的见解。比如孟子说："富贵不能淫，贫贱不能移，威武不能屈，此之谓大丈夫。"意思是大丈夫就是要能经得住富贵的诱惑，能在贫困的时候不动摇，能在武力强权下不屈服，能守住自己的本心。这可谓千古真理，至今仍然具有积极意义。"行有不得者皆反求诸己，其身正而天下归之"，"人之患在好为人师"，是我们做人进行自我批评和自我反省的很好办法，当自己的态度端正了，学会了反省自己、学会了改正错误，天下的事物自然会归向自己。特别是他说的"天将降大任于是人也，必先苦其心志，劳其筋骨，饿其体肤，空乏其身，行拂乱其所为，所以动心忍性，曾益其所不能"，自古及今，孟子的这一名言，鼓励了无数仁人志士在困境中坚持奋发。可以说,《孟子》是春秋战国时代关于如何做君子、如何处世修身,阐述得最清晰和浅显的一本书,在这方面其价值甚至超过《论语》。

王诩《鬼谷子》:谋莫难于周密,说莫难于悉听,事莫难于必成

人言者,动也;己默者,静也。因其言,听其辞。言有不合者,反而求之,其应必出。言有象,事有比,其有象比,以观其次。象者象其事,比者比其辞也。以无形求有声,其钓语合事,得人实也。若张置网而取兽也,多张其会而司之。道合其事,彼自出之,此钓人之网也,常持其网驱之。

其不言无比,乃为之变。以象动之,以报其心,见其情,随而牧之。己反往,彼覆来,言有象比,因而定基。重之袭之,反之覆之,万事不失其辞。圣人所诱愚智,事皆不疑。古善反听者,乃变鬼神以得其情。其变当也,而牧之审也。牧之不审,得情不明;得情不明,定基不审。

变象比,必有反辞,以还听之。欲闻其声反默,欲张反敛,欲高反下,欲取反与。欲开情者,象而比之,以牧其辞,同声相呼,实理同归。

或因此,或因彼,或以事上,或以牧下,此听真伪,知同异,得其情诈也。动作言默,与此出入,喜怒由此以见其式,皆以先定为之法则。以反求覆,观其所托。故用此者,己欲平静以听其辞,察其事,论万物,别雄雌。虽非其事,见微知类。若探人而居其内,量其

能射其意，符应不失，如螣蛇之所指，若羿之引矢。

故知之始己，自知而后知人也。其相知也，若比目之鱼；其见其形也，若光之与影。其察言也不失，若磁石之取针，如舌之取燔骨。其与人也微，其见情也疾。如阴与阳，如阳与阴，如圆与方。未见形，圆以道之；既见形，方以事之。进退左右，以是司之。己不先定，牧人不正。事用不巧，是谓"忘情失道"。己审先定以牧人，策而无形容，莫见其门，是谓"天神"。

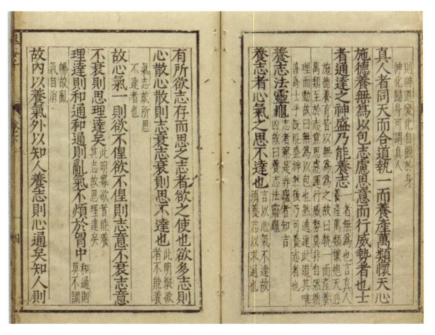

（战国）王诩《鬼谷子》，明正统年间木刻本

古之善摩者，如操钩而临深渊，饵而投之，必得鱼焉。故曰：主事日成而人不知，主兵日胜而人不畏也。圣人谋之于阴，故曰神；成之于阳，故曰明。所谓主事日成者，积德也，而民安之不知其所以利，积善也而民道之不知其所以然，而天下比之神明也。主兵日胜者，常战

于不争不费，而民不知所以服，不知所以畏，而天下比之神明。

其摩者，有以平，有以正，有以喜，有以怒，有以名，有以行，有以廉，有以信，有以利，有以卑。平者，静也；正者，宜也；喜者，悦也；怒者，动也；名者，发也；行者，成也；廉者，洁也；信者，期也；利者，求也；卑者，谄也。故圣人所以独用者，众人皆有之。然无成功者，其用之非也。

故谋莫难于周密，说莫难于悉听，事莫难于必成，此三者唯圣人然后能任之。故谋必欲周密，必择其所与通者说也，故曰或结而无隙也。夫事成必合于数，故曰：道、数与时相偶者也。说者听必合于情，故曰情合者听。故物归类，抱薪趋火，燥者先燃；平地注水，湿者先濡。此物类相应，于势譬犹是也。此言内符之应外摩也如是，故曰摩之以其类焉，有不相应者，乃摩之以其欲，焉有不听者？故曰：独行之道。夫几者不晚，成而不拘，久而化成。

故口者，机关也，所以关闭情意也；耳目者，心之佐助也，所以窥瞷见奸邪。故曰：参调而应，利道而动。故繁言而不乱，翱翔而不迷，变易而不危者，睹要得理。故无目者，不可示以五色；无耳者，不可告以五音。故不可以往者，无所开之也；不可以来者，无所受之也。物有不通者，圣人故不事也。古人有言曰："口可以食，不可以言。"言者，有讳忌也。众口铄金，言有曲故也。

人之情，出言则欲听，举事则欲成。是故智者不用其所短，而用愚人之所长，不用其所拙，而用愚人之所工，故不困也。言其有利者，从其所长也；言其有害者，避其所短也。故介虫之捍也，必以坚厚；螫虫之动也，必以毒螫。故禽兽知用其所长，而谈者知用其所用也。

故曰辞言五：曰病、曰怨、曰忧、曰怒、曰喜。病者，感衰气而不神也；怨者，肠绝而无主也；忧者，闭塞而不泄也；怒者，妄动而不治也；喜者，宣散而无要也。此五者，精则用之，利则行之。故与智者言依于博，与拙者言依于辩，与辩者言依于要，与贵者言依于势，与富者言依于高，与贫者言依于利，与贱者言依于谦，与勇者言依于敢，与过者言依于锐，此其术也。而人常反之。

是故，与智者言，将此以明之；与不智者言，将此以教之，而甚难为也。故言多类，事多变。故终日言，不失其类而事不乱，终日不变而不失其主，故智贵不妄。听贵聪，智贵明，辞贵奇。

夫仁人轻货，不可诱以利，可使出费；勇士轻难，不可惧以患，可使据危；智者达于数，明于理，不可欺以不诚，可示以道理，可使立功，是三才也。故愚者易蔽也，不肖者易惧也，贪者易诱也，是因事而裁之。故为强者积于弱也，为直者积于曲也，有余者积于不足也，此其道术行也。

《平津馆丛书》

解读

《鬼谷子》一书，由战国时著名谋略家、纵横家鬼谷子所著。鬼谷子，王氏，名诩，别名禅，战国时代传奇人物。他大致生活在春秋末年战国初年，曾任楚国宰相，身怀旷世绝学，智慧卓绝，精通百家学问，是纵横家的鼻祖。因隐居在云梦山鬼谷，故自称鬼谷先生。

《鬼谷子》全书共分上、中、下三卷，共十七篇。此书博大精深，充溢着权谋策略的智慧，饱含着言谈辩论的技巧，蕴含着中国古代文化的一个划时代的思想凝聚。可以说，与《老子》一样，《鬼谷子》讲的是谋略学，是成功学，更是人生哲学，如书中提出的"知之始己，自知而后知人也"，"小人谋身，君子谋国，大丈夫谋天下"，"口可以食，不可以言"，"智者不用其所短，而用愚人之所长；不用其所拙，而用愚人之所巧，故不困也"，诸如此类，都是教人如何谋事成事，如何

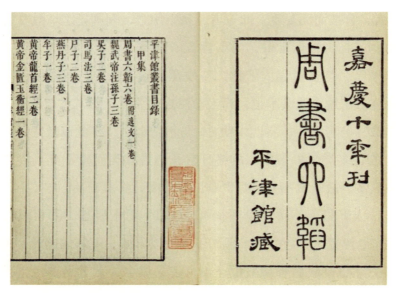

| （清）孙星衍《平津馆丛书》，清嘉庆间兰陵孙氏刻

明哲保身，如何区分真相假象，如何在复杂的环境中辨别真伪，如何反败为胜，等等，虽然充满着计谋和诡秘，但其中的辩证思维对我们观察世界万物、分辨世间真伪是有借鉴价值的。

吕不韦《吕氏春秋》: 小忠为大忠之贼，小利为大利之残

今世之人，惑者多以性养物，则不知轻重也。不知轻重，则重者为轻，轻者为重矣。若此，则每动无不败。以此为君，悖；以此为臣，乱；以此为子，狂。三者国有一焉，无幸必亡。

今有声于此，耳听之必慊，已听之则使人聋，必弗听；有色于此，目视之必慊，已视之则使人盲，必弗视；有味于此，口食之必慊，已

食之则使人瘤，必弗食。是故圣人之于声色滋味也，利于性则取之，害于性则舍之，此全性之道也。世之贵富者，其于声色滋味也，多惑者。日夜求，幸而得之则遁焉。遁焉，性恶得不伤？

万人操弓，共射其一招，招无不中；万物章章，以害一生，生无不伤。以便一生，生无不长。故圣人之制万物也，以全其天也。天全，则神和矣，目明矣，耳聪矣，鼻臭矣，口敏矣，三百六十节皆通利矣。若此人者，不言而信，不谋而当，不虑而得，精通乎天地，神覆乎宇宙，其于物无不受也，无不裹也，若天地然。上为天子而不骄，下为匹夫而不惛。此之谓全德之人。

贵富而不知道，适足以为患，不如贫贱。贫贱之致物也难，虽欲过之，奚由？出则以车，入则以辇，务以自佚，命之曰"招蹷之机"；肥肉厚酒，务以自强，命之曰"烂肠之食"；靡曼皓齿，郑卫之音，务以自乐，命之曰"伐性之斧"。三患者，贵富之所致也。故古之人有不肯贵富者矣，由重生故也；非夸以名也，为其实也。则此论之不可不察也。

倕，至巧也。人不爱倕之指，而爱己之指，有之利故也。人不爱昆山之玉、江汉之珠，而爱己之一苍璧小玑，有之利故也。今吾生之为我有，而利我亦大矣。论其贵贱，爵为天子，不足以比焉；论其轻重，富有天下，不可以易之；论其安危，一曙失之，终身不复得。此三者，有道者之所慎也。有慎之而反害之者，不达乎性命之情也。不达乎性命之情，慎之何益？是师者之爱子也，不免乎枕之以糠；是聋者之养婴儿也，方雷而窥之于堂。有殊弗知慎者？夫弗知慎者，是死生存亡可不可未始有别也。

未始有别者，其所谓是未尝是，其所谓非未尝非。是其所谓非，非其所谓是，此之谓大惑。若此人者，天之所祸也。以此治身，必死必殃；以此治国，必残必亡。夫死殃残亡，非自至也，惑召之也。寿长

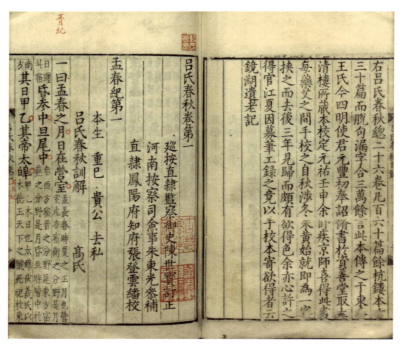

（战国）吕不韦《吕氏春秋》，明万历张登云刊本

至常亦然。故有道者不察所召，而察其召之者，则其至不可禁矣。此论不可不熟。

使乌获疾引牛尾，尾绝力勯，而牛不可行，逆也。使五尺竖子引其棬，而牛恣所以之，顺也。世之人主贵人，无贤不肖，莫不欲长生久视，而日逆其生，欲之何益？凡生之长也，顺之也；使生不顺者，欲也。故圣人必先适欲。

室大则多阴，台高则多阳；多阴则蹶，多阳则痿。此阴阳不适之患也。是故先王不处大室，不为高台，味不众珍，衣不燀热。燀热则理塞，理塞则气不达；味众珍则胃充，胃充则中大鞔，中大鞔而气不达。以此长生可得乎？昔先圣王之为苑囿园池也，足以观望劳形而已矣；其为宫室台榭也，足以辟燥湿而已矣；其为舆马衣裘也，足以逸身暖骸而已矣；其为饮食酏醴也，足以适味充虚而已矣；其为声色音乐也，足以安性自娱而已矣。五者，圣王之所以养性也，非好俭而恶费也，节乎性也。

由其道，功名之不可得逃，犹表之与影，若呼之与响。善钓者，出鱼乎十仞之下，饵香也；善弋者，下鸟乎百仞之上，弓良也；善为君者，蛮夷反舌、殊俗异习皆服之，德厚也。水泉深则鱼鳖归之，树木盛则飞鸟归之，庶草茂则禽兽归之，人主贤则豪杰归之。故圣王不务归之者，而务其所以归。

强令之笑不乐，强令之哭不悲，强令之为道也，可以成小，而不可以成大。

缶醯黄，蚋聚之，有酸，徒水则必不可；以狸致鼠，以冰致蝇，虽工，不能。以茹鱼去蝇，蝇愈至，不可禁，以致之之道去之也。

利不可两，忠不可兼。不去小利，则大利不得；不去小忠，则大忠不至。故小利，大利之残也；小忠，大忠之贼也。圣人去小取大。昔荆龚王与晋厉公战于鄢陵，荆师败，龚王伤。临战，司马子反渴而求饮，竖阳谷操黍酒而进之，子反叱曰："訾，退！酒也。"竖阳谷对曰："非酒也。"子反曰："亟退却也！"竖阳谷又曰："非酒也。"子反受而饮之。子反之为人也嗜酒，甘而不能绝于口，以醉。战既罢，龚王欲复战而谋，使召司马子反，子反辞以心疾。龚王驾而往视之，入幄中，闻酒臭而还，曰："今日之战，不谷亲伤，所恃者司马也，而司马又若此，是忘荆国之社稷，而不恤吾众也。不谷无与复战矣。"于是罢师去之，斩司马子反以为戮。故竖阳谷之进酒也，非以醉子反也，其心以忠也，而适足以杀之。故曰：小忠，大忠之贼也。

昔者晋献公使荀息假道于虞以伐虢。荀息曰："请以垂棘之璧与屈产之乘，以赂虞公，而求假道焉，必可得也。"献公曰："夫垂棘之璧，吾先君之宝也；屈产之乘，寡人之骏也。若受吾币而不吾假道，将奈何？"荀息曰："不然。彼若不吾假道，必不吾受也；若受我而假我道，是犹取之内府而藏之外府也，犹取之内皂而著之外皂也。君奚患焉？"献公许之。乃使荀息以屈产之乘为庭实，而加以垂棘之璧，以假道于虞而伐虢。虞公滥于宝与马而欲许之，宫之奇谏曰："不可许也。虞之与虢也，若车之有辅也，车依辅，辅亦依车。虞虢之势是也。先人有言曰：'唇竭而齿寒。'夫虢之不亡也，恃虞；虞之不亡也，亦恃虢也。若假之道，则虢朝亡而虞夕从之矣。奈何其假之道也？"虞公弗听，而假之道。荀息伐虢，克之。还反伐虞，又克之。荀息操璧牵马而报。献公喜曰："璧则犹是也，马齿亦薄长矣。"故曰：小利，大利之残也。

中山之国有厹繇者，智伯欲攻之而无道也，为铸大钟，方车二轨以遗之。厹繇之君将斩岸堙溪以迎钟。赤章蔓枝谏曰："《诗》云：'唯则定国。'我胡以得是于智伯？夫智伯之为人也，贪而无信，必欲攻我而无道也，故为大钟，方车二轨以遗君。君因斩岸堙溪以迎钟，师必随之。"弗听，有顷谏之。君曰："大国为欢，而子逆之，不祥。子释之。"赤章蔓枝曰："为人臣不忠贞，罪也。忠贞不用，远身可也。"断毂而行，至卫七日而厹繇亡。欲钟之心胜也。欲钟之心胜，则安厹繇之说塞矣。凡听说所胜不可不审也。

凡论人心，观事传，不可不熟，不可不深。天为高矣，而日月星辰云气雨露未尝休也；地为大矣，而水泉草木毛羽裸鳞未尝息也。凡居于天地之间、六合之内者，其务为相安利也，夫为相害危者，不可胜数。人事皆然。事随心，心随欲。欲无度者，其心无度。心无度者，则其所为不可知矣。人之心隐匿难见，渊深难测。故圣人于事志焉。圣人之所以过人以先知，先知必审征表。无征表而欲先知，尧、舜与众人同等。征虽易，表虽难，圣人则不可以飘矣。众人则无道至焉。无道至则以为神，以为幸。非神非幸，其数不得不然。邯成子、吴起近之矣。

行不可不孰。不孰，如赴深溪，虽悔无及。君子计行虑义，小人计行其利，乃不利。有知不利之利者，则可与言理矣。

昌国君将五国之兵以攻齐。齐使触子将，以迎天下之兵于济上。齐王欲战，使人赴触子，耻而訾之曰："不战，必刬若类，掘若垄！"触子苦之，欲齐军之败，于是以天下兵战，战合，击金而却之。卒北，天下兵乘之。触子因以一乘去，莫知其所，不闻其声。达子又帅其馀卒以军于秦周，无以赏，使人请金于齐王。齐王怒曰："若残竖子之类，恶能给若金？"与燕人战，大败，达子死，齐王走莒。燕人逐北入国，相与争金于美唐甚多。此贪于小利以失大利者也。

处大官者，不欲小察，不欲小智。故曰：大匠不斫，大庖不豆，大勇不斗，大兵不寇。

子华子曰："全生为上，亏生次之，死次之，迫生为下。"故所谓尊生者，全生之谓。所谓全生者，六欲皆得其宜也；所谓亏生者，六欲分得其宜也。亏生则于其尊之者薄矣。其亏弥甚者也，其尊弥薄。所谓死者，无有所以知，复其未生也。所谓迫生者，六欲莫得其宜也，皆获其所甚恶者。服是也，辱是也。辱莫大于不义，故不义，迫生也。而迫生非独不义也，故曰迫生不若死。奚以知其然也？耳闻所恶，不若无闻；目见所恶，不若无见。故雷则掩耳，电则掩目，此其比也。凡六欲者，皆知其所甚恶，而必不得免，不若无有所以知。无有所以知者，死之谓也，故迫生不若死。嗜肉者，非腐鼠之谓也；嗜酒者，非败酒之谓也；尊生者，非迫生之谓也。

天生人而使有贪有欲。欲有情，情有节。圣人修节以止欲，故不

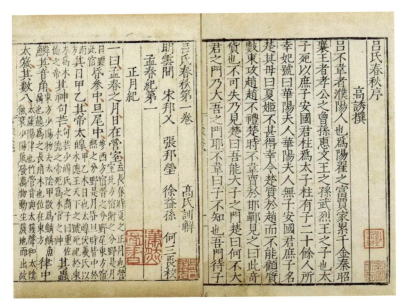

（战国）吕不韦《吕氏春秋》，明宋邦义等刻本

过行其情也。故耳之欲五声，目之欲五色，口之欲五味，情也。此三者，贵贱、愚智、贤不肖欲之若一，虽神农、黄帝，其与桀、纣同。圣人之所以异者，得其情也。由贵生动，则得其情矣；不由贵生动，则失其情矣。此二者，死生存亡之本也。俗主亏情，故每动为亡败。耳不可赡，目不可厌，口不可满；身尽府种，筋骨沉滞，血脉壅塞，九窍寥寥，曲失其宜，虽有彭祖，犹不能为也。其于物也，不可得之为欲，不可足之为求，大失生本。民人怨谤，又树大雠；意气易动，跷然不固；矜势好智，胸中欺诈；德义之缓，邪利之急。身以困穷，虽后悔之，尚将奚及？巧佞之近，端直之远，国家大危，悔前之过，犹不可反。闻言而惊，不得所由。百病怒起，乱难时至。以此君人，为身大忧。耳不乐声，目不乐色，口不甘味，与死无择。

古人得道者，生以寿长，声色滋味能久乐之，奚故？论早定也。论早定则知早啬，知早啬则精不竭。秋早寒则冬必暖矣，春多雨则夏必旱矣。天地不能两，而况于人类乎？人之与天地也同。万物之形虽异，其情一体也。故古之治身与天下者，必法天地也。尊，酌者众则速尽，万物之酌大贵之生者众矣，故大贵之生常速尽。非徒万物酌之也，又损其生以资天下之人，而终不自知。功虽成乎外，而生亏乎内。耳不可以听，目不可以视，口不可以食，胸中大扰，妄言想见，临死之上，颠倒惊惧，不知所为。用心如此，岂不悲哉？世人之事君者，皆以孙叔敖之遇荆庄王为幸。自有道者论之则不然，此荆国之幸。荆庄王好周游田猎，驰骋弋射，欢乐无遗，尽傅其境内之劳与诸侯之忧于孙叔敖。孙叔敖日夜不息，不得以便生为故，故使庄王功迹著乎竹帛，传乎后世。

凡论人，通则观其所礼，贵则观其所进，富则观其所养，听则观其所行，止则观其所好，习则观其所言，穷则观其所不受，贱则观其所不为。喜之以验其守，乐之以验其僻，怒之以验其节，惧之以验其特，哀之以验其人，苦之以验其志。八观六验，此贤主之所以论人也。论人者，又必以六戚四隐。何谓六戚？父、母、兄、弟、妻、子。何为四隐？交友、故旧、邑里、门郭。内则用六戚四隐，外则用八观六验，人之情伪、贪鄙、美恶无所失矣。譬之若逃雨污，无之而非是。此先圣王之所以知人也。

善说者若巧士，因人之力以自为力，因其来而与来，因其往而与往，不设形象，与生与长，而言之与响，与盛与衰，以之所归。力虽多，材虽劲，以制其命。顺风而呼，声不加疾也；际高而望，目不加明也。所因便也。

智者之举事必因时，时不可必成，其人事则不广。成亦可，不成亦可，以其所能托其所不能，若舟之与车。

大智不形，大器晚成，大音希声。禹之决江水也，民聚瓦砾。事已成，功已立，为万世利。禹之所见者远也，而民莫之知。故民不可与虑化举始，而可以乐成功。

孔子穷乎陈、蔡之间，藜羹不斟，七日不尝粒。昼寝。颜回索米，得而爨之，几熟，孔子望见颜回攫其甑中而食之。选间，食熟，谒孔子而进食。孔子佯为不见之。孔子起曰："今者梦见先君，食洁而后馈。"颜回对曰："不可。向者煤炱入甑中，弃食不祥，回攫而饭之。"孔子叹曰："所信者目也，而目犹不可信；所恃者心也，而心犹不足恃。弟子记之：知人固不易矣。"故知非难也，孔子之所以知人难也。

不知而自以为知，百祸之宗也。

欲胜人者必先自胜，欲论人者必先自论，欲知人者必先自知。

事之难易，不在大小，务在知时。

闻而审，则为福矣；闻而不审，不若无闻矣。

敬时爱日，非老不休，非疾不息，非死不舍。

圣人不能为时，而能以事适时。事适于时者其功大。

天不再与，时不久留，能不两工，事在当之。

全则必缺，极则必反，盈则必亏。

君子之自行也，敬人而不必见敬，爱人而不必见爱。敬爱人者，己也；见敬爱者，人也。君子必在己者，不必在人者也。必在己，无不遇矣。

为善使人不能得从，此独善也；为巧使人不能得为，此独巧也；未尽善巧之理。为善与众行之，为巧与众能之，此善之善者，巧之巧者也。故所贵圣人之治，不贵其独治，贵其能与众共治也；所贵工倕之巧，不贵其独巧，贵其能与众共巧也。今世之人，行欲独贤，事欲独能，辨欲出群，勇欲绝众。独行之贤，不足以成化；独能之事，不足以周务；出群之辨，不可为户说；绝众之勇，不可与征陈。凡此四者，乱之所由生。是以圣人任道以夷其险，立法以理其差。使贤愚不相弃，能鄙不相遗。能鄙不相遗，则能鄙齐功；贤愚不相弃，则贤愚等虑。此至治之术也。

夫游而不见敬，不恭也；居而不见爱，不仁也；言而不见用，不信也；求而不能得，无媒也；谋而不见喜，无理也；计而不见从，遗道也。因势而发誉，则行等而名殊；人齐而得时，则力敌而功倍。其所以然者，乘势之在外。

《诸子集成》

解读

《吕氏春秋》是战国末期秦国丞相吕不韦集合门客编纂的一部杂家名著。吕不韦（？～前235年），姜姓，吕氏，名不韦，卫国濮阳（今河南省安阳市滑县）人，因扶植秦庄襄王即位，被拜为相国，封文信侯，食邑河南洛阳十万户。庄襄王去世后，迎立太子嬴政即位，拜为相邦，尊称"仲父"，权倾天下。后受到嫪毐集团叛乱牵连，罢相归国，全家流放蜀郡，途中饮鸩自尽。

由吕不韦主持编写的《吕氏春秋》也名《吕览》，据说最早成书于秦始皇统一六国之前。全书分为十二纪、八览、六论。十二纪按照月令编写，文章内容按照春生、夏长、秋收、冬藏的自然变化逻辑排列，属于应和天时的人世安排，体现了道家天道自然与社会治理的吻合。八览以人为中心，基本上属于察览人情之作，围绕人的价值观念、人际关系、个人修养展开。六论以人的行为以及事理为主题，包含了人的行为尺度、处事准则、情境条件等方面。

本书因著述详实，涉猎广泛，对后世影响深远。虽然立意是为了治国理政，是为了吕不韦执政提供咨询和借鉴，但其中关于做人处世的阐述，可以说是集先秦之大成，内容相当丰富，既是一本"资治通鉴"类的政治著作，也是一本为人处世的"蒙养"类励志图书。其中许多关于社会、历史、人生的观点，有一定的借鉴作用，如"太上反诸己，其次求诸人"，"事之难易，不在小大，务在知时"，"善学者，假人之长以补其短"，"察己则可以知人，察今则可以知古"，"以绳墨取木，则宫室不成矣。流水不腐，户枢不蠹，动也"，"智可以微谋，仁可以托财"，等等，至今依然是智慧良言。书中提出的"六戚四隐""八观六验"的识人方法，迄今也不失其价值。

尸佼《尸子》：志动不忘仁，智用不忘义，力事不忘忠，口言不忘信

学不倦，所以治己也；教不厌，所以治人也。夫茧，舍而不治，则腐蠹而弃；使女工缫之，以为美锦，大君服而朝之。身者，茧也，舍而不治则知行腐蠹，使贤者教之，以为世士，则天下诸侯莫敢不敬。是故子路，卞之野人；子贡，卫之贾人；颜涿聚，盗也；颛孙师，驵也，孔子教之，皆为显士。夫学，譬之犹砺也，昆吾之金，而铢父之锡，使干越之工，铸之以为剑，而弗加砥砺，则以刺不入，以击不断。磨之以砻砺，加之以黄砥，则其刺也无前，其击也无下。自是观之，砺之与弗砺其相去远矣。

今人皆知砺其剑，而弗知砺其身。夫学，身之砺砥也。夫子曰："车唯恐地之不坚也，舟唯恐水之不深也。"有其器则以人之难为易，夫道以人之难为易也。是故，曾子曰："父母爱之，喜而不忘；父母恶之，惧而无咎。"然则爱与恶，其于成孝无择也。史鳅曰："君亲而近之，至敬以逊；貌而疏之，敬无怨。"然则亲与疏，其于成忠无择也。

（清）陈春《湖海楼丛书》，清嘉庆萧山陈氏湖海楼刻本

孔子曰："自娱于塈括之中，直己而不直人，以善废而不邑邑，蘧伯玉之行也。"然则兴与废，其于成善无择也。屈侯附曰："贤者易知也，观其富之所分，达之所进，穷之所不取。"然则穷与达，其于成贤无择也。是故，爱恶、亲疏、废兴、穷达皆可以成义，有其器也。

桓公之举管仲，穆公之举百里，比其德也。此所以国甚僻小，身至秽污，而为政于天下也。今非比志意也而比容貌，非比德行也而论爵列，亦可以却敌服远矣。农夫比粟，商贾比财，烈士比义。是故监门、逆旅、农夫、陶人皆得与焉。爵列，私贵也；德行，公贵也。奚以知其然也？司城子罕遇乘封人而下，其仆曰："乘封人也，奚为下之？"子罕曰："古之所谓良人者，良其行也；贵人者，贵其心也。今天爵而人，良其行而贵其心，吾敢弗敬乎？"以是观之，古之所谓贵非爵列也，所谓良非先故也。人君贵于一国而不达于天下，天子贵于一世而不达于后世，惟德行与天地相弊也。爵列者，德行之舍也，其所息也。《诗》曰："蔽芾甘棠，勿翦勿败，召伯所憩。"仁者之所息，人不敢败也。天子诸侯，人之所以贵也，桀、纣处之则贱矣。是故曰"爵列非贵"也。今天下贵爵列而贱德行，是贵甘堂而贱召伯也，亦反矣。夫德义也者，视之弗见，听之弗闻，天地以正，万物以遍，无爵而贵，不禄而尊也。

目之所美，心以为不义，弗敢视也；口之所甘，心以为不义，弗敢食也；耳之所乐，心以为不义，弗敢听也；身之所安，心以为不义，弗敢服也。

祸之始也，易除，其除之；不可者，避之。及其成也，欲除之不可，欲避之不可。治于神者，其事少而功多。干霄之木，始若蘖足，易去也；及其成达也，百人用斧斤，弗能偾也。燎火始起，易息也；及其焚云梦、孟诸，虽以天下之役，抒江汉之水，弗能救也。夫祸之始也，犹燎火蘖足也，易止也。及其措于大事，虽孔子、墨翟之贤，弗能救也。屋焚而人救之，则知德之；年老者使涂隙戒突，终身无失火之患，而不知德也。

鹿驰走无顾，六马不能望其尘，所以及者，顾也。土积成岳，则梗楠豫章生焉；水积成川，则吞舟之鱼生焉。夫学之积也，亦有所生也。未有不因学而鉴道，不假学而光身者也。

行有四仪，一曰志动不忘仁，二曰智用不忘义，三曰力事不忘忠，四曰口言不忘信。慎守四仪，以终其身，名功之从之也，犹形之有影，声之有响也。是故志不忘仁，则中能宽裕；智不忘义，则行有文理；力不忘忠，则动无废功；口不忘信，则言若符节。若中宽裕而行文理，动有功而言可信也，虽古之有厚功大名，见于四海之外，知于万世之后者，其行身也，无以加于此矣。

恕者，以身为度者也。己所不欲，毋加诸人。恶诸人，则去诸己；

欲诸人，则求诸己。此恕也。农夫之耨，去害苗者也；贤者之治，去害义者也。虑之无益于义而虑之，此心之秽也；道之无益于义而道之，此言之秽也；为之无益于义而为之，此行之秽也。虑中义则智为上，言中义则言为师，事中义则行为法。射不善而欲教人，人不学也；行不修而欲谈人，人不听也。夫骥惟伯乐独知之，不害其为良马也。行亦然，惟贤者独知之，不害其为善士也。

有虞氏盛德，见人有善，如己有善；见人有过，如己有过。

因井中视星，所视不过数星；自丘上以视，则见其始出，又见其入。非明益也，势使然也。夫私心，井中也；公心，丘上也。故智载于私，则所知少；载于公，则所知多矣。

子夏曰："君子渐于饥寒而志不僻，鋍于五兵而辞不慑，临大事不忘昔席之言。"

《湖海楼丛书》

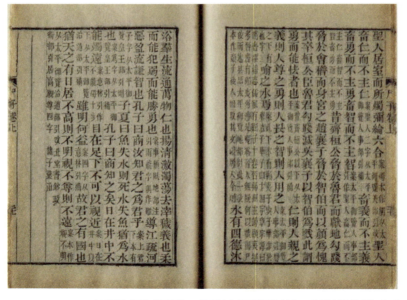

（战国）尸佼《尸子》，清嘉庆年间孙星衍刻本，《平津馆丛书》本

解读

《尸子》一书，由战国人尸佼所著。关于尸佼的生平，历史记载比较紊乱，按照裴骃《集解》曰："刘向《别录》曰：楚有尸子，疑谓其在蜀。今按《尸子》书，晋人也，名佼，秦相卫鞅客也。卫鞅商君谋事画计，立法理民，未尝不与佼规之也。商君被刑，佼恐并诛，乃亡逃入蜀。自为造此二十篇书，凡六万余言。卒，因葬蜀。"可以看出，此人生活在春秋晚期，参与了商鞅变法，商鞅变法失败后出逃蜀国。所以，有学者形容他"是一度闪烁思想光芒的彗星，是先秦思想史上的失踪者"。今天通过残存下来的《尸子》一书，可以窥探到他深刻而具有实践性的治国理政思想，而且他的思想深度不亚于韩非子、荀子等大家。

《尸子》一书主要是针对君主和大臣如何做一个称职、有作为的政治家而写的，而书中涉及为人处世的内容也非常丰富。如在"劝学"篇里，他强调只有通过学习才能成材，"学譬之犹砺"，指出了学习和教育的重要性；关于穷与达，认为人之所以尊贵不是由于爵位和财富，而是道德品行，指出"德义也者，视之弗见，听之弗闻，天地以正，万物以遍，无爵而贵，不禄而尊也"。《尸子》还提出了评价一个人的四项法则，即行有四仪："一曰志动不忘仁，二曰智用不忘义，三曰力事不忘忠，四曰口言不忘信。"同时，本书有不少儒家的修身做人的思想，如关于仁义道德，关于仁恕诚信，都有一定的针对性。

荀况《荀子》：君子位尊而志恭，心小而道大

见善，修然必以自存也；见不善，愀然必以自省也。善在身，介

然必以自好也；不善在身，菑然必以自恶也。故非我而当者，吾师也；是我而当者，吾友也；谄谀我者，吾贼也。故君子隆师而亲友，以致恶其贼。好善无厌，受谏而能诫，虽欲无进，得乎哉！小人反是，致乱而恶人之非己也，致不肖而欲人之贤己也，心如虎狼、行如禽兽而又恶人之贼己也。谄谀者亲，谏争者疏，修正为笑，至忠为贼，虽欲无灭亡，得乎哉！《诗》曰："噏噏呰呰，亦孔之哀。谋之其臧，则具是违；谋之不臧，则具是依。"此之谓也。

（战国）荀子像

扁善之度，以治气养生则后彭祖，以修身自名则配尧、禹。宜于时通，利以处穷，礼信是也。凡用血气、志意、知虑，由礼则治通，不由礼则勃乱提僈；食饮、衣服、居处、动静，由礼则和节，不由礼则触陷生疾；容貌、态度、进退、趋行，由礼则雅，不由礼则夷固僻违，庸众而野。故人无礼则不生，事无礼则不成，国家无礼则不宁。《诗》曰："礼仪卒度，笑语卒获。"此之谓也。

以善先人者谓之教，以善和人者谓之顺；以不善先人者谓之谄，以不善和人者谓之谀。是是、非非谓之知，非是、是非谓之愚。伤良曰谗，害良曰贼。是谓是，非谓非曰直。窃货曰盗，匿行曰诈，易言曰诞，趣舍无定谓之无常，保利弃义谓之至贼。多闻曰博，少闻曰浅；多见曰闲，少见曰陋；难进曰偍，易忘曰漏；少而理曰治，多而乱曰耗。

治气养心之术：血气刚强，则柔之以调和；知虑渐深，则一之以易良；勇胆猛戾，则辅之以道顺；齐给便利，则节之以动止；狭隘褊小，则廓之以广大；卑湿、重迟、贪利，则抗之以高志；庸众驽散，则刦之以师友；怠慢僄弃，则炤之以祸灾；愚款端悫，则合之以礼乐，通之以思索。凡治气养心之术，莫径由礼，莫要得师，莫神一好。夫是之谓治气养心之术也。

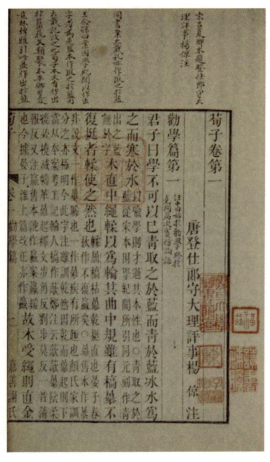

（战国）荀况撰、（唐）杨倞注、（清）谢墉校补《荀子二十卷校勘》，清乾隆五十一年嘉善谢氏安雅堂刻本（佚名批校）

志意修则骄富贵，道义重则轻王公，内省而外物轻矣。《传》曰："君子役物，小人役于物。"此之谓矣。身劳而心安，为之；利少而义多，为之。事乱君而通，不如事穷君而顺焉。故良农不为水旱不耕，良贾不为折阅不市，士君子不为贫穷怠乎道。

体恭敬而心忠信，术礼义而情爱人，横行天下，虽困四夷，人莫不贵。劳苦之事则争先，饶乐之事则能让，端悫诚信，拘守而详，横行天下，虽困四夷，人莫不任。体倨固而心执诈，术顺墨而精杂污，横行天下，虽达四方，人莫不贱。劳苦之事则偷儒转脱，饶乐之事则佞兑而不曲，辟违而不憖，程役而不录，横行天下，虽达四方，人莫不弃。

行而供冀，非渍淖也；行而俯项，非击戾也；偶视而先俯，非恐惧也。然夫士欲独修其身，不以得罪于比俗之人也。

夫骥一日而千里，驽马十驾则亦及之矣。将以穷无穷，逐无极与？其折骨绝筋，终身不可以相及也。将有所止之，则千里虽远，亦或迟或速、或先或后，胡为乎其不可以相及也？不识步道者，将以穷无穷、逐无极与？意亦有所止之与？夫"坚白""同异""有厚无厚"之察，非不察也，然而君子不辩，止之也。倚魁之行，非不难也，然而君子不行，止之也。故学曰："迟彼止而待我，我行而就之，则亦或迟或速、或先或后，胡为乎其不可以同至也？"故跬步而不休，跛鳖千里；累土而不辍，丘山崇成。厌其源，开其渎，江河可竭；一进一退，一左一右，六骥不致。彼人之才性之相县也，岂若跛鳖之与六骥足哉？然而跛鳖致之，六骥不致，是无它故焉，或为之，或不为尔。道虽迩，不行不至；事虽小，不为不成。其为人也多暇日者，其出入不远矣。

好法而行，士也；笃志而体，君子也；齐明而不竭，圣人也。人无法，则伥伥然；有法而无志其义，则渠渠然；依乎法而又深其类，然后温温然。

礼者所以正身也，师者所以正礼也。无礼何以正身？无师，吾安知礼之为是也？礼然而然，则是情安礼也；师云而云，则是知若师也。情安礼，知若师，则是圣人也。故非礼，是无法也；非师，是无师也。不是师法而好自用，譬之是犹以盲辨色，以聋辨声也，舍乱妄无为也。故学也者，礼法也。夫师，以身为正仪而贵自安者也。《诗》云："不识不知，顺帝之则。"此之谓也。

端悫顺弟，则可谓善少者矣；加好学逊敏焉，则有钧无上，可以为

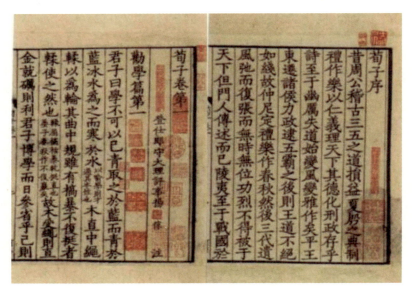

（战国）荀况《荀子》，南宋光宗绍熙年间刻本

君子者矣。偷儒惮事，无廉耻而嗜乎饮食，则可谓恶少者矣；加惕悍而不顺，险贼而不弟焉，则可谓不详少者矣，虽陷刑戮可也。老老而壮者归焉，不穷穷而通者积焉，行乎冥冥而施乎无报，而贤不肖一焉。人有此三行，虽有大过，天其不遂乎？

君子之求利也略，其远害也早，其避辱也惧，其行道理也勇。君子贫穷而志广，富贵而体恭，安燕而血气不惰，劳倦而容貌不枯，怒不过夺，喜不过予。君子贫穷而志广，隆仁也；富贵而体恭，杀势也；安燕而血气不惰，柬理也；劳倦而容貌不枯，好文也；怒不过夺，喜不过予，是法胜私也。《书》曰："无有作好，遵王之道。无有作恶，遵王之路。"此言君子之能以公义胜私欲也。

人有三不祥：幼而不肯事长，贱而不肯事贵，不肖而不肯事贤，是人之三不祥也。

人有三必穷：为上则不能爱下，为下则好非其上，是人之一必穷也；乡则不若，偕则谩之，是人之二必穷也；知行浅薄，曲直有以相县矣，然而仁人不能推，知士不能明，是人之三必穷也。人有此三数行者，以为上则必危，为下则必灭。《诗》曰："雨雪瀌瀌，宴然聿消。莫肯下隧，式居屡骄。"此之谓也。

士君子之所能不能为：君子能为可贵，而不能使人必贵己；能为可信，而不能使人必信己；能为可用，而不能使人必用己。故君子耻不修，不耻见污；耻不信，不耻不见信；耻不能，不耻不见用。是以不诱于誉，不恐于诽，率道而行，端然正己，不为物倾侧：夫是之谓诚君子。《诗》云："温温恭人，维德之基。"此之谓也。

士君子之容：其冠进，其衣逢，其容良；俨然，壮然，祺然，蕼然，恢恢然，广广然，昭昭然，荡荡然，是父兄之容也。其冠进，其衣逢，其容悫；俭然，恀然，辅然，端然，訾然，洞然，缀缀然，瞀瞀然，是子弟之容也。

无稽之言，不见之行，不闻之谋，君子慎之。

吾语汝学者之嵬容：其冠絻，其缨禁缓，其容简连；填填然，狄狄然，莫莫然，瞡瞡然，瞿瞿然，尽尽然，盱盱然；酒食声色之中，则瞒瞒然，瞑瞑然；礼节之中，则疾疾然，訾訾然；劳苦事业之中，则儢儢然，离离然，偷儒而罔，无廉耻而忍謑詢，是学者之嵬也。

君子行不贵苟难，说不贵苟察，名不贵苟传，唯其当之为贵。故怀负石而赴河，是行之难为者也，而申徒狄能之。然而君子不贵者，非礼义之中也。山渊平，天地比，齐、秦袭，入乎耳，出乎口，钩有须，卵有毛，是说之难持者也，而惠施、邓析能之。然而君子不贵者，非礼义之中也。盗跖吟口，名声若日月，与舜、禹俱传而不息，然而君子不贵者，非礼义之中也。故曰：君子行不贵苟难，说不贵苟察，名不贵苟传，唯其当之为贵。《诗》曰："物其有矣，惟其时矣。"

此之谓也。

君子易知而难狎，易惧而难胁，畏患而不避义死，欲利而不为所非，交亲而不比，言辩而不辞。荡荡乎，其有以殊于世也。

君子能亦好，不能亦好；小人能亦丑，不能亦丑。君子能则宽容易直以开道人，不能则恭敬缚绌以畏事人；小人能则倨傲僻违以骄溢人，不能则妒嫉怨诽以倾覆人。故曰：君子能则人荣学焉，不能则人乐告之；小人能则人贱学焉，不能则人羞告之。是君子、小人之分也。

君子宽而不僈，廉而不刿，辩而不争，察而不激，寡立而不胜，坚强而不暴，柔从而不流，恭敬谨慎而容。夫是之谓至文。《诗》曰："温温恭人，维德之基。"此之谓矣。

君子崇人之德，扬人之美，非谄谀也；正义直指，举人之过，非毁疵也；言己之光美，拟于舜、禹，参于天地，非夸诞也；与时屈伸，柔从若蒲苇，非慑怯也；刚强猛毅，靡所不信，非骄暴也。以义变应，知当曲直故也。《诗》曰："左之左之，君子宜之；右之右之，君子有之。"此言君子以义屈信变应故也。

君子，小人之反也。君子大心则敬天而道，小心则畏义而节；知则明通而类，愚则端悫而法；见由则恭而止，见闭则敬而齐；喜则和而理，忧则静而理；通则文而明，穷则约而详。小人则不然，大心则慢而暴，小心则淫而倾；知则攫盗而渐，愚则毒贼而乱；见由则兑而倨，见闭则怨而险；喜则轻而翾，忧则挫而慑；通则骄而偏，穷则弃而儑。传曰："君子两进，小人两废。"此之谓也。

君子治治，非治乱也。曷谓邪？曰：礼义之谓治，非礼义之谓乱也。故君子者，治礼义者也，非治非礼义者也。然则国乱将弗治与？曰：国乱而治之者，非案乱而治之之谓也。去乱而被之以治；人污而修之者，非案污而修之之谓也，去污而易之以修。故去乱而非治乱也，去污而非修污也。治之为名，犹曰君子为治而不为乱，为修而不为污也。

君子絜其身而同焉者合矣，善其言而类焉者应矣。故马鸣而马应之，牛鸣而牛应之，非知也，其势然也。故新浴者振其衣，新沐者弹其冠，人之情也。其谁能以己之潐潐，受人之掝掝者哉！

君子养心莫善于诚，致诚则无它事矣，唯仁之为守，唯义之为行。诚心守仁则形，形则神，神则能化矣；诚心行义则理，理则明，明则能变矣。变化代兴，谓之天德。天不言而人推其高焉，地不言而人推其厚焉，四时不言而百姓期焉。夫此有常，以至其诚者也。君子至德，嘿然而喻，未施而亲，不怒而威。夫此顺命，以慎其独者也。善之为道者，不诚则不独，不独则不形，不形则虽作于心，见于色，出于言，民犹若未从也，虽从必疑。天地为大矣，不诚则不能化万物；圣人为知矣，不诚则不能化万民；父子为亲矣，不诚则疏；君上为尊矣，不诚则卑。夫诚者，君子之所守也，而政事之本也，唯所居以其类至，操之则得之，舍之则失之。操而得之则轻，轻则独行，独行而不舍则济矣。济而材尽，长迁而不反其初，则化矣。

君子位尊而志恭，心小而道大，所听视者近而所闻见者远。是何邪？则操术然也。故千人万人之情，一人之情也。天地始者，今日是也；百王之道，后王是也。君子审后王之道而论百王之前，若端拜而议。推礼义之统，分是非之分，总天下之要，治海内之众，若使一人，故操弥约而事弥大。五寸之矩，尽天下之方也。故君子不下室堂而海内之情举积此者，则操术然也。

快快而亡者，怒也；察察而残者，忮也；博而穷者，訾也；清之而俞浊者，口也；豢之而俞瘠者，交也；辩而不说者，争也；直立而不见知者，胜也；廉而不见贵者，刿也；勇而不见惮者，贪也；信而不见敬者，好剸行也。此小人之所务而君子之所不为也。

　　故君子之于言也，志好之，行安之，乐言之，故君子必辩。凡人莫不好言其所善，而君子为甚。故赠人以言，重于金石珠玉；观人以言，美于黼黻、文章；听人以言，乐于钟鼓琴瑟。故君子之于言无厌。鄙夫反是：好其实，不恤其文，是以终身不免埤污佣俗。故《易》曰："括囊，无咎无誉。"腐儒之谓也。

　　故君子之度己则以绳，接人则用抴。度己以绳，故足以为天下法则矣；接人用抴，故能宽容，因众以成天下之大事矣。故君子贤而能容罢，知而能容愚，博而能容浅，粹而能容杂，夫是之谓兼术。《诗》曰："徐方既同，天子之功。"此之谓也。

　　凡人莫不好言其所善，而君子为甚焉。是以小人辩言险而君子辩言仁也。言而非仁之中也，则其言不若其默也，其辩不若其呐也；言而仁之中也，则好言者上矣，不好言者下也。故仁言大矣。起于上所以道于下，正令是也；起于下所以忠于上，谋救是也。故君子之行仁也无厌。志好之，行安之，乐言之，故言君子必辩。小辩不如见端，见端不如见本分。小辩而察，见端而明，本分而理，圣人士君子之分具矣。

　　君子能为可贵，而不能使人必贵己；能为可信，不能使人必信己；能为可用，不能使人必用己。故君子耻不修，不耻见污；耻不信，不耻不见信；耻不能，不耻不见用。是以不诱于誉，不恐于诽，率道而行，端然正己，不为物倾侧，夫是之谓诚君子。《诗》云："温温恭人，维德之基。"此之谓也。

　　少事长，贱事贵，不肖事贤，是天下之通义也。有人也，势不在人上而羞为人下，是奸人之心也。志不免乎奸心，行不免乎奸道，而求有君子圣人之名，辟之是犹伏而咶天，救经而引其足也。说必不行矣，俞务而俞远。故君子时诎则诎，时伸则伸也。

《诸子集成》

解读

　　《荀子》为战国时荀况所作。荀子（约前313～前238年），名况，字卿，战国末期赵国人，两汉时因避汉宣帝刘询名讳而称"孙卿"，思想家、哲学家、教育家，儒家学派的代表人物，先秦时代百家争鸣的集大成者。他曾三次担任齐国稷下学官的祭酒，两度出任楚兰陵令。晚年蛰居兰陵县著书立说，收徒授业，终老于斯，被称为"后圣"。

　　《荀子》一书今存三十二篇，除少数篇章外，大部分是他自己所写。他的文章擅长说理，组织严密，分析透辟，善于取譬，常用排比句增强议论的气势，语言富赡警炼，有很强的说服力和感染力。《荀子》内容可谓博大精深，涉及哲学思想、政治理论、治学方法、立身处世、学术论辩、经济军事等。在立身处世方面，《荀子》专设了"修身"篇，对修身养性提出了若干基本原则。可以说，《荀子》的"修身"篇是春秋战国诸子百家中对修身养性做人阐述最全面和深刻的一篇文章。同时，荀子在其他篇中，通过对自然科学和社会科学的研究，通过他对客观世界的观察，围绕如何做君子，如何做一个积极向上的人，写下了许多名言警句，如"君子养心莫善于诚"，"君子役物，小人役于物"，"心枝则无知，倾则不精，贰则疑惑"，"故不积跬步，无以至千里；不积小流，无以成江海"，"天不言而人推高焉，地不言而人推厚焉，四时不言而百姓期焉"，"蓬生麻中，不扶而直；白沙在涅，与之俱黑"，"学不可以已"，"目不能两视而明，耳不能两听而聪"，"锲而舍之，朽木不折；锲而不舍，金石可镂"，"君子崇人之德，扬人之美，非谄谀也"，"知之而不行，虽敦必困"，"乐易者常寿长，忧险者常夭折"，"不知戒，后必有，恨后遂过不肯悔，谗夫多进"，等等，都有一定的启发和借鉴意义。

卷二·汉魏

（清）陈洪绶《竹林七贤图》

韩婴《韩诗外传》：玉不琢，不成器；人不学，不成行

君子有辩善之度，以治气养性，则身后彭祖；修身自强，则名配尧禹。宜于时则达，厄于穷则处，信礼者也。凡用心之术，由礼则理达，不由礼则悖乱。饮食衣服，动静居处，由礼则知节，不由礼则垫陷生疾。容貌态度，进退移步，由礼则夷国。政无礼则不行，王事无礼则不成，国无礼则不宁，王无礼则死亡无日矣。《诗》曰："人而无礼，胡不遄死？"

《传》曰：喜名者必多怨，好与者必多辱，唯灭迹于人，能随天地自然，为能胜理，而无爱名；名兴则道不用，道行则人无位矣。夫利为害本，而福为祸先，唯不求利者为无害，不求福者为无祸。《诗》曰："不忮不求，何用不臧。"

《传》曰：聪者自闻，明者自见，聪明则仁爱者而廉耻分矣。故非道而行之，虽劳不至；非其有而求之，虽强不得。故智者不为非其事，廉者不求非其有，是以害远而名彰也。《诗》云："不忮不求，何用不臧。"

《传》曰：安命养性者，不待积委而富；名号传乎世者，不待势位而显。德义畅乎中而无外求也。信哉！贤者之不以天下为名利者也。《诗》曰："不忮不

（西汉）董仲舒像

求，何用不臧。"

孔子曰："君子有三忧：弗知，可无忧与？知而不学，可无忧与？学而不行，可无忧与？"《诗》曰："未见君子，忧心惙惙。"

君子有主善之心，而无胜人之色；德足以君天下，而无骄肆之容；行足以及后世，而不以一言非人之不善。故曰：君子盛德而卑，虚己以受人，旁行不流，应物而不穷，虽在下位，民愿戴之，虽欲无尊，得乎哉！《诗》曰："彼己之子，美如英，美如英，殊异乎公行。"

君子易和而难狎也，易惧而不可劫也，畏患而不避义死，好利而不为所非，交亲而不比，言辩而不乱。荡荡乎！其易不可失也，磏乎！其廉而不刿也，温乎！其仁厚之光大也，超乎！其有以殊于世也。《诗》曰："美如玉，美如玉，殊异乎公族。"

玉不琢，不成器；人不学，不成行。家有千金之玉，不知治，犹之贫也。良工宰之，则富及子孙；君子谋之，则为国用。故动则安百姓，议则延民命。《诗》曰："淑人君子，正是国人；正是国人，胡不万年。"

剑虽利，不厉不断；材虽美，不学不高。虽有旨酒嘉肴，不尝，不知其旨；虽有善道，不学，不达其功。故学然后知不足，教然后知不究。不足，故自愧而勉；不究，故尽师而熟。由此观之，则教学相长也。子夏问诗，学一以知二，孔子曰："起予者，商也，始可与言诗已矣。"孔子贤乎英杰，而圣德备，弟子被光景而德彰。《诗》曰："日就月将。"

孔子观于周庙，有欹器焉。孔子问于守庙者曰："此谓何器也？"对曰："此盖为宥座之器。"孔子曰："闻宥座器满则覆，虚则欹，中则正，有之乎？"对曰："然。"孔子使子路取水试之，满则覆，中则正，虚则欹。孔子喟然而叹曰："呜呼！恶有满而不覆者哉？"子路曰："敢问持满有道乎？"孔子曰："持满之道，抑而损之。"子路曰：

"损之有道乎？"孔子曰："德行宽裕者，守之以恭；土地广大者，守之以俭；禄位尊盛者，守之以卑；人众兵强者，守之以畏；聪明睿智者，守之以愚；博闻强记者，守之以浅。夫是之谓抑而损之。"《诗》曰："汤降不迟，圣敬日跻。"

君子行不贵苟难，说不贵苟察，名不贵苟传，惟其当之为贵。故怀负石而赴河，是行之难为者也，而申徒狄能之，然而君子不贵者，非礼义之中也。山渊平，天地比，齐秦袭，入乎耳，出乎口，钩有须，卵有毛，此说之难持者也，而邓析、惠施能之，君子不贵者，非礼义之中也。盗跖吟口，名声若日月，与舜禹俱传而不息，君子不贵者，非礼义之中也。故君子行不贵苟难，说不贵苟察，名不贵苟传，维其当之为贵。《诗》曰："不竞不絿，不刚不柔。"

良玉度尺，虽有十仞之土，不能掩其光；良珠度寸，虽有百仞之水，不能掩其莹。夫形，体也；色，心也，闵闵乎其薄也。苟有温良在中，则眉睫著之矣；疵瑕在中，则眉睫不能匿之。《诗》曰："鼓钟于宫，声闻于外。"

伪诈不可长，空虚不可守，朽木不可雕，情亡不可久。《诗》曰："钟鼓于宫，声闻于外。"言有中者必能见外也。

福生于无为，而患生于多欲。知足，然后富从之；德宜君人，然后贵从之。故贵爵而贱德者，虽为天子，不尊矣；贪物而不知止者，虽有天下，不富矣。夫土地之生不益，山泽之出有尽，怀不富之心，而求不益之物，挟百倍之欲，而求有尽之财，是桀、纣所以失其位也。

子曰："不学而好思，虽知不广矣；学而慢其身，虽学不尊矣。不以诚立，虽立不久矣；诚未著而好言，虽言不信矣。美材也，而不闻君子之道，隐小物以害大物者，灾必及身矣。"《诗》曰："其何能淑，载胥及溺。"

（西汉）韩婴《韩诗外传》，清乾隆亦有生斋校正刻本

君子崇人之德，扬人之美，非道谀也；正言直行，指人之过，非毁疵也；讪柔顺从，刚强猛毅，与物周流，道德不外。《诗》曰："柔亦不茹，刚亦不吐；不侮矜寡，不畏强御。"

人之所以好富贵安乐，为人所称誉者，为身也。恶贫贱危辱，为人所谤毁者，亦为身也。然身何贵也？莫贵于气；人得气则生，失气则死；其气非金帛珠玉也，不可求于人也；非缯布五谷也，不可籴买而得也。在吾身耳，不可不慎也。《诗》曰："既明且哲，以保其身。"

昨日何生？今日何成？必念归厚，必念治生。日慎一日，完如金城。《诗》曰："我日斯迈，而月斯征。夙兴夜寐，无忝尔所生。"

官怠于有成，病加于小愈，祸生于懈惰，孝衰于妻子。察此四者，慎终如始。《易》曰："小狐汔济，濡其尾。"《诗》曰："靡不有初，鲜克有终。"

《传》曰：君子之闻道，入之于耳，藏之于心，察之以仁，守之以

信，行之以义，出之以逊，故人无不虚心而听也。小人之闻道，入之于耳，出之于口，苟言而已，譬如饱食而呕之，其不惟肌肤无益，而于志亦戾矣。《诗》曰："胡能有定。"

贤士不以耻食，不以辱得。老子曰："名与身孰亲？身与货孰多？得与亡孰病？是故甚爱必大费，多藏必厚亡。知足不辱，知止不殆，可以长久。大成若缺，其用不敝；大盈若冲，其用不穷；大直若诎大辩若讷，大巧若拙，其用不屈。罪莫大于多欲，祸莫大于不知足。故知足之足，常足矣。"

修身不可不慎也。嗜欲侈则行亏，谗毁行则害成；患生于忿怒，祸起于纤微；污辱难渝洒，败失不复追。不深念远虑，后悔何益！徼幸者，伐性之斧也；嗜欲者，逐祸之马也；谩诞者，趋祸之路也；毁于人者，困穷之舍也。是故君子不徼幸，节嗜欲，务忠信，无毁于一人，则名声尚尊，称为君子矣。《诗》曰："何其处兮，必有与也。"

子夏过曾子。曾子曰："入食。"子夏曰："不为公费乎？"曾子曰："君子有三费，饮食不在其中；君子有三乐，钟磬琴瑟不在其中。"子夏曰："敢问三乐？"曾子曰："有亲可畏，有君可事，有子可遗，此一乐也；有亲可谏，有君可去，有子可怒，此二乐也；有君可喻，有友可助，此三乐也。"子夏问："敢问三费？"曾子曰："少而学，长而忘，此一费也；事君有功，而轻负之，此二费也；久交友而中绝之，此三费也。"子夏曰："善哉！谨身事一言，愈于终身之诵；而事一士，愈于治万民之功，夫人不可以不知也。吾尝菌焉，吾田期岁不收，土莫不然，何况于人乎！与人以实，虽疏必密；与人以虚，虽戚必疏。夫实之与实，如胶如漆；虚之与虚，如薄冰之见昼日。君子可不留意哉！"《诗》曰："神之听之，终和且平。"

《龙溪精舍丛书》

解读

韩婴（约前200～约前130年），西汉燕（今属河北）人。汉文帝时为博士，景帝时为常山王刘舜太傅。武帝时，与董仲舒辩论，"其人精悍，此事事分明，仲舒不能难也。"治《诗》兼治《易》，西汉"韩诗学"的创始人。由此可见，这是一个对经学有深刻研究，而且也是很有自己观点的学者。

《韩诗外传》是汉代韩婴所作的一部传记。该作品由360条轶事、道德说教、伦理规范以及实际忠告等不同内容的杂编而成。一般每条都以一句恰当的《诗经》引文作结论，以支持政事或论辩中的观点。本书内容立足于儒家经典和春秋战国故事，引经据典，特别是引用《易经》《诗经》《荀子》《春秋》《论语》《孟子》等观点，不仅告诉君主怎么治国理政，也告诉士君子如何修身保身，其中提出的许多观点，如"教学相长"，"聪者自闻，明者自见"，"玉不琢，不成器；人不学，不成行"，"福生于无为，而患生于多欲"，"官怠于有成，病加于小愈，祸生于懈惰，孝衰于妻子"，等等，都是修身箴言，这些真知灼见，具有一定的启发和借鉴意义。

戴圣《礼记》：敖不可长，欲不可从，
志不可满，乐不可极

《曲礼》曰："毋不敬，俨若思，安定辞。"安民哉！

敖不可长，欲不可从，志不可满，乐不可极。

贤者狎而敬之，畏而爱之。爱而知其恶，憎而知其善。积而能散，安而能迁。临财毋苟得，临难毋苟免。很毋求胜，分毋求多。疑

事毋质，直而勿有。

若夫，坐如尸，立如斋。礼从宜，使从俗。夫礼者所以定亲疏，决嫌疑，别同异，明是非也。礼，不妄说人，不辞费；礼，不逾节，不侵侮，不好狎。修身践言，谓之善行。行修言道，礼之质也。礼闻取于人，不闻取人。礼闻来学，不闻往教。

大学之道，在明明德，在亲民，在止于至善。知止而后有定，定而后能静，静而后能安，安而后能虑，虑而后能得。物有本末，事有终始。知所先后，则近道矣。

（西汉）戴圣像

道德仁义，非礼不成，教训正俗，非礼不备。分争辨讼，非礼不决。君臣上下父子兄弟，非礼不定。宦学事师，非礼不亲。班朝治军，莅官行法，非礼威严不行。祷祠祭祀，供给鬼神，非礼不诚不庄。是以君子恭敬撙节退让以明礼。鹦鹉能言，不离飞鸟；猩猩能言，不离禽兽。今人而无礼，虽能言，不亦禽兽之心乎？夫唯禽兽无礼，故父子聚麀。是故圣人作，为礼以教人，使人以有礼，知自别于禽兽。

太上贵德，其次务施报。礼尚往来。往而不来，非礼也；来而不往，亦非礼也。人有礼则安，无礼则危。故曰：礼者不可不学也。夫礼者，自卑而尊人。虽负贩者，必有尊也，而况富贵乎？富贵而知好礼，则不骄不淫；贫贱而知好礼，则志不慑。

谋于长者，必操几杖以从之。长者问，不辞让而对，非礼也。

凡为人子之礼：冬温而夏清，昏定而晨省，在丑夷不争。

夫为人子者，三赐不及车马。故州闾乡党称其孝也，兄弟亲戚称其慈也，僚友称其弟也，执友称其仁也，交游称其信也。见父之执，不谓之进不敢进，不谓之退不敢退，不问不敢对。此孝子之行也。

夫为人子者：出必告，反必面，所游必有常，所习必有业。恒言不称老。年长以倍则父事之，十年以长则兄事之，五年以长则肩随之。群居五人，则长者必异席。

为人子者，居不主奥，坐不中席，行不中道，立不中门。食飨不为概，祭祀不为尸。听于无声，视于无形。不登高，不临深，不苟訾，不苟笑。

孝子不服暗，不登危，惧辱亲也。父母存，不许友以死。不有私财。

博闻强识而让，敦善行而不怠，谓之君子。君子不尽人之欢，不竭人之忠，以全交也。

古之欲明明德于天下者，先治其国。欲治其国者，先齐其家。欲齐其家者，先修其身。欲修其身者，先正其心。欲正其心者，先诚其意。欲诚其意者，先致其知。致知在格物。物格而后知至，知至而后意诚，意诚而后心正，心正而后身修，身修而后家齐，家齐而后国治，国治而后天下平。

玉不琢，不成器；人不学，不知道。虽有嘉肴，弗食，不知其旨也；虽有至道，弗学，不知其善也。故学然后知不足，教然后知困。知不足，然后能自反也；知困，然后能自强也，故曰：教学相长也。《兑命》曰："学学半。"其此之谓乎！

天命之谓性，率性之谓道，修道之谓教。道也者，不可须臾离也，可离非道也。是故君子戒慎乎其所不睹，恐惧乎其所不闻。莫见乎隐，莫显乎微。故君子慎其独也。喜怒哀乐之未发，谓之中；发而皆中节，谓之和。中也者，天下之大本也；和也者，天下之达道也。致中和，天地位焉，万物育焉。

子曰："道不远人。人之为道而远人，不可以为道。《诗》云：'伐柯伐柯，其则不远。'执柯以伐柯，睨而视之，犹以为远。故君子以人治人，改而止。忠恕违道不远，施诸己而不愿，亦勿施于人。君子之道四，丘未能一焉：所求乎子以事父，未能也；所求乎臣以事君，未能也；所求乎弟以事兄，未能也；所求乎朋友先施之，未能也。庸德之行，庸言之谨，有所不足，不敢不勉，有余不敢尽；言顾行，行顾言，君子胡不慥慥尔！君子素其位而行，不愿乎其外。素富贵，行乎富贵；素贫贱，行乎贫贱；素夷狄，行乎夷狄；素患难，行乎患难：君子无入而不自得焉。在上位不陵下，在下位不援上，正己而不求于人，则无怨。上不怨天，下不尤人。故君子居易以俟命，小人行险以徼幸。"

至诚之道，可以前知。国家将兴，必有祯祥；国家将亡，必有妖孽。见乎蓍龟，动乎四体。祸福将至：善，必先知之；不善，必先知之。故至诚如神。诚者自成也，而道自道也。诚者物之终始，不诚无物。是故君子诚之为贵。诚者非自成己而已也，所以成物也。成己，仁也；成物，知也。性之德也，合外内之道也，故时措之宜也。故至诚无息。不息则久，久则征，征则悠远，悠远则博厚，博厚则高明。博厚，所以载物也；高明，所以覆物也；悠久，所以成物也。博厚配地，高明配天，悠久无疆。如此者，不见而章，不动而变，无为而成。

子言之："归乎！君子隐而显，不矜而庄，不厉而威，不言而信。"

子曰："君子不失足于人，不失色于人，不失口于人，是故君子貌足畏也，色足惮也，言足信也。《甫刑》曰：'敬忌而罔有择言在躬。'"

子曰："恭近礼，俭近仁，信近情，敬让以行此，虽有过，其不甚矣。夫恭寡过，情可信，俭易容也；以此失之者，不亦鲜乎？《诗》曰：'温温恭人，惟德之基。'"

子曰："小人溺于水，君子溺于口，大人溺于民，皆在其所亵也。夫水近于人而溺人，德易狎而难亲也，易以溺人；口费而烦，易出难悔，易以溺人；夫民闭于人，而有鄙心，可敬不可慢，易以溺人。故君子不可以不慎也。《太甲》曰：'毋越厥命以自覆也；若虞机张，往省括于厥度则释。'《兑命》曰：'惟口起羞，惟甲胄起兵，惟衣裳在笥，惟干戈省厥躬。'《太甲》曰：'天作孽，可违也；自作孽，不可以逭。'《尹吉》曰：'惟尹躬天，见于西邑；夏自周有终，相亦惟终。'"

自天子以至于庶人，壹是皆以修身为本。其本乱而末治者否矣。其所厚者薄，而其所薄者厚，未之有也。此谓知本，此谓知之至也。

所谓诚其意者，毋自欺也。如恶恶臭，如好好色，此之谓自慊。故君子必慎其独也。小人闲居为不善，无所不至，见君子而后厌然，掩其不善而著其善。人之视己，如见其肺肝然，则何益矣。此谓诚于中，形于外，故君子必慎其独也。曾子曰："十目所视，十手所指，其严乎！"富润屋，德润身，心广体胖，故君子必诚其意。

《诗》云："瞻彼淇澳，菉竹猗猗。有斐君子，如切如磋，如琢如磨。瑟兮僩兮，赫兮喧兮。有斐君子，终不可喧兮。""如切如磋"者，道学也。"如琢如磨"者，自修也。"瑟兮僩兮"者，恂慄也。"赫兮喧兮"者，威仪也。"有斐君子，终不可喧兮"者，道盛德至善，民之不能忘也。《诗》云："于戏，前王不忘！"君子贤其贤而亲其亲，小人乐其乐而利其利，此以没世不忘也。《康诰》曰："克明德。"《大甲》曰："顾諟天之明命。"《帝典》曰："克明峻德。"皆自明也。汤之《盘铭》曰："苟日新，日日新，又日新。"《康诰》曰："作新民。"《诗》曰："周虽旧邦，其命维新。"是故君子无所不用其极。《诗》云："邦畿千里，维民所止。"《诗》云："缗蛮黄鸟，止于丘隅。"子曰："于止，知其所止，可以人而不如鸟乎？"《诗》云："穆穆文王，于缉熙敬止！"为人君止于仁，为人臣止于敬，为人子止于孝，为人父止于慈，与国人交止于信。子曰："听讼，吾犹人也。必也使无讼乎！"无情者不得尽其辞，大畏民志。此谓知本。

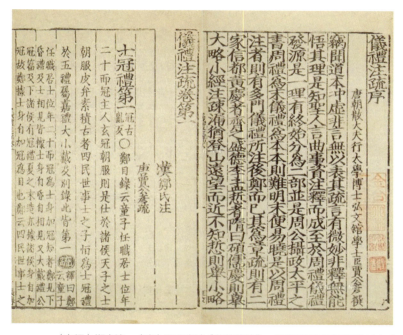

（东汉）郑玄注、（唐）贾公彦疏《仪礼注疏》，明嘉靖间李元阳福建刻本

所谓修身在正其心者。身有所忿懥，则不得其正；有所恐惧，则不得其正；有所好乐，则不得其正；有所忧患，则不得其正。心不在焉，视而不见，听而不闻，食而不知其味。此谓修身在正其心。

所谓齐其家在修其身者，人之其所亲爱而辟焉，之其所贱恶而辟焉，之其所畏敬而辟焉，之其所哀矜而辟焉，之其所敖惰而辟焉。故好而知其恶，恶而知其美者，天下鲜矣。故谚有之曰："人莫知其子之恶，莫知其苗之硕。"此谓身不修，不可以齐其家。

所谓治国必先齐其家者，其家不可教而能教人者，无之。故君子不出家而成教于国。孝者，所以事君也；弟者，所以事长也；慈者，所以使众也。《康诰》曰："如保赤子。"心诚求之，虽不中，不远矣。未有学养子而后嫁者也。一家仁，一国兴仁；一家让，一国兴让；一人贪戾，一国作乱，其机如此。此谓一言偾事，一人定国。尧、舜率天下以仁，而民从之；桀、纣率天下以暴，而民从之。其所令反其所好，而民不从。是故君子有诸己而后求诸人，无诸己而后非诸人。所藏乎身不恕，而能喻诸人者，未之有也。故治国在齐其家。《诗》云："桃之夭夭，其叶蓁蓁。之子于归，宜其家人。"宜其家人，而后可以教国人。《诗》云："宜兄宜弟。"宜兄宜弟，而后可以教国人。《诗》云："其仪不忒，正是四国。"其为父子兄弟足法，而后民法之也。此谓治国在齐其家。

所谓平天下在治其国者，上老老而民兴孝，上长长而民兴弟，上恤孤而民不倍，是以君子有絜矩之道也。所恶于上，毋以使下；所恶于下，毋以事上；所恶于前，毋以先后；所恶于后，毋以从前；所恶于右，毋以交于左；所恶于左，毋以交于右；此之谓絜矩之道。《诗》云："乐只君子，民之父母。"民之所好好之，民之所恶恶之，此之谓民之父母。《诗》云："节彼南山，维石岩岩。赫赫师尹，民具尔瞻。"有国者不可以不慎。辟，则为天下僇矣。《诗》云："殷之未丧师，克配上帝。仪监于殷，峻命不易。"道得众则得国，失众则失国。

是故君子先慎乎德。有德此有人，有人此有土，有土此有财，有财此有用。德者本也，财者末也。外本内末，争民施夺。是故财聚则民散，财散则民聚。是故言悖而出者，亦悖而入；货悖而入者，亦悖而出。《康诰》曰："惟命不于常。"道善则得之，不善则失之矣。《楚书》曰："楚国无以为宝，惟善以为宝。"

《秦誓》曰："若有一介臣，断断兮无他技，其心休休焉，其如有容焉。人之有技，若己有之；人之彦圣，其心好之，不啻若自其口出。实能容之，以能保我子孙黎民，尚亦有利哉！人之有技，媢疾以恶之；人之彦圣，而违之俾不通：实不能容，以不能保我子孙黎民，亦曰殆哉！"唯仁人放流之，迸诸四夷，不与同中国。此谓唯仁人为能爱人，能恶人。见贤而不能举，举而不能先，命也；见不善而不能退，退而不能远，过也。好人之所恶，恶人之所好，是谓拂人之性，

（西汉）戴圣《礼记》，南宋淳熙四年抚州公使库刻本

菑必逮夫身。是故君子有大道，必忠信以得之，骄泰以失之。

生财有大道，生之者众，食之者寡，为之者疾，用之者舒，则财恒足矣。仁者以财发身，不仁者以身发财。未有上好仁而下不好义者也，未有好义其事不终者也，未有府库财非其财者也。孟献子曰："畜马乘，不察于鸡豚；伐冰之家，不畜牛羊；百乘之家，不畜聚敛之臣。与其有聚敛之臣，宁有盗臣。"此谓国不以利为利，以义为利也。长国家而务财用者，必自小人矣。彼为善之，小人之使为国家，灾害并至。虽有善者，亦无如之何矣！此谓国不以利为利，以义为利也。

《十三经注疏》

解读

《礼记》又名《小戴礼记》《小戴记》，成书于汉代，为西汉礼学

家戴圣所编。戴圣，字次君，生卒年不详，大约生活在汉元帝、汉宣帝时期，梁国睢阳县（今河南省商丘市睢阳区）人。后世称其为"小戴"。戴圣与叔父戴德曾跟随后苍学《礼》，两人被后人合称为"大小戴"。汉宣帝时，戴圣以博士参与石渠阁论议，官至九江太守。

《小戴礼记》的内容主要是记载和论述先秦到汉朝的礼制、礼仪，解释仪礼，记录孔子和弟子等的问答，记述修身做人的准则。内容广博，门类杂多，涉及政治、法律、道德、哲学、历史、祭祀、文艺、日常生活、历法、地理等诸多方面，集中体现了先秦儒家的政治、哲学和伦理思想。这部书作为历史上官方钦定的儒家经典著作，包括了不少被奉为圭臬的做人处世至理名言，如"君子乐得其道，小人乐得其欲"，"仁者莫大于爱人"，"见利不亏其义，见死不更其守"，人不学，不知道"，"恶言不出于口，忿言不反于身"，"仁者以财发身，不仁者以身发财"，"临财毋苟得，临难毋苟免"，"博学而不穷，笃行而不倦"，"独学而无友，则孤陋而寡闻"，"瑕不掩瑜，瑜不掩瑕"，"君子之接如水，小人之接如醴；君子淡以成，小人甘以坏"，"君子不自大其事，不自尚其功"，"君子不失足于人，不失色于人，不失口于人"，"博学之，审问之，慎思之，明辨之，笃行之"，"入境而问禁，入国而问俗，入门而问讳"，"苟利国家，不求富贵"，等等，迄今仍然是我们学习和工作中常用的警言名句。

刘向《说苑》：耳闻之不如目见之，目见之不如足践之

存亡祸福，其要在身，圣人重诫，敬慎所忽。《中庸》曰："莫见乎隐，莫显乎微；故君子能慎其独也。"谚曰："诚无垢，思无辱。"夫不

诚不思而以存身全国者，亦难矣。《诗》曰："战战兢兢，如临深渊，如履薄冰。"此之谓也。

孔子读《易》至于损益，则喟然而叹。子夏避席而问曰："夫子何为叹？"孔子曰："夫自损者益。自益者缺，吾是以叹也。"子夏曰："然则学者不可以益乎？"孔子曰："否，天之道，成者未尝得久也。夫学者以虚受之，故曰得。苟接知持满，则天下之善言不得入其耳矣。昔尧履天子之位，犹允恭以持之，虚静以待下，故百载以逾盛，迄今而益章。昆吾自臧而满意，穷高而不衰，故当时而亏败，迄今而逾恶。是非损益之征与？吾故曰：'谦也者，致恭以存其位者也。'夫丰明而动故能大，苟大则亏矣。吾戒之，故曰：'天下之善言不得入其耳矣。'日中则昃，月盈则食，天地盈虚，与时消息。是以圣人不敢当盛，升舆而遇三人则下，二人则轼，调其盈虚，故能长久也。"子夏曰："善，请终身诵之。"

常摐有疾，老子往问焉，曰："先生疾甚矣，无遗教可以语诸弟子者乎？"常摐曰："子虽不问，吾将语子。"常摐曰："过故乡而下车，子知之乎？"老子曰："过故乡而下车，非谓其不忘故耶？"常摐曰："嘻，是已。"常摐曰："过乔木而趋，子知之乎？"老子曰："过乔木而趋，非谓敬老耶？"常摐曰："嘻，是已。"张其口而示老子曰："吾舌存乎？"老子曰："然。""吾齿存乎？"老子曰："亡。"常摐曰："子知之乎？"老子曰："夫舌之存也，岂非以其柔耶？齿

（西汉）刘向像

之亡也，岂非以其刚耶？"常摐曰："嘻，是已。天下之事已尽矣，无以复语子哉！"

韩平子问于叔向曰："刚与柔孰坚？"对曰："臣年八十矣，齿再堕而舌尚存，老聃有言曰：'天下之至柔，驰骋乎天下之至坚。'又曰：'人之生也柔弱，其死也刚强；万物草木之生也柔脆，其死也枯槁。因此观之，柔弱者生之徒也，刚强者死之徒也。'夫生者毁而必复，死者破而愈亡；吾是以知柔之坚于刚也。"平子曰："善哉！然则子之行何从？"叔向曰："臣亦柔耳，何以刚为？"平子曰："柔无乃脆乎？"叔向曰："柔者纽而不折，廉而不缺，何为脆也？天之道，微者胜，是以两军相加而柔者克之；两仇争利，而弱者得焉。《易》曰：'天道亏满而益谦，地道变满而流谦，鬼神害满而福谦，人道恶满而好谦。'夫怀谦不足之，柔弱而四道者助之，则安往而不得其志乎？"平子曰："善！"

桓公曰："金刚则折，革刚则裂；人君刚则国家灭，人臣刚则交友绝。夫刚则不和，不和则不可用。是故四马不和，取道不长；父子不和，其世破亡；兄弟不和，不能久同；夫妻不和，家室大凶。《易》曰：'二人同心，其利断金。'由不刚也。"

老子曰："得其所利，必虑其所害；乐其所成，必顾其所败。人为善者，天报以福；人为不善者，天报以祸也。故曰：祸兮福所倚，福兮祸所伏。戒之！慎之！"

曾子有疾，曾元抱首，曾华抱足。曾子曰："吾无颜氏之才，何以告汝？虽无能，君子务益。夫华多实少者，天也；言多行少者，人也。夫飞鸟以山为卑，而层巢其巅；鱼鳖以渊为浅，而穿穴其中，然所以得者，饵也。君子苟能无以利害身，则辱安从至乎？官怠于宦成，病加于少愈，祸生于懈惰，孝衰于妻子。察此四者，慎终如始。《诗曰》：

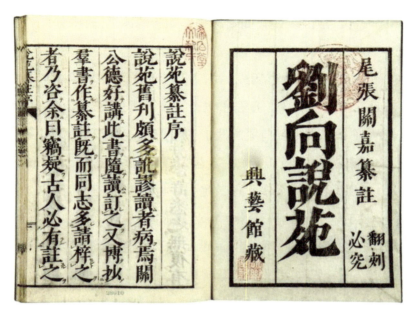

（西汉）刘向著、（日本）尾张关嘉纂注《刘向说苑纂注》，
日本宽正六年和刻本

'靡不有初，鲜克有终。'"

　　孔子之周，观于太庙，右陛之前有金人焉，三缄其口而铭其背曰："古之慎言人也，戒之哉！戒之哉！无多言，多口多败；无多事，多事多患。安乐必戒，无行所悔。勿谓何伤，其祸将长；勿谓何害，其祸将大；勿谓何残，其祸将然；勿谓莫闻，天妖伺人。荧荧不灭，炎炎奈何。涓涓不壅，将成江河。绵绵不绝，将成网罗。青青不伐，将寻斧柯。诚不能慎之，祸之根也。口是何伤？祸之门也。强梁者不得其死，好胜者必遇其敌。盗怨主人，民害其贵。君子知天下之不可盖也，故后之下之，使人慕之。执雌持下，莫能与之争者。人皆趋彼，我独守此。众人惑惑，我独不从。内藏我知，不与人论技。我虽尊高，人莫害我。夫江河长百谷者，以其卑下也。天道无亲，常与善人。戒之哉！戒之哉！"孔子顾谓弟子曰："记之，此言虽鄙，而中事

情。《诗》曰：'战战兢兢，如临深渊，如履薄冰。'行身如此，岂以口遇祸哉！"

孔子行游，中路闻哭者声，其音甚悲。孔子曰："驱之！驱之！前有异人音。"少进，见之，丘吾子也，拥镰带索而哭。孔子辟车而下，问曰："夫子非有丧也？何哭之悲也。"丘吾子对曰："吾有三失。"孔子曰："愿闻三失。"丘吾子曰："吾少好学问，周遍天下，还后吾亲亡，一失也；事君奢骄，谏不遂，是二失也；厚交友而后绝，三失也。树欲静乎风不定，子欲养吾亲不待。往而不来者，年也；不可得再见者，亲也。请从此辞。"则自刎而死。孔子曰："弟子记之，此足以为戒也。"于是弟子归养亲者十三人。

孔子论《诗》至于《正月》之六章，戄然曰："不逢时之君子，岂不殆哉？从上依世则废道，违上离俗则危身。世不与善，己独由之，则曰非妖则孽也。是以桀杀关龙逢，纣杀王子比干，故贤者不遇时，常恐不终焉。《诗》曰：'谓天盖高，不敢不局；谓地盖厚，不敢不蹐。'此之谓也。"

孔子见罗者，其所得者皆黄口也，孔子曰："黄口尽得，大爵独不得，何也？"罗者对曰："黄口从大爵者，不得；大爵从黄口者，可得。"孔子顾谓弟子曰："君子慎所从，不得其人，则有罗网之患。"

修身正行，不可以不慎。嗜欲使行亏，谗谀乱正心，众口使意回。忧患生于所忽，祸起于细微；污辱难湔洒，败事不可后追。不深念远虑，后悔当几何？夫徼幸者，伐性之斧也；嗜欲者，逐祸之马也；谩谀者，穷辱之舍也；取虐于人者，趋祸之路也。故曰：去徼幸，务忠信，节嗜欲，无取虐于人，则称为君子，名声常存。

怨生于不报，祸生于多福，安危存于自处，不困在于蚤豫，存亡在于得人，慎终如始，乃能长久。能行此五者，可以全身。己所不欲，勿施于人，是谓要道也。

魏公子牟东行，穰侯送之曰："先生将去冉之山东矣，独无一言以教冉乎？"魏公子牟曰："微君言之，牟几忘语君，君知夫官不与势期，而势自至乎？势不与富期，而富自至乎？富不与贵期，而贵自至乎？贵不与骄期，而骄自至乎？骄不与罪期，而罪自至乎？罪不与死期，而死自至乎？"穰侯曰："善，敬受明教。"

高上尊贤，无以骄人；聪明圣智，无以穷人；资给疾速，无以先人；刚毅勇猛，无以胜人。不知则问，不能则学。虽智必质，然后辩之；虽能必让，然后为之；故士虽聪明圣智，自守以愚；功被天下，自守以让；勇力距世，自守以怯；富有天下，自守以廉；此所谓高而不危，满而不溢者也。

颜回将西游，问于孔子曰："何以为身？"孔子曰："恭敬忠信，可以为身。恭则免于众，敬则人爱之，忠则人与之，信则人恃之。人所爱，人所与，人所恃，必免于患矣，可以临国家，何况于身乎？故不比数而比疏，不亦远乎？不修中而修外，不亦反乎？不先虑事，临难乃谋，不亦晚乎？"

凡司其身，必慎五本：一曰柔以仁，二曰诚以信，三曰富而贵毋敢以骄人，四曰恭以敬，五曰宽以静。思此五者，则无凶命，用能治敬，以助天时，凶命不至，而祸不来。友人者，非敬人也，自敬也；贵人者，非贵人也，自贵也。昔者，吾尝见天雨金石与血，吾尝见四月十日并出，有与天滑；吾尝见高山之崩，深谷之窒，大都王宫之破，大国之灭；吾尝见高山之为裂，深渊之沙竭，贵人之车裂；吾尝见稠林之无木，平原为溪谷，君子为御仆；吾尝见江河干为坑，正冬采榆叶，仲夏雨雪霜，千乘之君，万乘之主，死而不葬。是故君子敬以成其名，小人敬以除其刑，奈何无戒而不慎五本哉！

鲁有恭士，名曰机氾，行年七十，其恭益甚，冬日行阴，夏日行阳，市次不敢雁行，参行必随，坐必危，一食之间，三起不羞，见衣裘褐之士则为之礼。鲁君问曰："机子年甚长矣，不可释恭乎？"机氾对曰："君子好恭以成其名，小人学恭以除其刑，对君之坐，岂不安哉？尚有差跌；一食之上，岂不美哉？尚有哽噎。今若氾所谓幸者也，固未能自必。鸿鹄飞冲天，岂不高哉？矰缴尚得而加之。虎豹为猛，人尚食其肉，席其皮。誉人者少，恶人者多，行年七十，常恐斧质之加于氾者，何释恭为？"

成回学于子路三年，回恭敬不已，子路问其故何也？回对曰："臣闻之，行者比于鸟，上畏鹰鹯，下畏网罗。夫人为善者少，为谗者多，若身不死，安知祸罪不施？行年七十，常恐行节之亏，回是以恭敬待大命。"子路稽首曰："君子哉！"

孙叔敖为楚令尹，一国吏民皆来贺，有一老父衣粗衣，冠白冠，后来吊。孙叔敖正衣冠而出见之，谓老父曰："楚王不知臣不肖，使臣受吏民之垢，人尽来贺，子独后来吊，岂有说乎？"父曰："有说，身已贵而骄人者，民去之；位已高而擅权者，君恶之；禄已厚而不知足者，患处之。"孙叔敖再拜曰："敬受命，愿闻余教。"父曰："位已高而意益下，官益大而心益小，禄已厚而慎不敢取。君谨守此三者，足以治楚矣。"

王者知所以临下而治众，则群臣畏服矣；知所以听言受事，则不蔽欺矣；知所以安利万民，则海内必定矣；知所以忠孝事上，则臣子之行备矣。凡所以劫杀者，不知道术以御其臣下也。凡吏胜其职则事治，事治则利生；不胜其职则事乱，事乱则害成也。

百方之事，万变锋出：或欲持虚，或欲持实，或好浮游，或好诚必，或行安舒，或为飘疾。从此观之，天下不可一，圣王临天下而能一之。

意不并锐，事不两隆。盛于彼者必衰于此，长于左者必短于右。喜夜卧者不能蚤起也。

鸾设于镳，和设于轼。马动而鸾鸣，鸾鸣而和应，行之节也。

不富无以为大，不予无以合亲。亲疏则害，失众则败。不教而诛谓之虐，不戒责成谓之暴也。

夫水出于山而入于海，稼生于田而藏于廪，圣人见所生则知所归矣。

天道布顺，人事取予。多藏不用，是谓怨府。故物不可聚也。

汉代石刻拓片 ▎

一围之木持千钧之屋，五寸之键而制开阖，岂材足任哉？盖所居要也。

夫小快害义，小慧害道，小辨害治，苟心伤德，大政不险。

蛟龙虽神，不能以白日去其伦；飘风虽疾，不能以阴雨扬其尘。

邑名胜母，曾子不入；水名盗泉，孔子不饮。丑其声也。

不修其身，求之于人，是谓失伦；不治其内，而修其外，是谓大废。重载而危之，操策而随之，非所以为全也。

士横道而偃，四支不掩，非士之过，有土之羞也。

贤师良友在其侧，诗书礼乐陈于前，弃而为不善者，鲜矣。

义士不欺心，仁人不害生。谋泄则无功，计不设则事不成。贤士不事所非，不非所事。愚者行间而益固，鄙人饰诈而益野。声无细而不闻，行无隐而不明。至神无不化也，至贤无不移也。上不信，下不忠，上下不和，虽安必危。求以其道则无不得，为以其时则无不成。

时不至，不可强生也；事不究，不可强求也。

贞良而亡，先人余殃；猖蹶而活，先人余烈。权取重，度取长。才贤而任轻，则有名。不肖任大，身死名废。

士不以利移，不为患改，孝敬忠信之事立，虽死而不悔。智而用私，不如愚而用公，故曰巧伪不如拙诚。学问不倦，所以治己也；教诲不厌，所以治人也。所以贵虚无者，得以应变而合时也。冠虽故，必加于首；履虽新，必关于足。上下有分，不可相倍。一心可以事百君，百心不可以事一君，故曰正而心，又少而言。

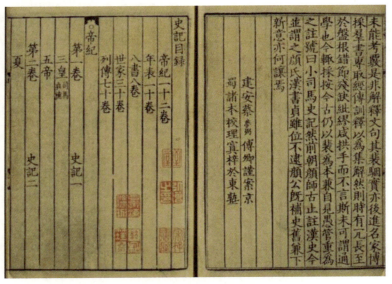

▎（西汉）司马迁《史记》，南宋乾道七年蔡梦弼刻本

天与不取，反受其咎；时至不迎，反受其殃。天地无亲，常与善人。天道有常，不为尧存，不为桀亡。积善之家，必有余庆；积恶之家，必有余殃。一噎之故，绝谷不食；一蹶之故，却足不行。心如天地

者明，行如绳墨者章。

位高道大者从，事大道小者凶。言疑者无犯，行疑者无从。蠹蝝仆柱梁，蚊虻走牛羊。

谒问析辞勿应，怪言虚说勿称。谋先事则昌，事先谋则亡。

无以淫泆弃业，无以贫贱自轻，无以所好害身，无以嗜欲妨生，无以奢侈为名，无以贵富骄盈。

喜怒不当，是谓不明，暴虐不得，反受其贼。怨生不报，祸生于福。

一言而非，四马不能追；一言不急，四马不能及。顺风而飞，以助气力；衔葭而翔，以备矰弋。

镜以精明，美恶自服；衡平无私，轻重自得。蓬生枲中，不扶自直；白砂入泥，与之皆黑。

时乎时乎！间不及谋。至时之极，间不容息；劳而不体，亦将自息；有而不施，亦将自得。

无不为者，无不能成也；无不欲者，无不能得也。众正之积，福无不及也；众邪之积，祸无不逮也。

力胜贫，谨胜祸；慎胜害，戒胜灾。为善者天报以德，为不善者天报以祸。君子得时如水，小人得时如火。

谤道己者，心之罪也；尊贤己者，心之力也。心之得，万物不足为也；心之失，独心不能守也。子不孝，非吾子也；交不信，非吾友也。食其口而百节肥，灌其本而枝叶茂。本伤者枝槁，根深者末厚。为善者得道，为恶者失道。恶语不出口，苟言不留耳。务伪不长，喜虚不久。义士不欺心，廉士不妄取。以财为草，以身为宝。慈仁少小，恭敬耆老。犬吠不惊，命曰金城；常避危殆，命曰不悔。富必念贫，壮必念老；年虽幼少，虑之必早。夫有礼者相为死，无礼者亦相为死。贵不与骄期，骄自来；骄不与亡期，亡自至。知者始于悟，终于谐；愚者始于乐，终于哀。高山仰止，景行行止，力虽不能，心必务为。慎终如始，常以为戒；战战慄慄，日慎其事。圣人之正，莫如安静；贤者之治，故与众异。

（明）张溥《汉魏百三名家》，清光绪年间刻本

好称人恶，人亦道其恶；好憎人者，亦为人所憎。衣食足，知荣辱；仓廪实，知礼节。江河之溢，不过三日；飘风暴雨，须臾而毕。

福生于微，祸生于忽。日夜恐惧，唯恐不卒。

已雕已琢，还反于朴，物之相反，复归于本。循流而下易以至，倍风而驰易以远。兵不豫定，无以待敌；计不先虑，无以应卒。中不方，名不章；外不圜，祸之门。直而不能枉，不可与大任；方而不能圜，不可与长存。慎之于身，无曰云云。狂夫之言，圣人择焉。能忍耻者安，能忍辱者存。唇亡而齿寒，河水崩，其怀在山。毒智者莫甚于酒，留事者莫甚于乐，毁廉者莫甚于色，摧刚者反己于弱。富在知足，贵在求退。先忧事者后乐，先傲事者后忧。福在受谏，存之所由也。恭敬逊让，精廉无谤；慈仁爱人，必受其赏。谏之不听，后无与争。举事不当，为百姓谤。悔在于妄，患在于唱。

蒲且修缴，凫雁悲鸣；逢蒙抚弓，虎豹晨嗥。河以委蛇故能远，山以凌迟故能高，道以优游故能化，德以纯厚故能豪。言人之善，泽于膏沐；言人之恶，痛于矛戟。为善不直，必终其曲；为丑不释，必终其恶。

一死一生，乃知交情；一贫一富，乃知交态；一贵一贱，交情乃见；一浮一没，交情乃出。德义在前，用兵在后。初沐者必拭冠，新浴者必振衣。败军之将，不可言勇；亡国之臣，不可言智。

坎井无鼋鼍者，隘也；园中无修林者，小也。小忠，大忠之贼也；小利，大利之残也。自清绝易，清人绝难；水激则悍，矢激则远。人激于名，不毁为声。下士得官以死，上士得官以生。祸福非从地中出，非从天上来，己自生之。

穷乡多曲学，小辩害大智，巧言使信废，小惠妨大义。不困在于早虑，不穷在于早豫。欲人勿知，莫若勿为；欲人勿闻，莫若勿言。

非所言勿言，以避其患；非所为勿为，以避其危；非所取勿取，以避其诡；非所争勿争，以避其声。明者视于冥冥，智者谋于未形；聪者听于无声，虑者戒于未成。世之溷浊而我独清，众人皆醉而我独醒。

乖离之咎，无不生也；毁败之端，从此兴也。江河大溃

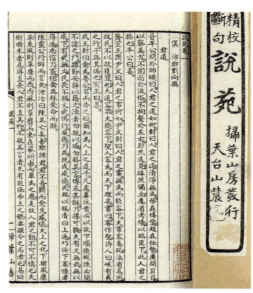

（西汉）刘向《说苑》，民国扫叶山房石印本

85

从蚁穴，山以小阤而大崩，淫乱之渐，其变为兴，水火金木转相胜。卑而正者可增，高而倚者且崩。直如矢者死，直如绳者称。

祸生于欲得，福生于自禁。圣人以心导耳目，小人以耳目导心。

为人上者，患在不明；为人下者，患在不忠。人知粪田，莫知粪心，端身正心，全以至今。见亡知存，见霜知冰。

广大在好利，恭敬在事亲。因时易以为仁，因道易以达人。营利者多患，轻诺者寡信。

欲贤者莫如下人，贪财者莫如全身。财不如义高，势不如德尊。父不能爱无益之子，君不能爱不轨之民。君不能赏无功之臣，臣不能死无德之君。问善御者莫如马，问善治者莫如民。以卑为尊，以屈为伸。

君子行德以全其身，小人行贪以亡其身。相劝以礼，相强以仁，得道于身，得誉于人。

知命者不怨天，知己者不怨人。人而不爱则不能仁，佞而不巧则不能信。言善毋及身，言恶毋及人。上清而无欲，则下正而民朴。来事可追也，往事不可及。无思虑之心则不达，无谈说之辞则不乐。

善不可以伪来，恶不可以辞去。近市无贾，在田无野，善不逆旅，非仁义刚武无以定天下。

水倍源则川竭，人倍信则名不达。义胜患则吉，患胜义则灭。五圣之谋，不如逢时；辩智明慧，不如遇世。有鄙心者，不可授便势；有愚质者，不可予利器。多易多败，多言多失。

冠履不同藏，贤不肖不同位。官尊者忧深，禄多者责大。积德无细，积怨无大。多少必报，固其势也。

枭逢鸠，鸠曰："子将安之？"枭曰："我将东徙。"鸠曰："何故？"枭曰："乡人皆恶我鸣，以故东徙。"鸠曰："子能更鸣可矣。不能更鸣，东徙犹恶子之声。"

圣人之衣也，便体以安身，其食也安于腹，适衣节食不听口目。

曾子曰："鹰鹫以山为卑，而增巢其上；鼋鼍鱼鳖以渊为浅，而穿穴其中。卒其所以得者，饵也。君子苟不求利禄，则不害其身。"

曾子曰："狎甚则相简也，庄甚则不亲。是故君子之狎足以交欢，庄足以成礼而已。"

曾子曰："入是国也，言信乎群臣，则留可也；忠行乎群臣，则仕可也；泽施乎百姓，则安可也。"

口者，关也；舌者，机也。出言不当，四马不能追也。口者，关也；舌者，兵也。出言不当，反自伤也。言出于己，不可止于人；行发于迩，不可止于远。夫言行者，君子之枢机，枢机之发，荣辱之本也，可不慎乎？故蒯子羽曰："言犹射也。栝既离弦，虽有所悔焉，不可从而追已。"《诗》曰："白圭之玷，尚可磨也，斯言之玷，不可为也。"

蝎欲类蚕，鳝欲类蛇，人见蛇蝎，莫不身洒然。女工修蚕，渔者持鳝，不恶何也？欲得钱也。逐鱼者濡，逐兽者趋，非乐之也，事之权也。

登高使人欲望，临渊使人欲窥，何也？处地然也。御者使人恭，射者使人端，何也？其形便也。

民有五死，圣人能去其三，不能去其二。饥渴死者，可去也；冻寒死者，可去也；罹五兵死者，可去也。寿命死者，不可去也；痈疽死者，不可去也。饥渴死者，中不充也；冻寒死者，外胜中也；罹五兵死者，德不忠也。寿命死者，岁数终也；痈疽死者，血气穷也。故曰中不止，外淫作。外淫作者多怨怪，多怨怪者疾病生。故清静无为，血气乃平。

百行之本，一言也。一言而适，可以却敌；一言而得，可以保国。响不能独为声，影不能倍曲为直，物必以其类及，故君子慎言出己。

负石赴渊，行之难者也，然申屠狄为之，君子不贵之也；盗跖凶贪，名如日月，与舜禹并传而不息，而君子不贵。

君子有五耻：朝不坐，燕不与，君子耻之；居其位，无其言，君子耻之；有其言，无其行，君子耻之；既得之，又失之，君子耻之；地有余而民不足，君子耻之。

君子虽穷，不处亡国之势；虽贫，不受乱君之禄。尊乎乱世，同乎暴君，君子耻之也。众人以毁形为耻，君子以毁义为辱。众人重利，廉士重名。

君子之言寡而实，小人之言多而虚。君子之学也，入于耳，藏于心，行之以身；君子之治也，始于不足见，终于不可及也。君子虑福弗及，虑祸百之。君子择人而取，不择人而与。君子实如虚，有如无。

君子有其备则无事。君子不以愧食，不以辱得；君子乐得其志，小人乐得其事；君子不以其所不爱，及其所爱也。

君子有终身之忧，而无一朝之患。顺道而行，循理而言；喜不加易，怒不加难。

君子之过犹日月之蚀也，何害于明？小人可也，犹狗之吠盗，狸之夜见，何益于善？夫智者不妄为，勇者不妄杀。

君子比义，农夫比谷。事君不得进其言，则辞其爵；不得行其义，则辞其禄。人皆知取之为取也，不知与之为取之。政有招寇，行有招耻，弗为而自至，天下未有。

猛兽狐疑，不若蜂虿之致毒

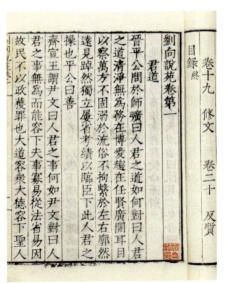

（西汉）刘向《说苑》，明嘉靖刻本

也；高议而不可及，不若卑论之有功也。

高山之巅无美木，伤于多阳也；大树之下无美草，伤于多阴也。

钟子期死而伯牙绝弦破琴，知世莫可为鼓也；惠施卒而庄子深瞑不言，见世莫可与语也。

修身者智之府也，爱施者仁之端也，取予者义之符也，耻辱者勇之决也，立名者行之极也。

进贤受上赏，蔽贤蒙显戮，古之通义也；爵人于朝，论人于市，古之通法也。

道微而明，淡而有功。非道而得，非时而生，是谓妄成。得而失之，定而复倾。

福者祸之门也，是者非之尊也，治者乱之先也。事无终始而患不及者，未之闻也。

枝无忘其根，德无忘其报，见利必念害身。故君子留精神寄心于三者，吉祥及子孙矣。

两高不可重，两大不可容；两势不可同，两贵不可双。夫重、容、同、双，必争其功。故君子节嗜欲，各守其足，乃能长久。夫节欲而听谏，敬贤而勿慢，使能而勿贱。为人君能行此三者，其国必强大而民不去散矣。

默无过言，悫无过事。木马不能行，亦不费食。骐骥日驰千里，鞭棰不去其背！

寸而度之，至丈必差；铢而称之，至石必过；石称丈量，径而寡失；简丝数米，烦而不察。故大较易为智，曲辩难为慧。

吞舟之鱼，荡而失水，制于蝼蚁者，离其居也；猿猴失木，禽于狐貉者，非其处也。腾蛇游雾而生，腾龙乘云而举。猿得木而挺，鱼得水而骛，处地宜也。

君子博学，患其不习；既习之，患其不能行之；既能行之，患其不能以让也。

君子不羞学，不羞问。问讯者，知之本；念虑者，知之道也。此言贵因人知而加知之，不贵独自用其知而知之。

天地之道，极则反，满则损。五采曜眼，有时而渝；茂木丰草，有时而落。物有盛衰，安得自若。

孔子曰："存亡祸福，皆在己而已，天灾地妖，亦不能杀也。"故妖孽者，天所以警天子诸侯也；恶梦者，所以警士大夫也。故妖孽不胜善政，恶梦不胜善行也。至治之极，祸反为福。故太甲曰："天作孽，犹可违；自作孽，不可逭。"

《刘子政集》

解读

《说苑》是西汉学者刘向的一部著作。

刘向（前77～前6年），原名刘更生，字子政，沛郡丰邑（今江苏省徐州市）人。汉朝宗室大臣、文学家，楚元王刘交（汉高祖刘邦异母弟）之玄孙，经学家刘歆之父。曾奉命领校秘书，所撰《别录》，是我国最早的图书公类目录。今存《新序》《说苑》《列女传》《战国策》《五经通义》。编订《楚辞》，与儿子刘歆共同编订《山海经》。

《说苑》又名《新苑》，是古代杂史小说集，原20卷，按各类记述春秋战国至汉代的逸闻轶事，每类之前列总说，事后加按语。其中以记述诸子言行为主，不少篇章中有关于治国安民、家国兴亡的哲理格言。主要体现了儒家的哲学思想、政治理想以及伦理观念。在内容安排上，每章多以故事形式出现，以叙述为主，兼有议论，说理都在叙事当中，善用比喻、类比等表达方式来阐述儒家的治国思想，同时兼有道家、墨家、法家的一些主张。

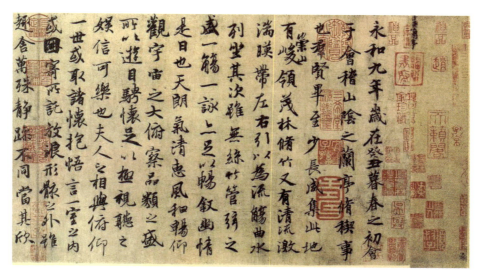

（东晋）王羲之《兰亭序》（局部）

《说苑》不仅是皇帝和大臣治国理政的资政著作，而且也是士大夫修身做人的参考书。在书中，作者以历史典故、先贤名人名句、借助各种比喻等形式，对为人处世、存亡祸福、名利得失等都有非常好的论述，如"巧诈不如拙诚"，"君子之言寡而实，小人之言多而虚"，"耳闻不如目见，目见不如足践"，"谋先事则昌，事先谋则亡"，"得其所利，必虑其所害；乐其所成，必顾其所败"，"成大功者不小苟"，"临官莫如平，临财莫如廉"，"士不以利移、不为患改"，"水浊则鱼困，令苛则民乱"，"患生于所忽，祸起于细微"，"力胜贫，谨胜祸，慎胜害，戒胜灾"，等等。

扬雄《法言》：修其身而后交，善其谋而后动

学，行之，上也；言之，次也；教人，又其次也。咸无焉，为众人。

（西汉）扬雄像

或曰："人羡久生，将以学也，可谓好学已乎？"曰："未之好也。学不羡。"

天之道不在仲尼乎？仲尼，驾说者也，不在兹儒乎？如将复驾其所说，则莫若使诸儒金口而木舌。

或曰："学无益也，如质何？"曰："未之思矣。夫有刀者砻诸，有玉者错诸，不砻不错，焉攸用？砻而错诸，质在其中矣。否则辍。"

螟蛉之子，殪而逢蜾蠃，祝之曰："类我，类我。"久则肖之矣！速哉！七十子之肖仲尼也。

学以治之，思以精之，朋友以磨之，名誉以崇之，不倦以终之，可谓好学也已矣。

孔子习周公者也，颜渊习孔子者也。羿、逢蒙分其弓，良舍其策，般投其斧而习诸，孰曰非也？或曰："此名也，彼名也，处一焉而已矣。"曰："川有渎，山有岳，高而且大者，众人所能逾也。"

或问："世言铸金，金可铸与？"曰："吾闻，觌君子者问铸人，不问铸金。"或曰："人可铸与？"曰："孔子铸颜渊矣。"或人踧尔曰："旨哉！问铸金，得铸人。"

学者，所以修性也。视、听、言、貌、思，性所有也。学则正，否则邪。

师哉！师哉！桐子之命也。务学不如务求师。师者，人之模范也。模不模，范不范，为不少矣。

一鬨之市，不胜异意焉；一卷之书，不胜异说焉。一鬨之市，必立之平；一卷之书，必立之师。

习乎习，以习非之胜是也，况习是之胜非乎？于戏，学者审其是而已矣！或曰："焉知是而习之？"曰："视日月而知众星之蔑也，仰圣人而知众说之小也。"学之为王者事，其已久矣。尧、舜、禹、汤、文、武汲汲，仲尼皇皇，其已久矣。

或问"进"，曰："水。"或曰："为其不舍昼夜与？"曰："有是哉！满而后渐者，其水乎！"

或问"鸿渐"，曰："非其往不往，非其居不居，渐犹水乎！""请问木渐。"曰："止于下而渐于上者，其木也哉？亦犹水而已矣！"吾未见好斧藻其德若斧藻其楶者也。

鸟兽触其情者也，众人则异乎！贤人则异众人矣，圣人则异贤人矣。礼义之作，有以矣夫。人而不学，虽无忧，如禽何？

学者，所以求为君子也。求而不得者有矣，夫未有不求而得之者也。

睎骥之马，亦骥之乘也；睎颜之人，亦颜之徒也。

或曰："颜徒易乎？"曰："睎之则是。"曰："昔颜尝睎夫子矣，正考甫尝睎尹吉甫矣，公子奚斯尝睎尹吉甫矣。不欲睎则已矣，如欲睎，孰御焉？"

或曰："书与经同而世不尚，治之可乎？"曰："可。"或人哑尔笑曰："须以发策决科。"曰："大人之学也为道，小人之学也为利。

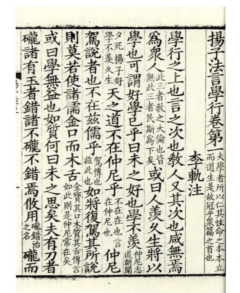

（西汉）扬雄《法言》，清嘉庆二十三年秦氏石研斋影刊宋本

子为道乎？为利乎？"

或曰："耕不获，猎不飨，耕猎乎？"曰："耕道而得道，猎德而得德，是获飨已。吾不睹参、辰之相比也，是以君子贵迁善。迁善者，圣人之徒与？百川学海而至于海，丘陵学山不至于山，是故恶夫画也。"

频频之党，甚于鸒斯，亦贼夫粮食而已矣。朋而不心，面朋也；友而不心，面友也。

或谓："子之治产，不如丹圭之富。"曰："吾闻先生相与言，则以仁与义；市井相与言，则以财与利。如其富！如其富！"

或曰："先生生无以养也，死无以葬也，如之何？"曰："以其所以养，养之至也；以其所以葬，葬之至也。"

或曰："猗顿之富以为孝，不亦至乎？颜其馁矣。"曰："彼以其粗，颜以其精；彼以其回，颜以其贞。颜其劣乎！颜其劣乎！"

或曰："使我纡朱怀金，其乐不可量也！"曰："纡朱怀金者之乐，不如颜氏子之乐。颜氏子之乐也内，纡朱怀金者之乐也外。"

或曰："请问屡空之内。"曰："颜不孔，虽得天下，不足以为乐。""然亦有苦乎？"曰："颜苦孔之卓之至也。"或人瞿然曰："兹苦也，祇其所以为乐也与？"曰："有教立道，无止仲尼；有学术业，无止颜渊。"

或曰："立道仲尼，不可为思矣。术业颜渊，不可为力矣。"曰："未之思也，孰御焉？"

君子之道有四易：简而易用也，要而易守也，炳而易见也，法而易言也。

震风陵雨，然后知夏屋之为帲幪也；虐政虐世，然后知圣人之为郛郭也。

古者杨墨塞路，孟子辞而辟之，廓如也。后之塞路者有矣，窃自比于孟子。

或曰："人各是其所是而非其所非，将谁使正之？"曰："万物纷错则悬诸天，众言淆乱则折诸圣。"

或曰："恶睹乎圣而折诸？"曰："在则人，亡则书，其统一也。"

修身以为弓，矫思以为矢，立义以为的，奠而后发，发必中矣。

人之性也善恶混。修其善则为善人，修其恶则为恶人。气也者，所以适善恶之马也与？

或曰："孔子之事多矣，不用，则亦勤且忧乎？"曰："圣人乐天知命。乐天则不勤，知命则不忧。"

或问"铭"，曰："铭哉！铭哉！有意于慎也。"

圣人之辞，可为也；使人信之，所不可为也。是以君子强学而力行。

珍其货而后市，修其身而后交，善其谋而后动，成道也。

君子之所慎：言、礼、书。

上交不谄，下交不骄，则可以有为矣。

或曰："君子自守，奚其交？"曰："天地交，万物生；人道交，功勋成。奚其守？"

好大而不为，大不大矣；好高而不为，高不高矣。

仰天庭而知天下之居卑也哉！

或问"仁、义、礼、智、信之用"，曰："仁，宅也；义，路也；礼，服也；智，烛也；信，符也。处宅，由路，正服，明烛，执符，君子不动，动斯得矣。"有意哉！孟子曰："夫有意而不至者有矣，未有无意而至者也。"

或问"治己"，曰："治己以仲尼。"或曰："治己以仲尼，仲尼奚寡也？"曰："率马以骥，不亦可乎。"

或曰："田圃田者莠乔乔，思远人者心忉忉。"曰："日有光，月有明。三年不目日，视必盲；三年不目月，精必蒙。荧魂旷枯，糟莩旷沉。擿埴索涂，冥行而已矣。"

或问："何如斯谓之人？"曰："取四重，去四轻，则可谓之人。"曰："何谓四重？"曰："重言，重行，重貌，重好。言重则有法，行重则有德，貌重则有威，好重则有观。""敢问四轻。"曰："言轻则招忧，行轻则招辜，貌轻则招辱，好轻则招淫。"

或曰："日昃不食肉，肉必干；日昃不饮酒，酒必酸。宾主百拜而酒三行，不已华乎？"曰："实无华则野，华无实则贾，华实副则礼。"

山雌之肥，其意得乎！或曰："回之箪瓢，臞，如之何？"曰："明明在上，百官牛羊亦山雌也；闇闇在上，箪瓢捽茹亦山雌也。何其臞？千钧之轻，乌获力也；箪瓢之乐，颜氏德也。"

天下有三好：众人好己从，贤人好己正，圣人好己师。

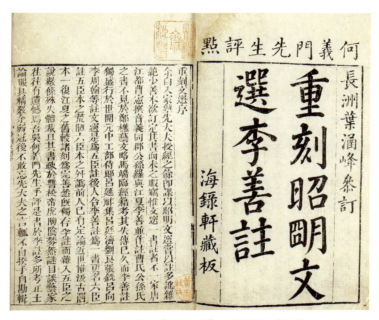

（南朝）萧统编、（唐）李善注《昭明文选》，清乾隆海录轩刊本

天下有三检：众人用家检，贤人用国检，圣人用天下检。

天下有三门：由于情欲，入自禽门；由于礼义，入自人门；由于独智，入自圣门。

"士何如斯可以褆身？"曰："其为中也弘深，其为外也肃括，则可以褆身矣！"

君子微慎厥德，悔吝不至，何元憝之有？

上士之耳训乎德，下士之耳顺乎己。

言不惭，行不耻者，孔子惮焉。

吉人凶其吉，凶人吉其凶。

諝言败俗，諝好败则，姑息败德。君子谨于言，慎于好，亟于时。

吾不见震风之能动聋聩也。

或问"君子"，"在治曰若凤，在乱曰若凤。"或人不谕。曰："未之思矣！"曰："治则见，乱则隐。鸿飞冥冥，弋人何慕焉？鹪明遴集，食其洁者矣！凤鸟跄跄，匪尧之庭。"

或问"活身"，曰："明哲。"

或曰："童蒙则活，何乃明哲乎？"曰："君子所贵，亦越用明，保慎其身也。如庸行翳路，冲冲而活，君子不贵也。"

或问："韩非作《说难》之书而卒死乎说难，敢问何反也？"曰："说难，盖其所以死乎？"曰："何也？"曰："君子以礼动，以义止，合则进，否则退，确乎不忧其不合也。夫说人而忧其不合，则亦无所不至矣！"

或曰："说之不合，非忧邪？"曰："说不由道，忧也；由道而不合，非忧也。"

或问"哲"，曰："旁明厥思。"问"行"，曰："旁通厥德。"

或曰："君子爱日乎？"曰："君子仕则欲行其义，居则欲彰其道。事不厌，教不倦，焉得曰？"

或问"大人"，曰："无事从小为大人。""请问小。"曰："事非礼义为小。"

圣人之言远如天，贤人之言近如地。

或问："何如动而见畏？"曰："畏人。""何如动而见侮？"曰："侮人。夫见畏与见侮，无不由己。"

或问："君子言则成文，动则成德，何以也？"曰："以其弸中而彪外也。般之挥斤，羿之激矢。君子不言，言必有中也；不行，行必有称也。"或问："君子之柔刚。"曰："君子于仁也柔，于义也刚。"

或问"君子似玉"，曰："纯沦温润，柔而坚，玩而廉，队乎其不可形也。"

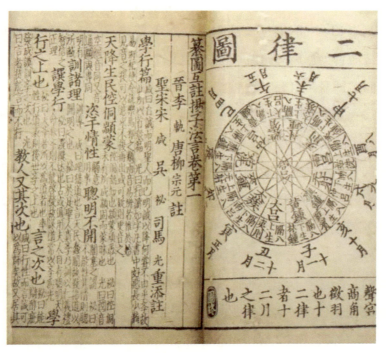

（西汉）扬雄著、（宋）司马光等注《纂图互注扬子法言》，南宋景定元年建阳书坊刻本

君子好人之好，而忘己之好；小人好己之恶，而忘人之好。

或曰："子于天下则谁与？"曰："与夫进者乎！"

或曰："贪夫位也，慕夫禄也，何其与？"曰："此贪也，非进也。夫进也者，进于道，慕于德，殷之以仁义。进而进，退而退，日孳孳而不自知倦者也。"

或曰："进进则闻命矣，请问退进。"曰："昔乎，颜渊以退为进，天下鲜俪焉。"或曰："若此，则何少于必退也？"曰："必进易俪，必退易俪也。进以礼，退以义，难俪也。"

人必先作，然后人名之；先求，然后人与之。人必其自爱也，而后人爱诸；人必其自敬也，而后人敬诸。自爱，仁之至也；自敬，礼之至也。未有不自爱敬而人爱敬之者也。

《四部丛刊》

解读

《法言》为西汉扬雄的一部政论著作。

扬雄（前53～18年），字子云，蜀郡成都人。西汉末年思想家、文学家、教育家。他为人清静无为，恬淡于功名富贵，也不愿为谋取世人称誉而矫饰自己的行为。年轻时喜好辞赋，以司马相如的作品为效法的楷模。汉成帝时来到京城，任黄门侍郎。由于不善于巴结权贵，故长期不得升迁。直至王莽称帝后，按年资才转为大夫，其工作只是在天禄阁上校书而已。扬雄在文学上的成就，不亚于司马相如，如他的四篇《甘泉赋》《河东赋》《羽猎赋》《长杨赋》，用词华丽，构思壮阔，思想深刻，后世因此把他和司马相如并称为"扬马"。

《法言》是扬雄晚年之作，成书于王莽称帝前夕。史称《法言》为扬雄模仿《论语》而作，至于取名《法言》，则本于《论语·子罕篇》"法语之言，能无从乎"和《孝经·卿大夫章》"非先王之法言不敢道"。法有准则和使物平直的意思，所以法言就是作为准则而对事情的是非给以评判之言。扬雄作《法言》一书，主要是为了明辨是非，针对当时学界呈现出来的各逞其智、诋毁圣人、怪迂析辩诡辞等，予以驳斥和辨析。本书共13卷，标题依次为：学行、吾子、修身、问道、问神、问明、寡见、五百、先知、重黎、渊骞、君子、孝至。《法言》文简而奥，于重教、劝学、行道、修德和尊师等方面均有精辟观点。扬雄认为，为利禄而学，终究不过是个小人而已，要想学为君子，就必须像圣人那样"重其道而轻其禄"，必须在学习、修身上下大功夫不可。他指出："君子强学而力行"，以"百川学海而至于海，丘陵学山不至于山"为喻，说明学习必须持之以恒，方能达到目标。道德修养也是如此，他指出："常修德者，本也；见异而修德者，末也；本末不修而存者，未之有也。"他强调时时刻刻都应躬行正道而排除杂念，即所谓"君子正而不他"，"动则成德"。扬雄在《法言》中还专门开辟"修身"篇，认为："修身以为弓，矫思以为矢，立义以为的，奂而后发，发必中矣。"具体地说，就是要依照儒家伦理的"五常"准则来修行。在书中，他还提出了一系列名言名句，诸如"君子好人之好，而忘己之好；小人好己之恶，而忘人之好"，"人必其自爱也，然后人爱之；人必其自敬也，然后人敬之"，"上交不诎，下交不骄"，"雕虫小技，壮夫不为"，"人必先做，然后人名之；先求，然后人与之"，等等，都是做人处世的基本方法。

崔瑗《座右铭》: 无使名过实，守愚圣所臧

无道人之短，无说己之长。

施人慎勿念，受施慎勿忘。

世誉不足慕，唯仁为纪纲。

隐心而后动，谤议庸何伤？

无使名过实，守愚圣所臧。

在涅贵不淄，暧暧内含光。

柔弱生之徒，老氏诫刚强。

硁硁鄙夫介，悠悠故难量。

（清）吴让之小篆《崔子玉座右铭》

101

慎言节饮食，知足胜不祥。

行之苟有恒，久久自芬芳。

《昭明文选》

解读

《座右铭》是东汉学者崔瑗所作铭文。

崔瑗（77～142年），字子玉，涿郡安平（今河北安平）人。他是东汉著名学者崔骃的中子。早孤，锐志好学，年四十余始为郡吏，但仕途颇为波折，曾经被举为茂才，迁汲县令，视事七年，为百姓用歌颂赞。汉安初年，迁济北相。临终遗命其子崔寔："夫人禀天地之气以生，及其终也，归精于天，还骨于地，何地不可藏形骸，勿归乡里。"崔寔遵守遗命，送葬洛阳。崔瑗父亲崔骃、儿子崔寔、侄子崔烈都是著名的学者，《后汉书·崔骃传》称："崔氏世有美才，兼以沉沦典籍，遂为儒家文林。"

《座右铭》全文共20句，100字，抒发了作者为人处世的基本态度和基本立场，其中每两句构成一个意思，而且这两句的意思往往又是相反、相对甚至相矛盾的。在《座右铭》中，他认为君子能够不断地自省自查自纠，不要直言他人的短处，不要自我张扬。对人，施恩于他人不要再想，但接受他人的恩惠要铭记在心。处世，无论是赞誉，还是毁谤，都要坦然视之、淡然对之。坚持以正确的人生准则衡量自己的得失，审视自己的言行，在行动之前先审度自己的心是否合乎"仁"。在做人的方式上，强调外柔内刚，以柔取胜；不仅"慎言"，也要做到"节饮食"。

王符《潜夫论》：祸福无门，惟人所召

语曰："人惟旧，器惟新。昆弟世疏，朋友世亲。"此交际之理，人之情也。今则不然，多思远而忘近，背故而向新；或历载而益疏，或中路而相捐，悟先圣之典戒，负久要之誓言。斯何故哉？退而省之，亦可知也。势有常趣，理有固然。富贵，则人争附之，此势之常趣也；贫贱，则人争去之，此理之固然也。

夫与富贵交者，上有称举之用，下有货财之益。与贫贱交者，大有赈贷之费，小有假借之损。今使官人虽兼桀、跖之恶，苟结驷而过士，士犹以为荣而归焉，况其实有益者乎？使处子虽苞颜、闵之贤，苟被褐而造门，人犹以为辱而恐其复来，况其实有损者乎？

故富贵易得宜，贫贱难得适。好服谓之奢僭，恶衣谓之困厄，徐

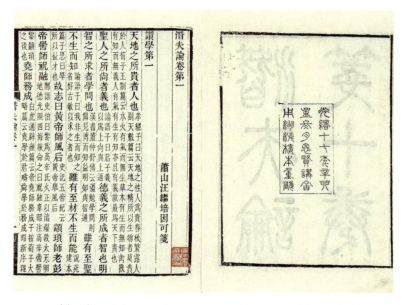

（东汉）王符著、（清）汪继培笺《潜夫论》，清光绪十七年思贤讲舍刻本

行谓之饥馁，疾行谓之逃责，不候谓之倨慢，数来谓之求食。空造以为无意，奉赞以为欲贷，恭谦以为不肖，抗扬以为不德。此处子之羁薄，贫贱之苦酷也。

夫处卑下之位，怀《北门》之殷忧，内见谪于妻子，外蒙讥于士夫。嘉会不从礼，钱御不逮众，货财不足以合好，力势不足以杖急。欢忻久交，情好旷而不接，则人无故自废疏矣。渐疏，则贱者逾自嫌而日引，贵人逾务党而忘之。夫以逾疏之贱，伏于下流，而望日忘之贵，此《谷风》所为内摧伤，而介推所以赴深山也。

夫交利相亲，交害相疏。是故长誓而废，必无用者也。交渐而亲，必有益者也。俗人之相于也，有利生亲，积亲生爱，积爱生是，积是生贤，情苟贤之，则不自觉心之亲之、口之誉之也。无利生疏，积疏生憎，积憎生非，积非生恶，情苟恶之，则不自觉心之外之、口之毁之也。是故富贵虽新，其势日亲；贫贱虽旧，其势日疏，此处子所

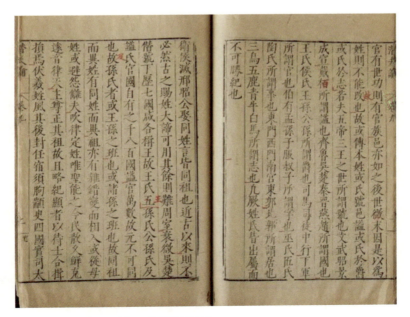

（东汉）王符《潜夫论》，明万历程荣刻本

以不能与官人竞也。世主不察朋交之所生，而苟信贵臣之言，此絜士所以独隐翳，而奸雄所以党飞扬也。

且夫怨恶之生，若二人偶焉。苟相对也，恩情相向，推极其意，精诚相射，贯心达髓，爱乐之隆，轻相为死，是故侯生、豫子刎颈而不恨。苟相背也，心情乖舛，推极其意，分背奔驰，穷东极西，心尚未快，是故陈余、张耳老相吞灭而无感痛。从此观之，交际之理，其情大矣。非独朋友为然，君臣夫妇亦犹是也。当其欢也，父子不能间；及其乖也，怨雠不能先。是故圣人常慎微以敦其终。

富贵未必可重，贫贱未必可轻。人心不同好，度量相万亿。许由让其帝位，俗人有争县职；孟轲辞禄万钟，小夫贪于升食。故曰：鹑鷃群游，终日不休，乱举聚跱，不离蒿茆；鸿鹄高飞，双别乖离，通千达万，志在陂池。鸾凤翔翔黄历之上，徘徊太清之中，随景风而飘飖，时抑扬以从容，意犹未得，喈喈然长鸣，蹶号振翼，陵朱云，薄

（清）王谟《汉魏丛书》，清乾隆刻本

105

斗极，呼吸阳露，旷旬不食，其意尚犹嗛嗛如也。三者殊务，各安所为。是以伯夷采薇而不恨，巢父木栖而自愿。由斯观诸，士之志量，固难测度。凡百君子，未可以富贵骄贫贱，谓贫贱之必我屈也。

《诗》云："德辎如毛，民鲜克举之。"世有大难者四，而人莫之能行也，一曰恕，二曰平，三曰恭，四曰守。夫恕者仁之本也，平者义之本也，恭者礼之本也，守者信之本也。四者并立，四行乃具，四行具存，是谓真贤。四本不立，四行不成；四行无一，是谓小人。

所谓恕者，君子之人，论彼恕于我，动作消息于心。己之所无，不以责下；我之所有，不以讥彼。感己之好敬也，故接士以礼；感己之好爱也，故遇人有恩。己欲立而立人，己欲达而达人。善人之忧我也，故先劳人；恶人之忘我也，故常念人。凡品则不然，论人不恕己，动作不思心。无之己而责之人，有之我而讥之彼。己无礼而责人敬，己无恩而责人爱。贫贱则非人初不我忧也，富贵则是我之不忧人也。行己若此，难以称仁矣。

所谓平者，内怀鸤鸠之恩，外执砥矢之心。论士必定于志行，毁誉必参于效验。不随俗而雷同，不逐声而寄论。苟善所在，不讥贫贱；苟恶所错，不忌富贵。不谄上而慢下，不厌故而敬新。凡品则不然，内偏颇于妻子，外僭惑于知友。得则誉之，怨则谤之。平议无埤的，讥誉无效验。苟阿贵以比党，苟剽声以群吠。事富贵如奴仆，视贫贱如佣客；百至秉权之门，而不一至无势之家。执心若此，难以称义矣。

所谓恭者，内不敢傲于室家，外不敢慢于士大夫。见贱如贵，视少如长。其礼先入，其言后出。恩意无不答，礼敬无不报。睹贤不居其上，与人推让。事处其劳，居从其陋；位安其卑，养甘其薄。凡品则不然，内慢易于妻子，外轻侮于知友。聪明不别真伪，心思不别善丑。愚而喜傲贤，少而好陵长。恩意不相答，礼敬不相报。睹贤不相推，会同不能让。动欲择其佚，居欲处其安；养欲擅其厚，位欲争其尊。见人谦让，因而嗤之；见人恭敬，因而傲之。如是而自谓贤能智能。为行如此，难以称忠矣。

所谓守者，心也。有度之士，情意精专，心思独睹。不驱于险墟之俗，不惑于众多之口。聪明悬绝，秉心塞渊。独立不惧，遁世无闷。心坚金石，志轻四海。故守其心而成其信。凡器则不然，内无持操，外无准仪。倾侧险诐，求同于心。口无定论，不恒其德，二三其行。秉操如此，难以称信矣。

夫是四行者，其轻如毛，其重如山，君子以为易，小人以为难。孔子曰："仁远乎哉？我欲仁，仁斯至矣。"又称"知德者鲜"。俗之偏党，自古而然，非乃今也。凡百君子，竞于骄僭，贪乐慢傲，如贾一倍以相高。苟能富贵，虽积狡恶，争称誉之，终不见非；苟处贫贱，恭谨只为不肖，终不见是。此俗化之所以浸败，而礼义之所以消衰也。

世有可患者三，三者何？曰：情实薄而辞称厚，念实忽而文想忧，怀不来而外克期。不信则惧失贤，信之则诖误人。此俗士可厌之甚者也。是故孔子疾夫言之过其行者，《诗》伤"蛇蛇硕言，出自口矣；巧言如簧，颜之厚矣"。

今世俗之交也，未相照察而求深固，探怀扼腕，拊心祝诅，苟欲相护论议而已。分背之日，既得之后，则相弃忘。或受人恩德，先以济度，不能拔举，则因毁之，为生瑕衅，明言我不遗力，无奈自不可尔。《诗》云："知我如此，不如无生。"先合而后忤，有初而无终，不若本无生意、强自誓也。

"君子屡盟，乱是用长。"大人之道，周而不比，微言相感，掩若同符，又焉用盟？孔子恂恂，似不能言者，又称闾阎言唯谨也。士贵有辞，亦憎多口，故曰："文质彬彬，然后君子。"与其不忠，刚毅木讷，尚近于仁。

呜呼哀哉！凡今之人，言方行圆，口正心邪，行与言谬，心与口违，论古则知称夷齐原颜，言今则必官爵职位，虚谈则知以德义为贤，贡荐则必阀阅为前。处子虽躬颜、闵之行，性劳谦之质，秉伊、吕之才，怀救民之道，其不见资于斯世也，亦已明矣。

世有莫盛之福，又有莫痛之祸。处莫高之位者，不可以无莫大之功；窃亢龙之极贵者，未尝不破亡也；成天地之大功者，未尝不蕃昌也。

凡山陵之高，非削成而崛起也，必步增而稍上焉；川谷之卑，非截断而颠陷也，必陂池而稍下焉。是故，积上不止，必致嵩山之高；积下不已，必极黄泉之深。

非独山川也，人行亦然。有布衣积善不怠，必致颜、闵之贤；积恶不休，必致桀、跖之名。非独布衣也，人臣亦然。积正不倦，必生节义之志；积邪不止，必生暴弑之心。非独人臣也，国君亦然。政教积德，必致安泰之福；举错数失，必致危亡之祸。故仲尼曰：汤、武非一善而王也，桀、纣非一恶而亡也。三代之废兴也，在其所积。积善多者，虽有一恶，是为过失，未足以亡；积恶多者，虽有一善，是为误中，未足以存。人君闻此，可以悚惧；布衣闻此，可以改容。

是故君子战战栗栗，日慎一日，克己三省，不见是图。孔

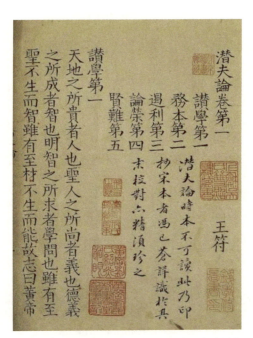

（东汉）王符《潜夫论》，清顺治五年冯舒家影宋钞本

子曰："善不积不足以成名，恶不积不足以灭身。小人以小善谓无益而不为也，以小恶谓无伤而不去也，是以恶积而不可掩，罪大而不可解也。"此蹶蹶所以迷国而不返，三季所以遂往而不振者也。

知己曰明，自胜曰强。夫有不善未尝不知，知之未尝复行，此颜子所以称"庶几"也。诗曰："天保定尔，亦孔之固。俾尔单厚，胡福不除？俾尔多益，以莫不庶。"善也，此言也，言天保佐王者，定其性命，甚坚固也。使汝信厚，何不治？而多益之，甚庶众焉。不遵履五常，顺养性命，以保南山之寿、松柏之茂也？

"德輶如毛。""为仁由己。""莫与芊蜂，自求辛螫。""祸福无门，惟人所召。""天之所助者顺也，人之所尚者信也。履信思乎顺，又以尚贤，是以'吉，无不利'也。"亮哉斯言，可无思乎！

《汉魏丛书》

解读

《潜夫论》是东汉思想家王符的一本著名政论著作。

王符生卒年月不可详考，大约生活于东汉末年。他是东汉思想激进的政论家、文学家、无神论者。王符一生隐居著书，崇俭戒奢，讥评时政得失。因"不欲章显其名"，故将所著书名之为《潜夫论》。

《潜夫论》共三十六篇，多数是讨论治国安民之术的政论文章，少数也涉及哲学问题。他对东汉后期政治社会提出了广泛尖锐的批判，涉及政治、经济、社会风俗各个方面。《潜夫论》在理想主张与精神品格上达到了很高的境界，其思想之纯正、浑厚，目光之冷静、犀利，批判之峻切、深刻，文笔之老成、持重，在两汉子书中都是出类拔萃的，正如《四库全书总目提要》中说："符书洞悉政体似《昌言》，而明切过之；辨别是非似《论衡》，而醇正过之。"在书中，他指出了做一个正人君子应该具有的品质，直斥当时存在的不良的人际关系的丑恶和低俗，提出了为人处世的四项原则"恕""平""恭""守"，这四项原则，"其轻如毛，其重如山，君子以为易，小人以为难。"并且要求君子处世要"战战栗栗，日慎一日，克己三省，不见是图"。在《潜夫论》中王符提出了很多为人处世的论断，如"剑不试则利钝暗，弓不试则劲挠诬，鹰不试则巧拙惑，马不试则良驽疑"，"一犬吠形，百犬吠声"，"志道者少友，逐俗者多俦"，"贤愚在心，不在贵贱；信欺在性，不在亲疏"，"无德而贿丰，祸之胎也"，"象以齿焚身，蚌以珠剖体"，"痛不著身言忍之，钱不出家言与之"，"贵富太盛，则必骄佚而生过"，"山林不能给野火，江海不能灌漏卮"，"与狐议裘，无时焉可"，"文质彬彬，然后君子"，等等，都具有一定的启发作用，至今仍然闪耀着智慧的光芒。

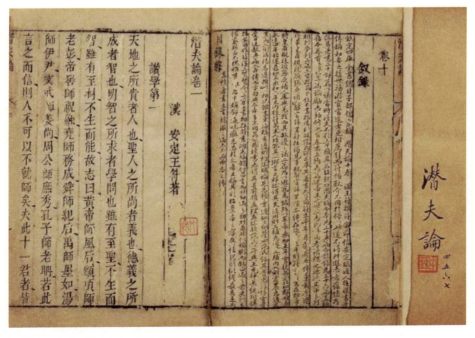

▎（东汉）王符《潜夫论》，清乾隆江苏巡抚采进本

荀悦《申鉴》：贞以为质，达以行之，志以成之

或问："凡寿者必有道，非习之功。"曰："夫惟寿，则惟能用道。惟能用道，则性寿矣。苟非其性也，修之不至也。学必至圣，可以尽性；寿必用道，所以尽命。"

或问曰："有养性乎？"曰："养性秉中和，守之以生而已。爱亲、爱德、爱力、爱神，之谓啬，否则不宜，过则不澹。故君子节宣其气，勿使有所壅闭滞底。昏乱百度则生疾，故喜怒哀乐思虑必得其中，所以养神也；寒暄盈虚消息必得其中，所以养神也。善治气者，由禹之治水也。若夫导引蓄气，历藏内视，过则失中，可以治疾，皆养性之非圣术也。夫屈者以乎伸也，蓄者以乎虚也，内者以乎外也。气宜宣而遏之，体宜调而矫之，神宜平而抑之，必有失和者矣。夫善

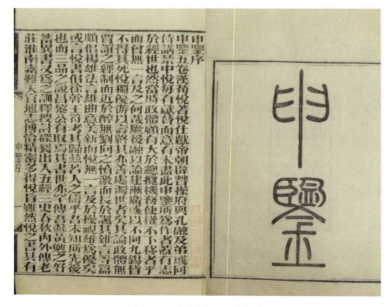

（东汉）荀悦《申鉴》，清光绪元年湖北崇文书局官刻本

养性者无常术，得其和而已矣。邻脐二寸谓之关，关者，所以关藏呼吸之气，以禀受四气也。故气长者以关息，气短者其息稍升，其脉稍促，其神稍越，至于以肩息而气舒，其神稍专，至于以关息而气衍矣。故道者，常致气于关，是谓要术。凡阳气生养，阴气消杀，和喜之徒，其气阳也，故养性者，崇其阳而绌其阴。阳极则亢，阴结则凝，亢则有悔，凝则有凶。夫物不能为春，天春而生，人则不然，存吾春而已矣。药者疗也，所以治疾也，无疾则勿药可也。肉不胜食气，况于药乎？寒斯热，热则致滞阴，药之用也，唯适其宜，则不为害，若已气平也，则必有伤。唯针火亦如之。故养性者，不多服也，唯在乎节之而已矣。"

或问："仁者寿，何谓也？"曰："仁者内不伤性，外不伤物，上不违天，下不违人，处正居中，形神以和，故咎征不至，而休嘉集之，寿之术也。"曰："颜、冉何？"曰："命也，麦不终夏，花不济春，如和气何？虽云其短，长亦在其中矣。"

或问曰："君子曷敦乎学？"曰："生而知之者寡矣，学而知之者众矣，悠悠之民，泄泄之士，明明之治，汶汶之乱，皆学废兴之由，敦之不亦宜乎？"

君子有三鉴，世人鉴镜，前惟顺，人惟贤，镜惟明。夏、商之衰，不鉴于禹、汤也；周、秦之弊，不鉴于民下也；侧弁垢颜，不鉴于明镜也。故君子惟鉴之务。若夫侧景之镜，亡鉴矣。

或曰："孟轲称人皆可以为尧舜，其信矣？"曰："人非下愚，则皆可以为尧舜矣。写尧舜之貌，同尧舜之姓则否；服尧之制，行尧之道，则可矣。行之于前，则古之尧舜也；行之于后，则今之尧舜也。"或曰："人皆可以为桀纣乎？"曰："行桀纣之事，是桀纣也。尧舜桀纣之事，常并存于世，唯人所用而已。杨朱哭歧路，所通逼者然也。

夫歧路恶足悲哉？中反焉。若夫县度之厄素，举足而已矣。损益之符，微而显也。赵获二城，临馈而忧；陶朱既富，室妾悲号。此知益为损之为益者也。屈伸之数，隐而昭也；有仍之困，复夏之萌也；鼎雉之异，兴殷之符也；邵宫之难，隆周之应也；会稽之柄，霸越之基也；子之之乱，强燕之征也。此知伸为屈之为伸者也。"

或问厉志，曰："若殷高宗能葺其德，药瞑眩以瘳疾，卫武箴戒于朝，勾践悬胆于坐，厉矣哉。"

宠妻爱妾，幸矣；其为灾也，深矣。"灾与幸，同乎？"曰："得则庆，否则灾。戚氏不幸不人豕，赵昭仪不幸不失命，栗姬不幸不废，钩弋不幸不忧殇，非灾而何？若慎夫人之知，班婕妤之贤，明德皇后之德，邵矣哉！"

为世忧乐者，君子之志也；不为世忧乐者，小人之志也。太平之世，事闲而民乐遍焉。

使籧者揖让百拜，非礼也；忧者弦歌鼓瑟，非乐也。礼者，敬而已矣；乐者，和而已矣。匹夫匹妇，处畎亩之中，必礼乐存焉尔。

东汉出土的画像砖"骖龙御雷车"

违上顺道，谓之忠臣；违道顺上，谓之谀臣。忠所以为上也，谀所以自为也；忠臣安于心，谀臣安于身。故在上者，必察乎违顺，审乎所为，慎乎所安。广川王弗察，故杀其臣；楚恭王察之而迟，故有遗言；齐宜王具察之矣，故赏鉴者。

或问"人君人臣之戒"，曰："莫匪戒也。""请问其要？"曰："君戒专欲，臣戒专利。"

云从于龙，风从于虎，凤仪于韶，麟集于孔，应也。出于此，应于彼；善则祥，祥则福；否则眚，眚则咎。故君子应之。

君子食和羹以平其气，听和声以平其志，纳和言以平其政，履和行以平其德。夫酸咸甘苦不同，嘉味以济谓之和羹；宫商角徵不同，嘉音以章谓之和声；臧否损益不同，中正以训谓之和言；趋舍动静不同，雅度以平谓之和行。人之言曰："唯其言而莫予违也"，则几于丧国焉。孔子曰："君子和而不同。"晏子亦云："以水济水，谁能食之；琴瑟一声，谁能听之。"《诗》云："亦有和羹，既戒且平。奏假无言，时靡有争。"此之谓也。

衣裳服者，不昧于尘涂，爱也。衣裳爱焉，而不爱其容止，外矣；容止爱焉，而不爱其言行，未矣；言行爱焉，而不爱其明，浅矣。故君子本神为贵，神和德平而道通，是为保真。

人之所以立德者三：一曰贞，二曰达，三曰志。贞以为质，达以行之，志以成之，君子哉。必不得已也，守一于兹，贞其主也。

人之所以立检者四：诚其心，正其志，实其事，定其分。心诚则神明应之，况于万民乎？志正则天地顺之，况于万物乎？事实则功立，分定则不淫。

或问："知人自知孰难？"曰："自知者，求诸内而近者也；知人者，求诸外面远者也，知人难哉！若极其数也，明。有内以识，有外以暗；或有内以隐，有外以显。然则知人自知，人则可以自知，未可以知人也。急哉，用己者不为异则异矣。

君子所恶乎异者三：好生事也，好生奇也，好变常也。好生事，则多端而动众；好生奇，则离道而惑俗；好变常，则轻法而乱度。故名不贵苟传，行不贵苟难。权为茂矣，其几不若经；辩为美矣，其理不若纫；文为显矣，其中不若朴；博为盛矣，其正不若约。莫不为道，知道之体，大之至也；莫不为妙，知神之几，妙之至也；莫不为正，知（阙一字）之至也。故君子必存乎三至，弗至，斯有守无谆焉。"

或问"守"，曰："圣典而已矣，若夫百家者，是谓无守。莫不为言，要其至矣：莫不为德，玄其奥矣；莫不为道，圣人其宏矣。圣人之道，其中道乎？是为九达。"

或曰："辞达而已矣。圣人以文其隩也有五：曰玄、曰妙、曰包、曰要、曰文。幽深谓之玄，理微谓之妙，数博谓之包，辞约谓之要，章成谓之文。圣人之文，成此五者，故曰不得已。"

君子乐天知命故不忧，审物明辨故不惑，定心致公故不惧。若乃所忧惧则有之，忧己不能成天性也，惧己惑之，忧不能免，天命无惑焉。

或问"性命"，曰："生之谓性也，形神是也，所认立生，终生者之谓命也，吉凶是也。夫生我之制，性命存焉尔，君子循其性以辅其命，休斯承，否斯守，无务焉，无怨焉。好宠者乘天命以骄，好恶者违天命以滥，故骄则奉之不成，滥则守之不终，好以取怠，恶以取甚，务以取福，恶以成祸，斯惑矣。"

或问天命人事。曰："有三品焉，上下不移，其中则人事存焉尔。命相近也，事相远也，则吉凶殊也。故曰：穷理尽性以至于命，孟子称性善，荀卿称性恶，公孙子曰'性无善恶'，扬雄曰'人之性善恶浑'，刘向曰'性情相应，性不独善，情不独恶'。"

问其理。曰："性善则无四凶；性恶则无三仁；人无善恶，文王之教一也，则无周公、管、蔡。性善情恶，是桀纣无性，而尧舜无情也；性善恶皆浑，是上智怀惠，而下愚挟善也。理也，未究矣。惟向言为然。"

或曰："人之于利，见而好之，能以仁义为节者，是性割其情也。性少情多，性不能割其情，则情独行为恶矣。"曰："不然。是善恶有多少也，非情也。有人如此，嗜酒嗜肉，肉胜则食焉，酒胜则饮焉，此二者相与争，胜者行矣。非情欲得酒，性欲得肉也。有人于此，好利好义，义胜则义取焉，利胜则利取焉，此二者相与争，胜者行矣，非情欲得利，性欲得义也。其可兼者，则兼取之，其不可兼者，则只取重焉，若苟只好而已，虽可兼取矣，若二好均平，无分轻重，则一俯一仰，乍进乍退。"

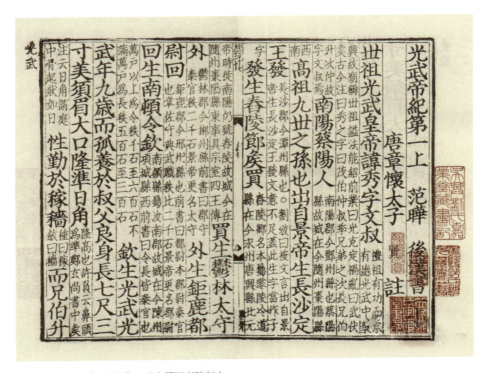

（南朝）范晔《后汉书》，宋白鹭洲书院刻本

或曰："请折于经。"曰："《易》称'乾道变化，各正性命'，是言万物各有性也。观其所感，而天地万物之情可见矣。是言情者，应感而动者也，昆虫草木，皆有性焉，不尽善也；天地圣人，皆称情焉，不主恶也。又曰：'《爻》《象》以情言'，亦如之。凡情意心志者，皆性动之别名也。'情见乎辞'，是称情也；'言不尽意'，是称意也；'中心好之'，是称心也：'以制其志'，是称志也。惟所宜，各称其名而已，情何主恶之有？故曰：'必也正名'。"

或曰："善恶皆性也，则法教何施？"曰："性虽善，待教而成；性虽恶，待法而消。唯上智下愚不移，其次善恶交争，于是教扶其善，法抑其恶，得施之九品，从教者半，畏刑者四分之三，其不移大数，九分之一也。一分之中，又有微移者矣。然则法教之于化民也，几尽之矣。及法教之失也，其为乱亦如之。"

或曰："法教得则治，法教失则乱，若无得无失，纵民之请，则治乱其中乎？"曰："凡阳性升，阴性降，升难而降易。善，阳也；恶，阴也。故善难而恶易。纵民之情，使自由之，则降于下者多矣。"曰："中焉在？"曰："法教不纯，有得有失，则治乱其中矣，纯德无慝，其上善也；伏而不动，其次也；动而不行，行而不远，远而能复，又其次也；其下者，远而不近也。凡此，皆人性也。制之者则心也，动而抑之，行而止之，与上同性也。行而弗止，远而弗近，与下同终也。"

君子嘉仁而不责惠，尊礼而不责意，贵德而不责怨，其责也先己，而行也先人。淫惠、曲意、私怨，此三者，实枉贞道，乱大德。然成败得失，莫匪由之，救病不给，其竟奚暇于道德哉？此之谓末俗。故君子有常交，曰义也；有常誓，曰信也。交而后亲，誓而后故，狭矣。太上不异古今，其次不异海内，同天下之志者，其盛德乎？大人之志，不可见也，浩然而同于道；众人之志，不可掩也，察然而流于俗。同于道，故不与俗浮沉。

或曰："修行者，不为人耻诸神明，其至也乎？"曰："未也。有耻者，本也；耻诸神明，其次也；耻诸人，外矣。夫唯外，则慝积于内矣。故君子审乎自耻。"

或曰："耻者，其志者乎？"曰："未也。夫志者，自然由人，何耻之有？赴谷必坠，失水必溺，人见之也；赴阱必陷，失道必沉，人不见之也，不察之。故君子慎乎所不察。不闻大论则志不宏，不听至言则心不固。思唐虞于上世，瞻仲尼于中古，而知大小道者之足羞也；想伯夷于首阳，省四皓于商山，而知夫秽志者之足耻也；存张骞于西极，念苏武于朔垂，而知怀间室者之足鄙也。推斯类也，无所不至矣。德比于上，欲比于下。德比于上，故知耻；欲比于下，故知足。耻而知之，则圣贤其可几；知足而已，则固陋其可安也。贤圣斯几，况其为慝乎？固陋斯安，况其为侈乎？是谓有检。纯乎纯哉，其上也，其次得概而已矣。莫匪概也，得其概，苟无邪，斯可矣。君子四省其身，怒不乱德，喜不义也。"

《龙溪精舍丛书》

解读

《申鉴》是东汉末思想家荀悦的政治、哲学论著。

荀悦（148～209年），字仲豫，颍川颍阴（今河南许昌）人。东汉史学家、政论家。汉灵帝时期宦官专权，荀悦隐居不出。献帝时，应曹操之召，任黄门侍郎，累迁至秘书监、侍中。侍讲于献帝左右，日夕谈论，深为献帝嘉许。后奉汉献帝命以《左传》体裁为班固《汉书》作《汉纪》。

《申鉴》是关于治国理政资政文，主要是针对统治者而言。当时荀悦志在匡辅献帝，因曹操揽政，"谋无所用，乃作《申鉴》"。意为重申历史经验，供皇帝借鉴。其中，荀悦特别讲到了做一个君子应如何修身养性，认为君子应该具有"嘉仁而不责惠，尊礼而不责意，贵德而不责怨，其责也先己"的品质，从养性方面，应该"节宣其气，勿使有所壅闭滞底"，要求君子要立三德："一曰贞，二曰达，三曰志"，要区分什么是"德"，什么是"欲"，君子最关键的不是"知足"，而是要"知耻"。

徐干《中论》：君子正己，言必有防，行必有检

人性之所简也，存乎幽微；人情之所忽也，存乎孤独。夫幽微者显之原也，孤独者见之端也，胡可简也，胡可忽也！是故君子敬孤独而慎幽微，虽在隐蔽，鬼神不得见其隙也。《诗》云"肃肃兔罝，施于中林"，处独之谓也。又有颠沛而不可乱者，则成王、季路其人也。昔者成王将崩，体被冕服，然后发顾命之辞；季路遭乱，结缨而后死白刃之

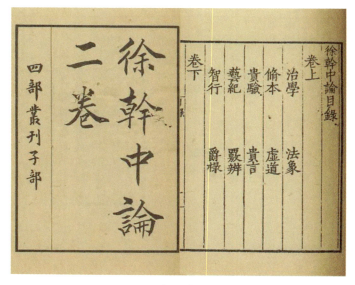

（三国）徐干《中论》，民国四部丛刊本

难。夫以崩亡之困，白刃之难，犹不忘敬，况于游宴乎？故《诗》曰"就其深矣，方之舟之；就其浅矣，泳之游之"，言必济也。

君子口无戏谑之言，言必有防；身无戏谑之行，行必有检。故言必有防，行必有检，虽妻妾不可得而黩也，虽朋友不可得而狎也。是以不愠怒而德行行于闺门，不谏谕而风声化乎乡党。《传》称大人正己，而物自正者，盖此之谓也。徒以匹夫之居犹然，况得意乎！故唐尧之帝允恭克让，而光被四表；成汤不敢怠遑，而奄有九域；文王只畏，而造彼区夏。《易》曰："观盥而不荐，有孚颙若。"言下观而化也。

祸败之由也，则有媟慢以为阶，可无慎乎！昔宋敏碎首于棊局，陈灵被祸于戏言，阎邶造逆于相诟，子公生弑于尝鼋。是故君子居身也谦，在敌也让，临下也庄，奉上也敬，四者备而怨咎不作，福禄从之。《诗》云："靖恭尔位，正直是与。神之听之，式谷以汝。"故君子之交人也，欢而不媟，和而不同，好而不佞诈，学而不虚行。易亲而

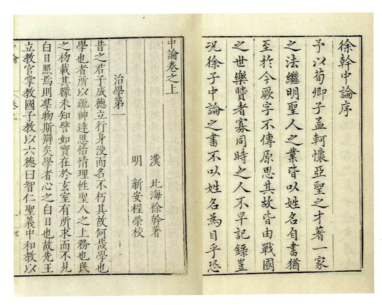

（三国）徐干《中论》，明末精刻本

难媚，多怨而寡非，故无绝交，无畔朋。《书》曰："慎始而敬，终以不困。"夫礼也者，人之急也，可终身蹈，而不可须臾离也。须臾离则慆慢之行臻焉，须臾忘则慆慢之心生焉，况无礼而可以终始乎！夫礼也者，敬之经也；敬也者，礼之情也。无敬无以行礼，无礼无以节敬，道不偏废，相须而行。是故能尽敬以从礼者，谓之成人。

过则生乱，乱则灾及其身。昔晋惠公以慢端而无嗣，文公以肃命而兴国；郤犨以傲享徵亡，冀缺以敬妻受服；子围以《大明》昭乱，蔿罢以既醉保禄；良霄以鹑奔丧家，子展以草虫昌族。君子感凶德之如彼，见吉德之如此。故立必磬折，坐必抱鼓；周旋中规，折旋中规。视不离乎结绘之间，言不越乎表著之位。声气可范，精神可爱，俯仰可宗，揖让可贵，述作有方，动静有常，帅礼不荒，故为万夫之望也。

事莫贵乎有验，言莫弃乎无徵。言之未有益也，不言未有损也。水之寒也，火之热也，金石之坚刚也，此数物未尝有言，而人莫不知其然者，信著乎其体也。使吾所行之信，若彼数物，而谁其疑我哉！今不信吾所行，而怨人之不信己，犹教人执鬼缚魅，而怨人之不得也，惑亦甚矣。孔子曰："欲人之信己也，则微言而笃行之。笃行之则用日久，用日久则事著明，事著明则有目者莫不见也，有耳者莫不闻也，其可诬哉！"故根深而枝叶茂，行久而名誉远。《易》曰："恒，亨。无咎，利贞。"言久于其道也。伊尹放太甲，展季覆寒女，商鲁之民不称淫篡焉，何则？积之于素也。故染不积则人不观其色，行不积则人不信其事。子思曰："同言而信，信在言前也；同令而化，化在令外也。"

谤言也皆缘类而作，倚事而兴，加其似者也。谁谓华岱之不高，江汉之不长与？君子修德，亦高而长之，将何患矣。故求己而不求诸人，非自强也，见其所存之富耳。子思曰："事自名也，声自呼也，貌自眩也，物自处也，人自官也，无非自己者。"故怨人之谓壅，怨己之谓通。通也知所悔，壅也遂所误。遂所误也亲戚离之，知所悔也疏远附之；疏远附也常安乐，亲戚离也常危惧；自生民以来，未有不然者也。殷纣为天子而称独夫，仲尼为匹夫而称素王，尽此类也。故善钓者不易渊而殉鱼，君子不降席而追道。治乎八尺之中，而德化光矣。古之人歌曰："相彼玄鸟，止于陵阪。仁道在近，求之无远。"

人情也莫不恶谤，而卒不免乎谤，其故何也？非爱致力而不已之也，已之之术反也。谤之为名也，逃之而愈至，距之而愈来，讼之而愈多。明乎此，则君子不足为也；暗乎此，则小人不足得也。帝舜屡省，禹拜昌言，明乎此者也；厉王蒙戮，吴起刺之，暗乎此者也。夫人也，皆书名前策，著形列图，或为世法，或为世戒，可不慎欤！曾子曰："或言予之善，予惟恐其闻；或言予之不善，惟恐过而见予之鄙色焉。"故君子服过也，非徒饰其辞而已。诚发乎中心，形乎容貌，其爱之也深，其更之也速，如追兔惟恐不逮，故有进业，无退功。《诗》曰："相彼脊令，载飞载鸣。我日斯迈，而月斯征。"迁善不懈之谓也。夫闻过而不改，谓之丧心；思过而不改，谓之失体。失体丧心之人，祸乱之所及也。

《周书》有言："人毋鉴于水，鉴于人也。鉴也者，可以察形；言也者，可以知德。小人耻其面之不及子都也，君子耻其行之不如尧、舜也。故小人贵明鉴，君子尚至言。至言也非贤友则无取之，故君子必求贤友也。《诗》曰："伐木丁丁，鸟鸣嘤嘤。出自幽谷，迁于乔木。"言朋友之义，务在切直以升于善道者也。故君子不友不如己者，非羞彼而大我也。不如己者须己而植者也。然则扶人不暇，将谁相我哉！吾之偾也，亦无日矣。故偾库则水纵，友邪则己僻也，是以君子慎取友也。孔子曰："居而得贤友，福之次也。"夫贤者，言足听，貌足象，行足法，加乎善奖人之美，而好摄人之过，其不隐也如影，其不讳也如响，故我之惮之，若严君在堂，而神明处室矣！虽欲为不善，其敢乎？故求益者之居游也，必近所畏而远所易。《诗》云："无弃尔辅，员于尔辐。屡顾尔仆，不输尔载。"亲贤求助之谓也。

君子必贵其言，贵其言则尊其身，尊其身则重其道，重其道所以立其教；言费则身贱，身贱则道轻，道轻则教废；故君子非其人则弗与之言。若与之言，必以其方：农夫则以稼穑，百工则以技巧，商贾则以贵贱，府史则以官守，大夫及士则以法制，儒生则以学业。故《易》曰："艮其辅，言有序。"不失事中之谓也。若夫父慈子孝，姑爱妇顺，兄友弟恭，夫敬妻听，朋友必信，师长必教，有司日月虑知乎州闾矣。虽庸人则亦循循然与之言，此可也。过此而往，则不可也。

故君子之与人言也，使辞足以达其知虑之所至，事足以合其性情之所安，弗过其任而强牵制也。苟过其任而强牵制，则将昏瞀委滞，而遂疑君子以为欺我也。不则曰无闻知矣，非故也，明偏而示之以幽，弗能照也；听寡而告之以微，弗能察也，斯所资于造化者也。虽曰无讼，其如之何？故孔子曰："可与言而不与之言，失人；不可与言而与之言，失言。"知者不失人，亦不失言。

夫君子之于言也，所致贵也。虽有夏后之璜，商汤之驷，弗与易也。今以施诸俗士，以为志诬而弗贵听也，不亦辱己而伤道乎！是以君子将与人语大本之源，而谈性义之极者，必先度其心志，本其器量，视其锐气，察其堕衰。然后唱焉以观其和，道焉以观其随。随和之徵发乎音声，形乎视听，著乎颜色，动乎身体，然后可以迩而步远，功察而治微。于是乎闿张以致之，因来以进之，审谕以明之，杂称以广之，立准以正之，疏烦以理之。疾而勿迫，徐而勿失，杂而勿结，放而勿逸，欲其自得之也。故大禹善治水，而君子善道人。道人必因其性，治水必因其势，是以功无败而言无弃也。荀卿曰："礼恭然后可与言道之方，辞顺然后可与言道之理，色从然后可与言道之致。有争气者勿与辨也。"孔子曰："惟君子然后能贵其言，贵其色，小人能乎哉？"仲尼、荀卿先后知之。

非惟言也，行亦如之。得其所则尊荣，失其所则贱辱。昔仓梧丙娶妻美，而以与其兄，欲以为让也，则不如无让焉；尾生与妇人期于水边，水暴至不去而死，欲以为信也，则不如无信焉；叶公之党，其父攘羊而子证之，欲以为直也，则不如无直焉；陈仲子不食母兄之食，出居于陵，欲以为洁也，则不如无洁焉；宗鲁受齐豹之谋，死孟絷之难，欲以为义也，则不如无义焉。故凡道，蹈之既难，错之益不易，是以君子慎诸己，以为往鉴焉。

殷有三仁，微子介于石不终日，箕子内难而能正其志，比干谏而剖心。君子以微子为上，箕子次之，比干为下。故《春秋》，大夫见

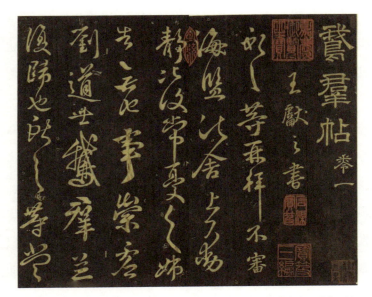

（晋）王献之《鹅群帖》。识文：献之等再拜：不审海盐诸舍上下动静，比复常忧之。姊告无他事。崇虚刘道士鹅群并复归也。献之等当须向彼谢之。献之等再拜。

杀，皆讥其不能以智自免也。且徐偃王知修仁义而不知用武，终以亡国；鲁隐公怀让心而不知佞伪，终以致杀；宋襄公守节而不知权，终以见执；晋伯宗好直而不知时变，终以陨身；叔孙豹好善而不知择人，终以凶饿。此皆蹈善而少智之谓也。故《大雅》贵"既明且哲，以保其身"。夫明哲之士者，威而不慑，困而能通；决嫌定疑，辨物居方；梗祸于忽杪，求福于未萌；见变事则达其机，得经事则循其常；巧言不能推，令色不能移；动作可观则，出辞为师表。比诸志行之士，不亦谬乎！

《全上古三代秦汉三国六朝文》

解读

《中论》是三国时徐干的一部政论性著作，属于子书，其意旨"大都阐发义理，原本经训，而归之于圣贤之道"。

徐干（170～217年），字伟长，北海郡剧县（今山东省潍坊市寒亭区）人。东汉时期著名的文学家、哲学家、诗人，建安七子之一，以诗、辞赋、政论著称。他"轻官忽禄，不耽世荣"。曹操曾任他为司空军谋祭酒参军、五官将文学，他以病辞官，而"潜身穷巷，颐志保真"，"并日而食"，过着极贫寒清苦的生活，却从不悲愁。曹操又任命他为上艾长，他仍称疾不就。建安中，徐干看到曹操平定北方，统一有望，即应召为司空军谋祭酒掾属，转五官将文学，历五六年，以疾辞归。这样一个德学兼备的大学问家，关于为人处世的论述也是非常有见地、有独到之明的，如"器不饰则无以为美观，人不学则无以有懿德"，"人之所难者二：乐攻其恶者难，以恶告人者难"，"恶，犹疾也，攻之则益悛，不攻则日甚"，"迁善惧其不及，改恶恐其有余"，"止谤莫如修身"，"见人而不自见者，谓之矇"，"同言而信，信在言前"，"明莫大于自见，聪莫大于自闻"，"君子不恤年之将衰，而忧志之有倦。不寝道焉，不宿义焉"，"君子之所贵者，迁善惧其不及，改恶恐其有余"，等等，都是后人立身处世之圭臬。

诸葛亮《诫子书》：君子之行，静以修身，俭以养德

夫君子之行，静以修身，俭以养德。非淡泊无以明志，非宁静无以致远。夫学须静也，才须学也，非学无以广才，非志无以成学。淫慢则不能励精，险躁则不能治性。年与时驰，意与日去，遂成枯落，多不接世，悲守穷庐，将复何及！

《诸葛亮集》

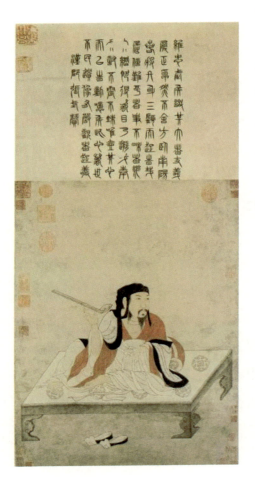

（宋）赵孟頫《诸葛亮像》

解读

诸葛亮（181～234年），字孔明，三国时期政治家、军事家。刘备三顾茅庐，他提出联合孙权抗击曹操统一全国的建议。此后成为刘备的主要谋士。刘备称帝后，任为丞相。刘禅继位，被封为武乡侯，领益州牧，主持朝政。

本文是诸葛亮写给他儿子诸葛瞻的一封家书。从文中可以看

出诸葛亮作为一位品格高洁、才学渊博的父亲，对儿子的殷殷教诲与无限期望尽在此书中。全文通过智慧理性、简练谨严的文字，将普天下为人父者的爱子之情表达得情真意切，成为后世历代学子修身立志的名篇。

《诫子书》的主旨是劝勉儿子勤学立志，修身养性要从淡泊宁静中下功夫，而忌怠惰险躁。文章概括了做人治学的经验，着重围绕一个"静"字加以论述，同时把失败归结为一个"躁"字，要求从淡泊和宁静的自身修养上狠下功夫。同时，指明了立志与学习的关系，不但讲清楚宁静淡泊的重要，也指明了放纵怠慢、偏激急躁的危害。

王肃《孔子家语》: 良药苦于口而利于病，忠言逆于耳而利于行

公（鲁哀公）曰："敢问儒行？"孔子曰："略言之，则不能终其物；悉数之，则留仆未可以对。"哀公命席，孔子侍坐，曰："儒有席上之珍以待聘，夙夜强学以待问，怀忠信以待举，力行以待取。其自立有如此者。

"儒有衣冠中，动作慎，其大让如慢，小让如伪。大则如威，小则如愧。难进而易退，粥粥若无能也。其容貌有如此者。

"儒有居处齐难，其起坐恭敬，言必诚信，行必忠正。道涂不争险易之利，冬夏不争阴阳之和。爱其死以有待也，养其身以有为也。其备预有如此者。

"儒有不宝金玉而忠信以为宝，不祈土地而仁义以为土地，不求多积而多文以为富。难得而易禄也，易禄而难畜也。非时不见，不亦难

得乎？非义不合，不亦难畜乎？先劳而后禄，不亦易禄乎？其近人情有如此者。

"儒有委之以财货而不贪，淹之以乐好而不淫，劫之以众而不惧，阻之以兵而不慑。见利不亏其义，见死不更其守。鸷虫攫搏不程其勇，引重鼎不程其力。往者不悔，来者不豫。过言不再，流言不极。不断其威，不习其谋，其特立有如此者。

"儒有可亲而不可劫，可近而不可迫，可杀而不可辱。其居处不过，其饮食不溽，其过失可微辩而不可面数也。其刚毅有如此者。

"儒有忠信以为甲胄，礼义以为干橹，戴仁而行，抱义而处，虽有暴政，不更其所。其自立有如此者。

"儒有一亩之宫，环堵之室，荜门圭窬，蓬户瓮牖。易衣而出，并日而食。上答之，不敢以疑；上不答之，不敢以谄。其为士有如此者。

"儒有今人以居，古人以稽；今世行之，后世以为楷。若不逢世，上所不受，下所不推，诡谄之民有比党而危之者，身可危也，其志不可夺也。虽危起居，犹竟信其志，乃不忘百姓之病也。其忧思有如此者。

"儒有博学而不穷，笃行而不倦，幽居而不淫，上通而不困。礼必以和，优游以法，慕贤而容众，毁方而瓦合。其宽裕有如此者。

"儒有内称不避亲，外举不避怨。程功积事，不求厚禄。推贤达能，不望其报。君得其志，民赖其德。苟利国家，不求富贵。其举贤援能有如此者。

"儒有澡身浴德，陈言而伏。静言而正之，而上下不知也。默而翘之，又不急为也。不临深而为高，不加少而为多。世治不轻，世乱不沮。同己不与，异己不非。其特立独行有如此者。

"儒有上不臣天子，下不事诸侯，慎静尚宽，砥砺廉隅。强毅以与人，博学以知服。虽以分国，视之如锱铢，弗肯臣仕。其规为有如此者。

"儒有合志同方，营道同术。并立则乐，相下不厌。久别则闻流言不信，义同而进，不同而退。其交有如此者。

（三国）王肃纂注《孔子家语》，1742 年日本江都书肆嵩山房刻本

"夫温良者仁之本也，慎敬者仁之地也，宽裕者仁之作也，逊接者仁之能也，礼节者仁之貌也，言谈者仁之文也，歌乐者仁之和也，分散者仁之施也。儒皆兼此而有之，犹且不敢言仁也。其尊让有如此者。

"儒有不陨获于贫贱，不充诎于富贵，不溷君王，不累长上，不闵有司，故曰儒。今人之名儒也妄，常以儒相诟疾。"

孔子曰："君子有三恕，有君不能事，有臣而求其使，非恕也；有亲不能孝，有子而求其报，非恕也；有兄不能敬，有弟而求其顺，非恕也。士能明于三恕之本，则可谓端身矣。"

孔子曰："君子有三思，不可不察也。少而不学，长无能也；老而不教，死莫之思也；有而不施，穷莫之救也。故君子少思其长则务学，老思其死则务教，有思其穷则务施。"

伯常骞问于孔子曰："骞固周国之贱吏也，不自以不肖，将北面以事君子。敢问正道宜行，不容于世，隐道宜行，然亦不忍，今欲身亦不穷，道亦不隐，为之有道乎？"孔子曰："善哉！子之问也。自丘之闻，未有若吾子所问辩且说也。丘尝闻君子之言道矣，听者无察，则道不入，奇伟不稽，则道不信。又尝闻君子之言事矣，制无度量，则事不成，其政晓察，则民不保。又尝闻君子之言志矣，罣折者不终，径易者则数伤，浩倨者则不亲，就利者则无不弊。又尝闻养世之君子矣，从轻勿为先，从重勿为后，见像而勿强，陈道而勿怫。此四者，丘之所闻也。"

孔子观于鲁桓公之庙，有欹器焉。夫子问于守庙者曰："此谓何器？"对曰："此盖为宥坐之器。"孔子曰："吾闻宥坐之器，虚则欹，中则正，满则覆，明君以为至诫，故常置之于坐侧。"顾谓弟子曰："试注水焉。"乃注之，水中则正，满则覆。夫子喟然叹曰："呜呼！夫物恶有满而不覆哉？"子路进曰："敢问持满有道乎？"子曰："聪明睿智，守之以愚；功被天下，守之以让；勇力振世，守之以怯；富有四海，守之以谦。此所谓损之又损之之道也。"

孔子观于东流之水。子贡问曰："君子所见大水，必观焉何也？"孔子对曰："以其不息，且遍与诸生而不为也。夫水似乎德，其流也则卑下，倨邑必修，其理似义；浩浩乎无屈尽之期，此似道；流行赴百仞之嵠而不惧，此似勇；至量必平之，此似法；盛而不求概，此似正；绰约微达，此似察；发源必东，此似志；以出以入，万物就以化絜，此似善化也。水之德有若此，是故君子见，必观焉。"

孔子曰："吾有所齿，有所鄙，有所殆。夫幼而不能强学，老而无以教，吾耻之；去其乡事君而达，卒遇故人，曾无旧言，吾鄙之；与小人处而不能亲贤，吾殆之。"

子路见于孔子。孔子曰："智者若何？仁者若何？"子路对曰："智者使人知己，仁者使人爱己。"子曰："可谓士矣。"子路出，子贡入，问亦如之。子贡对曰："智者知人，仁者爱人。"子曰："可谓士矣。"子贡出，颜回入，问亦如之。对曰："智者自知，仁者自爱。"子曰："可谓士君子矣。"

子路盛服见于孔子。子曰："由，是倨倨者何也？夫江始出于岷山，其源可以滥觞，及其至于江津，不舫舟不避风则不可以涉，非唯下流水多耶？今尔衣服既盛，颜色充盈，天下且孰肯以非告汝乎？"子路趋而出，改服而入，盖自若也。子曰："由，志之，吾告汝，奋于言者华，奋于行者伐。夫色智而有能者，小人也。故君子知之曰智，言之要也；不能曰不能，行之至也。言要则智，行至则仁，既仁且智，恶不足哉！"

孔子曰："君子三患，未之闻，患不得闻；既得闻之，患弗得学；既得学之，患弗能行。有其德而无其言，君子耻之；有其言而无其行，君子耻之；既得之，而又失之，君子耻之；地有余民不足，君子耻之；众寡均而人功倍己焉，君子耻之。"

颜渊将西游于宋，问于孔子曰："何以为身？"子曰："恭敬忠信而已矣。恭则远于患，敬则人爱之，忠则和于众，信则人任之，勤斯四者，可以政国，岂特一身者哉！故夫不比于数，而比于疏，不亦远乎；不修其中，而修外者，不亦反乎；虑不先定，临事而谋，不亦晚乎！"

孔子曰："行己有六本焉，然后为君子也。立身有义矣，而孝为本；丧纪有礼矣，而哀为本；战阵有列矣，而勇为本；治政有理矣，而农为本；居国有道矣，而嗣为本；生财有时矣，而力为本。置本不固，无务农桑；亲戚不悦，无务外交；事不终始，无务多业；记闻而言，无务多说；比近不安，无务求远。是故反本修迩，君子之道也。"

孔子曰："良药苦于口而利于病，忠言逆于耳而利于行。汤武以谔谔而昌，桀纣以唯唯而亡。君无争臣，父无争子，兄无争弟，士无争友，无其过者，未之有也。故曰：'君失之，臣得之。父失之，子得之。兄失之，弟得之。己失之，友得之。'是以国无危亡之兆，家无悖乱之恶，父子兄弟无失，而交友无绝也。"

孔子曰："好学近乎智，力行近乎仁，知耻近乎勇，知斯三者，则知所以修身；知所以修身，则知所以治人；知所以治人，则能成天下国家者矣。"

子路问于孔子曰："君子亦有忧乎？"子曰："无也。君子之修行也，其未得之，则乐其意；既得之，又乐其治，是以有终身之乐，无一日之忧。小人则不然，其未得也，患弗得之；既得之，又恐失之，是以有终身之忧，无一日之乐也。"

孔子之宋，匡人简子以甲士围之。子路怒，奋戟将与战。孔子止之曰："恶有修仁义而不免世俗之恶者乎？夫诗书之不讲，礼乐之不习，是丘之过也，若以述先王，好古法而为咎者，则非丘之罪也，命之夫。歌，予和汝。"子路弹琴而歌，孔子和之，曲三终，匡人解甲而罢。孔子曰："不观高崖，何以知颠坠之患；不临深泉，何以知没溺之患；不观巨海，何以知风波之患，失之者其在此乎？士慎此三者，则无累于身矣。"

子贡问于孔子曰："敢问君子贵玉而贱珉何也？为玉之寡而珉之多欤？"孔子曰："非为玉之寡故贵之，珉之多故贱之。夫昔者君子比德于玉，温润而泽，仁也；缜密以栗，智也；廉而不刿，义也；垂之如坠，礼也。叩之，其声清越而长，其终则诎然乐矣。瑕不掩瑜，瑜不掩瑕，忠也；孚尹旁达，信也；气如白虹，天也；精神见于山川，地也；珪璋特达，德也；天下莫不贵者，道也。诗云：'言念君子，温其如玉。'故君子贵之也。"

《四部丛刊》

解读

《孔子家语》又名《孔氏家语》，或简称《家语》，儒家类著作。

本书的整理和编纂者王肃（195～256年），字子雍，祖籍东海郯城（今山东郯城）。三国魏儒家学者，著名经学家，其所注经学在魏晋时期被称作"王学"。王肃父亲王朗，以"通经"著名。王肃幼承父教，十八岁时，曾跟随宋衷读《太玄》(汉扬雄撰)，能提出自己的解释，已显露出善于独立思考的才能。由于家学渊源深厚，王肃能够广博地学到今古文学经典及其传注。史载："初，肃善贾、马之学，而不好郑氏。"(《三国志·魏志·王肃传》)说明王肃实际早就精通贾逵、马融的经学，而对郑玄之学则颇有异议。父亲死时，王肃已过而立之年，基本上形成了自己的治学风格。曹明帝时期，王肃历任散骑常侍、领秘书监，兼崇文观祭酒等职。他从事著书立说，为《尚书》《诗》《论语》《三礼》《左氏传》作注解，并撰定父亲遗著《易传》。

《孔子家语》是孔子和弟子之间切磋学问、探求人生哲理和治国理政之道的对话集。本书内容丰富，在关于立身做人修身方面，孔子和弟子们提出了一系列具有指导意义的原则，被视为千古名言，如"君子以行言，小人以舌言"，"己有善勿专"，"君子遗人以财，不若善言"，"与不善人居，如入鲍鱼之肆，久而不闻其臭，亦与之化矣"，"不足生于无度"，"树欲静而风不止，子欲养而亲不待"，"智者使人知己，仁者使人爱己"，"富贵者送人以财，仁者送人以言"，"言不务多，必审其所谓；行不务多，必审其所由"，"良药苦于口而利于病，忠言逆于耳而利于行"，等等，都是非常具有教诲和启发作用的。

王昶《诫子侄》: 闻人毁己默而自修，屈以为伸，让以为得

夫富贵声名，人情所乐，而君子或得而不处，何也？恶不由其道耳。患人知进而不知退，知欲而不知足，故有困辱之累，悔吝之咎。语曰："如不知足，则失所欲。"故知足之足常足矣。

览往事之成败，察将来之吉凶，未有干名要利、欲而不厌，而能保世持家、永全福禄者也。欲使汝曹立身行己，遵儒者之教，履道家之言，故以玄、默、冲、虚为名，欲使汝曹顾名思义，不敢违越也。古者盘杆有铭，几杖有诫，俯仰察焉，用无过行，况在己名，可不戒之哉！

夫物速成则疾亡，晚就则善终。朝华之草，夕而零落；松柏之茂，隆寒不衰。是以《大雅》君子恶速成、戒阙党也，若范匄对秦客，而武子击之，折其委笄，恶其掩人也。

夫人有善鲜不自伐，有能者寡不自矜。伐则掩人，矜则陵人。掩人者人亦掩之，陵人者人亦陵之。故三郤为戮于晋，王叔负罪于周，不惟矜善自伐好争之咎乎？故君子不自称，非以让人，恶其盖人也。夫能屈以为伸，让以为得，弱以为强，鲜不遂矣。

夫毁誉，爱恶之原而祸福之机也，是以圣人慎之。孔子曰："吾之于人，谁毁谁誉，如有所誉，必有所试。"又曰："子贡方人，赐也贤乎哉，我则不暇。"以圣人之德，犹尚如此，况庸庸之徒而轻毁誉哉？

昔伏波将军马援戒其兄子，言："闻人之恶，当如闻父母之名，耳可得而闻，口不可得而言也。"斯戒至矣。

人或毁己，当退而求之于身。若己有可毁之行，则彼言当矣；若己无可毁之行，则彼言妄矣。当则无怨于彼，妄则无害于身，又何反报焉？且闻人毁己而忿者，恶丑声之加人也，人报者滋甚，不如默而自修己也。谚曰："救寒莫如重裘，止谤莫如自修。"斯言信矣。

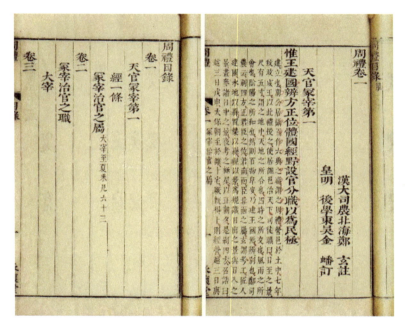

（汉）郑玄注《周礼》，明崇祯十二年永怀堂刻本

若与是非之士，凶险之人，近犹不可，况与对校乎？其害深矣。夫虚伪之人，言不根道，行不顾言，其为浮浅较可识别。而世人惑焉，犹不检之以言行也。近济阴魏讽、山阳曹伟皆以倾邪败没，荧惑当世，挟持奸慝，驱动后生。虽刑于鈇钺，大为炯戒，然所污染固以众矣。可不慎欤！

《三国志》

解读

本文是被誉为"国之良臣，时之彦士"的曹魏大臣王昶给子侄们写的一封家书。

王昶（？～259年），字文叔，三国时期曹魏将领，东汉代郡太守王泽之子。出身太原王氏，少有名气，进入曹丕幕府，授太子文学。曹丕即位后，拜散骑侍郎，迁兖州刺史，撰写《治论》《兵书》，作为朝廷的施政参考。魏明帝曹叡即位后，升任扬烈将军，封关内侯。齐王曹芳即位，迁徐州刺史，拜征南将军。太傅司马懿掌权后，深得器重，奏请伐吴，在江陵取得重大胜利，升任征南大将军、开府仪同三司，晋爵京陵侯。正元年间（255年），参与平定"淮南三乱"有功，迁骠骑大将军，守司空。

他为人处世崇尚谦实，摈弃浮华，非常注重个人的内在修养。不仅如此，他还要求子侄做到谦虚诚实，质朴守真，切忌浮华不实、相互标榜。他为两个侄子及两个儿子取名字，都以此为依据：两个侄子一个叫王默，字处静，一个叫王沉，字处道；两个儿子一个叫王浑，字玄冲，一个叫王深，字道冲。同时，王昶写下发人深省的家训《诫子侄》，其中解释了他取名的理由："以玄、默、冲、虚为名"的用意是，希望子侄时时能够顾名思义，立身行事"遵儒者之教，履道家之言"。王昶写信劝诫他们说："施舍一定要注意周济那些急需的人，出入乡里朝廷一定要慰问老人，议论时不要贬低别人，做官时要尽忠尽节，用人交友一定要注意诚实，处世一定不要骄傲贪淫。贫贱时万不可自暴自弃，进与退要想到是否合适，凡做事要三思而后行。"

嵇康《家诫》: 不须作小小卑恭，当大谦裕；
不须作小小廉耻，当全大让

人无志，非人也。但君子用心，所欲准行，自当量其善者，必拟议而后动。若志之所之，则口与心誓，守死无二。耻躬不逮，期于必济。若心疲体懈，或牵于外物，或累于内欲，不堪近患，不忍小情，则议于去就。议于去就，则二心交争。二心交争，则向所以见役之情胜矣。或有中道而废，或有不成一篑而败之。以之守则不固，以之攻则怯弱；与之誓则多违，与之谋则善泄；临乐则肆情，处逸则极意。故虽繁华熠耀，无结秀之勋；终年之勤，无一旦之功。斯君子所以叹息也。

若夫申胥之长吟，夷、齐之全洁，展季之执信，苏武之守节，可谓固矣。故以无心守之，安而体之，若自然也，乃是守志之盛者耳。

所居长吏，但宜敬之而已矣，不当极亲密，不宜数往，往当有时。其有众人，又不当独在后，又不当前。所以然者，长吏喜问外事，或时发举，则怨者谓人所说，无以自免也。若行寡言，慎备自守，则怨责之路解矣。

其立身当清远。若有烦辱，欲人之尽命，托人之请求，则当谦言辞谢；其素不豫此辈事，当相亮

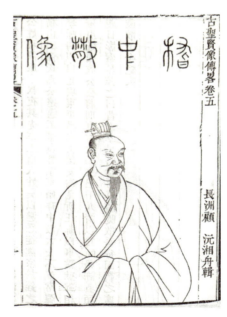

（西晋）嵇康像

耳。若有怨急，心所不忍，可外违拒，密为济之。所以然者，上远宜适之几，中绝常人淫辈之求，下全束修无玷之称。此又秉志之一隅也。

凡行事，先自审其可不差于宜，宜行此事，而人欲易之，当说宜易之理。若使彼语殊佳者，勿羞折、遂非也；若其理不足，而更以情求来守人，虽复云云，当坚执所守，此又秉志之一隅也。不须行小小束修之意气，若见穷乏而有可以赈济者，便见义而作。若人从我，有所求欲者，先自思省，若有所损废多，于今日所济之义少，则当权其轻重而拒之。虽复守辱不已，犹当绝之。然大率人之告求，皆彼无我有，故来求我，此为与之多也。自不如此而为轻竭，不忍面言，强副小情，未为有志也。

夫言语，君子之机，机动物应，则是非之形著矣，故不可不慎。若于意不善了而本意欲言，则当惧有不了之失，且权忍之。已后视向不言此事，无他不可，则向言或有不可；然则能不言，全得其可矣。且俗人传吉迟传凶疾，又好议人之过阙，此常人之议也。坐言所言，自非高议。但是动静消息，小小异同，但当高视，不足和答也。非义不言，详静敬道，岂非寡悔之谓？人有相与变争，未知得失所在，慎勿预也。且默以观之，其是非行自可见。或有小是不足是，小非不是非，至竟可不言以待之。就有人问者，犹当辞以不解，近论议亦然。若会酒坐，见人争语，其形势似欲转盛，便当无何舍去之，此将斗之兆也。坐视必见曲直，傥不能不有言，有言必是在一人，其不是者方自谓为直，则谓曲我者有私于彼，便怨恶之情生矣；或便获悖辱之言，正坐视之，大见是非而争不了，则仁而无武，于义无可，故当远之也。然大都争讼者，小人耳。正复有是非，共济汗漫，虽胜可足称哉？就不得远，取醉为佳。若意中偶有所讳，而彼必欲知者，若守不已，或劫以鄙情，不可惮此小辈，而为所挽引以尽其言。今正坚语，不知不识，方为有志耳。

自非知旧、邻比，庶几已下，欲请呼者，当辞以他故勿往也。外荣华则少欲，自非至急，终无求欲，上美也。不须作小小卑恭，当大谦裕；不须作小小廉耻，当全大让。若临朝让官，临义让生，若孔文举求代兄死，此忠臣烈士之节。

凡人自有公私，慎勿强知人知。彼知我知之，则有忌于我。今知而不言，则便是不知矣。若见窃语私议，便舍起，勿使忌人也。或时逼迫，强与我共说，若其言邪险，则当正色以道义正之。何者？君子不容伪薄之言故也。一旦事败，便言某甲昔知吾事，是以宜备之深也。凡人私语，无所不有，宜预以为意，见之而走。或偶知其私事，与同则可，不同则彼恐事泄，思害人以灭迹也。非意所钦重大者，而来戏调嗤笑人之阙者，但莫

（晋）嵇康《嵇中散集》，明万历程荣刻本

应。从小共转至于不共，亦勿大求矜，趋以不言答之，势不得久，行自止也。自非所监临，相与无他宜适，有壶榼之意，束修之好，此人道所通，不须逆也。过此以往，自非通穆，匹帛之馈，车服之赠，当深绝之。何者？常人皆薄义而重利，今以自竭者，必有为而作，鬻货徼欢，施而求报，其俗人之所甘愿，而君子之所大恶也。

《嵇中散集》

解读

嵇康（223～262年），字叔夜，三国时期魏国谯郡铚县（今安徽宿州市）人。著名文学家、思想家与音乐家，"竹林七贤"的领袖人物。他的《声无哀乐论》《与山巨源绝交书》《琴赋》《养生论》等作品亦是千秋相传的名篇。

《家诫》是嵇康临刑前在狱中写给儿子的遗书。在此，他真诚地表达了以儒家名教教子为人处世的思想，不仅把"立志"看作做人的基本要求，而且把立志教育放在教育的首位。他所指的"立志"是儒家所反复强调的"士志于道"，即做一有德君子。在为人处世方面，《家诫》要求儿子要善处浊世，小心谨慎，凡事要讲仁义、礼让、谦恭、廉耻、忠烈；言语"不可不慎"，因为言多语失，祸多由此生；要注意交往中的礼节，必须学会保全性命的人生智慧，只有明智之士才能明哲保身。

陆景《诫盈》：皆知盛衰之分，识倚伏之机

富贵，天下之至荣；位势，人情之所趋。然古之智士，或山藏林窜，忽而不慕；或功成身退，逝若脱屣者。何哉？盖居高畏其危，处满惧其盈。富贵荣势，本非祸始，而多以凶终者，持之失德、守之背道，道德丧而身随之矣。是以留侯范蠡，弃贵如遗；叔敖萧何，不宅美地。此皆知盛衰之分，识倚伏之机，故身全名著，与福始卒。自此以来，重臣贵戚，隆盛之族，莫不罹患构祸，鲜以善终，大者破家，小者灭身。唯金张子弟，世履忠笃，故保贵持宠，祚钟昆嗣。其余祸败，可谓痛心。

《全上古三代秦汉三国六朝文》

解读

陆景（247～277年），字士仁，华亭（今上海松江）人。吴大司马荆州牧陆抗之子、陆晏之弟，也是陆机、陆玄、陆云之兄。陆景从小勤奋苦学，博览群书，精通文史，"澡身好学"，洁身自好，多有政治主张，并敢于发表政见，为公主赏识。娶公主，官拜骑都尉，封毗陵侯。后任偏将军，统率父亲的部分兵马与西晋王濬交战。

他的家训《诫盈》，主要是告诫子弟居高思危，处满诫盈。这样，才能身全名著，与福始终。他认为，富贵并不是祸根，关键是如何处富贵。一个人身败名裂，都是由于背离道德而造成的，"持之失德、守之背道，道德丧而身随之矣"，"大者破家，小者灭身"，令人痛心。历史上的范蠡"弃官从商"，孙叔敖、萧何不为子孙后代置办田产，都是因为有道德才"身全名著"的。金日磾家，自汉武帝时起，至汉平帝时止，金家七代为

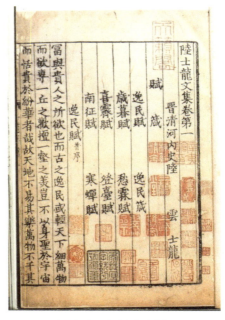

（晋）陆云《陆士龙文集》，元刻本

内侍，张汤家，张汤的儿子张安世子孙相继，自汉宣帝、元帝以来为侍中、中常侍共十余人。这两个家族之所以"保贵持宠"，长盛不衰，都由于他们"居高畏其危，处满惧其盈"。

刘劭《人物志》: 善以不伐为大，贤以自矜为损

体 别

夫中庸之德，其质无名。故咸而不碱，淡而不醲，质而不缦，文而不绩。能威能怀，能辩能讷，变化无方，以达为节。

是以抗者过之，而拘者不逮。夫拘抗违中，故善有所章，而理有所失。是故：厉直刚毅，材在矫正，失在激讦。柔顺安恕，每在宽容，失在少决。雄悍杰健，任在胆烈，失在多忌。精良畏慎，善在恭谨，失在多疑。强楷坚劲，用在桢干，失在专固。论辨理绎，能在释结，失在流宕。普博周给，弘在覆裕，失在混浊。清介廉洁，节在俭固，失在拘扃。休动磊落，业在攀跻，失在疏越。沉静机密，精在玄微，失在迟缓。朴露径尽，质在中诚，失在不微。多智韬情，权在谲略，失在依违。

及其进德之曰不止，揆中庸以戒其材之拘抗，而指人之所短以益其失，犹晋楚带剑递相诡反也。是故：

强毅之人，狠刚不和，不戒其强之搪突，而以顺为挠，厉其抗。是故，可以立法，难与入微。

柔顺之人，缓心宽断，不戒其事之不摄，而以抗为刿，安其舒。是故，可与循常，难与权疑。

雄悍之人，气奋勇决，不戒其勇之毁跌，而以顺为怯，竭其势。是故，可与涉难，难与居约。

惧慎之人，畏患多忌，不戒其懦于为义，而以勇为狎，增其疑。是故，可与保全，难与立节。

凌楷之人，秉意劲特，不戒其情之固护，而以辨为伪，强其专。

（三国）刘劭《人物志》，清末白纸影印嘉庆年间张海鹏刻（墨海金壶）本

是故，可以持正，难与附众。

辨博之人，论理赡给，不戒其辞之泛滥，而以楷为系，遂其流。是故，可与泛序，难与立约。

弘普之人，意爱周洽，不戒其交之溷杂，而以介为狷，广其浊。是故，可以抚众，难与厉俗。

狷介之人，砭清激浊，不戒其道之隘狭，而以普为秽，益其拘。是故，可与守节，难以变通。

休动之人，志慕超越，不戒其意之大猥，而以静为滞，果其锐。是故，可以进趋，难与持后。

沉静之人，道思回复，不戒其静之迟后，而以动为疏，美其懒。

是故，可与深虑，难与捷速。

朴露之人，中疑实韬，不戒其实之野直，而以谲为诞，露其诚。是故，可与立信，难与消息。

韬谲之人，原度取容，不戒其术之离正，而以尽为愚，贵其虚。是故，可与赞善，难与矫违。

夫学，所以成材也；恕，所以推情也。偏材之性，不可移转矣。虽教之以学，材成而随之以失；虽训之以恕，推情各从其心。信者逆信，诈者逆诈。故学不入道，恕不周物。此偏材之益失也。

接　识

夫人初甚难知，而士无众寡，皆自以为知人。故以己观人，则以为可知也；观人之察人，则以为不识也。夫何哉？是故，能识同体之善，而或失异量之美。

何以论其然？

夫清节之人，以正直为度，故其历众材也，能识性行之常，而或疑法术之诡。

法制之人，以分数为度，故能识较方直之量，而不贵变化之术。

术谋之人，以思谟为度，故能成策略之奇，而不识遵法之良。

器能之人，以辨护为度，故能识方略之规，而不知制度之原。

智意之人，以原意为度，故能识韬谞之权，而不贵法教之常。

伎俩之人，以邀功为度，故能识进趣之功，而不通道德之化。

臧否之人，以伺察为度，故能识诃砭之明，而不畅倜傥之异。

言语之人，以辨析为度，故能识捷给之惠，而不知含章之美。

是以互相非驳，莫肯相是。取同体也，则接诒而相得；取异体也，虽历久而不知。

凡此之类，皆谓一流之材也。若二至已上，亦随其所兼，以及异数。故一流之人，能识一流之善；二流之人，能识二流之美。尽有诸流，则亦能兼达众材。故兼材之人，与国体同。

欲观其一隅，则终朝足以识之。将究其详，则三日而后足。何谓三日而后足？夫国体之人，兼有三材，故谈不三日，不足以尽之：一以论道德，二以论法制，三以论策术，然后乃能竭其所长，而举之不疑。

然则，何以知其兼偏，而与之言乎？其为人也，务以流数杼人之所长，而为之名目，如是兼也；如陈以美，欲人称之，不欲知人之所有，如是者偏也。不欲知人，则言无不疑。是故，以深说浅，益深益异；异则相返，反则相非。是故，多陈处直，则以为见美；静听不言，则以为虚空；抗为高谈，则以为不逊；逊让不尽，则以为浅陋；言称一善，则以为不博；历发众奇，则以为多端；先意而言，则以为分美；因失难之，则以为不喻；说以对反，则以为较己；博以异杂，则以为无要。论以同体，然后乃悦；于是乎有亲爱之情、称举之誉。此偏材之常失。

材　理

夫建事立义，莫不须理而定。及其论难，鲜能定之。夫何故哉？盖理多品而人材异也。夫理多品则难通，人材异则情诡。情诡难通，则理失而事违也。

夫理有四部，明有四家，情有九偏，流有七似，说有三失，难有六构，通有八能。

若夫天地气化，盈虚损益，道之理也；法制正事，事之理也；礼教宜适，义之理也；人情枢机，情之理也。

四理不同，其于才也，须明而章。明待质而行，是故质于理合，合而有明，明足见理，理足成家。是故，质性平淡，思心玄微，能通自然，道理之家也；质性警彻，权略机捷，能理烦速，事理之家也；质性和平，能论礼教，辩其得失，义礼之家也；质性机解，推情原意，能适其变，情理之家也。

四家之明既异，而有九偏之情。以性犯明，各有得失：刚略之人，不能理微。故其论大体，则弘博而高远；历纤理，则宕往而疏越。抗厉之人，不能回挠。论法直，则括处而公正；说变通，则否戾而不入。坚劲之人，好攻其事实。指机理，则颖灼而彻尽；涉大道，则径露而单持。辩给之人，辞烦而意锐。推人事，则精识而穷理；即大义，则恢愕而不周。浮沉之人，不能沉思。序疏数，则豁达而傲博；立事要，则炽炎而不定。浅解之人，不能深难。听辩说，则拟锷而愉悦；审精理，则掉转而无根。宽恕之人，不能速捷。论仁义，则弘详而长雅；趋时务，则迟缓而不及。温柔之人，力不休强。味道道，则顺适而和畅；拟疑难，则懦懦而不尽。好奇之人，横逸而求异。造权谲，则倜傥而瑰壮；案清道，则诡常而恢迂。此所谓性有九偏，各从其心之所，可以为理。若乃性不精畅，则流有七似：有漫谈陈说，似有流行者。有理少多端，似若博意者。有回说合意，似若赞解者。有处后持长，从众所安，似能听断者。有避难不应，似若有余，而实不知者。有慕通口解，似悦而不怿者。有因胜情失，穷而称妙，跌则掎跖，实求两解，似理不可屈者。凡此七似，众人之所惑也。

夫辩，有理胜，有辞胜。理胜者，正白黑以广论，释微妙而通之；辞胜者，破正理以求异，求异则正失矣。

夫九偏之材，有同、有反、有杂。同则相解，反则相非，杂则相恢。故善接论者，度所长而论之；历之不动则不说也，傍无听达则不难也。不善接论者，说之以杂、反；说之以杂、反，则不入矣。善喻者，以一言明数事；不善喻者，百言不明一意。百言不明一意，则不听也。

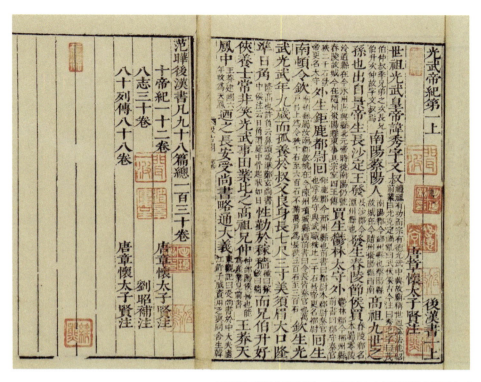

（南朝）范晔《后汉书》，明崇祯十六年毛氏汲古阁刊本

是说之三失也。

善难者，务释事本；不善难者，舍本而理末。舍本而理末，则辞构矣。

善攻强者，下其盛锐，扶其本指以渐攻之；不善攻强者，引其误辞以挫其锐意。挫其锐意，则气构矣。

善蹑失者，指其所跌；不善蹑失者，因屈而抵其性。因屈而抵其性，则怨构矣。

或常所思求，久乃得之，仓卒谕人；人不速知，则以为难谕。以为难谕，则忿构矣。

夫盛难之时，其误难迫。故善难者，征之使还；不善难者，凌而激之，虽欲顾藉，其势无由。其势无由，则妄构矣。

凡人心有所思，则耳且不能听。是故，并思俱说，竞相制止，欲人之听己。人亦以其方思之，故不了己意，则以为不解。人情莫不讳不解，讳不解则怒构矣。

凡此六构，变之所由兴也。然虽有变构，犹有所得；若说而不难，各陈所见，则莫知所由矣。

由此论之，谈而定理者眇矣。必也：聪能听序，思能造端，明能见机，辞能辩意，捷能摄失，守能待攻，攻能夺守，夺能易予。兼此八者，然后乃能通于天下之理，通于天下之理，则能通人矣。不能兼有八美，适有一能，则所达者偏，而所有异目矣。是故：聪能听序，谓之名物之材。思能造端，谓之构架之材。明能见机，谓之达识之材。辞能辩意，谓之赡给之材。捷能摄失，谓之权捷之材。守能待攻，谓之持论之材。攻能夺守，谓之推彻之材。夺能易予，谓之贸说之材。通材之人，既兼此八材，行之以道，与通人言，则同解而心喻；与众人言，则察色而顺性。虽明包众理，不以尚人；聪叡资给，不以先人。善言出己，理足则止；鄙误在人，过而不迫。写人之所怀，扶人之所能。不以事类犯人之所姻，不以言例及己之所长。说直说变，无所畏恶。采虫声之善音，赞愚人之偶得。夺与有宜，去就不留。方其盛气，折谢不吝；方其胜难，胜而不矜；心平志谕，无适无莫，期于得道而已矣，是可与论经世而理物也。

英　雄

夫草之精秀者为英，兽之特群者为雄；故人之文武茂异，取名于此。是故，聪明秀出，谓之英；胆力过人，谓之雄。此其大体之别名也。

若校其分数，则牙则须，各以二分，取彼一分，然后乃成。何以论其然？夫聪明者，英之分也，不得雄之胆，则说不行；胆力者，雄之分也，不得英之智，则事不立。是故，英以其聪谋始，以其明见机，待雄之胆行之；雄以其力服众，以其勇排难，待英之智成之；然后乃能各济其所长也。

若聪能谋始，而明不见机，乃可以坐论，而不可以处事。聪能谋始，明能见机，而勇不能行，可以循常，而不可以虑变。若力能过人，而勇不能行，可以为力人，未可以为先登。力能过人，勇能行之，而智不能断事，可以为先登，未足以为将帅。必聪能谋始，明能见机，胆能决之，然后可以为英，张良是也。气力过人，勇能行之，智足断事，乃可以为雄，韩信是也。

体分不同，以多为目，故英雄异名。然皆偏至之材，人臣之任也。故英可以为相，雄可以为将。若一人之身，兼有英雄，则能长世；高祖、项羽是也。然英之分，以多于雄，而英不可以少也。英分少，则智者去之，故项羽气力盖世，明能合变，而不能听采奇异，有一范增不用，是以陈平之徒，皆亡归高祖。英分多，故群雄服之，英才归之，两得其用，故能吞秦破楚，宅有天下。

然则英雄多少，能自胜之数也。徒英而不雄，则雄材不服也；徒雄而不英，则智者不归往也。故雄能得雄，不能得英；英能得英，不能得雄。故一人之身，兼有英雄，乃能役英与雄。能役英与雄，故能成大业也。

八 观

八观者：

一曰观其夺救，以明间杂。

二曰观其感变，以审常度。

三曰观其志质，以知其名。

四曰观其所由，以辨依似。

五曰观其爱敬，以知通塞。

六曰观其情机，以辨恕惑。

七曰观其所短，以知所长。

八曰观其聪明，以知所达。

何谓观其夺救，以明间杂。

夫质有至有违，若至胜违，则恶情夺正，若然而不然。故仁出于慈，有慈而不仁者；仁必有恤，有仁而不恤者；厉必有刚，有厉而不刚者。

若夫见可怜则流涕，将分与则吝啬，是慈而不仁者。睹危急则恻隐，将赴救则畏患，是仁而不恤者。处虚义则色厉，顾利欲则内荏，是厉而不刚者。然而慈而不仁者，则吝夺之也。仁而不恤者，则惧夺之也。厉而不刚者，则欲夺之也。故曰：慈不能胜吝，无必其能仁也；仁不能胜惧，无必其能恤也；厉不能胜欲，无必其能刚也。是故，不仁之质胜，则伎力为害器；贪悖之性胜，则强猛为祸梯。亦有善情救恶，不至为害；爱惠分笃，虽傲狎不离；助善者明，虽疾恶无害也；救济过厚，虽取人不贪也。是故，观其夺救，而明间杂之情，可得知也。

何谓观其感变，以审常度？夫人厚貌深情，将欲求之，必观其辞旨，察其应赞。夫观其辞旨，犹听音之善丑；察其应赞，犹视智之能否也。故观辞察应，足以互相别识。然则：论显扬正，白也；不善言应，玄也；经纬玄白，通也；移易无正，杂也；先识未然，圣也；追思玄事，叡也；见事过人，明也；以明为晦，智也；微忽必识，妙也；美妙不昧，疏也；测之益深，实也；假合炫耀，虚也；自见其美，不足也；不伐其能，有余也。

故曰：凡事不度，必有其故：忧患之色，乏而且荒；疾疢之色，乱而垢杂；喜色，愉然以怿；愠色，厉然以扬；妒惑之色，冒昧无常；及其动作，盖并言辞。是故，其言甚怿，而精色不从者，中有违也；其言有违，而精色可信者，辞不敏也；言未发而怒色先见者，意愤溢也；言将发而怒气送之者，强所不然也。

凡此之类，征见于外，不可奄违，虽欲违之，精色不从，感愕以明，虽变可知。是故，观其感变，而常度之情可知。

何谓观其至质，以知其名？凡偏材之性，二至以上，则至质相发，而令名生矣。

（清）陈洪绶《竹林七贤图》

是故，骨直气清，则休名生焉；气清力劲，则烈名生焉；劲智精理，则能名生焉；智直强悫，则任名生焉。集于端质，则令德济焉；加之学，则文理灼焉。是故，观其所至之多少，而异名之所生可知也。

何谓观其所由，以辨依似？夫纯讦性违，不能公正；依讦似直，以讦讦善；纯宕似流，不能通道；依宕似通，行傲过节。故曰：直者亦讦，讦者亦讦，其讦则同，其所以为讦则异。通者亦宕，宕者亦宕，其所以为宕则异。然则，何以别之？直而能温者，德也；直而好讦者，偏也；讦而不直者，依也；道而能节者，通也；通而时过者，偏也；宕而不节者，依也；偏之与依，志同质违，所谓似是而非也。是故，轻诺似烈而寡信，多易似能而无效，进锐似精而去速，诃者似察而事烦，讦施似惠而无成，面从似忠而退违，此似是而非者也，亦有似非而是者。

大权似奸而有功，大智似愚而内明，博爱似虚而实厚，正言似讦而情忠。夫察似明非，御情之反，有似理讼，其实难别也。非天下之至精，其孰能得其实？故听言信貌，或失其真；诡情御反，或失其贤；贤否之察，实在所依。是故，观其所依，而似类之质，可知也。

何谓观其爱敬，以知通塞？盖人道之极，莫过爱敬。是故，《孝经》以爱为至德，以敬为要道；《易》以感为德，以谦为道；《老子》以无为德，以虚为道；《礼》以敬为本；《乐》以爱为主。然则，人情之质，有爱敬之诚，则与道德同体；动获人心，而道无不通也。然爱不可少于敬，少于敬，则廉节者归之，而众人不与。爱多于敬，则虽廉节者不悦，而爱接者死之。何则？

敬之为道也，严而相离，其势难久；爱之为道也，情亲意厚，深而感物。是故，观其爱敬之诚，而通塞之理，可得而知也。

何谓观其情机，以辨恕惑？夫人之情有六机：杼其所欲则喜，不杼其所欲则恶，以自代历则恶，以谦损下之则悦，犯其所乏则媚，以恶犯媚则妒.此人性之六机也。夫人情莫不欲遂其志，故：烈士乐奋力之功，善士乐督政之训，能士乐治乱之事，术士乐计策之谋，辨士乐陵讯之辞，贪者乐货财之积，幸者乐权势之尤。苟赞其志，则莫不欣然，是所谓杼其所欲则喜也。若不杼其所能，则不获其志，不获其志则戚。是故：功力不建则烈士奋，德行不训则正人哀哀，政乱不治则能者叹叹，敌能未弭则术人思思，货财不积则贪者忧忧，权势不尤则幸者悲，是所谓不杼其能则怨也。人情莫不欲处前，故恶人之自伐。自伐，皆欲胜之类也。是故，自伐其善则莫不恶也，是所谓自伐历之则恶也。

人情皆欲求胜，故悦人之谦；谦所以下之，下有推与之意。是故，人无贤愚，接之以谦，则无不色怿；是所谓以谦下之则悦也。人情皆欲掩其所短，见其所长。是故，人驳其所短，似若物冒之，是所谓驳其所伐则媢也。人情陵上者也，陵犯其所恶，虽见憎未害也；若以长驳短，是所谓以恶犯媢，则妒恶生矣。

凡此六机，其归皆欲处上。是以君子接物，犯而不校，不校则无不敬下，所以避其害也。小人则不然，既不见机，而欲人之顺己。以佯爱敬为见异，以偶邀会为轻；苟犯其机，则深以为怨。是故，观其情机，而贤鄙之志，可得而知也。

何谓观其所短，以知所长？夫偏材之人，皆有所短。故直之失也讦，刚之失也厉，和之失也懦，介之失也拘。夫直者不讦，无以成其直；既悦其直，不可非其讦；讦也者，直之征也。刚者不厉，无以济其刚；既悦其刚，不可非其厉；厉也者，刚之征也。和者不懦，无以保其和；既悦其和，不可非其懦；懦也者，和之征也。介者不拘，无以守其介；既悦其介，不可非其拘；拘也者，介之征也。然有短者，未必能长也，有长者必以短为征。是故，观其征之所短，而其材之所长可知也。

何谓观其聪明，以知所达？夫仁者德之基也，义者德之节也，礼者德之文也，信者德之固也，智者德之帅也。夫智出于明，明之于人，犹昼之待白日，夜之待烛火；其明益盛者，所见及远，及远之明难。是故，守业勤学，未必及材；材艺精巧，未必及理；理意晏给，未必及智；智能经事，未必及道；道思玄远，然后乃周。是谓学不及材，材不及理，理不及智，智不及道。道也者，回复变通。是故，别而论之：各自独行，则仁为胜；合而俱用，则明为将。故以明将仁，则无不怀；以明将义，则无不胜；以明将理，则无不通。

然则，苟无聪明，无以能遂。故好声而实不克则恢，好辩而礼不至则烦，好法而思不深则刻，好术而计不足则伪。是故，钧材而好学，明者为师；比力而争，智者为雄；等德而齐，达者称圣，圣之为称，明智之极明也。是故，观其聪明，而所达之材可知也。

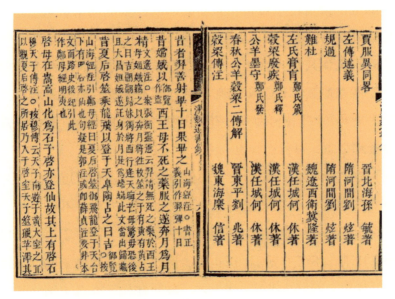

（清）王谟辑《汉魏遗书钞》，清刻本

七 缪

七缪：一曰察誉有偏颇之缪，二曰接物有爱恶之惑，三曰度心有大小之误，四曰品质有早晚之疑，五曰变类有同体之嫌，六曰论材有申压之诡，七曰观奇有二尤之失。

夫采访之要，不在多少。然征质不明者，信耳而不敢信目。故：人以为是，则心随而明之；人以为非，则意转而化之；虽无所嫌，意若不疑。且人察物，亦自有误，爱憎兼之，其情万原；不畅其本，胡可必信。是故，知人者，以目正耳；不知人者，以耳败目。故州闾之士，皆誉皆毁，未可为正也；交游之人，誉不三周，未必信是也。夫实厚之士，交游之间，必每所在肩称；上等援之，下等推之，苟不能周，必有咎毁。故偏上失下，则其终有毁；偏下失上，则其进不杰。故诚能三周，则为国所利，此正直之交也。故皆合而是，亦有违比；皆合而非，或在其中。若有奇异之材，则非众所见。而耳所听采，以多为信，是缪于察誉者也。

夫爱善疾恶，人情所常；苟不明贤，或疏善善非。何以论之？夫善非者，虽非犹有所是；以其所是，顺己所长，则不自觉情通意亲，忽忘其恶。善人虽善，犹有所乏；以其所乏，不明己长；以其所长，轻己所短；则不自知志乖气违，忽忘其善。是惑于爱恶者也。

夫精欲深微，质欲懿重，志欲弘大，心欲嗛小。精微所以入神妙也，懿重所以崇德宇也，志大所以戡物任也，心小所以慎咎悔也。故《诗》咏文王："小心翼翼""不大声以色"，小心也；"王赫斯怒，以对于天下"，志大也。由此论之，心小志大者，圣贤之伦也；心大志大者，豪杰之隽也；心大志小者，傲荡之类也；心小志小者，拘懦之人也。众人之察，或陋其心小，或壮其志大，是误于小大者也。

夫人材不同，成有早晚：有早智速成者，有晚智而晚成者，有少无智而终无所成者，有少有令材遂为隽器者。四者之理，不可不察。夫幼智之人，材智精达；然其在童髦，皆有端绪。故文本辞繁，辩始给口，仁出慈恤，施发过与，慎生畏惧，廉起不取。早智者浅惠而见速，晚成者奇识而舒迟，终暗者并困于不足，遂务者周达而有余。而众人之察，不虑其变，是疑于早晚者也。

夫人情莫不趣名利、避损害。名利之路，在于是得；损害之源，在于非失。故人无贤愚，皆欲使是得在己。能明己是，莫过同体；是以偏材之人，交游进趋之类，皆亲爱同体而誉之，憎恶对反而毁之，序异杂而不尚也。推而论之，无他故焉；夫誉同体、毁对反，所以证彼非而着己是也。至于异杂之人，于彼无益，于己无害，则序而不尚。是故，同体之人，常患于过誉；及其名敌，则鲜能相下。是故，直者性奋，好人行直于人，而不能受人之讦；尽者情露，好人行尽于人，而不能纳人之径；务名者乐人之进趋过人，而不能出陵己之后。是故，性同而材倾，则相援而相赖也；性同而势均，则相竞而相害也；此又同体之变也。故或助直而毁直，或与明而毁明。而众人之察，不辨其律理，是嫌于体同也。

夫人所处异势，势有申压：富贵遂达，势之申也；贫贱穷匮，势之压也。上材之人，能行人所不能行，是故，达有劳谦之称，穷有着明之节。中材之人，则随世损益，是故，藉富贵则货财充于内，施惠周于外；见赡者求可称而誉之，见援者阐小美而大之，虽无异材，犹行成而名立。处贫贱则欲施而无财，欲援而无势，亲戚不能恤，朋友不见济，分义不复立，恩爱浸以离，怨望者并至，归非者日多；虽无罪尤，犹无故而废也。故世有侈俭，名由进退：天下皆富，则清贫者虽苦，必无委顿之忧，且有辞施之高，以获荣名之利；皆贫，则求假无所告，而有穷乏之患，且生鄙吝之讼。是故：钧材而进，有与之者，则体益而茂遂；私理卑抑，有累之者，则微降而稍退。而众人之观，不理其本，各指其所在，是疑于申压者也。

夫清雅之美，著乎形质，察之寡失；失缪之由，恒在二尤。二尤之生，与物异列。故尤妙之人，含精于内，外无饰姿；尤虚之人，硕言瑰姿，内实乖反。而人之求奇，不可以精微测其玄机，明异希；或以貌少为不足，或以瑰姿为巨伟，或以直露为虚华，或以巧饰为真实。是以早拔多误，不如顺次；夫顺次，常度也。苟不察其实，亦焉往而不失。故遗贤而贤有济，则恨在不早拔；拔奇而奇有败，则患在不素别；任意而独缪，则悔在不广问；广问而误己，则怨己不自信。是以骥子发足，众士乃误；韩信立功，淮阴乃震。夫岂恶奇而好疑哉？乃尤物不世见，而奇逸美异也。是以张良体弱而精强，为众智之隽也；荆叔色平而神勇，为众勇之杰也。然则，隽杰者，众人之尤也；圣人者，众尤之尤也。其尤弥出者，其道弥远。故一国之隽，于州为辈，未得为第也；一州之第，于天下为根；天下之根，世有优劣。是故，众人之所贵，各贵其出己之尤，而不贵尤之所尤。是故，众人之明，能知辈士之数，而不能知第目之度；辈士之明，能知第目之度，不能识出尤之良也；出尤之人，能知圣人之教，不能究之入室之奥也。由是论之，人物之理妙，不可得而穷已。

效　难

盖知人之效有二难：有难知之难，有知之无由得效之难。何谓难知之难？人物精微，能神而明，其道甚难，固难知之难也。是以众人之察，不能尽备，故各自立度，以相观采：或相其形容，或候其动作，或揆其终始，或揆其拟象，或推其细微，或恐其过误，或循其所言，或稽其行事。八者游杂，故其得者少，所失者多。是故，必有草创信形之误，又有居止变化之谬；故其接遇观人也，随行信名，失其中情。故浅美扬露，则以为有异。深明沉漠，则以为空虚。分别妙理，则以为离娄。口传甲乙，则以为义理。好说是非，则以为臧否。讲目成名，则以为人物。平道政事，则以为国体。犹听有声之类，名随其音。夫名非实，用之不效；故名犹口进，而实从事退。中情之人，名不副实，用之有效；故名由众退，而实从事章。此草创之常失也。故必待居止，然后识之。故居视其所安，达视其所举，富视其所与，穷视其所为，贫视其所取。然后乃能知贤否。此又已试，非始相也。所以知质未足以知其略，且天下之人，不可得皆与游处。或志趣变易，随物而化：或未至而悬欲，或已至而易顾，或穷约而力行，或得志而从欲；此又居止之所失也。由是论之，能两得其要，是难知之难。

何谓无由得效之难？上材已莫知，或所识者在幼贱之中，未达而丧；或所识者，未拔而先没；或曲高和寡，唱不见赞；或身卑力微，言不见亮；或器非时好，不见信贵；或不在其位，无由得拔；或在其位，以有所屈迫。是以良材识真，万不一遇也；须识真在位识，百不一有也；以位势值可荐致之宜，十不一合也。或明足识真，有所妨夺，不欲贡荐；或好贡荐，而不能识真。是故，知与不知，相与分乱于总猥之中；实知者患于不得达效，不知者亦自以为未识。所谓无由得效之难也。故曰知人之效有二难。

释 争

盖善以不伐为大，贤以自矜为损。是故，舜让于德而显义登闻，汤降不迟而圣敬日跻；隙至上人而抑下滋甚，王叔好争而终于出奔。然则卑让降下者，茂进之遂路也；矜奋侵陵者，毁塞之险途也。

是以君子举不敢越仪准，志不敢凌轨等；内勤己以自济，外谦让以敬惧。是以怨难不在于身，而荣福通于长久也。彼小人则不然，矜功伐能，好以陵人；是以在前者人害之，有功者人毁之，毁败者人幸之。是故，并辔争先而不能相夺，两顿俱折而为后者所趋。由是论之，争让之途，其别明矣。

然好胜之人，犹谓不然，以在前为速锐，以处后为留滞，以下众为卑屈，以蹑等为异杰，以让敌为回辱，以陵上为高厉。是故，抗奋遂往，不能自反也。夫以抗遇贤，必见逊下；以抗遇暴，必构敌难。敌难既构，则是非之理必溷而难明；溷而难明则其与自毁何以异哉？且人之毁己，皆发怨憾而变生衅也：必依托于事，饰成端末；其余听者，虽不尽信，犹半以为然也。己之校报，亦又如之。终其所归，亦各有半信着于远近也。然则，交气疾争者，为易口而自毁也；并辞竞说者，为贷手以自殴；为惑缪岂不甚哉？

然原其所由，岂有躬自厚责以致变讼者乎？皆由内恕不足，外望不已：或怨彼轻我，或疾彼胜己。夫我薄而彼轻之，则由我曲而彼直也；我贤而彼不知，则见轻非我咎也。若彼贤而处我前，则我德之未至也；若德钧而彼先我，则我德之近次也。夫何怨哉！

且两贤未别，则能让者为隽矣；争隽未别，则用力者为憝矣。是故，蔺相如以回车决胜于廉颇，寇恂以不斗取贤于贾复。物势之反，乃君子所谓道也。是故，君子知屈之可以为伸，故含辱而不辞；知卑让之可以胜敌，故下之而不疑。及其终极，乃转祸而为福，屈雠而为友；使怨雠不延于后嗣，而美名宣于无穷；君子之道，岂不裕乎！

且君子能受纤微之小嫌，故无变斗之大讼；小人不能忍小忿之故，终有赫赫之败辱。怨在微而下之，犹可以为谦德也；变在萌而争之，则祸成而不救矣。是故，陈余以张耳之变，卒受离身之害；彭宠以朱浮之隙，终有覆亡之祸。祸福之机，可不慎哉！

是故，君子之求胜也，以推让为利锐，以自修为棚橹；静则闭嘿泯之玄门，动则由恭顺之通路。是以战胜而争不形，敌服而怨不构。若然者，悔吝不存于声色，夫何显争之有哉？彼显争者，必自以为贤人，而人以为险诐者。实无险德，则无可毁之义。若信有险德，又何可与讼乎？险而与之讼，是柙兕而撄虎，其可乎？怒而害人，亦必矣！《易》曰："险而违者，讼。讼必有众起。"《老子》曰："夫惟不争，故天下莫能与之争。"是故，君子以争途之不可由也。

是以越俗乘高，独行于三等之上。何谓三等？大无功而自矜，一等；有功而伐之，二等；功大而不伐，三等。愚而好胜，一等；贤而尚人，二等；贤而能让，三等。缓己急人，一等；急己急人，二等；急己宽人，三等。

凡此数者，皆道之奇、物之变也。三变而后得之，故人莫能远也。夫唯知道通变者，然后能处之。是故，孟之反以不伐获圣人之誉，管叔以辞赏受嘉重之赐；夫岂诡遇以求之哉？乃纯德自然之所合也。

彼君子知自损之为益，故功一而美二；小人不知自益之为损，故一伐而并失。由此论之，则不伐者伐之也，不争者争之也；让敌者胜之也，下众者上之也。君子诚能睹争途之名险，独乘高于玄路，则光晖焕而日新，德声伦于古人矣。

（三国）刘劭《人物志》，清末影印嘉庆年间张海鹏刻（墨海金壶）本

解读

《人物志》是东汉刘劭的一部系统品鉴人物才性的玄学著作。

刘劭（约168～224年），字孔才，魏朝广平邯郸人。汉献帝时入仕，初为广平吏，历官太子舍人、秘书郎等，魏朝之后，曾担任尚书郎、散骑侍郎、陈留太守等。刘劭学问详博，通览群书，曾经执经讲学。编有类书《皇览》，参与制定《新律》，著有《乐论》《许都赋》《洛都赋》等。

《人物志》是一部研究人才、识别人才的书，特别是提出了以人之筋、骨、血、气、肌与金、木、水、火、土五行相对，来判断人的气质，从而确定其属于哪一类人才。作者在自序中阐述撰著目的："夫圣贤之所美，莫美乎聪明，聪明之所贵，莫贵乎知人，知人诚智，则众材得其序而庶绩之业兴矣。"对于甄别人才，刘劭提出"八观""五视"等途径。"八观"由人的行为举止、情感反应、心理变化由表象而深至内里，反复察识。"五视"则在居、达、富、穷、贫特定情境中，考察人的品行。同样，作为为人处世的参考依据，知人是为人处世很重要的一个方面，如对十二种气质的人分析，包括"强毅之人""柔顺之人""雄悍之人""惧慎之人""凌楷之人""辨博之人""弘普之人""狷介之人""修动之人""沉静之人""朴露之人""韬谲之人"，对其特征进行描述。同时，根据人性的弱点，对君子和小人的品性及特征进行了区分和界定，这些对处世做人是非常有帮助的。

潘尼《安身论》：思危所以求安，虑退所以能进，惧乱所以保治，戒亡所以获存

盖崇德莫大乎安身，安身莫尚乎存正，存正莫重乎无私，无私莫深乎寡欲。是以君子安其身而后动，易其心而后语，定其交而后求，笃其志而后行。然则动者，吉凶之端也；语者，荣辱之主也；求者，利病之几也；行者，安危之决也。故君子不妄动也，动必适其道；不徒语也，语必经于理；不苟求也，求必造于义；不虚行也，行必由于正。夫然，用能免或系之凶，享自天之。故身不安则殆，言不从则悖，交不审则惑，行不笃则危。四者行乎中，则忧患接乎外矣。

忧患之接，必生于自私，而兴于有欲。自私者不能成其私，有欲者不能济其欲，理之至也。欲苟不济，能无争乎？私苟不从，能无伐乎？人人自私，家家有欲，众欲并争，群私交伐。争，则乱之萌也；伐，则怨之府也。怨乱既构，危害及之，得不惧乎？

然弃本要末之徒，恋进忘退之士，莫不饰才锐智，抽锋擢颖，倾侧乎势利之交，驰骋乎当涂之务。朝有弹冠之朋，野有结绶之友，党与炽于前，荣名扇其后。握权，则赴者鳞集；失宠，则散者瓦解；求利，则托刎颈之欢；争路，则构刻骨之隙。于是浮伪波腾，曲辩云沸，寒暑殊声，朝夕异价，弩蹇希奔放之迹，铅刀竞一割之用。至于爱恶相攻，与夺交战，诽谤尊荣，毁誉纵横，君子务能，小人伐技，风颓于上，俗弊于下。祸结而恨争也不强，患至而悔伐之未辩，大者倾国丧家，次则覆身灭祀。其故何邪？岂不始于私欲而终于争伐哉！

君子则不然。知自私之害公也，然后外其身；知有欲之伤德也，故远绝荣利；知争竞之遘灾也，故犯而不校；知好伐之招怨也，故有功而

不德。安身而不为私，故身正而私全；慎言而不适欲，故言济而欲从；定交而不求益，故交立而益厚；谨行而不求名，故行成而名美。止则立乎无私之域，行则由乎不争之涂，必将通天下之理，而济万物之性。天下犹我，故与天下同其欲；己犹万物，故与万物同其利。

夫能保其安者，非谓崇生生之厚而耽逸豫之乐也，不忘危而已；有期进者，非谓穷贵宠之荣而藉名位之重也，不忘退而已；存其治者，非谓严刑政之威而明司察之禁也，不忘乱而已。故寝蓬室，隐陋巷，披短褐，茹藜藿，环堵而居，易衣而出，苟存乎道，非不安也。虽坐华殿，载文轩，服黼绣，御方丈，重门而处，成列而行，不得与之齐荣。用天时，分地利，甘布衣，安薮泽，沾体涂足，耕而后食，苟崇乎德，非不进也。虽居高位，飨重禄，执权衡，握机秘，功盖当时，势侔人主，不得与之比逸。遗意虑，没才智，忘肝胆，弃形器，貌若无能，志若不及，苟正乎心，非不治也。虽繁计策，广术艺，审刑名，峻法制，文辩流离，议论绝世，不得与之争功。故安也者，安乎道者也；进也者，进乎德者也；治也者，治乎心者也。未有安身而不能保国家，进德而不能处富贵，治心而不能治万物者也。

然思危所以求安，虑退所以能进，惧乱所以保治，戒亡所以获存也。若乃弱志虚心，旷神远致，徒倚乎不拔之根，浮游乎无垠之外，不自贵于物而物宗焉，不自重于人而人敬焉。可亲而不可慢也，可尊而不可远也。亲之如不足，天下莫之能狎也；举之如易胜，而当世莫之能困也。达则济其道而不荣也，穷则善其身而不闷也，用则立于上而非争也，舍则藏于下而非让也。夫荣之所不能动者，则辱之所不能加也；利之所不能劝者，则害之所不能婴也；誉之所不能益者，则毁之所不能损也。

今之学者诚能释自私之心，塞有欲之求，杜交争之原，去矜伐之态，动则行乎至通之路，静则入乎大顺之门，泰则翔乎寥廓之宇，否则沦乎浑冥之泉。邪气不能干其度，外物不能扰其神，哀乐不能荡其守，死生不能易其真。而以造化为工匠，天地为陶钧，名位为糟粕，势利为埃尘，治其内而不饰其外，求诸己而不假诸人，忠肃以奉上，爱敬以事亲，可以御一体，可以牧万民，可以处富贵，可以居贱贫。经盛衰而不改，则庶几乎能安身矣。

《晋书》

解读

潘尼的《安身论》是晋朝时的一篇名篇，与潘岳《闲居赋》、嵇康《与山巨源绝交书》、陶渊明《桃花源记》等一样，均是阐述自己人生观点的名著。

潘尼（约250～约311年），字正叔，荥阳中牟人，西晋文学家。西晋文学家潘岳（即潘安）之侄。官至太常卿，但生情稳静恬淡，有自知之明，从不居位自傲，以谦虚自守，不轻易与人争。

在《安身论》中，潘尼提出了如何在乱世中修身和保身的问题，其核心思想是提醒、告诫人们在人格和处世上要追求无私、寡欲、无名、存正、安身的思想境界，文中对君子的行为概括为"动必适其道"，"语必经于理"，"求必造于义"，"行必由于正"，讲究做人要讲道理，讲正气，塑造自己的人格形象，并"死生不能易其真"，为了维护终生求真存正的人格，坚持不渝。这篇文章，从表面上看其思想观点是隐退不争，有看破红尘后的消极性，但实际上是"知退而进"。正如他自己说的："苟崇乎德，非不进也。"认为这是"以德自守"的人格表现，并不是退缩不前。又说："安身而不为私，故身正而私全；慎言而不适欲，故言济而欲从；定交而不求益，故交立而益厚；谨行而不求名，故行成而名美。"其"安身立命"就是使自我身心调适，内外和谐，铸造士君子的成熟品格，以担当历史之使命。

葛洪《抱朴子》: 志合者不以山海为远，道乖者不以咫尺为近

外篇·行品

抱朴子曰：拟玄黄之覆载，扬明并以表微，文彪昺而备体，独澄见以入神者，圣人也。禀高亮之纯粹，抗峻标以邈俗，虚灵机以如愚，不贰过而诣黩者，贤人也。居寂寞之无为，蹈修直而执平者，道人也。尽烝尝于存亡，保发肤以扬名者，孝人也。垂恻隐于有生，恒恕己以接物者，仁人也。端身命以徇国，经险难而一节者，忠人也。觌微理于难觉，料倚伏于将来者，明人也。量理乱以卷舒，审去就以保身者，智人也。顺通塞而一情，任性命而不滞者，达人也。不枉尺以直寻，不降辱以苟合者，雅人也。据体度以动静，每清详而无悔者，重人也。体冰霜之粹素，不染洁于势利者，清人也。笃始终于寒暑，虽危亡而不猜者，义人也。守一言于久要，历岁衰而不渝者，信人也。摛锐藻以立言，辞炳蔚而清允者，文人也。奋果毅之壮烈，骋干戈以静难者，武人也。甄《坟》《索》之渊奥，该前言以穷理者，儒人也。锐乃心于精义，吝寸阴以进德者，益人也。识多藏之厚亡，临禄利而如遗者，廉人也。不改操于得失，不倾志于可欲者，贞人也。恤急难而忘劳，以忧人为己任者，笃人也。洁皎分以守终，不逊避而苟免者，节人也。飞清机之英丽，言约畅而判滞者，辩人也。每居卑而推功，虽处泰而滋恭者，谦人也。崇敦睦于九族，必居正以赴理者，顺人也。临凝结而能断，操绳墨而无私者，干人也。拔朱紫于中构，剖犹豫以允当者，理人也。步七曜之盈缩，推兴亡之道度者，术人也。赴白刃而忘生，格兕虎于林谷者，勇人也。整威容以肃众，仗法

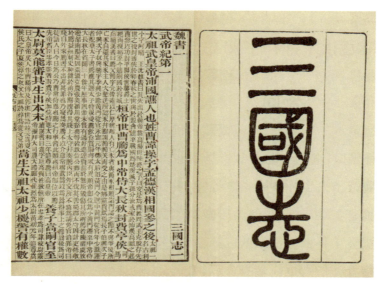

（西晋）陈寿《三国志》，清同治九年金陵书局刻本

度而无二者，严人也。创机巧以济用，总音数而并精者，艺人也。凌强御而无惮，虽险逼而不沮者，黠人也。执匪懈于夙夜，忘劳瘁于深峻者，勤人也。蒙谤讟而晏如，不慑惧于可畏者，劲人也。闻荣誉而不欢，遭忧难而不变者，审人也。知事可而必行，不犹豫于群疑者，果人也。循绳墨以进止，不干没于侥幸者，谨人也。奉礼度以战兢，及亲属而无尤者，良人也。履道素而无欲，时虽移而不变者，朴人也。凡此诸行，了无一然，而不跻善人之迹者，下人也。

门人请曰：善人之行，既闻其目矣；恶者之事，可以戒俗者，愿文垂诰焉。抱朴子曰：不致养于所生，损道而危身者，悖人也。怀邪伪以偷荣，豫利己而忘生者，逆人也。背仁义之正途，苟危人以自安者，凶人也。好争夺而无厌，专丑正而害直者，恶人也。出绳墨以伤刻，心好杀而安忍者，虐人也。饰邪说以浸润，构谤累于忠贞者，谗人也。虽言巧而行违，实履浊而假清者，佞人也。不原本于枉直，苟好胜而肆怒者，暴人也。措细善以取信，阴挟毒而无亲者，奸人也。承风指以苟容，揆主意而扶非者，谄人也。言不计于反覆，好轻诺而无实者，虚人也。睹利地而忘义，弃廉耻以苟得者，贪人也。睹艳逸而心荡，饰绮绮而思邪者，淫人也。见成事而疑惑，动失计而多悔者，暗人也。背训典而自任，耻请问于胜己者，损人也。知善事而不逮，虽多为而无成者，劣人也。委德行而不修，奉权势以取媚者，弊人也。履蹊径以侥速，推货贿以争津者，邪人也。既傲狠以无礼，好凌辱乎胜己者，悍人也。被抑枉则自诬，事无苦而振慑者，怯人也。治细辩于稠众，非其人而尽言者，浅人也。暗事宜之可否，虽企慕而不及者，顽人也。知事非而不改，闻良规而增剧者，惑人也。无济恤之仁心，轻告绝于亲旧者，薄人也。既疾其所不逮，喜他人之有灾者，妒人也。专财谷而轻义，观困匮而不振者，吝人也。冒至危以侥幸，植祸败而不悔者，愚人也。情局碎而偏党，志唯务于盈利者，小人

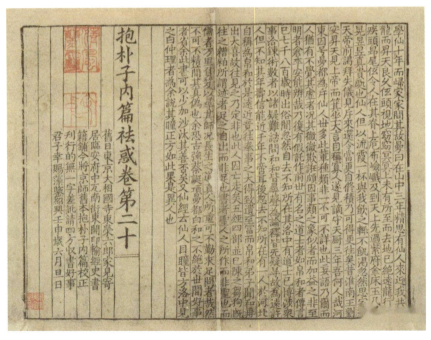

（东晋）葛洪《抱朴子·内篇》，南宋绍兴二十二年荣六郎临安刻本

也。骋鹰犬于原兽，好博戏而无已者，迷人也。忘等威之异数，快饰玩之夸丽者，奢人也。耽声色于饮宴，废庆吊于人理者，荒人也。既无心于修尚，又怠惰于家业者，懒人也。无抑断之威仪，每脱易而不思者，轻人也。观道义而如醉，闻货殖而波扰者，秽人也。杖浅短而多谬，暗趋舍之臧否者，笨人也。憎贤者而不贵，闻高言而如聋者，嚚人也。睹朱紫而不分，虽提耳而不悟者，蔽人也。违道义以趍趋，冒礼刑而罔顾者，乱人也。每动作而受嗤，言发口而违理者，拙人也。事酋豪如仆虏，值衰微而背惠者，慝人也。捐贫贱之故旧，轻人士而踞傲者，骄人也。弃衰色而广欲，非宦学而远游者，荡人也。无忠信之纯固，背恩养而趋利者，叛人也。当交颜而面从，至析离而背毁者，伪人也。习强梁而专己，距忠告而不纳者，剌人也。

外篇·交际

抱朴子曰：余以朋友之交，不宜浮杂。面而不心，扬雄攸讥。故虽位显名美，门齐年敌，而趋舍异规，业尚乖互者，未尝结焉。或有矜其先达，步高视远，或遗忽陵迟之旧好，或简弃后门之类昧，或取人以官而不论德，其不遭知己，零沦丘园者，虽才深智远，操清节高者，不可也；其进趋偶合，位显官通者，虽面墙庸琐，必及也。如此之徒，虽能令壤虫云飞，斥鷃戾天，手捉刀尺，口为祸福，得之则排冰吐华，失之则当春凋悴，余代其踧踖，耻与共世。

穷之与达，不能求也。然而轻薄之人，无分之子，曾无疾非俄然之节，星言宵征，守其门廷，翕然谄笑，卑辞悦色，提壶执贽，时行索媚；勤苦积久，犹见嫌拒，乃行因托长者以构合之。其见受也，则踊悦过于幽系之遇赦；其不合也，则懊悴剧于丧病之逮己也。通塞有命，道贵正直，否泰付之自然，津途何足多咨。嗟乎细人，岂不鄙哉！人情不同，一何远邪？每为慨然，助彼羞之。

昔庄周见惠子从车之多，而弃其余鱼。余感俗士不汲汲于攀及至也。瞻彼云云，驰骋风尘者，不懋建德业，务本求己，而偏徇高交以结朋党，谓人理莫此之要，当世莫此之急也。以岳峙独立者，为涩吝疏拙；以奴颜婢睐者，为晓解当世。风成俗习，莫不逐末，流遁遂往，可慨者也。

或有德薄位高，器盈志溢，闻财利则惊掉，见奇士则坐睡，褴缕杖策，被褐负笈者，虽文艳相雄，学优融玄，同之埃芥，不加接引。若夫程郑王孙罗裒之徒，乘肥衣轻，怀金挟玉者，虽笔不集札，菽麦不分辩，为之倒屣，吐食握发。

余徒恨不在其位，有斧无柯，无以为国家流秽浊于四裔，投畀于有北。彼虽赫奕，刀尺决乎（有脱文），势力足以移山拔海，吹呼能令泥象登云，造其门庭，我则未暇也。而多有下意怡颜，匍匐膝进，求交于若人，以图其益。悲夫！生民用心之不钧，何其辽邈之不肖也哉！余所以同生圣世而抱困贱，本后顾而不见者，今皆追瞻而不及，岂不有以乎！然性苟不堪，各从所好，以此存亡，予不能易也。

或又难曰：时移世变，古今别务，行立乎己，名成乎人。金玉经于不测者，托于轻舟也；灵乌萃于玄霄者，扶摇之力也；芳兰之芬烈者，清风之功也；屈士起于丘园者，知己之助也。今先生所交必清澄其行业，所厚必沙汰其心性，孑然只跱，失弃名辈，结雠一世，招怨流俗，岂合和光以笼物，同法之高义乎？若比智而交，则白屋不降公旦之贵；若钧才而游，则尼父必无入室之客矣。

抱朴子曰：吾闻详交者不失人，而泛结者多后悔。故曩哲先择而后交，不先交而后择也。子之所论，出人之计也；吾之所守，退士之志也。子云玉浮鸟高，皆有所因，诚复别理一家之说也。吾以为宁作不载之宝，不飞之鹏，不飔之兰，无党之士，亦（疑阙文）损于夜光之质，垂天之大、含芳之卉、不朽之兰乎？且夫名多其实，位过其才，处之者犹鲜免于祸辱，交之者何足以为荣福哉！

由兹论之，则交彼而遇者，虽得达不足贵；芘之而误者，譬如荫朽树之被筭也。彼尚不能自止其颠蹶，亦安能救我之碎首哉！吾闻大丈夫之自得而外物者，其于庸人也，盖逼迫不获已而与之形接，虽以千计，犹蚤虱之积乎衣，而赘疣之攒乎体也。失之虽以万数，犹飞尘之去嵩岱、邓林之堕朽条耳。岂以有之为益、无之觉损乎？

且夫朋友也者，必取乎直谅多闻，拾遗斥谬，生无请言，死无托辞，终始一契，寒暑不渝者。然而此人良未易得，而或默语殊途，或憎爱异心，或盛合衰离，或见利忘信。其处今也，譬犹禽鱼之结侣，冰炭之同器，欲其久合，安可得哉！夫父子天性，好恶宜钧，而子政子骏，平论异隔；南山伯奇，辩讼有无。面别心殊，其来尚矣。总而混之，不亦难哉！

世俗之人，交不论志，逐名趋势，热来冷去；见过不改，视迷不救；有利则独专而不相分，有害则苟免而不相恤；或事便则先取而不让，值机会则卖彼以安此。凡如是，则有不如无也。

天下不为尽不中交也，率于为益者寡而生累者众。知人之明，上圣所难。而欲力厉近才，短于鉴物者，务广其交，又欲使悉得，可与经夷险而不易情，历危苦而相负荷者，吾未见其可多得也。虽搜琬琰于培塿之上，索鸾凤于鹪鹩之巢，未为难也。吾亦岂敢谓蓝田之阳，丹穴之中，为无此物哉！亦直言其稀已矣。

夫操尚不同，犹金沉羽浮也；志好之乖次，犹火升而水降也。苟不可同，虽造化之灵，大块之匠，不可使同也，何可强乎！余所禀讷駮，加之以天挺笃懒，诸戏弄之事，弹棋博弈，皆所恶见；及飞轻走迅，游猎傲览，咸所不为，殊不喜嘲亵。凡此数者，皆时世所好，莫不耽之，而余悉阙焉，故亲交所以尤辽也。加以挟直，好吐忠荩，药石所集，甘心者鲜。又欲勉之以学问，谏之以驰竞，止其樗蒲，节其沉湎，此又常人所不能悦也。

毁方瓦合，违情偶俗，人之爱力，甚所不堪，而欲好日新，安可得哉！知其如此而不辩改之，可不谓之暗于当世，拙于用大乎？夫交而不卒，合而又离，则两受不弘之名，俱失克终之美。夫厚则亲爱生焉，薄则嫌隙结焉，自然之理也，可不详择乎！为可临觞者拊背，执手须臾，欲多其数而必其全，吾所惧也。

或曰：然则都可以无交乎？抱朴子答曰：何其然哉！夫畏水者何必废舟楫，忌伤者何必弃斧斤？交之为道，其来尚矣。天地不交则不泰，上下不交即乖志。夫不泰则二气隔并矣，志乖则天下无国矣。然始之甚易，终之竟难。患乎所结非其人，败于争小以忘大也。《易》美多兰，《诗》咏百朋，"虽有兄弟，不如友生。"切思三益，大圣所嘉，门人所以增亲，恶言所以不至；管仲所以免诛戮而立霸功，子元所以去亭长而驱朱轩者，交之力也。

单弦不能发《韶》《夏》之和音，子色不能成衮龙之玮烨，一味不能合伊鼎之甘，独木不能致邓林之茂。玄圃极天，盖由众石之积；南溟浩瀁，实须群流之赴。明镜举则倾冠见矣，羲和照则曲影觉矣，𫐄括修则枉刺之疾消矣，良友结则辅仁之道弘矣。

达者知其然也，所企及则必简乎胜己，所降结则必料乎同志。其处也则讲道进德，其出也则齐心比翼。否则钓鱼钓之业，泰则协经世之务。安则有以精义，危则有以相恤。耻令谭青专面地之笃，不使王贡擅弹冠之美。夫然，故交道可贵也。

然（疑阙文）实未易知，势利生去就，积毁坏刎颈之契，渐渍释胶漆之坚。于是有忘素情之惆叹，或睚眦而不思，遂令元伯巨卿之好，独著于昔；张耳陈余之变，屡构于今。推往寻来，良可叹也。夫梧禽不与鸱枭同枝，麟虞不与豺狼连群，清源不与浊潦混流，仁明不与凶暗同处。何者？渐染积而移直道，暴迫则生害也。

或人曰：敢问全交之道可得闻乎？抱朴子答曰：君子交绝犹无恶言，岂肯向所异辞乎？杀身犹以许友，岂名位之足竞乎？善交狎而不慢，和而不同，见彼有失，则正色而谏之；告我以过，则速改而惮。不以忤彼心而不言，不以逆我耳而不纳，不以巧辩饰其非，不以华辞文其失，不形同而神乖，不若情而口合，不面从而背憎，不疾人之胜己，护其短而引其长，隐其失而宣其得，外无计数之诤，内遗心竞之累。夫然后《鹿鸣》之好全，而《伐木》之刺息。若乃轻合而不重离，易厚而不难薄，始如形影，终为叁辰，至欢变为笃恨，接援化成雠敌，不详之悔，亦无以（疑阙文）。

往者汉季陵迟，皇纲不振，在公之义替，纷竞之俗成。以违时为清高，以救世为辱身。尊卑礼坏，大伦遂乱。在位之人，不务尽节，委本趋末，背实寻声。王事废者其誉美，奸过积者其功多。莫不飞轮兼策，星言假寐，冒寒触暑，以走权门，市虚华之名于秉势之口，买非分之位于卖官之家。或争所欲，还相屠灭。

于是公叔伟长疾其若彼，力不能正，不忍见之，尔乃发愤著论，杜门绝交，斯诚感激有为而然。盖矫枉而过正，非经常之永训也。徒当远非类之党，慎谄黩之源。何必裸袒以诡彼己，断粒以刺玉食哉！夫交之为非，重谏而不止，遂至大乱。故礼义之所弃，可以绝矣。

外篇·刺骄

抱朴子曰：生乎世贵之门，居乎热烈之势，率多不与骄期而骄自来矣。非夫超群之器，不辩于免盈溢之过也。盖劳谦虚己，则附之者众；骄慢倨傲，则去之者多。附之者众，则安之徽也；去之者多，则危之诊也。存亡之机，于是乎在。轻而为之，不亦蔽哉！

亦有出自卑碎，由微而著，徒以翕肩敛迹，偃伊侧立，低眉屈膝，奉附权豪，因缘运会，超越不次，毛成翼长，蝉蜕泉壤，便自轩昂，目不步足，器满意得，视人犹芥。

或曲晏密集，管弦嘈杂，后宾填门，不复接引；或于同造之中，偏有所见，复未必全得也直以求之，差勤以数接其情，苟且继到，壶榼不旷者耳。孟轲所谓"爱而不敬，豕畜之也"。而多有行诸，云是自尊重之道。自尊重之道，乃在乎以贵下贱，卑以自牧，非此之谓也。乃衰薄之弊俗，膏肓之废疾，安共为之，可悲者也。

若夫伟人巨器，量逸韵远，高蹈独往，萧然自得，身寄波流之间，神跻九玄之表，道足于内，遗物于外，冠摧履决，蓝缕带索，何肯与俗人竞干佐之便僻，修佞幸之媚容，效上林喋喋之啬夫，为春蜩夏蝇之聒耳！

求之以貌，责之以妍，俗人徒睹其外形之粗简，不能察其精神之渊邈。务在皮肤，不料心志，虽怀英抱异，绝伦迈世，事动可以悟举世之术，言发足以解古今之惑，含章括囊，非法不谈，而茅蓬不能动万钧之铿锵，侏儒不能看重仞之弘丽，因而蚩之，谓为凡愦。

夫非汉滨之人，不能料明珠于泥沦之蟀；非泣血之民，不能识夜光于重崖之里。蟏蟏屯蚊眉之中，而笑弥天之大鹏；寸鲋游牛迹之水，不贵横海之巨鳞。故道业不足以相涉，聪明不足以相逮。理自不合，无所多怪。所以疾之而不能默者，愿夫在位君子，无以貌取人，勉勖谦损，以永天秩耳。

抱朴子曰：世人闻戴叔鸾阮嗣宗傲俗自放，见谓大度，而不量其材力非傲生之匹，而慕学之。或乱项科头，或裸袒蹲夷，或濯脚于稠众，或溲便于人前；或停客而独食，或行酒而止所亲。此盖左衽之所为，非诸夏之快事也。夫以戴阮之才学，犹以耽蹋自病，得失财不相补。向使二生敬蹋检括，恂恂以接物，竞竞以御用，其至到何适但尔哉！况不及之远者，而遵修其业，其速祸危身，将不移阴，何徒不以清德见待而已乎！

昔者西施痛而卧于道侧，姿颜妖丽，兰麝芬馥，见者咸美其容而念其疾，莫不踌躇焉。于是邻女慕之，因伪疾伏于路间，形状既丑，加之酷臭，行人皆憎其貌而恶其气，莫不睨面掩鼻，疾趋而过焉。今世人无戴阮之自然，而效其倨慢，亦是丑女暗于自量之类也。

帝者犹执子弟之礼于三老五更者，率人以敬也。人而无礼，其刺深矣。夫慢人必不敬其亲也。盖欲人之敬之，必见自敬焉。不修善事，则为恶

（元）王蒙《稚川移居图》（描写晋代道士葛洪携家移居罗浮山修道的情景）。画中自题曰："葛稚川移居图，蒙昔年与日章画此图，已数年矣。今重观之，始题其上，王叔明识。"

人，无事于大，则为小人。纣为无道，见称独夫；仲尼陪臣，谓为素王。则君子不在乎富贵矣。今为犯礼之行，而不喜闻"遄死"之讥，

是负豕而憎人说其臭，投泥而讳人言其污也。

其或峨然守正，确尔不移，不蓬转以随众，不改雅以入郑者，人莫能憎而知其善，而斯以不同于己者，便共仇雠而不数之。嗟乎，衰弊乃可尔邪！君子能使以亢亮方楞，无党于俗，扬清波以激浊流，执劲矢以厉群枉，不过当不见容与不得富贵耳。天爵苟存于吾体者，以此独立不达，亦何苦何恨乎？而便当伐本瓦合，餔糟握泥，剸足适履，毁方入圆，不亦剧乎！

夫节士不能使人敬之而志不可夺也，不能使人不憎之而道不可屈也，不能令人不辱之而荣犹在我也，能令人不摈之而操不可改也。故分定计决，劝沮不能干，乐天知命，忧惧不能入。困瘁而益坚，穷否而不悔，诚能用心如此者，亦安肯草靡薄浮，以索凿枘，效乎礼之所弃者之所为哉！

抱朴子曰：闻之汉末诸无行，自相品藻次第，群骄慢傲不入道检者，为都魁雄伯，四通八达，皆背叛礼教而从肆邪僻，讪毁真正，中伤非党，口习丑言，身行弊事。凡所云为，使人不忍论也。夫古人所谓通达者，谓通于道德，达于仁义耳。岂谓通乎亵黩而达于淫邪哉！有似盗跖，自谓有圣人之道五者也。此俗之伤破人伦，剧于寇贼之来，不能经久，岂所损坏一服而已！

若夫贵门子孙，及在位之士，不惜典刑，而皆科头袒体，踞见宾客，既辱天官，又移染庸民。后生晚出，见彼或已经清资，或佻窃虚名，而躬自为之，则凡夫便谓立身当世，莫此之为美也。夫守礼防者苦且难，而其人多穷贱焉；恣骄放者乐且易，而为者皆速达焉。于是俗人莫不委此而就彼矣。

世间或有少无清白之操业，长以买官而富贵，或亦其所知足以自饰也，其党与足以相引也。而无行之子，便指以为证，曰："彼纵情恣欲而不妨其赫奕矣，此敕身履道而不免于贫贱矣。"而不知荣显者有幸，而顿沦者不遇，皆不由其行也。

然所谓四通八达者，爱助附己，为之履不及纳，带不暇结，携手升堂，连袂入室，出则接膝，请会则直致，所惠则得多，属托则常听，所欲则必副，言论则见饶，有患则见救，所论荐则骞驴蒙龙骏之价，所中伤则孝己受商臣之谈。故小人之赴也，若决积水于万仞之高堤，而放烈火乎云梦之枯草焉。欲望肃雍济济，后生有式，是犹炙冰使燥、积灰令炽矣。

外篇·博喻

盈乎万钧，必起于锱铢；竦秀凌霄，必始于分毫。是以行潦集而南溟就无涯之旷，寻常积而玄圃致极天之高。

骋逸策迅策迅者，虽遗景而不劳，因风凌波者，虽济危而不倾。是以元凯分职，而则天之勋就；伊吕去世任，而革命之功就。

琼艘瑶缉，无涉川之用；金弧玉弦，无激乖之能。是以介洁而无政事者，非拨乱之器，儒雅而乏治略者，非翼亮之才。

阆风玄圃，不借高于丘垤；悬黎结绿，不假观于琼珉。是以英伟不群，而幽蕙之芬骇；峻概独立，而众禽之响振。

冰炭不炫能于冷热，瑾瑜不证珍而体着。是以君子恭己，不恤乎莫与，至人尸居，心遗乎毁誉。

徇名者不以授命为难，重身者不以近欲累情。是以纪信甘灰糜而不恨，杨朱同一毛于连城。

小鲜不解灵虬之远规，鸟鹥不知鸿鹄之非匹。是以耦耕者笑陈胜之投耒，浅识者嗤孔明之抱膝。

淳钧之锋，验于犀兕；宣慈之良，效于明试。是以同否，则元凯与斗筲无殊；并任，则骐骥与驽骀不异。

器非瑚簋，必进锐而退速；量拟伊吕，虽发晚而到早。是以鹪鹩倦翻，犹不越乎蓬杪；鸳雏徐起，顾昤而戾苍昊。

否终则承之以泰，晦极则清辉晨耀。是以垂耳吴阪者，骋千里之逸轨；萦鳞九渊者，凌虹霓以高蹈。

听竞者细，则利同而雠结；善否殊途，则事异而结生。是以嫫母宿瘤，恶见西施之艳容；商臣小白，曾闻延州之退耕。

必死之病，不下苦口之药；朽烂之材不受雕镂之饰。是以比干匪躬，而剖心于精忠；田丰见微，而夷戮于言直。

峄阳孤桐，不能无弦而激哀响；大夏孤竹，不能莫吹而吐清声。是官卑者稷离不能康庶绩，权薄者伊周不能臻升平。

登峻者戒在于穷高，济深者祸生于舟重。是以西秦有思上蔡之李斯，东越有悔盈亢之文种。

刚柔有不易之质，贞桡有天然之性。是以百炼而南金不亏其真，危困而烈士不失其正。

不以其道，则富贵不足居；违仁舍义，虽期颐不足吝。是以卞随负石以投渊，仲由甘心以赴刃。

卑高不可以一概齐，餐廪不可以劝沮化。是以惠施患从车之苦少，庄周忧得鱼之方多。

出处有冰炭之殊躁静有飞沉之异。是以墨翟以重茧趼怡颜，箕叟以遗世得意。

适心者交浅而爱深，忤神者接久而弥乖。是以声同则倾盖而居昵，道异而白首而无爱。

舲艎鹢首，涉川之良器也；櫂之以北狄，则沉漂于波流焉。蒲梢汗血，迅趋之骏足也，御非造父，则倾偾于崄途焉。青萍豪曹，剡锋之精绝也，操者非羽越，则有自伤之患焉。劲兵锐卒，拨乱之神物也，用者非明哲，则速自焚之祸焉。

天秩有不迁之常尊，无礼犯遄死之重刺。是以玄洲之禽兽，惟能言而不得厕贵牲；蛩蛩之负厥足，虽寄命而不得为仁义。

谤讟言不可以巧言弭，实恨不可以虚事释。释之非其道，弭之不由理，犹怀冰以遣冷，重炉以却暑，逐光以逃影，穿舟以止漏矣。

豹笏之裘，不为负薪施；九成六变，不为聋夫设；高唱远和，不为庸愚吐；忘身致果，不为薄德作。

止波之修鳞，不出穷谷之隘；鸾栖之峻木，不秀培塿之卑；九畴之格言，不吐庸猥之口；金版之高算，不出恒民之怀。睹百抱之支，则足以知其本之不细，睹汪濊之文，则足以觉其人之渊邃。

桑林郁蔼，无补柏木之凄洌；膏壤带郭，无解黔敖之蒙袂。然茧纩绨纨，引之自出，千仓万箱，于是乎生。故识远者贵本，见近者务末。

体粗者系形，知精者得神，原始见终者，有可推之绪，得之未朕者，无假物之因。是以昼见天地，未足称明，夜察分毫，乃为绝伦。

芳藻春耀，不能离柯以久鲜；吞舟之鱼，不能舍水而摄生。是以名美而实不副者，必无没节之风；位高而器不称者，不免致寇之败。

忍痛苦之药石者，所以除伐命之疾；婴甲胄之重冷者，所以捍锋镝之集；洁操履之拘苦者，所以全拔萃之业；纳拂心之至言者，所以无易方之惑也。

鸾凤竞粒于庭场，则受亵于鸡鹜；龙麟杂厕于刍豢，则见黩于六牲。是以商老栖峻以播逸世之操，卞随赴深以全遗物之声。

浚井不渫则泥泞滋积，嘉谷不耘则黄莠弥蔓。学而不思则阂实繁，讲而不精则长惑丧功。

积万金于箧匮，虽俭乏而不用，则未知其有异于贫窭。怀逸藻于胸心，不寄意于翰素，则未知其有别于庸猥。

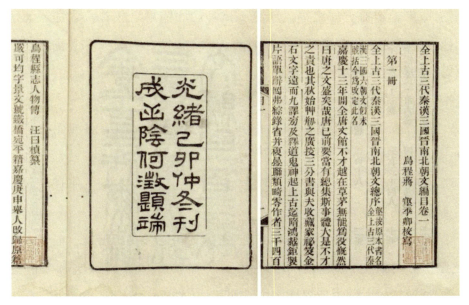

（清）严可均《全上古三代秦汉三国晋南北朝文》，清光绪五年刻本

丹帷接网，组帐重荫，则丑姿翳矣；朱漆饰致，错涂炫耀，则枯木隐矣。是以六艺备则卑鄙化为君子，众誉集则孤陋邈乎贵游。

寻飞绝景之足，而不能骋逸放于吕梁；凌波泳渊之属，而不能陟峻而攀危。故离朱剖秋毫于百步，而不能辩八音之雅俗；子野合通灵之绝响，而不能指白黑于咫尺。

四聪广辟，则羲和纳景；万仞虚己，则行潦交赴。故博辨之道弘，则异闻毕集；庭燎之耀辉，则奇士叩角；诽谤之木设，则有过必知；敢谏之鼓悬，则直言必献。

威施之艳，粉黛无以加，二至之气，吹嘘不能增。是以怀英逸之量者，不务风格以示异；体邈俗之器者，不恤小誉以徇通。

鳞止凤仪，所患在少；狐鸣枭呼，世忌其多。是以俊乂盈朝，而求贤者未倦；谗佞作威，而忠贞者切齿。

灵凤振响于朝阳，未有惠物之益，而莫不澄听于下风焉。鸥枭宵集于垣宇，未有分厘之损，而莫不掩耳而注镝焉。故善言之往，无远不悦；恶言之来，靡近不忤。犹日月无谢于贞明，枉矢见忘于暂出。

锯牙之兽，虽低伏而见惮；挥斧之虫，虽口止全形而不威。故君子被褐，穷而不可轻；小人轩冕，达而不足重。

志合者不以山海为远，道乖者不以咫尺为近。故有跋涉而游集，亦或密迩而不接。

华衮粲烂，非只色之功；嵩岱之峻，非一篑之积。故九子任而康凝之绩熙，四七授而佐命之勋著。

路人不能挽劲命中，而识养由之射；颜子不能控辔振策，而知东野之败。故有不能下棋，而经目识胜负；不能徽弦，而过耳解郑雅者。

冲飚焚轮，原火所以增炽也，而萤烛值之而反灭；甘雨膏泽，嘉生所以繁荣也，而枯木得之以速朽；朱轮华毂，俊民之大宝也，而负乘窃之而召祸；鼎食万钟，宣力之弘报也，而近才授之以覆食束。

屠犀为甲，给乎专征之服；裂翠为华，集乎后妃之首。虽出幽谷，迁于乔木，然为二物之计，未若栖窜于林薄，摄生乎榛薮也。故灵龟宁曳尾于涂中，而不愿巾笥之宝；泽雉乐十步之啄，以违鸡鹜之祸。

偏才不足以经周用，只长不足以济众短。是以鸡知将旦，不能究阴阳之历数；鹄识夜半，不能极晷景之道度；山鸠知晴雨于将来，不能明天文；蛇虫知潜泉之所居，不能达地理。

《全上古三代秦汉三国六朝文》

解读

《抱朴子》是东晋著名医药学家、道士葛洪的一部著作。

葛洪（284～364年），字稚川，自号抱朴子，晋丹阳郡（今江苏句容）人。三国方士葛玄之侄孙，世称小仙翁。他早以儒学知名，后入道，师事郑隐及鲍玄。精医药及炼丹，善文章，好神仙导养之术。据

《晋书》记载，他以儒学知
名，"尤好神仙道养之法"，
"博闻深洽，江左绝伦。著
述篇章富于班马，又精辨
玄迹，析理入微"，因立军
功，被封以高官，但"以年
老，欲炼丹以祈遐寿"为
由辞去不就。后来听说交
阯（今越南）盛产炼丹用的
丹砂，遂要求派去做"句漏
令"，得到首肯后，他便携
妻儿千里迢迢赴任。到达广
州时，因刺史邓岳极力挽
留，葛洪产生了到附近罗浮
山隐居的想法，于是便有移

（清）黄慎《炼丹图》（纸本设色）

居罗浮山之举。葛洪在罗浮山度过了人生的最后岁月，留下了代表名
著《抱朴子》。

　　《抱朴子》分为《内篇》和《外篇》。《内篇》主要讲述的是神仙、
炼丹、符箓等道教相关文化，论证了神仙的存在；而《外篇》则是论
述了"时政得失，人事臧否"，带有浓厚的儒家思想。本书可以称为最
早的养生书，从儒学、道学、医学等角度对人如何养生作了深刻的阐
述，虽然不乏玄学色彩和无稽之谈，但在那个时代能够有如此高深的
认识，是相当不容易的。本书关于为人处世和养生也有很多精彩的论
述，如"欲求长生者，必欲积善立功，慈心于物，恕己及人"，"白石
似玉，奸佞似贤"，"食不过绝，欲不过多，冬不极温，夏不极凉"，

"劳廉虚己，则附者众；骄傲倨慢，则去者多"，"不学而求知，犹愿鱼而无网焉，心虽勤而无获矣"，等等。在此，我们选录了《行品》《交际》《刺骄》和《博喻》四篇中的内容，以其就各色人等，包括正面的"贤人""达人""雅人"等和负面的"凶人""佞人""奸人"等，一一作了描述和定义，特别是对如何交际，交际什么样的人，作了规定，还指出了交际对学问和品德形成的重要性。可以说，《抱朴子》一书是葛洪针对当时社会的各种现象，就学习、做人、做事、养生等做出的深刻研究。

颜延之《庭诰》：日省吾躬，月料吾志，宽嘿以居，洁静以期

道者识之公，情者德之私。公通，可以使神明加飨；私塞，不能令妻子移心。是以昔之善为士者，必捐情反道，合公摈私。

寻尺之身，而以天地为心；数纪之寿，常以金石为量。观夫古先垂戒，长老余论，虽用细制，每以不朽见铭；缮筑末迹，咸以可久承志。况树德立义，收族长家，而不思经远乎？曰：身行不足，遗之后人。欲求子孝必先慈，将责弟悌务为友。虽孝不待慈，而慈固植孝；悌非期友，而友亦立悌。

夫和之不备，或应以不和，犹信不足焉，必有不信。倘知恩意相生，情理相出，可使家有参、柴，人皆由、损。

夫内居德本，外夷民誉，言高一世，处之逾默；器重一时，体之滋冲。不以所能干众，不以所长议物，渊泰入道，与天为人者，士之上也。若不能遗声，欲人出已，知柄在虚求，不可校得，敬慕谦通，畏

避矜踞，思广监择，从其远猷，文理精出，而言称未达，论问宣茂，而不以居身，此其亚也。若乃闻实之为贵，以辩画所克，见声之取荣，谓争夺可获；言不出于户牖，自以为道义久立，才未信于仆妾，而曰我有以过人，于是感苟锐之志，驰倾觖之望，岂悟已挂有识之裁、入修家之诫乎！《记》所云"千人所指，无病自死"者也。行近于此者，吾不愿闻之矣。

凡有知能，预有文论，若不练之庶士，校之群言，通才所归，前流所与，焉得以成名乎？若呻吟于墙室之内，喧嚣于党辈之间，窃议以迷寡闻，姐语以敌要说，是短算所出，而非长见所上。适值尊朋临座，稠览博论，而言不入于高听，人见弃于众视，则慌若迷涂失偶，厱如深夜撤烛，衔声茹气，腆默而归，岂识向之夸慢，祗足以成今之沮丧邪！此固少壮之废，尔其戒之。

夫以怨诽为心者，未有达无心救得丧，多见诮耳。此盖臧获之为，岂识量之为事哉！是以德声令气，愈上每高，忿言怼议，每下愈发。有尚于君子者，宁可不务勉邪！虽曰恒人情不能素尽，故当以远理胜之，幺算除之，岂可不务自异，而取陷庸品乎？

富厚贫薄，事之悬也。以富厚之身，亲贫薄之人，非可一时同处。然昔有守之无怨，安之不问者，盖有理存焉。夫既有富厚，必有贫薄，岂其证然，时乃天道。若人皆厚富，是理无贫薄。然乎？必不然也。若谓富厚在我，则宜贫薄在人。可乎？又不可矣。道在不然，义在不可，而横意去就，谬生希幸，以为未达至分。

蚕温农饱，民生之本。躬稼难就，止以仆役为资，当施其情愿，庀其衣食，定其当治，递其优剧，出之休飨，后之捶责。虽有劬恤之勤，而无沾曝之苦。

务前公税，以远吏让；无急傍费，以息流议；量时发敛，视岁穰俭；省赡以奉己，损散以及人。此用天之善，御生之得也。

率下多方，见情为上；立长多术，晦明为懿。虽及仆妾，情见则事通；虽在畎亩，明晦则功博。若夺其常然，役其烦务，使威烈雷霆，犹不禁其欲；虽弃其大用，穷其细瑕，或明灼日月，将不胜其邪。故曰："屦焉则差，的焉则暗。"是以礼道尚优，法意从刻。优则人自为厚，刻则物相为薄。耕收诚鄙，此用不忒，所谓野陋而不以居心也。

含生之氓，同祖一气，等级相倾，遂成差品，遂使业习移其天识，世服没其性灵。至夫愿欲情嗜，宜无间殊，或役人而养给，然是非大意，不可侮也。隅奥有灶，齐侯蔑寒；犬马有秩，管、燕轻饥。若能服温厚而知穿弊之苦，明周之德；厌滋旨而识寡嗛之急，仁恕之功。

（清）何绍基隶书颜延之《三月三日曲水诗序》立轴。识文：选贤建戚，则择之于茂典；施命发号，必酌之于故实。大予协乐，上庠肆教。章程明密，品式周备。国容视令而动，军政象物而具。校文讲艺之官，采遗于内。

岂与夫比肌肤于草石、方手足于飞走者，同其意用哉！

罚慎其滥，惠戒其偏。罚滥则无以为罚，惠偏则不如无惠。虽尔眇末，犹扁庸保之上，事思反己，动类念物，则其情得而人心塞矣。

抃博蒱塞，会众之事，谐调哂谑，适坐之方，然失敬致侮，皆此之由。方其克瞻，弥丧端俨，况遭非鄙，虑将丑折。岂若拒其容而简其事，静其气而远其意，使言必诤厌，宾友清耳；笑不倾妩，左右悦目。非鄙无因而生，侵侮何从而入？此亦持德之管钥，尔其谨哉。

嫌惑疑心，诚亦难分，岂唯厚貌蔽智之明，深情怯刚之断而已哉！必使猜怨愚贤，则釐笑入戾；期变犬马，则步顾成妖。况动容窃斧，束装滥金，又何足论？是以前王作典，明慎议狱，而僭滥易意；朱公论璧，光泽相如，而倍薄异价。此言虽大，可以戒小。

游道虽广，交义为长。得在可久，失在轻绝。久由相敬，绝由相狎。爱之勿劳，当扶其正性；忠而勿诲，必藏其枉情。辅以艺业，会以文辞，使亲不可亵，疏不可间，每存大德，无挟小怨。率此往也，足以相终。

酒酏之设，可乐而不可嗜，嗜而非病者希，病而遂眚者几。既眚既病，将蔑其正。若存其正性，纾其妄发，其唯善戒乎？声乐之会，可简而不可违，违而不背者鲜矣，背而非弊者反矣。既弊既背，将受其毁。必能通其碍而节其流，意可为和中矣。

善施者岂唯发自人心，乃出天则。与不待积，取无谋实，并散千金，诚不可能。赡人之急，虽乏必先，使施如王丹，受如杜林，亦可与言交矣。

浮华怪饰，灭质之具；奇服丽食，弃素之方。动人劝慕，倾人顾盼，可以远识夺，难用近欲从。若睹其淫怪，知生之无心，为见奇丽，能致诸非务，则不抑自贵，不禁自止。

　　夫数相者，必有之征，既闻之术人，又验之吾身，理可得而论也。人者，兆气二德，禀体五常。二德有奇偶，五常有胜杀，及其为人，宁无叶渗？亦犹生有好丑，死有夭寿，人皆知其悬天；至于丁年乖遇，中身迂合者，岂可易地哉！是以君子道命愈难，识道愈坚。

　　古人耻以身为溪壑者，屏欲之谓也。欲者，性之烦浊，气之蒿蒸，故其为害，则熏心智，耗真情，伤人和，犯天性。虽生必有之，而生之德，犹火含烟而烟妨火，桂怀蠹而蠹残桂，然则火胜则烟灭，蠹壮则桂折。故性明者欲简，嗜繁者气惛，去明即惛，难以生矣。其以中外群圣，建言所黜，儒道众智，发论是除。然有之者不患误深，故药之者恒苦术浅，所以毁道多而于义寡。顿尽诚难，每指可易，能易每指，亦明之末。

　　廉嗜之性不同，故畏慕之情或异。从事于人者，无一人我之心，不以己之所善谋人，为有明矣；不以人之所务失我，能有守矣。已所谓

（东晋）王献之《鸭头丸帖》（局部），上海博物馆藏

然，而彼定不然，弈棋之蔽；悦彼之可，而忘我不可，学鞫之蔽。将求去蔽者，念通怍介而已。

流言谤议，有道所不免，况在阙薄，难用算防。接应之方，言必出己，或信不素积，嫌间所袭；或性不和物，尤怨所聚，有一于此，何处逃毁！苟能反悔在我，而无责于人，必有达鉴，昭其情远，识迹其事。日省吾躬，月料吾志，宽嘿以居，洁静以期，神道必在，何恤人言！

谚曰：富则盛，贫则病矣。贫之为病也，不唯形色粗厉，或亦神心沮废；岂但交友疏弃，必有家人诮让。非廉深远识者，何能不移其植。故欲蠲忧患，莫若怀古。怀古之志，当自同古人，见通则忧浅，意远则怨浮。昔有琴歌于编蓬之中者，用此道也。

夫信不逆彰，义必幽隐，交赖相尽，明有相照。一面见旨，则情固丘岳；一言中志，则意入渊泉。以此事上，水火可蹈；以此托友，金石可弊。岂待充其荣实，乃将议报；厚之筐筐，然后图终。如或与立，茂思无忽。

禄利者受之易，易则人之所荣；蚕稿者就之艰，艰则物之所鄙。艰易既有勤倦之情，荣鄙又间向背之意，此二途所为反也。以劳定国，以功施人，则役徒属而擅丰丽，自埋于民，自事其生，则督妻子而趋耕织。必使陵侮不作，悬企不萌，所谓贤鄙处宜，华野同泰。

人以有惜为质，非假严刑，有恒为德，不慕厚贵。有惜者以理葬，有恒者与物终，世有位去则情尽，斯无惜矣。又有务谢则心移，斯不恒矣。又非徒若此而已，或见人休事，则慭薪结纳，及闻否论，则处彰离贰。附会以从风，隐窃以成衅。朝吐面誉，暮行背毁，昔同稽款，今犹叛戾，斯为甚矣。又非唯若此而已，或凭人惠训，藉人成立，与人余论，依人扬声，曲存禀仰，甘赴尘轨。衰没畏远，忌闻影迹，又蒙蔽其善，毁之无度，心短彼能，私树己拙，自崇恒辈，罔顾高识，有人至此，实蠹大伦。每思防避，无通闾伍。睹惊异之事，或涉流传；遭卒迫之变，反思安顾。若异从己发，将尸谤人，迫而又许，愈使失度。能夷异如裴楷，处逼如裴遐，可称深士乎？

喜怒者，有性所不能无，常起于褊量，而止于弘识。然喜过则不重，怒过则不威，能以恬漠为体，宽愉为器者，则为美矣。大喜荡心，微抑则定，甚怒烦性，小忍即歇。故动无恣容，举无失度，则物将自悬，人将自止。

习之所变亦大矣，岂惟蒸性染身，乃将移智易虑。故曰："与善人居，如入芷兰之室，久而不知其芬"，与之化矣；"与不善人居，如入鲍鱼之肆，久而不知其臭"，与之变矣。是以古人慎所与处。唯夫金真玉粹者，乃能处而不污尔。故曰："丹可灭而不能使无赤，石可毁而不能使无坚。"苟无丹石之性，必慎浸染之渐。能以怀道为念，必存从理之心。道可怀而理可从，则不议贫，议所乐耳。或云："贫何缘乐？"此未求道意。道者，瞻富贵，同贫贱，理固得而齐。自我丧之，未为通议，苟议不丧，夫何不乐！

或曰，温饱之贵，所以荣生；饥寒在躬，空曰从道，取诸其身，将非笃论，此又通理所用。凡养生之具，岂间定实？或以膏腴夭性，有以菽藿登年。中散云，所足在内，不缘于外。是以称体而食，贫岁愈嗛，量腹而炊，丰家余餐。非粒实息耗，意有盈虚尔。况心得复劣，身获仁富，明白入素，气志如神。虽十旬九饭，不能令饥；业席三属，不能为寒。岂不信然！

且以己为度者，无以自通彼量。浑四游而斡五纬，天道弘也；振河海而载山川，地道厚也；一情纪而合流贯，人灵茂也。昔之通乎此数者，不为剖判之行，必广其风度，无挟私殊，博其交道，靡怀曲异。

故望尘请友，则义士轻身；一遇拜亲，则仁人投分。此伦序通允，礼俗平一，上获其用，下得其和。世务虽移，前休未远，人之适主，吾将反本。

夫人之生，暂有心识，幼壮骤过，哀耗鹜及。其间夭郁，既难胜言，假获存遂，又云无几。柔丽之身，亟委土木；刚清之才，遽为丘壤。回遑顾慕，虽数纪之中尔。以此持荣，曾不可留；以此服道，亦何能平？进退我生，游观所达，得贵为人，将在含理。含理之贵，惟神与交。幸有心灵，义无自恶，偶信天德，逝不上惭。欲使人沉来化，志符往哲，勿谓是赊，日凿斯密。著通此意，吾将忘老，如曰不然，其谁与归？

《涵芬楼古今文钞简编》

解读

《庭诰》是东晋文学家颜延之撰写的一篇家训。

颜延之（384～546年），字延年，琅琊临沂（今山东临沂北）人。南朝宋文学家，当时文坛的领袖人物。颜延之曾经官至金紫光禄大夫，世称颜光禄。颜延之虽然出身世家，但少年时比较孤贫。据《宋书·颜延之传》记载，他"好读书，无所不览"，虽然"居贫郭，室巷甚陋"，以至于"行年三十犹未婚"，但他却毫不在意，不以名利为念。颜延之诗文俱佳，成就极高，在刘宋一代与谢灵运并驾齐驱，世人以"颜谢"并称。

元嘉十一年（434年），颜延之被免官，隐居建康（今南京）长干里颜家巷七载。《宋书》本传说："闲居无事，为《庭诰》之文。"这时的颜延之已五十余岁，历经宦海沉浮，他解释作这篇文章的理由时说："《庭诰》者，施于闺庭之内，谓不远也。吾年居秋方，虑先草木，故遽以未闻，诰尔在庭。"颜延之以家族长辈的身份在厅堂里训诫后辈，所以这是一篇家训，目的是以自己的人生经验教育后辈。颜延之从自己切身经历出发，不厌其烦地从各个方面对子弟施教。他娓娓而谈，道出了许多处世道理，字里行间流露出对子弟的殷切希望，在文中将自己的人生经验、感悟之理，以夹叙夹议的方式诉诸笔端，说理训示随性而发，深入浅出，语言平易而周详，自然亲切。

萧绎《金楼子》：无道人之短，无说己之长；施人慎勿念，受恩慎勿忘

东方生戒其子以上容，首阳为拙，柱下为工，饱食安步，以仕易农。依隐玩世，诡时不逢。详其为谈，异乎今之世也。方今尧舜在上，千载一朝，人思自勉，吾不欲使汝曹为之也。

后稷庙堂《金人铭》曰：戒之哉！无多言，多言多败；无多事，多事多患。勿谓何伤，其祸将长；勿谓何害，其祸将大。

崔子玉《座右铭》曰：无道人之短，无说己之长；施人慎勿念，受恩慎勿忘。凡此两铭，并可习诵。

杜恕家戒曰：张子台视之似鄙朴人，然其心中不知天地间何者为美，何者为恶，敦然与阴阳合德。作人如此，自可不富贵，祸害何因而生？

马文渊曰：闻人之过失，如闻亲之名。亲之名可闻而口不可得言也。好论人长短，忘其善恶者，宁死不愿闻也。龙伯高敦厚周慎，谦约节俭，吾爱之重之，愿汝曹效之。杜季良忧人之忧，乐人之乐。父丧致客，数郡毕至，吾爱之重之，不愿汝曹效之。效伯高不得，犹为谨敕之士，所谓刻鹄不成尚类鹜者也。效季良不得，所谓画虎不成反

（南朝）萧绎《金楼子》，清光绪元年湖北崇文书局刻本

类狗者也。裴松之以为援此戒，可谓切至之言，不刊之训。若乃行事得失，已暴于世。因其善恶，即以为戒云。然戒龙伯高之美言，杜季良之恶行，吾谓托古人以见意，斯为善也。

王文舒曰：孝敬仁义，百行之首，而立身之本也。孝敬则宗族安之，仁义则乡党重之。行成于内，名著于外者矣。未有干名要利，欲而不厌，而能保于世，永全福禄者也。欲使汝曹立身行己，遵儒者之教，履道家之言，故以元默冲虚为名，欲使顾名思义，不敢违越也。古者盘盂有铭，几杖有戒，俯仰察焉。夫物速成而疾亡，晚就而善终。朝华之草，戒旦零落，松柏之茂，隆冬不衰。是以大雅君子恶速成，戒阙党也。夫人有善，鲜不自伐；有能，寡不自矜。伐则掩人，矜则陵人。掩人者人亦掩之，陵人者人亦陵之也。

陶渊明言曰：天地赋命，有生必终。自古圣贤，谁能独免？但恨室无莱妇，抱兹苦心，良独惘惘。汝辈既稚小，虽不同生，当思四海皆为兄弟之义。鲍叔敬仲，分财无猜。归生伍举，班荆道旧。遂能以

败为成，因丧立功。他人尚尔。况共父之人哉？颖川陈元长，汉末名士，身处卿佐，八十而终。兄弟同居，至于没齿。济北稚春，晋时积行人也。七世同居，家人无怨色。《诗》云："高山仰止，景行行止。"汝其慎哉！

颜延年云：喜怒者，性所不能无。常起于褊量，而止于宏识。然喜过则不重，怒过则不威。能以恬漠为体，宽裕为器，善矣。大喜荡心，微抑则定；甚怒倾性，小忍则歇。故动无响容，举无失度，则为善也。欲求子孝，必先为慈；将责弟悌，务念为友。虽孝不待慈，而慈固植孝；悌非期友，而友亦立悌。夫和之不备，或应以不和，犹信不足焉，必有不信。倘知恩意相生，情理相出，可以使家有参柴，人皆由损。枚叔有言："欲人不闻，莫若不言；欲人不知，莫若勿为。"御寒莫如重裘，止谤莫若自修。《论语》云："内省不疚，夫何忧何惧？"

单襄公曰：君子不自称也，必以让也。恶其盖人也。吾弱年重之中朝，名士抑扬于诗酒之际，吟咏于啸傲之间。自得如山，忽人如草，好为辞费，颇事抑扬，末甚悔之，以为深戒。

向朗遗言戒子曰：贫非人患，以和为贵。汝其勉之，以为深戒。酒酌之设，可乐而不可嗜；声乐之会，可简而不可违。淫华怪饰，奇服丽食，慎毋为也。

曾子曰：狎甚则相简，庄甚则不亲。是故君子之狎足以交欢，其庄足以成礼也。

子夏曰：与人以实，虽疏必密；与人以虚，虽戚必疏。帅人以正，谁敢不正；敬人以礼，孰敢不礼。使人必须先劳后逸，先功后赏。戒慎乎其所不睹，恐惧乎其所不闻。莫见乎隐，莫显乎微。故君子慎其独也。必使长者安之，幼者爱之，朋友信之。是以君子居其室，出其言善，则千里之外应之；出其言不善，则千里之外违之。况其迩者乎！言出乎身，加乎民；行发乎近，至于远也。言行君子之枢机，枢机之发，荣辱之主，可不慎乎！

处广厦之下，细毡之上，明师居前，劝诵在后。岂与夫驰骋原兽同日而语哉！凡读书必以五经为本，所谓非圣人之书勿读。读之百遍，其义自见。此外众书，自可泛观耳。正史既见得失成败，此经国之所急。五经之外宜以正史为先谱牒，所以别贵贱，明是非，尤宜留意。或复中表亲疏，或复通塞升降，百世衣冠，不可不悉。

任彦升云：人皆有荣进之心，政复有多少耳。然口不及，迹不营，居当为胜。

王文舒曰：人或毁己，当退而求之于身。若己有可毁之行，则彼言当矣；若已无可毁之行，则彼言妄矣。当则无怨于彼，妄则无害于身。又何反报焉。且闻人毁己而怨者，恶丑声之加己，反报者滋甚，不如默而自修也。

颜延年言：流言谤议，有道所不免。况在阙薄，难用算防。应之之方，必先本己。或信不素积，嫌间所为；或性不和物，尤怨所聚。有一于此，何处逃之。日省吾躬，月料吾志，斯道必存，何恤人言。任假每献忠言，辄手怀草，自在禁省，归书不封，何其美乎！入仕之后，此其勖哉！昔孔光有人问温室之树，笑而不答，诚有以也。

中行桓子为卫之士师，刖人之足。俄而卫有蒯聩之乱，刖者守门焉。谓季羔曰："于此有室！"季羔入焉。既追者罢，季羔将去，问刖者曰："今吾在难，此正子报怨之时，而子逃我何？"曰："曩君治臣以法，臣知之。狱决罪定，临当论刑，君愀然不乐见于颜，臣又知之。君岂私于臣哉！天生君子，其道固然。此臣之所以待君子。"孔子闻之曰："善哉为吏，其用法一也。"

与人善言，暖于布帛；伤人以言，深于矛戟。赠人以言，重于金石

（清）何绍基篆书梁孝元帝《金楼子》节选屏。识文：竟陵萧子良，开私仓济贫民。少有清尚，礼才好士，不疑之。倾意宾客，天下才学皆游集焉。善立胜，夏月客至，为设瓜饮及甘果。著之文教，士子及朝贵辞翰皆发教撰录。居鸡笼山西邸，集学士写书，依《皇览》为《四部要略》千卷；招致名僧讲论佛法。何绍基。

珠玉；观人以言，美于黼黻文章；听人以言，乐于钟鼓琴瑟。

俭约之德，其义大哉。齐之迁卫于楚丘也，卫文公大布之服，大帛之冠，务材训农，敬教勤学，元年有车三十乘，季年三百乘也。岂不宏之在人。

明月之夜，可以远视，不可以近书；雾露之朝，可以近书，不通以远视。人才性亦如是，各有不同也。

君子无邑邑于穷，无勿勿于贱。誉之而不加动，非之而不加沮，定外内之分，夷荣辱之心，立不易方，斯有恒也。

夫言行在于美，不在于多。出一美言美行，而天下从之，或见一恶意丑事，而万民违之，可不慎乎？《易》曰："言行，君子之枢机。"枢机之发，荣辱之主也。昔成汤教民去三面之网，而诸侯向之；齐宣王活衅钟之牛，而孟轲以王道求之；周文王掘地得死人骨，哀悯而收葬，而天下嘉之也。

《易》言："不恒其德，或承之羞。"《论语》言："无恒之人，不可卜筮。"故知人之为行，不可不恒。《诗》言："无恒之人，其如飘风。胡不自南，胡不自北"者也。般输不为拙工改绳准，逢羿不为拙射变弦筈，君子怀道德之有检。《诗》云："如月之恒，如日之升。"孔子称："大哉中庸之为德，其至矣乎！"又曰："君子之道，忠恕而已矣。"

伯乐教其所憎者相千里马，其所爱者相驽马。千里之马不时有，其利缓；驽马日售，其利急。所谓下言而上用者也。

君子以宴安为鸩毒，富贵为不幸。故溺于情者忘月满之亏，在乎道者知日损之为贵。斯固诽谤之木，唐虞之道，与琼瑶之台。辛癸之祚亡，酣歌终日，求数刻之欢，耽淫长夜，聘忘归之乐。而或四知必显，五美常在，譬金舟不能凌阳侯之波，玉马不能偶骐骥之迹。是犹炙冰使燥，清柿令炽，不可得也。夫骄奢者众，纵逸者多，如轻埃之应风，似宵蟲之赴烛也。

玉不琢，不成器；人不学，不知道。若虽有天纵，曾无学术，犹若伯牙空弹，无七弦则不悲；王良失辔，处驷马则不疾。晋平公问师旷曰："吾年已老，学将晚耶？"对曰："少好学者如日盛阳，老好学者如炳烛夜行。"追味斯言，可为师也。

《淮南》言："萧条者形之君，寂寞者身之主。"又云："教者生于君子，以被小人；利者兴于小人，以润君子。"孟子云："禹恶旨酒而乐善言。"又云："若我得志，不为食前方丈，妾数百人。"斯言至矣。故原宪之缊袍贤于季孙之狐貉，赵宣之肉食旨于智伯之刍豢，子思之银佩美于虞公之垂棘。娇淫之理，岂可恣欤！人非有柳下延陵之才，蒙庄柱史之志，其以此者，盖有以焉。虽复拔山盖世之雄，回天倒地之力，玉几为樽，金汤设险，骊山无罪之囚，五岭不归之戍，一有骄奢，三代同灭，镂金石者难为力，摧枯朽者易为功，居得其势也。

哲人君子戒盈思冲者，何也？政以戒惧所不睹，恐畏所不闻，况其甚此者乎？夫生自深宫之中，长于妇人之手，忧惧之所不加，宠辱之所未至。粤自龆龀，便作邦君，其天姿卓尔，则河间所以高步，穷凶极悖，广川所以显戮，致之有由者也。锡瑞蕃国，执玉秉圭，春朝则驱驰千乘，秋谒则仪百辟，江都广川，可以意者耳。请论之，一曰骄，二曰富，三曰淫，四曰忌。幼飧尊贵，骄也；名田县道，富也；歌钟盈室，淫也；杀戮无辜，忌也。夫刑罚不中则民无所措手足，况倍此者邪？夫贵而不骄者鲜矣，骄则轻于宪网，富则恃于金宝，淫则惑于昏纵，忌则轻于生杀。既不知稼穑之艰难，又不知民天之有本，徒见珠玑犀甲之玩，金钱翠羽之奇。动容则燕歌郑舞，顾眄则秦筝齐瑟。谓与椿鹄齐龄，宁知翠华易晚，覆其宗社，曾不三省；损其身名，不逢八议。异矣哉！古之欲明明德于天下者，先治其国。欲治其国者，先齐其家。欲齐其家者，先修其身。欲修其身者，先正其心。欲正其心者，无为不善而怨人。刑已至而呼天，身不善而怨人，不亦反乎？刑至而呼天，不亦晚乎？太公曰："夫为人恶闻其情，而喜闻人之情；恶闻己之恶，喜闻人之恶。是以不必治也。

鸟与鸟遇则相躅，兽与兽遇则相角，马与马遇则趹蹄，愚与愚遇则相伤。天之生此物，多其力而少其智。智者之谋，万有一失；狂夫之言，万有一得。是以君子取狂夫之言，补万得之一失也。行人不休息于松柏而止于杨柳者，以松柏有幽僻之穷，杨柳有路侧之势故也。

君子当去二轻取四重：言重则有法，行重则有德，貌重则有威，好重则有观。言轻则招罪，貌轻则招辱。

饱食高卧，立言何求焉？修德履道，身何忧焉？居安虑危，戚也；见险怀惧，忧也。纷纷然，荣枯宠辱之动也，人其能不动乎？仲尼其人也，抑吾其次之，有佞而进，有直而退，其宁退乎？予不喜游宴淹留，每宴辄早罢，不复沾酌矣。

太虚所以高者，以其轻而无累也。人生苟清而无欲，则飘飘之气凌焉。

捣衣清而彻，有悲人者，此是秋士悲于心，捣衣感于外。内外相感，愁情结悲，然后哀怨生焉。苟无感，何嗟何怨也？

居家治理，可移于官，何也？治国须如治家，所以自家刑国，石奋之为家可矣。若谓治国异治家者，则条章不治，民无依焉。故治国者亲民，若治家也。心不可欺物，不可示物。不欺不示，得其衷也。欺之则物不信，示之则民骄矣。自家刑国，自国刑家，可无失矣。

见善则喜，闻恶则忧，民之情也。苟无忧喜，其惟圣人乎！若无喜而不喜，无忧而不忧，盖何足称也？

夫斗者，忘其身也，忘其亲者也。行须臾之怒，而斗终身之祸，然而为之，是忘其身也。

凤无司晨之善，麟乏警夜之功，日月不齐光，参辰不并见，冰炭不同室，粉墨不同囊，有之矣。

古语云："不鉴于镜而鉴于人，鉴镜则辨形，鉴人则悬知善恶。"是知鉴于人胜鉴乎镜矣。

成瓦者炭，而瓦不可以得炭；润竹者水，而竹不可以得水。蒿艾有火，不烧不燃；土中有水，不掘无泉。百梅能使百人酸，一梅不足成味也。

君子有三患：未之闻，患弗得闻；既闻之，患弗能学；既学之，患

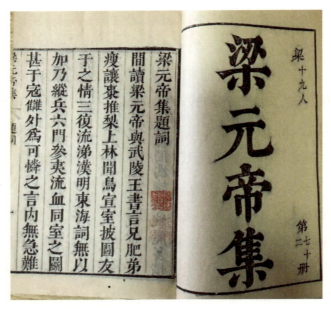

梁十九人 第二十七册

梁元帝集

梁元帝集题词
闲读梁元帝与武陵王书言见肥弟
瘦让枣推梨上林闻鸟宣室披图友
于之情三复流涕汉明东海诃无以
加乃纵兵六门参夷流血同室之图
甚于寇雠外为可怜之言内无急难

（南朝）萧绎《梁元帝集》，明刻本

弗能行。君子有四耻：有其位无其言，君子耻之；无其行，君子耻之；
既得之又失之，君子耻之；地有余而民不足，君子耻之。

夫陶犬无守夜之警，瓦鸡无司晨之益，涂车不能代劳，木马不中
驰逐。

夫聪明疏通者戒于太察，寡闻少见者戒于壅蔽，勇猛刚强者戒于
太暴，仁爱温良者戒于无断也。

颜回希舜，所以早亡；贾谊好学，遂令速殒。扬雄作赋，有梦肠之
谈；曹植为文，有反胃之论。生也有涯，智也无涯，以有涯之生，逐无
涯之智，余将养性养神，获麟于金楼之制也。

夫石田不生五谷，构山不游麋鹿，何者？以其无所因也。故龙藉
风而飞，龟由火而兆，有其资焉。常善利物，无弃人也。富贵不可以
傲贫，贤明不可以轻暗。夷吾侈而鲍叔廉，其性不同也；张竦洁而陈遵
污，其行不齐也。然而终能相善者，盖无弃人之谓也。

或说人须才学，不资夙素。余谓不然。昔孔文举有言：三人同行，两人聪隽，一夫底下，饥年无食，谓宜食底下者，譬犹蒸一猩猩，煮一鹦鹉耳。此盖悖道之言也，宁有是乎！祢衡云：荀彧强可与语，余人皆酒瓮饭囊。魏时刘陶语人曰：智者弄愚人，如弄一丸于掌中。

晋中朝庾道季云：廉颇蔺相如，虽千载死人，凛凛如有生气；曹摅李志，虽久在世，黯黯如九泉下人。皆如此，便可结绳而理，并抑抗之论也。

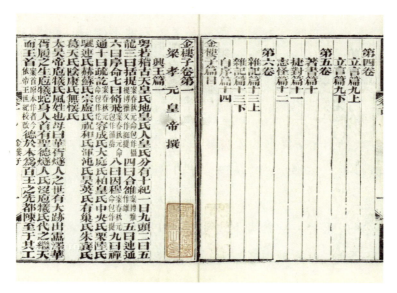

（南朝梁）萧绎《金楼子》，清光绪元年湖北崇文书局刻本

曾子曰："昔楚人掩口而言，欲以说王，王以为慢，遂加之诛。"卫太子以纸闭鼻，汉武帝谓闻己之臭，又致大罪。二者事殊而相似，时异而怨同。

老子云："生之徒十有三，死之徒十有三，而人莫能向生之徒也。"夫水之性也，寂寥长迈，此其本性也，其波涛鼓怒，颓山穴石，盖有以云耳。

金樽玉盂，不能使薄酒更厚；鸾舆凤驾，不能使驽马健捷。有是哉，右手吹竽，左手击节，必不谐矣。

《吕览》云："衣人在寒，食人在饥。"陈思王云："投虎千金，不如一豚肩；寒者不思尺璧，而思裋褐衣足也。"

千里之路，不可别以准绳；万家之邦，不可不明曲直。

凡为善难，任善易。奚以知之？今与骥俱走，人不胜骥矣。若夫居于车上，骥不胜人矣。夫人主亦有车，无去其车，则众善皆尽力竭能矣。

秋旱寒则冬必暖，春雨多则夏必旱。天地不能两，而况于人乎？天道圆而地道方。何以说天道之圆也？精气一上一下，圆周复杂，无所稽留，故曰天道圆。何以说地道之方也？万物殊类殊形，皆有分职，故曰地道方。

夫以众勇，无所畏乎，孟贲矣；以众力，无所畏乎，乌获矣；以众视，无以畏乎，离娄矣；以众智，无以畏乎，尧舜矣。此君人者之大宝也。

有以乘舟死者，欲禁天下之船；有以用兵丧其国者，欲偃天下之兵。譬之若水火，能善用之则为福，不能善用则为祸。义兵之为天下

（明）仇英《竹林七贤图》

良药也，亦大也。

夫吞舟之鱼不游清流，鸿鹄高飞不就茂林。何则？其志极远。牛刀割鸡，矛戟采葵，甚非谓也。

昔有假人于越而救溺子，越人虽善游，子必不生矣；失火而取水于海，海水虽多，火必不灭矣。远水不可救近火也。

行合趣同，千里相从；趣不合，行不同，对门不逢也。

江出岷山，河出昆仑，泾出王屋，颍出少室，汉出嶓冢，分流同注于东海，出则异，所归者同也。

登高使人欲望，临深使人欲窥，处使然也。射则使人端，钓则使人恭，事使然也。或吹火而然，或吹火而灭，所以吹者异也。

善为民者树德，不善为民者树怨，然政不必然也。专用聪明，事必不成；专用晦昧，事必有悖。一明一晦，得之矣。

人莫不左画方，右画圆。以骨去蚁，蚁愈多；以鱼殴蝇，蝇愈至。弓矢不调，则羿不能中也；六马不和，则造父不能致远；士民不亲，则汤武不能必胜。夜光之璧，黄彝之尊，始乃中山之璞、溪林之干，及良工琢磨则登廊庙之上矣。加脂粉则宿瘤进，蒙不洁则西施屏。人之学也亦如此，岂可不学邪？世莫学驭龙而学驭马，莫学治鬼而学治人，先其急务也。若使南海无采珠之民，昆山无破玉之工，则明珠不御于椒室，美玉不佩乎袆裳也。

阿胶五尺，不能止黄河之浊；弊车径尺，不足救盐池之泄。

殷洪远云："周旦腹中有三斗烂肠。"桓元子在荆州，耻以威刑为政。与令史杖，上梢云根，下拂地足，余比庶几焉。《诗》云："宜民宜人，受禄于天。"《书》称："立功立事，可以永年。"君子之用心也，恒须以济物为本，加之以立功，重之以修德，岂不美乎？

公沙穆曰："居家之方，唯俭与约；立身之道，唯谦与学。"

南朝陵墓大型模印砖画《竹林七贤与荣启期》

　　世人有忿者题其门为"凤"字，彼不觉，大以为欣，而意在"凡鸟"也。有寄槟榔与家人者，题为"合"字，盖人一口也。人有骂奴而命名凤者，凡虫也。如此皆为听察焉。

　　夫目察秋毫，不见华岳；耳听宫徵，不闻雷庭。君子用心必须普也。故麋鹿成群，虎豹所避；众鸟成列，鹰隼不游。若临事方就，则不举矣。渴而穿井，临难铸兵，并无益也。非直是矣，复须适时用矣。鲁人有身善屦，妻善织缟，而徙于越。或谓之曰："子必穷矣：夫屦而履，越人跣行；夫缟而冠，越人被发。盖无益矣！"

　　夫水澄之半日，必见目睫；动之半刻，已失方圆。静之胜动，诚非一事也。

　　良匠能与人规矩，不能使人巧；明师授人书，不能使人聪。搜寻仞之陇，求干天之木；望牛迹之水，求吞舟之鱼，未可得也。

曾子曰："患身之不善，不患人之莫己知。"丹青在山，民知而求之；善珠在渊，民知而取之；至道在学，而人不知就之，惑夫！吾假延晷漏，常虑奄忽，幼好狂简，颇有勤成，诸生孰能传吾书者，使黄巾绿林不能攘夺，炎上润下，时为保持，则关西夫子，此名方丘；东里先生，梦中相报。

一兔走街，万夫争之，由未定也。积兔满市，过者不顾，非不欲兔，分已定矣，虽鄙人不争。故治国存乎定分而已。

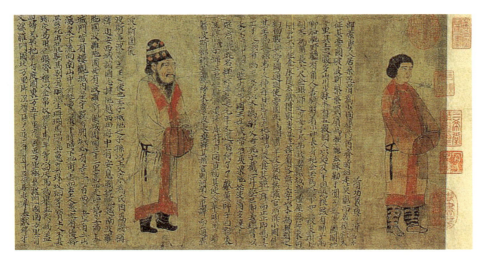

（南朝梁）萧绎《职贡图》（宋人摹本，局部）

古之学者为己，今之学者为人。学而优则仕，仕而优则学，古人之风也。修天爵以取人爵，获人爵而弃天爵，末俗之风也。

《知不足斋丛书》

解读

《金楼子》是南朝梁元帝萧绎撰写的一部重要子书。

梁元帝萧绎（508～555年），字世诚，小名七符，号金楼子，南朝梁第四位皇帝，梁武帝萧衍第七子。据《梁书·元帝本纪》，萧绎

"聪悟俊朗,天才英发",5岁时就能背诵《曲礼》,"既长好学,博综群书,下笔成章,出言为论,才辩敏速,冠绝一时。"普通七年(526年),18岁的萧绎出任荆州刺史,都督荆、湘、郢、益、宁、南梁六州诸军事,控制长江中上游。大宝三年(552年),侯景之乱平息,武陵王萧纪称帝于蜀,萧绎亦在江陵即位。承圣三年(554年)冬,雍州刺史萧詧引西魏兵来攻,江陵被围,萧绎烧所藏图书十余万卷,城陷被杀。萧绎性好矫饰,多猜忌,而工书,善画,能文。著有《孝德传》《怀旧志》《金楼子》等书四百余卷。

《金楼子》一书采用札记、随感的形式,或前引名言成句,后加自己的看法;或借题发挥以阐发自己的思想;或记述史实以劝诫子女;或追叙往事,聊以自慰;或转志奇事,欲广闻见;或记东交游,以叙友情;等等。总之,与《吕氏春秋》《淮南子》等杂家著作相比,《金楼子》的最大特点是,它基本上是由萧绎一人撰写而成。本书在摘录包括孔子、颜子、子夏、东方朔、崔子玉、马援、任彦升、王文舒、颜延年等名家经典论述的同时,自己针对为人处世有感而发,善于通过自然现象和社会现象的类比来说明论点,提出了许多有启发、有借鉴意义的名言,如"黄金满筥,不以投龟;明珠径寸,岂劳弹雀","良匠能与人规矩,不能使人巧;明师授人书,不能使人","人心不同,有如其面","阿胶五尺,不能止黄河之浊;弊车径尺,不足救盐池之泄","聪明疏通者戒于太察,寡闻少见者戒于壅蔽,勇猛刚强者戒于太暴,仁爱温良者戒于无断也","行合趣同,千里相从;趣不合,行不同,对门不逢也","与人善言,暖于布帛;伤人以言,深于矛戟。赠人以言,重于金石珠玉;观人以言,美于黼黻文章;听人以言,乐于钟鼓琴瑟",等等。

魏收《枕中篇》：知几虑微，斯亡则稀；既察且慎，福禄攸归

　　门有倚祸，事不可不密；墙有伏寇，言不可而失。宜谛其言，宜端其行。言之不善，行之不正。鬼执强梁，人囚径廷。幽夺其魄，明夭其命。不服非法，不行非道。公鼎为己信，私玉非身宝。过涅为绀，踰蓝作青。持绳视直，置水观平。时然后取，未若无欲。知止知足，庶免于辱。是以，为必察其几，举必慎于微。知几虑微，斯亡则稀；既察且慎，福禄攸归。昔蘧瑗识四十九非，颜子邻几三月不违。跬步无已，至于千里；覆篑而进，及于万仞。故云，行远自迩，登高自卑，可大可久，与世推移。

　　月满如规，后夜则亏；槿荣于枝，望暮而萎。夫奚益而非损，孰有损而不害？益不欲多，利不欲大。唯居德者畏其甚，体真者惧其大。道尊则群谤集，任重而众怨会。其达也，则尼父栖遑；其忠也，而周公狼狈。无曰人之我狭，在我不可而覆；无曰人之我厚，在我不可而咎。如山之大，无不有也；如谷之虚，无不受也。能刚能柔，重可负也；能信能顺，险可走也；能知能愚，期可久也。周庙之人，三缄其口；漏厄在前，欹器留后。俾诸来裔，传之座右。

《北齐书》

解读

　　魏收（506～572年），字伯起，小字佛助，北齐钜鹿下曲阳（今河北晋县西）人。北魏时为太学博士，迁散骑侍郎，与阳休之等修国史。北齐时，任中书令，仍兼著作郎。曾撰修《魏书》。官至尚书右仆射。

　　《枕中篇》是魏收写给子侄们的，主要是以好善远恶相规劝。他首

先强调学识的重要性，指出："游傲经术，厌饫文史"，固然是要使自己的"笔有敲锋，谈有胜理"，但更重要的是有能力"审道而行，量路而止"。其次要求要懂得人情世故、为人处世之方。文中要求言语要谨慎，行为要端正。如果不这样，而是反其道而行之，"言之不善，行之不正"，就会"鬼执强梁，人囚径廷。幽夺其魄，明夭其命"而招致众多的灾祸，直至性命不保。特别提到言行谨慎不是要人无所作为，而是要"为必察其几，举必慎于微"。"知己虑微，斯亡则稀，既察且慎，福禄攸归。"即是说只有知几虑微，既察又慎，才能减少失误，获得福禄。

颜之推《颜氏家训》：君子当守道崇德，蓄价待时

父子之严，不可以狎；骨肉之爱，不可以简。简则慈孝不接，狎则怠慢生焉。

以与善人居，如入芝兰之室，久而自芳也；与恶人居，如入鲍鱼之肆，久而自臭也。墨子悲于染丝，是之谓矣。君子必慎交游焉。孔子曰："无友不如己者。"颜、闵之徒，何可世得！但优于我，便足贵之。

夫学者所以求益耳。见人读数十卷书，便自高大，凌忽长者，轻慢同列；人疾之如仇敌，恶之如鸱枭。如此以学自损，不如无学也。

名之与实，犹形之与影也。德艺周厚，则名必善焉；容色姝丽，则影必美焉。今不修身而求令名于世者，犹貌甚恶而责妍影于镜也。上士忘名，中士立名，下士窃名。忘名者，体道合德，享鬼神之福佑，非所以求名也；立名者，修身慎行，惧荣观之不显，非所以让名也；窃名者，厚貌深奸，于浮华之虚称，非所以得名也。

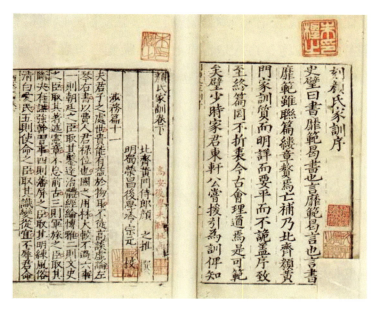

（北齐）颜之推《颜氏家训》，明刻本

士君子之处世，贵能有益于物耳，不徒高谈虚论，左琴右书，以费人君禄位也！国之用材，大较不过六事：一则朝廷之臣，取其鉴达治体，经纶博雅；二则文史之臣，取其著述宪章，不忘前古；三则军旅之臣，取其断决有谋，强干习事；四则藩屏之臣，取其明练风俗，清白爱民；五则使命之臣，取其识变从宜，不辱君命；六则兴造之臣，取其程功节费，开略有术。此则皆勤学守行者所能办也。人性有长短，岂责具美于六涂哉？但当皆晓指趣，能守一职，便无愧耳。

铭金人云："无多言，多言多败；无多事，多事多患。"至哉斯戒也！能走者夺其翼，善飞者减其指，有角者无上齿，丰后者无前足，盖天道不使物有兼焉也。古人云："多为少善，不如执一；鼫鼠五能，不成伎术。"

君子当守道崇德，蓄价待时，爵禄不登，信由天命。须求趋竞，不顾羞惭，比较材能，斟量功伐，厉色扬声，东怨西怒；或有劫持宰相瑕疵，而获酬谢；或有喧聒时人视听，求见发遣。以此得官，谓为才力，何异盗食致饱，窃衣取温哉！世见躁竞得官者，便谓"弗索何获"。不知时运之来，不求亦至也。见静退未遇者，便谓"弗为胡成"。不知风云不与，徒求无益也。凡不求而自得，求而不得者，焉可胜算乎！

《礼》云："欲不可纵，志不可满。"宇宙可臻其极，情性不知其穷，唯在少欲知止，为立涯限尔。先祖靖侯戒子侄曰："汝家书生门户，世无富贵，自今仕宦不可过二千石，婚姻勿贪势家。"吾终身服膺，以为名言也。

天地鬼神之道，皆恶满盈，谦虚冲损，可以免害。人生衣趣以覆寒露，食趣以塞饥乏耳。形骸之内，尚不得奢靡，己身之外，而欲穷骄泰邪？周穆王、秦始皇、汉武帝富有四海，贵为天子，不知纪极，犹自败累，况士庶乎？常以二十口家，奴婢盛多不可出二十人，良田十顷，堂室才蔽风雨，车马仅代杖策，蓄财数万，以拟吉凶急速。不赍此者，以义散之；不至此者，勿非道求之。

仕宦称泰不过处在中品，前望五十人，后顾五十人，足以免耻辱，无倾危也。高此者，便当罢谢，偃仰私庭。吾近为黄门郎，已可收退。当时羁旅，惧罹谤讟，思为此计，仅未暇尔。自丧乱已来，见因托风云，侥幸富贵，且执机权，夜填坑谷，朔欢卓、郑，晦泣颜、原者，非十人五人也。慎之哉！慎之哉！

夫生不可不惜，不可苟惜。涉险畏之途，干祸难之事，贪欲以伤生，谗慝而致死，此君子之所惜哉！行诚孝而见贼，履仁义而得罪，丧身以全家，泯躯而济国，君子不咎也。自乱离已来，吾见名臣贤士，临难求生，终为不救，徒取窘辱，令人愤懑。

解读

《颜氏家训》是由北齐颜之推写的一部教育孩子们的家训。

颜之推（531～约597年），字介，生于江陵（今湖北江陵），祖籍琅琊临沂（今山东临沂），中国古代文学家、教育家。他生于士族官僚家庭，世传《周官》《左氏春秋》。博览群书，为文辞情并茂，得梁湘东王赏识，19岁即被任为国左常侍。后投奔北齐，历20年，官至黄门侍郎。北齐为北周所灭，他被征为御史上士。隋代北周，他又于隋文帝开皇年间，被召为学士，不久以疾终。依他自叙，"予一生而三化，备荼苦而蓼辛"，叹息"三为亡国之人"。传世著作有《颜氏家训》《还冤志》《集灵记》等。

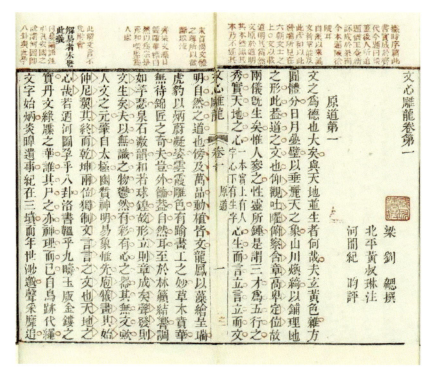

（南朝）刘勰撰、（清）黄叔琳注、纪昀评《文心雕龙》，清道光十三年两广节署刊朱墨套印本

　　《颜氏家训》共二十篇，是颜之推为了用儒家思想教训子孙，以保持自己家庭的传统与地位而写出的一部系统完整的家庭教育教科书。这是他一生关于士大夫立身、治家、处世、为学的经验总结，在封建家庭教育发展史上有重要的影响。后世称此书为"家教规范"。

　　作为传统社会的典范教材，《颜氏家训》直接开后世"家训"的先河，是我国古代家庭教育理论宝库中的一份珍贵遗产。在此，我们选录了《颜氏家训》中部分关于为人处世的内容，包括读书学习、言谈举止、为官立志、做人底线、生死态度等，特别是强调君子要立身修德，要名副其实。

（唐）李思训《江帆楼阁图》

卷二 · 隋唐宋元

王通《止学》：知足不辱，知止不殆；知其所止，止于至善

智极则愚也，圣人不患智寡，患德有失焉。

才高非智，智者弗显也；位尊实危，智者不就也。大智知止，小智惟谋，智有穷而道无尽哉。

谋人者成于智，亦丧于智；谋身者恃其智，亦舍其智也。智有所缺，深存其敌，慎之少祸焉。

智不及而谋大者毁，智无竭而谋远者逆。智者言智，愚者言愚，以愚饰智，以智止智，智也。

势无常也，仁者勿恃；势伏凶也，智者不衿。

势莫加君子，德休与小人。君子势不于力也，力尽而势亡焉；小人势不惠人也，趋之必祸焉。

众成其势，一人堪毁。强者凌弱，人怨乃弃。势极无让者疑，位尊弗恭者忌。

势或失之，名或谤之，少怨者再得也；势固灭之，人固死之，无骄者惠嗣焉。

惑人者无逾利也。利无求弗获，德无施不积。

众逐利而富寡，贤让功而名高。利大伤身，利小惠人，择之宜慎

（隋）王通像

也；天贵于时，人贵于明，动之有戒也。

众见其利者，非利也；众见其害者，或利也。君子重义轻利，小人嗜利远信，利御小人而莫御君子矣。

利无尽处，命有尽时，不怠可焉；利无独据，运有兴衰，存畏警焉。

物朴乃存，器工招损；言拙意隐，辞尽锋出。

识不逾人者，莫言断也；势不及人者，休言讳也；力不胜人者，勿言强也。

王者不辩，辩则少威焉；智者讷言，讷则惑敌焉；勇者无语，语则怯行焉。

忠臣不表其功，窃功者必奸也；君子堪隐人恶，谤贤者固小人也矣。

好誉者多辱也。誉满主惊，名高众之所忌焉。

誉存其伪，诌者以誉欺人；名不由己，明者言不自赞。贪巧之功，天不佑也。

赏名勿轻，轻则誉贱，誉贱则无功也；受誉知辞，辞则德显，显则释疑也。上下无争，誉之不废焉。

人无誉堪存，誉非正当灭。求誉不得，或为福也。

情滥无行，欲多失矩；其色如一，鬼神莫测。

上无度失威，下无忍莫立。上下知离，其位自安。君臣殊密，其臣反殃。小人之荣，情不可攀也。

情存疏也，近不过已，智者无痴焉；情难追也，逝者不返，明者无悔焉。

多情者多艰，寡情者少艰。情之不敛，运无幸耳。

人困乃正，命顺乃奇。以正化奇，止为枢也。

事变非智勿晓，事本非止勿存。天灾示警，逆之必亡；人祸告诚，省之固益。躁生百端，困出妄念，非止莫阻害之蔓焉。

视己勿重者重，视人为轻者轻。患以心生，以蹇为乐，蹇不为蹇矣。

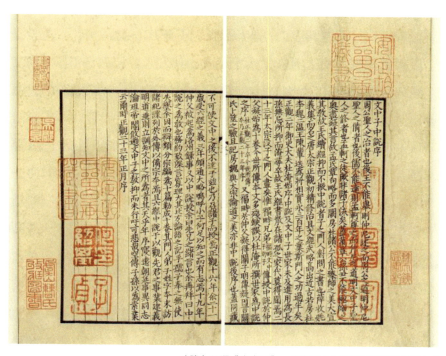

（隋）王通《文中子》，清光绪十六年贵阳陈矩影宋刊本

穷不言富，贱不趋贵。忍辱为大，不怒为尊。蹇非敌也，敌乃乱焉。

世之不公，人怨难止。穷富为仇，弥祸不消。

君子不念旧恶，旧恶害德也；小人存隙必报，必报自毁也。和而弗争，谋之首也。

名不正而谤兴，正名者必自屈也焉；惑不解而恨重，释惑者固自罪焉。私念不生，仇怨不结焉。

宽不足以悦人，严堪补也；敬无助于劝善，诤堪教矣。

欲无止也，其心堪制；惑无尽也，其行乃解。

不求于人，其尊弗伤；无嗜之病，其身靡失。自弃者人莫救也。

苦乐无形，成于心焉；荣辱存异，贤者同焉。事之未济，志之非达，心无怨而忧患弗加矣。

仁者好礼，不欺其心也；智者示愚，不显其心哉。

服人者德也。德之不修，其才必曲，其人非善矣。

纳言无失，不辍亡废。小处容疵，大节堪毁。敬人敬心，德之厚也。

诚非致虚，君子不行诡道。祸由己生，小人难于胜己。谤言无惧，强者不纵，堪验其德焉。

不察其德，非识人也；识而勿用，非大德也。

《说郛》

解读

《止学》是隋朝著名思想家王通的一本哲学著作。

王通（584～617年），字仲淹，又称文中子，隋朝河东郡（今山西省河津市）人。王通从小受家学熏陶，精习"五经"。《三字经》把他列为诸子百家的五子之一："五子者，有荀扬，文中子，及老庄。"他曾在黄颊山、白牛溪办学，学生之多，当时号称门下千人，被视为孔子一般的人物，魏征、薛收、温彦博、杜淹、杜如晦、陈叔达等大唐开国功臣受业其门下。王通的六部著作《续书》《续诗》《元经》《礼经》《乐论》《赞易》，在唐代就全部失传了，只留下他的弟子姚义、薛收编辑的《文中子说》一部。

《止学》是一本教人处世做人的哲学笔记，是王通对人生的一些断断续续思考汇集。儒家经典非常讲究做人要"谦""恕""忌盈""中庸"，就是要适度而不过。《大学》中讲："知止而后有定，定而后能静，静而后能安，安而后能虑，虑而后能得。"能够知其所止，止于至善，然后意志才有定力；意志有了定力，然后心才能静下来，不会妄动；能做到心不妄动，然后才能安于处境随遇而安；能够随遇而安，然后才能处事精当思虑周详；能够思虑周详，才能得到至善的境界。"止"是一门学问，是做人大道理，是人生的很高境界。如《墨子》言："知止，则日进无疆，反者，道之动。知足不辱，知止不殆。"所以，王通提出了"止"的基本法则，如"大智知止，小智惟谋"，"众逐利而富寡，贤让功而名高"，"势极无让者疑，位尊弗恭者忌"，"人无誉堪存，誉非正当灭"，"情之不敛，运无幸耳"，等等真知灼见，从根本上解开了长期困扰人们的成败谜因。

王通《中说》: 君子之学进于道，小人之学进于利

子曰："小人不激不励，不见利不劝。"

靖君亮问辱。子曰："言不中，行不谨，辱也。"

子曰："易乐者必多哀，轻施者必好夺。"

子曰："廉者常乐无求，贪者常忧不足。"

贾琼问君子之道。子曰："必先恕乎？"曰："敢问恕之说。"子曰："为人子者，以其父之心为心；为人弟者，以其兄之心为心。推而达之于天下，斯可矣。"

子曰："君子之学进于道，小人之学进于利。"

子曰："过而不文，犯而不校，有功而不伐，君子人哉！"

子曰："我未见见谤而喜，闻誉而惧者。"

子曰："富观其所与，贫观其所取，达观其所好，穷观其所为，可也。"

王孝逸谓子曰："天下皆争利弃义，吾独若之何？"子曰："舍其所争，取其所弃，不亦君子乎？

子曰："言而信，未若不言而信；行而谨，未若不行而谨。"贾琼曰："如何。"子曰："推之以诚，则不言而信；镇之以静，则不行而谨。惟有道者能之。"

子曰："好动者多难。小不忍，致大灾。"

子曰："《易》，圣人之动也，于是乎用以乘时矣。故夫卦者，智之乡也，动之序也。"

薛生曰："智可独行乎？"子曰："仁以守之，不能仁则智息矣，安所行乎哉？"

子曰："元亨利贞。运行不匮者，智之功也。"

子曰："佞以承上，残以御下，诱之以义不动也。"

子曰："多言，德之贼也；多事，生之仇也。"

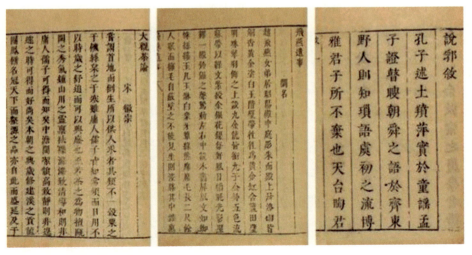

（明）陶宗仪《说郛》，明刻本

薛方士曰："逢恶斥之，遇邪正之，何如？"子曰："其有不得其死乎？必也言之无罪，闻之以诫。"

子曰："君子不受虚誉，不祈妄福，不避死义。"

子曰："记人之善而忘其过，温大雅能之。处贫贱而不慑，魏征能之。闻过而有喜色，程元能之。乱世羞富贵，窦威能之。慎密不出，董常能之。"

子曰："闻谤而怒者，谗之由也；见誉而喜者，佞之媒也。绝由去媒，谗佞远矣。"

子曰："闻难思解，见利思避，好成人之美，可以立矣。"

子曰："多言不可与远谋，多动不可与久处。吾愿见伪静诈俭者。"

贾琼曰："知善而不行，见义而不劝，虽有拱璧之迎，吾不入其门矣。"子闻之曰："强哉矫也！"

仇璋谓薛收曰："子闻三有七无乎？"收曰："何谓也？"璋曰："无诺责，无财怨，无专利，无苟说，无伐善，无弃人，无畜憾。"薛收曰："请闻三有。"璋曰："有慈，有俭，有不为天下先。"收曰："子及是乎？"曰："此君子之职也，璋何预焉？"子闻之曰："唯其有之，是以似之。"

子曰："君子先择而后交，小人先交而后择。故君子寡尤，小人多怨，良以是夫！"

子曰："君子不责人所不及，不强人所不能，不苦人所不好。夫如此，故免。老聃曰：吾言甚易行，天下不能行。信哉！"

仇璋问："君子有争乎？"子曰："见利争让，闻义争为，有不善争改。"

子曰："君子可招而不可诱，可弃而不可慢。轻誉苟毁，好憎尚怒，小人哉！"

子曰："以势交者，势倾则绝；以利交者，利穷则散。故君子不与也。"

子曰："薛收善接小人，远而不疏，近而不狎，颊如也。"

子之夏城，薛收、姚义后，遇牧豕者问涂焉。牧者曰："从谁欤？"薛收曰："从王先生也。"牧者曰："有鸟有鸟，则飞于天。有鱼有鱼，则潜于渊。知道者盖默默焉。"子闻之，谓薛收曰："独善可矣。不有言者，谁明道乎？"

子不相形，不祷疾，不卜非义。

子曰："君子不受虚誉，不祈妄福，不避死义。"

子曰："记人之善而忘其过，温大雅能之。处贫贱而不慑，魏徵能之。闻过而有喜色，程元能之。乱世羞富贵，窦威能之。慎密不出，董常能之。"

子曰："君子服人之心，不服人之言；服人之言，不服人之身。服

（隋）王通撰、（宋）阮逸注《中说》，明嘉靖十二年顾春世德堂刻六子书本

人之身，力加之也。君子以义，小人以力。难矣夫！"

《说郛》

解读

《中说》为隋代思想家王通的著作，是王通和门人的问答笔记。因王通被弟子们私谥"文中子"，该书亦称《文中子》。全书共十卷十篇：王道、天地、事君、周公、问易、礼乐、述史、魏相、立命、关朗。由宋人阮逸注，末附序文一篇及杜淹所撰《文中子世家》等。

王通作为一代大儒，非常重视道德伦理方面的建设，尤其重视道德修养问题，并提出了有关的原则和方法。他说明了"人心"与"道心"的矛盾，以及如何防止"人心"泛滥和"道心"扩充的问题。主张"正心""诚""静""诚""敬慎""闻过""思过""寡言""无辨""无争"等。在书中，他提出了许多比《论语》更深刻和具有针对性的做人处世要则，如"以势交者，势倾则绝；以利交者，利穷则散"，"君子之学进于身，小人之学进于利"，"天下未有不劳而成者也"，"病莫大于不闻过，辱莫大于不知耻"，"自知者英，自胜者雄"，"多言不可与远谋，多动不可与久处"，"闻谤而怒者，谗之囮也；见誉而喜者，佞之媒也"，等等，都是很有见地的论断。

魏征《群书治要》：采摭群书，先贤智慧；
鉴往知来，存乎劝戒

夫物速成则疾亡，晚就则善终。朝华之草，夕而零落；松柏之茂，隆寒不衰。是以大雅君子恶速成。（《魏志下》卷二十六）

故修身治国也，要莫大于节欲。传曰："欲不可纵。"历观有家有

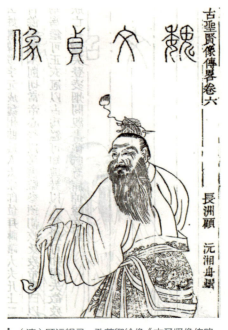

（清）顾沅辑录、孔莲卿绘像《古圣贤像传略·魏征》

国，其得之也，莫不阶于俭约；其失之也，莫不由于奢侈。俭者节欲，奢者放情。放情者危，节欲者安。（《政要论》卷四十七）

大忌知身之恶而不改也，以贼其身，乃丧其躯，有行如此，之谓大忌也。（《鹖子》卷三十一）

立德之本，莫尚乎正心。心正而后身正，身正而后左右正，左右正而后朝廷正，朝廷正而后国家正，国家正而后天下正。（《傅子》卷四十九）

神者智之渊也，神清则智明；智者心之符二十子全书符作府也，智公即心宁。人莫鉴于流水水作潦，而鉴于澄水者，以其清且静也，故神清意宁，乃能形物之情也。（《文子》卷三十五）

明主者有三惧：一曰处尊位而恐不闻其过，二曰得意而恐骄，三曰闻天下之至言而恐不能行。（《说苑》卷四十三）

金玉满堂，莫之能守，富贵而骄，还自遗咎。功成名遂身退，天之道也。（《老子》卷三十四）

故君子不恤年之将衰，而忧志之有倦。不寝道焉，不宿义焉。言而不行，斯寝道矣；行而不时，斯宿义矣。是故君子之务，以行前言也。（《中论》卷四十六）

曾子曰："士不可以不弘毅，任重而道远。仁以为己任，不亦重乎？死而后已，不亦远乎？"（《论语》卷九）

贫贱之知不可忘，糟糠之妻不下堂。(《后汉书》卷二十二)

天地有纪矣，不诚则不能化育；君臣有义矣，不诚则不能相临；父子有礼矣，不诚则疏；夫妇有恩矣，不诚则离；交接有分矣，不诚则绝。以义应当，曲得其情，其唯诚乎。(《体论》卷四十八)

君子养心，莫善于诚。致诚无他，唯仁之孚，唯义之行。诚心孚仁则能化，诚心行义则能变。变化代兴，谓之天德。(《孙卿子》卷三十八)

唯君子为能信，一不信则终身之行废矣，故君子重之。(《袁子正书》卷五十)

孔子曰："欲人之信己，则微言而笃行之。笃行之，则用日久；用日久，则事着明；事着明，则有目者莫不见也，有耳者莫不闻也，其可诬乎？"(《中论》卷四十六)

巧诈不如拙诚。(《韩子》卷四十)

作德，心逸日休；作伪，心劳日拙。(《尚书》卷二)

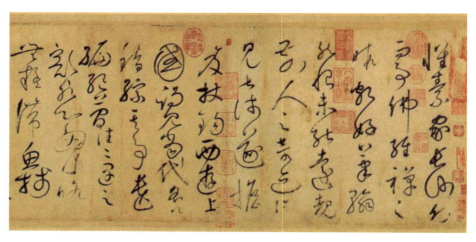

(唐)怀素《自叙帖》(局部)。识文：怀素家长沙，幼而事佛，经禅之暇，颇好笔翰。然恨未能远睹前人之奇迹，所见甚浅。遂担笈杖锡，西游上国，谒见当代名公。错综其事。遗编绝简，往往遇之。豁然心胸，略无疑滞，鱼笺……

孔子曰："君子有三恕。有君不能事，有臣而求其使，非恕也；有亲弗能孝，有子而求其报，非恕也；有兄弗能敬，有弟而求其顺，非恕也。士能明于三恕之本，则可谓端身矣。"（《孔子家语》卷十）

是故君子有诸己，而后求诸人；无诸己，而后非诸人。（《礼记》卷七）

君子能为可贵，不能使人必贵己；能为可信，不能使人必信己；能为可用，不能使人必用己。故君子耻不修，不耻见污；耻不信，不耻不见信；耻不能，不耻不见用。是以不诱于誉，不恐于诽，率道而行，端然正己，不为物倾侧，夫是之谓诚君子。（《孙卿子》卷三十八）

荣辱之责，在乎己，而不在乎人。（《韩子》卷四十）

故声无小而不闻，行无隐而不形。玉在山而木草润，渊生珠而崖不枯。为善积也，安有不闻者乎？（《孙卿子》卷三十八）

惟德动天，无远弗届。满招损，谦受益，时乃天道。（《尚书》卷二）

《象》曰：劳谦君子，万民服也。（《周易》卷一）

德日新，万邦惟怀；志自满，九族乃离。（《尚书》卷二）

故《易》曰："有一道，大足以守天下，中足以守国家，小足以守其身，谦之谓也。"（《说苑》卷四十三）

若升高，必自下；若陟遐，必自迩。（《尚书》卷二）

江海所以能为百谷王，以其善下之。（《老子》卷三十四）

君子常虚其心志，恭其容貌，不以逸群之才加乎众人之上，视彼犹贤，自视犹不肖也。故人愿告之而不厌，诲之而不倦。（《中论》卷四十六）

汝惟弗矜，天下莫与汝争能；汝惟弗伐，天下莫与汝争功。（《尚书》卷二）

夫人有善鲜不自伐，有能者寡不自矜。伐则掩人，矜则陵人。掩人者人亦掩之，陵人者人亦陵之。（《魏志下》卷二十六）

"亢龙有悔"，何谓也？子曰："贵而无位，高而无民，贤人在下位而无辅，是以动而有悔也。"……"亢"之为言也，知进而不知退，知存而不知亡，知得而不知丧。其唯圣人乎！知进退存亡，而不失其正者，其唯圣人乎！（《周易》卷一）

惟圣罔念作狂，惟狂克念作圣。（《尚书》卷二）

（唐）魏征等《群书治要》，日本元和二年德川家康铜活字本
（骏河版，明人林五官监制）

传曰："从善如登，从恶如崩。"（《吴志上》卷二十七）

在上不骄，高而不危；制节谨度，满而不溢。高而不危，所以长守贵也；满而不溢，所以长守富也。富贵不离其身，然后能保其社稷，而和其民人。盖诸侯之孝也。《诗》云："战战兢兢，如临深渊，如履薄冰。"（《孝经》卷九）

位已高而意益下，官益大而心益小，禄已厚而慎不敢取。（《说苑》卷四十三）

生而贵者骄，生而富者奢。故富贵不以明道自鉴，而能无为非者寡矣。（《文子》卷三十五）

九三："君子终日乾乾，夕惕若厉，无咎。"何谓也？子曰："君子进德修业。忠信，所以进德也；修辞立其诚，所以居业也。是故居上位而不骄，在下位而不忧。故乾乾因其时而惕，虽危无咎矣。"（《周易》卷一）

道也者，不可须臾离也，可离非道也。是故君子戒慎乎其所不睹，恐惧乎其所不闻。莫见乎隐，莫显乎微，故君子慎其独也。（《礼记》卷七）

行有四仪：一曰志动不忘仁；二曰智用不忘义；三曰力事不忘忠；四曰口言不忘信。慎乎四仪，以终其身，名功之从之也，犹形之有影，声之有响也。（《尸子》卷三十六）

君子口无戏谑之言，言必有防；身无戏谑之行，行必有捡。言必有防，行必有捡，虽妻妾不可得而黩也，虽朋友不可得而狎也。是以不愠怒，而教行于闺门；不谏谕，而风声化乎乡党。《传》称"大人正己而物正"者，盖此之谓也。（《中论》卷四十六）

戒之哉！无多言，多言多败；无多事，多事多患。安乐必诫，无行所悔。（《孔子家语》卷十）

子曰："乱之所生也，则言语为之阶。君不密则失臣，臣不密则失身，机事不密则害成。是以君子慎密而不出也。"（《周易》卷一）

夫轻诺必寡信，多易必多难。是以圣人犹难之，故终无难。（《老子》卷三十四）

孔子曰："益者三乐，损者三乐。乐节礼乐，乐道人之善，乐多贤

友，益矣。乐骄乐，乐佚游，乐宴乐，损矣。"（《论语》卷九）

君子以俭德避难，不可荣以禄。（《周易》卷一）

故君子之接如水，小人之接如醴；君子淡以成，小人甘以坏。（《礼记》卷七）

故曰：与善人居，如入芝兰之室，久而不闻其香，即与之化矣；与不善人居，如入鲍鱼之肆，久而不闻其臭，亦与之化矣。是以君子必慎其所与者焉。（《孔子家语》卷十）

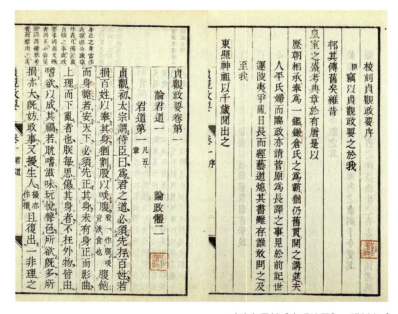

（唐）吴兢《贞观政要》，明刻本

孔子曰："益者三友，损者三友。友直，友谅，友多闻，益矣；友便辟，友善柔，友便佞，损矣。"（《论语》卷九）

学不倦，所以治己也；教不厌，所以治人也。（《尸子》卷三十六）

君子学以聚之，问以辨之，宽以居之，仁以行之。（《周易》卷一）

工欲善其事，必先利其器；士欲宣其义，必先读其书。《易》曰：

"君子以多志前言往行，以畜其德。"（《潜夫论》卷四十四）

曾子曰："君子攻其恶，求其过，强其所不能，去私欲，从事于义，可谓学矣。"（《曾子》卷三十五）

子曰："吾尝终日不食，终夜不寝，以思，无益，不如学也。"（《论语》卷九）

见善，必以自存也；见不善，必以自省也。故非我而当者，吾师也；是我而当者，吾友也；谄谀我者，吾贼也。（《孙卿子》卷三十八）

合抱之木，生于毫末；九层之台，起于累土；千里之行，始于足下。（《老子》卷三十四）

故不积跬步，无以至千里；不积小流，无以成河海。（《孙卿子》卷三十八）

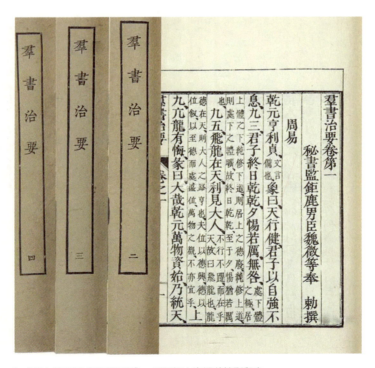

┃（唐）魏征等《群书治要》，民国间上海涵芬楼影印本

九三：不恒其德，或承之羞；不恒其德，无所容也。（《周易》卷一）

《四部丛刊》

解读

　　《群书治要》是唐太宗李世民时魏征、虞世南等受皇帝委托而整理的历代帝王治国资政史料，撷取六经、四史、诸子百家中有关修身、齐家、治国、平天下之精要，汇编成书。

　　魏征（580～643年），字玄成，下曲阳县人。唐朝初年杰出的政治家、思想家、文学家和史学家。这是一部从五帝至晋朝之间的经、史、子部典籍一万四千多部、八万九千多卷古籍中，博采典籍六十五种，共五十余万言，撷取有关精要，编纂成经世治国智慧精华的"帝王学"参考书——《群书治要》，如魏征于序文中所说，实为一部"用之当今，足以鉴览前古；传之来叶，可以贻厥孙谋"的治世宝典。贞观五年（631年）成书后，唐太宗阅之手不释卷，特令缮写十余部，分赐皇子诸王以作从政龟鉴，并赐魏征帛千匹、彩物五百段。作为当时仅供朝廷最高层阅读的帝王学教材，唐太宗对此书评价甚高，阅后亲自写诏称："览所撰书，博而且要，见所未见，闻所未闻，使朕致治稽古，临事不惑，其为劳也，不亦大哉！"但由于唐代雕版印刷尚不发达，此书仅赖钞本在皇宫与王府流传，私家书目皆不载。据南宋初年《中兴馆阁书目》，此书在南宋秘府所存已残缺不全，约至宋末元初已彻底亡佚。所幸的是，此书经由日本遣唐使留种于东瀛。

　　《群书治要》不仅是一本治国理政的资治通鉴，也是修身做人的启心宝典，魏征等人选录了最经典、最贴切的关于如何谨小慎微、如何好学不倦、如何虚心恒志、如何正心修己的名言名句，其中一些内容的图书后世已经失传。

武则天《臣轨》：君子修身，莫善于诚信

夫道者，覆天载地，高不可际，深不可测。（言道之广大，无所不包。故上覆于天，下载于地，高而不可穷其际，深而不可测其原。）苞裹万物，（道之放布，无不含容。）禀授无形。（千品万物，皆始于道。）舒之覆于六合，卷之不盈一握。（言能屈伸随变。）小而能大，（小入无间，大苞无外。）昧而能明，（外暗而内明也。）弱而能强，（后身而身先也。）柔而能刚。（卑而不可逾也。）夫知道者，必达于理；（理由道达。）达于理者，必明于权；（权由理明。）明于权者，不以物害己。（不以外物而害于己。）言察于安危，宁于祸福，谨于去就，莫之能害也。（夫权道反经合义，无所不通，审其安危，明其去就，福至不喜，祸至不忧，唯变所适，故莫之能害也。）以此退居而闲游，江海山林之士服；以此佐时而匡主，忠立名显而身荣。（言以此道退居，而闲游潜道，则江海山林之士皆服从于己；以此道佐时，而匡其君主，则忠名显而身先荣也）。退则巢、许之流，进则伊、望之伦也。（退谓闲游，进谓匡主。）故道之所在，圣人尊之。（言道之所在者，圣人尊贵之。故黄帝问广成于峒山，唐尧见四子于汾水。）

《淮南子》曰："大道之行，犹日月，（言道明自广远，如日月临天下，无所不至也。）江南河北不能易其所，驰骛千里不能移其处。（自江至河不能千里，故其所不易。千里之内暑景同，故其处不移。道亦然也。）其趋舍礼俗，无所不通。（道能通于万事。）是以容成得之而为轩辅，傅说得之而为殷相。（得，谓得道。）故欲致鱼者先通水，（泉深而鱼自至。）欲致鸟者先树木，（林茂而鸟自归。）欲立忠者先知道。"（知道而忠自立。）又曰："古之立德者，乐道而忘贱，故名不动心；乐道而忘

贫，故利不动志。（言立德之人，志在于道，贫贱之辱尚乃忘之，则名利之荣岂能动矣也。）职繁而身逾逸，官大而事逾少。（以道理之故也。）静而无欲，（志清静而无所欲也。）淡而能闲。（心恬憺而能闲逸也。）以此修身，乃可谓知道矣。"（言能以此六者修身，然后乃可谓之知道矣也。）不知道者，释其所以有，求其所未得。（不知道之人，则释其已之所以有，而求其已之所未得者也。）神劳于谋，知烦于事。（劳于分外故也。）福至则喜，祸至则忧。祸福萌生，终身不悟，此由于不知道也。

凡人之情，莫不爱于诚信。（诚谓无虚操，信谓不愆期。言能忠诚信实者，则人皆爱矣。）诚信者，即其心易知。（言无诚信者，则不可知矣。）故孔子曰："为上易事，为下易知。"（上有诚信则易事，下有诚信则易知。）非诚信无以取爱于其君，非诚信无以取亲于百姓。（人有诚信，则君爱之，君有诚信则人亲之，言致亲爱唯在诚信也。）故上下通诚者，则暗相信而不疑；其诚不通者，则近怀疑而不信。（言君臣诚通者，则暗合而无疑；诚异者，则虽近而不信也。）

孔子曰："人而无信，不知其可。（郑玄曰："不知其可者，言不可行也。"）大车无輗，小车无軏，其何以行之哉？"（郑玄曰：大车柏车，小车羊车。輗穿辕端著之，軏因辕端节之。车待輗軏而行，犹人之行不可无信也。）

《吕氏春秋》曰："信之为功大矣。（谓天地、四时、君臣、父

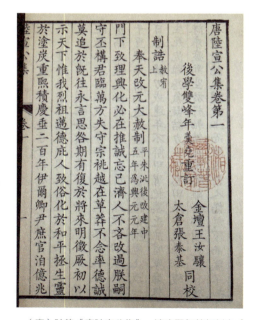

（唐）陆贽《唐陆宣公集》，清康熙年龚翔刻本

子、兄弟、朋友皆待信而成，故曰大也。）天行不信则不能成岁；地行不信则草木不大。春之德风，风不信则其花不成；夏之德暑，暑不信则其物不长；秋之德雨，雨不信则其谷不坚；冬之德寒，寒不信则其地不刚。夫以天地之大，四时之化，犹不能以不信成物，况于人乎！（言人不可以无信也。）故君臣不信，则国政不安；（有倾危也。）父子不信，则家道不睦；（失孝慈也。）兄弟不信，则其情不亲；（无恭友也。）朋友不信，则其交易绝。（不能久也。）夫可与为始、可与为终者，其唯信乎！（信则终始不二。）信而又信，重袭于身，（袭犹服也。）则可以畅于神明，通于天地矣。"（畅亦通也。）

昔鲁哀公问于孔子曰："请问取人之道。"孔子对曰："弓调而后求劲焉，马服而后求良焉，士必悫信而后求智焉。（言弓不调而劲，则摧折；马不服而良，则泛佚；士不信而智，则虚诈也。）若士不悫信而有智能，譬之豺狼不可近也。"（夫士无悫信而有智能，适足助其奸雄之材而为乱君父师，比豺狼而纵虐，其可近哉。）昔子贡问政。子曰："足食，足兵，人信之矣。"（郑玄曰："政有此三者，则国强也。"）子贡曰："必不得已而去，于斯三者何先？"曰："去兵。"子贡曰："必不得已而去，于斯二者何先？"曰："去食。自古皆有死，人无信不立。"（郑玄曰："言人所恃急者，食也。自古皆有死，必不得已，食又可去也。"）

《体论》曰："君子修身，莫善于诚信。（言诚信乃修身之本。）夫诚信者，君子所以事君上，怀下人也。（怀，归也。）天不言而人推高焉，地不言而人推厚焉，四时不言而人与期焉，（有信故也。）此以诚信为本者也。故诚信者，天地之所守而君子之所贵也。（天地有诚信，然后万物成；君子有诚信，然后百行著。故天地所守，君子所贵也。"）

《傅子》曰："言出于口，结于心。（结谓缠结。）守以不移，以立其身。（谓守其前言而不移易也。）此君子之信也。故为臣不信不足以奉君；为子不信不足以事父。（奉，又事也。言事君事父不可以无信。）故臣以信忠其君，则君臣之道逾睦；子以信孝其父，则父子之情益隆。（言臣不能以信忠于其君，则君臣之道离贰；子不能以信孝于其父，则父子之情衰薄也。）夫仁者不妄为，（为得其时。）知者不妄动。（动合于礼。）择是而为之，（不为非也。）计义而行之。（计合于义而后行之。）故事立而功足恃也，身没而名足称也。（由其动为不失故也。）虽有仁智，必以诚信为本。故以诚信为本者，谓之君子；（言虽有仁智，苟无诚信则不可以为君子也。）以诈伪为本者，谓之小人。（言小人必无诚信也。）君子虽殒，善名不减；（身没而名扬也。）小人虽贵，恶名不除。"（位隆而恶著也。）

夫修身正行不可以不慎，（谓若曾参、颜回之俦。）谋虑机权不可以不密。（谓若孔光、陈宠之俦。）忧患生于所忽，（忽，轻也。《周书》芮良夫曰："惟祸发于人所忽也。"）祸害兴于细微。（言祸害之事，皆从细微而起，故蚁溜漂都、突烟焚邑也。）人臣不慎密者，多有终身之悔。（夫不慎于始，则祸成于末，虽终身积悔，其可及哉！故孟德长恨于英雄，智伯永惭于水灌也。）故言易泄者，召祸之媒也；事不慎者，取败之道也。明者视于无形，聪者听于无声，谋者谋于未兆；慎者慎于未成。不困在于早虑，不穷在于早豫。（早虑则不困，早豫则不穷。故《书》曰："敬戒无虞。"《易》曰："思患豫防。"）非所言勿言，以避其患；非所为勿为，以避其危。（为所非为，必致倾危。）孔子曰："终日言，不遗己之忧；终日行，不遗己之患，（口无择言，身无择行，故忧患不至，而吉乃大来也。）唯智者能之。"（若非智者，则必有其忧患也。）故恐惧战兢所以除患也，恭敬静密所以远难也。终身为善，一言败之，可不慎乎！（失之毫厘，以差千里。成之难，毁之易。虽终为善，而一言败之，不可不慎也。）

夫口者，关也；舌者，机也。出言不当，驷马不能追也。（《论语》曰："驷不及舌。"郑玄曰："君子过言出口，驷马追之不及也。"）口者，关也；舌者，兵也。出言不当，反自伤也。（人之出言，若不当于理，则及自伤己，同于兵刃也。）言出于己，不可止于人；行发于迩，不可止于远。（迩，近也。若言布于人，行流于远，虽欲复止，其可得乎？故君子慎之也。）夫言行者，君子之枢机。（韩康伯曰："枢机，制动之至。"）枢机之发，荣辱之主。夫君子戒慎乎其所不睹，恐惧乎其所不闻，（言于未睹未闻之前而戒惧之，故能免于患难也。）莫见乎隐，莫显乎微，（言隐微尤为显见，以其无隐不彰，无微不著故也。）是故君子慎其独。（独谓独居。）在独犹慎，况于事君乎！况于处众乎！（言事君处众，则慎之弥甚也。）昔关尹谓列子曰："言美则响美，言恶则响恶。身长则影长，身短则影短。"（响随言而美恶，影随身而短长，以逾忧患宠荣，亦随人所行也。）言者所以召响也，身者所以致影也。（言之所以召

（唐）李思训《江帆楼阁图》

响，身之所以致影，亦犹慎之所以致福，慢之所以召祸也。）是故慎而言，将有和之；慎而身，将有随之。"（而，汝也。言祸福之理既由人而兴，故当慎汝之言，慎汝之身。）

昔贤臣之事君也，入则造膝而言，出则诡词而对。（人或问之，则不告以实也。《风俗通》曰："礼谏有五，讽为上。故入则造膝，出则诡词。辞善则其称君，过则其称己也。"）其进人也，唯畏人之知，不欲思从己出；其图事也，必推明于君，不欲谋自己造。畏权而恶宠，（畏其威权，恶其贵宠，而不欲居之。）晦智而韬名。（晦其深智，藏其美名，不欲使人知之。韬，藏。）不觉事之在身，不觉荣之在己。（言能混齐荣辱。）人闭其口，我闭其心；人密其外，我密其里。（里犹内也。心尚闭之，况其口乎？内尚密之，况其外乎？）不慎而慎，不恭而恭，（或于无形。）斯大慎之人也。故大慎者，心知不欲口知；其次慎者，口知不欲人知。（口知，谓口言也。）故大慎者闭心，次慎者闭口，下慎者闭门。昔孔光禀性周密，凡典枢机十有余年，时有所言，辄削草稿。（谓进言于其君也。削草稿者，惧其事泄于外。）沐曰归休，兄弟妻子燕语，终不及朝省政事。（言其义慎深也。）或问光："温室省中树皆何木也？"（温室，殿名也。在长乐宫中。）光默而不应，更答以他语。（舍温室之树而别以他语答之。）若孔光者，可谓至慎矣，故能终身无过，享其荣禄。（周密故无过，至慎故享禄也。）

《佚存丛书》

解读

《臣轨》为武则天所撰写。武则天（624～705年），名曌，并州文水（今山西文水东）人。唐高宗后，武周皇帝。十四岁时选入宫中为才人，唐太宗死后为尼。高宗时复召为昭仪，永徽六年（655年）立为后，参预政事，后号"天后"，与高宗并称"二圣"。弘道元年（683年）

中宗即位，临朝称制。载初元年（690年）废睿宗，自封圣神皇帝，改国号为周，改元天授，史称武周。她是中国历史上唯一的女皇帝。

《臣轨》仿《帝范》之意，为诫臣论政之作。其序云："比者，太子及王，已撰修身之训；群公列辟，未敷忠告之规。故游心策府，用写虚襟，特著此书。"以作为"为事上之轨模，作臣下之绳准"。全书分上、下卷，各五章，前有序，后有论。各章名如下：同体、至忠、守道、公正、匡谏、诚信、慎密、廉洁、良将、利人。《臣轨》宣扬："君臣之道，上下相资，喻涉水之舟航，比翔空之羽翼。"然主旨则是："知家与国而不异，君与亲而一归，显己扬名，惟忠惟孝。"字里行间，或劝勉，或告诫，或引诱，或威逼，其意或隐或现，倡导忠孝、正身、贞谏、诚信、慎密、清廉、惠民等规范。而其中所阐述的为官、为人之道，确也颇多可取之处，如"谋者谋于未兆，慎者慎于未成"，"君子虽殒，善名不灭"，"天行不信则不能成岁，地行不信则草木不大"，"夫可与为始，可与为终者，其惟信乎"，"朋友不信，则交易绝"，"理官莫如平，临财莫如廉"，"大慎者闭心；次慎者闭口；下慎者闭门"，等等。庙堂之高做官为臣如此，江湖之远做人处世何尝不是这样呢！

赵蕤《反经》：人心险于山川，难知于天

太公曰："多言多语，恶口恶舌，终日言恶，寝卧不绝，为众所憎，为人所疾。此可使要遮间巷，察奸伺祸。权数好事，夜卧早起，虽剧不悔，此妻子之将也。先语察事，劝而与食，实长希言，财物平均，此十人之将也。切切截截，垂意肃肃，不用谏言，数行刑戮，刑

必见血，不避亲戚，此百人之将也。讼辩好胜，嫉贼侵凌，斥人以刑，欲整一众，此千人之将也。外貌怍怍，言语时出，知人饥饱，习人剧易，此万人之将也。战战栗栗，日慎一日，近贤进谋，使人知节，言语不慢，忠心诚毕，此十万人之将也。（《经》曰："夫将虽以详重为贵，而不可有不决之疑；虽以博访为能，而不欲有多端之惑。"此论将之妙也。）温良实长，用心无两；见贤进之，行法不枉，此百万人之将也。勋勋纷纷，邻国皆闻，出入豪居，百姓所亲，诚信缓大，明于领世，能效成事，又

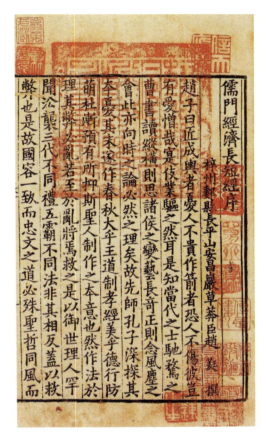

（唐）赵蕤《长短经》，宋刻本

能救败，上知天文，下知地理，四海之内，皆如妻子，此英雄之率，乃天下之主也。"

《人物志》曰："聪明秀出，谓之英；胆力过人，谓之雄。此其大体之别名也。夫聪明者，英之分也，不得雄之胆则说不行；胆力者，雄之分也，不得英之智则事不立。若聪能谋始，而明不见机，可以坐论而不可以处事；若聪能谋始，明能见机，而勇不能行，可以循常而不可以虑变；若力能过人，而勇不能行，可以为力人，未可以为先登；力能过人，勇能行之，而智不能料事，可以为先登，未足以为将帅。必聪

能谋始，明能见机，胆能决之，然后乃可以为英，张良是也。气力过人，勇能行之，智足料事，然后乃可以为雄，韩信是也。若一人之身兼有英雄，则能长世，高祖、项羽是也。"

文子曰："凡人之道，心欲小，志欲大，智欲圆，行欲方，能欲多，事欲少。"所谓"心小"者，虑患未生，戒祸慎微，不敢纵其欲也；"志大"者，兼包万国，一齐殊俗，是非辐辏，中为之毂也；"智圆"者，终始无端，方流四远，深泉而不竭也；"行方"者，直立而不挠，素白而不污，穷不易操，远不肆志也；"能多"者，文武备具，动静中仪也；"事少"者，执约以治广，处静以待躁也。

夫天道极即反、盈则损。故聪明广智，守以愚；多闻博辩，守以俭；武力毅勇，守以畏；富贵广大，守以狭；德施天下，守以让。此五者，先王所以守天下也。

《传》曰："无始乱，无怙富，无恃宠，无违同，无傲礼，无骄能，无复怒，无谋非德，无犯非义。此九言，古人所以立身也。"

《玉钤经》曰："夫以明示者浅，有过不自知者

宋刊《长短经》卷首乾隆御书题词

弊，迷而不反者流，以言取怨者祸，令与心乖者废，后令缪前者毁，怒而无威者犯，好众辱人者殃，戮辱所任者危，慢其所敬者凶，貌合心离者孤，亲佞远忠者亡，信谗弃贤者昏，私人以官者浮，女谒公行者乱，群下外恩者沦，凌下取胜者侵，名不胜实者耗，自厚薄人者弃，薄施厚望者不报，贵而忘贱者不久用，人不得其正者殆，为人择官者失，决于不仁者险，阴谋外泄者败，厚敛薄施者凋。"此自理之大体也。

夫天下重器，王者大统，莫不劳聪明于品材，获安逸于任使。故孔子曰："人有五仪：有庸人，有士人，有君子，有圣，有贤。审此五者，则治道毕矣。"所谓庸人者，心不存慎终之规，口不吐训格之言（格，法）；不择贤以托身，不力行以自定；见小暗大而不知所务，从物如流而不知所执。此则庸人也。所谓士人者，心有所定，计有所守。虽不能尽道术之本，必有率也（率，犹述也）；虽不能遍百善之美，必有处也。是故智不务多，务审其所知；言不务多，务审其所谓（所谓，言之要也）；行不务多，务审其所由。智既知之，言既得之（得其要也），行既由之，则若性命形骸之不可易也。富贵不足以益，贫贱不足以损。此则士人也。所谓君子者，言必忠信而心不忌（忌，怨害也），仁义在身而色不伐，思虑通明而辞不专，笃行信道，自强不息，油然若将可越而终不可及者。此君子也。（油然，不进之貌也。越，过也。）孙卿曰："夫君子能为可贵，不能使人必贵己；能为可信，不能使人必信己；能为可用，不能使人必用己。故君子耻不修，不耻见污；耻不信，不耻不见信；耻不能，不耻不见用。不诱于誉，不怨于诽，率道而行，端然正己，谓之君子也。"所谓贤者，德不逾闲（闲，法也），行中规绳，言足法于天下而不伤其身（言满天下，无口过也），道足化于百姓而不伤于本（本亦身也），富则天下无菀财（菀，积），施则天下不病贫。此则贤者也。所谓圣者，德合天地，变通无方，究万事之终始，协庶品之自然，敷其大道而遂成情性，明并日月，化行若神，下民不知其德，睹者不识其邻（邻，以喻界畔也）。此圣者也。

《玉钤经》曰："德足以怀远，信足以一异，识足以鉴古，才足以冠世，此则人之英也；法足以成教，行足以修义，仁足以得众，明足以照下，此则人之俊也；身足以为仪表，智足以决嫌疑，操足以厉贪鄙，信足以怀殊俗，此则人之豪也；守节而无挠，处义而不怒，见嫌不苟免，见利不苟得，此则人之杰也。"

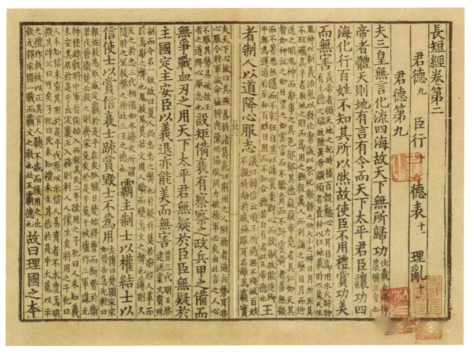

（唐）赵蕤《长短经》，宋刊本

《人物志》曰："轻诺似烈而寡信，多易似能而无效，进锐似精而去速，诃者似察而事烦，诈施似惠而无终，面从似忠而退违。此似是而非者也。亦有似非而是者：有大权似奸而有功，大智似愚而内明，博爱似虚而实厚，正言似讦而情忠。非天下之至精，孰能得其实也？"

孔子曰："凡人心险于山川，难知于天。天犹有春秋冬夏、旦暮之期，人者厚貌深情，故有貌愿而益，有长若不肖，有顺懁而达，有坚而缦，有缓而悍。"

太公曰："士有严而不肖者，有温良而为盗者，有外貌恭敬、中心欺慢者，有精精而无情者，有威威而无成者，有如敢断而不能断者，有恍恍惚惚而反忠实者，有倭倭迤迤而有效者，有貌勇狠而内怯者，有梦梦而反易人者。无使不至，无使不遂，天下所贱，圣人所贵，凡人莫知，惟有大明，乃见其际。"此士之外貌而不与中情相应者也。

桓范曰："夫贤愚之异，使若葵之与苋，何得不知其然？若其莠之似禾，类是而非是，类贤而非贤。"

扬子《法言》曰："或问难知，曰：'太山之与蚁垤，江河之与行潦，非难也。大圣与大佞，难也！于乎！唯能别似者，为无难矣！'"

知士者而有术焉。微察问之，以观其辞；穷之以辞，以观其变；与之间谍，以观其诚；明白显问，以观其德；远使以财，以观其廉（又曰：委之以财，以观其仁；临之以利，以观其廉。）；试之以色，以观其贞（又曰：悦之以色，以观其不淫。）；告之以难，以观其勇（又曰：惧之，以验其特。）；醉之以酒，以观其态。

《庄子》曰："远使之，而观其忠（又曰：远使之，以观其不二。）；近使之，而观其敬（又曰：近之以昵，观其不狎。）；烦使之，而观其能（又曰：烦之以事，以观其理。）；卒然问焉，而观其智（又曰：设之以谋，以观其智。太公曰：事之而不穷者，谋。）；急与之期，而观其信（太公曰：使之而不隐者，谓信也。）；杂之以处，而观其色（又曰：纵之以视，观其无变。）。"

《吕氏春秋》曰："通，则观其所礼（通，达也。）；贵，则观其所进（又曰：达，视其所举也）；富，则观其所养（又曰：富，视其所与。又曰：见富贵人，观其有礼施。太公曰：富之而不犯骄逸者，谓仁也。）；听，则观其所行（行则行仁）；近，则观其所好（又曰：居，视其所亲。又曰：省其居处，观其贞良；省其交游，观其志比。）；习，则观其所言（好则好义，言则言道。）；穷，则观其所不爱（又曰：穷，则视其所不为非。又曰：贫，视其所不取。）；贱，则观其所不为（又曰：贫贱人，观其有德守也。）。喜之，以验其守（守，慎守也。又曰：喜之，以观其轻。）；乐之，以验其僻（僻，邪僻也。又曰：娱之以乐，以观其俭。）；怒之，以验其节（节，性也。又曰：怒之仇，以观其不怨也。）；哀之，以验其仁（仁人，见可哀者则哀。）；苦之，以验其志（又曰：检之，以观其能安。）。"

《经》曰："任宠之人，观其不骄奢（太公曰：贵之，而不骄奢者，义也。）；疏废之人，观其不背越；荣显之人，观其不矜夸；隐约之人，观其不慑惧。少者，观其恭敬好学而能悌（《人物志》曰："夫幼智之人，在于童龀，皆有端绪。故文本辞繁，辩始给口，仁出慈恤，施发过与，慎生畏惧，廉起不取者也。"）；壮者，观其廉絜务行而胜其私；老者，观其思慎，强其所不足而不逾。父子之间，观其慈孝；兄弟之间，观其和友；乡党之间，观其信义；君臣之间，观其忠惠。"（太公曰：付之而不转者，忠也。）此之谓观诚。

傅子曰："知人之难，莫难于别真伪。设所修出于为道者，则言自然而贵玄虚；所修出于为儒者，则言分制而贵公正；所修出于为纵横者，则言权宜而贵变常。九家殊务，各有所长，非所谓难。所谓难者，以默者观其行，以语者观其辞，以出者观其治，以处者观其学。四德或异，所观有微，又非所谓难也。所谓难者，典说诡合，转应无穷，辱而言高，贪而言廉，贼而言仁，怯而言勇，诈而言信，淫而言贞。能设似而乱真，多端以疑暗。此凡人之所常惑，明主之所甚疾也。君子内洗其心，以虚受人，立不易方，贞观之道也。九流有主，贞一之道也。内贞观而外贞一，则执伪者无地而逃矣。夫空言易设，但责其实事之效，则是非之验立可见也。"

（五代）王定保《唐摭言》，清乾隆刊本

孙卿曰："口能言之，身能行之，国宝也；口不能言，身能行之，国器也；口能言之，身不能行之，国用也；口言善，身行恶，国妖也。"

故傅子曰："立德之本，莫尚乎正心。"心正而后身正，身正而后左右正，左右正而后朝廷正，朝廷正而后国家正，国家正而后天下正。故天下不正，修之家；家不正，修之朝廷；朝廷不正，修之左右；左右不正，修之身；身不正，修之心。所修弥近，所济弥远。禹汤罪己，其兴也勃焉。"正心"之谓也。

《尸子》曰："心者，身之君也。天子以天下受令于心，心不当则天下祸；诸侯以国受令于心，心不当则国亡；匹夫以身受令于心，心不当则身为戮矣。"

　　[是曰]《传》曰："心苟无瑕，何恤乎无家？"《语》曰："礼义之不愆，何恤于人言？"

　　[非曰]《语》曰："积毁销金，积谗磨骨，众羽溺舟，群轻折轴。"

　　[是曰]孔子曰："君子不器，圣人智周万物。"

　　[非曰]列子曰："天地无全功，圣人无全能，万物无全用。故天职生覆，地职载形，圣职教化。"

　　[是曰]孔子曰："君子坦荡荡，小人长戚戚。"

　　[非曰]孔子曰："晋重耳之有霸心也，生于曹卫；越句践之有霸心也，生于会稽。故居下而无忧者，则思不远；覆身而常逸者，则志不广。"

　　[是曰]韩子曰："古之人，目短于自现，故以镜观面；智疑于自知，故以道正己。"

▌（唐）韩愈《韩文公文抄》，明万历间刻朱墨套印本

［非曰］老子曰："反听之谓聪，内视之谓明，自胜之谓强。"

［是曰］唐且曰："专诸怀锥刀而天下皆谓之勇，西施被短褐而天下称美。"

［非曰］慎子曰："毛嫱、西施，天下之至姣也，衣之以皮倛，则见者皆走；易之以玄緆，则行者皆止。由是观之，则玄緆，色之助也。姣者辞之，则色厌矣。"

［是曰］项梁曰："先起者制服于人，后起者受制于人。"《军志》曰："先人有夺人之心。"

［非曰］史佚有言曰："无始祸。"又曰："始祸者死。"《语》曰："不为祸始，不为福先。"

［是曰］慎子曰："夫贤而屈于不肖者，权轻也；不肖而服于贤者，位尊也。尧为匹夫，不能使其邻家，及至南面而王，而令行禁止。由此观之，贤不足以服物，而势位足以屈贤矣。"

《读画斋丛书》

解读

《长短经》亦称《反经》，是唐代学者赵蕤编写的一部杂家著作。

赵蕤，唐朝中期人，大约生活在中唐玄宗时期，和李白是同时代人。生卒年不详，其事迹史载很少，据孙光宪《北梦琐言》载："蕤，梓州盐亭人，博学韬钤，长于经世。夫妇俱有隐操，不应辟召。"《唐书·艺文志》亦载："蕤，字太宾，梓州人。开元中，召之不赴。"与光宪所记略同。可以认为，赵蕤为四川梓州县人，著名隐士，视功名如粪土。唐玄宗时曾多次征召，他都辞而不就，过着隐居的生活。大诗人李白对他极为推崇，曾经跟随他学习帝王学和纵横术，时称"赵蕤术数，李白文章"。

《长短经》糅合儒、道、法、阴阳、纵横等诸家思想，阐述王霸谋略，意在为统治者提供借鉴，所以又称"小《资治通鉴》"。它以谋略为经，历史为纬，交错纵横，蔚然成章。它集历史学、政治学、谋略学、人才学、社会学为一体，以丰富的历史案例和振聋发聩的理论，向读者呈现了一部可读性很强的谋略鸿篇巨制。《长短经》是关于中国古代谋略学的一部专门著作。现存的《长短经》共九卷、六十四篇，分"文""霸纪""权议""杂说""兵权"五类。"长短"意为优劣、对错、好坏等，作者在《长短经》自序中说："孔儒者溺于所闻不知霸王殊略，故叙以长短术"，即内容从不同角度，或举例，或喻史，讲透了使用"谋略"的利弊。

本书立足于社会现实，把人情世故剖析得入木三分，普通人也能轻松地理解其深意，让人不再只知其一、不知其二，阐发了众多知人论世的道理，读来令人醍醐灌顶，堪称千古奇书！这本书之所以说是奇书，就是因为它以一种辩证的、谋略的正反两个方面来观察和阐述，在为人处世方面，有非常深刻的和独一无二的观点，书中认为人世间没有绝对的是与非，"未必其性也，未必其行也，皆势运耳。"并引用《淮南子》曰："游者不能拯溺，手足有所急争也；灼者不能救

▎（唐）韩干《照夜白图》

火，身体有所痛也。林中不买薪，湖上不鬻鱼者，有所余也。故世治则小人守正，而利不能诱也；世乱则君子为奸，而刑不能禁也。"也就是说，人是环境的产物，人的行为也是大趋势的产物，世界上没有绝对的君子，也没有绝对的小人。在本书中，他对如何知人识人、洞察人心、看相识人、正心正观、遇变则通等，均有辩证的阐述，是我们观察人、了解人的一把钥匙。

柳玭《宗训》：修己不得不至，为学不得不坚

夫门地高，可畏不可恃。可畏者，立身行己，一事有坠先训，则罪大于他人。虽生可以苟取爵位，死亦不可见祖先于地下。不可恃者，门高则自骄，族盛则为人窥嫉，实艺懿行，人未必信，纤瑕微累，十手争指矣。所以承世胄者，修己不得不恳，为学不得不坚。

夫士君子生于世，己无能而望他人用之，己无善而望他人爱之，用爱无状，则曰"我不遇时，时不急贤"，亦犹农夫卤莽种之，而怨天泽之不润，虽欲弗馁，其可得乎！

余幼时，每闻先公仆射与太保房叔祖讲论家法，莫不言立己以孝弟为基，以恭默为本，以畏怯为务，以勤俭为法，以交结为末事，以气义为凶人，肥家以忍顺，保交以简敬，百行备矣。体之未臧，三缄密虑，言之或失。广记如不及，求名如傥来，去奢与骄，庶几寡过。莅官则洁己省事，而后可以言守法，守法而后可以言养人。直不近祸，廉不沽名。廪禄虽微，不可易黎氓之膏血；榎楚虽用，不可恣褊狭之胸襟。忧与祸不偕，洁与富不并。

余又比见名家子孙，其祖先正直当官，耿介特立，不畏强御者。

及其衰也，唯好犯上，更无他能。如其先孙顺处己，和柔保身，以远悔尤，及其衰也，但有暗劣，莫知所宗。此际几微，非贤不达。

夫坏名灾己，辱先丧家，其失有尤大者五，宜深记之：一是自求安逸，靡甘淡泊，苟便于己，不恤人言；二是不知儒术，不闲古道，懵前经而不耻，论当世而解颐，自无学业，恶人有学；三是胜己者厌之，佞己者悦之，唯乐戏谭，莫思古道，闻人之善嫉之，闻人之恶扬之，浸渍颇僻，销刓德义，簪裾徒在，厮养何殊；四是崇好慢游，耽嗜曲蘖，以衔杯为高致，以勤事为俗人，习之易荒，觉已难悔；五是急于名宦，昵近权要，一资半级，虽或得之，众怒群猜，鲜有存者。兹五不是，甚于痤疽。痤疽则砭石可瘳，五失则神医莫理。前朝炯戒，方册具存；近世覆车，闻见相接。

夫中人已下，修辞力学者，则躁进患失，思展其用；审命知退者，则业荒文芜，一不足采。唯上智者研其虑，博其闻，坚其习，精其

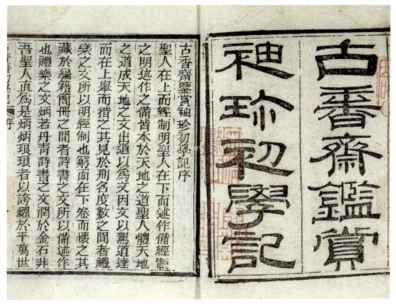

（唐）徐坚《初学记》，清乾隆五十九年刻，江西金溪红杏山房藏板

业，用之则行，舍之则藏。苟异于斯，孰为君子！

《全唐文》

解读

　　柳玭出身于唐朝后期高官世家。著名书法家柳公绰孙，柳仲郢之子。以明经补秘书正字，历官御史大夫。乾符中，出京为广州节度副使。黄巢陷广州，邓承勋以小舟载柳玭逃归长安。黄巢攻陷长安，柳玭为刃所伤。广明二年（881年），随唐僖宗逃亡至成都，任中书舍人、御史中丞。光启元年（885年），僖宗返长安后，柳玭迁尚书右丞。

　　柳玭在《宗训》中，认为士君子活在人世间，要自立自强，好自为之，绝不能自己不作为而奢望被他人厚爱和认可，特别是贵族之家，更要注意"纤瑕微累"。所以，他提出要修身积德，列出了"坏名灾己，辱先丧家"五大忌，必须"研其虑，博其闻，坚其习，精其业，用之则行，舍之则藏"，否则，则难称得上是君子。

范质《戒子侄诗》: 不患人不知，惟患学不至

去上初释褐，一命列蓬丘。青袍春草色，白纻弃如仇。

适会龙飞庆，王泽天下流。尔得六品阶，无乃太为优。

凡登进士第，四选升校雠。历官十五考，叙阶与乐俦。

如何志未满，意欲凌云游。若言品位卑，寄书来我求。

省之再三叹，不觉泪盈眸。吾家本寒素，门地寡公侯。

先子有令德，乐道尚优游。生逢世多僻，委顺信沉浮。

仁宦不喜达，吏隐同庄周。积善有余庆，清白为贻谋。

伊余奉家训，孜孜务进修。夙夜事勤肃，言行思悔尤。

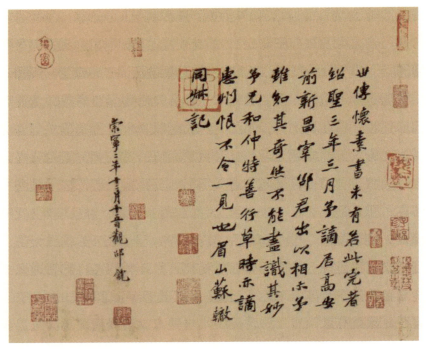

（宋）苏辙《自叙帖》跋。识文：世传怀素书，未有若此完者。绍圣三年三月，予谪居高安，前新昌宰邵君，出以相示。予虽知其奇，然不能尽识其妙。予兄和仲，特喜行草，时亦谪惠州，恨不令一见也。眉山苏辙。

出门择交友，防慎畏薰莸。　省躬常惧玷，恐掇庭闱羞。

童年志于学，不惰为箕裘。　二十中甲科，赪尾化为虬。

三十入翰苑，步武向瀛洲。　四十登宰辅，貂冠侍冕旒。

备位行一纪，将何助帝猷。　即非救旱雨，岂是济川舟。

天子未遐弃，日益素餐忧。　黄河润千里，草木皆浸渍。

吾宗凡九人，继踵升官次。　门内无百丁，森森朱绿紫。

鹓行洎内职，亚尹州从事。　府掾监省官，高低皆清美。

悉由侥幸升，不因资考至。　朝廷悬爵秩，命之曰公器。

不蚕复不穑，未尝勤四体。　虽然一家荣，岂塞众人议。

颥颥十目窥，龊龊千人指。　借问尔与吾，如何不自愧。

戒尔学立身，莫若先孝弟。怡怡奉亲长，不敢生骄易。

战战复兢兢，造次必于是。戒尔学干禄，莫若勤道艺。

尝闻诸格言，学而优则仕。不患人不知，惟患学不至。

戒尔远耻辱，恭则近乎礼。自卑而尊人，先彼而后己。

《相鼠》与《茅鸱》，宜鉴诗人刺。戒尔勿旷放，旷放非端士。

周孔垂名教，齐梁尚清议。南朝称八达，千载秽青史。

戒尔勿嗜酒，狂药非佳味。能移谨厚性，化为凶险类。

古今倾败者，历历皆可记。戒尔勿多言，多言者众忌。

苟不慎枢机，灭危从此始。是非毁誉间，适足为身累。

举世重交游，凝结金兰契。忿怨容易生，风波当时起。

所以君子心，汪汪淡如水。举世好承奉，昂昂增意气。

不知承奉者，以尔为玩戏。所以古人疾，蓬蒢与戚施。

举世重任侠，俗呼为气义。为人赴急难，往往陷刑死。

所以马援书，殷勤戒诸子。举世贱清素，奉身好华侈。

肥马衣轻裘，扬扬过闾里。虽得市童怜，还为识者鄙。

我本羁旅臣，遭逢尧舜理。位重才不充，戚戚怀忧畏。

深渊与薄冰，蹈之唯恐坠。尔曹当悯我，勿使增罪戾。

闭门敛踪迹，缩首避名势。名势不久居，毕竟何足恃。

物盛必有衰，有隆还有替。速成不坚牢，亟走多颠踬。

灼灼园中花，早发还先萎。迟迟涧畔松，郁郁含晚翠。

赋命有疾徐，青云难力致。寄语谢诸郎，躁进徒为耳。

《宋文鉴》

解读

范质（911～964年），字文素，大名宗城（今河北省邢台市威县）人。五代后周时期至北宋初年为宰相。范质自幼好学，博学多闻。后唐长兴四年（933年）登进士第，官至户部侍郎。后周建立后，历任兵部侍郎、枢密副使等职。北宋时，拥立赵匡胤有功，封鲁国公。著有《范鲁公集》《五代通录》等。范质博学多才，谨守法度，清廉为官，勤于政事。宋太宗赞扬他"宰辅中能循规矩，慎名器，持廉节，无出范质右者"。作为身历周、宋二朝的宰相，范质与人提及在相位的感受时，说过一句名言："人能鼻吸三斗醇醋，即可为宰相矣。"足见其胸怀坦荡，亦可见其风趣大度。

这篇诗文是范质的侄子范杲请求他迁升秩阶，范质便作诗晓谕他。在诗文中，范质通过叙述自己的求学和仕途历程，告诫侄子不要汲汲于做高官，而是要多学习重修身，不要多言多语，不要凭义气滥交往，不要放旷饮酒，要战战兢兢、谨小慎微，而且要充分认识到社会和家族兴衰更替的规律，"物盛必有衰，有隆还有替"。范质以诗歌的形式，以自己的切身体会，对侄子谆谆教导，可以说是入脑入心。

陈抟《心相篇》：积功累仁，百年必报；
大出小入，数世其昌

心者貌之根，审心而善恶自见；行者心之发，观行而祸福可知。

出纳不公平，难得儿孙长育；语言多反覆，应知心腹无依。

消沮闭藏，必是奸贪之辈；披肝露胆，决为英杰之人。

心和气平，可卜孙荣兼子贵；才偏性执，不遭大祸必奇穷。

转眼无情，贫寒夭促；时谈念旧，富贵期颐。

重富欺贫，焉可托妻寄子；教老慈幼，必然裕后光前。

轻口出违言，寿元短折；忘恩思小怨，科第难成。

小富小贵易盈，刑灾准有；大富大贵不动，厚福无疆。

欺蔽阴私，纵有荣华儿不享；公平正直，虽无子息死为神。

开口说轻生，临大节决然规避；逢人称知己，即深交究竟平常。

处大事不辞劳怨，堪为梁栋之材；遇小故辄避嫌疑，岂是腹心之寄。

与物难堪，不测亡身还害子；待人有地，无端得福更延年。

迷花恋酒，闺中妻妾参商；利己损人，膝下儿孙悖逆。

贱买田园，决生败子；尊崇师傅，定产贤郎。

愚鲁人说话尖酸刻薄，既贫穷必损寿元；聪明子语言木讷优容，享安康且膺封诰。

患难中能守者，若读书可作朝廷柱石之臣；安乐中若忘者，纵低才岂非金榜青云之客。

鄙吝勤劳，亦有大富小康之别，宜观其量；奢侈靡丽，宁无奇人浪子之分，必视其才。

弗以见小为守成，惹祸破家难免；莫认惜福为悭吝，轻财仗义尽多。

处事迟而不急，大器晚成；见机决而能藏，高才早发。

有能者教，己无成子亦无成；见过隐规，身可托家亦可托。

知足与自满不同，一则矜

（宋）李幼武辑、（明）张采评阅《宋朱晦菴先生名臣言行录》，日本宽文七年京师书肆风月庄左卫门刻本

而受灾，一则谦而获福；大才与见才自别，一则诞而多败，一则实而有成。

忮求念胜，图名利到底逊人；恻隐心多，遇艰难中途获救。

不分德怨，料难至乎遐年；较量锱铢，岂足期乎大受。

过刚者图谋易就，灾伤岂保全无；太柔者作事难成，平福亦能安受。

乐处生愁，一生辛苦；怒时反笑，至老奸邪。

好矜己善，弗再望乎功名；乐摘人非，最足伤乎性命。

贵人重而责己轻，弗与同谋共事；功归人而过归己，尽堪救患扶灾。

处家孝弟无亏，簪缨奕世；与世吉凶同患，血食千年。

曲意周全知有后，任情激搏必凶亡。

易变脸，薄福之人奚较；耐久朋，能容之士可宗。

好与人争，滋培浅而前程有限；必求自反，蓄积厚而事业能伸。

少年飞扬浮动，颜子之限难过；壮岁冒昧昏迷，不惑之期怎免。

喜怒不择轻重，一事无成；笑骂不审是非，知交断绝。

济急拯危，亦有时乎贫乏，福自天来；解纷排难，恐亦涉乎囹圄，名扬海内。

饿死岂在纹描，抛衣撒饭；瘟亡不由运数，骂地咒天。

甘受人欺，有子忽然大发；常思退步，一身终得安闲。

举止不失其常，非贵亦须大富，寿可知矣；喜怒不形于色，成名还立大功，奸亦有之。

无事失措仓皇，光如闪电；有难怡然不动，安若泰山。

积功累仁，百年必报；大出小入，数世其昌。

人事可凭，天道不爽。

　　如何飧刀饮剑，君子刚愎自用，小人行险侥幸；如何投河自缢，男人才短蹈危，女子气盛见逼。

　　如何短折亡身，出薄言，做薄事，存薄心，种种皆薄；如何凶灾恶死，多阴毒，积阴私，有阴行，事事皆阴。

　　如何暴疾而没，色欲空虚；如何毒疮而终，肥甘凝腻。

　　如何老后无嗣，性情孤洁；如何盛年丧子，心地欺瞒。

　　如何多遭火盗，刻剥民财；如何时犯官符，调停失当。

何知端揆首辅，常怀济物之心；何知拜将封侯，独挟盖世之气。

何知玉堂金马，动容清丽；何知建牙拥节，气概凌霄。

何知丞簿下吏，量平胆薄；何知明经教职，志近行拘。

何知苗而不秀，非惟愚蠢更荒唐；何知秀而不实，盖谓自贤兼短行。

若论妇人，先须静默；从来淑女，不贵才能。

有威严，当膺一品之封；少修饰，准掌万金之重。

多言好胜，纵然有嗣必伤身；尽孝兼慈，不特助夫还旺子。

贫苦中毫无怨詈，两国褒封；富贵时常惜衣粮，满堂荣庆。

奴婢成群，定是宽宏待下；资财盈箧，决然勤俭持家。

悍妇多因性妒，老后无归；奚婆定是情乖，少年浪走。

为甚欺夫，显然淫行；缘何无子，暗里伤人。

合观前论，历试无差；勉教后来，犹期善变。

信乎骨格步位，相辅而行；允矣血气精神，由之而显。

知其善而守之，锦上添花；知其恶而弗为，祸转为福。

《五种遗规》

解读

本文选录的是宋朝著名道家陈抟的名篇，清朝大臣陈宏谋在编写《五种遗规》时认为，虽然《心相篇》历史上被视为相面的奇书，但绝不是荒诞不经的迷信，而是"直以心为相，不任术而任理"的思辨哲学，可以作为省己观人的法则。

陈抟（871～989年），字图南，号扶摇子，赐号"白云先生""希夷先生"，亳州真源（今河南省鹿邑县）人。五代后唐时赴试进士落第，从此不求俸禄官职，以山水为乐。陈抟喜好读《易经》，手不释卷。常常自号扶摇子，撰写《指玄篇》八十一章，阐述引导养生及使水银还成丹的事情。还有《三峰寓言》及《高阳集》《钓潭集》，六百多首诗。

《心相篇》推崇道家思想，与那些江湖流传的相面术不可同日而语，不仅谈到如何做人做事，而且也是观察他人真伪成败的法则，总的要求是向上向善，颇有止恶扬善之功，读之耐人寻味。其中如"小富小贵易盈，前程有限；大富大贵不动，厚福无疆"，"常思退步，一身终得安闲"，"人事可凭，天道不爽"，"积功累仁，百年必报"，等等，都有一定的哲理和人生意趣，给人以警诫和启发。

林逋《省心录》: 器满则溢，人满则丧

闻善言则拜，告有过则喜，有圣贤之气象。

坐密室如通衢，驭寸心如六马，可以免过。

心不清则无以见道，志不确则无以立功。

天下有甚于饥渴饮食之道，而世或以名称己，或以为能事。哀哉！臣之忠，子之孝，弟之悌，是也。孔子以文学为孝悌之余事，孟子谓良知良能不出于学，是非圣人强人以甚难。盖以爱欲汩其心，而妻子爵禄为贼忠孝之具，间有得臣子之道者，宜乎表出于世，苟以孔孟之道求诸己，则知舍孝悌不足以

（日）北山寒严画《林和靖图》，日本栃木县立博物馆藏

为人，移孝悌为忠顺，则立身行己之道当然。世何称己，何能之有？

事亲孝者，事君必忠，何以知之？良知故存，虽妻子不能移其爱，推此以尽为臣之道，则爵禄安可易其守？子惟知有亲，焉得不孝；臣惟知有君，安得不忠？所谓良知者，其可忘乎？父慈子孝，兄友弟恭，相须之理也。然子不可待父慈而后孝，弟不可待兄友而后恭，譬犹责人以信然后报之以诚。夫尽己之当，为乃君子所以立身之道，非求备于人也。

器满则溢，人满则丧。

士大夫若以一官之廪禄计，则不知其为素餐。请以驱役之卒、奉承之吏，供帐居处，详陈悉算，则凛然如履冰、炎然如临渊，有愧于方寸者多矣。若于奉公治民之道不加思，则窃人之财不足为盗矣。

自信者人亦信之，胡越犹弟兄；自疑者人亦疑之，身外皆敌国。至于推诚而不欺，守信而不疑，非但六合之内可行。动天地，威鬼神，非诚信不可。

为善如负重登山，志虽已确，而力犹恐不及；为恶如乘骏马走坡，虽不加鞭策，而足亦不能制。

功名官爵，货财声色，皆谓之欲，俱可以杀身。或问之曰：欲可去乎？曰：不可。饥者欲食，寒者欲衣，无后者欲子孙。反是，甘于自杀也。然知足而不贪，知节而不淫，无沽名之心而不求功，亦庶几乎欲可窒也。

知不足者好学，耻下问者自满，一为君子，一为小人，自取如何耳。

人之有过失，犹身之有疾病，攻之以药石，诲之以廉耻，虽过失不害为贤者，虽疾病不失为全人。

好名而立异，立异则身危，故圣人以名为戒。

为善者不云利，逐利者不见善，舜跖之徒自此分。

舍生取义，固不可得；见利思义，圣人亦取之。殆哉！利不可言，况可为乎？孟子答梁惠王之言至矣。

有过知悔者，不失为君子，知过遂非者，其小人欤！

官爵富贵，在人谓之傥来；道德仁义，在己谓之自得。傥来者足以骄妻妾，自得者可以藐公卿。君子所以修天爵，而人爵从之。

（宋）林逋《林和靖先生诗集》，清康熙四十七年吴调元刻本

静吉动凶，德休伪拙，圣人戒告甚切至。反身而诚，乐莫大焉，知此为君子，昧此为小人。

木有所养，则根本固而枝叶茂，栋梁之材成；水有所养，则泉源壮而流派长，灌溉之利溥；人有所养，则志气大而识见明，忠义之志出。可不养哉！故孟子所谓苟得其养，无物不长也。

昼之所为，夜必思之，有善则乐，有过则惧，君子哉！私心胜者，可以灭公；为己重者，可以利物。

人之所以异于禽兽草木者，以其有为耳。皮毛齿角，禽兽以用而名；香味补泻，草木以功而著。人之生也，无德以表俗，无功以及物，于禽兽草木之不若也，哀哉！

岁月已往者不可复，未来者不可期，见在者不可失。

为善则善应，为恶则恶报，所以成名灭身，惟自取如何耳。

仁义礼智本自修，人必钦崇之；放僻邪侈本自贼，人必轻鄙之。

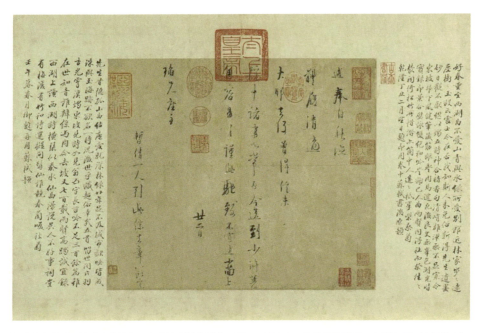

（宋）林逋手札《奉白帖》，台北故宫博物院藏。识文：逋奉白。秋凉体履清适，大师去后，曾得信未？院中诸事如常否？今送到少许菱角，容易容易。谨此驰致不宣。逋小简上。廿二日。瑶兄座主。暂请一人引此仆去章八郎家。

得天地之至和者为君子，故温良慈俭；禀阴阳之缪戾者为小人，故凶诈奸邪。

善恶之性不能易，如水之不能燥，火之不能湿。形色语默之间，善恶自见。

古之人孝悌力田，行著于乡州党族，名闻于朝，故命之以官，其临民也，安得不岂弟？其从事也，安得不服劳？其处己也，安得不廉？其事上也，安得不忠？后之人强记多识，专于缉缀，有不知父子兄弟之伦者，有不知稼穑之艰难者，盗经典子史为取富贵之筌蹄，故忠义日薄，名节日衰，惟贤者则不然。此无他，去古既远，无成周宾兴之法耳。

礼义廉耻，可以律己，不可以绳人。律己则寡过，绳人则寡合，寡合则非涉世之道。故君子责己，小人责人。

德有余而为不足者谦，财有余而为不足者鄙。爱身者所以孝于亲，爱民者所以忠于君。

高不可欺者天也，尊不可欺者君也，内不可欺者亲也，外不可欺者人也。四者既不可欺，心其可欺乎？心不可欺，人其欺我乎？

为善易，避为善之名难；不犯人易，犯而不校难。

涉世应物，有以横逆加我者，譬犹行草莽中，荆棘之在衣，徐行缓解而已，所谓荆棘者，亦何心哉！如是则方寸不劳，而怨可释。

恐惧者修身之本，事前而恐惧则畏，畏可以免祸；事后而恐惧则悔，悔可以改过。夫知者以畏消悔，愚者无所畏而不知悔。故知者保身，愚者杀身，大哉，所谓恐惧也。

羌貊不可以力胜，而可以信服；鬼神不可以欺诈，而可以诚达。况夫涉世与人为徒者，诚信其可舍诸！

古人畏四知者，谓天地彼我必有一知者，不得不畏，况处八达之衢，为万目所视，慎乎所当畏，行乎所无畏可也。

诚无悔，恕无怨，和无仇，忍无辱。

巧辩者与道多悖，拙讷者涉世必疏。宁疏于世，勿悖于道。

华藻见于外者谓之文，古今积于中者谓之学。苟见道不明，用心不正，适足以文过饰非，文学所以在德行政事之下。

不欺暗室者，肯欺心乎；不愧屋漏者，肯愧于人乎。不欺其心，无愧于人，庶几君子矣。

外重者内轻，故保富贵则丧名节；内重者外轻，故守道义而乐贫贱。爱亲者保其身，爱君者轻其位。穷不易操，达不患失，非见善明，用心刚者不能也。

人有过失，己必知之；己有过失，岂不自知？明是非者检人，思忧患者检身。

强辩者饰非，谦恭者无争，知其善之可迁。善恶在自为，父子不相授，尧为父而有丹朱，舜为子而有瞽瞍。尧与贤易，舜克谐以孝难。

人之制性，当如堤防之制水，常恐其漏壤之易，若不顾其泛滥一倾而不可复也。

绮语背道，杂学乱性。

富贵以道得，伊尹是也，贫贱以道守，颜渊是也。俱为圣贤，负鼎于汤，与箪瓢陋巷，劳逸忧乐，不可同日而语也。

知之非艰，行之为艰。诚能践履，虽非圣贤，其亦圣贤之徒欤！

和以处众，宽以接下，恕以待人，君子人也。

谗言巧，佞言甘，忠言直，信言寡。

多言则背道，多欲则伤生。

知足则乐，务贪必忧。

内睦者家道昌，外睦者人事济。不护人短，不周人急，非仁义也。

结怨于人谓之种祸，舍善不为谓之自贼。轻诺者信必寡，面誉者背必非。孝于亲则子孝，钦于人则众钦。

声色者败德之具，思虑者残生之本。

为善不如舍恶，救过不如省非。欲不匮则博施，欲长乐则守分。广积不如教子，避祸不如省非。勉强为善，胜于因循为恶。

责人者不全交，自恕者不改过。自满者败，自矜者愚，自贼者害。多言获利，不如默而无害。

行坦途者肆而忽，故疾走则蹶；行险途者畏而慎，故徐步则不跌。然后知安乐有致死之道，忧患为养生之本，可不省诸！

寡言省谤，寡欲保身。

广积聚者，遗子孙以祸害；多声色者，残性命以斤斧。

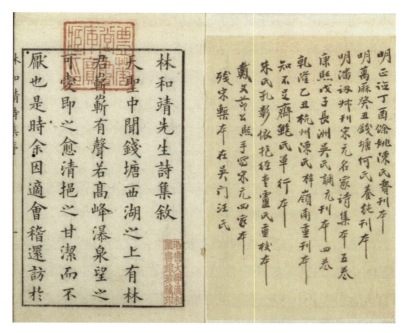

（宋）林逋《林和靖先生诗集》，明万历四十一年何养纯等写刻刊

务名者害其身，多财者祸其后。善恶报缓者，非天网疏，是欲成君子而灭小人也。祸福者天地所以爱人也，如雷雨雪霜，皆欲生成万物。故君子恐惧而畏，小人侥幸而忽。畏其祸则福生，忽其福则祸至，《传》所谓"祸福无门，惟人所召"也。

以忠沽名者奸，以信沽名者诈，以廉沽名者贪，以洁沽名者污。忠信廉洁，立身之本，非钓名之具也，有一于此，乡原之徒，又何足取哉！

为己重者不仁，好广积者不义，足恭者无礼，贪名者无智。

立身之道，内刚外柔；肥家之道，上逊下顺。不和不可以接物，不严不可以驭下。

前辈论医云：闭门看古方三年，知天下无病不可治，及其出而用药疗疾，如今古无方可用。此无他，闻见力极则止，至于应变，则无有穷尽。噫！岂但论医也，士之学问，其失正在是。苟以是心反之，孳孳旦夜，自不知为有余，纵未能尽愈天下之疾，亦庶几乎十失二三也。

不自重者取辱，不自畏者招祸，不自满者受益，不自是者博闻。吉凶悔吝非天然，无有不由己者。

寿夭在天，安危在人。知天理者夭或可寿，忽人事者虽安必危。

口腹不节，致疾之因；念虑不正，杀身之本。

骄富贵者戚戚，安贫贱者休休。所以景公千驷，不及颜子之一瓢也。

以忠孝遗子孙者，昌；以智术遗子孙者，亡；以谦接物者，强；以善自卫者，良。

外事无大小，中欲无浅深，有断则生，无断则死，大丈夫以断为先。

人皆有好生恶死之心，人皆为舍生取死之道，何也？见善不明耳。

欲去病则正本，本固则病可攻，药石可以效；欲齐家则正身，身端

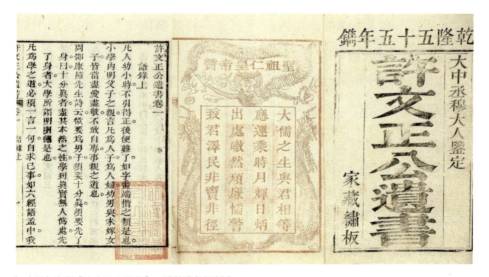

（元）许衡《许文正公遗书》，清乾隆年间刻本

则家可理，号令可以行。固其本，端其身，非一朝一夕之事也。

以礼义为交际之道，以廉耻为律己之法，游息于是，朋友见钦而不敢欺，妻子取法而不敢侮，尽思患预防之礼，所以譬之四维，其可废而不张乎？

心可逸，形不可不劳；道可乐，身不可不忧。形不劳则怠惰易弊，身不忧则荒淫不立，故逸生于劳而常休，乐生于忧而无厌，是逸乐也，忧劳其可忘乎？

古之人修身以避名，今之人饰己以要誉，所以古人临大节而不夺，今人见小利而易守。君子则不然，无古无今，无治无乱，出则忠，入则孝，用则知，舍则愚。

仁言不如仁心之诚，利近不如利远之博，仁言或失于口惠，利近或失于姑息。

智大心劳者狂，力小任重者踣。

攫金于市者，欲心胜而不知有羞恶；求珠于渊者，利心专而不顾其沉溺。

不欺、不吝、不隘、不强者，可与人为徒。

块土不能障狂澜，匹夫不能正颓俗。

知足者贫贱亦乐，不知足者富贵亦忧。

夙兴夜寐，无非忠孝者，人不知天必知之；饱食暖衣，恬然自卫者，身虽安，其如子孙何！

尔谋不臧，悔之何及！尔见不长，教之何益！

子之事亲，不能承颜养志，则必不能忠于君上；弟之事兄，不能致恭尽礼，则必不能逊于长上。家不和，然后见孝子；国不乱，无以见忠臣。如是则孝子忠臣，不容见于治世也。仆窃疑之，有人能克谐六亲，钦顺父母，家不使不和，莫大之孝也；有人能引君当道，将顺正救国不使之乱，莫大之忠也。

风俗不淳俭，则财用无丰足。

以德遗后者，昌；以祸遗后者，亡。谦柔卑退者，德之余；强暴奸诈者，祸之始。

屈己者能处众，好胜者必遇敌，欲常胜者不争，欲常乐者自足。有限之器投之满，盈则溢；太虚之室，物物自容，静躁宽猛，视量之如何耳！

胜于己者必师，拙于己者可役。爱于己者，知善而不知恶；憎于己者，见恶而不见善。

火之炎上，水之就下，顺其性，则烹饪之功成，灌溉之利博。

越鸟巢南，胡马嘶北，物之真情尚耳，而况于人乎！

食能止饥，饮能止渴，畏能止祸，足能止贪。

父之教子必以孝，君之责臣必以忠，子不子，臣不臣，安可为之？以仁为宅，以礼为门，以义为路，居处于是，出入于是，践履于是，安得不谓之君子！

内不溺于妻子者，事亲必孝；外不欺于朋友者，事君必忠。人性如水，水一倾则不可复，性一纵则不可反。制水者必以堤防，制性者必以礼法。

保生者寡欲，保身者避名。无欲易，无名难。

善人种德降祥于天，恶人种祸贻殃于后。

溺爱者受制于妻子，患失者屈己于富贵。大丈夫见善明，则重名节如泰山；用心刚，则轻死生如鸿毛。

父善教子者，教于孩提；君善责臣者，责于冗贱。盖嗜欲可以夺孝，富贵可以夺忠。

以言伤人者，利于刀斧；以术害人者，毒于虎狼。言不可不慎，术不可不慎也。

为子孙作富贵计者，十败其九；为人作善方便者，其后受惠。

耳不闻人之非，目不视人之短，口不言人之过，庶几为君子。

以爱妻子之心事亲，则无往而不孝；以保富贵之心事君，则无往而不忠。以责人之心责己则寡过，以恕己之心恕人则全交。

夫寡言择交，可以无悔吝，可以免忧辱。

饱藜藿者鄙膏粱，乐贫贱者薄富贵，安义命者轻死生，远是非者忘臧否。

少不勤苦，老必艰辛；少能服劳，老必安逸。

与善人交，有终身了无所得者；与不善人交，动静语默之间，亦从而似之，何耶？人性如水，为不善如就下，故易。安可不择交？

（清）任熊《列仙酒牌》册页之《林逋》

近世士大夫多为子弟所累，是溺于爱而甘受其谤，殊不知父当不义，圣人犹许争，子弟不肖而不能正，是纳于邪而不知义方之训也，兄之罪大矣。

不临难，不见忠臣之心；不临财，不见义士之节。

耳虽闻，目不亲见者，不可从而言之。流言可以惑众，若文其言，而贻后世，恐是非邪正失实。

忧国者不顾其身，爱民者不罔其上。

忧天下国家者，其虑深，其志大，其利博，其言似迂，其合亦寡，其遇亦难，孔孟是也。

梁栋朽，则屋倾；贤不肖分，则国治。上节下俭者，财用足；本重末轻者，天下太平。

轻财足以聚人，律己足以服人，量宽足以得人，身先足以率人。

忧患疾痛，皆养生善知识；放逐闲废，皆仕宦善知识。不有忧，安知乐可为哉？

情相亲者，礼必寡；道相悖者，术不同。礼简者诚，术异者争。

人不可无识。识暗者，小人；无识者，禽兽。小人舍正而趋邪，假

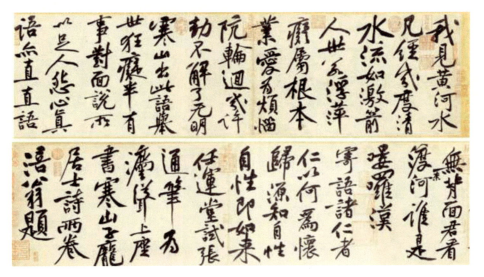

（宋）黄庭坚《庞居士寒山子诗》。识文：我见黄河水，凡经几度清。水流如激箭，人世若浮萍。痴属根本业，爱为烦恼坑。轮回几许劫，不解了无明。寒山出此语，举世狂痴半。有事对面说，所以足人怨。心真语亦直，直语无背面。君看渡奈何，谁是喽罗汉。寄语诸仁者，仁以何为怀。归源知自性，自性即如来。任运堂试张通笔为法耸上坐，书寒山子庞居士诗两卷。涪翁题。

善而为恶。识明者果如是乎？禽兽不知父子之亲，君臣之分，为无识故也。

沽虚誉于小人，不若听之于天；遗货财于子孙，不若周人之急。

语人之短不曰直，济人之恶不曰义。

处内以睦，处外以义，检身以正，交际以诚，行己之道至矣。

无瑕之玉，可以为国器；孝悌之子，可以为家瑞。为政之要曰公与清，成家之道曰俭与勤。

宝货用之有尽，忠孝享之无穷。

好胜者必争，贪勇者必辱。

薄于所亲，而责人重者，不可与言交好；名欲速者，不可与共谋；贪而喜诈者，不可与同利害；忍而好胜者，不可与同逸乐。

太庙之牺被文绣而悔，不及鹔鹕深林一枝之乐也。

以己资众者，心逸而事济；以己御众者，心劳而怨聚。

事亲有隐，而无犯事。君有犯，而无隐事。师无犯，无隐。圣人不易之论也。古之所谓犯者，以己所见陈于君，不以犯上为犯也。后世所谓犯者，处卑位而言非，其职徒以沽名之心务行其说，直前抵讦，无益于世。愚以为若能以事师之道事君，无隐则不敢逢君之恶，无犯则不忍暴君之失，谏可行，言可听，膏泽可下于民，不亦美欤！

千斤之石置之立坂之上，一力可以落九仞；万斛之舟溯于急流之中，片帆可以去千里，势使然也。若驰群马于平陆，集多士于大庭，非骏足奇才，不得先。

毁誉杂至，观其事，则毁誉明，善恶混淆。公其心，则善恶判，此在上之职也。若智劾一职，行其所当为，而不问毁誉，立乎其中道，则善恶自黑白也。

韩非作《说难》而卒，毙于说，岂非所谓"多言数穷"之戒耳。

必尊于事君，必严于事亲，必达于天地鬼神，必疏于禽兽之属。一于诚，则交际之道无不至矣。

畋猎声色之娱，易入而难返；车服口体之奉，相尚而不厌。皆非逸豫安乐之道也。

事亲孝则专其爱，而妻子不能移；事君忠，则尽其职，而爵禄不足动。竭力于亲者不必须士类，致身于君者不必问品秩。

黼藻太平，勘定祸乱，可以谓之忠乎？苟有隐于君，不若愚下不欺之忠也。列侯而封，击鲜而食，可以谓之孝乎？苟有违于亲，不若贫贱养志之孝也。

爱君切者不知有富贵，为己重者不知立功名。

财不难聚也，取予当则富足；国不难治也，邪正辨则丕平；风不难化也，自上及下而风行；俗不难革也，自迩及远而俗变。

富贵者，奢侈相尚。奉养之外，弃废。宝货穷极，土木惟务相胜，贫贱者专于工巧伎艺，古所未见。一日之直可以尽农夫终岁之利，故弃本逐末，耕桑者少而衣食者多，求其盈余储积，不亦难哉！甲胄之士责以御侮，州县之吏委以簿书，事圣君而变薄俗，病在不为耳。

能自遂者未必能成人，自败者必冈人；能自俭者未必能周人，自态者必害人。然此无他，为善难，为恶易也。

张饱帆于大江，骤骏马于平陆，天下之至快，反思则忧；处不争之地，乘独后之马，人或我嗤，乐莫大焉。

利可共而不可独，谋可寡而不可众。独利则败，众谋则泄。

猛虎能食人，不幸而遇之，必疾走以避。小人能媚人，人喜与之亲，不幸而同利害，必巧为中伤，毒人而人不知。然机阱之设，未若天网之不漏也。

重名节者，识有余而巧不足；保富贵者，知不足而才有余。知识明者，君子；才巧胜者，小人。

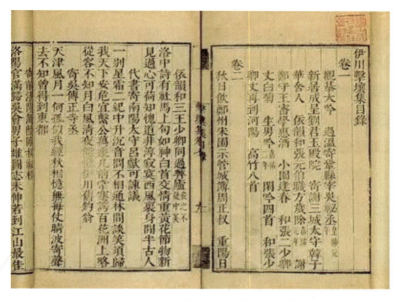

（宋）邵雍《伊川击壤集》，明浙江嘉兴楞严寺刊印

用心专者，不闻雷霆之震惊，寒暑之切肌；为己重者，不知富贵可以杀身，功名可以致显祸。行通衢大道者，不迷；心至公无私者，不惑。

饱肥甘，衣轻暖，不知节者损福；广积聚，骄富贵，不知止者杀身。

小人诈而巧，似是而非，故人悦之者众；君子诚而拙，似迂而直，故人知之者寡。

人以麟凤比君子，以豺狼比小人，徒论其表耳。麟凤为世瑞，而不能移风易俗，君子能厚风俗，致太平，以来麟凤。豺狼能害人，其状易别，人得以避之；小人深情厚貌，毒人不可防，闲殆有甚于豺狼也。

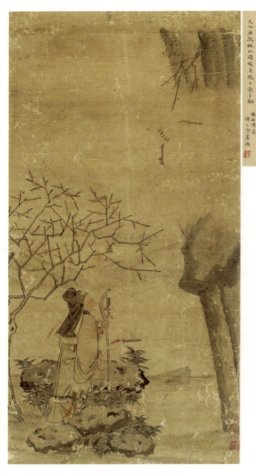

（元）无款《林和靖梅妻鹤子图》立轴

以是为非，以非为是者，强辩足以惑众；以无为有，以有为无者，便僻足以媚人。心可欺，天可欺乎？

女相妒于室，士相妒于朝，古今通患也。若无贪荣擅宠之心，何嫉妒之有！

无恒德者不可以作医，人命死生之系，庸人假医以自诬，其初则要厚利，虚实补泻，未必适当，幸而不死，则呼需百出，病者甘心以足其欲。不幸而毙，则曰饮食不知禁，嗜欲有所违，非药之过也。厚载而出，死者何辜焉？世无扁鹊望而知死生，无华陀涤肠以愈疾，轻以性命托庸医，何如谨致疾之因，固养生之本，以全天年耶？呜呼悲夫！

《林和靖集》

解读

史载，南宋被俘的小皇帝宋恭帝赵㬎在元英宗至治三年（1323年），偶尔吟诵旧作："寄语林和靖，梅花几度开？黄金台下客，应是不归来。"被暗中监视他的人听见，密告他写诗煽动江南人心，元英宗于是派人到吐蕃将其杀死。

　　赵显诗中所说的林和靖就是林逋。林逋（967～1028年），名逋，字君复，宁波奉化黄贤村人。幼时刻苦好学，通晓经史百家。书载其性孤高自好，喜恬淡，勿趋荣利。长大后，曾漫游江淮间，后隐居杭州西湖，结庐孤山，终生不仕不娶，惟喜植梅养鹤，自谓"以梅为妻，以鹤为子"，人称"梅妻鹤子"。他常驾小舟遍游西湖诸寺庙，与高僧诗友相往还。每逢客至，叫门童子纵鹤放飞，见鹤必棹舟归来。作诗随就随弃，从不留存。天圣六年（1028年）卒，宋仁宗赐谥"和靖"，所以后人称之为"和靖先生"。林逋在诗书画佛学等方面造诣很高，善绘事，惜画从不传；善作文，随写随撕，其作品保留下来的非常少，不求闻达于世。陆游曾称赞其书法造诣高绝，苏轼也赞其文采、折服于林逋的人品。林逋其著作存世不多，现留存于世词有三篇、诗三百余首，书法作品仅三幅。著有《林和靖诗集》。

　　《省心录》是林逋治学做人的思想精华，也是他对历史和现实深刻研究、观察得出的规律性的结论，虽然其中弥漫着一种出世、超脱、保身的个人主义，但精辟入里、令人警醒的嘉言名句，仍然闪耀着智慧的光芒。许多言论精妙至极，直指人心。虽然林逋终生隐居，与尘

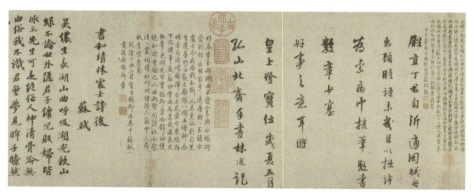

（宋）林逋书《自书诗》卷（局部），此卷是林逋归隐西湖孤山时所作。识文：殿直丁君自沂适闽，舣舟惠顾晤语。未几，且以拙诗为索。病中援笔勉书数章，少塞好事之意耳。时皇上登宝位岁夏五月。
孤山北斋手书。林逋记。

世隔绝，但是，他的《省心录》却是对社会、对人生的通透观察和深层次的研究结晶，特别是对儒道佛三种文化的精华提炼。他对人生提出的种种警示和戒律，都是经过历史上千锤百炼，经过多少人和事的验证，得到了后世学者的褒扬和引用，迄今仍然具有一定的借鉴和启发意义。

范仲淹《训子弟语》: 暗室莫愧，君子独慎

天理莫违，为人不易。居家莫逸，民生在勤。

祖德莫烬，创业艰难。家庭莫偏，易起寡端。

闻电莫怕，不做恶事。奴婢莫凌，一样是人。

兄弟莫欺，同气连枝。钱财莫轻，勤苦得来。

妇言莫听，明理者少。时风莫趋，易入下流。

▎（宋）范仲淹《范文正公文集》，宋刻本

交友莫滥，须要识人。饮酒莫狂，伤身之物。

耕读莫懒，起家之本。奢华莫学，自取贫穷。

妄想莫起，想亦无益。美色莫迷，报应甚速。

待人莫刻，一个恕字。作事莫霸，众怒难犯。

女色莫溺，汝心安乎。淫书莫看，譬如吃砒。

立身莫歪，子孙看样。果报莫疑，眼前悟出。

降惊莫损，及早回头。淫念莫萌，怕有报应。

暗室莫愧，君子独慎。国法莫玩，政令森严。

祖宗莫忘，子孙有用。父母莫忤，身从何来。

子弟莫纵，害他一世。故旧莫疏，祖父之交。

邻里莫绝，互相照应。本业莫抛，所靠何事。

匪人莫近，容易伤生。正人莫远，急难可靠。

非分莫做，受辱惹祸。官司莫打，赢也是空。

盘算莫凶，食报子孙。意气莫使，后悔何及。

贫穷莫怨，小富由勤。童年莫荡，蒙以养正。

淫事莫藏，害尔子孙。言语其尖，可以折福。

讼事莫管，害人不浅。杀生莫多，也足一命。

富贵莫羡，积德悠久。贫苦莫轻，你想当初。

字纸莫弃，世间之宝。五谷莫贱，养命之原。

《范氏族谱序》

解读

　　不以物喜，不以己悲，居庙堂之高则忧其民，处江湖之远则忧其君。是进亦忧，退亦忧。然则何时而乐耶？其必曰"先天下之忧而忧，后天下之乐而乐"乎！

　　上过中学的人都会对范仲淹《岳阳楼记》里这段话记忆犹新，可谓是做人做事的最经典名句。

范仲淹（989～1052年），字希文，北宋时期杰出的政治家、文学家。他一生坎坷，在仕途上也是几起几落，但其虚怀若谷、敢于担当、谦恭宽厚的品格一直为后世尊崇与效仿。范仲淹在地方治政、守边皆有成绩。他倡导的"先天下之忧而忧，后天下之乐而乐"思想和仁人志士节操，对后世影响深远。有《范文正公文集》传世。

这首《训子弟语》以朴实无华、言简意赅的文字，总结出立身处世、持家治业的要点，读来朗朗上口，铿锵有力，不愧是家训中的精华之作。范仲淹死后，其家风家规被子孙代代相传，到民国初年，八百年不衰。当然文中的"妇言莫听，明理者少"等内容在宋代已属于偏见，在今天则更属荒诞，是应该摈弃的。

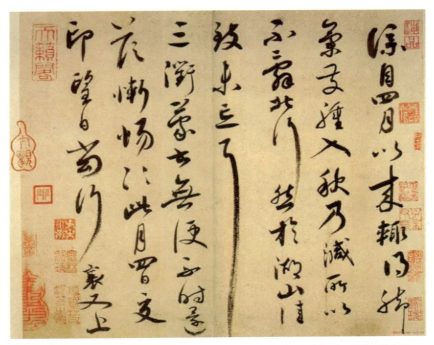

（宋）蔡襄《脚气帖》。识文：仆自四月以来，辄得脚气发肿，入秋乃减，所以不辞北行，然于湖山佳致未忘耳。三衢蒙书，无便，不时还答，惭惕惭惕。此月四日交印，望日当行，襄又上。

司马光《训俭示康》：君子寡欲，则不役于物，可以直道而行

众人皆以奢靡为荣，吾心独以俭素为美。人皆嗤吾固陋，吾不以为病，应之曰：孔子称"与其不逊也宁固"，又曰"以约失之者鲜矣"，又曰"士志于道，而耻恶衣恶食者，未足与议也"。古人以俭为美德，今人乃以俭相诟病。嘻，异哉！

近岁风俗尤为侈靡，走卒类士服，农夫蹑丝履。吾记天圣中，先公为群牧判官，客至未尝不置酒，或三行、五行，多不过七行。酒酤于市，果止于梨、栗、枣、柿之类；肴止于脯醢、菜羹，器用瓷漆。当时士大夫家皆然，人不相非也。会数而礼勤，物薄而情厚。近日士大夫家，酒非内法，果肴非远方珍异，食非多品，器皿非满案不敢会宾友，常量月营聚，然后敢发书。苟或不然，人争非之，以为鄙吝。故不随俗靡者盖鲜矣。嗟乎！风俗颓敝如是，居位者虽不能禁，忍助之乎！

又闻昔李文靖公为相，治居第于封丘门内，厅事前仅容旋马，或言其太隘。公笑曰："居第当传子孙，此为宰相厅事诚隘，为太祝奉礼厅事已宽矣。"参政鲁公为谏官，真宗遣使急召之，得于酒家，既入，问其所来，以实对。上曰："卿为清望官，奈何饮于酒肆？"对曰："臣家贫，客至无器皿、肴、果，故就酒家觞之。"上以无隐，益重之。张文节为相，自奉养如为河阳掌书记时，所亲或规之曰："公今受俸不少，而自奉若此。公虽自信清约，外人颇有公孙布被之讥。公宜少从众。"公叹曰："吾今日之俸，虽举家锦衣玉食，何患不能？顾人之常情，由俭入奢易，由奢入俭难。吾今日之俸岂能常有？身岂能常存？一旦异于今日，家人习奢已久，不能顿俭，必致失所。岂若吾居位、去位、身

存、身亡，常如一日乎？"呜呼！大贤之深谋远虑，岂庸人所及哉！

御孙曰："俭，德之共也；侈，恶之大也。"共，同也。言有德者皆由俭来也。夫俭则寡欲。君子寡欲，则不役于物，可以直道而行；小人寡欲，则能谨身节用，远罪丰家。故曰："俭，德之共也。"侈则多欲。君子多欲则贪慕富贵，枉道速祸；小人多欲则多求妄用，败家丧身，是以居官必贿，居乡必盗。故曰："侈，恶之大也。"

《温国文正司马公文集》

解读

本文选录的是司马光给自己的儿子司马康的一篇家训。司马光（1019～1086年），字君实，陕州夏县（今属山西）涑水乡人，世称涑水先生。宝元二年（1039年）进士，官至左仆射兼门下侍郎。赠太师、温国公，谥文正。他是北宋著名的史学家，主持编撰了大型编年体通史《资治通鉴》。著有《司马文正公集》等。

在《训俭示康》一文中，紧紧围绕着"成由俭，败由奢"这个古训，结合自己的生活经历和切身体验，旁征博引历史上典型事例，对儿子进行了耐心细致、深入浅出的教诲。司马光认为俭朴是一种美德，并大力提倡，反对奢侈腐化，并且认为要保证人品和家族兴旺，就必须注意俭朴而克服奢侈，否则，丢官败家之祸则不可避免。

谢良佐《上蔡先生语录》：人涉世欲善处事，必先更历天下之事

敢问何谓浩然之气？孟子曰"难言也"，明道先生云"只他道个难言也"，便知这汉肚里有尔许大事。若是不理会得底，便撑挂胡说将

去。气虽难言，即须教他识个体段始得。故曰其为气也至大至刚，以直养而无害，则塞乎天地之间。配义与道者，将道义明出此事。

横渠教人以礼为先，大要欲得正容谨节，其意谓世人汗漫无守，便当以礼为地教他，就上面做工夫。然其门人下稍头溺于刑名度数之间，行得来困无所见处，如吃木札相似，更没滋味，遂生厌倦。故其学无传之者。明道先生则不然，先使学者有知识，却从敬入。予问：横渠教人以礼为先，与明道使学者从敬入，何故不同？谢曰：既有知识，穷得物

宋文甫良佐公像

熙邪崇正程子之徒切问近思一矜
自无窮性尽理尺步绳趋先民规范
后进楷模

萧山吴炳如敬书

（宋）谢良佐像

理，却从敬上涵养出来，自然是别。正容谨节，外面威仪，非礼之本。

横渠尝言：吾十五年学个恭而安不成。明道曰：可知是学不成，有多少病在。谢子曰：凡恭谨必勉强不安，安肆必放纵不恭，恭如勿忘，安如勿助长。正当勿忘勿助长之间，须仔细体认取。

凡事皆有恁地简易不易底道理，看得分明，何劳之有？《易》曰易简，而天下之理得。晋伯甚好学，初理会仁字不透，吾因曰：世人说仁，只管著爱上，怎生见得仁？只如力行近乎仁，力行关爱甚事？何故却近乎仁？推此类具言之，晋伯因悟，曰：公说仁字，正与尊宿门说禅一般。晋伯兄弟中皆有见处，一人作诗咏曾点事，曰：

函丈从容问且酬，展才无不至诸侯。

可怜曾点唯鸣瑟，独对春风咏不休。

一人有诗曰：

学如元凯方成癖，文到相如反类俳。

独立孔门无一伎，只传颜子得心斋。

邵尧夫直是豪才，尝有诗云：

当年志气欲横秋，今日看来甚可羞。

事到强为终屑屑，道非心得竟悠悠。

鼎中龙虎忘看守，碁上山河废讲求。

又有诗云：

斟有浅深存爕理，饮无多少系经纶。

卷舒万古兴亡手，出入千重云水身。

此人在风尘时节，便是偏霸手段。学者须是天人合一始得。邵尧夫有诗云：

万物之中有一身，一身中有一乾坤。

能知造化备于我，肯把天人别立根。

天向一中分体用，人于心上起经纶。

天人安有两般义，道不虚行只在人。

问此诗如何？曰：说得大体亦是，但不免有病，不合说一中分体用。又问曰：此句何故有病？谢子因曰：昔富彦国问尧夫云，一从甚处起？邵曰：公道从甚处起？富曰：一起于震，邵曰，一起于乾。问两说如何？谢曰：两说都得。震谓发生，乾探本也。若会得天理，更说甚一二。

问尧夫所学如何？谢曰：与圣门却不同。问何故却不同？曰：他也只要见物理到逼真处，不下工夫便差却。何故却不著工夫？曰：为他见得天地进退万物消息之理，便敢做大。于圣门下学上达底事，更不施工。尧夫精易之数，事物之成败始终，人之祸福修短，算得来无毫发差错，如措此屋，便知起于何时，至某年月日而坏，无不如其言。然二程不贵其术，尧夫吃不过，一日问伊川曰：今岁雷从甚处起？伊川曰：起处起。如尧夫必用推算，某更无许多事。邵即默然。邵精于数，知得天地万物进退消长之理，便将此事来把在掌握中，直敢做大，以天自处。如富彦国身都将相，严重有威，众人不敢仰视，他将做小儿样看，直是不管你，也可谓豪杰之士。

学者须是胸怀摆脱得开，始得有见。明道先生在鄠县作簿时，有诗云：

云淡风轻近午天，傍花随柳过前川。

旁人不识予心乐，将谓偷闲学少年。

看他胸怀，直是好与曾点底事一般。先生又有诗云：

闲来无事不从容，睡觉东窗日已红。

万物静观皆自得，四时佳兴与人同。

道通天地有形外，思入风云变态中。

富贵不淫贫贱乐，男儿到此是豪雄。

问周恭叔恁地放开如何？谢曰：他不是摆脱得开，只为立不住便放却，忒早在里。明道问摆脱得开，为他所过者化。问见个甚道理便能所过者化？谢曰：吕晋伯下得一转语好，道所存者神，便能所过者化。所过者化，便能所存者神。横渠云：性性为能存神，物物为能过化。甚亲切。

谢子曰：术者处事之名，人涉世欲善处事，必先更历天下之事，事既更历不尽，必须观古人准则，只读《左传》亦可以见矣。如隐公欲为依老之计，或劝之即真公以诚告之，其人不自安反见杀，隐公失之不早决断耳。推此类可以见其余。

谢子与伊川别一年，往见之，伊川曰：相别又一年，做得甚工夫？谢曰：也只是去个矜字。曰：何故？曰：仔细检点，得来病痛尽在这里。若按伏得这个罪过，方有向进处。伊川点头，因语在坐同志者曰：此人为学切问近思者也。余问：矜字罪过，何故恁地大？谢子曰：今人做事，只管要夸耀别人耳目，浑不关自家受用事。有底人食前方丈，便向人前吃只蔬食，菜羹却去房里吃，为甚恁地。

游子问谢子曰：公于外物一切放得下否？谢子谓胡子曰：可谓切问矣。胡子曰：何以答之？谢子曰：实向他道，就上面做工夫来。胡子曰：如何做工夫？谢子曰：凡事须有根，屋柱无根折却便倒，树木有根虽翦枝条，相次又发。如人要富贵，要他做甚？必须有用处寻讨要用处，病根将来斩断便没事。

谢子曰：道须是下学而上达始得。不见古人就洒扫应对上做起。曰：洒扫应对上学，却似太琐屑，不展拓。曰：凡事不必须要高远，且从小处看，只如将一金与人与将天下，与人虽大小不同，其实一也。我若有轻物底心，将天下与人如一金与人相似；我若有吝底心，将一金与人如天下与人相似。又若行千尺台边，心便恐惧；行平地上，心却安稳。我若去得恐惧底心，虽履千仞之险，亦只与行平地上一般。只如洒扫，不著此心怎洒扫得？应对不著此心怎应对得？故曾子欲动容貌正颜色出辞气。为此，古人须要就洒扫应对上养取诚意出来。

问求仁如何下工夫，谢曰：如颜子视听言动上做亦得，如曾子颜色容貌辞气上做亦得。出辞气者，犹佛所谓从此心中流出。今人唱一喏，不从心中出，便是不识痛痒。古人曰，心不在焉，视而不见，听而不闻，食而不知其味。不见不闻不知味，便是不仁，死汉不识痛痒了。又如仲弓出门如见大宾，使民如承大祭，但存得如见大宾如承大祭底心在，便是识痛痒。

凡事只是积其诚意，自然动得。

苗履见伊川，语及一武帅。苗曰：此人旧日宣力至多，今官高而自爱，不肯向前。伊川曰：何自待之轻乎，位愈高则当愈思所以报国者，饥则为用，饱则扬去，是以鹰犬自期也。

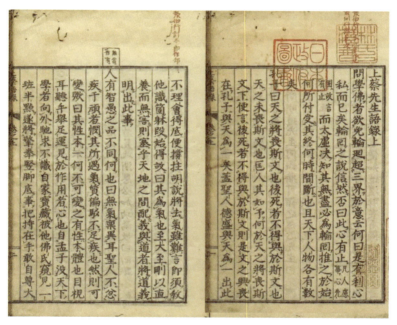

（宋）谢良佐著、朱熹编，（日）中村明远校《上蔡先生语录》，日本桃园天皇宝历六年刊本

申颜自谓"不可一日无侯无可"，或问其故，曰：无可能攻人之过，一日不见，则吾不得闻吾过矣。

谢子曰：人不可与不胜己者处，钝滞了人。

问敬慎有异否，曰：执轻如不克，执虚如执盈，慎之至也。敬则慎在其中矣。敬则外物不能易。学者须去却不合做底事，则于敬有功，敬换不得方其敬也。甚物事换得？因指所坐亭子曰：这个亭子，须只换做白冈院亭子，却著甚底换得？曰：学者未能便穷理，莫须先省事否？曰：非事上做不得工夫也。须就事上做工夫，如或人说动中有静静中有动，有此理，然静而动者多，动而静者少，故多著静不妨。人须是卓立中涂，不得执一边。

门人有初见请教者，先生曰：人须先立志，志立则有根本。因指小树子：须是先生根本，然后栽培。又曰：须是有诸己。有诸己之谓信。指小树：有个根本在，始培养灌溉，既成就为合抱之木。若无根本，又培养个甚么？又曰：此学不可将以为善，后学为人。

今人有明知此事义理有不可，尚吝惜不肯舍去，只是不勇。与月攘一鸡何异？天下之达德三，智仁勇，如斯而已。

有所偏且克将去，尚恐不恰好，不须虑恐过甚。

至如博观泛览，亦自为害。因举伯淳语云：贤读书慎勿寻行数墨。黎云：古禅老有遮眼之说，盖有所得，以经遮眼可也。无所得，所谓牛皮也，须穿透。

或曰矜夸为害最大。先生曰：舜传位与禹是大小大事，只称他不矜不伐。若无矜伐，更有甚事？人有己便有夸心立，己与物几时到得与天为一处？须是克己，才觉时便克将去，从偏胜处克。克己之私则见理矣。曰：独处时未必有此心，多是见人后如此。曰：子路衣敝缊袍与衣狐貉者立而不耻，许大子路，孔子却只称其如此，只为他心下无事。此等事打叠过，不怕此心因事出来，正好著工夫。不见可欲，却无下工夫处。曰：有人未必有所得，却能守本分，何也？曰：亦有之人之病不一。此是贤病，人却别有病处。

问：尧夫论霍光周勃做得许大事，只为无学问。无学问人做事，好恶直到十分。意谓儒者才有道理去不得处，便住。更前面有甚大事也？不管不肯枉尺直寻，是否？先生曰：此亦一说。真儒不到得窒碍处，不能通变，乃腐儒尔。此高祖所谩骂者。因举张良立太子，却致四皓，所谓纳约自牖，从人君明处纳也。

谢子见河南夫子，辞而归。尹子送焉。问曰：何以教我？谢子曰：吾徒朝夕从先生，见行则学，闻言则识。譬如有人服乌头者，方其服也颜色悦怿，筋力强盛，一旦乌头力去，将如之何？尹子反以告夫子，夫子曰：可谓益友矣。

明道见谢子记问甚博，曰：贤却记得许多，可谓玩物丧志。谢子被他折难，身汗面赤。先生曰：只此便是恻隐之心。

为学必以圣人为之则，志在天下必以宰相事业自期，降此宁足道乎？

克己须是从性偏难克去处克将去，克己之私，则心虚见理矣。

问思可去否，曰：思如何去？思曰睿，睿作圣，思岂可去？陈问：遇事出言，每思而发，是否？曰：虽不中不远矣。

怀锢蔽自欺之心，长虚骄自大之气，皆好名之故。

端立问：畅论敬云正其衣冠，端坐俨然，自有一般气象。某尝以其说行之，果如其说。此是敬否？曰：不如执事上寻便更分明。事思敬，居处恭，执事敬。若只是静坐时有之，却只是坐如尸也。

《朱子遗书》

解读

《上蔡先生语录》是门人曾恬、胡安国所录的谢良佐核心思想。

谢良佐（1060~1130年），字显通，学者称上蔡先生，北宋寿春上蔡（今属河南）人。元丰八年（1085年），进士及第，历仕州县。建中靖国初，官京师。上殿召对，英宗有意用之，他则以"上意不诚"，乃求任监局，得监西京竹木场。

谢良佐早年师从程颢、程颐两位理学大家，号称"程门四先生"之一。他是一个学问深厚、言行一致的学者。他不仅非常谦虚，而且严于律己，坚持每天写日记，而且每次在做一件事之前都会对自己进行反思，一旦发现自己违背了日常的礼仪规范，他就会惩罚自己。朱熹称谢良佐："上蔡高迈卓绝宏肆，善开发人。"他认为谢良佐"以生意论仁，以实理论诚，以常惺惺论敬，以求是论穷理其命意皆精当，而直指居敬穷理为入德之门，尤得明道教人之纲领"。他在受宋徽宗召见时，直言不讳地说其年号"建中"与唐德宗的年号相同，很是"不佳"，还说皇帝"不免播迁"，使宋徽宗大为生气，当即将其撤职关进监狱，废为庶民。（20年后，金兵攻破汴梁，宋徽宗、钦宗父子被俘押送五国城）黄宗羲在《宋元学案》中说"程门高弟，予窃以上蔡为第一"，"上蔡固朱子之先河也"，被尊为一代宗师。

在《上蔡先生语录》中的一个核心思想就是"格物穷理"论，以切问近思为要，不尚空谈。"其言论闳肆，足以启发后进。惟才高意广，不无过中之弊。"他提出了很多可以作为修身处世座右铭的论断，如"人须先立志，立志则有根本"，"莫为英雄之态，而有大人之器，莫为一身之谋，而有天下之志，莫为终身之计，而有后世之虑"，"人涉世欲善处事，必先更历天下之事"，"怀锢蔽自欺之心，长虚骄自大之气，皆好名之故"，"学者须是胸怀摆脱得开，始得有见"，"人不可与不胜己者处，钝滞了人"，"为学必以圣人为之则，志在天下必以宰相事业自期，降此宁足道乎"，等等。

家颐《子家子》：养子弟如养芝兰：既积学以培植之，又积善以滋润之

人生，至乐，无如读书；至要，无如教子。

父子之间，不可溺于小慈。自小律之以威，绳之以礼，则长无不肖之悔。

教子有五：导其性，广其志，养其才，鼓其气，攻其病，废一不可。

养子弟如养芝兰：既积学以培植之，又积善以滋润之。

人家子弟，惟可使觌德，不可使觌利。

富者之教子，须是重道；贫者之教子，须是守节。

子弟之贤不肖，系诸人；其贫富贵贱，系之天。世人不忧其在人者，而忧其在天者，岂非误耶？

士之所行，不溷流俗，一以抗节于时，一以诒训于后。

士人家切勤教子弟，勿令读书味短。

孟子以惰其四肢为一不孝，为人子孙游惰而不知学，安得不愧？

《戒子通录》

解读

家颐，字养正，生卒年不详，宋代四川眉县人，著有《子家子》。本文选录的是家颐的《教子语》十节。文中，作者从不同的侧面，对于教子的重要性、教子方法和教子内容进行了论述，其中的一些观点、主张是值得我们借鉴的。如从文章一开始就提出"读书""教子"两件大事，即可看出作者对其重要性认识程度之高和重视程度之深。而且在方法上，借培育名花异草的比喻，重视对子女实施良好的理性教育。在修养上，主张"积学""积善"结合，注重社会公德和遵纪守法的教育，提出"为当代人做贡献"，"为后人做楷模"，倡导做一个品德高尚、有所作为的人。更重要的是，作者综合"性情、志向、才能、士气、过失"五个方面的教子重点于一体，提出培育"德智并重，优劣互补"的有用人才。

叶梦得《石林家训》:"慎言"必须省事,择交每务简静

君子贫穷而志广,隆仁也;富贵而体恭,杀势也;安燕而气血不惰,循理也;劳倦而容貌不枯,好交也;怒不过夺,喜不过与,法胜私也。此数者,修身之切要也。汝曹以吾言书诸绅而铭之心,以修身焉。虽非至善,而亦不失于汝不善,汝曹其无怠诸。

夫性之于人也,可得而知之,不可得而言也。遇物而后形,应物而后动。方其无物也,性也;及其有物也,则物之报也。惟其与物相遇,而物不能夺,则行其所安,而废其所不安,则谓之善。若夫与物相遇而物夺之,置其所则可而从其所不可,则谓之恶,皆非性也。汝等以孟氏性善之说,及吾言心体而力行,勿外之可也。

(宋)叶梦得《石林燕语》,明刊本

夫圣从抱诚明之正性,根中庸之至德。苟发诸中、形诸外者,不惟思虑莫匪规矩,不善之心无自入焉。可择之行无自加焉。故惟圣人无过,所谓过者非为发于行、彰于言,人皆为之过而后为过也。生于其心则为过矣。故颜子之过,此类也,不二者,盖能止之于始萌,绝之于未形,不二之于言行也。汝曹当以不二为鉴,而心颜子之心,学颜子之学,是吾之素望矣,汝曹勖之哉、勉之哉!

天下尽忠,淳化行也。君子尽

忠则尽其心，小人尽忠则尽其力。尽力者，则止其身；尽心者，则宏于远。故明王之治也，务在任贤臣。

夫孝者天之经也，地之义也，故孝者必贵于忠。忠苟不存，所率皆非其道，是以忠不及而失其守，非惟危身而辱必及其亲也。故君子行其孝，必选以忠，竭其忠则禄至矣。故得尽爱敬之心，以养其亲，施及于人。《诗》云："孝子不匮，永锡尔类。"汝等读书，独不观圣人之言，浑是教人一个孝悌忠信，且只是一个孝字无处不到。故曰：求忠臣必于孝子之门。汝等能孝于亲，然后能忠于君。忠孝不失，庶克臣子之职矣。

盖人之资性得之天也，学问得之人，资性由内出者也，学问由外入者也。自诚明性也，自明诚学也。颜子不迁怒、不贰过者，皆情

（北宋）宋徽宗赵佶"瘦金体"《牡丹诗册》，台北故宫博物院藏。识文：牡丹一本同干二花，其红深浅不同，名品实两种也，一曰叠罗红，一曰胜云红，艳丽尊荣，皆冠一时之妙，造化密移如此，褒赏之馀因成口占：异品殊葩共翠柯，嫩红拂拂醉金荷。春罗几叠敷丹陛，云缕重萦浴绛河。玉鉴和鸣鸾对舞，宝枝连理锦成窠。东君造化胜前岁，吟绕清香故琢磨。

也，非性也。不至于性命，不足以谓之好学。若夫自满者则止也，故禹不自满假，所以为圣。吾观汝天性岐嶷，而不加恒懋时敏之功，先有干禄之念，噫！学而优则仕，仕而优则学，将见有时而仕，无时而不学，虽仲尼天纵，而韦编之绝，周公上圣，而日读百篇。汝当常若不足，不可临深，以为高也。更不观汝兄学至而始仕，汝何不笃志以希圣贤自期负，而置功名于度外？自今而后，当以吾言备省，而造就大成，以慰吾之望乎！

且起须先读书三五卷，正其用心处，然后可及他事，暮夜见烛亦复然。若遇无事，终日不离几案。苟能于此，一生永不会作向下一等人。汝见他事，自知不妄。吾二年来目力极昏，看小字甚难，然盛夏帐中，亦须读数卷书，至极困乃就枕。不尔，胸次歉然若有未了事，往往睡亦不美，况昼日乎？若凌晨便治俗事，或兀或默闲坐，日得一日，与书卷渐远，岂复更思学问？如此不流入庸俗人，则着衣吃饭一骎子弟耳。况复博弈饮酒、追逐玩好、寻求交友、惟意所欲？有一如此，近二三年，远五六年，未有不丧身破家者，此不吾言自知也。

《易》曰："乱之所由生也，言语以为阶。君不密则失臣，臣不密则失身。"庄子曰："两喜多溢美之言，两怒多溢恶之言。"（人言多不能尽实，非喜即怒，喜而溢美犹不失近厚，怒而溢恶则为人之害多矣。）孟之曰："言人之不善，当如后患何？"夫己轻以恶加人，则人亦必轻以恶加我，以是自相加也。

吾见人言，类不过有四：习于诞妄者，每信口纵谈，不问其人之利害，惟意所欲言；乐于多知者，并缘形似，因以增饰，虽不过其实，自不能觉；溺于爱恶者，所爱虽恶，强为物掩覆所恶，虽善巧，为之破毁；轧于利害者，造端设谋，倾之惟恐不力，中之惟恐不深。而人之听言，其类不过二途：纯实者不辩是非，一皆信之；疏快者不计利害，一皆传之。此言所以不得不慎也。今汝曹前四弊吾知其或可免，若后二失，吾不能无忧。盖汝曹涉世津梁，未尝经患难，于人情交诈，非能尽察，则安知不有因堕陷溺者乎？故将欲"慎言"必须省事，择交每务简静，无不求于事会，则自然不入是非毁誉之境。所与游者皆善人端士，彼亦自爱以防患，则是非毁誉之言，亦不到汝耳。汝不得已而有闻纯实者，每致其思无轻信；疏快者，每谨其戒无轻传，则庶乎其免矣。

司马温公作《迂说》，其一章云："迂叟之事君无他，长能勿欺而已矣，其事亲亦然。"此天下名言也。事君之道，汝曹未易言。且言事亲，吾见世人未尝能免于欺者。何者？爱子教训子，面从而不行，欺也；已有过矣，隐蔽使不闻，欺也；有怀于中，避就不敢尽言，欺也；佯为美观之事，未必出于情，欺也。曾子丧其亲，水浆不入口者七日，而于吾亲无所用之情也，曾子之孝则至矣。至于难能不可继之行，欲以孝闻者，则未必尽其情也。然且自以为过，夫死而过于难，犹有不敢，况生而欺之乎。今但能闻教训而一一遵行，不敢失坠，有过失改悔不敢复为，不求不闻，凡有所怀必尽告之，秋毫不敢隐，为人子所当为，不为人子所不当为，文饰以掠美，如是亦可以言孝，则勿欺而已。推是心以事君，安有二道哉？

《丛书集成初编》

解读

《石林家训》是南宋学者叶梦得写的一篇家训。

叶梦得（1077～1148年），字少蕴，号石林居士，南宋文学家，今江苏苏州人。叶梦得历任翰林学士、尚书左丞、江东安抚大使兼知建康府等职，积极从事抗金防务和军饷筹措。著有《石林燕语》《石林诗话》等。

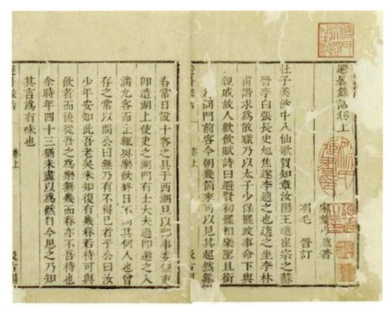

▌（宋）叶梦得《避暑录话》，明崇祯间毛氏汲古阁刻本

　　《石林家训》从"修身要略以戒诸子""性善说喻子弟""不贰过说喻诸子""读书""慎言"等多个方面告诫子孙要正身修行，成为一个顶天立地的正人君子，要尽忠尽孝成为循规蹈矩的孝子忠臣，要求子孙们"抱诚明之正性根，中庸之至德"，以颜回为榜样。同时，还告诫子孙任何时候都要谨言慎行，特别是说话要讲规矩，否则，惹是生非甚至于为祸之大。《石林家训》在历史上评价很高，清道光二十五年（1845年）黄鉽在《石林家训》的题识中说："叶少保《家训》一卷，皆由学问心术，以成己成物，诏其子孙也。《宋史》载公立朝侃侃言事，多有建白，无少阿比以自取容。所著《家训》可谓诚于中、形于外，不徒托空言而已……此册可家置案头，奉为金鉴，非独叶氏子孙所当宝贵也。"

胡宏《知言》：自高则必危，自满则必溢，未有高而不危、满而不溢者

自反则裕，责人则蔽。君子不临事而恕己，然后有自反之功。自反者，修身之本也。本得，则用无不利。

有毁人败物之心者，小人也；操爱人成物之心者，义士也；油然乎物各当其分而无觅者，君子也。

胡子曰：修身以寡欲为要，行己以恭俭为先。自天子至于庶人，一也。

知人之道，验之以事而观其词气。从人反躬者，鲜不为君子。任己盖非者，鲜不为小人。

首万物，存大地，谓之正情；备万物，参天地，谓之正道；顺秉彝，穷物则，谓之正教。

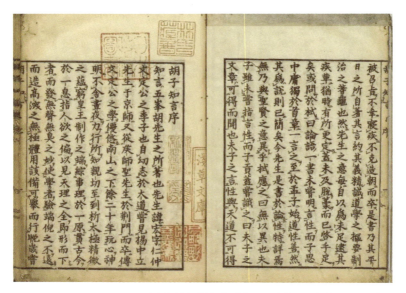

（宋）胡宏《胡子知言》，日本桃园天皇宝历六年刊本

人皆有良心，故被之以桀、纣之名，虽匹夫不受也。夫桀、纣，万乘之君，而匹夫羞为之，何也？以身不亲其奉，而知其行丑也。王公大人一亲其奉，丧其良心，处利势之际，临死生之节，宜冒苟免，行若大鼠者，皆是也。富贵而奉身者备，斩良心之利剑也。是故禹菲饮食、卑宫室，孔子重赞之，曰：吾无闲然矣！富贵，一时之利；良心，万世之彝。乘利势，行彝章，如雷之震，如风之动，圣人性之，君子乐之。不然，乃以一时之利失万世之彝，自列于禽兽，宁贫贱而为匹夫，不愿王公之富贵也。

志仁则可大，依仁则可久。

处己有道，则行艰难险厄之中无所不利；失其道，则有不能堪而忿欲兴矣。是以君子贵有德也。

当爵禄而不轻，行道德而不舍者，君子人欤？君子人也。天下之臣有三：有好功名而轻爵禄之臣，是人也，名得功成而止矣；有贪爵禄而昧功名之臣，是人也，必忘其性命矣，鲜不及哉；有由道义而行之臣，是人也，爵位功名，得之不以为重，失之不以为轻，顾吾道义如何耳。君天下，临百官，是三臣者杂然并进，为人君者乌知而进退之？孟子曰：君仁，莫不仁。

君子畏天命，顺天时，故行惊众骇俗之事常少；小人不知人命，以利而动，肆情妄作，故行

（宋）杨时《龟山先生语录》，民国《四部丛刊续编》影印宋本

惊众骇俗之事，必其无忌惮而然也。

有德而富贵者，乘富贵之势以利物；无德而富贵者，乘富贵之势以残身。富贵，人之所大欲；贫贱，人之所大恶。然因贫贱而修益者多，因富贵而不失于昏淫者寡，则富贵也，有时而不若贫贱矣。

赤子不私其身，无智巧，无偏系。能守是心而勿失，然后谓之大丈夫。

学欲博，不欲杂；守欲约，不欲陋。杂似博，陋似约，学者不可不察也。

行源之水，寒冽不冻；有德之人，厄穷不塞。

一嘘吸，足以察寒暑之变；一语默，足以着行藏之妙；一往来，足以究天地之理。自陋者，不足与有言也；自小者，不足与有为也。

人虽备天道，必学然后识，习然后能，能然后用，用无不利，唯乐天者能之。有之在己，知之在人。有之而人不知，从而与人较者，非能有者也。

以反求诸己为要法，以言人不善为至戒。

有是心则有知，无是心则无知。巧言令色之人，一失其心于浮伪，未有能仁者也。

等级至严也，失礼乐则不威；山河至险也，失礼乐则不固。礼乎乐乎，天下所日用，不可以造次颠沛废焉者乎！

富可以厚恩，贵可以广德，是君子之所欲。有求之而得者，有不求而得者，有求而不得者，命有定矣。信而不渝，然后能为君子。

有为之为，出于智巧。血气方刚，则智巧出焉；血气既衰，则智巧穷矣。或知功之可利而锐于立功，或知名之可利而进以求名，或知正直之可利而勉于正直，或知文词之可利而习于文词，皆智巧之智也。上好恬退，则为恬退以中其欲；上好刚劲，则为刚劲以中其欲；上好温厚，则为温厚以中其欲；上好勤恪，则为勤恪以中其欲；上好文雅，则为文雅以中其欲，皆智巧之巧也。年方壮则血气盛，得所欲则血气盛，壮迈往失则血气挫折，消懦而所为屈矣，无不可变之操也。无为之为，本于仁义。善不以名而为，功不以利而劝，通于造化，与天地相终始，苟不至德，则至道不凝焉。

行谨，则能坚其志；言谨，则能崇其德。

有其德，无其位，君子安之；有其位，无其功，君子耻之。君子之游世也以德，故不患乎无位；小人之游世也以利势，故患得患失，无所不为。

人固有远迹江湖、念绝于名利者矣，然世或求之而不得免；人固有置身市朝、心属于富贵者矣，然世或舍之而不得进。命之在人，分定于天，不可变也。是以君子贵知命。知命，然后能信义。惟患积德不足于身，不患取资不足于世。

执斧斤者听于施绳墨者，然后大厦成；执干戈者听于明理义者，然后大业定。

子曰：事物之情，以成则难，以毁则易。足之行也亦然，升高难，就卑易；舟之行也亦然，溯流难，顺流易。是故雅言难入而淫言易听，正道难从而小道易用。伊尹之训太甲曰：有言逆于汝心，必求诸道；有言逊于汝志，必求诸非道。盖本天下事物之情而戒之耳，非谓太甲质凡而故告之以如是也。英明之君以是自戒，则德业日新，可以配天矣。

事之误，非过也，或未得驭事之道焉耳。心之惑，乃过也。心过难改，能改心过，则无过矣。能攻人之实病至难也，能受人责攻者为尤难。人能攻我实病，我能受人实攻，朋友之义其庶几乎！不然，其不相陷而为小人者，几希矣。

一身之利，无谋也，而利天下者则谋之。时之利，无谋也，而利万世者则谋之。存斯志，行斯道，躬耕于野，上以奉祀事长，下以慈幼延交游，于身足矣。《易》曰："不家食，吉。"是命焉，乌能舍我灵龟而逐人之昏昏也？

智不相近，虽听言而不入；信不相及，虽纳忠而不爱。是故君子必谨其所以言，则不招谤诽，取怨辱矣。

万物不同理，死生不同状，必穷理，然后能一贯也。知生，然后能知死也。人事之不息，天命之无息也。人生在勤，勤则身修、家齐、国治、天下平。虽然勤于道义，则刚健而日新，故身修、家齐、国治、天下平也。勤于利欲，则放肆而日怠，终不能保其身矣。禹、汤、文、武，丹朱、桀、纣可以为鉴戒矣。贵为天子，富有天下，尚不能保其身，而况公卿大夫士庶人乎？

天下有二难：以道义服人难，难在我也；以势力服人难，难在人也。由道义而不舍，禁势力而不行，则人心服，天下安。

一日之旦莫，天地之始终具焉；一事之始终，鬼神之变化具焉。察人事之变易，则知天命之流行矣。

人之生也，良知良能，根于天，拘于己，汨于事，诱于物，故无所不用学也。学必习，习必熟，熟必久，久则天，天则神。天则不虑而行，神则不期而应。

自高则必危，自满则必溢，未有高而不危、满而不溢者。是故圣人作《易》，必以天在地下为泰，必以损上益下为益。

以理义服天下易，以威力服天下难，理义本诸身，威力假诸人者也。本诸身者有性，假诸人者有命。性可必而命不可必，性存则命立，而权度纵释在我矣。是故善为国者，尊吾性而已。

知几，则物不能累而祸不能侵。不累于物，其知几乎！

性譬诸水乎，则心犹水之下，情犹水之澜，欲犹水之波浪。

　　江河之流，非舟不济，人取其济则已矣，不复留情于舟也；涧壑之险，非梁不渡，人取其渡则已矣，不复留情于梁也。人于奉身济生之物皆如是也，不亦善乎！淡然天地之间，虽死生之变不能动其心矣。

　　生本无可好，人之所以好生者；以欲也，死本无可恶，人之所以恶死者，亦以欲也。生，求称其欲；死，惧失其欲。冲冲天地之间，莫不以欲为事，而心学不传矣。

　　胡子曰：行纷华波动之中，慢易之心不生。居幽独得肆之处，非僻之情不起，上也。起而以礼制焉，次也。制之而不止者，昏而无勇

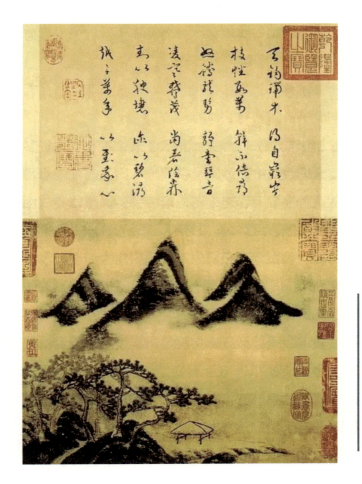

（北宋）米芾《春山瑞松图》。宋高宗题诗："天钓瑞木，得自嵚岑。枝蟠数万，干不借寻。怒腾龙势，静奏琴音。凌寒郁茂，当暑阴森。封以腴壤，逆以碧浔。越千万年，以慰我心。"后有太上皇帝之宝、御书之宝二玺及御书房鉴藏宝、嘉庆御览之宝、宣统御览之宝、宣统鉴赏、无逸斋精鉴玺。

也。理不素穷，勇不自任，必为小人之归，可耻之甚也。

穷则独善其身，达则兼善天下者，大贤之分也；达则兼善天下，穷则兼善万世者，圣人之分也。

或问人可胜天乎？曰人而天，则天胜；人而不天，则天不胜。

学贵大成，不贵小用。大成者，参于天地之谓也；小用者，谋利计功之谓也。

处之以义而理得，则人不乱；临之以敬而爱行，则物不争。守之以正，行之以中，则事不悖而天下理矣。

《子书百种》

解读

《知言》是南宋学者胡宏的主要学术著作。

胡宏（1105~1161年），字仁仲，福建崇安（福建省西北部）人，学者尊称为五峰先生，是南宋著名的思想家、教育家。他出身名门，家学渊源深厚。其父胡安国是南宋著名的经学家、教育家，被宋高宗赞为"深得圣人之旨"，其兄弟胡寅、胡宁及堂兄弟胡宪、胡实，也均为南宋有名的学者。南宋初年，胡宏曾荫补右承务郎，因不愿与权臣秦桧为伍，隐居衡山，致力于学术研究达二十余年。有《知言》《皇王大纪》《五峰集》等著作。

《知言》一书被历代学者视为胡宏与其父胡安国理学思想主要代作表。胡宏的学生张栻评价《知言》："其言约，其义精，诚道学之枢要，制治之蓍龟也"。朱熹也称"湖湘学者崇尚胡子《知言》"。宋代学者吴徽《题五峰先生知言卷末》评价《知言》一书说："凡后学之自伊洛者皆知，敬信服行，如洙泗之有孔氏。"这不仅是一本关于宋明理学的学术著作，而且也是一部士大夫修身养性的教科书，其中提出了不少为人处世的真知灼见，如"行谨，则能坚其志；言谨，则能崇其德"，"以反求诸己为要法，以言人不善为至戒"，"以理义服天下易，以威力服天下难"，"有其德，无其位，君子安之。有其位，无其功，君子耻之"，等等，具有一定的学理深度和辩证思维。

李邦献《省心杂言》：防危精微，以复其初；屏伪进德，以臻其至

简言择交，可以无悔吝，可以免忧辱。

无瑕之玉，可以为国器；孝悌之子，可以为家瑞。

宝货用之有尽，忠孝享之无穷。

和以处众，宽以接下，恕以待人，君子人也。

谗言巧佞言甘，忠言直信言寡。

多言则背道，多欲则伤生。

语人之短不曰直，济人之恶不曰义。

知足则乐，务贪则忧。

内睦者家道昌，外睦者人事济。

不匿人短，不周人急，非仁义人也。

心不清，则无以见道；志不确，则无以立功。

结怨于人，谓之种祸；舍善不为，谓之自贼。

诺轻者，信必寡；面誉者，背必非。

孝于亲，则子孝；钦于人，则众钦。

声色者败德之具，思虑者残生之本。

为善不如舍恶，救过不如省非。

欲不匮，则博施；欲长乐，则守分。

广积不如教子，避祸不如省非。

勉强为善，胜于因循为恶。

寡言省谤，寡欲保身。

行坦途者，肆而忽，故疾走则蹶；行险途者，畏而谨，故徐步则不跌，然后知安乐。有致死之道，忧患为养生之本，可不省诸。

以众资已者，心逸而事济；以已御众者，心劳而怨聚。

渔猎不同风，舟车不并容。饮食嗜好，礼义贪残，四夷与中国殊若冰炭。

不自重者取辱，不自畏者招祸，不自满者受益，不自是者博闻。吉凶悔吝自天然，无有不由己者。

寿夭在天，安危在人。知天理者，夭或可寿；忽人事者，虽安必危。

教子弟无他术，使耳所闻者善，言目所见者善，行善根于心，则动容周旋，无非善。譬如胡越交居，再世则语音变，幼则视父兄，长则视朋友，虽然善恶有种，视先世如何耳。

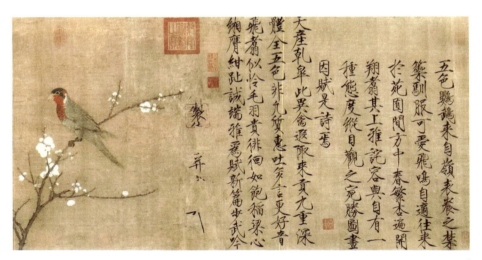

（北宋）宋徽宗赵佶《五色鹦鹉图》。识文：五色鹦鹉来自岭表，养之禁御，驯服可爱，飞鸣自适，往来于苑囿间。方中春，繁杏遍开，翔翥其上，雅诧容与，自有一种态度。纵目观之，宛胜图画，因赋是诗焉。天产乾皋此异禽，遐陬来贡九重深。体全五色非凡质，惠吐多言更好音。飞翥似怜毛羽贵，徘徊如饱稻粱心。绡膺绀趾诚端雅，为赋新篇步武吟。

有过能悔者，不失为君子；知过遂非者，其小人欤！

事亲有隐而无犯，事君有犯而无隐，事师无犯无隐，圣人不易之论也。古之所谓犯者，以己所见而陈之于君，不以犯上为犯也。后世所谓犯者，处卑位而言非，其职徒以沽名之心务行其说，直前诋讦，无益于世。愚以谓若能以事师之道事君，无隐则不敢逢君之恶，无犯则不忍暴君之失。谏可行，言可听，膏泽可下于民，不亦美欤！

畋猎声色之娱，易而难反。车服口体之奉，相尚而无厌。皆非逸豫安乐之道。静吉动凶，德休伪拙，圣人戒告甚切，至反身而求，乐莫大焉。知此为君子，昧此为小人。

事亲孝，则专其爱，而妻子不能移。事君忠，则尽其职，而爵禄不能动。竭力于亲者，不必须士类；致身于君者，不必问品秩。

黼藻太平，戡定祸乱，可以谓之忠乎？苟有隐于君，不若愚下不欺之忠也；列侯而封，击鲜而食，可以谓之孝乎？苟有违于亲，不若贫贱养志之孝也。

有圣贤之君，无忠直之臣，则聪明不能达远，虽圣贤，或可欺大哉！所谓为君难。

财用足以富国家，一夫可为。风俗所以系治乱，非有位，君子不能变。必欲弭祸乱，致太平，非风俗淳俭不可。

爱君切者，不知有富贵；为己重者，不能立功名。

堂下远于千里，况于九重之深，虽尧舜不能知。比屋有人，能以所闻所见，上体人君爱民求治之意，委曲详陈之，则都俞之间，可以弭祸乱，不兵而致太平也。

尔谋不臧，悔之何及；尔见不长，教之何益！

利心专，则背道；私意确，则确公。

能自爱者，未必能成人；自欺者，必罔人。能自俭者，未必能周人；自忍者，必害人。此无他，为善难，为恶易也。

子之事亲，不能承颜色养志，则必不能忠于君；弟之事兄，不能致恭尽礼，则必不能逊于长上。

家不和，无以见孝子；国不乱，无以见忠臣。如是，则孝子忠臣不容见于世也。仆窃疑之，有人能克谐六亲，钦顺父母，不使不和，莫大之孝也。有人能引君当道，将顺正救国，不使之乱，莫大之忠也。

妇人悍者必淫，丑者必妒。如士大夫缪者忌，险者疑，必然之理也。

费万金为一瞬之乐，孰若散而活馁者几千百人；处眇躯以广厦，何如庇寒士以一席之地乎？

知足者贫贱亦乐，不知足者富贵亦忧。

夙兴夜寐，无非忠孝者，人不知天必知之。饱食暖衣，恬然自卫者，身虽安，其如子孙何？

人之所以异于禽兽草木者，以其有为耳！皮毛齿角，禽兽以用。而名香味补泻，草木以功，而着人之生也，无德以表俗，无功以及物，曾禽兽草木之不若也，哀哉！

用心专者，雷霆不闻其响，寒暑不知其劳；为己重者，不知富贵可以杀身，功名可以及后。

行四通八达之衢者，不迷；思大公至正之道者，不惑。

蛮夷不可以力胜，而可以信服鬼神，不可以情通，而可以诚达。况涉世与人，为徒诚信，其可舍诸。

岁月已往者，不可复；未来者，不可期；见在者，不可失。为善，则善应，为恶，则恶报。成名灭身，惟自取之。

胜于己者可师，拙于己者可役。爱于己者，知善而不知恶；憎于己者，见恶而不见善。

强辨者饰非，不知过之可改；谦恭者无诤，知善之可迁。

与善人交，有终身了无所得者。与不善人交，动静语黙之间，亦从而似之。何耶？人性如水，为不善，如就下。交友之间，安可不择！

近世士大夫多为子弟所累，是溺于爱而甘受其谤，殊不知父当不义，圣人犹许子诤。子弟不肖，而不能令是，纳于邪而不知义方之训也，父兄之罪大矣。

绮语背道，杂学乱性。

邪正者，治乱之本；赏罚者，治乱之具。举正措邪，赏善罚恶，未有不治者邪。正相杂赏，罚不当求，治亦难矣哉！

不临难，不见忠臣之心；不趋利，不知义士之节。

予夺者，上之柄，臣不得专；赏罚者，上之权，其可私以循人乎？

天下有正道，邪不可干。以邪干正者，国不治；天下有公议，私不可夺。以私夺公者，人弗服。

富贵在天，取舍在人。在天者听，在人者断。善良者听之道，谦损者断之本。

富贵以道得，伊尹是也；贫贱以道守，颜渊是也。俱为圣为贤，负鼎干汤，与箪瓢陋巷，劳逸忧乐不可同日而语也。

圣贤师心，不师迹，虽百世，而道同；后世师迹，不师心，虽时同，而术异。

目主明五色，可以盲其明；耳主聪五音，可以聋其聪。非耳目之罪，心不正，则视听狂。聪不聪，明不明也。

大则治乱邪正，小则昼夜死生，皆反手耳。反邪则正，反乱则治，反夜则昼，反死则生，岂可犹豫苟且而为哉！

耳虽闻，目不亲见者，不可从而言之。流言可以惑众，若文其言，而贻后世，恐是非邪正失实。

以是为非，以非为是者，强辩足以惑众；以无为有，以有为无者，便僻足以媚人。心可欺，天可欺乎？

君子独立而持正，故助之者鲜；小人挟党以济私，故从之者多。

君子周身以道，小人周身以术。

忧天下国家者，其虑深，其志大，其利博，其言似迂，其合亦寡，其遇亦难，吾孔孟是也。

趋捷径者，不问大路；喜佞言者，不亲正人。

得天地之至和者，为君子，故温良慈俭；秉阴阳之缪盭者，为小人，故凶诈奸邪。

重名节者，识有余而巧不足；保富贵者，智不足而才有余。智识明者君子，才巧胜者小人。

善恶之性，不可易。如水不能燥，火不能湿，形色语黙之间，善恶自见。

爱身者，所以孝于亲；爱民者，所以忠于君。

高不可欺者，天也；尊不可欺者，君也；内不可欺者，亲也；外不可欺者，人也。四者既不可欺，心其可欺乎？我心不欺人，其欺我乎？

父善教子者，教于孩提；君善责臣者，责于冗贱。盖嗜欲可以夺孝，富贵可以夺忠。

涉世应物，有以横逆加我者，譬由行草莽中，荆棘之在衣，徐行缓解而已。所谓荆棘者，亦何心哉！如是则方寸不劳，而怨可释。

以言伤人者，利如刀斧；以术害人者，毒如虎狼。言不可不择，术不可不择也。

为善不求人知者，谓之阴德。故其施广，其惠博，天报必丰。是故圣人恶要誉，君子耻姑息。

仁言不如仁心之诚，利近不如利远之博，仁言或失于口，惠利近或几于姑息。

知过之为过者，恐惧不敢为；不知过之为过者，杀身而后已。

昼之所为夜，必思之，有善则乐，有过则惧，君子人也。昼之所为夜，不敢思行险蹈祸，以苟侥幸，其小人之徒歟。

私心胜者，可以灭公；为己重者，不知利物。

礼义廉耻可以律己，不可以绳人。律己则寡过，绳人则寡合，寡合则非涉世之道，是故君子责己，小人责人。

德有余而为不足者，谦；财有余而为不足者，鄙。

愚胜智，拙胜巧，讷胜辩，知此者全身，昧此者蹈祸。

合天地者，或不能周人情；图近利者，必知其无远虑。块土不能障狂澜，匹夫不能振颓俗。

苏张通六国，而皆合；孔孟走天下，而不遇。易进难入，王霸之道，岂止如霄壤！

陶渊明无功德以及人，而名节与古忠臣义士等。何耶？岂颔氏子以退为进，宁武子愚不可及之徒歟！

巧辩者，与道多悖；拙讷者，涉世必疎。宁疎于世，不可悖于道。

人性如水，曲直方圆随所寓，善恶邪正随所习，富贵声色皆就下，不劳习者也。若非见善明，用心刚，强忍力行，则决堤坏防，不流荡者，几希。

责越人以鞍马，强胡人以舟楫，其犹询民瘼于贵游，索宝玩于寒士，艰哉！

君容而断，臣恪而忠，父严而慈，子孝而敬，兄爱而训，弟恭而劳，夫和而庄，妇贞而顺，人伦之道尽矣！处内以睦，处外以义，检身以正，交际以诚，行己之道至矣。

身之中有小疾痛，则瞽卜杂进，愈而后已。殊不知烹宰物命以快口腹，岂不甚于己之疾痛乎？戒之哉！戒之哉！

人以巧胜天，天以直胜人。

诈而巧，似是而非，故人悦之者。众君子诚而拙，似迂而直，故人知之者寡。

君子小人不并用，如薰莸不同器。用君子则远小人，用小人则害君子。

舜耕于历山，伊尹耕于莘野，圣贤力田，见于经传。后世以文学明道，其弊至于菽麦不分，岂止不知稼穑艰难也！

善恶之报速，则人畏而为善。天网虽勿漏，恐太疏，则流中下之性。

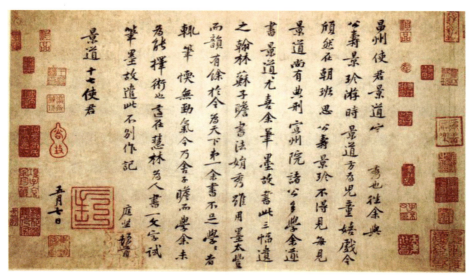

（北宋）黄庭坚行书《致景道十七使君书》。识文：昌州使君景道，宗秀也。往余与公寿景珍游。时景道方为儿童嬉戏，今颀然在朝班。思公寿景珍不得见，每见景道，尚有典刑。宣州院诸公多学余道书。景道尤喜余笔墨，故书此三幅遗之。翰林苏子瞻书法娟秀，虽用墨太丰，而韵有余。于今为天下第一。余书不足学，学者辄笔懦无劲气，今乃舍子瞻而学余，未为能择术也。适在慧林，为人书一文字，试笔墨，故遣此，不别作记。庭坚顿首。景道十七使君，五月七日。

少不勤苦，老必艰辛；少不伏劳，老不安逸。

明出处者，可以保身；轻死生者，可以守节。

轻财足以聚人，律己足以服人，量宽足以得人，身先足以率人。

忧患疾痛皆养生，善知识，放逐闲废，皆仕宦。善知识，不有忧，安知乐可为戒？

情相亲者，礼必寡；道相悖者，术不同。礼简者，诚术异者争。

人不可无识。识暗者小人，无识者禽兽。小人舍正而趋邪，假善而为恶。识明者果如是乎？禽兽不知父子之亲，君臣之分，识安在哉！

盖棺能定士之贤愚，临事能见人之操守。

食能止饥，饮能止渴，畏能止祸，足能止贪。

父之教子必以孝，君之责臣必以忠。子不子，臣不臣，安则为之。

以仁为宅，以礼为门，以义为路，居处于是，践履于是，安得不谓之君子。

仁义忠信本自修，人必钦崇之；放辟邪侈本自贼，人必轻鄙之。

莫尊于事君，莫严于事亲，莫远于天地鬼神，莫疎于禽兽夷狄。一于诚，则交际之道无不至矣。

保生者寡欲，保身者避名。无欲易，无名难。

妻子之书，可以示朋友；衽席之言，可以白神明。俯仰无愧，君子之乐也。

以巧得者，不肯以拙守巧，过则失；以力进者，不肯以谦退，力穷则坠。

人欲有所为，不必谋于人，当谋于心。一人之心，千万人之心也，若我心为可，则人亦必以为可，或人心有不可为者，我岂可为耶？

孝弟忠信之在身，犹金玉宝货之在室，扩而行之，于己犹发，而施之于人，岂不美哉！放弃而不知求，埋藏而不知用，是谁之过欤？

天下无甚难事，若度己而取，量才而授，事罔不济，若责聋者修声，瞽者司火，非不为，是不能也。

大匠抡材，梁栋榱桷非一律；良医用药，温凉补泻不概用。谵犹造屋瓦者，不可为盘盂；凿柱础者，不可琢璞玉。似是而非，非工之过，用者之不审也。

出必告，反必面，昏定晨省，问寝视膳，是人子之于亲，无顷刻忘也。今士大夫之家，子弟幼则视，乳哺长则命，师友非不爱也。及其一命在身，则挈妻携子从事于外，以亲为客寄。父欲子之进，而忘其爱子，欲自致显宦，而忘其亲。是父不父，子不子，岂不为名教罪人。求忠臣于孝子之门，固不足诛。贤父兄之过亦多矣。

用过其才则败事，享过其分则丧身。

量有余则不隘，力有余则不乏；德有余则不争，色有余则不妒。

用舍在人不在我，行藏在我不在人。在我者道，在人者时。

言，心声也。心正者言直，心诡者言诞，心不公者，言不中理，心夸大者，言不究实。

事君如事父，以实不以文，以诚不以巧，尊而畏之，爱而敬之。尊则不敢欺，畏则不敢侮，爱则不忍隐，敬则不忍犯。

卧重冰而厚裯褥，耽大欲而储药石，知所患，而不知所畏，宴安之惑也。

不深耕易耨，难以责天时；不正心诚意，难以服众议。

有违于亲者，不足以言孝；有欺于君者，不足以言忠。有欲者无刚，有私者无断。

养刚大之气者，不溺于富贵；明取舍之义者，不戚于贫贱。然后可以断大事，立大节，岂小丈夫所能？

锻者夏不畏烈火，渔者冬不畏寒冰，好名者不顾安危，耽欲者不顾生死。

贵贱有分，大小有量。分在天，贱不能贵；量在人，小不能大。君子修己以俟天，小人怨天而不度己。

忧国者不谋身，周人者不私己。

君子去取以是非，小人毁誉以好恶；君子合以同道，小人合以附己。

事无大小，理在其中。当理者，必能践其言，而卒于成；理不当者，虽词穷力竭，而终于有画。

孝弟忠信立身之大本，礼义廉耻行己之先务。

窃富贵以巧者甚于穿窬残性命，以欲者过于焚溺。

忠言似苦，味之则有理；捷径似直，行之则背道。忠言难于求知，直道惟可行己。

《丛书集成初编》

解读

李邦献，字士举，河阳（今河南孟州）人。生卒年不详，大约生活在北宋末年南宋初年，其兄李邦彦在宋徽宗时官太宰。宣和七年（1125年），直秘阁、管勾万寿观。绍兴三年（1133年），夔州路安抚司干办公事，十六年（1156年），荆湖南路转运判官。又直秘阁、两浙西路转运判官。乾道二年（1166年），夔州路提点刑狱，六年（1170年），兴元路提点刑狱，官至敷文阁直学士。《省心杂言》为其晚年作品，因为内容不少摘录林逋的《省心录》，历史上曾误认为本书是林逋的《省心录》，直到明初，才署其名。其实，此书的确为李邦献所作，前有祁宽、郑望之、沈滫、汪应辰、王大实五序，后有马藻、项安世、乐章三跋，并有邦献孙耆冈及四世孙景初跋三首，皆谓此书李邦献所作。

本书体例和风格与北宋初年著名处士、学者林和靖的《省心录》一致，特别是吸取了若干《省心录》条目。其核心内容是按照儒家的仁义礼智信，就如何做个有道德的人、如何与小人相处、如何保生保身、如何辨别名利、如何看待人生得失进退等阐明个人见解，有一定的哲理和启发，但也有个别论断明显是封建糟粕和偏见，如"妇人悍者必淫，丑者必妒"，则纯粹是臆断。

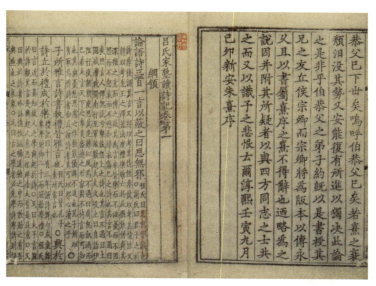

（南宋）吕祖谦《吕氏家塾读诗记》，宋淳熙九年江西漕台刊本

袁采《袁氏世范》：君子赢得为君子，小人枉了做小人

人之智识，固有高下，又有高下殊绝者。高之见下，如登高望远，无不尽见。下之视高，如在墙外欲窥墙里。若高下相去差近，犹

可与语，若相去远甚，不如勿告，徒费口烦舌尔。譬如弈棋，若高低止较三五着，尚可对弈，国手与未识筹局之人对弈，果如何哉？

富贵乃命分偶然，岂宜以此骄傲乡曲？若本自贫窭身致富厚，本自寒素身致通显，此虽人之所谓贤，亦不可以此取尤于乡曲。若因父祖之遗资而坐享肥浓，因父祖之保任而驯致通显，此何以异于常人？其间有欲以此骄傲乡曲，不亦羞而可怜哉？

世有无知之人，不能一概礼待乡曲，而因人之富贵贫贱设为高下等级，见有资财有官职者，则礼恭而心敬，资财愈多官职愈高则恭敬又加焉。至视贫者贱者，则礼傲而心慢，曾不少顾恤。殊不知彼之富贵非吾之荣，彼之贫贱非我之辱，何用高下分别如此？长厚有识君子必不然也。

（南宋）袁采《袁氏世范》，清鲍廷博辑知不足斋本

操履与升沉，自是两途，不可谓操履之正，自宜荣贵，操履不正，自宜困厄。若如此，则孔颜应为宰辅，而古今宰辅达官不复小人矣。盖操履自是吾人当行之事，不可以此责效于外物。责效不效，则操履必怠，而所守或变，遂为小人之归矣。今世间多有愚蠢而享富厚，智慧而居贫寒者，皆有一定之分，不可致诘。若知此理，安而处之，岂不省事。

世事多更变，乃天理如此。今世人往往见目前稍稍乐盛，以为此生无足虑，不旋踵而破坏者，多矣。大抵天序十年一换甲，则世事一变。今不须广论久远，只以乡曲十年前，二十年前比论目前，其成败兴衰何尝有定势？世人无远识，凡见他人兴进及有如意事，则怀妒；见他人衰退及有不如意事，则讥笑。同居及同乡人最多此患。若知事无定势，则自虑之不暇，何暇妒人笑人哉？

膺高年享福贵之人，必须少壮之时尝尽艰难，受尽辛苦，不曾有自少壮享富贵安逸至老者。早年登科及早年受奏补之人，必与中年龃龉不如意，却与暮年方得荣达，或仕宦无龃龉，必其生事窘薄，忧饥寒，虑婚嫁。若早年宦达，不历艰难辛苦，及承父祖生事之厚，更无不如意者，多不获高寿。造物乘除之理，类多如此。其间亦有始终享富贵者，乃是有大福之人，亦千万人中间有之，非可常也。今人往往机心巧谋，皆欲不受辛苦即享富贵至终身，盖不知此理，而又非理计较，欲其子孙自少小安然享大富贵，尤其蔽惑也，终于人力不能胜天。

富贵自有定分。造物者既设为一定之分，又设为不测之机，役使天下之人朝夕奔趋，老死而不觉。不如是，则人生天地间全然无事，而造化之术穷矣。然奔趋而得者，不过一二，奔趋而不得者，盖千万人。世人终以一二者之故，至于劳心费力，老死无成者，多矣。不知他人奔趋而得，亦其定分中所有者。若定分中所有，虽不奔趋，迟以岁月，亦终必得。故世有高见远识超出造化机关之外，任其自去自来者，其胸中平夷，无忧喜，无怨尤，所谓奔趋及相倾之事，未尝萌于意间，则亦何争之有？前辈谓"死生贫富，生来注定，君子赢得为君子，小人枉了做小人"。此言甚切，人自不知耳。

人生世间，自有知识以来，即有忧患不如意事。小儿叫号，皆其意有不平，自幼至少壮至老，如意之事常少，不如意之事常多。虽大富贵之人，天下之所仰羡以为神仙，而其不如意处各自有之，与贫贱人无异，特所忧虑之事异耳。故谓之缺陷世界。以人生世间无足心满意者，能达此理而顺受之，则可少安。

　　凡人谋事，虽日用至微者，亦须龃龉而难成，或几成而败，既败而复成，然后其成也，永久平宁无复后患。若偶然易成，后必有不如意者。造物微机不可测度如此，静思之则见此理，可以宽怀。

　　人之德性出于天资者，各有所偏。君子知其有所偏，故以其所习为而补之，则为全德之人。常人不自知其偏，以其所偏而直情径行，故多失。《书》言九德，所谓宽、柔、愿、乱、扰、直、简、刚、强者，天资也；所谓栗、立、恭、敬、毅、温、廉、实、义者，习为也。此圣贤所以为圣贤也。后世有以性急而佩韦，性缓而佩弦者，亦近此类。虽然，己之所谓偏者，苦不自觉，须询之他人乃知。

　　人之性行，虽有所短，必有所长。与人交游，若常见其短，而不见其长，则时日不可同处，若常念其长，而不顾其短，虽终身与之交游可也。

　　处己接物而常怀慢心、伪心、妒心、疑心者，皆自取轻辱于人，盛德君子所不为也。慢心之人，自不如人，而好轻薄人，见敌己以下之人及有求于我者，面前既不加礼，背后又窃讥笑，若能回省其身，则愧汗浃背矣。伪心之人，言语委曲，若甚相厚，而中心乃大不然，一时之间，人所信慕，用之再三，则踪迹露见，为人所唾去矣。妒心之人，常欲我之高出于人，故闻有称道人之美者，则忿然不平，以为不然，闻人有不如人者，则欣然笑快，此何加损于人，只厚怨耳。疑心之人，人之出言未尝有心，而反复思绎曰："此讥我何事？此笑我何事？"则与人缔怨常萌于此。贤者闻人讥笑若不闻焉，此岂不省事？

　　言忠信，行笃敬，乃圣人教人取重于乡曲之术。盖财物交加不损人而益己，患难之际不妨人而利己，所谓忠也。有所许诺，丝毫必偿，有所期约，时刻不易，所谓信也。处事近厚，处心诚实，所谓笃也。礼貌卑下，言辞谦恭，所谓敬也。若能行此，非惟取重于乡曲，则亦无人而不自得。然敬之一事，于己无损，世人颇能行之，而矫饰假伪，其中心则轻薄，是能敬而不能笃者。君子指为谀佞，乡人久亦不归重也。

忠信笃敬，先存其在己者，然后望其在人者。如在己者未尽，而以责人，人亦以此责我矣。今世之人，能自省其忠敬笃信者盖寡，能责人以忠信笃敬者皆然也。虽然，在我者既尽，在人者亦不必深责。今有人能尽其在我者，固善矣，乃欲责人之似己，一或不满我意，则疾之已甚，亦非有容德者，只益贻怨于人耳。

今人有为不善之事，幸其人之不见不闻，安然自肆，无所畏忌。殊不知人之耳目可掩，神之聪明不可掩，凡吾之处事，心以为可，心以为是，人虽不知，神已知之矣。吾之处事，心以为不可，心以为非，人虽不知，神已知之矣。吾心即神，神即福祸，心不可欺，神亦不可欺。《诗》曰："神之格思，不可度思，矧可射思。"释者以谓，吾心以为神之至也，尚不可得而窥测，况不信其神在左右，而以厌射之心处之，则亦何所不至哉。

人为善事而未遂，祷之于神，求其阴助，虽未见效，言之亦无愧。至于为恶事而未遂，亦祷之于神，求其阴助，岂非欺罔？如谋为盗贼，而祷之于神，争讼无理，而祷之于神，使神果从其言而幸中，此乃贻怒于神，开其祸端耳。

凡人行已公平正直，可用此以事神，而不可恃此以慢神，可用此以事人，而不可恃此以傲人。虽孔子亦以"敬鬼神、事大夫、畏大人"为言，况下此者哉？彼有行己不当理者，中有所慊，动辄知畏，犹能避远灾祸以保其身。至于君子偶罹于灾祸者，多由自负以招致之耳。

人之处事，能常悔往事之非，常悔前言之失，常悔往年之未有知识，其贤德之进，所谓长日加益，而人不自知也。古人谓"行年六十而知五十九之非"者，可不勉哉。

凡人为不善事而不成，正不须怨天尤人，此乃天之所爱，终无后患。如见他人为不善事常称意者，不须多羡，此乃天之所弃，待其积恶深厚从而殄灭之，不在其身，则在其子孙，姑少待之当自见也。

人有所为不善，身遭刑戮而其子孙昌盛者，人多怪之，以为天理有误。殊不知此人之家，其积善多，积恶少，少不胜多，故其为恶之人，身受其报，不妨福祚延及后人。若作恶多而享寿富安乐，必其前人之遗泽将竭，天不爱惜，恣其恶深使之大坏也。

人能忍事，易以习熟，终至于人以非理相加不可忍者，亦处之如常，不能忍事，亦易以习熟，终至于睚眦之怨，深不足较者，亦至交詈争讼，期以取胜而后已，不知其所失甚多。人能有定见，不为客气所使，则身心岂不大安宁。

人之平居欲近君子而远小人者，君子之言多长厚端谨，此言先入于我心，及吾之临事，自然出于长厚端谨矣。小人之言多刻薄浮华，此言先入于吾心，及吾之临事，自然出于刻薄浮华

（宋）马麟《静听松风图》

矣。且如朝夕闻人尚气好凌人之言，吾亦将尚气好凌人而不自觉矣。朝夕闻人游荡不事绳检之言，吾亦将游荡不事绳检而不觉矣。如此非一端，非大有定力，必不免渐染之患也。

老成之人，言有迂阔而更事为多，后生虽天资聪明而见识终有不及，后生例以老成为迂阔。凡其身试见效之言欲以训后生者，后生厌听而毁诋者，多矣。及后生年齿渐长，历事渐多，方悟老成之言可以佩服，然已在险阻艰难备尝之后矣。

圣贤犹不能无过，况人非圣贤，安能每事尽善？人有过失，非其父兄孰肯诲责，非其契爱孰肯谏谕？泛然相识，不过背后窃讥之耳。君子惟恐有过，密访人之有言求谢而思改，小人闻人之有言则好为强辩，至绝往来，或起争讼者有矣。

言语简寡，在我可以少悔，在人可以少怨。人之出言举事，能思虑循省而不幸有失，则在可谏可议之域。至于恣其性情而妄言妄行，或明知其非而故为之者，是人必挟其凶暴强悍，以排人之议己。善处乡曲者，如见似此之人，非惟不敢谏诲，亦不敢置于言议之间，所以远侮辱也。尝见人不忍平昔所厚之人有失，而私纳忠言，反为人所怒，曰："我与汝至相厚，汝亦谤我耶？"孟子曰："不仁者可与言哉？"以此，不善人虽人所共恶，然亦有

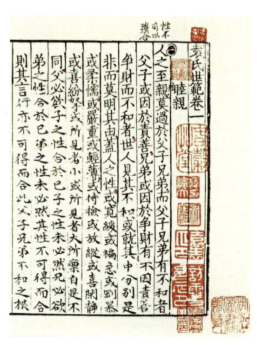

（南宋）袁采《袁氏世范》，明刻本

益于人。大抵见不善人则警惧，不至自为不善；不见不善人，则放肆，或至自为不善而不觉。故家无不善人，则孝友之行不彰；乡无不善人，则诚厚之迹不著。譬如磨石，彼自销损耳，刀斧资之以为利。老子云："不善人乃善人之资"，谓此尔。若见不善人而与之同恶相济，及与之争为长雄，则有损而已，夫何益？

乡曲有不肖子弟，耽酒好色，博奕游荡，亲近小人，豢养驰逐，轻于破荡家产，至为乞丐窃盗者，此其家门厄数如此，或其父祖稔恶至此，未闻有因谏诲而改者，虽其至亲亦当处之无可奈何，不必譊譊，徒厚其怨。

勉人为善，谏人为恶，固是美事，先须自省。若我之平昔自不能为人，岂惟人不见听，亦反为人所薄。且如己之立朝可称，乃可诲人以立朝之方；己之临政有效，乃可诲人以临政之术；己之才学为人所尊，乃可诲人以进修之要；己之性行为人所重，乃可诲人以操履之详；己能身致富厚，乃可诲人以治家之法；己能处父母之侧而谐合无间，乃可诲人以至孝之行。苟为不然，岂不反为所笑。

人有出言至善而或有议之者，人又举事至当而或有非之者，盖众心难一，众口难齐。如此，君子之出言举事，苟揆之吾心，稽之古训，询之贤者，于理无碍，则纷纷之言皆不足恤，亦不必辩。自古圣贤，当代宰辅，一时守令，皆不能免。况居乡曲同为编氓，尤其所无畏，或轻议已，亦何怪焉？大抵指是为非，必妒忌之人及素有仇怨者，此曹何足以定公论？正当勿恤勿辩也。人有善诵我之美，使吾喜闻而不觉其谀者，小人之最奸黠者也。彼其揣我意而果合，及其退与他人语，又未必不窃笑我为他所料也。此虽大贤亦甘受其侮而不悟，奈何？人有詈人而人不答者，人必有所容也，不可以为人之畏我，而更求以辱之，为之不已。人或起，而我应，恐口噤而不能出言矣。人有讼人而人不校者，人必有所处也，不可以为人之畏我，而更求以攻之，为之不已。人或出，而我辩，恐理亏而不能逃罪矣。亲戚故旧人情厚密之时，不可尽以密私之事语之，恐一旦失欢，则前日所言皆他人凭以为争讼之资。至有失欢之时，不可尽以切实之语加之，恐忿气既平之后，或与之通好结亲，则前言可愧。大抵忿怒之际，最不可指其隐讳之事，而暴其父祖之恶。吾之一时怒气所激，必欲指其切实而言之，不知彼之怨恨深入骨髓。古人谓"伤人之言，深于矛戟"是也，俗亦谓"打人莫打膝，道人莫道实"。

亲戚故旧因言语而失欢者，未必其言语之伤人，多是颜色辞气暴厉能激人之怒。且如谏人之短，语虽切直，而能温言下气，纵不见听，亦未必怒。若平常言语无伤人处，而词色俱厉，纵不见怒，亦须怀疑。古人谓"怒于室者色于市"，方其有怒，与他人言，必不卑逊，他人不知所自，安得不怪？故盛怒之际与人言，话尤当自警。前辈有言："诫酒后语，忌食时嗔，忍难耐事，顺自强人。"常能持此，最得便宜。

与人交游，无问高下，须常和易，不可妄自尊大，修饰边幅。若言行崖异，则人岂复相近？然又不可太亵狎，樽酒会聚之际，固当歌笑尽欢，恐嘲讥中触人讳忌，则忿争兴焉。行高人自重，不必其貌之高；才高人自服，不必其言之高。

居乡曲间，或有贵显之家以州县观望而凌人者。又有高资之家，以贿赂公行而凌人者。方其得势之时，州县不能谁何，鬼神犹或避之，况贫弱之人，岂可与之较？屋宅坟墓之所邻，山林田园之所接，必横加残害，使归于己而后已；衣食所资，器用之微，凡可其意者，必夺而有之。如此之人，惟当逊而避之，逮其稔恶之深，天诛之加，则其家子孙自能为其父祖破坏，以与乡人复仇也。

乡曲更有健讼之人，把持短长，妄有论讼，以致追扰，州县不敢治其罪。又有恃其父兄子弟之众，结集凶恶，强夺人所有之物，不称意则群聚殴打，又复贿赂州县，多不竟其罪。如此之人，亦不必求以穷治，逮其稔恶之深，天诛之加，则无故而自罹于宪纲，有计谋所不及救者。大抵作恶而幸免于罪者，必与他时无故而受其报，所谓"天网恢恢，疏而不漏"也。

乡曲士夫有挟术以待人，近之不可，远之则难者，所谓君子中之小人，不可不防，虑其信义有失，为我之累也。农工商贾仆隶之流，有天资忠厚可任以事可委以财者，所谓小人中之君子，不可不知，宜稍抚之以恩，不复虑其诈欺也。

士大夫居家能思居官之时，则不至干请把持而挠时政；居官能思居家之时，则不至狠愎暴恣而殆人怨。不能回思者皆是也。故见任官每每称寄居官之可恶，寄居官亦多谈见任官之不韪，并与其善者而掩之也。

忠信二事，君子不守者少，小人不守者多。且如小人，以物市于人，敝恶之物饰为新奇，假伪之物饰为真实。如绢帛之用胶糊，米麦之增湿润，肉食之灌以水，药材之易以他物，巧其言词，止于求售，误人食用，有不恤也，其不忠也类如此。负人财物久而不偿，人苟索之，期以一

（南宋）杨时题跋像，见（清）上官周《晚笑堂画传》

月，如期索之，不售，又期以一月，如期索之，又不售，至于十数期而不售如初。工匠制器，要其定资，责其所制之器，期以一月，如期索之，不得，又期以一月，如期索之，又不得，至于十数期而不得如初。其不信也类如此，其他不可悉数。小人朝夕行之，略不知怪，为君子者往往忿懥，直欲深治之，至于殴打论讼。若君子自省其身，不为不忠不信之事，而怜小人之无知，及其间有不得已而为自便之计。至于如此，可以少置之度外也。

张安国舍人知抚州日，以有卖假药者，出榜戒曰："陶隐居、孙真人，因《本草》《千金方》济物利生，多积阴德，名在列仙。自此以来，行医货药诚心救人，获福报者甚众。不论方册所载，只如近时此验尤多。有只卖一真药，便家赀巨万，或自身安荣享高寿，或子孙及第改换门户，如影随形，无所差错。又曾眼见货卖假药者，其初积得些少家业，自谓得计，不知冥冥之中自家合得禄料都被减克，或自身多有横祸，或子孙非理破荡，致有遭天火被雷震者。盖缘买药之人，多是疾病急切，将钱告求卖药之家，孝子顺孙只望一服见效，却被假药误赚，非惟无益，反致损伤。寻常误杀一飞禽走兽，犹有因果，况万物之中，人命最重，无辜被祸，其痛何穷？"词多更不尽载。舍人此言，岂止为假药者言之，有识之人，自宜触类。

市井街巷茶坊酒肆，皆小人杂处之地，吾辈或有经由，须当严重其辞貌，则远轻侮之患。或有狂醉之人，宜即回避，不必与之较可也。衣服举止异众，不可游于市，必为小人所侮。居于乡曲，舆马衣服不可鲜华。盖乡曲亲故，居贫者多，在我者揭然异众，贫者羞涩，必不敢相近，我亦何安之有？此说不可与口尚乳臭者言。

伙食，人之所欲，而不可无也，非理求之，则为饕为馋；男女，人之所欲，而不可无也，非理狎之，则为奸为滥；财物，人之所欲，而不可无也，非理得之，则为盗为贼。人惟纵欲，则争端启而狱讼兴。圣王虑其如此，故制为礼以节人之饮食男女，制为义以限人之取与。君子于是三者，虽知可欲而不敢轻形于言，况敢妄萌于心？小人反是。圣人云"不见可欲，使心不乱"，此最省事之要术。盖人见美食而下咽，见美色而必凝视，见钱财而必起欲得之心，苟非有定力者，皆不免此。惟能杜其端源，见之而不顾，则无妄想，无安想则无过举矣。

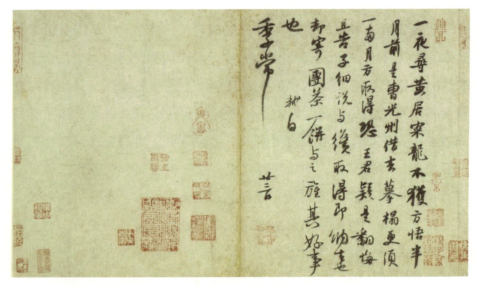

（北宋）苏轼《致季常尺牍》，台北故宫博物院藏。识文：一夜寻黄居寀龙不获，方悟半月前是曹光州借去摹拓。更须一两月方取得，恐王君疑是翻悔。且告子细说与，才取得，即纳去也。却寄团茶一饼与之，旌其好事也。轼白。季常。廿三日。

子弟有耽于情欲迷而忘返，至于破家而不悔者，盖始于试为之，由其中无所见，不能识破，则遂至于不可回。世人有虑于子弟血气未定，而酒色博奕之事，得以昏乱其心，寻至于失身破家，则拘之于家，严其出入，绝其交游，致其无所见闻。朴野蠢鄙，不近人情，殊不知此非良策。禁防一弛，情窦顿开，如火燎原，不可扑灭。况拘之于家，无所用心，却密为不肖之事，与出外何异？不若时其出入，谨其交游，虽不肖之事习闻既熟，自能识破，必知愧而不为。纵试为之，亦不至于朴野蠢鄙，全为小人之所摇荡也。

起家之人，生财富庶，乃日夜忧惧，虑不免于饥寒。破家之子生事日消，乃轩昂自恣，谓不复可虑。所谓"吉人凶其吉，凶人吉其凶"。此其效验常见于已壮未老，已老未死之前，识者当自默喻。

起家之人，见所作事无不如意，以为智术巧妙如此，不知其命分偶然，志气洋洋，贪多图得。又自以为独能久远，不可破坏，岂不为造物者所窃笑？盖其破坏之人，或已生于其家，曰子曰孙，朝夕环立于其侧者，皆他日为父祖破坏生事之人，恨其父祖目不及见耳。前辈有建第宅，宴工匠于东庑，曰："此造宅之人。"宴子弟于西庑，曰："此卖宅之人。"后果如其言。近世士大夫有言："目所可见者，漫尔经营，目所不及见者，不须置之谋虑。"此有识君子，知非人力所及，其胸中宽泰，与蔽迷之人如何？

起家之人，易于增进成立者，盖服食器用及吉凶百费规模浅狭，尚循其旧，故日入之数多于日出，此所以常有余。富家之子，易于倾覆破荡者，盖服食器用及吉凶百费规模广大，尚循其旧，又分其财产，立数门户，则费用增倍于前日。子弟有能省用，远谋损节，犹虑不及，况有不之悟者何以支吾？古人谓："由俭入奢易，由奢入俭难"，盖谓此尔。大贵人之家，尤难于保成。方其致位通显，虽在闲冷，其俸给亦厚，其馈遗亦多，其使令之人满前，皆州郡廪给，其服食器用虽极华侈，而其费不出于家财。逮其身后，无前日之俸给、馈遗、使令之人，其日用百费非出家财不可，况又析一家为数家，而用度仍旧，岂不至于破荡？此亦势使之然。为子弟者各宜量节。

人之居世，有不思父祖起家艰难，思与之延其祭祀，又不思子孙无所凭借，则无以脱于饥寒。多生男女，视如路人，耽于酒色，博奕

（南宋）夏圭《雪堂客话图》

游荡，破坏家产，以取一时之快，此皆家门不幸。如此冒干刑宪，彼亦不恤，岂教诲劝谕责骂之所能回？置之无可奈何而已。

人有财物，虑为人所窃，则必缄縢扃钥封识之甚严，虑费用之无度而致耗散，则必算计较量，支用之甚节。然有甚严而有失者，盖百日之严无一日之疏则无失，百日严而一日不严，则一日之失与百日不严同也。有甚节而终至于匮乏者，盖百事节而无一事之费，则不至于匮乏，百事节而一事不节，则一事之费与百事不节同也。所谓百事者，自饮食衣服、屋宅园馆、舆马仆御、器用玩好，盖非一端，丰俭随其财力，则不谓之费。不量财力而为之，或虽财力可办而过于侈靡，近于不急，皆妄费也。年少主家事者宜深知之，

中产之家，凡事不可不早虑。有男而为之营生，教之生业，皆早

虑也。至于养女亦当早为储蓄衣衾妆奁之具，及至遣嫁，乃不费力。若置而不问，但称临时，此有何术？不过临时鬻田庐，及不恤女子之差见人也。至于家有老人，而送终之具不为素办，亦称临时，亦无他术，亦是临时鬻田庐，及不恤后事之不如仪也。今人有生一女而种杉万根者，待女长，则鬻杉以为嫁资，此其女必不至失时也。有于少壮之年置寿衣寿器寿茔者，此其人必不至三日五日无衣无棺可殓，三年五年无地可葬也。

居官当如居家，必有顾借；居家当如居官，必有顾借。士大夫之子弟，苟无世禄可守，无常产可依，而欲为仰事俯育之计，莫如为儒。其才质之美，能习进士业者，上可以取科第致富贵，次可以开门教授，以受束修之奉。其不能习进士业者，上可以事笔札代笺简之役，次可以习点读为童蒙之师。如不能为儒，则医卜星相农圃商贾伎术，凡可以养生而不至于辱先者，皆可为也。子弟之流荡，至于为乞丐盗窃，此最辱先之甚。然世之不能为儒者，乃不肯为医卜星相农圃商贾伎术等事，而甘心为乞丐盗窃者，深可诛也。凡强颜于贵人之前，而求其所谓应副，折腰于富人之前，而托名假贷，游食于寺观，而人指为"穿云子"，皆乞丐之流也。居官而掩蔽众目，盗财入已，居乡而欺凌愚弱，夺其所有，私贩官中所禁茶盐酒酤之属，皆窃盗之流也。世人有为之而不自愧者，何哉？

凡人生而无业，及有业而喜于安逸，不肯尽力者，家富则习为下流，家贫则必为乞丐。凡人生而饮酒无算，食肉无度，好淫滥习博奕者，家富则致于破荡，家贫则必为盗窃。

人有患难不能济，困苦无所诉，贫乏不自存，而其人朴讷怀愧，不能自言于人者，吾虽无余，亦当随力周助，此人纵不能报，亦必知恩。若其人本非窘乏，而以干谒为业，挟谀佞之术遍谒贵人富人之门，过州干州，过县干县，有所得则以为己能，无所得则以为怨仇。在今日则无感恩之心，在他日则无报德之事，正可以不恤不顾待之，岂可割吾之不敢用，以资他之不当用？

居乡及在旅，不可轻受人之恩。方吾未达之时，受人之恩常在吾怀，每见其人，常怀敬畏，而其人亦以有恩在我，常有德色，及吾荣达之后，遍报则有所不及，不报则为亏义。故虽一饭一缣亦不可轻受。前辈见人仕富而广求知己，戒之曰："受恩多则难以立朝"，宜详味此。

今人受人恩惠，多不记省，而有所惠于人，虽微物亦历历在心。古人言"施人勿念，受施勿忘"，诚为难事。

人有居贫困时不为乡人所顾，及其荣达则视乡人如仇雠。殊不知乡人不厚于我，我以为憾，我不厚于乡人，乡人他日亦独不记耶？但于其平时薄我者，勿与之厚，亦不必致怨。若其平时不与吾相识，苟

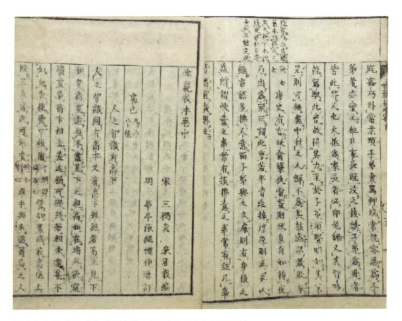

（南宋）袁采《袁氏世范》，清道光二十九年和刻本

我可以济助之者，亦不可不为也。

圣人言"以直报怨"，最是中道，可以通行。大抵以怨报怨，固不足道，而士大夫欲邀长厚之名者，或因宿仇，纵奸邪而不治，皆矫饰不近人情。圣人之所谓直者，其人贤，不以仇而废之；其人不肖，不以仇而庇之，是非去取，各当其实。以此报怨，必不至递相酬复，无已时也。

《唐宋丛书》

解读

《袁氏世范》为南宋袁采所作的家训。

袁采（？～1195年），字君载，衢州信安（今浙江省常山县）人。其生平事迹不可详考，生活于宋高宗、孝宗时期。隆兴元年（1163年），他曾以会试第三名的成绩登进士第，担任过乐清等县县令，后官至监登闻鼓院。他秉性刚正，为官廉明，颇有政声，时人赞其为"德足而行成，学博而文富"。著有《政和杂志》《县令小录》和《世范》三书，今只有《世范》传世。

由于袁采对为人处世、人伦教育特别感兴趣，而且也很有研究。为了在乐清这个地方淳正风俗，化导人伦，他于淳熙五年（1178年）写成这本《世范》。最初书名叫《俗训》。然而，出人意料的是，该书一成，远近便争相抄录。"假而录之者颇多，不能遍应。"袁采这才开始刻版印刷。印行时请他的同学、府判刘镇作序。刘镇拿到此书时，爱不释手，"详味数月"，给予很高的评价，认为本书"岂唯可以行诸乐清，达诸四海可也；岂唯可以行之一时，垂诸后世可也"，就是说，袁采这部书其价值足以刊行全国，流传后世。于是，刘镇建议袁采将书名改为《世范》。袁采谦虚地认为言过其实，但最终还是同意更名为《世范》。后世又称《袁氏世范》。本书分为"睦亲""处己""治家"三个部分，分别从与亲人相处、自我提升、治理家庭三方面谈立身处世、待人治家之道。清代《四库全书总目提要》对本书给予了高度的评价："其书于立身处世之道，反覆详尽，所以砥砺末俗者，极为笃挚。虽家塾训蒙之书，意求通俗，词句不免于鄙浅，然大要明白切要，使览者易知易从，固不失为《颜氏家训》之亚也。"

袁采虽然是饱读四书五经的儒生，但在编写这本家训时，却没有把孔孟之道和宋儒理学那套艰涩难懂而且抽象的东西照搬下来，而是从实用和近人情的角度，力图从实践出发，从自己对生活的观察出发，本着实事求是的精神，对家风家教提出最诚恳的看法，如写给"田夫野老、幽闺妇女"一般，说理深入浅出，别具一格，有分析有论断，娓娓道来，入情入理，入脑入心，通篇闪耀着理性与温情之光。

朱熹、吕祖谦《近思录》：君子乾乾不息于诚，然必惩忿窒欲，迁善改过而后至

濂溪先生曰：君子乾乾不息于诚，然必惩忿窒欲，迁善改过而后至。乾之用其善是，损益之大莫是过，圣人之旨深哉？"吉凶悔吝生乎动"。噫，吉一而已，动可不慎乎！（周敦颐《通书·乾损益动》）

动表节宣，以养生也；饮食衣服，以养形也；威仪行义，以养德也；推己及物，以养人也。（《程氏易传·颐传》）

内积忠信，所以进德也；择言笃志，所以居业也。知至至之，致知也。求知所至而后至之，知之在先，故可与几。所谓"始条理者知之事也"。知终终之，力行也。既知所终，则力进而终之，守之在后，故之，力行也。既知所终，则力进而终之，守之在后，故可与存义，所

谓"终条理者圣人之事也"。此学之始终也。(《程氏易传·乾传》)

诚无为，几善恶。德：爱曰仁，宜曰义，理曰礼，通曰智，守曰信。性焉安焉之谓圣，复焉执焉之谓贤，发微不可见，充周不可穷之谓神。(《通书·诚几德》)

伊川先生曰："喜怒哀乐之未发，谓之中。"中也者，言寂然不动者也，故曰：天下之大本。发而皆中节谓之和。和也者，言感而遂通者也。故曰：天下之达道，和也。(《二程文集》)

（南宋）吕祖谦像

"忠信所以进德""终日乾乾"，君子当终日对越在天也。盖上天之载，无声无臭，其体则谓之易，其理则谓之道，其用则谓之神，其命于人则谓之性，率性则谓之道，修道则谓之教。孟子去其中又发挥出浩然之气，可谓尽矣。故说神"如在其上，如在其左右"，大事小事，而只曰："诚之不可掩如此夫。"彻上彻下，不过如此。形而上为道，形而下为器，须著如此说。器亦道，道亦器，但得道在，不系今与后，己与人。(《二程遗书》卷一)

诚之之道，在乎信道笃；信道笃，则行之果；行之果，则守之固。仁义忠信不离乎心，造次必于是，颠沛必于是，出处语默必于是。久而弗失，则居之安。动容周旋中礼，而邪僻之心无自生矣。故颜子所事，则曰："非礼勿视，非礼勿听，非礼勿言，非礼勿动。"仲尼称之，则曰："得一善，则拳拳服膺而弗失之矣。"又曰："不迁怒，不

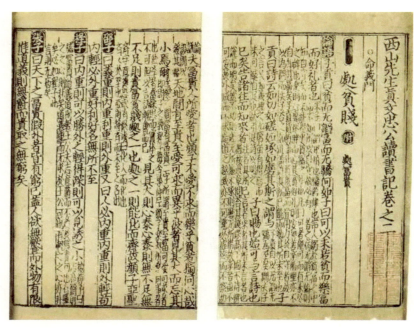

┃ （南宋）真德秀《西山先生真文忠公读书记存》，元刻本

贰过。""有不善未尝不知，知之未尝复行也。"此其好之、笃学之之道也。然圣人则不思而得，不勉而中。颜子则必思而后得，必勉而后中。其与圣人相去一息。所未至者，守之也，非化之也。以其好学之心，假之以年，则不日而化矣。后人未达，以谓圣本生知，非学可至。而为学之道遂失，不求诸己而求诸外，以博闻强记、巧文丽辞为工，荣华其言，鲜有至于道者，则今之学，与颜子所好异矣。(《二程文集》卷八《颜子所好何学论》)

古之学者为己，欲得之于己也；今之学者为人，欲见知于人也。伊川先生谓方道辅曰：圣人之道，坦如大路，学者病不得其门耳。得其门，无远之不到也。求入其门不由经乎？今之治经者亦众矣，然而买椟还珠之蔽，人人皆是。经所以载道也。诵其言辞，解其训诂，而不及道，乃无用之糟粕耳。觊足下由经以求道，勉之又勉，异日见卓

尔有立于前，然后不知手之舞足之蹈，不加勉而不能自止也。（程颐《手帖》）

明道先生曰："修辞立其诚。"不可不仔细理会。言能修省言辞，便是要立诚。若只是修饰言辞为心，只是为伪也。若修其言辞，正为立己之诚意，乃是体当自家，敬以直内，义以方外之实事。道之浩浩，何处下手？惟立诚才有可居之处。有可居之处，则可以修业也。终日干干，大事小事，只是忠信。所以进德为实下手处。"修辞立其诚"，为实修业处。（《二程遗书》卷一）

君子之学必日新。日新者，日进也。不日新者必日退。未有不进而不退者，惟圣人之道无所进退，以其所造极也。（《二程遗书》卷二十五）

学者大不宜志小气轻。志小则易足，易足则无由进；气轻则以未知

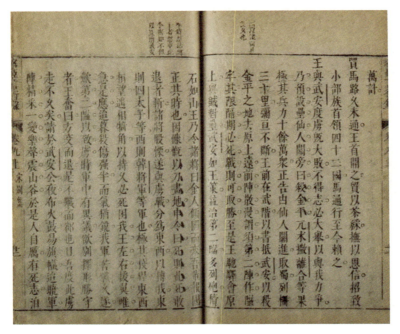

（南宋）朱熹、李幼武《宋名臣言行录》，明崇祯十一年张采刻本

为已知，未学者为已学。

君子之遇艰阻，必思自省于身，有失而致之乎？有所未善则改之，无歉于心则加勉，乃自修之德业。（《程氏易传·蹇传》）

知之必好之，好之必求之，求之必得之。古人此个学是终身事。果能颠沛造次必于是，岂有不得道理。（《二程遗书》卷十七）

涵养须用敬，进学则在致知。（《二程遗书》卷十八）

"慎言语"以养其德，"节饮食"以养其体。事之至近而所系至大者，莫过于言语饮食也。（《程氏易传·颐传》）

"震惊百里，不丧匕鬯。"临大震惧，能安而不自失者，惟诚敬而已，此处震之道也。（《程氏易传·震传》）

人多思虑，不能自宁，只是做他心主不定。要作得心主定，惟是止于事，"为人君止于仁"之类，如舜之诛四凶，四凶已作恶，舜从而诛之，舜何与焉？人不止于事，只是揽他事，不能使物各付物。物各付物，则是役物。为物所役，则是役于物。有物必有则，须是止于事。（《二程遗书》卷十五）

（南宋）朱熹撰、叶采集解《沉思录集解》，清雍乾间吴郡邵氏三多斋写刻本

人之所以不能安其止者，动于欲也。欲牵于前而求其止，不可得也。故《艮》之道，当"艮其背"，所见者在前，而背乃背之，是所不见也。止于所不见，则无欲以乱其心，而止乃安。"不获其身"，不见其

身也，谓忘我也。无我则止矣。不能无我，无可止之道。"行其庭，不见其人。"庭除之间至近也，在背则虽至近不见，谓不交于物也。外物不接，内欲不萌，如果而止，乃得止之道，于止为"无咎"也。(《程氏易传·艮传》)

李籥问：每常遇事，即能知操存之意。无事时，如何存养得熟？曰：古之人，耳之于乐，目之于礼，左右起居，盘盂几杖，有铭有戒，动息皆有所养。今皆废此，独有理义养心耳。但存此涵养意，久则自熟矣。"敬以直内"，是涵养意。(《二程遗书》卷一)

《蛊》之上九曰："不事王侯，高尚其事。"《象》曰："不事王侯，志可则也。"传曰：士之自高尚，亦非一道；有怀抱其德，不偶于时，而高洁自守者；有知止足道，退而自保者；有量能度分，安于不求知者；有清介自守，不屑天下事，独洁其身者。所处虽有得失小大之殊，皆自高尚其事者。《象》所谓"志可则"者，进退合道者也。(《程氏易传·蛊传》)

君子当困穷之时，既尽其防虑之道而不得免，则命也。当推致其命以遂其志。知命之当然也，则穷塞祸患不以动其心，行吾义而已。苟不知命，则恐惧于险难，陨获于穷厄，所守亡矣，安能遂其为善之志乎？(《程氏易传·困传》)

"君子思不出其位。"位者，所处之分也。万事各有其所，得其所则止而安。若当行而止，当速而久，或过或不及，皆出其位也，况逾分非据乎？(《程氏易传·艮传》)

《履》之初九曰："素履往，无咎。"《传》曰：夫人不能自安于贫贱之素，则其进也，乃贪躁而动，故往则有咎。贤者则安履其素，其处也乐，其进也将有为也。故得其进，则有为而无不善。若欲贵之心与行道之心交战于中，岂能安履其素乎？(《程氏易传·履传》)

　　吕与叔尝言，患思虑多，不能驱除。曰：此正如破屋中御寇，东面一人来未逐得，西面又一人至矣。左右前后，驱逐不暇。盖其四面空疏，盗固易入，无缘用得主定。又如虚器入水，水自然入。若以一器实之以水，置之水中，水何能入来？盖中有主则实，实则外患不能入，自然无事。（《二程遗书》卷一）

　　濂溪先生曰：孟子曰："养心莫善于寡欲。"予谓养心不止于寡而存耳。盖寡焉以至于无，无则诚立明通。诚立，贤也；明通，圣也。（《濂溪集》第九《养心亭说》）

（南宋）朱熹、吕祖谦《近思录》，清嘉庆十七年和刻本

　　尧夫解"他山之石可以攻玉"：玉者温润之物，若将两块玉来相磨，必磨不成，须是得他个粗砺底物，方磨得出。譬如君子与小人处，为小人侵陵，则修省畏避，动心忍性，增益预防，如此便道理出来。（《二程遗书》卷二）

　　遁者阴之始长，君子知微，故当深戒。而圣人之意示便遽已也，故有"与时行，小利贞"之教。圣贤之于天下，虽知道之将废，岂肯坐视其乱而不救？必区区致力于未极之间，强此之衰，艰彼之进，图其暂安。苟得为之，孔、孟之所屑为也，王允、谢安之于汉晋是也。（《程氏易传·遁传》）

君子当困穷之时，既尽其防虑之道而不得免，则命也。当推致其命以遂其志。知命之当然也，则穷塞祸患不以动其心，行吾义而已。苟不知命，则恐惧于险难，陨获于穷厄，所守亡矣，安能遂其为善之志乎？（《程氏易传·困传》）

濂溪先生曰：仲由喜闻过，令名无穷焉。今人有过，不喜人规，如护疾而忌医，宁灭其身而无悟也。噫！（《通书·过》）

伊川先生曰：德善日积，则福禄日臻。德逾于禄，则虽盛而非满。自古隆盛，未有不失道而丧败者。（《程氏易传·泰传》

防小人之道，正己为先。（《程氏易传·小过传》）

君子"敬以直内"。微生高所枉虽小，而害则大。（《程氏经说·论语解》）

人有欲则无刚，刚则不屈于欲。（《程氏经说·论语解》）

"人之过也，各于其类。"君子常失于厚，小人常失于薄。君子过于爱，小人伤于忍。（《程氏经说·论语解》）

明道先生曰：富贵骄人，固不善。学问骄人，害亦不细。（《二程遗书》卷一）

人于外物奉身者，事事要好。只有自家一个身与心，却不要好。苟得外面物好时，却不知道自家身与心，却已先不好了。（《二程遗书》卷一）

人于天理昏者，是只为嗜欲乱著他。庄子言"其嗜欲深者，其天机浅"，此言却最是。（《二程遗书》卷二上）

伊川先生曰：阅机事之久，机心必生。盖方其阅时，心必喜。既喜则如种下种子。（《二程遗书》卷三）

虽公天下事，若用私意为之，便是私。（《二程遗书》卷五）

做官夺人志。（《二程遗书》卷十五）

骄是气盈，吝是气歉。人若吝时，于财上亦不足，于事上亦不足。凡百事皆不足，必有歉歉之色也。(《二程遗书》卷十八)

未知道者如醉人，方其醉时，无所不至，及其醒也，莫不愧耻。人之未知学者，自视有为无缺，及既知学，反思前日所为，则骇且惧矣。(《二程遗书》卷十八)

刑七云："一日三检点。"明道先生曰：可哀也哉！其余时理会甚事？盖仿三省之说错了，可见不曾用功，又多逐人面上说一般话。明道责之，刑曰："无可说。"明道曰：无可说，便不得不说。(《二程遗书》卷十二)

伊川先生曰：德善日积，则福禄日臻。德逾于禄，则虽盛而非满。自古隆盛，未有不失道而丧败者也。(《程氏易传·泰传》)

圣人为戒，必于方盛之时。方其盛而不知戒，故狃安富则骄侈生，乐舒肆则纲纪坏，忘祸乱则衅孽萌，是以浸婬不知乱之生也。(《程氏易传·临传》)

凡为人言者，理胜则事明，气忿则招拂。(《二程遗书》卷七一)

感慨杀身者易，从容就义者难。(《二程遗书》卷七一)

人无远虑必有近忧。思虑当在事外。(《二程外书》卷二)

《朱子全书》

解读

《近思录》是南宋朱熹和吕祖谦编订的理学入门书和概论性著作，选取了北宋理学家周敦颐、程颢、程颐、张载4人语录622条，分类编辑而成。当时，朱熹和吕祖谦都是学界的主要人物。朱熹（1130～1200年），字元晦，又字仲晦，号晦庵，晚称晦翁，谥文，世称朱文公。宋朝著名的理学家、思想家、哲学家、教育家、诗人，闽学派的代表人物，儒学集大成者，世尊称为朱子。吕祖谦（1137～1181

年），字伯恭，婺州（今浙江省金华市）人，郡望东莱郡，人称"小东莱先生"，南宋理学家、文学家，博学多识，主张明理躬行，学以致用，反对空谈心性，与朱熹、张栻齐名，并称"东南三贤"。

《近思录》一书浓缩了"古圣贤穷理正心修己治人之要"，又与《大学》纲目互相发明。"四书"是儒学元典"五经"的入门阶梯，《大学》是"四书"的纲领，《近思录》按《大学》"三纲八目"规模来辑次周、二程、张四子语录，故而读《近思录》可与《大学》相发明，并循级而上，渐登圣学殿堂。《近思录》是朱熹、吕祖谦给当时的学者编写的，内容主题是如何按照儒学经典初心，以"立天之道""立地之道""立人之道"为目的，最终归结天道性命之学。提出"君子之学必日新"，"学者大不宜志小气轻。志小则易足，易足则无由进"，"君子之遇艰阻，必思自省于身"，"知之必好之，好之必求之，求之必得之"，提出要"慎言语"以养其德，"节饮食"以养其体，等等，这些论述和观点，是为人处世不二之法门，无论是学者求学问做研究，还是待人接物、修身养性，都有一定的借鉴作用。

陆游《放翁家训》：祸有不可避者，避之得祸弥甚

吾家在唐为辅相者六人，廉直忠孝，世载令闻。念后世不可事伪国、苟富贵，以辱先人，始弃官不仕。东徙渡江，夷于编氓。孝悌行于家，忠信著于乡，家法凛然，久而弗改。宋兴，海内一统。陆氏乃与时俱兴，百余年间文儒继出，有公有卿，子孙宦学相承，复为宋世家，亦可谓盛矣！

然游于此切有惧焉，天下之事，常成于困约，而败于奢靡。游童

子时，先君谆谆为言，太傅出入朝廷四十余年，终身未尝为越产；家人有少变其旧者，辄不怿；晚归鲁墟，旧庐一椽不可加也。楚公少时尤苦贫，革带敝，以绳续绝处。秦国夫人尝作新襦，积钱累月乃能就，一日覆羹污之，至泣涕不食。姑嫁石氏，归宁，食有笼饼，亟起辞谢曰："昏耄不省是谁生日也。"左右或匿笑。楚公叹曰："吾家故时，数日乃啜羹，岁时或生日乃食笼饼，若曹岂知耶？"是时楚公见贵显，顾以啜羹食饼为泰，愀然叹息如此。游生晚，所闻已略；然少于游者，又将不闻。而旧俗方以大坏。厌藜藿，慕膏粱，往往更以上世之事为讳，使不闻。此风放而不还，且有陷于危辱之地、沦于市井、降于皂隶者矣。复思如往时安乐耕桑之业、终身无愧悔，可得耶？

呜呼！仕而至公卿，命也；退而为农，亦命也。若夫挠节以求贵，市道以营利，吾家之所深耻。子孙戒之，尚无坠厥初。

祸有不可避者，避之得祸弥甚，既不能隐而仕，小则谴斥，大则死，自是其分。若苟逃谴斥而奉承上官，则奉承之祸不止失官；苟逃死而丧失臣节，则失节之祸不止丧身。人自有懦而不能蹈祸难者，固不可强，惟当躬耕绝仕进，则去祸自远。

风俗方日坏，可忧者非一事，吾幸老且死矣，若使未遽死，亦决不复出仕，惟顾念子孙不能无老妪态。吾家本农

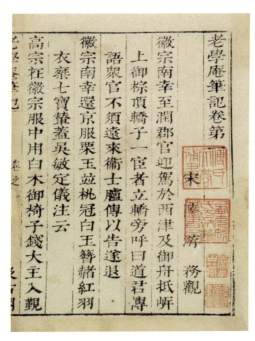

（南宋）陆游《老学庵笔记》，宋刻本

也，复能为农，策之上也。杜门穷经，不应举，不求仕，策之中也。安于小官，不慕荣达，策之下也。舍此三者，则无策矣。汝辈今日闻吾此言，心当不以为是，他日乃思之耳。暇日时与兄弟一观以自警，不必为他人言也。

诉讼一事，最当谨始，使官司公明可恃，尚不当为，况官司关节，更取货贿，或官司虽无心，而其人天资暗弱，为吏所使，亦何所不至？有是而后悔之，固无及矣。况邻里间所讼，不过侵占地界，逋欠钱物，及凶悖陵犯耳，姑徐徐谕之，勿遽兴讼也，若能置而不较，尤善。李参政汉老作其叔父成季墓志云"居乡则以困畏不若人为哲"，真达识也。

子孙才分有限，无如之何，然不可不使读书。贫则教训童稚以给衣食，但书种不绝足矣。若能布衣草履，从事农圃，足迹不至城市，弥是佳事。关中村落有魏郑公庄，诸孙皆为农，张浮休过之，留诗云："儿童不识字，耕稼郑公庄。"仕宦不可常，不仕则农，无可憾也。但切不可迫于衣食，为市井小人事耳，戒之戒之！

世之贪夫，溪壑无厌固不足责。至若常人之情，见他人服玩，不能不动，亦是一病。大抵人情慕其所无，厌其所有，但念此物若我有之，竟亦何用？使人歆艳，于我何补？如是思之，贪求自息。若夫天性淡然，或学已到者，固无待此也。

人士有吾辈行同者，虽位有贵贱，交有厚薄，汝辈见之，当极恭逊。已虽高官，亦当力请居其下。不然，则避去可也。吾少时，见士子有其父之朋旧同席而剧谈大噱者，心切恶之，故不愿汝曹为之也。

后生才锐者最易坏，若有之，父兄当以为忧，不可以为喜也。切须常加简束，令熟读经子，训以宽厚恭谨，勿令与浮薄者游处，如此十许年，志趣自成，不然其可虑之事盖非一端。吾此言后人之药石也，各须谨之，毋贻后悔。

《丛书集成初编》

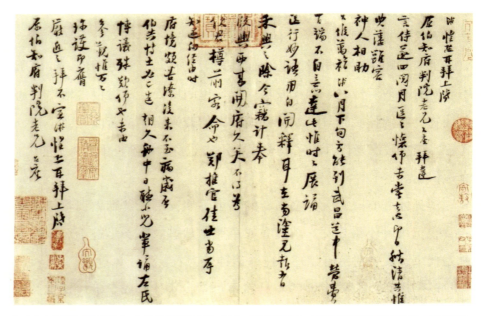

（南宋）陆游《秋清帖》，台北故宫博物院藏。识文：游惶恐再拜，上启原知府判院老兄台座：拜违言侍，遂四阅月，区区怀仰，未尝去心。即日秋清，共惟典藩雍容，神人相助，台候万福，游八月下旬方能到武昌。道中劳费百端，不自意此。惟时时展诵送行妙语，用自开释耳。在途见报，有禾兴之除。今窃计奉版舆西来，开府久矣。不得为使君樽前客，命也！郑推官佳士，当辱知遇。向经由时，府境颇苦僚。后来不至病岁否？伯共博士必以造朝久，舟中日听小儿辈诵《左氏博论》，殊叹仰也。未由参觏，惟万万珍护，即膺严近之拜，不宣。游惶恐再拜，上启原伯知府判院老兄台座。

解读

《放翁家训》是宋代大文豪陆游的一篇家训。

陆游（1125～1210年），字务观，号放翁，今浙江绍兴人，南宋著名的爱国诗人。著《剑南诗稿》《渭南文集》等作品。陆游为官期间，作风清廉、严于律己、勤于修身，有"一钱亦分明，谁能肆谗毁"的明正清廉，也有"衣穿听露肘，履破从见指。出门虽被嘲，归舍却睡美"的恣意洒脱。

　　陆游在家训中，以一个饱经风霜、阅尽人生的睿智老人，出于对家族兴衰的忧虑，给子孙写下了如何做人处世、如何保持家族兴旺、如何明哲保身的家训，其中最突出的思想就是教育子孙要继承清白家风，做清白人，做乡中君子；教育子孙正确对待物质利益，不可贪得无厌；要礼貌待人，注重自身修养；要严于律己，宽以待人，注重学习；要耕读为本，不要追求高官厚爵；丧事从简，不可铺张，等等。

真德秀《真西山文集钞》：穷理以致知，力行以践实

　　人心至灵，万善毕具。所以异于圣贤者，在自弃而不知求耳。求之如何？博学、审问、明辨、慎思，穷理以致知，力行以践实。自卑而高，自小而大，颠沛造次，无自画之闲，则几矣。若溺心于简易之说，谓道可以悟入，圣贤可以立致，戒多学之累，废见闻之益，守见性之说，忘存养之功。虽有得焉，乌知非臆度之私乎？

　　古人箴铭，或顾名而思义，或触目而警心，偶尔观眺，皆有静观自得之趣。所谓无地非学也。士大夫别墅静室皆有题咏，果能无忘此义，不仅作娱心悦目之观，否，即此可以觇所学矣。

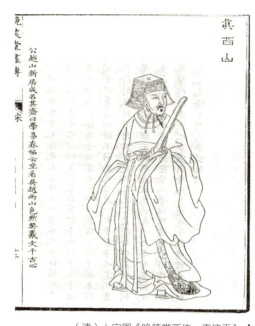

（清）上官周《晚笑堂画传·真德秀》

341

世之学者，诵咏圣贤遗言，未尝反躬以验其实。虽见闻知识，若日进而不可御。回视其人气质之偏，心术之蔽，或终其身而无改焉，则亦何贵于学耶！

人之气质，不能全美，必有所偏。故圣贤立下许多言语，欲人因其言以省察己之偏处。如医经然，某病则有某方，某病则有某药。学者味圣贤之言，以察己之偏正，如看医经，以察己之病，病是寒则用温药，病是热则用凉剂，见得病证的确，服药以去之。如此，方有益。如己之偏处不能无私，则当玩味圣贤之言以去其私。先自事亲事长，以至待朋友，皆欲忘其私。如此，则私之一病去矣。如己之偏在不能无矜伐，则当玩味圣贤之言以去其矜伐。又如平日言行未能相副，未免有不诚处，则当玩味圣贤之言以去其不诚。我有千百病，圣贤有千百药方。一日佩服圣贤一言，真切行之，则是一日服一药以去一病，久之则气质之偏，自渐克去。气质之偏既去，则心术自正。皆由向来观圣贤之言，屡有警省也。若只看过读过，不真实用力以去其偏，则如谈方说药，初未尝服饵，其又何益！

读书变化气质，就医药喻言，更觉亲切。

朱子以致知为梦觉关，以诚意为善恶关。透此两关，方知善之当为，恶之当去，根基已立，方有用力之地。若知有未至，则见理不明，虽仿佛一二，未免如梦寐恍惚，非真见也。意有未诚，则为善不实。虽假窃一二，犹以文锦蒙敝絮，岂真无恶者乎！然为善所以不实者，自见理不明始。故曰欲诚其意者，先致其知。学者于此二关不透，向后工夫，皆入歧途，益见致知之不同冥悟也。

日新又新之功，须是常屏私欲而存天理，常守恭俭而去骄奢，常勤问学而戒游逸，常近君子而远小人。常公而不私，常正而无邪。今日如是，明日又如是，以至无日而不如是，则其德无日而不新矣。可见无时无事，不可作日新又新工夫。

格物者，穷理之谓也。朱子不曰穷理，而曰格物者，理无形而物有迹，止言穷理，恐人索之于空虚高远之中，而不切于己，其弊流于佛老。故以物言之，欲人就事物上穷究义理，于实处用其功。穷究得多，则吾心知识，自然日开月益。常人之学，不就实处用功，而驰心于高妙，犹且不可。为民上者，以一身应万事万物之变，若不于事物上穷究，岂惟无益而已。将必如晋之清谈、梁之苦空，其祸有不可胜言者。此格物致知之学，所以为治国平天下之先务也。

理之与事，原非二物。异端言理而不及事，其弊为无用；俗吏言事而不及理，其弊为无本。惟圣贤之学，则以理为事之本，事为理之用。二者相须，所以为无弊也。

大抵举业无用，非言理而不及事，则言事而违乎理耳。谈义理，不骛于虚无高远，而必反求之身心；考事实，不泥于成败得失，而钩索其隐微；论文章，不溺于华靡新奇，而必先乎正大。要其归，以切实用关世教为主。

群居终日，惟雕镂琢刻是工，于本心之理不暇求，当世之务不暇究，穷居无以独善，得志不能泽民。平生所习，归于无用，是岂立教之指哉！

为青紫而明经，为科举而业文，果能有实有明经工夫；作举业之文，由此而得青紫、得科目，亦可不愧，所谓学也禄在其中，亦何必恶此而去之。若一意求利禄，而无实在明经作文之工夫，则全非圣人之意，所以谓之为人之学也。

事上临下，处事应物，居官居乡，不忘絜矩。（西山先生于《大学》解之明、行之力，即此亦可见矣。）

认定“至善”二字，止字方有着落，无流弊，分晰最精。

人之不平，自不恕始。天下之不平，即自人心不恕始。士大夫未仕，为民而见虐于官吏，必不堪之。及其仕宦，乃不恤其民。僮仆使令，不忠于主，必深恶之。及其立人之朝，乃忍欺其君，凡此皆不恕也。恕者以己度人之谓，我之所欲，亦人所欲；我之所恶，亦人所恶。故以所欲者施之，而不敢以所恶施焉。所谓絜矩也，故为民上者，处宫室之安，则忧民之不足于室庐；服绮绣之华，则忧民之不给于缯絮；享八珍之味，则忧民之饥馁；备妻妾之奉，则忧民之旷鳏。以此心推之，使民各得其所欲，此即平天下絜矩之道。

士大夫不明大道，自视太高，则实有所不副；责人太苛，则众将忿怒。或又倡为荐士之举，区别而封域之，凡有所取，岂无所遗；凡有所扬，岂无所抑。品题既众，疑忌丛兴，心虽主于至公，迹已涉于朋党。议论先喧于群口，用否岂必于一言。穷达进退之间，必致修德怨而快私情，往往推忠之言，谓为沽名之举。至于洁身以退，亦曰愤怼而然。以此激怒，加以讦讪，事势至此，循默乃宜。循默成风，国家何赖！

士大夫不慕廉靖，而慕奔竞；不尊名节，而尊爵位；不乐公正，而乐软美；不敬君子，而敬庸人。既安习以成风，谓苟得为至计。老成零落，后生晚进。议论无所依据，学术无所宗主。正论益衰，仕风不振。台谏但有摧残，庙堂初无长养。人才者，国家之根本，乏则养之，有则用之。庆历所以盛者，非一日之积，惟其非一日之积，是以非一日之用。处当言之地，居得为之位，不当以排击为能，而顿忘培植之计也。

遇事滥罚，罪多出入，富者幸漏，贫者偏枯，其弊何所底止！

贪污自多欲尚侈始。小官俸廪几何，百般皆欲如意。不受赂，安从得。故清心寡欲，乃吾儒入手用功处也。

"我生不有命在天"，"得之不得曰有命，均委之命也"，一为独夫

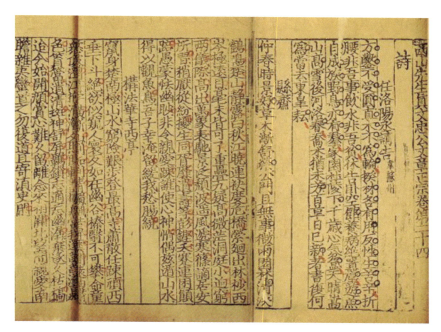

（南宋）真德秀《西山先生真文忠公文章》，明嘉靖四十四年钟沂刻本

之言，一为圣人之言。何也？盖命一也，恃焉而弗修，负乎天者也，安焉而弗求？乐乎天者也，其言虽似，其指则殊。是以五行家工于推算，其于人有益焉，有损焉。死生祸福系于天，非苟求之可得，苟避之可免。惟尽吾所当为，以听其自至，非益乎。以回之仁，无救于穷；以跖之不仁，无害其富寿。惠迪未必吉，从逆未必凶。苟然以自恣，非损乎？士君子与五行家谈命，未始非知命之意。予惟勉其毋惟命之恃，而惟命之安也。故为之说，使之谨于所言也。

　　与术者谈休咎，未始非趋吉避凶之一道。若知其命而安之听之，毋生希幸妄心；恃其命而盗之肆之，转生诡计妄念。此中损益，在士君子之自取非关术者事也。（西山先生常谈星相，皆推本此义，故有取焉。）

　　有书生工于相者，人咸以小技目之。其人曰："子徒知吾技之小，而未知吾法之妙也。圣门观人，察其所安，孟子以眸子定人之邪正。他如足不步日，日不存体，昔人知其将毙；执玉之高卑，知其俱危。此非相法与，吾之相也。不求诸貌，而求诸心；不窥其形，而窥其神。嬉怡微笑，妩媚可亲，吾独识其不仁；拱手行步，退若处女，吾许其厚福。推吾之法，可以知人，可以用人。"

达者工夫，察言观色。讲慎独者，有诸内必形诸外。又曰：德润身，仁义礼智，根心生色，睟面盎背，鞫狱者色听气听，观人者色厉内荏，皆相法也。分别淑慝，进退君子小人。尤不可少。相虽小技，可以通于大道。

星度之说，推人寿夭穷通，若指诸掌，此无他，五行而已矣。五行者，盛衰而已矣。盛衰则有滋槁、有盈缩。造物者惟其所值，岂有意于丰啬？然富贵贫贱，一定不可易者，气之所为，无所用吾力者也。至于柔强明愚，虽或不同，由学可以反之。此性之所存，人之得用吾力者也。世人于其不可易者，往往多求于分剂之表，于可致力者，顾漠然不以概诸心，是惑也。

此为星家者言，亦自有听命而安之，不肯恃命而恣之之理在。故君子有立命之学，《诗》曰："卜云其吉，终焉允臧。"此择地之说也。"天之生我，我辰安在"，此论命之说也。或曰：命不可以力而移，地可以求而得。不知天下万事，其孰非命。求地而获吉，与求而弗获，皆命也。谓地为可求，是不知命也，世间自有可移者存。而人莫之移，自有可求者存，而人莫之求。此圣贤之所叹惜也。

求地而地终不可求，求命而命终不可移。故君子一则曰"安命"，一则曰"居易以俟命"，又曰"穷理尽性以至于命"。

己欲安居，则不当扰民之居；己欲丰财，则不当朘民之财。故曰："己所不欲，勿施于人。"其在圣门，名之曰恕；强勉而行，可以至仁。

矧当斯民憔悴之时，抚循爱育，尤不可缓，愿同僚各以哀矜恻怛为心，而以残忍揞克为戒。此邦之人，其有瘳乎？（以己心体民心，视民事如己事，方知真公所言，非迂阔也。）

心诚求之，父母之保赤子也；不忿不疾，圣贤之待顽民也。大慈平等，佛菩萨之悯众生也；深心恻怛，大医之救病者也。为政者以是存心，庶亡负长人之寄矣。

司牧者，每日每事，常存一点慈爱救人之心，小民阴受其福多矣。

公事在官，是非有理，轻重有法，不可以己私而拂公理，不可徇公法以徇人情。诸葛公有言："吾心如秤，不能为人作轻重。"此有位之士，所当守以为法也。然人之情，每以私胜公者。盖徇货贿，则不能公；任喜怒，则不能公。党亲昵，畏豪雄，顾祸福，计利害，则皆不能公。殊不思是非之不可易者，天理也；轻重之不可踰者，国法也。以是为非，以非为是，则逆天理矣；以轻为重，以重为轻，则违国法矣。居官临民，而逆天理，违国法，于心安乎？雷霆鬼神之诛，金科玉条之禁，其可忽乎？愿同僚以公心持公道，而不汨于私情，不挠于私请，庶几枉直适宜，而无愁苦抑郁之叹。

民不勤则生计废，士不勤则业荒于嬉。况为命吏，所受者朝廷之爵位，所享者下民之脂膏，所司者一方之民命，一或不勤，则职业堕弛。岂不上孤朝寄，下负民望乎？居官竟以酣咏遨放为高，以勤强敏恪为俗，此仕途陋习也。陶威公有言："大禹圣人，犹惜寸阴。至于众人，当惜分阴。"故宾佐有以蒲博废事，则取而投之于江，愿同僚共体此意。职思其忧，非休瀚，毋聚饮，非节序，毋出游，朝夕孳孳，惟民事是务，庶几政平讼理，田里得安其生。（居官而勤，似非难事，亦未见其异能也。然一事不勤，则此事之贻误不小；一时不勤，则一时之含冤甚众。非同寻常人应事接物，迟速无甚关系也。能因真公之言而时时体察，事事内省，有裨于官政，岂少哉！）

祷祈未效不可怠，怠则不诚矣；既效不可矜，矜则不诚矣；不效不可愠，愠则不诚尤甚焉。未效但当省己之未至，曰：此吾之诚浅也，德薄也。既效则感且惧，曰：我何以得此也。不效则省已当弥甚，曰：吾奉职无状，神将罪我矣。盖天之水旱，犹父母之谴责也。人子见其亲声色异常，戒儆畏惕，当何如耶？幸而得雨，则喜而不敢忘，敬而不敢弛。惴惴焉，恐亲之复我怒也。故曰：仁人之事亲如事天，事天如事亲。一日祷雨于仙游山，书此自警，且以告亲友之同致祷者。

《学仕遗规》

解读

真德秀（1178~1235年），始字实夫，后更字景元，又更为希元，号西山。本姓慎，因避孝宗讳改姓真。福建浦城（今浦城县仙阳镇）人。南宋后期著名理学家，与魏了翁齐名，学者称其为"西山先生"。庆元五年（1199年），真德秀进士及第，开禧元年（1205年）中博学宏词科。理宗时擢礼部侍郎，直学士院。史弥远惮之，被劾落职。起知泉州、福州，后入朝为户部尚书，改翰林学士、知制诰，拜参知政事。真德秀为继朱熹之后的理学正宗传人，同魏了翁二人在确立理学正统地位的过程中发挥了重大作用，创"西山真氏学派"。有《真文忠公集》。

真德秀既是朝廷大臣，又是儒学大家，对承继发凡朱熹理学有很大贡献，把朱子的"理"的内涵，阐释为道德性命，指出："理者何？仁、义、礼、智、信是也"，"道德性命者，理之精也。"并强调人应在道德修养方面学用一致。因此，真德秀在文中强调通过实践锻炼，通过为官行政来践行儒家的仁和道。他认为人之气质，不能全美，必有所偏，如何纠正偏颇？他指出，"诵咏圣贤遗言，未尝反躬以验其实"

是不全面的，必须把所学的书本上的内容，对照自己的所作所为，并认为"理"与"事"是一回事，如果一个人"群居终日，惟雕镂琢刻是工，于本心之理不暇求，当世之务不暇究"，而且"穷居无以独善，得志不能泽民"，那么，其平生所学习的才能对当世对民生就没有什么用，这就是废人。

魏了翁《魏鹤山文集钞》：学问功夫，真知力行

古之学者，始乎礼、乐、射、御、书、数，比物知类，求仁入德，皆本诸此。今礼慝乐淫，射御书数，有其名，昧其义，不暇问

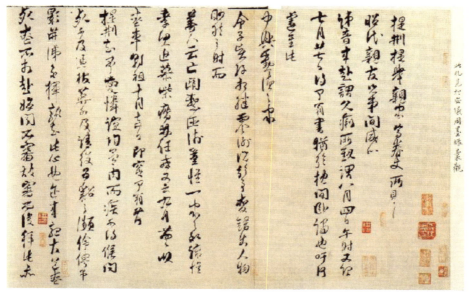

（南宋）魏了翁《提刑提举帖》。识文：提刑提举亲家尊眷丈，所口昭代亲友兄弟间，咸以口音来赴，谓久痫所致。谓八月四日午时，又谓七月廿七日得子翁书，尤于枕间卧诵也。吁，何遽至此。中兴勋德之家，令子贤孙，相继零谢。况于事变错出，人物眇然之时，而善人云云，关系匪浅，岂惟一家之私。谅惟孝思慕慕，柴瘠弗任。或又云，九月廿四日以丧车朝祖，十月十五日即窆。了翁荷提刑知予爱怜，谊均骨肉，而疾不得候问，死不得凭棺，葬不及请役，五溪之濒，伶俜吊影，迸涕交挥，孰知此心也。

迩来亲友道丧，死丧不相赴，始闻不审，故审而后拜此。亦未……

也。五三六经之所传，如仁义中诚、性命天道、鬼神变化，此致知格物之要也。今往往善柔为仁，果敢为义，依违以为中，钝鲁以为诚，气质以为性，六物以为命，元虚以为天道，冥漠以为鬼神，有无以为变化，甚则以察为智，以荡为情，以贪为欲，以反经为权，以捷给为才，以谲诈为术。圣贤之言，炳如日星，而师异指殊，其流弊乃尔。

前辈讲学工夫，皆于躬行日用间真实体验，以自明厥德，非以资口笔也。故历年久，阅天下之义理多，则知行互发，日造平实，语若

|（南宋）马远《踏歌图》

近而指益远。读之累岁，每读辄异他日。（阅义理多，则真知力行。日造平实，语近指远。此即圣门所云温故而知新也。每读辄异他日，则朱子所云"读一次则又进一格"也。学者才读一书，便求速效。不效，则以读书为无益。好学者不如是也。）

圣贤精微之蕴，将欲学问思辨，以见之实践，风花雪月之语，虽勿为可也。今世学者，病在浅近自期，告以远且大者，疑其迂阔，惮其难行者，往往有之。

事变倚伏，人心向背，疆埸安危，邻敌动静，宜察时几而恭天命，尊道揆而严法守。集思广益，汲汲图之，不犹愈于坐观事会，而听其势之所趋乎。

君臣上下，同心一德，而后平时有所补益，缓急有所恃赖。若人自为谋，则天下之患，有不可终穷者，面从而腹诽，习谀而踵陋，实深惧焉。

事之成败，一时难定。人之邪正，当下须明。朱子云：天地间有自然之理。凡阳必刚，刚必明，明则易知；凡阴必柔，柔则暗，暗则难测。故光明正大，疏畅通达，无纤芥可疑者，必君子也；同元隐伏，闪倏狡狯，不可方物者，必小人也。以是察言观人，邪正了不可掩。谓人事有失，则天象谴告，此正论也；谓天命不足畏者，邪说也。谓宪章法度所当遵守者，正论也；谓祖宗不足法者，邪说也。谓丁宁恳恻，可以感动人心者，正论也；谓失在推诚者，邪说也。谓正人端士，可以扶持元气者，正论也；谓卖直沽名者，邪说也。谓政令之行，当广谋博访者，正论也；谓徒乱人意者，邪说也。谓事变之来，当防微杜渐者，正论也；谓惟有严行禁戢者，邪说也。谓勤恤民隐，哀矜庶狱者，正论也；谓峻法立威，使民莫敢慢易者，邪说也。谓亲师讲学，以立政本者，正论也；谓俗儒不达时宜，好是古非今者，邪说也。即言之邪正，并可知其人之邪正矣。

古今未有标立一说，以为出治之名，而能久焉无弊者也。盖天下之理，生于有所矫，矫则偏，偏则弊。故名之立，弊之伏也。

士大夫以利合者甚众，以义合者极少。以利合者，利尽亦不可保。正虑义合者之不多，而非朋党之当虑也。士大夫不惜公议，罔顾廉耻为可虑，而非好名之当虑也。开诚布公之时，端本澄源之论，当养之以厚，不当养之以薄；当诱之以诚，不当启之以欺。

人情莫不欲安，而后世有喜乱之说，非后世之民有异于古也。古之人垂宪象魏，属民读法，其明白洞达，日星垂而河汉流也；其真实恻隐，疾痛呼而家人谋也。上以明白洞达、真实恻隐示其下，而下不以情事其上者，非人类也。后世猜防日甚，涂其耳目也，而曰以神道设教，恶其议政也，而曰不可使知之。民至愚，而神决无可罔之理。今罔之，只所以扰之。迨其哗然而不宁，则疑其性恶，而咎其喜乱，独非三代直道之民乎？所习乃尔，则亦未有以通其志耳。

（为治而以术愚其民，一人之术不能以愚四境之民，宜其不思安而思乱也。）

宇宙之间，气至而伸者为神，反而归者为鬼。其在人，则阳魂为神，阴魄为鬼。二气合则魂聚魄凝而生，离则魂升为神，魄降为鬼而死，《易》所谓精气游魂，《记》所谓礼乐鬼神。夫子所谓"物之精神之著"，而子思所谓"体物不遗，诚不可掩"，其义如此。故一死生通显微，昭昭于天地之间。生为贤智，没为明神，安有今昔存亡之间哉！自异说诪张，学者知此者鲜。于是鬼神之说，不眩于怪，则怵于畏，礼坏乐废，浮伪日滋。人心之去本愈远，然是理之在世间，则阅千载如一日也。

鬼神之理，茫昧不可测知。而见诸圣经者，易言情状，记述幽明。夫子谓物之精，子思称德之盛。凡以天地之功用，二气之良能，妙万物而无不在者也。古人所谓格物以致其知，将以究极乎此。死生昼夜之道，既了然于中，而后交于鬼神之义，不失其正。此鬼神所以能助成化育之功用也。

（鬼神之事，杳冥不可测；鬼神之理，则切近不可易。孔子虽不语神，亦以敬鬼神而远之为知。此外或云体物不遗，或云二气良能，化育功用，知生即所以知死，事人即能事鬼，皆孔门之教也。得魏公此说，人皆思感格鬼神，而又不惑于鬼神矣。）

《学仕遗规》

解读

魏了翁（1178～1237年），字华父，号鹤山。四川邛州（今邛崃）蒲江人。宋宁宗庆元五年（1199年）进士。他在朝中敢言直谏，得罪权臣，几起几落。奸臣史弥远入朝为相后，魏遂辞官回乡，造屋于白鹤山下，凭借名士李燔等人，开门讲学，收授弟子，士人都争相背着书籍前来求学。宋理宗时，魏了翁任福建安抚使，知福州。他一辈子循规蹈矩，对国家忠心耿耿，病危期间，门人探望，他坚持穿衣束冠坐起来酬谢，说："我一辈子对自己淡然无所求，没有任何非分之想。"当听到蜀兵叛乱，情形紧急，他眉头紧皱了很久，口授奏章，随即去世。魏了翁一生在南宋与金国对峙的局面中度过，他救国、御外、忠君的信念始终不移，上陈国事，屡遭贬谪，但爱国忧国之情不减。著有《鹤山集》《九经要义》《周易集义》等著作。

在本篇选录的内容中，主要是魏了翁关于如何做到知行合一的见解，他认为"讲学工夫，皆于躬行日用间真实体验"，同时针对当时社会上的"以善柔为仁，果敢为义，依违以为中，钝鲁以为诚，气质以为性，六物以为命，元虚以为天道，冥漠以为鬼神，有无以为变化，甚则以察为智。以荡为情，以贪为欲，以反经为权，以捷给为才，以谲诈为术"这种反其道的学风和社会风气进行了批驳，特别是提出了君子小人的标准、正论和邪说的区别。

魏了翁本人就是一个正人君子的典范，其做人做事的标准、立身处世的思想，同样是积极向上，影响深远。

黄震《黄东发日钞》: 观大节必于细事，观立朝必于平日

圣贤说知便说行，知行常相须。如目无足不行，足无目不见。论先后，知为先；论轻重，行为重。知有此病，必去此病。觉言语多，便思简默。意思疏阔，便加细密。轻浮浅易，便须深沉重厚。如孟子之求放心，已说缓了。心不待求，警省便见。孔子曰："我欲仁，斯仁至矣。"

书只贵读，自然心与气合，舒畅发越，晓不得者自然晓得，晓得者越有滋味。荀子云"诵数"，即今人读书记遍数也。读书须立下硬寨，誓以必晓澈为期。

古今文人学士，名成利就，心身满假，不复读书求益于人，人亦无敢有以益之。于学问二者，尽情废绝。故天资敏异，学问淹博者，不乏其人，而叩其所造，皆与古人无类焉。盖立名易，则趋之者速，而实不与焉。譬如果，未成熟而摘之，未有能尽其质、全其味也。

为学当如救火追亡，犹恐不及。如何说出去一日，便不做得工夫，正是出路上好做工夫，便不记得细注字，也须时时提起经之正文在心。须是得这道理，入心不忘。

路上无应酬语言之烦，毋论舟车，外似劳攘，心却宁息。此时肯

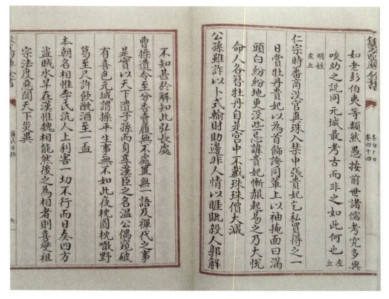

（宋）黄震《黄氏日钞》，清四库全书本

做工夫，更觉专一。所谓无地非学，无时非学。予自幼悔不知读书，及入官，恨不暇读书。凡车辙马迹正是抽闲展卷之时，路上好做工夫一语，先得我心。愿人人试行而共勉之。

学者读书，推求言语工夫常多，点检日用工夫常少。寻章摘句工夫，原非躬行实践之学。

有志天下者，求士必于无事之时，求贤将使正己。毋取之投书献启之流，以对偶评天下士。

世闲事，思之非不烂熟，只恐做时不如说时，人心不似我心。做时不似说时，人心不似我心，切中仕学之弊习。

《归乐堂记》云：或者怵迫势利而不能归，或归矣，厌苦淡泊，顾慕畴昔，不能忘，不知归之为乐。或知之矣，回顾仕宦时所为，有不能无愧悔于心者。于其所乐，虽欲安之不能也。然则仕而能归，归而能乐者，亦岂不难哉！

士大夫皆云归田为乐，其实有贪位慕势而不能归，归亦不乐者。有似乎乐，而不能安于乐者，即此足以征所学矣。

（朋友以好名相切磋，无非互相标榜，务外徇人，必有欺世钓名之事。士大夫居得为之时，有行政之责，扶植名教，利济民物，其本职也，乃实事也。故不宜概以"好名"二字，沮其经世之志。）

平日读圣人书，一旦遇事，仍与间巷人无异，或有一听老成人之语，便能终身服行。岂老成之言，过于六经哉？只缘读书不作有用看故也。或问为学多，为事废，曰：事未到时心先忙，事已过后心不定，所以古时节多。

（看得应事时，即是工夫。所以集事，何为废事。）

听人语不中节者，择其略可应之一语，推说应之。（不中节之语不听，则近于藐视；听而不应，近于深险。就中择其可听者，推说应之，既不失己，又不失人，亦不失言之道也。推说者，推广而言之，非

（南宋）刘松年《博古图》

推远而拒之也。）

一念之善，则天神地示，祥风和气，皆在于此；一念之恶，则妖星疠鬼，凶荒札瘥，皆在于此。是以君子慎其独。又曰：君子为善，期于无愧而已，非可责报于天也，苟有一毫观望之心，则所存已不正矣，虽善犹利也。又曰：观大节必于细事，观立朝必于平日。平日趋利避害，他日必欺君卖国矣；平日负约失期，他日必附下罔上矣。

（孔子云："以思无益，不如学。学而不思则罔。"未有以无思为自得者也。苏子无思之说，不可为训，何思何虑之语，不善解之，最误学者。）

抚州之先儒陆象山，尝言：人生堂堂天地间，不待他求。此人之说所从来也。至于天理之说，象山以为非，谓理不专属于天。今有人阁，而以天理名堂，盖谓人事之尽，即天理所存也。然世亦有人事既尽，而天理之感应不可晓，如颜跖之夭寿，如原宪庆封之贫富，虽圣贤莫知其所以然。故理穷而后可以归之数，人力尽而后可以责之天，终不以其或然之数，而不尽当然之理。古之君子，修其在我，本非有责报于天。颜子虽夭，原宪虽贫，从容乎天理之常，垂之万世有余荣。盗跖虽寿，庆封虽富，颠倒于物欲之私，当时已不齿于人类。如以数言，孰得孰失耶？故天下亦无理外之数也。惟孟子见之明、守之固，故曰："人之所以异于禽兽者，以其有仁义也。"又曰："仁者人也。"又曰："仁之于父子，义之于君臣，有性焉。君子不谓命也。"孟子之所以卓然为大丈夫，富贵不能淫，贫贱不能移，亦惟知有天理，而数非其所问耳。今而后，燕居于天理之堂，而深味乎孟子之言，岂不休哉！

士大夫狃于流俗，渐变初心，既欲享好官之实，又欲保好官之名，兼跨彼此之两间，自以和平为得计。风俗至此，最为可忧。其余贪饕小夫，又不足论者也。

国之所与立者，以士大夫也。士大夫所能为国之与立者，以气节也。气节消靡，习为和平，则贤者几成无益于人国。此世道命脉之所系，社稷安危之所关。非但如贪饕小夫，可杀可辱，不过一时一事之失而已也。是宜表厉正直，以洗濯其晶明之质，以成刚大之气，使视人间之富贵如浮云，而以天下之利害为切己。社稷灵长，终必赖此。

世变如轮，无暂停息。成之极，即坏之渐；治之余，即乱之初。时则有饱食暖衣，无所用心，而不知衣食之所自来者，遂至于忘圣人之恩。出而肆其胸臆，创为邪伪。其初不过戏剧，其后信为事实，其发仅类讹言，其末卒至流祸。身被圣人之教，而得其安，乃曰"不必教也"；身赖圣人之政，而得其食，乃曰"不必政也"。其所以力排正大之说，不过自售其邪伪之说，而不知初无此事，亦无此理也。

读史须看古来治乱之机，圣君相际会，君子小人出处进退，便是格物。（以读史为格物，读史不徒记诵，格物更见切实。）

陆放翁作《司马温公布被铭》云：公孙丞相布被，人曰诈；司马丞相亦布被，人曰俭。布被，可能也；使人曰俭而不曰诈，不易能也。（公孙之布被，亦俭也。只因平日不免于诈，故人不曰俭，而曰诈。素行之不可诬也，如此。）

两喜必多溢美之言，两怒必多溢恶之言。戡核太至，则必有不肖之心应之。

无财之谓贫，学而不能行之谓病。贵贱之分，在行之美恶。平为福，有余为患。物莫不然，而财其甚者也。

不幸在不闻过，福在受谏，尊在慎威。

《学仕遗规》

解读

黄震（1213～1281 年），字东发，人称于越先生，今浙江慈溪人。宋宝祐四年（1256年）进士，调任吴县尉，摄理吴县、华亭及长洲各县事务，声名卓著。咸淳三年（1267年），黄震被擢升为史馆校阅，参与修纂宁宗、理宗两朝国史实录，后曾任广德军任通判、绍兴府任通判、抚州知州、江西常平仓司、江西提点刑狱等。黄震为官清廉，不畏权贵，所到之处除弊禁邪，赈济贫民，激励贤善，修明文教，兴修水利。《宋史》本传称其"决滞狱，清民讼，赫然如神明"，"自奉俭薄，人有急难，则周之不少吝"。南宋亡后，隐居泽山，榜其门曰"泽山行馆"，定其室为"归来之庐"，后在鄞县南湖等地居住，自称"杜锡山居士"。其代表作有《黄氏日钞》《古今纪要逸编》《戊辰修史传》《读书一得》《礼记集解》和《春秋集解》等。

在文中，黄震指出，为学必须是知行合一，反对纯粹读书，做些"寻章摘句工夫"。特别是初入官场之人"做时不似说时，人心不似我心"，而那些"既欲享好官之实，又欲保好官之名"的人更是可恨。所以，他提出为官必须"躬行实践之学"，否则就是"无财之谓贫，学而不能行之谓病"。他认为孟子说的大丈夫，就是做人的标准。至于理学，乃至格物致知，如果说一套做一套，只能是伪君子，于己有损，于国有害。

刘炎《迩言》：心无得则志不立，志不立则事不成，事不成则妄动轻举

成　性

中天地而立，与天地参者，人也。天命以人，不物之矣。天不物之而自待以物，始也人，终去禽犊不远矣。然则人之性，实天地之性也。孔子以为贵，孟子以为善，天地予人之正也。荀卿谓之恶，主血

气言之也。扬雄谓之混，杂人与物言之也。韩愈品分之，是复以清浊之气，高下之质言之也。荀、扬、韩之言性，皆非天地予人之正也。君子保天命之性之谓仁，成天性之仁莫如学。

投珠于砾，掷璧于石，腐夫过之，毛发洒淅。至贵之性溷于污泞，不訾之身行险骙骙，人之见之，未必寒心，知贵物而不知贵于物也。君子尊良贵之性则养之以中和，宝不訾之身则安之以分义。外物之贵，不足贵矣。

希夷子曰：凡人贱者不可使贵，亦犹贵者不贱，命也。炎则曰：能有其贵，则贱者可使，贵不能有其贵，则贵者可使贱，性也。君子安居道德之宇，出入礼乐之门，驰骋仁义之途，言性不言命。

天下之至坚顽者莫如石，润而雨，燥而旸，嘘而水，生击而火出，藏金而韫玉，戴土而滋木，五行之质具焉。为磬其声清越，为砮其锋坚利。积垒为防，刻斸为器，金需以砺，玉需以治，五行之用具焉。五行周流天地间，随取皆足，禀其精英者谓之人，岂以人而不如石乎？人而不如石，不学之过也。

道德仁义虽愚夫不学而知，及其至也，圣人犹病焉。法度器数虽圣人学而后知，及其至也，愚夫可以与能焉。是以君子之学达道而据德，依仁而由义，其于艺也游之而已。

君子之所乐者三：乐为天地间正人，乐为正人端士之裔，乐乎知古知今与凡民异。

存　心

存心莫大于仁，正心莫急于礼。生于其心而复以成其心，天人之道也。

心者，诚之宅也。家国天下，诚之达也。天下可欺也，国人不可欺。国人可欺也，乡邻不可欺。乡邻可欺也，妻子不可欺。妻子可欺也，方寸不可欺。一或有欺，悖乱之言形于梦寐，虽欲自揜，其可得欤！

终日行险，志得意骄，中夜以思，惕然隐忧。终日履平，无得无丧，中夜以思，湛然冰清。君子与其终日有快意之举，不如中夜获一息之安也。

人非尧舜，气质之偏不能无过不及之患，必加儆省则善矣。惟心原不正，触物生变者，不可以隐括。

诚者，万善之本；伪者，百祸之基。聪明勇决，智虑过人，济之以伪，速其死矣，何止为小人！冥蒙迟钝，了无他长，将之以诚，厚其生矣，何止为君子！朴实如良金，不劳覆护，百锻炼愈刚；巧诈如璃罂，倍费防闲，一跌踣莫救。

禾心为仁，桃李之心为仁。仁，人心也，患在不能充之尔。人孰无仁，充之有小大；人孰无智，用之有是非。小则姑息，非则诈儇，是故好行小惠，急于人知，匹妇之所谓仁也。夸逞小才，好为人上，匹夫之所谓智也。斯仁不足以自福，斯智适足以祸身。圣人达仁智之大致，必也以义行仁，以德行智乎。

圣人以仁为宇，天下无不覆；贤智以仁为途，善类所共由。

人莫病乎有欲而无德也。气刚而有欲，且见制于妇人，欲称丈夫不可得矣。年耆而无德，犹见侮于童子，欲称先生不可得矣。

饱食煖衣，人以之生，亦以之死，一日失节，寝寐不宁，疾病生矣。终身失节，后嗣无观，祸败作矣。人能不以是为身心子孙之害者，其加于凡民一等矣。

贫贱患难，进德之阶。富贵安佚，陷身之壑。惟下愚不以贫贱患难有进，惟上智不为富贵安佚所陷。

老成虑事不必皆高年，轻躁寡谋不必皆年少，观其临事如何尔。

盗中有道，衣冠未必非盗；军中有仁，口衔清议者未必皆仁。观其处心如何尔。

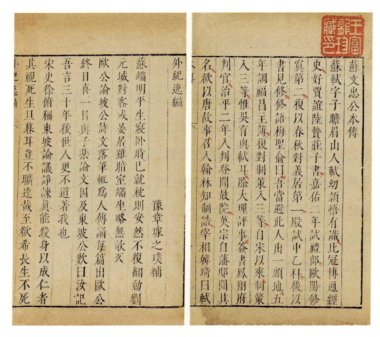

（明）王世贞辑《苏文忠公外纪》，明末刻本

君子以义制事，以仁存心，心其至矣乎。其生也清，其没也宁，其动也正，其静也定。圣贤则然，愚不肖反是。

四　铭

莫小于心，与生而俱；莫大于心，包含万殊。本自正平，无劳店楔。飞来尘垢，随即磨刮。迁忿逐欲，至明者昏。踰越奥突，出入多门。骎骎险巇，株枯足蹶。非惟无益，本实先拨。待物以阱，机随变生。一往一复，亦足自倾。身倾祸微，尔裔肖尔。萌蘖蔓延，源源不已。乃知此心，广大则天，中正则人。倾仄污下则禽，去禽门由人道，反性天，其乐莫可言也。自然而不必然者，具性之全也；已然而不能复其全者，非贤也。是用作铭，并告五官，各守尔典，无妄闯端。

斯心铭也。

见可欲而心不乱，其思定；遇坎窞而知儆省，其思深；格物以理虑而接，其思至；博大而不荒，委蛇而不局，其思正。居乎中央，运乎四方，凡有所适，不失其乡。斯思铭也。

衣冠适市，市人避之；袒裼居室，室人戏之。貌之不可不修也如是。信誓于郊，三军听命；戏言于庭，仆妾慢令。言之不可不修也如是。貌言不修，其应若是；内行不修，益可知矣。内外交修，谓之君子；内外交废，谓之小人。修废之顷，间不容发，及其久也，天壤辽绝。君子人欤？可不谨其微，敬所发欤？斯貌言铭也。

冶容过目，目挑心招。郑声入耳，耳瞆心摇。招招摇摇，衣冠狙狨。祸机及之，不知避逃。凡视冶容，如临严父。凡听郑声，如震斯怒。视远听德，心正则诚。不诚无物，惟诚则形。汝听不诚，人将汝听。汝视不诚，人将汝视。无恤乎人，无不为矣。无所不为，陨踣乃已。古人戒慎乎其所不睹，恐惧乎其所不闻。不遏于流而塞于源，其以是欤？斯视听铭也。

立 志

心无得则志不立，志不立则事不成，事不成则妄动轻举，不根于素，夫是之谓妄人。昔者二帝三王志于仁天下，汉祖唐宗志于定天下，伊周自任以治，孔孟

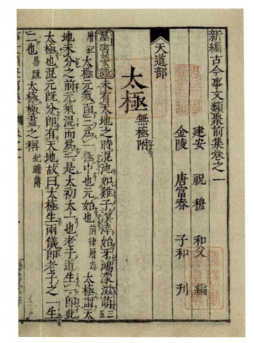

（南宋）祝穆、（元）富大用、祝渊等编《新编古今事文类聚》，日本翻刻明万历间金陵唐富春德寿堂刻本

自任以道，下而荀卿扬雄期以言语文章成名于后世，皆其素有得者也。

遭变不迫，其人未可量；处常失措，其余不足观也已。人之为人见窥于人，则其行不远。

轩冕荣身，视之若无；箪食蓬户，视之若有。斯人也，中之所有者大，而外之所无者小矣。所有者大，无不可为；所无者小，无复可污。

不顾分义而冥行者，志于得也。反己求之，得未分寸，失己寻丈，是富不可以志而得也。不后学力而勇进者，亦志于得也，反己求之，日计不足，岁计有余，是道可以志而得也。志者，主一不二之谓也，虽圣贤亦止能求所本有，不能强所本无也

忠臣义士，气拂云汉。文人才子之气亦然。其所以然者，不然矣。君子志于泽天下，小人志于荣其身，当其乐仕之初则同。及其既仕，所趋异矣，是以天子达于匹夫，莫不有志。气顾其所之，有小大

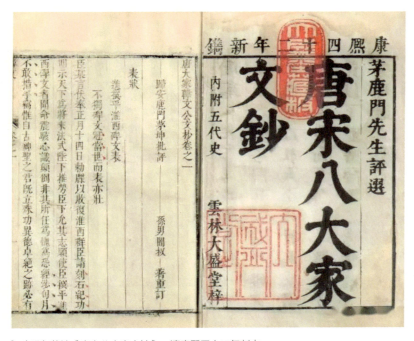

（明）茅坤《唐宋八大家文钞》，清康熙四十二年刻本

正邪尔。

气在人上者，志或在人下；志在人上者，不必以气陵人。志主乎一，气或妄用也。

有大志者，时亦有大言。好大言者，不必有大志。义所当为，坚守不移，安时俟命，不急小利，志在其中矣。内乐无有，譊譊妄言，所守不固，伥伥妄行，斯人也，夫何志之有。圣人之气，浑然一元也。贤人之气，温然春阳，或凛然秋霜也。庸凡之气污，奸佞之气贼。

以气豪者，亦以气沮；以力胜者，亦以力屈。荣以势，辱亦以之；雄以财，惫亦以之。是之谓中无所主，托外物以为主，故其终为物胜也。

有富之萌，处以满盈，复于贫矣；有贵之渐，处以骄极，复于贱矣。是之谓变常，变常则不能常有其有也。

或问立志之道何先，炎曰：定意气，博徒豪于一掷，酒徒豪于举白。长枪大剑，战士豪也；长吟大篇，文士豪也。凡曰豪举，皆非意气之定也。

或问近世马范二文正公如何？炎曰：志立，范志于任，司马志于诚。始于其身，终于事君，皆此道也。孔子曰"士志于道"，孟子曰"士志于仁义"，士其可以自弃哉！

穷儿猝富，市里慕焉；匹夫暴贵，友党慕焉。率德改行，慕者鲜矣。师周学孔，法尧蹈舜，尝闻其语矣，未见其人也。凡不慕下俚之所慕者，可与进德入道矣。

君子立志，诚信以养心，忠孝以安身，仁义以为富，道德以为贵。积而后发，其发也大。

大舜德冠百王，伊傅才高千古，然犹俯首耕筑，若将终身。今之匹士未闻寸长，已发不遇之叹，不量而已矣。

未仕，善士皆可为也；既仕，循吏皆可为也，病弗为耳，夫孰御？

或问君子出处之要，曰：居不可以素隐，仕不可以素餐，上无与于国家治理，下无与于风俗名教，斯其出处亦可占矣。

践　行

涵咏圣贤善言，如食美食；践行圣贤实德，如入荆棘。斯人，孔子所谓乡原也。道听途说，德之弃也。是故，君子宁使言不足而德有余也，毋使言有余而德不足也。行仁如循环，由义如蹈矩，出入乎礼门，持守乎信钥，于是乎语，于是乎道。古所谓有德者，必有言也。平易而达理者，善言也；中正而近道者，善行也。诞言背理，诡行伤道，君子不由。

妄语初能妄人，终亦自妄；诡行初能诡人，终亦自诡。人受其祸小，己受其祸大。

人之好妄语者，朝与夕异，十常一二，旬浃之间，十异五六。及

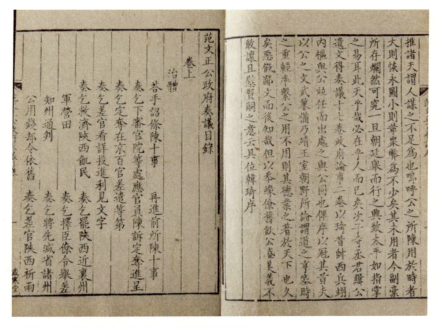

▎（北宋）范仲淹《范文正公集》，清乾隆岁寒堂原刻

其久也，燕越背驰，不自知矣。己不知，人知之。非惟诚不可撝，伪亦不可掩也。温公曰："诚自不妄语始善。"夫善言，身之文也，不善则疵。善行，身之舆也，不善则败。君子审取舍之权，则知言行之机。

谚有之"百语不如一默，百动不如一静"。炎曰：己可静，不能必人之静也；己可默，不能必人之默也。人在天地间则有生，有生则不能不与物接。其静也仁，其动也义，其语也信，其默也智，则君子人也。

谚有之"千安不如寝，百利不如耕。"言其定也。炎曰：耕不能无歉岁，寝不能无思梦。定者犹未定也。是以君子昼参诸践履，以观其所守；夜参诸梦寐，以观其所安。

善战者，进可以攻，退可以守。善斗者，进可以搏，退可以保。安身理家，强国之本，知所以退，则知所以进。

常人之过也，各于其所长。君子之善改过也，乃见其所以长。圣人不见其长，何短之有。莫名其善，何过之有！

圣人见善则拜，贤人闻过则喜。闻过如不闻，见善如不见，庸人也；诋善以为非，闻过则必文，小人也。又其甚也，怀触实之怒，肆报复之毒。其过也，何可以易言欤？

不知而为之过也，及其改也，不复过矣；知而为之，非过也，及其改也，萌蘖复生。是以君子有过，小人无过。欲为君子，终身乃成；欲为小人，一朝可就。

穷儿无升斗之量，无寻尺之度，溢乎其中，不能自止。有觋于外，恬不之觉，气使然也。是故，圣人道大而小天下，贤人君子德充而容物。

巨商适市，有怀百金之宝者，有怀千金或万金者，人莫测其孰愈，遂操百金而与之较。彼百金者忿然，其势敌也；千金者欢然，其势倍也；万金者不喜不，漠然不顾，不足较也。欲知君子所蕴之浅深，则亦犹是矣。

行高而自卑者，裕身之道也；行卑而自高者，速祸之道也。

明珠藏于千仞之渊，没者致之，不避蛟龙之害；金玉产乎千仞之山，采者发之，不畏覆压之变。象玑妆首，见者嗤鄙；砥砆列肆，过者不视。是以行伪而衒露，其名不著；德充而韬藏，其名自彰。甚矣，名之难全也。

天败之，人败之，己败之。天可以胜，人可以胜。惟己自败，天不能顾，人不能虑，知而不返，陨越乃已。返而不亟，所丧亦过半矣。懔懔乎真可畏惧也哉！

名有美恶，惟大贤流芳，惟大奸遗臭。乡里之所谓善恶人者，皆不足以为名。

人莫不有耻，惟不忠不义，名污竹帛，千古不刊，其为耻大矣。子孙耻为之后，乡人耻与同国邑，天下后世见其姓字，如见恶臭，唾去而怒骂继之。是以名莫荣于忠义，辱莫大于奸邪。

小人惟虑智巧之不章，君子惟忧德善之不着。古人有终身之，忧不为圣贤之徒也。人有终身之忧，忧利禄不足以及子孙尔。

士不耻贫，庄周颜真卿皆尝乞米。使周不立言，真卿无大节，则亦何异于途人，是则贫者，士之常。士亦不可以徒贫也，徒贫贱而欲骄人，无道义而欲轻王公者，妄人也。君子贫贱自得，未尝骄于色。道义自尊，未尝轻于其上。

外夸而内歉者，必为人之所不屑为；貌谦而实至者，必能人之所不能为。

小有才，不足恃也，得之由是，失之由是。德无行而不得，失则未之闻也。

仁大无小惠，义大无小节，礼大无小谨，智大无小察，信大无小谅。

天　道

三家之市，贤否杂处；十室之邑，善恶相半。天必佑贤黜不肖，福善祸淫人，则雷霆之威日轰轰乎三家，雨露之恩，日优渥乎十室，足矣。胡足见造化之大哉！为善不必福，福在其中；为恶不必祸，祸在其中。是天道也。

积善顺天，不求其福，可也。积恶而求免祸，其可乎？施德于人，不求其报，可也。施怨而责人无报，其可乎？是故君子善与天合。德与人和，必其所可必，而不必其所不可必也。

为恶而不为恶所倾，恶亦足为矣。为善而不为善所成，善亦不足为矣。恶而终倾，善而终成，君子必舍彼而取此。

仁则生，生则久，久则广大。不仁则贼，贼则削，削则枯灭。义则成，成则积，积则充实。不义则败，败则散，散则耗荡。是故圣贤仁生如春，义成如秋。

进德入道，无有止极。积利干禄，宜惧满盈。道德不器，利禄有量也。

或问分有定，人鲜能安者。何也？曰：心平则安，不平则不安，不安则倾欹颠覆随之。虽欲复常，已噬脐矣。是故自然之分，天命也。乐天不忧，知命者也。

寿夭有数，贵贱有分，天也。君子为其所可为，不为其所不可为，斯可以胜天。言数者以富贵安佚为福，以贫贱忧戚为祸。人之贤否，心之邪正，不与焉。是岂知君子有自求之福，小人有自取之祸哉。故曰：静重之福，轻躁之祸，匪降自天，自取由人。

麝裂脐，狖牦断尾，恶其为身害也。人有为身害者，多矣。反若被珠玉锦绣，然斯惑之甚也。

发如素丝，体如枯枝，耳目聪明，方寸不乱，寿而臧矣。如其不

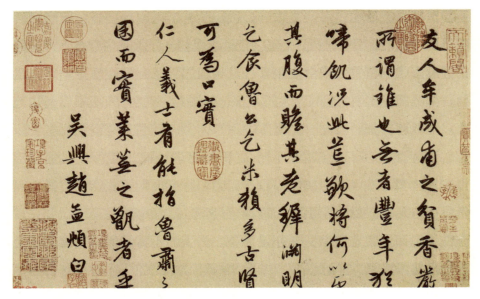

（南宋）赵孟頫行书《为牟成甫乞米帖》，故宫博物院藏。识文：友人牟成甫之贫，香严所谓锥也无者。丰年犹啼饥，况此荒歉，将何以坚其腹而赡其老穉。渊明乞食，鲁公乞米，赖多古贤，可为口实。仁人义士，有能指鲁肃之囷而实莱芜之甑者乎。吴兴赵孟頫白。

藏，则盗跖不如颜回，人皆曰跖寿而回夭。吾独曰：回寿而跖夭，跖未死而先朽，回既死而不朽也。

疾非暴疾，必待其定，定而后应，应必宜矣；事非机事，姑镇以静，静而后动，动斯得矣。

圣人缓急适宜，刚柔适时。常人急则多败，缓则失机。刚则易折，柔则易屈。君子与其刚也宁柔，与其急也宁缓。或曰"圣人何以知性命之理"，曰"格物则知性，更事则知命"。或曰"何以知事物之要"，曰"圣人察天地之运，知鬼神之情，而况于人乎！而况于事物乎！"是故，《易》之为道，通天下之变故者也；《春秋》之义，达天下之情伪者也。由迩而远，自明而幽。天地鬼神且不能违，而况于人乎！而况于事物乎！

性地虚明，旷如青天；心曲阴墨，隘如坎窖。是故恶莫大于阴谋，善莫先于阴德。知斯谋足以自陷，则知斯德足以自裕。

或曰"顺天之道何先？"曰"自下"。谦无凶爻，讼无终吉，圣人作《易》之意，亦可知矣。

人　道

人道之交以诚信，诚信不磨，非惟自成，亦足成人；诈伪无据，非惟自败，亦足败人。

待人以诚，盖有生之不以为恩，杀之不以为怨者。诚则公，公则天也。待人以伪，盖有生之而疑其市恩，杀之而疑其复怨者。伪则私，私则人莫之信也。

爱己者能爱人，轻己者能杀人。

古者忠以责己，恕以待人。今人待己以恕，责人以忠。几谏，父子之恩也，扬于外则离；责善，朋友之信也，语诸人则疑；献替，君臣之义也，播诸国则辱。人能无以虚言受实祸，无以小利招大辱。其度越于人，远矣。

闻誉而喜，必妄誉人；闻毁而怒，必妄毁人。不苟喜怒，斯不妄毁誉。陵贫者谀富，傲贱者谄贵。不陵不傲，斯不惯谀谄。

人心险夷，不难知也。处家终身，莫知其人。同途一日，可卜其素。同体而后已，同位而先人，同名不忌，同患不避。故虽小物，必辨义利。循是者君子，反是者小人。惟大奸大佞，未可立谈判尔。

小人之交以利。平时相亲，不啻父子，一旦相噬，不啻狗彘。君子之交以义。平时讲切，水火异齐，临难死节，舟楫相济。善哉！司马公之言曰"覆王氏必惠卿也"，信然。

博戏之交不日，饮食之交不月，势利之交不年。惟道义之交可以终身。

与君子居，不存形迹，可也。与小人居，勿事形迹，可乎哉？近君子如濯清泉，所染未必变。近小人如失足于污泞，所渐何易深也。白受污易，污反白难。自君子为小人易，自小人为君子难也。

几哉！危哉！朋友之深交其可忽哉！端士深交如入室堂，坐卧履止，久而愈适；邪佞深交如涉溪谷，一跌之顷，即致颠覆。择交之始，勿谓端士无益而远之，远则孤，孤则无以立；勿谓邪佞无伤而狎之，狎则深，深则易以陷。失交凡民，饮食以为阶；失交凡士，言语以为阶。知其凡而不交上也。既交而失，有犯不校，犹不失其为智。如必屑屑然辨是非，则身亦凡矣。

天下之至易怨者，小人；至易恩者，亦小人。箪食豆羹，足以得其欢心；摩拂豢养，足以得其死力。一语不雠，乾糇以愆，则失德矣。若夫君子则不然，大则行其道，小则尽其才，恩所知己而已。犬马畜伋，万钟养轲，则逝矣。韩淮阴鄙泣涕者为妇人之仁，而复念念乎解衣推食之赐。英九江悔怒踞洗之辱，而大喜张御之丰卑矣哉！乌得不为狗烹也哉！是故，待君子则以礼，结小人则以恩。

小人好用巧心以愚君子，彼自乐其计之得也，有不知手之舞之，足之蹈之者。君子静以待之，如观优戏，一笑可也。一或为之动摇，则骎骎如入机阱矣。

小人好以小利污君子，容有受其污者。君子以大义责小人，未有能受

（明）佚名《范仲淹像》

其责者也。受污则见制，不受责则反见害矣。

暗箭中人，其深次骨。人之怨之，亦必次骨，以其掩人所不备也。两军对垒，克日乃战；鸣镝交驰，负不怨胜。罪不在人，责在己也。故君子之于人，与其阴倾，不如显责。

君子之履世也，泛应而主诚，致曲而达道。

富贵近人，人以为谦；贫贱近人，人以为谄。故富贵宜自下，贫贱宜自守。自下者，人爱之；自守者，人敬之。

将忘有恩，必故雠之；将背其言，必故尤之。是友也，古之所谓不学，今之所谓口诗书而行市人者也。

虎狼之泽安得麒麟而友之，鹰鹯之林安得鸾凤而友之。惟不待之以虎狼鹰鹯，待之以人道，庶乎可以自存尔。

《四库全书·子部精要》

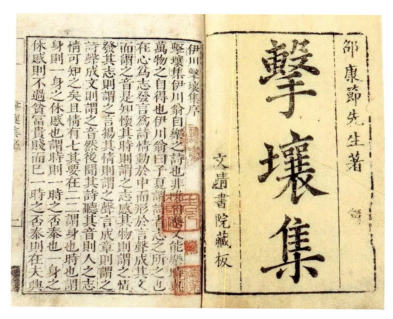

（北宋）邵雍《伊川击壤集》，明万历文靖书院刻本

习 俗

或叹无严师畏友，曰非无也，未之见也。有严师教亦不行，有畏友谏亦不入，近世流俗之患也。徇俗而忘己，从流而失正，斯师友也，何严畏之有！

古之教者，虑道之无传也。今之教者，身不行道，何道之可传。悠悠风尘，外科目之习不谈也。师夫人，师夫文也，道不至无议焉；授夫人，授夫文也，道不进无责焉。胶庠辟雍皆然矣。私淑诸人，微有异焉，群然诮之。

近世宦学之士，在人上则乐人之誉己，在下则不敢以咈人。嗟乎！万乘而容匹夫之贱，匹夫而规万乘之贵。受谏诚难，进谏亦不易矣。尧舜圣之极也，闻以从谏为圣。汉祖唐宗，雄略高天下，不闻以誉己为乐。乡人辄复尔，兹其所以为乡人欤。

流俗之所谓富贵者，好陵贫贱之士，能使人欲富贵之心跃然而起。如得其道，犹不丧其初心，苟失其道，富贵未必得，而所守己变迁矣。是故君子不以世俗为轻重，而守道俟命为良宝。未遇之士常见慢于人，及其既遇，必见敬于所慢者，俚俗积态耳。君子无责焉，小人则施报。

愚役一里，不知有市，里氓智也。里有善士则鄙之，奔走负贩，逞夸长雄，市井智也。邑有善士则鄙之，大略容天下，其次容一国。胸中不能容百夫，而好行市里小慧，难矣哉！

世俗之所谓智，乃天下之至愚。世俗之所谓愚，乃天下之极智。

恃巧而穷则坏，恃诈而穷则败，恃力而穷则毙。今之士也，有时出智巧诈力以示人者，冀夫人之畏己也。悲夫！上而王公，下达庶人，有不能善，使人畏而不敢言者，败亡之兆昭矣。君子畏己，直言日踈；小人畏己，佞言日至。受佞弃直，罪恶积矣。积之不已，欲无败亡，不可得矣。

聚蛇于瓮，势必相吞；聚虎于圈，势必相噬，更相吞噬。螯蹤者胜，吞噬无馀，螯蹤亦毙。不善之家，不良之朋，自相屠戮，其势亦然。

胜心之为患也久矣。小欲胜有小敌，大欲胜有大敌。已且然，何以必人之不然哉。

小人耻不若人，每勉强于义所不当为，力所不可及者，其亦终不若人而已。

下愚之氓，欺天诬神，终日不义，晨起讽呗，终身不仁。岁祈长年，漫不知其自欺自诬也。天可欺，神可诬哉！家温而务苟得者，速贫之道也；年盛而忧日莫者，速死之道也；身佚而好行险者，速祸之道也。知斯三者，则知所以守富贵，保福禄也。

里翁贪得，朝夕营营，步止忽忽，机智投空，须发为白。君子谨欲恶之机，察取舍之微，道德以为宇，仁义以为途。乃若所得，则异于里翁之为矣。

甚矣，世俗能其所难，而不能其所易也。能赴水火者，未必能忠义；能断肢体者，未必能孝弟。

或曰礼义生于富足，何如？曰：知稼穑艰难者，富贵则礼义生；未知稼穑艰难者，恩意生于冻馁，悖逆生于豢养而已。

饮食相欢，君子以之达情，小人以为恩怨。

鄙夫得禄，则妾其妻；多赀，则奴其夫。举目市里，何鄙贱之多也。

奔走高门，眩俗规利者，十且八九。况乎出入禁庭，依凭势要，君相独能保其无奸利乎！斯人也，敬而远之则智矣。既与狎近，复施防闲，而曰吾智，吾不信也。

解读

《迩言》是南宋学者刘炎的一部著作。

刘炎，字子宣，括苍（今浙江丽水）人，南宋后期人。生卒年月和生平事迹均不详。其人精于理学，因庆元党籍隐而不仕，从真德秀游。作为真德秀的学生，刘炎在做人和学术上也颇具乃师的风骨。这本书正是他学以致用的体现。

《迩言》共十二章，分别为《成性》《存心》《立志》《践行》《天道》《人道》《君臣》《治道》《今昔》《经籍》《习俗》《志见》，被赞为"全书立言醇正笃实，且合于人情，近于事理，无迂阔难行之说，亦没有刻核过高之论"。可谓"言近而指远，辞约而理尽，天下之至言也"。后儒对此书多有赞语，《四库全书总目》对书中所论倍加称许，认为"是足为学二程而不至者之戒也。如此之类，皆他儒者心知其然而断不出

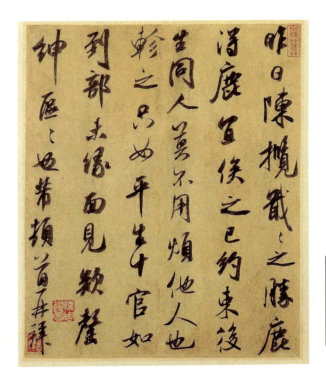

（北宋）米芾《陈揽帖》（《昨日帖》），台北故宫博物院藏。识文：昨日陈揽戢之胜，鹿得鹿宜，俟之。已约束后生同人，莫不用烦他人也。轸之只如平生。十官如到部，未缘面见，欲罄绅区区也。芾顿首再拜。

之于口者。炎独笔之于书，可谓光明磊落，无纤毫门户之私矣"。书中提倡加强道德修养，要待人以诚，忠以责己，恕以待人，特别是对如何做君子有着系统深刻的阐述，提出"人要有志，其志不立，则事不成"，"君子志于泽润天下，小人志于荣其自身"，"圣人有容天下之度，故能以天下为一家。贤人有修身治人之志，故毁誉得丧不能动摇其心"；特别是区分了君子和小人的特征，以及如何对待君子和小人，"待君子则以礼，结小人则以恩"；对小人的伎俩观察深刻，如说"小人好用巧心以愚君子"，而君子则"君子静以待之，如观优戏，一笑可也"，千万不要为之动摇。同时提醒，"小人好以小利污君子"，受其污则容易被其制约，而如果"君子以大义责小人"，小人不仅不会接受，还会被其害。

王应麟《困学纪闻》: 思欲近，近则精；虑欲远，远则周

"以能问于不能，以多问于寡，有若无，实若虚，犯而不校"，颜子和风庆云之气象也。"富贵不能淫，贫贱不能移，威武不能屈"，孟子泰山岩岩之气象也。

陆务观云："一言可以终身行之者，其恕乎！此圣门一字铭也。《诗》三百，一言以蔽之，曰'思无邪'。此圣门三字铭也。"

吕成公读《论语》"躬自厚而薄责于人"，遂终身无暴怒。絜斋见象山读《康诰》，有感悟，反己切责，若无所容。前辈切己省察如此。

君子不因小人而求福，孔子之于弥子也；不因小人而避祸，叔向之于乐王鲋也。朱博之党丁傅，福可求乎？贾捐之之谄石显，祸可避乎？故曰："不知命，无以为君子。"

夫子之割之席，曾子之箦，一于正而已。论学则曰正心，论政则曰正身。

善人吾不得而见之矣，得见有恒者斯可矣。善人，周公所谓吉士也；有恒，周公所谓常人也。

过则勿惮改。非礼勿视，非礼勿听，非礼勿言，非礼勿动。己所不欲，勿施于人，勿欺也。皆断以"勿"，盖去恶不力，则为善不勇。

孔门独颜子为好学，所问曰"为仁"、曰"为邦"，成己成物，体用本末备矣。

范太史《孝经说》曰："能事亲则能事神。"真文忠公《劝孝文》曰："侍郎王公盖梅溪也。见人礼塔，呼而告之曰：'汝有在家佛，何不供养？'"盖谓人能奉亲，即是奉佛。

善推其所为，此心之充拓也；求其放心，此心之收敛也。致堂曰："心无理不该，去而不能推，则视之不见，听之不闻，痒疴疾痛之不知；存而善推，则潜天地，抚四海，致千岁之日至，知百世之损益。"此言充拓之功也。西山曰："心一而已。由义理而发，无以害之，可使与天地参；由形气而发，无以检之，至于违禽兽不远。"此言收敛之功也。不阖则无辟，不涵养则不能推广。

守孰为大？守身为大。有猷有为矣，必曰有守；不亏其义矣，必曰不更其守。何德将叹息曰："入时愈深，则趋正愈远。"以守身为法，以入时为戒，可谓士矣。

行一不义，杀一不辜，而得天下，皆不为也。诸葛武侯谓汉贼不两立，其义正矣，然取刘璋之事，可谓义乎？

君子可欺以其方，难罔以非其道。日无再中之理，而新垣平言之；日无渐长之理，而袁充言之。汉文、隋文皆以是改元。汉文悟平之诈，而隋文终受充之欺，此存亡之判欤！

夫道一而已矣。为善而杂于利者，非善也；为儒而杂于异端者，非儒也。

利与善之间，君子必审择而明辨焉。此天理人欲之几，善恶正邪之分界也。孟子之言公，不夷不惠，可否之间，材与不材之间，杨、庄之言私。

若将终身焉，穷不失义；若固有之，达不离道。能处穷，斯能处达。

养心莫善于寡欲，注云："欲，利也。"虽非本指，"廉者招福，浊者速祸"，亦名言也。道家者流谓：丹经万卷，不如守一。愚谓：不如《孟子》之七字。不养其心而言养生，所谓"舍尔灵龟，观我朵颐"也。

求在我者，尽性于己；求在外者，听命于天。李成季曰："与其有求于人，曷若无欲于己？与其使人可贱，不若以贱自安？"吕居仁亦以见人有求为非。

陈烈读"求其放心"，而悟曰："我心不曾收，如何记书？"遂闭门静坐，不读书百余日，以收放心。然后读书，遂一览无遗。前贤之读书如此。

草庐一言而定三分之业，一言之兴邦也；夕阳亭一言而召五胡之祸，一言之丧邦也。

《文子》曰："圣人不惭于影，君子慎其独也。"《刘子》曰："独立不惭影，独寝不愧衾。"高彦先《谨独铭》曰："其出户如见宾，其入虚如有人。其行无愧于影，其寝无愧于衾。"四句并见《刘子》。

"巧言如簧"，颜之厚矣，羞恶之心未亡也。"不愧于人，不畏于天"，无羞恶之心矣。天人一也，不愧则不畏。

学立志而后成，逊志而后得。立志，刚也；逊志，柔也。

《无逸》多言不敢，《孝经》亦多言不敢，尧、舜之兢业，曾子之战兢，皆所以存此心也。

有问心远之义于胡文定公者。公举上蔡语曰："莫为婴儿之态，而也大人之气。莫为一身之谋，而有天下之志。莫为终身之计，而也后世之虑。此之谓心远。"

晏元献《谢升王记室表》云："衣存缺衽，式赞于谦冲；馔去邪蒿，不忘于规谏。"《韩诗外传》周公诫伯禽曰："衣成则必缺衽，宫成则必缺隅。"

齐斋倪公《三戒》：不妄出入，不妄语言，不妄忧虑。

吕成公谓：争校是非，不如敛藏持养。

《化书》曰："奢者富不足，俭者贫有余。奢者心常贫，俭者心常富。"季元衡《俭说》曰："贪饕以招辱，不若俭而守廉。干请以犯义，不若俭而全节。侵牟以聚仇，不若俭而养福。放肆以逐欲，不若俭而安性。"皆要言也。

苏魏公《书帙铭》曰："非学何立？非书何习？终以不倦，圣贤可及。"蒲传正《戒子弟》曰："寒可无衣，饥可无食，至于书不可一日失。"

真文忠公曰："仁义足以包宽严，而宽严不足以尽仁义。"

傅玄《席铭》，左端曰："闲居勿极其欢。"右端曰："寝处毋忘其患。"左后曰："居其安，无忘其危。"右后曰："惑生于邪色，祸成于多言。"《冠铭》曰："居高无忘危，在上无忘敬。惧则安，敬则正。"《被铭》曰："被虽温，无忘人之寒。无厚于己，无薄于人。"

群居终日，言不及义，而险薄之习成焉；饱食终日，无所用心，而非僻之心生焉。故曰："民劳则思，思则善心生。"寤寐无为，《泽陂》之诗所以刺也。

道家云："真人之心，若珠在渊；众人之心，若瓢在水。"真文忠云："此心当如明镜止水，不可如槁木死灰。"

西山先生《题杨文公所书遗教经》曰："学佛者，不繇持戒而欲至定慧，亦犹吾儒舍离经辨志而急于大成，去洒扫应对而语性与天道之妙。"《跋普门品》曰："此佛氏之寓言也。昔唐李文公问药山禅师曰：'如何是黑风吹船，飘落鬼国？'师曰：'李翱小子，问此何为！'文公怫然，怒形于色。师笑曰：'发此嗔恚心，便是黑风吹船，飘落鬼国也。'药山可谓善启发人矣。以此推之，则知利欲炽然，即是火坑。贪爱沉溺，便为苦海。一念清净，烈焰成池。一念警觉，船到彼岸。灾患缠缚，随处而安。我无怖畏，如械自脱。恶人侵凌，待以横逆，我无忿嫉，如兽自奔。读是经者，作如是观，则知补陀大士真实为人，非浪语者。"

《国学典藏》

解读

王应麟（1223～1296年），字伯厚，号深宁居士，又号厚斋。庆元府鄞县（今浙江省宁波市）人，祖籍河南开封。宋理宗淳祐元年（1241年）进士，宝祐四年（1256年）复中博学宏词科。历官太常寺主簿、通判台州，召为秘节监、权中书舍人，知徽州、礼部尚书兼给事中等职。其为人正直敢言，屡次冒犯权臣丁大全、贾似道而遭罢斥，后辞官回乡，专意著述二十年。为学宗朱熹，涉猎经史百家、天文地理，熟悉掌故制度，长于考证。一生著述颇富，计有二十余种、六百多卷。考据性笔记《困学纪闻》，居"宋代三大笔记"之首；蒙学著作《三字经》风行七百多年。

《困学纪闻》内容涉及传统学术的各个方面，其中以论述经学为重点。本文选录了部分经典评论，主要是关于为学、察人、修身、祸福等内容，有的是借题发挥，有的引用古人论述，有的是作者的真实感受，其思想深刻、语言犀利，发人深思。

吴亮《忍经》：欲成大节，不免小忍；
忍字一字，众妙之门

序

忍乃胸中博闳之器局，为仁者事也，惟宽恕二字能行之。颜子云"犯而不校"，《书》云"有容德乃大"，皆忍之谓也。韩信忍于胯下，卒受登坛之拜；张良忍于取履，终有封侯之荣。忍之为义，大矣。惟其能忍则有涵养定力，触来无竞，事过而化，一以宽恕行之。当官以暴怒为戒，居家以谦和自持。暴慢不萌其心，是非不形于人。好善忘势，方便存心，行之纯熟，可日践于无过之地，去圣贤又何远哉！苟或不然，任喜怒，分爱憎，捃拾人非，动峻乱色。干以非意者，未必能以理遣；遇于仓卒者，未必不入气胜。不失之偏浅，则失之躁急，自处不暇，何暇治事？将恐众怨丛身，咎莫大焉！其视吕蒙正之不问姓名，张公艺九世同居，宁不愧耶？愚因暇类集经史语句，名曰《忍经》。凡我同志一寓目间，有能由宽恕而充此忍，由忍而至于仁，岂小补哉！大德十年丙午闰月朔，古杭蟾心吴亮序。

《易损卦》云："君子以惩忿窒欲。"

《书》周公戒周王曰："小人怨汝詈汝，则皇自敬德。"又曰："不啻不敢含怒。"又曰："宽绰其心。"

成王告君陈曰："必有忍，其乃有济；有容，德乃大。"

《左传》宣公十五年："谚曰：'高下在心，川泽纳污，山薮藏疾'。瑾瑜匿瑕，国君含垢，天之道也"。

昭公元年："鲁以相忍为国也。"

楚庄王伐郑，郑伯肉袒牵羊以迎。庄王曰："其君能下人，必能信用其民矣。"

《左传》："一惭不忍，而终身惭乎？"

《论语》："孔子曰：小不忍，则乱大谋。"又曰："一朝之忿，忘其身以及其亲，非惑欤？"又曰："君子无所争。"又曰："君子矜而不争。"

曾子犯而不校。戒子路曰："齿刚则折，舌柔则存。

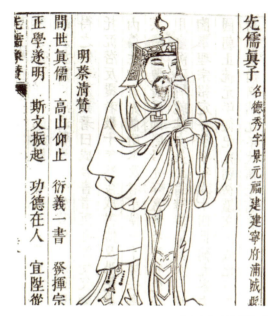

（南宋）真德秀像

柔必胜刚，弱必胜强。好斗必伤，好勇必亡。百行之本，忍之为上。"

《老子》曰："知其雄，守其雌；知其白，守其黑。"又曰："大直若屈，大智若拙，大辩若讷。"又曰："上善若水，水善利万物而不争。"又曰："天道不争而善胜，不言而善应。"

荀子曰："伤人之言，深于矛戟。"

蔺相如曰："两虎共斗，势不俱生。"

晋王玠尝云："人有不及，可以情恕。"又曰："非意相干，可以理遣，终身无喜愠之色。"

细过掩匿

曹参为国相，舍后园近吏舍。日夜饮呼，吏患之，引参游园，幸国相召，按之。乃反，独帐坐饮，亦歌呼相应。见人细过，则掩匿盖覆。

醉饱之过

丙吉为相，驭史频罪，西曹曹罪之。吉曰："以醉饱之过斥人，欲令安归乎？不过吐呕丞相东茵。"西曹第忍之。

圯上取履

张良亡匿，尝从容游下邳。圯上有一老父，衣褐。至良所，直坠其履圯上。顾谓良曰："孺子，下取履。"良愕然，强忍，下取履，因跪进。父以足受之，曰："孺子可教矣。"

出胯下

韩信好带长剑，市中有一少年辱之，曰："君带长剑，能杀人乎？若能杀人，可杀我也；若不能杀人，从我胯下过"。韩信遂屈身，从胯下过。汉高祖在为大将军，信召市中少年，语之曰："汝昔年欺我，今日可欺我乎？"少年乞命，信免其罪，与其一校官也。

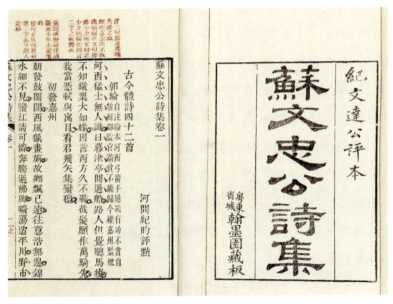

（北宋）苏轼《苏文忠公诗集》，清同治八年粤东省城翰墨园刊本

尿寒灰

韩安国为梁内史，坐法在狱中，被狱吏田甲辱之。安国曰："寒灰亦有燃否？"田甲曰："寒灰倘然，我即尿其上。"于后，安国得释

放，任梁州刺史，田甲惊走。安国曰："若走，九族诛之；若不走，赦其罪。"田甲遂见安国，安国曰："寒灰今日燃，汝何不尿其上？"田甲惶惧，安国赦其罪，又与田甲亭尉之官。

诬 金

直不疑为郎同舍，有告归者，误持同舍郎金去，金主意不疑。不疑谢，有之买舍，偿之。后告归者至，而归亡金，郎大惭。以此称为长者。

诬 裤

陈重同舍郎有告归宁者，误持邻舍郎裤去，主疑重所取，重不自申说，市裤以还。

羹污朝衣

刘宽仁恕，虽仓卒未尝疾言剧色。夫人欲试之，趁朝装毕，使婢捧内羹翻污朝衣。宽神色不变，徐谓婢曰："羹烂汝手耶？"

认 马

卓茂，性宽仁恭，爱乡里故旧，虽行与茂不同，而皆爱慕欣欣焉。尝出，有人认其马。茂心知其谬，嘿解与之。他日，马主别得亡者，乃送马，谢之。茂性不好争如此。

鸡肋不足以当尊拳

刘伶尝醉，与俗人相忤。其人攘袂奋拳而往，伶曰："鸡肋不足以当尊拳。"其人笑而止。

唾面自干

娄师德深沉有度量，其弟除代州刺史，将行，师德曰："吾辅位宰相，汝复为州牧，荣宠过盛，人所嫉也，将何求以自免？"弟长跪曰："自今虽有人唾某面，某拭之而已。庶不为兄忧。"师德愀然曰："此所以为吾忧也。人唾汝面，怒汝也，汝拭之，乃逆其意，所以重其怒。

不拭自干，当笑而受之。"

五世同居

张全翁言，潞州有一农夫，五世同居。太宗讨并州，过其舍，召其长，讯之曰："若何道而至此？"对曰："臣无他，唯能忍尔。"太宗以为然。

九世同居

张公艺九世同居。唐高宗临幸其家。问本末，书"忍"字以对。天子流涕，遂赐缣帛。

置怨结欢

李泌、窦参器李吉甫为才，厚遇之。陆贽疑有党，出为明州刺史。贽之贬忠州，宰相欲害之，起吉甫为忠州刺史，使甘心焉。既至，置怨与结欢，人器重其量。

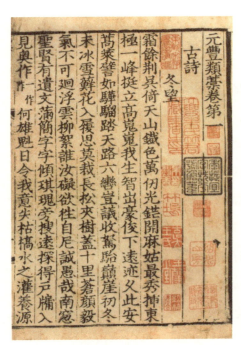

（北宋）曾巩《元丰类稿》，元代大德八年东平丁思敬所刻

鞍环不加罪

裴行俭尝赐马及珍鞍，令吏私驰马。马蹶鞍坏，惧而逃，行俭招还，云："不加罪。"

万事之中，忍字为上

唐光禄卿王守和，未尝与人有争。尝于案几间大书忍字，至于帏幌之属，以绣画为之。明皇知其姓字非时，引对曰："卿名守和，已知不争。好书忍字，尤见用心。"奏曰："臣闻坚而必断，刚则必折，万事之中，忍字为上"。帝曰："善。"赐帛以旌之。

盘碎，色不少吝

裴行俭初不都支遮匐，获镶环宝，不赀。番酋将士观焉。行俭因奢，遍出示坐者。有玛瑙盘二尺，文采粲然。军吏趋跌，盘碎，惶惧，叩头流血。行俭笑曰："尔非故也。"色不少吝。

不忍按

许围师为相州刺史，以宽治部，有受贿者，围师不忍按，其人自愧，后修饬，更为廉士。

逊以自免

唐娄师德，深沉有度量，人有忤己，逊以自免，不见容色。尝与李昭德偕行，师德素丰硕，不能剧步，昭德迟之，恚曰："为田舍子所留。"师德笑曰："吾不田舍，复在何人？"

盛德所容

狄仁杰未辅政，娄师德荐之。后曰："朕用卿，师德荐也，诚知人矣。"出其奏。仁杰惭，已而叹曰："娄公盛德，我为所容，吾知吾不逮远矣。"

含垢匿瑕

晋陈骞，沉厚有智谋，少有度量，含垢匿瑕，所在存绩。

未尝见喜怒

唐贾耽，自朝归第，接对宾客，终日无倦。家人近习，未尝见其喜怒之色，古之淳德君子，何以加焉？

语侵不恨

杜衍曰："今之在位者，多是责人小节，是诚不恕也。"衍历知州，提转安抚，未尝坏一官员。其不职者，委之以事，使不暇惰；不谨者，谕以祸福，不必绳之以法也。范仲淹尝与衍论事异同，至以语侵杜衍，衍不为恨。

释盗遗布

陈寔，字仲弓，为太丘长。有人伏梁上，寔见，呼其子训之曰："夫不喜之人，未必本恶，习以性成，梁上君子是矣。"俄闻自投地，伏罪。寔曰："观君形状非恶人，应由贫困。"乃遗布二端，令改过之，后更无盗。

（南宋）朱熹《朱子文集》，清同治福州正谊书局左氏增刊本

憨寒架桥

淮南孔旻，隐居笃行，终身不仕，美节甚高。尝有窃其园中竹，旻憨其涉水冰寒，为架一小桥渡之。推此则其爱人可知。

射牛无怪

隋吏部尚书牛弘，弟弼好酒而酗，尝醉射弘驾车牛。弘还宅，其妻迎曰："叔射杀牛。"弘闻无所怪，直答曰："作脯。"坐定，其妻又曰："叔忽射杀牛，大是异事。"弘曰："已知。"颜色自若，读书不辍。

代钱不言

陈重，字景公，举孝廉，在郎署。有同郎署负息钱数十万，债主日至，请求无至，重乃密以钱代还。郎后觉知而厚辞谢之。重曰："非我之为，当有同姓名者。"终不言惠。

认猪不争

曹节，素仁厚，邻人有失猪者，与节猪相似，诣门认之，节不与争。后所失猪自还，邻人大惭，送所认猪并谢。节笑而受之。

鼓琴不问

赵阅道为成都转运使，出行，部内唯携一琴一龟，坐则看龟鼓琴。尝过青城山，遇雪，舍于逆旅，逆旅之人不知其使者也，或慢狎之，公颓然鼓琴不问。

唯得忠恕

范纯仁尝曰："我平生所学。唯得忠恕二字，一生用不尽，以至立朝事君，接待僚友，亲睦宗族，未尝须臾离此也。"又戒子弟曰："人虽至愚，责人则明；虽有聪明，恕己则昏。尔曹但常以责人之心责己，恕己之心恕人。不患不到圣贤地位也。"

益见忠直

王太尉旦荐寇莱公来相，莱公数短太尉于上前，而太尉专称其长。上一日谓太尉曰："卿虽称其美，彼谈卿恶。"太尉曰："理固当然。臣在相位久，政事阙失必多。准对陛下无所隐，益见其忠。臣所以重准也。"上由是益贤太尉。

酒流满路

王文正公母弟，傲不可训。一日过冬至，祠家庙列百壶于堂前，弟皆击破之，家人俱骇。文正忽自外入，见酒流，又满路，不可行，俱无一言，但摄衣步入堂。其后弟忽感悟，复为善。终亦不言。

不形于言

韩魏公器重闳博，无所不容，自在馆阁，已有重望于天下。与同馆王拱辰、御史叶定基，同发解开封府举人。拱辰、定基时有喧争，公安坐幕中阅试卷，如不闻。拱辰奋不助己，诣公室谓公曰："此中习器度耶？"公和颜谢之。公为陕西招讨，时师鲁与英公不相与，师鲁于公处即英公事，英公于公处亦论师鲁，皆纳之。不形于言，遂无事。不然不静矣。

未尝竣折

欧阳永叔在政府时，每有人不中理者，辄竣折之，故人多怨。韩魏公则不然，从容谕之，以不可之理而已，未尝竣折之也。

非毁反己

韩魏公谓："小人不可求远，三家村中亦有一家。当求处之理。知其为小人，以小之处之。更不可接，如接之，则自小人矣。人有非毁，但当反己是，不是己是，则是在我而罪有彼，乌用计其如何。"

辞和气平

凡人语及其所不平，则气必动，色必变，辞必厉。唯韩魏公不然，更说到小人忘恩背义欲倾己处，辞和气平，如道平常事。

委曲弥缝

王沂公曾再莅大名代陈尧咨。既视事，府署毁圮者，既旧而葺之，无所改作；什器之损失者，完补之如数；政有不便，委曲弥缝，悉掩其非。及移守洛师，陈复为代，睹之叹曰："王公宜其为宰相，我之量弗及。"盖陈以昔时之嫌，意谓公必反其故，发其隐者。

诋短逊谢

傅献简公言李公沆秉钧，日有狂生叩马献书，历诋其短。李逊谢曰："俟归家，当得详览。"狂生遂发讪怒，随君马后，肆言曰："居大位不能康济天下，又不能引退，久妨贤路，宁不愧于心乎？"公但于马上？踟蹰再三，曰："屡求退，以主上未赐允。终无忤也。"

直为受之

吕正献公著，平生未尝较曲直。闻谤，未尝辩也。少时书于座右铭曰："不善加己，直为受之。"盖其初自惩艾也如此。

服公有量

王武恭公用善抚士，状貌雄伟动人，虽里儿巷妇，外至夷狄，皆

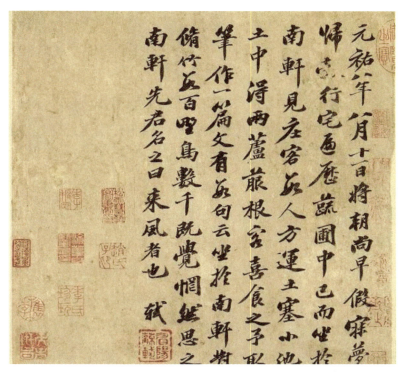

（宋）苏轼书《南轩梦语帖》，台北故宫博物院藏。识文：元祐八年八月十一日，将朝，尚早，假寐梦归旧行宅，遍历蔬圃中。已而坐于南轩，见庄客数人，方运土塞小池，土中得两芦菔根。客喜食之，予取笔作一篇文，有数句云："坐于南轩，对修竹数百，野鸟数千。"既觉，惘然思之，南轩，先君名之曰来风者也。轼。

知其名氏。御史中丞孔道辅等，因事以为言，乃罢枢密，出镇。又贬官，知随州。士皆为之惧，公举止言色如平时，唯不接宾客而已。久之，道辅卒，客有谓公曰："此善公者也。"愀然曰："孔公以职言事，岂害我者！可惜朝廷亡一直臣。"于是，言者终身以为愧，而士大夫服公为有量。

宽大有量

《程氏遗书》："子言：范公尧夫宽大也。昔余过成都，公时摄帅。有言公于朝者，朝廷遣中使降香峨嵋，实察之也。公一日在子款语，子问曰：'闻中使在此，公何暇也。'公曰：'不尔，则拘束已而。'中使果然怒，以鞭伤传言者耳，属官喜谓公曰：'此一事足以塞其谤，清闻于朝。'公既不折言者之为非，又不奏中使之过也。其有量如此。"

呵辱自隐

李翰林宗谔，其父文正公昉，秉政时避嫌远势，出入仆马，与寒士无辨。一日，中路逢文正公，前趋不知其为公子也，剧呵辱之。是后每见斯人，必自隐蔽，恐其知而自愧也。

容物不校

傅公尧俞在徐，前守侵用公使钱，公窃为偿之，未足而公罢，后守反以文移公，当偿千缗，公竭资且假贷偿之。久之，钩考得实，公盖未尝侵用也，卒不辩，其容物不校如此。

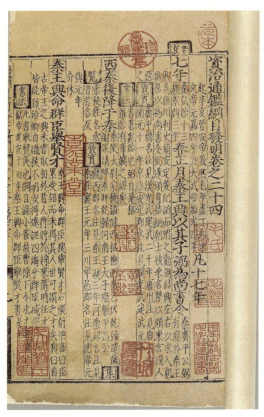

（宋）尹起莘《资治通鉴纲目发明》（残），元刻本

德量过人

韩魏公镇相州，因祀宣省宿，有偷儿入室，挺刃曰："不能自济，求济于公。"公曰："几上器具可直百千，尽以与汝。"偷儿曰："愿得公首以献西人。"公即引颈。偷儿稽首曰："以公德量过人，故来相试，几上之物已荷，公赐，愿无泄也。"公曰："诺终不以告人。"其后，为盗者以他事坐罪，当死，于市中备言其事，曰："虑吾死后，惜公之德不传于世。"

众服公量

彭公思永，始就举时，贫无余资，唯持金钏数只栖于旅舍。同举者过之，众请出钏为玩。客有坠其一于袖间，公视之不言，众莫知也，皆惊求之。公曰："数止此，非有失也。"将去，袖钏者揖而举手，钏坠于地，众服公之量。

还居不追直

赵清献公家有三衢，所居甚隘，弟侄欲悦公意者，厚以直易邻翁之居，以广公第。公闻不乐，曰："吾与此翁三世为邻矣，忍弃之乎？"命亟还公居而不追其直。此皆人情之所难也。

持烛燃鬓

宋丞相魏国公韩琦帅定武时，夜作书，令一侍兵持烛于旁，侍兵他顾，烛燃公之鬓，公剧以袖摩之，而作书如故，少顷回视，则已易其人矣。公恐主吏鞭笞，亟呼视之，曰："勿易渠，已解持烛矣。"军中咸服。

物成毁有时数

魏国公韩琦镇大名，日有人献玉杯二只，曰："耕者入坏冢而得之。表里无暇可指，绝宝也。"公以白金答之，尤为宝玩。每开宴召客，将设一桌，覆以锦衣，置玉杯其上。一日召漕使，且将用之，酌酒劝坐客，俄为一吏误触倒，玉杯俱碎，坐客皆愕然，吏且伏地待罪。公神色不动，笑谓坐客曰："凡物之成毁，亦自有时数。"俄顾吏曰："汝误也，非故也，何罪之有？"坐客皆叹服公宽厚之德不已。

骂如不闻

富文公少时，有骂者，如不闻。人曰："他骂汝。"公曰："恐骂他人。"又告曰："斥公名云富某。"公曰："天下安知无同姓名者？"

佯为不闻

吕蒙正拜参政，将入朝，有朝士于帘下指曰："是小子亦参政耶？"蒙正佯为不闻。既而，同列必欲诘其姓名，蒙正坚不许，曰："若一知其姓名，终身便不能忘，不如不闻也。"

骂殊自若

狄武襄公为真定副帅，一日，宴刘威敏，有刘易者亦与坐。易素疏悍，见优人以儒为戏，乃勃然曰："黥卒乃敢职此。"诟骂武襄不绝口，掷樽俎而起，武襄殊自若不少动，笑语愈温。易归，方自悔，则武襄已踵门求谢。

为同列斥

王吉为添差都监，从征刘旰。吉寡语，若无能动。为同列斥，吉不问，唯尽力王事。卒破贼，迁统制。

不发人过

王文正太尉局量宽厚，未尝见其怒。饮食有不精洁者，不食而已。家人欲试其量，以少埃墨投羹中，公唯淡饭而已。问其何以不食羹，曰："我偶不喜肉。"一日又墨其饭，公视之，曰："吾今日不喜饭，可具粥。"其子弟诉于公曰："庖肉为馔人所私食，肉不饱，乞治之。"公曰："汝辈人料肉几何？"曰："一斤。今但得半斤食，其半为馔人所庾。"公曰："尽一斤可得饱乎？"曰："尽一斤固当饱。"曰："此后人料一斤半可也。"其不发过皆类此。尝宅门坏，主者撤屋新之，暂于廊庑下启一门以出入。公至侧门，门低，据鞍俯伏而过，都不问。门毕复行正门，亦不问。有控马卒，岁满辞公，公问："汝控马几年？"曰："五年矣。"公曰："吾不省有汝。"既去，复呼回，曰："汝乃某大人乎？"于是厚赠之。乃是逐日控马，但见背，未尝视其面，因去见其面方省也。

器量过人

韩魏公器量过人，性浑厚，不为畦畛峭堑。功盖天下，位冠人臣，不见其喜；任莫大之责，蹈不测之祸，身危于累卵，不见其忧。怡然有常，未尝为事物迁动，平生无伪饰其语言。其行事，进，立于朝与士大夫语；退，息于室与家人言，一出于诚。人或从公数十年，记公言行，相与反复考究，表里皆合，无一不相应。

动心忍性

尧夫解他山之石，可以攻玉。玉者，温润之物，若将两块玉来相磨，必磨不成，须是得他个粗矿底物，方磨得出。譬如君子与小人处，为小人侵陵，则修省畏避，动心忍性，增益预防，如此道理出来。

受之未尝行色

韩魏公因谕君子小人之际，皆高以诚待之。但知其为小人，则浅与之接耳。凡人之于小人欺己处，觉必露其明以破之，公独不然。明足以照小人之欺，然每受之，未尝形色也。

与物无竞

陈忠肃公瓘，性谦和，与物无竞。与人议论，率多取人之长，虽见其短，未尝面折，唯微示意以警之。人多退省愧服。尤好奖后进，后辈一言一行，苟有可取，即誉美传扬，谓己不能。

忤逆不怒

先生每与司马君实说话，不曾放过，如范尧夫，十件只争得三四件便已。先生曰："君实只为能受，尽人忤逆终无怒，便是好处。"

潜卷授之

韩魏公在魏府，僚属路拯者就案呈有司事，而状尾忘书名。公即以袖覆之，仰首与语，稍稍潜卷，从容以授之。

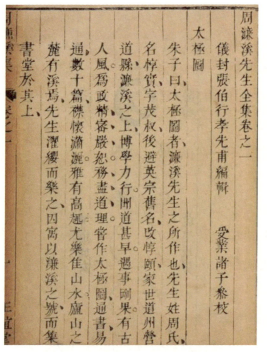

（北宋）周敦颐《周濂溪先生全集》，清康熙正谊堂刻本

俾之自新

杜正献公衍尝曰："今之在上者，多摘发下位小节，是诚不恕也。衍知兖州时，州县官有累重而素贫者，以公租所得均给之。公租不足，即继以公廨，量其小大，咸使自足。尚有复侵扰者，真贪吏也，于义可责。"又曰："衍历知州，提转安抚，未尝坏一个官员，其间不职者，即委以事，使之暇惰；不谨者，谕以祸福，俾之自新。而迁善者甚众，不必绳以法也。"

未尝按黜一吏

陈文惠公尧佐，十典大州，六为转运使，常以方严肃下，使人知畏。而重犯法至其过失，则多保佑之。故未尝按黜一下吏。

小过不恤

宋朝韩亿，在中书见诸路职司，捃拾官吏，小过不恤。曰："今天下太平，主上之心虽昆虫草木皆欲得所，士之大而望为公卿，次而望为侍从，职司二千不下，京望为州郡，岂何锢之于圣世。"

拔藩益地

陈嚣与民纪伯为邻，伯夜窃藩嚣地自益，嚣见之。伺伯去后，密拔其藩一丈，以地益伯，伯觉之，惭惶，自还所侵，又却一丈。太守周府君高嚣德义，刻石旌表其闾，号曰义里。

兄弟讼田，至于失败

清河百姓乙普明兄弟，争田积年不断。太守苏琼谕之曰："天下难得者，兄弟；易求得，田地。假令得田地，失兄弟心如何？"普明兄弟叩头乞外更思，分异十年遂还同住。

将愤忍过片时，心便清凉

彭令君曰："一朝之愤可以亡身及亲，锥刀之利可以破家荡业。故纷争不可不戒。大抵愤争之起，其初甚微，而其祸甚大。所谓涓涓不壅，将为江河；绵绵不流，或成网罗。人能于其初而坚忍制伏之，则便无事矣。性犹火也，方发之初，戒之甚易；既已焰炽，则焚山燎原，不可扑灭，岂不甚可畏哉！俗语有云：'得忍且忍，得诫且诫。不忍不诫，小事成大。'试观今人愤争致讼，以致亡身及亲，破家荡产者，其

（南宋）岳珂《跋唐摹王羲之一门书翰卷》（《唐摹万岁通天帖》）

初亦岂有大故哉？被人少有触击及必愤，被人少有所侵凌则必争，不能忍也，则骂人，而人亦骂之；殴人，而人亦殴之；讼人，而人亦讼之。相怨相仇，各务相胜。胜心既炽，无缘可遏，此亡身及亲，破家荡业之由也。莫若于将愤之初则便忍之，才过片时，则心必清凉矣。欲其欲争之初且忍之，果有所侵利害，徐以礼恳问之，不从而后徐讼之于官可也。若蒙官司，见直行之，稍峻，亦当委曲以全邻里之义。如此则不伤财，不劳神，身心安宁，人亦信服。此人世中安乐法也。比之争斗愤竞，丧心费财，伺候公庭，俯仰胥吏，拘系囹圄，荒废本业以事亡身及亲，破家荡产者，不亦远乎？"

愤争损身，愤亦损财

应令君曰："人心有所愤者，必有所争；有所争者，必有所损。愤而争斗损其身，愤而争讼损其财。此君子所以鉴，易之损而惩愤也。"

十一世未尝讼人于官

《按图记》云："雷孚，宜丰人也。登进士科，居官清白，长厚，好德与义，以枢相恩赠太子太师，自唐雷衡为人长厚，至孚十一世，未尝讼人于官。时以为积善之报。"

无疾言剧色

吕正献公自少讲学，明以治心养性为本，寡嗜欲，薄滋味，无疾言，无剧色，无窘步，无惰容，笑詈近之语，未尝出诸口。于世利纷华、声伎游宴以至于博弈奇玩，淡然无所好。

子孙数世同居

温公曰："国家公卿能导先法久而不衰者，唯故李相昉家，子孙数世至二百余口，犹同居共爨，田园邸舍所收及有官者俸禄，皆聚之一库，计口日给饷。婚姻丧葬，所费皆有常数，分命子弟掌其事。"

（南宋）李幼武纂《皇朝道学名臣言
行外录》，清道光间仿宋刊本

原得金带

康定间，元昊寇边，韩魏公领四路招讨，驻延安。忽夜有人携匕首至卧内，剧褰帏帐，魏公问："谁何？"曰："某来杀谏议。"又问曰："谁遣汝来？"曰："张相公遣某来。"盖是时也，张元夏国正用事也。魏公复就枕曰："汝携予首去。"其人曰："某不忍，愿得谏议金带，足矣！"遂取带而去。明日，魏公亦不治此事。俄有守陴卒扳城橹上得金带者，乃纳之。时范纯亦在延安，谓魏公曰："不治此事为得体，盖行之则沮国威。今乃受其带，是堕贼计中矣。"魏公握其手，再三叹服曰："非琦所及也。"

恕可成德

范忠宣公亲族有子弟请教于公，人曰："唯俭可以助廉，唯恕可以成德。"其人书于座隅，终身佩服。自平生自养无重，肉不择滋味粗粝。每退自公，易衣短褐，率以为常。自少至老，自小官至达官，终始如一。

公诚有德

荥阳吕公希哲，熙宁初监陈留税，章枢密咨方知县事，心甚重公。一日与公同坐，剧峻辞色，折公以事。公不为动，章叹曰："公诚有德者，我聊试公耳。"

所持一心

王公存极宽厚，仪状伟然。平居恂恂，不为诡激之行。至有所守，确不可夺。议论平恕，无所向背，司马温公尝曰："并驰万马中能驻足者，其王存乎？"自束发起家，以至大耋，历事五世而所持一心，屡更变故，而其守如一。

终不自明

高防初为澶州防御使张从恩判官，有军校段洪进盗官木造什物，从恩怒，欲杀之。洪进给云："防使为之。"从恩问防，防即诬伏，洪进免死。乃以钱十千、马一匹遗防而遣之。防别去，终不自明，既又以骑追复之。岁余，从恩亲信言防自诬以活人命，从恩惊叹，益加礼重。

万曹长者

长乐陈希颖，至道中为果州户曹，有税官无廉称，同僚虽切齿而不言，独户曹数之大义责之。冀其或悛，已而有他陈。后税官秩满，将行，厅之小吏持其贪墨状于郡曰："行箧若干，各有字号。某字号其箧，皆金也。"郡将其怒，以其事付户曹，俾阴同其行，则于关门之外，罗致其所状字箧验治之，闻者皆为之恐。户曹受命，不乐曰："夫当其人居官之时不能惩艾，而使遂其奸。今其去者，反以巧吏之言害其长，岂理也哉！"因遣人密晓税官，曰："吾不欲以持评之言危君事，无当自白，不则早为之所。"税官闻之，乃易置行李，乱其先后之序。既行，户曹与吏候于关外，俾指示其所谓有金者，拘送之官，他悉纵遣之。及造郡亭，启视，则皆衣食也。郡将释然，税官得以无事去郡。人翕然称户曹为长者，而户曹未尝有德色也。

逾年后杖

曹侍中彬，为人仁爱多恕，尝知徐州。有吏犯罪，既立案，逾年然后杖之，人皆不晓其旨。彬曰："吾闻此人新娶妇，若杖之，彼其舅姑必以妇为不利而恶之，朝夕笞骂，使不能自存。吾故缓其事而法亦不赦也。"其用志如此。

终不自辩

蔡襄尝饮会灵东园，坐客有射矢误中伤人者，客剧指为公矢，京师喧然。事既闻，上以问公，公再拜，愧谢终不自辩，退以未尝以语人。

自择所安

张文定公齐贤，以右拾遗为江南转运使。一日家宴，一奴窃银器数事于怀中，文定自帘下熟视不问尔。后文定晚年为宰相，门下厮役往往侍班行，而此奴竟不沾禄。奴隶间再拜而告曰："某事相公最久，

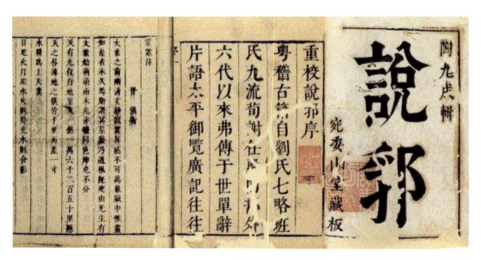

（元）陶宗仪《说郛》，清顺治四年宛委山堂原刻本

凡后于某者皆得官矣。相公独遗某，何也？"因泣下不止。文定悯然语曰："我欲不言，尔乃怨我。尔忆江南日盗吾银器数事乎？我怀之三十年不以告人，虽尔亦不知也。吾备位宰相，进退百官，志在激浊扬清，敢以盗贼荐耶？念汝事吾日久，今予汝钱三百千，汝其去吾门下，自择所安。盖吾既发汝平昔之事，汝其有愧于吾而不可复留也。"奴震骇，泣拜而去。

称为晋士

曹州于令仪者，市井人也，长厚不忤物，晚年家颇丰富。一夕，盗入其家，诸子擒之，乃邻舍子也。令仪曰："尔素寡过，何苦而盗耶？迫于贫尔。"问其所欲，曰："得十千足以资衣食。"如其欲与之。既去，复呼之，盗大惧，语之曰："尔贫甚，负十千以归，恐为逻者所诘，留之至明使去。"盗大恐惧，率为良民。邻里称君为善士。君择子侄之秀者，起学室，延名儒以掖之，子及侄杰效，继登进士第，为曹南令族。

得金不认

张知常在上庠日，家以金十两附致于公，同舍生因公之出，发箧而取之。学官集同舍检索，因得其金。公不认，曰："非吾金也。"同舍生至袖以还公，公知其贫，以半遗之。前辈谓公遣人以金，人所能也。仓卒得金不认，人所不能也。

一言齑粉

丁晋公虽险诈，亦有长者之言。仁庙尝怒一朝士，再三语及公，不答，上作色曰："叵耐，问辄不应谓。"徐奏曰："雷霆之下，更有一言，则齑粉矣。"上重答言。

无人不自得

患难，即理也。随患难之中而为之计，何有不可？文王囚羑里而演《易》，若无羑里也。孔子围陈蔡而弦歌，若无陈蔡也。颜子箪食瓢饮而不改其乐，原宪衣敝履穿而声满天地，至夏侯胜，居桎梏而谈《尚书》，陆宣公谪忠州而作集，验此无他若，素生患难而安之也！《中庸》曰："君子无入而不自得焉。"是之谓乎？

（南宋）赵孟頫《跋宋徽宗赵佶竹禽图》，美国大都会艺术博物馆藏。跋文：道君聪明，天纵其于绘事，尤极神妙。动植物无不曲尽其性，殆若天地生成，非人力所能及。此卷不用描墨，粉彩自然，宜为世宝。然蕞尔小禽蒙圣人所录，抑何幸耶。孟頫恭跋。

未尝含怒

范忠宣公安置永州，课儿孙诵书，躬亲教督，常至夜至。在永州三年，怡然自得，或加以横逆，人莫能堪，而公不为动，亦未尝含怒于后也。每对宾客，唯论圣贤修身行己，余及医药方书，他事一语不出口。而气貌益康宁，如在中州时。

谢罪敦睦

缪肜少孤，兄弟四人皆同财业，及各人娶妻，诸妇分异，又数有斗争之言。肜深怀愤，乃掩户自挝，曰："缪肜，汝修身谨行，学圣人之法，将以齐整风俗，奈何不能正其家乎？"弟及诸妇闻之，悉叩头谢罪，遂更相敦睦。

处家贵宽容

自古人伦贤否相杂，或父子不能皆贤，或兄弟不能皆令，或夫流荡，或妻悍暴，少有一家之中无此患者。虽圣贤亦无如之何。譬如身

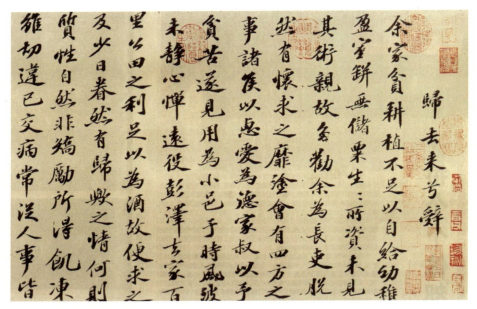

（宋）苏轼《归去来兮辞》。识文：余家贫，耕植不足以自给。幼稚盈室，瓶无储粟，生生所资，未见其术。亲故多劝余为长吏，脱然有怀，求之靡途。会有四方之事，诸侯以惠爱为德，家叔以予贫苦，遂见用为小邑。于时风波未静，心惮远役，彭泽去家百里，公田之利，足以为酒。故便求之。及少日，眷然有归欤之情。何则？质性自然，非矫厉所得。饥冻虽切，违己交病。尝从人事，皆口腹自役。于是怅然慷慨，深愧平生之志。犹望一稔，当敛裳宵逝。寻程氏妹丧于武昌，情在骏奔，自免去职。仲秋至冬，在官八十余日。因事顺心，命篇曰《归去来兮》。乙巳岁十一月也。

有疮痏疣赘，虽甚可恶，不可决去，唯当宽怀处之，若人能知此理，则胸中泰然矣。古人所谓父子兄弟夫妇之间，人所难言者，如此。

忧患当明理顺受

人生世间，自有知识以来，即有忧患不如意事，小儿叫号，其意有不平。自幼至少，自壮至老，如意之事常少，不如意之事常多。虽大富贵之人，天下之所仰慕以为神仙，而其不如意事处，各自有之，与贫贱人无特异，所忧虑之事异耳，故谓之缺陷世界。以人生世间无足心满意者，能达此理而顺受之，则可少安矣。

同居相处贵宽

同居之人有不贤者，非理以相扰，若间或一再，尚可与辩；至于百无一是，且朝夕以此相临，极为难处。同乡及同官，亦或有此，当宽其怀抱，以无可奈何处之。

亲戚不可失欢

骨肉之失欢，有本于至微，而终至于不可解者，有能先下气则彼此酬复遂好平时矣。宜深思之。

待卑仆当宽恕

奴仆小人就役于人者，天资多愚，且宽以处之，多其教诲，省其嗔怒可也。

事贵能忍耐

以能忍，事易以习熟终。至于人以非理相加不可忍者，亦处之如常。不能忍，事亦易以习熟终。至于睚眦之怨深不足较者，亦至交訾争讼，期以取胜而后已，不知其所失甚多。人能有定见，不为客气所使，则身心岂不大安宁？

《萧朝散家法》曰："常持忍字免灾殃。"

王龙舒劝诫

喜怒、好恶、嗜欲，皆情也。养情为恶，纵情为贼，折

（清）吴大澂《东坡先生像》立轴

情为善，灭情为圣。甘其饮食，美其衣服，大其居处，若此之类，是谓养情；饮食若流，衣服尽饰，居处无厌，是谓纵情。犯之不授，触之不怒，伤之不忍，过事甚喜。

虞世南曰：十斗九胜，无一钱利。

韩魏公在政府时，极有难处置事，尝言天下事无有尽如意，须是要忍，不然，不可一日处矣。公言往日同列二三不相下，语常至相击，待其气定，每与平之，以理使归，于是虽胜者亦自然不争也。

王沂公尝言，吃得三斗醇醋，方得做宰相。尽言忍受得事也。

赵清献公座右铭：待则甚，喜任他怎奈何，休理会。人有不及，可以情恕，非意相干，可以理遣。盛怒中忽答人简，既形纸笔，溢流难收。

程子曰：忿欲忍与不忍，便见有德无德。

张思叔绎诟罢仆夫，伊川曰："何不动心忍性？"思叔惭谢。

孙伏伽拜御史时，先被内旨而制未出，归卧家，无喜色。顷之，御史造门，子弟惊白，伏伽徐起见之。时人称其有量，以比顾雍。

白居易曰：恶言不出于口，忿言不反于出。

《吕氏童蒙训》云："当官处事，务合人情。忠恕违道不远，未有舍此二字而能有济者。前辈当官处事，常思有恩以及人，而以方便为上。如差科之行，既不得免，即就其间求，所以便民。省力者，不使骚扰重为民害，其益多矣。"

张无垢云："快意事孰不喜为？往往事过不能无悔者，于他人有甚不快存焉。岂得不动于心，君子所以隐忍详复，不敢轻易者，以彼此两得也。"或问张无垢："仓卒中，患难中处事不乱，是其才耶？是其识也？"先生曰："未必才识了得，必其胸中器局不凡，素有定力。不然，恐胸中先乱，何以临事。古人平日欲涵养器瞰者，此也。"

苏子曰："高帝之所以胜，项籍之所以败，在能忍与不能忍之间而已。项籍不能忍，是以百战百胜而轻用其锋；高祖忍之，养其全锋而待其弊。"

孝友先生朱仁轨，隐居养亲，常诲子弟曰："终身让路，不枉百步；终身让畔，不失一段。"

吴凑，僚吏非大过不榜责，召至廷诘，厚去之，其下传相训勉，举无稽事。

《韩魏公语录》曰："欲成大节，不免小忍。"

《和靖语录》："人有愤争者，和靖尹公曰：'莫大之祸，起于须臾不忍，不可不谨。'"

省心子曰："屈于己者能处众。"

《童蒙训》："当官以忍为先，忍字一字，众妙之门，当官处事，尤是先务。若能清勤之外，更行一忍，何事不办？"

当官不能自忍，必败。当官处事，不与人争利者，常得利多；退一步者，常进百步；取之廉者，得之常过其初；约于今者，必有重报于后。不可不思也。唯不能少自忍者，必败，实未知利害之分，贤愚之别也。

当官者先以暴怒为戒，事有不可，当详处之，必无不中。若先暴怒，只能自害，岂能害人？前辈尝言，凡事只怕待，待者详处之谓也，盖详处之，则思虑自出，人不能中伤。

《师友杂记》云："或问荥阳公，为小言所詈骂，当何以处之。公曰：'上焉者，知人与己本一，何者为詈，何者为辱，自然无愤怒心。下焉者，且自思曰：我是何等人，彼为何等人，若是答他，却与他一等也。以此自比，愤心自消也。'"

唐充之云："前辈说后生不能忍垢，不足为人，闻人密论不能容受，而轻泄之，不足以为人。"

《袁氏世范》曰：人言居家久和者，本于能忍。然知忍而不知处忍之道，其失尤多。盖忍或有藏蓄之意，人之犯我藏蓄而发，不过一再而已。积之逾多，其发也如洪流之决，不可遏矣。不若随而解之，不置胸次，曰此其不思尔，曰此其无知尔，曰此其失误尔，曰此其所见者小耳，曰此其利害宁几何？不使之人于吾心，虽日犯我者十数，亦不至形于言而见于色，然后见忍之功效为甚大，此所谓善处忍者。

张文定公曰："谨言浑，不畏忍事，又何妨？"

孔旻曰："盛怒剧炎热，焚和徒自伤。触来勿与竞，事过心清凉。"

山谷诗曰："无人照此心，忍垢待濯盥。"

东莱吕先生诗云："忍穷有味知诗进，处事无心觉累轻。"

陆游翁诗云："忿欲至前能小忍，人人心内有期颐。"又曰："殴攘虽快心，少忍理则长。"又曰："小忍便无事，力行方有功。"

省心子曰："诚无悔，怒无怨，和无仇，忍无辱。"

释伽佛初在山中修行，时国王出猎，问兽所在。若实告之则害兽，不实告之则妄语，沉吟未对，国王怒，斫去一臂。又问，亦沉吟，又斫去一臂。乃发愿云："我作佛时，先度此人，不使天下人效彼为恶。"存心如此，安得不为佛。后出世，果成佛，先度憍陈如者，乃当时国王也。

佛曰："我得无诤三昧，最为人中第一。"又曰："六度万行，忍为第一。"

《涅盘经》云：昔有一人，赞佛为大福德，相闻者，乃大怒，曰："生才七日，母便命中，何者为大福德？"相赞者曰："年志俱盛而为卒，暴打而不嗔，骂亦不报，非大福德相乎？"怒者心服。

《人趣经》云："人为端正，颜色洁白，姿容第一，从忍辱中来。"

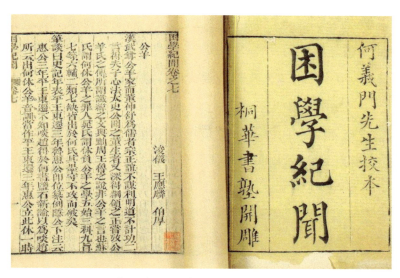

（南宋）王应麟《困学纪闻》，清乾隆二十五年桐华书塾刻本

《朝天忏》曰："为人富贵昌炽者，从忍辱中来。"

紫虚元君曰："饶、饶、饶，万祸千灾一旦消；忍、忍、忍，债主冤家从此尽。"

赤松子诚曰："忍则无辱。"

许真君曰："忍难忍事，顺自强人。"

孙真人曰："忍则百恶自灭，省则祸不及身。"

超然居士曰："逆境当顺受。"

谚曰："忍事敌灾星。"

谚曰："凡事得忍且忍，饶人不是痴汉，痴汉不会饶人。"

谚曰："得忍且忍，得诫且诫，小事成大。"

谚曰："不哑不聋，不做大家翁。"

谚曰："刀疮易受，恶语难消。"

《莫争打》诗曰："时闲愤怒便引拳，招引官方在眼前。下狱戴枷遭责罚，更须枉费几文钱。"

《误触人脚》诗云："触了行人脚后跟，告言得罪我当烹。此方引愿丘山重，彼却厚情羽发轻。"

《莫应对》诗云："人来骂我逞无明，我若还他便斗争。听似不闻休应对，一支莲在火中生。"

杜牧之《题乌江庙诗》："胜负兵家不可期，包羞忍辱是男儿。江东子弟多豪俊，卷土重来未可知。"

（北宋）许道宁《关山密雪图》，台北故宫博物馆藏

《诫断指诗》曰："冤屈休断指，断了终身耻。忍耐一些时，过后思之喜。"

《何提刑戒争地诗》："他侵我界是无良，我与他争未是长。布施与他三尺地，休夸谁弱又谁强。"

解读

《忍经》是元代吴亮的一本劝世书。

吴亮，字明卿，元代钱塘（今浙江杭州）人。生卒年和生平事迹不详。但据《忍经》卷首冯寅作的序可知，吴亮生活在元朝末年，精于经术史事，至元三十年（1293年）解海运元幕之任，平素恬淡自居，于纂述《历代帝王世系》之暇，思其平生行事克己唯一"忍"字，因会集古今群书中格言大训，以成此书。

为什么要编写《忍经》？吴亮在前言中有详细的交代，认为忍是人生成功的不二法门，是圣贤立身处世的基本原则。隐忍谦让，是一种传统美德。忍，是中国传统文化的一个组成部分。忍，意味着内心坚毅而决绝，即能忍人所不能忍，这是一种修养和境界。重耳流亡忍苦受辱，终成晋君；颜渊箪食瓢饮安贫乐道，终成孔门最为贤德之弟子；韩信负剑却忍受胯下之辱，终于登坛拜将；苏武杖节牧羊十九载，忠义守节、忍常人所不能忍，成为后世楷模。但要特别注意的是，忍，是一种智慧，不是懦弱；忍，是一种大度，不是卑微；忍，是一种让步，不是胆怯；忍，是一种宽容，不是心机。一时的隐忍是为了谋取更宏达的事业和成功，是为了大局和长远利益，绝不是胆小怕事、不敢担当、不敢坚持原则和正义。书中有故事有情节、有抄录有议论，所述"忍"言、"忍"事间有可取，但亦夹杂不少消极退让、无原则妥协、无奈之思想情绪，这是阅读时要辨清的。

佚名氏《名贤集》：君子喻于义，小人喻于利；
贫而无怨难，富而无骄易

四言集

但行好事，莫问前程。与人方便，自己方便。

善与人交，久而敬之。人贫志短，马瘦毛长。

人心似铁，官法如炉。谏之双美，毁之两伤。

赞叹福生，作念恶生。积善之家，必有余庆。

积恶之家，必有余殃。休争闲气，日有平西。

来之不善，去之亦易。人平不语，水平不流。

得荣思辱，处安思危。羊羔虽美，众口难调。

事要三思，免劳后悔。太子入学，庶民同例。

┃（宋）佚名氏《名贤集》，清光绪八年文兴堂刻本

官至一品，万法依条。得之有本，失之无本。

凡事从实，积福自厚。无功受禄，寝食不安。

财高气壮，势大欺人。言多语失，食多伤心。

送朋友酒，日食三餐。酒要少吃，事要多知。

相争告人，万种无益。礼下于人，必有所求。

敏而好学，不耻下问。居必择邻，交必良友。

顺天者存，逆天者亡。人为财死，鸟为食亡。

得人一牛，还人一马。老实常在，脱空常败。

三人同行，必有我师。人无远虑，必有近忧。

寸心不昧，万法皆明。明中施舍，暗里填还。

人间私语，天闻若雷。暗室亏心，神目如电。

肚里跷蹊，神道先知。人离乡贱，物离乡贵。

杀人可恕，情理难容。人欲可断，天理可循。

心要忠恕，意要诚实。狎昵恶少，久必受累。

屈志老诚，忽可相依。施惠勿念，受恩莫忘。

勿营华屋，勿谋良田。祖宗虽远，祭祀宜诚。

子孙虽愚，诗书宜读。刻薄成家，理无久享。

五言集

黄金浮在世，白发故人稀。多金非为贵，安乐值钱多。

休争三寸气，白了少年头。百年随时过，万事转头空。

耕牛无宿草，仓鼠有余粮。万事分已定，浮生空自忙。

结有德之朋，绝无义之友。常怀克已心，法度要谨守。

君子坦荡荡，小人常戚戚。见事知长短，人面识高低。

心高遮甚事，地高偃水流。水深流去慢，贵人语话迟。

道高龙虎伏，德重鬼神钦。人高谈今古，物高价出头。

413

休倚时来势，提防运去时。藤萝绕树生，树倒藤萝死。

官满如花卸，势败奴欺主。命强人欺鬼，时衰鬼欺人。

但得一步地，何须不为人。人无千日好，花无百日红。

人有十年壮，鬼神不敢傍。厨中有剩饭，路上有饥人。

饶人不是痴，过后得便宜。量小非君子，无度不丈夫。

路遥知马力，日久见人心。长存君子道，须有称心时。

雁飞不到处，人被名利牵。地有三江水，人无四海心。

有钱便使用，死后一场空。为仁不富矣，为富不仁矣。

君子喻于义，小人喻于利。贫而无怨难，富而无骄易。

百年还在命，半点不由人。在家敬父母，何必远烧香。

家和贫也好，不义富如何。晴干开水道，须防暴雨时。

寒门生贵子，白屋出公卿。将相本无种，男儿当自强。

欲要夫子行，无可一日清。三千徒众立，七十二贤人。

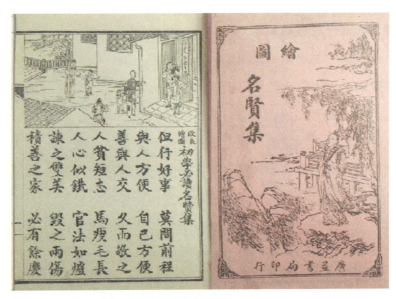

▌（宋）佚名《名贤集》，民国初年广益书局印行

成人不自在，自在不成人。国正天心顺，官清民自安。

妻贤夫祸少，子孝父心宽。白云朝朝过，青天日日闲。

自家无运至，却怨世界难。有钱能解语，无钱语不听。

时间风火性，烧了岁寒衣。人生不满百，常怀千岁忧。

常说是非者，便是是非人。积善有善报，积恶有恶报。

报应有早晚，祸福自不错。花无重开日，人无长少年。

人无害虎心，虎有伤人意。上山擒虎易，开口告人难。

忠臣不怕死，怕死不忠臣。从前多少事，过去一场空。

满怀心腹事，尽在不言中。既在矮檐下，怎敢不低头。

家贫知孝子，国乱识忠臣。但是登途者，都是福薄人。

命贫君子拙，时来小儿强。命好心也好，富贵直到老。

命好心不好，中途夭折了。心命都不好，穷苦直到老。

年老心未老，人穷志不穷。自古皆有死，民无信不立。

六言集

常将好事于人，祸不侵于自己。

既读孔孟之书，必达周公之礼。

君子敬而无失，与人恭而有礼。

事君数斯辱矣，朋友数斯疏矣。

人无酬天之力，天有养人之心。

好马不备双鞍，忠臣不事二主。

长想有力之奴，不念无为之子。

君子当权积福，小人仗势欺人。

人有旦夕祸福，天有昼夜阴晴。

人将礼乐为先，树将枝叶为圆。

马有垂缰之义，狗有湿草之恩。

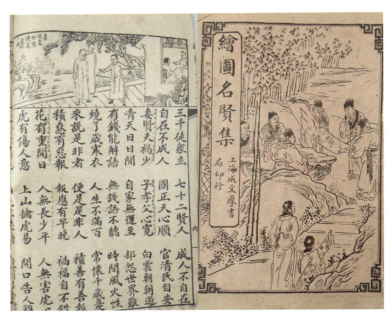

（宋）佚名《绘图名贤集》，民国初年上海成文厚书局

运去黄金失色，时来铁也争光。

怕人知道休做，要人敬重勤学。

泰山不却微尘，积少垒成高大。

人道谁无烦恼，浪来风也白头。

七言集

贫居闹市无人问，富在深山有远亲。

人情好似初相见，到老终无怨恨心。

白马红缨彩色新，不是亲者强来亲。

一朝马死黄金尽，亲者如同陌路人。

青草发时便盖地，运通何须觅故人。

但能依理求生计，何必欺心作恶人。

才为人交辨人心，高山流水向古今。

莫作亏心侥幸事，自然灾害不来侵。

人着人死天不肯，天着人死有何难。

我见几家贫了富，几家富了又还贫。

三寸气在千般用，一旦无常万事休。

人见利而不见害，鱼见食而不见钩。

是非只为多开口，烦恼皆因强出头。

平生正直无私曲，问甚天公饶不饶。

猛虎不在当道卧，困龙也有升天时。

临崖勒马收缰晚，船到江心补漏迟。

家业有时为来往，还钱常记借钱时。

山寺日高僧未起，算来名利不如闲。

欺心莫过三江水，人与世情朝朝随。

人生稀有七十余，多少风光不同居。

长江一去无回浪，人老何曾再少年？

大道劝人三件事，戒酒除花莫赌钱。

平生正直无私曲，问甚天公饶不饶。

猛虎不在当道卧，困龙也有升天时。

临崖勒马收缰晚，船到江心补漏迟。

家业有时为来往，还钱常记借钱时。

金风未动蝉先觉，暗算无常死不知。

青山只会明今古，绿水何曾洗是非？

常将有日思无日，莫待无时思有时。

善恶到头终有报，只争来早与来迟。

蒿里隐着灵芝草，淤泥陷着紫金盆。

劝君莫做亏心事，古往今来放过谁。

言多语失皆因酒，义断亲疏只为钱。

有事但近君子说，是非休听小人言。

妻贤何愁家不富，子孝何须父向前？

心好家门生贵子，命好何须靠祖田？

侵人田土骗人钱，荣华富贵不多年。

莫道眼前无报应，分明折在子孙边。

酒逢知己千杯少，话不投机半句多。

衣服破时宾客少，识人多处是非多。

草怕严霜霜怕日，恶人自有恶人磨。

月过十五光明少，人到中年万事和。

良言一句三冬暖，恶语伤人六月寒。

雨里深山雪里烟，看时容易做时难。

无名草木年年发，不信男儿一世穷。

若不与人行方便，念尽弥陀总是空。

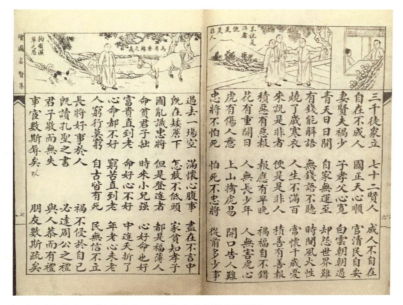

▍（南宋）佚名氏《名贤集》，民国初年泰山堂书局藏版

少年休笑白头翁，花开能有几日红？

越奸越狡越贫穷，奸狡原来天不容。

富贵若从奸狡得，世间呆汉吸西风。

忠臣不事二君主，烈女不嫁二夫郎。

小人狡猾心肠歹，君子公平托上苍。

一字千金价不多，会文会算有谁过？

身小会文国家用，大汉空长作甚么？

《蒙学全书》

解读

《名贤集》是我国古代对儿童进行伦理道德教育的蒙学教材之一。具体作者不详，从内容上分析，应是南宋以后儒家学者撰辑。它汇集了孔、孟以来历代名人贤士的嘉言善行，以及民间流传的为人处世、待人接物、治学修德等方面的格言谚语，有些还渗透了佛、道两教的因果报应等思想，其中不乏洞察世事、启人心智之句。

虽然这本书历史上一直被作为孩子入学初学的教材，但其中蕴含的道理确属成人社会的实践与经验。如"得荣思辱，处安思危"，要求人们随时保持谨慎和戒备之心，不要忘乎所以；"人无远虑，必有近忧"，让人凡事应从长计议；"良言一句三冬暖，恶语伤人六月寒"，劝人言语之间要相互尊重；而"贫居闹市无人问，富在深山有远亲"则道尽了人间的世态炎凉。还有诸如"酒要少吃，事要多知"，"君子坦荡荡，小人常戚戚，量小非君子，无度不丈夫"，"将相本无种，男儿当自强"，"人有旦夕祸福，天有昼夜阴晴"，"泰山不却微尘，积小垒成高大"，"一字千金价不多，会文会算有谁过？身小会文国家用，大汉空长作甚么"，等等，都是有借鉴和积极意义的。当然，由于受时代的局限，《名贤集》中有些内容属封建说教，有些还渗透了佛、道两教的因果报应等思想，如"有钱便使用，死后一场空"，"万事分已定，浮生空自忙"，"百年随时过，万事转头空"，"山寺日高僧未起，算来名利不如闲"，等等，这都是需要我们在阅读时细加甄别的，以便剔除其糟粕，汲取其精华。

何坦《西畴老人常言》：一毫善行皆可为，一毫恶念不可萌

讲　学

学贵有常，而悠悠害道。循序而进，与日俱新，有常也。玩愒自恕，曰我未尝废，非悠悠乎？顾一曝而十寒，斯害也已。孔子曰：学如不及，犹恐失之。

学不可躐等，先致察于日用常行。人能孝于事亲，友于兄弟，夫妇睦，朋友信，出而事君，夙夜在公，精白承德。虽穷理尽性，亦无越于躬履实行也。

学以养心，亦所以养身。盖邪念不萌，则灵府清明，血气和平，疾莫之撄，善端油然而生矣，是内外交相养也。《记》曰："心广体胖。"此之谓也。

士有假书于人者，必熟复不厌；有陈书盈几者，乃坐老岁月。是以白屋多起家，膏粱易偷惰。知徼则庶几矣。

君子之学，体用具藏修之，余时与事物酬酢，因可以识人情世态。其间是非利害，岂能尽如吾意哉？有困心衡虑，则足以增益其所未能也。

交朋必择胜己者。讲贯切磋，益也；追随游玩，损也。若佞谀相

甘，言不及义，宁独学寡闻，犹可以无悔吝。

勿忌人善，以身取则焉，孳孳不已，恶知其非我有也？勿扬人过，反躬默省焉，有或类是，亟思悔而违改也。去其不善而勉进于善，是之谓善学。

与刚直人居，心所畏惮，故言必择，行必谨，初若不相安，久而有益多矣；与柔善人居，意觉和易，然而言必予赞也，过莫予警也，日相亲好，积尤悔于身而不自知，损孰大焉！故美味多生疾，药石可保长年。

（南宋）何坦《西畴老人常言》，明末刻本

孔门《大学》之道，备九思三畏，正心诚意也。敏事而谨言，修身也。孝友施于有政而家齐矣，敬信节用爱民惜力而国治矣。以至谨修宪度而四方之政行，振坠拔遗而天下之民归心。二帝三王平治之道，莫或加此矣。

节食则无疾，择言则无祸。疾祸之生，匪降自天，皆自其口。故君子于口之出纳唯谨。

礼以严分，和以通情。分严则尊卑贵贱不逾，情通则是非利害易达。齐家治国，何莫由斯？

恭俭，美德也，出于矫则过。故足恭取辱，苦节招凶，君子约之以中，而行之以诚，则恭近礼，俭中度矣。

子贡谓性与天道不可得而闻，夫子非隐也。如入孝出弟数语，必行有余力而后可以学文，盖实行不先则徒文无益，况可遽闻性与天道乎？后世学者从事口耳，且茫无所从入，乃窃袭陈言，自谓穷理尽性，亦妄矣。

人心如盘水也，措之正则表里莹然，微风过之则湛浊动乎下，而清明乱乎上矣。夫水方未动时，非有以去其滓污也，澄之而已。风之过，非有物入之也，挠动则浊起而清白乱也。君子其谨无挠之哉！

为己之学，成己所以成物，由本可以及末也。为人之学，徇人至于丧己，逐末而不知反本也。

水道曲折，立岸者见而操舟者迷；棋势胜负，对奕者惑而傍观者审。非智有明暗，盖静可以观动也。人能不为利害所汩，则事物至前，如数一二，故君子养心以静也。

为学日益，须以人形己，自课其功，然后有所激于中而勇果奋发，不能自已也。人一己百，虽柔必强。

（南宋）胡仔《苕溪渔隐丛话》，清乾隆五十六年耘经楼依宋版重刊本

律　己

上智安行乎善，而无所避；中人觊福虑祸，故强为善，而不敢为恶；下愚瞀不畏祸，故肆为恶而亡所忌惮。

日用饮食，取给不必精也；衣冠礼容，苟备不必华也。若悯耕念织，将惭惕不暇，敢过用乎哉？

一毫善行皆可为，毋徼福望报；一毫恶念不可萌，当知出乎尔者反乎尔。

惟俭足以养廉，盖费广则用窘。盼盼然每怀不足，则所守必不固。虽未至有非义之举，苟念虑纷扰，已不克以廉靖自居矣。

饮宁浅酌，食必分器，戒乎留残；衣必浣濯，破必缝补，戒于中弃。盖万物皆造化所畀予，深恶人殄坏之也。

福者备也，备者百顺之名也。人惟起居饮食日顺其常，福莫大焉。昧者不悟其为福，而徒歆慕荣利，不知荣利外物也，顾可常哉？

饮啄前定，毋庸强求。任目前所有则自如，想珍异不获则心慊矣。自此理以推广，凡贵贱亨屯，无入而不自得也。

（宋末元初）钱选《浮山玉居图》

惠迪吉，从逆凶，惟影响。然世固有多行悖戾而未罹殃咎者，何也？天有显道，疏网难逃，霖淫浸渍，人固未之觉，迨雨止，则墙陨矣。

士能寡欲，安于清淡，不为富贵所淫，则其视外物也轻，自然进退不失其正。

人情惮拘检而乐放纵，初肆其情之所安，若未害也。操修不勤，威仪不摄，流入小人之域而不自觉，可不惧乎？所贵乎学问者，所以制其情之安肆也。

君子安分养恬，凡物自外至者，皆无容心也。得则若固有之，不得本非我有也，欣戚不加焉。丰不见其有余，夫何羡？约不知其为乏，夫何慊？义理先立乎其在我，故人欲弗之累也。

矜名誉，畏讥毁，自好也；忘检制，肆偷情，自弃也。自好者，中人也，可导之使为善也；自弃者，民斯为下矣，不足与有为也。

知学则居贫无怨，学而深于道，则安贫能乐。常人贫则怨，小人贫则乱。

学成行尊，优入圣贤之域者，上达也；农工商贾，各随其业以成其志者，下达也。夫子论上达下达，盖以学者对小民而并言也。若夫为恶为不义之小人，彼则有败乱耳，恶能达？

名者，实之宾也。实有美恶，名亦随之。故溢美则为誉，溢恶则为毁，是以古者无毁誉，所谓直道而行也。

过而能改者，上也，圣人也；过而不贰者，次也，几于圣也；有过而知悔，又其次也，抑亦可以为贤矣。下此，则有文过而遂非者矣，舍曰欲之，而必为之辞也。故曰：吾未见能见其过而内自讼者也，吾夫子之所以叹也。

欲为君子，非积行累善，莫之能致。一念私邪，一事悖戾，立见其为小人。故曰："终身为善不足，一旦为恶有余。"

常情处顺适则安，值猜沮则惧。惧则知防，安则靡戒，故悔吝多生于念虑所不加，而动必检饬者，可保无咎也。

君子有偶为小人所困，抑若自反无愧怍，于我何损，又安知其不为进德之助欤？

应　世

富儿因求宦倾赀，污吏以黩货失职，初皆起于慊其所无，而卒至于丧其所有也。各泯其贪心而安分守节，则何夺禄败家之有？

士有宽余，义当轸念穷乏，然孰能遍爱之哉？骨肉则论服属戚疏，交朋则计情义厚薄，以次及之，如力所不逮，亦勿强也。

酒用于馈祀醮集以成礼，若常饮则商刑所儆，彝酒则周诰所戒。况居官必有职业，处家亦有应酬，无故日饮则神昏思乱，安保其不舛谬哉？君子制之有节焉，惟宾飨则卜昼余，非烛后不举盏。

江行者事神甚敬，言动稍亵则飘风怒涛对面立见，此诚有之。愚俗盖迫于势耳。君子不欺暗室，处平地者顾可肆乎？

凡居人上，有势分之临。惟以恕存心，乃可以容下。故行动必先声欬，步远则有前导，燕坐则毋帘窥壁听。是故君子不发人阴私，不掩人之所不及也。

无仆御莫事君子，平时当拊存以恩，而不可假之辞色。微过勿问，慵惰必儆，大不忠则斥远，斯可以无后患。女君之育婢获，亦莫不然。

富贵利达是人之所欲也，然而出处去就之异趣，君子小人之攸分。盖君子必审夫理之是非，而小人惟计乎事之利害。审是非则虞人虽贱，非招不往；计利害则苟可获禽，虽诡遇为之。

惟天生人，随赋以禄。蚕方蠕而桑先萌，儿脱胞而乳已生，如形声影响之符，孰主张是？彼皇皇求财利如恐不及者，岂不缪用其心耶？

人事尽而听天理，犹耕垦有常勤，丰歉所不可必也。不先尽人事者，是舍其田而弗芸也；不安于静听者，是揠苗而助之长也。孔子进以礼，退以义，非尽人事与？得之不得曰有命，非听天理与？

君子之事上也，必忠以敬；其接下也，必谦以和。小人之奉上也，必谄以媚；其待下也，必傲以忽。媚上而忽下，小人无常心，故君子恶之。

齐人竞与右师言，媚其权也，为其能富贵己也。孟子独不与之言，知良贵在我也，不甘为小人屈也。去就有义，穷达有命，富贵在我，岂权幸所能擅哉？

在仕者事上官如严师，待同僚如畏友，视吏胥如仆隶，抚良民如子弟，则无往而非学矣。居家者事亲如君，敬尊属如上官，待兄弟亲宾如同僚，慈幼少、恤耕役者如百姓，御奔走使令者如吏卒，而少加宽焉，是亦为政矣。

世俗之爱其身，曾不如爱其子之至也。遣子入学必厉以勤，教子治身必导以为君子。逮迹其自为，则因循惰弛，罕克自强，措心积虑，甘心为小人而不以为病，兹非惑欤？有能即其所以为子谋者而为己谋，则思过半矣。

莅 官

举事而人情俱顺，上也。必不得已，利无十全，则宁诎己以求利

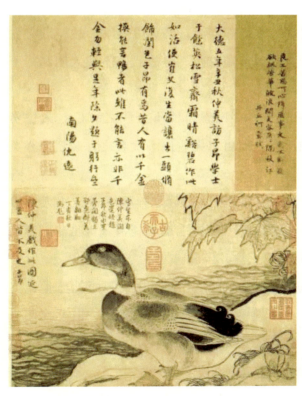

（元）陈琳《溪凫图》轴

乎人，毋贻害于人而求便乎己。

守曰牧民，令曰字民，抚养惟钧，而孳毓取义尤切也。盖求牧与
字，不过使饱适而无散佚耳。凡乳儿有所欲恶，不能自言，所以察其
疾痒，时其饥饱，勿违其意，是司乳哺者责也。若保赤子，故县令于
民为最亲。

近世长民者，每立抑强扶弱之论，往往所行多失之偏，未免富
豪有辞于罚。夫强弱何常之有？固有赀厚而谨畏者，有怙贫而亡籍
者，当置强弱而论曲直可也。直者伸之，曲者挫之，一当其情，人谁
不服？若在事者律己不严，而为强有力者所持，则政格不行，孰执其
咎哉？

君子当官任职，不计难易而志在必为，故动而成功。小人苟禄营
私，择己利便而多所辟就，故用必败事。仲弓问政，夫子告之以举贤
才。子游宰武城，方扣其得人而遽以澹台灭明对。夫邑宰之卑，仕非
得志也，而圣门之教，必使之以举贤为先。子游方闲暇时，已得人于
察访之熟，后世有位通显而蔽贤，不与之立，何以逃窃位之诮哉？

《百川书志》

解读

何坦，字少平，号西畴，生卒年不详，大致生活在南宋末年。江
西广昌县盱江镇人。淳祐十一年（1251年）进士。历靖州、江陵府教
授，初任宜黄县尉，因揭露县令臧某暴敛，忤郡守被罢官。后起用，
知将乐县，擢知连州，所到之处，以善治闻名。累迁宝谟阁学士、广
东提刑。精于吏治，处事严格，弹劾贪官，不徇私舞弊，以"廉平之
行，为岭南首称"闻名。卒谥文定。其有名言曰："交朋必择胜己者，
讲贯切磋，益也。"

《西畴常言》（又名《西畴老人常言》）为其晚年所作，是一部具有

哲学思维的政论类图书，此书分讲学、律己、应世、明道、莅官、原治、评估、用人、正弊九门，各门之下分条记事，间加评论。本书看问题透彻，是作者一生做人做官的经验总结，也是其做学问的深刻思考。文中提出许多真知灼见的论点，如"节食则无疾，择言则无祸"，"终身为善不足，一旦为恶有余"，"有过而讳言，适重其过；因言而遽改，适彰其美"，"交朋必择胜己者"，"与刚直人居，心所畏惮，故言必择，行必谨，初若不相安，久而有益多矣"，"知学则居贫无怨"，"人事尽而听天理，犹耕垦有常勤，丰歉所不可必也"，等等，这些论述都具有一定的实践意义和积极作用。

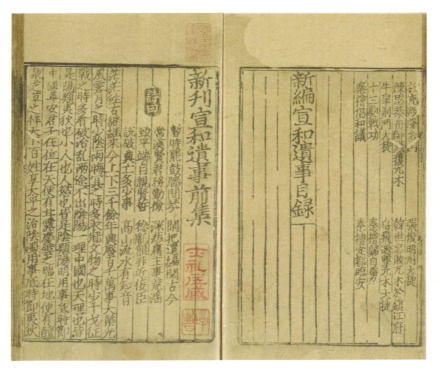

（宋）佚名氏《新宣和遗事》，宋刻本，民国士礼居藏本

史弼《景行录》：见善明，故重名节于泰山；用心刚，故轻死生如鸿毛

《景行录》曰："无瑕之玉，可为国瑞。孝弟之子，可为家宝。"

《景行录》曰："为政之要曰公与清，成家之道曰俭与勤。"

《景行录》曰："宝货用之有尽，忠孝享之无穷。"

《景行录》曰："坐密室如通衢，驭寸心如六马，可以免过。"

《景行录》云："与人之短不曰直，济人之恶不曰义。"

《景行录》云："知足可乐，务贪则忧。"

《景行录》云："声色者，败德之具；思虑者，残生之本。"

（宋）王明清《挥麈录》，民国上海涵芬楼景印汲古阁影宋抄本

《景行录》云："结冤于人，谓之种祸；舍善不为，谓之自贼。"

《景行录》云："以众资己者，心逸而事济；以己御众者，心劳而怨聚。"

《景行录》云："官爵富贵在人，谓之傥来；道德行义在我，谓之自得。傥来者足以骄妻妾，自得者多以傲公卿。"

《景行录》云："务名者，杀其身；多财者，杀其后。"

《景行录》云："广积不如教子，避祸不如省非。"

《景行录》云:"责人者不全交,自恕者不改过。自满者败,自矜者愚,自贼者忍。"

《景行录》云:"寡言则省谤,寡欲则保身。"

《景行录》曰:"木有所养,则根本固而枝叶茂,梁栋之材成;水有所养,则源泉壮而流脉长,灌溉之利博;人有所养,则志气大而识见明,忠义之士出。可不养哉!"

《景行录》云:"以爱妻子之心事亲,则曲尽其孝;以保富贵之策奉君,则无往不忠;以责人之心责己,则寡过;以恕己之心恕人,则全交。"

《景行录》云:"以忠孝遗子孙者昌,以智术遗子孙者亡。以谦接物者强,以善自卫者良。"

《景行录》云:"妇人,悍者必淫,丑者必妒。如士大夫缪者,忌险者,疑必然之理也。"

《景行录》云:"利可共而不可独,谋可寡而不可众。独利则败,众谋则泄。"

《景行录》云:"溺爱者受制于妻子,患失者屈己于富贵。"

《景行录》云:"费万金为一瞬之乐,孰若散而活馁者几千百人;处眇躯以广厦,何如庇寒士以一席之地乎?"

《景行录》云:"大丈夫,见善明,故重名节于泰山;用心刚,故轻死生如鸿毛。"

《景行录》云:"自信者,人亦信之,吴越皆兄弟;自疑者,人亦疑之,身外皆敌国。"

《景行录》云:"宾客不来门户俗,诗书不教子孙愚。"

《景行录》云:"贪是逐物于外,欲是情动于中,荣轻辱浅,利重害深,祸不可以幸免,福不可以再求。"

《景行录》云："或问晦庵曰：'如何是命？'先生曰：'性是也。'凡性格不通不近人情者，薄命之士也。"

《景行录》云："勤者富之本，俭者富之原。"

《景行录》云："祸莫大于从己之欲，恶莫甚于言人之非。"

《景行录》云："大丈夫当容人，无为人所容。"

《景行录》云："大筵宴不可屡集，金石文字不可轻为，皆祸之端。"

《景行录》云："观朝夕之早晏，可以识人家之兴替。"

《景行录》云："养人将以立事所以养人。"

《景行录》云："人勤则刚，人懒则柔。"

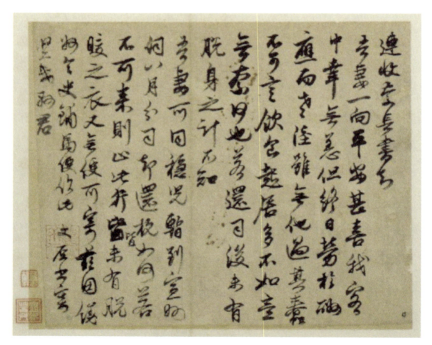

（元）邓文原行书《家书帖》纸本。识文：连收庆长书，知吾妻一向平安，甚喜。我客中幸无恙，但终日劳于酬应，而老陆虽无他过，其蠢不可言，饮食起居，多不如意，无奈何也。若还司后未有脱身之计，不知吾妻可同稳儿暂到宣州，伺八月分司却还杭如何？若不可来，则止。此行皆未有脱暖之衣，又无便可寄，兹因饶州令史铺马便，作此。文原书寄贤妻县君。

《景行录》云："凡修身为学，不在文字言语中，只平日待人接物便是。取非其有谓之盗，欲非其有谓之贼。"

《景行录》云："定心应物，虽不读书，可以为有德君子。"

《景行录》云："闻善言则拜，告有过则喜，有圣贤气象。"

《景行录》云："为人要忠厚，若刻悛太甚，不肖之子，应之矣。"

《景行录》云："明旦之事，薄暮不可必。薄暮之事，哺时不可必。"

《景行录》曰："好食色货利者气必吝，好功名事业者气必骄。"

《景行录》云："能自爱者未必能成人，自欺者必罔人；能自俭者未必能周人，自忍者必害人。此无他，为善难，为恶易。"

《景行录》云："器满则溢，人满则丧。"

《景行录》云："广积不如教子，避祸不如省非。"

《景行录》云："自满者败，自矜者愚，自贼者忍。"

《景行录》云："心可逸，形不可不劳；道可乐，身不可不忧。形不劳，则怠惰易蔽；身不忧，则荒淫不定。故逸生于劳而常休，乐生于忧而无厌。逸乐者，忧劳其可忘乎？"

《景行录》云："为子孙作富贵计者，十败其九；为人行善方便者，其后受惠。"

《景行录》云："会做快活人，凡事莫生事；会做快活人，省事莫惹事；会做快活人，大事化小事。"

《景行录》云："片刻不能忍，烦恼日月增。"

《景行录》云："忍一时之气，免百日之忧。"

《景行录》云："忍字敌灾星，忍气饶人祸自消。"

《四库全书》

(解读)

　　史弼（1233～1318年），一名塔剌浑，字君佐（或作若佐）。元蠡州博野北阳庄（属今河北博野东阳村北阳庄）人。至元十五年（1278年），升江淮行中书省参政，历淮东、浙东宣慰使。二十九年（1292年），以福建行省平章攻爪哇，失利夺职家居，自号紫微老人。后进平章政事。著《景行录》。

　　《景行录》是一本属于道德修养的教育读物。内容主要是作者辑录嘉言德行百余条，诸如"为政之要曰公与清，成家之道曰俭与勤"，"务名者，杀其身；多财者，杀其后"，等等。这本书虽然多是抄录宋人的内容，但其选录的内容还是有一定的可取之处，如"广积不如教子，避祸不如省非"，"责人者不全交，自恕者不改过"，"不自重者取辱，不自畏者招祸；不自满者受益，不自是者博闻"，"自满者败，自矜者愚，自贼者忍"，"寡言则省谤，寡欲则保身"等等，言简意赅，发人深思。

许名奎《劝忍百箴》：忍侮于大者无忧，忍侮于小者不败

序

　　予读唐史，见高宗幸张公艺家，问其九世不分之状，书"忍"字百余以对，于是兴感。嗟乎！人为血气所使，至于凶于而身害于而家何限？昔成王之命君陈曰："必有忍其乃有济，有容德乃大。"孔子曰："小不忍则乱大谋。"叔孙豹之憾季孙，其御者曰："鲁以相忍为国。"赵襄子曰："以能忍耻庶无害赵宗乎！"驭吏醉污丞相车茵当斥，丙吉曰："西曹第忍之。"柳玭《家训》曰："肥家以忍顺。"杜牧之《遣

兴诗》曰："忍过事堪喜。"司空图曰："忍字敌灾星。"《说苑·丛谈》云："能忍耻者安，能忍辱者存。"吕存仁亦云："'忍诟'二字，古之格言，学者可以详思而致力。"然则"忍"之一字，自宰相至于士庶，人皆当以此为药石。予自壮至老，以贱且贫，故受侮于人屡矣。复思前哲有"德量自隐忍中大"之语，益自勉励，逆来顺受，不与物竞，因作《劝忍百箴》，愿与天下共之。每箴皆事为之句，入经出史，各有考据。公卿大夫四民十等，家置一本，朝夕看阅，亦足少补德量之万一，毋忽幸甚！时至大三年良月吉旦四明梓碧山人许名奎叙

言之忍第一

恂恂便便，侃侃誾誾，忠信笃敬，盍书诸绅。讷为君子，寡为吉人。

乱之所生也，则言语以为阶；口三五之门，祸由此来。

《书》有起羞之戒，《诗》有出言之悔，天有卷舌之星，人有缄口之铭。

白珪之玷尚可磨，斯言之玷不可为。齿颊一动，千驷莫追。噫，可不忍欤！

气之忍第二

燥万物者，莫熯乎火；挠万物者，莫疾乎风。

风与火值，扇炎起凶。气动其心，亦蹶亦趋，为风为大，如鞴鼓炉。

养之则为君子，暴之则为匹夫。

一朝之忿，忘其身以及其亲，非惑欤？噫，可不忍欤！

色之忍第三

桀之亡，以妹喜；幽之灭，以褒姒；晋之乱，以骊姬；吴之祸，以西施。

汉成溺以飞燕，披香有祸水之讥。

唐祚中绝于昭仪，天宝召寇于贵妃。

陈侯宣淫于夏氏之室，宋督目逆于孔父之妻。

败国亡家之事，常与女色以相随。

伐性斤斧，皓齿蛾眉；毒药猛兽，越女齐姬。枚生此言，可为世师。噫，可不忍欤！

酒之忍第四

禹恶旨酒，仪狄见疏。周诰刚制，群饮必诛。

窟室夜饮，杀郑大夫。勿夸鲸吸，甘为酒徒。

布烂覆瓿，箴规凛然。糟肉堪久，狂夫之言。

司马受竖谷之爱，适以为害；灌夫骂田蚡之坐，自贻其祸。噫，可不忍欤！

声之忍第五

恶声不听，清矣伯夷；郑声之放，圣矣仲尼。

文侯不好古乐，而好郑卫；明皇不好奏琴，乃取羯鼓以解秽。虽二君之皆然，终贻笑于后世。

霓裳羽衣之舞，玉树后庭之曲，匪乐实悲，匪笑实哭。

身享富贵，无所用心；买妓教歌，日费万金；妖曲未终，死期已临。噫，可不忍欤！

食之忍第六

饮食，人之大欲，末得饮食之正者，以饥渴之害于口腹。人能无以口腹之害为心害，则可以立身而远辱。

鼋羹染指，子公祸速。羊羹不遍，华元败衄。

觅炙不与，乞食目痴。刘毅末贵，罗友不羁。

舍尔灵龟，观我朵颐。饮食之人，则人贱之。噫，可不忍欤！

乐之忍第七

音聋色盲，驰骋发狂，老氏预防；朝歌夜弦，三十六年，嬴氏无传；金谷欢娱，宠专绿珠，石崇被诛。

人生几何，年不满百；天地逆旅，光阴过客；若不自觉，恣情取乐；乐极悲来，秋风木落。噫，可不忍欤！

权之忍第八

子孺避权，明哲保身；杨李弄权，误国殄民。

盖权之于物，利于君，不利于臣；利于分，不利于专。惟彼愚人，招权入己。炙手可热，其门如市，生杀予夺，目指气使。万夫胁息，不敢仰视。苍头庐儿，虎而加翅，一朝祸发，迅雷不及掩耳。李斯之黄犬谁牵，霍氏之赤族奚避？噫，可不忍欤！

势之忍第九

迅风驾舟，千里不息；纵帆不收，载胥及溺。

夫人之得势也，天可梯而上；及其失势也，一落地千丈。朝荣夕悴，变在反掌。炎炎者灭，隆隆者绝；观雷观火，为盈为实；天收其声，地藏其热。高明之家，鬼瞰其室。噫，可不忍欤！

贫之忍第十

无财为贫，原宪非病；鬼笑伯龙，贫穷有命。造物之心，以贫试士，贫而能安，斯为君子。民无恒产，因无恒心，不以其道得之，速奇祸于千金。噫，可不忍欤！

富之忍第十一

富而好礼，孔子所诲；为富不仁，孟子所戒。

盖仁足以长福而消祸，礼足以守成而防败。怙富而好凌人，子羽已窥于子皙；富而不骄者鲜，史鱼深警于公叔。庆封之富非赏实殃，晏子之富如帛有幅。去其骄，绝其吝，惩其忿，窒其欲，庶几保九畴之福。噫，可不忍欤！

贱之忍第十二

人生贵贱，各有赋分；君子处之，遁世无闷。

龙陷泥沙，花落粪溷；得时则达，失时则困。

步骘甘受征羌席地之遇，宗悫岂较乡豪粗食之羞。买臣负薪而不耻，王猛鬻畚而无求。苟充诎而陨获，数子奚望于公侯？噫，可不忍欤！

贵之忍第十三

贵为王爵，权出于天；《洪范》五福，贵独不言。

朝为公卿，暮为匹夫；横金曳紫，志满气粗；下狱投荒，布褐不如。

盖贵贱常相对待，祸福视谦与盈。《鼎》之覆餗，以德薄而任重；《解》之致寇，实自招于负乘；《讼》之鞶带，不终朝而三褫；《孚》之翰音，凶于天之蹻登。静言思之，如履薄冰。噫，可不忍欤！

宠之忍第十四

婴儿之病伤于饱，贵人之祸伤于宠。龙阳君之泣鱼，黄头郎之入梦。董贤令色，割袖承恩；珍御贡献，尽入其门。尧舜未遂，要领已分。国忠娣妹，极贵绝伦；少陵一诗，画图丽人；渔阳兵起，血污游魂。

富贵不与骄奢期，而骄奢至；骄奢不与死亡期，而死亡至。思魏牟之谏，穰侯可股栗而心悸。噫，可不忍欤！

辱之忍第十五

能忍辱者，必能立天下之事。圯桥匍匐取履，而子房韫帝师之智；市人笑出胯下，而韩信负侯王之器。

死灰之溺，安同何羞；厕中之簀，终为应侯。盖辱为伐病之毒药，不瞑眩而曷瘳？

故为人结袜者为廷尉，唾面自干者居相位。噫，可不忍欤！

安之忍第十六

宴字鸩毒，古人深戒；死于逸乐，又何足怪。饱食无所用心，则宁免于博奕之尤；逸居而无教，则又近于禽兽之忧。

故玄德涕流髀肉，知终老于斗蜀；士行日运百甓，习壮图之筋力。

盖太极动而生阳，人身以动为主。户枢不蠹，流水不腐。噫，可不忍欤！

危之忍第十七

围棋制淝水之胜，单骑入回纥之军。此宰相之雅量，非元帅之轻身。盖安危未定，胜负未决，帐中仓皇，则麾下气慑，正所以观将相之事业。

浮海遇风，色不变于张融；乱兵掠射，容不动于庾公。盖鲸涛澎湃，舟楫寄家；白刃蜂舞，节制谁从？正所以试天下之英雄。噫，可不忍欤！

忠之忍第十八

事君尽忠，人臣大节；苟利社稷，死生不夺。杲卿之骂禄山，痛不知于断舌；张巡之守睢阳，烹不怜于爱妾。

养子环刃而侮骂，真卿誓死于希烈。忠肝义胆，千古不灭。在地则为河岳，在天则为日月。高爵重禄，世受国恩。一朝难作，卖国图身。何面目以对天地，终受罚于鬼神，昭昭信史，书曰叛臣。噫，可不忍欤！

孝之忍第十九

父母之恩，与天地等。人子事亲，存乎孝敬；怡声下气，昏定晨省。

难莫难于舜之为子，焚廪掩井，欲置之死，耕于历山，号泣而已。

冤莫冤于申生伯奇，父信母谗，命不敢违。

祭胡为而地坟，蜂胡为而在衣？

盖事难事之父母，方见人子之纯孝。爱恶不当疑，曲直何敢较？为子不孝，厥罪非轻。国有刀锯，天有雷霆。噫，可不忍欤！

仁之忍第二十

仁者如射，不怨胜已；横逆待我，自反而已。夫子不切齿于桓魋之害，孟子不芥蒂于臧仓之毁。人欲万端，难灭天理。彼以其暴，我以吾仁；齿刚易毁，舌柔独存。强怒而行，求仁莫近；克己为仁，请服斯训。噫，可不忍欤！

义之忍第二十一

义者，宜也。以之制事，义所当为，虽死不避；义所当诛，虽亲不庇；义所当举，虽仇不弃。

李笃忘家以救张俭，祈奚忘怨而进解狐。吕蒙不以乡人干令而不戮，孔明不以爱客败绩而不诛。叔向数叔鱼之恶，实遗直也；石碏行石厚之戮，其灭亲乎？当断不断，是为懦夫。勿行不义，勿杀不幸。噫，可不忍欤！

礼之忍第二十二

天理之节文，人心之检制。出门如见大宾，使民如承大祭。当以敬为主，非一朝之可废。

鉏麑屈于宣子之恭敬，汉兵弭于鲁城之守礼；郭泰识茅容于避雨之时，晋臣知冀缺于耕馌之际；季路结缨于垂死，曾子易箦于将毙。噫，可不忍欤！

智之忍第二十三

樗里、晁错俱称智囊，一以滑稽而全，一以直义而亡。盖人之不可智用之，过则怨集而祸至。故宁武之智，仲尼称美；智不如葵，鲍庄断趾。士会以三掩人于朝，而杖其子；闻一知十之颜回，隐于如愚而不诚。噫，可不忍欤！

信之忍第二十四

自古皆有死，民无信不立。尾生以死信而得名，解扬以承信而释劫；范张不爽约于鸡黍，魏侯不失信于田猎。

世有薄俗，口是心非。颊舌自动，肝膈不知。取怨之道，种祸之基。诳楚六里，勿效张仪；朝济夕版，曲在晋师。噫，可不忍欤！

喜之忍第二十五

喜于问一得之，子禽见录于鲁论；喜于乘桴浮海，子路见诮于孔门。三仕无喜，长者子文；沾沾自喜，为窦王孙。

捷至而喜，窥安石公辅之器；捧檄而喜，知毛义养亲之志。故量有浅深，气有盈缩；易浅易盈，小人之腹。噫，可不忍欤！

怒之忍第二十六

怒为东方之情而行阴贼之气，裂人心之大和，激事物之乖异，若火焰之不扑，期燎原之可畏。大则为兵为刑，小则以斗以争。太宗不能忍于蕴古、祖尚之戮，高祖乃能忍于假王之请、桀纣之称；吕氏几不忍于嫚书之骂，调樊哙十万之横行。

故上怒而残下，下怒而犯上。怒于国则干戈日侵，怒于家则长幼道丧。所以圣人有忿思难之诚，靖节有徒自伤之劝。惟逆来而顺受，满天下而无怨。噫，可不忍欤！

疾之忍第二十七

六气之淫，是生六疾。慎于未萌，乃真药石。曾调摄之不谨，致寒暑之为疢。药治之而反疑，巫眩之而深信。卒陷枉死之愚，自背圣贤之训。故有病则学乖崖移心之法，未病则守嵇康养生之论。勿待二竖之膏肓，当恩爱我之疾疢。噫，可不忍欤！

变之忍第二十八

志不慑者，得于预备；胆易夺者，惊于猝至。勇者能搏猛兽，遇蜂虿而却走；怒者能

破和璧，闻釜破而失色。桓温一来，坦之手板颠倒；爰有谢安，从容与之谈笑。郭晞一动，孝德仿徨无措；亦有秀实，单骑入其部伍。中书失印，裴度端坐；三军山呼，张泳下马。噫，可不忍欤！

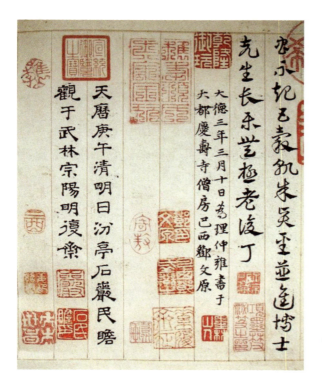

（元）邓文原《临急就章》（局部）

侮之忍第二十九

富侮贫，贵侮贱，强侮弱，恶侮善，壮侮老，勇侮懦，邪侮正，众侮寡，世之常情，人之通患。识盛衰之有时，则不敢行侮以贾怨。知彼我之不敌，则不敢抗侮而构难。

汤事葛，文王事昆夷，是谓忍侮于小；太王事獯鬻，勾践事吴，是

谓忍侮于大。忍侮于大者无忧，忍侮于小者不败。当屏气于侵杀，无动色于睚眦。噫，可不忍欤！

谤之忍第三十

谤生于雠，亦生于忌。求孔子于武叔之咳唾，则孔子非圣人；问孟轲于臧仓之齿颊，则孟子非仁义。黄金，王吉之衣囊；明珠，马援之薏苡。以盗嫂污无兄之人，以答舅诬娶孤女之士。彼何人斯，面人心狗。荆棘满怀，毒蛇出口。投畀豹虎，豹虎不受。人祸天刑，彼将自取。我无愧怍，何慊之有。噫，可不忍欤！

誉之忍第三十一

好誉人者谀，好人誉者愚。夸燕石为瑾瑜，诧鱼目为骊珠。尊桀为尧，誉跖为柳。爱憎夺其志，是非乱其口。世有伯乐，能品题于良马；岂伊庸人，能定驽骥之价？古之君子，闻过则喜。好面誉人，必好背毁。噫，可不忍欤！

谄之忍第三十二

上交不谄，知几其神。巧言令色，见谓不仁。孙弘曲学，长孺百折。萧诚软美，九龄谢绝。郭霸尝元忠之便液，之问奉五郎之溺器；朝夕挽公主车之履温，都堂拂宰相须之丁谓。节之简册，千古有愧。噫，可不忍欤！

笑之忍第三十三

乐然后笑，人乃不厌。笑不可测，腹中有剑。虽一笑之至微，能召祸而遗患。齐妃嗤跛而郤克师兴，赵姜笑躄而平原客散。蔡谟结怨于王导，以犊车之轻诋；子仪屏去左右，防鬼貌之卢杞。人世碌碌，谁无可鄙？冯道《兔园策》，师德田舍子。噫，可不忍欤！

妒之忍第三十四

君子以公义胜私欲，故多爱；小人以私心蔽公道，故多害。多爱，

（元）盛懋《秋山行旅图》

则人之有技若己有之；多害，则人之有技媢疾以恶之。

士人入朝而见嫉，女子入宫而见妒。汉宫兴人彘之悲，唐殿有人猫之惧。

萧绎忌才而药刘遘，隋士忌能而刺颖达。僧虔以拙笔之字而获免，道衡以燕泥之诗而被杀。噫，可不忍欤！

忽之忍第三十五

勿谓小而弗戒，溃堤者蚁，螫人者虿；勿谓微而不防，疽根一粟，裂肌腐肠。患尝消于所慎，祸每生于所忽。与其行赏于焦头烂额，孰若受谏于徙薪曲突。噫，可不忍欤！

忤之忍第三十六

驰马碎宝，醉烧金帛，裴不遣吏，羊不罪客。司马行酒，曳遐坠地；推床脱帻，谢不嗔系。诉事呼如周，宗周不以讳。是何触触生，姓名俱改避？盖小之事大多忤，贵之视贱多怒。古之君子，盛德弘度，人有不及，可以情恕。噫，可不忍欤！

仇之忍第三十七

血气之初，寇仇之根。报冤复仇，自古有闻，不在其身，则在子孙。人生世间，慎勿构冤。小吏辱秀，中书憾潘。谁谓李陆，忠州结欢？霸陵尉死于禁夜，庾都督夺于鹅炙。一时之忿，异日之祸。张敞之杀絮舜，徒以五日京兆之忿；安国之释田甲，不念死灰可溺之恨。莫惨乎深文以致辟，莫难乎以德而报怨。君子长者，宽大乐易，恩仇两忘，人已一致。无林甫夜徒之疑，有廉蔺交欢之喜。噫，可不忍欤！

争之忍第三十八

争权于朝，争利于市。争而不已，瞽不畏死。财能得人，亦能害人。人曷不悟，至于丧身？权可以宠，亦可以辱。人胡不思，为世大傻？达人远见，不与物争。视利犹粪土之污，视权犹鸿毛之轻。污则欲避，轻则易弃。避则无憾于人，弃则无累于已。噫，可不忍欤！

欺之忍第三十九

郁陶思君，象之欺舜。校人烹鱼，子产遽信。赵高鹿马，廷龄羡余。以愚其君，只以自愚。丹书之恶，斧铖之诛，不忍丝发欺君，欺君臣子之大罪。二子之言，千古明诲。人固可欺，其如天何！暗室屋漏，鬼神森罗。作伪心劳，成少败多。鸟雀至微，尚不可欺。机心一动，未弹而飞。人心叵测，对面九疑。欺罔逝陷，君子先知；诐遁邪淫，情见乎辞。噫，可不忍欤！

淫之忍第四十

淫乱之事，易播恶声。能忍难忍，谥之曰贞。路同女宿，至明不乱；邻女夜奔，执烛待旦。宫女出赐，如在帝右；面阁十宵，拱立至晓。下惠之介，鲁男之洁；日磾彦回，臣子大节。百世之下，尚鉴风烈。噫，可不忍欤！

惧之忍第四十一

内省不疚，何忧何惧？见理既明，委心变故。中水舟运，不谄河伯。霹雳破柱，读书自若。何潜心于《太玄》，乃惊遽而投阁。故当死生患难之际，见平生之所学。噫，可不忍欤！

好之忍第四十二

楚好细腰，宫人饿死。吴好剑客，民多疮瘠。好酒好财，好琴好笛，好马好鹅，好锻好屐，凡此众好，各有一失。人惟好学，于己有益。有失不戒，有益不劝。玩物丧志，人之通患。噫，可不忍欤！

恶之忍第四十三

凡能恶人，必为仁者。恶出于私，人将仇我。孟孙恶我，乃真药石。不以为怨，而以为德。南夷之窜，李平廖立；陨星讣闻，二子涕泣。爱其人者，爱及屋上乌；憎其人者，憎其储胥。鹰化为鸠，犹憎其眼。疾之已甚，害几不免。仲弓之吊张让，林宗之慰左原，致恶人之感德，能灭祸于他年。噫，可不忍欤！

劳之忍第四十四

有事服劳，弟子之职。我独贤劳，敢形辞色。《易》称劳谦，不伐终吉。颜无施劳，服膺勿失。故龟勉从事，不敢告劳，周人之所以事君；惰农自安，不昏作劳，商盘所以训民。疾驱九折，为子赣之忠臣；负来百里，为子路之养亲。噫，可不忍欤！

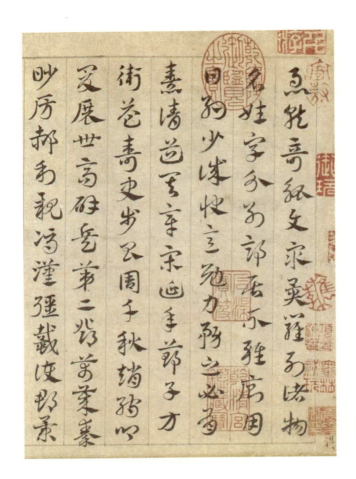

（元）邓文原《临吴皇象
急就章全卷》（局部）。

苦之忍第四十五

浆酒藿肉，肌丰体便。目厌粉黛，耳溺管弦。此乐何极？是有命焉。生不得志，攻苦食淡；孤臣孽子，卧薪尝胆。贫贱患难，人情最苦。子卿北海之上牧羝，重耳十九年之羁旅。呼吸生死，命如朝露。饭牛至晏，襦不蔽骭；牛衣卧疾，泣与妻决。天将降大任于斯人，必先锇其体而乏其身。噫，可不忍欤！

俭之忍第四十六

以俭治身，则无忧；以俭治家，则无求。人生用物，各有天限。

夏涝太多，必有秋旱。瓦鬲进煮粥，孔子以为厚；平仲祀先人，豚肩不掩豆。季公庾郎，二韭三韭。脱粟布被，非敢为诈；蒸豆菜菹，勿以为讶。食钱一万，无乃太过。噫，可不忍欤！

贪之忍第四十七

贪财曰饕，贪食曰餮。舜去四凶，此居其一。"纵如打五鼓，谢令推不去。"如此政声，实蕃众怒。

如打五鼓，谢令推不去。如此政声，实蕃众感。

鱼弘作郡，号为四尽。重霸对棋，觅金三锭。

陈留彰武，伤腰折股。贪人败类，秽我明主

鱼弘作郡，号为四尽。重霸对棋，觅金三锭。

陈留彰武，伤腰折股。贪人败类，秽我明主。

口称夷齐，心怀盗跖。产随官进，财与位积。

游道闻魏人之劾，宁不有觍于面目。噫，可不忍欤！

躁之忍第四十八

养气之学，戒乎躁急。刺卵掷地，逐蝇弃笔。录诗误字，啮臂流血。觇其平生，岂能容物？

西门佩韦，唯以自戒。彼美刘宽，翻羹不怪。

《震》为决躁，《巽》为躁卦。火盛东南，其性不耐。雷动风挠，如鼓炉鞴。大盛则衰，不耐则败。一时之躁，噬脐之悔。噫，不可忍欤！

虐之忍第四十九

不教而杀，孔谓之虐。汉唐酷吏，史书其恶。宁成乳虎，延年屠伯。终破南阳之家，不逃严母之责。恳恳用刑，不如用恩；孳孳求奸，不如礼贤。凡尔有官，师法循良。垂芳百世，召杜龚黄。噫，可不忍欤！

骄之忍第五十

金玉满堂，莫之能守。富贵而骄，自遗其咎。诸侯骄人则失其国，大夫骄人则失其家。魏侯受田子方之教，不敢以富贵而自多。盖恶终之衅，兆于骄夸；死亡之期，定于骄奢。先哲之言，如不听何！昔贾思伯倾身礼士，客怪其谦，答以四字，衰至便骄。斯言有味。噫，可不忍欤！

矜之忍第五十一

舜之命禹，汝雅不矜。说告高宗，戒以矜能。圣君贤相，以此相规。人有寸善，矜则失之。问德政而对以偶然之语，问治状而答以王生之言。三帅论功，皆曰：臣何力之有焉。为臣若此，后也称贤。文欲使屈宋衙官，字欲使羲之北面，若杜审言，名为虚诞。噫，可不忍欤！

侈之忍第五十二

天赋于人，名位利禄，莫不有数；人受于天，服食器用，岂宜过度。乐极而悲来，祸来而福去。行酒斩美人，锦幛五十里，不闻百年之石氏；人乳为蒸豚，百婢捧食器，徒诧一时之武子。史传书之，非以为美，以警后人，戒此奢侈。居则歌童舞女，出则摩辖结驷。酒池肉林，淫窟屠肆。三辰龙章之服，不雨而雷之第，厮养傅翼之虎，皂隶人立之豕。僭似王侯，薰炙天地。鬼神害盈，奴辈到财。巢覆卵破，悔何及哉！噫，可不忍欤！

勇之忍第五十三

暴虎冯河，圣门不许；临事而惧，夫子所与。黝之与舍，二子养勇，不如孟子，其心不动。故君子有勇而无义为乱，小人有勇而无义为盗。圣人格言，百世诏诰。噫，可不忍欤！

直之忍第五十四

晋有伯宗，直言致害，虽有贤妻，不听其戒。札爱叔向，临别相劝，君子好直，思免于难。直哉史鱼，终身如矢，以尸谏君，虽死不死。夫子称之，闻者兴起，时有污隆，直道不客。曲而如钩，乃得封侯；直而如弦，死于道边。枉道事人，隳名丧节；直道事人，身婴木铁。噫，可不忍欤！

急之忍第五十五

事急之弦，制之于权。伤胸扪足，盗印追贼。诳梅止渴，扶背误敌。判生死于呼吸，争胜负于顷刻。蝮蛇螫手，断腕宜疾。冠而救火，揖而拯溺。不知权变，可为太息。噫，可不忍欤！

死之忍第五十六

人谁不欲生，罔之生也，幸而免；自古皆有死，死得其所，道之善。岩墙桎梏，皆非正命；体受归全，易箦得正。召忽死纠，管仲不死，三衅三浴，民受其赐。陈蔡之厄，回可敢死！仲由死卫，末安于义。"百金之子不骑衡，千金之子不垂堂。"非恶死而然矣，盖亦戒夫轻生。噫，可不忍欤！

生之忍第五十七

所欲有甚于生，宁舍生而取义。故陈容不愿与袁绍同日生，而愿与臧洪同日死；元显和不愿生为叛臣，而愿死为忠鬼。天下后世，称为烈士。读史至此，凛然生风。苏武生还于大汉，李陵生没于沙漠，均为之生，而不得并祀于麟阁。噫，可不忍欤！

满之忍第五十八

伯益有满招损之规，仲虺有志自满之戒。夫以禹汤之盛德，犹惧满盈之害。月盈则亏，器满则覆，一盈一亏，鬼神祸福。昔刘敬宣不敢逾分，常惧福过灾生，实思避盈居损。三复斯言，守身之本。噫，可不忍欤！

（元）盛懋《秋江待渡图》

快之忍第五十九

自古快心之事，闻之者足以戒。秦皇快心于刑法，而扶苏婴矫制之害；汉武快心于征伐，而轮台有晚年之悔。人生世间，每事欲快。快驰骋者，人马俱疲；快酒色者，膏肓不医；快言语者，驷不可追；快斗讼者，家破身危。快然诺者，多悔；快应对者，少思；快喜怒者，无量；快许可者，售欺。与其快性而蹈失，孰若徐思而慎微。噫，可不忍欤！

取之忍第六十

取戒伤廉，有可不可。齐薛馈金，辞受在我。胡奴之米不入修龄之甑釜，袁毅之丝不充巨源之机杼。计日之俸何惭，暮夜之金必拒。幼廉不受徐干金锭之赂，钟意不拜张恢赃物之赐；彦回却求官金饼之袖，张奂绝先零金镂之遗。千古清名，照耀金匮。噫，可不忍欤！

与之忍第六十一

富视所与，达视所举。不程其义之当否，而轻于赐予者，是损金帛于粪土；不择其人之贤不肖，而滥于许与者，是委华衮于狐鼠。《春秋》不与卫人以繁缨，戒假人以名器。孔子周公西之急，而以五秉之与责冉子。噫，可不忍欤！

乞之忍第六十二

箪食豆羹，不得则死，乞人不屑，恶其蹴尔。晚菘早韭，赤米白盐，取足而已，安贫养恬。巧于钻刺，郭尖李锥，有道之士，耻而不为。古之君子，有平生不肯道一乞字者；后之君子，诈贫匿富以乞为利者矣。故《陆鲁望之歌》曰："人间所谓好男子，我见妇人留须眉。奴颜婢膝真乞丐，反以正直为狂痴。"噫，可不忍欤！

求之忍第六十三

人有不足，于我乎求，以有济无，其心休休。冯欢弹铗，三求三得。苟非长者，怒盈于色。维昔孟尝，倾心爱客，比饭弗憎，焚券弗责。欲效冯欢之过求，世无孟尝则羞；欲效孟尝之不吝，世无冯欢则倦。羞彼倦此，为义不尽。偿债安得惠开，给丧谁是元振？噫，可不忍欤！

失之忍第六十四

自古达人，何心得失？子文三已，下惠三黜，二子泰然，曾无愠色。银杯羽化，米斛雀耗，二子淡然，付之一笑。盖有得有失者，物之常理；患得患失者，目之为鄙。塞翁失马，祸兮福倚。得丧荣辱，奚足介意。噫，可不忍欤！

利害之忍第六十五

利者人之所同嗜，害者人之所同畏。利为害影，岂不知避！贪小利而忘大害，犹痼疾之难治。鸩酒盈器，好酒者饮之而立死，知饮酒之快意，而不知毒人肠胃；遗金有主，爱金者攫之而被系，知攫金之苟得，而不知受辱于狱吏。以羊诱虎，虎贪羊而落井；以饵投鱼，鱼贪饵而忘命。虞公耽于垂棘而昧于假道之诈，夫差豢于西施而忽于为沼之祸。匕首伏于督亢，贪于地者始皇；毒刃藏于鱼腹，溺于味者吴王。噫，可不忍欤！

顽嚣之忍第六十六

心不则德义之经曰顽，口不道忠信之言曰嚣。顽嚣不友，是为凶人，其名浑敦。恶物丑类，宜投四裔，以御魑魅。唐虞之时，其民淳，书为此为戒；秦汉之下，其俗浇，习此不为怪。盖凶人之性难以义制，其吠噬也，似犬而猘；其抵触也，如牛而觕。待之以恕则乱，论之以理则叛，示之以弱则侮，怀之以恩则玩。当以禽兽而视之，不与之斗智角力，待其自陷于刑戮，若烟灭而爝息。我则行老子守柔之道，持颜子不辍之德。噫，可不忍欤！

不平之忍第六十七

不平则鸣，物之常性。达人大观，与物不竞。彼取以均石，与我以锱铢；彼自待以圣，视我以为愚。同此一类人，厚彼而薄我。我直而彼曲，屈于手高下。人所不能忍，争斗起大祸。我心常淡然，不怨亦不怒。彼强而我弱，强弱必有故；彼盛而我衰，盛衰自有数。人众者胜天，天定则胜人。世态有炎燠，我心常自春。噫，可不忍欤！

不满之忍第六十八

望仓庾而得升斗，愿卿相而得郎官。其志不满，形于辞气。故亚夫之怏怏，子幼之呜呜，或以下狱，或以族诛。渊明之赋归，扬雄之解嘲，排难释忿，其乐陶陶。多得少得，自有定分；一阶一级，造物所靳。宜达而穷者，阴阳为之消长；当与而夺者，鬼神为之典掌。付得失于自然，庶神怡而心旷。噫，可不忍欤！

听谗之忍第六十九

自古害人莫甚于谗，谓伯夷溷，谓盗跖廉。贾谊吊湘，哀彼屈原，《离骚》《九歌》，千古悲酸。亦有周雅，《十月之交》："无罪无辜，谗口嚣嚣。"大夫伤于谗而赋《巧言》，寺人伤于谗而歌《巷伯》。父听之则孝子为逆，君听之则忠臣为贼，兄弟听之则墙阋，夫妻听之则反目，主人听之则平原之门无留客。噫，可不忍欤！

无益之忍第七十

不作无益害有益，不贵异物贱用物。此召公告君之言，万世而不可忽。酣游废业，奇巧废功，蒲博废财，禽荒废农。凡此无益，实贻困穷。隋珠和璧，蒟酱筇竹，寒不可衣，饥不可食。凡此异物，不如五谷。空走桓玄之画舸，徒贮王涯之复壁。噫，可不忍欤！

苛察之忍第七十一

水太清则无鱼，人太察则无徒。瑾瑜匿瑕，川泽纳污。其政察察，其民缺缺，老子此言，可以为法。苛政不亲，烦苦伤恩，虽出鄙语，薛宣上陈。称柴而爨，数米而炊，擘肌折骨，从，吹毛求疵，如此用之，亲戚叛之。古之君子，于有过中求无过，所以天下无怨恶；今之君子，于无过中求有过，使民手足无所措。噫，可不忍欤！

屠杀之忍第七十二

物之具形色，能饮食者，均有识知，其生也乐，其死也悲。鸟俯而啄，仰而四顾，一弹飞来，应手而仆。牛舐其犊，爱深母子，牵就庖厨，觳觫畏死。蓬莱谢恩之雀，白玉四环；汉川报德之蛇，明珠一寸。勿谓羽鳞之微，生不知恩，死不知怨。仁人君子，折旋蚁封，彼虽至微，惜命一同。伤猿，细故也，而部伍被黜于桓温；放麑，违命也，而西巴见赏于孟孙。胡为朝割而暮烹，重口腹而轻物命？《礼》有无故不杀之戒，轲书有闻声不忍食之警。噫，可不忍欤！

祸福之忍第七十三

祸兮福倚，福兮祸伏，鸦鸣鹊噪，易惊愚俗。白犊之怪，兆为盲目，征戌不及，月受官粟。荧惑守心，亦孔之丑，宋公三言，反以为寿。城雀生乌，桑谷生朝，谓祥匪祥，谓妖匪妖。故君子闻喜不喜，见怪不怪，不崇淫祀不虚费，不信巫觋之狂悖。信巫觋者愚，崇淫祀者败。噫，可不忍欤！

苟禄之忍第七十四

窃位苟禄，君子所耻，相持而动，可仕则仕。墨子不舍朝歌之邑，志士不饮盗泉之水。析圭儋爵，将荣其身，鸟犹择木，而况于人？逢萌挂冠于东都，陶亮解印于彭泽，权皋诈死于禄山之荐，费贻漆身于公孙之迫。携持琬琰，易一羊皮，枉尺直寻，颜厚忸怩。噫，可不忍欤！

躁进之忍第七十五

仕进之路，如阶有级，攀援躐等，何必噪急。远大之器，退然养恬，诏或辞再，命犹待三。趋热者，以不能忍寒；媚灶者，以不能忍谗；逾墙者，以不能忍淫；穿窬者，以不能忍贪。爵乃天爵，禄乃天禄，可久则久，可速则速。辇载金帛，奔走形势；食玉炊桂，因鬼见帝。虚梦南柯，于事何济！噫，可不忍欤！

特立之忍第七十六

特立独行，士之大节，虽无文王，犹兴豪杰。不挠不屈，不仰不俯，壁立万仞，中流砥柱。炙手权门，君恐炭于朝而冰于昏；借援公侯，吾恐喜则亲而怒则仇。傅燮不从赵延殷勤之喻，韩棱不随窦宪万岁之呼。袁淑不附于刘湛，僧虔不屈于细夫。王昕不就移床之役，李绘不供麋角之需。穷通有时，得失有命。依人则邪，守道则正。修己而天不与者命，守道而人不知者性。宁为松柏，勿为女萝；女萝失所托而萎恭，松柏傲霜雪而嵯峨。噫，可不忍欤！

勇退之忍第七十七

功成而身退，为天之道；知进而不知退，为《干》之亢。验寒暑之候于火中，悟羝羊之悔于《大壮》。天人一机，进退一理；当退不退，灾害并至。祖帐东都，二疏可喜，兔死狗烹，何嗟及矣。噫，可不忍欤！

（元）赵孟頫《鹊华秋色图卷》

挫折之忍第七十八

不受触者，怒不顾人；不受抑者，忿不顾身。一毫之挫，若挞于市；发上冲冠，岂非壮士，不以害人则必自害，不如忍耐徐观胜败。名誉自屈辱中彰，德量自隐忍中大。黥布负气，拟为汉将，待以踞洗则几欲自杀，优以供帐则大喜过望。功名末见其终，当日已窥其量。噫，可不忍欤！

不遇之忍第七十九

《子虚》一赋，相如遽显；阙书一下，顿荣主偃。王生布衣，教龚遂而曳组汉庭；马周白身，代常何而垂绅唐殿。人生未遇，如求谷于石田；及其当遇，如取果于家园。岂非得失有命，富贵在天？卞和之三献不售，颜驷之三朝不遇。何贾谊之抑郁，竟知终于《鹏赋》。噫，可不忍欤！

才技之忍第八十

露才扬己，器卑识乏。盆括有才，终以见杀。学有余者，虽盈若亏；内不足者，急于人知。不扣不鸣者，黄钟大吕；嚣嚣聒耳者，陶盆瓦釜。韫藏待价者，千金不售；叫炫市巷者，一钱可贸。大辩若讷，大巧若拙。辽豕贻羞，黔驴易蹶。噫，可不忍欤！

小节之忍第八十一

顾大体者，不区区于小节；顾大事者，不屑屑于细故。视大圭者，不察察于微玷；得大木者，不怏怏于末蠹。以玷弃圭，则天下无全玉；以蠹废材，是天下无全木。苟变干城之将，岂以二卵而见麾；陈平而奇之智，不以盗嫂而见疑。智伯发愤于庖亡一炙，其身之亡而弗思；邯郸子嗔目于园失一桃，其国之失而不知。争刀锥之末而致讼者，市人之小器；委四万斤金而不问者，万乘之大志。故相马失之瘦，必不得千里之骥；取士失之贫，则不得百里奚之智。噫，可不忍欤！

随时之忍第八十二

为可为于为之时，则从；为不可为于不可为之时，则凶。故言行之危逊，视世道之污隆。老聃过西戎而夷语，夏禹入裸国而解裳。墨子谓乐器为无益而不好，往见荆王而衣锦吹笙。苟执方而不变，是不达于时宜。贸章甫于椎髻之蛮，炫绚履于跣足之夷，袗絺冰雪，挟纩炎曦，人以至愚而谪之。噫，可不忍欤！

背义之忍第八十三

古之义士，虽死不避。栾布哭彭，郭亮丧李。王修葬谭，操嘉其义。晦送杨凭，擢为御史。此其用心，纯乎天理。后之薄俗，奔走利欲。利在友则卖友，利在国则卖国。回视古人，有何面目？赵岐之遇孙嵩，张俭之逢李笃，非亲非旧，情同骨肉，坚守大义，甘婴重戮。噫，可不忍欤！

事君之忍第八十四

子路问事君于孔子，孔子教以勿欺而犯。唐有魏征，汉有汲黯。长君之恶其罪小，逢君之恶其罪大。张禹有觍于帝师之称，李勣何颜于废后之对？俯拾怒掷之奏剞，力救就戮之绯裈。忠不避死，主耳忘身。一心可以事百君，百心不可以事一君。若景公之有晏子，乃是为社稷之臣。噫，可不忍欤！

事师之忍第八十五

父生师教，然后成人。事师之道，同乎事亲。德公进粥林宗，三呵而不敢怒；定夫立侍伊川，雪深而不敢去。膏粱子弟，闾阎小儿，或恃父兄世禄之贵，或恃家有百金之资，厉声作色，辄谩其师。弟子之傲如此，其家之败可期。故张角以走教蔡京之子，此乃忠爱而报之。噫，可不忍欤！

同寅之忍第八十六

同官为僚，《春秋》所敬；同寅协恭，《虞书》所命。生各天涯，仕为同列，如兄如弟，议论参决。国尔忘家，公尔忘私，心无贪竞，两无猜疑。言有可否，事有是非，少不如意，矛盾相持。幕中之辨，人以为叛；台中之评，人以为顺。昌黎此箴，足以劝惩。噫，可不忍欤！

为士之忍第八十七

峨冠博带而为士，当自拔于凡庸；喜怒笑颦之易动，人已窥其浅中。故临大节而不可夺者，必无偏躁之气；见小利而易售者，失之斗筲之器。礼义以养其量，学问以充其智。不戚戚于贫贱，不汲汲于富贵。庶可以立天下之大功，成天下之大事。噫，可不忍欤！

为农之忍第八十八

终岁勤动，仰事俯畜，服田力穑，不避寒燠。水旱者，造化之不良，良农不因是而辍耕；稼穑者，勤劳之所有，厥子乃不知于父母。农之家一，而食粟之家六，苟惰农不昏于作劳，则家不给，而人不足。噫，可不忍欤！

为工之忍第八十九

不善于斫，血指汗颜。巧匠傍观，缩手袖间。行年七十，老而斫轮，得心应手，虽子不传。百工居肆以成其事，犹君子学以致其道。学不精则窘于才，工不精则失于巧。国有尚方之作礼，有冬官之考阶。身宠而家温，贵技高而心小。噫，可不忍欤！

为商之忍第九十

商者贩商，又曰商量。商贩则懋迁有无，商量则计较短长。用之缓急，价有低昂。不为折阅不市者，荀子谓之良贾；不与人争买卖之价者，《国策》谓之良商。何必鬻良而杂苦，效鲁人之晨饮其羊。古之善为货殖者，取人之所舍，缓人之所急，雍容待时，赢利十倍。陶朱氏积金，贩脂卖脯之鼎食，是皆大耐于计筹，不规小利于旦夕。噫，可不忍欤！

父子之忍第九十一

父子之性，出于秉彝。孟子有言，责善则离，贼恩之大，莫甚相夷。焚廪掩井，瞽太不慈，大孝如舜，斋栗虁虁。尹信后妻，欲杀伯奇，有口不辨，甘逐放之。散米数百斛而空其船，施财数千万而罄其库，以郗超、全琮不禀之专，二父胡为不怒？我见叔世，父子为仇，证罪攘羊，德色借櫋。父而不父，子而不子，有何面目，戴天履地？噫，可不忍欤！

兄弟之忍第九十二

兄友弟恭，人之大伦。虽有小忿，不废懿亲。舜之待象，心无宿怨；庄段费协，用心交战。许武割产，为弟成名；薛包分财，荒败自营。阿奴火攻，伯仁笑受；酗酒杀牛，兄不听嫂。世降俗薄，交相为恶，不念同乳，阋墙难作。噫，可不忍欤！

夫妇之忍第九十三

正家之道，始于夫妇。上承祭祀，不养父母。唯夫义而妇顺，乃起家而裕厚。《诗》有仳离之戒，《易》有反目之悔。鹿车共挽，桓氏不恃富而凌鲍宣；卖薪行歌，朱氏乃耻贫而弃买臣。茂弘忍于曹夫人之妒，夷甫忍于郭夫人之悍。不谓两相之贤，有此二妻之叹。噫，可不忍欤！

宾主之忍第九十四

为主为宾，无骄无谄；以礼始终，相孚肝胆。小夫量浅，挟财傲客；箪食豆羹，辄见颜色。毛遂为下客，坐于十九人之末，而不知为耻；鹏举为贱官，馆于马坊，教诸奴子而不以为愧。广阳岂识其文章，平原不拟其成事。孙丞相延宾，而开东阁；郑司家爱客，而戒留门。醉烧列舰，而无怒于羊侃；收债焚券，而无恨于田文。杨政之劝马武，赵壹之哭羊陟。居今之世，此未有闻。噫，可不忍欤！

奴婢之忍第九十五

人有十等，以贱事贵。耕樵为奴，织爨为婢。父母所生，皆有血气，谴督太苛，小人怨詈。陶公善遇，以嘱其子。阳城不嗔易酒自醉之奴，文烈不谴籴米逃奔之婢。二公之性难齐，元亮之风可继。噫，可不忍欤！

交友之忍第九十六

古交有真金百炼而后不改其色，今交如暴流盈涸而不保朝夕。管鲍之知，穷达不移；范张之谊，生死不弃。淡全甘坏，先哲所戒；势贿谈量，易燠易凉。盖君子之交，慎终如始；小人之交，其名为市。郤子迎谷臣之妻子至于分宅，到溉视西华之兄弟胡心不恻？指天誓不相负，反眼若不相识。噫，可不忍欤！

年少之忍第九十七

人之少年，譬如阳春，莺花明媚，不过九旬；夏热秋凄，如环斯循。人寿几何，自轻身命？贪酒好色，博弈驰骋。狎侮老成，党邪疾正；弃掷《诗》《书》，教之不听。玄鬓易白，红颜早衰，老之将至，时不再来。不学无术，悔何及哉！噫，可不忍欤！

将帅之忍第九十八

阃外之事，将军主之；专制轻敌，亦不敢违。卫青不斩裨将而归之天子，亚夫不出轻战而深沟高垒。军中不以为弱，公论亦称其美。延寿陈汤，兴师矫制，手斩郅支，威振万里，功赏未行，下狱几死。自古为将，贵于持重；两军对阵，戒于轻动。故司马懿忍于妇帧之遗，而犹有死诸葛之恐；孟明视忍于崤陵之败，而终致穆公之三用。噫，可不忍欤！

宰相之忍第九十九

昔人有言，能鼻吸三斗醇醋，乃可以为宰相。盖任大用者存乎才，为大臣者存乎量。丙吉不罪于醉污车茵，安世不诘于郎溺殿上。周公忍召公之不悦，仁杰受师德之包容。彦博不以弹灯笼锦而衔唐介，王旦不以罪倒用印而雠寇公。廊庙倚为镇重，身命可以令终。噫，可不忍欤！

好学忍第一百

立身百行，以学为基。古之学者，一忍自持。凿壁偷光，聚萤作囊，忍贫读书，车胤匡衡。耕助画佣，牛衣夜织，忍苦向学，倪宽刘寔。以锥刺股者，苏秦之忍痛；系狱受经者，黄霸之忍辱。宁越忍劳于十五年之昼夜，仲淹忍饥于一盆之粟粥。及乎学成于身，而达乎天子之庭。鸣玉曳组，为公为卿。为前圣继绝学，为斯世开太平。功名垂于竹帛，姓字著于丹青。噫，可不忍欤！

《中华国学经典精粹》

解读

《劝忍百箴》是元朝学者许名奎编写的一套修身箴言。

许名奎，生卒年和事迹不详，元朝末年人，自号梓碧山人。自序中有"时至大三年良月吉旦四明梓碧山人许名奎叙"。在明末《千顷堂书目》《宋元学案》《杨升庵集》等具有记载。明代著名学者陈继儒作《百忍箴》序中指出：

神医疗疾，妙在一针；至人救世，括于一字。道岂远乎哉，术岂多乎哉？即今紫嶙仇公梓行《百忍箴》是已。此箴为四明高士许奎所撰，曾刻成化间，自后日远日亡，谁复悬之座隅，置之家塾？赖仇公特地拈出，将人间用壮用妄，好挺好斗者，痛切唤醒一番。语不期多，期于及时，此之谓也。

顷者朝野之间，坚白鸣，玄黄战，不报不休，不快不止，得无未之忍乎？夫以刃剌心，忍难矣。刃，兑金也；心，离火也。以火载金，忍更难矣。然而古训曰："有忍乃济"；又曰："小不忍则乱大谋。"是非圣人之言，而《易》之言也。《易卦》有"渐"、有"巽"，有"濡"、有"解"，有"谦"，有"艮"，皆忍之象也，亦忍之义也。天地以能覆能载为忍，山薮以藏疾藏瑕为忍，江海以纳为忍，龙以潜为忍，鲲鹏以六月息为忍，鸷鸟以敛翼为忍，猛兽以狙伏为忍，佛家以定为忍，道家以柔为忍，儒家以三戒九思为忍。如仲尼之微服，颜子之不校，忍之上也。子舆氏以横逆付之妄人，又甚而比之禽兽，似犹有疆阳之意焉。况人非圣贤，而敢不坚忍乎哉？

自来修炼堪舆，学问经济，无不从逆局中来。顺而随之，为凡为庸；逆而闭之，为吉人，为异人，为在有力人。甚矣！箴之善言忍矣。今夫匹夫匹妇，攘臂披发，哄于三家之村、五都之市，有逢衣先生，规行矩步，淳淳然以主敬主静，执而前导之，不暇省为何语。适有田庚同师，摇首东西向曰："姑忍是，姑忍是。"则刚狠之气渐缓，诃詈噪聒之声亦渐细渐夷，往往且曳且挟而去。乃知儒者多言繁称，不如单提忍之一字，则尤直接捷而痛快也。大抵小忍小益，大忍大益，暂忍暂益，久忍久益，半忍半益，全忍全益。闾里忍，无讼可挑；士大夫忍，无党可击；边疆忍，无衅可开；宫府忍，无题可借。正如猛火聚而沃之千丈之寒冰，迅雷鸣而韬以万里之碧汉。有事化为无事，不平化为太平。《百忍箴》者，真两藏之大总持，五伦之大药石也。忍之，忍之，又重忍之。既鬼神且无奈我何，又何纷纷之虚舟飘瓦哉？读此，庶不负仇公救世之苦心矣。

忍是儒学的一门大学问，是士大夫修身处世的主要途径和方法，在历代的儒家经典和学者著述中经常被提及，但像许名奎这样把"忍"分为一百类，以"百箴"命名和编写的，还是第一人，虽然一些段落用词遣句比较粗糙，有些"箴"也有拼凑嫌疑，但也算是"忍"学的百科全书了。所以，连陈继儒这样的大学者也对之叹赞有加，专门为此箴做序，称赞其为"两藏之大总持，五伦之大药石"。

小忍则有小成，大忍则有大成，不忍则一事无成，祸患无穷。一个"忍"字融合百家智慧，成就博大人生。人生在世，生与死较，利与害权，福与祸衡，喜与怒称，小之一身，大之国家天下，都离不开忍。成大业要忍，谋生存要忍，保平安要忍，解困境更要忍。本书以一百句箴言的方式，汇融了墨、儒、道、法的文韬武略，上下贯穿几千年中国历史，是一部古代圣贤处世哲学的智慧锦囊，也是提高身心修养的基本法则。但是，一些内容具有庸俗成分，而且一味强调"忍"也会传导一种消极态度，这是我们阅读时要注意的。隐忍绝不是无原则妥协和无作为，隐忍也不是解决一切问题的灵丹妙药，我们不赞成一些人把"忍"奉为人生的"真经"。

张养浩《三事忠告》: 荣与辱相倚伏，得与失相胜负，成与败相循环

宁人负我

宁人负我，无我负人，此待己之道也。天下之善，不必己出，此待人之道也。能行斯二者，于道其庶几乎?

处患难

凡在官者，当知荣与辱相倚伏，得与失相胜负，成与败相循环。古今未有荣而无辱，得而无失，成而无败之理也。虽天地之运，阴阳之化，物理人事，莫不皆然。处之不以道，则纤毫之宠必摇，而一唾之辱必铨矣。故君子于外物重轻皆所不恤，顾其在我者何如尔。使其有可辱，虽不加谴，而君子恒以为不足；使其无可辱，虽置之死地，而君子恒以为有余。历观自昔大圣大贤，不幸横罹祸患，恬然不易其素者，灼乎此而已矣。苟惟能处荣而不能处辱，惟能安顺境而逆境则不能一朝居，欲望其临政有余为难矣。呜呼！善观人者，其于此焉察之。

分 谤

是非毁誉，自古为政所不能无者。是则归人，非则归己；闻誉则归人，闻毁则归己。无长无贰，处之皆当如是也。前辈云："恩欲己出，怨将谁归？"呜呼！此真博大君子之言也。

以礼下人

夫能下人者，其志必高，其所至必远。昔某郡有新守褊骛，大不礼其下，常令掾属罗拜于庭。下有一贤掾，初以疾在告，疾愈当庭参。是日偶大雨，守命张伞布茅于庭下，使掾拜焉。掾恬然不动容，兴伏惟谨。识者知其他日必为宰相也，后果然。

不可以律己之律律人

同官有过，不至害政，宜为包容。大抵律己当严，待人当恕，必欲人人同己，天下必无是理也。

轻去就

士之仕也，有其任斯有其责，有其责斯有其忧。任一县之责者则忧一县，任一州之责者则忧一州，任一路之责、天下之责者，则以一路与天下为忧也。盖任重则责重，责重则忧深。古之人所以三揖而进，一揖而退者，有以也。虽尧、舜、禹、汤、文、武之为君，皋、夔、稷、契、伊、傅、周、召之为臣，固未尝不忧其责而以位为乐也。若以位为乐者，苟其位者也。呜呼！大圣大贤宜不难于其所任，犹且不自暇逸如此，吾才远不逮圣贤，顾可乐其位而重其去也哉！

致 政

古人以休官致政为释重负而脱羁囚，切尝思之，诚有是理。方其仕也，严出入而慎起居，一颦一笑亦不敢以轻假人。盖一身而为众师表，少踰规矩，谤议四闻，譬之特行于高屋之上，自顶至踵，在下

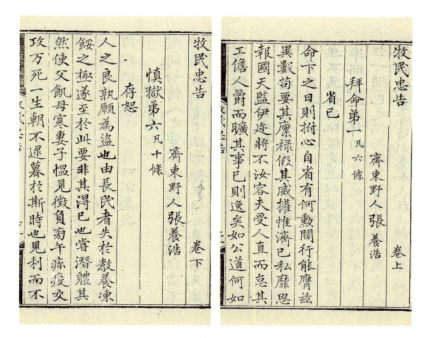

（元）张养浩《牧民忠告》，清道光十一年碧鲜斋影刻元钞本

者无不见之也。一朝代至，完身而去，讵止如释重负脱羁囚而已哉！尝见仕而休居者往往不喜，或命子侄，或托朋友，市奸构讼，靡政不及。小有所违，则曰去官同见任，使新上者法格令弛，拒纳惟谷，甚而挠沮排舣，为状百端。细民无知，亦从而靡。设使己政之初，人以是荐扰，当若何？推心体之，必自知其可恶矣。

进退皆有为

进则安居以行其志，退则安居以修其所未能，则是进亦有为，退亦有为也。近世士大夫惟狃于进退，则惛然无所猷为，甚而茹愧怀惭，蹙缩不敢一出户。夫轩冕，古人以为傥来之物也，其有也何所加，其无也何所损。不思良贵在我，惟假于物以为重轻焉，则其人品之卑下，不待论而可知矣。

以义处命

世俗以穷达进退皆本夫命，谓命之穷者虽竭蹶求进而亦穷，命之达者虽远逝深藏而亦不能退。此星翁、术士之常谈，非君子所尚也。君子则以义处命，而不倚命以害义，可以进则进，可以退则退，吾不谓命也。乐则行之，忧则违之，吾岂谓命哉？彼沦胥富贵利达之境而不能出者，则往往托命以自诬，宜乎接武祸机而卒不能悟，悲夫！

求进于己

士当求进于己，而不可求进于人也。所谓求进于己者，道业学术之精是已；所谓求进于人者，富贵利达之荣是已。盖富贵利达在天，而不可求；道业学术在我，而不可不求也。况古之人不以富贵利达为心也，其所以从仕者，宜假此以行道也。道不行而富贵利达者，古人以为耻，而不以为荣。呜呼！非诚有致君泽民之心者，其孰能与于此。

风　节

名节之于人，不金币而富，不轩冕而贵。士无名节，犹女不贞，则何暴不从，何炎不附，虽有他美，亦不足赎也。故前辈谓爵禄易得，名节难保。爵禄或失，有时而再来；名节一亏，终身不复矣。呜呼，士而居闲者，能以此言铭其心，庶不易所守而趋势要哉！

自　律

士而律身，固不可以不严也。然有官守者，则当严于士焉。有言责者，又当严于有官守者焉。盖执

（元）张养浩像

法之臣将以纠奸绳恶以肃中外，以正纪纲，自律不严，何以服众？夫所谓严如处子之居室，一行一住、一语一嘿必语礼法，厥德乃全；跬步有违，则人人得而訾之。苟挟权怙势，惟植己私，或巧规子钱，或盗行盐帖，或荒耽曲蘖，或私用亲属，或田猎不时，或宴游无度，或潜托有司之事，或妄兴不急之工，或旷官第而弗居，或纵家人而不捡，于斯数者而有一焉，皆足为风宪之累。近年南北富民多起宅以居势要，因济己私，既有官舍，则不必居于彼矣。夫朝廷以中台为肃政，御史为监察，以宪司为廉访者，政欲弭奸贪、戢侵扰，开诚布公，俾所属知所法也，今而若是，牧民之吏将焉法哉？且他人有犯轻，则吾得而言之；又重，吾得闻于上而僇之；己之所犯，其孰得而发哉？恃人不敢发，日甚一日，将如台察何？将如天理何？故余备载其然，俾为宪司者有则改之，无则益知所以自重。

临　难

夫人臣而当国家言责之任，刑辱之事不敢必其无有，要在顺处静伺，以理胜之而已。若乃求哀乞怜，惴瞀无所，已先挠矣，何以自明？夫尽己之职，为国为民而得罪，君子不以为辱，而以为荣，虽缧绁之、荆楚之、斧钺之，庸何愧哉！历观自古处祸患而不乱者，三代而下如子路之结缨、宜僚之正色、王景文之与客弈棋、刘祎之自书谢表、魏元忠之闻赦不动，是皆有以真知义命所在，非区区人力所得而移也。然士君子平昔所养其情与伪，于焉可以见之。李斯临刑，父子相泣；扬子云被收，投阁几死；王坦之与谢安齐名，桓温来朝，倒执手板；崔浩自比子房，为辨史事，声嘶股栗，便溺不能隐。此可见彼惟事名耳，而于圣贤性命之学实未尝得诸心也。善乎韩文公之言曰："儒者之于患难，苟非其自取之，其拒而不受于怀也。若筑河堤以障屋，溜其容而消之也；若水之于海，冰之于夏，日其玩而忘之以文辞也；若奏金石以破蟋蟀之鸣。"故君子之学，以明理自信为贵。

全 节

人之有死，犹昼之必夜，暑之必寒，古今常理，不足深讶。第为子死于孝，为臣死于忠，则其为死也大，身虽没而名不没焉。太史公谓："死有重于泰山，有轻于鸿毛。"非其义则不死，所谓"重于泰山"者；如其义则一切无所顾，所谓"轻于鸿毛"也。呜呼！夫人以眇焉之身，倏耳之年，使之嵩华耸而星日揭者，非节义能尔耶？况人之贵贱寿夭，天所素定，而谓附此人则得官，违此人则失官，言事则身危，不言则身无所患，此世俗无知者所见，士君子岂以是为取舍哉！然正直亦有时而被祸者，君子以为不幸；奸邪亦有时而蒙福者，君子以为幸。一以为幸，一以为不幸，则其是非荣辱不待别而可知矣。故节义者，天下之大闲，臣子之盛德。不荡于富贵，不蹙于贫贱，不搖于威武，道之所在，死生以之。彼依阿淟涊枉己徇人者，所谓无关得丧，徒缺雅道，政使获荣宠于一时，迨夫势移事易，其前日之荣电灭风休，漠无踪迹，其昭昭在人耳目者，奸佞之名，千古犹一日，其为辱也，庸有既乎。呜呼！宁为此而死，不为彼而生，以是处心，庶无愧于古人矣！

修 身

前辈谓："仕宦而至将相，为人情之所荣，是不知荣也者，辱之基也。惟善自修者，则能保其荣；不善自修者，适足速其辱。"所谓善自修者何？廉以律身，忠以事上，正以处事，恭慎以率百僚，如是则令名随焉，舆论归焉，鬼神福焉，虽欲辞其荣，不可得也。所谓不善自修者何？徇私忘公，贪无纪极，不戒覆车，靡思报国，如是则恶名随焉，众毁归焉，鬼神祸焉，虽欲避其辱，亦不可得也。于戏，身为宰相，何善不可行，何功不可立，顾廼为区区之利蛊惑而妄行，岂不深可惜哉！且自古居相位者，未闻死于冻饿，而死于财、于酒、于色、于逸乐者，无代无之。昔诸葛孔明为丞相二十年，无尺寸之增于家，未尝忧其贫，竟以劳于王事而卒，至今其名之荣尝若世享万钟而不绝者。唐元载为相，惟利是嗜，及其败也，籍没其家胡椒八百斛。其名之秽，常若蒙不洁而播臭无穷者。呜呼！夫人以百年之身，天假以年不过八十、九十，姑以八十为率，计其得志不过三四十年而已，岂有三四十年之间能食胡椒八百斛之理。古人谓利令人智昏，兹明验矣。呜呼！凡为相者，能以诸葛孔明为法，唐之元载为戒，虽台鼎终身，又何悔吝之有！

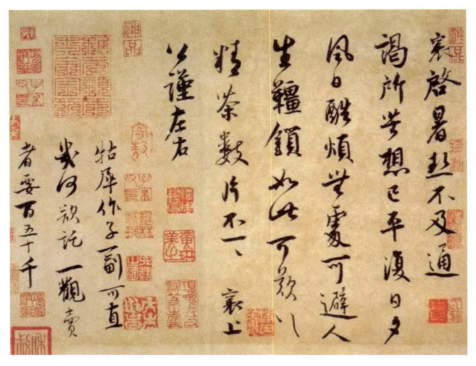

（北宋）蔡襄《暑热帖》。识文：襄启，暑热，不及通谒，所苦想已平复。日夕风日酷烦，无处可避，人生缠锁如此，可叹可叹！精茶数片，不一一。襄上，公谨左右。牯犀作子一副，可直几何？欲托一观，卖者要百五十千。

远　虑

天下之事，知其已然，不知其将然者，众人也。因其已然，而将然未然逆而知之，非深识远虑者不能。室已焚而徙薪，舟已溺而市壶，疾已成而求艾，虽殚力为之，无及矣。今夫隆然之堤有容蚁之穴，宜若无所损，然周于识者必塞而实之，虑其久而必底于讧溃故也。天下之事皆能如是虑之，尚何后患之有哉！大抵自古国家之所以不治，臣子之所以不轨，固非一朝一夕之积，良由今日以某事为小过而不谏，明日以某人为小罪而不惩，日引月深，不自知其祸乱之成也。故臣之于君，献可替否，而不敢萌一毫姑息之心。始以为无伤，卒至大可伤；始以为不足虑，卒至深可虑。惟君子为能见微知著，思患而预防之；于饮宴则防流连，于田猎则防荒纵，于营缮则防逾制，于货财则防损民，于爵赏则防僭及，于刑法则防滥杀，于君子则防疏远，于小人则防玩狎，于听览则防容奸，于征伐则防渎武。夫君之于臣，亦有所当远虑者：虽爱而不锡以过分之赏，虽旧而不授以非据之官，虽亲而不交以亵渎之谈。盖尊卑之分严，则上下之体定；上下之体定，则祸乱无自而生，天下之事可次第而治矣。

任　怨

夫为人臣惟欲收名，而不敢任怨，此不忠之尤者也。居庙堂之上，凡有所为，惟当揆之以义，义苟不失，悠悠之言奚恤哉！今夫两军之交，兵刃丛前，而心诚报国者尚冒之而不顾，夫临政之与临敌，其安危利害相距霄壤，此犹顾惜，抑不知于万死一生之际为何如？昔范文正公患诸路监司非人，视选簿有不可者，辄笔勾之。或谓："一笔退一人，则是一家哭矣。"公曰："一家哭其如一路何？"呜呼！如是处心，斯不负宰相之职矣。大抵天下之事有易有难，有利有害，难而有害者人多辞避，利而易行者人多忻然以为，殊不知官有长佐之分，体有劳逸之殊，长者逸而佐者劳，此天地之大义也。以朝廷言之，君上逸而臣下劳；以一家言之，父母逸而子弟劳；以一身言之，头目逸而手足劳。呜呼！人而知此者，必不遗君父以忧，措其长于众怨之地矣。近代为执政者，往往姑息好名，一疾言厉色不敢加于人，事或犯众，激使居己之右者发之。呜呼！夫治家而使父母任其劳，为国家而使君长任其怨，尚得为忠孝乎哉？况有罪不责，有善不旌，虽三代不能为治。故刑罚不患于用直，患乎用之而不公。昔威公夺伯氏骈邑三百，没齿而无怨言；诸葛孔明废廖立，而立闻亮死辄泣下；为宰相诚能公其心如是，则天下蔑有不服者矣。

分 谤

夫共署联事，一人努力而前，则余者皆当辅相以成其志。苟彼前我却，彼行我止，动焉而不相随，语焉而不相应，则事功之成者能几？此古人所以有推车同舟之喻也。其或共舟以济，而一人溺焉，则凡在舟者无论疏戚，所宜并力以救之，此贤不肖之所共知也。况同为臣子，同受天下国家之寄者，可坐视一人被祸而不恤哉？使其为一己之私自贻伊戚，固无足恤。其或知无不言，言无不尽，公家之务一以大公至正处之，彼非为己为家而得罪，则凡同官者安得不挺身而前，与之共难也哉？大抵一人不幸而得罪，为长者若曰“此我之罪”，为贰者亦曰“此我之罪”，使阖堂之人皆争引为己罪，则彼获罪者虽不能释，亦必不至于重论矣。古之敢于谏争者，其遇不见听纳，至谓“与其杀此人，不若杀臣”，尚为如此求解，其肯坐视同官冤抑而不省哉？呜呼！使分谤引咎之事为宰相者诚能力行于今，将见士大夫之名节愈厉，民间之薄俗可敦，而国家他日亦不患其无仗义死节之士矣。一事之行，所系如此，孰谓任怨分谤为宰相细行哉？

宋许道宁雪溪渔父图真迹

（北宋）许道宁《雪景山水》

应 变

事机之发，有常有变，常者中人处之而有余，变者虽上智亦有所不足。樽俎之下卒然而报兵，遽然而闻寇，则当详其虚实，度其逆顺，殆不可一闻其言辄仓皇上变，征发百出，未见敌而先自挠也。且事固有声虚以钓实，乘间以拘利，传微为巨，以无形为有形，疑似之间，不可不察。若夫国有大奸，境有大敌，彼既非常，而吾则以非常之计备之。若乃泥文守经，终见动辄有碍，而事亦无所济矣。故古人遇此，权以济才，随宜应变，如丸转于盘而不出于盘，如水委曲赴海而不悖于海。王商闻大水之言，君臣皆惊，而商独必其无事。桓温将

472

移晋祚，声诛王、谢，而谢安雍容谈笑以折其锋。回纥、吐蕃合兵泾阳，郭子仪单骑以往喻。盖宰相者，非常之任也，居非常之任独不能为非常之事，可乎？故前辈谓："镇定大事，非至公血诚不能。或死或生，举置度外。"呜呼！世常以大臣国家柱石者，其谓兹与！

退　休

博施兼善，士君子通愿也。然有志而无才则不能，有才而无位则不能，有位而不见知于上则不能。见知矣，而小人间之则不能。呜呼！此士夫所以出而用世之难也。上焉耻其君不及尧舜，下焉思一夫不被其泽，若己推而纳诸沟中。世俗所乐，若声色，若宫室，若珍异、车服之奉，一皆无有。其所有者，自顶至踵，天下国家之忧而已。为君上者，诚能亮其如是之怀，凡有所言，优容喜纳，犹或庶几；其或疑其夺权违己，卖直售名，将见举动皆慭，而身死无所矣。所以自古忠直为国者少，阿容佞诈惟己之为者多，此无他，盖由为己则有福而无祸，为国则有祸而无福故也。呜呼！人君能以是思之，则凡尽忠于我者，万不至于谴责矣。虽然圣人谓"道合则服从，不可则去"，为人臣者亦当烛几先见，退身于未辱之前，庶几君臣之间两无所慊。尝见前代为臣不免者，大率皆由知进而不知退，恋慕荣宠以致之，殆不宜独咎国家也。或谓："不可则去，无乃于君臣之间太薄。"窃谓君臣以义合者也，其所以合者，非华其爵也，非利其禄也，不过欲行其道而已矣。道行则从而留，道不行则从而去，不使久而至于厌鄙诛窜之地，乃所以厚君臣之分也，奚薄焉！

《四部丛刊三编》

解读

《三事忠告》是元代政治家张养浩的代表作。

张养浩（1270～1329年），字希孟，号云庄，又称齐东野人，济

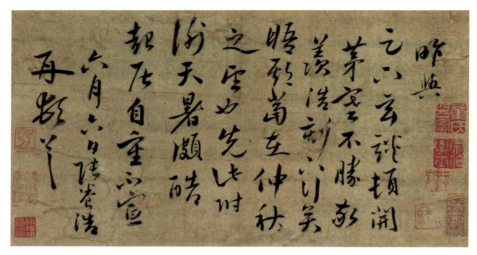

（元）张养浩《行书酷暑帖》。识文：昨与足下玄谈，顿开茅塞，不胜敬羡。浩刻下行矣，晤期当在仲秋之望也。先此附谢。天暑颇酷，起居自重。不宣。六月六日，张养浩再顿首。

南（今山东省济南市）人，元代著名政治家，文学家。张养浩一生经历了世祖、成宗、武宗、英宗、泰定帝和文宗数朝。少有才学，被荐为东平学正。历仕礼部、御史台掾属、太子文学、监察御史、翰林侍读、右司都事、礼部侍郎、礼部尚书、中书省参知政事等。后辞官归隐，朝廷七聘不出。天历二年（1329年），关中大旱，出任陕西行台中丞。是年，积劳成疾，逝世于任上。

《三事忠告》是《牧民忠告》《风宪忠告》及《庙堂忠告》三书之合称。《牧民忠告》系张养浩任县令时著，二卷，分拜命、上任、听讼、御下、宣化、慎狱、救荒、事长、受代、居闲十章。《风宪忠告》为张养浩任御史时著，一卷，分自律、示教、询访、按行、审录、荐举、纠弹、奏对、临难、全节十篇。《庙堂忠告》为张养浩任参议中书省时著，分修身、有贤、重民、远虑、调变、任怨、分谤、应变、献纳、退休十篇。虽然《三事忠告》是针对为官者编写的，而其中为人处世道理则是相通的。

（元）曹知白《石岸古松图》

卷四·明朝

范立本《明心宝鉴》: 一毫之善，与人方便；
一毫之恶，劝人莫作

继善篇

子曰："为善者，天报之以福；为不善者，天报之以祸。"

《尚书》云："作善降之百祥，作不善降之百殃。"

徐神翁曰："积善逢善，积恶逢恶。仔细思量，天地不错。善有善报，恶有恶报。若还不报，时辰未到。平生作善天加善，若是愚顽受祸殃。善恶到头终有报，高飞远走也难藏。行藏虚实自家知，祸福因由更问谁? 善恶到头终有报，只争来早与来迟。闲中检点平生事，静里思量日所为。常把一心行正道，自然天地不相亏。"

《易》云："积善之家必有余庆，积不善之家必有余殃。"

汉昭烈将终，敕后主曰："勿以恶小而为之，勿以善小而不为。"

庄子曰："一日不念善，诸恶自皆起。"

西山真先生曰："择善固执，惟日孜孜。"

耳听善言，不堕三恶。人有善愿，天必从之。

《晋国语》云："从善如登，从恶如崩。"

太公曰："善事须贪，恶事莫乐。"

颜子曰："善以自益，恶以自损。故君子务其益以防损，非以求名且以远辱。"

太公曰："见善如渴，闻恶如聋。为善最乐，道理最大。"

马援曰："终身为善，善犹不足；一日行恶，恶自有余。"

颜子曰："君子见毫厘之善不可倾之，行有纤毫之恶不可为之。"

《易》曰："出其言善，则千里应之；出言不善，则千里违之。"

但存心里正，不用问前程。但能依本分，前程不用问。若要有前程，莫做没前程。

司马温公《家训》："积金以遗子孙，子孙未必能守；积书以遗子孙，子孙未必能读；不如积阴德于冥冥之中，以为子孙长久之计。"

心好命又好，发达荣华早。心好命不好，一生也温饱。命好心不好，前程恐难保。心命都不好，穷苦直到老。

《景行录》云："以忠孝遗子孙者昌，以智术遗子孙者亡。以谦接物者强，以善自卫者良。"

恩义广施，人生何处不相逢？仇冤莫结，路逢险处难回避。

庄子云："于我善者，我亦善之。于我恶者，我亦善之。我既于人无恶，人能于我无恶哉！"

老子曰："善人，不善人之师。不善人，善人之资。"

老子曰："柔胜刚，弱胜强。故舌柔能存，齿刚则折也。"

太公曰："仁慈者寿，凶暴者亡。"

太公曰："懦必寿昌，勇必夭亡。"

老子曰："君子为善若水，拥之可以在山，激之可以过颡，能方能圆，委曲随形。故君子能柔而不弱，能强而不刚，如水之性也。天下柔弱莫过于水，是以柔弱胜刚强。"

《书》云："为善不同，同归于

（明）范立本《重刊明心宝鉴》，明嘉靖三十二年内府太监曹玄刻

理。为政不同，同归于治。恶必须远，善必须近。"

《景行录》云："为子孙作富贵计者，十败其九。为人行善方便者，其后受惠。"

与人方便，自己方便。日日行方便，时时发善心。力到处，行方便。

千经万典，孝义为先；天上人间，方便第一。

《太上感应篇》曰："祸福无门，惟人自招。善恶之报，如影随形。所以人心起于善，善虽未为，而吉神已随之。或心起于恶，恶虽未至，而凶神已随之。其有曾行恶事，后自改悔，久久必获吉庆，所谓转祸为福也。"

东岳圣帝垂训："天地无私，神明暗察。不为享祭而降福，不为失礼而降祸。凡人有势不可倚尽，有福不可享尽，贫困不可欺尽。此三者乃天地循环，周而复始。故一日行善，福虽未至，祸自远矣。一日行恶，祸虽未至，福自远矣。行善之人，如春园之草，不见其长而日有所增。行恶之人，如磨刀之石，不见其损而日有所亏。损人安己，切宜戒之！"

（明）李在《山庄高逸》

一毫之善，与人方便；一毫之恶，劝人莫作。衣食随缘，自然快乐。

算什么命？问什么卜？欺人是祸，饶人是福。天网恢恢，报应甚速，谛听我言，神钦鬼伏。

康节邵先生戒子孙曰："上品之人，不教而善；中品之人，教而后善；下品之人，教亦不善。不教而善，非圣而何？教而后善，非贤而何？教亦不善，非愚而何？是知善也者，吉之谓也。不善也者，凶之谓也。吉也者，目不观非礼之色，耳不听非礼之声，口不道非礼之言，足不践非礼之地。人非善不交，物非义不取。亲贤如就芝兰，避恶如畏蛇蝎。或曰：不谓之吉人，则吾不信也。凶也者，语言诡谲，动止阴险，好利饰非，贪淫乐祸，嫉良善如仇隙，犯刑宪如饮食，小则殒身灭性，大则覆宗绝嗣。或曰：不谓之凶人，则吾不信也。《传》有之曰：'吉人为善，惟日不足。凶人为不善，亦惟日不足。'汝等欲为吉人乎？欲为凶人乎？"

《楚书》曰："楚国无以为宝，惟善以为宝。"

子曰："见善如不及，见不善如探汤。"

子曰："见贤思齐焉。见不贤而内自省也。"

先儒曰："一日或闻一善言，行一善事，此日方不虚生。"

行合道义，不卜自吉。行悖道义，纵卜亦凶。人当自卜，不必卜神。

我如为善，虽一介寒士，有人服其德。我如为恶，虽位极人臣，有人议其逆。

《周易》曰："善不积不足以成名，恶不积不足以灭身。小人以小善为无益而弗为也，以小恶为无伤而弗去也。故恶积而不可掩，罪大而不可解。"

履霜坚冰至。臣弑其君，子弑其父，非一旦一夕之事，其由来者渐矣。

天理篇

孟子曰："顺天者存，逆天者亡。"

《近思录》云："循天理，则不求利而自无不利。循人欲，则求利未得而害已随之。"

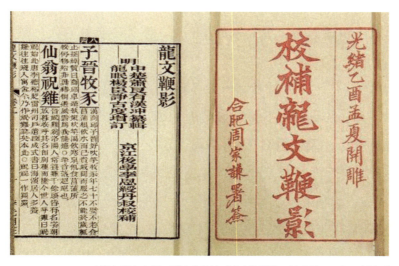

（明）萧良有撰、夏广文作注《龙文鞭影》，清光绪乙酉年写刻本

诸葛武侯曰："谋事在人，成事在天。"

人愿如此如此，天理未然未然。

康节邵先生曰："天听寂无音，苍苍何处寻？非高亦非远，都只在人心。"

人心生一念，天地悉皆知。善恶若无报，乾坤必有私。

玄帝垂训："人间私语，天闻若雷。暗室亏心，神目如电。"

《忠孝略》曰："欺人必自欺其心，欺其心必自欺其天。心其可欺乎？"

人可欺，天不可欺；人可瞒，天不可瞒。

世人要瞒人，分明把心欺。欺心即欺天，莫道天不知。天在屋檐头，须有听得时。你道不听得，古今放过谁？

湛湛青天不可欺，未曾举意我先知。劝君莫作亏心事，古往今来放过谁？

人善人欺天不欺，人恶人怕天不怕。

人心恶，天不错。

皇天不负道心人，皇天不负孝心人，皇天不负好心人，皇天不负善心人。

《益智书》云："恶错若满，天必戮之。"

庄子曰："若人作不善得显名者，人不害，天必诛之。"种瓜得瓜，种豆得豆。天网恢恢，疏而不漏。

深耕浅种，尚有天灾；利己损人，岂无果报？

子曰："获罪于天，无所祷也。"

先儒曰："非灾横祸，世人常叹无因。分付安排，皇天必自有说。"

若无后来报应，造物何以谢颜回？除却永劫灾殃，上帝胡独私曹操？

顺命篇

子夏曰："死生有命，富贵在天。"

孟子曰："行或使之，止或尼之，行止非人所能也。"

一饮一啄，事皆前定。

万事分已定，浮生空自忙。

万事不由人计较，一生都是命安排。

《景行录》云："凡不可着力处，便是命也。"

会不如命，智不如福。

《景行录》云："祸不可以免，福不可再求。"

《素书》云："见嫌而不苟免，见利而不苟得。"

《曲礼》曰："临财毋苟得，临难毋苟免。"

子曰："知命之人，见利不动，临死不怨。"

得一日过一日，得一时过一时。

紧行慢行，前程只有许多路。

时来风送滕王阁，运去雷轰荐福碑。

《列子》曰："痴聋痼痖家豪富，智慧聪明却受贫。年月日时该载定，算来由命不由人。"

命里有终须有，命里无莫强求。

先儒曰："世味非不浓艳，可以淡然处之。若富贵贫穷由我力取，则造物无权矣。"

孝行篇

《诗》云："父兮生我，母兮鞠我。哀哀父母，生我劬劳。欲报深恩，昊天罔极。"

子曰："身体发肤，受之父母，不敢毁伤，孝之始也。立身行道，扬名于后世，以显父母，孝之终也。"

孝之事亲，居则致其敬，养则致其乐，病则致其忧，丧则致其哀，祭则致其严。

故人不爱其亲而爱他人者，谓之悖德；不敬其亲而敬他人者，谓之悖礼。

君子之事亲孝，故忠可移于君；事兄弟，故顺可移于长；居家理，故治可移于官。

《曲礼》曰："夫为人子者，出必告，反必面。所游必有常，所习必有业。恒言不称老，年长以倍则父事之，十年以长则兄事之，五年以长则肩随之。"

父母在，不远游，游必有方。

父母之年不可不知也。一则以喜，一则以惧。

父在观其志，父没观其行。三年无改于父之道，可谓孝矣。

伊川先生曰："人无父母，生日当倍悲痛，更安忍置酒张乐以为乐，若具庆者可矣。"

太公曰："孝于亲，子亦孝之。身既不孝，子何孝焉？"

孝顺还生孝顺子，忤逆还生忤逆儿。不信但看檐头水，点点滴滴不差移。

罗先生曰："天下无不是的父母。"

养子方知父母恩，立身方知人辛苦。

孟子曰："不孝有三，无后为大。"

养儿防老，积谷防饥。

曾子曰："父母爱之，喜而不忘。父母恶之，惧而无怨。父母有过，谏而不逆。"

子曰："五刑之属三千，而罪莫大于不孝。"

曾子曰："孝慈者，百行之先莫过于孝。孝至于天，则风雨顺时；孝至于地，则万物化盛；孝至于人，则众福来臻。"

《八反歌》（录《桂宫志》）

幼儿或詈我，我心觉欢喜。父母嗔怒我，我心反不甘。一欢喜，一不甘，待儿待父心何悬？劝君今日逢亲怒也，应将亲作儿看。

儿曹出千言，君听常不厌。父母一开口，便道多闲管。非闲管，亲挂牵，皓首白头多谙练。劝君敬奉老人言，莫教乳口争长短。

幼儿屎粪秽，君心无厌忌。老亲涕唾零，反有憎嫌意。六尺躯，来何处？父精母血成汝体。劝君敬待老来人，壮时为尔筋骨敝。

看君晨入市，买饼又买糕。少闻供父母，多说供儿曹。亲未啖，儿先饱，子心不比亲心好。劝君多出买饼钱，供养白头光阴少。

市间卖药肆，惟有肥儿丸，未有壮亲者。何故两般看？儿亦病，亲亦病，医儿不比医亲症。割股还是亲的肉，劝君亟保双亲命。

富贵养亲易，亲常有未安。贫贱养儿难，儿不受饥寒。一条心，两条路，为儿终不如为父。劝君养亲如养儿，凡事莫推家不富。

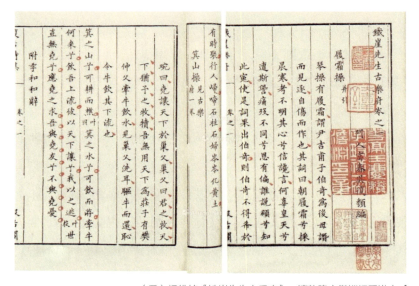

（元）杨维桢《铁崖先生古乐府》，清乾隆安徽巡抚采进本

养亲只二人，常与兄弟争。养儿虽十人，君皆独自任。儿饱暖，亲常问，父母饥寒不在心。劝君养亲须竭力，当初衣食被君侵。

亲有十分慈，君不念其恩。儿有一分孝，君就扬其名。待亲暗，待儿明，谁识高堂养子心？劝君漫信儿曹孝，儿曹亲子在君身。

孙顺家贫，与其妻佣作人家以养母。有儿每夺母食。顺谓妻曰："儿夺母食，儿可得，母难再求。"乃负儿往归醉山北郊，欲埋。掘地，忽有甚奇石钟，惊怪。试撞之，舂容可爱。妻曰："得此奇物，殆儿之福，埋之不可。"顺以为然。将儿与钟还家，悬于梁撞之。王闻钟声清远异常而核闻其实，曰："昔郭巨埋子，天赐金釜。今孙顺埋儿，地出石钟。前后符同。"赐家一区，岁给米五十石。

正己篇

《性理书》云："见人之善而寻己之善，见人之恶而寻己之恶，如此方是有益。"

《景行录》云："不自重者取辱，不自畏者招祸。不自满者受益，不自是者博闻。"

子曰："君子不重则不威，学则不固。主忠信。"

《景行录》云："大丈夫当容人，无为人所容。"

人资禀要刚，刚则有立。

苏武曰："不可以己之所能而责人之所不能，不可以己之所长而责人之所短。"

太公曰："勿以贵己而贱人，勿以自大而蔑小，勿以恃勇而轻敌。"

鲁共公曰："以德胜人则强，以财胜人则凶，以力胜人则亡。"

荀子曰："以善先人者谓之教，以善和人者谓之顺。以不善先人者谓之谄，以不善和人者谓之谀。"

孟子曰："以力服人者，非心服也。以德服人者，中心悦而诚服也。"

太公曰："见人善事，即须记之。见人恶事，即须掩之。"

孔子曰："匿人之善，欺谓蔽贤；扬人之恶，欺谓小人。言人之善，若己有之；言人之恶，若己受之。"

马援曰："闻人过失，如闻父母之名，耳可得闻口不可得言也。"

孟子曰："言人之不善，当如后患何？"

康节邵先生曰："闻人之谤未尝怒，闻人之誉未尝喜，闻人言人之恶未尝和，闻人言人之善则就而和之，又从而喜之。故其诗曰：'乐见善人，乐闻善事，乐行善意。闻人之恶，如负芒刺。闻人之善，如佩兰蕙。'"

《诗》云："心无妄思，足无妄走。人无妄交，物无妄受。"

《近思录》云："迁善当如风之速，改过当如雷之烈。"

子贡曰："君子之过也，如日月之食焉。过也，人皆见之。更也，人皆仰之。"

知过必改，得能莫忘。

子曰："过而不改，是谓过矣。"

《直言诀》曰："闻过不改，是谓过矣。愚者若驽马也。驽马自受鞭策，愚人终受毁捶，而不渐其驾也。"

道吾恶者是吾师，道吾好者是吾贼。

子曰："三人行，必有我师焉。择其善者而从之，其不善者而改之。"

《景行录》云："寡言择交，可以无悔吝，可以免忧辱。"

太公曰："多言不益其体，百艺不忘其身。"

太公曰："勤为无价之宝，慎是护身之符。"

（明）祝允明《一江赋》（局部）

《景行录》云："寡言则省谤，寡欲则保身。"

《景行录》云："保生者寡欲，保身者避名。无欲易，无名难。"

务名者，杀其身；多财者，杀其后。

老子曰："欲多伤神，财多累身。"

胡文定公曰："人须是一切世味淡薄方好，不要有富贵相。"

李端伯师说："人于外物奉身者，事事要好。只有自家一个身与心，却不要好。苟得外物好时节，却不知道自家身与心，已自先不好了也。"

《吕氏童蒙训》曰："攻其恶，无攻人之恶。盖自攻其恶，日夜自己点检，丝毫不尽则忧于心矣，岂有工夫点检他人耶？"

子曰："君子有三戒：少之时，血气未定，戒之在色；及其壮也，血气方刚，戒之在斗；及其老也，血气既衰，戒之在得。"

孙真人《养生铭》："怒甚偏伤气，思多大损神。神疲心易役，气弱病相萦。勿使悲欢极，当令饮食均。再三防夜醉，第一戒晨嗔。"

《景行录》云："节食养胃，清心养神。口腹不节，致疾之因。念虑不正，杀身之本。"

子曰："君子食无求饱，居无求安。"

《脉诀》曰："智者能调五脏和。"

吃食少添盐醋，不是去处休去。

要人知，重勤学。怕人知，己莫作。

若欲不知，除非莫为。

老子曰："欲人不知，莫若无为。欲人不言，莫若不为。"

《景行录》云："食淡精神爽，心清梦寐安。"

老子曰："人能常清静，天地悉皆归。"

道高龙虎伏，德重鬼神钦。

（明）宋濂《宋学士全集》，清康熙四十八年彭始抟杭州刻本

苏黄门曰："衣冠佩玉，可以化强暴；深居简出，可以却猛兽；定心寡欲，可以服鬼神。"

《性理书》云："修身之要：言忠信，行笃敬，惩忿窒欲，迁善改过。"

《景行录》云："凡修身为学，不在文字言语中，只平日待人接物便是。取非其有谓之盗，欲非其有谓之贼。"

太公曰："修身莫若敬，避强莫若慎。"

《景行录》云："定心应物，虽不读书，可以为有德君子。"

《礼记》曰："君子奸声乱色不留聪明，淫乐匿礼不接心术，惰慢邪辟之气不设于身体。使耳目鼻口心知百体，皆由顺正，以行正义。"

古人克己以避名，今人饰己以要誉。

君子则无古今、无治无乱，出则忠，入则孝，用则智，舍则愚。

老子曰："万般求生，不如修身；千般求生，不如禁口。"

太公曰："身须择行，口须择言。"

《直言诀》曰："治家治身者，犹如构屋者先固基址。立身者先要其德行，成家者先要其产业。治家者须葺其房屋，舍修可以庇人物，立身可以奉神明。全家可以安长幼，治国可以保君子。若基址不实，屋必崩裂。心行若虐，身体危辱，家必丧亡。百姓离乱，国必倾坠，君臣何保？家若丧亡，长幼何托？身若危辱，神明何安？摧崩房屋，人物何庇？成败如斯，孰可察也？"

《警身录》云："圣世获生乎，始觉寸阴胜尺璧，岂不去邪从正，惜身重命？如人未历于事，当明根叶之异，祸福之殊。根叶者，贤良笃行信为本，正直刚毅枝叶也。父母己身性为本，妻子财物枝叶也。一家之内粮为本，不急之物枝叶也。免辱免刑仁为本，倚财靠势枝叶也。疾病欲痊药为本，信卜巫医枝叶也。万事无过实为本，巧言装饰枝叶也。恩亲贤良敬为本，私好之人枝叶也。衣食饱暖业为本，浮荡之财枝叶也。为官治讼法为本，恣意拟断枝叶也。是故有根无叶可以待时，有叶无根甘雨所不能滋也。若务本业勤谨俭用，随时知足，孝养父母，诚于静闲，守分安身，远恶近善，知过必改，善调五脏，以避寒暑，不必问命，此真福也。"

《景行录》云："祸莫大于从己之欲，恶莫甚于言人之非。"

子曰："君子欲讷于言，而敏于行。"

苏武曰："一言之益，重于千金；一行之亏，毒如蛇蝎。"

《近思录》云："惩忿如救火，窒欲如防水。"

《夷坚志》云："避色如避仇，避风如避箭。莫吃空心茶，少食中夜饭。"利不苟贪终祸少，事能常忍得身安。频浴身安频欲病，学道无忧学道难。

太公曰："贪心害己，利口伤身。"

《景行录》云："声色者，败德之具。思虑者，残生之本。"

荀子曰："无用之辨，不急之察，弃而不治。若夫君臣之义，父子之亲，夫妇之别，则日切磋而不舍也。"

子曰："众好之，必察焉。众恶之，必察焉。"

太甲商王，成汤孙，曰："天作孽犹可违，自作孽不可活。此之谓也。"

《景行录》云："闻善言则拜，告有过则喜，有圣贤气象。"

子路闻过则喜，禹闻善言则拜。

节孝徐先生训学者曰："诸君欲为君子，而使劳己之力，费己之财，如此而不为君子，犹可也。不劳己之力，不费己之财，诸君何不为君子？乡人贱之，父母恶之，如此而不为君子，犹可也。父母欲之，乡人荣之，诸君何不为君子？"

《论语》曰："夫子时然后言，人不厌其言；乐然后笑，人不厌其笑；义然后取，人不厌其取。"

酒中不语真君子，财上分明大丈夫。

《大学》云："富润屋，德润身。"

宁可正而不足，不可邪而有余。

《景行录》云："为人要忠厚，若刻悖太甚，不肖之子，应之矣。"

德胜财为君子，财胜德为小人。

子曰："良药苦口利于病，忠言逆耳利于行。"

作福不如避罪，避祸不如省非。

成人不自在，自在不成人。

子贡曰："君子有三恕。有君不能事，有人而求其使，非恕也；有亲不能报，有子而求其孝，非恕也；有兄不能敬，有弟而求其听令，非恕也。士明于此三恕，则可以端身矣。"

老子曰："自见者不明，自足者不彰，自伐者无功，自务者不长。"

刘会曰："积谷帛者，不忧饥寒；积道德者，不畏凶邪。"

太公曰："欲德量他人，先须自量。伤人之语，还是自伤。含血喷人，先污自口。"太公曰："贫而杂懒，富而杂力。"

孔子食不语，寝不言。

《论语》曰："寝不尸，居不容。"

荀子曰："良农不为水旱不耕，良贾不为折阅不市，君子不为贫穷怠乎道体。"

孟子曰："饮食之人，则人贱之矣，为其养小而失大也。"

凡戏无益，惟勤有功。

太公曰："瓜田不纳履，李下不整冠。"

孟子曰："爱人不亲反其仁，治人不治反其智，礼人不答反其敬。"

《景行录》云："自满者败，自矜者愚，自贼者忍。"

太公曰："家中有恶外已知之，身有德行人自称传。"

人非贤莫交，物非义莫取，忿非善莫举，事非是莫说。谨则无忧，忍则无辱，静则常安，俭则常足。

《曲礼》曰："傲不可长，欲不可纵，志不可满，乐不可极。"

《素书》云："行足以为仪表，智足以决嫌疑，信可以守约，廉可以分财。"

《景行录》云："心可逸，形不可不劳；道可乐，身不可不忧。形不劳，则怠惰易蔽；身不忧，则荒淫不定。故逸生于劳而常休，乐生于忧而无厌。逸乐者，忧劳其可忘乎？"

心无谄曲，与霹雳同居。

耳不闻人之非，目不视人之短，口不言人之过，庶几君子。

门内有君子，门外君子至；门内有小人，门外小人至。

（元）赵孟頫小楷《洛神赋》。识文：黄初三年，余朝京师，还济洛川。古人有言，斯水之神，名曰宓妃。感宋玉对楚王神女之事，遂作斯赋。其词曰：余从京师还，言归东藩。背伊阙，越轘辕，经通谷，陵景山。日既西倾，车殆马烦。尔乃税驾乎蘅皋，秣驷乎芝田，容与乎阳林，流眄乎洛川。于是精移神骇，忽焉思散。俯则未察，仰以殊观，睹一丽人，于岩之畔尔。乃援御者而告之曰：尔有觌于彼者乎？彼何人斯？若斯之……

太公曰："一行有失，百行俱倾。"

《素书》云："短莫短于苟得，孤莫孤于自恃。"

老子曰："鉴明者，尘埃不能污；神清者，嗜欲岂能胶？"

《书》云："不矜细行，终累大德。"

一星之火，能烧万顷之薪；半句非言，误损平生之德。

子曰："君子泰而不骄，小人骄而不泰。"

荀子曰："聪明圣智，不以穷人；济给速通，不争先人；刚毅勇敢，不以伤人。不知则问，不能则学。虽能必让，然后为德。"

《贤士传》曰："色不染无所秽，财不贪无所害，酒不贪无所触。不轻他自厚，不屈他自安，心平则无怨恶。"

老子曰："圣人积德不积财，执道全身，执利招害。"

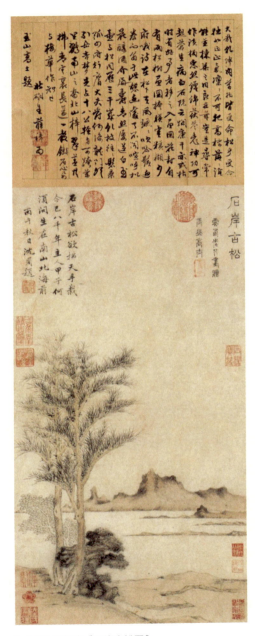

（元）曹知白《石岸古松图》

蔡伯喈曰："喜怒在心，言出于口，不可不慎也。"

卫伯曰："宽惠博爱，敬身之基；勤学者，立身之本。"

子曰："身居富贵而能下人者，故何人而不与富贵？身居人上而能爱敬者，何人而敢不爱敬？身居权职所以严肃者，何人而敢不畏惧也？发言而古，动止合规，何人敢违命者也？"

《颜氏家训》曰："借人典籍，不可损坏而不还，皆须爱护，凡有缺坏就为补治，此亦士大夫百行之一也。"

宰予昼寝。子曰："朽木不可雕也，粪土之墙不可污也。"

紫虚元君《戒谕心文》："福生于清俭，德生于卑退。道生于安乐，命生于和畅。患生于多欲，祸生于多贪。过生于轻慢，罪生于不仁。戒眼莫视他非，戒口莫谈他短，戒心莫恣贪嗔，戒身莫随恶伴。无益之言莫妄说，不干己事莫妄

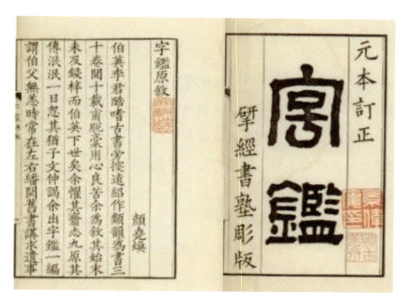

（元）李文仲《字鉴》，清道光五年许梿研经书塾刻本

为。默默默，无限神仙从此得。饶饶饶，千灾万祸一齐消。忍忍忍，债主冤家从此尽。休休休，盖世功名不自由。尊君王，孝父母，敬尊长，奉有德，别贤愚，恕无识。物顺来而勿拒，物既放而勿追。身未遇而勿望，事已过而勿思。聪明多暗昧，算计失便宜。损人终自失，倚势祸相随。戒之在心，守之在志。为不节而亡家，因不廉而失位。劝君自警，于平生可惧可惊而可畏。上临之以天神，下察之以地只。明有王法相继，暗有鬼神相随。惟正可守，心不可欺。戒之！戒之！"

孟子曰："世俗所谓不孝者五：惰其四肢，不顾父母之养，一不孝也；博奕好饮酒，不顾父母之养，二不孝也；好货财，私妻子，不顾父母之养，三不孝也；从耳目之欲，以为父母戮，四不孝也；好勇斗狠，以危父母，五不孝也。"

先儒曰："未能植己，何以耘人？"

先儒曰："妍丑不可太明，议论不可务尽。情势不可殚竭，好恶不可骤施。"

责人之非，不如行己之是；扬己之是，不如克己之非。

安分篇

《景行录》云："知足可乐，多贪则忧。"

知足者贫贱亦乐，不知足者富贵亦忧。

知足常足，终身不辱。知止常止，终身不耻。

将上不足，比下有余。

若比向下，生无有不足者。

《击壤诗》云："安分身无辱，知机心自闲。虽居人世上，却是出人间。"

《神童诗》云："寿夭莫非命，穷通各有时。迷途空役役，安分是便宜。"

子曰："富与贵，是人之所欲也。不以其道得之，不处也。贫与贱，是人之所恶也，不以其道得之，不去也。""不义而富且贵，于我如浮云。"

老子曰："知其荣，守其辱。"

荀子曰："自知者不怨人，知命者不怨天。怨人者穷，怨天者无志。失之己，反之人，岂不亦迂哉！"

荣辱之大分，安危利害之常体，先义而后利者荣，先利而后义者辱。荣者常通，辱者常穷。通者常制人，穷者常制于人，是荣辱之大分也。

命合吃粗食，莫思重罗面。

量其所入，度其所出。

子曰："君子固穷，小人穷斯滥矣。"

省吃省用省求人。

汪信民常言："人常咬得菜根，则百事可为。"

《中庸》云："素富贵，行乎富贵；素贫贱，行乎贫贱；素夷狄，行乎夷狄；素患难，行乎患难。"

子曰："不在其位，不谋其政。"

先儒曰："休怨我不如人，不如我者尚众；休夸我能胜人，胜如我者更多。"

人胜我无害，彼无蓄怨之心；我胜人非福，恐有不测之祸。

过分求福适以速祸，安分远祸将自得福。

人只把不如我者较量，则自知足。

二眉曙青朱先生曰："天下富贵贫贱俱有个真实受用。闭户心无所营，何事扫除开门？活水青山，见在繁华，凡得天地之正气者，俱能悦吾之目，盈吾之耳，适吾之口，克吾之腹。动容周旋，莫不为我开设；随缘取用，何曾有意收放。异乎人者，视听言动；同乎人者，眼耳口鼻。其心可富，天下贫者终不患贫；此心可寿，天下夭者终不患夭。只管不出户庭，功德遍及大千。至若妻子田宅，日前安乎本分，身后听其自然。"

滥想徒伤神，妄动反致祸。

《书》曰："满招损，谦受益。"

存心篇

《景行录》云："坐密室如通衢，驭寸心如六马，可免过。"

《游定夫录》云："心要在腔子里。"

《素书》云："务善策者无恶事，无远虑者有近忧。"

有客来相访，如何是治生。但存方寸地，留与子孙耕。

《击壤诗》云："富贵如将智力求，仲尼年少合封侯。世人不解青天意，空使身心半夜愁。"

范忠宣公诫子弟曰："人虽至愚，责人则明。虽有聪明，恕己则昏。尔曹但当以责人之心责己，恕己之心恕人，不患不到圣贤地位也。"

将心比心，便是佛心。以己之心，度人之心。

《素书》云："博学切问，所以广知；高行微言，所以修身。"

子曰："笃信好学，守死善道。"

聪明智慧，守之以愚；功被天下，守之以让；勇力振世，守之以怯；富有四海，守之以谦。

子贡曰："贫而无谄，富而无骄。"

子曰："贫而无怨难，富而无骄易。"

邵康节问陈希夷求持身之术。希夷曰："快意事不可做，得便宜处不可再往。"

得意处，早回头。

聪明本是阴骘功，阴骘引入聪明路。不行阴骘使聪明，聪明反被聪明误。

风水人间不可无，全凭阴骘两相扶。富贵若从风水得，再生郭璞也难图。

古人形似兽，心有大圣德。今人表似人，兽心安可测？

有心无相相逐心生，有相无心相从心灭。

三点如星象，横钩似月斜。披毛从此得，作佛也由他。

《大学》云："所谓诚其意者，毋自欺也。如恶恶臭，如好好色。"

《道经》云："用诚似愚，用默似讷，用柔似拙。"

人皆道我拙，我亦自道拙。有耳常如聋，有口不会说。你自逞豪杰，横竖有一跌。吃跌教君思，反不如我拙。

百巧百成，不如一拙。

未来休指望，过去莫思量。

常将有日思无日，莫待无时思有时。

有钱常记无钱日，安乐常思病患时。

《素书》云："薄施厚望者不报，贵而忘贱者不久。"

求人须求大丈夫，济人须济急时无。

施恩勿求报，与人勿追悔。

寸心不昧，万法皆明。

孙思邈曰："胆欲大而心欲小，智欲圆而行欲方。"

念念有如临敌日，心心常似过桥时。

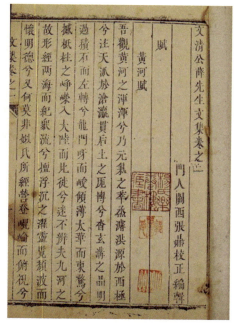

（明）薛瑄《文清公薛先生文集》，明万历间张铨刻本

《景行录》云："诚无悔，恕无怨，和无仇，忍无辱。"

惧法朝朝乐，欺公日日忧。

小心天下去得，大胆寸步难移。

子曰："思无邪。"

朱文公曰："守口如瓶，防意如城。"

是非只为多开口，烦恼皆因强出头。

《素书》云："有过不知者蔽，以言取怨者祸。"

《景行录》云："贪是逐物于外，欲是情动于中。"

君子爱财，取之有道。

君子忧道不忧贫，君子谋道不谋食。

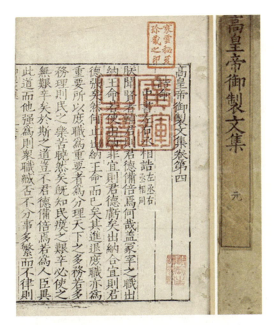

（明）朱元璋《高皇帝御制文集》，明内府精刻本

子曰："君子坦荡荡，小人常戚戚。"

量大福亦大，机深祸亦深。

宁为福首，莫为祸先。

各人自扫门前雪，莫管他人屋上霜。

早知今日，悔不当初。

心不负人，面无惭色。

庄子曰："求财恨不多，财多害人己。"

但存夫子三分礼，不犯萧何六律条。

《说苑》云："推贤举能，掩恶扬善。"

《景行录》云："休恨眼前田地窄，退后一步自然宽。"

世无百岁人，枉作千年计。

儿孙自有儿孙福，莫与儿孙作马牛。

世上无难事，都来心不专。

宁结千人意，莫结一人缘。

《景行录》云："语人之短不曰直，济人之恶不曰义。"

忍难忍事，恕不明人。

规小节者，不能成荣名；恶小耻者，不能立大功。

无求胜布施，谨守胜持斋。

言轻莫劝闹，无钱莫请人。

孙景初安乐法：粗茶淡饭饱即休，补破遮寒暖即休。三平二满过即休，不贪不妒老即休。

《益智书》云："宁无事而家贫，莫有事而家富。宁无事而住茅屋，莫有事而住金屋。宁无病而食粗饭，莫有病而食良药。"

心安茅屋稳，性定菜根香。世事静方见，人情淡始长。

风波境界立身难，处世规模要放宽。万事尽从忙里错，此心须向静中安。路当平处更行稳，人有常情耐久看，直到始终无悔吝，才生枝节便多端。

子曰："无欲速，无见小利。欲速则不达，见小利则大事不成。"

巧言乱德，小不忍则乱大谋。

《景行录》云："责人者不全交，自恕者不改过。"

有势不要使人承，落得孩儿叫小名。

子曰："恭则远于患，敬则人爱之。忠则和于众，信则人任之。"

子绝四：毋意，毋必，毋固，毋我。

君子成人之美，不成人之恶。小人反是。

孟子曰："君子不怨天，

（元）赵雍《挟弹游骑图》

不尤人。此一时也，彼一时也。"

子曰："君子有三畏：畏天命，畏大人，畏圣人之言。小人不知天命而不畏也，狎大人侮圣人之言。"

《景行录》云："夙兴夜寐所思忠孝者，人不知，天必知之。饱食暖衣、怡然自卫者，身虽安，其如子孙何？"

以爱妻子之心事亲，则曲尽其孝；以保富贵之策奉君，则无往不忠；以责人之心责己，则寡过；以恕己之心恕人，则全交矣。

尔谋不臧，悔之何及？尔见不长，教之何益？利心专则背道，私意确则灭公。

会做快活人，凡事莫生事。会做快活人，省事莫惹事。会做快活人，大事化小事。会做快活人，小事化没事。

孔子观周，入后稷周族始祖之庙，三缄其口，而铭其背曰："古之慎言人也。戒之哉！无多言，多言多败。无多事，多事多患。安乐必戒，无所行悔。勿谓何伤，其祸将长。勿谓何害，其祸将大。勿谓不闻，祸将及人。焰焰不灭，炎炎若何。涓涓不壅，终为江河。绵绵不绝，或成网罗。毫末不折，将寻斧柯。诚能慎之，福之根也。勿谓何伤，祸之门也。故强梁者不得其死，好胜者必遇其敌。君子知天下之不可上也故下之，知众人之不可先也故后之。温恭慎德，使人慕之。江海虽左，长于百川，以其卑也。天道无亲，而能下人。戒之哉！"

生事事生，省事事省。

柔弱护身之本，刚强惹祸之由。

《宣康府家训》："势利少时，莫交道释。钱财有日，当济贫危。"

先儒曰："睚眦存心，小人之浅衷；一饭不忘，君子之厚德。"

二眉曙青朱先生曰："名曰仙佛圣贤，无非是个好人。可见诸般容易，惟好人难得。果尔存心天理，毋作非为，念佛诵经也可，打坐参禅也可，若心不可问，不成人矣，诵经念佛打坐参禅，俱属枉然。此曰救人之生，济人之急，悯人之过，扶人之危，遴人之才，拔人之能，奖诱人之子弟，称颂人之德义，体贴人之心行，珍重人之财物，抚育人之孤寡，保全人之家产，完结人之婚嫁，才是世间有心胸的人物。"

戒性篇

《景行录》云："人性如水。水一倾则不可复，性一纵则不可反。制水者必以堤防，制性者必以礼法。"

忍一时之气，免百日之忧。

得忍且忍，得戒且戒。不忍不戒，小事成大。

一切诸烦恼，皆从不忍生。临机与对镜，妙在先见明。佛语在无净，儒书贵无争。好条快活路，世上少人行。

忍是心之宝，不忍身之殃。舌柔常在口，齿折只为刚。思量这忍字，好个快活方。片时不能忍，烦恼日月长。

愚浊生嗔怒，皆因理不通。休添心上焰，只作耳边风。长短家家

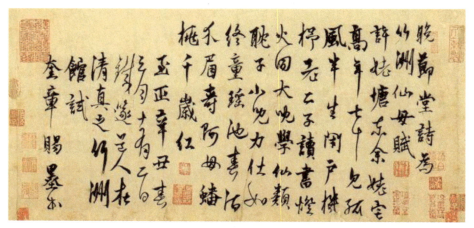

（元）杨维桢《晚节堂诗札》，台北故宫博物院藏。识文：节堂诗为竹洲仙母赋。许姥塘东余姥宅。高年七十见孤风。半生闭户机杼老。公子读书灯火同。大儿学仙类耽子。小儿力仕如终童。瑶池春酒介眉寿。阿母蟠桃千岁红。至正辛丑春三月十有二日。铁篆道人在清真之竹洲馆试奎章赐墨书。

有，炎凉处处同。是非无实相，究竟终成空。

子张欲行，辞于夫子："愿赐一言为修身之美。"夫子曰："百行之本，忍之为上。"子张曰："何为忍之？"夫子曰："天子忍之国无害，诸侯忍之成其大，官吏忍之进其位，兄弟忍之家豪富，夫妇忍之终其世，朋友忍之名不废，自身忍之无祸患。"子张曰："不忍何如？"夫子曰："天子不忍失其国，诸侯不忍丧其躯，官吏不忍刑罚诛，兄弟不忍各分居，夫妻不忍令子孤，朋友不忍情意疏，自身不忍患不除。"子张曰："善哉！善哉！难忍难忍！非人不忍，不忍非人。"

《景行录》云："屈己者能处众，好胜者必遇敌。"

张敬夫曰："小勇者，血气之怒也；大勇者，礼义之怒也。血气之怒不可有，礼义之怒不可无。知此，则可以见性情之正，而识天理人欲之分矣。"

恶人骂善人，善人总不对。善人若还骂，彼此无智慧。不对心清

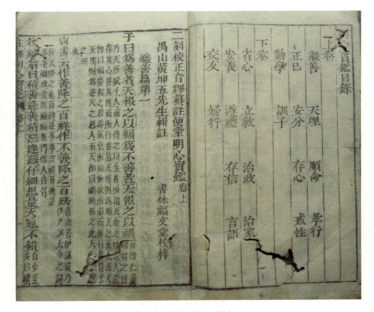

（明）范立本《明心宝鉴》，明崇祯四年和刻本

凉，骂者口热沸。正如人唾天，还从己身坠。我若被人骂，佯聋不分说。譬如火烧空，不救自然灭。嗔火亦如是，有物遭他蓺，我心等虚空，听你翻唇舌。

老子曰："上士无争，下士好争。"

凡事留人情，后来好相见。

或问晦庵曰："如何是命？"先生曰："性是也。凡性格不通不近人情者，薄命之士也。"

先儒曰："为人所不能为，方称奇男子。忍人所不能忍，乃是大丈夫。"

柔弱护身之本，刚强惹祸之由。

训子篇

司马温公曰："养子不教父之过，训导不严师之惰。父教师严两无外，学问无成子之罪。暖衣饱食居人伦，视我笑谈如土块。攀高不及下品流，稍遇贤才无语对。勉后生，力求诲。投明师，莫自昧。一朝云路果然登，姓名高等呼先辈。室中若未结姻亲，自有佳人求匹配。勉旃汝等各早修，莫待老来徒自悔。"

柳屯田劝学文："父母养其子而不教，是不爱其子也。虽教而不严，是亦不爱其子也。父母教而不学，是子不爱其身也。虽学而不勤，是亦不爱其身也。是故养子必教，教则必严，严则必勤，勤则必成。学则庶人之子为公卿，不学则公卿之子为庶人。"

白侍郎勉学文："有田不耕仓廪虚，有书不教子孙愚。仓廪虚兮岁月乏，子孙愚兮礼义疏。若惟不耕与不教，是乃父兄之过欤！"

《景行录》云："宾客不来门户俗，诗书不教子孙愚。"

庄子曰："事虽小，不作不成；子虽贤，不教不明。"

《汉书》曰："黄金满盈，不如教子一经；赐子千金，不如教子一艺。"

至乐莫如读书，至要莫如教子。

公孙丑曰："君子之不教子，何也？"孟子曰："势不行也。教者必以正，以正不行，继之以怒，则反夷矣。夫子教我以正，夫子未出于正也。则是父子相夷也。父子相夷，则恶矣。古者易子而教之。父子之间不责善，责善则离，离则不祥莫大焉。"

吕荣公曰："内无贤父兄，外无严师友，而能有成者，鲜矣。"

太公曰："男子失教，长大顽愚；女子失教，长大粗疏。"

养男之法，莫听诳言；育女之法，莫教离母。男年长大，莫习乐酒；女年长大，莫令游走。

严父出孝子，严母出巧女。

怜儿多与棒，憎儿多与食。

怜儿无功，憎儿得力。

桑条从小抑，长大抑不屈。

人皆爱珠玉，我爱子孙贤。

《内则》曰："凡生子，择于诸母与可者，必求其宽裕慈惠，温良恭敬，慎而寡言者，使为子师。子能食食，教以右手；能言，男唯女俞；男鞶革，女鞶丝。六年，教之数与方名。七年，男女不同席，不共食。八年，出入门户及即席饮食，必后长者，始教之让。九年，教之数目。十年，出就外傅，居宿于外，学书计。"

庞德公《诫子诗》云："凡人百艺好随身，赌博门中莫去亲。能使英雄为下贱，解教富贵作饥贫。衣衫褴褛亲朋笑，田地消磨骨肉嗔。不信但看乡党内，眼前衰败几多人。一样人身几样心，一般茶饭一般人，同时天光同时夜，几人富贵几人贫。君子贫时有礼义，小人乍富便欺人。东海龙王常在世，得时休笑失时人。大家忍耐和同过，知他谁是百年人。瘦地开花晚，贫穷发福迟。莫道蛇无角，成龙也未知。但看天上月，团圆有缺时。"

省心篇

《资世通训》："阴法迟而不漏，阳宪速而有逃。"

《景行录》曰："无瑕之玉，可为国瑞。孝弟之子，可为家宝。"

宝货用之有尽，忠孝享之无穷。

家和贫也好，不义富如何？但存一子孝，何用子孙多！

父不忧心因子孝，夫无烦恼是妻贤。言多语失皆因酒，义断亲疏只为钱。

既取非常乐，须防不测忧。

乐极悲生。

得宠思辱，居安虑危。

荣深辱浅，利重害深。

盛名必有重责，大功必有奇勋。

甚爱必甚费，甚誉必甚毁。甚喜必甚忧，甚赃必甚亡。

恩爱生烦恼，追随大丈夫。庭前生瑞草，好事不如无。

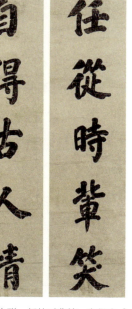

（明）方孝孺行书五言联：任从时辈笑，自得古人情

子曰："不观高山，何以知颠坠之患？不临深渊，何以知没溺之患？不观巨海，何以知风波之患？"

荀子曰："不登高山，不知天之高也；不临深溪，不知地之厚也；不闻先王之遗言，不知学问之大也。"

《素书》云："推古验今，所以不惑。"

欲知未来，先察已往。

子曰："明镜可以察形，鉴古可以知今。"

过去事明如镜，未来事暗似漆。

《景行录》云："明旦之事，薄暮不可必；薄暮之事，哺时不可必。"

天有不测风云，人有旦夕祸福。

未归三尺土，难保百年身。既归三尺土，难保百年坟。

巧厌多劳拙厌闲，善嫌懦弱恶嫌顽。富遭嫉妒贫遭辱，勤曰贪婪俭曰悭。触目不分皆笑蠢，见机而作又言奸。思量那件当教做，为人难做做人难。写得纸尽笔头干，更写几句为人难。

老子曰："上士闻道，谨而行之；中士闻道，若存若亡；下士闻道，大笑之不笑。"

子曰："朝闻道，夕死可矣。"

《景行录》曰："木有所养，则根本固而枝叶茂，梁栋之材成。水有所养，则源泉壮而流脉长，灌溉之利博。人有所养，则志气大而识见明，忠义之士出。可不养哉！"

《直言诀》曰："镜以照面，智以照心。镜明则尘埃不染，智明则邪恶不生。人之无道也，如车无轮，不可驾也。人而无道，不可行也。"

《景行录》云："自信者，人亦信之，吴越皆兄弟；自疑者，人亦疑之，身外皆敌国。"

《左传》曰："意合则吴越相亲，意不合则骨肉为仇敌。"

《素书》云："自疑不信人，自信不疑人。"

疑人莫用，用人莫疑。

《论语》云："物极则反，乐极则忧。大合必离，势盛必衰。"

物极则反，否极泰来。

《家语》云："安不可忘危，治不可忘乱。"

《书》云："致治于未乱，保邦于未危，预防其患也。"

《讽谏》云："水底鱼，天边雁，高可射兮低可钓。惟有人心咫尺间，咫尺人心不可料。"

天可度而地可量，惟有人心不可防。

画虎画皮难画骨，知人知面不知心。

对面与语，心隔千山。

海枯终见底，人死不知心。

太公曰："凡人不可貌相，海水不可斗量。"

（明）解缙、姚广孝等《永乐大典》，明嘉靖隆庆时期内府重写本

劝君莫结冤，冤深难解结。一日结成冤，千日解不彻。若将恩报冤，如汤去泼雪。若将冤报冤，如狼重见蝎。我见结冤人，尽被冤磨折。

《景行录》云："结冤于人，谓之种祸。舍善不为，谓之自贼。"

莫信直中直，须防仁不仁。

常防贼心，莫偷他物。

古人云："若听一面说，便见相离别。"

礼义生于富足，盗贼起于饥寒。

贫穷不与下贱，下贱而自生；富贵不与骄奢，骄奢而自至。

饱暖思淫欲，饥寒起盗心。

长思贫难危困，自然不骄；每思疾病熬煎，并无愁闷。

太公曰："法不加于君子，礼不责于小人。"

桓范曰："轩冕以重君子，缧绁以罚小人。"

《易》曰："礼防君子，律防小人。"

《景行录》曰："好食色货利者气必吝，好功名事业者气必骄。"

子曰："君子喻于义，小人喻于利。"

《说苑》云："财者，君子之所轻。死者，小人之所畏。"

苏武曰："贤人多财则损其志，愚人多财则益其过。"

老子曰："多财失其守正，多学惑于所闻。"

人非尧舜，焉能每事尽善。

子贡曰："自生民以来，未有盛于孔子者也。"

人贫志短，福至心灵。

不经一事，不长一智。

是非终日有，不听自然无。

来说是非者，便是是非人。

《击壤诗》云："平生不作皱眉事，世上应无切齿人。"

你害别人犹自可，别人害你却何如？

嫩草怕霜霜怕日，恶人自有恶人磨。

有名岂在镌顽石，路上行人口胜碑。有麝自然香，何必当风立？

有意得其势，无风可动摇。

得道夸经纪，时熟好种田。

孟子曰："得道者多助，失道者寡助。"

张无择曰："事不可做尽，势不可倚尽；言不可道尽，福不可享尽。"

有福莫享尽，福尽身贫穷。有势莫倚尽，势尽冤相逢。福宜常自惜，势宜常自恭。人生骄与奢（人间势与福），有始多无终。

太公曰："贫不可欺，富不可势。阴阳相推，周而复始。"

王参政《四留铭》："留有余不尽之功，以还造化；留有余不尽之禄，以还朝廷；留有余不尽之财，以还百姓；留有余不尽之福，以遗子孙。"

《汉书》云："势交者近，势竭而亡。财交者密，财尽而疏。色交者亲，色衰义绝。"

子游曰："事君数，斯辱矣。朋友数，斯疏矣。"

黄金千里未为贵，得人一语胜千金。

千金易得，好语难求。

好言难得，恶语易施。

求人不如求己，能管不如能推。

用心闲管是非多。

能者乃是拙之奴。

知事少时烦恼少，识人多处是非多。

小船不堪重载，深径不宜独行。

踏实地，无烦恼。

黄金未为贵，安乐值钱多。

是病是苦，是安是乐。

非财害己，恶语伤人。

人为财死，鸟为食亡。

《景行录》云："利可共而不可独，谋可寡而不可众。独利则败，众谋则泄。"

机不密，祸先发。

不孝怨父母，贫苦恨财主。

贪多嚼不细，家贫怨邻有。

在家不会迎宾客，出外方知少主人。

但愿有钱留客醉，胜如骑马倚人门。

贫居闹市无人识，富在深山有远亲。

世情看冷暖，人面逐高低。

仁义尽从贫处断，世情偏向有钱家。

吃尽千般无人知，衣衫褴褛有人欺。

宁塞无底坑，难塞鼻下横。

马行步慢皆因瘦，人不风流只为贫。

人情皆为窘中疏。

《礼记》曰："豢豕为酒，非以为祸也，而狱讼益繁，则酒之流生祸也。是故先王因为酒礼，一献之礼，宾主百拜，终日饮酒而不得醉焉。此先王之所以避酒祸也。"

《论语》曰："惟酒无量不及乱。"

《史记》曰："郊天礼庙，非酒不享。君臣朋友，非酒不义。斗争相和，非酒不劝。故酒有成败，而不敢泛饮也。"

子曰："敬鬼神而远之，可谓智矣。"

非其鬼而祭之，谄也。见义不为，无勇也。

礼佛者，敬佛之德；念佛者，感佛之恩；看经者，明经之理；坐禅者，登佛之境；得悟者，证佛之道。

看经未为善，作福未为愿。莫若当权时，与人行方便。

济颠和尚警世："看尽弥陀经，念彻大悲咒。种瓜还得瓜，种豆还得豆。经咒本慈悲，冤结如何救。照见本来心，做者还他受，自作还自受。"

子曰："志士仁人，无求生以害仁，有杀身以成仁。"

士志于道而耻恶衣恶食者，未足与议也。

荀子曰："公生明，偏生暗。端悫生通，作伪生塞。诚信生神，夸诞生惑。"

《书》云："侮慢自贤，反道败德，其小人之为也。"

荀子曰："士有妒友，则贤友不亲；君有妒臣，则贤人不至。"

太公曰："治国不用佞臣，治家不用佞妇。好臣是国之宝，好妇是家之珍。"

谗臣乱国，妒妇乱家。

太公曰："斜耕败于良田，谗言败于善人。"

《汉书》云："曲突徙薪无恩泽，焦头烂额为上客。"

画梁斗栱犹未干，堂前不见痴心客。

三寸气在千般用，一旦无常万事休。

万物有无常，万物莫逃乎数。

万般祥瑞不如无。

天有万物于人，人无一物于天。

天不生无禄之人，地不生无根之草。

大富由天，小富由勤。

莫道家未成，成家子未生。莫道家未破，破家子未大。

成家之儿，惜粪如金；败家之子，用金如粪。

胡文定公曰："大抵人家须常教有不足处，若十分快意，提防有不恰好事出。"

康节邵先生曰："仁者难逢思有常，平生慎勿恃无伤。闲居慎勿说无妨，才说无妨便有妨。爽口物多终作病，快心事过必为殃。争先径路机关恶，近后语言滋味长。与其病后能服药，不若病前能自防。"

饶人不是痴，过后得便宜。

赶人不要赶上，捉贼不如赶贼。

梓潼帝君垂训："妙药难治冤债病，横财不富命穷人。亏心折尽平生福，行短天教一世贫。生事事生君莫怨，害人人害汝休嗔。天地自然皆有报，远在儿孙近在身。"

药医不死病，佛度有缘人。

吴真人曰：

行短亏心只是贫，莫生巧计弄精神。得便宜处休欢喜，远在儿孙近在身。

十分惺惺使五分，留取五分与儿孙。十分惺惺都使尽，后代儿孙不如人。

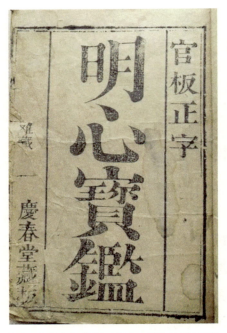

（明）范立本《明心宝鉴》，清木刻书林万卷楼梓

越奸越狡越贫穷，奸狡原来天不容。富贵若从奸狡得，世间呆汉吸西风。

花落花开开又落，锦衣布衣更换着。豪家未必长富贵，贫家未必常寂寞。

扶人未必上青霄，推人未必填沟壑。劝君凡事莫怨天，天意于人无厚薄。

莫入州卫与县衙，劝君勤谨作生涯。池塘积水须防旱，田地勤耕足养家。

教子教孙多教艺，栽桑栽柘少栽花。闲是闲非休要管，渴饮清泉闷煮茶。

堪叹人心毒似蛇，谁知天眼转如车。去年妄取东邻物，今日还归北舍家。

无义钱财汤泼雪，倘来田地水推沙。若将狡谲为生计，恰似朝开暮落花。

得失荣枯总是天，机关用尽也徒然。人心不足蛇吞象，世事到头螳捕蝉。

无药可医卿相寿，有钱难买子孙贤。家常守分随缘过，便是逍遥自在仙。

宽性宽怀过几年，人死人生在眼前。随高随下随缘过，或长或短莫埋怨。

自有自无休叹息，家贫家富总由天。平生衣食随缘度，一日清闲一日仙。

花开不择贫家地，月照山河到处明。世间只有人心恶，凡事还须天养人。

真宗皇帝御制："知危识险，终无罗网之门。举善荐贤，自有安身之路。施恩布德，乃世代之荣昌。怀妒报冤，与子孙之为患。损人利己，终无显达之云程。害众成家，岂有长久富贵。改名异体，皆因巧语而生。祸起伤身，尽是不仁之召。"

仁宗皇帝御制："乾坤宏大，日月照鉴，分明宇宙，宽洪天地，不容奸党。使心用术，果报只在今生。善布浅求，获福休言后世。千般巧计，不如本分为人；万种强图，争似随缘节俭。心行慈善，何须努力看经；意欲损人，空读如来一藏。"

神宗皇帝御制："远非道之财，戒过度之酒。居必择邻，交必择友。嫉妒勿起于心，谗言勿宣于口。骨肉贫者莫疏，他人富者莫厚。克己以勤俭为先，爱众以谦和为首。常思已往之非，每念未来之咎。若依朕之斯言，治家国而可久。"

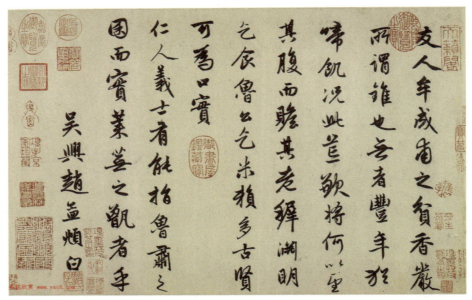

（元）赵孟頫行书《为牟成甫乞米帖》。识文："友人牟成甫之贫，香严所谓锥也无者。丰年犹啼饥，况此荒歉，将何以坚其腹而赡其老稚。渊明乞食，鲁公乞米，赖多古贤，可为口实。仁人义士，有能指鲁肃之困而实莱芜之甑者乎。"吴兴赵孟頫白。

高宗皇帝御制："一星之火，能烧万顷之薪。半句非言，折尽平生之德。身披一缕，常思织女之劳。日食三餐，每念农夫之苦。苟贪嫉妒，终无十载安康。积善存仁，必有荣华后裔。福缘善庆，多因积德而生。入圣超凡，尽是真实而得。"

老子送孔子曰："吾闻富贵者送人以财，仁者送人以言。吾虽不能富贵于人，而窃仁者之号，请送子以言也。曰：聪明深察，反近于死；博辩闳远，而危其身。"

王良曰："欲知其君，先视其臣。欲识其人，先视其友。欲知其父，先视其子。君圣臣忠，父慈子孝。"

家贫显孝子，世乱识忠臣。

《家语》云："水至清则无鱼，人至察则无徒。"

子曰："三军可夺帅也，匹夫不可夺志也。"

生而知之者，上也；学而知之者，次也；困而学之，又其次也；困而不学，民斯为下矣。

君子有三思，而不可不知也。少而不学，长无能也。老而不教，死无思也。有而不施，穷无与也。是故君子少思其长则务学，老思其死则务教，有思其穷则务施。

《景行录》云："能自爱者未必能成人，自欺者必罔人。能自俭者未必能周人，自忍者必害人。此无他，为善难，为恶易。"

富贵者易于为善，其为恶也亦不难。

子曰："富而可求也，虽执鞭之士，吾亦为之。如不可求，从吾所好。"

千卷诗书难却易，一般衣饭易却难。

天无绝人之路。

一身还有一身愁。

轻诺者信必寡，面誉者背必非。

许敬宗曰："春雨如膏，滋长万物，行人恶其泥泞。秋月如镜，普照万方，佳人喜其玩赏，盗者恶其照鉴。"

《景行录》云："大丈夫见善明，故重名节于泰山；用心刚，故轻死生如鸿毛。"

外事无小大，中欲无浅深。有断则生，无断则死。大丈夫以断为先。

子曰："知而弗为，不如勿知。亲而弗信，莫如勿亲。乐而方至，乐而勿骄。患之所至，思而勿忧。"

孟子曰："虽有智慧，不如乘势。虽有镃基，不如待时。"

《吕氏乡约》云："德业相劝，过失相规，礼俗相成，患难相恤。"

悯人之凶，乐人之善，济人之急，救人之危。

经目之事犹恐未真，背后之言岂足深信。

人不知己过，牛不知力大。

不恨自家麻绳短，只怨他家古井深。

侥幸脱，无辜报。

赃滥满天下，罪拘福薄人。

人心似铁，官法如炉。

太公曰："人心难满，溪壑易盈。"

天若改常，不风即雨；人若改常，不病即死。

《状元诗》云："国正天心顺，官清民自安。妻贤夫祸少，子孝父心宽。"

孟子云："三代之得天下也以仁，其失天下也以不仁，国之所以废兴存亡者亦然。天子不仁，不保四海；诸侯不仁，不保社稷；卿大夫不仁，不保宗庙；庶人不仁，不保四体。今恶死亡而乐不仁，是犹恶醉而强酒。"

子曰："始作俑者，其无后乎？"

木从绳则直，君从谏则圣。

佛经云："一切有为法，如梦幻泡影，如露亦如电，应作如是观。"

一派青山景色幽，前人田土后人收。后人收得莫欢喜，更有收人在后头。

苏东坡云："无故而得千金，不有大福，必有大祸。"

《景行录》云："大筵宴不可屡集，金石文字不可轻为，皆祸之端。"

子曰："工欲善其事，必先利其器。"

争似不来还不往，也无欢喜也无愁。

康节邵先生曰："有人来问卜，如何是祸福。我亏人是祸，人亏我是福。"

大厦千间，夜卧八尺。良田万顷，日食二升。

不孝漫烧千束纸，亏心枉焚万炉香。神明本是正直做，岂受人间枉法赃？

久住令人贱，贫来亲也疏。但看三五日，相见不如初。

渴时一滴如甘露，醉后添杯不如无。

酒不醉人人自醉，色不迷人人自迷。

孟子曰："为仁不富矣，为富不仁矣。"

子曰："已矣乎！吾未见好德如好色者也。"

公心若比私心，何事不辨？道念若同情念，成佛多时。

老子曰："执着之者，不明道德。"

过后方知前事错，老来方觉少时余。

扬雄曰："君子修身，乐其道德；小人无度，乐闻其誉。修德日益，智虑日满。"

子曰："君子高则卑而谦，小人宠则倚势骄奢。小人见浅易盈，君子见深难溢。故屏风虽破，骨格犹存；君子虽贫，礼义常在。"

《家语》曰："国之将兴，实在谏臣；家之将荣，必有诤子。"

子曰："不知命，无以为君子也；不知礼，无以立也；不知言，无以知人也。"

《论语》云："有德者必有言，有言者不必有德。"

濂溪周先生曰："巧者言，拙者默。巧者劳，拙者逸。巧者贼，拙者德。巧者凶，拙者吉。天下拙，刑政彻。上安下顺，风清弊绝。"

《说苑》云："山致其高，云雨起焉；水致其深，蛟龙生焉。君子致其道，福禄存焉。"

《易》曰："德微而位尊，智小而谋大，无祸者鲜矣。"

荀子曰："位尊则防危，任重则防废，擅宠则防辱。"

子曰："夫人必自侮，然后人侮之；家必自毁，而后人毁之；国必自伐，而后人伐之。"

《说苑》云："官怠于宦成，病加于小愈，祸生于懈惰，孝衰于妻子。察此四者，慎终如始。"

子曰："居上不宽，为礼不敬，临丧不哀，吾何以观之哉？"

孟子曰："无君子莫治野人，无野人莫养君子。"

老子曰："六亲不和不慈孝，国家昏乱无忠臣。"

《家语》云："慈父不爱不孝之子，明君不纳无益之臣。"

奴须用钱买，子须破腹生。

莫笑他家贫，轮回事公道；莫笑他人老，终须还到我。

是日以过，命亦随减，如少水鱼，于斯何乐？

《景行录》云："器满则溢，人满则丧。"

羔羊虽美，众口难调。

尺璧非宝，寸阴是竞。

《汉书》云："金玉者，饥不可食，寒不可衣，自古以谷帛为贵也。"

《益智书》云："白玉投于泥，不能污湿其色；君子行于浊地，不能染乱其心。故松柏可以耐雪霜，明智可以涉艰危。"

子曰："不仁者，不可以久处约，不可以长处乐。"

无求到处人情好，不饮从他酒价高。

入山擒虎易，开口告人难。

孟子曰："天时不如地利，地利不如人和。"

远水难救近火，远亲不如近邻。

太公曰："日月虽明，不照覆盆之下。刀剑虽快，不斩无罪之人。非灾横祸，不入慎家之门。"

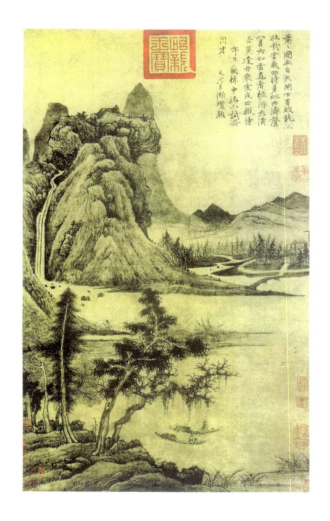

（元）曹知白《溪山泛艇图》

赞叹福生，作念祸生，烦恼病生。

国清才子贵，家富小儿骄。

得福不知，祸来便觉。

太公曰："良田万顷，不如薄艺随身。"

《周礼》云："清贫常乐，浊富多忧。"

房屋不在高堂，不漏便好。衣服不在绫罗，和暖便好。饮食不在珍馐，一饱便好。娶妻不在颜色，贤德便好。邻里不在高低，和睦便好。亲眷不择新旧，来往便好。养儿不问男女，孝顺便好。兄弟不在多少，和顺便好。朋友不在酒食，扶持便好。官吏不在大小，清正便好。

道清和尚警世："善事虽好做，无心近不得。你若做好事，别人分不得。经典积如山，无缘看不得。忤逆不孝顺，天地容不得。王法镇乾坤，犯了饶不得。良田千万顷，死来用不得。灵前好供养，起来吃不得。钱财过壁堆，临行将不得。命运不相助，却也强不得。儿孙虽满堂，死来替不得。"

欲修仙道先修人道，人道不能修，仙道远矣。

孝友朱先生曰："终身让路，不枉百步。终身让畔，不失一段。"

颜子曰："鸟穷则啄，兽穷则攫，人穷则诈，马穷则跌。"

着意栽花花不发，无心插柳柳成阴。

《景行录》云："广积不如教子，避祸不如省非。"

病有工夫急有钱。

得之易，失之易；得之难，失之难。

宁吃开眼汤，莫吃皱眉粮。

桓范曰："若服一缕，忆织女之劳；若食一粒，思农夫之苦。学而不勤不知道，耕而不勤不得食。怠则亲者成疏，敬则疏者成亲矣。"

《性理书》云："接物之要：己所不欲，勿施于人；行有不得，反求诸己。"

酒色财气四堵墙，多少贤愚在内厢。若有世人跳得出，便是神仙不死方。

人生智未生，智生人易老。心智一切生，不觉无常到。

张思叔《座右铭》曰："凡语必忠信，凡行必笃敬。饮食必慎节，字画必楷正。容貌必端庄，衣冠必整肃。步履必安详，居处必正静。

作事必谋始，出言必顾行。常德必固持，然诺必重应。见善如己出，见恶如己病。凡此十四者，我皆未深省。书此当座隅，朝夕视为警。"

范益谦《座右铭》："一不言朝廷利害边报差除，二不言州县官员长短得失，三不言众人所作过恶，四不言仕进官职趋时附势，五不言财利多少厌贫求富，六不淫媟戏慢评论女色；七不言求觅人物干索酒食。"又曰："人附书信，不可开拆沉滞。与人并坐，不可窥人私书。凡入人家，不可看人文字。凡借人物，不可损坏不还。凡吃饮食，不可拣择去取。与人同处，不可自择便利。凡人富贵，不可叹羡诋毁。凡此数事，有犯之者，足以见其意之不肖，于存心修身大有所害，因书以自警。"

言语篇

子曰："中人以上，可以语上也；中人以下，不可以语上也。可与言而不与之言失人，不可与言而与之言失言。知者不失人，亦不失言。"

士相见，《礼》曰："与君言，言使臣；与大夫言，言事君；与老者言，言使弟子；与幼者言，言孝弟于父兄；与众言，言忠信慈祥；与居官者言，言忠信。"

子曰："夫人不言，言必有中。"

刘会曰："言不中理，不如不言。一言不中，千言无用。"

《景行录》云："稠人广坐，一言之失，颜色之差，便有悔吝。"

子曰："小辨害义，小言破道。"

君平曰："口舌者，祸患之门，灭身之斧也。"

四皓谓子房曰："向兽弹琴，徒尽其声。以言伤人，痛如刀戟。"

荀子曰："与人善言，暖如布帛。伤人之言，深如矛戟。"

《离骚经》云："甜言如蜜，恶语如刀。人不以多言为益，犬不以

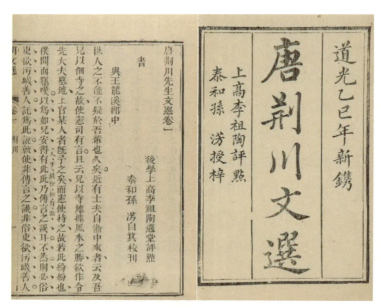

（明）唐顺之《唐荆川文选》，清道光二十五年刻本

善吠为良。"

利人之言，暖如绵丝；伤人之语，利如荆棘。一言半句，重值千金；一语伤人，痛如刀割。

口是伤人斧，唇是割舌刀。闭口深藏舌，安身处处牢。

子贡曰："一言以为智，一言以为不智。言不可不慎也。"

《论语》云："一言可以兴邦，一言可以丧邦。"

《藏经》云："人于仓卒颠沛之际，善用一言者，上资祖考，下荫儿孙。"

逢人且说三分话，未可全抛一片心。不怕虎生三个口，只恐人怀两样心。

子曰："巧言令色，鲜矣仁。"

酒逢知己千钟少，话不投机半句多。

能言能语解人，胸宽腹大。

荀子云：“赠人一句，重如金石珠玉。劝人以言，美如诗赋文章。听人以言，乐如钟鼓琴瑟。”

子曰：“恶人难与言，逊避以自勉。”

道听而途说，德之弃也。

先儒曰：“能行不能言，无损其行；能言不能行，不如勿言。”

对病夫勿言某死，对贪夫勿言己廉。言虽无意，听者必厌。

妇人之言不可听，婢妾之言尤不可听。

说性命，虽不必真，强似说情欲；言道德，虽不必行，强似讲俗事。

顾东桥先生曰：“好辩以招尤，不若默以怕性。夸能以诲妒，不若韬精以示拙。”

交友篇

子曰：“与善人居，如入芝兰之室，久而不闻其香，即与之化矣。与不善人居，如入鲍鱼之肆，久而不闻其臭，亦与之化矣。丹之所藏者赤，漆之所藏者黑，是以君子必慎其所与处者焉。”

与好人交者，如兰蕙之香，一家种之，两家皆香；与恶人交者，如抱子上墙，一人失脚，两人遭殃。

《家语》云：“与好人同行，如雾露中行，虽不湿衣，时时滋润。与无识人同行，如厕中坐，虽不污衣，时时闻臭。与恶人同行，如刀剑中行，虽不伤人，时时惊恐。”

太公曰：“近朱者赤，近墨者黑。近贤者明，近才者智，近痴者愚，近良者德，近智者贤，近愚者暗，近佞者谄，近偷者贼。”

横渠先生曰：“今之朋友，择其善柔以相与，拍肩执袂以为气合。一言不合，怒气相加。朋友之际，欲其相下不倦。故于朋友之间，至于敬者，日相亲与，德效最速。”

子曰："晏平仲善与人交，久而敬之。"

嵇康曰："凶险之人，敬而远之。贤德之人，亲而近之。彼以恶来，我以善应。彼以曲来，我以直应。岂有怨之哉？"

孟子曰："自暴者，不可与有言也。自弃者，不可与有为也。"

太公曰："女无明镜，不知面上精粗；士无良友，不知行步亏踰。"

子曰："责善，朋友之道。"

结朋友须胜己，似我不如无。

相识满天下，知心能几人？

种树莫种垂杨柳，结交莫交轻薄儿。

古人结交惟结心，今人结交惟结面。

宋弘曰："糟糠之妻不下堂，贫贱之交不可忘。"

施恩于未遇之先，结交于贫寒之际。人情常似初相识，到老终无怨恨心。

酒食弟兄千个有，急难之时一个无。

不结子花休要种，无义之朋切莫交。

君子之交淡如水，小人之交甜似蜜。

人用财交，金用火试。水持杖探知深浅，人用财交便见心。

仁义莫交财，交财仁义绝。

路遥知马力，事久见人心。

顾东桥先生曰："广交以延誉，不若索居以自全。"

附录　文光堂刻本《新刻前贤切要明心宝鉴》

读书千遍，其义自现。

学在一人之下，用在万人之上。

严师出弟子，严母出巧女。

不打不成人，打了做官人。欲求生富贵，须下死功夫。

惜钱不教子，说短莫从师。

择师教子，择婿嫁女。

恶求千贯易，善化一文难。

平生不做亏心事，半夜敲门心不惊。

若要小儿安，无过不饥寒。

宁做大家狗，休讨小家人。小家做事慌张，大家做事寻常。

父母养其身，朋友长其志。

种田靠土，养子靠母。

家有千贯，不如朝进一文。

龙生龙子，虎生豹儿。

道吾好者是吾贼，道吾歹者是吾师。

孝顺还生孝顺子，忤逆还生忤逆儿。不信但看檐前水，点点滴滴不差移。

狼行千里吃肉，狗行千里吃骨。

鸡儿不吃无功之食，羔羊乃有跪乳之恩。

《诗》云："子曰：卿牢事不出，篱牢火不入。"

从交休说真言语，异日无情道是非。

桑条从小纽，长大纽不曲。

宁向好人相骂，休对恶人说话。

人不受千言，木不受万斧。

好言一句三冬暖，话不投机六月寒。

小心为人之本，刚强惹祸之根。

宁可胡吃，不可胡说。

一双伶俐眼，都是是非唇。

十分心机使七分，留下三分与子孙。

山上有地须天种，衙门无事莫去行。

两懒夹一勤，和勤一下懒。两勤夹一懒，和懒一下勤。

劝君莫睡日头红，蚤起三朝当一工。若还全家都蚤起，免得求人落下风。

千般滋味不如吃盐，富贵荣华不如种田。

经纪道路眼前花，锄头落地是庄家。走尽天涯并海角，只有锄头不惧人。

除了心头火，何用佛前灯。口内摩诃婆，船里蛆喳上。

布得春风有夏雨，冬来寒冷礼义生。

人情布的，冤家结的。

行须缓步，语要低声。

学成文武艺，方作帝王臣。

聚少成多，滴水成河。

一缘二命三风水，四积阴功五读书。

画龙画虎难画骨，知人知面不知心。

千金易得，好话难求。

学到知羞处，原是艺不精。

逢恶莫怕，遇善莫欺。

人无两不是，车无坐倒地。

穷汉养娇子，富汉得奴使。

文官坐处笔砚，武官坐处弓箭。

不是秀才莫看书，不是屠行莫杀猪。不是船家手，休要弄篙竿。

天黄有雪，人黄有病。

文官把笔安天下，武将提刀定太平。

乖汉做媒，痴汉做保。

差之毫厘，失之千里。

男大当婚，女长必嫁。

笑人前，落人后。

花有重开日，人不再少年。

家有贤妻，男儿不遭祸。家有能夫，妻儿不吃淡饭。

养家千口易，独自一身难。

莫道君行早，更有早行人。

砍树不倒斧口小，论人不过文字少。

宁可随娘千日好，莫教随爷一日孤。

龙游浅水遭虾戏，虎落平阳被犬欺。

一步一趋，路也不远。

蛇咬踏着，狗咬撞着。

鼻如鹰嘴，啄人脑髓。面上无肉，必是怪物。

古人云："至善无如孝，极恶不过淫。我若淫人妇，人必淫我妻。"

人穷志短，马瘦毛长。

不经一事，不长一志。

是非终日有，不听自然无。

宁可吃饮称眉水，从前不吃皱眉汤。

宁可等你害人，莫叫别人害你。你害别人犹自可，别人害你却如何？

子不嫌母丑，犬不怨家寒。

狗记千里路，牛还百日乡。

讨得一日饱，忘了百日饥。

珍珠是宝玉，文章做高官。识得千行字，自然礼义生。

夫子文章贵，提笔压万人。

许人一物，千金不移。

远处是亲家，近处是冤家。

三四五六人，七长八短汉。

马有前悔，人有后悔。

爱好勤洗服，贪懒不梳头。成人不自在，自在不成人。

大富由命，小富由勤。若还懒做，厥草生青。

要行山下路，便问去来人。

有麝自然香，何必当风立？

有志莫来屋边逞，放牛儿子叫大名。

太平还是将军定，太平不用旧将军。

酒逢知己千杯少，话不投机半句多。

人无千日好，花无百日红。

捞鱼摸虾，饿杀浑家。

有志无志，但看烧火扫地。

男人饮酒，摇脚摆手；女人饮酒，无丑可丑。

礼义生富贵，贼盗出饥寒。

人是旧的好，衣是新的好。

人老话多，树老根多。

酒不醉君子，棒不打好人。

人心似铁，官法如炉。

君子一言，快马一鞭。

君子争坐位，小人争卧处。

人有小大，口无尊卑。良药苦口，直言劝人。

何公无私？何水无鱼？

古人貌丑，常出大贤；今人貌美，常出大奸。

黄金满屋，不如种田。

打鼓求得雨，高山也是田；禳星求得命，道士活千年。

人有善念，天必从之。

无物可配天地德，全凭早晚一炷香。

杀人偿命，欠债还钱。

富嫌千口少，贫恨一身多。

瞒人一似篮挑水，骗人一似网张风。

不习一经，不知礼义。

好看千里客，万里去传名。

损钱易饱，浪用还饥。

见人不唱喏，必定是蠢物。

身穿破衣裳，必是少钱粮。

好诗记得千百首，不会吟诗也会吟。

随乡入乡，积麻入筐。

做贼三年偷百家，祸至门庭不须嗟。

为恶从流，从善如登。

五行百常，孝顺为先。

惜子娇孙难训诲，说长道短不成人。

生前不承有限之欢，死后空洒无情之泪。

（明）徐渭行书五言诗立轴。识文：万物贵取影，写竹更宜然。秾阴不通鸟，碧浪自翻天。蔓蔓俱鸣石，迷迷别有烟。直须文与可，把笔取神传。

《明心宝鉴》

解读

范立本，元末明初人，生卒年和事迹不详。《明心宝鉴》大约成书于元末明初，该书内容网罗百家，杂糅儒、释、道三教学说，荟萃了明代之前中国圣贤最精华的思想，中国先圣前贤有关个人品德修养、修身养性、安身立命的论述精华在此充分得到体现。《明心宝鉴》分为上下两卷，共20个章节，其分别是：继善、天理、顺命、孝行、正己、安分、存心、戒性、训子、省心、立教、治政、治家、安义、遵礼、存信、言语、交友、妇行，几乎囊括了一个人生存于世的全部哲理与智慧，在待人接物、立身处世、言谈举止等方面给予详细注释，提倡人与人之间宽容相处，鼓励人们遵守传统道德观念，突出诠释了忠、信、礼、义、廉、耻、孝、悌八个方面的主题。被后人称为"净化心灵之书"。

为什么要编这样一本书，范立本在序言中说："今之好听善言，君子观以为奇，罔知古今之要语，是以使人迷惑其心，少欲闻圣贤日用常行之要道。以致不肯存心守分，强为乱作胡行。夫为善恶，祸福报应昭然；富贵贫贱，成败兴衰似梦。时刻须防不测，朝夕如履薄冰。常存一念中平，非横自然永息，存于其心，自然言行相顾，贯串无疑，所为焉从差误矣？"由此可见，编者的立意就是劝善劝学，引导做人，以佛教禅宗的修持方法，通过内省，对内心、心性品行的修炼、砥砺和反省，升华自己的素养和品格。范立本要求人生要时时、处处都懂得感恩、知足、惜福，对人、物、事，对社会乃至对苦难厄运都满怀感激之情、满足之心、珍惜之意。此书通篇大量运用对偶、对仗、排比等句式，几乎段段都是格言、警句，可圈可点。它的文字、譬喻简洁易懂，道理深入浅出，简单实在；语句文采绚烂，朗朗上口，特别适合诵读。又因其内容宏富、深厚，在给读者丰饶知识的同时，也能带给人深刻的思想启迪。

　　本书从明初起即极为盛行，多次重刊、重印，万历皇帝还让人重辑修订一遍。可以说，此书至少在明代是比较流行的通俗读物，也是很受欢迎的劝善书、启蒙书之一。《明心宝鉴》还迅速向东亚、东南亚各国传播，长期广泛流传于韩国、日本、越南、菲律宾等地，被用作启蒙、劝善和修身励志的经典。但是，今天看来，本书糟粕的内容也不少，如"三从四德"，"妇人之言不可听，婢妾之言尤不可听"，"饿死事极小，失节事极大"等侮辱妇女的内容，都是应该摒弃的。

叶子奇《草木子》: 成立之难如升天，从善如登也；覆坠之易如燎毛，从恶如崩也

　　格物是觉梦关，诚意是人鬼关。

　　程子曰：涵养须用敬，进学则在致知。

　　朱子曰：存之于端庄静一之中。以为穷理之本，穷之于学问思辨之际，以致尽心之功，可谓知行两进矣。

　　孝、弟、慈三者，《大学》之言达道；知、仁、勇三者，《中庸》之言达德也。达德所以行达道也。

　　恂栗威仪，是明明德之止于至善；亲贤乐和，是言新民之止于至善。至善乃《大学》一书之标的，曾子传心之要也。

　　《正心》章，不言私之害公，邪之害正。盖意既诚，自无私邪之杂矣。惟恐人于忿惧好恶等意思，留滞在心而不能察，及其应物，遂至于欲动情胜，用之所行，每过于分数，不能不失其平也。

　　《平下》章，反复以用人理财两者为说。盖用得其人，则上下皆

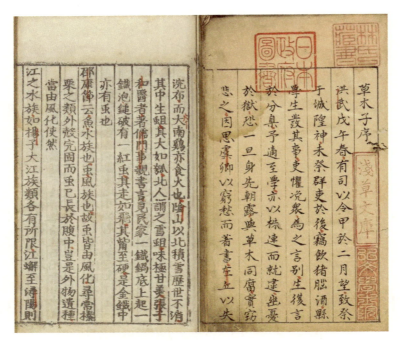

▌（明）叶子奇《草木子》，明嘉靖八年刊本

安；财得其理，则大小皆足。此天下所以平也。其要在于絜矩，则上下大小皆平矣。

《中庸》是直指人心见性之书，"中和"是就人心上指示；"中庸"是就人事上指示，"费隐"是就人物上指示。心统性情，事兼德行，物通彼我。

心之"虚灵知觉"，虚是能包万事万物之理，灵是能通万事万物之理，知是识其理之所当然，觉是悟其理之所以然。

中者，不偏不倚，无过不及，天然之体也；庸者，亘古亘今，不迁不变，常然之道也。戒惧是存养工夫，是于至静之中，存天理之本然，是致其致中之功也。谨独乃省察工夫，

是于情动之时，遏人欲于将萌，是致其致和之功也。

私意自蔽，则局乎其小矣，故不广大。私欲自累，则卑乎其污

矣，故不高明。

或问浩然之气，答曰：一片花飞减却春，盖言浩然是无亏欠时也。

欲是不能集义，刚是浩然之气。

孟子言勿正勿忘，此养气之节制也。正是用心太过，忘是不用心。孟子夜气之说，是水静而清时，浩然之气，是水盛而大时。

高不可贬，卑不可抗，道有定体也。语不能显，默不能藏，道无定形也。

无思，虚之极。无为，静之笃。虚则理明，静则性定阴阳絪缊。吾以观其始，正其命。天有风雨云雾雷，人有吹喷嘘呵呼。天地是大万物，万物是小天地。

阴阳合一存乎道，仁智合一存乎圣，内外合一存乎诚。

虚所以具众理，灵所以应万事，不昧所以为明也。

知者心之神明，寂而常觉，动而常定，非不动不静也。溥万物而无容心焉可也，欲尽流注，其可得乎。

明天地之性者，不可惑以神怪。知万物之情者，不可罔以非类。此君子所以贵穷理也。

诚，天道；性，天德。

用之则行，于留侯武侯见之；舍之则藏，于靖节康节见之。古惟有此二人，才德及之，可以当此言也。

成立之难如升天，从善如登也；覆坠之易如燎毛，从恶如崩也。

理须是用心，自有悟处。管子曰：思之思之，又重思之，思之不已。鬼神将告之，非鬼神告之也，乃精气之极也。

高谈道德者多失之疏，卑谈功利者每失之陋。

末流之竭，当穷其源；枝叶之枯，必在根本。

《元明史料笔记丛刊》

解读

《草木子》是叶子奇撰写的文言笔记小说集。

叶子奇（约1327~1390年），字世杰，号静斋，浙江龙泉人。叶子奇在元朝末年，和青田刘基、浦江宋濂同为浙西有名的学者。后来刘基、宋濂都做了明朝的显宦，而他却没有受到明太祖朱元璋的重视，只做了巴陵县主簿的小官，后来还不幸受株连入狱。元初理学盛行，他对理学也非常感兴趣，"闻理一分殊之旨，乃知圣贤之学不贵多闻，以静为主，因自号曰静斋"。

《草木子》是叶子奇入狱后开始写的，他在序言中写道："圄中独坐，闲而无事。见有旧签簿烂碎，遂以瓦研墨，遇有所得，即书之。日积月累，忽然满卷。然其字画模糊，略辨而已。及事得释，归而续成之。因号曰《草木子》。"本书涉及的范围颇为广泛，从天文星躔、律历推步、时政得失、兵荒灾乱到自然界的现象、动植物的形态，都广博搜罗，仔细探讨。同时，内容多涉及如何理解儒家修身养性道理。他对宋儒理学提出的"格物""性命""存心""存养""虚灵知觉"等修身达道概念，做了独到的阐释，认为"敬""静""思"是达到明明德和善的途径。

王达《笔畴》: 君子之交淡如水，小人之交浓如醴

我以厚待人，人以薄待我，匪薄也，我厚之未至也。我以礼接人，人以虐加我，匪虐也，我礼之未至也。

厚也，礼也，自我行之；薄也，虐也，由我召之。彼何罪耶？然则厚矣礼矣，彼复薄虐者，乃我命也，彼何罪耶？是故不怨天不尤人，

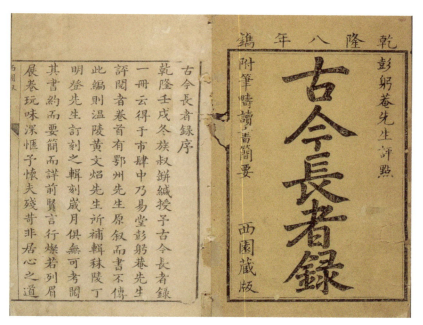

（明）丁明登、黄文炤《古今长者录》，清乾隆八年宁都曾洲西园校刊本

庶几君子乎！

以言讦人，此学者之大病，取祸之大端也。夫君子之存心皆天理也，天理存则心平而气和，心平而气和则人有过自能容之矣。尚何以言讦之哉！大抵好以言讦人者，必其忮心之重者也。惟其忮心之重也，所以见人富贵则忌之，见人声名则疾之。忌之疾之之心，蓄之于平日，讦之激之之言，发之于寻常也。殊不知结怨已深，构祸已稔，身亡家破不可已矣，是故君子贵乎养心焉。

稠人广坐之中，不可极口议论，逞己之长，非惟惹妒，抑亦伤人，岂无有过者在其中耶？或议论到彼，则彼不言而心憾。如对官长而言清，则不清者见怒。对朋友而言直，则不直者见憎。彼不自责，其将谓吾有意而为之矣。彼或有祸，我能免乎？惟有简言语、和颜色、随问即答者，庶几耳。

君子不可以己之长露人之短，天地间长短不齐，物之自然也。蕞尔之躯岂能事事而长哉！必欲炫己之长，露人之短，则跬步而成雠矣。何也？讳莫讳乎己之短，乐莫乐于人之掩其短。彼既扬我短矣，不憾者千百中一人耳。然则言人之短者可谓之种祸。

人之病在乎好谈其所长，长于功名者动辄夸功名，长于文章者动辄夸文章，长于游历者动辄夸其所见山川之胜，长于刑名者动辄夸其谳狱之情，此皆露其所长而不能养其所长者也。惟智者不言其所长，故能保其长。

君子之处世，不可有轻人之心，亦不可有上人之心。怀轻人之心者，类乎薄挟，上人之心者类乎狂。何也？贵乎平而不贵乎絫，有轻人上人之心则客气常在，而心无顷刻之乐矣。世之文士见愚人得富贵，则不惟颜色轻之，而心实轻之；见君子得声名则不特念虑妒之，而动静亦妒之，是大可叹也。天之生物，物不能齐，吾当平心酬酢于贤愚之间可也，彼徒有轻人之心，而造物者窃笑之。彼徒有上人之心，而学问日损之，又曷若虚己接物以为进德修业之基耶！

贵人之前莫言穷，彼将谓我求其荐矣；富人之前莫言贫，彼将谓我求其济矣。是以群众之中，淡然漠然，付之谨默可也。穷也贫也，皆命也，非告人而可脱者也。或有不得于心，寄言咏歌之间，陶写性灵而已。

先淡后浓，先疏后亲，先远后近，交朋友之道也。世之人喜于目前而不虑于日后，一言稍合，杀羔羊，具美酒，出妻子，倾肝胆，虽丝竹无以喻其和，虽金石无以喻其坚。惟恐心之不结，颈之不刎，情之不通也。及乎片言不合，一利不均，一食不至，则怒心斯生，各相厌敦。凡昔日出妻子者，造之为是非之根；倾肝胆者，畜之为哗诘之本；其和且坚者，变之为干戈矛盾之相仇矣。不亦深可戒哉！是故，晏平仲善与人交，久而敬之者，不过以义相合。尔吁，君子之交淡如水，小人之交浓如醴。水虽淡，久而味长；醴虽浓，久而怨起。

吾闻之古人云：察其言，观其色，究其心，约交之道也。圣人云：泛爱众而亲仁。泛爱众固美事也，然不亲仁则流于旷荡，无节而不知所归。今有人焉，其言甚甘，未足信也，必也。察其色，其色甚和，未足信也，必也。究其心，心与色同，色与言合，此必正直忠孝之士也，与之交则无悔。其有欲言不言，而藏钩钳之机，欲笑不笑，而含捭阖之意，此必奸人也，由是而知其心矣。欲与我交，其可哉，远之可也，敬之可也，交乎心，则不可也。

《古今长者录》

解读

本文是明初著名学者王达名作《笔畴》里的一篇文章。

王达（约1350～1407年），字达善，号耐轩居士，锡山（今属江苏无锡）人。洪武中以明经荐，为县学训导。改大同府学，后迁国子助教。永乐初擢编修，官至侍读学士。他与胞

（明）王绂《幽径乔柯图》

弟王绂同为明代杰出的画家、书法家、词人，其才甚至让宋濂折行辈相交。他与浦源、王绂合称"锡山三杰"，又与解缙、王洪、王璲、王偁号为"东南五才子"。所著有《笔畴集》《耐轩集》《天游集》《诗书心法》《易经选注》《桂林机要》《梅花百咏》等作行世。顾奎元在《耐轩王先生传》中写道，王达"达性恭谨，不饮酒，薄滋味。晚自号耐轩，又曰天游道者"。

在本文中，王达主要阐述了人与人之间如何交往的问题，提出交往的出发点就是以诚以恕，要从自身找原因，而不是责怪他人，"不可有轻人之心，亦不可有上人之心"，交朋友之道是"先淡后浓，先疏后亲，先远后近"，特别是要注意不要以言讥人，不要随便评价他人，不要口若悬河夸耀自己，不要说别人的短处，这都是招惹是非的祸根。对待朋友的原则是不卑不亢，不要抱着什么动机，应该是"君子之交淡如水，小人之交浓如醴"。同时，提出"贵人之前莫言穷，彼将谓我求其荐矣；富人之前莫言贫，彼将谓我求其济矣"。可以说，王达关于人与人之间交往的思考是为人处世很重要的借鉴和参考。

方孝孺《家人箴》：务学笃行，绝私惩忿

正 伦

人有常伦，而汝不循，斯为匪人。天使之然，而汝舍旃，斯为悖天。天乎汝弃，人乎汝异，曷不思耶？天以汝为人，而忍自绝，为禽兽之归耶？

重 祀

身乌乎生？祖考之遗。汝哺汝歠，祖考之资。此而可忘，孰不可

为？尚严享祀，式敬且时。

谨　礼

纵肆怠忽，人喜其佚。孰知佚者，祸所自出。率礼无愆，人苦其难。孰知难者，所以为安。嗟时之人，惟佚之务。尊卑无节，上下失度。谓礼为伪，谓敬不足行。悖礼越伦，卒取祸行。逊让之性，天实锡汝。汝手汝足，能俯兴拜踧。曷为自贼，恣傲不恭。人或不汝诛，天宁汝容。彼有国与民，无礼犹败，矧予眇微，奚恃弗戒。繇道在己，岂诚难耶？敬兹天秩，以保室家。

务　学

无学之人，谓学为可后。苟为不学，流为禽兽。吾之所受，上帝之衷。学以明之，与天地通。尧舜之仁，颜孟之智。圣贤盛德，学焉则至。夫学可以为圣贤、侔天地，而不学不免与禽兽同归。乌可不择

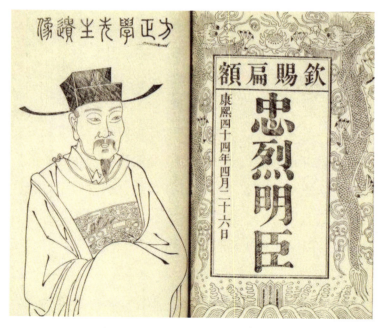

（明）方孝孺像和康熙赐匾

所之乎？噫！

笃　行

位不若人，愧耻以求。行不合道，恬不加修。汝德之凉，侥幸高位。只为贱辱，畴汝之贵。孝悌乎家，义让乎乡，使汝无位，谁不汝臧。古人之学，修己而已。未至圣贤，终身不止。是以其道，硕大光明。化行邦国，万世作程。汝曷弗效，易自满足。无以过人，人宁汝服。及今尚少，不勇于为，迨其将老，虽悔何追？

自　省

言恒患不能信，行恒患不能善。学恒患不能正，虑恒患不能远。改过患不能勇，临事患不能辨。制义患乎巽懦，御人患乎刚褊。汝之所患，岂特此耶？夫焉可以不勉！

绝　私

厚己薄人，固为自私；厚人薄己，亦匪其宜。太公之道，物我同视。循道而行，安有彼此。亲而宜恶，爱之为偏。疏而有善，我何恶焉。爱恶无他，一裁以义。加以丝毫，则为人伪。天之恒理，各有当然。孰能无私，忘己顺天。

崇　畏

有所畏者，其家必齐。无所畏者，必怠而暌。严厥父兄，相率以听。小大只肃，靡敢骄横。于道为顺，顺能致和。始若难能，其美实多。人各自贤，纵私殖利，不一其心，祸败立至。君子崇畏，畏心畏天，畏己有过，畏人之言。所畏者多，故卒安肆。小人不然，终履忧畏。汝今奚择，以保其身？无谓无伤，陷于小人。

惩　忿

人言相忤，遽愠以怒。汝之怒人，彼宁不恶？恶能与祸，怒实招之。当忿之发，宜忍以思。彼言诚当，虽忤为益。忤我何伤？适见其直。言而不当，乃彼之狂。狂而能容，我道之光。君子之怒，审乎义理。不深责人，以厚处己。故无怨恶，身名不隳。轻忿易忤，小人之为。人之所慕，实在君子。考其所繇，君子鲜矣。言出乎汝，乌可自为。以道制欲，毋纵汝私。

戒惰

惟古之人，既为圣贤，犹不敢息。嗟今之人，安于卑陋，自以为德。舒舒其学，肆肆其行。日月迈矣，将何成名？昔有未至，人闵汝少。壮不自强，忽其既耄。于乎汝乎，进乎止乎？天实望汝，云何而忍无闻以没齿乎？

审听

听言之法，平心易气。既究其详，当察其意。善也吾从，否也舍之。勿轻于信，勿逆于疑。近习小夫，闺阁嬖女。为谗为佞，类不足取。不幸听之，为患实深。宜力拒绝，杜其邪心。世之昏庸，多惑乎此。人告以善，反谓非是。家国之亡，匪天伊人。尚审尔听，以正厥身。

谨习

引卑趋高，岁月劬劳。习乎污下，不日而化。惟重惟默，守身之则。惟诈惟佻，致患之招。嗟嗟小子，以患为美。侧媚倾邪，矫饰诞诡。告以礼义，谓人己欺。安于不善，莫觉其非。彼之不善，为徒孔多。惧其化汝，不慎如何？

择术

古之为家者，汲汲于礼义。礼义可求而得，守之无不利也。今之为家者，汲汲于财利，求未必得，而有之不足恃也。舍可得而不求，求其不足恃者，而以不得为忧。咄嗟乎若人，吾于汝也奚尤！

虑远

无先己利而后天下之虑，无重外物而忘天爵之贵。无以耳目之娱而为腹心之蠹，无苟一时之安而招终身之累。难操而易纵者，情也。难完而易毁者，名也。贫贱而不可无者，志节之贞也。富贵而不可有者，意气之盈也。

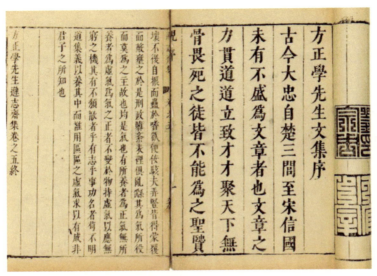

（明）方孝孺《方正学先生逊志斋集》，明崇祯十六年张绍谦刊本

慎 言

义所当出，默也为失。非所宜言，言也为愆。愆失奚自？不学所致。二者孰得？宁过于默。圣于乡党，言若不能。作法万年，世守为经。多言违道，适贻身害。不忍须臾，为祸为败。莫大之恶，一语可成。小忿不思，罪如丘陵。造怨兴戎，招尤速咎。孰为之端，鲜不自口。是以吉人，必寡其辞。捷给便佞，鄙夫之为。汝今欲言，先质乎理。于理或乖，慎弗启齿。当言则发，无纵诞诡。匪善曷陈，匪义曷谋。善言取辱，则非汝羞。

《由醇录》

解读

方孝孺（1357～1402年），字希直，一字希古，号逊志，浙江台州府宁海县人。明朝大臣、思想家。

建文四年（1402年）五月，方孝孺因拒绝为发动"靖难之役"夺取皇位的燕王朱棣草拟即位诏书，被施以凌迟杀害于南京聚宝门外。

一个人只要有了敬畏之心，胸中就有了定盘星，为人处世就有了标准，就会注意用法纪和道德约束自己，就会对违规、越轨之事不想干、不敢干，从而创造美好的人生。可以说，常怀敬畏之心，亦是人生重要的课题，是人们必须具备的基本素质。这篇《家人箴》，从正伦、笃行、自省、绝私等方面论述了修身、齐家与治国平天下的道理，告诫家人如何做一个顶天立地、坚持原则、有品有德的正人君子。

薛瑄《读书录》：一字不可轻与人，一言不可轻许人，一笑不可轻假人

问"自立自达"，曰："自立是卓然自立于天地间，再无些倚靠，人推倒他不得。如太山之立于天地间，任他风雷俱不能动，这方是自立。既自立了，便能自达，再不假些帮助，停滞他不得。如黄河之决，一泻千里，任是甚么不能沮他，这方是自达。若如今人靠着闻见的，闻见不及处，便被他推倒了，沮滞了。小儿行路，须是倚墙靠壁；若是大人，须是自行。"

凡功夫有间，只是志未立得起，然志不是凡志，须是必为圣人之志。若是必为圣人之志，亦不是立志。若是必为圣人之志，则凡行得一件好事，做得一上好功夫，也不把他算数。

像清文薛

（明）薛瑄像

机械变诈之巧，盖其机心滑熟，久而安之。其始也，生于一念之无耻，其安也，习而熟之，充然无复廉耻之色，放僻邪侈，无所不为，无所用其耻也。

欲淡则心清，心清则理见。

视民如伤，当铭诸心。

深以刻薄为戒，每事当从忠厚。

每日所行之事，必体认某事为仁，某事为义，某事为礼，某事为智，庶几久则见道分明。

吾居察院中，每念韦苏州"自惭居处崇，未睹斯民康"之句，惕然有警于心云。

孔子曰："不患无位，患所以立。"惟亲历者知其味。余忝清要，日夜思念，于职事万无一况尽，敢恣肆于礼法之外乎！

尝观山势高峻直截，即生物不畅茂，其势奔赴溪谷，合辏回环者，即其中草木畅茂，盖高峻直截者，气散走难畜聚，故生物之力薄；回环合辏者，元气至此，蓄积包藏者多，故生物之力厚。水亦然，滩石峻即水急，而鱼鳖不留，渊潭深则鱼鳖之属聚焉。以是而验诸人，其峭急浅露者，必无所蓄积，必不能容物，作事则轻易而寡成，宽缓深沉者则所蓄必多，于物无所不容，作事则安重有力而事必成。善学者观于山水之间，亦可以进德矣。

气直是难养，余克治用力久矣，而忽有暴发者，可不勉哉！

二十年治一"怒"字，尚未消磨得尽，以是知克己最难。

富贵利达在天，无可求之理；德业学术在人，有可求之道。诚欲厚

（明）唐伯虎、祝枝山书画合璧《烧药图》。题识：人来种杏不虚寻，仿佛庐山小径深。常向静中参大道，不因忙里废清吟。愿随雨化三春泽，未许云闲一片心。老我近来多肺疾，好分紫雪扫烦襟。晋昌唐寅。

其子孙，以可求者教之善矣，欲以不可求者厚之，岂非愚之甚邪！

尝默念为此七尺之躯，费却圣贤多少言语，于此而尚不能修其身，可谓自贼之甚矣。

圣贤之言，顺之则吉，逆之则凶，有欲则人得而中，惟无欲则彼无自而入，惟宽可以容人，惟厚可以载物。

不可因小人包承而易其志，未合者不可强言以钣之，若然，则近于谄。慎言其余深有味，诚不能动人，当责诸己。

厚重、静定、宽缓，进德之基，无欲则所行自简。

自敬则人敬之，自慢则人慢之。不行而至此，神之妙也。处人之难处者，正不必厉声色与之辩是非较长短，惟谨于自修，愈谦愈约，彼将自服，不服者，妄人也，又何校焉。涵养深则怒已即休，而心不为之动矣。人于声色臭味之乐，取快须臾，真所谓过客止耳，何苦深溺其中而害吾固有之德哉，自修则人不得以非理相加，所谓不恶而严也。

"时中"是活法而不死，"执中"是死法而不活，不可因喜而错过当为之事。

势到七八分即已，如张弓然，过满则折。

常默最妙，己心既存，而人自敬。

轻言轻动之人，不可以与深计，易喜易怒者，亦然。

闻事不喜不惊者，可以当大事。

小事易动则大事可知，大事不动则小事可知。

人当自信自守，虽称誉之承奉之，亦不为之加喜；虽毁谤之侮慢之，亦不为之加沮。

和而敬，敬而和，处众之道。

不可因人曲为承顺而遂与之合，惟以义相接，则可以与之合。

轻言则纳侮，自喜则自矜之心生

慎动当先慎其"几"于心，次当慎言、慎行、慎作，事皆慎动也。

凡作事谨其始，乃所以虑其终，所谓"永终知敝"是也。不能谨始虑终，乘快作事，后或难收拾，则必有悔矣。

事才入手，便当思其发脱。

事已往，不追最妙。

有一毫取人之意，则言必谀，貌必谄，所谓"巧言令色，鲜矣仁"也。

人能于言动事为之间不敢轻忽，而事事处置合宜，则浩然之气自生矣。

读书至圣贤言不善处，则必自省，曰：吾得无有此不善乎？有不善则速改之。毋使一毫与圣贤所言之不善有相似焉；至圣贤言善处，则必自省，曰：吾得无未有此善乎？于善则速为之，必使事事与圣贤所言之善相同焉。如此，则读书不为空，言恶日消而善日积矣。

常默可以见道，德进则言自简。

脩词以立诚，则言不妄发。欲深欲厚，欲庄欲简。

多言，最使人心志流荡而气亦损；少言，不惟养得德深，又养得气完，而梦寐亦安。常乘快不觉多言，至夜枕席不安，盖神气为多言所损也。此虽近于修养之说，然养德亦自谨言始。

养之深则发之厚，养之浅则发之薄。观诸造化可见。穷冬大寒，天地闭塞，而元气蓄

藏既固，至春则发达充盛而不可遏。若冬暖元气露泄，则春亦生物不盛，而疫疠作矣。

矫轻警惰，只当于心、志、言、动上用力。

德不进，病在意不诚；意诚，则德进矣。

安于故习，则德不新。

处事便当揆之以义，当于心意言动上做工夫，心必操，意必诚，

言必谨，动必慎，内外交修之法也。

一念之非即遏之，一动之妄即改之。

发奋诚心要做好人，一切旧习定须截断。古人"功名"不立，有忧老之将至者，吾于道德无成，亦"忧老之将"。至诚心如此

疑人、轻己者，皆内不足。

愈日新，愈日高。

匹夫之志，未必皆出于正，而犹不可夺，况君子之志于道，孰得而夺之哉！

"仰不愧，俯不怍，心广体胖。"人欲净尽，天理浑全，则颜氏之乐可识矣。虽富累千金，而心为物役，寒冰焦火犹不乐也。颜子虽"箪瓢陋巷"之窭，而举天下之物不足以动其中，俯仰无愧，胸次洒然，乐可知矣。

循理则事自简，虽数十年务学之功，苟有一日之闲，则前功尽弃。故曰：为山九仞，功亏一篑。

为学于应事接物处，尤当详审，每日不问大事小事，处置悉使合宜，积久则业广矣。言动举止，至微至粗之事，皆当合理，一事不可苟。先儒谓"一事苟，其余皆苟矣"。目欲视，即当思其邪与正；耳欲听，即当思其是与非；口欲言，即当思其可与否。正焉、是焉、可焉，则视之、听之、言之；邪焉、非焉、否焉，则以止之。此之谓"三要"。

学贵乎日新。

一语、一默、一坐、一行，事无大小，皆不可苟处之，必尽其方。程子作字甚敬，曰："只此是学。"盖事有大小，理无大小，大事谨而小事不谨，则天理即有欠缺间断。故作字虽小事，必敬者，所以存天理也。

用人当取其长而舍其短，若求备于以一人，则世无可用之才矣。

凡取人当舍其旧而图其新。自圣人以下，皆不能无过，或早年有过，中年能改，或中年有过万年能改，当不追其往而图其新可也。若追究其往日之过，并弃其后来之善，将使人无迁善之门，而世无可用之才也，以是处心刻也甚矣。

人知天下事皆分内事，则不以功能夸人矣。读"夬"九三之辞，而知决小人之道；读九五之辞，而知克己私之功。

天无不包，地无不载，君子法之。人须有容乃大，古谓"山薮藏疾，川泽纳污，瑾瑜揜瑕"，有容之谓也。

觉人诈而不形于言，有余味。戒太察，太察则无含弘之气象。《经》曰："有容，德乃大；有忍，乃济"者，宜深体之。

行有不得，皆当反求诸己。

人所以千病万病，只为"有己"。为"有己"，故计较万物。惟欲己富、己贵，己安、己乐、己生、己寿，而人之贫贱、危苦、死亡，一切不恤，由是生意不属，天理灭绝，虽曰有人之形，其实与禽兽以异！若能克去"有己"之病，廓然大公，富贵、贫贱、安乐、生寿，皆与人共之，则生意贯彻，彼此各得分愿，而天理之盛，有不可得而用者矣。

处事当详审安重。为之以艰难，断之以果断，事了即当若无事者，不可以处得其当而有自得之心。若然，则反为所累矣。

大事小事，即平平处之，便不至于骇人视听矣。

处事了不形之于言尤妙。处事大宜心平气和，治人当有操纵，人不得而怨之。尝见人寻常事处置得宜者，数数为人言之，陋亦甚矣。古人功满天地、德冠人群，视之若无者，分定故也。

如治小人，宽平自在从容以处之，事已则绝口不言，则小人无所闻以发其怒矣。

处事最当熟思缓处。熟思则得其情，缓处则得其当。

（明）薛瑄《薛文清公读书录》，清福州正谊书院精刻本

治小人向他人声扬不已，不惟增小人之怨，亦见其自小。

安重深沉者能处大事，轻浮浅率者不能。

天下之事，缓则得，忙则失。先贤谓"天下甚事，不因忙后错了"。此言当熟思。

一字不可轻与人，一言不可轻许人，一笑不可轻假人。扬雄年四十余自蜀来游京师，大司马车骑将军王音奇其文，召以为门下史，荐雄待诏。岁余，奏赋为郎，给事黄门，与王莽并。其后卒为莽臣，而死于其世。是其进也以王氏，终也以王氏，大节之亏，有自来矣。

心无须臾闲，理欲之几间不容发，此胜则彼负，此负则彼胜。

学者之心当常有所操，则物欲退，听斯须少放，即邪僻之萌滋矣。

无义理以养心，何所不至。

志固难持，气亦难养。主敬可以持志，少欲可以养气。

广大虚明气象，无欲则见之。中夜坐思，曰：天赋之初，本有善而无恶，人而不为善是悖天也。

欲淡则心虚，心虚则气清，气清则理明。

知大事小事皆已分之当为，则自不有其功矣。

行七八分，言二三分。不言而自能行出，则人心服。

处事不可使人知恩。

处事在己者只当务实，若能动人否，则在彼耳，我何容心其间哉！

处事详审安重。

伊尹曰："接下思恭。"岂惟人君当然哉？有官君子于临众处事之际，所当极其恭敬，而不可有一毫傲忽之心。不惟临众处事为然，退食宴息之时，亦当致其俨肃而不可有顷刻亵慢之态。临政持己，内外一于恭敬，则动静无违，人欲消而天理明矣。

"乾以易知，坤以简能。"乾坤只是自然，故易简。人能顺自然之理，则易简可默识矣。

少欲则心静，心静则事简。简者，非厌事繁而求简也，但为所当为，而不为所不当为耳。一为外物所诱，则心无须臾之宁矣。当事务丛杂之中，吾心当自有所主宰，不可因彼之扰扰而迁易也。

闲邪如城郭，城郭不完则外寇入，闲邪不密则外虑侵。

事贵断制撇脱。

胆欲大，见义勇为；心欲小，文理密察；智欲圆，应物无滞；行欲方，截然有执。胆大心小，似知崇礼卑；智圆行方，似和而不流。

防小人，密于自修。

君子熟于善，小人熟于恶。君子熟于精微之义，小人熟于机诈之巧。君子熟于公正，小人熟于私邪。

人有才而露只是浅，深则不露。方为一事即欲人知，浅之尤者。

忍所不能忍，容所不能容，惟识量过人者能之。

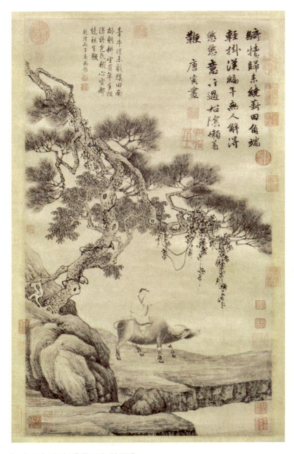

騎情歸素縑蓴田負端
轻拂溪編午無人解浮
悠悠意行過松陰頼者
鞭 唐寅畫

（明）唐寅《蒔田行犊图》

尝过一独木桥，一步不敢慢，惟恐蹉跌坠失。人之处世，每事能畏慎如此，安有失者？

鸟雀巢茂林，蛟龙潜深渊，圣人洗心，退藏于密。

言不谨者心不存也，心存则言谨矣。谨言乃为学第一工夫。言不谨而能存心者，鲜矣。《文言》曰：修辞以立其诚，为学不能立诚，皆不能谨言也，能谨言斯能立诚，谨言之功大矣。一语妄发即有悔，可不慎哉！《易》有"修辞立诚"之训，《书》有"惟口出好兴戎"之训，《诗》有"白圭"之训，《春秋》有"食言"之讥，《礼》有"安定辞"之训，金人有三缄之诫，《论语》《孟子》与凡圣贤之书谨言之训尤多。以是知谨言乃修德之切要，所当服膺其训而勿失也。

君子行义以俟命，小人恃命以忘义。

《薛文清公全集》

解读

薛瑄（1389~1464年），字德温，号敬轩。河津（今山西省运城市万荣县里望乡平原村人）人。永乐十九年（1421年）进士，官至通议大夫、礼部左侍郎兼翰林院学士。明代著名思想家、理学家、文学家，河东学派的创始人，世称"薛河东"。谥号文清，故后世称其为"薛文清"。

薛瑄继曹端之后，在北方开创了"河东之学"，门徒遍及山西、河南、关陇一带，蔚为大宗。其学传至明中期，又形成以吕大钧兄弟为主的"关中之学"，其势"几与阳明中分其盛"。清人视薛学为朱学传宗，称之为"明初理学之冠""开明代道学之基"。高攀龙认为，有明一代，学脉有二：一是南方的阳明之学，一是北方的薛瑄朱学。可见其影响之大。其著作集有《薛文清公全集》四十六卷。

薛瑄的代表作《读书录》《读书续录》，是在阅读经典时，逐字逐句加以标注，遇到有感悟的地方就记录下来，为避免忘记而做的笔记。其文言近而指远，守约而施博，延续五经、四书、北宋五子及朱子之学问精神，言语朴实，自省严苛，用诸身心，内照洞然，可谓"笃信好学，守死善道"的践行者，当视为儒家修身功夫的极佳范本。本文选录的主要是其关于做人做事的精辟观点，既是作者个人的社会观察，也是研究古代经典的感悟，内容非常有启发和借鉴作用。如关于读书的方法，关于君子小人的区别，关于明哲保身的道理，特别是反复提到如何要"慎""密""静""清"，如何通过修炼克服自己的"欲""私"，达到心地光明，做一个堂堂正正的君子。

薛瑄《从政录》：必能忍人不能忍之触忤，斯能为人不能主之事功

程子书"视民如伤"四字于座侧，余每欲责人，尝念此意而不

敢忽。

作官者于愚夫愚妇，皆当敬以临之，不可忽也。

学者大病在行不著，习不察，故事理不能合一。处事即求合一，处事即求合理，则行著习察矣。

处事最当熟思缓处。熟思则得其情，缓处则得其当。

至诚以感人，犹有不服，况设诈以行之乎？

事最不可轻忽，虽至微至易者，皆当以慎重处之。

丙吉深厚不伐，张安世谨慎周密，皆可为人臣之法。

按物太宜含弘，如行旷野，而有展布之地，不然太狭，而无以自容矣。

左右之言不可轻信，必审是实。

为政通下情为急。

爱民而民不亲者，皆爱之未至也。《书》曰："我务省事。"则民不

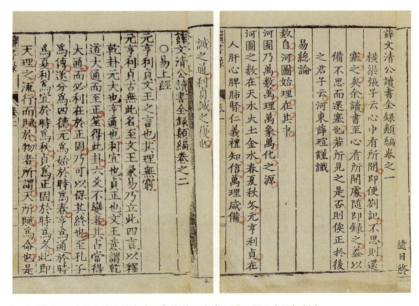

（明）薛瑄《薛文清公读书全录》类编二十卷，明万历二十四年刻本

得其死者多矣，可不戒哉！

作一事不可苟。

必能忍人不能忍之触忤，斯能为人不能主之事功。

与人言宜和气从容，气忿则不平，色厉则取怨。

处人之难处者，正不必厉声色与之辨是非，较长短，惟谨于自修，愈谦愈约，彼将自服。不服者妄人也，又何较焉？

为官最宜安重。下所瞻仰，一言不当，殊愧之。

张文忠公曰："左右非公故勿与语。"予深体此言，吏卒辈，不严而粟然也。

待下固当谦和，谦和而无节，及纳其悔，所谓重巽吝也。惟和而庄，则人自爱而畏。

慎动当先慎其几于心，次当慎言慎行慎作事，皆慎动也。

闻人毁己而怒，则誉己者至矣。

法立贵乎必行，立而不行，徒为虚文，适足以启下人之玩而已，故论事当永终知弊。

为人不能尽人道，为官不能尽官道，是吾所忧也。

使民如承大祭，然则为政临民，岂可视民为愚且贱，而加慢易之心哉？

处事，不形之于言犹妙。

尝见人寻常处置得宜者，数数为人言之，陋亦甚矣。古人功满天地，德冠人群，视之若无者，分定故也。

如治小人，宽平自在，从容以处之，事已，绝口不言，则小人无所闻以发其怒矣。

事事不放过，而皆欲合理，则积久而业广矣。

养民生，复民性，禁民非，治天下之三要。

大丈夫以正大立心，以光明行事，终不为邪小所惑而易其所守。

疾恶之心固不可无，然当宽心缓思可去与否，审度时宜而处之，斯无悔。切不可闻恶遽怒，先自焚挠，纵使即能去恶，己亦病矣。况伤于急暴，而有过中失宜之弊乎？经曰："忽忿疾于顽。"

轻与必滥取，易信必易疑。

以己之廉，病人之贪，取怨之道也。

作事只是求心安而已，然理明则知其可安者安之，理未明则以不当安者为安矣。

人皆妄意于名位之显荣，而固有之善，则无一念之及，其不知类也甚矣。

机事不密则害成，《易》之大戒也。

为善勿怠，去恶勿疑。

恭而不近于谀，和而不至于流，事上处众之道。

世之廉者有三：有见理明而不妄取者，有尚名节而不苟取者，有畏法律保禄位而不敢取者。见理明而不妄取，无所为而然，上也；尚名节而不苟取，狷介之士，其次也；畏法律保禄位而不敢取，则勉强而然，斯又为次。

一毫省察不至，即处事失宜，而悔吝随之，不可不慎。

处事当沈重详细坚正，不可轻忽忽略，故《易》多言"利艰贞"。盖艰贞则不敢轻忽，而必以其正，所以吉也。

天下大虑，惟下情不通为可虑。昔人所谓下有危亡之势，而上不知是也。

不欺君，不卖法，不害民，此作官持己之三要也。

人遇拂乱之事，愈当动心忍性，增益其所不能。所行有窒碍处，必思有以通之，则智益明。

勿以小事而忽之，大小必求合义。

无轻民事，惟难，无安厥位，惟危，岂惟为人君当然哉？凡为人臣者，亦当守此，以为爱民保己之法也。

处事识为先，断次之。

作官常知不能尽其职，则过人远矣。

孔子曰："死生有命，富贵在天。"是皆一定之理。君子知之，故行义以俟命；小人不知，故行险以侥幸。

凡事分所当为，不可有一毫矜伐之意。

清心省事，为官切要，且有无限之乐。

犯而不较最省事。

人好静而扰之不已，恐非为政之道。

名节大事，不可妄交非类，以坏名节。

守官最宜简外事，少接人，谨言语。

与人居官者言，当使有益于其身，有益及于人。

霍光小心谨慎，沉静详审，可以为人臣之法。

亦有小廉曲谨，而不能有为，于事终无益。

凡事皆当推功让能于人，不可有一毫自得自能之意。

大臣行事，当远虑后来之患，虽小事不可启其端。

虽细事亦当以难处之，不可忽，况大事乎？

惠虽不能周于人，而心当常存于厚。

唐郭子仪竭忠诚以事君，故君心无所疑。以厚德不露圭角处小人，故谗邪莫能害。

处大事贵乎明而能断，不明固无以知事之当断，然明而不断，亦不免于后艰矣。

圣贤成大事业者，从战战兢兢之小心来。

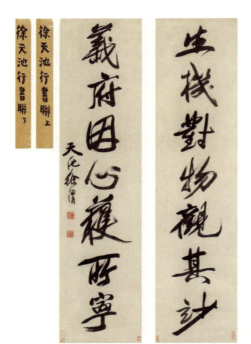

（明）徐渭行书七言联：生机对物观其妙，义府
因心获所宁

好善优于天下，若自用己能，恶闻人善，何以成事功？

对人子民之心，无时而忘。

于人之微贱，皆当以诚待之，不可勿慢。

出处去就，士君子之大节，不可不谨。《礼》曰："进以礼，退以义。"孔子曰："有命。"孟子不见诸侯，尤详于进退之道。故出处去就之节不可不谨。

《薛文清公全集》

解读

薛瑄在明朝无论在官场还是学界都是一个标志性的人物，他学行一致，求实致公，后人纷纷以"笃信好学，守死善道"来称颂，是明代第一位从祀孔庙的贤臣。薛瑄的为官经历和治学理念，至今读来依然让人受教良多。《从政录》是薛瑄退休后对为官实践的总结，主要阐述从政之道与为官之德，但更多的则是从为人处世角度，阐述如何做一个好官和一个正人君子，其中的处世经验和做事方法，都是他长期为官和做人的实践感悟，如"处事最当熟思缓处。熟思则得其情，缓处则得其当"，"一字不可轻与人，一言不可轻许人，一笑不可轻假人"，"至诚以感人，犹有不服，况设诈以行之乎？"，"防小人密于自修。事最不可轻忽，虽至微至易者，皆当以慎重处之"，"惠虽不能周于人，而心当常存于厚"，"防小人密于自修"，"处事，不形之于言犹妙"，等等，都是很具有针对性和实用性的忠告。

吴与弼《日录》: 得便宜是失便宜，失便宜是得便宜

夜枕思宋太宗烛影事，深为太宗惜之。人须有行一不义、杀一不辜而得天下不为之心，方做得尧舜事业。不然，鲜有不为外物所移者。学者须当随高痛惩此心，划割尽利欲根苗，纯乎天理方可语王道。果如此，心中几多脱洒伶俐，可谓出世奇男子矣。与邻人处一事，涵容不熟。既已容讫，彼犹未悟。不免说破，此间气为患。寻自悔之。因思为君子，当常受亏于人，方做得益。受亏，即有容也。

（明）吴与弼像

古人云："不遇盘根错节，无以别利器。"又云："若要熟，也须从这里过。"然诚难能，只得小心宁耐做将去。朱子云："终不成处不去便放下。"旨哉言也！

南轩柱贴云：幽静无非安分处，清闲便是读书时。

知止自当除妄想，安贫须是禁奢心。淡如秋水贫中味，和似春风静后功。

力除闲气，固守清贫。

大抵学者践履工夫，从至难至危处试验过，方始无往不利。若舍至难至危，其它践履，不足道也。

窃思圣贤吉凶祸福一听于天，必不少动于中。吾之所以不能如圣贤而未免动摇于区区利害之间者，察理不精，躬行不熟故也。吾之所

为者，惠迪而已，吉凶祸福，吾安得与于其间哉！大凡处顺不可喜，喜心之生，骄侈之所由起也；处逆不可厌，厌心之生，怨尤之所由起也。一喜一厌，皆为动其中也。其中不可动也，圣贤之心如止水，或顺或逆，处以理耳，岂以自外至者为忧乐哉！嗟乎！吾安得而臻兹也？勉旃，勉旃，毋忽！

寄身于从容无竞之境，游心于恬淡不挠之乡，日以圣贤嘉言善行沃润之，则庶几其有进乎！

不怨天，不尤人，下学而上达。非圣人，其孰知此味也哉！

人之病痛，不知则已，知而克治不勇，使其势日甚，可乎哉？志之不立，古人之深戒也。

勿忘勿助，近日稍知此味。天假以年，尚宜少进。穷通得丧，可付度外也。

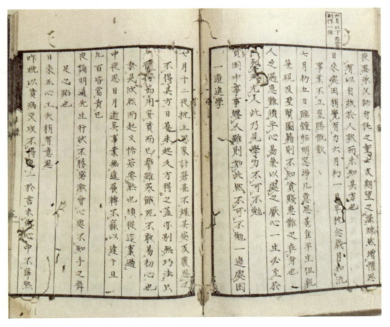

▎（明）吴与弼《日录》，清同治九年和刻本

患难中好做工夫。所谓："生于忧患，死于安乐也。"然学力浅者，鲜不为所困也。嗟乎！梁栋之具，非禁风耐水雪，安能胜其重哉？

男儿须挺然生世间。

处大事者，须深沉详察。

早枕思平生践履，愧于圣贤者多矣，至今不能自持，欲大书"不敢尤人"四字以自励也。

先哲云："大辂与柴车较逐，鸾凤与鸱枭争食，连城与瓦砾相触，君子与小人斗力。不惟不能胜，兼亦不可胜也。"

人生但能不负神明，则穷通死生，皆不足惜矣。欲求如是，其惟慎独乎！董子云："人之所为，其美恶之极，乃与天地流通，往来相应。"噫！天人相与之际，可畏哉！

人须整理心下，使教莹净、常惺惺地，方好。此"敬以直内"工夫也。嗟夫！不敬则不直，不直便昏昏倒了，万事从此隳，可不惧哉！

仁之至，义之尽。

见人之善恶，无不反诸己。

吉人为善，惟日不足。凶人为不善，亦惟日不足。

得便宜是失便宜，失便宜是得便宜。

胡文定公云："世事当如行云流水，随所遇而安可也。"

毋以妄想戕真心，客气伤元气。

料得人生皆素定，空多计较竟何如。

天意顺时为善计，人情安处是良图。

请看风急天寒夜，谁是当门定脚人。

凡事不可用心太过。人生自有定分，行己则不可不慎。

不失人，亦不失言。

人生须自重。

不怨天，不尤人。下学上达，当佩以终余齿。

《梦》云：自画者，德不进。又云：自知不足者，可大受而远到。

日行吾义，吉凶荣辱非所计也。听天所命。

梦诵诗云：丁宁莫伐檐前树，听我高堂红杏歌。

趋炎者，众人所同；尚德者，君子所独。

《梦》云：等闲识得东风意，便是桥边鸟鹊春。

彼以悭吝狡伪之心待我，吾以正大光明之体待之。

当事之危疑，见人之措置。邵子之教也。

《遗书》云：人当审己如何，不必恤浮。志在浮议，则心不在内，

（明）杨慎楷书。识文：有一言而可以终身行之曰"恕"，有一事而可以百世守之曰"忍"。人非贤莫交，念非善莫举，事非见莫说，物非义莫取，贵莫贵于求过，病莫病于忧。谏自重者，然后人重；人轻者，由我自轻。众善之门在于虚，百福之基在于慈。自家好处要掩藏几分，这是涵蓄以养深；别人不好处，要掩藏几分，这是浑厚以养大。想自己身心到后日置之何处，顾本来面目，在古代像个甚人。

不可应卒遽事。

玩圣贤之言，自然心醉，不知手之舞足蹈也。

德性学问，不敢少怠，但恨岁月来日无多。

学圣人无他法，求诸己而已。吉凶荣辱，一听于天。

君子顾自处，何如耳。岂以自外至者为荣辱哉！

天道福善，祸淫君子，但当谨守先圣贤名教，居易以俟命而已。

昨夜梦诵云：岂能存养此心之一，岂鬼神教我哉！

程子曰：何不动心忍性。朱子云：不哭的孩子谁不会抱？又云：处顺不如常处逆，动心忍性始成功。

施为欲似千钧弩，磨励当如百炼金。

年老厌烦，非理也。朱子云："一日未死，一日要是当。"于事厌倦，皆无诚。

虽万变之纷纭，而应之各有定理。

岁月如流，而学德有退无进。有志之士，其兴感乎？无感乎？

《康斋集》

解读

吴与弼（1391～1469年），初名梦祥，字子傅，号康斋，抚州府崇仁县（今江西省抚州市崇仁县东来乡）人。明朝学者、理学家、教育家、诗人，是崇仁学派的创立者，国子司业吴溥的儿子。早年师从太子冼马杨溥，精研四书五经。一生不应科举，讲学家乡，屡荐不出。清代学者黄宗羲的《明儒学案》，将《崇仁学案》位列第一，显示了吴与弼在明代学术思想界的重要地位。作为理学开山之人，吴与弼创立的"崇仁学派"享誉中外，为中国理学思想史从朱熹的智识主义向内省功夫做出了突出贡献。

《日录》是吴与弼的哲学著作，是其平日读书思考体会的笔札。

此书以心性涵养为主要内容，以天人合一的圣贤境界为追求目标，认为性命有别，命是天所赋予，贫富贵贱，得丧荣辱，一听于天；性则在心，可反身自求，全靠自己涵养。主张要"栽培自己根本"，做到"精白一心，对越神明"，"圣人之学无他，求诸己而已。"提倡道德尊严，"富贵不淫贫贱乐，男儿到此是豪雄"。强调践履功夫，"从至难至危处试验过"，方为笃实纯粹君子。提出"心本大虚"的命题，主张以"明德"为本，通过静中涵养功夫，克己复礼，收敛此心，以得本心，即"人苟得本心，随处可乐"，"真趣悠然"。本书在历史上评价很高，正如黄宗羲在《明儒学案》序言中说的，"先生上无所传，而闻道最早，身体力验，只在走趋语默之间，出作入息，刻刻不忘，久之自成片段，所谓'敬义夹持，诚明两进'者也。一切玄远之言，绝口不道。学者依之，真有途辙可循。临川章衮谓其《日录》为一人之史，皆自言己事，非若他人以己意附成说，以成说附己意，泛言广论者比。"

郑善夫《经世要谈》: 防身当若御虏，一跌则全军败没；爱身当若处子，一失则万事瓦裂

应迹以委顺为主，然必明于人情物理，然后能委顺，可以接人处事，无事理之障矣。委者，除事障也，事障只是情欲；顺者，除理陈也，理障只是意必。有生皆为物所引，故当委之；有身又安得无事，故又当顺之。委而顺之，则虽应物，实未尝有物也。委顺必先于明理，修身必先于格物也。

动若水，静若镜，应若响，委顺也。动若水者，可行则行，可止

则止，行止无心也；静若镜者，物来则照，物去则虚，空洞无物也；应若响者，大扣大鸣，小扣小鸣，不扣不鸣也。若镜无意也，若水无必无固也，若响无我也。

静坐养元神，元是吾儒底事。世儒概辟为仙释，却去作下半截工夫，虚劳一生，却无个着落。识者又欲假仙释静养来立脚而后去反到吾儒上，岂是道理！

习气不除，如何了道。习气如蛣蜣，但知有粪丸坚不肯放也。有物过眼必看，有声入耳必听，小小入意即喜，小小咈意即怒，小小利害即生恐惧，皆习气也。

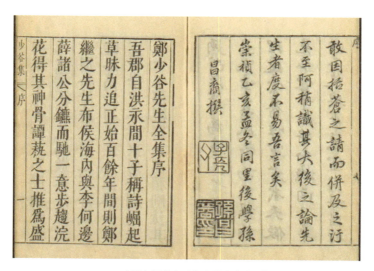

（明）郑善夫《郑少谷先生全集》，明崇祯九年刻本

人只有自爱之私，便自天地闭塞、贤人隐。有气节者，便自爱其气节；有事业者，便自爱其事业；有技能者，便自爱其技能；有文学者，便自爱其文学。如此便狭小了。人莫不自爱，不知自爱，反是自害。人但能看此心与天地般，便有天地变化草木蕃底意思。则凡气节、事业、技能、文学见之，犹筍蓰耳，是之谓大爱其身。

人只是不曾存得真心。真心无一毫气质，才惹气质，便是私意。私意潜伏在内，人多不自觉，只说我能去私去蔽。一旦心不存，便依旧发出来。如人戒酒，不真知酒之决能杀己，才戒一番，它日不觉牵迷将去。

周江郎云：无为名尸，勘破幻妄也；无为谋府，无思也；无为事任，无为也；无为知主，无知也。然须定得性了，方行得四者，不然实行不去。庄子曰：吾以无为为乐矣，又俗之所大苦也。大颠曰：众人而不思不为，则天下之理几乎息矣。应事接物，只是一个情字为累。若无情，则无累矣。故曰圣人无情。

吾辈学问贵包荒。韩魏公一生只是包荒，故能成得相业。吴遣二才士使蜀，武侯甚伟之，后二人伏诛，武侯云：此人只是黑白太分明。吾辈只以天地为吾一心，何所不容？中间自然物各付物。今人才向学便分党相非，抑何见之小也！

元东阳鹿皮子谓，秦而下说经而善者不传，传者多未善。淳熙以来，讲说尤与洙泗不类。尝自谓明月之珠失之二千年，乃获之牧竖之手。其言曰：神所知之谓智，知天下殊分之谓礼，知分之宜之谓义，知天地万物一体之谓仁，礼复则和之谓乐。国家，天下一枳也，枳一尔而穰十焉，枳有十而一视之，其于人则仁也；发而视之，穰有十，其于人则君臣父子长幼之等，刑赏予夺之殊，所谓礼也。礼十为士者，礼之异；视十为一者，仁之同。天下万殊之分，试听言动之宜，所操者礼之柄耳。鹿皮子却是独到之学。

谢显道自负该博，对明道举史书不遗一字。明道曰：贤却记得许多，可谓玩物丧志。谢闻此语，汗出夹背。明道却云只此便是恻隐之心。及看明道读史，又却定行看过，不差一字，心甚不服。后来省悟，却将此事做话头，接引博学之士。此项意思，极难分别，此便是王霸之分。

古人耻其君不为尧舜，耻其民不为尧舜之民，必有是志，方做得光大事业。孔子谓管仲器小，管仲功非不高，为其元无是志，故所就只如此耳。行义达道，古人多不如志，宁甘死蓬蒿而不悔者，谓何须要识得此义。

人莫不刚愎自信。刚愎自信，即是自绝，谁敢语以至道。凡有才气而复虚己下问者，实大难得。

防身当若御虏，一跌则全军败没；爱身当若处子，一失则万事瓦裂。涉世甚艰，畜德宜豫。布人以恩而外扬之，则弃；教人以善而外扬之，则仇。

正德十六年，朝中诸君子谏南巡，罚跪五日。燕山卫都指挥张云托以黑帝语欲面朝廷云：南巡决有祸。文臣忠谏，不宜加罚。时权奸朱宁逮之，使不得前，遂刺胸以死谏。竟系之狱，论重辟，不协。有旨杖八十，边方编管。杖毕，犹强步出东长安，仆死。朝廷亦竟以南巡大行，如其所托云。於乎！今日权奸何在，张云赫赫有生气矣。

君子贵通天下之志，疾恶太严则伤公明之体。旧习一处消，百处消；即致曲一处得，百处可得。学道是意诚，意诚如救头，岂以喧扰中止！

世间一切声色货利，令人行尸走鬼，当如利剑一切斩除之，释氏所谓"今日有此四大，可以说七道八。他日四大灭除，却向何处安身立命"。

凡朋友辩论，须要气象从容，又要恳恳开道，故夫子"循循善诱人"使学者便可以渐而入。若极言争论，不惟动气，且语亦不能入。数数如此，便至于离吾辈同志，海内能得几人。于小节目上不合，便愤争，以至离尚，何学问之有。明道与人议论，不合处便曰"再商量"，至伊川便曰"决然不是"，看此便见所养与教人何如。

凡人见识不透底，立脚不牢固，见贫贱则曰是我当安，见富贵便反张皇若将累己，此固是好些一边，不知圣人随贫贱富贵只如不曾见得，孟子"四十不动心"正如此。

明道终日端坐如泥塑人，对人言便见一团春风和气，固是气质十分纯粹，若非涵养真到，岂得不衰飒！今人尽禀得静定多者，不曾学问，安有一段春风和气出来，此等气质却实难得。今人有此等气质，却有二病，以我不为不善，凡浮浅轻噪佻巧暴克之类，我性无有此，便是道，更不去学问，不痛不痒不衰飒能得几时！又有明知学问头路，志气昏惰等闲过了一生，何等可惜！自足自暴二科，最是学者大病，某恨无此气质，百般鞭策，不能到得静定田地，不敢怨天，直是人事未至耳。

为学须如饥求食渴求饮，决无他不得，所谓如恶恶臭如好好色之，真一得永得也。

学问不精进，譬如种树不培其根，能得几时鲜好年光，如建瓴之水，一落永不收矣。

万木起自萌芽，日生夜长，至成合抱，以其不息也。若一拔其根，旋复植于故处，虽不停时，生意斩矣。

象山云：今之学者大抵是好事，未必有切己之志，此语极中时病。好事即是好名，才好名便打点着巧言令色。又云：学者不长进，只是好胜，出一言做一事，便道全是，岂有此理！古人惟贵知过则改，见善则迁，最可戒当时学道者。

《郑少谷先生全集》

解读

郑善夫（1485~1523年），字继之，号少谷，又号少谷子、少谷山人等，闽县高湖乡（今福州郊区）人，明代官员、儒学家（阳明学）。弘治年间进士，正德初始授户部主事，榷税浒墅，愤嬖幸用事，辞官。正德中，起礼部主事，进员外郎。明武宗要南巡，他与同僚急切谏阻，受到皇帝的鞭笞，罚跪五日。但他毫不屈服退缩，草拟了奏疏藏于怀中，嘱咐仆人说："我死后，你立即将此奏疏进呈皇帝。"幸未死，叹息道："时事如此，还能不顾羞愧而立于朝廷！"于是请求辞职归家，未准。第二年又极力申请，这才获准归家。嘉靖初，起为南京吏部郎中。善书画，著有《郑少谷集》《经世要谈》。

在《经世要谈》中，郑善夫从当时学者修身学道存在的弊端提出问题，要求需有明确的向上的志向，"必有是志，方做得光大事业"，而大多数人之所以不能获得道的真谛，不能成为圣贤一样的完人，就是因为受"欲""情"的拖累；要求不仅意要诚，而且要摆脱"情"之拖累，同时，提出了修身行道的基本原则，如反对刚愎自用，自以为是；要求为学者"防身当若御虏"，"爱身当若处子，一失则万事瓦裂"；要求"知过则改，见善则迁"，要像种树那样在培根上下功夫，"如饥求食渴求饮，决无他不得，所谓如恶恶臭如好好色之"，"必有切己之志"，严禁"自足自暴"，等等。虽然，《经世要谈》是针对学者，但对士大夫如何学问精进、如何修身养性、如何做一个德才兼备的士君子都有很经典的阐述。

唐寅《百忍歌》: 人生不怕百个忍，人生只怕一不忍

百忍歌，百忍歌，人生不忍将奈何？

我今与汝歌百忍，汝当拍手笑呵呵！

（清）清方筠临（明）钱谷《唐六如先生小像》

朝也忍，暮也忍；耻也忍，辱也忍。

苦也忍，痛也忍；饥也忍，寒也忍。

欺也忍，怒也忍；是也忍，非也忍。

方寸之间当自省。

道人何处未归来，痴云隔断须弥顶。

脚尖踢出一字关，万里西风吹月影。

天风冷冷山月白，分明照破无为镜。

心花散，性地稳，得到此时梦初醒。

君不见：

如来割身痛也忍，孔子绝粮饥也忍。

韩信胯下辱也忍，闵子单衣寒也忍。

师德唾面羞也忍，刘宽污衣怒也忍。

不疑诬金欺也忍，张公九世百般忍。

好也忍，歹也忍，都向心头自思忖。

百忍歌，歌百忍。

忍是大人之气量，忍是君子之根本。

能忍夏不热，能忍冬不冷。

能忍贫亦乐，能忍寿亦永。

贵不忍则倾，富不忍则损。

不忍小事变大事，不忍善事终成恨。

父子不忍失慈孝，兄弟不忍失爱敬。

朋友不忍失义气，夫妇不忍多争竞。

刘伶败了名，只为酒不忍。

陈灵灭了国，只为色不忍。

石崇破了家，只为财不忍。

项羽送了命，只为气不忍。

如今犯罪人，都是不知忍。

古来创业人，谁个不是忍。

百忍歌，歌百忍。

仁者忍人所难忍，智者忍人所不忍。

思前想后忍之方，装聋作哑忍之准。

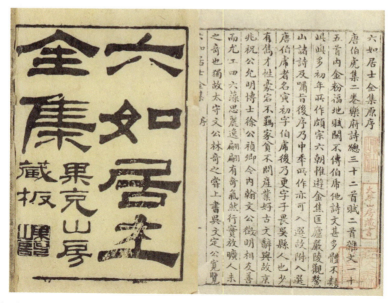

（明）唐寅著、（清）唐仲勉编、魏标校《六如居士全集》，清嘉庆六年果克山房刻本

忍字可以走天下，忍字可以结邻近。

忍得淡泊可养神，忍得饥寒可立品。

忍得勤苦有余积，忍得荒淫无疾病。

忍得骨肉存人伦，忍得口腹全物命。

忍得语言免是非，忍得争斗消仇憾。

忍得人骂不回口，他的恶口自安靖。

忍得人打不回手，他的毒手自没劲。

须知忍让真君子，莫说忍让是愚蠢。

忍时人只笑痴呆，忍过人自知修省。

就是人笑也要忍，莫听人言便不忍。

世间愚人笑的忍，上天神明重的忍。

我若不是固要忍，人家不是更要忍。

事来之时最要忍，事过之后又要忍。

人生不怕百个忍，人生只怕一不忍。

不忍百福皆雪消，一忍万祸皆灰烬。

囫囵吞栗却棘蓬，恁时方识真根本？

《六如居士全集》

解读

唐寅（1470～1524年），字伯虎，小字子畏，号六如居士，南直隶苏州府吴县（今江苏省苏州市）人，明朝著名画家、书法家、诗人。弘治十二年（1499年），卷入徐经科场舞弊案，坐罪入狱，贬为浙藩小吏。从此，丧失科场进取心，游荡江湖，投身于诗画之间，终成一代名画家。绘画上与沈周、文征明、仇英并称"吴门四家"，又称"明四家"。诗文上，与祝允明、文征明、徐祯卿并称"吴中四才子"。工诗文，其诗多纪游、题画、感怀之作，以表达狂放和孤傲的心境，以及对世态炎凉的感慨，以俚语、俗语入诗，通俗易懂，语浅意隽。著《六如居士集》，清人辑有《六如居士全集》。

唐寅一生穷困潦倒，特别是晚年，生活非常拮据。唐寅这首歌，不仅是对自己一生处世态度的总结，也是对社会观察的写照。人生不易，需要忍耐。歌中所说的忍，属于精神养生中的调神法，即在遇到情绪不良时，要提倡"理智"，注重"修养"，把握自己，控制情绪。如果不控制情绪，任其放纵，不但周围的人受不了，而且对自己的身体也极为有害，小则身体患病，大则危害生命。因此，暂时"忍

（明）唐寅《携琴访友图》

一忍"亦是有积极意义的。当然，那种消极的、没有进取精神、遇事一味退缩的"忍"是需要摒弃的。

祝允明《读书笔记》: 善观人者观己，善观己者观心

岁乙巳，允明居忧，弗能肆力读书，于事物之理偶有所见，随笔

笺记，伺就有道而正焉。

学贵有常，又贵日新。日新若异于有常，然有常日新之本也。

虎狼存父子之仁，蜂蚁有君臣之义，虫盖有时而人也。今人仁不如虎狼，而虐如之；义不如蜂蚁，而毒如之，是人亦有时而虫矣。然虫之人也，进也；人之虫也，退也。人之不如虫也，哀夫！

造化无全功，人类无全才。雨露以生之，雪霜以固之，日月以照临之，雷霆风气以鼓舞而调畅之，彼固各有功焉耳。使求生于霜雪，求固于雨露，求鼓舞于日月，求临照于雷霆风气，得乎？虽谓之废物可也。人之才有巨者，有细者，有高明者，有沉潜者，有宽然而廓以纾、擘然而敛以密者，必欲其令而不颇，天下之人皆废矣。圣人者知其然，故因其才而成就之，斯天地之功也已。于戏！甚哉，圣人之似天地也。

（明）祝允明像

见子而欲其孝，不思吾父之欲吾孝乎；临下而猛，不思吾上之不欲其猛乎？触类而为，是思，其过也必寡矣。

鸡司晨，犬儆夜，彼固全其信义之性也，若犹未足贵也。使鸡处无人之地，犬遭箠扑之苦，若可改矣而不改焉，斯尤赋性之坚贞，可贵也。为人而失其性，不失而或改焉者，视鸡犬为何如？

诈人信，敖人孙，非其性然也，丑其称而矫焉尔。然苟欲诈敖，亦何称之足丑。闲官清，丑女贞，非其情然也，势有违而安焉尔。然苟欲污淫，又何势之能违。故君子之于人，取其信，取其逊，取其清，取其贞，它无计焉尔。

人之言也，其犹钟乎，大扣则大应，微扣则微应。如不扣而应，扣而不应也者，人必怪之。

视听持行，耳目四肢，自然之功也。聪明运动，耳目四肢，自然之效也。人惟其自然也，是以功不乱而效自著。至于心乃不任其自然而扰之，欲其虚灵而功效之得也，难矣。

君子之治心也，犹权之称物也，过则损之，不及则克之，斯平矣。然权之取平以人，而心取平即以心耳。不处之重，不内之轻，斯吾心之权乎？

食物各有性，热者不炙手，而寒者不堕指也。至于人食之，则温寒附于中而证于外，不少爽焉。是知果行，不必为食誓，而至信无假于言说。

齐王见颜斶曰"斶前"，斶亦曰"王前"；庄光见光武，卧不起，及共卧也，以足加光武之腹。二子者高则高矣，然君臣之礼可废乎？就使在朋友，且不可若是也，盖高而无礼者欤？以是为训，吾恐无礼于君者有以借口也。

魏子击遇田子方于道，下车伏拜谒，子方不为礼。曰贫贱者骄人耳，夫其不礼亦可矣。而必曰骄，骄果可有者乎？此战国之所谓贤者也。

郭巨杀子，不孝也；邓攸绝类，不弟也；陈仲子之廉，非廉也，逆也；宗鲁之义，非义也，党也；叶公之党也直，非直也，悖也。尾生信矣，而信非其所信也；仓梧丙让矣，而让非其所让也。

善观人者观己，善观己者观心。

彩色所以养目，亦所以病目；声音所以养耳，亦所以病耳。耳目之视听，所以养心，亦所以病心。中则养，过则病。

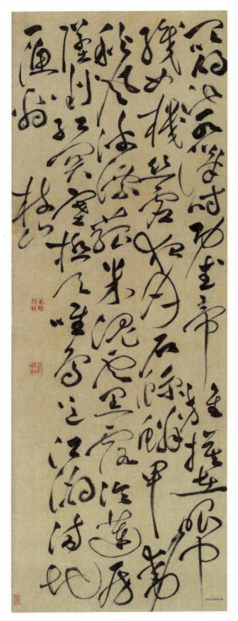

（明）祝允明草书杜甫《秋兴》之第七首。识文：昆明池水汉时功，武帝旌旗在眼中。织女机丝虚月夜，石鲸鳞甲动秋风。波漂菰米沉云黑，露冷莲房坠粉红。关塞极天唯鸟道，江湖满地一渔翁。枝山。

攫金于市，见金而不见人；逐兽者趋，知兽而不知险。况重于金、兽者乎？

犬见人衣帽之不扬则吠之，稍整则亦稍戢，盖彼惟知外美之可贵也。人之知宜辨于犬矣，乃亦唯富贵之敬，贫贱之忽，而不计其贤否何如，是真犬耳。

人之覆忧患者，大较有三：上焉者夷险一致，略无乖异；次焉者激厉固守，坚逾平日；下则陨获而已。观人者尤于是乎易见焉。

为文作字，初无意于必佳乃佳。凡事皆然，不但文字也。

心者体之君也，得丧安危之主也。闻以一人治四海，未闻四体而役一心也。人之以四体而役一心，盖惑于大小繁寡之形耳。然不惑于军民之大小繁寡，而独惑于心体，则习之罪也。故知者皆习。

奉亲孝，事君忠，处长逊，出言信，临财廉，兹非所谓仁知贤人矣乎？人之闻仁知贤人之名，则惕然敬慕，而不知亲也君也长也言也财也，随其敬慕而在耳。不能孝焉忠焉孙焉信焉廉焉，而徒慕仁知贤人之名，是束其足而羡趋者之前也，不亦戾乎！

大道之世，无忠臣，无孝子，无君子善人。其无忠臣也，非无忠也，夫人而莫非忠臣也；其无孝子也，非无孝也，夫人而莫非孝子也；其非君子善人也，非无善也，夫人而莫非君子善人也。

高不虚也，卑不污也。明而无耀也，暗而无昧也，张乎其博而非空也，敛乎其约面非隘也，不偏焉不不倚焉其中也，而莫辻真不及也。心之本体盖如此。

弦被木而音声发，丝附织而文章显。学焉未用，而责其功能之茂者，不可哉！

《祝允明集》

解读

祝允明（1460～1527年），字希哲，号枝山，因右手有六指，自号"枝指生"，又署枝山老樵、枝指山人等。长洲（今江苏苏州）人。他家学渊源，能诗文，工书法，特别是其狂草颇受世人赞誉，流传有"唐伯虎的画，祝枝山的字"之说。祝枝山所书写的"六体书诗赋卷""草书杜甫诗卷""古诗十九首""草书唐人诗卷"及"草书诗翰卷"等都是传世墨迹的精品，并与唐寅、文征明、徐祯卿齐名，并称为"吴中四才子"。由于与唐寅遭际与共，情性相投，民间流传着两人的种种趣事。

《读书笔记》是祝允明早期的作品，是他在为父母守丧期间的思考，也是他博览群书后的心得体会。作为艺术家和文人，祝允明虽然生性狂放，但在这卷读书笔记中，读者看到的是一个文人的理性思考，所以，《四库全书》评价其"言颇近理，不似其他书之狂诞"，有一定的哲理和思辨。

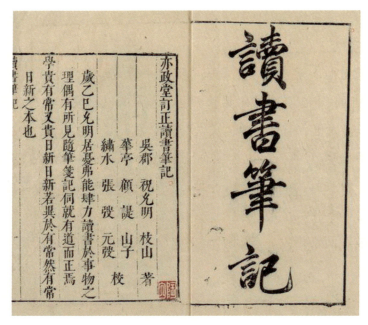

（明）祝允明《读书笔记》，明亦政堂刻，陈眉公家藏

崔铣《松窗寤言》: 中人不怠，可以寡过；老而懋举，谓之有终

学不志道，乃冥行也；道不法圣，乃曲途也。圣莫中于夫子，道在修其伦纪。是故发诸孝悌，主诸忠信，出诸强恕，比诸文，密其节，大其规，远其正，待其定履，而后博诸先儒之言，以尽参乎其详，可矣。

心学辩乎善恶而已，功在研几，善原其所为，恶究其所自，明以申画，果以栽植，则善日茂而恶日消。二者未萌也，敬以待之，则发于恶者鲜矣。是谓立本。

孔门之道：孝悌，本也；忠信，基也；躬行，实也。文以翼也，信而斯立，立而斯行，毋躐等，毋玄言，毋过论，譬饮江河，人人足量。

天予汝明而覆昏之，予汝德而覆贼之。天困汝穷而强达之，天困汝贱而强贵之，尚足于言性命乎？

日诵六经不力行，则得其字尔；心无定静之力，则行乃迹尔。故孟子曰："不著不察。"

修己者，验天理人欲之消长，审君子小人之进退，非德之德，似忠之忠，君子其早辨诸。

士患之见不高，高或流于虚；患行不果，果或涉于粗。言顾其行，无虚；行履其平，无粗。大言者难与适道，尚气者难与功底。

（明）仇英《仙山楼阁图》

大学其作圣之的乎，莫先于本末之知，莫急于诚欺之辨。是故治本之当先，故推平天下者必原于格物；知末之当后，故充格物者斯极于平天下，约之皆当修身也。淇澳烈文，格物之序也；仁敬孝慈，信物之目也。

古之好异者以明志，今之好异者以昧心。夫正物之谓格，至理之为物，今之异言也。则心当何正，而至善有别名乎？圣贤之道，如日月五星，定位次，何点缀求异而不求其可循与否，只以抗名哗民而已，非昧其心与？孟子曰："良知良能，知能，心之用也。爱敬，性之实也，本诸天，故曰良。"今取以证其异，删良能而不挈，非霸儒与？

君子不幸而知于小人，宜早决断焉。小人岂诚于好德者乎？故借于厌群论，矜己党焉尔。《易》曰："包承小人吉，大人否。"包者，外相容也，然内实异也，故否。君子小人非可共事，故薰莸不同器，比其睽而去之，已污身矣。荀爽之于董卓，杨氏之于蔡京，范相调停可丧邦也。《易》曰："介于石，不终日。"夫子赞曰："万夫之望。"

棘子成曰：君子质而已矣，盖老氏之论，识孔门修乎文，故子贡甚言无文之不可，不如是，莫能矫之，譬诸黄以去熟，附之捄寒，事有适当。夫子亦曰：礼与其奢也宁俭，盖非平居之衡言也。故前贤之义，毋轻訾焉。中人不怠，可以寡过，老而懋举，谓之有终。

慎独其学之枢邪？口然而心违，貌勉而志反，事改于发念，义就于袭取，皆慎之蠹也。功如桓文，文如贾马，勇如贲育，元如庄列，如其心之欺何？假之也，外之也，激之也，驰之也。夫鉴非仇人而妍媸别，衡非私物而轻重适，大气普物，而植者受，洪治纳金，而良者跃。

知之斯果行，行之斯真知。夫帝都之盛，贤愚皆闻之，闻诸人，考诸图，参伍比量以求，实不若身造而观。然后心说其盛矣。

强入不如积感，考辞不如玩意，发事不如默成，动求不如静养。

明明德之要，其惟顾乎？心常存，则本性见，静也湛，动也照，是故提斯之而已矣。夫明目视之，毫芒莫遁也。瞑之，虽泰山在前，暗如也。吾之顾者，其怠与荒邪？

人心有邪思有妄念，邪者，贪也；妄者，觊也。贪其所可致，觊其所难得。愈动愈驰，愈驰愈远，是故有之即思，觉之即截，或澄心，或究理，或举圣学，久之则定矣。

学者改过追索其动念之故而除之，斯不萌于再。

学者二病：积学未厚而用之遽，养德未足而谈有余，读经见之行事，因事验其经旨。是故卒至而不骇，可以御变矣；迩言不狎，可以出令矣；小物克慎，可以举大矣；仆婢服义，可以使民矣。

接凡夫，闻俗论，应乎默乎，择其可应者，惟义而正言之可也。

名与利，其因而生交而益者乎？名高则利巨，得利则群附，而誉日延，无以是为，心宅于道，斯可适矣。韩子曰：莫为之先，虽美弗章，莫为之后，虽盛莫传，其相协而钩名利之游谈乎？

自古国家之坏，起于人臣患失之心。是故，佞以奉上，恭以合朋，引以植党，卒以私萃而政弊而民离，斯祸及躬而不可解，自得适以自失，自厚适以自伐，愚矣夫！

良金美玉，见者珍焉，白日朗昼，盲者说焉。炫铅石而晴昏雾也，将谁欺乎？士强交以求名，基下以抗高，暗其理而妄通之，远其实而安居之，不亦耻乎？是故，君子藏辩以内，置有于无，有不动，动则孚矣。

名是实非，其天下之大害乎？小人其心，君子其饰。故张商英忤蔡京，污党籍矣，异端其学，圣贤其名，故无垢师宗杲，厕儒林矣。后之视今，其有类是者乎？奸人也。得富贵，故立一节以自异，偶以幸遇而窃名者，盖多有之。夫儒必宗圣人，圣人之载于经，未尝令人求之博文约礼之外，曾子子思传之，道在日用。愚者与能，说者曰博即约也。道不可以言博，夫睿智如圣，伟杰如贤，过今人远矣，必曰文行，说者曰求之吾心而已。俟其忽悟斯可，是自处圣人之上矣。夫经何为而非也，圣人自思其身之不存，无能淑来世。故笔之书，犹父祖籍家积以贻子孙，子孙弃而不守，固罪矣。以籍为赘，而索其积于茫昧，其可乎哉？

《泽古斋重钞》

解读

崔铣（1478~1541年），字子钟，又字仲凫，号后渠，又号洹野，世称后渠先生，今安阳市人。嘉靖三年（1524年），任南京国子监祭酒，因为疏劾贵显张璁、桂萼，忤明世宗，被斥致仕。后因议"大礼"冒犯了明世宗，罢职返乡，潜心于研治学问。十八年（1539年），重被起用，任詹事府少詹事兼翰林院侍读学士，后又升任南京礼部右侍郎。不久，因病乞归。卒谥"文敏"。著有《洹词》和《彰德府志》。

这本书可以说是崔铣一生做人做学问的写照。《他在松窗寤言·小引》道出了写这本书的初衷："癸巳腊，予屏迹静居，致观复之功。表侄李生栋遗予古松一株，若偃龙之状，曰阅岁十有五祀。载列窗侧，共守寒节。是冬，天气和煦，笔砚调适，乃援笔纵谈，得八十一章，取诸《考槃》'寤言'是命。"当时他被贬谪在家赋闲，书撰于腊月，适逢其表侄李栋以古松一盆相赠，作者遂将盆松陈于窗侧。因感古松与之相伴共度寒节，故以"松窗"名书。寤通悟，寤言，即悟言。以书中内容均为作者谪居时悟到的道理，故名《松窗寤言》。这一书名，隐寓着作者用经寒不凋的松树自况的意思，表达了作者宁处逆境，也绝不向权势屈服的决心和勇气。崔铣性格豪爽，爱饮酒，常与来访者对饮。在后渠书屋中，崔铣以"六然训"自勉：自处超然，处人蔼然，有事斩然，无事澄然，得意淡然，失意泰然。他淡泊以明志，宁静以致远的心境被后人赞叹。

张鼐《言诫并序》：止黥以静，禁妄损思；
宁我如瓶，毋我如倾

《易》称"辞寡"，《论语》称"訒言"。学果能静深有得，虽言语至纵横时，一截便住；若其本体不静，一开口便是耳目知见用事。耳目知见愈多，浮气愈有凭借，始既决之泉，泛滥无已。予性疏简，而胜于谈论，间有括囊之悔，遂作《蛊言》《宝言》二篇以铭于座隅。

蛊 言

饭甘而蛊，茹乎哉！茹而伤生，知其蛊者，吐则乃已。当其欲吐，强之不咽；犹其欲咽，强亦不吐也。人抑有蛊，唯言之毒与？言吐于口，毒可言也。言茹于腹，溃乎殆哉！独影而趋，厥或营焉，匪以告人。其口喃喃，嗟涂之人欤？曷风而波焉？芸芸之梦，其聪睿如，乃仍于中，魂喝鬼吁，彼梦之昏也，谁叩而言诸？万物之来，五脏若使斗其是非，幻嗔幻喜，博塞挟策，送马迎驴，彼今之人，几梦而途哉？人不动于口之波，而动于心之波，口波嚣嚣，心波滔滔，满腹是口，昼以继夜，轮转泡沸，箝之不可，惟其不箝，横乃滋太。故曰：止黥以静，禁妄损思。不思之极，惟寂惟默。拔其蛊本，口毒乃释。作《蛊言》。

与其言而获咎，无宁默也。然知咎而默，业已动于心矣。拔其蛊本，是为要诀。

宝 言

凡身以内，庸人贵之。人言无用，则曰唾余。彼离于口哉，人之委唾，不处秽而处洁也。离于口哉，贱也；出于口哉，贵也。言出于口而离于口，庸人弗惜，圣人宝之。吾怪彼多言者，其以委贤人耶？其以委众人耶？与贤者语，贤者具足耳。人宝谷而数众宝，穷以不识，胡卢退焉。其与众人乎，狐貉晓冻，夫九鼎夸枵腹也。彼非实享其美其安，挈而告之人，道听途说，累乃甚矣。嗟乎，徵之若矢，万夫莫住；口之悠悠，砥柱不收。慎之哉！宁我如瓶，毋我如倾。如意之宝，鐍而籥之。如其不籥，探囊肬之。无令珠玉同于粪秽，吉人之词以啬而贵。作《宝言》。

犹金人箴，奥其语意而出之。

《宝日堂集》

解读

张鼐（1572～1630年），字世调，号侗初，南直隶松江府华亭县人。晚明著名小品文作家。明神宗万历三十二年（1604年）甲辰科进士。改庶吉士，授检讨，较礼闱，迁司业。砥砺名行，天下推为正人。天启中，任少詹事，上疏谏保身、养性、勤学、敬天、法视、亲贤、纳谏、信令、恤民、存体十事，语斥近习，魏忠贤恶之，备受排挤。张鼐性直率，居乡简酬应，好荐引后辈，殁后人怀思之。著《吴淞甲乙倭变志》《宝日堂集》《儒堂考故》等。

张鼐作《蛊言》《宝言》为自己的座右铭，是出于对出口之言的谨慎。蛊言，顾名思义就是有害的语言，如蛊惑人心；宝言，即是为人所珍视的谨慎之言。孔子说，"巧言令色，鲜矣仁"，所以，夫子提倡："多闻阙疑，慎言其余，则寡尤；多见阙殆，慎行其余，则寡悔。言寡尤，行寡悔，禄在其中矣！"祸从口出，古人非常重视言语的作用，强调少语多思，出口谨慎，是君子的基本修养。

张鼐《淡泊宁静说》：百事正是无欲，有为正是不为

诸葛有言："淡泊明志，宁静致远。"只淡泊处便是宁静，非别有明志、致远二项方法也。人生只有一点浓艳根蒂最难断绝，勿论田庐、妻子、服食、器用，取多受忌，只美名高位，攘攘驰骛，茕尔一身，占尽千古。愿奢而力俭，志广而运狭，原是定分，何增毫厘！

人之情欲，原似流水，凡以声利名实，招招射人之事，其谁不波？譬如吃食饱腹，一餐无余，水陆鼎俎，叠陈方丈，仅以供舌，于腹何与？又如衣者华绮绚烂，止是炫目，不关自体，若论自体受用，只须布粟寻常。殉舌忘腹，殉腹遗身，世之大愚。总在浓艳窠臼中过日，长此不忌，习为故常。以浓艳为故常，则淡泊二字反骇为瞰俗，而诮其滋味薄矣。似此摇摇，马尘驹影，一日千错万变，云何宁静，云何致远！故曰瓮外者能举瓮，此辈皆瓮中人也。

达道之人，能于一切，举无有处。观其所始，试看婴孩堕地，以其赤身，故曰赤子。此时谁是衣食，谁是利名，谁指汝愚，谁指汝圣，衣食利名、贤圣狂愚诸相，俱是出世添入，赤子何有？须如此身赤身，庞附之物，听其有无不足，十成认执，从此黯然，便有水到渠成，宽闲自在意思。要知功盖天下，名喧宇宙，总是赤子身上浮云过影。何况世味上蜗战角斗诸物，似此抛下，便百念俱灰，岂不完全淡体？又省多少营得患失劳攘，岂不是宁静？

《中庸》末章说个"淡而不厌"，直至"不赏""不怒""无声无臭"，总是个太羹玄酒之初，所谓淡自性命之精，正谓此。然潜伏屋漏，无言不显，总只是淡处，乃其静处不得别有致远话说也。若晓谕末世，却说个无欲百事可做，有不为而后能有为，只是个浑沦话头；不

知致远正是淡里滋味，做百事正是无欲，有为正是不为。圣贤自婴儿堕地时，以至笃恭平天下，终其身一淡而已。

总一淡泊，便是脱去劳扰，肩任世道根源，似此指点，真膻场中一点清凉散。

《翠娱阁评选十六名家小品》

解读

张鼐一生是一个疾恶如仇、性情直率的儒雅君子，他写《淡泊宁静说》就是出于对当时朝野上下追逐名利之风气的极端厌恶，提倡淡泊名利，抑制无穷声色犬马之欲。诸葛亮在《诫子书》中说："非淡泊无以明志，非宁静无以致远"，生活不恬淡则，易于贪图享乐，为世俗名利所左右，而无法明确高远志向；性情不宁静，则易于心浮气躁，为私心杂念所左右，而无法专心致志、达至高远境界。

淡泊宁静是做一个正人君子的基本修炼功夫，也是有抱负的士大夫思想品格，要做大事，要成大业，就必须胸怀一种："宠辱不惊，看

（明）宋克《万竹图卷》（局部）

庭前花开花落；去留无意，望天上云卷云舒"的淡泊和高远。必须明确的是，张鼎本文并没有消极厌世思想，他说的淡泊宁静，不是不思进取、无所作为、没有追求，而是以一颗纯美真诚之心对待生活与人生，所以，他强调"却说个无欲百事可做，有不为而后能有为，只是个浑沦话头；不知致远正是淡里滋味，做百事正是无欲，有为正是不为"。

王阳明《示弟立志说》: 终身问学之功，只是立得志而已

予弟守文来学，告之以立志。守文因请次第其语，使得时时观省；且请浅近其辞，则易于通晓也。因书以与之。

夫学，莫先于立志。志之不立，犹不种其根而徒事培拥灌溉，劳苦无成矣。世之所以因循苟且，随俗习非，而卒归于污下者，凡以志之弗立也。故程子曰："有求为圣人之志，然后可与共学。"人苟诚有求为圣人之志，则必思圣人之所以为圣人者安在？非以其心之纯乎天理而无人欲之私欤？圣人之所以为圣人，惟以其心之纯乎天理而无人欲，则我之欲为圣人，亦惟在于此心之纯乎天理而无人欲耳。欲此心之纯乎天理而无人欲，则必去人欲而存天理。务去人欲而存天理，则必求所以去人欲而存天理之方。求所以去人欲而存天理之方，则必正诸先觉，考诸古训，而凡所谓学问之功者，然后可得而讲，而亦有所不容已矣。

夫所谓正诸先觉者，既以其人为先觉而师之矣，则当专心致志，惟先觉之为听。言有不合，不得弃置，必从而思之；思之不得，又从而辩之，务求了释，不敢辄生疑惑。故《记》曰："师严，然后道尊；道尊，然后民知敬学。"苟无尊崇笃信之心，则必有轻忽慢易之意。言之

（清）曾鲸《王阳明先生像》

而听之不审，犹不听也；听之而思之不慎，犹不思也。是则虽曰师之，独不师也。

夫所谓考诸古训者，圣贤垂训，莫非教人去人欲而存天理之方，若"五经""四书"是已。吾惟欲去吾之人欲，存吾之天理，而不得其方，是以求之于此，则其展卷之际，真如饥者之于食，求饱而已；病者之于药，求愈而已；暗者之于灯，求照而已；跛者之于杖，求行而已。

曾有徒事记诵讲说，以资口耳之弊哉！

夫立志亦不易矣。孔子，圣人也，犹曰："吾十有五而志于学。三十而立。"立者，志立也。虽至于"不逾矩"，亦志之不逾矩也。志岂可易而视哉！夫志，气之帅也，人之命也，木之根也，水之源也。源不浚则流息，根不植则木枯，命不续则人死，志不立则气昏。是以君子之学，无时无处而不以立志为事。正目而视之，无他见也；倾耳而听之，无他闻也。如猫捕鼠，如鸡覆卵，精神心思凝聚融结，而不复知有其他。然后此志常立，神气精明，义理昭著。一有私欲，即便知觉，自然容住不得矣。故凡一毫私欲之萌，只责此志不立，即私欲便退；听一毫客气之动，只责此志不立，即客气便消除。或怠心生，责此志，即不怠；忽心生，责此志，即不忽；懆心生，责此志，即不懆；妒心生，责此志，即不妒；忿心生，责此志，即不忿；贪心生，责此志，即不贪；傲心生，责此志，即不傲；吝心生，责此志，即不吝。盖无一息而非立志责志之时，无一事而非立志责志之地。故责志之功，其于去人欲，有如烈火之燎毛，太阳一出而魍魉潜消也。

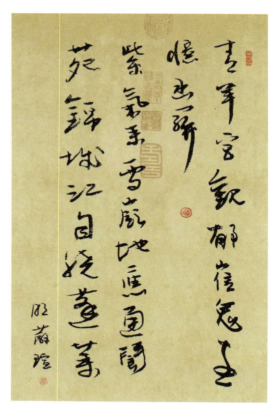

（明）薛瑄行草《游青羊宫》。识文：青羊宫观郁崔嵬，远忆函关紫气来。雪岭地应通阆苑，锦城江自绕蓬莱。

自古圣贤因时立教，虽若不同，其用功大指无或少异。《书》谓"惟精惟一"，《易》谓"敬以直内，义以方外"，孔子谓"格致诚正，博文约礼"，曾子谓"忠恕"，子思谓"尊德性而道问学"，孟子谓"集义养气，求其放心"，虽若人自为说，有不可强同者，而求其要领归宿，合若符契。何者？夫道一而已。道同则心同，心同则学同。其卒不同者，皆邪说也。

后世大患，尤在无志，故今以立志为说，中间字字句句，莫非立志。盖终身问学之功，只是立得志而已。若以是说而合精一，则字字句句皆精一之功；以是说而合敬义，则字字句句皆敬义之功。其诸"格致""博约""忠恕"等说，无不吻合。但能实心体之，然后信予言之非妄也。

《王文成公全书》

解读

王阳明（1472~1529年），本名王云，后改守仁，字伯安，阳明是其号，浙江余姚人。明朝杰出的思想家、文学家、军事家、教育家。历任贵州龙场驿丞、庐陵知县、右佥都御史、南赣巡抚、两广总督、南京兵部尚书、左都御史等职，接连平定南赣、两广盗乱及朱宸濠之乱，获封新建伯，成为明代凭借军功封爵的三位文臣之一。王士祯评价他："王文成公为明第一流人物，立德、立功、立言，皆居绝顶。"有《王文成公全书》传世。

这篇文章是王阳明写给弟弟的信。他的弟弟王守文来信求学问道，请王阳明给他写几句话，以备能够时时观省自己，而且尽量浅近其辞，易于通晓。于是，王阳明便写了这封书信送给弟弟守文。他在信中首先指出了立志的重要性，说，"志不立，天下无可成之事"。如果没有志向，即使天下之大，也很可能一事无成。"志不立，如无舵之舟，无衔之马，漂荡奔逸，终亦何所底乎？"又说"立志而圣，则圣矣；立志而贤，则贤矣"。立志成为圣人，则能成为圣人；立志成为贤人，则能成为贤人。取乎其上，得乎其中；取乎其中，得乎其下；取乎其下，则无所得矣。设立一个高大的志向，即使不能完成，只完成了一半，也是一个不小的成果；而如果设立一个很小的志向，即使百分之百完成了，也只是个小成果。

王阳明《教条示龙场诸生》: 治学修身四原则
立志勤学改过责善

诸生相从于此，甚盛。恐无能为助也，以四事相规，聊以答诸生之意：一曰立志；二曰勤学；三曰改过；四曰责善。其慎听，毋忽！

立 志

志不立，天下无可成之事，虽百工技艺，未有不本于志者。今学者旷废隳惰，玩岁愒时，而百无所成，皆由于志之未立耳。故立志而圣，则圣矣；立志而贤，则贤矣。志不立，如无舵之舟、无衔之马，漂荡奔逸，终亦何所底乎？昔人有言，使为善而父母怒之，兄弟怨

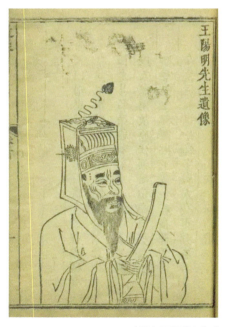

（明）王阳明小像

之，宗族乡党贱恶之，如此而不为善可也；为善则父母爱之，兄弟悦

之，宗族乡党敬信之，何苦而不为善为君子？使为恶而父母爱之，兄弟悦之，宗族乡党敬信之，如此而为恶可也；为恶则父母怒之，兄弟怨之，宗族乡党贱恶之，何苦而必为恶为小人？诸生念此，亦可以知所立志矣。

勤　学

已立志为君子，自当从事于学。凡学之不勤，必其志之尚未笃也。从吾游者，不以聪慧警捷为高，而以勤确谦抑为上。诸生试观侪辈之中，苟有虚而为盈，无而为有，讳己之不能，忌人之有善，自矜自是，大言欺人者，使其人资禀虽甚超迈，侪辈之中，有弗疾恶之者乎？有弗鄙贱之者乎？彼固将以欺人，人果遂为所欺，有弗窃笑之者乎？苟有谦默自持，无能自处，笃志力行，勤学好问，称人之善，而咎己之失，从人之长，而明己之短，忠信乐易，表里一致者，使其人资禀虽甚鲁钝，侪辈之中，有弗称慕之者乎？彼固以无能自处，而不求上人，人果遂以彼为无能，有弗敬尚之者乎？诸生观此，亦可以知所从事于学矣。

改　过

夫过者，自大贤所不免，然不害其卒为大贤者，为其能改也。故不贵于无过，而贵于能改过。诸生自思，平日亦有缺于廉耻忠信之行者乎？亦有薄于孝友之道，陷于奸诈偷刻之习者乎？诸生殆不至于此。不幸或有之，皆其不知而误蹈，素无师友之讲习规饬也。诸生试内省，万一有近于是者，固亦不可以不痛自悔咎。然亦不当以此自歉，遂馁于改过从善之心。但能一旦脱然洗涤旧染，虽昔为寇盗，今日不害为君子矣。若曰吾昔已如此，今虽改过而从善，将人不信我，且无赎于前过，反怀羞涩凝沮，而甘心于污浊终焉，则吾亦绝望尔矣。

责　善

责善，朋友之道，然须忠告而善道之。悉其忠爱，致其婉曲，使彼闻之而可从，绎之而可改，有所感而无所怒，乃为善耳。若先暴白其过恶，痛毁极底，使无所容，彼将发其愧耻愤恨之心，虽欲降以相从，而势有所不能，是激之而使为恶矣。故凡讦人之短，攻发人之阴私，以沽直者，皆不可以言责善。虽然，我以是而施于人不可也。人以是而加诸我，凡攻我之失者，皆我师也，安可以不乐受而心感之乎？某于道未有所得，其学卤莽耳。谬为诸生相从于此，每终夜以思，恶且未免，况于过乎？人谓事师无犯无隐，而遂谓师无可谏，非也。谏师之道，直不至于犯，而婉不至于隐耳。使吾而是也，因得以明其是；吾而非也，因得以去其非，盖教学相长也。诸生责善，当自吾始。

《王文成公全书》

解读

王阳明一生跌宕起伏、九死一生，然而，凭借着过硬的个人修炼功夫和强大的内心世界，他屡屡化险为夷，最终功成名就，成为有明一代政治界和思想界的巨子。明武宗正德元年（1506年），三十四岁的兵部武选司主事王阳明，因为宦官刘瑾擅政，并逮捕南京给事中御史戴铣等二十余人，仗义执言，冒死上疏论救，而触怒刘瑾，当场被杖四十，谪贬至贵州龙场当驿丞。当时龙场犹穷荒不文，他毫不气馁，很快就投入了读书、思考和讲学的日课中，而自四面八方的门人弟子也源源不断汇聚于小小的龙场。随着门徒日增，为了使徒弟们更好地学习和修炼，他写下了《教条示龙场诸生》，基于他自己的人生经验，对为学的目的、为学的途径、为学的方法等方面进行了系统的阐述，让学生通过立志、勤学、改过、责善而学有所成。

这四条可以说是做人处世的基本准则，也是正人君子修身的规范和依据。首先是立志。王阳明认为立志做圣人，就可以成为圣人；立志做贤人，就可成为贤人。志向没有立定，人就好像没有舵木的船，就会随波逐流，最后不知飘荡到何处。其次是勤学。已经立志做一个君子，自然应当专心从事于学问。学是修身的基本功，要求诸生"不以聪慧警捷为高，而以勤确谦抑为上"，不仅仅是学习书本上的知识，更要从日常生活的实践中学习。再次是改过。"不贵于无过，而贵于能改过。"没有过错的人并不可贵，可贵的是有了过错而能够接受并虚心改过。最后是"责善"。儒家对交友之道非常重视，孔子提出"益者三友，损者三友。友直、友谅、友多闻，益矣；友便辟、友善柔、友便佞，损矣"的经典交友原则。王阳明对子弟们的交友问题有过很好的阐述，他说："不愿狂躁惰慢之徒来此博弈饮酒，长傲饰非，导以骄奢淫荡之事，诱以贪财黩货之谋；冥顽无耻，扇惑鼓动，以益我子弟之不肖，我子弟苟远良士而近凶人，是谓逆子，戒之戒之。"并告诫道：狂躁惰慢之人、博弈饮酒之徒、骄奢淫荡之流、贪财黩货之厮、冥顽无耻之众、煽惑鼓动之群皆不可与之交往，久之陋习恶染加于身则不易去。他劝诫子侄及诸生近良士而远凶人，如若有所违逆则以违反家规论处，应谨记莫犯。他认为"责善"要尽自己忠诚爱护的心意，尽量用委婉曲折的态度使朋友听到就能够接受，对朋友缺点要从友善角度去规劝和感化，同时，对敢于批评自己的朋友要当作自己的老师那样尊重，达到教学相长。

王阳明一生大起大落间，甚至屡屡处于危难境地，但他却从容淡定，能够顺其自然、不动心，从被贬龙场到龙场悟道，再到后来与"程朱理学"分庭抗礼，他都遵循自己的内心定盘星，一步一个脚印，踏踏实实地去做，最后成为名誉古今的圣人。

薛侃《研几录》：一刻不闲度，一念不妄起，一事不苟作

立志真切，界限分明，方是学。

收敛归于一，发用出乎一，安有不是处？

有问：孔门未尝言头脑，即事是学，今人言之，终恐涉虚。先生曰：否。如居处、执事，与人是事，恭、敬、忠便是头脑。何尝不言？

意中若见自家是处，便是魔；若见人不是处，亦是魔。

无事昏沉，有事滞着，其病一也。惟作得主宰，则精神常聚。精神聚，则本体常明。

廓然无物之中，有悠然有事之意。

孟子说个体之充，读之三十年，未能知其味。盖不充满，不能流行；不诚切，不能充满。故曰专心致志，曰欲罢不能，曰发愤忘食，皆

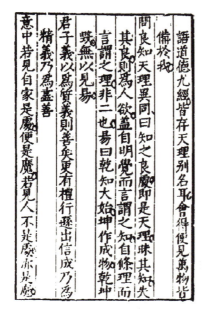

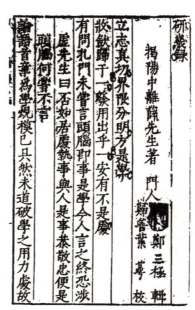

（明）薛侃《研几录》，明万历四十五年薛茂杞等重刻本

自一"充"字进。

大丈夫如何肯作市童怜之事。

所向有物，即为物所缚；所存有善，即为善所累。

忽其细者，未有能成其大者也；慢其下者，未有能恭其上者也。

一毫不放过，才立得起；一毫不苟简，才精得去。

学须要勇。勇则气充内直而守固。

圣人惟能容天下之恶，故能化天下之恶；惟能取天下之善，故能成天下之善；惟能受天下之教，故能教天下之人；惟能用天下之智，故能成其大智；惟能任天下之能，故无所不能。

学要常醒悟。不然，得力处便是受病处，悟入处便是自画处。何也？至诚之道，夫焉有所倚？一倚便是病。不着事便无事，不逐物便无物。

即望道而未之见，便是道体。若有一豪自见，即晦塞矣。

无为人移，无为习变，无为事胜，无为物夺。

不着事便无事，不逐物便无物。

志刚而色和，气昌而情蔼，理直而词逊。

竖刮起来，件件有、事事能，一昏放便通不见。

闲静中用得功，应酬劳扰中用功不得。是有根在，故其动易扰，其物易引。洗得意根

（明）徐渭《花卉人物图册之三》

净，乃过此关。

处忙处逆，气不动，则心明而事自直，一动便窒塞不通。

有此念便有此事，起一意便成一欲，故独不可不慎也。

论事取其要，论人取其长。

自处怜悧，则义日精；处人浑厚，则众日亲。

思前算后，万端起灭；不将不迎，一念见在。

塞乎天地，更无他物，只是此气。气清则和，气浊则乱。和则百善生，乱则百妖作，皆气之为也。故知言在养气，养气在集义。

后儒纷纷理气之辩，为理无不正而气有不正，不知以其条理谓之理，以其运用谓之气，非可离而二也。

自任重，则自治密；责己切，则责人轻。

居官居朝，得行其志者，遇也；不得行其志者，势也。如欲必行，于势必有所渎。居家居乡，得行其志者，遇也；不得行其志者，情也。如欲必行，于情必有所伤。渎与伤，失中和之体，君子弗由也。

隐恶扬善，处人之道也。

一人之言，未可据；一时之见，不可定。

有为圣人之志，则工夫自紧，人欲自消。

心一也，然大人以大事之，细人以细事之，常人以常体之，则各得其理而无怨。

招尤取谤，必有端：非其学非，必有其事非；非有其事非，必有意气言貌非。三者既免，然后不见是而无闷。

自卑而尊人，礼也。廓而达之，道洽而情周。

学未知头脑，不是认贼作子，便是只指玉为石。

大凡人有三种：有为善底人，有为不善底人，有不为善、不为不善底人。为善者君子也，其纯也为圣人；为不善者小人也，其纯也为盗跙。不为善、不为不善，只是随时顺人意，所谓未免为乡人者也，其纯为乡愿。

学要恳切。恳切便立得起，摆脱得下。颜子欲罢不能，孔子发愤忘食，皆此意也。北宫黝、孟施舍，粗猛人也，孟子奚取焉？取其锐意向往、不顾利害。然却要有本领，有下落。不然，只是意气。故便说出个本体，至大至刚，以直养而无害，则塞乎天地之间。养得此体存存，便是道义之门。一毫邪曲，便非集义，便狭小，便屈挠，便是慊于心。师友载籍，皆是栽培此意。今人稍恳切，即恐助；稍宽适，即恐忘。故未知集义功夫，先讲勿忘勿助不得。

神至刚亦至柔。刚而不柔，柔而不刚，非神也。

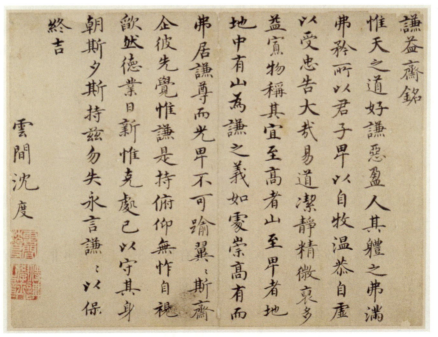

（明）沈度《谦益斋铭》。识文：谦益斋铭。惟天之道，好谦恶盈。人其体之，弗瞒弗矜。所以君子，卑以自牧。温恭自虚，以受忠告。大哉易道，洁静精微。袁多益寡，物称其宜。至高者山，至卑者地。地中有山，为谦之义。如处崇高，有而弗居。谦尊而光，卑不可踰。翼翼斯斋，企彼先觉。惟谦是持，俯仰无怍。自视欿然，德业日新。惟克处己，以守其身。朝斯夕斯，持兹勿失。永言谦谦，以保终吉。云间沈度。

人，和让则精神长，暴戾则精神退，暴戾甚则精神灭。

学要根本正当，不妨数改。数改则数进，如萌甲之物，一番剥落，一番长。

学有三节：初则舍非求是，中则有是无非，后则是非俱忘。

安宅是良知无歉处，正路是良知直遂处。一毫有慊，便展转不安；一毫不直遂，便非本体流行出来，非正也。

众人扰扰，吾心不巧；众言飘飘，吾心不摇；众物离离，吾心不驰。

有邪梦者，有邪念者也；有杂梦者，有杂念者也。惟寂然不动，则能无梦；感而遂通，则有应梦。

知进而不知退，知得而不知丧，逐于物、局于事者也。进中有退，退中有进，得中有丧，丧中有得，在吾取之而已矣。吾能取之，则不能限，物不能病，天不能为，人不能使，险夷顺逆，处之一也。

本体如一圆之璧，弗凿何缺？如一片之白，弗点何汙？故欲也者，自欲之也。自欲而自克之，自劳也。谓不能克者，自诬也。

圣人应用，谓以体应即不是。盖万感万用，皆在本体昭昭寂寂中。昭昭寂寂者无际，随感随应者，如太虚中一云一雨耳，固非以此应彼也。若以此应彼，则动矣。

凡事凡物，有几有渐。几处弗察，渐处弗反，则积盛不可遏，势成不可回。

以心安心，即不安；有心可安，亦不安。

兴元凡云：吾闻之，既欲何能克？不欲何须克？视欲如刀如箭，何欲之有？

精气完固，神思充畅；精气耗蚀，神思屈乏。

真志不存，如无主荒地，蔓草自生，牛羊自牧，求无忿欲，不可得也。

应物，见物物者而不见物；应事，见事事者而不见事，则应自当。

良知者，吾心之明觉也。常明常觉，便是作得主。常作得主，则一刻万年、一念百虑矣。

未能廓然顺应，故有用力处。于廓然顺应之中，着一毫力不得。

心之体，其明不可掬，一掬便塞；其大不可拘，一拘便碍；其得不可喜，一喜便散；其运不可懈，一懈便息；其神速不可测，一测便离。顺适充养，使如草木之方生，忻忻向荣，如儿童之方孩，熙熙穆穆，自然光明长盛，优入圣域矣。

真机要常养。今人重外轻内，役心如奴，终日只是害，味孟子"寒""暴"二字可知。

害心害道有四：智者驰逐，愚者迷忘，贤者执滞，不肖者愁忙。

一刻不闲度，一念不妄起，一事不苟作，此是兢兢业业、斩斩截截的工夫。

学要从头整顿，彻底磨洗，使当地清怜，事事鲜明。若一刻不清怜，一事不鲜明，便不能日新。

天下之害，最怕行高而学蔽，论处是，作处不是。夫行高足以孚召小识之人，而拒远猷之士，故其害不可破，介甫之类是也。论是，作不是，则人不能难，善不能入，虚谈不切实用，故其害不可救，赵括之类是也。

此心随处昭昭不染着者，即是道体，即是主宰，即是工夫。

学者病痛虽多，要之，只有二端：阳病骄，阴病吝；阳病轻，阴病惰；阳病生事，阴病废事。

不立一帜，不滞一隅，廓乎其大，沛乎其顺，乑乑而弗已者，其善学乎！

有所不足速学，有是未能速学。

天下事不可便委馁，随吾分义，争得一分是一分，扶得一寸是一寸。

有范围天地、吞吐日月胸怀，乃是此样人，乃做得此样事。

得常不满法，则随地可乐。

臧否太明，甚害事。不赦小过，亦害事。

未得处苦欲得，未顺处苦欲顺，最是大病。

功纯主定，则普照旁通。若志念未一，虽有见，隙明耳；虽有是，一得耳。

心神不可劳费，亦不可隳颓。劳费则敝，隳颓则昏。免此二害，斯得其养。

名节、威仪、文辞，藩篱也。有家必有藩篱，然谓藩篱为家非也，谓家不用藩篱亦非也。

作室，先垣墙而后栋宇者不成；为学，先声华而后本实者不成。

古人有宁饿死不苟取、冻死不苟受、废死不苟依违以求成，故能审取舍，安去就。

古今物障者易解，理障者难解。

孟子只说"是心足以王""充之足以保四海""不失赤子之心""此之谓失其本心"。此乃天地易简之理，古今传受之要，加一些是世儒，减一些是异学。

睹之若无，睹而有常，睹则其视明；闻之若无，闻而有常，闻则其听聪。

学有头脑。凡过差，只是有懈。不懈，便是体乾不息，安得有差？

御童仆、临众庶，好訾善扑者，忿疾求备之心为之祟也。苟虚心体悉，因物付物，便有个矜不能、耐训诲之意。

夜梦自念云：无使一事之非义，不致一夫之失所。

（明）徐渭《佛手图》

工夫未有头绪，须寻头绪；既有头绪，须求无间断。最怕平平稳稳，无巴无鼻过了日子，便落禅宗道。会须体当精精明明，有任重致远之意，蔼然恻怛，与物同春，乃是吾儒面目。

眼中见一毫有待于外，即是走作。

君子蔼然皆春生。惟当任而后有秋杀之行，而无秋杀之心。

临事多忙、事过而悟者，事蔽之也。日间不清而夜清者，动扰之也。

自众观之，有圣人之分量，有贤人之分量；自一人观之，有少年之分量，有晚年之分量；自一时言之，有通时之分量，有蔽时之分量。

修誉而后得誉，避谤而后无谤。知其然，从而修焉避焉，固不是；故行，不修不避，亦不是。其本正，其迹明，自无二者之病。

人生天地，如冰融结于水中耳。遇其清处，结冰白；遇其浊处，结冰黑。寒气隆，结冰厚；寒气轻，结冰薄。此贤愚通塞修短之理也，人何容力之有？学问之功，消融澄莹，脱换胎骨，此变化气质之道也。

不正不萌，不时不萌，不切不萌，念一而心存矣。

耻者，羞恶之发，义也；悔者，是非之发，知也。皆进善之基也。然有不当耻而耻、不当悔而悔者，毁誉利害乱之也。

绵葛皆民用也，然葛在冬而绵在夏，则贵贱殊、取舍异者，非其时也。故莫非道也，中为贵；莫非学也，要为先。无弃人者，惟其才；无弃物者，惟其用。

"抑""畏"二字最有味。

境逆思顺，事缺思完，人钝思利，皆非也。以善处逆、善补缺、善化钝为功。

心常存，则无施不可，随处皆乐。若少沾滞事物，即扰而乱矣。

人心不起，则道心不灭。道心不灭，则人心不起。既无所起，亦无所灭。

良知自存自照，浑无方体，无涯限。若著个良知，亦是障。

学既有得，须与善相忘。犹有欲善之心在，便添了拘检意思，反滞真机。且以善责人，以善绳人，皆此病。

学问须辨形而上、形而下，功夫须辨第一义、第二义。

耐得烦者神完，吃得亏者德厚。

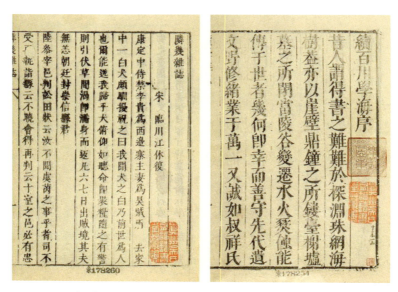

（明）吴永仿《续百川学海》，明万历二十八年至清康熙三十八年刻本

境有美恶，心无美恶；事有顺逆，心无顺逆；物有得丧，心无得丧。一有，便随境转，便为事物所累。

风一也，在春生物，在秋杀物，以其气之异也；言一也，和则感孚，厉则拂逆，以其声之异也。故古人重辞命。战国之时，以富强之心，文之以仁让之辞，犹可以解纷，可以已祸，而况出乎其诚者乎？

忿欲未平，真体未见，在非德也。动声色，露圭角，顾形迹，非德之盛也。

人多争强，不识无争强之至也；人皆乐得其欲，不知无欲乐之至也。故君子以不争为争、无欲可欲。

问：学如何是端的？曰：识真妄是端的。处如何是最要功夫？曰：一毫无著。

学要悟。未悟，即景是景，即见是见。悟后自不同。

处事须于合处浑融，不当于离处条折；处人须从善处引翼，未可就过处救正。

有一毫耽静厌烦之心，即是禅；有一毫好大喜功之心，即是霸；有一毫趋避要人称美之意，即是乡愿。

不用全力，不大定；不大定，则不能大明；不大明，则不能大有为。

先师云："《大学》功夫，诚意而已。"此言信得及，道即可明，学即可成矣。盖吾心原与天一，与圣一，本至善也；动而后有不善，去其不善之动，即至善复矣。此易简之旨。学者舍此，再无门可入，无地可修。此心之发，是是非非昭然自见，未有不知者，惟溺于欲，乃自蔽耳。下手工夫全在自决其几。知非必去，知是必行，恳切精专，如好好色，如恶恶臭，透骨彻底，无一物能碍，无一毫不尽，则此心常虚常明，耳自聪，目自明，事父自会孝，事君自会忠，间有曲折未详，自会求究。此意常存不杂，是谓诚立；此明永彻，是谓明通。诚立，贤也；明通，圣也。更有何事？苟于明知处不肯实体，却凭讲习求明，乃外铄也，更无明处。外面寻个义理依行，乃义袭也，是谓泥团遇水辄散，更无是处。

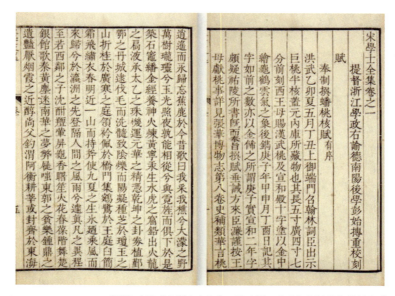

（明）宋濂《宋学士全集》，清康熙四十八年彭始抟杭州刻本

心之病二，非著则忘。喜怒忧惧，情之所有，但不可著，著则有所矣。随物付物，无一毫作于其心，而中常虚常明，是谓无所。后儒谓：未怒之先，鉴空衡平，既怒之后，冰消雾释。如此，则方怒之时，鉴已不空，冰雾已塞，岂能当乎人之本心？如鉴常空，故能照。无冰可消，无雾可释，故常虚而无着。然不着，则易忘，一忘又莫能应，视听不能，饮食不知矣。故此心之纱，以其灵昭，谓之明德，谓之知；以其应感，谓之亲民，谓之物；以其纯是天理，无声无臭，谓之至善；以其发用，谓之意；以其本体，谓之心。诚意功夫，依灵昭自照，照得是即行，照得非即去，谓之致，谓之格。故诚意之功，真切向往，是有为者也。

正心非更别有工夫，就中顺适自然，为而无为而已。正心如印板玲珑端楷，修身是要印得仔细，齐家即印之家，治国印之国，平天下印之天下，原是一个功夫。

人多思则多疑，多疑必二三其德，皆由计利害、虑得失、欲图全也。惟依良知，利害弗计，则定矣。

急促者，气质也；疏懒者，功夫也。虽见得一真，寥廓万境，融融然，而犹有疏懒者，功夫未切也；犹有急促偏狭者，气质未变也。

意根净，然后意不起；意不起，然后无欲。

功夫有张无弛，有进无退，缓急顺逆，利不息之贞。

虚明常自照。萌一念，动一步，即在明照中；言一言，写一书，须从明照出。离却一些，不是我；参错一些，不是道；怠忽苟强一些，不是学。

存久，便彻天彻地，彻前彻后，可以藏往，可以知来。一有邪妄，即暗塞矣。

自非觉得是的人多，自是觉得非的人少。众誉亦誉、众疑亦疑的人多，誉而知其浮、疑而知其真的人少。

莫患多病，学端的，病自消；莫恨未

（明）马光学《行书唐人句》。识文：馆内即仙家，亭中好物华。绀琪千岁树，红碧四时花。绿水藏春日，青轩秘晚霞。种园生白木，泥灶化丹砂。松菊芳三径，图书共五车。方外仙如此，何须问海槎。集唐句恭祝琰翁社兄五秩荣寿。社弟马光学。

明，涵养久，明自彻。

暴之必以秋阳，濯之必以江汉。不如是不精明，不如是非致知。

人品不同：有是非邪正明白底人，有利害得失明白底人，有美恶精粗明白底人。明乎美恶精粗者，知物者也；明乎得失利害者，知事者也；明乎是非邪正者，知人者也。然皆有尽而非无滞者也。明乎有而非有、无而非无，知天者也。

以直遇枉，处久而不忿其枉者，君子也；此厚彼薄，施久而弗以薄应者，君子也。一忿而应，则直与厚又安在哉？

一念明觉处属干，依顺处属坤。

学圣者，非以容仪，非以多知，非以多能，非以事功，非以格式，非以文字，则可得其门而入矣。得悟入者，无推托，无等待，无攀缘，无假借，无慢易，无懈馁，无倚着，无自盈，则可以跻其域矣。跻其域者，见而无见，得而无得，住无方所，行无辙迹，则可化而齐矣。

凤凰翔于千仞，以千仞为乐者也；骐骥日驰千里，以千里为乐者也。学鸠弩驺不离榆枋、槽枥之间，亦以榆枋槽枥为乐者也。鸥窃腐，蜋窃秽，亦以腐秽为乐者也。志此则此，志彼则彼，皆自取之。故志不可不自审，人其可如何哉？

或问："贫分也，忧之无益，然明知而不能去，何也？"一友曰："某尝失意，亦知命也，非忧可得，而排之不遗。愿闻其方。"曰："去忧贫之忧，不去，是有欲富之心为之根；去失意之忧，不去，原有必得之念为之根。根在，恶乎去？苟无外慕，自不知贫；先非必得，今则何失？故去欲之道，须从头理会，末梢理会不得。"

因境磨砻，就事锻炼，乃为切实。然必间见则可，习见则不可，久见亦不可。明道先生猎心十二年犹萌，坐不复见也，使三年五年一见，磨去久矣。

有善可以语，善非至善也；有得可以语，德非至德也。凡言至，必有而无，泯形迹，忘物我。故曰：至礼无文，至乐无声，至德不德。问：太极、至善，同否？曰：太极即至善。无极虽赞其妙，然自浑沦无尽而言，盖亦不自知其至者也。

儒学不明，其障有五：有文字之障，有事业之障，有声华之障，有格式之障，有道义之障。五障有一，自蔽真体。若至宝埋地，谁知拾之？间为异学窃柄，谁复顾之？曰：五者皆理所有，曷谓障？曰：惟其

（明）唐伯虎《陶谷赠词》。唐寅题诗：一宿姻缘逆旅中，短词聊以识泥鸿。当时我作陶承旨，何必尊前面发红。

滞有，故障。

博是约之地，约是博之意。多闻博识，乃其一事，亦随力而进，以致约也。

禀义胜者，胜以仁；禀仁胜者，胜以义。此损过就中之意也。

问：讲学不如言为学，乃实践。曰：讲即为也，犹云讲礼即行礼也。五官齐至是真讲学，就病求医是真讲学，冰寒人热是真讲学，冬裘夏葛是真讲学。若悬谈道理，已隔公案，况饰之以非情，参之以殊径者乎？

问：学须博求，乃能有见。曰：见个甚么？曰：见道。曰：见道如见天，或隔一纱，或隔一纸，或隔一壁，或隔一垣，明暗不同，其蔽一也。欲见须是辟开垣壁，撤了纱纸，便自见，何须博求？博求正为未辟未撤耳。既见或局窗户，或限区域，犹有方也。立乎泰山之巅，而游日月之下，则普天在目，复何容言？舍此而言博求，是记丑而博

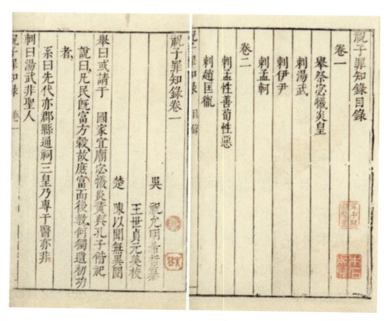

（明）祝允明《罪知录》，明刻本

者也，非圣贤之学。

杀身成仁，舍生取义，是忘躯求道之意。后人不省，指为伏节死义之事，则疏矣。治乱兴亡，是岂人人所遭者哉？惟其重生则有欲，舍生则无欲。重生是养口体者也，成仁取义是养大体者也。

无事时用得工夫，一沾事便走，此还是事重；一沾物便摇，此是物重；一沾毁誉利害便动心，此是名利心未净：是谓宾胜主。当为不为，必厌事；当接不接，必恶外物；当理会处不理会，必有推堕不管之病：是谓主胜宾。宾胜主，近乎俗；主胜宾，近乎禅。匪俗匪禅，常虚而不息，常应而无滞，则圣学明矣。

洗涤得洁洁净净，抖擞得精精明明，充扩得平平荡荡，此乃是上达功夫。若沾沾耿耿，即为贤人之学；悠悠陈陈，而无峣崎，却是善人之学。

对治之功，因名责实，随方就真，是为方便法。如喜人称善，吾必好善如不及；恶人言吾不善，必见不善如探汤。如此，即病是药；不能善用，即药是病。

吉凶悔吝之来，皆自取也。君子将有行也，有为也，必自审曰"是殆将吉凶乎，悔吝乎"，量可而进，知非而避。此体易之道也。

《易》有贞吉，有贞凶，有利君子贞，有不利君子贞，有刚胜柔胜而吉凶异，有同德同位而悔吝异者，此《易》体也。天道盈虚消长，人事进退存亡，君子与时偕行而已。见得此理，将迎意必着一些不得，取舍忧惧亦着一些不得。

当任贵诚不贵巧，临事贵正不贵通。盖诚则自明，正则自理。先巧务通，未有不离道者也。

问：惩忿窒欲是学否？曰：学之损，非学之益也。迁善改过是学否？曰：学之益，非学之本也。请问焉。曰：损益有时，当损当益时，孰主之？必有学也。无可损无可益时，何事？必有学也。

学之病，曰希慕，曰厌烦，曰执滞，曰枯寂，曰急迫，曰懈缓，曰拘检，曰忽略，曰想像，曰表暴，曰解说，曰因循。希慕则逐物，厌烦则离物，执滞则着有，枯寂则沦无，急迫则助，懈缓则忘，拘检则碍，忽略则疏，想像则非真，表暴则饰外，解说则文过，因循则入俗。数者有一，非学也。日省而免焉，则可谓好学矣。

主宰不走作，便有溥博渊泉、明镜止水意思，有浑是一团和气，有身若不胜衣、言若不出口气象。时时省观体取，养得此意常有诸己，自然精莹将去。

穷神知化，精于几而已；忘己逐物，慢于几而已。故几也者，一正则百正，一邪则百邪，有即百有，无即百无，不可不慎也。

朝闻夕死可矣，如何是闻道？由知德者鲜矣，如何是知德？曾点、漆雕开已见大意，如何是见大意？于此省悟一分，是入头学问，省悟十分，是到头学问。却去闲理会，何益？

良家，闲人来往不得；清衙，闲人出入不得。人心，闲念起得来，发得出，便不是真体，不是功夫。

见其小，便迷其大；见其大，则小忘矣。乐乎私，便害乎公；乐乎公，则私举矣。

常存谨畏，学内精，道乃凝；少懈则昏，大懈则散。孔门惟颜、曾得此意，故曰"语之不惰"，曰"战战兢兢，如临深渊，如履薄冰"。

问：有志，见头脑为难；既见，调停工夫尤难。曰：学以太极为主，便是头脑；调停阴阳不偏胜，便是工夫。又曰：拘者守礼，礼胜则苦；纵者好乐，乐胜则荒；圣人严敬中有和乐，和乐中有严敬，真体常存，自如此。

得已即已，便无事；得过且过，便无累；能处人之所恶，便可无欲。

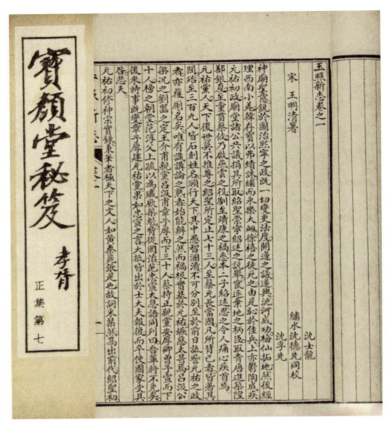

（明）陈继儒《宝颜堂秘笈》，民国十一年文明书局刊印

毋谓未知，良知自致，不能尽。尽得良知无慊，非大贤以上不能也。

凝重从容，自可寡过；轻躁惰慢，未有不离道者。故曰"君子不重则不威"，曰"从容中道"。

无疾言遽色，自是难事。非禀来宽厚、资性近道，须养得心体和平、不尤人、不着事始得。

视人如己，即爱人之心恳切；爱人恳切，则千乖百怪自遁。

至道无穷，人为有限。常人但见己能己有，故矜喜不能进。圣人惟见未尽未满，故日新日盛不可及。

知人然后能处事，知事然后能处人。

勇于为公，怯于为私，君子也；勇于为私，怯于为公，小人也。动应天人，公私俱泯，圣人也。

（明）张居正《江陵张文忠公文集》，清江陵邓氏刻本

古之所谓从众者，从其所同然耳，非言行循情而众皆悦之者也。古之所谓独立者，言人莫言，行人莫行，非矫立孤高，违众以自是者也。

为政在得人心。私恩小惠，易怀小民，而不能得乎君子。大政大义，能孚君子，而未必适乎小民。

有立事立功之意，便有求可求成之心。求可求成，便不是此天地、此作用。

君子处事，制治未乱，保邦未危，慎乎其先者也；临事而惧，好谋而成，慎乎其时者也；成事不说，遂事不谏，既往不咎，慎乎其后者也；无毁成器，无身质言语，无忿疾于顽，无求备于一夫，慎乎其已定者也。

临事心有觉处，即须审处，有不安处，即须改图。若因循苟就，必遗悔矣。

学问全在精神，精神不足，未有能立者。故凡明曰精明，健曰精健，进曰精进，纯曰精纯。盖精者，二五之萃、人之本、德之舆也。二氏合下爱养完固，故其学易成。吾儒独忽此，欠讲明也；讲而弗信，欲挈者也；信而守弗固，未有必成之志者也。

昔江右有大巡，尝示学者云："人要常自省。省得不怍不求，果坦荡荡，斯为君子，一有戚戚，便是小人。安得不警策、不勇往？"此最善谕。

古人简朴，故学易成；后世纷华，志行难立。学者知此，宁省事以养心，薄物以养性，暌俗以遂志，然后无思无为、寂然感通之地可企。不然，精神力量支持未得，必至倾逐。此初学宜尔，亦孔门"夫我则不暇"之意也。

张弩非极力弗开，磨镜非得药弗明。定水非去浑脚，搅之必浊；烧坏非足火力，遇雨终碎。

《薛中离先生全书》

解读

薛侃（1486～1546年），字尚谦，因曾讲学中离山，世人称中离先生。明代潮州府揭阳人（今广东省潮州市潮安县）人。明世宗朝，为行人司行人，后丁母忧，居中离山，与士子讲学不辍，其师王阳明赠之号"中离先生"。晚年师事王阳明于江西赣州，后传王阳明学于岭南，是为岭表大宗。薛侃的存世著作有《研几录》《图书质疑》等，《潮州耆旧集》收有《薛御史中离集》三卷，后人又编有《薛中离先生全书》二十卷。薛侃颇有贤名，为官清正刚直，曾浚凿中离溪与民为利，为学造诣非凡，后人誉为"行义在乡里，名节在朝野"。

　　作为王阳明的大弟子，被视为得到王学真谛的传人，薛侃对如何学习和修身是有一套深刻理论的。《研几录》是薛侃的哲学思考，也是他修身处世的基本阐述，在这本书中，薛侃继承了王阳明的基本修身要求，第一是立志，立志决定方向，"志此则此，志彼则彼，皆自取之"，立志以后就要守志，要勇敢去实现志向，要"一毫不放过，才立得起"，"一毫不苟简"，即"任尔东西南北风"，"咬定青山不放松"，"无为人移，无为习变，无为事胜，无为物夺"。必须"专心致志""欲罢不能""发愤忘食"，就是要下死功夫，如上战场杀敌，必须是有进无退，不达目的誓不收兵。圣学的目的是什么，即"尽吾心者"，就是要"惩吾忿，窒吾欲，迁吾善，改吾过，穷吾之神，知吾之化"，达到"自有而自为之"，同时要求要"善学"，因为人不是万能的，不是全才，在学习过程中要"舍难就易"。同时，在书中，薛侃就如何治国理政、如何对人对事、如何解决人生迷惑、如何寡过改过等，做出了精辟的论述，同时指出"知人然后能处事，知事然后能处人"，"省事以养

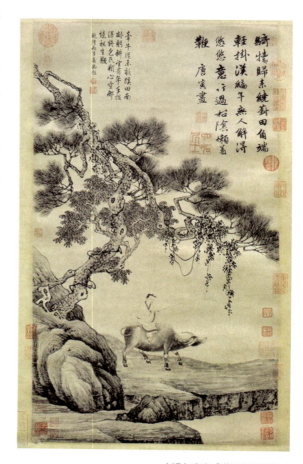

（明）唐寅《葑田行犊图》

心，薄物以养性"，"人要常自省，省得不忮不求"，等等。

姚儒《教家要略》：唯俭可以助廉，唯恕可以成德

读书总不能大成就，犹为一艺得以自资。父兄不可常依，乡国不可常保。一旦流离，无人庇荫，当自求诸身耳。

增拓产业，当思子孙悠久之计。计其果直几缗，尽数还足。不可与驵侩交谋，潜萌侵人利己之心。否则天道好还，久必失之。交券极务分明，不可以贷逋负相准。或有欠者，后当索价。又不可以秋税暗附他人之籍，使人陪输官府，积祸非轻。

孝、义、勤、俭，谓之四宝；酒、色、财、气，谓之四贼。能守其宝而防其贼，则可以立身显亲矣。

子弟之贤、不肖系诸人，而世人不以其不肖为可忧；子弟之贫贱富贵系之天，而世人乃忧其贫且贱，多为不义之事以求富之贵之，得非倒见耶？（《琐言》）

祖宗富贵自诗书中来，子孙享富贵则贱诗书矣；祖宗家业自勤俭中来，子孙得家业则忘勤俭矣。此所以多衰门也。戒之。（《草木子》）

养子比如养芝兰，既积学以培殖之，又积善以滋润之。父子之间不可溺于小慈，自小律之以严，绳之以礼，则长无不肖之悔。

人多是耻于问人。假使今日问于人，明日胜于人，有何不可？盖聚天下众人之善者，圣人也。此舜之所以好问，而孔子所以无常师也。

以忠孝遗子孙者昌，以智术遗子孙者亡；以谦接物者良，以善自卫者强。（《琐言》）

积财千万，不如薄伎在身。伎之易习而可贵者，莫如读书。世人

不问贤愚，皆欲识人之多，见事之广，而不肯读书。是犹求饱而懒营馔，欲暖而惰裁衣也。

名之与实，犹形之与影也。德艺周厚则名必善焉，容色姝丽则影必美焉。今不修身而求令名，犹以恶貌而责妍影于镜也。上士忘名，中士立名，下士窃名。忘名者体道合德，享鬼神之福佑，非所以求名也；立名者修身慎行，惧荣观之不显，非所以让名也；窃名者厚貌深奸，干浮华之虚称，非所以得名也。

君子之处世，贵能有益于物耳，不徒高谈虚论，左琴右书，以费人君禄位也。吾见文学之士，品藻古今，若指诸掌。及其试用，多无所堪。居承平之世，不知有丧乱之祸；处庙堂之安，不知有战阵之急；保俸禄之资，不知有耕稼之苦；肆吏民之上，不知有劳役之勤。故难以应世经务。

子路问于孔子曰："敢问持满有道乎？"子曰："聪明睿知，守之以愚；功被天下，守之以让；勇力振世，守之以怯；富有四海，守之以谦。此益而损之之道也。"

《易·象》曰："谦，亨，天道下济而光明，地道卑而上行。天道亏盈而益谦，地道变盈而流谦，鬼神害盈而福谦，人道恶盈而好谦。谦，尊而光，卑而不可踰，君子之终也。"

《老子》曰："知其雄，守其雌，为天下溪。知其白，守其黑，为天下谷。"

李文正公云："士人当使王公闻名多而识面少。"此最名言。盖宁使王公讶其不来，无使王公厌其不去。

士大夫行己正如室女，常须置身在法度中，不得受人指点。（《琐言》）

《易》曰："冥升在上，消不富也。"言小人昏冥，于升知进而不

（明）王世祯《池北偶谈》，清早期顾清逸藏本

知止，惟有消亡耳，其能致富乎？苏诗亦云："蜗涎不满壳，聊足以自濡。升高不知危，竟作粘壁枯。"可谓得《易》之旨。

颜氏曰："《礼》云："欲不可纵，志不可满。"宇宙可臻其极，情性不知其穷。唯在少欲知止，为立涯限耳。先祖靖侯戒子侄曰："汝家诗书门户，世无富贵。自今仕宦不可过二千石，婚姻勿贪势家。"盖名言也。夫天地鬼神之道，皆恶满盈，谦虚冲损，可以免害。人生衣取覆寒露，食取塞饥乏。形骸之内尚不得奢靡，己身之外而欲穷奢极欲耶？

陈希夷云："优好之所勿久恋，得志之处勿再往。"闻者以为至言。

司马温公《我箴》曰："诚实以启人之信我，乐晚以使人之亲我；虚己以听人之教我，茶己以取人之敬我。自检以杜人议我，自反以息人之罪我，容忍以受人欺我，勤俭以补人之侵我，警悟以脱人之陷我，奋发以破人之量我，逊言以免人之詈我，危行以销人之鄙我，定静以处人之扰我，从容以待人之迫我，游艺以备人之弃我，励操以去人之污我，直道以伸人之屈我，洞彻以解人之疑我，量力以济人之求

我，尽心以报人之任我，弊端切须弗始于我，凡事无但知私于我，圣贤每存心于我，天下之事尽其在我。"又曰："吾无过人者，但平生所为未有不可对人言者耳。"

寇莱公《六悔铭》曰："官行私曲，失时悔；富不俭用，贫时悔；艺不少学，过时悔；见事不学，用时悔；醉发狂言，醒时悔；安不将息，病时悔。"

姚元之《口箴》云："君子欲讷，吉人寡词。利口作戒，长舌为诗。斯言不善，千里违之；勿谓可复，驷马难追。室本无暗，坦亦有耳。何言者天，成溪者李。

（明）李在《阔渚晴峰图》

似不能言，为世所尊。言不出口，冠时之首。无掉尔舌，以速尔咎；无易尔言，亦孔之丑。钦之谨之，可大可久。钦之伊何，三缄其口；谨之伊何，三命而走。勉哉夫子，行矣勉旃旃！书之屋壁，以代韦弦。"

常人以嗜欲杀身，以货财杀子孙，以政事杀民，以学术杀天下。后世无是四者，岂不快哉！（《宾退录》）

凡人语及其所不平，则气必动，色必变，辞必厉。惟韩魏公不然。更说到小人忘恩背义、欲倾己处，言辞和气，平如道寻常事。

陈了翁云："言满天下无口过"，非谓不言也，但不言人是非长短。利害虽多，言无害。所谓终日言而未尝言，此所以无口过。

或问荥阳公，为小人所詈辱，当何以处之？公曰："上焉者知人与己本一，何者为詈？何者为辱？自然无忿怒心也。下焉者且自思曰，我是何等人？彼为何等人？若是答他，却与此人等也。如此自处，忿心亦自消也。"

昔丁冠立朝，天下闻一善事，皆归之莱公，未必尽出于莱公也。闻一不善事，皆归之晋公，未必尽出于晋公也。盖天下之善恶争归焉。人修身养诚意，不可不谨。

以简傲为高，以谄谀为礼，以刻薄为聪明，以阘茸为宽大，胥失之矣。

以爱妻子之心事亲，孝莫大焉；以保富贵之策奉君，忠莫大焉。

至高而不可欺者，天也；至尊而不可欺者，君也；至亲而不可欺者，父母也；至疏而不可其者，途人也。四者既不可欺，则无往而不敢欺矣。

以言伤人者，利于刀斧；以术害人者，毒于虎豹。诚无悔，恕无怨，和无仇，忍无辱。

宋太宗尝谓宰相曰："流俗有言，人生如病疟，于大寒大热中过。岁寒暑迭变，不觉渐成衰老。苟不竞为善事，虚度流年，良可惜也。"

范忠宣云："唯俭可以助廉，唯恕可以成德。"

俭，美德也。古先圣哲，如尧之茅茨土阶，舜之投珠抵壁，禹之菲饮食、恶衣服、卑宫室，孔、颜之疏食水饮、箪瓢陋巷，皆所以垂世范而立人极也。教家者于此莫先焉。

孔子曰："不知命，无以为君子也。"子思曰："君子居易以俟命。"孟子曰："莫非命也，顺受其正。"盖人生富贵贫贱，死生荣辱，皆有

（明）沈度馆阁体《敬斋箴》。识文：正其衣冠，尊其瞻视；潜心以居，对越上帝；足容必重，手容必恭；
择地而蹈，折旋蚁封；出门如宾，承事如祭；战战兢兢，罔敢或易；守口如瓶，防意如城；洞洞属属，
无敢或轻；不束以西，不南以北；当事而存，靡它其适；弗贰以二，弗参以三；唯心唯一，万变是监；
从事于斯，是曰持敬；动静无违，表里交正；须臾有间，私欲万端；不火而热，不冰而寒；毫厘有差，
天壤易处；三纲既沦，九法亦斁；于乎小子，念哉敬哉；墨卿司戒，敢告灵台。永乐十六年仲冬至日，
翰林学士云间沈度书。

命存焉，不可得而强也。苟不安于命而欲尽人力以图之，惑矣。

君子立身自有本末。使福可求而祸可去，犹不当少贬以就。况命本于天，决非人力所能增损，而相时射利者自以为得计，何哉？（《琐言》）

颜含有操行。郭璞过含，欲为之筮。含曰："年在天，位在人。修己而天不与者，命也；守道而人不知者，性也。自有性命，何劳蓍龟？"

胡武平宿曰："富贵贫贱莫不有命。士人当修己俟命，毋为造物所嗤。"

《书》曰："慎厥终，惟其始。"又曰："慎厥初，惟厥终。"《诗》曰："靡不有初，鲜克有终。"然则晚节末路，正士君子完名之地也。兢兢自守，犹恐有意外之虞，一或顾日暮途远而为妻妾子孙之谋，患得患失，起秽自臭，则人人笑骂随之矣。是不大可惧哉！故曰："血气

既衰，戒之在得。"

　　韩魏公尝曰："保初节易，保晚节难。"《九日燕诸曹》诗曰："莫羞老圃秋容淡，要看黄花晚节香。"李彦平深敬此语，乃大书于壁，以自规。(《厚德录》)

《由醇录》

解读

　　《教家要略》为明代学者姚儒所编。

　　姚儒生卒年和事迹均没有详细记载，大约是明朝中后期人。书中，除了摘录古人一些论述外，作者的基本思想就是如何做一个品德高尚、循规蹈矩的正人君子。本书提出做人的"四宝""四贼"，即孝、义、勤、俭谓之四宝，酒、色、财、气谓之四贼。人活在世，唯一最终可以依靠的是自己有薄技在身，即"积财千万，不如薄伎在身"。而掌握生存技能的主要途径就是读书学习，"伎之易习而可贵者，莫如读书"。同时，提出君子处世的重要价值不是为了名，而是"贵能有益于物耳"，应世经务，而不徒高谈虚论。在如何对待小人詈辱上，提出不与小人计较；在信天命上，提出相信天命存在，但决不放弃主观的努力，"自有性命，何劳蓍龟"，士君子必须"修己俟命"。

袁参坡《庭帏杂录》：志欲大而心欲小，学欲博而业欲专，识欲高而气欲下，量欲宏而守欲洁

上　卷

　　传称孔子家儿不知骂，曾子家儿不知怒，生而善教也。汝祖生平不喜责人，每僮仆有过当刑，辄与汝祖母私约："我执杖往，汝来劝

止，我体其意。"终身未尝以怒责仆，亦未尝骂仆。汝曹识之。

汝曾祖菊泉先生尝语我云："吾家世不干禄仕，所以历代无显名。然忠信孝友，则世守之，第令子孙不失家法。足矣！"即读书，亦但欲明理义，识古人趣向，若富贵则天也。

凡言语、文字，与夫作事、应酬，皆须有涵蓄，方有味。说话到五七分便止，留有余不尽之意，令人默会。作事亦须得五七分势便止，若到十分，如张弓然，过满则折矣。

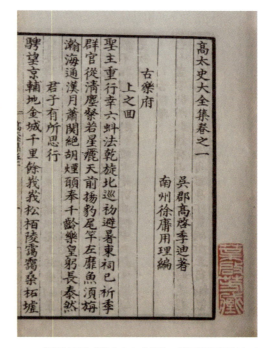

（明）高启《高太史大全集》，明景泰年间刻本

子华子曰：人之性，其犹水然，水之源至洁而无秽，其所以湛之者，久则不能无易也。是故，方圆曲折湛于所遇，而形易矣；青黄赤白湛于所受，而色易矣；砰訇淙射湛于所阂，而响易矣；洄伏悠容湛于所容，而态易矣。此五易者，非水性也，而水之流则然。咸淡芳奥湛于所染，而味易矣。孔子曰："性相近也，习相远也。"尔辈慎习。

沈科初授南京行人司副，归别吾父。吾父谓之曰："前辈谓仕路乃毒蛇聚会之场，余谓其言稍过，然君子缘是可以自修，其毒未形也。吾谨避之，质直好义，以服其心；察言观色，虑以下之，以平其忿。其毒既形，吾顺受之，彼以毒来，吾以慈受可也。"

《记》称：吊丧不能赙，不问其所费；问疾不能馈，不问其所欲；见人不能馆，不问其所舍。此言最尽物情。故张横渠谓物我两尽，自曲礼入，非虚言也。汝辈处世，宜一一据此推广，如见讼不能解，不问其所由；见灾不能恤，不问其所苦；见穷不能赈，不问其所乏。

问："天下事皆重根本而轻枝叶。《记》称，天下有道则行有枝叶，无道则词有枝叶。岂行贵枝叶乎？"父曰："枝叶从根本而出，邦有道，则人务实，故精神畅于践履；无道，则人尚虚，故精神畅于词说。"

宋儒教人，专以读书为学。其失也俗。近世王伯安，尽扫宋儒之陋，而教人专求之言语、文字之外。其失也虚。观子路曰：何必读书然后为学。则孔门亦尝以读书为学。但须识得本领工夫，始不错耳。孟子曰：学问之道无他，求其放心而已矣。求放心是本领，学问是枝叶。

作文、句法、字法，要当皆有源流，诚不可不熟玩古书。然不可蹈袭，亦不可刻意摹拟，须要说理精到，有千古不可磨灭之见，亦须有关风化，不为徒作。乃可言文，若规规摹拟，则自家生意索然矣。近世操觚习艺者，往往务为艰词晦语，或二字三字为句，以自矜高古。甚或使人不可句读，而味其理趣，则漠然如嚼蜡耳。此文章之一大阨也。尔辈切不可效之！

文字最可观人。如正人君子，其文必平正通达；如奸邪小人，其文必艰涩崎岖。

士之品有三：志于道德者为上，志于功名者次之，志于富贵者为下。近世人家生子，禀赋稍异，父母师友即以富贵期之。其子幸而有成，富贵之外，不复知功名为何物，况道德乎！吾祖生吾父，岐嶷秀颖，吾父生吾，亦不愚，然皆不习举业，而授以五经古义。生汝兄弟，始教汝习举业，亦非徒以富贵望汝也。伊周勋业孔孟文章，皆男子当事，位之得不得在天，德之修不修在我。毋弃其在我者，毋强其在天者。欲洁身者必去垢，欲愈疾者必求医。

当理之言，人未必信，修洁之行，物或相猜。是以至宝多疑，荆山有泪。

象纬术数，君子通之，而不欲以是成名。诗词赋命，君子学之，而不欲以是哗世。何也？有本焉故也。

六朝颜之推，家法最正，相传最远。作《颜氏家训》，谆谆欲子孙崇正教，尊学问。宋吕蒙正，晨起辄拜天，祝曰："顾敬信三宝者，生于吾家！"不特其子公著为贤宰相，历代诸孙，如居仁、祖谦辈，皆闻人贤士，此所当法也。

吾目中见毁佛、辟教，及拆僧房、僭寺基者，其子孙皆不振，或有奇祸。碌碌者姑不论。昆山魏祭酒崇儒辟释，其居官，毁六祖遗钵；居乡，又拆寺兴书院，毕竟绝嗣。继之者亦绝。聂双江，为苏州太守，以兴儒教辟异端为己任，劝僧蓄发归农，一时诸名公如陆粲、顾存仁辈，皆佃寺基，闻聂公无嗣，即有嗣当亦不振也。吾友沈一之，孝弟忠信，古貌古心，醇然儒者也。然亦辟佛，近又拆庵为家庙。闻

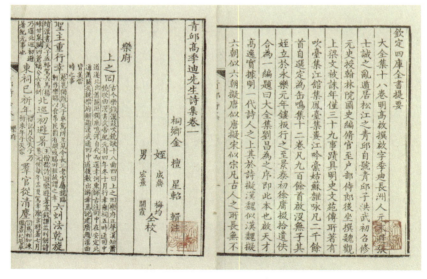

（明）高启《青邱高季迪先生诗集》，清乾隆间精写刻本

627

陆秀卿在岳州，亦专毁淫祠而间及寺宇。论沈陆之醇肠硕行，虽百世子孙保之可也，论其毁法轻教，宁能无报乎！尔曹识之，吾不及见也。

问作诗之法，曰："以性情为境，以无邪为法，以人伦物理为用，以温柔敦厚为教，以凝神为入门，以超悟为究竟。"

起非分之思，开无谓之口，行无益之事，不如其已！

可爱之物，勿以求人；易犯之愆，勿以禁人；难行之事，勿以令人。

终日戴天，不知其高；终日履地，不知其厚。故草不谢，荣于雨露；子不谢，生于父母。有识者，须反本而图报，勿贸贸焉已也。

语云：斛满，人概之；人满，神概之。此良言也。智周万物，守之以愚；学高天下，持之以朴；德服人群，莅之以虚；不待其满，而常自概之。虽鬼神无如吾何矣。

见精，始能为造道之言；养盛，始能为有德之言。其见卑而言高，与养薄而徒事造语者，皆典谟风雅之罪人也。

黄、苏皆好禅。谈者谓子瞻是士夫禅，鲁直是祖师禅。盖优黄而劣苏也。人皆知，二公终身以诗文为事，然二公岂浅浅者哉！子瞻无论其立朝大节，即阳羡买房焚券一细事，亦足砭污起懦；鲁直与人书，论学、论文，一切引归根本，未尝以区区文章为足恃者。《余冬序录》尝类其语。如云学问文章，当求配古人，不可以贤于流俗自足。孝弟忠信是此物根本，养得醇厚，使根深蒂固，然后枝叶茂耳。

又云，读书须一言一句，自求己身，方见古人用心处；如欲进道，须谢外慕，乃得全功；又云，置心一处，无事不辨，读书先令心不驰走，庶言下有理会。又云，学问以自见其性为难，诚见其性，坐则伏于几，立则垂于绅，饮则形于尊彝，食则形于笾豆，升车则鸾和与之言，奏乐则钟鼓为之说，故无适而不当，至于世俗之学，君子有所不暇。又云，学问须从治心养性中来，济以玩古之功，三月聚粮，可至

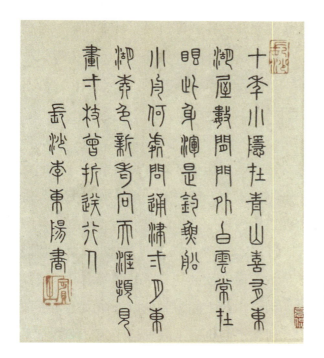

（明）李东阳篆书七言诗二首。
识文：十年小隐在青山，喜有东
湖屋数间。门外白云常在眼，此
身浑是钓鱼船。长沙李东阳书

千里，但勿欲速成耳。此等处皆汝辈所当服膺也。

顾子声、王天宥、刘光浦在坐，设酒相款。刘称吾父大节凛然，细行不苟，世之完德君子也！父曰："岂敢当！尝自默默检点，有十过未除，正赖诸君之力，共刷除之。"王问："何者为十？"父曰："外缘役役，内志悠悠，常使此日闲过，一也。闻人之过，口不敢言，而心常尤之，或遇其人，而不能救正，二也。见人之贤，岂不爱慕！思之而不能与齐，辄复放过，三也。偶有横逆，自反不切，不能感动人，四也。爱惜名节，不能包荒，五也。（原文缺六）终日闲邪，而心不能无妄思，七也。有过辄悔，如不欲生，自谓永不复作，而日复一日，不觉不知，旋复忽犯，八也。布施而不能空其所有，忍辱而不能遣之于心，九也。极慕清净而不能断酒肉，十也。"顾曰："谨受教！"且顾余兄弟曰："汝曹识之！此尊翁实心寡过也！"

　　吾父不问家人生业，凡薪菜交易，皆吾母司之。秤银既平，必稍加毫厘，余问其故，母曰："细人生理至微，不可亏之。每次多银一厘，一年不过分外多使银五六钱。吾旋节他费补之，内不损己，外不亏人，吾行此数十年矣！儿曹世守之，勿变也！"

　　余幼颇聪慧，母欲教习举子业。父不听，曰："此儿福薄，不能享世禄。寿且不永，不如教习六德六艺，作个好人。医可济人，最能重德，俟稍长，当遣习医！"余十四岁，五经诵遍，即遣游文衡山先生之门，学字学诗。既毕姻，授以古医经，令如经史，潜心玩之。且嘱余曰："医有八事须知。"余请问，父曰："志欲大而心欲小，学欲博而业欲专，识欲高而气欲下，量欲宏而守欲洁。发慈悲恻隐之心，拯救大地含灵之苦，立此大志矣。而于用药之际，兢兢以人命为重，不敢妄投一剂，不敢轻试一方，此所谓小心也。上察气运于天，下察草木于地，中察情性于人学，极其博矣。而业在是，则习在是。如承蜩，如贯虱，毫无外慕，所谓专也。穷理养心，如空中朗月，无所不照，见其微而知其著，察其迹而知其因，识诚高矣。而又虚怀降气，不弃贫贱，不嫌臭秽，若恫瘝乃身，而耐心救之，所谓气之下也。遇同侪相处，己有能则告之，人有善则学之，勿存形迹，勿分尔我，量极宏矣。而病家方苦，须深心体恤，相酬之物，富者资为药本，贫者断不可受，于阁室皱眉之日，岂忍受以自肥！戒之戒之！"

　　古人慎言。不但非礼勿言也。《中庸》所谓庸言，乃孝弟忠信之言，而亦谨之。是故万言万中，不如一默。

　　童子涉世未深，良心未丧，常存此心，便是作圣之本。

　　余幼学作文。父书"八戒"于稿簿之前，曰："毋剿袭，毋雷同，毋以浅见而窥，毋以满志而发，毋以作文之心而妄想俗事，毋以鄙秽之念而轻测真诠，毋自是而恶人言，毋倦勤而怠己力。"

野葛虽毒，不食则不能伤生；情欲虽危，不染则无由累己。问："何得不染？"曰："但使真心不昧，则欲念自消。偶起即觉，觉之即无，如此而已。"

古人有言：畸人硕士，身不容于时，名不显于世，郁其积而不得施，终于沦落。而万分一不获自见者，岂天遗之乎？时已过矣，世已易矣，乃一旦其后之人勃兴焉，此必然之理，屡屡有征者也。吾家积德，不试者数世矣，子孙其有兴焉者乎。

父与予讲太极图，吾母从旁听之。父指图曰："此一圈，从伏羲一画圈将转来。以形容无极太极的道理。"母笑曰："这个道理亦圈不住，只

（明）谢缙《云阳早行图》轴

此一圈，亦是妄。"父告予曰："太极图汝母已讲竟。"遂掩卷而起。

父每接人，辄温然如春。然察之，微有不同。接俗人则正色缄口，诺诺无违；接尊长则敛智黜华，意念常下；接后辈则随方寄诲，诚意可掬。唯接同志之友，则或高谈雄辩，耸听四筵，或婉语微词，频惊独坐，闻之者未始不爽然失，帖然服也。

毋以饮食伤脾胃，毋以床第耗元阳，毋以言语损现在之福，毋以天地造子孙之殃，毋以学术误天下后世。

吾祖怡杏翁，置房于亭桥西浒间。父遗命授余，母告曰："房之西，王鸾之屋也，当时鸾初造楼，而邑丞倪玑严行火巷之例，法应毁。汝父怜之，毁己之房以代彼。但就倪批一官帖，以明疆界而已。汝体父此意，则一切邻居皆当爱恤，皆当屈己伸人。尝记汝父有言，君子为人，毋为人所容。宁人负我，我毋负人，倘万分一为人所容，又万分一我或负人，岂惟有愧父兄，实亦惭负天地，不可为人矣。"

吾母暇则纺纱，日有常课。吾妻陆氏，劝其少息。曰："古人有一日不作一日不食之戒，我辈何人，可无事而食？"故行年八十，而服业不休。

远亲旧戚，每来相访，吾母必殷勤接纳。去则周之。贫者必程其所，送之礼加数倍相酬；远者给以舟行路费，委曲周济，惟恐不逮。有胡氏、徐氏二姑，乃陶庄远亲，久已无服，其来尤数，待之尤厚，久留不厌也。刘光浦先生尝语四兄及余曰："众人皆趋势，汝家独怜贫。吾与汝父相交四十余年，每遇佳节，则穷亲满座，此至美之风俗也！汝家后必有闻人，其在尔辈乎！"

九月将寒，四嫂欲买绵，为纯帛之服以御寒。母曰："不可。三斤绵用银一两五钱，莫若止以银五钱买绵一斤，汝夫及汝冬衣，皆以枲为骨，以绵覆之，足以御冬。余银一两，买旧碎之衣，浣濯补缀，便可给贫者数人之用。恤穷济众，是第一件好事！恨无力，不能广施，但随事节省，尽可行仁。"

母平日念佛，行住坐卧，皆不辍。问其故曰："吾以收心也。尝闻汝父有言，人心如火，火必丽木，心必丽事，故曰，必有事焉。一提佛号，万妄俱息，终日持之，终日心常敛也。"

四兄登科，报至吾母，了无喜色。但语予曰："汝祖汝父，读尽天下书，汝兄今始成名。汝辈更须努力。"

《丛书集成初编》

解读

《庭帏杂录》是由袁衷、袁襄、袁裳、袁表、袁衮兄弟五人根据父亲袁参坡、母亲李氏夫妇平时对他们的训示回忆整理编辑而成的一部书。

袁参坡（1479～1546年），名仁，字良贵，号参坡（一作参坡）。明朝吴江人，明朝著名学者袁黄（即袁了凡）的父亲。他"博极群书"，天文、地理、历书、兵刑、水利、医学等，无不精通。以医为业，又以贤能闻名于地方，曾被选为"耆宾"，主持地方的祭典。所著《尚书砭蔡编》和《春秋胡传考误》收入《四库全书》，另有著作《毛诗或问》列入四库存目。袁仁博学又善于教育，对袁黄早年的影响极大。他对袁黄教导的重心在修身："士之品有三，志于道德者为上，志于功名者次之，志于

（明）戴进《洞天问道图》

富贵者为下。"袁仁临死前将藏书全部托付给了袁黄，沐浴更衣，笔录"附赘乾坤七十年，飘然今喜谢尘缘"一诗，投笔而逝，达观潇洒。根据《庭帏杂录》记述可知，黄的母亲李氏，是一位人格高尚的女性。她不仅对前夫的孩子视如己出，而且以身作则，给他们以勤俭持家、体恤贫穷、宽以待人、以德报怨等美德的熏陶。钱晓盛赞说："李氏贤淑有识，磊磊有丈夫气，观兹录可以想见其人矣。"家庭的教育为袁黄思想的形成播下了最初的种子。

袁黄各弟兄记录父母平日训导，由袁仁女婿钱晓将其整理成《庭帏杂录》一书。万历年间，袁黄的儿子袁天启在编辑刊印时，道出了编写本书的初衷："今吾祖何如人？吾伯叔何如人？吾父又何如人？而为子孙者，可泄泄已乎？闻诸吾父谓吾祖之学，无所不窥而特寓意于医，借以警世觉人。察脉而知其心之多欲也，则告以淡泊清虚；察脉而知其心之多忿也，则告以涌容宽裕；察脉而知其心之荡且浮也，则告以凝静收敛。引经据传，切理当情，闻者莫不有省。虽家庭指示，片语微词，皆可书而诵也。伯氏春谷先生先录其言，以备观省，已而诸伯叔竞效而录之，共二十余卷，经倭乱存者无几，吾父虑其尽逸也，遂辑其存者，厘为上下二卷，付之梓人，吾王父母心术之微，不尽在是也。行谊之大，亦不尽在是也，然善观人者，尝其一脔可以知全鼎之味矣。勉承父命，谨题其端，以自勖云。"

因为是追忆和整理的内容，片言只语，夹叙夹议，在儿子们与父母的共同生活中，聆听父亲的教育和感受母亲的博大仁慈胸怀，书中总结提炼出来的做人做事原则，非常贴切和具有针对性，如关于学习，强调不死读书，读书的目的是为了明理和铸造健全人格，即"求放心是本领，学问是枝叶"；关于士君子的品行，指出有三："志于道德者为上，志于功名者次之，志于富贵者为下"，对中进士、做高官、享富贵啮之以鼻，要求努力不自弃，"位之得不得在天，德之修不修在我。毋弃其在我者，毋强其在天者。"特别是袁黄的父亲，被人称为"大节凛然，细行不苟，世之完德君子"，但他却谦虚地认为自己"十过"，对儿子，逆当时学而优则仕之潮流，不让其科举做官，而让其学医，并嘱其牢记"医有八事须知"。书中记录的父母接待不同类型人的不同方法，也很有借鉴价值，如"接俗人则正色缄口，诺诺无违；接尊长则敛智黜华，意念常下；接后辈则随方寄诲，诚意可掬。唯接同志之友，则或高谈雄辩，耸听四筵，或婉语微词，频惊独坐，闻之者未始不爽然失，帖然服也"。可以说，袁参坡和妻子李氏以自己的言行为孩子们做人处世树立了典范。书中还记录了母亲李氏的善心和德行，如以宽厚化解邻家世仇，随时随地劝诫儿子们读书守道修德。

敖英《东谷赘言》: 立志不可持两端，君子做事谨始虑终

古者士大夫老而明农，日坐里门以训其乡之子弟。予往时奔走名途，窃有此志焉。及得请东归，已成勃窣翁矣。里门之役莫偿初志，乃闭关习静，以送残龄。门生故旧时来相过，情话之余，或相与评论古今天下事，而一得之愚，又不觉吐之，逐日札记，加润色焉。有长者诮予曰："子于此时，宜游心忘言之天，顾犹喋喋乃尔，非赘邪？"予曰："然哉然哉！"夫悬疣者赘也，身有之，心固丑之，而况人乎？然非疾痛害事也，欲决而去之又不忍，言之赘也亦然。自今以后，当奉长者之教而谢笔砚，其业既札记之者，命儿辈藏之，以俟稗官氏采焉。不然，以俟家人障牖之需可也。嘉靖己酉夏四月既望，东谷敖英识。

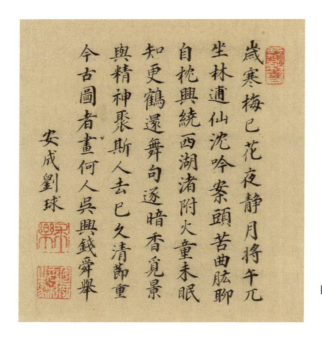

歲寒梅巳花夜靜月將午兀
坐林逈仙沈吟案頭苦曲肱聊
自枕興統西湖渚附火童未眠
知更鶴還舞旬逐暗香覓景
與精神聚斯人去巳久清節重
今古圖者畫何人吳興錢舜舉

安成劉球

（明）刘球《题跋钱选湖吟趣图卷》

古之君子所为，后之君子亦有不敢思齐者，岂以其所为未善耶？抑所见不同不必践迹也？是故柳下惠覆寒女，鲁男子不敢学之也。程伊川祭始祖，朱晦翁不敢行之也。

古来固有凶人一变而为吉人者，亦有清流一变而为浊流者。噫！罔念克念，其机在我而由人乎哉？是故周孝侯恶少也，斩蛟伐虎，遂立功名。永贞八司马皆茂材异等也，乃朵颐叔文之鼎，而万事瓦裂。

人有恒言，霜降水涸，涯涘乃见。谚曰："若不同床卧，安知被裹破？"盖朋之盍簪，谁无情谊？必要其终，然后见君子小人之用心。昔东坡谪海南，故人巢谷年已七十三矣。自蜀往晤之，死诸途。予于此见君子交谊之真也。伊川编管涪州，或讽其故人邢恕救之，恕曰："便斩程颐万段，恕亦不救。"予于此见小人反覆之情也。

寿，五福之一也，得之者有幸不幸焉。彼得寿以成名者幸也，得寿以败名者不幸也。虽然，寿何负于人哉？人负寿耳。是故申公年八十余而应聘，使其先数年而死，则为治不在多言之对，不登《汉史》矣。夏贵七十九而降元，使其先数年而死，则忘君事仇之耻不秽《宋史》矣。

古之奸雄巧于用术，往往神出鬼没于至深至险之际，自以为算无遗策也。殊不知天不容伪，只自毙焉。是故苏秦能报刺客之仇，而不能逃其匕首之害；吕不韦能匿祖龙之胎，而不能免其迁蜀之谪。

人莫不有死也，恶之欲其死者，众人之情也。爱之欲其死者，君子之心也。夫既爱之矣，又欲其死何哉！盖所爱有重于死者，先民有言，纲常九鼎，生死一毛。是故南霁云被执而未死，张睢阳大呼男儿以速其死；文丞相被执而未死，王鼎翁作生祭文以速其死。

古之烈士，不肯欠人一死，盖烈士尚奇节，故于同志者有偕死之义焉。脱不得已而先死，则后死者心即许之，他日事济当以一死下报故人。夫心之许，心之盟也。心既盟矣，若负幽冥，山川鬼神其可

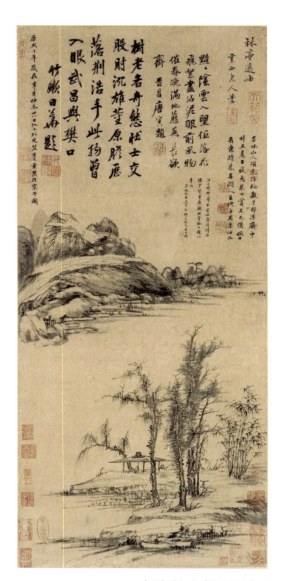

（元）曹知白《林亭远山》

欺乎？此古人所以重心许之盟，而执牛耳之盟次之，是故羊角哀不肯欠左伯桃一死，陈婴不肯欠公孙杵臼一死，乃若范质、王溥欠周世宗一死，而宋太宗薄之。

自古天下事，君子成之，小人坏之。虽然亦有不其然者，君子功业萧条，不足以对苍生之望；小人能行好事，亦可邀人心也。

以众君子攻一小人，事机不密，犹或难之，况君子寡而小众乎？此陈蕃、窦武所以起党锢之祸也。以君子之寡，攻小人之众，为力固难矣。况以孑孑负乘之小人，而攻累世胶固之小人，不尤难乎？此李训、郑注所以成甘露之祸也。

古之君子，其立身行己，苟一节孤高，足以洗濯污习，其他嘉言善行，虽不尽传，可以无遗憾焉。其立言也，苟一篇撰述，得罪名教，即其平生著书满家，将焉用之？是故称杨伯起者，以其辞暮夜之金也；薄扬子云者，以其献美新之文也。

朋友责善，古之道也。门弟子责善于先生长者，亦犹行古之道也。夫岂操戈入室者比哉！是故罗一峰劝李文达公辞命以奔丧，罗圭峰劝李文正公引年以逊位。

小人之交，外亲而内疏，始合而终叛。君子之交，则内外始终一也。故君子无党，小人无朋；君子无卖友之心，小人无久要之信。

水覆舟航，人不怨水；火焚室庐，人不怨火；食伤脾胃，人不怨食；色蛊元精，人不怨色。四者之害，果物之咎耶，抑御物者之咎耶？是以君子贵自怨自艾。

凡行事觉得本心有不安，则人心必不悦，甚则怨，怨则仇，仇则或败乃公事，故君子谨始虑终。虑终者，虑其败也，能虑败者不败。

凡立志不可持两端，两端交战于胸中，则诚为之几。义利之辨，君子小人之界限，终是把捉不定，而上达者难哉！昔桓温尝言：不能流芳百世，亦当遗臭万年，是固两端交战之病，毕竟成就何如哉？

或问钝，予曰："有天之钝，有人之钝。心求通而未得，口欲言而未能，钝之命于天者也。大辨若讷，大巧若拙，钝之习于人者也。夫君子之处世也，敏于天者必求钝之。君子之为学也，钝于天者必求敏之。敏其钝者，困心衡虑不冥顽也。钝其敏者，藏锋敛锷不挥霍也。不冥顽者，不自弃也；不挥霍者，不自伤也。"

尝见《极余录》中有曰："称人之善，或过其实，不失为君子；扬人之恶，或损其真，宁免为小人。"予谓此语，可为善善长恶恶短之注疏也。

潜溪宋太史归田之日，铭于楹曰："积丘山之善，尚未为君子。贪丝毫之利，便陷于小人。"呜呼！吾辈当念之哉！

扬子云曰："高明之家，鬼瞰其室。"或疑斯言也几于怪。予曰："害盈福谦，鬼所司也。高明气焰之家，其恶易盈，鬼实瞰之，将以降之百殃。此固感应自然之理，无足怪者。"虽然，必瞰于室何也？予曰："凡欺天罔人之恶，多萌芽于暗室之中，以为人莫我知也。殊不知冥鉴孔昭，恒在兹哉！"虽然，不瞰寻常百姓之家何也？予曰："寻常百姓之家何恶之能为？若概而瞰之，鬼之威灵不亦亵乎？盖尝征之人事，朝廷遣使巡天下，惟督察强宗豪右之恶而震罚之，曷尝问卖菜佣耶？知此则幽明一理，夫复何疑？"

自暴自弃，下愚之所以不移也。不囿风气，不染习俗，上智之所以不移也。然均一上智也，造诣殊途，亦有不能变而一之者。是故伊尹之任，不能变为伯夷之清。伯夷之清，不能变为展禽之和。孟子之严毅，不能变为颜子之纯粹。河南程氏兄弟皆贤也，伊川自以为不及家兄。眉山苏氏兄弟皆贤也，东坡自以为不及舍弟。

问奸人与小人何以异？予曰："敢于为恶而无忌惮者，小人也。有为善之名，终无为善之实；有为恶之心，初无为恶之迹者，奸人也。斯人也，从君子则君子爱之，从小人则小人爱之。彼奴颜婢膝，昏夜乞哀，奸之柔者也；口蜜腹剑，深情厚貌，奸之庚者也。奸之柔者，志在于希宠；奸之戾者，志在于毒人。"

或问初入仕途，读律当心何者为先？予曰："先读治己之律。"若不能律己，而遂律人，难哉！如出入人罪，故禁故勘平人，决罚不如法，老幼不考讯之类，皆治己之律，宜书座右，奉以周旋。不然，吾恐巨室或议其后矣；不然，吾恐当路或殿其课矣。

观人之色，可以知人之心，盖诚于中者，必形于外。苟能即外以占中，虽不中不远矣。尝试观之，其色庄者其心诈，其色媚者其心谄，其色郝郝者其心愧，其色戚戚者其心忧，其色惨惨者其心哀，其色欣欣者其心喜，其色怡怡者其心和，其色悻悻者其心忿，其色拂拂者其心怒，其色奄奄者其心屈，其色訑訑者其心骄，其色不定者其心邪，其色易颦易笑者其心浅，其色黝然不露者其心深，面无人色者其心惧，义形于色者其心直，正色立朝者其心忠，箪食豆羹见于色者其心吝，造次颠沛而色不变者其心有所主。不宁惟是，又尝见医家以色而知人之生死，相家以色而知人之休咎，法家以色而知人之曲直。噫！色之时义大矣哉。

吴文正公曰："尝观天下之人，气之温和者寿，质之慈良者寿，量之宽洪者寿，貌之重厚者寿，言之简默者寿。"

医书有曰："怒则气上，惊则气乱，恐则气下，劳则气耗，悲则气销，喜则气缓，思者气结。"予谓此说吾儒养气者，亦当知所以平之也。不然七者之害，岂直趋者、蹶者之能动气哉？

士大夫守官之廉，犹处子守身之洁，皆分内事也。若处子自多其洁，恒自矜曰："我于庶士也绝无桑中之约。则人将贱之矣。"士大夫之能文章，犹处子之能女红，亦分内事也。若处子自多其女红，恒自矜曰："我之织纴组紃，诸姑伯姊皆莫能及。"则人将鄙之矣。

善事上官，毋矢名誉，光武有是言也。或疑其教臣下以谄，予曰不然。孔子称子产有君子之道四焉，事上敬，乃其一也。他日告哀公曰："不获乎？上民不可得而治矣。"然则圣人亦教人谄乎？

前辈教人居官，廉不言贫，勤不言劳，爱民不言惠，锄强不言威，事上致敬不言屈己，礼贤下士不言忘势，此其所以于官箴无忝，于陟明有光。

岭南有贪泉，吴中有廉石。噫！泉石何知哉？其荣辱之名，盖因人而得之耳。

文潞公处大事以严，韩魏公处大事以胆，范文正公处大事曲尽人情，三公皆社稷臣也。朱文公论本期人物，以范文正公为第一。

《敖东谷先生遗书》

解读

敖英（1479～约1552年），字子发，号东谷，江西临江府清江县人。正德十六年（1521年）辛巳科进士。授南工部主事，迁礼部郎中，督学陕西、河南。历仕藩臬，所至声望著闻。以四川右布政使致仕。他在当时盛有诗名，人称之为"敖清江"。自为督学，慨然以力，所至直行己志，人不敢干以私。惟与罗洪先、邹守益交游，讲学相资，奖掖后进。里居十余年，著述日富，传世作品有十数种之多。

本书是敖英退居回乡后，读书茶后之余，特别是与朋友门生故旧切磋学问之际，对历史和人生的感悟，是一本历史笔谈和人生随想。

书中所载多为先儒事迹及其语录，间或诗文评论、当朝史事。其行文采取问答的形式，既叙且议，阐释了儒者处世的价值观。它在一定程度上体现了其深厚的学识、丰富的经历以及兴趣爱好，可以说是其一生行历的缩影。

历代修身处世经典采撷录

本书编写组 编

中册

中共中央党校出版社

敖英《慎言集训》：多言多败，沉默是金

戒多言

金人铭曰："多言多败。"

《系辞曰》："躁人之辞多。"

老子曰："多言数穷，不如守中。"

鲁申公曰："为治不在多言，顾力行何如耳。"

仲长统曰："辩通有辞者，患在枉多言。"

孔文举曰："多言令事败。"

文中子曰："多言不可与远谋。"

韩文公曰："嚣嚣多言，徒相为乱。"

范鲁公曰："戒尔勿多言，多言众所忌。苟不慎枢机，灾厄从此始。"

林和靖曰："多言则背道。"

程子曰；"言愈多于道则未必明。"

朱子曰："多言害道。""言易得多故不敢尽。""言语多愈支离。""辞达则止，不贵多言。"

余子节曰："察神鉴昏昧于多言之际，圣愚之分断可识矣。"

薛文清公曰："为学不在多言。""多言最使人心志流荡而气亦损。""尝乘快不觉多言，至夜枕席不安，盖神气为多言所损也。""不可乘喜而多言。""因喜而多言，觉气流而志亦为之动。"

戒轻言

扬子云曰："言轻则招忧。"

华阳范氏曰："人惟其不行也，是以轻言之。如其所行，行之如其所言，则出诸口，必不易矣。"

朱子曰："无耻的人未尝做的一分，便说十分矣。只缘胡乱轻易说了，便把行不当事。""人轻易言语是他此心不在。""知得为之难，故自不敢轻言。""人之所以轻易其言者，以其未遭失言之责耳。"

新安陈氏曰："轻于言者，必不务力于行也。"

薛文清公曰："轻言则纳侮。"

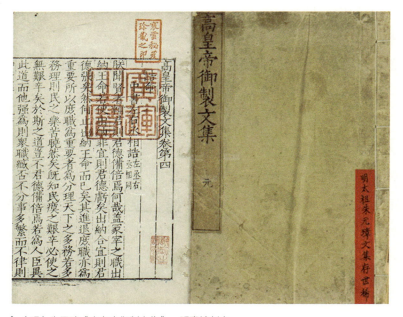

（明）朱元璋《高皇帝御制文集》，明嘉靖刻本

戒妄言

淮南子曰："妄言则乱，不可不慎守也。"

程子曰："人心之动，因言以宣发，禁躁妄，内斯静专。"

刘安世问尽心行己之要，司马温公曰："自不妄语始。"安世终身服膺，故其进而议于朝者无隐情，退而语于家者无丑辞。

朱子曰："言语不可妄发。"

李子方对宾语，一语不妄发。

薛文清公曰："人于惬意处言或妄发，所以有悔。""必使一言不妄发，则庶乎寡过矣。""言不妄发，则言出而人信之。""日无妄言，安得有差，差者皆妄也。"

戒杂言

韩文公曰："其为言也，乱杂而无章。将天丑其德莫之顾邪？何为乎不鸣其善鸣者也！"

张籍《与昌黎书》曰："比见执事多尚驳杂无实之谈，此有累于令德。"

薛文清公曰："杂言最害正理。杂言多，能存道者鲜矣。群居不可泛言，驳杂不近正理之事。"

或问，多言、轻言、妄言、杂言何以异？英曰："多言伤烦也，轻言伤易也，妄言言不忠信也，杂言不及义也。四者均言之病也，而多言尤病根乎！"

戒戏言

徐伟长曰："君子无戏谑之言。故虽妻妾不得而黩也，虽朋友不得而狎也。"

颜鲁公曰："君子无苟戏。"

张子曰："戏言出于思也，谓非己心不明也，欲人无己疑不能也。戏谑不惟害事，志亦为气所流，不戏谑亦是持志之一端。"

刘道原曰："吾有一失，戏谑不知止。"

潜室陈氏曰："德盛者必不狎侮。"今虽大人先生，犹有戏语，皆是未过此一关。

薛文清公曰："戏谑最害事。后虽有诚实之言，人亦弗之信矣。"戏谑甚则气荡而心亦为所移，不戏谑亦养气之一端。

英曰：戏谑所以动荡神爽，而宜洽情况者也，故武公善戏而诗人美之，夫子与子游亦曰"戏之耳"。顾予岂敢恶绝此哉！第虑或匪其人，或匪其时，漫然谑浪而至于虐，无益也，不戏不犹愈乎！

戒直言

晋伯宗每朝，其妻戒曰："子好直言，必及于难。"

贾山曰："言切直则不用而身危。"

嵇叔夜曰："刚肠嫉恶，轻肆直言，遇事便发，甚不可也。"

颜延之性褊激，肆意直言，人多忌之。

或问，人于议论多欲直己无含容，是气不平否？程子曰："亦是量狭。"

刘道原曰："吾有一失，直言直信，不远嫌疑。"

张南轩曰："狃于能直者，所发多弊。"

戒尽言

韩文公曰："好尽言以招人过，国武子所以见杀于齐也。"

新安陈氏曰："出言有时而不敢尽，保身之道也。"

古人座右铭曰："言语不可说尽。"

薛文清公曰："小人不可与尽言。"

或曰：子于人概不敢尽言，非忠也。且子不欲尽言于人，人亦不具有于子，以是求益，不亦难乎？英曰："古称惟善人能受尽言，子于亲厚之能委心者，何敢不尽言哉？第愧无可尽言者耳。"

许鲁斋曰："凡求益之道，在于能受尽言，或议论经旨，或撰述文字，以至几在己者或有未善，人能为我尽言之，则终身服膺而不失。"子于亲厚者固求其尽言以益我矣，况有言焉敢不虚以受耶？

戒漏言

《系辞》曰："君不密则失臣，臣不密则失身，几事不密则害成。"是以君子慎密而不出也。

韩非子曰："事以密成，语以泄败。"

刘道原曰："吾有一蔽，慎密而漏言。"

唐充之曰："闻人密论，不能容受而轻泄之者，不足以为人。"

曹操与刘备言，备泄之于袁绍，绍知操有图己之意。操自咂其舌流血，以失言戒后世。

宋真宗得风疾，事多决于皇后。寇准以为忧。一日，请问曰："皇太子人望所属，愿陛下传以神器。丁谓、钱惟演乃佞人，不可以辅少主。"帝然之。已而，准被酒漏言，丁谓间之，准竟以是罢相。

刘勰曰："韩昭侯与棠溪公谋，而终夜独寝，虑梦言泄于妻妾也。孔光不对温室之树，恐言之泄于左右也。"

戒恶言

《系辞》曰："居其室出其言不善，千里之外达之，况其迩者乎？"

《诗》曰："中冓之言，不可道也。所可道也，言之丑也。"

曾子曰："言悖而出者，亦悖而入。"

乐正子春曰："恶言不出于口，忿言不反于身。"

乐毅曰："君子绝交无恶言。"

荀子曰："君子口不出恶言。""与人恶言，深于矛戟。"

《省身铨要》曰："刀疮易没，恶语难销。"

献简公曰："以帷薄之罪加于人，最为暗昧。万一非辜，则令终身被其恶名，致使君臣父子之间，难施面目，言之得无切乎！"

戒巧言

《书》曰："无以巧言令色，便辟侧媚。"

《诗》曰："巧言如流，俾躬处休。""巧言如簧，颜之厚矣。"

孔子曰："巧言令色，鲜矣仁。""巧言乱德，恶似而非也。"

东方朔曰："飞廉恶来，巧言利口，以进其身。"

（明）董其昌《葑泾访古》图轴

陈思王曰："巧言虽美，用之必灭。"

范祖禹曰："李林甫巧言似忠，故明皇信而不疑。"

周子曰："巧者言，拙者默；巧者劳，拙者逸；巧者凶，拙者吉。"

程伊川曰："不可以巧言令色曲从苟合，以求人之比己也。"

庆源辅氏曰："巧言之人，徒尚口而无情实。"

邹道乡曰："过于褒美，便入于巧言。"

朱子曰："巧言变乱是非，听之使人丧其所守。"巧言亦不专为誉人过实，凡词色间务为华藻以悦人视听者皆是。

洪景卢曰："木讷者无巧言。"

吴文正公曰："世亦有巧伪之言，险也而言易，躁也而言淡，贪恋也而言闲适。意其言之可以欺人也。然人观其易淡闲适之言，照其险躁贪恋之心，则人不可欺也，而言岂可伪哉？"

许鲁斋曰："若以巧言令色求合，则其所合者可知矣。"

戒矜言

《书》曰："汝惟不矜，天下莫与汝争能。""矜其能，丧厥功。"

公羊子曰："矜之者何？犹曰莫我若也。"

郑玄曰："矜者，自尊大也。"

习凿齿曰："齐桓公葵邱之会，微有振矜，而叛者九国。"

苏子容曰："欧阳公不言文章，而喜谈政事；蔡君谟不言政事，而喜论文章。各不矜其所能也。"

谢良佐与伊川别一年，往见之。伊川曰："相别又一年，做得甚功夫？"谢曰："也只是去个矜字。"曰："何故？"曰："仔细检点得来，病痛尽在这里。"

洪景卢居翰苑，一日草二十余制，语院吏曰："苏学士想亦不过如此速耳。"院吏曰："幼时曾见苏学士敏捷，亦不过如此，但不曾检阅书册耳。"洪为赧然，自悔失言，尝对客自言如此，且云："人不可自矜。"

上蔡谢氏曰："人能操无欲上人之心，则凡可以矜己夸人者，皆无足道矣。"

薛文清公曰："圣人所以不矜者，只为道理是天下古今人物公共之理，非己有之私，故不矜。""寻常事处置得宜，数数为人言之，陋亦甚矣。古人功满天地，德冠人群，视之若无者，分定故也。""人有满于得意，而不觉形于词色者，则其所养可知矣。"

戒谗言

《诗》曰："谗人罔极，交乱四国。""无罪无辜，谗口嚣嚣。"

肥义曰："谗在中，主之蛀也。"

江文通曰："积毁销金，积谗磨骨。"

韩文公曰："市有虎而曾参杀人，谗者之效也。"

李太伯曰："谗者，沮善者也。用君子而小人沮之，是为谗。"

朱子曰："谗口交斗，为乱之阶梯。"

谗人者，因人之小过，而饰成大罪也。

苏文忠公曰："小人为谗于其君，必以渐入之。其始也进而尝之，君容之而不拒，知言之无忌，于是复进之。"

戒讦言

子贡曰："恶讦以为直者。"

韩非子曰："彼自智其计，则毋以其失穷之；自勇其断，则毋以其敌怒之；自多其力，则毋以其难概之。"

孔光曰："以讦为忠直，人臣之大罪也。"

杨恽性好刻害，发人阴伏，卒以此败。

吴明卿曰："凡人于小人欺己处，必明以破之。韩魏公独不然，明足以照小人之欺，然每受之，未尝形于言也。"

薛文清公曰："圣人最恶讦人之阴私。"

觉人诈而不形于言，有余味。

戒轻诺

老子曰："轻诺者必寡信。"

颜师古曰："灌夫一言许人，必信之也。"

吕大临曰："张天祺重然诺，一言之欺，以为己病。"

有求而不许，始虽咈人之意，而终不害乎信；诺人而不践，始虽不咈人意，而终害乎信。

胡文定公未尝苟为唯诺，以祈人之悦。

薛文清公曰："凡与人言，即尝思其事之可否，可则诺，不可则无诺。若不思可否，而轻诺之事，或不可行，则必不能践言矣。""一言不可轻许人。"

戒强聒

孔子曰："不可与言而与之言，失言。"

孟子曰："未可以言而言，是以言餂之也。"

崔骃曰："交浅而言深者，愚也；未信而纳忠者，谤也。"

徐伟长曰："君子非其人则弗与之言。"

韩文公言箴曰："不知言之人，乌可与言；知言之人，默焉而其意已传。幕中之辩，人反以汝为叛；台中之评，人反以汝为倾。汝不惩邪，而呶呶以害其生邪？"

胡五峰曰："智不相近，虽听言而不入；信不相及，虽纳忠而不爱。"

张子韶曰："终日譊譊者，为善多不终。"

汪氏曰："非可言之时而强聒之，非惟不入其耳，或反贻其怒矣。"

邵康节教人，必随其才分之高下，不骤语而强益之。

吴明卿曰："韩魏公知欧阳公不以《系辞》为孔子书，又多不以文中子为可取，中书相会累年，未尝与之言及也，盖知其性偏也。"

薛文清公曰："未信者不可强言以聒之，未合者不可强言以钩之。"

不可强语人以不及，惟非不能入，彼将易吾言矣。

戒讥评

孔子曰："恶称人之恶者。"

老子曰："聪明深察而近于死者，好议人者也；博辩广大而危其身者，发人之恶者也。"

马援兄子严敦，并喜讥议。援在交趾，还书戒之曰："吾欲汝曹闻人过失，如闻父母之名：耳可得闻，口不可得言也。好议论人长短，妄是非政法，此吾所大恶也。宁死不愿闻子孙有此行也。"

崔子玉座右铭曰："无道人之短。"

秘叔夜曰："阮嗣宗口不论人过，吾每师之，而未能及。"

程子曰："居是邦，不非其大夫。"此理最好。

伊川见人论前辈之短，曰："汝辈且取他长处。"

陈了翁曰："言满天下无口过，非谓不言也，但不言人是非长短利害，所以无口过。"

邵康节闻人言人之恶，未常和。

胡五峰曰："以言人不善为至戒。"

刘元城曰："后生未可遽立议论，以褒贬古今。盖见闻未广，涉世浅也。"

张南轩曰："工于论人者，察己常疏。"

曹武惠王器量宽博，未尝言人过。

范蜀公慎默，口不言人过。

赵康靖公厚德长者，未尝言人短。

范文正公谨默，口不言人过。

崔遵度笃厚长者，口不言人是非。

范益谦座右铭曰："不言州县官员长短得失，不言众人所作过恶，不言仕进官职趋时附势。"

薛文清公曰："切不可随众议论前人长短，要当己有真见乃可。"

好议论前辈得失，乃初学之大病。前辈诚有不可及者，未可议也。

尝观后人肆笔奋词，议论前人之长短，及夷考其平生之所为，不及古人者多矣。岂非言不及行，可耻之甚乎？

在古人之后，议古人之失则易；处古人之位，为古人之事则难。

戒出位

孔子曰："不在其位，不谋其政。"

孟子曰："位卑而言高，罪也。"

《曲礼》曰："在官言官，在府言府，在库言库，在朝言朝。"

朝言不及犬马，公庭不言妇女；外言不入于梱，内言不出于梱。

傅献简公以言事谪知和州通判。杨洙问曰："公以直言斥，居此，何为言未尝及御史时事？"公曰："前日言，职也，岂得已哉？今日为郡守，当宣朝廷美意，而反咕咕言前日之阙政，与诽谤何异？"

司马温公既归洛，自是绝口不论事。

韩蕲王既罢典兵，自是杜门谢客，绝口不言兵。

戒狎下

张文忠公曰："左右非公故，勿与语。"

薛文清公曰："接下不可一语冗长。"

临属官，公事外不可泛及他事。

为官最宜安重。下所瞻仰，一发言不当，殊愧之。

敖英曰："左右小人，最能于言语间窥人浅深而迎合之。一堕其术，未有不偾事者。子曰：'近之则不孙。'夫狎者近之也，其不孙之招邪。"

（明）文征明《浒溪草堂图》

653

戒谄谀卑屈

《系辞》曰："上交不谄。"

孔子曰："上不答，不敢以谄。"

子贡曰："贫而无谄。"

子思曰："不度理之所在，而阿谀求容，谄莫甚焉。"

宋元王曰："谀者贼也。"

王嘉曰："议政谄谀，则主德毁。"

《孔丛子》曰："马回以谄言得罪。"

《盐铁论》曰："富贵多谀言。"

伊川曰："不可阿谀逢迎，求其比己也。"

胡文定公曰："谄者献佞以为忠。"

庆源辅氏曰："以下美上，易失于谄。"

欧阳公曰："是是近乎谄。"

薛文清公曰："人之好谀，非特言语为然也，而文辞尤甚也。素无实德实才，而悦人作文词以谀己，而作文词者又极口称誉之。彼以谀求，此以谀应。文词之弊，孰有甚于此者乎？"

《系辞》曰："失其守者其辞屈。"

进斋徐氏曰："见理不定，无所操执，其辞多屈而不伸也。"

诚斋杨氏曰："钟薄者无震声，德厚者无卑辞。"

《笔畴》曰："贵人之前莫言穷，彼将谓我求其荐矣；富人之前莫言穷，彼将谓我求其福矣。"

胡文定公家至贫，然"贫"之一字，于亲故间，非惟口不道，手亦不书。尝诫子弟曰："对人言贫者，其意将何求？汝曹志之。"

《郁离子》曰："失时之言，每多谦己；堕井之呼，不暇择人。"

或问谄谀卑屈之言何以异？敖英曰："谄，谀乎人者也；卑，屈乎己者也。二者恒相因者也。"

戒取怨召祸

李文正公为相，人有求进用者，必温语却之。或问其故，曰："既失所望，又无善词，取怨之道也。"

欧阳文忠公在府时，每有人不中理者，辄峻却之，故人多怨。

毕仲游与东坡书曰："夫言语之累，不特出诸口者为言。其形于诗歌，赞于赋颂，讬于碑铭，著于序记者，亦言语也。今知畏于口，而未畏于文。是其所是，则见是者喜；非其所非，则蒙非者怨。喜者未必能济君之谋，而怨者或已败君之事矣。"

薛文清公曰："凡与人言，色厉则取怨。"

金人铭曰："口是何伤？祸之门也。"

《系辞》曰："乱之所生也，则言语以为阶。"

司马温公曰："君子囊括不言，以避小人之祸。"

朱子曰："口铭云：'病从口入，祸从口出'。此语最好。"

节斋蔡氏曰："人之招祸，惟言为甚。故言所当节也。"

建安邱氏曰："口舌乃一身之门户。一语不谨，则殃祸立至。"

中溪张氏曰："言语不慎，则招祸。"

尹氏曰："言有时而不敢尽，以避祸也。"

吴文正公曰："一言或至于丧邦，其小者或以招祸，或以败事。"

双峰饶氏曰："孔子谓南容邦无道免于刑戮，只是不以轻言取祸。若当言而言，虽箕子之囚，比干之死，岂容苟免。"

或问怨与祸奚异，敖英曰："怨者，怒蓄于彼也；祸者，害流于此也。怨其祸之根乎，祸其怨之形乎，其倚伏也恒相须。谄谀卑屈之言，失之柔也；取怨召祸之言，失之刚也。"

《系辞》曰："吉人之辞寡。"

程子曰："言以简为贵。"

德进则言自简。

辅汉卿曰："大凡人才信实，则言自简默。"

薛简肃公知开封府时，明镐府曹官。简肃待之甚厚，直以公辅期之。有问公何以知其必贵者？公曰："其为人言简而理尽，凡人简重则尊严，此贵臣相也。"其后果至参知政事。

曾鲁公曰："张安道论大事，他人终日反覆不能尽者，公必数言而决，粲然成文，皆可书而诵也。"

韩魏公与欧曾同事两府。欧性素褊，曾则龌龊，每议事至厉声相攻不可解。魏公一切不问，俟其气定，以一言可否之，二公皆服。

薛文清公曰："少言沉默最妙。己心既存，人自生敬。"少言不惟养得德深，又养得气完，而梦寐亦安。

《易》曰："修辞立其诚，所以居业也。"

程子曰："修其言辞，正为立己之诚意。"

诚有余而言不足，则于人有益，而在我者无自辱矣。

诚意交通，则言出而人信矣。

朱子曰："人不诚处，多在言语上。"

修辞见于事者，无一言之不实也。

陈氏曰："言，欲当其实而已。"

鲁宗道易服饮仁和肆，真宗急召之。使者入门移时，行自仁和肆归。中使先入，因与公约曰："上怪公来迟，当以何事对？"公曰："但以实告。"曰："然刚当得罪。"公曰："饮酒常情，欺君大罪。"使者如公对。真宗问何故私入酒家？公曰："臣贫无器皿，酒肆具备，适有亲客，遂邀之饮。"真宗益嘉其诚实。

薛文清公曰："千言万语只在实。"

句句著实，不脱空，方是谨言。

敖英曰："知言之贵诚实，则戏言、妄言、巧言、谗言、轻诺之言，其病可药矣。"

韩文公曰："仁义之人，其言蔼如也。"

伊川先生曰："只观发言之平易躁妄，便见其德之厚薄，所养之深浅矣。"

明道每与荆公论事，心平气和，荆公多为之动。

朱子曰："心平气和则能言。"

吴明卿曰："韩魏公说到小人忘恩背义欲倾己处，词气和平，如道寻常事。"

陈忠肃公与人议论，未尝面折，惟微示意以警之，人多退省愧服。

程子曰："大率言语须是含蓄而有余味。"

明道先生与门人讲论不合，则曰："更有商量。"伊川则直曰："不然。"

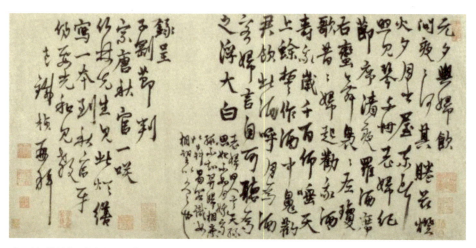

（元）杨维桢《元夕与妇饮诗》。识文：问夜夜何其，眷兹灯火夕。月出屋东头，照见琴与册。老妇纪节序，清夜罗酒席。右蛮舞袅袅，左琼歌昔昔。妇起劝我酒，寿我岁千百。仰唾天上蜍，誓作酒中魄。劝君饮此酒，呼月为酒客。妇言自可听，为之浮大白。

薛文清公曰："辞婉必能动人。"

程子曰："孔子与恶人言，故逊词以免祸。"

朱子曰："逊非阿谀也，远害而已。"

吴明卿曰："言逊者亦非失其正也，特少置委曲，如夫子对阳货王孙贾云耳。"

庆源辅氏曰："言以应物，则或有当逊之时。"

鲁斋许氏曰："阳货以不仁不智劫圣人，圣人应得甚闲暇。他人则或以卑逊取辱，或以刚直取祸，或不能御其勃然之势，必不得停当。圣人则辞逊而不卑，道存而不尤。或曰：'孟子遭此如何？'曰：'必露精神。'"

李文靖公秉钧时，有狂生叩马献书，历诋其短。公逊谢曰："俟归家当得详览。"狂生随马后肆言曰："居大位，不能康济天下，又不能引退，久妨贤路，宁不愧于心乎？"公但于马上踧踖曰："屡求退，主上未赐允。"终无忤也。

明道先生为御史，尝被旨赴都堂议事。荆公方怒言者，厉色待之，先生徐曰："天下之事，非一家私议，愿公平气以听。"荆公为之愧屈。

明道先生曰："凡为人言者，理胜则事明。"

朱子曰："言不妄发，发必当理。"惟有德者能之。

王沂公言天下利害事，多审而中理。

平庵项氏曰："言之浅深详略，必各当其理。"

杨龟山曰："荆公在朝论事，多不循理，只是争气。"

公明贾曰："时然后言，人不厌其言。"

孔子曰："侍于君子有三愆：言未及之而言，谓之躁；言及之而不言，谓之隐；未见颜色而言，谓之瞽。"

云峰胡氏曰："言贵乎时中。躁者先时而过乎中，隐者后时而不及乎中，瞽者冥然不知所谓中者也。"

司马温公曰："言不可不重也。子不见钟鼓乎？夫钟鼓叩之然后鸣，铿鎗镗鞳，人不以为异也。若不叩自鸣，人孰不谓之妖耶？可以言而不言，犹叩之而不鸣也，亦为废钟鼓矣。"

张南轩曰："言而当其可，非养之有素者不能也。"

胡明仲曰："不问不言，有言则必当其可。"

吴文正公曰："当默而默，当语而语，惟其时。"

薛文清公曰："时然后言，惟有德者能之。"

伊川先生曰："心定者其言重以舒，不定者其言轻以疾。"

朱子曰："即其言之失，知其心之病。"

大率说得容易的，便是他心放了。

心常存，故事不苟。事不苟，故其言自有不得而易者，非强闭之而不出也。

胡敬斋曰："言者心之声，心正时言必不差。"

薛文清公曰："言不谨者，心不存也，心存则言谨矣。"

明道先生曰："凡为人言者，气忿则招拂。"

或曰："人言语紧急，莫是气不定否？"伊川曰："此亦当习，习到言语自然缓时，便是气质变也。"

朱子曰："心气和则言顺理矣。"

吴明卿曰："凡人语及其所不平，则气必动，色必变，词必厉。惟韩魏公则不然。"

薛文清公曰："与人言，宜和气从容，气忿则不平。"

《左传》曰："仁人之言，其利溥哉。"

颜鲁公曰："齐桓公片言勤王，则九合诸侯，一匡天下。"

薛文清公曰："与居官者言，当使有益于其身，有惠及于人。"

《晁氏客语》曰："狄仁杰一言而全人之社稷，颍考叔一言而全人之母子，晏子一言而省刑。"

《敖东谷先生遗书》

解读

《慎言集训》是敖英辑录的历代名人名著关于如何说话的言论，同时加以评论。

在刘向的《说苑》中记载了孔子观周时看到周太庙里的金人铭，用非常形象生动的金人三缄其口的样式来警告世人慎言，写道："古之慎言人也，戒之哉！无多言，多言多败；无多事，多事多患。"祸从口出，如何避免因为说话而遭祸，一直是古人探讨和关注的大问题。敖英在这里列举了说话容易犯的毛病，一共有二十种，如果经常检查自己，是否犯了这些毛病，并且注意改正，就可以提高说话水平，就可以避免遭祸，避免挫折和不必要的麻烦。他指出应该戒除的二十种说话方式是：

（明）解缙草书册页《游七星岩偶成》。识文：早饭行春桂水东，野花榕叶露重重。七星岩曲篝镫入，百转萦回路径通。石榴滴馀成物象，古潭深处有蛟龙。却归为恐衣沾湿，洞口云生日正中。就日门前春水生，浮波岩下钓船轻。漓江倒影山如画，榕树交柯翠夹城。村店午时鸡乱叫，游人陌上酒初醒。殊方异俗同熙皞，欲进讴谣合颂声。度水穿林访隐君，七星岩畔鹤成群。犹疑仙李遗朱实，几见蟠桃结绛云。石乳悬厓金烂烂，瀑泉隧洞鸟纷纷。柳莺满树春风啭，共坐高吟把酒闻。桂水东边度石桥，酒祈村巷见渔樵。蔏祠歌吹迎神女，野庙苹繁祀帝尧。附郭有山皆积石，仙岩无路不通霄。日长衣繡观民俗，行乐光辉荷圣朝。永乐戊子五月十一日，为文弼书鹰识。

一戒多言：说话太多。本来三言两语就可以说清楚，偏要啰啰嗦嗦说上一大堆，或者净说些无关紧要的杂事，开口千言，离题万里。

二戒轻言：遇事不经过认真考虑，就轻率地开口讲话，甚至话一出口自己马上就后悔，给人以轻浮的印象。

三戒狂言：不知轻重，胡侃乱说。满嘴跑火车，由着自己的性子，把话说痛快了为止，不知道把握说话的分寸。

四戒杂言：说话杂乱无章，言不及义，抓不住重点，别人听得一头雾水，说着说着自己也不知所云。

五戒戏言：太随意地开玩笑，自己说的是戏言，也许别人就会当真，这样的语言容易引起纠纷，招来祸害。

六戒直言：不顾后果，直言不讳，有什么说什么，怎么想就怎么说，这样很容易引起别人的反感。

七戒尽言：说话不留余地，说光说尽，一点也不保留。不管关系亲疏远近，见人就掏心窝子，这样不但容易被人厌烦，而且容易上当受骗。

八戒漏言：心里不藏事，该说的不该说的都说，该对方知道的不该对方知道的都告诉，甚至泄露机密，这样的人没人敢信任。

九戒恶言：无礼中伤，恶语伤人，只求自己痛快，不考虑他人感受，什么话难听说什么，什么话伤人说什么，这样的人不会有朋友。

十戒巧言：见人说人话，见鬼说鬼话，说得比唱得还好听，花言巧语，大话欺人，仿佛别人都是傻子。

十一戒矜言：骄傲自满，自以为是，总觉得自己说得对，听不进反对意见，言语之中流露出自得的情绪。

十二戒谗言：热衷于搬弄是非，飞短流长，喜欢背后说别人的坏话，更喜欢来回挑拨。

十三戒讦言：攻人短处，揭人疮疤，把别人的缺点和失败挂在自己的嘴上，借以衬托自己的高明。

十四戒轻诺之言：不过脑子，即拍胸脯，乱许愿，轻易地就许下种种承诺，其实大都难以兑现，久而久之就会丧失信用。

十五戒强聒之言：唠唠叨叨，别人不愿听也说个不停，不看别人脸色，只顾自己说自己的，这样最容易讨人厌烦。

十六戒讥评之言：语言刻薄，到处挖苦讥讽别人，看谁都看不上，而且把话说得很难听，这样的人对自己往往很宽松。

十七戒出位之言：说话不符合自己的身份地位，弄不清哪些话自己能说，哪些话尽管很对自己也不能说。

十八戒狎下之言：对下属说话过分亲密，不分彼此，这样容易丧失自己的权威，造成有令不行、有禁不止。

十九戒谄谀之言：喜欢吹捧奉承，善于迎合别人心理，对谁都不得罪，见谁都说好，这是人品卑微的表现。

二十戒卑屈之言：低三下四，奴颜婢膝，说话显得自己低人一等，靠贬低自己来赢得对方的好感。

以上这二十种说话方式都是"取怨之言、招祸之语"。说话的方式不当，不仅坏事，而且容易引来怨恨，招来祸害，所以在语言上一定要慎之又慎。

许相卿《许云邨贻谋》：毋以小嫌而疏至亲，毋以新怨而忘旧恩

士幼而绩学业，以尧舜君民为志。壮而入仕，固当不论崇卑，一以廉恕忠勤，报国安民。为职持此，黜谪何愧。如或贪酷阿纵，负国

辱家，贵显只重罪愆，合宗告祠削谱，勿齿于族。子弟性资拙钝，莫将举业久担，早令练达公私百务，大都教子正是要渠做好人，不是定要渠做好官。农桑本务，商贾末业，书画医卜皆可食力资身。人有常业，则富不暇为非，贫不自失节。但皆不可不学，以延读书种子。惟不可入僧道，不可作书算手，毋充门隶，毋作媒人，毋作中保人，毋为赘婿，毋后异姓。

谚有之曰"富贵怕见开花"，此语殊有意味。言已开则谢，适可喜、正可惧。尔今有方值丰亨，便生骄溢，喜筵庆赏，过饰婚丧，伎乐声容，沸腾倾动，仆

（明）徐贲《松下醉吟》

器服食，珍丽整齐，胜绝乡邦，光映门户，盖是谓已。夫无德富贵，谓之不祥，宜急惧思，何暇夸侈？其他凡属逞炫，咸此类耳。子孙有是，真恶消息，亟加敛抑，差缓败倾。又若约而为泰，时屈举赢，则旦夕覆亡之道也。

内外服食淡素，怕存儒酸气味。在常，服葛苎卉褐，土绢绵绸，

非婚祭公朝，不衣罗纨绮縠。常食，早晚菜粥，午食一肴。非宾祭老病，不举酒，不重肉。少未成业，酒毋入唇，丝毋挂身。器用但取坚整，舟舆鞍辔但致远重，勿竞雕巧绚丽，以乖素风。

平居寡欲养身，临大节当达生委命；治生量入节用，徇大义当芥视千金之产。

以吝为俭，以刻为严，以谄为让，以傲惰为厚重，以狷黠为聪明，以阘茸为宽大，何啻千里！

暴慢危亲，干谒辱身，夸己长可耻，幸人灾不仁。能忍事乃济，有容德乃大。古言：大丈夫当容人，毋为人所容。人有不及，可以情恕，非意相干，可以理遣。达识名言，书绅顾误可也。

韩魏公曰："内刚不可屈，而外处之以和，事无不济。"试思处事著力，全不存面皮上。

歌舞俳优，鹰犬虫豸（鹦鹉、鹌鸽、斗鸡、促织之类），剧戏烟火，一切禁绝。虽悦宾怡老娱病，亦永勿用，以杜赌博、奸盗、争讼、焚荡之隙，且防小子眩惑耳目，蛊荡志习，荒废学业。后患犹未易殚言。

姻亲馈遗，岁只一往，渠来，亦只一受，再必却之。庆吊有事勿拘。亲旧假贷，须只量力捐助，以尽吾心，勿出本图利，以生后隙。孤嫠婚丧诬枉困甚者，尤必恳侧援济。然凉约而矫情，市名，丰余而观衅眚，施皆非理也。但能施，慎毋德色，为鄙丈夫。

毋以小嫌而疏至亲，毋以新怨而忘旧恩。

宁人欺，毋欺人；宁人负，毋负人。

衰荣无常，彼此更共，本由天运如此。富贵在我者何足骄，在人者何足妒？妒与竞，于彼何损，徒自坏心术长过恶耳。若夫处世为大丈夫，造道为圣贤，此则由我，不可让人。性，均一天也，当思与人同归于善；情，均一人也，当思使人同遂其欲。德与人同，福与人同。

蘧伯玉耻独为君子，范希文先生先忧后乐，允矣，圣贤之徒与！

古称"三家村亦有小人"，当思处之之道。只勿与校，而渐以理屈之。张子韶谓："与小人居，常自检点。"司马温公曰："君子所以感人，其惟诚乎？"范文正公曰："言欲逊，逊免祸；行欲严，严远侮。"皆当三复力行。善作家者，闭门而为生之具足。

古称受恩多难立朝，居乡亦难立身。要须勤俭资身，以免求人，至于子弟，但未冠婚成材，勿容一钱尺帛，以惯浪费。

《丛书集成初编》

解读

许相卿（1479～1557年），字伯台，号云邨，晚年自号云邨老人。海宁人。正德十二年（1517年）进士。明世宗时授其兵科给事中。后辞职归隐，课耕力食之余，时以骑黄犊戴笠披蓑行山间觅句为乐。其后屡拒出仕，清名益高。著有《史汉方驾》《革朝志》《良方辑要》《校正海昌续志》《云邨文集》等。《许云邨贻谋》是他传示家人子弟的一部"家则"。

本书所选的内容，核心是教育子弟如何辩证看待家道的兴衰更替，许多观点是非常有价值的，也是很深刻的。作者阐述的主题内容是如何保持家庭的长盛不衰，如何保持思想上的警戒和行动上的一如既往，阐明了"富贵怕见开花"的

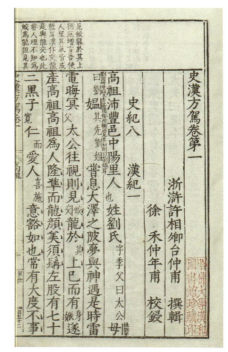

（明）许相卿编《史汉方驾》，明万历十三年徐禾校刊本

665

道理，从而指出了避免物极而反的途径。要求家人宽以待人，"宁人欺，毋欺人，宁人负，毋负人"，要求"教子正是要渠做好人，不是定要渠做好官"；要求子弟务必要读书明理，读书是第一位；要求子弟"富不暇为非，贫不自失节"。

杨慎《韬晦术》：德高者愈益偃伏，才俊者尤忌表露

隐晦卷一

东坡曰："古之圣人将有为也，必先处晦而观明，处静而观动，则万物之情，必陈于前。"

夫藏木于林，人皆视而不见，何则？以其与众同也。藏人于群，而令其与众同，人亦将视而不见，其理一也。

木秀于林，风必摧之；人拔乎众，祸必及之，此古今不变之理也。是故德高者愈益偃伏，才俊者尤忌表露，可以藏身远祸也。

荣利之惑于人大矣，其所难居。上焉者守之以道，虽处亢龙之势而无悔；中焉者守之以礼，战战兢兢，如履薄冰，仅保无过而已。下焉者率性而行，不诛即废，鲜有能保其身者。

人皆知富贵为荣，却不知富贵

（清）顾沅辑录、孔莲卿绘像《古圣贤像传略·杨慎》

如霜刀；人皆知贫贱为辱，却不知贫贱乃养身之德。

处晦卷二

夫阳无阴不生，刚无柔不利，明无晦则亡。是故，二者不可偏废。

合则收相生相济之美，离则均为无源之水，虽盛不长。

晦者如崖，易处而难守，惟以无事为美，无过为功，斯可以免祸全身矣。

势在两难，则以诚心处之，坦然荡然若无事然，勿存机心，勿施巧诈，方得事势之正。

物非苟得则有患得患失之心，而患得当先患失，患失之谋密，始可得而无患，得而不失。

音大者无声，谋大者无形，以无形之谋谛有形之功，举天下之重犹为轻。

事之晦者或幽远难见，惟有识者鉴而明之，从容谛谋，收奇效于久远。

祸福无常，惟人自招，祸由己作，当由己承，嫁祸于人，君子不为也。

福无妄至，无妄之福常随有无妄之祸，得福反受祸，拒祸当辞福，福祸之得失尤宜用心焉。

（明）杨慎《升庵全集》，清乾隆六十年刻本

养晦卷三

夫明晦有时，天道之常也，拟于人事则殊难形辨。

或曰："'君子以自强不息'，何用晦为？"此言虽佳，然失之于偏。

天有阴晴，世有治乱，事有可为不可为。知其理而为之谓之明智，反之则为愚蠢。

晦非恒有，须养而后成。善养者其利久远，不善养者祸在目前。

晦亦非难养也，琴书小技，典故经传，善用之则俱为利器。

醇酒醉乡，山水烟霞，尤为养晦之炉鼎。

人所欲者，顺其情而与之；我所欲者，匿而掩之，然后始可遂我所欲。

君子养晦，用发其光；小人养晦，冀逞凶顽。晦虽为一，秉心不同。

至若美人遭嫉，英雄多难，非养晦何以存身？

愚者人嗤，我则悦安，心非悦愚，悦其晦也。

愚如不足，则加以颠。既愚且颠，谁谓我贤？养晦之功妙到毫巅。

谋晦卷四

若夫天时突变，人事猝兴，养晦则难奏其功，斯即谋晦之时也。

晦以谋成，益见功用，虽匪由正道，却不失于正，以其用心正也。

谋晦当能忍，能忍人所不能忍，始成人所不能成之晦，而成人所不能成之功。

夫事有不可行而又势在必行，则假借行之势以明不可行之理，是行而不行矣。

破敌谋、挫敌锋，勇武猛鸷或不如晦之为用。

至若万马奔腾、千军围攻，我围孤城，勇既不敌，力不相俟，惟谋惟晦，可以全功。

晦者忌名也，以名近明，有亢上有悔之虞。

负君子之重名，偶行小人之事，斯亦谋晦之道也。

己所不欲，拂逆则伤人之情，不若引人入晦，同晦则同欲，无逆意之患矣。

人欲不厌，拒之则害生，从之则损己，姑且损己从人，继而尽攘

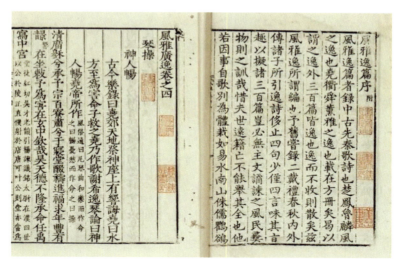

（明）杨慎《风雅广逸篇》，明正德丙子年刊

为己有。

居众所必争之地，谋晦以全身，谋晦以建功，此又谋晦之大者也。

诈晦卷五

诈虽恶名，亦属奇谋。

孙子曰："兵不厌诈。"施之于常时，人亦难防。

运诈得理，可以成晦焉。

直道长而难行，歧路多而忧亡羊，妙心辨识，曲径方可通幽。

诈以求生，晦以图存。非不由直道，直道难行也。

操以诈而兴，莽以诈得名，诈之为术亦大矣，虽贤人有所不免。

厌诈而行实，固君子之本色；昧诈而堕谋，亦取讥于当世。

是以君子不喜诈谋，亦不可不识诈之为谋。

人皆喜功而诿过，我则揽过而推功，此亦诈也，卒得功而无过。

君臣之间，夫妇之际，尽心焉常有不欢，小诈焉愈加亲密。此理甚微，识之者鲜。

669

诈亦非易为也。术不精则败，反受其害；心不忍不成，徒成笑柄。

避晦卷六

《易》曰："趋吉避凶。"

夫祸患之来，如洪水猛兽，走而避之则吉，逆而迎之则亡。是故兵法三十六，走为最上策。

避非只走也，其道多焉。最善者莫过于晦也。扰敌、惑敌，使敌失觉，我无患焉。

察敌之情，谋我之势，中敌所不欲，则彼无所措手矣。

居上位者常疑下位者不忠，人之情不欲居人下也。遭上疑则危，释之之道谨忠而已。

如若避无可避，则束身归命，惟敌所欲，此则不避之避也。

避不得法，重则殒命，轻则伤身，不可不深究其理也。

古来避害者往往避世，苟能割舍嗜欲，方外亦别有乐天也。

避之道在坚，避须避全，勿因小绥而喜，勿因小利而动，当执定深、远、坚三字。

心晦卷七

心生万物，万物唯心。时世方艰，心焉如晦。

鼎革之余，天下荒残，如人患羸疾，不堪繁剧，以晦徐徐调养方可。

至若天下扰攘，局促一隅，举事则力不足，自保则尚有余，以晦为心，静观时变，坐胜之道也。

夫士莫不以出处为重，详审而后决。出难处易，以处之心居出之地，可变难为易。

廊庙枢机，自古为四站之地，跻身难，存身尤难。

惟不以富贵为心者，得长居焉。

古人云："我不忧富贵，而忧富贵逼我。"人非恶富贵也，惧富贵之不义也。

兴利不如除弊，多事不如少事，少事不如无事。无事者近乎天道矣。

用晦卷八

制器画谋，资之为用也，苟无用，虽器精谋善何益也。

沉晦已久，人不我识，虽知己者莫辨其本心。

用晦在时，时如驹逝，稍纵即逝之矣。

欲择时当察其几先，先机而动，先发制人，始可见晦之功。

惟夫几不易察，幽微常忽，待其壮大可识，机已逝于九天，杳不可寻矣。

是故用晦在乎择时，择时在乎识几。识几而待，择机而动，其惟智者乎？

《宝颜堂秘笈》

解读

滚滚长江东逝水，浪花淘尽英雄。是非成败转头空。青山依旧在，几度夕阳红。

白发渔樵江渚上，惯看秋月春风。一壶浊酒喜相逢。古今多少事，都付笑谈中。

这是明朝著名文学家杨慎的一首《临江仙》，道尽了几千年历史的感慨，其慷慨悲壮，读来令人荡气回肠、回味无穷。

杨慎（1488～1559年），字用修，初号月溪、升庵，又号逸史氏、博南山人、洞天真逸、滇南戍史、金马碧鸡老兵等。四川新都（今成都市新都区）人，明代三才子之首，东阁大学士杨廷和之子。因"大礼议"事件，触怒世宗，被杖责罢官，终老于永昌卫。

《韬晦术》可以说是杨慎历经世间磨难后对做人处世的深悟，也是对历史经验教训的终结，对中国几千年历史上无数英雄人物的研究，对自己一生祸福遭遇的思索，得出处世做人的基本规矩。全文分为八卷，从八个方面论述韬晦之术的方法和其中的道理。隐晦、处晦、养晦、谋晦、诈晦、避晦、心晦、用晦，这八点正是《韬晦术》的核心所在，也就是全文的八个关键词。对于隐晦、养晦、处晦、避晦等都好解释，为什么还要"诈晦"呢？他指出："诈以求生，晦以图存。非不由直道，直道难行也。"这可以说是他自己最真实的人生体验。明嘉靖皇帝时，因为父亲宰相杨廷和坚持古礼而不随和嘉靖皇帝，杨慎也陷入了"大礼仪之争"，他召集了六部九卿、翰林、御史言官等大小官员二百多人午门哭谏，惹怒了嘉靖皇帝，被廷杖后发配云南，路上又遭到仇家追杀，情急之下，他脱掉衣服，跳到河里泅水而逃，仇家以为他跳水自尽，才保住性命。所以，在《韬晦术》里，特别写下了"诈晦"，诡诈虽然是不好听的名词，却也是可以出奇制胜的谋略。《孙子兵法》上说："兵不厌诈。"因为直道行不通就得变通，否则无法生存。因此，我们说，韬晦术是一种生存技能，也是一种趋吉避凶的谋略。

徐学谟《归有园麈谈》：荣华富贵，自造化而与之；功名事业，由自己而成之

少年不以宋儒为准，则视规矩绳墨尽属弁髦；学者专以宋儒为师，则举事业文章俱归腐烂。

机有可乘，则邻姬束缊以救妇；势有可胁，则说士结靷以下齐。

水火盗傂之害，必先横被于孤贫；虚赢劳瘵之灾，大率淹缠乎

贵介。

文字内为一人而诬诋一人，亦是平生口孽；官府中毁前任以阿谀后任，颇宗伉伉之家风。

荣华富贵，自造化而与之，又自造化而夺之，降鉴不差；功名事业，由自己而成之，又由自己而毁之，始终难保。

古之作者，其人非君子也，而能为君子之言，理明故也；今之作者，其人非小人也，而间作小人之语，才短故也。

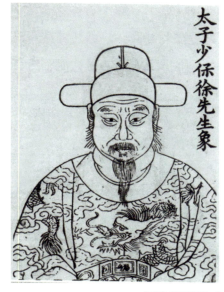

（明）徐学谟像

虽贵为卿相，必有一篇极丑文字送归林下：弹章；虽恶如梼杌，必有一篇绝好文字，送归地下：墓志。

以公门为必不可远者，趋时士也，但不当竿牍无节；以公门为必不可进者，洁己士也，但不当崖岸太高。

心源未彻，纵博综群籍，徒号书厨；根气不清，虽诵说三乘，只如木偶。

物情贵货遗，贪得者要以为厚利，辞让者藉以为名高；官盛则近谀，师荆者既不戒于前，随温者复相继于后。

遇沉沉不语之士，切莫输心；见恽恽自好之徒，应须防口。

六卿但知从政，不知执政，是以题覆屡至变更；有司但肯当官，不肯做官，是以施为一切苟且。

苏卿持节而仅承属国之典，旌别自明；博陆赤诛而不废麟阁之图，功罪大著。

读古书者做不得提学，恐其用《史》《汉》以饰孔孟之言；谈道学者，做不得提学，恐其讲良知以破传注之说。

地下无衣食之身，而临绝者犹勤嘱付；林下无冠裳之用，而既休者尚事夸张。

一人孤立，以在下者朋党之势成；六逆渐生，为居高者保持之念重。

势利太重，只为前辈自失典刑；关节盛行，盖因有司欲求报效。

分以利昏，故讲五伦易，行五伦难；情因欲蔽，故虚四端有，实四端无。

有形之伎易知，故梓匠轮舆高低自服；无形之伎难辨，故星相风水胜负必争。

灾祸从天降，只怕窟头；富贵逼人来，须防绝板。

听言语太滥，则诸曹开无事生事之端；禁馈遗过严，则大臣受以饱待饥之谤。

▌（明）谢缙《东园草堂图》

廉吏之后不昌，以冬行主敛；冤死之家有后，为天道好还。

男子之力必胜于妇人，若对悍妻，其手自缚；父母之尊素加于卑幼，使遇劣子，其口常噤。

世以不要钱为痴人，故苞苴塞路；世以不谀人为迟货，故谄佞盈朝。

侵匿僧家道家，以至于乐户，全然出侮鳏寡之心；欺凌武官内官，以至于宗派，亦窃不畏强御之迹。

内臣之奴易使，只靠鞭答；寡妇之子难训，多因姑息。

逆气所乘，有时博忠谏之名，有时贾杀身之祸；任情自放，进则不胜其英雄，退则不胜其憔悴。

清虚之作，如水磨楠瘿，自见光辉；剿袭之文，如油漆盘盂，终嫌气息。

子孙亦是众生，顾恋不可太深，责备不可太重；兄弟原同一体，事亲便至相让，分财便至相争。

倾囊而付子，难承养志之欢；继世以同居，渐有阋墙之隙。

随缘皆可以乞食，而刳刃于腹者，意欲何求；凡业皆可以营生，而为人淘圊者，鼻忘其臭。

文自六经至七大家，而精髓始尽，事剽窃者除却两头；诗自《三百篇》至盛唐，而风雅独存，逞淫夸者别为一体。

任重道远，取必于身，故为仁由己，当仁不让；随俗习非，必要其党，故奸须用介，盗有把风。

为文而使一世之人必不爱，难要谀墓之金；为文而使一世之人必我爱，亦似滥竽之体。

文中诸子，其语不袭孔颜而嘿传其命脉，耳食者安知；昌黎大家，其文不模《史》《汉》而自得其精神，皮相者为诮。

衮衣玉带，不能御之以登床，故虽有万乘之尊，旰荣而宵寂；狗马音乐，不能携之以入橹，故虽有敌国之富，目暖而心灰。

敢捐躯死谏，以犯人主之怒者，孤注之一掷也；借言事去国，以希它日之用者，暗积之双陆也。

饥寒所迫，虽志士未免求人，但求之有道；患难所临，即圣人亦有死地，顾死之有名。

文士而闲骑射，立致边都；武人而耽翰墨，即阶阃帅。

丧心病狂，生于热极；攒目酸鼻，起于恶寒。

妇人之悲，其夫益为之悲，其悲方已；妇人之怒，其夫转为之怒，其怒可乎？

始皇之筑长城，秦之所以致亡也，至今借之以备虏；叔孙之草绵蕞，汉之所以为陋也，至今袭之以尊君。

人言背恩者为贵相，则施恩之主坐受其弯弓；或谓负债者必廉官，则放债之人忍见其垂囊。

行酒令而必差者，其人难与交，若必不差者，亦难与交；当始仕而即富者，其人无可用，若终不富者，亦无可用。

孔子但欲为乎东周，而孟子以王道致齐梁之庸主；孔子上不得乎狂狷，而孟子以尧舜望食粟之曹交。

杨、墨若在孔门，亦是成章之弟子；由、求不闻圣训，终为季氏之具臣。

乘势作威者，如大人装鬼脸以骇小儿，背地则收下；因事矫廉者，如妓女当筵之不肯举箸，回家则乱吞。

廉于大不廉于小，硕鼠之贪畏也；廉于始不廉于终，老虎之敦蹲也。

穷措大危人主，犯杞人之忧天；草野人说朝廷，传海头之圣旨。

访察不行，如暑月无雷霆，积阴必致伤稼；刑诛或废，如冬天少霜霰，缠疫更能死人。

一手诘盗，一手窃盗贼，故前盗死而后盗生；一面惩奸，一面窥奸妇，故此奸伏而彼奸犯。

魑魅魍魉，岂能作祟，必其气弱而其鬼方灵；星相医卜，本以养生，必鬼运通而其术始验。

当官废法，不如傀儡之登场；考校徇情，不如阄盘之轮拨。

汉法太峻，人情不堪，是柱促而弦危也，宫商犹在；元政不纲，天道所厌，是轸迁而徽慢也，音调何存？

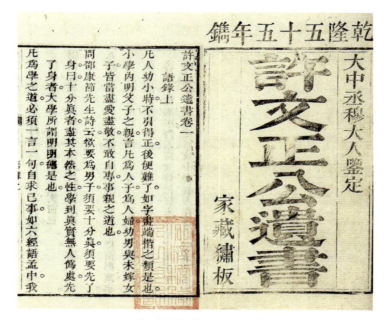

（元）许衡《许文正公遗书》，清乾隆五十五年刻本

致仕莫问其子，少子犹难；娶妾莫谋于妻，晚妻更忌。

秦皇、汉武、唐宗，领非令主，而大略英风，能别开混沌；留侯、武侯、邺侯，虽非儒者，而仙风道气，自不落尘凡。

政在中书，权由已出，少有臧否，易于责成；名为阁老，政在六卿，稍见从违，自难求备。

男子好色如渴饮浆，处富贵而能自决裂者，犹有丈夫之气；女子好色如热乘凉，居津要而漫无止足者，是真妾妇之心。

毛嫱之色谁不迷恋，得倦始解；赵孟之贵最号浓郁，致淡方休。

耻恶衣食者，未足议道；美其宫室者，必损令名。

呆子之患深于浪子，以其终无转智；昏官之害甚于贪官，以其狼藉及人。

近谀者如受蛊毒，一中之，而耳目必为人移；务博者常被书痴，一挟之，而议论惟知己出。

以道学别为一传者，《宋史》之讹也，若挟孔子而私之矣，何其隘也；以理学独称名世者，本朝之陋也，若外佐命而小之矣，何其浅也。

《大学》十章，关于好恶，若痛痒不关，何以剂量人物；《中庸》一书，本之中和，若嚣呶满世，何以调燮阴阳。

见十金面色变者，不可以治国；见百金而色变者，不可以统三军。

颜随势改，升降顿殊；气逐时移，盛衰立见。

蜂目狼声，知为忍人，性逐形生，何谓皆善；深山大泽，必生龙蛇，物以群分，何谓无种。

有谠论而后可以定国是，国是不定，何以秉钧；有远识而后可以决大疑，大疑不决，何以压众。

以德感人，不如以财聚人；以言饵人，不如以食化人。

吝者自能致富，然一有事则为过街之鼠；侠者或致破家，然一有事则为百足之虫。

以财贿遗人者，常人之事；以财贿讦人者，小人之心。

为文而专附带名公者，虽可以佞盲子，而不能博智者之大观；为诗而故厚自夸诩者，虽可以艳少年，而不能当老成之一诮。

炎凉之态，处富贵者更甚于贫贱；嫉妒之念，为兄弟者或狠于外人。

目凝而不动者，中必腐烂；言逊而不出者，内有淫邪。

古于词而不古于意，其文直夏畦之学汉语；先定句而后方凑景，其诗亦斋工之画寿生。

狠暴之性，可以藏贪；柔媚之姿，可以掩拙。

凡中第者中一资质，资质高则中疏可掩；凡作官者作一气识，气识好则瑕疵难见。

食色之性，是良知也，统观人物而无间；食色之外，无良知也，必由学虑而始明。

孩提之童，无不知爱其亲似矣，假令易乳而食，能自识其亲母乎？及其长也，无不知敬其兄似矣，假令从幼出继，能自辨其亲兄乎？

以笑迎人者，淫佞之媒也；以苦求人者，贪谗之囮也。

素富贵，行乎贫贱可以得名；素贫贱，行乎富贵可以得利。

谦，美德也，过谦者多怀诈；默，懿行也，过默者或藏奸。

喜以文字詈人者，巫蛊之见也，代人作呪咀而已；喜以文字谀人者，星相之术也，为人添福禄而已。

面而誉之不如背而誉之，其人之感必深；多而施之不若少而施之，其人之欲易遂。

淫奔之妇，矫而为尼；热中之夫，激而入道。

凶人得志，莫提贫贱之时；宕子成名，必弃糟糠之妇。

受业门生，则门生听先生之差使；投拜门生，则先生听门生之差使。

弈棋擅国，则奴隶可以升堂；度曲绝伦，虽土人夷为优孟。

起身早，见客迟，老人家之行径；嘴头肥，眼孔浅，穷措大之规模。

当得意时，须寻一条退路，然后不死于安乐；当失意时，领寻一条出路，然后可生于忧患。

富贵不随达士，以其无逐尘妄行之心；功名必付狠人，为其有背水决战之气。

暴发财主收买假骨董，眼前已见胡涂；新科进士结识假山人，日后必遭缠累。

（《麈谈》者，大宗伯徐太室先生所作也，月旦人伦，雌黄物理，包笼连类，取譬搜奇，自著一家之书，不经人道之语。雅谑兼陈，醇驳互见，使夫挥麈便尔神怡，抚掌者则不鱼睨矣。）

《广百川学海》

解读

徐学谟（1521～1593年），字叔明，一字子言，号太室山人，南直隶苏州府嘉定（今属上海）人。初名学诗，为祠部郎时，有同姓名者上虞人徐学诗先以劾严嵩被谴去。已而礼曹疏上，皇上以为上虞徐学诗复起，数问此郎尚在否？意在诮让吏部，故从徐阶等人告诫，更名学谟，以避其嫌。嘉靖二十九年（1550年）进士，授兵部主事，历荆州知府，累迁右副都御史，官至礼部尚书。晚年归隐林泉，"烹葵钓鲜之余，惟肆志艺园，以快意耳"。有《海隅集》《世庙识余录》《万历湖广总志》《归有园麈谈》。

徐学谟从嘉靖二十九年成进士步入官场，到万历十一年（1583年）乞骸骨归，在官场整整33年，由湖北地方小官做到中央大员，与张居正、申时行等大学士交往甚密，身卷于明末官场之争斗，祸兮福兮深莫测，宦海沉浮几春秋，可以说是劳心劳力。一旦退隐山林，无官一身轻，回首往事，感慨系之。可以说，这本书是他从三十多年的为官和交往过程中，以自己最深刻、最铭记难忘的实践，将当时学界的虚伪、士大夫的卑怯、为官者的豪横，各色人等的嘴脸和习性，做出了最犀利、最贴切的评述。

陆树声《清暑笔谈》：不论穷达利钝，要知无愧中只是得志

东坡云："凡草木之生，皆于平旦昧爽之际，其在人者，夜气清明，正生机所发，惟物感之，牛羊旦昼之牿亡，则存焉者寡。"朱子曰："平旦之气，便是旦昼做工夫的样子，当常在此心。"如老氏云：

（明）叶时芳《陆树声、北禅二人小像》

"早复张则必翕，强则必弱，兴则必废，与则必夺，此物理之自然，是谓微明。微明者微密而明著，理昭然可考见也。"盖老氏处恬淡无为，不为物先，方众人纷拿攘攘，在静地中早见以待物之必至者若此，或作权智解者，谓管商之术所自出。

圣人忘己，靡所不己，夫惟无我而后能兼天下以为我。故自私自利从躯壳上起念者，有我也；至大至公，公人物于一身者，无我也。圣人尽己之性，尽人物之性，以赞化育而参天地，是兼天地万物而为我矣。故曰："成性成身，以其无我而成真我。"

明镜止水，喻心体也。然常明常照常应常止，依体有用，用不乖体。故曰："体智寂寂，照用如如。"若曰："触事生心，依无息念，则是随尘动静，非具足体。"

士大夫胸中无三斗墨，何以运管城？然恐蕴酿宿陈，出之无光泽耳。如书画家不善使墨，谓之墨痴。

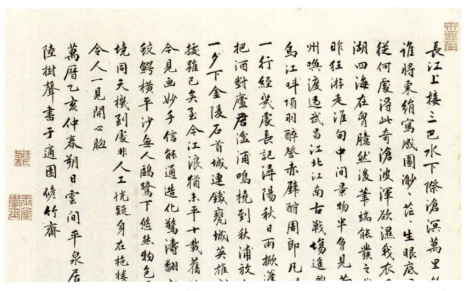

（明）陆树声书法《跋赵黻长江万里图卷》

砚材惟坚润者良，坚则致密，润则莹细，而墨磨不滞，易于发墨。故曰："坚润为德，发墨为材。"或者指石理芒涩，墨易磨者为发墨，此材不胜德耳，用之损笔。蔡忠惠题沙随程氏歙砚曰："玉质纯苍理致精，锋铓都尽墨无声，此正谓石理坚润，锋铓尽而墨无声矣。安能损笔？"

"士大夫逢时遇合，跬步以至公卿非难，而归田为难。"此东坡有激之言。至谓历官一任无官谤，释肩而去，如大热远行，虽未到家，得清凉馆舍一解衣漱濯，已足乐矣。此非亲履其境意适于中者不能道。

士大夫处世，声名重者则责望亦重，若虚名一胜，恐不能收实用。如真西山负一世重名，及其入朝，前誉小减。故前辈云："声名自是一项，事业自是一项。"江南地土薄，士大夫只做得一项。

攫金于市者，见金而不见人；剖身藏珠者，爱珠而忘自爱。与夫决性命以饕富贵，纵嗜欲以戕生者何异？

士大夫出处遇合得失，皆有定数。然得失止于生前，而是非常在身后。盖身名之得失关一时之亨否，而公论之是非系千载之劝惩。故曰："得失一时，荣辱千载。"

高子业诗云："众女竞闺中，独退反成怒。"夫争妍取忌有之也，而独退成怒者，岂不以众邪丑正世忌太洁耶？故杨诚斋有云："声利之场轻就者，固不为世所恕，蔡定夫是也；不轻就者亦不为世所恕，朱元晦是也。"

"棋罢局而人换世，黄粱熟而了生平。"此借以喻世幻浮促，以警夫溺清世累，营营焉不知止者。推是可以迟达生之旨。

贾太傅年二十而为大中大夫，杨太尉五十而应州郡辟，冯唐白首而袴穿郎署，董贤年末二十而为三公，冯元常平生取钱多官愈进，卢怀慎贵为卿相而终于处贫。修短贫富穷达，其有定命若此。

任安灌夫，世之置论者或眇小其人也。然观其处卫大将军魏其丞相，于死生隆替之间，终始不二。后世称士大夫者，往往规势以分燥湿，顺时而为向背。处一人之身，而恋态不常，如翻覆手者，其视二人何如？

仕局中脂韦迎合，工巧佞以希媚于时者，一似优人登场作剧，忧喜悲笑，曲尽情态，以取人意，然不过一饷间俱成空矣。

玉韫璞而辉，珠处渊而媚，世争宝之。三上而则足，暗投而按剑，忽于自售也。

陆士衡《豪士赋》云："身危由于势过，而不知去势以求安。祸积起于宠盛，而不知辞宠以招福。"石季伦《金谷涧诗序》云："感性命之不永，惧凋落之无期。"二人者，考其终所及，只自道也。

世之言者曰："君相不言命。"又曰："君相造命。"此言君相处时位之得，为凡事几得失，治忽理乱，当责成于己，不可诿命于天，非若制于时位者之可以言命也。若曰："威福予夺自咨，而吾能陶铸人。"以是为造命而肆然物上，则谬解矣。

失生于得者也，辱生于宠者也。故得为失先，宠为辱先。惟能以未得为失，则失不足患矣。以遗宠待辱，则辱不能惊矣。故曰："得者时也，失者顺也。以得委时，何宠之有？以顺处失，何辱之有？"

元次山作《丐论》，自叙游长安中与丐者为友，或以友丐为太下者。然而世有丐颜色于人，丐名位于人，丐权家以售邪妄，以容媚惑者，此之不羞，而羞与丐者为伍。郭忠恕自放于酒，出则从佣丐饮街肆中，或诋其不伦者，曰："吾观今公卿大夫中多此辈也。"

富者怨之府，贵者危之机，此为富贵而处之，不以其道者言之也。乃若处荣利而不专，履盛满而知止，持盈守谦，何怨府危机之有？

或谓立朝多异同者，彭止堂曰："异同无妨，但愿当面异同。"如韩范富诸公上殿相争如虎，此异同也。然体国忘私，同归于是，异处未尝不同。乃若外示苟同，内怀猜异，甚则设谬敬以为容悦，假深情以伏骇机，快意己私，不恤国是，以是为同，非国家之利也。

禄位者，势分也；官守者，职分也。势分为傥来，由乎人者也；职分有专责，由乎己者也。故士大夫之视势分也宜假，其视职分也宜真。乃若大行不加，穷居不损，此则所谓贵于己者，性分是也。孟子云："万物皆备于我，反身而诚。"老氏曰："吾有大患，为吾有身。"老氏之所谓身者，四肢六骸，举体而言之也。孟子之所谓身者，四端万善，即性而言之也。

处治安之世，而戒以危亡；履盛满之势，而戒以知止。当嗜欲之炽，而戒以节忍，则讳恶其言而不之信。及其乱亡祸败，追思其言，则无及矣。是故早见而戒，未然者之谓豫。

人不能以胜天，力不可以制命。故寿夭、通塞、丰约，自其堕地之初大分已定。如瓶罂釜盎各有分量，非人所能置力增损，君子惟慎德修业以听其自至。若曰："我命在天，措人事于不修。"则又非修身俟之之谓也。故曰："君子不以在我者为命，而以不在我者为命。"

观舞剑而得神，闻江声而悟笔法。此出于积习之久，一触则诣神境，如参禅已至境界，一喝得悟者。譬之人当关而立，一喝则掉臂而过矣。灵云之于桃花，香岩之于击竹，其得悟皆此类。若据以求悟，是守枯筌而索舟剑也。

近来一种讲学者，高谈玄论。究其归宿，茫无据依，大都臆度之路熟，实地之理疏，只于知崇上寻求，而不知从礼卑处体究，徒令人凌躐高远，长浮虚之习。是所谓履平地而说相轮，处井干而谭海若者也。

阳明致良知之说，病世儒为程朱之学者支离语言，故直截指出本体。而传其说者往往详于讲良知，而于致处则略坐入虚谈名理界中。如禅家以无言遣言，正欲扫除前人窠臼，而后来学人复向无言中作窠臼也。

孔子曰："隐居求志。"孟子曰："得志泽加于民。"所谓得志者，得行其所求之志也。苟道不行于时，泽不加于民，虽禄万钟位卿相，不可谓得志也。故昔人云："不论穷达利钝，要知无愧中只是得志，仕而不得行志。"或诿之时不可为者，往往依违众中曰："无奈时何？"然时亦人所为也。如荆公新法，一时奉行者迎合诡随，酿成已甚，间有不乐居职，欲投劾去者。尧夫曰："此正今日仁人君子尽心之时。"晁美叔为常平使者，东坡贻书曰："此职计非所乐，然仕人于此时，假以宽大，少舒吏民于网罗中，亦所益不少。"二公之言若此，彼徒洁一去者，于己分得矣。如时弊之不可救何？

世轫中千岐万径，耳目闻见，遇事之不可人意者置之。或不能忘忧之而非己分所及，则以无可奈何付之而已。此古人所为忧世而未尝不乐天也。昌黎有云："乐哉何所忧？所忧非尔力。"

《陆文定书》

解读

陆树声（1509～1605年），字与吉，号平泉，松江华亭（今属上海市）人。嘉靖二十年（1541年）会试第一，得中进士，被选为庶吉士，授翰林院编修。因父亲病重回乡，服丧三年。其后数次辞官，又被起用为太常卿，掌南京祭酒事（国子监主管）。陆树声管理严格，亲拟学规条教十二章，训励诸生，为朝廷所看重，提升他为吏部右侍郎，但他则以有病推辞。穆宗即位后，再次相召，仍不就任。奇特的是，他淡泊名利，屡次辞官，却使他的名声愈来愈响亮，朝廷更想请他入朝任职。神宗嗣位后，派使者到家拜陆树声为礼部尚书，以示礼遇，陆树声力辞不得，始赴任。陆树声门生盈门，兵部尚书袁可立、礼部尚书董其昌皆为其得意门生，并与其子彦章同中万历十七年进士。后袁可立和董其昌的同年之谊传为千古佳话。董其昌《节寰袁公行状》："（袁可立）戊子举于乡，己丑成进士。除苏州府理官。苏故海内大郡，机巧成俗，府吏胥徒之属善阴阳，上官百相欺骗也，即座师陆公为公虑之。"

《清暑笔谈》是陆树声辞职归隐回家时的随笔，他在前言中写道："余衰老退休，端居谢客，属长夏掩关独坐，日与笔砚为伍。因忆曩初见闻积习，老病废忘，间存一二，偶与意会，捉笔成言，时一展阅，

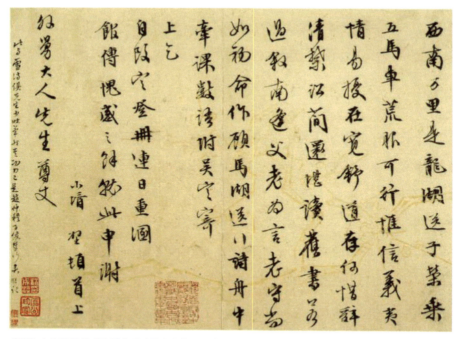

（明）文征明行书《外舅父岳丈吴愈函》。识文：西南万里是龙湖，送子荣乘五马车。荒服可行惟信义，夷情易扰在宽舒。道存何惜辞，请禁讼蕳还堪读旧书。若过叙南逢父老，为言老守尚如初。命作顾马湖送行诗，舟中牵课数语附吴定寄上，乞自改定登册，连日重溷馆中，愧感之余就此申谢。
小婿壁顿首上外舅大人先生尊丈。

如对客谭嗦，以代抵掌，命之曰《清暑笔谈》。"谦虚地说"顾语多苴杂，旨涉淆讹，聊资臆说，以备眊忘，观者当不以立言求备"。在这部随笔中，就其阅读古书和为官实践，提出了自己独有的体会和观点，在做人上提出"成性成身，以其无我而成真我"，对于名声和事业，他提出"士大夫处世，声名重者则责望亦重"，如果仅有名声而无事业则是虚名，特别是要看透得失，"得失一时，荣辱千载"，对于富贵，他认为"富者怨之府，贵者危之机"，但如果"履盛满而知止，持盈守谦"，则也是可以保平安无事的。可以说，陆树声一生为官，看透祸福翻转、得失瞬间，其所言皆是从其读书和耳闻目睹中所得，具有很强的借鉴价值。

袁宗道《真正英雄从战战兢兢来》：无欲以澄之，慎独以析之

君子欲有全用于天下，则贵慎所养矣。用欲其恢弘，恢弘者，无所不可为。养欲其收敛，收敛者，有所不轻为。夫收敛者，所以为恢弘；而有所不轻为者，乃其无不可为者也。是以斋戒凝神也，而后钟鐻乃成；累丸三五也，而后承蜩若掇。怵为戒，视为止也，而目斯无全牛；望若木鸡也，而异鸡乃弗敢应而反走。彼夫精一技者，调一物者，且期于养，而后其用全，而况号称真英雄者哉！兵志曰："守若处女，发若脱兔。"此言虽小，可以喻大也。

故夫号真英雄者，扃之至深，辟之至裕；钥之至密，张之至弘。有侗乎若童稚之心，而后有龟蔡之神智；有怯乎畏四邻之心，而后有貔虎之大勇。困衡胸中，口呿弗张，而后出其谋也若泉涌；踯躅数四，曳踵

弗前，而后出其断也若霆发。其心俯乎环堵之内也，而后其才轶乎宇宙之外；其心出乎舆台之下也，而后其才驾乎等夷之上。此一人也，其始之战战兢兢，若斯无一能者，而识者已有以窥英雄之全用；其后之沛发，若斯其卓荦，若斯其奇伟，人始指之曰："真英雄！"而识者固不觇之于沛发之后，而觇之于平居战兢之时矣。

盖自古称真正英雄者，放勋风动，则莫若尧舜；明光勤政，则莫若姬公；而贯百王，拔类萃，则莫若孔子。乃其兢业以救天命，吐握而忧渊冰，恂谨于乡党，踧踖于朝廷，抑何其战战兢兢也！彼漆园者流，逍遥徜徉，见以为适；而竹林诸子，箕踞啸傲于醉乡，见以为能解粘去缚。语之以圣贤之战兢，若狙之絷于樊中，不胜其苦，而求逸去。而叩其中，遂乃空疏如糠瓢石田之无当于用，安所称真正英雄哉！何也？彼漆园、竹林辈，视天下无一之可为，故究也无一之能为。而圣贤者，视天下无一之可轻为，故究也无一之不可为。故朱氏曰："真正英雄，从战战兢兢中来。"岂弗信哉！

后之希英雄者宜何如？曰：无欲以澄之，慎独以析之，则自无一时一事不出于战兢，而其养深，其全用立显，又何所愧夫世之称真正英雄者乎！

《白苏斋类集》

解读

袁宗道（1560～1600年），字伯修，号玉蟠、又号石浦，湖北公安人，明代文学家、官员。万历十四年（1586年）进士，选庶吉士，授编修，官至太子右庶子。万历二十八年（1600年）十一月四日，在北京"竟以痰极而卒"，终年四十岁。明光宗继位，赠礼部右侍郎。其为人神清气秀，稳健平和。居官15年，"省交游，简应酬"，"不妄取人一钱"，身为东宫讲官，死后竟仅余囊中数金，几至不能归葬。

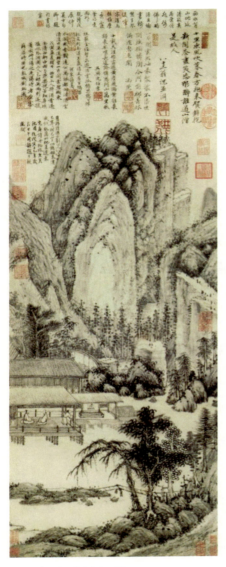

（明）刘钰《清白轩图》

明万历年间，以王世贞、李攀龙为代表的拟古文风仍有较大影响，袁宗道极力反对，与其弟袁宏道、袁中道志同道合，人称公安派。他认为文章要旨在于辞达。袁宗道钦慕白居易、苏轼，书斋取名为"白苏斋"。著有《白苏斋类集》。

《真正英雄从战战兢兢来》是袁宗道的一篇散文。在文章中，他指出，真正的大英雄绝不是可以随意妄为、驰骋天下，而是战战兢兢、谨小慎微，是很收敛的，"故夫号真英雄者，扃之至深，辟之至裕；钥之至密，张之至弘。"并且举尧舜、周公、孔子为例，都是靠谨慎言行、辛辛苦苦、战战兢兢才造就了千年伟业，而庄子、竹林七贤之类，虽然放荡天下而无所顾忌，但并不是真英雄。这就是说，真英雄都是入世的，都是有益于国家社会的，都是建功立业的。

袁宗道《答同社》：一生仅辨得一个"恕"字

从古大圣人，一生仅辨得一个恕字。何也？人情固不甚相远也。故众人所有者，亦圣人所不能无；众人所无者，亦圣人所必不能有。惟圣人能与天下同其有，故不恶人之有；惟圣人能与天下同其无，故不责人之无。与天下同其有无，故心地平。不以所有所无者责天下，故一切皆平。故一恕而天下平矣。若夫贤知则不然。众人之所有者，己决欲其无；众人之所无者，己决欲其有。袭取而不知其非有也，久假而不知其未必无也。不知其非有，必欲强天下以皆有；不知其未必无，必欲强天下以皆无。胸中不胜其峻嶒，待人不胜其谿刻，则自身求一日一时之安乐且不可得，而况能安人哉！曾子曰："夫子之道，忠恕而已矣。"非借说也。观其所作《大学》一书，至论平天下之道，只一絜矩尽之。矩者心也，絜者推此心也，恕也。夫孔子七十岁始能不逾矩，是孔子垂老始能恕也。兄独奈何轻言恕哉？

来教云："乾坤是一大戏场，奈何觑觑为，萦人于苛礼。"此论甚高。不佞窃谓：礼者，世界所赖安立，何可易谈。且就兄所称戏剧喻之：扮生者自宜和雅，外自宜老成，官净自宜雄壮整肃，丑末自宜跳踯恢谑。此戏之礼，不可假借。借令一场之中，皆传墨施粉，踉跄而叫笑，不令观者厌呕乎？然使作戏者真认己为某官某夫人，而忘却本来姓氏，则亦愚騃之甚矣。

涉世如局戏，有出手便错者，有半局而蹶者。有局将终，势将赢，而一着便差，前功俱废者。又有终局不错一着，获全胜者。大都要胜之心一般，所争者，算有长短，知有巧拙耳。总之，皆局中人内事也。世间自有棋枰未展，白黑未分，要紧一着子。此一着子勘得明白，好胜与不好胜，总非分外。

《白苏斋类集》

解读

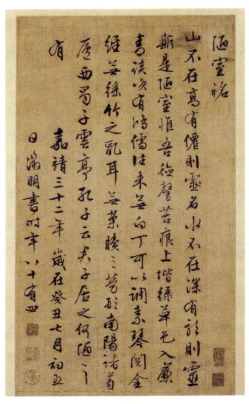
（明）文征明行书刘禹锡《陋室铭》

袁宗道是一个在明代文坛上占有重要地位的文学家。与弟宏道、中道时号"三袁"。

在这封回复朋友的信中，他提出了人生关键就一个字：恕。子贡问曰："有一言而可以终身行之者乎？"子曰："其'恕'乎！己所不欲。勿施于人。"翻译过来就是，子贡问道："有没有一句话可以终身奉行的呢？"孔子说："那就是'恕道'吧！自己不愿意的事，不要强加给别人。"孔子说的道一以贯之，就是他做事的原则：执着不悔的一件事，认准了的事情，就要坚决贯彻到底而不改变。孔子说的忠是"中"人之心，己欲立而立人，己欲达而达人，为别人做事的时候也一样竭尽全力，就假如自己便是他人；恕是如人心，己所不欲，勿施于人，自己不想发生的事情，也不要让它发生在他人的身上。"恕"就是要我们在与他人的交往中有将心比心、推己及人、宽以待人的道德准则和思维模式。"恕"的实质是最大限度地理解别人，设身处地，站在对方的角度看问题。

洪应明《真味谈》：咬定菜根，百事可做

一

欲做精金美玉的人品，定从烈火中煅来；思立掀天揭地的事功，须向薄冰上履过。

二

一念错，便觉百行皆非，防之当如渡海浮囊，勿容一针之罅漏；万善全，始得一生无愧，修之当如凌云宝树，须假众木以撑持。

三

忙处事为，常向闲中先检点，过举自稀；动时念想，预从静里密操持，非心自息。

四

为善而欲自高胜人，施恩而欲要名结好，修业而欲惊世骇俗，植节而欲标异见奇。此皆是善念中戈矛，理路上荆棘，最易夹带，最难拔除者也。须是涤尽渣滓，斩绝萌芽，才见本来真体。

五

能轻富贵，不能轻一轻富贵之心；能重名义，又复重一重名义之念，是事境之尘氛未扫，而心境之芥蒂未忘。此处拔除不净，恐石去而草复生矣。

六

纷扰固溺志之场，而枯寂亦槁心之地。故学者当栖心玄默，以宁吾真体。亦当适志恬愉，以养吾圆机。

七

昨日之非不可留，留之则根烬复萌，而尘情终累乎理趣；今日之是

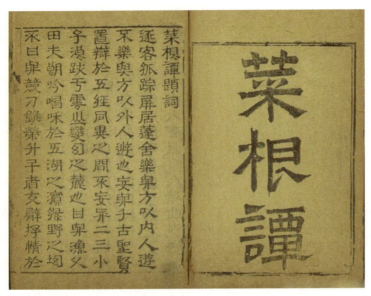

（明）洪应明《菜根谭》，明万历雅尚斋刊本

不可执，执之则渣滓未化，而理趣反转为欲根。

八

无事便思有闲杂念想否，有事便思有粗浮意气否；得意便思有骄矜辞色否，失意便思有怨望情怀否。时时检点，到得从多入少、从有入无处，才是学问的真消息。

九

士人有百折不回之真心，才有万变不穷之妙用。

十

非盘根错节，何以别攻木之利器；非贯石饮羽，何以明射虎之精诚；非颠沛横逆，何以验操守之坚定？

十一

立业建功，事事要从实地著脚，若少慕声闻，便成伪果；讲道修德，念念要从虚处立基，若稍计功效，便落尘情。

十二

身不宜忙，而忙于闲暇之时，亦可儆惕惰气；心不可放，而放于收摄之后，亦可鼓畅天机。

十三

钟鼓体虚，为声闻而招击撞；麋鹿性逸，因豢养而受羁縻。可见名为招祸之本，欲乃散志之媒。学者不可不力为扫除也。

十四

一念常惺，才避去神弓鬼矢；纤尘不染，方解开地网天罗。

十五

一点不忍的念头，是生民生物之根芽；一段不为的气节，是撑天撑地之柱石。故君子于一虫一蚁不忍伤残，一缕一丝勿容贪冒，便可为万物立命、为天地立心矣。

十六

拨开世上尘氛，胸中自无火焰冰兢；消却心中鄙吝，眼前时有月到风来。

十七

穷理尽妙，钩深出重渊之鱼；进道忘劳，致远乘千里之马。

十八

学者动静殊操、喧寂异趣，还是锻炼未熟、心神混淆故耳。须是操存涵养，定云止水中有鸢飞鱼跃的景象，风狂雨骤处有波恬浪静的风光，才见处一化齐之妙。

十九

心是一颗明珠。以物欲障蔽之，犹明珠而混以泥沙，其洗涤犹易；以情识衬贴之，犹明珠而饰以银黄，其洗涤最难。故学者不患垢病，而患洁病之难治；不畏事障，而畏理障之难除。

二十

躯壳的我要看得破，则万有皆空而其心常虚，虚则义理来居；心性的我要认得真，则万理皆备而其心常实，实则物欲不入。

二一

面上扫开十层甲，眉目才无可憎；胸中涤去数斗尘，语言方觉有味。

二二

完得心上之本来，方可言了心；尽得世间之常道，才堪论出世。

二三

我果为洪炉大冶，何患顽金钝铁之不可陶熔；我果为巨海长江，何患横流污渎之不能容纳？

二四

白日欺人，难逃清夜之愧赧；红颜失志，空贻皓首之悲伤。

二五

以积货财之心积学问，以求功名之念求道德，以爱妻子之心爱父母，以保爵位之策保国家。出此入彼，念虑只差毫末，而超凡入圣人品，且判星渊矣。人胡不猛然转念哉！

二六

立百福之基，只在一念慈祥；开万善之门，无如寸心挹损。

二七

恣口体，极耳目，与物娑铄，人谓乐而苦莫大焉；隳形骸，泯心智，不与物伍，人谓苦而乐莫至焉。是以乐苦者苦日深，苦乐者乐日化。

二八

塞得物欲之路，才堪辟道义之门；驰得尘俗之肩，方可挑圣贤之担。

二九

融得性情上偏私，便是一大学问；消得家庭内嫌隙，便是一大经纶。

三十

功夫自难处做去者，如逆风鼓棹，才是一段真精神；学问自苦中得来者，似披沙获金，才是一个真消息。

三一

执拗者福轻，而圆融之人其禄必厚；操切者寿夭，而宽厚之士其年必长。故君子不言命，养性即所以立命；亦不言天，尽人自可以回天。

三二

才智英敏者，宜以问学摄其躁；气节激昂者，当以德性融其偏。

三三

云烟影里现真身，始悟形骸为桎梏；禽鸟声中闻自性，方知情识是戈矛。

三四

人欲从处起处剪除，便以

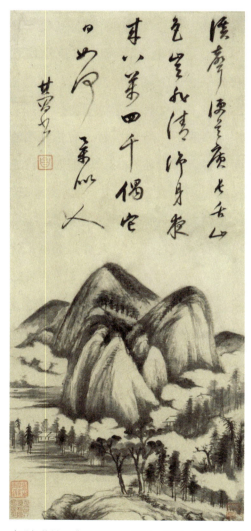

（明）董其昌《溪声山色》立轴。识文：溪声便是广长舌，山色岂非清净身。夜来八万四十偈，它日如何举似人。其昌书。

新刍剧斩，其工夫极易；天理自乍明时充拓，便如尘镜复磨，其光彩更新。

三五

一勺水便具四海水味，世法不必尽尝；千江月总是一轮月光，心珠宜当独朗。

三六

得意处论地谈天，俱是水底捞月；拂意时吞冰啮雪，才为火内栽莲。

三七

事理因人言而悟者，有悟还有迷，总不如自悟之了了；意兴从外境而得者，有得还有失，总不如自得之休休。

三八

情之同处即为性，舍情则性不可见，欲之公处即为理，舍欲则理不可明。故君子不能灭情，惟事平情而已；不能绝欲，惟期寡欲而已。

三九

欲遇变而无仓忙，须向常时念念守得定；欲临死而无贪恋，须向生时事事看得轻。

四十

尘许栴檀彻底香，勿以微善而起略退之念；毫端鸩血同体毒，莫以细恶而萌无伤之芽。

四一

一念过差，足丧生平之善；终身检饬，难盖一事之愆。

四二

从五更枕席上参勘心体，气未动，情未萌，才见本来面目；向三时饮食中谙练世味，浓不欣，淡不厌，方为切实工夫。

四三

操存要有真宰，无真宰则遇事便倒，何以植顶天立地之砥柱；应用
要有圆机，无圆机则触物有碍，何以成旋干转坤之经纶！

四四

士君子之涉世，于人不可轻为喜怒，喜怒轻则心腹肝胆皆为人所
窥；于物不可重为爱憎，爱憎重则意气精神悉为物所制。

四五

倚高才而玩世，背后须防射影之虫；饰厚貌以欺人，面前恐有照胆
之镜。

四六

心体澄彻，常在明镜止水之中，则天下自无可厌之事；意气和平，
赏在丽日光风之内，则天下自无可恶之人。

四七

当是非邪正之交，不可少迁就，少迁就则失从违之正；值利害得失
之会，不可太分明，太分明则起趋避之私。

四八

淡泊之守须过浓艳，镇定之操须经纷纭。

四九

苍蝇附骥，捷则捷矣，难辞处后之羞；茑萝依松，高则高矣，未免
仰攀之耻。所以君子宁以风霜自挟，毋为鱼鸟亲人。

五十

好丑心太明，则物不契；贤愚心太明，则人不亲。士君子须是内精
明而外浑厚，使好丑两得其平，贤愚共受其益，才是生成的德量。

五一

伺察以为明者，常因明而生暗，故君子以恬养智；奋迅以为速者，

多因速而致迟，故君子以重持轻。

五二

士君子济人利物，宜居其实不宜居其名，居其名则德损；士大夫忧国为民，当有其心不当有其语，有其语则毁来。

（明）洪应明《菜根谭》，民国二十年武进涉园陶涉影印本

五三

遇大事矜持者，小事必纵弛；处明庭检饰者，暗室必放逸。君子只是一个念头持到底，自然临小事如临大敌，坐密室若坐通衢。

五四

使人有面前之誉，不若使其无背后之毁；使人有乍交之欢，不若使其无久处之厌。

五五

善启迪人心者，当因其所明而渐通之，毋强开其所闭；善移风化者，当因其所易而渐及之，毋轻矫其所难。

五六

彩笔描空，笔不落色，而空亦不受染；利刀割水，刀不损锷，而水亦不留痕。得此意以持身涉世，感与应俱适，心与境两忘矣。

五七

长袖善舞，多钱能贾，漫炫附魂之伎俩；孤槎济川，只骑解围，才是出格之奇伟。

五八

己之情欲不可纵，当用逆之之法以制之，其道只在一"忍"字；人之情欲不可拂，当用顺之之法以调之，其道只在一"恕"字。今人皆恕以适己而忍以制人，毋乃不可乎！

五九

好察非明，能察能不察之谓明；必胜非勇，能胜能不胜之谓勇。

六十

随时之内善救时，若和风之消酷暑；混俗之中能脱俗，似淡月之映轻云。

六一

思入世而有为者，须先领得世外风光，否则无以脱垢浊之尘缘；思出世而无染者，须先谙尽世中滋味，否则无以持空寂之后苦趣。

六二

与人者，与其易疏于终，不若难亲于始；御事者，与其巧持于后，不若拙守于前。

六三

酷烈之祸，多起于玩忽之人；盛满之功，常败于细微之事。故语云："人人道好，须防一人着恼火；事事有功，须防一事不终。"

六四

不虞之誉不必喜，求全之毁何须辞。自反有愧，无怨于他人；自反无愆，更何嫌众口。

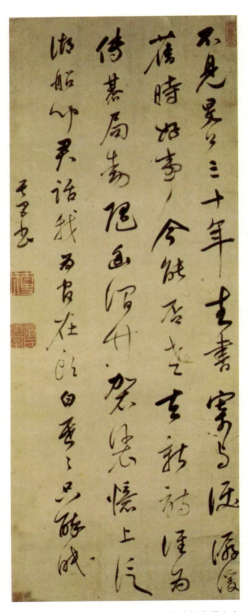

（明）董其昌行草书《杜甫因许八奉寄江宁旻上人诗轴》。识文：不见旻公三十年，封书寄与泪潸潸。旧时好事今能否，老去新诗谁为传。棋局动随幽涧竹，袈裟忆上泛湖船。闻君话我为官在，头白昏昏只醉眠。

六五

功名富贵，直从灭处观究竟，则贪恋自轻；横逆困穷，直从起处究由来，则怨尤自息。

六六

待人而留有余不尽之恩礼，则可以维系无厌之人心；御事而留有余不尽之才智，则可以提防不测之事变。

六七

了心自了事，犹根拔而草不生；逃世不逃名，似膻存而蚋仍集。

六八

仇边之弩易避，而恩里之戈难防；苦时之坎易逃，而乐处之阱难脱。

六九

拖泥带水之累，病根在一"恋"字；随方逐圆之妙，便宜在一"耐"字。

七十

膻秽则蝇蚋丛嘬，芳馨则蜂蝶交侵。故君子不作垢业，亦不立芳名，只是元气浑然，圭角不露，便是持身涉世一安乐窝也。

七一

从静中观物动，向闲处看人忙，才得超尘脱俗的趣味；遇忙处会偷闲，处闹中能取静，便是安身立命的工夫。

七二

邀千百人之欢，不如释一人之怨；希千百事之荣，不如免一事之丑。

七三

落落者，难合亦难分；欣欣者，易亲亦易散。是以君子宁以刚方见惮，毋以媚悦取容。

七四

意气与天下相期，如春风之鼓畅庶类，不宜存半点隔阂之形；肝胆与天下相照，似秋月之洞彻群品，不可作一毫暖昧之状。

七五

仕途虽赫奕，常思林下的风味，则权且之念自轻；世途虽纷华，常思泉下的光景，则利欲之心自淡。

七六

鸿未至先援弓，兔已亡再呼矢，总非当机作用；风息时休起浪，岸到处便离船，才是了手工夫。

七七

从热闹场中出几句清冷言语，便扫除无限杀机；向寒微路上用一点赤热心肠，自培植许多生意。

七八

师古不师今，舍举世共趋之辙；依法不依人，遵时豪耻问之途。

七九

随缘便是遣缘，似舞蝶与飞花共适；顺事自然无事，若满月偕盂水同圆。

八十

淡泊之守，须从浓艳场中试来；镇定之操，还向纷纭境上勘过。不然操持未定，应用未圆，恐一临机登坛，而上品禅师又成一下品俗士矣。

八一

求见知于人世易，求真知于自己难；求粉饰于耳目易，求无愧于隐微难。

八二

廉所以戒贪，我果不贪，又何必标一廉名，以来贪夫之侧目；让所以戒争，我果不争，又何必立一让的，以致暴客之弯弓。

八三

无事常如有事时提防，才可以弥意外之变；有事常如无事时镇定，方可以消局中之危。

（明）顾宪成《小心斋劄记》，清光绪线装精刻

八四

处世而欲人感恩，便为敛怨之道；遇事而为人除害，即是导利之机。

八五

持身如泰山九鼎，凝然不动，则愆尤自少；应事若流水落花，悠然而逝，则趣味常多。

八六

口里圣贤，心中戈剑，劝人而不劝己，名为挂榜修行；独慎衾影，阴惜分寸，竞处而复竞时，才是有根学问。

八七

君子严如介石，而畏其难亲，鲜不以明珠为怪物而起按剑之心；小人滑如脂膏，而喜其易合，鲜不以毒螫为甘饴而纵染指之欲。

八八

遇事只一味镇定从容，纵纷若乱丝，终当就绪；待人无半毫矫伪欺隐，虽狡如山鬼，亦自献诚。

八九

肝肠煦若春风，虽囊乏一文，还怜茕独；气骨清如秋水，纵家徒四壁，终傲王公。

九十

讨了人事的便宜，必受天道的亏；贪了世味的滋益，必招性分的损。涉世者宜审择之，慎毋贪黄雀而坠深井，舍隋珠而弹飞禽也。

九一

费千金而结纳贤豪，孰若倾半瓢之粟以济饥饿之人；构千楹而招来宾客，孰若茸数椽之茅以庇孤寒之士。

九二

解斗者助之以威，则怒气自平；惩贪者济之以欲，则利心反淡。所谓因其势而利导之，亦救时应变一权宜法也。

九三

市恩不如报德之为厚，雪忿不若忍耻为高；要誉不如逃名之为适，矫情不若直节之为真。

九四

救既败之事者，如驭临崖之马，休轻策一鞭；图垂成之功者，如挽上滩之舟，莫少停一棹。

九五

先达笑弹冠，休向侯门轻曳裾；相知犹按剑，莫从世路暗投珠。

九六

杨修之躯见杀于曹操，以露己之长也；韦诞之墓见伐于钟繇，以秘己之美也。故哲士多匿采以韬光，至人常逊美而公善。

九七

少年的人，不患其不奋迅，常患以奋迅而成卤莽，故当抑其躁心；老成的人，不患其不持重，常患以持重而成退缩，故当振其惰气。

九八

望重缙绅，怎似寒微之颂德；朋来海宇，何如骨肉之孚心。

九九

舌存常见齿亡，刚强终不胜柔弱；户朽未闻枢蠹，偏执岂能及圆融？

一〇〇

物莫大于天地日月，而子美云："日月笼中鸟，乾坤水上萍"；事莫大于揖逊征诛，而康节云："唐虞揖逊三杯酒，汤武征诛一局棋。"人能以此胸襟眼界吞吐六合，上下千古，事来如沤生大海，事去如影灭长空，自经纶万变而不动一尘矣。

一〇一

尼山以富贵不义，视如浮云；漆园谓真兴之外，皆为尘垢。如是则悠悠之事，何足介意。

一〇二

君子好名，便起欺人之念；小人好名，犹怀畏人之心。故人而皆好名，则开诈善之门；使人而不好名，则绝为善之路。此讥好名者，当严责君子，不当过求于小人也。

一〇三

大恶多从柔处伏，哲士须防绵里之针；深仇常自爱中来，达人宜远刀头之蜜。

一〇四

持身涉世，不可随境而迁。须是大火流金而清风穆然，严霜杀物而和气蔼然，阴霾翳空而慧日朗然，洪涛倒海而砥柱屹然，方是宇宙内的真人品。

一〇五

爱是万缘之根，当知割舍；识是众欲之本，要力扫除。

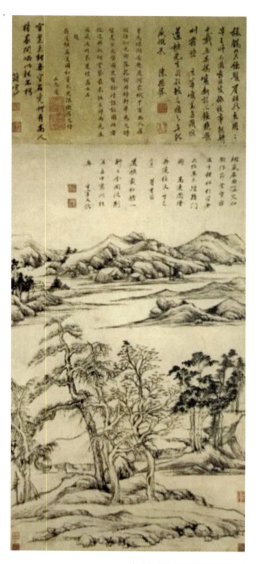

（明）董其昌《高逸图》

一〇六

作人要脱俗，不可存一矫俗之心；应世要随时，不可起一趋时之念。

一〇七

宁有求全之毁，不可有过情之誉；宁有无妄之灾，不可有非分之福。

一〇八

毁人者不美，而受人毁者遭一番讪谤，便加一番修省，可以释回而增美；欺人者非福，而受人欺者遇一番横逆，便长一番器宇，可以转祸而为福。

一〇九

梦里悬金佩玉，事事逼真，睡去虽真觉后假；闲中演偈谈玄，言言酷似，说来虽是用时非。

一一〇

天欲祸人，必先以微福骄之，所以福来不必喜，要看他会受；天欲福人，必先以微祸儆之，所以祸来不必忧，要看他会救。

一一一

荣与辱共蒂，厌辱何须求荣；生与死同根，贪生不必畏死。

一一二

非理外至，当如逢虎而深避，无恃格兽之能；妄念内兴，且拟探汤而疾紧，莫纵染指之欲。

一一三

作人只是一味率真，踪迹虽隐还显；存心若有半毫未净，事为虽公亦私。

一一四

鹪占一枝，反笑鹏心奢侈；兔营三窟，转嗤鹤垒高危。智小者不可以谋大，趣卑者不可与谈高。信然矣！

一一五

贫贱骄人，虽涉虚骄，还有几分侠气；英雄欺世，纵似挥霍，全没半点真心。

一一六

糟糠不为彘肥，何事偏贪钩下饵；锦绮岂因牺贵，谁人能解笼中囮？

一一七

大千沙界，尚为空里之空名；巨万金钱，固是末中之末事。非上上智，无了了心。

一一八

琴书诗画，达士以之养性灵，而庸夫徒赏其迹象；山川云物，高人以之助学识，而俗子徒玩其光华。可见事物无定品，随人识见以为高下。故读书穷理，要以识趣为先。

一一九

美女不尚铅华，似疏梅之映淡月；禅师不落空寂，若碧沼之吐青莲。

一二〇

廉官多无后，以其太清也；痴人每多福，以其近厚也。故君子虽重廉介，不可无含垢纳污之雅量；虽戒痴顽，亦不必有察渊洗垢之精明。

一二一

密则神气拘逼，疏则天真烂漫，此岂独诗文之工拙从此分哉！吾见周密之人纯用机巧，疏狂之士独任性真，人心之生死亦于此判也。

一二二

翠筱傲严霜，节纵孤高，无伤冲雅；红蕖媚秋水，色虽艳丽，何损清修。

（明）姜立纲楷书宋代张载《正蒙·东铭》。识文：戏言出于思也，戏动作于谋也。发于声，见乎四支，谓非己心，不明也。欲人无己疑，不能也。过言非心也，过动非诚也。失于声，缪迷其四体，谓己当然，自诬也。欲他人己从，诬人也。或者以出于心者，归咎为己戏。失于思者，自诬为己诚。不知戒其出汝者，反归咎其不出汝者。长傲且遂非，不知孰甚焉！

一二三

贫贱所难，不难在砥节，而难在用情；富贵所难，不难在推恩，而难在好礼。

一二四

簪缨之士，常不及孤寒之子可以抗节致忠；庙堂之士，常不及山野之夫可以料事烛理。何也？彼以浓艳损志，此以淡泊全真也。

一二五

荣宠旁边辱等待，不必扬扬；困穷背后福跟随，何须戚戚。

一二六

古人闲适处，今人却忙过了一生；古人实受处，今人又虚度了一世。总是耽空逐妄，看个色身不破，认个法身不真耳。

一二七

芝草无根醴无源，志士当勇奋翼；彩云易散琉璃脆，达人当早回头。

一二八

少壮者，当事事用意而意反轻，徒泛泛作水中凫而已，何以振云霄之翮；衰老者，事事直忘情而情反重，徒碌碌为辕下驹而已，何以脱缰锁之身？

一二九

帆只扬五分，船便安；水只注五分，器便稳。如韩信以勇震主被擒，陆机以才名冠世见杀，霍光败于权势逼君，石崇死于财富敌国，皆以十分取败者也。康节云："饮酒莫教成酩酊，看花慎勿至离披。"旨哉言乎！

一三〇

附势者如寄生依木，木伐而寄生亦枯；窃利者如虹盗人，人死而虹亦灭。始以势利害人，终以势利自毙。势利之为害也，如是夫！

一三一

失血于杯中，堪笑猩猩之嗜酒；为巢于幕上，可怜燕燕之偷安。

一三二

鹤立鸡群，可谓超然无侣矣。然进而观于大海之鹏，则眇然自小。又进而求之九霄之凤，则巍乎莫及。所以至人常若无若虚，而盛德多不矜不伐也。

一三三

铅刀只有一割能，莫认偶尔之效辄寄调鼎之责；干将不便如锥用，勿以暂时之拙全没倚天之才。

一三四

贪心胜者，逐兽而不见泰山在前，弹雀而不知深井在后；疑心胜者，见弓影而惊杯中之蛇，听人言而信市上之虎。人心一偏，遂视有为无，造无作有。如此，心可妄动乎哉！

一三五

蛾扑火，火焦蛾，莫谓祸生无本；果种花，花结果，须知福至有因。

一三六

车争险道，马骋先鞭，到败处未免噬脐；粟喜堆山，金夸过斗，临

（明）仇英《桃源仙境图》

行时还是空手。

一三七

花逞春光，一番雨、一番风，催归尘土；竹坚雅操，几朝霜、几朝雪，傲就琅玕。

一三八

富贵是无情之物，看得他重，他害你越大；贫贱是耐久之交，处得他好，他益你必多。故贪商于而恋金谷者，竟被一时之显戮；乐箪瓢而甘敝缊者，终享千载之令名。

一三九

鸟恶铃而高飞，不知敛翼而铃自息；人恶影而疾走，不知处阴而影自灭。故愚夫徒疾走高飞，而平地反为苦海；达士知处阴敛翼，而巉岩亦是坦途。

一四〇

秋虫春鸟共畅天机，何必浪生悲喜；老树新花同含生意，胡为妄别媸妍？

一四一

己享其利者为有德，柳跖之腹心；巧饰其貌者无实行，优孟之流风。

一四二

多栽桃李少栽荆，便是开条福路；不积诗书偏积玉，还如筑个祸基。

一四三

习伪智矫性徇时，损天真取世资考，至人所弗为也。

一四四

万境一辙原无地，著个穷通；万物一体原无处，分个彼我。世人迷真逐妄，乃向坦途上自设一坷坎，从空洞中自筑一藩篱。良足慨哉！

一四五

大聪明的人，小事必朦胧；大懵懂的人，小事必伺察。盖伺察乃懵懂之根，而朦胧正聪明之窟也。

一四六

大烈鸿猷，常出悠闲镇定之士，不必忙忙；休征景福，多集宽洪长厚之家，何须琐琐。

一四七

贫士肯济人，才是性天中惠泽；闹场能学道，方为心地上工夫。

一四八

人生只为欲字所累，便如马如牛，听人羁络；为鹰为犬，任物鞭笞。若果一念清明，淡然无欲，天地也不能转动我，鬼神也不能役使我，况一切区区事物乎！

一四九

贪得者身富而心贫，知足者身贫而心富；居高者形逸而神劳，处下者形劳而神逸。孰得孰失，孰幻孰真，达人当自辨之。

一五〇

众人以顺境为乐，而君子乐自逆境中来；众人以拂意为忧，而君子忧从快意处起。盖众人忧乐以情，而君子忧乐以理也。

一五一

谢豹覆面，犹知自愧；唐鼠易肠，犹知自悔。盖愧悔二字，乃吾人去恶迁善之门，起死回生之路也。人生若无此念头，便是既死之寒灰，已枯之槁木矣。何处讨些生理？

一五二

异宝奇珍，俱是必争之器；瑰节奇行，多冒不祥之名。总不若寻常历履，易简行藏，可以完天地浑噩之真，享民物和平之福。

一五三

福善不在杳冥，即在食息起居处牖其衷；祸淫不在幽渺，即在动静语默间夺其魄。可见人之精爽常通于天，天之威命即寓于人。天人岂相远哉！

一五四

昼闲人寂，听数声鸟语悠扬，不觉耳根尽彻；夜静天高，看一片云光舒卷，顿令眼界俱空。

一五五

世事如棋局，不着得才是高手；人生似瓦盆，打破了方见真空。

一五六

龙可豢非真龙，虎可搏非真虎。故爵禄可饵荣进之辈，必不可笼淡然无欲之人。鼎镬可及宠利之流，必不可加飘然远引之士。

一五七

一场闲富贵，狠狠争来，虽得还是失；百岁好光阴，忙忙过了，纵寿亦为夭。

一五八

高车嫌地僻，不如鱼鸟解亲人；驷马喜门高，怎似莺花能避俗。

一五九

红烛烧残，万念自然厌冷；黄粱梦破，一身亦似云浮。

一六〇

千载奇逢，无如好书良友；一生清福，只在碗茗炉烟。

一六一

困来稳睡落花前，天地即为衾枕；机息坐忘磐石上，古今尽属蜉蝣。

（明）王世贞《弇山堂别集》，明万历十八年金陵刻本

一六二

昂藏老鹤虽饥，饮啄犹闲，肯同鸡鹜之营营而竞食？偃蹇寒松纵老，丰标自在，岂似桃李之灼灼而争妍？吾人适志于花柳烂漫之时，得趣于笙歌腾沸之处，乃是造化之幻境，人心之荡念也。须从木落草枯之后，向声希味淡之中，觅得一些消息，才是乾坤的橐籥，人物的根宗。

一六三

静处观人事，即伊吕之勋庸、夷齐之节义，无非大海浮沤；闲中玩物情，虽木石之偏枯、鹿豕之顽蠢，总是吾性真如。

一六四

花开花谢春不管，拂意事休对人言；水暖水寒鱼自知，会心处还期独赏。

一六五

啄食之翼，善警畏而迅飞，常虞系捕之奄及；涉镜之心，宜憬决而疾止，须防流宕之忘归。

一六六

闲观扑纸蝇，笑痴人自生障碍；静觇竞巢鹊，叹杰士空逞英雄。

一六七

看破有尽身躯，万境之尘缘自息；悟入无坏境界，一轮之心月独明。

一六八

土床石枕冷家风，拥衾时魂梦亦爽；麦饭豆羹淡滋味，放箸处齿颊犹香。

一六九

谈纷华而厌者，或见纷华而喜；语淡泊而欣者，或处淡泊而厌。须扫除浓淡之见，灭却欣厌之情，才可以忘纷华而甘淡泊也。

一七〇

"鸟惊心""花溅泪"，怀此热肝肠，如何领取冷风月；"山写照""水传神"，识吾真面目，方可摆脱幻乾坤。

一七一

人之有生也，如太仓之粒米，如灼目之电光，如悬崖之朽木，如逝海之一波。知此者如何不悲？如何不乐？如何看他不破而怀贪生之虑？如何看他不重而贻虚生之羞？

一七二

鹬蚌相持，兔犬共毙，冷觑来令人猛气全消；鸥凫共浴，鹿豕同眠，闲观去使我机心顿息。

一七三

迷则乐境成苦海，如水凝为冰；悟则苦海为乐境，犹冰涣作水。可见苦乐无二境，迷悟非两心，只在一转念间耳。

一七四

遍阅人情，始识疏狂之足贵；备尝世味，方知淡泊之为真。

一七五

地宽天高，尚觉鹏程之窄小；云深松老，方知鹤梦之悠闲。

一七六

两个空拳握古今，握住了还当放手；一条竹杖挑风月，挑到时也要息肩。

一七七

阶下几点飞翠落红，收拾来无非诗料；窗前一片浮青映白，悟入处尽是禅机。

一七八

忽睹天际彩云，常疑好事皆虚事；再观山中古木，方信闲人是福人。

一七九

东海水曾闻无定波，世事何须扼腕？北邙山未省留闲地，人生且自舒眉。

一八〇

天地尚无停息，日月且有盈亏，况区区人世能事事圆满，而时时暇逸乎？只是向忙里偷闲，遇缺处知足，则操纵在我，作息自如，

（明）米万钟《深山幽居》

即造物不得与之论劳逸、较亏盈矣！

一八一

心游瑰玮之编，所以慕高远；目想清旷之域，聊以淡繁华。于道虽非大成，于理亦为小补。

一八二

霜天闻鹤唳，雪夜听鸡鸣，得乾坤清纯之气；晴空看鸟飞，活水观鱼戏，识宇宙活泼之机。

一八三

闲烹山茗听瓶声，炉内识阴阳之理；漫履楸枰观局戏，手中悟生杀之机。

一八四

芳菲园林看蜂忙，觑破几般尘情世态；寂寞衡茅观燕寝，引起一种冷趣幽思。

一八五

会心不在远，得趣不在多。盆池拳石间，便居然有万里山川之势；片言只语内，便宛然见万古圣贤之心，才是高士的眼界，达人的胸襟。

一八六

心与竹俱空，问是非何处安脚？貌偕松共瘦，知忧喜无由上眉。

一八七

趋炎虽暖，暖后更觉寒威；食蔗能甘，甘余便生苦趣。何似养志于清修而炎凉不涉，栖心于淡泊而甘苦俱忘，其自得为更多也。

一八八

席拥飞花落絮，坐林中锦绣团裍；炉烹白雪清冰，熬天上玲珑液髓。

一八九

逸态闲情，惟期自尚，何事处修边幅；清标傲骨，不愿人怜，无劳多买胭脂。

一九〇

天地景物，如山间之空翠，水上之涟漪，潭中之云影，草际之烟光，月下之花容，风中之柳态。若有若无，半真半幻，最足以悦人心目而豁人性灵。真天地间一妙境也。

一九一

"乐意相关禽对语，生香不断树交花"，此是无彼无此得真机；"野色更无山隔断，天光常与水相连"，此是彻上彻下得真意。吾人时时以此景象注之心目，何患心思不活泼，气象不宽平！

一九二

鹤唳、雪月、霜天，想见屈大夫醒时之激烈；鸥眠、春风、暖日，会知陶处士醉里之风流。

一九三

黄鸟情多，常向梦中呼醉客；白云意懒，偏来僻处媚幽人。

一九四

栖迟蓬户，耳目虽拘而神情自旷；结纳山翁，仪文虽略而意念常真。

一九五

满室清风满几月，坐中物物见天心；一溪流水一山云，行处时时观妙道。

一九六

炮凤烹龙，放箸时与齑盐无异；悬金佩玉，成灰处共瓦砾何殊。

一九七

"扫地白云来"，才着工夫便起障；"凿池明月入"，能空境界自生明。

一九八

造化唤作小儿，切莫受渠戏弄；天地原为大块，须要任我炉锤。

一九九

夜眠八尺，日啖二升，何须百般计较；书读五车，才分八斗，未闻一日清闲。

二〇〇

君子之心事，天青日白，不可使人不知；君子之才华，玉韫珠藏，不可使人易知。

二〇一

耳中常闻逆耳之言，心中常有拂心之事，才是进德修行的砥石，若言言悦耳，事事快心，便把此生埋在鸩毒中矣。

二〇二

疾风怒雨，禽鸟戚戚；霁月光风，草木欣欣，可见天地不可一日无和气，人心不可一日无喜神。

二〇三

醲肥辛甘非真味，真味只是淡；神奇卓异非至人，至人只是常。

二〇四

夜深人静，独坐观心，始知妄穷而真独露，每于此中得大机趣。既觉真现而妄难逃，又于此中得大惭忸。

二〇五

恩里由来生害，故快意时须早回头；败后或反成功，故拂心处切莫放手。

二〇六

藜口苋肠者，多冰清玉洁；衮衣玉食者，甘婢膝奴颜。盖志以淡泊明，而节从肥甘丧矣。

二〇七

面前的田地要放得宽，使人无不平之叹；身后的惠泽要流得长，使人有不匮之思。

二〇八

路径窄处留一步，与人行；滋味浓的减三分，让人嗜。此是涉世一极乐法。

二〇九

作人无甚高远的事业，摆脱得俗情便入名流；为学无甚增益的工夫，减除得物累便臻圣境。

二一〇

宠利毋居人前，德业毋落人后，受享毋逾分外，修持毋减分中。

二一一

处世让一步为高，退步即进步的张本；待人宽一分是福，利人实利己的根基。

二一二

盖世的功劳，当不得一个矜字；弥天的罪过，当不得一个悔字。

二一三

完名美节，不宜独任，分些与人，可以远害全身；辱行污名，不宜全推，引些归己，可以韬光养德。

二一四

事事要留个有余不尽的意思，便造物不能忌我，鬼神不能损我。若业必求满，功必求盈者，不生内变，必招外忧。

二一五

抗心希古，雄节迈伦，穷且弥坚，老当益壮。脱落俦侣，如独象之行踪；超腾风云，若大龙之起舞。

二一六

攻人之恶毋太严，要思其堪受；教人以善毋过高，当使其可从。

二一七

粪虫至秽，变为蝉而饮露于秋风；腐草无光，化为萤而耀采于夏月。故知洁常自污出，明每从暗生也。

二一八

矜高倨傲，无非客气降伏得，客气下而后正气伸；情欲意识，尽属妄心消杀得，妄心尽而后真心现。

二一九

饱后思味，则浓淡之境都消；色后思淫，则男女之见尽绝。故人当以事后之悔，悟破临事之痴迷，则性定而动无不正。

二二〇

居轩冕之中，不可无山林的气味；处林泉之下，须要怀廊庙的经纶。处世不必邀功，无过便是功；与人不要感德，无怨便是德。

二二一

忧勤是美德，太苦则无以适性怡情；淡泊是高风，太枯则无以济人利物。

二二二

事穷势蹙之人，当原其初心；功成行满之士，要观其末路。富贵家

（元）泰不华《陋室铭》。识文：山不在高，有仙则名；水不在深，有龙则灵。斯是陋室，唯吾德馨。苔痕上阶绿，草色入帘青。谈笑有鸿儒，往来无白丁。可以调素琴，阅金经。无丝竹之乱耳，无案牍之劳形。南阳诸葛庐，西蜀子云亭。孔子云："何陋之有？"至正六年正月廿八日白野兼善书。

宜宽厚而反忌克，是富贵而贫贱，其行如何能享？聪明人宜敛藏而反炫耀，是聪明而愚懵，其病如何不败！

二二三

人情反覆，世路崎岖。行不去，须知退一步之法；行得去，务加让三分之功。

二二四

待小人不难于严，而难于不恶；待君子不难于恭，而难于有礼。

二二五

宁守浑噩而黜聪明，留些正气还天地；宁谢纷华而甘淡泊，遗个清名在乾坤。

二二六

降魔者先降其心，心伏则群魔自退；驭横者先驭其气，气平则外横不侵。

二二七

养弟子如养闺女，最要严出入，谨交游。若一接近匪人，是清净田中下一不净的种子，便终身难植嘉苗矣。

二二八

欲路上事，毋乐其便而姑为染指，一染指便深入万仞；理路上事，毋惮其难而稍为退步，一退步便远隔千山。

二二九

念头浓者自待厚，待人亦厚，处处皆厚；念头淡者自待薄，待人亦薄，事事皆薄。故君子居常嗜好，不可太浓艳，亦不宜太枯寂。

二三〇

彼富我仁，彼爵我义，君子故不为君相所牢笼；人定胜天，志壹动气，君子亦不受造化之陶铸。

二三一

立身不高一步立，如尘里振衣、泥中濯足，如何超达？处世不退一步处，如飞蛾投烛、羝羊触藩，如何安乐？

二三二

学者要收拾精神并归一处。如修德而留意于事功名誉，必无实谊；读书而寄兴于吟咏风雅，定不深心。

二三三

人人有个大慈悲，维摩屠刽无二心也；处处有种真趣味，金屋茅檐非两地也。只是欲闭情封，当面错过，便咫尺千里矣。

二三四

进德修行，要个木石的念头，若一有欣羡便趋欲境；济世经邦，要段云水的趣味，若一有贪著便堕危机。

二三五

福莫福于少事，祸莫祸于多心。惟少事者方知少事之为福，惟平心者始知多心之为祸。

二三六

处治世宜方，处乱世当圆，处叔季之世当方圆并用。待善人宜宽，待恶人当严，待庸众之人宜宽严互存。

二三七

我有功于人不可念，而过则不可不念；人有恩于我不可忘，而怨则不可不忘。

二三八

心地干净，方可读书学古。不然，见一善行，窃以济私；闻一善言，假以覆短。是又借寇兵而赍盗粮矣。

二三九

奢者富而不足，何如俭者贫而有余；能者劳而俯怨，何如拙者逸而全真。

二四〇

读书不见圣贤，如铅椠佣。居官不爱子民，如衣冠盗。讲学不尚躬行，如口头禅。立业不思种德，如眼前花。

二四一

人心有部真文章，都被残编断简封固了；有部真鼓吹，都被妖歌艳舞湮没了。学者须扫除外物，直觅本来，才有个真受用。

二四二

苦心中常得悦心之趣，得意时便生失意之悲。

二四三

富贵名誉，自道德来者，如山林中花，自是舒徐繁衍；自功业来者，如盆槛中花，便有迁徙废兴；若以权力得者，如瓶钵中花，其根不植，其萎可立而待矣。

二四四

栖守道德者，寂寞一时；依阿权势者，凄凉万古。达人观物外之物，思身后之身，宁受一时之寂寞，毋取万古之凄凉。

二四五

春至时和，花尚铺一段好色，鸟且啭几句好音。士君子幸列头角，复遇温饱，不思立好言、行好事，虽是在世百年，恰似未生一日。

二四六

学者有段兢业的心思，又要有段潇洒的趣味。若一味敛束清苦，是有秋杀无春生，何以发育万物？

二四七

真廉无廉名，立名者正所以为贪；大巧无巧术，用术者乃所以为拙。

二四八

心体光明，暗室中有青天；念头暗昧，白日下有厉鬼。

二四九

人知名位为乐，不知无名无位之乐为最真；人知饥寒为忧，不知不饥不寒之忧为更甚。

二五〇

为恶而畏人知，恶中犹有善路；为善而急人知，善处即是恶根。

二五一

天之机缄不测，抑而伸、伸而抑，皆是播弄英雄、颠倒豪杰处。君子只是逆来顺受、居安思危，天亦无所用其伎俩矣。

二五二

福不可邀，养喜神以为招福之本；祸不可避，去杀机以为远祸之方。

二五三

十语九中未必称奇，一语不中，则愆尤骈集；十谋九成未必归功，一谋不成则訾议丛兴。君子所以宁默毋躁、宁拙毋巧。

二五四

天地之气，暖则生，寒则杀。故性气清冷者，受享亦凉薄。惟气和暖心之人，其福亦厚，其泽亦长。

二五五

天理路上甚宽，稍游心胸中，便觉广大宏朗；人欲路上甚窄，才寄迹眼前，俱是荆棘泥涂。

二五六

一苦一乐相磨练，练极而成福者，其福始久；一疑一信相参勘，勘极而成知者，其知始真。

二五七

地之秽者多生物，水之清者常无鱼，故君子当存含垢纳污之量，不可持好洁独行之操。

二五八

泛驾之马，可就驰驱；跃冶之金，终归型范。只一优游不振，便终身无个进步。白沙云："为人多病未足羞，一生无病是吾忧。"真确实之论也。

二五九

人只一念贪私，便销刚为柔，塞智为昏，变恩为惨，染洁为污，坏了一生人品。故古人以不贪为宝，所以度越一世。

二六〇

耳目见闻为外贼，情欲意识为内贼，只是主人公惺惺不昧，独坐中堂，贼便化为家人矣。

二六一

图未就之功，不如保已成之业；悔既往之失，亦要防将来之非。

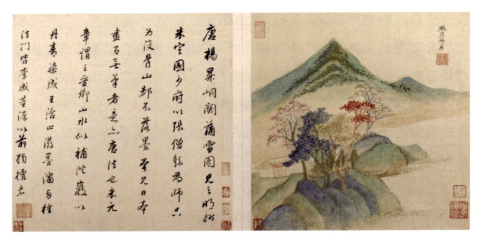

（明）董其昌《仿古山水册·仿唐杨升》

二六二

气象要高旷，而不可疏狂；心思要缜缜，而不可琐屑；趣味要冲淡，而不可偏枯；操守要严明，而不可激烈。

二六三

风来疏竹，风过而竹不留声；雁度寒潭，雁去而潭不留影。故君子事来而心始现，事去而心随空。

二六四

清能有容，仁能善断，明不伤察，直不过矫，是谓蜜饯不甜、海味不咸，才是懿德。

二六五

贫家净扫地，贫女净梳头。景色虽不艳丽，气度自是风雅。士君子当穷愁寥落，奈何辄自废弛哉！

二六六

闲中不放过，忙中有受用；静中不落空，动中有受用；暗中不欺隐，明中有受用。

二六七

念头起处，才觉向欲路上去，便挽回理路上来。一起便觉，一觉便转，此是转祸为福、起死回生的关头，切莫轻易错过。

二六八

天薄我以福，吾厚吾德以迓之；天劳我以形，吾逸吾心以补之；天厄我以遇，吾亨吾道以通之。天且奈我何哉！

二六九

真士无心邀福，天即就无心处牖其衷；俭人著意避祸，天即就著意中夺其魂。可见天之机权最神，人之智巧何益！

二七〇

声妓晚景从良，一世之烟花无碍；贞妇白头失守，半生之清苦俱非。语云："看人只看后半截"，真名言也。

二七一

平民肯种德施惠，便是无位的卿相；仕夫徒贪权市宠，竟成有爵的乞人。

二七二

问祖宗之德泽，吾身所享者，是当念其积累之难；问子孙之福祉，吾身所贻者，是要思其倾覆之易。

二七三

君子而诈善，无异小人之肆恶；君子而改节，不若小人之自新。

二七四

家人有过不宜暴扬，不宜轻弃。此事难言，借他事而隐讽之。今日不悟，俟来日正警之。如春风之解冻、和气之消冰，才是家庭的型范。

二七五

遇艳艾于密室，见遗金于旷郊，甚于两块试金石；受眉睫之横逆，

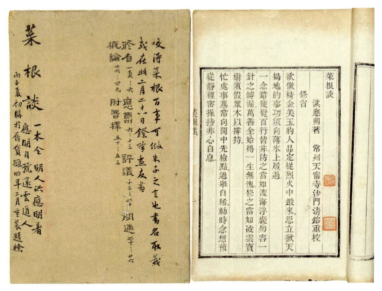

（明）洪应明《菜根谭》，清乾隆间白纸初刻初印本

闻萧墙之谗诟，即是他山攻玉砂。

二七六

此心常看得圆满，天下自无缺陷之世界；此心常放得宽平，天下自无险侧之人情。

二七七

淡泊之士，必为浓艳者所疑；检饬之人，多为放肆者所忌。君子处此，固不可少变其操履，亦不可太露其锋芒。

二七八

居逆境中，周身皆针砭药石，砥节砺行而不觉；处顺境内，满前尽兵刃戈矛，销膏靡骨而不知。生长富贵丛中的，嗜欲如猛火、权势似烈焰，若不带些清冷气味，其火焰不至焚人，必将自焚。

二七九

人心一真，便霜可飞、城可陨、金石可贯。若伪妄之人，形骸徒具，真宰已亡。对人则面目可憎，独居则形影自愧。

二八○

文章做到极处，无有他奇，只是恰好；人品做到极处，无有他异，只是本然。

二八一

以幻迹言，无论功名富贵，即肢体亦属委形；以真境言，无论父母兄弟，即万物皆吾一体。人能看得破，认得真，才可以任天下之负担，亦可脱世间之缰锁。

二八二

爽口之味，皆烂肠腐骨之药，五分便无殃；快心之事，悉败身散德之媒，五分便无悔。

二八三

不责人小过，不发人阴私，不念人旧恶。三者可以养德，亦可以远害。

二八四

天地有万古，此身不再得；人生只百年，此日最易过。幸生其间者，不可不知有生之乐，亦不可不怀虚生之忧。

二八五

老来疾病都是壮时招得，衰时罪孽都是盛时作得。故持盈履满，君子尤兢兢焉。

二八六

市私恩不如扶公议，结新知不如敦旧好，立荣名不如种阴德，尚奇节不如谨庸行。

二八七

公平正论不可犯手，一犯手则遗羞万世；权门私窦不可著脚，一著

（明）董其昌草书五言联：上客能论道，吾生学养蒙

脚则玷污终身。

二八八

曲意而使人喜，不若直躬而使人忌；无善而致人誉，不如无恶而致人毁。

二八九

处父兄骨肉之变，宜从容不宜激烈；遇朋友交游之失，宜剀切不宜优游。

二九〇

小处不渗漏，暗处不欺隐，末路不怠荒，才是真正英雄。

二九一

惊奇喜异者，终无远大之识；苦节独行者，要有恒久之操。

二九二

当怒火欲水正腾沸时，明明知得，又明明犯着。知得是谁，犯着又是谁？此处能猛然转念，邪魔便为真君子矣。

二九三

毋偏信而为奸所欺，毋自任而为气所使，毋以己之长而形人之短，毋因己之拙而忌人之能。

二九四

人之短处，要曲为弥缝，如暴而扬之，是以短攻短；人有顽的，要善为化诲，如忿而嫉之，是以顽济顽。

二九五

遇沉沉不语之士，且莫输心；见悻悻自好之人，应须防口。

二九六

念头昏散处，要知提醒；念头吃紧时，要知放下。不然，恐去昏昏之病，又来憧憧之扰矣。

二九七

霁日青天，倏变为迅雷震电；疾风怒雨，倏转为朗月晴空。气机何尝一毫凝滞，太虚何尝一毫障蔽，人之心体亦当如是。

二九八

胜私制欲之功，有曰识不早、力不易者，有曰识得破、忍不过者。盖识是一颗照魔的明珠，力是一把斩魔的慧剑，两不可少也。

二九九

横逆困穷，是煅炼豪杰的一副炉锤。能受其煅炼者，则身心交益；不受其煅炼者，则身心交损。

（明）项圣谟《秋林禅悦图》

三〇〇

害人之心不可有，防人之心不可无，此戒疏于虑者。宁受人之欺，毋逆人之诈，此警伤于察者。二语并存，精明浑厚矣。

三〇一

毋因群疑而阻独见，毋任己意而废人言，毋私不惠而伤大体，毋借公论以快私情。

三〇二

善人未能急亲，不宜预扬，恐来谗谮之奸；恶人未能轻去，不宜先发，恐招媒孽之祸。

三〇三

一翳在眼，空花乱起，纤尘著体，杂念纷飞。了翳无花，销尘绝念。

三〇四

青天白日的节义，自暗室屋漏中培来；旋乾转坤的经纶，从临深履薄中操出。

三〇五

父慈子孝、兄友弟恭，纵做到极处，俱是合当如是，着不得一毫感激的念头。如施者任德，受者怀恩，便是路人，便成市道矣。

三〇六

炎凉之态，富贵更甚于贫贱；妒忌之心，骨肉尤狠于外人。此处若不当以冷肠，御以平气，鲜不日坐烦恼障中矣。

三〇七

功过不宜少混，混则人怀惰隳之心；恩仇不可太明，明则人起携贰之志。

三〇八

恶忌阴，善忌阳，故恶之显者祸浅，而隐者祸深。善之显者功小，而隐者功大。

三〇九

德者才之主，才者德之奴。有才无德，如家无主而奴用事矣，几何不魍魉猖狂？

三一〇

锄奸杜幸，要放他一条去路。若使之一无所容，便如塞鼠穴者，一切去路都塞尽，则一切好物都咬破矣。

三一一

士君子不能济物者，遇人痴迷处，出一言提醒之。遇人急难处，出一言解救之，亦是无量功德矣。

三一二

处己者触事皆成药石，尤人者动念即是戈矛。一以辟众善之路，一以浚诸恶之源，相去霄壤矣。

三一三

事业文章，随身销毁，而精神万古如新；功名富贵，逐世转移，而气节千载一时。吾信不以彼易此也。

三一四

鱼网之设，鸿则罹其中；螳螂之贪，雀又乘其后。机里藏机，变外生变，智巧何足恃哉！

三一五

作人无一点真恳的念头，便成个花子，事事皆虚；涉世无一段圆活的机趣，便是个木人，处处有碍。

三一六

有一念而犯鬼神之忌，一言而伤天地之和，一事而酿子孙之祸者，最宜切戒。

三一七

事有急之不白者，宽之或自明，毋躁急以速其忿；人有切之不从者，纵之或自化，毋操切以益其顽。

三一八

节义傲青云，文章高白雪，若不以德性陶熔之，终为血气之私、技能之末。

三一九

谢事当谢于正盛之时，居身宜居于独后之地，谨德须谨于至微之事，施恩务施于不报之人。

三二〇

德者事业之基，未有基不固而栋宇坚久者；心者修齐之根，未有根不植而枝叶荣茂者。

三二一

道是一件公众的物事，当随人而接引；学是一个寻常的家饭，当随事而警惕。

三二二

学道之人，虽曰有心，心常在定，非同猿马之未宁；虽曰无心，心常在慧，非同株块之不动。

三二三

念头宽厚的，如春风煦育，万物遭之而生；念头忌克的，如朔雪阴凝，万物遭之而死。

三二四

勤者敏于德义，而世人借勤以济其贪；俭者淡于货利，而世人假俭以饰其吝。君子持身之符，反为小人营私之具矣，惜哉！

三二五

人之过误宜恕，而在己则不可恕；己之困辱宜忍，而在人则不可忍。

三二六

恩宜自淡而浓，先浓后淡者人忘其惠；威宜自严而宽，先宽后严者人怨其酷。

三二七

士君子处权门要路，操履要严明，心气要和易。毋少随而近腥膻之党，亦毋过激而犯蜂虿之毒。

三二八

遇欺诈的人，以诚心感动之；遇暴戾的人，以和气熏蒸之；遇倾邪私曲的人，以名义气节激励之。天下无不入我陶熔中矣。

三二九

一念慈祥，可以酝酿两间和气；寸心洁白，可以昭垂百代清芬。

三三〇

阴谋怪习、异行奇能，俱是涉世的祸胎。只一个庸德庸行，便可以完混沌而招和平。

三三一

语云："登山耐险路，踏雪耐危桥。"一耐字极有意味。如倾险之人情、坎坷之世道，若不得一耐字撑持过去，几何不坠入榛莽坑堑哉！

三三二

夸逞功业炫耀文章，皆是靠外物做人。不知心体莹然，本来不失，即无寸功只字，亦自有堂堂正正做人处。

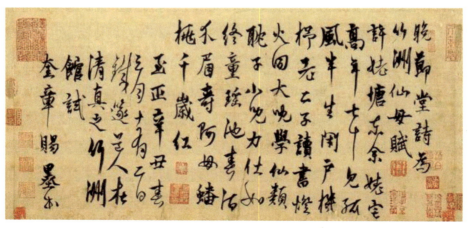

（元）杨维桢《晚节堂诗札》。识文：晚节堂诗为竹洲仙母赋：许姥塘东余姥宅，高年七十见孤风。半生闭户机杼老，公子读书灯火同。大儿学仙类耽子，小儿力仕如终童。瑶池春酒介眉寿，阿母蟠桃千岁红。至正辛丑春三月十有二日。铁篴道人在清真之竹洲馆试奎章赐墨书。

三三三

不昧己心，不拂人情，不竭物力，三者可以为天地立心，为生民立命，为子孙造福。

三三四

居官有二语曰："惟公则生明，惟廉则生威。"居家有二语曰："惟恕则平情，惟俭则足用。"

三三五

处安乐之场，当体患难景况；立旁观之地，要知当局苦衷；理现成之事，宜审创始艰辛；处富贵之地，要知贫贱的痛痒；当少壮之时，须念衰老的辛酸。

三三六

休与小人仇雠，小人自有对头；休向君子谄媚，君子原无私惠。

三三七

磨砺当如百炼之金，急就者非邃养施为宜，似千钧之弩轻发者无宏功。

三三八

建功立业者，多虚圆之士；偾事失机者，必执拗之人。

三三九

俭，美德也，过则为悭吝、为鄙啬，反伤雅道；让，懿行也，过则为足恭、为曲礼，多出机心。

三四○

毋忧拂意，毋喜快心，毋恃久安，毋惮初难。

三四一

仁人心地宽舒，便福厚而庆长，事事成个宽舒气象；鄙夫念头迫促，便禄薄而泽短，事事成个迫促规模。

三四二

用人不宜刻，刻则思效者去；交友不宜滥，滥则贡谀者来。

三四三

大人不可不畏，畏大人则无放逸之心；小民亦不可不畏，畏小民则无豪横之名。

三四四

事稍拂逆，便思不如我的人，则怨尤自消；心稍怠荒，便思胜似我的人，则精神自奋。

三四五

不可乘喜而轻诺，不可因醉而生嗔，不可乘快而多事，不可因倦而鲜终。

三四六

钓水，逸事也，尚持生杀之柄；弈棋，清戏也，且动战争之心。可见喜事不如省事之为适，多能不如无能之全真。

三四七

听静夜之钟声，唤醒梦中之梦；观澄潭之月影，窥见身外之身。

三四八

鸟语虫声，总是传心之诀；花英草色，无非见道之文。学者要天机清彻，胸次玲珑，触物皆有会心处。

三四九

人解读有字书，不解读无字书；知弹有弦琴，不知弹无弦琴。以迹用不以神用，何以得琴书佳趣？

三五〇

山河大地已属微尘，而况尘中之尘！血肉身驱且归泡影，而况影外之影！非上上智，无了了心。

三五一

石火光中，争长竞短，几何光阴？蜗牛角上，较雌论雄，许大世界？

（明）唐寅《守耕图卷》

三五二

延促由于一念，宽窄系之寸心。故机闲者一日遥于千古，意宽者斗室广于两间。

三五三

都来眼前事，知足者仙境，不知足者凡境；总出世上因，善用者生机，不善用者杀机。

三五四

趋炎附势之祸，甚惨亦甚速；栖恬守逸之味，最淡亦最长。

三五五

色欲火炽，而一念及病时，便兴似寒灰；名利饴甘，而一想到死地，便味如咀蜡。故人常忧死虑病，亦可消幻业而长道心。

三五六

争先的，径路窄，退后一步自宽平一步；浓艳的，滋味短，清淡一分自悠长一分。

三五七

隐逸林中无荣辱，道义路上泯炎凉。

三五八

进步处便思退步，庶免触藩之祸；着手时光图放手，才脱骑虎之危。

三五九

贪得者分金恨不得玉，封公怨不授侯，权豪自甘乞丐；知足者藜羹旨于膏粱，布袍暖于狐貉，编民不让王公。

三六〇

矜名不如逃名趣，练事何如省事闲。

三六一

孤云出岫，去留一无所系；朗镜悬空，静躁两不相干。

三六二

山林是胜地，一营恋便成市朝；书画是雅事，一贪痴便成商贾。盖心无染著，俗境是仙都；心有丝牵，乐境成悲地。

三六三

时当喧杂，则平日所记忆者皆漫然忘去；境在清宁，则夙昔所遗忘者又恍尔现前。可见静躁稍分，昏明顿异也。

三六四

芦花被下卧雪眠云，保全得一窝夜气；竹叶杯中吟风弄月，躲离了万丈红尘。

三六五

出世之道即在涉世中，不必绝人以逃世；了心之功即在尽心内，不必绝欲以灰心。

三六六

此身常放在闲处，荣辱得失，谁能差遣我？此心常安在静中，是非利害，谁能瞒昧我？

三六七

我不希荣，何忧乎利禄之香饵；我不兢进，何畏乎仕宦之危机。

三六八

多藏厚亡，故知富不如贫之无虑；高步疾颠，故知贵不如贱之常安。

三六九

世上只缘认得"我"字太真，故多种种嗜好、种种烦恼。前人云："不复知有我，安知物为贵。"又云："知身不是我，烦恼更何侵。"真破的之言也。

三七〇

人情世态，倏忽万端，不宜认得太真。尧夫云："昔日所云我，今朝却是伊；不知今日我，又属后来谁？"人常作是观，便可解却胸中罥矣。

三七一

视民为吾民，善善恶恶或不均；视民为吾心，慈善悲恶无不真。故曰：天地同根，万物一体，是谓同仁。

三七二

有一乐境界，就有一不乐的相对待；有一好光景，就有一不好的相乘除。只是寻常家饭、素位风光，才是个安乐窝巢。

三七三

知成之必败，则求成之心不必太坚；知生之必死，则保生之道不必过劳。

三七四

眼看西晋之荆榛，犹矜白刃；身属北邙之狐兔，尚惜黄金。语云："猛兽易伏，人心难降。溪壑易填，人心难满。"信哉！

三七五

心地上无风涛，随在皆青山绿树；性天中有化育，触处都鱼跃鸢飞。

三七六

静极则心通，言志则体会，是以会通之人，心若悬鉴，口若结舌，形若槁木，气若霜雪。

三七七

狐眠败砌，兔走荒台，尽是当年歌舞之地；露冷黄花，烟迷衰草，悉属旧时争战之场。盛衰何常，强弱安在，念此令人心灰。

三七八

宠辱不惊，闲看庭前花开花落；去留无意，漫随天外云卷云舒。

（明）洪应明《菜根谭》，清乾隆年间刻本

三七九

晴空朗月，何天不可翱翔，而飞蛾独投夜烛；清泉绿竹，何物不可饮啄，而鸱鸮偏嗜腐鼠。噫！世之不为飞蛾鸱鸮者，几何人哉！

三八〇

游鱼不知海，飞鸟不知空，凡民不知道。是以善体道者，身若鱼鸟，心若海空，庶乎近焉。

三八一

权贵龙骧，英雄虎战，以冷眼视之，如蝇聚膻、如蚁竞血；是非蜂起，得失蝟兴，以冷情当之，如冶化金，如汤消雪。

真空不空，执相非真，破相亦非真。问世尊如何发付？在世出世，徇俗是苦，绝俗亦是苦，听吾侪善自修持。

三八二

烈士让千乘，贪夫争一文，人品星渊也，而好名不殊好利；天子营家国，乞人号饔飧，位分霄壤也，而焦思何异焦声。

三八三

见外境而迷者，继踵竞进，居怨府，蹈畏途，触祸机，懵然不知；见内境而悟者，拂衣独往，跻寿域，栖天真，养太和，翛然自得。高卑复绝，何啻霄壤。

三八四

性天澄彻，即饥餐渴饮，无非康济身心；心地沉迷，纵演偈淡禅，总是播弄精魄。

三八五

人心有真境，非丝非竹而自恬愉，不烟不茗而自清芬。须念净境空，虑忘形释，才得以游衍其中。

三八六

天地中万物，人伦中万情，世界中万事。以俗眼观，纷纷各异，以道眼观，种种是常，何须分别，何须取舍！

三八七

缠脱只在自心，心了则屠肆糟糠居然净土。不然纵一琴一鹤、一花一竹，嗜好虽清，魔障终在。语云："能休尘境为真境，未了僧家是俗家。"

三八八

以我转物者，得固不喜失亦不忧，大地尽属逍遥；以物役我者，逆固生憎，顺亦生爱，一毫便生缠缚。

三八九

优人傅粉调朱，效妍丑于毫端。俄而歌残场罢，妍丑何存？弈者争先竞后，较雌雄于指下。俄而局散子收，雌雄安在？

三九〇

把握未定，宜绝迹尘嚣，使此心不见可欲而不乱，以澄吾静体；操持既坚，又当混迹风尘，使此心见可欲而亦不乱，以养吾圆机。

三九一

喜寂厌喧者，往往避人以求静。不知意在无人，便成我相，心着于静，便是动根。如何到得人我一空、动静两忘的境界！

三九二

人生祸区福境，皆念想造成。故释氏云：利欲炽然，即是火坑；贪爱沉溺，便为苦海；一念清净，烈焰成池；一念惊觉，航登彼岸。念头稍异，境界顿殊。可不慎哉！

三九三

绳锯材断，水滴石穿，学道者须要努力；水到渠成，瓜熟蒂落，得道者一任天机。

三九四

就一身了一身者，方能以万物付万物；还天下于天下者，方能出世间于世间。

三九五

陆鱼不忘濡沫，笼鸟不忘理翰，以其失常思返也。人失常而不思返，是鱼鸟之不若也。

三九六

世态有炎凉，而我无嗔喜；世味有浓淡，而我无欣厌。一毫不落世情窠臼，便是一在世出世法也。

三九七

情之同处即为性，舍情则性不可见，欲之公处即为理，舍欲则理不可明。故君子不能灭情,惟事平情而已;不能绝欲,惟期寡欲而已。

三九八

蓬茅下诵诗读书,日日与圣贤晤语,谁云贫是病?樽罍边幕天席地,时时共造化氤氲,孰谓非禅?兴来醉倒落花前,天地即为衾枕。机息坐忘盘石上,古今尽属蜉蝣。

三九九

家庭有个真佛,日用有种真道,人能诚心和气、愉色婉言,使父母兄弟间形体万倍也。

四〇〇

饮宴之乐多,不是个好人家;声华之习胜,不是个好士子;名位之念重,不是个好臣工。

四〇一

有浮云富贵之风,而不必岩栖穴处;无膏肓泉石之癖,而常自醉酒耽诗。竞逐听人而不嫌尽醉,恬愉适己而不夸独醒,此释氏所谓不为法缠、不为空缠,身心两自在者。

四〇二

涉世浅,点染亦浅;历事深,机械亦深。故君子与其练达,不若朴鲁;与其曲谨,不若疏狂。

四〇三

施恩者,内不见己,外不见人,则斗粟可当万钟之惠;利物者,计己之施,责人之报,虽百镒难成一文之功。

四〇四

舍己毋处其疑,处其疑,即所舍之志多愧矣;施人毋责其报,责其报,并所施之心俱非矣。

四〇五

人生原是傀儡，只要把柄在手，一线不乱，卷舒自由，行止在我，一毫不受人提掇，便超此场中矣。

四〇六

怨因德彰，故使人德我，不若德怨之两忘；仇因恩立，故使人知恩，不若恩仇之俱泯。

四〇七

前人云："抛却自家无尽藏，沿门持钵效贫儿。"又云："暴富贫儿休说梦，谁家灶里火无烟？"一箴自昧所有，一箴自夸所有，可为学问切戒。

四〇八

信人者，人未必尽诚，已则独诚矣；疑人者，人未必皆诈，已则先诈矣。

四〇九

为善不见其益，如草里冬瓜，自应暗长；为恶不见其损，如庭前春雪，当必潜消。

《古今图书集成》

（明）董其昌《隔水云山图》

解读

《真味谈》又名《菜根谭》，作者洪应明，字自诚，号还初道人，生卒年不详，大约生活在明神宗万历年间。四川新都（今新都县）人，后到南京求仕且在此居住。冯梦祯在《仙佛奇踪》中的《寂光镜引》中谈道："洪生自诚氏，幼慕纷华，晚栖禅寂"，从早年的热衷世事，到后来的归心事佛，可知作者饱经忧患，所历风波顿挫，当是不可言喻，到此方足以论人生。明于孔兼在为《菜根谭》写的《题词》中，说洪应明"逐客孤踪，屏居蓬舍。乐与方以内人游，不乐与方以外人游也。妄与千古圣贤置辩于五经同异之间，不妄与二三小子浪迹于云山变幻之麓也。日与渔父田夫朗吟唱和于五湖之滨、绿野之坳，不日与竞刀锥、荣升斗者交臂抒情于冷热之场、腥膻之窟也"。而此书则"觉其谭性命直入玄微，道人情曲尽岩险。俯仰天地，见胸次之夷犹；尘芥功名，知识趣之高远。笔底陶铸，无非绿树青山；口吻化工，尽是鸢飞鱼跃。此其自得何如？固未能深信。而据所摘词，悉砭世醒人之吃紧，非入耳出口之浮华也"。

为什么叫《菜根谭》，于孔兼解释道："谭以菜根名，固自清苦历练中来，亦自栽培灌溉里得，其颠顿风波、备尝险阻可想矣。"又引用洪应明的话说："天劳我以形，吾逸吾心以补之；天厄我以遇，吾亨吾道以通之。"其解释，增加了这样一层含义，即一个人面对厄运，必须坚定自己的操守，奋发努力，辛勤培植与浇灌自己的理想。乾隆间署名三山病夫通理的《重刊菜根谭序》则说："凡种菜者，必要厚培其根，其味乃厚。"并引用古语"性定菜根香"，说明只有心性淡泊沉静的人，才能领会其中的旨意。显然，洪应明以"菜根"为本书命名，意谓"人的才智和修养只有经过艰苦磨炼才能获得"。书名《菜根谭》，取自宋儒汪革语："人就咬得菜根，则百事可成。"意思是说，一个人只要能够坚强地适应清贫的生活，不论做什么事情，都会有所成就。

《菜根谭》的内容是儒家通俗读物，采儒、佛、道三家思想，以心学、禅学为核心，拥有修身、齐家、治国、平天下等大道，同时由于它融处世哲学、生活艺术、审美情趣这些特色，可以说是一部关于人生哲理和为人处世的经典阐述。结构上文辞优美，对仗工整，含义深远，耐人寻味，而且内容浅显，叙述简明，是一部有益于人们陶冶情操、磨炼意志、奋发向上的通俗读物。

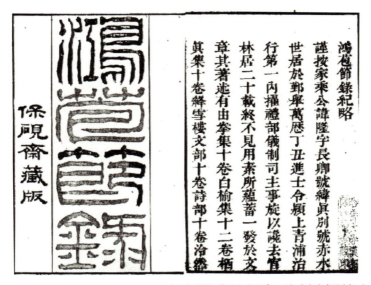

（明）屠隆《鸿苞节录》，清咸丰七年刊本

屠隆《图事》：胜败之道，不可不察

古今人图事不成者，大都由几露于不密，事败于轻举，祸成于少断，变激于太苛，智缓于先著，患生于所忽。几事不密，未成先露，人得为之备，我计未行，彼谋先发。一也。

天下之事，必量彼我，审才力，相事机，然后谋不轻发，发而必中。若力不敌时，未可轻于一逞，取败之道。二也。

乘机遘会，反掌祸福，呼吸存亡，当如迅雷激矢，使人不及提防。举事济，乃狐疑犹豫，当断不断，我未及逞，彼反制我。三也。

诛讨罪人，法止加于有罪，刑宜正于渠魁，威行锄奸，恩覃解网，斯事体安而人心安；若株连蔓引，草薙禽搜，必尽灭而后朝食，计无复之，兽穷则斗，天下之变，往往以此激成。四也。

或权有可借，或人有可使，我不能先据其处，反为敌人得而用之，而我乃束手待毙。五也。

功成事定之日，尚当虑后防患，永作良图；乃云大事已定，无能为也，而高枕肆志，气盈意得，不复设备，或意外之变猝起肘腋，尽丧前功，一跌不救。六也。

历观古今，人图事不成，或成而旋败者，未有不由此数端者也。当事者其慎之哉！

《鸿苞集》

解读

屠隆（1542～1605年），字长卿，又字纬真，号赤水，又号鸿苞居士，鄞县（今属浙江）人。万历五年（1577年）进士，除颖上知县，调青浦，迁礼部主事。他性格坦荡爽快，被当时人讥为放荡不羁，但文坛领袖袁宏道颇为激赏，曾说："游客中可语者，屠长卿一人，轩轩霞举，吃力无些子酸俗气。"屠隆生有异才，"落笔数千言立就"，诗文"率不经意，一挥数纸。尝戏命两人对案，拈二题，各赋百韵，咄嗟之间，二章并就"。诗文杂著有《白榆集》《由拳集》《鸿苞集》等。

在这篇文章中，屠隆论述了如何成就大事和如何避免失败及避免后患的几条法则。首先，他认为办事要密，图大事者都是以密为第一要领，而失败者均是因为不密，轻率发起，或者当断不断反受其乱，或者疏忽了细节，导致全盘皆输。其次，他提出了办事的要领，必须对自己和对方有充分的了解，谋划上要有百分之百的把握，使对方没有提防。可以说是以迅雷不及掩耳之势，果断执行不容犹豫。如果是讨伐罪人，要注意不要株连蔓延，还要防止狗急跳墙、困兽犹斗，万不可大意轻敌。而在功成之日，还要考虑后患，万不可高枕无忧而不加防备。

屠隆《婆罗馆清言》：罪在则福不集，福少则行难圆

老去自觉万缘都尽，哪管人是人非；春来尚有一事关心，只在花开花谢。

修净土者，自净其心，方寸居然莲界；学坐禅者，达禅之理，大地尽作蒲团。

角弓玉剑，桃花马上春衫，犹忆少年侠气；瘿瓢胆瓶，贝叶斋中夜衲，独存老去禅心。

竹风一阵，飘扬茶灶疏烟；梅月半弯，掩映书窗残雪。使人心骨俱冷，体气欲仙。

登华子岗，月夜犬声若豹；游赤壁矶，秋江鹤影如人。但想前贤，神明开涤。

白鱼蠹简，食奇字于腹中；黄鸟度枝，遗好音于世上。翠微僧至，衲衣全染松云；斗室残经，石磬半沉蕉雨。

峰峦窈窕，一拳便是名山；花竹扶疏，半亩何如金谷。

凡情自缚，则抟沙捻土，一身缠为葛藤；空观一成，则割水吹毛，四大等于枯木。

吃菜而生美好拣择，则吃菜不异吃荤；作善而求自高胜人，则作善还同作恶。

（明）屠隆《考槃余事》，明手抄本

若想钱而钱来，何故不想；若愁米而米至，人固当愁。晓起依旧贫穷，夜来徒多烦恼。

英雄降服劲敌，未必能降一心；大将调御诸将，未必能调六气；来鸣禽于嘉树，音闻两寂。

雨过天青，会妙用之无碍；鸟飞云白，得自性之真如。

云长烟火，千载遍于华夏；坡老姓名，至今口于妇孺。意气精神，不可消灭如此。

有分有限，耗星临宫，顾我论万事，总不如人；无虑无忧，天喜坐命，赢人只一筹，至要在我草径竹间，日华淡淡，固野客之良辰；一编窗下，风雨潇潇，亦幽人之好景。

据床嗒尔，听豪士之谈锋；把盏醒然，看酒人之醉态。

大臣赫赫，甫丘墓便已就荒；文士沾沾，问姓名多云不识。名利至此，使人心灰。

若富贵贫穷，由我力取，则造物为无权；若毁誉嗔喜，随人脚跟，则谗夫愈得志。

华屋朱门，过王侯而掉臂；黄头历齿，对儿孙而伤神。高人之轻富贵也易，断恩爱也难。龙翔豹隐，大冶之鼓铸由天；雌伏雄飞，至人之柄权在我。

饥乃加餐，菜食美于珍味；倦然后卧，草荐胜似重茵。

流水相忘游鱼，游鱼相忘流水，即此便是天机；太空不碍浮云，浮云不碍太空，何处别有佛性。

富室多藏万宝，夜深犹自持筹，愈积愈吝，窖中时见精光；老夫第得一钱，宵卧何能贴席，不散不休，箧里如闻嗥吼。

吃菜而生美好拣择，则吃菜不异吃荤；作善而求自高胜人，则作善还同作恶。

人若知道，则随境皆安；人不知道，则触途成滞。人不知道，则居闹市生嚣杂之心，将荡无定止。居深山起岑寂之想，或转忆炎嚣。人若知道，则履喧而灵台寂若，何有迁流？境寂而真性冲融，不生枯槁。

铄金玷玉，从来不乏彼谗人；沉垢索瘢，尤好求多于佳士。止作疾风过耳，何妨微云点空。

学道历千魔而莫退，遇辱坚百忍以自持。到底无损毫毛，转使人称盛德。当时之神气不乱，入夜之魂梦亦清。

常想病时，则尘心渐灭；常防死日，则道念自生。

风流得意之事，一过辄生悲凉，清真寂寞之乡，久居愈增意味。

苦恼世上，意气须温；嗜欲场中，肝肠要冷。

时来则建勋业于天地，玉食衮衣，是亦丈夫之事；时失则守穷约于山林，藜羹卉服，是亦豪杰之常。故子房封侯，不以富贵而骄商皓；严陵垂钓，不以贫贱而慕云台。

人当溷扰，则心中之境界何堪；稍尔清宁，则眼前之气象自别。

昏散者凡夫之病根，惺寂者对症之良药。寂而常惺，寂寂之境不扰；惺而常寂，惺惺之念不弛。

居处必先精勤，乃能闲暇；凡事务求停妥，然后逍遥。平时只自悠然，遇境未免扰乱。

疾忙今日，转盼已是明日；才到明朝，今日已成陈迹。算阎浮之寿，谁登百年；生呼吸之间，勿作久计。

若富贵贫穷，由我力取，则造物为无权；若毁誉嗔喜，随人脚根，则谗夫愈得志。

世法须从身试，大道不在口谭；暇日清言有味，恐于实际无当。猝然遇境不挠，此是学问得力。

袁盎报十世之仇，不知虽经万劫而必报；师子偿杀命之债，不知虽逋小债而必偿。萌芽各认根苗，点滴不著檐溜。

罪在则福不集，福少则行难圆，此圣贤之所以慎作业也。

人生于五行，亦死于五行，恩里由来生害；道坏于六贼，亦成于六贼，妙处只在转关。

家坐无聊，不念食力担夫红尘赤日；汝官不达，尚有高才秀士白首青衿。

酬应将迎，世人奔其羶行；消磨折损，造物畏其虚名。

《鸿苞集》

解读

《娑罗馆清言》是屠隆的一本散文集，也是屠隆一生探索生命真谛的归纳。

　　屠隆出身贫苦家庭，由于家境贫寒，其求学路饱尝艰辛。他在《鸿苞集》中忆及早年求学之难时说："从人借书，手抄目览。隆寒盛暑，率至五鼓不辍。弱冠以家贫，走万山中假馆负米，寄食羽士。资粮不继……僻处万山岩穴，魑鬼伺门，虺蛇交路。深夜四壁，一灯荧荧，人无知者。偶一诗为人见赏之，稍稍有物色。"后来中进士，为颍上知县和青浦县令，过处均有政声，后由地方调到中央任职。但礼部的任职才一年有余，时年四十一岁的他就受小人攻讦而遭罢官。功名尽落，恢复布衣之身，从此终其一生未再入官场。屠隆丢官，却未改大才子本色，纵情诗酒，卖文为活。同时，他"遨游吴越间，寻山访道……出盱江，登武夷，穷八闽之胜"，追随当时的佛教高僧莲池大师修习佛法，"长斋持戒，倏然发僧"。自此，他彻底摆脱官场渣滓和人情的牵绊，索然独居，松风云月，参禅礼佛。由此，他也开始了对人生和社会的深层次思考。在离世前五年，他为后人留下了两部修心悟道的性灵之书——《娑罗馆清言》和《续娑罗馆清言》。

　　在《娑罗馆清言》一书中，屠隆羽化成仙，微妙玄通，纵谈古今人生，哲思妙语层出不穷，诚如他在自序中所说："能使愁人立喜，热夫就凉。若披惠风，若饮甘露。""娑罗馆"是屠隆书斋的名字。娑罗是梵语，意为"坚固""高远"，原是盛产于印度及东南亚的一种高大美观的树，相传释迦牟尼的寂灭之所就是在娑罗树间。屠隆晚年从宁波阿育王寺移植娑罗树一棵，遂改其书斋"栖真馆"为"娑罗馆"。本书融儒、释、道精髓的警世之格言，既有对自然风物的叹赏，对人生世事的洞察，亦不乏修身齐家、待人处世的良策，文辞优美，充满韵律。在此，我们选录了部分内容供读者赏析，对其中消极和佛学的内容，请读者明辨。

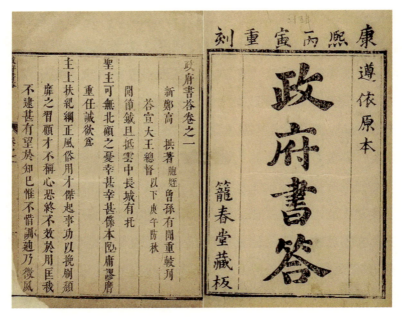

（明）高拱《政府书答》，清康熙二十五年笼春堂刊本

袁黄《训儿俗说》：处众之道，持己只是谦，待人只是恕

明德不是别物，只是虚灵不昧之心体。此心体在圣不增，在凡不减，扩之不能大，拘之不能小，从有生以来，不曾生，不曾灭，不曾秽，不曾净，不曾开，不曾蔽，故曰明德。乃气禀不能拘，物欲不能蔽，万古所长明者。针眼之空与太虚之空，原无二样。吾人一念之明，与圣人全体之明，亦无二体。若观圣人作清虚皎洁之相，观己及凡人作暗昧昏垢之相，便是着相。今立志求道，如不识此本体，更于心上生心，向外求道，着相用功，愈求愈远。此德本明，汝因而明之，无毫发可加，亦无修可证，是谓明明德。

《中庸》以五伦为达道，乃天下古今之所通行，终身所不可离者。

明此是大学问，修此是大经纶。

至于朋友之交，切宜慎择。苟得其人，可以研精性命，可以讲究文墨，可以排难解纷。须要虚己求之，委心待之，勿谓末俗风微，世鲜良友。取人以身，乃是格论。门内有君子，门外君子至。只如馆中看文，我先以直施，彼必以直报。日尝相与，我先以厚施，彼必以厚报。常愧先施之未能，勿患哲人之难遇。又交友之道，以信为主，出言必吐肝胆，谋事必尽忠诚，宁人负我，毋我负人。纵遇恶交相侮，亦当自反自责，勿向人轻谈其短。

五典本自天秩，凡相处间，不可参一毫机智。须纯肠实意，盎然天生，斯谓之敦。《中庸》修道以仁，亦是此意。

事师之道，全在虚心求益。倘能随处求益，则三人同行，必有我师。若执己自是，则圣人与居，亦不能益我。舜好问好察迩言，当时之人，岂复有浚哲文明过于舜者？惟问不遗蒭荛，则人人皆可师。惟察不遗迩言，则言言皆至教。汝能有而若无、实而若虚，能受一切世人之益，能使一切世人皆可为师，方是大人家法。

《易》曰："地势坤，君子以厚德载物。"夫持之而不使倾，捧之而不使坠，任其践蹈而不为动，斯之谓载。今之人，至亲骨肉，稍稍相拂，便至动心，安能载物哉！《中庸》亦云："博厚所以载物也，高明所以覆物也。"人只患德不博厚、不高明耳。须要宽我肚皮，廓吾德量，如闻过而动气，见恶而难容，此只是隘。有言不能忍，有技不能藏，此只是浅。勉强学博，勉强学厚，天下之人皆吾一体，皆吾所当负荷而成就之者。尽万物而载之，亦吾分内，不局于物则高，不蔽于私则明。吾苟高明，自能容之而不拒，被之而不遗，此皆是吾人本分之事，不为奇特。

大凡与人相处，文则易忌，质则易平，曲则起疑，直则起信。故以质直为主，坦坦平平，率真务实，而又好行义事，人谁不悦？然但能发己自尽而不能徇物无违，人将拒我而不知，自以为是而不耻，奚可哉！故又须察人之言，观人之色，常恐我得罪于人，而虑以下之，只此便是实学。亲民之道，全要舍己从人，全要与人为等，全要通其志而浸灌之，使彼心肝骨髓皆从我变易。此等处，岂可草草读过！处众之道，持己只是谦，待人只是恕。这便终身可行。凡与二人同处，切不可向一人谈一人之短。人有短，当面谈。又须养得十分诚意，始可说二三分言语。若诚意未孚，且退而自反。即平常说话，凡对甲言乙，必使乙亦可闻，方始言之。不然，便犯两舌之戒矣。

进德修业，原非两事。士人有举业，做官有职业，家有家业，农有农业，随处有业。乃修德日行，见之行者。善修之，则治生产业，皆与实理不相违背。不善修，则处处相妨矣。

修业有十要：

一者要无欲，使胸中洒落，不染一尘，真有必为圣贤之志，方可复读圣贤之书，方可发挥圣贤之旨。

二者要静。静有数端：身好游走，或无事间行，是足不静。好博奕呼卢，是手不静。心情放逸，恣肆攀缘，是意不静。切宜戒之。

▍（明）仇英《浔阳送别图》

三者要信。圣贤经传，皆为教人而设，须要信其言言可法，句句可行。中间多有拖泥带水有为着相之语，皆为种种病人而发。人若无病，法皆可舍，不可疑之。入道之门，信为第一。若疑自己不能作圣，甘自退屈，或疑圣言不实，未肯遵行，纵修业，无益也。

四者要专。读书须立定课程，孳孳汲汲，专求实益。作文须凝神注意，勿杂他缘。种种外务，尽情抹杀。勿好小技，使精神漏泄；勿观杂书，使精神常分。

五者要勤。自强不息，天道之常。人须法天，勿使惰慢之气设于身体。昼则淬砺精神，使一日千里；夜则减省眠睡，使志气常清。周公贵无逸，大禹惜寸阴，吾辈何人，可以自懈？

六者要恒。今人修业，勤者常有，恒者不常有。勤而不恒，犹不勤也。涓涓之流可以达海，方寸之芽可以参天，惟其不息耳。汝能有恒，何高不可造、何坚不可破哉！

七者要日新。凡人修业，日日要见工程。如今日读此书，觉有许多义理，明日读之，义理又觉不同，方为有益。今日作此文，自谓已善，明日视之，觉种种未工，方有进长。如蘧伯玉二十岁知非改过，至二十一岁回视昔之所改，又觉未尽。直至行年五十，犹知四十九年之非，乃真是寡过的君子。盖读书作文与处世修行，道理原无穷尽，精进原无止法。昔人喻检书如扫尘，扫一层，又有一层。又谓一翻拈动一翻新，皆实话也。

八者要逼真。读书俨然如圣贤在上，亲面相承，问处如自家问，答处如圣贤教我，句句消归自己，不作空谈。作文，亦身体而口陈之，如自家屋里人谈自家屋里事，方亲切有味。

九者要精。管子曰："思之思之，又重思之。思之不通，鬼神将通之。非鬼神之力，精神之极也。"《吕氏春秋》载孔丘、墨翟，昼日讽诵习业，夜亲见文王、周公，思而问焉，用志如此其精也。《唐史》载赵璧弹五弦，人问其术，璧云："吾之于五弦也，始则心驱之，中则神遇之，终则天随之。吾方浩然，眼如耳，耳如鼻，不知五弦之为璧，璧之为五弦也。"学者必如此，乃可语精矣。

十者要悟。志道、据德、依仁，可以已矣，而又曰游于艺，何哉？艺，一也。溺之而不悟，徒敝精神。游之而悟，则超然于象数之表，而与道德性命为一矣。昔孔子学琴于师襄，五日而不进，师襄曰："可以益矣。"孔子曰："丘得其声矣，未得其数也"。又五日，曰："丘得其数矣，未得其理也。"又五日，曰："丘得其理矣，未得其人也。"又五日，曰："丘知其人矣。其人顽然而长，黝然而黑，眼如望羊，有四国之志者，其文王乎？"师襄避席而拜曰："此文王之操也。"夫琴，小物也，孔子因而知其人，与文王觌面相逢于千载之上，此悟境也。今诵其诗、读其书，不知其人，可乎？到此田地，方知游艺有益，方知器数无妨于性命。

孔子教颜回"四勿"，以视为先。孟子见人，先观眸子。中，故视不可忽。邪视者奸，故视不可邪。直视者愚，故视不可直。高视者傲，故视不可高。下视者深，故视不可下。礼经教人，尊者则视其带，卑者则视其胸，皆有定式。遇女色，不得辄视。见人私书，不得窥视。凡一应非礼之事，皆不可辄视。

凡听人说话，宜详其意，不可草率。语云："听思聪。"如听先生讲书，或论道理，各从人浅深而得之，浅者得其粗，深者得其精，安可不思聪哉！今人听说话，有彼说未终而辄申己见者，此粗率之极也。听不可倾头侧耳，亦不可覆壁倚门。凡二三人共语，不可窃听是非。

凡行须要端详次第。举足行路，步步与心相应，不可太急，亦不可太缓。不得猖狂驰行，不得两手摇摆而行，不得跳跃而行，不得蹈门阈，不得共人挨肩行，不得口中啮食行，不得前后左右顾影而行，不得与醉人狂人前后互随行。当防迅车驰马，取次而行。若遇老者、病者、瞽者、负重者、乘骑者，即避道傍，让路而行。若遇亲戚长者，即避立下肩，或先意行礼。

凡立次须要端正。古人谓"立如斋"，欲前后襜如，左右斩如，无倾侧也。不得当门中立，不得共人牵手当道立，不得以手叉腰立，不得侧倚而立。

凡坐欲恭而直，欲如奠石，欲如槁木，古人谓"坐如尸"是也。不得敧坐，不得箕坐，不得跷足坐，不得摇膝，不得交胫，不得动身。

凡卧，未闭目，先净心，扫除群念，惺然而息，则夜梦恬愉，不致暗中放逸。须封唇以固其气，须调息以潜其神。不得常舒两足卧，不得仰面卧，所谓"寝不尸"也。亦不得覆身卧。古人多右胁着席，曲膝而卧。

宋儒有云："凡高声说一句话，便是罪过。"凡人言语，要常如在父母之侧，下气柔声。又须任缘而发，虚己而应，当言则言，当默则默。言必存诚，所谓谨而信也。当开心见诚，不得含糊，令人不解。不得恶口，不得两舌，不得妄语，不得绮语。切须戒之。

一颦一笑，皆当慎重。不得大声狂笑，不得无缘冷笑，不得掀喉露齿。凡呵欠大笑，必以手掩其口。

凡授物与人，向背有体。如授刀剑，则以刃自向。授笔墨，则以执处向人。

《丛书集成初编》

解读

本文选录的是袁黄《训儿俗说》中关于如何做人的论述。袁黄

（1533～1606年），初名表，后改名黄，字坤仪，初号学海，因"悟立命之说，而不欲落凡夫窠臼"，遂改号了凡。万历十四年（1586年）中进士，任北宝坻（今属天津）知县，后调任兵部职方主事，被提督李如松诬告罢归家居，闭户著书。

本文是袁黄写给刚十几岁的儿子袁天启（后来改名为袁俨）的告诫，包括《立志》《敦伦》《事师》《处众》《修业》《崇礼》《报本》《治家》等八篇，系统阐述了做人治家应遵循的规范，要求儿子要立志为大人，与人相处要心存宽厚。因为是写给儿子的，可以说句句都是饱含爱抚的叮咛和嘱托，都是自己对历朝经典研究和亲身体会的结晶，很贴切，很深刻，总的要求就是：做人既要明白大道理，又要注意细节，对官长、对朋友、对民众、对同事、对穷人，包括如何对待处于顺境逆境，如何对待得失，连如何说话、起卧、授人物品等都注意到了。

袁黄《了凡四训》：立志改过，造福由我

春秋诸大夫，见人言动，亿而谈其祸福，靡不验者，《左》《国》诸记可观也。大都吉凶之兆，萌乎心而动乎四体，其过于厚者常获福，过于薄者常近祸。俗眼多翳，谓有未定而不可测者。

至诚合天，福之将至，观其善而必先知之矣。祸之将至，观其不善而必先知之矣。今欲获福而远祸，未论行善，先须改过。

但改过者，第一要发耻心。思古之圣贤，与我同为丈夫，彼何以百世可师，我何以一身瓦裂？耽染尘情，私行不义，谓人不知，傲然无愧，将日沦于禽兽而不自知矣。世之可羞可耻者，莫大乎此。孟子曰："耻之于人大矣。"以其得之则圣贤，失之则禽兽耳。此改过之要

机也。

第二要发畏心。天地在上，鬼神难欺。吾虽过在隐微，而天地鬼神，实鉴临之。重则降之百殃，轻则损其现福，吾何可以不惧？

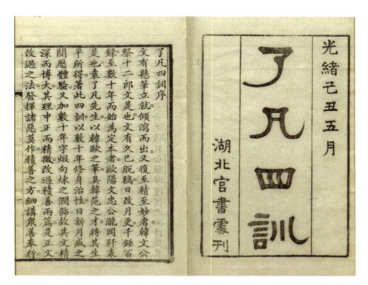

（明）袁黄《了凡四训》，清光绪己丑年刻本

不惟此也，闲居之地，指视昭然。吾虽掩之甚密，文之甚巧，而肺肝早露，终难自欺，被人觑破，不值一文矣，乌得不懔懔？

不惟是也，一息尚存，弥天之恶，犹可悔改。古人有一生作恶，临死悔悟，发一善念，遂得善终者。谓一念猛厉，足以涤百年之恶也。譬如千年幽谷，一灯才照，则千年之暗俱除。故过不论久近，惟以改为贵。但尘世无常，肉身易殒，一息不属，欲改无由矣。明则千百年担负恶名，虽孝子慈孙，不能洗涤。幽则千百劫沉沦狱报，虽圣贤佛菩萨，不能援引。乌得不畏？

第三须发勇心。人不改过，多是因循退缩。吾须奋然振作，不用迟疑，不烦等待。小者如芒刺在肉，速与抉剔，大者如毒蛇啮指，速与斩除，无丝毫凝滞。此风、雷之所以为"益"也。

具是三心，则有过斯改，如春冰遇日，何患不消乎？然人之过，有从事上改者，有从理上改者，有从心上改者。工夫不同，效验亦异。如前日杀生，今戒不杀，前日怒詈，今戒不怒，此就其事而改之者也。强制于外，其难百倍，且病根终在，东灭西生，非究竟廓然之道也。

善改过者，未禁其事，先明其理。如过在杀生，即思曰：上帝好生，物皆恋命，杀彼养己，岂能自安？且彼之杀也，既受屠割，复入鼎镬，种种痛苦，彻入骨髓。己之养也，珍膏罗列，食过即空，疏食菜羹，尽可充腹，何必戕彼之生，损己之福哉？又思血气之属，皆含灵知，既有灵知，皆我一体，纵不能躬修至德，使之尊我亲我，岂可日戕物命，使之仇我憾我于无穷也？一思及此，将有对食伤心，不能下咽者矣。

如前日好怒，必思曰：人有不及，情所宜矜，悖理相干，于我何与？本无可怒者。又思天下无自是之豪杰，亦无尤人之学问。行有不得，皆己之德未修，感未至也。吾悉以自反，则谤毁之来，皆磨炼玉成之地，我将欢然受赐，何怒之有？

又闻谤而不怒，虽谗焰薰天，如举火焚空，终将自息。闻谤而怒，虽巧心力辩，如春蚕作茧，自取缠绵，怒不惟无益，且有害也。其余种种过恶，皆当据理思之，此理既明，过将自止。

何谓从心而改？过有千端，惟心所造，吾心不动，过安从生？学者于好色、好名、好货、好怒，种种诸过，不必逐类寻求，但当一心为善，正念现前，邪念自然污染不上。如太阳当空，魍魉潜消，此精一之真传也。过由心造，亦由心改，如斩毒树，直断其根，奚必枝枝而伐、叶叶而摘哉？

大抵最上者治心，当下清净，才动即觉，觉之即无。苟未能然，须明理以遣之。又未能然，须随事以禁之。以上事而兼行下功，未为失策。执下而昧上，则拙矣。

（明）项圣谟《听秋》

顾发愿改过，明须良朋提醒，幽须鬼神证明，一心忏悔，昼夜不懈，经一七、二七，以至一月、二月、三月，必有效验。或觉心神恬旷，或觉智慧顿开，或处冗沓而触念皆通，或遇怨仇而回嗔作喜，或梦吐黑物，或梦往圣先贤提携接引，或梦飞步太虚，或梦幢幡宝盖，种种胜事，皆过消罪灭之象也。然不得执此自高，画而不进。

吾辈身为凡流，过恶猬集，而回思往事，常若不见其有过者，心粗而眼翳也。

然人之过恶深重者，亦有效验：或心神昏塞，转头即忘；或无事而常烦恼；或见君子而赧然消沮；或闻正论而不乐；或施惠而人反怨；或夜梦颠倒，甚则妄言失志。皆作孽之相也。苟一类此，即须奋发，舍旧图新，幸勿自误。

《易》曰：积善之家，必有余庆。昔颜氏将以女妻叔梁纥，而历叙其祖宗积德之长，逆知其子孙必有兴者。孔子称舜之大孝，曰：宗庙飨之，子孙保之，皆至论也。

大抵人各恶其非类，乡人之善者少，不善者多。善人在俗，亦难自立。且豪杰铮铮，不甚修形迹，多易指摘；故善事常易败，而善人常得谤。惟仁人长者，匡直而辅翼之，其功德最宏。

何谓劝人为善？生为人类，孰无良心？世路役役，最易没溺。凡与人相处，当方便提撕，开其迷惑。譬犹长夜大梦，而令之一觉；譬犹久陷烦恼，而拔之清凉，为惠最溥。韩愈云：一时劝人以口，百世劝人以书。较之与人为善，虽有形迹，然对证发药，时有奇效，不可废也；失言失人，当反吾智。

何谓救人危急？患难颠沛，人所时有。偶一遇之，当如痌瘝之在身，速为解救。或以一言伸其屈抑，或以多方济其颠连。崔子曰：惠不在大，赴人之急可也。盖仁人之言哉。

何谓兴建大利？小而一乡之内，大而一邑之中，凡有利益，最宜兴建；或开渠导水，或筑堤防患；或修桥梁，以便行旅；或施茶饭，以济饥渴；随缘劝导，协力兴修，勿避嫌疑，勿辞劳怨。

何谓舍财作福？释门万行，以布施为先。所谓布施者，只是舍之一字耳。达者内舍六根，外舍六尘，一切所有，无不舍者。苟非能然，先从财上布施。世人以衣食为命，故财为最重。吾从而舍之，内以破吾之悭，外以济人之急。始而勉强，终则泰然，最可以荡涤私情，祛除执吝。

何谓护持正法？法者，万世生灵之眼目也。不有正法，何以参赞天地？何以裁成万物？何以脱尘离缚？何以经世出世？故凡见圣贤庙貌，经书典籍，皆当敬重而修饬之。至于举扬正法，上报佛恩，尤当勉励。

何谓敬重尊长？家之父兄，国之君长，与凡年高、德高、位高、识高者，皆当加意奉事。在家而奉侍父母，使深爱婉容，柔声下气，习以成性，便是和气格天之本。出而事君，行一事，毋谓君不知而自恣也；刑一人，毋谓君不知而作威也。事君如天，古人格论，此等处最关阴德。试看忠孝之家，子孙未有不绵远而昌盛者，切须慎之。

何谓爱惜物命？凡人之所以为人者，惟此恻隐之心而已；求仁者求此，积德者积此。《周礼》："孟春之月，牺牲毋用牝"。孟子谓君子远庖厨，所以全吾恻隐之心也。故前辈有四不食之戒，谓闻杀不食、见杀不食、自养者不食、专为我杀者不食。学者未能断肉，且当从此戒之。渐渐增进，慈心愈长。

善行无穷，不能殚述，由此十事而推广之，则万德可备矣。

《易》曰："天道亏盈而益谦，地道变盈而流谦，鬼神害盈而福谦，人道恶盈而好谦。"是故《谦》之一卦，六爻皆吉。《书》曰："满招损，谦受益。"予屡同诸公应试，每见寒士将达，必有一段谦光可掬。

（明）吴宽石刻像

辛未计偕，我嘉善同袍凡十人，惟丁敬宇宾，年最少，极其谦虚。予告费锦坡曰：此兄今年必第。费曰：何以见之？予曰：惟谦受福。兄看十人中，有恂恂款款，不敢先人，如敬宇者乎？有恭敬顺承，小心谦畏，如敬宇者乎？有受侮不答，闻谤不辩，如敬宇者乎？人能如此，即天地鬼神，犹将佑之，岂有不发者？及开榜，丁果中式。

举头三尺，决有神明；趋吉避凶，断然由我。须使我存心制行，毫不得罪于天地鬼神，而虚心屈己，使天地鬼神，时时怜我，方有受福之基。彼气盈者，必非远器，纵发亦无受用。稍有识见之士，必不忍自狭其量，而自拒其福也。况谦则受教有地，而取善无穷，尤修业者所必不可少者也。

古语云：有志于功名者，必得功名；有志于富贵者，必得富贵。人之有志，如树之有根，立定此志，须念念谦虚，尘尘方便，自然感动天地，而造福由我。今之求登科第者，初未尝有真志，不过一时意兴耳；兴到则求，兴阑则止。孟子曰：王之好乐甚，齐其庶几乎？予于科名亦然。

《丛书集成初编》

解读

《了凡四训》是袁黄的传世名作，由"立命之学""改过之法""积善之方""谦德之效"四篇文章组成。

袁黄在书中写了自己亲身体验的一个故事，说自己曾经在考科举之前去找一个孔道士看面相，他的命运被孔先生料中，说他会在53岁寿终，而且没有子嗣。这样的命运，当然使袁黄很悲观。但他没有信命，而是在云谷禅师影响下，开始积善行德，而且命运一天天向好，他由此明白了通过行善，命运是可以改变的。袁黄根据自己的经历，向读者作出了"命由我作，福自己求"的告诫，劝人向善，以摆脱命运的束缚。"从前种种，譬如昨日死；从后种种，譬如今日生"，他正是获得"立命"之学，积善积德，才改变了命运。在此，我们没有必要去考证袁黄说的是不是荒诞不经，毕竟这些说辞充满了迷信色彩，但有一点是值得肯定的，即不向命运屈服。"人生如逆旅，我亦是行人。"改变人生命运，请从修心开始，把"心灵"修好，前途便会光明，命运也会坦荡。

在《了凡四训》里，袁黄以其毕生的学问与修养，融通儒、道、佛三家思想，用自己的亲身经历，结合当时大量真实生动的事例，告诫世人不要被"命"字束缚手脚，要自强不息，积德为善，改造命运，用自己的行动来把握自己的未来。这本书对当时和后世影响比较大，曾国藩年轻时读过此书后，毅然改号涤生："涤者，取涤其旧染之污也；生者，取明袁了凡之言：'从前种种，譬如昨日死；以后种种，譬如今日生也。'"不仅如此，曾国藩还将此书推荐给自己的孩子，列为他们必读的"第一本人生智慧之书"。

于慎行《梦语》：病后人生顿悟，做人做事如鱼得水

于子卧病两月，五火内燔，肾肠焦灼，呻吟宛转，不知夜旦，祷祠医药，杂然并陈，而不能起也。如梦如寤，若有所遭：幅巾方袍，匪仙匪释，自称无念道人，呼予而箴之曰："子奚不悟乎？子之病，非祷祠之所能谢，非药石之所能痊，在子所念尔！子之病，非饮食之所能伤，阴阳之所能笺，得之性情不调而念滋纷也，内之喜怒失时，外之爱憎为累也！欲发而制于理，欲忘而牵于念，故子之心，摇摇焉如悬崖，炎炎焉如沸鼎，君火一作而五脏若焚矣！子不亟自治者，将索子

（明）于慎行像

于池鱼之腊，不亦怜哉！子诚欲已子之病，则曷调其性情，寡其思虑，盎然游于六气之和，陶然适于无町之字，几可生乎！"如是纚纚可数百言，凡十许日夜，寐则与语。于子冷然，霍有悟也，病起而载诸牍。

道人曰："子之性与人异，大事看得明，小事看不明，大事丢得下，小事丢不下，大事担得起，小事担不起，大事放得过，小事放不过，何其舛也？夫天下之大事常少而小事常多，则子之萦系者必多而脱洒者必少矣，不病何为？"

道人曰："人之畏子，以子虑之深，淡然而应之，则无畏矣；人之怨子，以子责之厚，倘然而与之，则远怨矣；人之狎子，以子发之轻，凝然而守之，则无敢狎矣；人之渎子，以子许之易，确然而持之，则无敢渎矣。"

道人曰："子有所欲于人，微示之而使其自悟也，不能悟而子愠，愠而其人不知也，子病矣；子有所怒于人，微风之而欲其自悔也，不能悔而子愠，愠而其人不知也，子病矣。彼人方且晏然甘寝，而子怅然自废，岂不左哉？"

道人曰："夫怨人而使人知之也，则彼必备矣。怨人而使人无知也，则彼何伤矣？彰怨者多防，匿怨者自戕，莫如不怨。"

道人曰："夫德易忘而怨难销也。肉骨之恩，崇朝反目；睚眦之恨，终身刻肌。故君子重树怨。"

道人曰："人之于子也，一线之情如拔；子之于人也，万斛之力如倾，斯不诚厚道乎哉？然以之损名，以之伤身，无乃过矣。"

道人曰："凡吾有患为吾有身，孰有之哉？及吾无身，吾无有患，孰无之哉？夫身无之者有之也！"

道人曰："夫贤为愚使而愚者不觉也，乃使贤者伤焉；贵为贱役而贱者不觉也，乃使贵者伤焉。故贤毋为愚使，贵毋为贱役，几无事矣。"

道人曰："闲事莫管，闲气莫生，闲话莫说，闲书莫读。"

道人曰："视亲如疏，则亲可常保也；视急如缓，则急可屡谋也。"

道人曰："人有德于子，愿子毋忘之也；人有怨于子，愿子忘之也。子有德于人，愿子忘之也；子有怨于人，愿子毋忘之也。"

道人曰："于人无所甚亲，故不可得而踈，无所甚踈，故不可得而亲。斯涉世之轨也。"

道人曰："夫制念莫如止，止念莫如忘。止念之念，念也；忘念之念，念也，莫如忘忘。故佛经以无念为正受。"

道人曰："夫望而许者，不足以为德；逆而距者，适足以为怨。故求而审之，可许而许之，许之德也；求而审之，可距而距之，距之无怨也。其恕乎？"

道人曰："凡人无故而合者，必无故而离，合而知其必离也；有为而来者，必有为而去，来而知其必去也。"

道人曰："能居室如寄，使仆如假，起处如在途，饮食如受乞，即无病矣。"

道人曰："夫拟之而后言，则寡尤也；议之而后行，则寡悔也。拟议本于存心，心存则不妄，故'慎'字从心从真。"

《谷山笔麈》

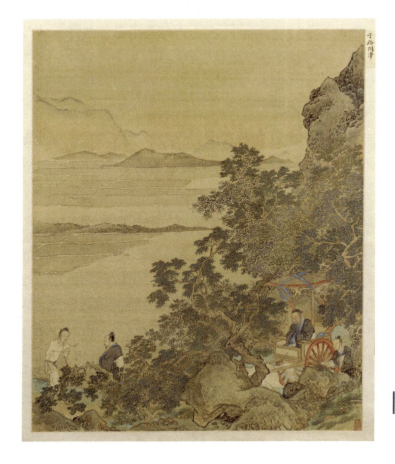

（明）仇英《人物故事图·子路问津》

解读

于慎行（1545～1607年），字可远，又字无垢。东阿县东阿镇（今山东平阴县东阿镇）人。明代文学家、诗人。于慎行是一个很有才华的人，他于隆庆二年（1568年），二十三岁中进士，为翰林院庶吉士，授编修，先后纂修《肃皇帝实录》《穆宗实录》《戊申同考闱》《穆史》等。万历皇帝即位后，擢升充日讲官，日讲官一职原为翰林院年高资深的学者充当，像于慎行二十多岁便成为皇帝老师的极为罕见。

他在礼部尚书任上，一切坚持原则，当万历皇帝因为私心而迟迟不立太子时，他连疏极谏十余上，神宗非常生气，再三降下严旨，责怪他要君疑上、淆乱国本，把礼部大小官员都停了俸禄。但他宁愿辞职回家也不苟且，连续九次奏章上疏请致仕方允。自此，于慎行开始了十七年的家居生涯。归卧故里后，筑庐于黄石山庄，谢客归隐，悠游山水，著书立说。编写了《谷山笔麈》18卷、《谷城山馆文集》42卷、《谷城山馆诗集》20卷、《读史漫录》14集。当张居正倒台，朝野上下一边倒讨伐张居正，噤若寒蝉、落井下石者有之，而于慎行却不计昔日与张居正的恩怨，写信给张居正案的主办官丘橓，言尤激切，谓："江陵尝有劳于国家，是非功过当为别白。又言，江陵老母在堂，孤少不吏事，覆巢之下，颠沛可伤。请于明主，乞一聚庐之居，立锥之地。宜推明主帷盖之恩，全大臣簪履之谊。"

在本文中于慎行以病中做梦遇到"无念道人"为题，通过道人的口，揭示了当时士大夫的病根，何止是身体生理之病痛，而病根是在心里，正如道人指出的"大事看得明，小事看不明，大事丢得下，小事丢不下，大事担得起，小事担不起，大事放得过，小事放不过"，所以才导致自己日夜纠缠于琐碎小事，焦头烂额。同时说到他做人的方式，也是得病的根由，如对"人人之于子也，一线之情如拔；子之于人也，万斛之力如倾"，虽然厚道，但"以之损名，以之伤身，无乃过矣"。就是说，做好事、讲厚道也有适度，否则累身累名。特别是提出"闲事莫管，闲气莫生，闲话莫说，闲书莫读"，以及"视亲如疏，则亲可常保也；视急如缓，则急可屡谋也"，可谓做人做事、养心修身的至理名言。

袁宏道《人间世》：善藏其用，崇谦抑亢

众人处人间世，如鳅如蟹，如蛇如蛙。鳅浊蟹横，蛇毒蛙噪，同穴则争，遇弱则唉，此市井小民象也。

贤人如鲤如鲸如蛟，鲤能神化飞越江湖，而不能升天；鲸鼓鬣成雷，喷沫成雨，而不能处方池曲沼之中；蛟地行水溢，山行石破，而入海则为大鸟所唉。贤智能大而不能小，能实而不能虚，能出缠而不能入缠，是此象也。

唯圣也，如龙屈伸不测，龙能为鳅为蟹，为蛇为蛙，为诸虫蚓，故虽方丈蹄涔之中，龙未尝不沂鳞濯羽也。龙能为鲤为鲸为蛟，故江淮河汉诸大水族，龙未尝不相嘘相沫也。龙之为龙一神，至此哉。是故先圣之演《易》首以龙德配大人，《周易》处人间世之第一书也。

仲尼见老子赞以犹龙，老子处人间世之第一人也。《易》之为道在于善藏其用，崇谦抑亢。老氏之学源出于《易》，故贵柔、贵下、贵雌、贵黑，夫翠不藏毛，鱼不隐鳞，尚能杀身，而况于人！是故大道不道，大德不德，大仁不仁，大才不才，大节不节。

道也者，导也，有导则有滞，滞则碍，故古之人以道得祸者，十常一也。

德也者，得也，如人得物则矜，矜则人见而畏，故古之人以德得祸者十常三也。

仁也者，恩也，恩能使人爱亦能使人忌，忌爱相半，故古之人以仁得祸者十常五也。

才也者，财也，如人有财，盗必劫之，故古之人以才得祸者十常七也。

节也者，岊也，高也，气太高则折身，太高则危，行太高则蹶，故古之人以节得祸者十常九也。

天下之患莫大乎见长于人，而据我于肩，我之为我，其伏甚细，其害甚大。聪明，我之伏于诸根者也。道理，我之伏于见闻者也。知解见觉，我之伏于识种者也。

古之圣人能出世者方能住世，我见不尽而欲住世，辟如有人自缚其手，欲解彼缚，终不能得。尧无我故能因四岳，禹无我故能因江河，太伯无我故能因荆蛮，迦文无我故能因人天三乘菩萨诸根。是故，龙逢见戮，比干剖心，伍胥乘潮，灵均自沉者，事君之我未尽也。务光投河，夷齐叩马，漆室自缢者，洁身之我未尽也。羑里被囚，居东见疑者，居圣之我未尽也。孔畏于匡，伐木于宋，绝粮于陈者，行道之我未尽也。

孔子自言，六十耳顺，是六十而我见方尽明矣。

我见不尽，戮身之患且不保，何况治世。今夫父母之养婴也，探其饥饱，逆其寒暑，啼者令嬉，嗔者令喜，儿口中一切喃喃不字之语，皆能识而句之，何则？无我故也。同舟而遇风者，十百人一心，惟三老所命，呼东则东，呼西则西，何则？无我故也。夫使事君者而皆若父母之求，其子处世者而皆若同舟之遇风，何暴不可事？何乱不可涉哉？

古之至人，号肥遁者，非遁山林也，遁我也。我根在，即见山林，亦显何也，有可得而见者也。我根尽，即见朝廷亦隐何也，无可得而见者。无可得而见，是故亲之不得，疏之不得，名之不得，毁之不得，尚无有福，何有于祸？处人闲世之诀，微矣，微矣。

三代而下，亦有一二至人与龙德相近者，汉之子房、东方朔、黄叔度，晋之阮嗣宗、唐之狄仁杰是也。子房当烹狗藏弓之世，时隐时见，托赤松以自保；方朔事杀人如荐之主，玩弄儿戏若在掌股；叔度居乱世，君公顾厨皆其师友，而党禁不及；嗣宗纵酒污朝，口无臧否；梁公身事女主，与淫奴为伍，纵博褫裘，恬不知耻。使诸君子有一毫道理不尽，我根潜伏恶，能含垢包羞，与世委蛇，若此，夫李泌亦似之矣。然高洁其行，至不能调伏一张良娣。我见尚在，处人间世之道未尽也。嗟乎！若胡广之中庸、冯道之五代，是之而非，非之而是。噫，余不敢言之矣。

《袁中郎全集》

解读

袁宏道（1568～1610年），字中郎，一字无学，号石公、又号六休。湖北省公安县人。万历十九年（1591年）进士，历任吴县知县、礼部主事、吏部验封司主事、稽勋郎中、国子博士等职。袁宏道与其兄袁宗道、弟袁中道并有才名，史称公安三袁。由于三袁是荆州公安县人，其文学流派世称"公安派"或"公安体"。世人认为袁宏道是三兄弟中成就最高者。有《袁中郎全集》等存世。

本文选自袁宏道的《广庄》，这本书是依《庄子》内七篇写成的，意为"推广其义，自为一庄"。袁宏道晚年对佛学研究很深，推崇老庄的无为学说，继承了《庄子·人间世》"无用而用"的核心思想，在此基础上进一步发挥和拓展，形成了一套自己的处事原则和处世观念，即"无我""龙德"和"恬不知耻"的人生观和价值观。《庄子·人间世》中有"栎树社"一则寓言，大意是说匠师教导弟子，说栎树木质不适合做家具，乃是个无用之木。后来，栎树就进入了匠师的梦中，为自己辩护："夫楂梨橘柚果之属，实熟则剥，剥则辱。大枝折，小枝泄。此以其能苦其生者也。故不终其天年而中道夭，自掊击于世俗者也。物莫不若是。且予求无所可用久矣！几死，乃今得之，为予大用。使予也而有用，且得有此大也邪？且也若与予也皆物也，奈何哉其相物也？而几死之散人，又恶知散木！"在这里，庄子告诉我们的就是栎树虽然不能成为好的木材，却得以保全自己，最终成为社树，世代受人们顶礼膜拜。那些"楂梨橘柚果之属，实熟则剥，剥则辱。大枝折，小枝泄"，看似对人们有用，反倒不能终其天年早早夭折。为世俗所用反为世俗所伤，不为世俗所用反而保全自己，此乃"无用之大用"也。正如《庄子·人间世》文末所说："山木，自寇也；膏火，自煎也。桂可食，故伐之；漆可用，故割之。人皆知有用之用，而莫知无用之用也。"

在本文中，袁宏道将人分为三类："众人""贤人"和"圣人"，并指出"众人""如鳅如蟹，如蛇如蛙"，"贤人""如鲤如鲸如蛟"，而"圣人"则如"龙"。"鳅浊蟹横，蛇毒蛙噪"，鲤、鲸、蛟有所能又有所不能，只有龙"能为鳅为蟹，为蛇为蛙，为诸虫蚓"，又"能为鲤为鲸为蛟"，变化万端，无所不包。在这里，袁宏道指出了乱世中如何明哲保身，如何成为有用的人，当我们不得不"用"时，就要努力做到以"龙德"处世。龙不同于鲸蛟之能大不能小，但它能像蛇蛙一样在方寸之内游刃有余，更能如鲸蛟一样在江海中任意遨游，能大能小、屈伸不测。

吕得胜《小儿语》：人言未必皆真，听言只听三分

四　言

一切言动，都要安详。十差九错，只为慌张。
沉静立身，从容说话。不要轻薄，惹人笑骂。

先学耐烦，快休使气。性躁心粗，一生不济。

能有几句，见人胡讲。洪钟无声，满瓶不响。（钟虽大，不撞不鸣，半瓶水，多有声。）

自家过失，不须遮掩。遮掩不得，又添一短。（又多了是非之短。）

无心之失，说开罢手。一差半错，哪个没有？

须好认错，休要说谎。教人识破，谁肯作养。

要成好人，须寻好友。引酵若酸，哪得甜酒。

与人讲话，看人面色。意不相投，不须强说。（察言而观色。）

当面破人，惹祸最大。是与不是，尽他说罢。

造言生事，谁不怕你。也要提防，王法天理。（王法天理，不怕恶人。）

我打人还，自打几下。（即是自打。）我骂人还，换口自骂。

既做生人，便有生理。个个安贤，谁养活你。

世间艺业，要会一件。有时贫穷，救你患难。

饱食足衣，乱说闲耍。终日昏昏，不如牛马。（牛耕犁，马骑坐，此人要他何用。）

担头车尾，穷汉营生。日求升合，休与相争。

兄弟分家，含糊相让。（让要让个明白。）子孙争家，厮打告状。（让是不明，也是争端。）

强取巧图，只嫌不够。横来之物，要你承受。（非理所得，岂能常保。）

六　言

儿小任情骄惯，大来负了亲心。费尽千辛万苦，分明养个仇人。

世间第一好事，莫如救难怜贫。人若不遭天祸，舍施能费几文？

乞儿口干力尽，终日不得一钱；败子羹肉满桌，吃着只恨不甜。

（明）仇英
《山水》立轴

蜂蛾也害饥寒，蝼蚁都知疼痛。谁不怕死求活，休要杀人害命。

自家认了不是，人可不好说你；自家倒在地下，人再不好跌你。

气恼他家富贵，畅快人有灾殃。一些不由自己，可惜坏了心肠。

杂　言

老子终日浮水，儿子做了溺鬼；老子偷瓜盗果，儿子杀人放火。
（言为父者，不可开为恶之端。）

休着君子下看，休教妇人鄙贱。

人生丧家亡身，言语占了八分。（惟口可恨，耳目次之。）

任你心术奸险，哄瞒不过天眼。使他不辩不难，要他心上无言。

人言未必皆真，听言只听三分。

休与小人为仇，小人自有对头。

干事休伤天理，防备儿孙辱你。（远在儿孙近在身。）

你看人家妇女，眼里偏好；人家看你妇女，你心偏恼。

恶名儿难揭，好字儿难得。

大嚼多噎，大走多蹶。（凡事小心谨慎。）

为人若肯学好，羞甚担柴卖草；（颜曾思宪，贫贱无比。）为人若不学好，夸甚尚书阁老。

慌忙到不得济，安详走在头地。

话多不如话少，语少不如语好。（果不当理，一句也是多的。）

小辱不肯放下，惹起大辱倒罢。

天来大功，禁不得一句自称；（纵是人称，还要谦虚，归功于人，才免嫉妒。）海那深罪，禁不得双膝下跪。

一争两丑，一让两有。

《五种遗规》

解读

吕得胜，又称吕近溪，明嘉靖时宁陵人，生卒年不详，大致生活在嘉靖万历年间。他虽然一辈子没有功名，但在儒学和教育上颇有研究，对儿子吕坤的成长很是关键。《小儿语》既是教育孩子的家训，也是对世人如何做人处世的教诲。此书语言浅近，人人明白。用四言、六言、杂言（字数不等）的形式写就，适合孩子阅读，也适合一般读者理解。但其中的消极成分也是明显的，不免带有那个时代的痕迹。

冯从吾《冯从吾语录》：天下无事不因"贪诈"二字坏了

颜子好学，只有不迁怒，不贰过，无他秘诀也。吾辈发愤为学，断当自改过始。每见朋友中背后议人过失，当而反不肯尽言。此非独朋友之过，或亦彼此未尝开心见诚，以"过失相规"四字相约耳。莫如同学相约，偶有过失，彼此尽言相告，令其改图。不惟不可背后讲说，即在公中，亦不可对众言之。总之，于己固不当以一眚而甘于自废，于人亦不当以一眚而阻其自新，交砥互砺，日迈月征，即此便是学颜子之学。不然，讲论虽多，亦奚以为！（人皆知学在改过，苦于不自知其过，故有望于朋友之告过也，彼此有告过之约，庶不愧学颜子矣。）

问学者不言而躬行，何必讲？曰：此"言"字不是指讲学，如有

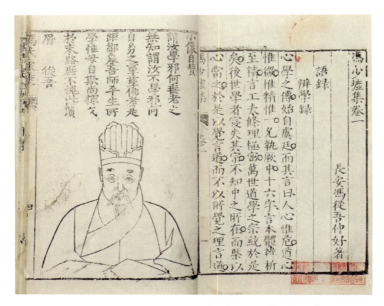

（明）冯从吾《冯少墟集》，清刻本

781

人自家不能孝、不能弟，却好议论别人不能孝、不能弟。君子曰：不言而躬行可也，何必议人。又有人自家真能孝、真能弟，而却好对人夸自家孝、自家弟。君子曰：不言而躬行可也，何必夸人。此"言"字指自家议论人、自家夸张人。说原都是不该有的，故曰不言而躬行。若自家真能孝、真能弟，不惟不自夸，而且歉然不自足，犹终日讲如何孝、如何弟，不惟不议人，而且廓然不自私。犹终日与人讲如何孝、如何弟，此正躬行之士，不可一日无者，可曰不言而躬行哉！（夸张自己，菲薄别人，谓之无学可也，愈讲愈差矣。）

天下之患，莫大于小人倡不根之言，君子不察，误信而误传之。人见其出于君子之口也，皆谓君子必有所见，即理之所无者，或亦信其为有，而不可破矣。忠臣饮恨，孝子含冤，病正坐此。余以为君子之听言，凡说好人有不是处，当姑阙疑，从容详审，勿轻信勿轻传，则小人之自无所售。彼纵假借，而君子原无此言，天下必有能辨之者，又何萋斐贝锦之足忧哉！

问自家要做君子做善人，而又要大家做君子做善人，不知自家一人，安能必得大家。曰：世之自家要做君子做善人，而不要大家做君子做善人者，抑岂能以自家一人必得大家乎？自家一人不能必得大家，而却要大家不为君子不为善人，势必不能，徒以自坏其心术，自得罪于天地鬼神而已矣。学者固不能必得大家做君子做善人，而这一念必不可无。故仁者己欲立而立人，己欲达而达人。

士人以利济人物为学，犹恐自私自利之心未忘。遇事知有己，不知有人。若以自私自利为学，平日看书，及朋友谈论，皆喜闻自私自利之语，不乐闻立人达人之论，方虑其入于墨氏兼爱，绝不虑其流于杨氏为我。噫！学且如此，不学者尚何望乎？学已如此，仕尚可问乎？

士君子不可无者气节，却不可认客气为气节；士君子不可无者事功，却不可认势利为事功。以客气为气节，以势利为事功，皆不学之故。（事功节义，系于所遇。吾辈所宜讲求者，理耳、学耳。）

论交与，当亲君子而远小人；论度量，当敬君子而容小人；论学术，当法君子而化小人。不化则乏曲成之仁，不容则隘一体之量，不远则伤匪人之比。

客有讲学者，因人言而志阻，遂不复讲。先生晓之曰：子之讲学也，果为人乎？抑为己乎？如为人也，则人言诚所当恤；如为己也，则方孜孜为己之不暇，而暇计人言乎哉！闻谤而辍，则必闻誉而作。作辍由于毁誉，是好名者之所为，非实学也。且人之议之也，议其能言而行不逮耳，能言而行不逮，此正学之所禁也，人安得不议之。吾侪而果能躬行也，即人言庸何伤？

客又曰：学贵躬行，固矣。讲之何为？先生曰：讲之正所以为躬行地耳，譬之适路然。不讲路程而即启行，未有不南越而北辕者也；譬之医家然，不讲药性而即施药，未有不妄投而杀人者也；又譬之兵家然，不讲兵法而即应敌，未有不丧师而辱国者也。天下之事。未有不讲而能行者，何独于吾儒而疑之。客怃然曰：有是哉，微今日之讲，吾几以冥行当躬行矣，岂不误哉！（讲学正所以讲明何为为己，何为为人也？否则，名以为己，而

（明）冯从吾《冯少墟集》，明万历四十年刻天启元年冯嘉年增修本

免杂于为人。事则为人，而实所以为己。真伪之间，即学术虚实邪正之别。可不慎欤？）

常人溺于所闻，曲士局于所见，读纵横捭阖之书，不觉流而为机械变诈之。读虚无寂灭之书，不觉流而为放纵恣肆之人。其始也，止艳羡其文词。其既也，耳濡目染，不知不觉，并以移易其心术，而瑕累其人品。可不慎哉！

学固不专在读书。而既读其书，口诵心维，耳濡目染，不觉其潜移默夺矣。

人心道心，不必深求，不必浅求。如一念敬，便是道心；一念肆，便是人心。一念谦，便是道心；一念傲，便是人心。一念让，便是道心；一念争，便是人心。一念真，便是道心；一念伪，便是人心。一念公，便是道心；一念私，便是人心。于此一一察识，便是惟精；一一体认，便是惟一。察识体验，纯一不已，便是允执厥中。至浅至深，至近至远。而古今学者，多厌常喜新，曲为解释，反觉支离葛藤。

讲学原为躬行。而非学者，多借躬行为口实，曰只消，何消讲。此言误人不小。世衰教微，尽去讲尚且不能行，况不讲而望其能行乎？纵能行，亦不过冥行妄行耳。不知冥行妄行，可言躬行否？（知冥行妄行之难语于躬行，则学不可以不讲矣。）

砥节砺行之人，多忿世嫉俗。平心易气之人，多同流合污。只因不知学问，可惜负此美质。

学而不厌，固是古之学者为己；诲人不倦，亦是古之学者为己。

讲学而不躬行，不如不讲。此语在讲学的人说得，在不讲学的人说不得。在讲学的人说，是因不如不讲之言，而发愤要躬行也，学者不可无此志。在不讲学的说，是因不如不讲之言，而果然去不讲也，则可笑甚矣。

君子容忍乎小人，恰似小人能待君子；小人忌害乎君子，恰似君子不能待小人。

方说正直，偏排击的是君子；方说忠厚，偏庇护的是小人。方说人不可轻信，便轻疑乎君子；方说人不可轻疑，偏轻信乎小人。

味"尚友"二字，则知千古以上圣贤，皆我师友；味"私淑艾"三字，则知万世而下圣贤，皆我同志。

问：大人者不失其赤子之心，何等易简直截，而又云博学审问慎思明辨笃行，何也？曰：人每失赤子之心，正是少此博学审问慎思明辨笃行工夫耳。（不失原有工夫，若空空守此赤子之心，何能为大人，岂不尽人皆大人耶？所以，一则曰学问求放心，再则曰扩充四端，均未许守虚冥悟者借口。）

问居官言学，得无妨职业否？先生曰：言学正所以修职业也，提醒其忠君爱国之本心。然后肯修职业，考究其宏纲细目之所在，然后能修职业。不然，终日奔忙，不过了故套以俟迁擢而已。故居官职业不修，正坐不知学之过，而反曰妨职业乎哉？

天下无事不因"贪诈"二字坏了，君子不能砥其流，反助其澜乎？读武经者，毋为此说所愚也。

有谈及放生会者，晓之曰：天地大德曰生，放生固是善行。但当存其心，不必袭其迹。毋论事有时穷，生亦有限，况世原有不可放者。如杀人理无可放，而必欲生之，不几令死者含冤乎？故吾人但存此心。如远庖厨此心，不纲不射宿此心，饥溺由己此心，如伤内沟此心，泣罪解网此心。如此则好生之德洽于上下，无在而非放生矣。（曰放生，则有不当生而生者，且所生亦甚有限。故儒者第云好生，不云放生也。）

官场中原有此种巧宦，以为百姓可愚，上官易瞒也。毕竟直道在人，公论难掩。上官就百姓身上一加体察，水落石出，且须眉毕见矣。

吕泾野教人甘贫改过，此前辈学问真切处。然不甘贫，就是过；能甘贫，就是改过。世间人种种过失，那一件不从富贵贫贱念头生来？卑者毋论，即高明有意思者，亦往往堕此坑堑。

杨龟山曰：六经不言无心，惟佛氏言之。伊川曰：说无心，便不是，只当说无私心。"无私心"三字，可为千古名言。

问私心，私也，有求公之心，亦私也。何如？曰：有求公之心。便是公，如何说亦是私？去其私心，所以求公心也，用力正在此处。今云求公之心亦私。此过高之论，必至流于致空守寂之异端，不可不辨。

人心一概说不得有，亦一概说不得无。如均喻也，喻私之心不可有，喻义之心不可无。均为也，为恶之心不可有，为善之心不可无。况人心易放而难收，尽去喻义，犹恐喻利；尽去为善，犹恐为恶。今欲一切归于无心，窃恐义无而利未必无，善无而恶未必无。反概曰无心，其害不小。（公私善恶之间，如犀分水，所贵乎学者，所以明乎此也。）

吾儒论学，只有一个善字。直从源头说到究竟。《易》曰"继善"，颜曰"一善"，曾曰"至善"，思曰"明善"，孟曰"性善"，又曰"孳孳为善"。善总是一个善，为总是一个为。非善与利之间，复有个无善之善也。善即理也，即道也，即中也。精乎此，谓之惟精。一乎此，谓之惟一。执乎此，谓之执中。以之为君谓之仁，以之为臣谓之敬，以之为子谓之孝，以之为父谓之慈，以之为朋友谓之信，以之视听言动谓之礼，以之临大节而不可夺谓之节。工夫有生熟，道理却无异同。此孔孟相传，以教天下万世、以维持宇宙也。故曰道二，仁与不仁而已矣。（自虞廷十六字，以迄五经四书，皆融会贯通于数行之间。而总不外伦常日用行习。事事皆有，处处可行。学以求道，仕以行道，一而已矣。）

喜事功而厌道德，乐宽大而恶检束，人之常情。不知圣贤所以重道德者，非薄事功而甘迂阔也。以道德为事功，乃真事功也，所以重检束者，非恶宽大而甘桎梏也。以检束为宽大，乃真宽大也。不然，厌道德而喜事功，则枉寻直尺，并事功亦不能成矣。恶检束而乐宽大，则越礼犯法，并宽大亦不可得矣。（无道德之事功，纯是权术用事，非真事功也。无检束之宽大，乃放纵于礼法之外，非真宽大也。此所以贵乎学也。）

吕泾野分校礼闱，主试者，以道学发策。有焚书禁学之议，先生力辨而扶救之，得不行。场中一士对策，欲将宗陆辨朱者，诛其人火其书，极肆诋毁，甚合问者意。同事者欲取之，先生曰："观此人今日迎合主司，他日必迎合权势。"同事深以为然，遂置之。

问处贫之道，于人己间有辨否？曰有：如怜贫

（明）仇英《江山无限图》

一也。怜人之贫可，自怜其贫不可。乐贫一也，自乐其贫可，乐人之贫不可。又曰：人贫而我怜之周之，则可。我贫而望人怜之周之，则不可。（处贫难，处人之贫与处己之贫，更难。此中最征学识。仕途清浊，亦关乎此。）

问患不知人，如大庭广众，偶然相遇，君子小人，何以知之？曰：此不难知。大庭广众中，如一人称人善，一人称人恶，则称人善者为君子，而称人恶者为小人。一人称人善，一人和之。一人阻之，则和者为君子，而阻者为小人。一人称人恶，一人和之，而一人不答，则不答者为君子，而和者为小人。以此观人，百不失一矣。

问：子曰，其为人也，发愤忘食，乐以忘忧。不知在何处愤？何处乐？曰：学也者，所以学为人也。故曰其为人也发愤忘食，乐以忘忧，不知老之将至云尔。愤在此，乐亦在此。后世学者，将一生精力，或在诗文上发愤，或在势利上发愤，不肯在为人上发愤，所以不及圣人。仁者以天地万物为一体，此儒者恻隐之真心也。古圣贤千言万语，吾辈朝夕讲求，总是要培养此一念，扩充此一念。圣学所重在此。彼摩顶放踵，从井救人者，乃有此心而不能善用其心之过。所谓好仁不好学，其蔽也愚者。若惩其愚，不病其不好学，而反病仁之不当好，其愚抑又甚矣。故学者必培养扩充此一念，则满腔皆恻隐之心，到处行恻隐之事，然后信仁者以天地万物为一体之说，似迂而实切也。（人若不培养此万物一体之心，必不肯行济物利人之事，学之不可已也如此。）

圣人说知人难，是兼君子小人说；后世说知人难，是单就小人一边说。不知君子小人，都是难知的，何独只说小人难知？孔子兼言举错，子夏单言举皋陶，正是后世对证之药。（人之难知，既虑误用了小人，又虑遗失了君子，若专就小人难知一边说，是止防误用小人，不防遗失君子。其居心厚薄不同，其举错亦隘而鲜公矣。）

平日好称人恶，恶道人善，自托于直之人，立朝偏不肯犯言敢谏、偏不直。（以称人恶为直，而偏不肯道人善，平时以直自负，而立朝偏不肯直，说尽奸险小人情状。）

君子之仕也，行其义也，原不是教丈人出仕，只是要他晓得君子之仕，为行其君臣之义耳。当是时，咸以仕为通，以隐为高。若曰君子之仕也，行其势也、行其利也，那里行甚么义，所以把仕字看得不好了。恰似仕途全行不得义，故曰君子之仕也，行其义也，非行其势也，非行其利也。君臣之大义，自我而植；宇宙之纲常，自我而立，岂为功名富贵哉！中间即有丢过义，只为势利出仕的，是他各人自家见不到，各人自家错走了路。不得概以仕途为势窟、为利薮也。故曰：君臣之义，如之何其废之。

又曰，夫人幼而学之，壮而欲行之，行之者，行其义也。知此，则知仕止久速，无往非道；用行舍藏，无往非学。视用舍为寒暑风雨之序，视行藏为出作入息之常，仕者安得以仕为可，以隐为不可？隐者安得以隐为可，以仕为不可哉？此孔子之学不厌教不倦，所以大有造于天下后世也。

问气节涵养，曰：气节涵养。原非两事，故孟子论浩然之气，而曰我善养，可见气节从涵养中来，才是真气节。若黝舍辈，全是个没涵养的人，如何算得气节。（说不得仕不若隐，亦说不得隐不若仕。只可隐则隐，可仕则仕，便是。）

知足不辱，知止不殆，说的未尝不是。终不如吾夫子之可以仕则仕、可以止则止、可以久则久、可以速则速，为正大。约士君子出处之际，只当论可不可，不当论辱不辱、殆不殆。（不辱不殆，为求仕者言也，士君子出处，又自有应仕应止之道理在，惟有学者能辨之。）

问赤子之心如何失？曰：在不学问。如何学？曰：在求不失赤子之心，故曰学问之道无他，求其放心而已矣。求放心者，求不失此赤子之心也。可见不学不是，泛学亦不是。（异学不可，俗学不可，不学亦不可，泛学亦不可。故学必须讲，而后无误也。）

问大人者不失其赤子之心，不知用何样功夫，才能不失？曰：弟子入则孝，出则弟，谨而信，泛爱众，而亲仁，行有余力，则以学文。此节就是不失的工夫。于此工夫，自少至老，守而勿失，就是大人。岂能于此外加得分毫。故曰：程朱自幼即学圣贤尧舜，到老只是孝弟。

取与死生，自有大道理在。须是平日讲得透澈，临时吃得不差。若临时才去商量，转增游移矣。故曰：可以取，可以无取，取伤廉；可以与；可以无与，与伤惠；可以死，可以无死，死伤勇。二"可以"字，乃临时商量也。故曰：一入商量，便主游移也。（处世应物，转念恒不如初念之公，私意起而反惑，往往如此。）

问横逆之来，君子动心否？曰：既有横逆，此心难说不动。但众人因横逆之来，动尤人之心。君子因横逆之来，动自反之心耳。故曰动心忍性，增益其所不能。只不动尤人之心，便谓之不动心。

君子不逆诈，不亿不信。则有之，既有横逆，而全不动心，则此心竟如槁木死灰。与告子不得于言，勿求于心何异。今不动尤人之心，而动自反之心，正见存心之厚，用功之密。

曾子说犯而不校，孟子又恐学者泥其辞不得其意。徒知不校，不知自反，故又有三自反之说。若是果能自反，则横逆之来，方且自反不暇，安有暇工夫校量别人。故三自反，正是不校处。（校固不是，不自反而不校，又不是。如何为是？曰：又要不校，又要自反。横逆则不介于怀，修省则不懈于己，此圣贤克己实在工夫也。）

人生遭际，多有不同。自古圣贤，未尝不言遭际，而学圣贤者，不可轻言遭际，恐宽了自家反己工夫。（言遭际，所以绝觊望之心。不言遭际，所以尽自修之道，方可谓之真学者。）

人而不仁，疾之已甚，乱也。此正是善于远小人处，只不要已甚便是。若见不善而不能退，退而不能远，而曰不为已甚，则益失夫子意矣。

问既知是小人，却借调停之说引用之，是何主意？曰：此鄙夫患失之意也。彼知小人敢于为恶，恐一时得志，以图报复。故借调停之说，阴结小人，以自为地耳。不知小人如虎狼然，一得志，未有不反噬之理。如元佑绍圣间，引用小人之人，即受小人之害，可鉴也。无论为国，即自为计，亦非矣，故曰苟必逮夫身。然则为人臣者，当何如？曰：只当秉公持正，以进君子退小人，一心为国家计。若自家恩雠德怨，祸福利害，一切置之不问可也。

待人当亲君子而容小人，故曰泛爱众而亲仁；用人当进君子而退小人，故曰举直错诸枉。以待人者用人，则忠邪不辨；以用人者待人，则度量不宏。

勘得破天命大抵如此，则一切拣择之心自化；勘得破人情大抵如此，一切烦恼之心自消。

扶持名教，顾惜名节，此正是君子务实胜处，不可以此为好名。若不扶持名教，不顾惜名节，而曰我不好名，是无忌惮之尤者也。（此好名，与希世盗名、违道干誉者，迥不同。为学者宜辨此。）

解读

冯从吾（1556～1627年），字仲好，号少墟，长安（今西安人）。著名教育家，以耿直著称。登万历进士，授御史，巡视中城，阉人修刺谒，拒不见。旋抗章言帝失德，帝大怒，欲廷杖之，阁臣力解得免。寻告归，杜门谢客，造诣益深。家居二十五年，又起为尚宝卿，累迁工部尚书致仕。学者称少墟先生。有《冯少墟集》二十二卷，又有《元儒考略》《冯子节要》及《古文辑选》。

冯从吾有志于濂洛之学，受业于许谦，其学"始终以性善为头脑，尽性为工夫，天地万物一体为度量，出处进退一介不苟为风操，其于异端是非之界限，则辨之不遗余力"。其生平著作，汇于《冯少墟集》中。"其中讲学之作，主于明理；论事之作，主于达意，不复以辞采为工。然有物之言，笃实切明，虽字句间涉俚俗，固不以舍陋讥也。"冯从吾继承了张载所提倡的"学则多疑"的观点，而且根据自己的治学经验，提出了"学、行、疑、思、恒"五字结合的治学方法。强调"学"与"行"应紧密结合，认为讲学原为躬行；认为在学习中"疑"与"思"是相辅相成的，"思而疑，疑而思，辩之必欲其明，讲之必欲其透也。"他一辈子讲学，"学之当讲，犹饥之当食，寒之当衣。"冯从吾于明万历二十四年（1596年）在宝庆寺讲学时，特意撰写《谕俗》，全文是："千讲万讲不过要大家做好人，存好心，行好事，三句尽之矣。因录旧对一联：'做个好人，心正、身安，魂梦稳；行些善事，天知、地鉴，鬼神钦。'丙申秋，余偕诸同志讲学于宝庆寺，旬日一举，越数会，凡农、工、商、贾中有志向者咸来听讲，且先问所讲何事？余惧夫会约（指《宝庆寺学会约》）之难以解也，漫书此以示。"

吕坤《续小儿语》: 男儿事业，经纶天下，识见要高，规模要大

四 言

心要慈悲，事要方便，残忍刻薄，惹人恨怨。

手下无能，从容调理，他若有才，不服事你。

遇事逢人，豁绰舒展，要看男儿，须先看胆。

休将实用，费在无功，蝙蝠翅儿，一般有风。

一不积财，二不结怨，睡也安然，走也方便。

要知亲恩，看你儿郎，要求子顺，先孝爷娘。

别人性情，与我一般，时时体悉，件件从宽。

都见面前，谁知脑后？笑着不觉，说着不受。

人夸偏喜，人劝偏恼，你短你长，你心自晓。

卑幼不才，瞒避尊长，外人笑骂，父母夸奖。

仆隶纵横，谁向你说，恶名你受，暗利他得。

从小做人，休坏一点，覆水难收，悔恨已晚。

贪财之人，至死不止，不义得来，付与败子。

都要便宜，我得人不？亏人是祸，亏己是福。

怪人休深，望人休过，省你闲烦，免你暗祸。

好衣肥马，喜气扬扬，醉生梦死，谁家儿郎？

今日用度，前日积下，今日用尽，来日乞化。

无可奈何，须得安命，怨叹躁急，又增一病。

仇无大小，只恐伤心，恩若救急，一芥千金。

自家有过，人说要听，当局者迷，旁观者醒。

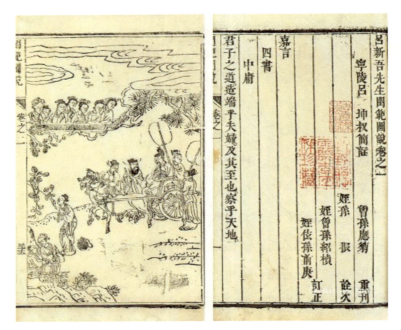

（明）吕坤《吕新吾先生闺范图说》，明应菊刻本

丈夫一生，廉耻为重，切莫求人，死生有命。

要甜先苦，要逸先劳，须屈得下，才跳得高。

白日所为，夜来省己，是恶当惊，是善当喜。

人誉我谦，又增一美，自夸自败，还增一毁。

害与利随，祸与福倚，只个平常，安稳到底。

怒多横语，喜多狂言，一时褊急，过后羞惭。

人生在世，守身实难，一味小心，方得百年。

慕贵耻贫，志趣落群，惊奇骇异，见识不济。

心不顾身，口不顾腹，人生实难，何苦纵欲？

才说聪明，便有障蔽，不著学识，到底不济。

威震四海，勇冠三军，降伏自心，是真本事。

矮人场笑，下士途说，学者识见，要从心得。

读圣贤书，字字体验，口耳之学，梦中吃饭。

男儿事业，经纶天下，识见要高，规模要大。

待人要丰，自奉要约，责己要厚，责人要薄。

一饭为恩，千金为仇，薄极成喜，爱重成愁。

鼹鼠杀象，蜈蚣杀龙，蚁穴破堤，蝼孔崩城。

意念深沉，言辞安定，艰大独当，声色不动。

相彼儿曹，乍悲乍喜，小事张皇，惊动邻里。

分卑气高，能薄欲大，中浅外浮，十人九败。

坐井观天，面墙定路，远大事业，休与共做。

冷眼观人，冷耳听话，冷情当感，冷心思理。

理可理度，事有事体，只要留心，切莫任己。

六　言

修寺将佛打点，烧钱买通神明。灾来鬼也难躲，为恶天自不容。

贫时怅望糟糠，富日娇嫌甘脂。天心难可人心，那个知足饿死。

苦甜不咽不觉，是非出口难收。可怜八尺身命，死生一任舌头。

因循惰慢之人，偏会引说天命。一年不务农桑，一年忍饥受冻。

天公不要房住，神道不少衣穿。强似将佛塑画，不如济些贫难。

世人三不过意，王法天理人情。这个全然不顾，此身到处难容。

责人丝发皆非，辨己分毫都是。盗跖千古元凶，盗跖何曾自觉？

柳巷风流地狱，花奴胭粉刀山。丧了身家行止，落人眼下相看。

只管你家门户，休说别个女妻。第一伤天害理，好讲闺门是非。

人侮不要埋怨，人羞不要数说。人极不要跟寻，人愁不要喜悦。

大凡做一件事，就要当一件事。若是苟且粗疏，定不成一件事。

少年志肆心狂，长者言必偏恼。你到长者之时，一生悔恨不了。

自家痛痒偏知，别个辛酸哪觉。体人须要体悉，责人慎勿责苟。

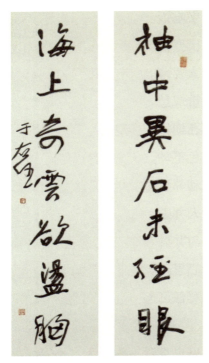

（民国）于右任行楷《吕坤呻吟语》七言联：
袖中异石未经眼，海上奇云欲荡胸

快意从来没好，拂心不是命穷。
安乐人人破败，忧勤个个亨通。

儿好何须父业，儿若不肖空积。
不知教子一经，只要黄金满室。

君子名利两得，小人名利两失。
试看往古来今，惟有好人便益。

厚时说尽知心，提防薄后发泄。
恼时说尽伤心，再好有甚颜色？

事到延挨怕动，临时却恁慌忙。
除却差错后悔，还落前件牵肠。

往日真知可惜，来日依旧因循。
若肯当年一苦，无边受用从今。

东家不信阴阳，西家专敬风水，
祸福彼此一般，费了钱财不悔。

德行立身之本，才识处世所先。

孟浪痴呆自是，空生人世百年。

谦卑何曾致祸？忍默没个招灾。厚积深藏远器，轻发小逞凡才。
俭用亦能够用，要足何时是足？可怜惹祸伤身，都是经营长物。
未来难以预定，算够到头不够。每事常余二分，哪有悔的时候？
火正灼时都来，火一灭时都去。炎凉自是通情，我不关心去住。
何用终年讲学，善恶个个分明。稳坐高谈万里，不如蹞踔一程。
万古此身难再，百年转眼光阴。纵不同流天地，也休污了乾坤。
世上第一伶俐，莫如忍让为高。进履结袜胯下，古今真正人豪。
百尺竿头进步，钻天巧智多才。饶你站得脚稳，终然也要下来。
莫防外面刀枪，只怕随身兵刃。七尺盖世男儿，自杀只消三寸。

杂　言

创业就创干净，休替子孙留病。（只图眼前便宜，却忽日后反覆，子孙必受其害。）

童生进学喜不了，尚书不升终日恼。

若要德业成，先学受穷困；若要无烦恼，惟有知足好；若要度量长，先学受冤枉；若要度量宽，先学受懊烦。

十日无寂粟，身亡；十年无金珠，何伤？

事止五分无悔，味只五分偏美。

老来疾痛，都是壮时落的；衰后冤孽，都是盛时作的。

见人忍默偏欺，忍默不是痴的。

鸟兽无杂病，穷汉没奇症。

闻恶不可就恶，恐替别人泄怒。

休说前人长短，自家背后有眼。

湿时捆就，断了约儿不散；小时教成，殁了父母不变。

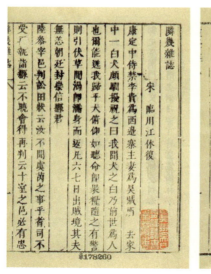

（明）吴永辑《续百川学海》，明万历二十八年刻本

说好话，存好心，行好事，近好人。

算计二着现在，才得头着不败。

君子口里没乱道，不是人伦是世教；君子脚跟没乱行，不是规矩是准绳；君子胸中所常体，不是人情是天理。

好面上灸个疤儿，一生带破；白衣上点些墨儿，一生带涴。

恩怕先益后损，威怕先松后紧。

饥勿使耐，饱勿使再；热勿使汗，冷勿使颤。

未饥先饭，未迫先便。

久立先养足，久夜先养目。

清心寡欲，不服四物；省事休嗔，不服四君。

酒少饭淡，二陈没干；慎寒谨风，续命无功。

线流冲倒泰山，休为恶事开端。

才多累了己身，地多好了别人。

白首贪得不了，一身能用多少？

趁心休要欢喜，灾殃就在这里。

未须立法，先看结煞。

休与众人结仇，休作公论对头。

做第一等人，干第一等事，说第一等话，抱第一等识。

欺世瞒人都易，惟有此心难昧。

暗室虽是无人，自身怎见自身？兰芳不厌幽谷，君子不为名修。

触龙耽怕，骑虎难下。

焚结碎环，这个不难；解环破结，毕竟有说。

无勿久安，无惮初难。

处世怕有进气，为人怕有退气。

乘时如矢，待时如死。

毋贱贱，毋老老，毋贫贫，毋小小。

同困相忧，同亨相仇。

欲心要淡，道心要艳。

上看千仞，不如下看一寸；前看百里，不如后看一屉。

将溢未溢，莫添一滴；将拆未拆，莫添一搦。

无束燥薪，无激愤人。

辩者不停，讷者若聋；辩者面赤，讷者屏息；辩者才住，讷者一句；辩者自惭，讷者自慊。

积威不论从违，积爱不论是非。

一子之母余衣，三子之母忍饥。

世情休说透了，世事休说够了。

盼望也不来，空劳盼望怀；愁惧也须去，多了一愁惧。

贪吃那一杯，把百杯都呕了；舍不得一金，把千金都丢了。

怪人休怪老了，爱人休爱恼了。

侵晨好饭，算不得午后饱；平日恩多，抵不得临时少。

祸到休愁，也会有救；福来休喜，也要会受。

不怕骤，只怕辏；不怕一，只怕积。

声休要太高，只是人听的便了；事休要做尽，只是人当的便好。

要吃亏的是乖，占便宜的是呆。

雨后伞，不须支；怨后恩，不须施。

人欺不是辱，人怕不是福。

刚欲杀身不顾，柔欲杀身不悟。

当迟就要宁耐，当速就要慷慨。

回顾莫辞频，前人怕后人。

歇事难奋，玩民难振。

穷易过，富难享。宁受疼，莫受痒。

一向单衫耐得冻，乍脱棉袄冻成病。

无医枯骨，无浇朽木。

《去伪斋集》

解读

吕坤（1536～1618年），字叔简，号新吾，自号抱独居士，人称"沙随夫子"。河南归德府宁陵县（今商丘宁陵县东）人。一生历经嘉靖、隆庆、万历三朝。分别在山西、陕西、山东及京城做官20余年，历任县令、吏部主事、右参政、提刑案察使、提督、巡抚、右佥都御史、刑部右左侍郎等官职，逝后诰赠刑部尚书。他与沈鲤、郭正域被誉为明万历年间天下"三大贤"。主要作品有《实政录》《夜气铭》《招良心诗》，以及《呻吟语》《去伪斋集》等十余种，内容涉及政治、经济、刑法、军事、水利、教育、音韵、医学等各个方面。吕坤是一位方正质朴、学识渊博的哲学家，也是一位学术与事功并重的政治家。

吕坤的《续小儿语》是在继承他父亲的《小儿语》基础上，按照其格式和文风，以浅显明白的语言，进一步阐述了为人处世的道理。为什么要写《续小儿语》，吕坤在序言中这样说："小儿皆有语，语皆成章，然无谓，先君谓无谓也，更之，又谓所更之未备也，命余续之。既成刻矣，余又借小儿原语而演之。语云：'教子婴孩。'是书也，诚鄙俚，庶几乎婴孩一正传哉。乃余窃自愧焉，言各有体，为诸生家言，则患其不文；为儿曹家言，则患其不俗。余为《儿语》，而文殊不近体，然刻意求为俗弗能。故小儿习先君《语》如说话，莫不鼓掌跃诵之，虽妇人女子亦乐闻而笑，最多感发。习余《语》如读书，謷謷惛惛，无喜听者。拂其所好，而强以所不知，理固宜然。嗟嗟！儿自有不儿时，即余言或有裨于他日万分一，第恐小儿徒以为语，人徒以为小儿语也。无论文俗，总属空谈，虽仍小儿之旧语可矣。先君何庸更，余何庸续且演哉！重蒙养者，其绎思之。"由此可见，吕坤的用意就是为了把为人处世的大道理，把宋儒理学的高深晦涩言语，通过民俗言语形式浅显通俗地表达出来，让没有文化的村夫厨娘也能看懂，并且入脑入心。

吕坤《呻吟语》："令人当下猛省，奚啻砭骨之神针，苦口之良剂"的时代之声

性　命

德性以收敛沉着为第一。收敛沉着中，又以精明平易为第一。大段收敛沉着人，怕含糊，怕深险。浅浮子虽光明洞达，非蓄德之器也。

真机真味要含蓄，休点破。其妙无穷，不可言喻，所以圣人无言。一犯口颊，穷年说不尽，又离披浇漓，无一些咀嚼处矣。

性分不可使亏欠，故其取数也常多，曰穷理，曰尽性，曰达天，曰入神，曰致广大、极高明；情欲不可使赢余，故其取数也常少，曰谨言，曰慎行，曰约己，曰清心，曰节饮食、寡嗜欲。

深沉厚重是第一等资质，磊落豪雄是第二等资质，聪明才辨是第三等资质。

六合原是个情世界，故万物以之相苦乐，而至人圣人不与焉。

凡人光明博大、浑厚含蓄，是天地之气；温煦和平，是阳春之气；宽纵任物，是长夏之气；严凝敛约、喜刑好杀，是秋之气；沉藏固啬，是冬之气。暴怒，是震雷之气；狂肆，是疾风之气；昏惑，是霾雾之气。隐恨留连，是积阴之气；从容温润，是和风甘雨之气；聪明洞达，

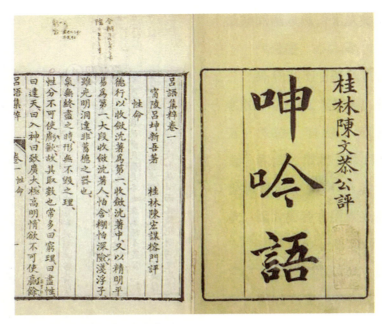

（明）吕坤《呻吟语》，清刻本

是青天朗月之气。有所钟者必有所似。

先天之气，发泄处不过毫厘；后天之气，扩充之，必极分量。其实分量极处，原是毫厘中有底，若毫厘中合下原无，便是一些增不去。万物之形色才情，种种可验也。

蜗藏于壳，烈日经年而不枯，必有所以不枯者在也。此之谓以神用先天造物命脉处。

火性发扬，水性流动，木性条畅，金性坚刚，土性重厚。其生物也亦然。

一则见性，两则生情。人未有偶而能静者，物未有偶而无声者。

人之念头，与气血同为消长。四十以前是个进心，识见未定而敢于有为；四十以后是个定心，识见既定而事有酌量；六十以后是个退心，见识虽真而精力不振。未必人人皆此，而此其大凡也。古者四十仕，六十、七十致仕，盖审之矣。人亦有少年退缩不任事，厌厌若泉下人者；亦有衰年狂躁妄动喜事者，皆非常理。若乃以见事风生之少年为任事，以念头灰冷之衰夫为老成，则误矣。邓禹沉毅，马援矍铄，古诚有之，岂多得哉！

（清）林则徐行书《呻吟语》立轴四屏。识文：豪放之心非道之所栖，是故道凝于宁静。应万变，索万理，惟沉思者能之。故水止则能照，衡定则能称。世亦有昏昏应酬而济事，梦梦谭谭道而亦有发明，非天资高，即偶然合耳，其所不合者何限？当急遽杂谷时，只不动火，则神有余而不劳事，从容而就理。一动火，种种都不济。沉静，非缄默之谓也。意渊涵而态闲正，此谓真沉静。虽终日言语，或千军万马中相攻击，或稠人广众中应繁剧，不害其为沉静，惟其神定故耳。鲁传学长属。林则徐。

命本在天，君子之命在我，小人之命亦在我。君子以义处命，不以其道得之不处，命不足道也；小人以欲犯命，不可得而必欲得之，命不肯受也。但君子谓命在我，得天命之本然；小人谓命在我，幸气数之或然。是以君子之心常泰，小人之心常劳。

满方寸浑成一个德性，无分毫私欲便是一心之仁；六尺浑成一个冲和，无分毫病痛便是一身之仁；满六合浑成一个身躯，无分毫间隔便是合天下以成其仁。仁是全体，无毫发欠缺；仁是纯体，无纤芥瑕疵；仁是天成，无些子造作。众人分一心为胡越，圣人会天下以成其身。愚尝谓："两间无物我，万古一呼吸。"

存　心

心要如天平，称物时，物忙而衡不忙。物去时，即悬空在此，只怎静虚中正，何等自在！

收放心，休要如追放豚，既入笠了，便要使他从容闲畅，无拘迫懊懔之状。若恨他难收，一向束缚在此，与放失同，何者？同归于无得也。故再放便奔逸不可收拾。君子之心，如习鹰驯雉，搏击飞腾，主人略不防闲，及上臂归庭，却怎忘机自得，略不惊畏。

学者只事事留心，一毫不肯苟且，德业之进也，如流水矣。

不动气，事事好。

防欲如挽逆水之舟，才歇力便下流；力善如缘无枝之树，才住脚便下坠。是以君子之心，无时而不敬畏也。

一善念发，未说到扩充，且先执持住，此万善之囤也。若随来随去，更不操存此心，如驿传然，终身无主人住矣。

千日集义，禁不得一刻不慊于心，是以君子瞬存息养，无一刻不在道义上。其防不义也，如千金之子之防盗，惧馁之，故也。

无屋漏工夫，做不得宇宙事业。

一念收敛，则万善来同；一念放恣，则百邪乘衅。

得罪于法，尚可逃避；得罪于理，更没处存身。只我的心便放不过我。是故君子畏理甚于畏法。

目中有花，则视万物皆妄见也；耳中有声，则听万物皆妄闻也；心中有物，则处万物皆妄意也。是故此心贵虚。

把意念沉潜得下，何理不可得？把志气奋发得起，何事不可做？今之学者，将个浮躁心观理，将个委靡心临事，只模糊过了一生。

心平气和，此四字非涵养不能做，工夫只在个定火。火定则百物兼照，万事得理。水明而火昏。静属水，动属火，故病人火动则躁扰狂越，及其苏定，浑不能记。苏定者，水澄清而火熄也。故人非火不生，非火不死；事非火不济，非火不败。惟君子善处火，故身安而德滋。

当可怨、可怒、可辩、可诉、可喜、可愕之际，其气甚平，这是多大涵养。

天地间真滋味，惟静者能尝得出；天地间真机括，惟静者能看得透；天地间真情景，惟静者能题得破。作热闹人，说孟浪语，岂无一得？皆偶合也。

未有甘心快意而不殃身者。惟理义之悦我心，却步步是安乐境。

问："慎独如何解？"曰："先要认住独字。独字就是意字。稠人广坐、千军万马中，都有个独。只这意念发出来是大中至正底，这不劳慎，就将这独字做去，便是天德王道。这意念发出来，九分九厘是，只有一厘苟且为人之意，便要点检克治，这便是慎独了。"

用三十年心力除一个"伪"字不得。或曰："君尽尚实矣。"余曰："所谓伪者，岂必在言行间哉？实心为民，杂一念德我之心便是伪；实心为善，杂一念求知之心便是伪；道理上该做十分，只争一毫未满足便是伪；汲汲于向义，才有二三心便是伪；白昼所为皆善，而梦寐有非僻之干便是伪；心中有九分，外面做得恰象十分便是伪。此独觉之伪也，余皆不能去，恐渐渍防闲，延恶于言行间耳。"

自家好处掩藏几分，这是涵蓄以养深；别人不好处要掩藏几分，这是浑厚以养大。

宁耐是思事第一法，安详是处事第一法，谦退是保身第一法，涵容是处人第一法，置富贵、贫贱、死生、常变于度外，是养心第一法。

胸中情景，要看得：春不是繁华、夏不是发畅、秋不是寥落、冬不是枯槁，方为我境。

大丈夫不怕人，只是怕理；不恃人，只是恃道。

静里看物欲，如业镜照妖。

躁心、浮气、浅衷、狭量，此八字，进德者之大忌也。去此八字，只用得一字，曰：主静。静则凝重，静中境自是宽阔。士君子要养心气，心气一衰，天下万事，分毫做不得。主静之力，大于千牛，勇于十虎。

君子洗得此心净，则两间不见一尘；充得此心尽，则两间不见一碍；养得此心定，则两间不见一怖；持得此心坚，则两间不见一难。

人只是心不放肆，便无过差；只是心不怠忽，便无遗忘。胸中只摆脱一"恋"字，便十分爽净，十分自在。人生最苦处，只是此心沾泥带水，明是知得，不能断割耳。

盗，只是欺人。此心有一毫欺人、一事欺人、一语欺人，人虽不知，即未发觉之盗也。言如是而行欺之，是行者言之盗也；心如是而口欺之，是口者心之盗也；才发一个真实心，骤发一个伪妄心，是心者心之盗也。谚云："瞒心昧己。"有味哉其言之矣。欺世盗名，其过大；瞒心昧己，其过深。

此心果有不可昧之真知，不可强之定见，虽断舌可也，决不可从人然诺。

目不容一尘，齿不容一芥，非我固有也。如何灵台内许多荆榛却自容得？手有手之道，足有足之道，耳目鼻口有耳目鼻口之道。但此辈皆是奴婢，都听天君使令，使之以正也顺从，使之以邪也顺从。渠自没罪过，若有罪过，都是天君承当。

心一松散，万事不可收拾；心一疏忽，万事不入耳目；心一执着，万事不得自然。

当尊严之地、大众之前、震怖之景，而心动气慑，只是涵养不定。

久视则熟字不识，注视则静物若动。乃知蓄疑者，乱真知；过思者，迷正应。

常使天君为主，万感为客，便好。只与他平交，已自亵其居尊之体。若跟他走去走来，被他愚弄缀哄，这是小儿童，这是真奴婢，有

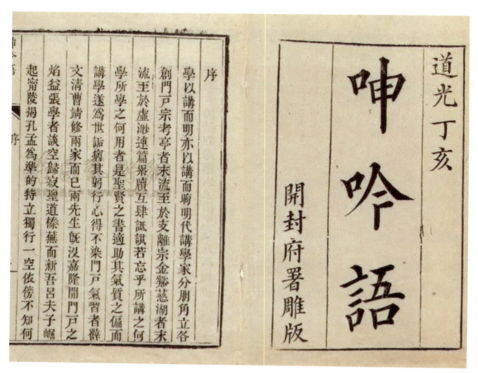

（明）吕坤《呻吟语》，清道光七年刻本

甚面目来灵台上坐？役使四肢百骸，可羞可笑！（《示儿》）

不存心，看不出自家不是。只于动静、语默、接物、应事时，件件想一想，便见浑身都是过失。须动合天则，然后为是。日用间，如何疏忽得一时？学者思之。

人生在天地间，无日不动念，就有个动念底道理；无日不说话，就有个说话底道理；无日不处事，就有个处事底道理；无日不接人，就有个接人底道理；无日不理物，就有个理物底道理。以至怨怒笑歌、伤悲感叹、顾盼指示、咳唾涕洟、隐微委曲、造次颠沛、疾病危亡，莫不各有道理。只是时时体认，件件讲求。细行小物，尚求合则，彝伦大节，岂可逾闲？故始自垂髫，终于属纩，持一个自强不息之心通乎昼夜，要之于纯一不已之地忘乎死生。此还本归全之道，戴天履地之宜。不然，恣情纵意而各求遂其所欲，凡有知觉运动者皆然，无取于万物之灵矣。或曰："有要乎？"曰："有。其要只在存心。""心何以存？"曰："只在主静。只静了，千酬万应都在道理上，事事不错。"

迷人之迷，其觉也易；明人之迷，其觉也难。

君子畏天，不畏人；畏名教，不畏刑罚；畏不义，不畏不利；畏徒生，不畏舍生。

"忍激"二字是祸福关。

殃咎之来，未有不始于快心者，故君子得意而忧，逢喜而惧。

一念孳孳，惟善是图，曰正思；一念孳孳，惟欲是愿，曰邪思；非分之福，期望太高，曰越思；先事徘徊，后事懊恨，曰紫思；游心千里，歧虑百端，曰浮思；事无可疑，当断不断，曰惑思；事不涉己，为他人忧，曰狂思；无可奈何，当罢不罢，曰徒思；日用职业，本分工夫，朝惟暮图，期无旷废，曰本思。此九思者，日用之间，不在此则在彼。善摄心者，其惟本思乎？身有定业，日有定务，暮则省白昼之所行，朝则计今日之所事，念兹在兹，不肯一事苟且，不肯一时放过，庶心有着落，不得他适，而德业日有长进矣。

学者只多忻喜心，便不是凝道之器。小人亦有坦荡荡处，无忌惮是已；君子亦有常戚戚处，终身之忧是已。只脱尽轻薄心，便可达天德。汉唐以下儒者，脱尽此二字不多人。

斯道这个担子，海内必有人负荷。有能概然自任者，愿以绵弱筋骨助一肩之力，虽走僵死不恨。

耳目之玩，偶当于心，得之则喜，失之则悲，此儿女子常态也。世间甚物与我相关，而以得喜、以失悲耶？圣人看得此身，亦不关悲喜，是吾道之一囊橐耳。爱囊橐之所受者，不以囊橐易所受，如之何以囊橐弃所受也？而况耳目之玩，又囊橐之外物乎？

寐是情生景，无情而景者，兆也；寤后景生情，无景而情者，妄也。

人情有当然之愿，有过分之欲。圣王者，足其当然之愿，而裁其过分之欲，非以相苦也。天地间欲愿只有此数，此有余而彼不足，圣王调剂而均厘之，裁其过分者以益其当然。夫是之谓至平，而人无淫情、无觖望。

恶恶太严，便是一恶；乐善甚亟，便是一善。

"投佳果于便溺，濯而献之，食乎？"曰："不食。""不见而食之，病乎？"曰："不病。""隔山而指骂之，闻乎？"曰："不闻。""对面而指骂之，怒乎？"曰："怒。"曰："此见闻障也。"夫能使见而食，闻而不怒，虽入黑海、蹈白刃，可也！此炼心者之所当知也。

只有一毫粗疏处，便认理不真，所以说惟精，不然众论淆之而必疑；只有一毫二三心，便守理不定，所以说惟一，不然利害临之而必变。

种豆，其苗必豆；种瓜，其苗必瓜，未有所存如是，而所发不如是者。心本人欲，而事欲天理；心本邪曲，而言欲正直，其将能乎？是以君子慎其所存。所存是，种种皆是；所存非，种种皆非，未有分毫爽者。

属纩之时，般般都带不得，惟是带得此心，却教坏了，是空身归去矣。可为万古一恨。

吾辈所欠，只是涵养不纯不定。故言则矢口所发，不当事，不循物，不宜人；事则恣意所行，或太过，或不及，或悖理。若涵养得定，如熟视正鹄而后开弓，矢矢中的；细量分寸而后投针，处处中穴，此是真正体验实用工夫，总来只是个沉静。沉静了，发出来件件都是天则。

"暮夜无知"，此四字，百恶之总根也。人之罪莫大于欺，欺者，利其无知也。大奸大盗，皆自无知之心充之。天下大恶只有二种：欺无知；不畏有知。欺无知，还是有所忌惮心，此是诚伪关。不畏有知，是个无所忌惮心，此是死生关。犹知有畏，良心尚未死也。

（明）吴彬《高山流水图》

天地万物之理，出于静，入于静；人心之理，发于静，归于静。静者，万理之橐钥，万化之枢纽也。动中发出来，与天则便不相似。故虽暴肆之人，平旦皆有良心，发于静也；过后皆有悔心，归于静也。动时只见发挥不尽，那里觉错？故君子主静而慎动。主静，则动者静之枝叶也；慎动，则动者静之约束也。又何过焉？

童心最是作人一大病，只脱了童心，便是大人君子。或问之，曰："凡炎热念、骄矜念、华美念、欲速念、浮薄念、声名念，皆童心也。"

吾辈终日念头离不了四个字，曰："得、失、毁、誉"。其为善也，先动个得与誉底念头；其不敢为恶也，先动个失与毁底念头。总是欲心、伪心，与圣人天地悬隔。圣人发出善念，如饥者之必食，渴者之必饮。其必不为不善，如烈火之不入，深渊之不投，任其自然而已。贤人念头只认个可否，理所当为，则自强不息；所不可为，则坚忍不行。然则得、失、毁、誉之念可尽去乎？曰："胡可去也！"天地间，惟中人最多。此四字者，圣贤籍以训世，君子借以检身。曰"作善降之百祥，作不善降之百殃"，以得失训世也。曰"疾没世而名不称"，曰"年四十而见恶"，以毁誉训世也。此圣人待衰世之心也。彼中人者，不畏此以检身，将何所不至哉？故尧舜能去此四字，无为而善，忘得失毁誉之心也。桀纣能去此四字，敢于为恶，不得失毁誉之恤也。

心要虚，无一点渣滓；心要实，无一毫欠缺。只一事不留心，便有一事不得其理；一物不留心，便有一物不得其所。

只大公了，便是包涵天下气象。

士君子作人，事事时时，只要个用心。一事不从心中出，便是乱举动；一刻心不在腔子里，便是空躯壳。

古人也算一个人，我辈成底是甚什人？若不愧不奋，便是无志。

圣、狂之分，只在苟、不苟两字。

余甚爱万籁无声，萧然一室之趣。或曰："无乃大寂灭乎？"曰："无边风月自在。"

无技痒心，是多大涵养！故程子见猎而痒。学者各有所痒，便当各就痒处搔之。

欲，只是有进气无退气；理，只是有退气无进气。善学者，审于进退之间而已。

恕心养到极处，只看得世间人都无罪过。

物有以慢藏而失，亦有以谨藏而失者；礼有以疏忽而误，亦有以敬畏而误者。故用心在有无之间。

说不得真知明见，一些涵养不到，发出来便是本象，仓卒之际，自然掩护不得。

欲理会七尺，先理会方寸；欲理会六合，先理会一腔。

静者生门，躁者死户。

士君子一出口，无反悔之言；一动手，无更改之事。诚之于思，故也。

只此一念公正了，我于天地鬼神通是一个。而鬼神之有邪气者，且跧伏退避之不暇，庶民何私何怨，而忍枉其是非，腹诽巷议者乎？

和气平心，发出来如春风拂弱柳，细雨润新苗，何等舒泰！何等感通！疾风、迅雷、暴雨、酷霜，伤损必多。或曰："不似无骨力乎？"余曰："譬之玉，坚刚未尝不坚刚，温润未尝不温润。"余严毅多，和平少，近悟得此。

俭则约，约则百善俱兴；侈则肆，肆则百恶俱纵。天下国家之存亡，身之生死，只系敬、怠两字。敬则慎，慎则百务修举；怠则苟，苟则万事隳颓。自天子以至于庶人，莫不如此。此千古圣贤之所兢兢，而亡人之所必由也。

每日点检，要见这念头自德性上发出，自气质上发出，自习识上发出，自物欲上发出。如此省察，久久自识得本来面目。初学最要知此。

道义心胸发出来，自无暴戾气象，怒也怒得有礼。若说圣人不怒，圣人只是六情？

过差遗忘，只是昏忽，昏忽只是不敬。若小心慎密，自无过差遗忘之病。

吾初念只怕天知，久久来不怕天知，又久久来只求天知。但未到那何必天知地步耳。

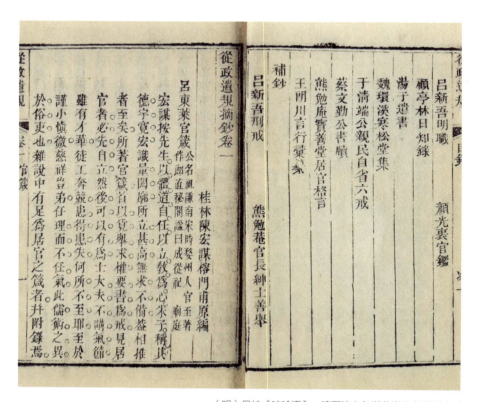

（明）吕坤《呻吟语》，清同治七年湖北崇文书局刻本

气盛便没涵养。

定静安虑，圣人胸中无一刻不如此。或曰："喜怒哀乐到面前，何如？"曰："只凭喜怒哀乐，定静安虑，胸次无分毫加损。"

忧世者与忘世者谈，忘世者笑；忘世者与忧世者谈，忧世者悲。嗟夫！六合骨肉之泪，肯向一室胡越之人哭哉？彼且谓我为病狂，而又安能自知其丧心哉？

得之一字，最坏此心。不但鄙夫患得，年老戒得为不可。只明其道而计功，有事而正心，先事而动得心，先难而动获心，便是杂霸杂夷。一念不极其纯，万善不造其极。此作圣者之大戒也。

充一个公己公人心，便是胡越一家；任一个自私自利心，便中父子仇雠。天下兴亡、国家治乱、万姓死生，只争这个些子。

厕牏之中，可以迎宾客；床笫之间，可以交神明。必如此，而后谓之不苟。

为人辨冤白谤，是第一天理。

治心之学，莫妙于"瑟僴"二字。瑟训严密，譬之重关天险，无隙可乘，此谓不疏，物欲自消其窥伺之心。僴训武毅，譬之将军按剑，见者股栗，此谓不弱，物欲自夺其猖獗之气。而今吾辈灵台，四无墙户，如露地钱财，有手皆取；又孱弱无能，如杀残俘虏，落胆从人，物欲不须投间抵隙，都是他家产业；不须硬迫柔求，都是他家奴婢，更有那个关防？何人喘息？可哭可恨！

沉静，非缄默之谓也。意渊涵而态闲正，此谓真沉静。虽终日言语，或千军万马中相攻击，或稠人广众中应繁剧，不害其为沉静，神定故也。一有飞扬动扰之意，虽端坐终日，寂无一语，而色貌自浮；或意虽不飞扬动扰，而昏昏欲睡，皆不得谓沉静。真沉静底自是惺憼，包一段全副精神在里。

明者料人之所避，而狡者避人之所料，以此相与，是贼本真而长奸伪也。是以君子宁犯人之疑，而不贼己之心。

大利不换小义，况以小利坏大义乎？贪者可以戒矣。

杀身者不是刀剑，不是寇仇，乃是自家心杀了自家。

知识，帝则之贼也。惟忘知识以任帝则，此谓天真，此谓自然。一着念便乖违，愈着念愈乖违。乍见之心，歇息一刻，别是一个光景。

为恶惟恐人知，为善惟恐人不知，这是一副甚心肠，安得长进？

人心是个猖狂自在之物、陨身败家之贼，如何纵容得他？良知何处来？生于良心；良心何处来？生于天命。

心要实，又要虚。无物之谓虚，无妄之谓实；惟虚故实，惟实故虚。心要小，又要大。大其心，能体天下之物；小其心，不偾天下之事。

要补必须补个完，要折必须折个净。

学术以不愧于心、无恶于志为第一。也要点检这心志，是天理？是人欲？便是天理，也要点检是边见？是天则？

学者欲在自家心上做工夫，只在人心做工夫。

此心要常适，虽是忧勤惕励中，困穷抑郁际，也要有这般胸次。

不怕来浓艳，只怕去沾恋。

原不萌芽，说甚生机。

平居时有心切言还容易，何也？有意收敛故耳。只是当喜怒爱憎时发当其可，无一厌人语，才见涵养。

口有惯言，身有误动，皆不存心之故也。故君子未事前定，当事凝一。识所不逮，力所不能，虽过无愧心矣。世之人何尝不用心？都只将此心错用了。故学者要知所用心，用于正而不用于邪，用于要而不用于杂，用于大而不用于小。

予尝怒一卒，欲重治之。召之，久不至，减予怒之半。又久而后至，诟之而止。因自笑曰："是怒也，始发而中节邪？中减而中节邪？终止而中节邪？"惟圣人之怒，初发时便恰好，终始只一个念头不变。

世间好底分数休占多了，我这里消受几何，其余分数任世间人占去。

不见可欲时，人人都是君子；一见可欲，不是滑了脚跟，便是摆动念头。老子曰："不见可欲，使心不乱。"此是闭目塞耳之学。一入耳目来，便了不得。今欲与诸君在可欲上做工夫，淫声美色满前，但如鉴照物，见在妍蚩，不侵镜光；过去妍蚩，不留镜里，何嫌于坐怀？何事于闭门？推之可怖可惊、可怒可惑、可忧可恨之事，无不皆然。到此才是工夫，才见手段。把持则为贤者，两忘则为圣人。予尝有诗云："百尺竿头着脚，千层浪里翻身。个中如履平地，此是谁何道人。"

一里人事专利己，屡为训说不从。后每每作善事，好施贫救难，予喜之，称曰："君近日作事，每每在天理上留心，何所感悟而然？"曰："近日读司马温公语，有云：'不如积阴德于冥冥之中，以为子孙长久之计。'"予笑曰："君依旧是利心，子孙安得受福？"

小人终日苦心，无甚受用处。即欲趋利，又欲贪名；即欲掩恶，又欲诈善。虚文浮礼，惟恐其疏略；消沮闭藏，惟死其败露。又患得患失，只是求富求贵；畏首畏尾，只是怕事怕人。要之温饱之外，也只与人一般，何苦自令天君无一息宁泰处？

满面目都是富贵，此是市井儿，不堪入有道门墙，徒令人呕吐而为之羞耳。若见得大时，舜禹有天下而不与。

读书人只是个气高欲人尊己，志卑欲人利己，便是至愚极陋。只看四书六经千言万语教人是如此不是？士之所以可尊可贵者，以有道也。这般见识，有什么尊贵处？小子戒之。

第一受用，胸中干净；第二受用，外来不动；第三受用，合家没病；第四受用，与物无竞。

欣喜欢爱处，便藏烦恼机关，乃知雅淡者，百祥之本；恣情放肆时，都是私欲世界。始信懒散者，万恶之宗。

求道学真传，且高阁百氏诸儒，先看孔孟以前胸次；问治平要旨，只远宗三皇五帝，净洗汉唐而下心肠。看得真幻景，即身不吾有何伤？况把世情婴肺腑，信得过此心，虽天莫我知奚病？那教流语恼胸肠。善根中才发萌蘖，即着意栽培，须教千枝万叶；恶源处略有涓流，便极力拥塞，莫令暗长潜滋。

处世莫惊毁誉，只我是，无我非，任人短长；立身休问吉凶，但为善，不为恶，凭天祸福。

念念可与天知，尽其在我；事事不执己见，乐取诸人。

浅狭一心，到处便招犹悔；因循两字，从来误尽英雄。

斋戒神明其德，洗心退藏于密。

常将半夜萦千岁，只恐一朝便百年。

试心石上即平地，没足池中有隐潭。

心无一事累，物有十分春。

神明七尺体，天地一腔心。

终有归来日，不知到几时。

吾心原止水，世态任浮云。

伦　理

孝子之事亲也，礼卑伏如下仆，情柔婉如小儿。

"隔"之一字，人情之大患。故君臣、父子、夫妇、朋友、上下之交，务去隔，此字不去而不怨叛者，未之有也。

孝子侍亲，不可有沉静态，不可有庄肃态，不可有枯淡态，不可有豪雄态，不可有劳倦态，不可有病疾态，不可有愁苦态，不可有怨怒态。

子弟生富贵家，十九多骄惰淫泆，大不长进。古人谓之豢养，言甘食美服，养此血肉之躯与犬豕等。此辈阘茸，士君子见之为羞，而彼方且志得意满，以此夸人。父兄之孽，莫大乎是！

《示儿》云："门户高一尺，气焰低一丈。华山只让天，不怕没人上。"

责人到闭口卷舌、面赤背汗时，犹刺刺不已，岂不快心？然浅隘刻薄甚矣！故君子攻人，不尽其过，须含蓄以徐人之愧惧，令其自新，方有趣味，是谓以善养人。

谈　道

曲木恶绳，顽石恶攻，责善之言，不可不慎也。

恩礼出于人情之自然，不可强致。然礼系体面，犹可责人；恩出于根心，反以责而失之矣。故恩薄可结之使厚，恩离可结之使固，一相责望，为怨滋深。古父子、兄弟、夫妇之间，使骨肉为寇仇，皆坐责之一字耳。

责善之道，不使其有我所无，不使其无我所有，此古人之所以贵友也。

君子之于事也，行乎其所不得不行，止乎其所不得不止；于言也，语乎其所不得不语，默乎其所不得不默。尤悔庶几寡矣。

才有一分自满之心，面上便带自满之色，口中便出自满之声，此有道之所耻也。见得大世间再无可满之事，吾分再无能满之时，何可满之有？故盛德容貌若愚。

相在尔室，尚不愧于屋漏，此是千古严师；十目所视，十手所指，此是千古严刑。

诚与才合，毕竟是两个，原无此理。盖才自诚出，才不出于诚算不得个才，诚了自然有才。今人不患无才，只是讨一诚字不得。

断则心无累。或曰："断用在何处？"曰："谋后当断，行后当断。"

道有一真，而意见常千百也，故言多而道愈漓；事一有是，而意见常千百也，故议多而事愈偾。

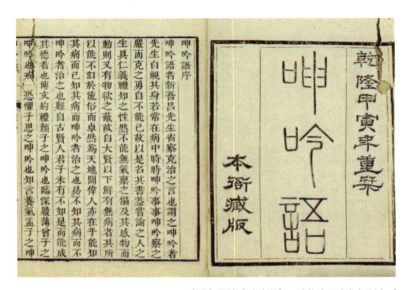

（明）吕坤《呻吟语》，清乾隆五十九年刻本

利刃斲木绵，迅炮击风帆，必无害矣。

士之于道也，始也求得，既也得得，既也养得，既也忘得。

千万病痛只有一个根本，治千病万痛只治一个根本。

事有豫而立，亦有豫而废者。吾曾豫以有待，临事凿枘不成，竟成弃掷者。所谓权不可豫设，变不可先图，又难执一论也。

任是千变万化、千奇万异，毕竟落在平常处歇。

威仪养得定了，才有脱略，便害羞赧；放肆惯得久了，才入礼群，便害拘束。习不可不慎也。

絜矩是强恕事，圣人不絜矩。他这一副心肠原与天下打成一片，那个是矩？那个是絜？

仁以为己任，死而后已，此是大担当。老者衣帛食肉，黎民不饥不寒，此是大快乐。

冷淡中有无限受用处。都恋恋炎热，抵死不悟，既悟不知回头，既回头却又羡慕，此是一种依膻附腥底人，切莫与谈真味。

处明烛幽，未能见物，而物先见之矣。处幽烛明，是谓神照。是故不言者非喑，不视者非盲，不听者非聋。

儒戒声色货利，释戒色声香味，道戒酒色财气，总归之无欲。此三氏所同也。儒衣儒冠而多欲，怎笑得释道！

敬事鬼神，圣人维持世教之大端也。其义深，其功大，但自不可凿求，不可道破耳。

以虚养心，以德养身，以善养人，以仁养天下万物，以道养万世，养之义大矣哉！

万物皆能昏人，是人皆有所昏。有所不见为不见者所昏，有所见为见者所昏，惟一无所见者不昏，不昏然后见天下。

道非淡不入，非静不进，非冷不凝。

天德王道不是两事，内圣外王不是两人。

损之而不见其少者必赘物也，益之而不见其多者必缺处也，惟分定者加一毫不得、减一毫不得。

知是一双眼，行是一双脚。不知而行，前有渊谷而不见，傍有狼虎而不闻，如中州之人适燕而南、之粤而北也，虽乘千里之马，愈疾愈远。知而不行，如痿痹之人，数路程、画山水，行更无多说，只用得一笃字。知的工夫千头万绪，所谓匪知之艰，惟行之艰，匪苟知之，亦允蹈之。知至至之，知终终之，穷神知化，穷理尽性，几深研极，探颐索隐，多闻多见。知也者，知所行也；行也者，行所知也。知也者，知此也；行也者，行此也。原不是两个世俗知行不分，直与千古圣人驳难，以为行即是知。余以为能行方算得知，徒知难算得行。

有杀之为仁，生之为不仁者；有取之为义，与之为不义者；有卑之为礼，尊之为非礼者；有不知为智，知之为不智者；有违言为信，践言为非信者。

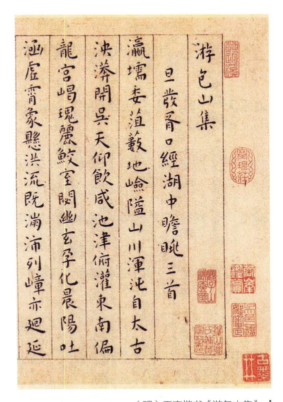

（明）王宠楷书《游包山集》

觅物者，苦求而不得，或视之而不见，他日无事于觅也，乃得之。非构有趋避，目眩于急求也。天下之事，每得于从容，而失之急遽。

知识，心之孽也；才能，身之妖也；贵宠，家之祸也；富足，子孙之殃也。

耳闻底，眼见底，身触、头戴、足踏底，灿然确然，无非都是这个。拈起一端来，色色都是这个。却向古人千言万语，陈烂葛藤，钻研穷究，意乱神昏，了不可得，则多言之误后人也。噫！

终身不照镜，终身不认得自家。乍照镜，犹疑我是别人，常磨常照，才认得本来面目。故君子不可以无友。

轻重只在毫厘，长短只争分寸。明者以少为多，昏者惜零弃顿。

天地所以循环无端积成万古者，只是四个字，曰"无息有渐"。圣学亦然，纵使生知之圣，敏则有之矣，离此四字不得。

下手处是自强不息，成就处是至诚无息。

圣学入门先要克己，归宿只是无我。盖自私自利之心是立人达人之障，此便是舜、跖关头，死生歧路。

心于淡里见天真，嚼破后许多滋味；学问渊中寻理趣，涌出来无限波澜。

百毒惟有恩毒苦，万味无如淡味长。

总埋泉壤终须白，才露天机便不玄。

横吞八极水，细数九牛毛。

（明）吴宽行书《灯下观白氏集简济之君谦二友》

修 身

六合是我底六合，哪个是人？我是六合底我，哪个是我？

世上没个分外好底，便到天地位、万物育底功用，也是性分中应尽底事业。今人才有一善，便向人有矜色，便见得世上人都有不是，余甚耻之。若说分外好，这又是贤智之过，便不是好。

率真者无心过，殊多躁言轻举之失；慎密者无口过，不免厚貌深情之累。心事如青天白，言动如履薄临深，其惟君子乎？

沉静最是美质，盖心存而不放者。令人独居无事，已自岑寂难堪，才应事接人，便任口恣情，即是清狂，亦非蓄德之器。

攻己恶者，顾不得攻人之恶。若哓哓尔雌黄人，定是自治疏底。

大事、难事看担当，逆境、顺境看襟度，临喜、临怒看涵养，群行、群止看识见。

身是心当，家是主人翁当，郡邑是守令当，九边是将帅当，千官是冢宰当，天下是天子当，道是圣人当。故宇宙内几桩大事，学者要挺身独任，让不得人，亦与人计行止不得。

作人怕似瞌睡汉，才唤醒时睁眼若有知，旋复沉困，竟是寐中人。须如朝兴栉盥之后，神爽气清，冷冷劲劲，方是真醒。

人生得有余气，便有受用处。言尽口说，事尽意做，此是薄命子。

清人不借外景为襟怀，高士不以尘识染情性。

官吏不要钱，男儿不做贼，女子不失身，才有了一分人。连这个也犯了，再休说别个。

才有一段公直之气，而出言做事便露圭角，是大病痛。

讲学论道于师友之时，知其心术之所藏何如也；饬躬励行于见闻之地，知其暗室之所为何知也。然则盗跖非元憝也，彼盗利而不盗名也。世之大盗，名利两得者居其最。

圆融者，无诡随之态，精细者，无苛察之心；方正者，无乖之拂失；沉默者，无阴险之术；诚笃者，无椎鲁之累；光明者，无浅露之病；劲直者，无径情之偏；执持者，无拘泥之迹；敏练者，无轻浮之状。此是全才。有所长而矫其长之失，此是善学。

不足与有为者，自附于行所无事之名；和光同尘者，自附于无可无不可之名。圣人恶莠也以此。

古之士民，各安其业，策励精神，点检心事，昼之所为，夜而思之，又思明日之所为。君子汲汲其德，小人汲汲其业，日累月进，且兴晏息，不敢有一息惰慢之气。夫是以士无怊德，民无怠行；夫是以家给人足，道明德积，身用康强，不即于祸。不然，百亩之家不亲力作，一命之士不治常业，浪谈邪议，聚笑觅欢，耽心耳目之玩，骋情游戏之乐；身衣纹縠，口厌刍豢，志溺骄佚，懵然不知日用之所为，而其室家土田百物往来之费，又足以荒志而养其淫，消耗年华，妄费日用。噫！是亦名为人也，无惑乎后艰之踵至也。

少年之情，欲收敛不欲豪畅，可以谨德；老人之情，欲豪畅不欲郁阏，可以养生。

广所依木如择所依，择所依不如无所依。无所依者，依天也。依天者，有独知之契，虽独立宇宙之内而不谓孤；众倾之、众毁之而不为动，此之谓男子。

坐间皆谈笑而我色庄，坐间皆悲感而我色怡，此之谓乖戾，处己处人两失之。

精明也要十分，只须藏在浑厚里作用。古今得祸，精明人十居其九，未有浑厚而得祸者。今之人惟恐精明不至，乃所以为愚也。

分明认得自家是，只管担当直前做去。却因毁言辄便消沮，这是极无定力底，不可以任天下之重。

小屈以求大伸，圣贤不为。吾道必大行之自然后见，便是抱关击柝，自有不可枉之道。松柏生来便直，士君子穷居便正。若曰在下位遇难事，姑韬光忍耻以图他日贵达之时，然后直躬行道，此不但出处为两截人，即既仕之后，又为两截人矣。又安知大任到手不放过耶？

才能技艺，让他占个高名，莫与角胜。至于纲常大节，则定要自家努力，不可退居人后。

处众人中孤零零的别作一色人，亦吾道之所不取也。子曰："群而不党",群占了八九分,不党,只到那不可处方用。其用之也,不害其群,才见把持,才见涵养。

今之人只是将好名二字坐君子罪,不知名是自好不将去。分人以财者,实费财;教人以善者,实劳心;臣死忠,子死孝,妇死节者,实杀身;一介不取者,实无所得。试着渠将这好名儿好一好肯不肯?即使真正好名,所为却是道理。彼不好名者,舜乎?跖乎?果舜耶?真加于好名一等矣;果跖耶?是不好美名而好恶名也。愚悲世之人以好名沮君子,而君子亦畏好名之讥而自沮,吾道之大害也,故不得不辨。凡我君子,其尚独,复自持,毋为哓哓者所撼哉。

大其心,容天下之物;虚其心,受

天下之善；平其心，论天下之事；潜其心，观天下之理；定其心，应天下之变。

古之居民上者，治一邑则任一邑之重，治一郡则任一郡之全，治天下则任天下之重。朝夕思虑其事，日夜经纪其务，一物失所，不遑安席，一事失理，不遑安食。限于才者求尽吾心，限于势者求满吾分。不愧于君之付托、民之仰望，然后食君之禄，享民之奉，泰然无所歉，反焉无所愧。否则是食浮于功也，君子耻之。

听言不爽，非圣人不能。根以有成之心，蛊以近似之语，加之以不避嫌之事，当仓卒无及之际，怀隔阂难辨之恨，父子可以相贼，死亡可以不顾，怒室阋墙，稽唇反目，何足道哉！古今国家之败亡，此居强半。圣人忘于无言，智者照以先觉，贤者熄于未著，刚者绝其口语，忍者断于不行。非此五者，无良术矣。

荣辱系乎所立，所立者固，则荣随之，虽有可辱，人不忍加也；所立者废，则辱随之，虽有可荣，人不屑及也。是故君子爱其所自立，惧其所自废。

（明）仇英《仿明皇幸蜀图》

掩护勿攻，屈服勿怒，此用威者之所当知也；无功勿赏，盛宠勿加，此用爱者之所当知也。反是皆败道也。

称人之善，我有一善，又何妒焉？称人之恶，我有一恶，又何毁焉？

善居功者，让大美而不居；善居名者，避大名而不受。

善者不必福，恶者不必祸，君子稔知之也，宁祸而不肯为恶；忠直者穷，谀佞者通，君子稔知之也，宁穷而不肯为佞。非坦知理有当然，亦其心有所不容已耳。

居尊大之位，而使贤者忘其贵重，卑者乐于亲炙，则其人可知矣。

人不难于违众，而难于违己。能违己矣，违众何难？

攻我之过者，未必皆无过之人也。苟求无过之人攻我，则终身不得闻过矣。我当感其攻我之益而已，彼有过无过何暇计哉？

恬淡老成人，又不能俯仰一世，便觉干燥；圆和甘润人，又不能把持一身，便觉脂韦。

做人要做个万全。至于名利地步，休要十分占尽，常要分与大家，就带些缺绽不妨。何者？天下无人己俱遂之事，我得人必失，我利人必害，我荣人必辱，我有美名人必有愧色。是以君子贪德而让名，辞完而处缺。使人我一般，不哓哓露头角、立标臬，而胸中自有无限之乐。孔子谦己，尝自附于寻常人，此中极有意趣。

明理省事甚难，此四字终身理会不尽，得了时无往而不裕如。

胸中有一个见识，则不惑于纷杂之说；有一段道理，则不挠于鄙俗之见。《诗》云："匪先民是程，匪大猷是经，惟迩言是争。"平生读圣贤书，某事与之合，某事与之背，即知所适从，知所去取。否则口诗书而心众人也，身儒衣冠而行鄙夫也。此士之稂莠也。

世人喜言无好人，此孟浪语也。今且不须择人，只于市井稠人中聚百人而各取其所长，人必有一善，集百人之善可以为贤人。人必有一见，集百人之见可以决大计。恐我于百人中未必人人高出之也，而安可忽匹夫匹妇哉？

学欲博，技欲工，难说不是一长，总较作人，只是够了便止。学如班、马，字如钟、王，文如曹、刘，诗如李、杜，铮铮千古知名，只是个小艺习，所贵在作人好。

到当说处，一句便有千钧之力，却又不激不疏，此是言之上乘。除外虽十缄也不妨。

循弊规若时王之制，守时套若先圣之经，侈己自得，恶闻正论，是人也，亦大可怜矣。世教奚赖焉！

心要常操，身要常劳。心愈操愈精明，身愈劳愈强健，但自不可

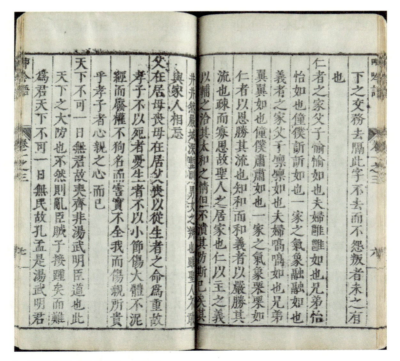

（明）吕坤《呻吟语》，明刻本

过耳。

未适可，必止可；既适可，不过可，务求适可而止。此吾人日用持循，须臾粗心不得。

士君子之偶聚也，不言身心性命，则言天下国家；不言物理人情，则言风俗世道；不规目前过失，则问平生德业。傍花随柳之间，吟风弄月之际，都无鄙俗媟慢之谈，谓此心不可一时流于邪僻，此身不可一日令之偷惰也。若一相逢，不是褻狎，便是乱讲，此与仆隶下人何异？只多了这衣冠耳。

作人要如神龙，屈伸变化，自得自如，不可为势利术数所拘缚。若羁绊随人，不能自决，只是个牛羊。然亦不可哓哓悻悻。故大智上哲看得几事分明，外面要无迹无言，胸中要独往独来，怎被机械人驾驭得？

"财色名位"，此四字考人品之大节目也。这里打不过，小善不足录矣。自古砥砺名节者，兢兢在这里做工夫，最不可容易放过。

古之人非曰位居贵要、分为尊长，而遂无可言之人、无可指之过也；非曰卑幼贫贱之人一无所知识，即有知识而亦不当言也。盖体统名分，确然不可易者，在道义之外；以道相成，以心相与，在体统名分之外。哀哉！后世之贵要尊长而遂无过也。

只尽日点检自家，发出念头来，果是人心？果是道心？出言行事果是公正？果是私曲？自家人品自家定了几分，何暇非笑人？又何敢喜人之誉己耶？

往见泰山乔岳，以立身四语甚爱之，疑有未尽，因推广为男儿八景，云：泰山乔岳之身，海阔天空之腹，和风甘雨之色，日照月临之目，旋干转坤之手，盘石砥柱之足，临深履薄之心，玉洁冰清之骨。此八景予甚愧之，当与同志者竭力从事焉。

求人已不可，又求人之转求；徇人之求已不可，又转求人之徇人；患难求人已不可，又以富贵利达求人。此丈夫之耻也。

文名、才名、艺名、勇名，人尽让得过，惟是道德之名则妒者众矣。无文、无才、无艺、无勇，人尽谦得起，惟是无道德之名则愧者众矣。君子以道德之实潜修，以道德之名自掩。

有诸己而后求诸人，无诸己而后非诸人，固是藏身之恕；有诸己而不求诸人，无诸己而不非诸人，自是无言之感。《大学》为居上者言，若士君子守身之常法，则余言亦蓄德之道也。

乾坤尽大，何处容我不得？而到处不为人所容，则我之难容也。眇然一身，而为世上难容之人，乃号于人曰："人之本能容我也。"吁！亦愚矣哉！

只竟夕点检今日说得几句话关系身心，行得几件事有益世道，自慊自愧，恍然独觉矣。若醉酒饱肉，恣谈浪笑，却不错过了一日。乱言妄动，昧理从欲，却不作孽了一日。

只一个俗念头，错做了一生人；只一双俗眼目，错认了一生人。

少年只要想我现在干些甚么事，到头成个甚么人，这便有多少恨心，多少愧汗，如

（明）王宠《五言诗轴》纸本草书。识文：水绿天微霁，山青花影新。薄衣初试屐，耽酒任欹巾。圣世支离客，泥涂甲子春。放歌林木动，岩卧有真人。款署：王宠。

何放得自家过？

　　明镜虽足以照秋毫之末，然持以照面不照手者何？面不自见，借镜以见，若手则吾自见之矣。镜虽明，不明于目也，故君子贵自知自信。以人言为进止，是照手之识也，若耳目识见所有及，则匪天下之见闻不济矣。

　　义、命、法，此三者，君子之所以定身，而众人之所妄念者也。从妄念而巧邪，图以幸其私，君子耻之。夫义不当为，命不能为，法不敢为，虽欲强之，岂惟无获？所丧多矣。即获亦非福也。

　　避嫌者，寻嫌者也；自辨者，自诬者也。心事重门洞达，略不回邪；行事八窗玲珑，毫无遮障，则见者服，闻者信。稍有不白之诬，将家家为吾称冤，人人为吾置喙矣。此之谓洁品，不自洁而人洁之。

　　善之当为，如饮食衣服然，乃吾人日用常行事也。人未闻有以祸福废衣食者，而为善则以祸福为行止；未闻有以毁誉废衣食者，而为善则以毁誉为行止。惟为善心不真诚之故耳。果真、果诚，尚有甘死饥寒而乐于趋善者。

　　有象而无体者，画人也，欲为而不能为。有体而无用者，塑人也，清净尊严，享牺牲香火，而一无所为。有运动而无知觉者，偶人也，待提掇指使而后为。此三人者，身无血气，

（明）祝世禄行书五言联：抱琴看鹤去，坐石待云归

心无灵明，吾无责矣。

我身原无贫富贵贱得失荣辱字，我只是个我，故富贵贫贱得失荣辱如春风秋月，自去自来，与心全不牵挂，我到底只是个我。夫如是，故可贫可富，可贵可贱，可得可失，可荣可辱。今人惟富贵是贪，其得之也必喜，其失之也如何不悲？其得之也为荣，其失之也如何不辱？全是靠着假景作真身，外物为分内，此二氏之所笑也，况吾儒乎？吾辈做工夫，这个是第一。吾愧不能，以告同志者。

"本分"二字，妙不容言。君子持身不可不知本分，知本分则千态万状一毫加损不得。

两柔无声，合也；一柔无声，受也。两刚必碎，激也；一刚必损，积也。故《易》取一刚一柔，是谓平中，以成天下之务，以和一身之德，君子尚之。

毋以人誉而遂谓无过。世道尚浑厚，人人有心史也。人之心史真，惟我有心史而后无畏人之心史矣。

淫怒是大恶，里面御不住气，外面顾不得人，成甚涵养？或曰："涵养独无怒乎？"曰："圣贤之怒自别。"

凡智愚无他，在读书与不读书；祸福无他，在为善与不为善；贫富无他，在勤俭与不勤俭；毁誉无他，在仁恕与不仁恕。

古人之宽大，非直为道理当如此，然煞有受用处。弘器度以养德也，省怨怒以养气也，绝仇雠以远祸也。

平日读书，惟有做官是展布时。将穷居所见闻及生平所欲为者一一试尝之，须是所理之政事各得其宜，所治之人物各得其所，才是满了本然底分量。

只见得眼前都不可意，便是个碍世之人。人不可我意，我必不可人意。不可人意者我一人，不可我意者千万人。呜呼！未有不可千万人意而不危者也。是故智者能与世宜，至人不与世碍。

性分、职分、名分、势分，此四者，宇内之大物。性分、职分在己，在己者不可不尽；名分、势分在上，在上者不可不守。

初看得我污了世界，便是个盗跖；后看得世界污了我，便是个伯夷；最后看得世界也不污我，我也不污世界，便是个老子。

心要有城池，口要有门户。有城池则不出，有门户则不纵。

士君子作人不长进，只是不用心、不着力。其所以不用心、不着力者，只是不愧不奋。能愧能奋，圣人可至。

有道之言，将之心悟；有德之言，得之躬行。有道之言弘畅，有德之言亲切。有道之言如游万货之肆，有德之言如发万货之商。有道者不容不言，有德者无俟于言，虽然，未尝不言也。故曰：有德者必有言。

学者说话要简重从容，循物傍事，这便是说话中涵养。

或问："不怨不尤了，恐于事天处人上更要留心不？"曰："这天人两项，千头万绪，如何照管得来？有个简便之法，只在自家身上做，一念一言一事都点检得，没我分毫不是，那祸福毁誉都不须理会。我无求祸之道而祸来，自有天耽错；我无致毁之道而毁来，自有人耽错，与我全不干涉。若福与誉是我应得底，我不加喜；是我幸得底，我且惶惧愧赧。况天也有力量不能底，人也有知识不到底，也要体悉他。却有一件紧要，生怕我不能格天动物。这个稍有欠缺，自怨自尤且不暇，又那顾得别个？孔子说个上不怨、下不尤，是不愿乎其外道理；孟子说个仰不愧、俯不怍，是素位而行道理。此二意常相须。"

天理本自廉退，而吾又处之以疏；人欲本善夤缘，而吾又狎之以亲；小人满方寸，而君子在千里之外矣。欲身之修，得乎？故学者与天理处，始则敬之如师保，既而亲之如骨肉，久则浑化为一体。人欲虽

（明）唐寅《春山伴侣图》

欲乘间而入也，无从矣。

气忌盛，心忌满，才忌露。

外勍敌五：声色、货利、名位、患难、晏安。内勍敌五：恶怒、喜好、牵缠、褊急、积惯。世君子终日被这个昏惑凌驾，此小勇者之所纳款，而大勇者之所务克也。

玄奇之疾，医以平易；英发之疾，医以深沉；阔大之疾，医以充实。不远之复，不若来行之审也。

奋始怠终，修业之贼也；缓前急后，应事之贼也；躁心浮气，畜德之贼也；疾言厉色，处众之贼也。

名心盛者必作伪。

做大官底，是一样家数；做好人底，是一样家数。

见义不为，又托之违众，此力行者之大戒也。若肯务实，又自逃名，不患于无术，吾窃以自恨焉。

"恭敬谦谨"，此四字有心之善也；"狎侮傲凌"，此四字有心之恶也，人所易知也。至于"怠忽惰慢"，此四字乃无心之失耳，而丹书之戒，怠胜敬者凶，论治忽者，至分存亡。《大学》以傲惰同论，曾子以暴慢连语者，何哉？盖天下之祸患皆起于四字，一身之罪过皆生于四字。怠则一切苟且，忽则一切昏忘，惰则一切疏懒，慢则一切延迟，以之应事则万事皆废，以之接人则众心皆离。古人临民如驭朽索，使人如承大祭，况接平交以上者乎？古人处事不泄迩，不忘远，况目前之亲切重大者乎？故曰"无众寡、无大小、无敢慢"，此九字即"毋不敬"。"毋不敬"三字，非但圣狂之分，存亡、治乱、死生、祸福之关也，必然不易之理也。沉心精应者，始真知之。

人一生大罪过，只在"自是自私"四字。

古人慎言，每云有余不敢尽。今人只尽其余，还不成大过，只是附会支吾，心知其非而取辨于口，不至屈人不止，则又尽有余者之罪人也。

真正受用处，十分用不得一分，那九分都无些干系，而拼死忘生、忍辱动气以求之者，皆九分也。何术悟得他醒？可笑可叹！

贫不足羞，可羞是贫而无志；贱不足恶，可恶是贱而无能；老不足叹，可叹是老而虚生；死不足悲，可悲是死而无闻。

圣人之闻善言也，欣欣然惟恐尼之，故和之以同言，以开其乐告之诚；圣人之闻过言也，引引然惟恐拂之，故内之以温色，以诱其忠告之实。何也？进德改过为其有益于我也。此之谓至知。

古者招隐逸，今也奖恬退，吾党可以愧矣。古者隐逸养道，不得已而后出，今者恬退养望，邀虚名以干进，吾党可以戒矣。

喜来时一点检，怒来时一点检，怠惰时一点检，放肆时一点检，此是省察大条款。人到此多想不起，顾不得，一错了便悔不及。

难管底是任意，难防底是惯病。此处着力，便是穴上着针、痒处着手。

试点检终日说话，有几句恰好底，便见所养。

业刻木如锯齿，古无文字，用以记日行之事数也。一事毕；则去

（明）丰坊草书《感遇三首》。识文：繁星粲层汉，微月生遥岑。凝露浣前楹，清风吹我襟。恹恹不能寐，凄凄发孤吟。裙波羞兰花，芳菲委幽林。感此流光迈，恻怆谁能任。方池扬绿漪，中有双鸳鸯。感此伤我心，君子万里行。结褵几何时，茕茕守梁房。我有纨与素，久置梁间箱。虽闻新宠妍，未若故人良。之死抱匪石，白日何光光。迹迹钟陵树，郁若青云浮。上有灵鸟鸣，凄断令人愁。清音沸宫征，绚翮辉弁涂。箫声亦未陈，何为怀远游。不见上林苑，饮啄多雄鸠。

一刻；事俱毕，则尽去之，谓之修业。更事则再刻如前，大事则大刻，谓之大业；多事则多刻，谓之广业。士农工商所业不同，谓之常业。农为士则改刻，谓之易业。古人未有一生无所业者，未有一日不修业者，故古人身修事理，而无怠惰荒宁之时，常有忧勤惕励之志。一日无事，则一日不安，惧业之不修而旷日之不可也。今也昏昏荡荡，四肢不可收拾，穷年终日无一猷为，放逸而入于禽兽者，无业之故也。人生两间，无一事可见，无一善可称，资衣借食于人，而偷安惰行以死，可羞也已。

古之谤人也，忠厚诚笃。《株林》之语，何等浑涵；舆人之谣，犹道实事。后世则不然，所怨在此，所谤在彼。彼固知其所怨者未必上之非，而其谤不足以行也，乃别生一项议论，其才辨附会足以泯吾怨之之实，启人信之之心，能使被谤者不能免谤之之祸，而我逃谤人之罪。呜呼！今之谤，虽古之君子且避忌之矣。圣贤处谤无别法，只是自修，其祸福则听之耳。

处利则要人做君子，我做小人；处名则要人做小人，我做君子，斯惑之甚也。圣贤处利让利，处名让名，故淡然恬然，不与世忤。

任教万分矜持，千分点检，里面无自然根本，仓卒之际、忽突之顷，本态自然露出。是以君子慎独。独中只有这个，发出来只是这个，何劳回护，何用支吾？

力有所不能，圣人不以无可奈何者责人；心有所当尽，圣人不以无可奈何者自诿。

或问："孔子缁衣羔裘，素衣麑裘，黄衣狐裘，无乃非位素之义与？"曰："公此问甚好。慎修君子，宁失之俭素不妨。若论大中至正之道，得之为有财，却俭不中礼，与无财不得为而侈然自奉者相去虽远，而失中则均。圣贤不讳奢之名，不贪俭之美，只要道理上恰好耳。"

寡恩曰薄，伤恩曰刻，尽事曰切，过事曰激。此四者，宽厚之所深戒也。

《易》称"道济天下"，而吾儒事业动称行道济时，济世安民。圣人未尝不贵济也。舟覆矣，而保得舟在，谓之济可乎？故为天下者，患知有其身，有其身不可以为天下。

万物安于知足，死于无厌。

足恭过厚，多文密节，皆名教之罪人也。圣人之道自有中正。彼乡原者，徽名惧讥、希进求荣、辱身降志，皆所不恤，遂成举世通套。虽直道清节之君子，稍无砥柱之力，不免逐波随流。其砥柱者，旋以得罪。嗟夫！佞风谀俗不有持衡当路者一极力挽回之，世道何时复古耶？

时时体悉人情，念念持循天理。

愈进修，愈觉不长；愈点检，愈觉有非；何者？不留意作人，自家尽看得过。只日日留意向上，看得自家都是病痛，那有些好处？初头只见得人欲中过失，到久久又见得天理中过失，到无天理过失，则中行矣，又有不自然、不浑化、着色吃力过失，走出这个边境才是圣人，能立无过之地。故学者以有一善自多，以寡一过自幸，皆无志者也。急行者，只见道远而足不前；急耘者，只见草多而锄不利。

礼义之大防，坏于众人一念之苟。譬如由径之人，只为一时倦行几步，便平地踏破一条蹊径，后来人跟寻旧迹，踵成不可塞之大道。是以君子当众人所惊之事，略不动容，才干碍礼义上些须，便愕然变色，若触大刑宪然。惧大防之不可溃，而微端之不可开也。嗟夫！此众人之所谓迂，而不以为重轻者也。此开天下不可塞之衅者，自苟且之人始也。

大行之美，以孝为第一；细行之美，以廉为第一。此二者，君子之所务敦也。然而不辨之申生不如不告之舜，井上之李不如受馈之鹅。此二者，孝廉之所务辨也。

吉凶祸福是天主张，毁誉予夺是人主张，立身行己是我主张。此三者，不相夺也。

不得罪于法易，不得罪于理难。君子只是不得罪于理耳。

凡在我者，都是分内底；在天在人者，都是分外底。学者要明于内外之分，则在内缺一分，便是不成人处，在外得一分，便是该知足处。

听言观行，是取人之道；乐其言而不问其人，是取善之道。今人恶闻善言，便訑訑曰："彼能言而行不逮言，何足取？"是弗思也。吾之听言也，为其言之有益于我耳。苟益于我，人之贤否奚问焉？衣敝枲者市文绣，食糟糠者市粱肉，将以人弃之乎？

取善而不用，依旧是寻常人，何贵于取？譬之八珍方丈而不下箸，依然饿死耳。

有德之容，深沉凝重，内充然有余，外阒然无迹。若面目都是精神，即不出诸口，而漏泄已多矣，毕竟是养得浮浅，譬之无量人，一杯酒便达于面目。

人人各有一句终身用之不尽者，但在存心着力耳。或问之，曰："只是对症之药便是。如子张只消得存诚二字，宰我只消得警惰二字，子路只消得择善二字，子夏只消得见大二字。"

言一也，出由之口，则信且从；出跖之口，则三令五申而人且疑之矣。故有言者，有所以重其言者。素行孚人，是所以重其言者也。不然，且为言累矣。

世人皆知笑人，笑人不妨，笑到是处便难，到可以笑人时则更难。

毁我之言可闻，毁我之人不必问也。使我有此事也，彼虽不言，必有言之者。我闻而改之，是又得一不受业之师也。使我无此事耶，我虽不辨，必有辨之者。若闻而怒之，是又多一不受言之过也。

精明世所畏也而暴之，才能世所妒也而市之，不没也夫！

只一个贪爱心，第一可贱可耻。羊马之于水草，蝇蚁之于腥膻，蜣螂之于积粪，都是这个念头，是以君子制欲。

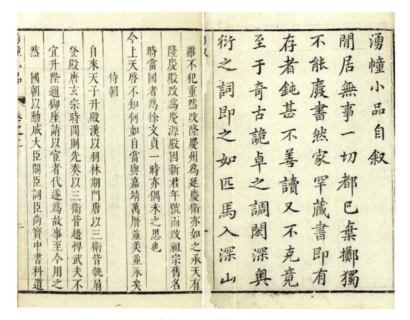

（明）朱国祯《涌幢小品》，明天启二年朱国祯刻本

权贵之门，虽系通家知己，也须见面稀、行踪少就好。尝爱唐诗有"终日帝城里，不识五侯门"之句，可为新进之法。

闻世上有不平事，便满腔愤懑，出激切之语，此最浅夫薄子，士君子之大戒。

仁厚刻薄，是修短关；行止语默，是祸福关；勤惰俭奢，是成败关；饮食男女，是死生关。

言出诸口，身何与焉？而身亡；五味宜于口，腹何知焉？而腹病。小害大，昭昭也，而人每纵之徇之，恣其所出，供其所入。

浑身都遮盖得，惟有面目不可掩。面目者，公之证也。即有厚貌者，卒然难做预备，不觉心中事都发在面目上。故君子无愧心则无怍容。中心之达，达以此也；肺肝之视，视以此也。此修己者之所畏也。

韦弁布衣，是我生初服，不愧此生，尽可以还。大造轩冕，是甚物事，将个丈夫来做坏了，有甚面目对那青天白日？是宇宙中一腐臭物也。乃扬眉吐气，以此夸人，而世人共荣慕之，亦大异事。

多少英雄豪杰，可与为善，而卒无成，只为拔此身于习俗中不出。若不恤群谤，断以必行，以古人为契友，以天地为知己，任他千诬万毁何妨？

为人无负扬善者之心，无实称恶者之口，亦可以语真修矣。

身者，道之舆也。身载道以行，道非载身以行也。故君子道行，则身从之以进；道不行，则身从之以退。道不行而求进不已，譬之大贾百货山积不售，不载以归，而又以空舆雇钱也；贩夫笑之，贪鄙孰甚焉？故出处之分，只有二语：道行则仕，道不行则卷而怀之，舍是皆非也。

世间至贵莫如人品，与天地参，与古人友，帝王且为之屈，天下不易其守。而乃以声色、财货、富贵、利达，轻轻将个人品卖了，此之谓自贱。商贾得奇货亦须待价，况士君子之身乎？

身以不护短为第一长进人。能不护短，则长进至矣。

世有十态，君子免焉：无武人之态（粗豪），无妇人之态（柔懦），无儿女之态（娇稚），无市井之态（贪鄙），无俗子之态（庸陋），无荡子之态（儇佻），无伶优之态（滑稽），无闾阎之态（村野），无堂下人之态（局迫），无婢子之态（卑谄），无侦谍之态（诡暗），无商贾之态（炫售）。

作本色人，说根心话，干近情事。

君子有过不辞谤，无过不反谤，共过不推谤。谤无所损于君子也。

惟圣贤终日说话无一字差失，其余都要拟之而后言，有余不敢尽，不然未有无过者。故惟寡言者寡过。

心无留言，言无择人，虽露肺肝，君子不取也。彼固自以为光明矣，君子何尝不光明？自不轻言，言则心口如一耳。

保身底是德义，害身底是才能。德义中之才能，呜呼！免矣。

恒言"疏懒勤谨"，此四字每相因。懒生疏，谨自勤。圣贤之身岂生而恶逸好劳哉？知天下皆惰慢则百务废弛，而乱亡随之矣。先正云：古之圣贤未尝不以怠惰荒宁为惧，勤励不息自强，曰惧曰强，而圣贤之情见矣，所谓"忧勤惕励"者也。惟忧故勤，惟惕故励。

谑非有道之言也。孔子岂不戏？竟是道理上脱洒。今之戏者媟矣，即有滑稽之巧，亦近俳优之流。凝静者耻之。

无责人，自修之第一要道；能体人，养量之第一要法。

予不好走贵公之门，虽情义所关，每以无谓而止。或让之，予曰："奔走贵公，得不谓其喜乎？"或曰："惧彼以不奔走为罪也。"予叹曰："不然。贵公之门奔走如市，彼固厌苦之甚者见于颜面，但浑厚忍不发于声耳。徒输自己一勤劳，徒增贵公一厌恶。且入门一揖之后，宾主各无可言，此面愧赧已无发付处矣。予恐初入仕者狃于众套而不敢独异，故发明之。"

亡我者，我也。人不自亡，谁能亡之？

沾沾煦煦，柔润可人，丈夫之大耻也。君子岂欲与人乖戾？但自有正情真味，故柔嘉不是软美。自爱者不可不辨。

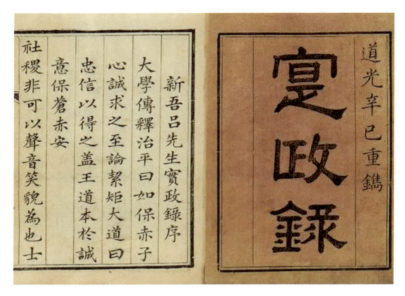

| （明）吕坤《实政录》，清道光刻本

士大夫一身，斯世之奉弘矣。不蚕织而文绣，不耕畜而膏粱，不雇贷而车马，不商贩而积蓄，此何以故也？乃于世分毫无补，惭负两间人。又以大官诧市井儿，盖棺有余愧矣。

且莫论身体力行，只听随在聚谈间曾几个说天下、国家、身心、性命正经道理？终日哓哓刺刺，满口都是闲谈乱谈。吾辈试一猛省，士君子在天地间可否如此度日？

君子慎求人。讲道问德，虽屈己折节，自是好学者事。若富贵利达向人开口，最伤士气，宁困顿没齿也。

言语之恶，莫大于造诬；行事之恶，莫大于苛刻；心术之恶，莫大于深险。

自家才德，自家明白的。才短德微，即卑官薄禄，已为难称。若已逾涘分而觊望无穷，却是难为了造物。孔孟终身不遇，又当如何？

不善之名每成于一事，后有诸长不能掩也；而惟一不善传。君子之动，可不慎与？

一日与友人论身修道理，友人曰："吾老矣。"某曰："公无自弃。平日为恶，即属纩时干一好事，不失为改过之鬼，况一息尚存乎？"

既做人在世间，便要劲爽爽、立铮铮底。若如春蚓秋蛇，风花雨絮，一生靠人作骨，恰似世上多了这个人。

有人于此：精密者病其疏，靡绮者病其陋，繁缛者病其简，谦恭者病其倨，委曲者病其直，无能可于一世之人，奈何？曰：一身怎可得一世之人，只自点检吾身果如所病否。若以一身就众口，孔子不能，即能之，成个甚么人品？放君子以中道为从违，不以众言为忧喜。

夫礼非徒亲人，乃君子之所以自爱也；非徒尊人，乃君子之所以敬身也。

君子之出言也，如啬夫之用财；其见义也，如贪夫之趋利。

古之人勤励，今之人惰慢。勤励故精明，而德日修；惰慢故昏蔽，而欲日肆。是以圣人贵"忧勤惕励"。

先王之礼文用以饰情，后世之礼文用以饰伪。饰情则三千三百，虽至繁也，不害其为率真；饰伪则虽一揖一拜，已自多矣。后之恶饰伪者，乃一切苟简决裂，以溃天下之防，而自谓之率真，将流于伯子之简而不可行，又礼之贼也。

清者，浊所妒也，而又激之，浅之乎其为量矣。是故君子于己讳美，于人藏疾。若有激浊之任者，不害其为分晓。

处世以讥讪为第一病痛。不善在彼,我何与焉?

余待小人不能假辞色,小人或不能堪。年友王道源危之曰:"今世居官切宜戒此。法度是朝廷的,财货是百姓的,真借不得人情。至于辞色,却是我的,假借些几何害?"余深感之,因识而改焉。

刚、明,世之碍也。刚而婉,明而晦,免祸也夫!

君子之所持循,只有两条路:非先圣之成规,则时王之定制。此外悉邪也、俗也,君子不由。

非直之难,而善用其直之难;非用直之难,而善养其直之难。

处身不妨于薄,待人不妨于厚;责己不妨于厚,责人不妨于薄。

坐于广众之中,四顾而后语,不先声,不扬声,不独声。

苦处是正容谨节,乐处是手舞足蹈。这个乐又从那苦处来。

滑稽谈谐,言毕而左右顾,惟恐人无笑容,此所谓巧言令色者也。小人侧媚皆此态耳。小子戒之。

人之视小过也,愧怍悔恨,如犯大恶,夫然后能改。"无伤"二字,修己者之大戒也。

有过是一过,不肯认过又是一过。一认则两过都无,一不认则两过不免。彼强辩以饰非者,果何为也?

一友与人争,而历指其短。予曰:"于十分中,君有一分不是否?"友曰:"我难说没一二分。"予曰:"且将这一二分都没了才好责人。"

余二十年前曾有心迹双清之志,十年来有四语云:"行欲清,名欲浊;道欲进,身欲退;利欲后,害欲前;人欲丰,己欲约。"近看来,太执着,太矫激,只以无心任自然,求当其可耳。名迹一任去来,不须照管。

君子之为善也,以为理所当为,非要福,非干禄;其不为不善也,以为理所不当为，非惧祸，非远罪。至于垂世教则谆谆以祸福刑赏为言，此天地圣王劝惩之大权，君子不敢不奉若而与众共守也。

茂林芳树，好鸟之媒也；污池浊渠，秽虫之母也。气类之自然也。善不与福期，恶不与祸招。君子见正人而合，邪人见憸夫而密。

吾观于射，而知言行矣。夫射，审而后发，有定见也；满而后发，有定力也。夫言能审满，则言无不中；行能审满，则行无不得。今之言行皆乱放矢也，即中，幸耳。

蜗以涎见觅，蝉以身见黏，萤以光见获。故爱身者，不贵赫赫之名。

大相反者大相似，此理势之自然也。故怒极则笑，喜极则悲。

敬者，不苟之谓也。故反苟为敬。

多门之室生风，多口之人生祸。

磨砖砌壁不涂以垩，垩掩其真也。一垩则人谓粪土之墙矣。凡外饰者，皆内不足者。至道无言，至言无文，至文无法。

苦毒易避，甘毒难避。晋人之璧马，齐人之女乐，越人之子女玉帛，其毒甚矣。而愚者如饴，即知之亦不复顾也。由是推之，人皆有甘毒，不必自外馈，而眈眈求之者且众焉。岂独虞人、鲁人、吴人愚哉？知味者，可以惧矣。

好逸恶劳，甘食悦色，适己害群，择便逞忿，虽鸟兽亦能之。

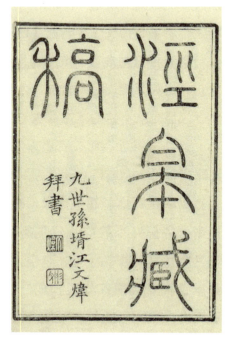

（明）顾宪成《经皋藏稿》，清刻本

灵于万物者，当求有别，不然，类之矣。且凤德麟仁，鹤清豸直，乌孝雁贞，苟择鸟兽之有知者而效法之，且不失为君子矣。可以人而不如乎？

万事都要个本意，宫室之设，只为安居；衣之设，只为蔽体；食之设，只为充饥；器之设，只为利用；妻之设，只为有后。推此类不可尽穷。苟知其本意，只在本意上求，分外的都是多了。

士大夫殃及子孙者有十：一曰优免太侈；二曰侵夺太多；三曰请托灭公；四曰恃势凌人；五曰困累乡党；六曰要结权贵，损国病人；七曰盗上剥下，以实私橐；八曰簧鼓邪说，摇乱国是；九曰树党报复，阴中善人；十曰引用邪昵，虐民病国。

儿辈问立身之道，曰："本分之内，不欠纤微；本分之外，不加毫末。今也本分弗图，而加于本分之外者，不啻千万矣。内外之分何处别白？况敢问纤微毫末间邪？"

智者不与命斗，不与法斗，不与理斗，不与势斗。

学者事事要自责，慎无责人。人不可我意，自是我无量；我不可人意，自是我无能。时时自反，才德无不进之理。

气质之病小，心术之病大。

童心、俗态，此二者士人之大耻也。二耻不脱，终不可以入君子之路。

习威仪容止，甚不打紧，必须是瑟僴中发出来，才是盛德光辉。那个不严厉？不放肆？庄重不为矜持，戏谑不为媟嫚，惟有道者能之，惟有德者识之。

容貌要沉雅自然，只有一些浮浅之色，作为之状，便是屋漏少工夫。

德不怕难积，只怕易累。千日之积不禁一日之累，是故君子防所以累者。

枕席之言，房闼之行，通乎四海。墙卑室浅者无论，即宫禁之深严，无有言而不知，动而不闻者。士君子不爱名节则已，如有一毫自好之心，幽独言动可不慎与？

富以能施为德，贫以无求为德，贵以下人为德，贱以忘势为德。

入庙不期敬而自敬，入朝不期肃而自肃，是以君子慎所入也。见严师则收敛，见狎友则放恣，是以君子慎所接也。

《氓》之诗，悔恨之极也，可为士君子殷鉴，当三复之。唐诗有云："雨落不上天，水覆难再收。"又近世有名言一偶云："一失脚为千古恨，再回头是百年身。"此语足道《氓》诗心事，其曰"亦已焉哉"，所谓"何嗟及矣"，无可奈何之辞也。

平生所为，使怨我者得以指摘，爱我者不能掩护，此省身之大惧也，士君于慎之。故我无过而谤语滔天不足惊也，可谈笑而受之。我有过，而幸不及闻，当寝不贴席、食不下咽矣。是以君子贵无恶于志。

谨言慎动，省事清心，与世无碍，与人无求，此谓小跳脱。

身要严重，意要安定，色要温雅，气要和平，语要简切，心要慈祥，志要果毅，机要缜密。

善养身者，饥渴、寒暑、劳役，外感屡变，而气体若一，未尝变也；善养德者，死生、荣辱、夷险，外感屡变，而意念若一，未尝变也。夫藏令之身，至发扬时而解；长令之身，至收敛时而郁阏，不得谓之定气。宿称镇静，至仓卒而色变；宿称淡泊，至纷华而心动，不得谓之定力。斯二者，皆无养之过也。

里面要活泼，于规矩之中无令怠忽；外面要摆脱，于礼法之中无令矫强。

四十以前养得定，则老而愈坚；养不定，则老而愈坏。百年实难，是以君子进德修业贵及时也。

涵养如培脆萌，省察如搜田蠹，克治如去盘根。涵养如女子坐幽闺，省察如逻卒缉奸细，克治如将军战勍敌。涵养用勿忘勿助工夫，省察用无怠无荒工夫，克治用"是绝是忽"工夫。

世上只有个道理是可贪可欲的，初不限于取数之多，何者？所性分定原是无限量的，终身行之不尽。此外都是人欲，最不可萌一毫歆羡心。天之生人各有一定的分涯，圣人制人各有一定的品节，譬之担夫欲肩舆，丐人欲鼎食，徒尔劳心，竟亦何益？嗟夫！篡夺之所由生，而大乱之所由起，皆耻其分内之不足安，而惟见分外者之可贪可欲故也。故学者养心先要个知分。知分者，心常宁，欲常得，所欲得自足以安身利用。

心术以光明笃实为第一，容貌以正大老成为第一，言语以简重真切为第一。

学者只把性分之所固有，职分之所当为，时时留心，件件努力，便骎骎乎圣贤之域。非此二者，皆是外物，皆是妄为。

进德莫如不苟，不苟先要个耐烦。今人只为有躁心而不耐烦，故一切苟且，卒至破大防而不顾，弃大义而不为，其始皆起于一念之苟也。

不能长进，只为昏弱两字所苦。昏宜静以澄神，神定则渐精明；弱宜奋以养气，气壮则渐强健。

一切言行，只是平心易气就好。

恣纵既成，不惟礼法所不能制，虽自家悔恨，亦制自家不得。善爱人者，无使恣纵；善自爱者，亦无使恣纵。

天理与人欲交战时，要如百战健儿，九死不移，百折不回，其奈我何？如何堂堂天君，却为人欲臣仆？内款受降，腔子中成甚世界？

有问密语者，嘱曰："望以实心相告！"余笑曰："吾内有不可瞒之本心，上有不可欺之天日，在本人有不可掩之是非，在通国有不容泯之公论。一有不实，自负四愆矣。何暇以貌言诳门下哉？"

士君子澡心浴德，要使咳唾为玉，便溺皆香，才见工夫圆满。若灵台中有一点污浊，便如瓜蒂藜芦入胃，不呕吐尽不止，岂可使一刻容留此中耶？夫如是，然后溷厕可沉，缁泥可入。

与其抑暴戾之气，不若养和平之心；与其裁既溢之恩，不若绝分外之望；与其为后事之厚，不若施先事之薄；与其服延年之药，不若守保身之方。

猥繁拂逆生厌恶心，奋宁耐之力；柔艳芳浓生沾惹心，奋跳脱之力；推挽冲突生随逐心，奋执持之力；长途末路生衰歇心，奋鼓舞之力；急遽疲劳生苟且心，奋敬慎之力。

（明）袁崇焕草书七言联：惟此幽兰寄所乐，清风流水咏其怀

进道入德，莫要于有恒。有恒则不必欲速，不必助长，优优渐渐自到神圣地位。故天道只是个恒，每日定准是三百六十五度四分度之一，分毫不损不加，流行不缓不急，而万古常存，万物得所。只无恒了，万事都成不得。余最坐此病。古人云："有勤心，无远道。"只有人胜道，无道胜人之理。

士君子只求四真：真心、真口、真耳、真眼。真心，无妄念；真口，无杂语；真耳，无邪闻；真眼，无错识。

愚者人笑之，聪明者人疑之。聪明而愚，其大智也。《诗》云"靡哲不愚"，则知不愚非哲也。

以精到之识，用坚持之心，运精进之力，便是金石可穿，豚鱼可格，更有甚么难做之事功？难造之圣神？士君子碌碌一生，百事无成，只是无志。

其有善而彰者，必其有恶而掩者也。君子不彰善以损德，不掩恶以长慝。

余日日有过，然自信过发吾心，如清水之鱼，才发即见，小发即觉，所以卒不得遂其豪悍，至流浪不可收拾者。胸中是非，原先有以照之也。所以常发者何也？只是心不存，养不定。

才为不善，怕污了名儿，此是徇外心，苟可瞒人，还是要做；才为不善，怕污了身子，此是为己心，即人不知，或为人疑谤，都不照管。是故欺大庭易，欺屋漏难；欺屋漏易，欺方寸难。

吾辈终日不长进处，只是个怨尤两字，全不反己。圣贤学问，只是个自责自尽，自责自尽之道原无边界，亦无尽头。若完了自家分数，还要听其在天。在人不敢怨尤，况自家举动又多鬼责人非底罪过，却敢怨尤耶？以是知自责自尽底人，决不怨尤；怨尤底人，决不肯自责自尽。吾辈不可不自家一照看，才照看，便知天人待我原不薄，恶只是我多惭负处。

果是瑚琏，人不忍以盛腐殽；果是荼蓼，人不肯以荐宗祊。履也，人不肯以加诸首；冠也，人不忍以借其足。物犹然，而况于人乎？荣辱在所自树，无以致之，何由及之？此自修者所当知也。

无以小事动声色，亵大人之体。

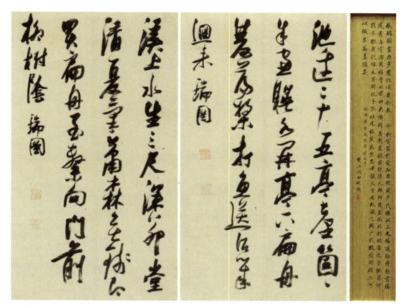

（明）张瑞图《书法对屏》。识文：池边二十五亭台，个个朱窗映水开。亭下扁舟双荡桨，打渔送酒几回来。（何景明《游沐黔国鱼池》）溪上水生三尺深，茅堂清夏气萧森。无钱即买扁舟至，系向门前柳树阴。（《溪上水新至漫兴四首》之一）

立身行己，服人甚难也。要看甚么人不服，若中道君子不服，当蚤夜省惕。其意见不同、性术各别、志向相反者，只要求我一个是也，不须与他别白理会。

其恶恶不严者，必有恶于己者也；其好善不亟者，必无善于已者也。仁人之好善也，不啻口出，其恶恶也，迸诸四夷，不与同中国。孟子曰："无羞恶之心，非人也。"则恶恶亦君子所不免者，但恐为己私作恶，在他人非可恶耳。若民之所恶而不恶，谓为民之父母，可乎？

世人糊涂，只是抵死没自家不是，却不自想，我是尧舜乎？果是尧舜，真是没一毫不是？我若是汤武，未反之前也有分毫错误。如何盛气拒人，巧言饰己，再不认一分过差耶？

"懒散"二字，立身之贼也。千德万业，日怠废而无成；千罪万恶，日横恣而无制，皆此二字为之。西晋仇礼法而乐豪放，病本正在此。安肆日偷，安肆，懒散之谓也。此圣贤之大戒也。甚么降伏得此之字？曰勤慎。勤慎者，敬之谓也。

不难天下相忘，只怕一人窃笑。夫举世之不闻道也久矣，而闻道者未必无人。苟为闻道者所知，虽一世非之可也；苟为闻道者所笑，虽天下是之，终非纯正之学。故曰：众皆悦之，其为士者笑之，有识之君子必不以众悦博一笑也。

山西臬司书斋，余新置一榻，铭于其上，左曰："尔酣余梦，得无有宵征露宿者乎？尔灸重衾，得无有抱肩裂肤者乎？古之人卧八埏于襁褓，置万姓于衽席，而后爽然得一夕之安。呜呼！古之人亦人也夫，古之民亦民也夫。"右曰："独室不触欲，君子所以养精；独处不交言，君子所以养气；独魂不著碍，君子所以养神；独寝不愧衾，君子所以养德。"

慎者之有余足以及人，不慎者之所积不能保身。

人不自爱，则无所不为；过于自爱，则一无可为。自爱者先占名，实利于天下国家而迹不足以白其心则不为；自爱者先占利，有利于天下国家而有损于富贵利达则不为。上之者即不为富贵利达而有累于身家妻子则不为。天下事待其名利两全而后为之，则所为者无几矣。

与其喜闻人之过，不若喜闻己之过；与其乐道己之善，不若乐道人之善。

要非人，先要认的自家是个甚么人；要认的自家，先看古人是个甚么人。

口之罪大于百体，一进去百川灌不满，一出来万马追不回。

自心得者，尚不能必其身体力行，自耳目入者，欲其勉从而强改焉，万万其难矣。故三达德不恃知也，而又欲其仁；不恃仁也，而又欲其勇。

合下作人自有作人道理，不为别个。

认得真了，便要不俟终日，坐以待旦，成功而后止。

人生惟有说话是第一难事。

或问修己之道。曰："无鲜克有终。"问治人之道。曰："无忿疾于顽。"

人生天地间，要做有益于世底人。纵没这心肠、这本事，也休作有损于世底人。

说话如作文，字字在心头打点过，是心为草稿而口誊真也，犹不能无过，而况由易之言，真是病狂丧心者。

心不坚确，志不奋扬，力不勇猛，而欲徒义改过，虽千悔万悔，竟无补于分毫。

人到自家没奈何时，便可恸哭。

福莫美于安常，祸莫危于盛满。天地间万物万事未有盛满而不衰者也。而盛满各有分量，惟智者能知之。是故卮以一勺为盛满，瓮以数石为盛满；有瓮之容，而怀勺之惧，则庆有余矣。

祸福是气运，善恶是人事。理常相应，类亦相求。若执福善祸淫之说，而使之不爽，则为善之心衰矣。大段气运只是偶然，故善获福、淫获祸者半，善获祸、淫获福者亦半，不善不淫而获祸获福者亦半，人事只是个当然。善者获福，吾非为福而修善；淫者获祸，吾非为祸而改淫。善获祸而淫获福，吾宁善而处祸，不肯淫而要福。是故君子论天道不言祸福，论人事不言利害。自吾性分当为之外，皆不庸心，其言祸福利害，为世教发也。

物忌全盛，事忌全美，人忌全名。是故天地有欠缺之体，圣贤无快足之心。而况琐屑群氓，不安浅薄之分，而欲满其难厌之欲，岂不安哉？是以君子见益而思损，持满而思溢，不敢恣无涯之望。

静定后看自家是甚么一个人。

少年大病，第一怕是气高。

言语不到千该万该，再休开口。

今人苦不肯谦，只要拿得架子定，以为存体。夫子告子张从政，以无小大、无众寡、无敢慢为不骄。而周公为相，吐握、下白屋，甚者父师有道之君子，不知损了甚体？若名分所在，自是贬损不得。

（明）吕坤《救命书》，明万历四十二年乔胤刻本

过宽杀人，过美杀身。是以君子不纵民情，以全之也；不盈己欲，以生之也。

不逐物是大雄力量，学者第一工夫全在这里做。

各自责则天清地宁，各相责责天翻地覆。

"手容恭，足容重，头容直，口容止，坐如尸，立如斋，俨若思。"目无狂视，耳无倾听，此外景也。外景是整齐严肃，内景是斋庄中正，未有不整齐严肃而能斋庄中正者。故检束五官百体，只为收摄此心。此心若从容和顺于礼法之中，则曲肱指掌、浴沂行歌、吟风弄月、随柳傍花，何适不可？所谓登彼岸无所事筏也。

敬对肆而言，敬是一步一步收敛向内，收敛至无内处，发出来自然畅四肢，发事业，弥漫六合。肆是一步一步放纵外面去，肆之流祸不言可知。所以千古圣人只一敬字为允执的关揁子。尧钦明允恭，舜温恭允塞，禹之安汝止，汤之圣敬日跻，文之懿恭，武之敬胜，孔子之恭而安。讲学家不讲这个，不知怎么做工夫。

祸福者，天司之；荣辱者，君司之；毁誉者，人司之；善恶者，我司之。我只理会我司，别个都莫照管。

吾人终日最不可悠悠荡荡，作空躯壳。

业有不得不废时，至于德，则自有知以至无知时，不可一息断进修之功也。

清无事澄，浊降则自清；礼无事复，己克则自复。去了病，便是好人；去了云，便是晴天。

受不得诬谤，只是无识度。除是当罪临刑，不得含冤而死，须是辩明。若污蔑名行，闲言长语，愈辨则愈加，徒自愤懑耳。不若付之忘言，久则明也。得不明也，得自有天在耳。

作一节之士，也要成章，不成章便是"苗而不秀"。

不患无人所共知之显名，而患有人所不知之隐恶。显明虽著远迩，而隐恶获罪神明。省躬者惧之。

蹈邪僻，则肆志抗颜，略无所顾忌；由义礼，则羞头愧面，若无以自容。此愚不肖之恒态，而士君子之大耻也。

要得富贵福泽，天主张，由不得我；要做贤人君子，我主张，由不得天。

为恶再没个勉强底，为善再没个自然底。学者勘破此念头，宁不愧奋?

不为三氏奴婢,便是两间翁主。三氏者何?一曰气质氏,生来气禀在身,举动皆其作使,如勇者多暴戾,懦者多退怯是已。二曰习俗氏,世态即成,贤者不能自免,只得与世浮沉,与世依违,明知之而不能独立。三曰物欲氏,满世皆可媒之物,每日皆殉欲之事,沉痼流连,至死不能跳脱。魁然七尺之躯,奔走三家之门,不在此则在彼。降志辱身,心安意肯,迷恋不能自知,即知亦不愧愤。大丈夫立身天地之间,与两仪参,为万物灵,不能挺身自竖而倚门傍户于三家,轰轰烈烈,以富贵利达自雄,亦可怜矣。予即非忠臧义获,亦豪奴悍婢也,咆哮踯躅,不能解粘去缚,安得挺然脱然独自当家为两间一主人翁乎!可叹可恨。

自家作人,自家十分晓底,乃虚美熏心,而喜动颜色,是为自欺。别人作人,自家十分晓底,乃明知其恶,而誉侈口颊,是谓欺人。二者皆可耻也。

"知觉"二字,奚翘天渊。致了知才觉,觉了才算知,不觉算不得知。而今说疮痛,人人都知,惟病疮者谓之觉。今人为善去恶不成,只是不觉,觉后便由不得不为善不去恶。

顺其自然,只有一毫矫强,便不是;得其本有,只有一毫增益,便不是。

度之于长短也,权之于轻重也,不爽毫发,也要个掌尺提秤底。

四端自有分量,扩充到尽处,只满得原来分量,再增不得些子。

见义不为,立志无恒,只是肾气不足。

过也,人皆见之,乃见君子。今人无过可见,岂能贤于君子哉?缘只在文饰弥缝上做工夫,费尽了无限巧回护,成就了一个真小人。

自家身子,原是自己心去害他,取祸招尤,陷于危败,更不干别个事。

慎言动于妻子仆隶之间，检身心于食息起居之际，这工夫便密了。

休诿罪于气化，一切责之人事；休过望于世间，一切求之我身。

常看得自家未必是，他人未必非，便有长进。再看得他人皆有可取，吾身只是过多，更有长进。

理会得"义命"两字，自然不肯做低人。

稠众中一言一动，大家环向而视之，口虽不言，而是非之公自在。果善也，大家同萌爱敬之念；果不善也，大家同萌厌恶之念。虽小言动，不可不谨。

（明）唐寅《落霞孤鹜图》

或问："傲为凶德，则谦为吉德矣？"曰："谦真是吉，然谦不中礼，所损亦多。"在上者为非礼之谦，则乱名份、紊纪纲，久之法令不行。在下者为非礼之谦，则取贱辱、丧气节，久之廉耻扫地。君子接人未尝不谨伤，持身未尝不正大，有子曰："恭近于礼，远耻辱也。"孔子曰："恭而无礼则劳。"又曰："巧言令色足恭，某亦耻之。"曾子曰："胁肩谄笑，病于夏畦。"君子无众寡，无小大，无敢慢，何尝贵傲哉？而其羞卑佞也又如此，可为立身行己者之法戒。

凡处人不系确然之名分，便小有谦下不妨。得为而为之，虽无暂辱，必有后忧。即不论利害论道理，亦云居上不骄民，可近不可下。

只人情世故熟了，甚么大官做不到？只天理人心合了，甚么好事做不成？

士君子常自点检，昼思夜想，不得一时闲，却思想个甚事？果为天下国家乎？抑为身家妻子乎？飞禽走兽，东骛西奔，争食夺巢；贩夫竖子，朝出暮归，风餐水宿。他自食其力，原为温饱，又不曾受人付托，享人供奉，有何不可？士君子高官重禄，上借之以名份，下奉之以尊荣，为汝乎？不为汝乎？乃资权势而营鸟兽市井之图，细思真是愧死。

俗气入膏肓，扁鹊不能治。为人胸中无分毫道理，而庸调卑职、虚文滥套认之极真，而执之甚定，是人也，将欲救药，知不可入。吾党戒之。

学者视人欲如寇仇，不患无攻治之力，只缘一向姑息他如骄子，所以养成猖獗之势，无可奈何，故曰识不早，力不易也。制人欲在初发时极易剿捕，到那横流时，须要奋万夫莫当之勇，才得济事。

宇宙内事，皆备此身，即一种未完，一毫未尽，便是一分破绽；天地间生，莫非吾体，即一夫不获，一物失所，便是一处疮痍。

克一分、百分、千万分，克得尽时，才见有生真我；退一步、百步、千万步，退到极处，不愁无处安身。

事到放得心下，还慎一慎何妨？言于来向口边，再思一步更好。

万般好事说为，终日不为；百种贪心要足，何时是足？

回着头看，年年有过差；放开脚行，日日见长进。

难消客气衰犹壮，不尽尘心老尚童。

但持铁石同坚志，即有金刚不坏身。

应　务

闲暇时留心不成，仓卒时措手不得。胡乱支吾，任其成败，或悔或不悔，事过后依然如昨。世之人如此者，百人而百也。

凡事豫则立，此五字极当理会。

道眼在是非上见，情眼在爱憎上见，物眼无别白，浑沌而已。

实见得是时，便要斩钉截铁，脱然爽洁，做成一件事，不可拖泥带水，靠壁倚墙。

责善要看其人何如，其人可责以善，又当自尽长善救失之道。无指摘其所忌，无尽数其所失，无对人，无峭直，无长言，无累言。犯此六戒，虽忠告，非善道矣。其不见听，我亦且有过焉，何以责人？

余行年五十，悟得五不争之味。人问之，曰："不与居积人争富，不与进取人争贵，不与矜饰人争名，不与简傲人争礼，不与盛气人争是非。"

（明）黄道周《云远空阔图》

众人之所混同，贤者执之；贤者之所束缚，圣人融之。

做天下好事，既度德量力，又审势择人。专欲难成，众怒难犯。此八字者，不独妄动人宜慎，虽以至公无私之心行正大光明之事，亦须调剂人情，发明事理，俾大家信从，然后动有成，事可久。盘庚迁殷，武王伐纣，三令五申犹恐弗从。盖恒情多暗于远识，小人不便于己私，群起而坏之，虽有良法，胡成胡久？自古皆然，故君子慎之。

辨学术，谈治理，直须穷到至处，让人不得，所谓"宗庙朝廷便便言"者。盖道理古今之道理，政事国家之政事，务须求是乃已。我两人皆置之度外，非求伸我也，非求胜人也，何让人之有？只是平心易气，为辨家第一法。才声高色厉，便是没涵养。

五月缫丝，正为寒时用；八月绩麻，正为暑时用；平日涵养，正为临时用。若临时不能驾御气质、张主物欲，平日而曰"我涵养"，吾不信也。夫涵养工夫岂为涵养时用哉？故马蹶而后求辔，不如操持之有常；辐折而后为轮，不如约束之有素。其备之也若迂，正为有时而用也。

肤浅之见，偏执之说，傍经据传，也近一种道理，究竟到精处都是浮说诐辞。所以知言必须胸中有一副极准秤尺，又须在堂上，而后人始从。不然，穷年聚讼，其谁主持耶？

纤芥，众人能见，置纤芥于百里外，非骊龙不能见。疑似，贤人能辨，精义而至入神，非圣人不解辨。夫以圣人之辨语贤人，且滋其惑，况众人乎？是故微言不入世人之耳。

理直而出之以婉，善言也，善道也。

"因"之一字妙不可言。因利者无一钱之费，因害者无一力之劳，因情者无一念之拂，因言者无一语之争。或曰："不几于徇乎？"曰："此转人而徇我者也。"或曰："不几于术乎？"曰："此因势而利导者也。"故惟圣人善用因，智者善用因。

处世常过厚无害，惟为公持法则不可。

天下之物，纡徐柔和者多长，迫切躁急者多短。故烈风骤雨无崇朝之威，暴涨狂澜无三日之势，催拍促调非百板之声，疾策紧衔非千里之辔。人生寿夭祸福无一不然。褊急者可以思矣。

干天下事无以期限自宽，事有不测，时有不给，常有余于期限之内，有多少受用处！

将事而能弭，当事而能救，既事而能挽，此之谓达权，此之谓才；未事而知其来，始事而要其终，定事而知其变，此之谓长虑，此之谓识。

凡祸患，以安乐生，以忧勤免；以奢肆生，以谨约免；以觖望生，以知足免；以多事生，以慎动免。

任难任之事，要有力而无气；处难处之人，要有知而无言。

撼大摧坚，要徐徐下手，久久见功，默默留意，攘臂极力，一犯手自家先败。

昏暗难谕之识，优柔不断之性，刚愎自是之心，皆不可与谋天下之事。智者一见即透，练者触类而通，困者熟思而得。三者之所长，谋事之资也，奈之何其自用也？

事必要其所终，虑必防其所至。若见眼前快意便了，此最无识，故事有当怒，而君子不怒；当喜，而君子不喜；当为，而君子不为；当已，而君子不已者。众人知其一，君子知其他也。

柔而从人于恶，不若直而挽人于善；直而挽人于善，不若柔而挽人于善之为妙也。

激之以理法，则未至于恶也，而奋然为恶；愧之以情好，则本不徙义也，而奋然向义。此游说者所当知也。

善处世者要得人自然之情。得人自然之情，则何所不得？失人自然之情，则何所不失？不惟帝王为然，虽二人同行，亦离此道不得。

"察言观色，度德量力"，此八字，处世处人一时少不得底。

人有言不能达意者，有其状非其本心者，有其言貌诬其本心者。君子观人，与其过察而诬人之心，宁过恕以逃人之情。

人情，天下古今所同。圣人防其肆，特为之立中以的之。故立法不可太极，制礼不可太严，责人不可太尽，然后可以同归于道。不然，是驱之使畔也。

天下之事，有速而迫之者，有迟而耐之者，有勇而劫之者，有柔而折之者，有愤而激之者，有喻而悟之者，有奖而歆之者，有甚而谈之者，有顺而缓之者，有积诚而感之者，要在相机因时，舛施未有不败者也。

论眼前事，就要说眼前处置，无追既往，无道远图，此等语虽

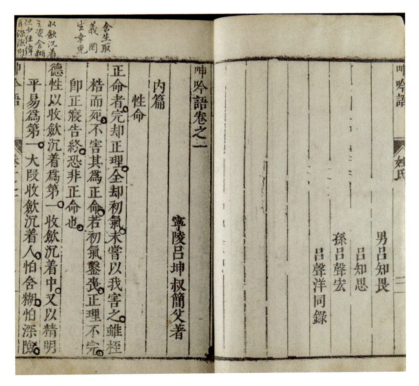

（明）吕坤《呻吟语》，明刻白棉纸本

精，无裨见在也。

我益智，人益愚；我益巧，人益拙。何者？相去之远而相责之深也。惟有道者，智能谅人之愚，巧能容人之拙，知分量不相及，而人各有能不能也。

天下之事，只定了便无事。物无定主而争，言无定见而争，事无定体而争。

至人无好恶，圣人公好恶，众人随好恶，小人作好恶。

仆隶下人昏愚者多，而理会人意，动必有合，又千万人不一二也。居上者往往以我责之，不合则艴然怒，甚者继以鞭笞，则彼愈惶惑而错乱愈甚。是我之过大于彼也，彼不明而我当明也，彼无能事上而我无量容下也，彼无心之失而我有心之恶也。

若忍性平气，指使而面命之，是两益也。彼我无苦而事有济，不亦可乎？《诗》曰："匪怒伊教。"《书》曰："无忿疾于顽。"此学者涵养气质第一要务也。

古人爱人之意多，今日恶人之意多。爱人，故人易于改过，而视我也常亲，我之教常易行；恶人，故人甘于自弃，而视我也常仇，我之言益不入。

论理要精详，论事要剀切，论人须带二三分浑厚。若切中人情，人必难堪。故君子不尽人之情，不尽人之过，非直远祸，亦以留人掩饰之路，触人悔悟之机，养人体面之余，亦天地涵蓄之气也。

凡有横逆来侵，先思所以取之之故，即思所以处之之法，不可便动气。两个动气，一对小人，一般受祸。

喜奉承是个愚障。彼之甘言卑辞、隆礼过情，冀得其所欲，而免其可罪也。而我喜之、感之，遂其不当得之欲，而免其不可已之罪，以自蹈于废公党恶之大咎；以自犯于难事易悦之小人，是奉承人者智巧，而喜奉承者愚也。乃以为相沿旧规，责望于贤者，遂以不奉承恨之，甚者罗织而害之，其获罪国法圣训深矣。此居要路者之大戒也。虽然，奉承人者未尝不愚也，使其所奉承而小人也则可，果君子也，彼未尝不以此观人品也。

疑心最害事。二则疑，不二则不疑。然则圣人无疑乎？曰："圣人只认得一个理，因理以思，顺理以行，何疑之有？贤人有疑惑于理也，众人多疑惑于情也。"或曰："不疑而为人所欺奈何？"曰："学到不疑时自然能先觉。况不疑之学，至诚之学也，狡伪亦不忍欺矣。"

以时势低昂理者，众人也；以理低昂时势者，贤人也；推理是视，无所低昂者，圣人也。

贫贱以傲为德，富贵以谦为德，皆贤人之见耳。圣人只看理当何如，富贵贫贱除外算。

（明）吕坤著、桂林陈文恭公评《精校呻吟语》，民国上海文瑞楼石印

成心者，见成之心也。圣人胸中洞然清虚，无个见成念头，故曰绝四。今人应事宰物都是成心，纵使聪明照得破，毕竟是意见障。

凡听言，先要知言者人品，又要知言者意向，又要知言者识见，又要知言者气质，则听不爽矣。

不须犯一口说，不须著一意念，只恁真真诚诚行将去，久则自有不言之信，默成之孚。薰之善良，遍为尔德者矣。碱蓬生于碱地，燃之可碱；盐蓬生于盐地，燃之可盐。

世人相与，非面上则口中也。人之心固不能掩于面与口，而不可测者，则不尽于面与口也。故惟人心最可畏，人心最不可知。此天下之陷阱，而古今生死之衢也。余有一拙法，推之以至诚，施之以至厚，持之以至慎，远是非，让利名，处后下，则夷狄鸟兽可骨肉而腹心矣。将令深者且倾心，险者且化德，而何陷阱之予及哉？不然，必予道之未尽也。

处世只一恕字，可谓以己及人，视人犹己矣。然有不足以尽者。天下之事，有己所不欲而人欲者，有己所欲而人不欲者。这里还须理会，有无限妙处。

宁开怨府，无开恩窦。怨府难充，而恩窦易扩也；怨府易闭，而恩窦难塞也。闭怨府为福，而塞恩窦为祸也。怨府一仁者能闭之，恩窦非仁、义、礼、智、信备不能塞也。仁者布大德，不干小誉；义者能果断，不为姑息；礼者有等差节文，不一切以苦人情；智者有权宜运用，不张皇以骇闻听；信者素孚人，举措不生众疑，缺一必无全计矣。

君子与小人共事必败，君子与君子共事亦未必无败，何者？意见不同也。今有仁者、义者、礼者、智者、信者五人焉，而共一事，五相济则事无不成，五有主则事无不败。仁者欲宽，义者欲严，智者欲巧，信者欲实，礼者欲文，事胡以成？此无他，自是之心胜，而相持之势均也。历观往事，每有以意见相争至亡人国家，酿成祸变而不顾。君子之罪大矣哉！然则何如？曰：势不可均。势均则不相下，势均则无忌惮而行其胸臆。三军之事，卒伍献计，偏裨谋事，主将断一，何意见之敢争？然则善天下之事，亦在乎通者当权而已。

万弊都有个由来，只救枝叶成得甚事？

与小人处，一分计较不得，须要放宽一步。

处天下事，只消得安详二字。虽兵贵神速，也须从此二字做出。

然安详非迟缓之谓也，从容详审，养奋发于凝定之中耳。是故不闲则不忙，不逸则不劳。若先怠缓，则后必急躁，是事之殃也。十行九悔，岂得谓之安详？

果决人似忙，心中常有余闲；因循人似闲，心中常有余累。

君子应事接物，常赢得心中有从容闲暇时便好。若应酬时劳扰，不应酬时牵挂，极是吃累的。

为善而偏于所向，亦是病。圣人之为善，度德量力，审势顺时，且如发棠不劝，非忍万民之死也，时势不可也。若认煞民穷可悲，而枉己徇人，便是欲矣。

分明不动声色，济之有余，却露许多痕迹，费许大张皇，最是拙工。

天下有两可之事，非义精者不能择。若到精处，毕竟只有一可耳。

圣人处事有变易无方底，有执极不变底，有一事而所处不同底，有殊事而所处一致底，惟其可而已。自古圣人，适当其可者，尧、舜、禹、文、周、孔数圣人而已。当可而又无迹，此之谓至圣。圣人处事，如日月之四照，随物为影；如水之四流，随地成形，己不与也。

使气最害事，使心最害理，君子临事平心易气。

昧者知其一不知其二，见其所见而不见其所不见，故于事鲜克有济。惟智者能柔能刚，能圆能方，能存能亡，能显能藏，举世惧且疑，而彼确然为之，卒如所料者，见先定也。

字到不择笔处，文到不修句处，话到不检口处，事到不苦心处，皆谓之自得。自得者与天遇。

无用之朴，君子不贵。虽不事机械变诈，至于德慧术知，亦不可无。

神清人无忽语，机活人无痴事。

非谋之难，而断之难也。谋者尽事物之理，达时势之宜，意见所到不思其不精也，然众精集而两可，断斯难矣。故谋者较尺寸，断者较毫厘；谋者见一方至尽，断者会八方取中。故贤者皆可与谋，而断非圣人不能也。

人情不便处，便要回避。彼虽难于言而心厌苦之，此慧者之所必觉也。是以君子体悉人情，悉者，委曲周至之谓也。恤其私、济其愿、成其名、泯其迹，体悉之至也，感人沦于心骨矣。故察言观色者，学之粗也；达情会意者，学之精也。

天下事只怕认不真，故依违观望，看人言为行止。认得真时，则有不敢从之君亲，更哪管一国非之，天下非之。若作事先怕人议论，做到中间一被谤诽，消然中止，这不止无定力，且是无定见。民各有心，岂得人人识见与我相同？民心至愚，岂得人人意思与我相信？是以作事君子要见事后功业，休恤事前议论，事成后众论自息。即万一不成，而我所为者，合下便是当为也，论不得成败。

审势量力，固智者事，然理所当为而值可为之地，圣人必做一番，计不得成败。如围成不克，何损于举动，竟是成当堕耳。孔子为政于卫，定要下手正名，便正不来，去卫也得。只事这个，事定姑息不过。今人做事只计成败，都是利害心害了是非之公。

或问："虑以下人，是应得下他不？"曰："若应得下他，如子弟之下父兄，这何足道？然亦不是卑谄而徇人以非礼之恭，只是无分毫上人之心，把上一着，前一步，尽着别人占，天地间惟有下面底最宽，后面底最长。"

士君子在朝则论政，在野则论俗，在庙则论祭礼，在丧则论丧礼，在边国则论战守，非其地也，谓之羡谈。

处天下事，前面常长出一分，此之谓豫；后面常余出一分，此之谓裕。如此则事无不济，而心有余乐。若扣杀分数做去，必有后悔处。人亦然，施在我有余之恩，则可以广德，留在人不尽之情，则可以全好。

非首任，非独任，不可为祸福先。福始祸端，皆危道也。士君子当大事时，先人而任，当知慎果二字；从人而行，当知明哲二字。明哲非避难也，无裨于事，而只自没耳。

养态，士大夫之陋习也。古之君子养德，德成而见诸外者有德容。见可怒，则有刚正之德容；见可行，则有果毅之德容。当言，则终日不虚口，不害其为默；当刑，则不宥小故，不害其为量。今之人，士大夫以宽厚浑涵为盛德，以任事敢言为性气，销磨忧国济时者之志，使之就文法走俗状而一无所展布。嗟夫！治平之世宜尔，万一多故，不知张眉吐胆、奋身前步者谁也？此前代之覆辙也。

处事先求大体，居官先厚民风。

临义莫计利害，论人莫计成败。

一人覆屋以瓦，一人覆屋以茅，谓覆瓦者曰："子之费十倍予，然而蔽风雨一也。"覆瓦者曰："茅十年腐，而瓦百年不碎，子百年十更，而多以工力之费、屡变之劳也。"嗟夫！天下之患莫大于有坚久之费，贻屡变之劳，是之谓工无用，害有益。天下之思，亦莫大于狙朝夕之近，忘久远之安，是之谓欲速成见小利。是故朴素浑坚，圣人制物利用之道也。彼好文者，惟朴素之耻而靡丽，夫易败之物，不智甚矣。或曰："靡丽其浑坚者可乎？"曰："既浑坚矣，靡丽奚为？苟以靡丽之费而为浑坚之资，岂不尤浑坚哉？是故君子作有益，则轻千金；作无益，则惜一介。假令无一介之费，君子亦不作无益，何也？不敢以耳目之玩，启天下民穷财尽之祸也。"

遇事不妨详问、广问，但不可有偏主心。

轻言骤发，听言之大戒也。

君子处事，主之以镇静有主之心，运之以圆活不拘之用，养之以从容敦大之度，循之以推行有渐之序，待之以序尽必至之效，又未尝有心勤效远之悔。今人临事才去安排，又不耐踌躇，草率含糊，与事拂乱，岂无幸成？竟不成个处事之道。

君子与人共事，当公人己而不私。苟事之成，不必功之出自我也；不幸而败，不必咎之归诸人也。

有当然、有自然、有偶然。君子尽其当然，听其自然，而不或于偶然；小人泥于偶然，拂其自然，而弃其当然。噫！偶然不可得，并其当然者失之，可哀也。

不为外撼，不以物移，而后可以任天下之大事。彼悦之则悦，怒之则怒，浅衷狭量，粗心浮气，妇人孺子能笑之，而欲有所树立，难矣。何也？其所以待用者无具也。

"明白简易"，此四字可行之终身。役心机，扰事端，是自投剧网也。

水之流行也，碍于刚，则求通于柔；智者之于事也，碍于此，则求通于彼。执碍以求通，则愚之甚也，徒劳而事不济。

计天下大事，只在紧要处一着留心用力，别个都顾不得。譬之奕棋，只在输赢上留心，一马一卒之失浑不放在心下。若观者以此预计其高低，奕者以此

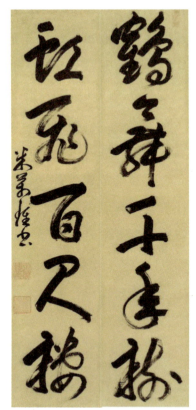

（明）米万钟草书五言联：鹤舞千年树，虹飞百尺楼

预乱其心目，便不济事。况善筹者以与为取，以丧为得；善奕者饵之使吞，诱之使进，此岂寻常识见所能策哉？乃见其小失而遽沮挠之，摈斥之，英雄豪杰可为窃笑矣，可为恸惋矣。

夫势，智者之所借以成功，愚者之所逆以取败者也。夫势之盛也，天地圣人不能裁；势之衰也，天地圣人不能振，亦因之而已。因之中寓处之权，此善用势者也，乃所以裁之振之也。

士君子抱经世之具，必先知五用。五用之道未得而漫尝试之，此小丈夫技痒、童心之所为也，事必不济。是故贵择人：不择可与共事之人，则不既厥心，不堪其任。或以虚文相欺，或以意见相倾，譬以玉杯付小儿，而奔走于崎岖之峰也。是故贵达时：时者，成事之期也。机有可乘，会有可际，不先不后，则其道易行。不达于时，譬投种于坚冻之候也。是故贵审势：时者，成事之借也。登高而招，顺风而呼，不劳不费，而其易就。不审于势，譬行舟于平陆之地也。是故贵慎发：左盼右望，长虑却顾，实见得利矣，又思其害，实见得成矣，又虑其败，万无可虞则执极而不变。不慎所发，譬夜射仪的也。是故贵宜物：夫事有当蹈常袭故者，有当改弦易辙者，有当兴废举坠者，有当救偏补救者，有以小弃大而卒以成其大者，有理屈于势而不害其为理者，有当三令五申者，有当不动声色者。不宜于物，譬苗莠兼存而玉石俱焚也。嗟夫！非有其具之难而用其具者之难也。

腐儒之迂说，曲士之拘谈，俗子之庸识，躁人之浅觅，谲者之异言，憸夫之邪语，皆事之贼也，谋断家之所忌也。

智者之于事，有言之而不行者，有所言非所行者，有先言而后行者，有先行而后言者，有行之既成而始终不言其故者，要亦为国家深远之虑，而求以必济而已。

善用力者就力，善用势者就势，善用智者就智，善用财者就财，夫是之谓乘。乘者，知几之谓也。失其所乘，则倍劳而力不就；得其所乘，则与物无忤，于我无困，而天下享其利。

凡酌量天下大事，全要个融通周密，忧深虑远。营室者之正方面也，远视近视，曰有近视正而远视不正者；较长较短，曰有准于短而不准于长者；应上应下，曰有合于上而不合于下者；顾左顾右，曰有协于左而不协于右者。既而远近长短上下左右之皆宜也，然后执绳墨、运木石、鸠器用，以定万世不拔之基。今之处天下事者，粗心浮气，浅见薄识，得其一方而固执以求胜。以此图久大之业，为治安之计，难矣。

字经三书，未可遽真也；言传三口，未可遽信也。

巧者，气化之贼也，万物之祸也，心术之蠹也，财用之灾也，君子不贵焉。

君子之处事有真见矣，不遽行也，又验众见，察众情，协诸理而协，协诸众情、众见而协，则断以必行；果理当然，而众情、众见之不协也，又委曲以行吾理。既不贬理，又不骇人，此之谓理术。噫！惟圣人者能之，猎较之类是也。

干天下大事非气不济。然气欲藏，不欲露；欲抑，不欲扬。掀天揭地事业不动声色，不惊耳目，做得停停妥妥，此为第一妙手，便是入神。譬之天地当春夏之时，发育万物，何等盛大流行之气！然视之不见，听之不闻，岂无风雨雷霆，亦只时发间出，不显匠作万物之迹，这才是化工。

疏于料事，而拙于谋身，明哲者之所惧也。

实处着脚，稳处下手。

姑息依恋，是处人大病痛，当义处，虽处骨肉亦要果断；卤莽径宜，是处事大病痛，当紧要处，虽细微亦要检点。

正直之人能任天下之事。其才其守，小事自可见。若说小事且放过，大事到手才见担当，这便是饰说，到大事定然也放过了。松柏生小便直，未有始曲而终直者也。若用权变时，另有较量，又是一副当说话。

无损损，无益益，无通通，无塞塞，此调天地之道，理人物之宜也。然人君自奉无嫌于损损，于百姓无嫌于益益；君子扩理路无嫌于通通，杜欲窦无嫌于塞塞。

事物之理有定，而人情意见千歧万径，吾得其定者而行之，即形迹可疑，心事难白，亦付之无可奈何。若惴惴畏讥，琐琐自明，岂能家置一喙哉！且人不我信，辩之何益？人若我信，何事于辩？若事有关涉，则不当以缄默妨大计。

处人、处己、处事都要有余，无余便无救性，此里甚难言。

悔前莫如慎始，悔后莫如改图，徒悔无益也。

居乡而囿于数十里之见，硁硁然守之也，百攻不破，及游大都，见千里之事，茫然自失矣。居今而囿于千万人之见，硁硁然守之也，百攻不破，及观《坟》《典》，见千万年之事，茫然自失矣。是故囿见不可狃，狃则狭，狭则不足以善天下之事。

事出于意外，虽智者亦穷，不可以苛责也。

天下之祸多隐成而卒至，或偶激而遂成。隐成者贵预防，偶激者贵坚忍。

当事有四要：际畔要果决，怕是绵；执持要坚耐，怕是脆；机括要深沉，怕是浅；应变要机警，怕是迟。

君子动大事十利而无一害，其举之也必矣。然天下无十利之事，不得已而权其分数之多寡，利七而害三，则吾全其利而防其害。又较其事势之轻重，亦有九害而一利者为之，所利重而所害轻也，所利急而所害缓也，所利难得而所害可救也，所利久远而所害一时也。此不可与浅见薄识者道。

当需，莫厌久，久时与得时相邻。若愤其久也而决绝之，是不能忍于斯须，而甘弃前劳，坐失后得也。此从事者之大戒也。若看得事体审，便不必需，即需之久，亦当速去。

朝三暮四，用术者诚诈矣。人情之极致，有以朝三暮四为便者，有以朝四暮三为便者，要在当其所急。猿非愚，其中必有所当也。

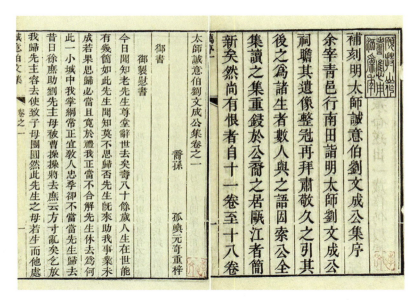

（明）刘基《太师诚意伯刘文成公集》，清乾隆间果育堂刻本

天下之祸非偶然而成也，有辏合，有搏激，有积渐。辏合者，杂而不可解，在天为风雨雷电，在身为多过，在人为朋奸，在事为众恶遭会，在病为风寒暑湿合而成痹。搏激者，勇而不可御，在天为迅雷大雹，在身为忿狠，在人为横逆卒加，在事为骤感成凶，在病为中寒暴厥。积渐者，极重而不可反，在天为寒暑之序，在身为罪恶贯盈，在人为包藏待逞，在事为大敝极坏，在病为血气衰赢、痰火蕴郁，奄

奄不可支。此三成者，理势之自然，天地万物皆不能外，祸福之来，恒必由之。故君子为善则借众美而防错履之多，奋志节而戒一朝之怒，体道以终身，孜孜不倦，而绝不可长之欲。

再之略，不如一之详也；一之详，不如再之详也，再详无后忧矣。

有余，当事之妙道也。故万无可虑之事备十一，难事备百一，大事备千一，不测之事备万一。

在我有余则足以当天下之感，以不足当感，未有不困者。识有余，理感而即透；才有余，事感而即办；力有余，任感而即胜；气有余，变感而不震；身有余，内外感而不病。

语之不从，争之愈勍，名之乃惊。不语不争，无所事名，忽忽冥冥，吾事已成，彼亦懵懵。昔人谓不动声色而措天下于泰山，予以为动声色则不能措天下于泰山矣。故曰"默而成之，不言而信，存乎德行"。

天下之事，在意外者常多。众人见得眼前无事都放下心，明哲之士只在意外做工夫，故每万全而无后忧。

不以外至者为荣辱，极有受用处，然须是里面分数足始得。今人见人敬慢，辄有喜愠心，皆外重者也。此迷不破，胸中冰炭一生。

有一介必吝者，有千金可轻者，而世之论取与，动曰所直几何？此乱语耳。

才犹兵也，用之伐罪吊民，则为仁义之师；用之暴寡凌弱，则为劫夺之盗。是故君子非无才之患，患不善用才耳。故惟有德者能用才。

藏莫大之害，而以小利中其意；藏莫大之利，而以小害疑其心。此思者之所必堕，而智者之所独觉也。

今人见前辈先达作事，不自振拔，辄生叹恨，不知渠当我时也会叹恨人否？我当渠时能免后人叹恨否？事不到手，责人尽易，待君到

手时，事事努力，不轻放过便好。只任
哓哓责人，他日纵无可叹恨，今日亦浮薄
子也。

区区与人较是非，其量与所较之人相
去几何？

无识见底人，难与说话；偏识见底
人，更难与说话。

两君子无争，相让故也；一君子一小
人无争，有容故也。争者，两小人也。有
识者奈何自处于小人？即得之未必荣，而
况无益于得以博小人之名，又小人而愚者。

方严是处人大病痛。圣贤处世离一
温厚不得，故曰"泛爱众"，曰"和而不
同"，曰"和而不流"，曰"群而不党"，
曰"周而不比"，曰"爱人"，曰"慈
祥"，曰"岂弟"，曰"乐只"，曰"亲
民"，曰"容众"，曰"万物一体"，曰
"天下一家，中国一人"。只恁踽踽凉凉，
冷落难亲，便是世上一个碍物，即使持正
守方，独立不苟，亦非用世之才，只是一
节狷介之士耳。

谋天下后世事，最不可草草，当深思
远虑。众人之识，天下所同也，浅昧而狃
于目前。其次有众人看得一半者，其次豪
杰之士与练达之人得其大概者，其次精识

（明）吴彬《松石图》

之人有旷世独得之见者，其次经纶措置、当时不动声色，后世不能变易者，至此则精矣，尽矣，无以复加矣，此之谓大智，此之谓真才。若偶得之见，借听之言，翘能自喜而攘臂直言天下事，此老成者之所哀，而深沉者之所惧也。

而今只一个"苟"字支吾世界，万事安得不废弛？

天下事要乘势待时，譬之决痈，待其将溃则病者不苦而痈自愈；若虺蝮毒人，虽即砭手断臂，犹迟也。

饭休不嚼就咽，路休不看就走，人休不择就交，话休不想就说，事休不思就做。

参苓归芪，本益人也，而与身无当，反以益病；亲厚恳切，本爱人也，而与人无当，反以速祸。故君子慎焉。

两相磨荡，有皆损无俱全，特大小久近耳。利刃终日断割，必有缺折之时；砥石终日磨砻，亦有亏消之渐。故君子不欲敌人以自全也。

见前面之千里，不若见背后之一寸。故达观非难，而反观为难；见见非难，而见不见为难。此举世之所迷，而智者之独觉也。

誉既汝归，毁将安辞？利既汝归，害将安辞？巧既汝归，罪将安辞？

上士会意，故体人也以意，观人也亦以意。意之感人也深于骨肉，意之杀人也毒于斧钺。鸥鸟知渔父之机，会意也，何以人而不如鸥乎？至于征色发声而不观察，则又在色斯举矣之下。

士君子要任天下国家事，先把本身除外。所以说"策名委质"，言自策名之后，身已非我有矣，况富贵乎？若营营于富贵身家，却是社稷苍生委质于我也，君之贼臣乎？天之僇民乎？

圣贤之量空阔，事到胸中如一叶之泛沧海。

圣贤处天下事，委曲纡徐，不轻徇一己之情，以违天下之欲，以破天下之防。是故道有不当直，事有不必果者，此类是也。譬之行道然，循曲从远顺其成迹，而不敢以欲速适己之便者，势不可也。若必欲简捷直遂，则两京程途，正以绳墨，破城除邑，塞河夷山，终有数百里之近矣，而人情事势不可也。是以处事要逊以出之，而学者接物怕径情直行。

热闹中空老了多少豪杰，闲淡滋味惟圣贤尝得出，及当热闹时也只以这闲淡心应之。天下万事万物之理都是闲淡中求来，热闹处使用。是故，静者，动之母。

胸中无一毫欠缺，身上无一些点染，便是羲皇以上人，即在夷狄患难中，何异玉烛春台上？

圣人掀天揭地事业只管做，只是不费力；除害去恶只管做，只是不动气；蹈险投艰只管做，只是不动心。

圣贤用刚只够济那一件事便了，用明只够得那件情便了，分外不剩分毫。所以作事无痕迹，甚浑厚，事既有成而亦无议。

圣人只有一种才，千通万贯随事合宜，譬如富贵只积一种钱，贸易百货都得。众人之材如货，轻縠虽美，不可御寒；轻裘虽温，不可当暑。又养才要有根本，则随遇不穷；运才要有机括，故随感不滞；持才要有涵蓄，故随事不败。

坐疑似之迹者，百口不能自辨；狃一见之真者，百口难夺其执。此世之通患也。唯圣虚明通变，吻合人情，如人之肝肺在其腹中，既无遁情，亦无诬执。故人有感泣者，有愧服者，有欢悦者。故曰"惟圣人为能通天下之志"。不能如圣人，先要个虚心。

圣人处小人，不露形迹，中间自有得己处。高崖陡堑，直气壮颃，皆褊也。即不论取祸，近小丈夫矣。孟子见乐正子从王欢，何等深恶！及处王欢，与行而不与比，虽然，犹形迹矣。孔子处阳货，只

（明）孙克弘《玉堂兰石图》

是个绐法；处向魋，只是个躲法。

君子所得不同，故其所行亦异。有小人于此，仁者怜之，义者恶之，礼者处之不失礼，智者处之不取祸，信者推诚以御之而不计利害，惟圣人处小人得当可之宜。

被发于乡邻之门，岂是恶念头？但类于从井救人矣。圣贤不为善于性分之外。

仕途上只应酬，无益人事，工夫占了八分，更有甚精力时候修正经职业？我尝自喜行三种方便，甚于彼我有益：不面谒人，省其疲于应接；不轻寄书，省其困于裁答；不乞求人看顾，省其难于区处。

士君子终身应酬不止一事，全要将一个静定心，酌量缓急轻重为后先。若应轇轕情，处纷杂事，都是一味热忙，颠倒乱应，只此便不见存心定性之功、当事处物之法。

儒者先要个不俗，才不俗又怕乖俗。圣人只是和人一般，中间自有妙处。

处天下事，先把"我"字搁起，千军万马中，先把"人"字搁起。

处毁誉，要有识有量。今之学者尽有向上底，见世所誉而趋之，见世所毁而避之，只是识不定；闻誉我而喜，闻毁我而怒，只是量不广。真善恶在我，毁誉于我无分毫相干。

某平生只欲开口见心，不解作吞吐语。或曰："恐非其难其慎之义。"予蘧然惊谢曰："公言甚是。但其难其慎在未言之前，心中择个是字才脱口，更不复疑，何吞吐之有？吞吐者，半明半暗，似于开诚心三字碍。"

接人要和中有介，处事要精中有果，认理要正中有通。

天下之事，常鼓舞不见罢劳，一衰歇便难振举。是以君子提醒精

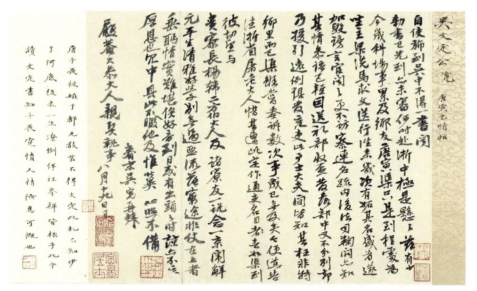

（明）吴宽行书《致欧信为唐寅乞情札》。识文：自使旆到吴中不得一书，闻敕书已先到，亦未审何时赴浙中，极是悬悬。兹有口今岁科场事，累及乡友唐寅，渠只是到程处，为坐主梁洗马求文送行，往来几次，有妒其名盛者，遂加毁谤。言官闻之，更不访察，连名疏内，后法司鞠问，亦知其情，参语已轻，因送礼部收查发落。部中又不分别，却乃援引远例，俱发充吏。此事士大夫间皆知其枉，非特乡里而已。渠虽尝奏诉数次，事成已无及矣。今便道告往浙省，屠老大人惜其遭此，定作通吏名目者。如渠到彼，切望与贵寮长杨、韩二方伯大人及诸寮友一说，念一京闱解元，平生清雅好学，别无过恶，流落穷途，非仗在上者垂眄，情实难堪。俟好音到日或有出头之时，谅亦不忘厚恩也。冗中具此，不暇他及，惟冀心照不备。眷末吴宽再拜。履庵大参大人亲契执事。八月十九日具。

神不令昏眩，役使筋骨不令怠惰，惧振举之难也。

实言、实行、实心，无不孚人之理。

当大事，要心神定，心气足。

世间无一处无拂意事，无一日无拂意事，惟度量宽弘有受用处，彼局量褊浅者空自懊恨耳。

听言之道，徐审为先，执不信之心与执必信之心，其失一也。惟圣人能先觉，其次莫如徐审。

君子之处事也，要我就事，不令事就我；其长民也，要我就民，不令民就我。

上智不悔，详于事先也；下愚不悔，迷于事后也。惟君子多悔。虽然，悔人事，不悔天命；悔我，不悔人。我无可悔，则天也人也听之矣。

某应酬时，有一大病痛，每于事前疏忽，事后点检，点检后辄悔吝；闲时慵懒，忙时迫急，迫急后辄差错。或曰："此失先后着耳。"肯把点检心放在事前，省得点检，又省得悔吝；肯把急迫心放在闲时，省得差错，又省得牵挂。大率我辈不是事累心，乃是心累心。一谨之不能，而谨无益之谨；一勤之不能，而勤无及之勤。于此心倍苦，而于事反不详焉，昏懦甚矣！书此以自让。

无谓人唯唯，遂以为是我也；无谓人默默，遂以为服我也；无谓人煦煦，遂以为爱我也；无谓人卑卑，遂以为恭我也。

事到手且莫急，便要缓缓想；想得时切莫缓，便要急急行。

我不能宁耐事，而令事如吾意，不则躁烦；我不能涵容人，而令人如吾意，不则谴怒。如是则终日无自在时矣，而事卒以偾，人卒以怨，我卒以损，此谓至愚。

有由衷之言，有由口之言；有根心之色，有浮面之色。各不同也，应之者贵审。

富贵，家之灾也；才能，身之殃也；声名，谤之媒也；欢乐，悲之借也。故惟处顺境为难。只是常有惧心，迟一步做，则免于祸。

语云：一错二误，最好理会。凡一错者，必二误，盖错必悔怍，悔怍则心凝于所悔，不暇他思，又错一事。是以无心成一错，有心成二误也。礼节应对间最多此失。苟有错处，更宜镇定，不可忙乱，一忙乱则相因而错者无穷矣。

冲繁地，顽钝人，纷杂事，迟滞期，拂逆时，此中最好养火。若决裂愤激，悔不可言。耐得过时，有无限受用。

当繁迫事，使聋瞆人；值追逐时，骑瘦病马；对昏残烛，理烂乱丝，而能意念不躁，声色不动，亦不后事者，其才器吾诚服之矣。

义所当为，力所能为，心欲有为，而亲友挽得回，妻孥劝得止，只是无志。

妙处先定不得，口传不得，临事临时，相几度势，或只须色意，或只须片言，或用疾雷，或用积阴，务在当可。不必彼觉，不必人惊，却要善持善发，一错便是死生关。

意主于爱，则诟骂扑击，皆所以亲之也；意主于恶，则奖誉绸缪，皆所以仇之也。

养定者，上交则恭而不迫，下交则泰而不忽，处亲则爱而不狎，处疏则真而不厌。

有进用，有退用，有虚用，有实用，有缓用，有骤用，有默用，有不用之用，此八用者，宰事之权也。而要之归于济义，不义，虽济，君子不贵也。

责人要含蓄，忌太尽；要委婉，忌太直；要疑似，忌太真。今子弟受父兄之责也，尚有所不堪，而况他人乎？孔子曰："忠告而善道之，不可则止。"此语不止全交，亦可养气。

祸莫大于不仇人而有仇人之辞色，耻莫大于不恩人而诈恩人之状态。

柔胜刚，讷止辩，让愧争，谦伏傲。是故退者得常倍，进者失常倍。

余少时曾泄当密之语，先君责之，对曰："已戒闻者，使勿泄矣。"先君曰："子不能必子之口，而能必人之口乎？且戒人与戒己孰难？小子慎之。"

中孚，妙之至也。格天动物，不在形迹言语事为之末，苟无诚以孚之，诸皆糟粕耳，徒勤无益于义。鸟抱卵曰孚，从爪从子，血气潜入而子随母化，岂在声色？岂事造作？学者悟此，自不怨天尤人。

应万变，索万理，惟沉静者得之。是故水止则能照，衡定则能

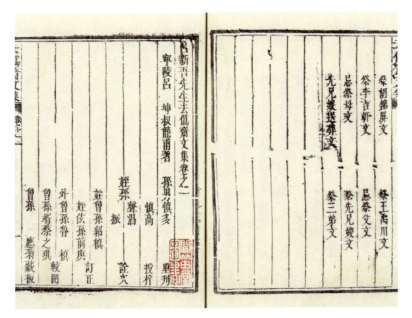

（明）吕坤《去伪斋文集》，清康熙十三年吕慎多刻本

称。世亦有昏昏应酬而亦济事，梦梦谈道而亦有发明者，非资质高，则偶然合也，所不合者何限？

祸莫大于不体人之私而又苦之，仇莫深于不讳人之短而又讦之。

肯替别人想，是第一等学问。

不怕千日密，只愁一事疏。诚了再无疏处，小人掩着，徒劳尔心矣。譬之于物，一毫欠缺，久则自有欠缺承当时；譬之于身，一毫虚弱，久则自有虚弱承当时。

置其身于是非之外，而后可以折是非之中；置其身于利害之外，而后可以观利害之变。

善用人底，是个人都用得；不善用人底，是个人用不得。

以多恶弃人，而以小失发端，是借弃者以口实，而自取不韪之讥也。曾有一隶怒挞人，余杖而恕之；又窃同舍钱，又杖而恕之。且戒之曰："汝慎，三犯不汝容矣。"一日在燕醉而寝，余既行矣，而呼之不至，既至，托疾，实醉也。余逐之出。语人曰："余病不能从，遂逐我。"人曰："某公有德器，乃以疾逐人耶？"不知余恶之也，以积愆而逐之也，以小失则余之拙也。虽然，彼借口以自白，可为他日更主之先容，余拙何悔！

手段不可太阔，太阔则填塞难完；头绪不可太繁，太繁则照管不到。

得了真是非，才论公是非。而今是非不但捉风捕影，且无风无影，不知何处生来，妄听者遽信是实，以定是非。曰：我无私也。噫！固无私矣，《彩苓》止棘，暴公《巷伯》，孰为辩之？

固可使之愧也，乃使之怨；固可使之悔也，乃使之怒；固可使之感也，乃使之恨。晓人当如是耶？

不要使人有过。

谦忍皆居尊之道，俭朴皆居富之道。故曰：卑不学恭，贫不学俭。

豪雄之气虽正多粗，只用他一分便足济事，那九分都多了，反以愤事矣。

君子不受人不得已之情，不苦人不敢不从之事。

教人十六字：诱掖、奖劝、提撕、警觉、涵育、熏陶、鼓舞、兴作。

水激逆流，火激横发，人激乱作，君子慎其所以激者。愧之，则小人可使为君子；激之，则君子可使为小人。

事前忍易，正事忍难；正事悔易，事后悔难。

说尽有千说，是却无两是。故谈道者必要诸一是而后精，谋事者必定于一是而后济。

世间事各有恰好处，慎一分者得一分，忽一分者失一分，全慎全得，全忽全失。小事多忽，忽小则失大；易事多忽，忽易则失难。存心君子自得之体验中耳。

到一处问一处风俗，果不大害，相与循之，无与相忤。果于义有妨，或不言而默默转移，或婉言而徐徐感动，彼将不觉而同归于我矣。若疾言厉色，是己非人，是激也，自家取祸不惜，可惜好事做不成。

事有可以义起者，不必泥守旧例；有可以独断者，不必观望众人。若旧例当，众人是，莫非胸中道理而彼先得之者也，方喜旧例免吾劳，方喜众见印吾是，何可别生意见以作聪明哉？此继人之后者之所当知也。

善用明者，用之于暗；善用密者，用之于疏。

你说底是，我便从，我不是从你，我自从是，何私之有？你说底不是，我便不从，不是不从你，我自不从不是，何嫌之有？

日用酬酢，事事物物要合天理人情。所谓合者，如物之有底盖然，方者不与圆者合，大者不与小者合，欹者不与正者合。

事有不当为而为者，固不是；有不当悔而悔者，亦不是。

心实不然，而迹实然。人执其然之迹，我辨其不然之心，虽百口，不相信也。故君子不示人以可疑之迹，不自诬其难辨之心。何者？正大之心，孚人有素，光明之行无所掩覆也。倘有疑我者，任之而已，哓哓何为？

大丈夫看得生死最轻，所以不肯死者，将以求死所也。死得其所，则为善用死矣。成仁取义，死之所也，虽死贤于生也。

争利起于人各有欲，争言起于人各有见。惟君子以淡泊自处，以知能让人，胸中有无限快活处。

吃这一箸饭，是何人种获底？穿这一匹帛，是何人织染底？大厦高堂如何该我住居？安车驷马如何该我乘坐？获饱暖之

（明）谢缙《西庄访友图》

休，思作者之劳；享尊荣之乐，思供者之苦，此士大夫日夜不可忘情者也。不然，其负斯世斯民多矣。

只大公了，便是包涵天下气象。

定、静、安、虑、得，此五字时时有，事事有，离了此五字便是孟浪做。

公人易，公己难；公己易，公己于人难；公己于人易，忘人己之界，而不知我之为谁难。公人处人，能公者也；公己处己，亦公者也。至于公己于人，则不以我为嫌，时当贵我富我，泰然处之，而不嫌于尊己，事当逸我利我，公然行之，而不嫌于厉民。非富贵我，逸利我也。我者，天下之我也。天下名分纪纲于我乎寄，则我者名分纪纲之具也，何嫌之有？此之谓公己于人，虽然，犹未能忘其道未化也。圣人处富贵逸利之地，而忘其身；为天下劳苦卑困，而亦忘其身。非曰我分当然也，非曰我志欲然也。譬痛者之必呻吟，乐者之必谈笑，痒者之必爬搔，自然而已。譬蝉之鸣秋，鸡之啼晓，草木之荣枯，自然而已。夫如是，虽负之使灰其心，怒之使薄其意，不能也；况此分不尽，而此心少怠乎？况人情未孚，而惟人是责乎？夫是之谓忘人己之界，而不知我之为谁。不知我之为谁，则亦不知人之为谁矣。不知人我之为谁，则六合混一而太和元气塞于天地之间矣。必如是而后谓之仁。

对忧人勿乐，对哭人勿笑，对失意人勿矜。

"与禽兽奚择哉？于禽兽又何难焉？"此是孟子大排遣。初爱敬人时，就安排这念头，再不生气。余因扩充排遣横逆之法，此外有十：一曰与小人处，进德之资也。彼侮愈甚，我忍愈坚，于我奚损哉？《诗》曰："他山之石，可以攻玉。"二曰不遇小人，不足以验我之量。《书》曰："有容德乃大。"三曰彼横逆者至于自反，而忠犹不得免焉。其人之顽悖甚矣，一与之校必起祸端。兵法云："求而不得者，挑也无应。"四曰始爱敬矣，又自反而仁礼矣，又自反而忠矣。我理益直，我过益寡。其卒也乃不忍于一逞以掩旧善，而与彼分恶，智者不为。太史公曰："无弃前修而祟新过。"五曰是非之心，人皆有之。彼固自昧其天而责我无已，公论自明，吾亦付之不辩；古人云："桃李不言，下自成蹊。"六曰自反无阙。彼欲难盈，安心以待之，缄口以听之，彼计必穷。兵志曰："不应不动，敌将自静。"七曰可避则避之，如太王之去邠；可下则下之，如韩信之胯下。古人云："身愈讪，道愈尊。"又曰："终身让畔，不失一段。"八曰付之天。天道有知，知我者其天乎？《诗》曰："投彼有昊。"九曰委之命。人生相与，或顺或忤，或合或离，或疏之而亲，或厚之而疑，或偶遭而解，或久构而危。鲁平公将出而遇臧仓，司马牛为弟子

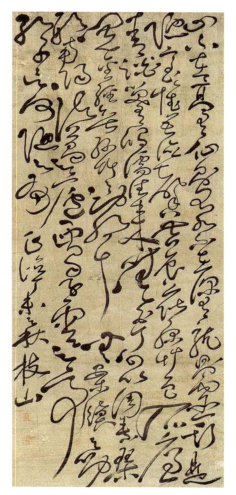

（明）祝允明草书刘禹锡《陋室铭》。识文：山不在高，有僊则名；水不在深，有龙则灵。斯是陋室，唯吾德馨。苔痕上阶绿，草色入帘青。谈笑有鸿儒，往来无白丁。可以调素琴，阅金经。无丝竹之乱耳，无案牍之劳形。南阳诸葛庐，西蜀子云亭。孔子云："何陋之有？"

而有桓魋，岂非命耶？十曰外宁必有内忧。小人侵陵则惧患、防危、长虑、却顾，而不敢侈然。有肆心则百祸潜消。孟子曰："出则无敌国外患者，国恒亡。"三自反后，君子存心犹如此。彼爱人不亲、礼人不答而遽怒，与夫不爱人、不敬人而望人之爱敬己也，其去横逆，能几

何哉？

过责望人，亡身之念也。君子相与，要两有退心，不可两有进心。自反者，退心也。故刚两进则碎，柔两进则屈，万福皆生于退反。

施者不知，受者不知，诚动于天之南，而心通于海之北，是谓神应；我意才萌，彼意即觉，不俟出言，可以默会，是谓念应；我以目授之，彼以目受之，人皆不知，两人独觉，是谓不言之应；我固强之，彼固拂之，阳异而阴同，是谓不应之应。明乎此者，可以谈兵矣。

卑幼有过，慎其所以责让之者：对众不责，愧悔不责，暮夜不责，正饮食不责，正欢庆不责，正悲忧不责，疾病不责。

举世之议论有五：求之天理而顺，即之人情而安，可揆圣贤，可质神明，而不必于天下所同，曰公论。情有所便，意有所拂，逞辩博以济其一偏之说，曰私论。心无私曲，气甚豪雄，不察事之虚实、势之难易、理之可否，执一隅之见，狃时俗之习，既不正大，又不精明，蝇哄蛙嗷，通国成一家之说，而不可与圣贤平正通达之识，曰妄论。造伪投奸，譖樽诡秘，为不根之言，播众人之耳，千口成公，久传成实，卒使夷由为蹰跰，曰诬论。称人之善，胸无秤尺，惑于小廉曲谨，感其煦意象恭，喜一激之义气，悦一霎之道言，不观大节，不较生平，不举全体，不要永终，而遽许之，曰无识之论。呜呼！议论之难也久矣，听之者可弗察与？

简静沉默之人，发用出来不可当，故停蓄之水一决不可御也，蛰处之物其毒不可当也，潜伏之兽一猛不可禁也。轻泄骤举，暴雨疾风耳，智者不惧焉。

平居无事之时，则丈夫不可绳以妇人之守也，及其临难守死，则当与贞女烈妇比节；接人处众之际，则君子未尝示人以廉隅之迹也，及其任道徒义，则当与壮士健卒争勇。

祸之成也必有渐，其激也奋于积。智者于其渐也绝之，于其积也消之，甚则决之。决之必须妙手，譬之疡然，郁而内溃，不如外决；成而后决，不如早散。

涵养不定的，恶言到耳先思驭气，气平再没错的。一不平，饶你做得是，也带着五分过失在。

疾言、遽色、厉声、怒气，原无用处。万事万物只以心平气和处之，自有妙应。余褊，每坐此失，书以自警。

尝见一论人者云："渠只把天下事认真做，安得不败？"余闻之甚惊讶，窃意天下事尽认真做去，还做得不象，若只在假借面目上做工夫，成甚道理？天下事只认真做了，更有甚说？何事不成？方今大病痛，正患在不肯认真做，所以大纲常、正道理无人扶持，大可伤心。嗟夫！武子之愚，所谓认真也与？

人人因循昏忽，在醉梦中过了一生，坏废了天下多少事！忧勤惕励之君子，常自惺惺爽觉。

明义理易，识时势难。明义理，腐儒可能；识时势，非通儒不能也。识时易，识势难；识时见者可能，识势非蚤见者不能也。识势而蚤图之，自不至于极重，何时之足忧？

只有无迹而生疑，再无有意而能掩者，可不畏哉？

令人可畏，未有不恶之者，恶生毁；令人可亲，未有不爱之者，爱生誉。

先事体怠神昏，事到手忙脚乱，事过心安意散，此事之贼也。兵家尤不利此。

善用力者，举百钧若一羽；善用众者，操万旅若一人。

没这点真情，可惜了繁文侈费；有这点真情，何嫌于二簋一掬？

百代而下，百里而外，论人只是个耳边纸上，并迹而诬之，哪能论心？呜呼！文士尚可轻论人乎哉？此天谴鬼责所系，慎之！

或问："怨尤之念，底是难克，奈何？"曰："君自来怨尤，怨尤出甚的？天之水旱为虐不怕人怨，死自死耳，水旱自若也；人之贪残无厌不怕你尤，恨自恨耳，贪残自若也。此皆无可奈何者。今且不望君自修自责，只将这无可奈何事恼乱心肠，又添了许多痛苦，不若淡然安之，讨些便宜。"其人大笑而去。

见事易，任事难。当局者只怕不能实见得，果实见得，则死生以之，荣辱以之，更管甚一家非之，全国非之，天下非之。

人事者，事由人生也。清心省事，岂不在人？

闭户于乡邻之斗，虽有解纷之智，息争之力，不为也，虽忍而不得谓之杨朱。忘家于怀襄之时，虽有室家之忧，骨肉之难，不顾也，虽劳而不得谓之墨翟。

流俗污世中真难做人，又跳脱不出，只是清而不激就好。

恩莫到无以加处：情薄易厚，爱重成隙。

欲为便为，空言何益？不为便不为，空言何益？

以至公之耳听至私之口，舜、跖易名矣；以至公之心行至私之闻，黜陟易法矣。故兼听则不蔽，精察则不眩，事可从容，不必急遽也。

某居官，厌无情者之多言，每裁抑之。盖无厌之欲，非分之求，若以温颜接之，彼恳乞无已，烦琐不休，非严拒则一日之应酬几何？及部署日看得人有不尽之情，抑不使通，亦未尽善。尝题二语于私署云："要说的尽着都说，我不嗔你；不该从未敢轻从，你休怪我。"或曰："毕竟往日是。"

同途而遇，男避女，骑避步，轻避重，易避难，卑幼避尊长。

势之所极，理之所截，圣人不得而毫发也。故保釐以时刻分死生，名次以相邻分得失。引绳之绝，堕瓦之碎，非必当断当敝之处，

（明）刘基《郁离子》，清刻本

君子不必如此区区也。

礼无不报，不必开多事之端怨；无不酬，不可种难言之恨。

舟中失火，须思救法。

象箸夹冰丸，须要夹得起。

相嫌之敬慎，不若相忘之怒詈。

士君子之相与也，必求协诸礼义，将世俗计较一切脱尽。今世号为知礼者全不理会圣贤本意，只是节文习熟，事体谙练，灿然可观，人便称之，自家欣然自得，泰然责人。嗟夫！自繁文弥尚而先王之道湮没，天下之苦相责，群相逐者，皆末世之靡文也。求之于道，十九不合，此之谓习尚。习尚坏人，如饮狂泉。

学者处事处人，先要识个礼义之中。正这个中正处，要析之无毫厘之差，处之无过不及之谬，便是圣人。

当急遽冗杂时，只不动火，则神有余而不劳事，从容而就理。一动火，种种都不济。

予平生处人处事，激切之病十居其九，一向在这里克，只凭消磨不去。始知不美之质变化甚难，而况以无恒之志、不深之养，如何能变化得？若志定而养深，便是下愚也移得一半。

予平生做事发言，有一大病痛，只是个尽字，是以无涵蓄，不浑厚，为终身之大戒。

凡当事，无论是非邪正，都要从容蕴借，若一不当意便忿恚而决裂之，此人终非远器。

以激而发者，必以无激而废，此不自涵养中来，算不得有根本底学者。涵养中人，遇当为之事，来得不徙，若懒若迟，持得甚坚，不移不歇。彼攘臂抵掌而任天下之事，难说不是义气，毕竟到尽头处不全美。

天地万物之理皆始于从容，而卒于急促。急促者尽气也，从容者初气也。事从容则有余味，人从容则有余年。

凡人应酬多不经思，一向任情做去，所以动多有悔。若心头有一分检点，便有一分得处，智者之忽固不若愚者之详也。

日日行不怕千万里，常常做不怕千万事。

事见到无不可时便斩截做，不要留恋，儿女子之情不足以语办大事者也。

断之一事，原谓义所当行，却念有牵缠，事有掣碍，不得脱然爽洁，才痛煞煞下一个"断"字，如刀斩斧齐一般。总然只在大头脑处成一个是字，第二义都放下，况儿女情、利害念，哪顾得他？若待你百可意、千趁心，一些好事做不成。

先众人而为，后众人而言。

在邪人前发正论，不问有心无心，此是不磨之恨。见贪者谈廉道，已不堪闻；又说某官如何廉，益难堪；又说某官贪，愈益难堪；况又劝汝当廉，况又责汝如何贪，彼何以当之？或曰："当如何？"曰："位在，则进退在我，行法可也。位不在，而情意相关，密讽可也。若与我无干涉，则钳口而已。"礼入门而问讳，此亦当讳者。

天下事最不可先必而豫道之，已定矣，临时还有变更，况未定者乎？故宁有不知之名，无贻失言之悔。

举世嚣嚣兢兢不得相安，只是抵死没自家不是耳。若只把自家不是都认，再替别人认一分，便是清宁世界，两忘言矣。

人人自责自尽，不直四海无争，弥宇宙间皆太和之气矣。

担当处都要个自强不息之心，受用处都要个有余不尽之意。

只要一个耐心，天下何事不得了？天下何人不能处？

规模先要个阔大，意思先要个安闲，古之人约己而丰人，故群下乐为之用，而所得常倍。徐思而审处，故己不劳而事极精详。褊急二字，处世之大碍也。

凡人初动一念是如此，及做出来却不是如此，事去回顾又觉不是如此，只是识见不定。圣贤才发一念，始终如一，即有思索，不过周详此一念耳。盖圣贤有得于豫养，故安闲；众人取办于临时，故眩惑。

处人不可任己意，要悉人之情；处事不可任己见，要悉事之理。

天下无难处之事，只消得两个"如之何"；天下无难处之人，只消得三个"必自成"。

人情要耐心体他，体到悉处，则人可寡过，我可寡怨。

事不关系都歇过，到关系时悔之何及？事幸不败都饶过，到败事时惩之何益？是以君子不忽小防，其败也不恕败，防其再展。此心与旁观者一般，何事不济？

世道、人心、民生、国计，此是士君子四大责任。这里都有经略，都能张主，此是士君子四大功业。

情有可通，莫于旧有者过裁抑，以生寡恩之怨；事在得已，莫于旧无者妄增设，以开多事之门。若理当革、时当兴，合于事势人情，则非所拘矣。

毅然奋有为之志，到手来只做得五分。渠非不自信，未临事之志向虽笃，既临事之力量不足也。故平居观人以自省，只可信得一半。

办天下大事，要精详，要通变，要果断，要执持。才松软怠弛，何异鼠头蛇尾？除天下大奸，要顾虑，要深沉，要突卒，要洁绝，才张皇疏慢，是撄虎龁龙鳞。

利害死生间有毅然不夺之介，此谓大执持；惊急喜怒事无卒然遽变之容，此谓真涵养。

力负邱山未足雄，地负万山，此身还负地。量包沧海不为大，天包四海，吾量欲包天。

天不可欺，人不可欺，何处瞒藏些子？性分当尽职分当尽，莫教久缺分毫。

何是何非，何长何短，但看百忍之图；不暗不聋，不痴不聋，自取一朝之忿。

植万古纲常，先立定自家地步；做两间事业，先推开物我藩篱。

挨不过底事，莫如早行；悔无及之言，何似休说。

苟时不苟真不苟，忙处无忙再无忙。

《谦》六爻，画画皆吉；恕一字，处处可行。

才逢乐处须知苦，既没闲时哪有忙。

生来不敢拂吾发，义到何妨断此头。

量嫌六合隘，身负五岳轻。

休买贵后贱，休逐众人见。

难乎能忍，妙在不言。

休忙休懒，不懒不忙。

圣　贤

圣人不落气质，贤人不浑厚便直方，便着了气质色相；圣人不带风土，贤人生燕赵则慷慨，生吴越则宽柔，就染了风土气习。

无过之外，更无圣人；无病之外，更无好人。贤智者于无过之外求奇，此道之贼也。

积爱所移，虽至恶不能怒，狃于爱故也；积恶所习，虽至感莫能回，狃于恶故也。惟圣人之用情不狃。

平生无一事可瞒人，此是大快乐。

品　藻

独处看不破，忽处看不破，劳倦时看不破，急遽仓卒时看不破，惊忧骤感时看不破，重大独当时看不破，吾必以为圣人。

一种人难悦亦难事，只是度量褊狭，不失为君子；一种人易事亦易悦，这是贪污软弱，不失为小人。

（明）董其昌《林和靖诗意图》

为小人所荐者，辱也；为君子所弃者，耻也。

小人有恁一副邪心肠，便有一段邪见识；有一段邪见识，便有一段邪议论；有一段邪议论，便引一项邪朋党，做出一番邪举动。其议论也，援引附会，尽成一家之言，攻之则圆转迁就而本可破；其举动也，借善攻善，匿恶济恶，善为骑墙之计，击之则疑似牵缠而不可断。此小人之尤，而借君子之迹者也。此借君子之名，而济小人之私者也。亡国败家，端是斯人。

若明白小人，刚戾小人，这都不足恨。所以《易》恶阴柔。阳只是一个，惟阴险伏而多端，变幻而莫测，驳杂而疑似。譬之光天化日，黑白分明，人所共见，暗室晦夜，多少埋伏，多少类象，此阴阳之所以别也。虞廷黜陟，惟曰幽明，其以是夫？

富于道德者不矜事功，犹矜事功，道德不足也；富于心得者不矜闻见，犹矜闻见，心得不足也。文艺自多浮薄之心也，富贵自雄，卑陋之见也。此二人者，皆可怜也，而雄富贵者更不数于丈夫。行彼其冬烘盛大之态，皆君子之所欲呕者也。而彼且志骄意得，可鄙孰甚焉？

士君子在尘世中，摆脱得开，不为所束缚；摆脱得净，不为所污蔑，此之谓天挺人豪。

藏名远利，夙夜汲汲乎实行者，圣人也。为名修，为利劝，夙夜汲汲乎实行者，贤人也。不占名标，不寻利孔，气昏志惰，荒德废业者，众人也。炫虚名，渔实利，而内存狡狯之心，阴为鸟兽之行者，盗贼也。

圈子里干实事，贤者可能。圈子外干大事，非豪杰不能。或曰："圈子外可干乎？"曰："世俗所谓圈子外，乃圣贤所谓性分内也。人守一官，官求一称，内外皆若人焉，天下可庶几矣，所谓圈子内干实事者也。心切忧世，志在匡时，苟利天下，文法所不能拘，苟计成功，形迹所不必避，则圈子外干大事者也。"

识高千古，虑周六合，挽末世之颓风，还先王之雅道，使海内复尝秦汉以前之滋味，则又圈子以上人矣。世有斯人乎？吾将与之共流涕矣。乃若硁硁狃众见，惴惴循弊规，威仪文辞灿然可观，勤慎谦默居然寡过，是人也，但可为高官耳，世道奚赖焉？

达人落叶穷通，浮云生死；高士睥睨古今，玩弄六合；圣人古今一息，万物一身；众人尘弃天真，腥集世味。

阳君子取祸，阴君子独免；阳小人取祸，阴小人得福。阳君子刚正直方，阴君子柔嘉温厚；阳小人暴戾放肆，阴小人奸回智巧。

人流品格，以君子小人定之，大率有九等，有君子中君子，才全德备，无往不宜者也。有君子，优于德而短于才者也。有善人，恂雅温朴仅足自守，识见虽正而不能自决，躬行虽力而不能自保。有众人，才德识见俱无足取，与世浮沉，趋利避害，禄禄风俗中无自表异。有小人，偏气邪心，惟己私是殖，苟得所欲，亦不害物。有小人中小人，贪残阴狠，恣意所极，而才足以济之，敛怨怙终，无所顾忌。外有似小人之君子，高峻奇绝，不就俗检，然规模弘远，小疵常烜，不足以病之。有似君子之小人，老诈浓文，善藏巧借，为天下之大恶，占天下之大名，事幸不败当时，后世皆为所欺而竟不知者。有君子小人之间，行亦近正而偏，语亦近道而杂，学圆通便近于俗，尚古朴则入于腐，宽便姑息，严便猛鸷。是人也，有君子之心，有小人之过者也，每至害道，学者成之。

有俗检，有礼检；有通达，有放达。君子通达于礼检之中，骚士放达于俗检之外。世之无识者，专以小节细行定人品，大可笑也。

心术平易，制行诚直，语言疏爽，文章明达，其人必君子也。心术微暖，制行诡秘，语言吞吐，文章晦涩，其人亦可知矣。

有过不害为君子，无过可指底，真则圣人，伪则大奸，非乡愿之媚世，则小人之欺世也。

从欲则如附膻，见道则若嚼蜡，此下愚之极者也。

有涵养人心思极细，虽应仓卒，而胸中依然暇豫，自无粗疏之病。心粗便是学不济处。

功业之士，清虚者以为粗才，不知尧、舜、禹、汤、皋、夔、稷、契功业乎？清虚乎？饱食暖衣而工骚墨之事，话玄虚之理，谓勤政事者为俗吏，谓工农桑者为鄙夫，此敝化之民也，尧、舜之世无之。

观人括以五品：高、正、杂、庸、下。独行奇识曰高品，贤智者流。择中有执曰正品，圣贤者流。有善有过曰杂品，劝惩可用。无短无长曰庸品，无益世用。邪伪二种曰下品，慎无用之。

气节信不过人，有出一时之感慨，则小人能为君子之事；有出于一念之剽窃，则小人能盗君子之名。亦有初念甚力，久而屈其雅操，当危能奋安而丧其平生者，此皆不自涵养中来。

蕴借之士深沉，负荷之士弘重，斡旋之士圆通，康济之士精敏。反是皆凡才也，即聪明辩博无补焉。

君子之交怕激，小人之交怕合。斯二者，祸人之国，其罪均也。

士气不可无，傲气不可有。士气者，明于人己之分，守正而不诡随；傲气者，昧于上下之等，好高而不素位。自处者每以傲人为士气，观人者每以士气为傲人。悲夫！故惟有士气者能谦己下人。彼傲人者昏夜乞哀或不可知矣。

体解神昏、志消气沮，天下事不是这般人干底。接臂抵掌，矢志奋心，天下事也不是这般人干底。干天下事者，智深勇沉、神闲气定，有所不言，言必当，有所不为，为必成。不自好而露才，不轻试以幸功，此真才也，世鲜识之。近世惟前二种人，乃互相讥，识者胥笑之。

贤人君子，哪一种人里没有？鄙夫小人，哪一种人里没有？

山林处士常养一个傲慢轻人之象，常积一腹痛愤不平之气，此是大病痛。

好名之人充其心，父母兄弟妻子都顾不得，何者？名无两成，必相形而后显。叶人证父攘羊，陈仲子恶兄受鹅，周泽奏妻破戒，皆好名之心为之也。

世之人常把好事让与他人做，而甘居已于不肖，又要掠个好名儿在身上，而诋他人为不肖。悲夫！是益其不肖也。

（明）倪瓒《六君子图》

正直者必不忠厚，忠厚者必不正直。正直人植纲常、扶世道，忠厚人养和平、培根本。然而激天下之祸者，正直之人；养天下之祸者，忠厚之过也。此四字兼而有之，惟时中之圣。

露才是士君子大病痛，尤其甚于饰才。露者，不藏其所有也。饰者，虚剽其所无也。

士有三不顾：行道济时人顾不得爱身，富贵利达人顾不得爱德，全身远害人顾不得爱天下。

其事难言而于心无愧者，宁灭其可知之迹。故君子为心受恶，太伯是已；情有所不忍，而义不得不然者，宁负大不韪之名，故君子为理受恶，周公是已；情有可矜，而法不可废者，宁自居于忍以伸法，故君子为法受恶，武侯是已；人皆为之，而我独不为，则掩其名以分谤，故君子为众受恶，宋子罕是已。

不欲为小人，不能为君子。毕竟作甚么人？曰：众人。既众人，当与众人伍矣，而列其身名于士大夫之林可乎？故众人而有士大夫之行者荣，士大夫而为众人之行者辱。

天之生人，虽下愚亦有一窍之明听其自为用。而极致之，亦有可观而不可谓之才。所谓才者，能为人用，可圆可方，能阴能阳，而不以己用者也，以己用皆偏才也。

心平气和而有强毅不可夺之力，秉公持正而有圆通不可拘之权，可以语人品矣。

从容而不后事，急遽而不失容，脱略而不疏忽，简静而不凉薄，

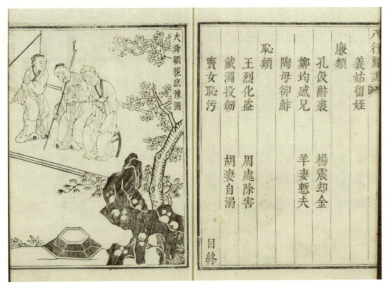

（明）沈鲤《八行图说》，清康熙三十六年任懋谦翕和堂重刊本

真率而不鄙俚，温润而不脂韦，光明而不浅浮，沉静而不阴险，严毅而不苛刻，周匝而不烦碎，权变而不谲诈，精明而不猜察，亦可以为成人矣。

厚德之士能掩人过，盛德之士不令人有过。不令人有过者，体其不得已之心，知其必至之情而预遂之者也。

烈士死志，守士死职，任士死怨，忿士死斗，贪士死财，躁士死言。

知其不可为而遂安之者，达人智士之见也；知其不可为而犹极力以图之者，忠臣孝子之心也。

无识之士有三耻：耻贫，耻贱，耻老。或曰："君子独无耻与？"曰："有耻。亲在而贫耻，用贤之世而贱耻，年老而德业无闻耻。"

初开口便是煞尾语，初下手便是尽头着，此人大无含蓄，大不济事，学者戒之。

一个俗念头，一双俗眼目，一口俗话说，任教聪明才辩，可惜错活了一生。

或问："君子小人辨之最难？"曰："君子而近小人之迹，小人而为君子之态，此诚难辨。若其大都，则如皂白不可掩也。君子容貌敦大老成，小人容貌浮薄琐屑。君子平易，小人跷蹊；君子诚实，小人奸诈；君子多让，小人多争；君子少文，小人多态。君子之心正直光明，小人之心邪曲微暖。君子之言雅淡质直，惟以达意；小人之言鲜浓柔泽，务于可人。君子与人亲而不昵，直谅而不养其过；小人与人狎而致情，谀悦而多济其非。君子处事可以盟天质日，虽骨肉而不阿；小人处事低昂世态人情，虽昧理而不顾。君子临义慷慨当前，惟视天下国家人物之利病，其祸福毁誉了不关心；小人防义则观望顾忌，先虑爵禄身家妻子之便否，视社稷苍生漫不属己。君子事上，礼不敢不恭，难使枉道；小人事上，身不知为我，侧意随人。君子御下，防其邪而体其必至之情；小人御下，遂吾欲而忘彼同然之愿。君子自奉节俭恬雅，小人自奉汰侈弥文。君子亲贤爱士，乐道人之善；小人嫉贤妒能，乐道人之非。如此类者，色色顿殊。孔子曰：'患不知人。'吾以为终日相与，其类可分，虽善矜持，自有不可掩者在也。"

狃浅识狭闻，执偏见曲说，守陋规格套，斯人也若为乡里常人，不足轻重，若居高位有令名，其坏世教不细。

以粗疏心看古人亲切之语，以烦躁心看古人静深之语，以浮泛心看古人玄细之语，以浅狭心看古人博洽之语，便加品隲，真孟浪人也。

平生无一人称誉，其人可知矣。平生无一人诋毁，其人亦可知矣。大如天，圣如孔子，未尝尽可人意。是人也，无分君子小人皆感激之，是在天与圣人上，贤耶？不肖耶？我不可知矣。

寻行数墨是头巾见识，慎步矜趋是钗裙见识，大刀阔斧是丈夫见识，能方能圆、能大能小是圣人见识。

君子豪杰战兢惕励，当大事勇往直前；小人豪杰放纵恣睢，拼一命横行直撞。

言语以不肖而多，若皆上智人，更不须一语。

能用天下而不能用其身，君子惜之。善用其身者，善用天下者也。

粗豪人也自正气，但一向恁底便不可与人道。

学者不能徙义改过，非是不知，只是积慵久惯。自家由不得自家，便没一些指望。若真正格致了，便由不得自家，欲罢不能矣。

终日不歇口，无一句可议之言，高于缄默者百倍矣。

越是聪明人越教诲不得。

强恕，须是有这恕心才好。勉强推去，若视他人饥寒痛楚漠然通不动心，是恕念已无，更强个甚？还须是养个恕出来，才好与他说强。

盗莫大于瞒心昧己，而窃劫次之。

吾辈日多而世益苦，吾辈日贵而民日穷，世何贵于有吾辈哉？

只气盛而色浮，便见所得底浅。邃养之人安详沉静，岂无慷慨激切，发强刚毅时，毕竟不轻恁的。

以激为直，以浅为诚，皆贤者之过。

小勇叫燥，巧勇色笑，大勇沉毅，至勇无气。

为善去恶是，趋吉避凶，惑矣，阴阳异端之说也。祀非类之鬼，禳自致之灾，祈难得之福，泥无损益之时日，宗趋避之邪术，悲夫！愚民之抵死而不悟也。则悟之者，亦狃天下皆然而不敢异，至有名公大人尤极信尚。呜呼！反经以正邪慝，将谁望哉？

于天理汲汲者，于人欲必淡；于私事耽耽者，于公务必疏；于虚文烨烨者，于本实必薄。

安重深沉是第一美质。定天下之大难者，此人也。辩天下之大事者，此人也。刚明果断次之。其它浮薄好任，翘能自喜，皆行不逮者也。即见诸行事而施为无术，反以偾事，此等只可居谈论之科耳。

居官念头有三用：念念用之君民，则为吉士；念念用之套数，则为俗吏；念念用之身家，则为贼臣。

小廉曲谨之土，循途守辙之人，当太平时，使治一方、理一事，尽能本职。若定难决疑，应卒蹈险，宁用破绽人，不用寻常人。虽豪悍之魁，任侠之雄，驾御有方，更足以建奇功，成大务。噫！难与曲局者道。

圣人悲时悯俗，贤人痛世疾俗，众人混世逐俗，小人败常乱俗。呜呼！小人坏之，众人从之，虽悯虽疾，竟无益矣。故明王在上，则移风易俗。

观人只谅其心。心苟无他迹，皆可原。如下官之供应未备，礼节偶疏，此岂有意简傲乎？简傲上官以取罪，甚愚者不为也，何怒之有？供应丰溢，礼节卑屈，此岂敬我乎？将以悦我为进取之地也，何感之有？

善为名者，借口以掩真心；不善为名者，无心而受恶名。

观操存在利害时，观精力在饥疲时，观度量在喜怒时，观存养在纷华时，观镇定在震惊时。

人言之不实者十九，听言而易信者十九，听言而易传者十九。以易信之心，听不实之言，播喜传之口，何由何踬？而流传海内，纪载史册，冤者冤，幸者幸。呜呼！难言之矣。

名望甚隆，非大臣之福也；如素行无惩，人言不足仇也。

尽聪明底是尽昏愚，尽木讷底是尽智慧。

透悟天地万物之情，然后可与言性。

建天下之大事功者，全要眼界大。眼界大则识见自别。

一切人为恶，犹可言也，惟读书人不可为恶。读书人为恶，更无教化之人矣。一切人犯法犹可言也，做官人不可犯法。做官人犯法，更无禁治之人矣。君子当事，则小人皆为君子，至此不为君子，真小人也；小人当事，则中人皆为小人，至此不为小人，真君子也。

小人亦有好事，恶其人则并疵共事；君子亦有过差，好其人则并饰其非，皆偏也。

无欲底有，无私底难。二氏能无情欲，而不能无私。无私无欲，正三教之所分也。此中最要留心理会，非狃于闻见、章句之所能悟也。

道理中作人，天下古今都是一样；气质中作人，便自千状万态。

委罪掠功，此小人事；掩罪夸功，此众人事；让美归功，此君子事；分怨共过，此盛德事。

士君子立身难，是不苟；识见难，是不俗。

　　十分识见人与九分者说，便不能了悟，况愚智相去不翅倍蓰。而一不当意辄怒而弃之，则皋、夔、稷、契、伊、傅、周、召弃人多矣。所贵乎有识而居人上者，正以其能就无识之人，因其微长而善用之也。

　　大凡与人情不近，即行能卓越，道之贼也。圣人之道，人情而已。

　　以林皋安乐懒散心做官，未有不荒怠者；以在家治生营产心做官，未有不贪鄙者。

　　守先王之大防，不为苟且人开蹊窦，此儒者之操尚也。敷先王之道而布之宇宙，此儒者之事功也。

　　士君子须有三代以前一副见识，然后可以进退今，权衡道法，可以成济世之业，可以建不世之功。

　　矫激之人加卑庸一等，其害道均也。吴季札、陈仲子、时苗、郭巨之类是已。君子矫世俗只到恰好处便止，矫枉只是求直，若过直则彼左枉而我右枉也。故圣贤之如衡，处事与事低昂，分毫不得

（明）蓝瑛《云壑高逸图》

高下，使天下晓然知大中至正之所在，然后为不诡于道。

曲如炼铁钩，直似脱弓弦，不觅封侯贵，何为死道边。

雅士无奇名，幽人绝隐慝。

寄所知云：道高毁自来，名重身难隐。

人　情

世之人，闻人过失，便喜谈而乐道之；见人规己之过，既掩护之，又痛疾之；闻人称誉，便欣喜而夸张之；见人称人之善，既盖藏之，又搜索之。试思这个念头是君子乎？是小人乎？

乍见之患，愚者所惊；渐至之殃，智者所忽也。以愚者而当智者之所忽，可畏哉！

论人情只往薄处求，说人心只往恶边想，此是私而刻底念头，自家便是个小人。古人贵人每于有过中求无过，此是长厚心、盛德事，学者熟思，自有滋味。

人说己善则喜，人说己过则怒。自家善恶自家真知，待祸败时欺人不得。人说体实则喜，人说体虚则怒，自家病痛自家独觉，到死亡时欺人不得。

迷莫迷于明知，愚莫愚于用智，辱莫辱于求荣，小莫小于好大。

两人相非，不破家不止，只回头任自家一句错，便是无边受用；两人自是，不反面稽唇不止，只温语称人一句好，便是无限欢欣。

将好名儿都收在自家身上，将恶名儿都推在别人身上，此天下通情。不知此两个念头都揽个恶名在身，不如让善引过。

露己之美者恶，分人之美者尤恶，而况专人之美，窃人之美乎？吾党戒之。

守义礼者，今人以为倨傲；工谀佞者，今人以为谦恭。举世名公达宦自号儒流，亦迷乱相责而不悟，大可笑也。

爱人以德而令人仇，人以德爱我而仇之，此二人者皆愚也。

无可知处，尽有可知之人，而忽之谓之瞽；可知处，尽有不可知之人，而忽之亦谓之瞽。

世间有三利衢坏人心术，有四要路坏人气质，当此地而不坏者，可谓定守矣。君门，士大夫之利衢也；公门，吏胥之利衢也；市门，商贾之利衢也。翰林、吏部、台、省，四要路也。有道者处之，在在都是真我。

福莫大于无祸，祸莫大于求福。

言在行先，名在实先，食在事先，皆君子之所耻也。

两悔无不释之怨，两求无不合之交，两怒无不成之祸。

已无才而不让能，甚则害之；己为恶而恶人之为善，甚则诬之；己贫贱而恶人之富贵，甚则倾之。此三妒者，人之大戮也。

以患难时心居安乐，以贫贱时心居富贵，以屈局时心居广大，则无往而不泰然。以渊谷视康庄，以疾病视强健，以不测视无事，则无往而不安稳。

不怕在朝市中无泉石心，只怕归泉石时动朝市心。

积威与积恩，二者皆祸也。积威之祸可救，积恩之祸难救。积威之后，宽一分则安，恩二分则悦；积恩之后，止而不加则以为薄，才减毫发则以为怨。恩极则穷，穷则难继；爱极则纵，纵则难堪。不可继则不进，其势必退。故威退为福，恩退为祸；恩进为福，威进为祸。圣人非之靳恩也，惧祸也。湿薪之解也易，燥薪之束也难。圣人之靳恩也，其爱人无已之至情，调剂人情之微权也。

人皆知少之为忧，而不知多之为忧也。惟智者忧多。

众恶之必察焉，众好之必察焉，易；自恶之必察焉，自好之必察焉，难。

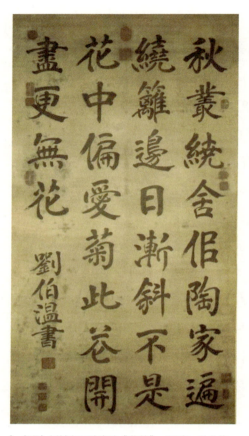

（明）刘基书元稹唐诗《菊花》。识文：秋丛绕舍似陶家，遍绕篱边日渐斜。不是花中偏爱菊，此花开尽更无花。刘伯温书。

有人情之识，有物理之识，有事体之识，有事势之识，有事变之识，有精细之识，有阔大之识。此皆不可兼也，而事变之识为难，阔大之识为贵。

攻人者，有五分过恶，只攻他三四分，不惟彼有余惧，而亦倾心引服，足以塞其辩口。攻到五分，已伤浑厚，而我无救性矣。若更多一分，是贻之以自解之资，彼据其一而得五，我贪其一而失五矣。此言责家之大戒也。

见利向前，见害退后，同功专美于己，同过委罪于人，此小人恒态，而丈夫之耻行也。

任彼薄恶，而吾以厚道敦之，则薄恶者必愧感，而情好愈笃。若因其薄恶也，而亦以薄恶报之，则彼我同非，特分先后耳，毕竟何时解释？此庸人之行，而君子不由也。

人之情，有言然而意未必然，有事然而意未必然者，非勉强于事势，则束缚于体面。善体人者要在识其难言之情，而不使其为言与事所苦。此圣人之所以感人心，而人乐为之死也。

人情愈体悉愈有趣味，物理愈玩索愈有入头。

不怕多感，只怕爱感。世之逐逐恋恋，皆爱感者也。

人情之险也极矣。一令贪，上官欲论之而事泄，彼阳以他事得罪，上官避嫌，遂不敢论，世谓之箝口计。

受病于平日，而归咎于一旦，发源于脏腑，而求效于皮毛。太仓之竭也，责穷于囷底。大厦之倾也，归罪于一霖。

人欲之动，初念最炽，须要迟迟，就做便差了。天理之动，初念最勇，须要就做，迟迟便歇了。

凡人为不善，其初皆不忍也，其后忍不忍半，其后忍之，其后安之，其后乐之。呜呼！至于乐为不善而后良心死矣。

闻人之善而掩覆之，或文致以诬其心；闻人之过而播扬之，或枝叶以多其罪。此皆得罪于鬼神者也，吾党戒之。

恕之一字，是个好道理，看那惟心者是甚么念头。好色者恕人之淫，好货者恕人之贪，好饮者恕人之醉，好安逸者恕人之惰慢，未尝不以己度人，未尝不视人犹己，而道之贼也。故行恕者，不可以不审也。

心怕二三，情怕一。

别个短长作己事，自家痛痒问他人。

休将烦恼求恩爱，不得恩爱将烦恼。

利算无余处，祸防不意中。

《明代诗文集珍本丛刊》

解读

《呻吟语》是明代晚期著名学者吕坤所著的语录体、箴言体的小品文集，刊刻于明万历二十一年（1593年），时吕坤在山西太原任巡抚。吕坤积三十年心血著述此书，他在原序中称："呻吟，病声也，呻吟语，病时疾痛语也。"故以"呻吟语"命名。

《呻吟语》是一部探讨人生哲理的笔记合集。该书一共六卷，前

（明）唐寅人物工笔画《西洲话旧图》。唐寅题诗：醉舞狂歌五十年，花中行乐月中眠。漫劳海内传名字，谁信腰间没酒钱？书本自惭称学者，众人疑道是神仙。些许做得功夫处，不损胸中一片天。与西洲别几三十年，偶尔见过，因书鄙作并图请教。病中，殊无佳兴，草草见意而已。友生唐寅顿首。

三卷为内篇，后三卷为外篇，内篇分为性命、存心、伦理、谈道、修身、问学、应务、养生，外篇分为天地、世运、圣贤、品藻、治道、人情、物理、广喻、词章等十七篇。内容涉猎广泛，体悟性强，反映出作者对社会、政治、世情的体验，对真理的不懈求索。其中闪烁着哲理的火花和对当时衰落的政治、社会风气的痛恶，表现出其权变、实用、融通诸家的思想。其行文灵活，文之长短，形随意移；儒为根底，兼采众慧，亦庄亦谐；寓言性、文学性、趣味性、哲理性强，语言"简重真切"。

《呻吟语》吸纳了道家、法家、墨家等诸子百家的思想精华，加上作者本人的宦海沉浮以及对人世间冷暖沧桑的独特感受，其中谈人生、谈哲理、抨时弊，内容涉及人生修养、处世原则、兴邦治国、养生之道。它立足儒学，积极用世，关乎治国修身，处事应物，言简意赅，洞彻精微，行文中时常出现警言妙语、真知灼见。此书问世后，得到同时代和后世学者的高度评价。清初学者尹会一称其"推堪人情物理，研辨内外公私，痛切之至，令人当下猛省，奚啻砭骨之神针，苦口之良剂"。申涵光称："不可不常看。"有现代学者誉其为："古今罕见的修身持家治国平天下的指南性书籍"。

高濂《遵生八笺》: 行道守真者善，志与道合者大

上 卷

应璩诗曰："昔有行道人，陌上见三叟，年各百余岁，相与锄禾莠。往拜问三叟：何以得此寿？上叟前致词：室内姬粗丑。二叟前致词：量腹接所受。下叟前致词：暮卧不覆首。要哉三叟言，所以寿长久。"

温公《解禅六偈》曰："忿怒如烈火，利欲如钛锋，终朝长戚戚，是名阿鼻狱。颜回甘陋巷，孟轲安自然，富贵如浮云，是名极乐国。孝悌通神明，忠信行蛮貊，积善来百祥，是名作因果。仁人之安宅，义人之正路，行之诚且久，是名不坏身。道德修一身，功德被万物，为贤为大圣，是名佛菩萨。言为百世师，行为天下法，久久不可掩，是名光明藏。"

茅季伟诗云："欺诳得钱君莫羡，得了却是输他便。来往报答甚分明，只是换头不识面。多置田庄广修宅，四邻买尽犹嫌窄，雕墙峻宇无歇时，几日能为宅中客？造作田庄犹未已，堂上哭声身已死。哭人尽是分钱人，口哭原来心里喜。众生心兀兀，常住无明窟，心里

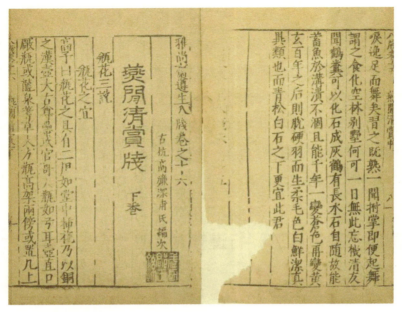

（明）高濂《遵生八笺》，明万历雅尚斋版本

为欺谩，口中佯念佛。"是皆真实不虚话也。闻此则少者当戒，况老人乎！

君子对青天而惧，闻雷震而不惊；履平地而恐，涉风波而不惧。

破爪伤肤，坏梳摘发，色为之变；聚珍瘳身，列艳靡骨，心为之安。

倚富者贫，倚贵者贱，倚强者弱，倚巧者拙。倚仁义道德者，不贫、不贱、不弱、不拙。

化于未明之谓神，止于未为之谓明，禁于已着之谓察，乱而后制之谓瞀。故于事物之扰，不可不先此三者。

吾人不可以不知命，矧老人乎？人之所志无穷，而所得有限者，命也。命不与人谋也久矣，安之故常有余，违之则常不足。惟介以植内，和以应外，听其自来，是安命也。

心本可静，事触则动。动之吉为君子，动之凶为小人。孟子曰：

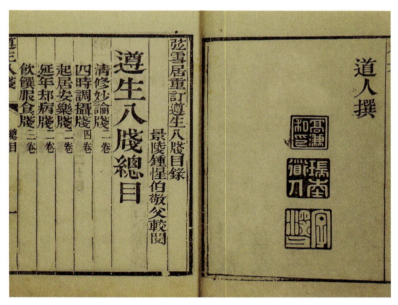

（明）高濂《遵生八笺》，清道光步月楼刻本

"我四十不动心。"是不为外物动也。

泛交不若寡交，多求不若慎守。

造道者可谓之富，失学者可谓之贫，听天者可谓之达，无耻者可谓之穷。

《书》曰："必有容，德乃大；必有忍，乃济。"君子立心，未有不成于容忍，而败于不容忍也。容则能恕人，忍则能耐事。一毫之拂，即勃然而怒；一事之违，即愤然而发，是无涵养之力，薄福之人也。是故大丈夫当容人，不可为人容；当制欲，不可为欲制。

东坡曰："蜗涎不满壳，聊足以自濡。升高不知疲，竟作粘壁枯。"此言深可为不知进退者戒也。夫人事之役役，计谋之敝敝，人皆以人事可以致富贵，计谋可以立功名，殊不知一作一辍，有造物以宰之。为之而成者，非其能也，命之至也，适与造物侔也。况为之而不成者多乎？造物无言也，人不可以惑其听；造物无形也，人不可以渎其公。

世之人役役敝敝于百年之间，无顷刻之自安者，不亦深可哀也？不足为造物挠，深足为造物笑。

心上有刃，君子以含容成德；川下有火，小人以忿怒殒身。

惟心与天一，故理之所得者独明，而能开人心之迷。心与地一，故水之所汲者独灵，而能涤人心之陋。故以一杯之水，而能疗医所不治之疾，罔不瘳者，岂由水之灵哉？实资于道之用也。不知者为妄诞。

太一真人曰："予有经三部，共只六字，儒者诵之成圣，道士诵之成仙，和尚诵之成佛，而功德甚大，但要体认奉行。一字经曰忍，二字经曰方便，三字经曰依本分是也。三经不在大藏，只在灵台。"有味乎言哉！又曰："心静可以通乎神明，事未至而先知，是不出户知天下，不窥牖见天道也。盖心如水也，久而不挠，则澄彻见底，是谓灵明。故心静可以固元气，万病不生，百岁可活。若一念挠浑，则神驰于外，气散于内，荣卫昏乱，百病相攻，寿元自损。"

《关尹子》曰："人之平日，忽焉目见非常之物者，皆精有所结而然；病目忽见非常之物，皆心有所歉而然。苟于吾心能于无中示有，则知吾心能于有中示无，但不信之，自然不神。或曰：彼识既昏，谁能不信？应曰：如捕蛇人而不畏蛇，彼虽梦蛇，而心亦不怖。道无鬼神，独往独来。"又曰："困天下之智者，不在智而在愚；穷天下之辩者，不在辩而在讷；服天下之勇者，不在勇而在怯。少言者，不为人所忌；少行者，不为人所短；少智者，不为人所劳；少能者，不为人所役。壮者当知三在四少，以遵吾生，矧高年之人，于此可不更加珍重，以保全天年？"

长生之法，保身之道，因气养精，因精养神，神不离身，乃得常健。

圭峰曰："随时随处，息业养神。"

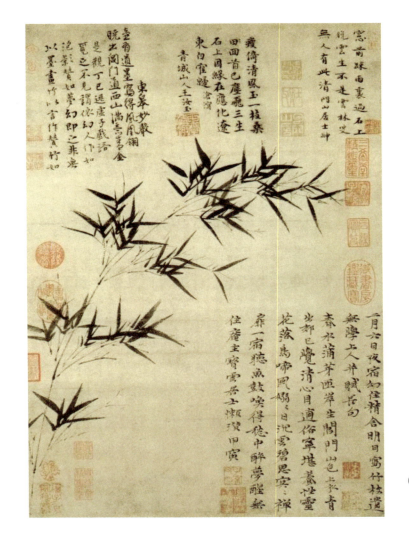

（元）倪瓒《修竹图轴》

昙伦云："行住坐卧，离念净心。""人可以利济通达者，常力行之；患难困苦者，力救之，皆如己身之事，此外功德也。修此勿责人报，勿希天佑。天若有灵，人若有知，理合何如哉！清心释累，惩忿窒欲，求自然智，住无碍行，此内功德也。修此勿期道胜，勿思瑞应，经若不诬，教若不虚，理合何如哉！"

贯休曰："举世遭心使，吾师独使心。万缘随日尽，一句不言深。"

仕宦之间，暗触祸机；衽席之上，密涉畏途；轮环之中，枉入诸趣。故世间有怨府畏途，祸胎鬼趣，积习宴安于其中，不自觉悟者，可为贤乎？

见彼如意极快之事，不当羡慕。世事皆有倚伏，如意处常有大不如意之变。事难缕述，理可尽思，以此对治，自然甘处。

颜回如愚，王湛为痴，士有隐德，人何由知？权要之门，喧烦会合；道义之宅，阒寂荒凉。

齐己诗云："心清鉴底潇湘月，骨冷禅中太华秋。"陈陶诗云："高僧示我真隐心，月在中峰葛洪井。"二诗读之，令人气格爽拔。

《庄子》曰："得者时也，失者顺也。安时而处顺，哀乐不能入也。"

孔旻曰："怒气剧炎火，焚烧徒自伤。触来勿与竞，事过心清凉。"

《老子》曰："持而盈之，不如其已；揣而锐之，不可长保。金玉满堂，莫之能守；富贵而骄，自遗其咎。功成名遂身退，天之道。"又曰："五色令人目盲，五音令人耳聋，五味令人口爽，驰骋田猎，令人心狂，难得之货，令人行妨。是以圣人为腹不为目，故去彼取此。"

恶人害贤，犹如仰天吐唾，唾不至天，还堕自身。

佛经有二十难，在吾人，切身似有十四难，不可不勉。贫穷乐舍难，豪贵好善难，忍色忍欲难，被辱不嗔难，有势不临难，触事无心难，广学博究难，除人灭我难，心行平等难，不说是非难，睹境不动难，善解方便难，不轻贫贱难，见货不贪难。

行道守真者善，志与道合者大。

人居尘世，难免营求。虽有营求之事，而无得失之心，即有得无得，心常安泰。与物同求而不同贪，与物同得而不同积。不贪即少忧，不积则无失。迹虽同人，心常异俗。

《坐忘铭》曰："常默元气不伤，少思慧烛内光，不怒百神和畅，不恼心地清凉，不求无谄无媚，不执可圆可方，不贪便是富贵，不苟何惧公堂。味绝灵泉自降，气定真息自长。触则形弊神逸，想则梦离尸僵。气漏形归厚土，念漏神趋死乡，心死方得神活，魄灭然后魂昌。转物难穷妙理，应化不离真常。至精潜于恍惚，大象混于渺茫。造化不知规准，鬼神莫测行藏。不饮不食不寐，是谓真人坐忘。"

郝太古曰："道不负人，人自负道。日月不速，人算自速。勇猛刚强，不如低心下气；游历高远，不如安静养素；图名逐利，不如穷居自适；饱饫珍馐，不如粗粝充腹；罗绮盈箱，不如布袍遮体；说古谈今，不如缄口忘言；逞伎夸能，不如抱元守一；趋炎附势，不如贫穷自乐；怀怨记仇，不如洗心悔过；较长量短，不如安心自怡。道气绵绵，行之得仙，得意忘言，自超太玄。"

道言吉凶祸福，窈冥中来。其灾祸也，非富贵者可请而避；其荣盛也，非贫贱者可欲而得。惟修福则善应，为恶则祸来。

《象山要语》曰："此道非争竞务进者能知，惟静退者可入。"又曰："君子役物，小人役于物。夫权皆在我，若在物，则为物役矣。""学者不可用心太紧，深山有宝，无心于宝者得之。""利害、毁誉、称讥、苦乐，能动摇人，释氏谓之八风。"

下　卷

《大藏经》曰："救灾解难，不如防之为易；疗疾治病，不如避之为吉。"今人见左，不务防之而务救之，不务避之而务药之。譬之有君者不思励治以求安，有身者不能保养以全寿。是以圣人求福于未兆，绝祸于未萌。盖灾生于稍稍，病起于微微。人以小善为无益而不为，以小恶为无损而不改。孰知小善不积，大德不成；小恶不止，大祸立至。故太上特指心病要目百行，以为病者之鉴。人能静坐持照，察病有无，心病心医，治以心药，奚俟卢扁，以瘳厥疾？无使病积于中，倾溃莫遏，萧墙祸起，恐非金石草木可攻。所为长年，因无病故。智者勉焉。

喜怒偏执是一病，亡义取利是一病，好色坏德是一病，专心系爱是一病，憎欲无理是一病，纵贪蔽过是一病，毁人自誉是一病，擅变自可是一病，轻口喜言是一病，快意遂非是一病，以智轻人是一病，乘权纵横是一病，非人自是是一病，侮易孤寡是一病，以力胜人是一病，威势自协是一病，语欲胜人是一病，贷不念偿是一病，曲人自直是一病，以直伤人是一病，与恶人交是一病，喜怒自伐是一病，愚人自贤是一病，以功自矜是一病，诽议名贤是一病，以劳自怨是一病，以虚为实是一病，喜说人过是一病，以富骄人是一病，以贱讪贵是一病，谗人求媚是一病，以德自显是一病，以贵轻人是一病，以贫妒富是一病，败人成功是一病，以私乱公是一病，好自掩饰是一病，危人自安是一病，阴阳嫉妒是一病，激厉旁悖是一病，多憎少爱是一病，坚执争斗是一病，推负着人是一病，文拒钩锡是一病，持人长短是一病，假人自信是一病，施人望报是一病，无施责人是一病，与人追悔是一病，好自怨憎是一病，好杀虫畜是一病，蛊道厌人是一病，毁訾高才是一病，憎人胜己是一病，毒药鸩饮是一病，心不平等是一病，以贤唝嘃是一病，追念旧恶是一病，不受谏谕是一病，内疏外亲是一病，投书败人是一病，笑愚痴人是一病，烦苛轻躁是一病，擿捶无理是一病，好自作正是一病，多疑少信是一病，笑颠狂人是一病，蹲踞无礼是一病，丑言恶语是一病，轻慢老少是一病，恶态丑对是一病，了戾自用是一病，好喜嗜笑是一病，当权任性是一病，诡谲谀谄是一病，嗜得怀诈是一病，两舌无信是一病，乘酒凶横是一病，骂詈风雨是一病，恶言好杀是一病，教人堕胎是一病，干预人事是一病，钻穴窥人是一病，不借怀怨是一病，负债逃走是一病，背向异词是一病，喜抵捍戾是一病，调戏必固是一病，故迷误人是一病，探巢破卵是一病，惊胎损形是一病，水火败伤是一病，笑盲聋哑是一病，乱人嫁娶是一病，教人捶擿是一病，教人作恶是一病，含祸离爱是一病，唱祸道非是一病，见货欲得是一病，强夺人物是一病。

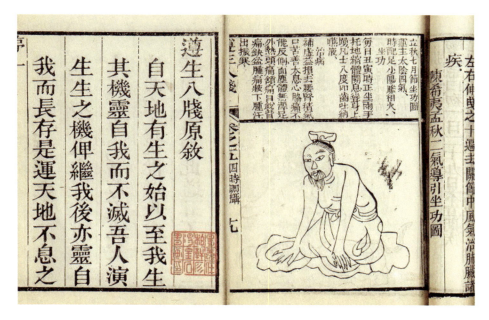

（明）高濂《遵生八笺》，明万历年间刻本

此为百病也。人能一念，除此百病，逐日点检，使一病不作，决无灾害、痛苦、烦恼、凶危，不惟自己保命延年，子孙百世亦永受其福矣。

《大藏经》曰："古之圣人，其为善也，无小而不崇；其于恶也，无微而不改。改恶崇善，是药饵也，录所谓百药以治之。"

思无邪僻是一药，行宽心和是一药，动静有礼是一药，起居有度是一药，近德远色是一药，清心寡欲是一药，推分引义是一药，不取非分是一药，虽憎犹爱是一药，心无嫉妒是一药，教化愚顽是一药，谏正邪乱是一药，戒救恶仆是一药，开导迷误是一药，扶接老幼是一药，心无狡诈是一药，拔祸济难是一药，常行方便是一药，怜孤恤寡是一药，矜贫救厄是一药，位高下士是一药，语言谦逊是一药，不负宿债是一药，愍慰笃信是一药，敬爱卑微是一药，语言端正是一药，推直引曲是一药，不争是非是一药，逢侵不鄙是一药，受辱能忍是一药，扬善隐恶是一药，推好取丑是一药，与多取少是一药，称叹贤良是一药，见贤内省是一药，不自夸彰是一药，推功引善是一药，不自伐善是一药，不掩人功是一药，劳苦不恨是一药，怀诚抱信是一药，覆蔽阴恶是一药，崇尚胜己是一药，安贫自乐是一药，不自尊大是一药，好成人功是一药，不好阴谋是一药，得失不形是一药，积德树恩是一药，生不骂詈是一药，不评论人是一药，甜言美语是一药，灾病自咎是一药，恶不归人是一药，施不望报是一药，不杀生命是一药，心平气和是一药，不忌人美是一药，心静意定是一药，不念旧恶是一药，匡邪弼恶是一药，听教伏善是一药，忿怒能制是一药，不干求人是一药，无思无虑是一药，尊奉高年是一药，对人恭肃是一药，内修孝悌是一药，恬静守分是一药，和悦妻孥是一药，以食饮人是一药，助修善事是一药，乐天知命是一药，远嫌避疑是一药，宽舒大度是一药，敬信经典是一药，息心抱道是一药，为善不倦是一药，济度贫穷是一药，舍药救疾是一药，信礼神佛是一药，知机知足是一药，清闲无欲是一药，仁慈谦让是一药，好生恶杀是一药，不宝厚藏是一药，不犯禁忌是一药，节俭守中是一药，谦己下人是一药，随事不慢是一药，喜谈人德是一药，不造妄语是一药，贵能援人是一药，富能救人是一药，不尚争斗是一药，不淫妓妾是一药，不生奸盗是一药，不怀咒厌是一药，不乐词讼是一药，扶老挈幼是一药。

此为百药也。人有疾病，皆因过恶阴掩不见，故应以疾病，因缘饮食、风寒、恶气而起。由人犯违圣教，以致魂迷魄丧，不在形中，肌体空虚，神气不守，故风寒恶气得以中之。是以有德者，虽处幽暗，不敢为非；虽居荣禄，不敢为恶。量体而衣，随分而食。虽富且贵，不敢恣欲；虽贫且贱，不敢为非。是以外无残暴，内无疾病也。吾人可不以百病自究，以百药自治，养吾天和，一吾心志，作耆年颐寿之地也哉！

《象山要语》曰："精神不运则愚，血脉不运则病。"又曰："志固为之帅，然至于气之专一，则亦能动志，故不但持其志，又戒之以无暴其气也。居处饮食，适节宣之宜；视听言动，严邪正之辩，皆无暴其气之功。"

陆文达公有二歌，曰："听、听、听，劳我以生天理定。若还懒惰受饥寒，莫到穷来方怨命，虚空自有神明听。"又曰："听、听、听，衣食生身天付定，酒食贪多折人寿，经营太甚违天命。定、定、定。"

虚斋云："食服常温，四体皆春；心气常顺，百病自遁。"至哉斯言！又曰："乐莫乐于日休，忧莫忧于多求。古之人虽疾雷破山而不震，虽货以万乘而不酬，惟胸中一点堂堂者以为张主。"

劝君莫存半点私，若存半点私，终无人不知；劝君莫用半点术，若用半点术，终无人不识。

祸莫大于纵己之欲，恶莫大于言人之非。人非贤莫交，物非义莫取，念非善莫行，事非善莫说。

君子对青天而惧，闻雷霆而不惊；履平地而恐，涉风波而不惧。以责人之心责己则寡过，以恕己之心恕人则全交。

凡人饬巧则可悔之事多，全拙则可悔之事少。

知止自能除妄想，安贫须要禁奢心。故云：良田千顷，日食二升；

大厦千间，夜眠八尺。

治生莫若节用，养生莫若寡欲。

戒酒后语，忌食时嗔，忍难忍事，顺不明人。口腹不节，致病之由；念虑不正，杀身之本。

慎内闭外，多知为败。靖节之乞食而咏，康节之微醺而歌，非有所得若是乎哉？病从口入，祸从口出，可不慎欤？人不自重，斯召侮矣，人不自强，斯召辱矣。自重自强，侮辱斯远。人能改过，则善日长而恶日消矣。人能安贫，则用长足而体长舒矣。祸福无不自求之者，后世有星数之说行，而反求诸天；有堪舆之说行，而尤之地矣，于人事独委焉。万起万灭之私，乱吾之心久矣，今当扫去，以全吾湛然之心。

人能愈收敛则愈充拓，愈细密则愈广大，愈深厚则愈光明。万事不责于人，则无寒冰烈火之扰吾心。

多言多败，多事多累，虚中无我，惟善是从。守约者心自空，知

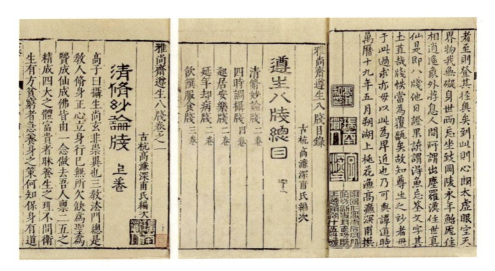

（明）高濂《遵生八笺》，明雅尚斋刻本

止者心自足。

口舌者，祸福之宫，危亡之府；语言者，大命之属，刑祸之部也。言出患入，言失身亡。故圣人当言发而忧惧，常如临渊履冰。以大居小，以富若贫，处甚卑之谷，游大贱之渊。微为之本，寡为之根，惧为之宅，忧为之门。可不戒欤！

福者祸之先，利者害之源，治者乱之本，存者亡之根。故上德质而不文，不视不听，而抱其玄；无心无意，若未生焉；执守虚无，而生自然。原道德之意，揆天地之情。祸莫大于死，福莫大于生。是以有名之名，丧我之橐；无名之名，养我之宅。有货之货，丧我之贼；无货之货，养我之福。

施观吾曰："存我之道，切在去机。机去身存，机住身死。无机胸中，纯白自处。"

《景行录》曰："以忠孝遗子孙者昌，以智术遗子孙者亡。以谦接物者强，以善自卫者良。"又曰："知足常足，终身不辱；知止当止，终身不耻。"

《荀子》曰："自知者不怨人，知命者不怨天。怨人者穷，怨天者凶。"又曰："荣辱之大分，安危利害之常体也。先义而后利者荣，先利而后义者辱。荣者常通，辱者常穷。通者常制人，穷者常制于人。"

古人云："会做快活人，凡事莫生事；会做快活人，省事莫惹事；会做快活人，大事化小事；会做快活人，小事化无事。"又云："忍是心之宝，不忍身之殃。舌柔常在口，齿折只因刚。思量一忍字，真是快活方。片时不能忍，烦恼日月长。"又曰："木有所养，则根本固而枝叶茂，梁栋之材成；水有所养，则泉源壮而流派长，灌溉之利溥；人有所养，则心神安而识见达，修道之事成。"

《真诰》曰："镜以照面，智以照心。镜明则尘垢不染，智明则邪恶不生。"

《虚皇经》曰:"财为患之本,聚财为聚业。财为爱欲根,能招一切罪,若以财非财,始可入道境。"

《文中子》曰:"静漠恬淡,所以养生也;和愉虚无,所以据德也。外不乱内,即性得其宜;静不动和,即德安其位。养生以经世,抱德以终年,可谓能体道矣。"又曰:"能尊生,虽富贵不以养伤身,虽贫贱不以利累形。"

三茅君《诀》曰:"神养于气,气会于神,神气不散,是谓修真。"

《元始经》曰:"喜怒损性,哀乐伤神,性损则害生,故养性以全气,保神以安身。气全体平,心安神逸。"此全生之诀也。

太上畏道,其次畏物,其次畏人,其次畏身。故忧于身者,不拘于人;畏于己者,不制于彼。慎于小者,不惧于大;戒于近者,不悔于远。

《林君复集》曰:"饱藜藿者鄙膏粱,乐贫贱者鄙富贵。安义命者轻生死,远是非者忘臧否。"

饱肥甘,衣轻暖,不知节者损福;广积聚,骄富贵,不知止者杀身。

小人诈而巧,似是而非,故人悦之者众;君子诚而拙,似迂而直,故人知之者寡。

诚无悔,恕无怨,和无仇,忍无辱。

何恬庵录曰:"张饱帆于大江,骤骏马于平陆,天下之至快,反思则忧。处不争之地,乘独后之马,人或我嗤,乐莫大焉。"

口腹不节,致疾之因;念虑不正,杀身之本。骄富贵者戚戚,安贫贱者休休。故景公千驷,不如颜子一瓢。

处事不以聪明为先,而以尽心为急;不以集事为急,而以方便为上。

人当自信自守，虽称誉之，承奉之，亦不为之加喜；虽毁谤之，侮慢之，亦不为之加怒。

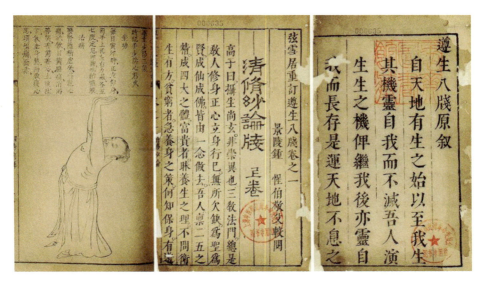

（明）高濂编、钟惺伯阅、弦雪居重订《遵生八笺》，明课花书屋刊本

不可乘喜而多言，不可乘快而易事。

胆欲大，见义勇为；心欲小，文理密察；智欲圆，应物无滞；行欲方，截然有执。

静能制动，沉能制浮，宽能制褊，缓能制急。

偶读医书，有曰："洗心曰斋，防患曰戒。"深有可取。

枚乘曰："欲人无闻，莫若勿言；欲人无知，莫若勿为。"

轻言戏谑最害事，盖言不妄发，则言出而人信之。苟常轻言戏谑，遇有正事诚实之言，人亦不信。

《梓童宝章》曰："饶一着，添子孙之福寿；退一步，免驹隙之易过；忍一言，免驷马之难追；息一怒，养身心之精和。"

言行拟之古人则德进，功名付之天命则心闲，报应念及子孙则事平，受享虑及疾病则用俭。

好辩以招尤，不若切默以怡性；广交以延誉，不若索居以自全；厚费以多营，不若省事以守俭；逞能以诲妒，不若韬精以示拙。

《金笥箓》曰："心不留事，一静可期，此便是觅静底路。"又曰："目不乱视，神返于心。神返于心，乃静之本。"

《崔子玉座右铭》曰："毋道人之短，毋说己之长。施人慎勿念，受施慎勿忘。世誉不足慕，惟仁为纪纲。隐心而后动，谤议庸何伤？毋使名过实，守愚圣所臧。在涅贵不缁，暧暧内含光。柔弱生之徒，老氏戒刚强。行行鄙夫志，悠悠故难量。慎言节饮食，知足胜不祥。行之苟有恒，久久自芬芳。"

范尧夫《布衾铭》曰："藜藿之甘，绨布之温，名教之乐，德义之尊，求之孔易，享之常安。绵绣之奢，膏粱之珍，权宠之盛，利欲之繁，苦难其得，危辱旋臻。舍难取易，去危就安，至愚且知，士宁不然？颜乐箪瓢，百世师模。纣居琼台，死为独夫。君子以俭为德，小人以奢丧躯。则然斯衾之陋，其可忽诸？"

东坡云："释如白璧，道如黄金，儒如五谷。"则近之矣。盖圣不徒生，生则必有所为，释迦孔老易地则皆然也。

弇州山人《养心歌》："得岁月，延岁月，得欢悦，且欢悦。万事乘除总在天，何必愁肠千万结？放心宽，莫胆窄，古今兴废言可彻。金谷繁华眼里尘，淮阴事业锋头血。陶潜篱畔菊花黄，范蠡湖边芦花白。临潼会上胆气雄，丹阳县里箫声绝。时来顽铁有光辉，运去良金无艳色。逍遥且学圣贤心，到此方知滋味别。粗衣淡饭足家常，养得一生一世拙。"

闽陈山人《逍遥说》：夫性有定分，理有至极。力不能与命斗，才不能与天争。而贪羡之流，躁进之士，乃谓富贵可以力掇，功名可以智取，神仙可以学致，长生可以术得，抱憾老死而终不悟。悲夫！使天下之富必尽如陶朱、倚顿邪？则原宪、黔娄不复为贤人矣；使天下之寿必尽如王乔、彭祖耶？则颜氏之子、闵氏之孙不复为善人矣；使天下之仕必尽如稷、契、伊、管耶？则乘田委吏不复为孔子矣；使天下之色必尽如毛嫱西施邪？则嫫母孟光不复嫁于人矣。盖富者自富，贫者自贫，寿者自寿，夭者自夭，达者自达，穷者自穷，妍者自妍，丑者自丑，天地不能盈缩其分寸，鬼神不能损益其锱铢。是以达观君子，立性乐分，含真抱朴，心无城府，行无町畦。天下有道，则皎皎与世相清；天下无道，则混混与世相浊。压之泰山，不以为重，付之秋毫，不以为轻；升之青云，不以为荣，坠之深渊，不以为辱；震之雷霆，不以为恐，劫之白刃，不以为惧。视死生为旦暮，以盈虚为消息，仰观宇宙之廓落，俯视身世之卑戚，如一浮萍之泛大海，一稊米之寄太仓，又何足议轻重于其间哉？故所至皆乐，所处皆适，出于天为民，入于道为邻。若是则何往而不逍遥哉？

《洗心说》：福生于清俭，德生于卑退，道生于安静，命生于和畅；患生于多欲，祸生于多贪，过生于轻慢，罪生于不仁。戒眼莫视他非，戒口莫谈他短，戒念莫入贪淫，戒身莫随恶伴。无益之言莫妄说，不干己事莫妄为。默，默，默，无限神仙从此得；饶，饶，饶，千灾万祸一齐消；忍，忍，忍，债主冤家从此隐；休，休，休，盖世功名不自由。尊君王，孝父母，礼贤能，奉有德，别贤愚，恕无识。物顺来而勿拒，物既去而不追，身未遇而勿望，事已过而勿思。聪明多暗昧，算计失便宜，损人终有失，倚势祸相随。戒之在心，守之在志。为不节而亡家，因不廉而失位。劝君自警于生平，可叹可警而可畏。上临之以天神，下察之以地只，明有王法相继，暗有鬼神相随，惟正可守，心不可欺。

解读

《遵生八笺》是明晚期高濂的一本养生专著。

高濂（约1573～1620年），字深甫，号瑞南。浙江钱塘（今浙江杭州）人。高濂爱好广泛，藏书、赏画、论字、侍香、度曲等情趣多样，能诗文，兼通医理，擅养生。除《遵生八笺》此外，高濂还有《牡丹花谱》与《兰谱》传世。高濂曾在北京任鸿胪寺官，后隐居西湖。明史无传。

《遵生八笺》编写的缘由，据高濂自述，他幼时患眼疾等疾病，因多方搜寻奇药秘方，终得以康复，遂博览群书，记录在案，汇成此

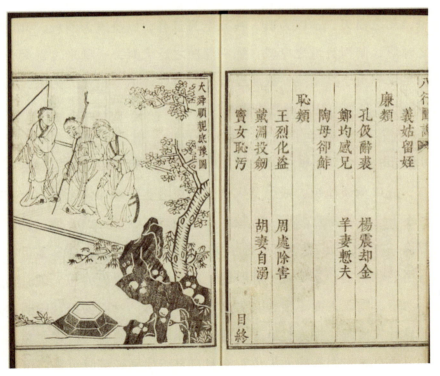

|（明）沈鲤辑《八行图说》，清康熙三十六年任懋谦翕和堂重刊本

书。初刻本名《雅尚斋遵生八笺》，刊于明万历十九年（1591 年）。本书正文十九卷，目录一卷。全书分为《清修妙论笺》《四时调摄笺》《却病延年笺》《起居安乐笺》《饮馔服食笺》《灵秘丹药笺》《燕闲清赏笺》《尘外遐举笺》等八笺。

本书名为"遵生"，寓意深刻，含有尊重、珍爱、珍惜生命的意思。我们在此选录了《清修妙论笺》部分内容，主要是历史上圣哲大家关于如何修身养性的论述。这些论述或论修身养性之道，或述保精惜气之方，或言永年长生之理，或明弃私去欲之义。高濂认为养生的关键在于修养身心，养性是指要提高养生者自身的修养，避免情志刺激，要拥有良好的心态。高濂崇德尚行，学识渊博，锤儒、释、道三家所论，熔养生于一炉。高氏认为养性之关键在于"修德"，其笺中有言"修德行义，守道养真，当不言而躬行，不露而潜修，外此一听于天"。意谓人的一切言行举止，都要讲究修德行义，不尚空谈而重亲身实践，潜移默化而不动声色，其他则顺其自然即可。文中列举百"病"以警人，同时又列举百"药"以治病，使人认识养生导引的重要性。

佚名氏《增广贤文》：勤奋读，苦发奋，走遍天涯如游刃

上　集

昔时贤文，诲汝谆谆。

集韵增广，多见多闻。

观今宜鉴古，无古不成今。

知己知彼，将心比心。

酒逢知己饮，诗向会人吟；相识满天下，知心能几人？

相逢好似初相识，到老终无怨恨心。

近水知鱼性，近山识鸟音。

易涨易退山溪水，易反易覆小人心。

运去金成铁，时来铁似金。

读书须用意，一字值千金。

逢人且说三分话，未可全抛一片心。

有意栽花花不发，无心插柳柳成荫。

画虎画皮难画骨，知人知面不知心。

钱财如粪土，仁义值千金。

流水下滩非有意，白云出岫本无心。当时若不登高望，谁信东流海洋深？

路遥知马力，日久见人心。

两人一般心，无钱堪买金；一人一般心，有钱难买针。

相见易得好，久住难为人。

马行无力皆因瘦，人不风流只为贫。

饶人不是痴汉，痴汉不会饶人。

是亲不是亲，非亲却是亲。

美不美，乡中水；亲不亲，故乡人。

莺花犹怕春光老，岂可教人枉度春？相逢不饮空归去，洞口桃花也笑人。

红粉佳人休使老，风流浪子莫教贫。

在家不会迎宾客，出门方知少主人。

黄芩无假，阿魏无真。

客来主不顾，自是无良宾。良宾方不顾，应恐是痴人。

贫居闹市无人问，富在深山有远亲。

谁人背后无人说，哪个人前不说人？

有钱道真语，无钱语不真。不信但看筵中酒，杯杯先劝有钱人。

闹里挣钱，静处安身。来如风雨，去似微尘。

长江后浪推前浪，世上新人赶旧人。

近水楼台先得月，向阳花木早逢春。

古人不见今时月，今月曾经照古人。

先到为君，后到为臣。

莫道君行早，更有早行人。

莫信直中直，须防仁不仁。

山中有直树，世上无直人。

自恨枝无叶，莫怨太阳偏。

一年之计在于春，一日之计在于寅；一家之计在于和，一生之计在于勤。

责人之心责己，恕己之心恕人。

守口如瓶，防意如城。

宁可人负我，切莫我负人。

（明）唐寅《山路松声图》

再三须慎意，第一莫欺心。

虎身犹可近，人毒不堪亲。

来说是非者，便是是非人。

远水难救近火，远亲不如近邻。

有酒有肉多兄弟，急难何曾见一人？人情似纸张张薄，世事如棋局局新。

山中也有千年树，世上难逢百岁人。

力微休负重，言轻莫劝人。

无钱休入众，遭难莫寻亲。

平生不做皱眉事，世上应无切齿人。

若要断酒法，醒眼看醉人。

求人须求大丈夫，济人须济急时无。

渴时一滴如甘露，醉后添杯不如无。

久住令人贱，频来亲也疏。

酒中不语真君子，财上分明大丈夫。

出家如初，成佛有余。

积金千两，不如明解经书。

养子不教如养驴，养女不教如养猪。

有田不耕仓廪虚，有书不读子孙愚。

仓廪虚兮岁月乏，子孙愚兮礼仪疏。

听君一席话，胜读十年书。

人不通今古，马牛如襟裾。

茫茫四海人无数，哪个男儿是丈夫？

白酒酿成缘好客，黄金散尽为收书。

救人一命，胜造七级浮屠。

城门失火，殃及池鱼。

庭前生瑞草，好事不如无。

欲求生富贵，须下死工夫。

百年成之不足，一旦坏之有余。

人心似铁，官法如炉。善化不足，恶化有余。

水至清则无鱼，人太急则无智。

知者减半，愚者全无。

在家由父，出嫁从夫。

痴人畏妇，贤女敬夫。

是非终日有，不听自然无。

竹篱茅舍风光好，道院僧房终不如。

（明）佚名氏《增广贤文》，民国二十九年木刻线装本

933

宁可正而不足，不可邪而有余。宁可信其有，不可信其无。

命里有时终须有，命里无时莫强求。

结交须胜己，似我不如无。但看三五日，相见不如初。

人情似水分高下，世事如云任卷舒。

会说说都是，不会说无理。

磨刀恨不利，刀利伤人指；求财恨不多，财多害自己。

知足常足，终身不辱；知止常止，终身不耻。

有福伤财，无福伤己。

差之毫厘，失之千里。

若登高必自卑，若涉远必自迩。

三思而行，再思可矣。

动口不如亲为，求人不如求己。

小时是兄弟，长大各乡里。

嫉财莫嫉食，怨生莫怨死。

人见白头嗔，我见白头喜。多少少年郎，不到白头死。

墙有缝，壁有耳。

好事不出门，坏事传千里。若要人不知，除非己莫为。

为人不做亏心事，半夜敲门心不惊。

贼是小人，智过君子。君子固穷，小人穷斯滥矣。

富贵多忧，贫穷自在。

不以我为德，反以我为仇。

宁可直中取，不可曲中求。

人无远虑，必有近忧。

成事莫说，覆水难收。

是非只为多开口，烦恼皆因强出头。

忍得一时之气，免得百日之忧。近来学得乌龟法，得缩头时且缩头。

惧法朝朝乐，欺公日日忧。

黑发不知勤学早，转眼便是白头翁。月过十五光明少，人到中年万事休。

儿孙自有儿孙福，莫为儿孙做马牛。

人生不满百，常怀千岁忧。

路逢险处须回避，事到临头不自由。

深山毕竟藏猛虎，大海终须纳细流。

大抵选她肌骨好，不搽红粉也风流。

受恩深处宜先退，得意浓时便可休。

莫待是非来入耳，从前恩爱反为仇。

留得五湖明月在，不愁无处下金钩。

休别有鱼处，莫恋浅滩头。去时终须去，再三留不住。

忍一句，息一怒；饶一着，退一步。

一寸光阴一寸金，寸金难买寸光阴。

父母恩深终有别，夫妻义重也分离。

人恶人怕天不怕，人善人欺天不欺。善恶到头终有报，只盼来早与来迟。

黄河尚有澄清日，岂能人无得运时？

得宠思辱，居安思危。

念念有如临敌日，心心常似过桥时。

人情莫道春光好，只怕秋来有冷时。但将冷眼观螃蟹，看你横行到几时。

见事莫说，问事不知。闲事莫管，无事早归。

善事可做，恶事莫为。

许人一物，千金不移。

当家才知盐米贵，养子方知父母恩。

常将有日思无日，莫把无时当有时。

树欲静而风不止，子欲养而亲不待。

入门休问荣枯事，且看容颜便得知。

饶人算之本，输人算之机。

好言难得，恶语易施。一言既出，驷马难追。

道吾好者是吾贼，道吾恶者是吾师。

路逢侠客须呈剑，不是才人莫献诗。

择其善者而从之，其不善者而改之。

欲昌和顺须为善，要振家声在读书。

少壮不努力，老大徒伤悲。

人有善愿，天必佑之。

种麻得麻，种豆得豆。天眼恢恢，疏而不漏。

见官莫向前，作客莫在后。

螳螂捕蝉，岂知黄雀在后？

不求金玉重重贵，但愿儿孙个个贤。

一日夫妻，百世姻缘。百世修来同船渡，千世修来共枕眠。

杀人一万，自损三千。伤人一语，利如刀割。

枯木逢春犹再发，人无两度再少年。

人学始知道，不学亦徒然。

莫笑他人老，终须还到老。

和得邻里好，犹如拾片宝。

但能守本分，终身无烦恼。

大家做事寻常，小家做事慌张。

大家礼义教子弟，小家凶恶训儿郎。

君子爱财，取之有道；贞妇爱色，纳之以礼。

善有善报，恶有恶报。不是不报，时候未到。

万恶淫为首，百行孝当先。

人而无信，不知其可也。

一人道虚，千人传实。

凡事要好，须问三老。若争小利，便失大道。

家中不和邻里欺，邻里不和说是非。

年年防饥，夜夜防盗。

学者如禾如稻，不学如草如蒿。

遇饮酒时须防醉，得高歌处且高歌。

因风吹火，用力不多。

无求到处人情好，不饮任他酒价高。

知事少时烦恼少，识人多处是非多。

进山不怕伤人虎，只怕人情两面刀。

强中更有强中手，恶人须用恶人磨。

会使不在家富豪，风流不用衣着佳。

光阴似箭，日月如梭。

天时不如地利，地利不如人和。

黄金未为贵，安乐值钱多。

为善最乐，作恶难逃。隐恶扬善，执其两端。

妻贤夫祸少，子孝父心宽。

已覆之水，收之实难。

人生知足时常足，人老偷闲且是闲。

处处绿杨堪系马，家家有路通长安。

既坠釜甑，反顾何益。

见者易，学者难。

厌静还思喧，嫌喧又忆山。自从心定后，无处不安然。

莫将容易得，便作等闲看。

用心计较般般错，退后思量事事宽。

由俭入奢易，从奢入俭难。

知音说与知音听，不是知音莫与谈。

点石化为金，人心犹未足。

他人观花，不涉你目；他人碌碌，不涉你足。

谁人不爱子孙贤，谁人不爱千钟粟。奈五行，不是这般题目。

莫把真心空计较，儿孙自有儿孙福。

书到用时方恨少，事非经过不知难。

天下无不是的父母，世上最难得者兄弟。

与人不和，劝人养鹅；与人不睦，劝人架屋。

但行好事，莫问前程。

不交僧道，便是好人。

河狭水激，人急计生。

明知山有虎，莫向虎山行。

路不铲不平，事不为不成。

无钱方断酒，临老始读经。

点塔七层，不如暗处一灯。

堂上二老是活佛，何用灵山朝世尊。

万事劝人休瞒昧，举头三尺有神明。

但存方寸土，留与子孙耕。

灭却心头火，剔起佛前灯。

惺惺多不足，蒙蒙作公卿。

众星朗朗，不如孤月独明。

兄弟相害，不如友生。合理可作，小利不争。

牡丹花好空入目，枣花虽小结实多。

欺老莫欺小，欺人心不明。

勤奋耕锄收地利，他时饱暖谢苍天。

得忍且忍，得耐且耐，不忍不耐，小事成灾。

相论逞英豪，家计渐渐退。

贤妇令夫贵，恶妇令夫败。

人老心未老，人穷志莫穷。

人无千日好，花无百日红。

杀人可恕，情理不容。

乍富不知新受用，乍贫难改旧家风。

屋漏更遭连夜雨，行船又遇打头风。

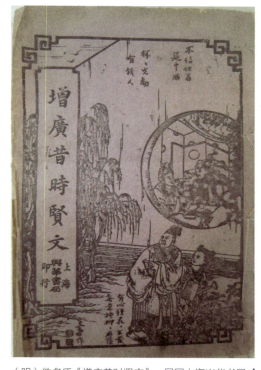

（明）佚名氏《增广昔时贤文》，民国上海兴华书局老版线装石印刊行

（明）唐寅《事茗图》

笋因落箨方成竹，鱼为奔波始化龙。

记得少年骑竹马，转眼又是白头翁。

礼义生于富足，盗贼出于赌博。

士为知己者死，女为悦己者容。

君子安贫，达人知命。

良药苦口利于病，忠言逆耳利于行。

顺天者昌，逆天者亡。

有缘千里来相会，无缘对面不相逢。

有福者昌，无福者亡。

人为财死，鸟为食亡。

夫妻相和好，琴瑟与笙簧。

红粉易妆娇态女，无钱难作好儿郎。

有子之人贫不久，无儿无女富不长。

善必寿老，恶必早亡。

爽口食多偏作病，快心事过恐遭殃。

富贵定要依本分，贫穷不必再思量。

画水无风空作浪，绣花虽好不闻香。

贪他一斗米，失却半年粮；争他一脚豚，反失一肘羊。

平生只会说人短，何不回头把己量？

见善如不及，见恶如探汤。

人穷志短，马瘦毛长。

自家心里急，他人未知忙。

贫无达士将金赠，病有高人说药方。

触来莫与竞，事过心清凉。

凡人不可貌相，海水不可斗量。

清清之水为土所防，济济之士为酒所伤。

蒿草之下或有兰香，茅茨之屋或有侯王。

无限朱门生饿殍，几多白屋出公卿。

酒里乾坤大，壶中日月长。万事前身定，浮生空自忙。

一言不中，千言不用；一人传虚，百人传实。

万金良药，不如无疾。

千里送鹅毛，礼轻情义重。

世事如明镜，前程暗似漆。

君子怀刑，小人怀惠。

架上碗儿轮流转，媳妇自有做婆时。

人生一世，如驹过隙。

良田万顷，日食一升；大厦千间，夜眠八尺。

千经万典，孝义为先。

天上人间，方便第一。

欲求天下事，须用世间财。富从升合起，贫因不算来。

近河不得枉使水，近山不得枉烧柴。

家无读书子，官从何处来？

慈不掌兵，义不掌财。

一夫当关，万夫莫开。

慢行急行，逆取顺取。

命中只有如许财，丝毫不可有闪失。

人间私语，天闻若雷；暗室亏心，神目如电。

一毫之恶，劝人莫作；一毫之善，与人方便。

亏人是祸，饶人是福；天眼恢恢，报应甚速。

圣贤言语，神钦鬼服。

人各有心，心各有见。

口说不如身逢，耳闻不如目见。

见人富贵生欢喜，莫把心头似火烧。

养兵千日，用在一时。

利刀割体疮犹使，恶语伤人恨不消。

公道世间唯白发，贵人头上不曾饶。

有才堪出众，无衣懒出门。

苗从地发，树由枝分；宅里燃火，烟气成云。

以直报怨，知恩报恩。

父子和而家不退，兄弟和而家不分。

一片云间不相识，三千里外却逢君。

平时不烧香，临时抱佛脚。

幸生太平无事日，恐防年老不多时。

国乱思良将，家贫思良妻。

池塘积水须防旱，田地深耕足养家。

根深不怕风摇动，树正何愁月影斜。

争得猫儿，失却牛脚。

愚者千虑，必有一得；智者千虑，必有一失。

始吾于人也，听其言而信其行；今吾于人也，听其言而观其行。

教子教孙须教义，栽桑栽柘少栽花。

休念故乡生处好，受恩深处便为家。

学在一人之下，用在万人之上。

一日为师，终生为父。

忘恩负义，禽兽之徒。

劝君莫将油炒菜，留与儿孙夜读书。书中自有千钟粟，书中自有颜如玉。

莫怨天来莫怨人，五行八字命生成。

莫怨自己穷，穷要穷得干净；莫羡他人富，富要富得清高。

别人骑马我骑驴，仔细思量我不如，待我回头看，还有挑脚汉。

路上有饥人，家中有剩饭。积德与儿孙，要广行方便。

作善鬼神钦，作恶遭天遣。

积钱积谷不如积德，买田买地不如买书。

一日春工十日粮，十日春工半年粮。

疏懒人没吃，勤俭粮满仓。

人亲财不亲，财利要分清。

十分伶俐使七分，常留三分与儿孙。若要十分都使尽，远在儿孙近在身。

君子乐得做君子，小人枉自做小人。

好学者则庶民之子为公卿，不好学者则公卿之子为庶民。

惜钱莫教子，护短莫从师。记得旧文章，便是新举子。

人在家中坐，祸从天上落。但求心无愧，不怕有后灾。

只有和气去迎人，哪有相打得太平。

忠厚自有忠厚报，豪强一定受官刑。

人到公门正好修，留些阴德在后头。

（明）张瑞图行书《五言诗》。识文：江皋已仲春，花下复清晨。仰面贪看鸟，回头错应人。读书难字过，对酒满壶频。近识峨眉老，知予懒是真。天启甲子介园山人，瑞图。

为人何必争高下，一旦无命万事休。

山高不算高，人心比天高。

贫寒休要怨，宝贵不须骄。

善恶随人作，祸福自己招。

奉劝君子，各宜守己。

下　集

世上无难事，只怕不专心。

成人不自在，自在不成人。

金凭火炼方知色，与人交财便知心。

乞丐无粮，懒惰而成。

勤俭为无价之宝，节粮乃众妙之门。

省事俭用，免得求人。

量大祸不在，机深祸亦深。

善为至宝深深用，心作良田世世耕。

群居防口，独坐防心。

体无病为富贵，身平安莫怨贫。

败家子弟挥金如土，贫家子弟积土成金。

富贵非关天地，祸福不是鬼神。

安分贫一时，本分终不贫。

不拜父母拜干亲，弟兄不和结外人。

人过留名，雁过留声。

择子莫择父，择亲莫择邻。

爱妻之心是主，爱子之心是亲。

事从根起，藕叶连心。

祸与福同门，利与害同城。

清酒红人脸，财帛动人心。

宁可荤口念佛，不可素口骂人。

有钱能说话，无钱话不灵。

岂能尽如人意？但求不愧吾心。

不说自己井绳短，反说他人箍井深。

恩爱多生病，无钱便觉贫。只学斟酒意，莫学下棋心。

孝莫假意，转眼便为人父母；善休望报，回头只看汝儿孙！

口开神气散，舌出是非生！弹琴费指甲，说话费精神。

千贯买田，万贯结邻。

人言未必犹尽，听话只听三分。

隔壁岂无耳，窗外岂无人？

财可养生须注意，事不关己不劳心。

酒不护贤，色不护病；财不护亲，气不护命。

一日不可无常业，安闲便易起邪心。

炎凉世态，富贵更甚于贫贱；嫉妒人心，骨肉更甚于外人。

瓜熟蒂落，水到渠成。

人情送匹马，买卖不饶针。

过头饭好吃，过头话难听。

事多累了自己，田多养了众人。

怕事忍事不生事，自然无事；平心静心不欺心，何等放心。

天子至尊不过于理，在理良心天下通行。

好话不在多说，有理不在高声。

甘草味甜人可食，巧言妄语不可听。

当场不论，过后枉然。

贫莫与富斗，富莫与官争。

父子竭力山成玉，弟兄同心土变金。

当事者迷，旁观者清。

怪人不知理，知理不怪人。

未富先富终不富，未贫先贫终不贫。

少当少取，少输当赢。

饱暖思淫欲，饥寒起盗心。

蚊虫遭扇打，只因嘴伤人。

欲多伤神，财多累心。

布衣得暖真为福，千金平安即是春。

家贫出孝子，国乱显忠臣。

宁做太平犬，莫做离乱人。

自重者然后人重，人轻者便是自轻。

自身不谨，扰乱四邻。

快意事过非快意，自古败名因败事。

伤身事莫做，伤心话莫说。

小人肥口，君子肥身。

地不生无名之辈，天不生无路之人。

读未见书，如得良友；见已读书，如逢故人。

福满须防有祸，凶多料必无争。

不怕方中打死人，只知方中无好人。

说长说短，宁说人长莫说短；施恩施怨，宁施人恩莫施怨。

冤家抱头死，事要解交人。

人命在天，物命在人。

盗贼多出赌博，人命常出奸情。

治国信谗必杀忠臣，治家信谗必疏其亲。

治国不用佞臣，治家不用佞妇。

好臣一国之宝，好妇一家之珍。

稳的不滚，滚的不稳。

君子千钱不计较，小人一钱恼人心。

要知江湖深，一个不做声。

知止自当出妄想，安贫须是禁奢心。

初入行业，三年事成；初吃馒头，三年口生。

家无生活计，坐吃如山崩。

家有良田万顷，不如薄艺在身。

艺多不养家，食多嚼不赢。

命中只有八合米，走遍天下不满升。

使心用心，反害自身。

妙药难医怨逆病，混财不富穷命人。

（明）仇英《群英读书图》

耽误一年春，十年补不清；人能处处能，草能处处生。

三贫三富不到老，十年兴败多少人。

买货买得真，折本折得轻。

不怕问到，只怕倒问。

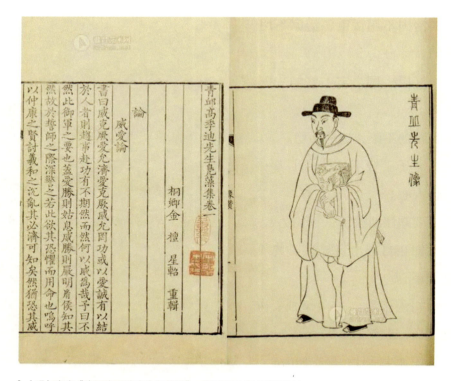

（明）高启《青邱高季迪先生凫藻集》，清雍正六年文瑞楼刻本

人强不如货强，价高不如口便。

会买买怕人，会卖卖怕人。

既知莫望，不知莫向。

穷莫失志，富莫癫狂。

天欲令其灭亡，必先让其疯狂。

隔行莫贪利，久炼必成钢。

瓶花虽好艳，相看不耐长。

早起三光，迟起三慌。

未来休指望，过去莫思量；时来遇好友，病去遇良方。

晴带雨伞，饱带饥粮。

满壶全不响，半壶响叮当。

久利之事莫为，众争之地莫往。

老医迷旧疾，朽药误良方；该在水中死，不在岸上亡。

舍财不如少取，施药不如传方。

苍蝇不叮无缝蛋，谣言不找谨慎人。

一人舍死，万人难当。

人争一口气，佛争一炷香。

门为小人而设，锁乃君子之防。

舌咬只为揉，齿落皆因眶；硬弩弦先断，钢刀刃自伤。

好事他人未见讲，错处他偏说得长。

男子无志纯铁无钢，女子无志烂草无瓤。

生男欲得成龙犹恐成獐，生女欲得成凤犹恐成虎。

养男莫听狂言，养女莫叫离母。

男子失教必愚顽，女子失教定粗鲁。

生男莫教弓与弩，生女莫教歌与舞。学成弓弩沙场灾，学成歌舞为人妾。

财交者密，财尽者疏。

色娇者亲，色衰者疏。

少实胜虚，巧不如拙。

百战百胜不如无争，万言万中不如一默。

有钱不置怨逆产，冤家宜解不宜结。

近朱者赤，近墨者黑。

一个山头一只虎，恶龙难斗地头蛇。

出门看天色，进门看脸色。

商贾买卖如施舍，买卖公平如积德。

家无三年之积不成其家，国无九年之积不成其国。

男子有德便是才，女子无才便是德。

有钱难买子孙贤，女儿不请上门客。

男大当婚女大当嫁，不婚不嫁惹出笑话。

谦虚美德，过谦即诈。

自己跌倒自己爬，望人扶持都是假。

人不知己过，牛不知力大。

一家饱暖千家怨，一物不见赖千家。

谁人做得千年主，转眼流传八百家。

满载芝麻都漏了，还在水里捞油花。

找钱犹如针挑土，用钱犹如水推沙。

害人之心不可有，防人之心不可无。

不愁无路，就怕不做。

须向根头寻活计，莫从体面下功夫。

祸从口出，病从口入。

药补不如肉补，肉补不如养补。

思虑之害甚于酒色，日日劳力上床呼疾。

人怕不是福，人欺不是辱。

能言不是真君子，善处方为大丈夫

为人莫犯法，犯法身无主。

姊妹同肝胆，弟兄同骨肉。

慈母多误子，悍妇必欺夫。

君子千里同舟，小人隔墙易宿。

文钱逼死英雄汉，财不归身恰是无。

衣服补易新，手足断难续。

盗贼怨失主，不孝怨父母。

一时劝人以口，百世劝人以书。

我不如人我无其福，人不如我我常知足。

捡金不忘失金人，三两黄铜四两福。

因祸得福，求赌必输。

一言而让他人之祸，一忿而折平生之福。

天有不测风云，人有旦夕祸福。

不淫当斋，淡饱当肉；缓步当车，无祸当福。

男无良友不知己之有过，女无明镜不知面之精粗。

事非亲做，不知难处。

十年易读举子，百年难淘江湖。

积钱不如积德，闲坐不如看书。

思量挑担苦，空手做是福。

时来易借银千两，运去难赊酒半壶。

天晴打过落雨铺，少时享过老来福。

与人方便自己方便，一家打墙两家好看。

当面留一线，过后好相见。

入门掠虎易，开口告人难。

手指要往内撇，家丑不可外传。

浪子出于祖无德，孝子出于前人贤。

货离乡贵，人离乡贱。

树挪死，人挪活。

在家千日好，出门处处难。

三员长者当官员，几个明人当知县？

明人自断，愚人官断。

人怕三见面，树怕一墨线。

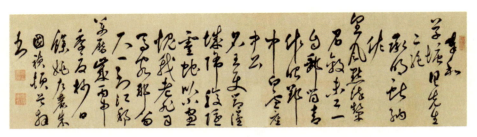

（明）朱国祯草书《明贤赠墨》。识文：奉和草塘具先生二绝：承明献纳佐皇风，点染攀眉效未工，一自邮筒青作眼，郢中白雪座中公。名王使节汉城降，腹隐灵蛇卧小窗。愧我老非司马客，那留尺一到江邦。万历岁丙申季夏杪日，余姚左麓朱国祯顿首拜书。

村夫硬似铁，光棍软如棉。不是撑船手，怎敢拿篙竿。

天下礼仪无穷，一人知识有限。

一人不得二人计，宋江难结万人缘。

人人依礼仪，天下不设官。

官吏清廉如修行，书差方便如行善。

靠山吃山，种田吃田。

吃尽美味还是盐，穿尽绫罗还是棉。

一夫不耕，全家饿饭；一女不织，全家受寒。

金银到手非容易，用时方知来时难。

先讲断，后不乱，免得藕断丝不断。

听人劝，得一半。

不怕慢，只怕站。

逢快莫赶，逢贱莫懒。

谋事在人，成事在天。

长路人挑担，短路人赚钱。

宁卖现二，莫卖赊三。

赚钱往前算，折本往后算。

小小生意赚大钱，七十二行出状元。

自己无运至，却怨世界难。

胆大不如胆小，心宽甚如屋宽。

妻贤何愁家不富，子孙何须受祖田。

是儿不死，是财不散。

财来生我易，我去生财难。

十月滩头坐，一日下九滩。

结交一人难上难，得罪一人一时间。

借债经商，卖田还债；赊钱起屋，卖屋还钱。

修起庙来鬼都老，拾得秤来姜卖完。

不嫖莫转，不赌莫看。

节食以去病，少食以延年。

豆腐多了是包水，梢公多了打烂船。

无口过是，无眼过难；无身过易，无心过难。

不会凫水怨河湾，不会犁田怨枷担。

他马莫骑，他弓莫挽。

要知心腹事，但听口中言。

宁在人前全不会，莫在人前会不全。

事非亲见，切莫乱谈。

（明）王绂《墨笔山水》轴

打人莫打脸，骂人莫骂短。

好言一句三冬暖，话不投机六月寒。

人上十口难盘，帐上万元难还。

放债如施，收债如讨；告状讨钱，海底摸盐。

衙门深似海，弊病大如天。

银钱莫欺骗，牛马不好变。

好汉莫被人识破，看破不值半文钱。

不卖香烧无剩钱，井水不打不满边。

事宽则圆，太久则偏。

高人求低易，低人求高难。

有钱就是男子汉，无钱就是汉子难。

人上一百，手艺齐全；难者不会，会者不难。

生就木头造就船，砍的没得车的圆。

心不得满，事不得全；鸟飞不尽，话说不完。

人无喜色休开店，事不遂心莫怨天。

选婿莫选田园，选女莫选嫁奁。

红颜女子多薄命，福人出在丑人边。

人将礼义为先，树将花果为园。

临危许行善，过后心又变。

天意违可以人回，命早定可以心挽。

强盗口内出赦书，君子口中无戏言。

贵人语少，贫子话多。

快里须斟酌，耽误莫迟春。

读过古华佗，不如见症多。

东屋未补西屋破，前帐未还后又拖；今年又说明年富，待到明年差不多。

志不同己，不必强合。

莫道坐中安乐少，须知世上苦情多。

本少利微强如坐，屋檐水也滴得多。

勤俭持家富，谦恭受益多。

细处不断粗处断，黄梅不落青梅落。

见钱起意便是贼，顺手牵羊乃为盗。

要做快活人，切莫寻烦恼；要做长寿人，莫做短命事；要做有后人，莫做无后事。

不经一事，不长一智。

宁可无钱使，不可无行止。

栽树要栽松柏，结交要结君子。

秀才不出门，能知天下事。

钱多不经用，儿多不耐死。

弟兄争财家不穷不止，妻妾争风夫不死不止。

天旱误甲子，人穷误口齿；百岁无多日，光阴能几时？

父母养其身，自己立其志。

待有余而济人，终无济人之日；待有闲而读书，终无读书之时。

《中华国学启蒙经典》

解读

《增广贤文》为中国古代儿童启蒙书目，又名《昔时贤文》《古今贤文》。书名最早见于明代万历年间的戏曲《牡丹亭》，据此可推知此书最迟写成于万历年间。后来，经过明、清两代文人的不断增补，出现各种不同的版本，内容也有一定差别，称《增广昔时贤文》，通称《增广贤文》。

《增广贤文》以有韵的谚语和文献佳句选编而成，其内容十分广泛，从礼仪道德、典章制度到风物典故、天文地理，几乎无所不含，而又语句通顺，明了易懂。书中围绕处世、读书、人际关系、命运等，叙述了人们日常立身处世、做人做事的道理，其中一些谚语、俗语反映了中华民族千百年来形成的勤劳朴实、吃苦耐劳的优良传统，成为宝贵的精神财富，如"一年之计在于春，一日之计在于晨"；许多关于社会、人生方面的内容，经过人世沧桑的千锤百炼，成为警世喻人的格言，如"良药苦口利于病，忠言逆耳利于行"，"善有善报，恶有恶报"，"乐不可极，乐极生悲"等。文中的一些谚语、俗语总结了千百年来人们同自然斗争的经验，成为简明生动哲理式的科学知识，如"近水知鱼性，近山识鸟音"，"近水楼台先得月，向阳花木早逢春"等，都蕴含着历代学者和人民大众的无尽智慧。

姚舜牧《药言》: 人须各务一职业，第一品格是读书

"孝悌忠信礼义廉耻"，此八字是八个柱子，有八柱始能成宇，有八字始克成人。圣贤开口便说孝弟，孝弟是人之本。不孝不弟，便不能成人。孩提知爱，稍长知敬，奈何自失其初，不齿于人类也。

古重蒙养，谓圣功在此也，后世则易骄养矣。骄养起于一念之姑息。爱不知劳，其究为傲为妄，为下游不肖，至内戕本根，外召祸乱，可畏哉！可畏哉！

蒙养不在男也，女亦须从幼教之，可令归正。女人最污是失身，最恶是多言，长舌厉阶，冶容诲淫，自古记之。故一教其缄默，勿妄言是非；一教其俭素，无修饰容仪。针黹纺绩外，宜教他烹调饮食，

为他日中馈计。《诗》曰："无非无仪，惟饮食是计。"此九字可尽大家姆训。

凡议婚姻，当择其婿及妇之性行及家法如何，不可徒慕一时之富贵。

《麟趾》之诗首章云："振振公子"，次章云："振振公孙"，三章云："振振公族"。由子而孙而族，皆振振焉，是为一家之祥。语曰：子孙贤，族将大。凡我族人其勉之。

人须各务一职业，第一品格是读书，第一本等是务农，此外为工为商，皆可以治生，可以定志，终身可免于祸患。惟游手放闲，便要走到非僻处所去，自罹于法网，大是可畏。劝我后人毋为游手，毋交游手，毋收养游手之徒。

凡居家不可无亲友之辅，然正人君子多落落难合，而侧媚小人多倒在人怀，易相亲狎。识见未定者遇此辈，即倾心腹任之，略无尔我。而不知其探取者悉得也，其所追求者无厌也。稍有不惬，即将汝隐私私攻发于他人矣，名节身家，丧坏不小，孰若亲正人之为有裨哉？然亲正远奸，大要在"敬"之一字，敬则正人君子谓尊己而乐与，彼小人则望望而去耳。不恶而严，舍此更无他法。

亲友有贤且达者，不可不厚加结纳。然交接贵协于理，若从未相知识者，不可妄援交结，徒自招卑谄之辱。且与其费数金结一贵显之人，不为所礼，孰若将此以周贫急，使彼可永旦夕，而感怀于无穷也。

睦族之次即在睦邻，邻与我相比日久，最宜亲好。假令以意气相凌压，即彼一时隐忍，能无忿怒之心乎？而久之缓急无望其相助，且更有仇结而不解者。

吾子孙但务耕读本业，且莫服役于衙门。但就实地生理，切莫奔利于江湖。衙门有刑法，江湖有风波，可畏哉！虽然，仕宦而舞文而行险，尤有甚于此者。

世称清白之家，匪苟焉而可承者，谓其行己唯事乎布素，教家克尚乎俭约，而交游一本乎道义。凡声色货利、非礼之干，稍有玷于家声者，戒勿趋之；凡孝友廉节，当为之事，大有关于家声者，竞则从之。而长幼尊卑聚会时，又互相规诲，各求无忝于贤者之后，是为真清白耳。

谚云，"一日之计在于寅，一年之计在于春，一生之计在于勤。"起家的人，未有不始于勤而后渐流于荒惰，可惜也。《书》曰："慎乃俭德，惟怀永图。"起家的人，未有不成于俭而后渐废于侈靡，可惜也。

居家切要，在"勤俭"二字。既勤且俭矣，尤在"忍"之一字。偶以言语之伤，非横之极，不胜一朝之忿，构怨结仇，致倾家室。可惜历年勤俭之苦积，一朝轻废也，而况及其身，并及其先人哉？宜切戒之。

惟清修可胜富贵，虽富贵不可不清修。

家处穷约时，当念"守分"二字；家处富盛时，当念"惜福"二字。人当贫困时，最宜植立自守衡门之节，若卑谄于豪势之人，不独自坏门风，且徒取人厌，其实无济于贫乏也。

凡亲医药，须细加体访，莫轻听人荐，以身躯做人情。凡请师传，须深加拣择，莫轻信人荐，以儿子做人情。凡成契券，收税册，大关节须详加确慎，莫苟信人言，轻为许可，以身家做人情。

无端不可轻行借贷，借债要还的，一毫赖不得。若家或颇过得，人有急来贷，宁稍借之，切不可轻贷，后来反伤亲情也。若作保作中，即关己行，尤切记不可。

凡势焰熏灼，有时而尽，岂如守道务本者可常享荣盛哉？一团茅

（明）戴进《抚松观瀑》

草之诗，三咏煞有深味。

　　凡人欲养身，先宜自息欲火；凡人欲保家，先宜自绝妄求。精神财帛，惜得一分，自有一分受用。视人犹己，亦宜为其珍惜，切不可尽人之力，尽人之情，令其不堪。到不堪处，出尔反尔，反损己之精力矣。

有走不尽的路，有读不尽的书，有做不尽的事，总须量精力而为之，不可强所不能，自疲其精力。余少壮时多有不知循理事，多有不知惜身事，至今一思一悔恨。汝后人当自检自养，毋效我所为，至老而又自悔也。

讼非美事，即有横逆之加，须十分忍耐，莫轻举讼。到必不可已处，然后鸣之官司，然有从旁劝释者，即听其解已之可也。《讼卦》辞"中吉中凶""不克"等语，最宜三复，然究之"作事谋始"一语，则绝讼之本也。

凡有必不可已的事，即宜自身出，斯可以了得，躲不出，斯人视为懦，受欺受诈，不可胜言矣。且事亦终不结果，多费何益？语云："畏首畏尾，身其余几？"可省已。

积金积书，达者犹谓未必能守能读也，况于珍玩乎？珍玩取祸，从古可为明鉴矣，况于今世乎？庶人无罪，怀璧其罪。身衣口食之外皆无长物也，布帛菽粟之外皆尤物也，念之。

吾上世初无显达者，叨仕自吾始，此如大江湖中，偶尔生一小洲渚耳，唯十分培植，或可永延无坏，否则夜半一风潮，旋复江湖矣。可畏哉，可畏哉！

创业之人，皆期子孙之繁盛，然其本要在一"仁"字。桃梅杏果之实皆曰仁。仁，生生之意也，虫蚀其内，风透其外，能生乎哉？人心内生淫欲，外肆奸邪，即虫之蚀、风之透也。慎戒兹，为生子生孙之大计。

凡人为子孙计，皆思创立基业，然不有至大至久者在乎？舍心地而田地，舍德产而房产，已失其本矣，况唯利是图，是损阴骘。欲令子孙永享，其可得乎？

祖宗积德若干年，然后生得我们，叨在衣冠之列。乃或自恃才势，横作妄为，得罪名教，可惜分毫珠玉之积，一朝尽委于粪土中也。

语云：讨便宜处失便宜。此"处"字极有意味。盖此念才一思讨便宜，自坏了心术，自损了阴骘，大失便宜即此处矣。不必到失便宜时然后见之也。余偿自揣深过涯分，特书小联云："得此已过矣，敢萌半点邪思；求为可继也，须积十分阴德。"此四语是我传家至宝，莫轻视为田舍翁也。

高明之家，鬼瞰其户，凡事求无愧于神明，庶可承天之佑，否则不觉昏迷，自陷于危亡之辙矣。"天启其聪，天夺其鉴"，二语时宜惕省。

余令新兴，无他善状，唯赈济一节，自谓可逭前过，乃人揭我云：百姓不粘一粒，尽入私囊。余亦不敢辩，但书衙舍云：勤恤在我，知不知有天知；品骘由人，得不得皆自得。今虽不敢谓天知，然亦较常自得矣。汝辈后或有出仕者，但求无愧于心，勿因毁誉自为加损也。

一部《大学》，只说得修身；一部《中庸》，只说得修道；一部《易经》，只说得善补过。"修补"二字极好，器服坏了，且思修补，况于身心乎？

《易》曰："聪不明也。"《诗》曰："无哲不愚。"自恃聪哲的，便要陷在昏昧不明处所去，可惜哉！所以人贵善养其聪，自全其哲。

智术仁术不可无，权谋术数不可有。盖智术仁术，善用之以归于正者也；权谋术数，曲用之以归于谲者也。正谲之辨远矣，动关人品，慎诸！

才不宜露，势不宜恃，享不宜过，能含蓄退逊，留有余不尽，自有无限受用。

凡闻人过失，父子兄弟私会时，或可语以自警，切不可语之外人，招尤取祸，所关不小。

凡与人遇，宜思其所最忌者，苟轻易出言，中其所忌，彼必谓有心讥讪，痛恨切骨矣。《书》云："惟口出好兴戎。"《诗》云："善戏谑兮，不为虐兮。"戏谑尤所宜慎。

听言当以理观，一闻辄以为据，往往多失。

常言俗语，与圣贤传相表里，慎毋忽不察。

今人动说不成器，不成器，其可以成人乎？北人骂人不当家，不当家，其何以成家乎？

余性太直憨，一时气忿，所发言行，多有过当处，虽旋即追悔，已无及矣，是儿曹所宜深戒者。

余闻一善言，无一不细绎，无一不牢记。向在京遇一好修老人家，偶见余恼发，徐解曰："恼要杀人"。余闻此一语，知好亦杀人，不独恼也。又尝对余言，天平上针是天心，下针是人心，下心须合着上心，极为善谕。又尝与余言，狮子乳唯玻璃盏可以盛得，金银器亦能渗漏。此事虽不试见，然闻人善言，不以实心派受，能如玻璃盏乎？是语亦有禅机，不可不牢记者。

经目之事，犹恐未真，闻人暧昧，决不可出诸口。一句虚言，折尽平生之福。此语可深省也。

阿谀从人可羞，刚愎自用可恶，不执不阿，是为中道，寻常不见得，能立于波流风靡之中，是为雅操。

"淡泊"二字最好。"淡"，恬淡也；"泊"，安泊也，恬淡安泊，无他妄念，此心多少快活。反是以求浓艳，趋炎势，蝇营狗苟，心劳而日拙矣，孰与淡泊之能日休也。

人要方得圆得，而方圆中却又有时宜，在《易》论"圆神方知"，益以"易贡"二字最妙，变易以贡，是为方圆之时，棱角峭厉非方也，和光同尘非圆也，而固执不通非易也，要认得明白。《语》云："自成自立，自暴自弃。"又云："自尊自重，自轻自贱。"成立暴弃自我，尊重轻贱自我，慎择而处之。

余少时偶书一联："做人要存心好，读书要见理明。"究竟自壮至老，亦只此二句足以自警。

讲道讲什么，但就"弟子入则孝"一章，日日体验力行去，便是圣贤之徒了。先儒训道言也，又训道行也，言贵行，行方是道，不行，虽讲无益也。

圣贤教人一生谨慎，在"非礼勿视"四句；教人一生保养，在"戒之在色"三句；教人一生安闲，在"君子素其位而行"一章；教人一生受用，在"居天下之广居"一节。

事亲，事之本也；守身，守之本也。此二语极为吃紧，朝夕常宜念省。

《乡党》一篇，总画得夫子一个体貌，至末却云"色斯举矣，翔而后集"，活活画出夫子一个心来。今细玩"举"字"翔"字"集"生""斯"字"矣"字而"后"字，仕止久速，分明若在眼前，然此个心窍，吾人皆有之，皆不可不晓。倘临事而不为虑，是鸳鸯于飞，不虑罝罗之及也。未事而不为防，是鸳鸯在梁，不戢其左翼也，于止不知所止，是黄鸟不止于丘隅也，可以人而不如鸟乎？《易》曰："君子见机而作，不俟终日。"又曰："君子以思患而豫防之。"

夫人少有得焉亦喜，况反身而诚，得其所以为我；少有失焉亦忧，况舍其路，放其心，失其所以为人。《孟子》一篇，说个乐莫大焉，一边说个哀哉，大可警惕。

常念"读圣贤书，所学何事"二语，决不堕落于不肖。

天未尝轻人性命，人往往自轻贱之，甚可惜。

人思夺造化，造化将反夺我，此问要知分晓。

东坡诗云："蜗涎不满壳，聊足以为漏，升高不知疲，粘作壁上枯。"可为知进不知退者警。

父母生我，自取乳名起，至百凡事务，无不祝愿到好处，我乃不自保惜，萌一邪念，行一非义，至不齿于人类，不亦可自愧死哉！人有常念及此，自不敢为不肖之子矣。

欲字从"谷"从"欠"，溪谷常是欠缺，如何可填得满，只有一"理"字可以塞绝得。孟子云："养心莫善于寡欲。"欲寡与否，存不存系焉。人曷不以理自制，以自陷于亡？

《中庸》云："人皆曰予知，驱而纳诸罟擭陷阱之中，而莫之知辟也。"罟擭陷阱，谁不知险，谁任其驱而纳诸，曰利欲也。利欲在前，分明有个大坑阱在，人自争趋争陷焉，可痛已！古诗云："利欲驱人万火牛。"此语极为提醒。

凡人须先立志，志不先立，一生通是虚浮，如何可以任得事？老当益壮，贫且益坚，是立志之说也。

盘根错节，可以验我之才；波流风靡，可以验我之操；艰难险阻，可以验我之思；震撼折冲，可以验我之力；含垢忍辱，可以验我之量。

人常咬得菜根，即百事可做，骄养太过的，好看不中用。

学者，心之白日也。不知好学，即好仁好知，好信好直，好勇好刚，亦皆有蔽也，况于他好乎？做到老，学到老，此心自光明正大，过人远矣。

但读圣贤之书，是真正士子；但守祖宗之训，是真正儿子；但奉朝廷之法，是真正臣子。不则为邪为僻，即有所著见，不可谓真正人品也。

要与世间撑持事业，须先立定脚跟使得。

事到面前，须先论个是非，随论个利害。知是非则不屑妄为，知利害则不敢妄为，行无不得矣。窃怪不审此而自陷于危亡者。

论不善处富贵者，不说别的，特说一个"淫"字，骄奢淫佚，所自邪也，而淫为甚。凡人到此，自误平生，深念之慎之。

客气甚害事，要在有主。主者何？忠信是已。

祖父千辛万苦，做成一个家，子孙风花雪月，一时去荡坏了，真可痛惜，真可痛惜！

分明一个安居在，不肯去住，却处于危；分明一条正路在，不肯去行，却向于邪，真自暴自弃。

今人计较摆布人，费尽心思，却何曾害得人，只是自坏了心术，自损了元气。

看圣贤千言万语，无非教人做个好人，人却不信不由，自归邪僻，真是可悼！

余平生不肯说谎，却免许多照前顾后。

人谓做好人难，余谓极易，不做不好人，便是好人。

决不可存苟且心，决不可做偷薄事，决不可学轻狂态，决不可做惫赖人。

当至忙促时，要越加检点；当至急迫时，要越加饬守；当至快意时，要越加谨慎。

在上的可忘分，在下的不可不知分；在上的应守法，在下的不可不知法。

门第不能重人，惟人能重门第。恃门第骄人者，徒自取辱，切以为戒。

顾名思义，自能成立，不学做好百姓，便是异百姓；不学做好秀才，便是劣秀才。推此以上，其名其义，皆不可反顾，不可不深思也。总其要，在循礼守法而已。

世间极占地位的，是读书一着。然读书占地位，在人品上，不在世位上。

吾人第一要思做个好百姓。有资质，能学问，可便做个好秀才。又有造化，能进取，可便做个好官，然总做到为卿为相，却还要思是个秀才，是个百姓。乃传之于后，乡先生殁而不可祭于社，成得甚事。守本分，完钱粮，不要县官督责的，是好百姓；读书不管外事，不要学道督责的，是好秀才；不贪不酷，不要监司督责的，是好官。

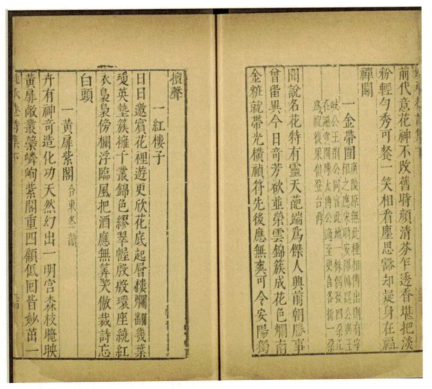

（明）姚舜牧撰《乐陶吟草》，明天启间刻本

解读

姚舜牧（1543～1622年），字虞佐，浙江乌程人。万历元年（1573年）举人，授新兴令，调广昌，皆有惠政，以直道自持。他不屑于科举，因慕唐一庵、许敬庵两先生之学，遂自号承庵。他一生著述丰富，著有《乐陶吟草》三卷及《五经四书疑问》《孝经疑问》等。

姚舜牧所著《药言》是得于其父"平日所训语，及所闻于故老，所得于会悟者"。其所著《家训》不仅用来训示后人，在他仕新兴、广昌时，他还曾用《家训》来治理地方人民，取得了良好的效果。因此人们称他"治家如治民，明科条，崇礼教，故成名者众"；其治民，"视百姓为子弟，敦教养，勤劳来，故不任法而化成"。可见其所著《家训》并不仅仅是训诫子孙的规条，还能用来治理社会，教育士民，其功能已经超出了一般家训对子弟的训诫。姚舜牧在《自序》中说，这本书的内容既有平日所承的父训，也有"所闻于故老，所得于会晤者"，但更多的还是他自己的人生经验和心得体会。后人誉姚舜牧为"圣门国手""治世医王"，故后人取"药石"之意，更名为《药言》，称其"所著《家训》真切过于《颜氏家训》"，在当时深受士大夫之家欢迎，"世之士大夫家都讲求其书，谓中多不刊语，堪与经传相表里"。

在《药言》一书中，姚舜牧结合自己的亲身体会，具体地阐述了父子、兄弟、夫妻、妯娌、朋友、邻里间的伦理关系、道德准则，以及治家、立身、择偶、处世方面的观点。他抛弃"夫为妻纲"、明哲保身之类的封建观念，很多见解至今仍有积极价值。

高攀龙《高子遗书》：临事让人一步，自有余地；
临事放宽一分，自有余味

吾人立身天地间，只思量作得一个人是第一义，余事都没要紧。做人的道理不必多，只看《小学》便是，依此作去，岂有差失？从古聪明、睿智、圣贤、豪杰，只于此见得透，下手早，所以其人千古不可磨灭，闻此言不信，便是凡愚，所宜猛省。

明左都御史谥忠宪高公攀龙

委蛇当路
辱及大臣
从容慷慨
趋步灵均

（明）高攀龙石刻像

作好人，眼前觉得不便宜，总算来个大便宜。作不好人，眼前觉得便宜，总算来个大不便宜。千古以来成败昭然如此迷人，尚不觉悟，真是可哀。吾为子孙发此真切诚恳之语，不可草草看过。

吾儒学问主于经世，故圣贤教人莫先穷理，道理不明有不知不觉堕于小人之归者。可畏，可畏。穷理虽多方，要在读书亲贤。《小学》《近思录》《四书五经》，周、程、张、朱语录、性理纲目，所当读之书也，知人之要在其中矣。

取人要知圣人取狂、狷之意。狂、狷皆与世俗不相入，然可以入道，若憎恶此等人，便不是好消息。所与皆庸俗人已，未有不入庸俗者。出而用世，便与小人相昵，与君子为仇，最是不利，害处不可轻看。吾见天下人坐此病甚多，以此知圣人是万世法眼。

不可专取人之才，当以忠信为本。自古君子为小人所惑，皆是取其才。小人未有无才者。

以孝义为本，以忠义为主，以廉洁为先，以诚实为要。

临事让人一步，自有余地；临事放宽一分，自有余味。

善，须是积，今日积，明日积，积小便大。一念之差，一言之差，一事之差，有因而丧身亡家者，岂可不畏也。

爱人者，人恒爱之；敬人者，人恒敬之。我恶人，人亦恶我；我慢

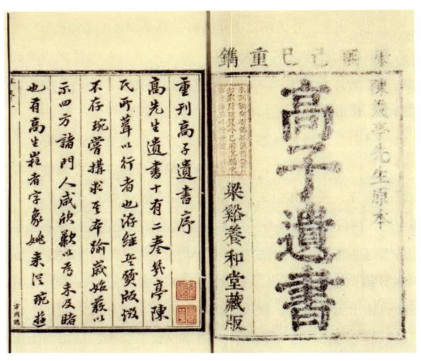

（明）高攀龙《高子遗书》，清康熙二十八年梁谿养和堂刊本

人，人亦慢我。此感应自然之理。切不可结怨于人。结怨于人，譬如服毒，其毒日久必发，但有小大迟速不同耳。人家祖宗受人侮辱，其子孙传说不忘，乘时遘会，终须报之。彼我同然。出尔反尔，岂可不戒也。

言语最为谨慎，交游最要审择。多说一句不如少说一句，多识一人不如少识一人。若是贤友，愈多愈好，只恐人才难得，知人实难耳。语云："要作好人须寻好友，引酵若酸，那得甜酒"。又云："人生丧身忘家，言语占了八分"。皆格言也。

见过所以求福，反己所以免祸。常见己过，常向吉中行矣。自认为是，人不好再开口矣。非是为横逆之来，姑且自认不是。其实，人非圣贤，岂能尽善？人来加我，多是自取，但肯反求，道理自见。如此，则吾心愈细密，临事愈精详。一番经历，一番进益，省了几多气力，长了几多识见。小人所以为小人者，只见别人不是而已。

人家有体面崖岸之说，大害事。家人惹事，直者置之，曲者治之而已。往往为体面立崖岸，曲护其短，力直其事，此乃自伤体面、自毁崖岸也。长小人之志，生不测之变，多繇于此。

世间唯财色二者最迷惑人，最败坏人。故自妻妾而外皆为非己之色。淫人妻女，妻女淫人，夭寿折福，殃留子孙，皆有明验显报。少年当竭力保守，视身如白玉，一失脚即成粉碎。视此事如鸩毒，一入口即立死。须臾坚忍，终身受用，一念之差，万劫莫赎。可畏哉！

古人甚祸非幸之得，故货悖而入，亦悖而出。吾见世人非分得财，非分得财也，得祸也。积财愈多，积祸愈大。往往生出异常不肖子孙，作出无限丑事，资人笑话。层见叠出于耳目之前而不悟。悲夫！吾试静心思之，净眼观之，凡宫室饮食、衣服、器用，受用得有数，朴素些有何不好？简淡些有何不好？人心但从欲如流，往而不返耳。转念之间，每日当省，不省者甚多，日减一日，岂不潇洒快活。但力持"勤俭"两字，终身不取一毫分非分之得，泰然自得，衾影无怍，不胜于秽浊之富百千倍邪！

人生爵位自是分定，非可营求。只看得"仁义"二字，透落得作个君子。不然，空污秽清静世界，空玷辱清白家门，不如穷檐蔽屋、田夫牧子，老死而人不闻者，反免得出一番大丑也。

士大夫居间得财之丑，不减于室女窬墙从人之羞。流俗滔滔不为怪者，只是不曾立志要做人。若要作人，自知男女失节总是一般。

人身顶天立地，为纲常名教之寄，甚贵重也。不自知其贵重，少年比之匪人，为赌博宿娼之事，清夜睨而自视，成何面目！若以为无伤而不羞，便是人家下流子弟。甘心下流，又复何言！

捉人打人最是恶事，最是险事。未必便至于死，但一捉一打，或其人不幸遘病死，或因别事死，便不能脱然无累。保身保家，戒此为要。极不堪者，自有官法，自有公论，何苦自蹈危险邪。况此家人外，而乡党中与我平等，岂可以贵贱、贫富、强弱之故妄凌辱人乎。家人违犯，必令人扑责，切不可拳打脚踢，暴怒之下有失。戒之！戒之！

古语云，世间第一好事，莫如救难怜贫。人若不遭天祸，舍施能费几文？故济人不在大费己财，但以方便存心。残羹剩饭亦可救人之饥，敝衣败絮亦可救人之寒。酒筵省得一二品，馈赠省得一二器，少置衣服一二套，省去长物一二件，切切为贫人算计，存些赢余以济人急难。去无用可成大用，积小惠可成大德，此为善中一大功课也。

少杀生命最可养心，最可惜福。一般皮肉，一般痛苦，物但不能言耳，不知其刀俎之间何等苦恼。我却以日用口腹，人事应酬，略不为彼思量，岂复有仁心乎！供客勿多肴品，兼用素菜，切切为生命算计，稍可省者便省之。省杀一命，于吾心有无限安处，积此仁心慈念，自有无限妙处。此又为善中一大功课也。

有一种俗人，如庸书、作中、作媒、唱曲之类，其所知者势力，所谈者声色，所就者酒色而已。与之绸缪，一妨人读书之功，一消人高明之意，一浸淫渐渍引人不善而不自知。所谓便辟侧媚也，为损不小，急宜警觉。

人失学不读书者，但守太祖高皇帝圣谕六言：孝顺父母，尊敬长上，和睦乡里，教训子孙，各安生理，毋作非为。时时在心上转一过，口中念一过，胜于诵经，自然生长善根，消沉罪过，在乡里中作个善人，子孙必有兴者。各寻一生理，专心守而勿变，自各有遇。于毋作非为内，尤要痛戒痛戒嫖、赌、告状，此三者不读书人尤易犯，破家丧身尤速也。

《高子遗书》

解读

高攀龙（1562～1626年），字存之，又字云从，南直隶无锡（今江苏无锡）人，世称"景逸先生"。明朝末年政治家、思想家，东林党领袖，"东林八君子"之一。著有《高子遗书》12卷等。

高攀龙以国家兴亡为己任，在朝廷做官历任太常少卿、大理寺右少卿、太仆卿、刑部右

（明）王铎《临王献之书帖》。识文：忧悚犹深。不审以服散，未必得力耳，比膦相闻。故云恶，悬怀使数得书也。思恋触事弥至，既欲过余杭，州将若比还京，必视之。来月十左右，便当发，尽珍重。庚寅二月，王铎。

侍郎、都察院左都御史等职。在当时政治黑暗、奸臣阉党猖狂之时，他毅然辞去高官，归家讲学，与顾宪成兄重建东林书院，在家讲学二十余年。天启六年（1626年），崔呈秀假造浙江税监李实奏本，诬告高攀龙等人贪污，魏忠贤借机搜捕东林党人。该年三月，高攀龙不堪屈辱，投水自尽，宁死不屈。高攀龙一生虽然在朝为官时间不长，但清正耿直，一心为国，不惧个人安危，敢于跟扰乱朝纲的宦官、权臣魏忠贤等人作坚决的斗争，甚至最后为留清名在人间而蹈水赴死，其气节赢得了当时臣僚的敬仰，也为后世史官所认可。

在二十一则《家训》中，高攀龙开篇就讲人立天地间，如何做一个顶天立地的人。提出人生的第一步开始，就要做到明理、识义，而"积善"最关键，即"善须是积。今日积、明日积，积小便大。一念之差、一言之差、一事之差，有因而丧身亡家者，岂可不畏也！"为此，他提出了一系列做人做事的准则，如"临事让人一步，自有余地；临财放宽一分，自有余味"，"言语最要谨慎，交游最要审择"，"多说一句，不如少说一句；多识一人，不如少识一人"，"见过所以求福，反己所以免祸"，等等，诸如此类的警言，发人深思。

葛鼐《永怀堂日录》：要成大事，切不可爱小便宜；要成大德，切不可怕小迂腐

三十后看书，当使眼光如铁锥着物，着即贯，贯即不脱方为有用。与少时博览观花者大异矣。（人自三十以后，阅历世事，看书倍觉亲切。所以眼光如铁锥着物，着即贯，贯即不脱，此书方为我用。予向以居官后读书，远胜于诸生时。书生读书，喜其词华，及居官以

后，乃服其义理之精切，可以坐言起行，正谓此也。而世儒方以过此便难读书，毋怪终其身不知读书之益也，可惜可叹！）

处今之时，读有用之书，讲经济之学，斯为实材。但不可俗耳。若风云月露之词章，无济于时。天生贤智，正须补救世艰，若只以词章自娱，世道将何恃耶！

人不可不博学。特博学是本分事，非可夸诩。若徒以玩物丧志，一切拒绝。而独守我之所谓性心者，不知心性又何物也。史册成败，细微曲折，不见于此册，或见于彼册，非穷搜安能一贯耶？善乎孟夫子之言，博学而详说之，将以反说约也。盖不博学，安能详说？不详说，安能反约？亦何取乎博学！善学者，试参之。

受小辱而不怒，斯可当大任而不惊；安小屈而不争，乃可当大艰而不避。成者一日之事。所以成者，非一日之力也。《康斋先生日记》中，最谨暴怒。此最难事，故先生屡言之。年力方壮，国事待理，吾辈思为他日有用人物，宜培养其精力气骨，毋使为宴安逸乐，悠忽无事所消磨耳。

要成大事，切不可爱小便宜；要成大德，切不可怕小迂腐。

圣门言政，无见小利，无欲速。此为得之。

夫学也者，务知之也。知之者，欲其能之也。何谓能？实而被诸躬，纯而见诸事也。既能则又贵乎守，即所谓允执也，中者极也，心与事之权衡也。今人非不务知之，知之亦未尝不到，而小有利害，便即迁就。而负才智者，择利趋捷，不遗余力，廉耻丧尽。即有中人，莫克自立矣。盖当其读书著文之时，惟存一取科第之念，及其得之艰苦，幸而弋获，则浑是一团患失之意，日前所知，反为入官之戒、保全之术，愈进愈深。夫子所谓苟患失之，无所不至。不难举天下之苍生，以徇一己之禄爵者。噫！岂非知而不行，而知反为行之贼哉！故治乱本于士心，人材成于教养。学之不明，是可忧也。

学原兼知能。倘所学者非，则知能适足为患，仕更不可问矣。阅此能不悚然。

小处常宽，则省大费。

凡与人家喜庆宴会，说话尤宜谨慎。如祝寿远行之类，人情讳忌，不可不知。

将奇气尽数融去，只守一味中和；将躁心细细克除，只守一味镇静。处处自反，刻刻自守，件件恕人。

富贵副功业，韩魏国乃无惭昼锦之堂；功业即文章，欧文忠岂独擅丝纶之誉。

以东汉末季之昏浊，而名节独风励于千秋，光明章安尊经之效不洵然与？以南渡主和之悖乱，而理学独大明于当日，艺太真仁养士之恩莫可谖也。

有跨驾古人之心，而无卑易今人之习，可与言铸品矣。

范文正公画粥作四块时，正以天下为己任之立基处。而其活人手段，亦于不为宰相必为良医之言验之。其后功在国家，恩流九族，俱非偶然之遭际也。

有明世宗末年，王弇州以诗文之学，鼓动声利，于世界无分毫之益，而于人心之害甚深。后来复有娄东张天如，以文字动天下，一时轻华之士趋之如鹜。至于州县权执文衡局，而人心又一坏。只一东乡艾千子，断断与陈卧子等争，而孤不得辅。然于世道人心，盖已补救不小，亦东廓言皋诸先生之流风余泽也。白鹿之高踪，宁不远绍朱子哉！

（所学已靡，自误终身而已。倘有著述，天下人鹜于其名，靡然从之，则为害滋大。所论极为切中。）

以圣贤之言为真，其人必非志于利禄。若视为泛泛口头语，其心必无与于民物者也。故临文而欲人之遵守传注，以束缚性灵，正欲使之日依圣贤，体之于身，验之于心，时时检束，不轶于彀率之外耳。己之灵性，果能与道符，与圣合，则虽横说竖说，信手拈来，皆有会也。

议论须与身心时势有关系。

士知泛览史传，以纪事迹，考沿革，而不知博观前人之言论，以定一是，则遇事揆度，常不能划然于心，而出言亦不能了然于口手之际。师心者，无远谋；志狭者，罔巨断。此向来空疏之病，近亦知患之矣。

驭下者，不足其衣食，而责以勤顺，未能也；不禁其浪费，而求其完足，未能也；不择其愿朴，而责以节用，未能也。此在身教。

知任地不知任人，非生之众也；知任人不知择人，非食之寡也。使农胜商，谷胜金，则几矣。至于文绣之刺，非为之疾，筐箧之守，非用之舒，尤不可不知。

"义命"二字，要认得分明。义则自然当尽，命亦不可诿之不可知。要见人生有听命之胸襟，又有立命之工夫，不系乎智谋巧拙，则心安而理得。

守义尽其在我，非空空委之于命也。

司马温公幼时患记诵不如人，群居讲习，众兄弟既成诵，独下帷绝编，迨能背诵乃止。用力多者收功远，其所精诵，终身不忘也。公尝言书不可不成诵，或在马上，或中夜不寐时，咏其文思，其义所得多矣。（端调先生，父子兄弟，定为读书课程，互相问难，抽读经史，故能贯通群籍。与司马温公精诵，同一苦心。予壮时辄思效法，今性灵衰钝，偶一涉猎，掩卷茫然然，于向所未解者。行止坐卧，中心默诵，亦复粗有所得。益悔前此读之不熟也，今已无及矣。用以告世之性能熟读者，毋谓强记无益也。）

古之君子，隐居求志。今日之幼学，原即他日之壮行。行义达道，后日之壮行。正见当年之幼学，故处不徒处，处为有用。真儒出不徒出，出为有学名臣。

以浅言出妙义，如饮江河，随量而满，如行药市，随病而疗。有功世道人心，可以辅翼六经孔孟诸书矣。

《学仕遗规》

解读

葛鼐，字靖调，昆山人，生卒年不详。太常寺卿葛锡璠第三子，崇祯年间举人。好学，喜编书、刻书，其堂号"永怀堂"，故所刻之书多在版心下刻"永怀堂"字样。其父葛锡璠，字中恬，号鲁生，明万历二十九年（1601年）进士（列二甲第十八名），授刑部主事，官至河南按察使。退职后，里居十五年，居家勤约自持，门庭肃然，邑中言家法者，必推葛氏。卒于崇祯七年（1634年）。南明福王，追赠为太常寺卿，后人尊称太常公。其著述有《留耕堂集》。葛锡璠富藏书，有八子，皆好学，尽以书畀诸子。长子鼎，字谦调，万历年间翻刻赵用贤《管韩合刻》本，崇祯十二年之前刻印乃父葛锡璠汇评《汉书汇评》一百卷等，个人著述有《后汉书汇评》。

本书选录的是葛鼐关于读书做人的一些感悟和语录，当时处于明末清初天崩地裂改朝换代之时，无论是官场还是学界，人心思动，社会充满着浓厚的功利主义。因此，在书中，作者强调士大夫要"读有用之书，讲经济之学"，要做"实材"，要"义命二字，要认得分明"，士君子"要成大事，切不可爱小便宜；要成大德，切不可怕小迂腐"，等等，既是自己做学问做人的道德准则，也是对天下士大夫的警诫。

陈继儒《小窗幽记》：藏巧于拙，用晦而明；寓清于浊，以屈为伸

集醒篇

倚才高而玩世，背后须防射影之虫；饰厚貌以欺人，面前恐有照胆之镜。

怪小人之颠倒豪杰，不知惯颠倒方为小人；惜吾辈之受世折磨，不知惟折磨乃见吾辈。

（清）徐璋绘《陈继儒像》

花繁柳密处，拨得开，才是手段；风狂雨急时，立得定，方见脚根。

淡泊之守，须从浓艳场中试来；镇定之操，还向纷纭境上勘过。

市恩不如报德之为厚，要誉不如逃名之为适，矫情不如直节之为真。

使人有面前之誉，不若使人无背后之毁；使人有乍交之欢，不若使人无久处之厌。

攻人之恶毋太严，要思其堪受；教人以善莫过高，当原其可从。

不近人情，举世皆畏途；

不察物情，一生俱梦境。

遇沉沉不语之士，切莫输心；见悻悻自好之徒，应须防口。

结缨整冠之态，勿以施之焦头烂额之时；绳趋尺步之规，勿以用之救死扶危之日。

议事者身在事外，宜悉利害之情；任事者身居事中，当忘利害之虑。

俭，美德也，过则为悭吝，为鄙啬，反伤雅道；让，懿行也，过则为足恭，为曲谨，多出机心。

藏巧于拙，用晦而明，寓清于浊，以屈为伸。

彼无望德，此无示恩，穷交所以能长；望不胜奢，欲不胜餍，利交所以必忤。

怨因德彰，故使人德我，不若德怨之两忘；仇因恩立，故使人知恩，不若恩仇之俱泯。

天薄我福，吾厚吾德以迓之；天劳我形，吾逸吾心以补之；天厄我遇，吾亨吾道以通之。

淡泊之士，必为浓艳者所疑；检饬之人，必为放肆者所忌。

事穷势蹙之人，当

（明）项圣谟《花卉册》之五

原其初心；功成行满之士，要观其末路。

好丑心太明，则物不契；贤愚心太明，则人不亲。须是内精明，而外浑厚，使好丑两得其平，贤愚共受其益，才是生成的德量。

好辩以招尤，不若钳嘿以怡性；广交以延誉，不若索居以自全；厚费以多营，不若省事以守俭；逞能以受妒，不若韬精以示拙。费千金而结纳贤豪，孰若倾半瓢之粟以济饥饿；构千楹而招徕宾客，孰若茸数椽之茅以庇孤寒。

恩不论多寡，当厄的壶浆，得死力之酬；怨不在浅深，伤心的杯羹，召亡国之祸。

仕途虽赫奕，常思林下的风味，则权势之念自轻；世途虽纷华，常思泉下的光景，则利欲之心自淡。

居盈满者，如水之将溢未溢，切忌再加一滴；处危急者，如木之将折未折，切忌再加一搦。

了心自了事，犹根拔而草不生；逃世不逃名，似膻存而蚋还集。

情最难久，故多情人必至寡情；性自有常，故任性人终不失性。

才子安心草舍者，足登玉堂；佳人适意蓬门者，堪贮金屋。

喜传语者，不可与语；好议事者，不可图事。

甘人之语，多不论其是非；激人之语，多不顾其利害。

真廉无廉名，立名者，正所以为贪；大巧无巧术，用术者，乃所以为拙。

为恶而畏人知，恶中犹有善念；为善而急人知，善处即是恶根。

谈山林之乐者，未必真得山林之趣；厌名利之谭者，未必尽忘名利之情。

从冷视热，然后知热处之奔驰无益；从冗入闲，然后觉闲中之滋味最长。

贫士肯济人，才是性天中惠泽；闹场能笃学，方为心地上工夫。

伏久者，飞必高；开先者，谢独早。

贪得者，身富而心贫；知足者，身贫而心富；居高者，形逸而神劳；处下者，形劳而神逸。

局量宽大，即住三家村里，光景不拘；智识卑微，纵居五都市中，神情亦促。

惜寸阴者，乃有凌铄千古之志；怜微才者，乃有驰驱豪杰之心。

天欲祸人，必先以微福骄之，要看他会受；天欲福人，必先以微祸儆之，要看他会救。

书画受俗子品题，三生浩劫；鼎彝与市人赏鉴，千古异冤。

脱颖之才，处囊而后见；绝尘之足，历块以方知。

结想奢华，则所见转多冷淡；实心清素，则所涉都厌尘氛。

多情者，不可与定妍媸；多谊者，不可与定取与；多气者，不可与定雌雄；多兴者，不可与定去住。

世人破绽处，多从周旋处见；指摘处，多从爱护处见；艰难处，多从贪恋处见。

凡情留不尽之意，则味深；凡兴留不尽之意，则趣多。

待富贵人，不难有礼，而难有体；待贫贱人，不难有恩，而难有礼。

山栖是胜事，稍一萦恋，则亦市朝；书画赏鉴是雅事，稍一贪痴，则亦商贾；诗酒是乐事，少一徇人，则亦地狱；好客是豁达事，一为俗子所挠，则亦苦海。

多读两句书，少说一句话；读得两行书，说得几句话。

看中人，在大处不走作；看豪杰，在小处不渗漏。

留七分正经，以度生；留三分痴呆，以防死。

轻财足以聚人，律己足以服人，量宽足以得人，身先足以率人。

从极迷处识迷，则到处醒；将难放怀一放，则万境宽。

大事难事，看担当；逆境顺境，看襟度；临喜临怒，看涵养；群行群止，看识见。

安详是处事第一法，谦退是保身第一法，涵容是处人第一法，洒脱是养心第一法。

处事最当熟思缓处。熟思则得其情，缓处则得其当。必能忍人不能忍之触忤，斯能为人不能为之事功。

（明）董其昌《昼锦堂图》（局部）。董其昌自题："宋人有温国公独乐园图，实父有摹本，盖画院中界画楼台，小有恕先赵伯驹之意，非余所习：兹以董北苑、黄子久法写界锦堂，欲以真率，当彼钜丽耳。"

轻与必滥取，易信必易疑。

积丘山之善，尚未为君子；贪丝毫之利，便陷于小人。

智者不与命斗，不与法斗，不与理斗，不与势斗。

良心在夜气清明之候，真情在簟食豆羹之间。故以我索人，不如使人自反；以我攻人，不如使人自露。

侠之一字，昔以之加意气，今以之加挥霍，只在气魄气骨之分。

不耕而食，不织而衣，摇唇鼓舌，妄生是非，故知无事之人好为生事。

才人经世，能人取世，晓人逢世，名人垂世，高人出世，达人玩世。

宁为随世之庸愚，无为欺世之豪杰。

沾泥带水之累，病根在一恋字；随方逐圆之妙，便宜在一耐字。

天下无不好谀之人，故谄之术不穷；世间尽是善毁之辈，故谗之路难塞。

进善言，受善言，如两来船，则相接耳。

清福上帝所吝，而习忙可以销福；清名上帝所忌，而得谤可以销名。

造谤者甚忙，受谤者甚闲。

蒲柳之姿，望秋而零；松柏之质，经霜弥茂。

人之嗜名节，嗜文章，嗜游侠，如好酒然。易动客气，当以德性消之。

好谈闺阃，及好讥讽者，必为鬼神所怒，非有奇祸，则必有奇穷。

神人之言微，圣人之言简，贤人之言明，众人之言多，小人之言妄。

士君子不能陶镕人，毕竟学问中工力未透。

有一言而伤天地之和，一事而折终身之福者，切须检点。

能受善言，如市人求利，寸积铢累，自成富翁。

金帛多，只是博得垂死时子孙眼泪少，不知其他，知有争而已；金帛少，只是博得垂死时子孙眼泪多，亦不知其他，知有哀而已。

景不和，无以破昏蒙之气；地不和，无以壮光华之会。

一念之善，吉神随之；一念之恶，厉鬼随之。知此可以役使鬼神。

出一个丧元气进士，不若出一个积阴德平民。

眉睫才交，梦里便不能张主；眼光落地，泉下又安得分明。

佛只是个了，仙也是个了，圣人了了不知了。不知了了是了了，若知了了便不了。

万事不如杯在手，一年几见月当空。

忧疑杯底弓蛇，双眉且展；得失梦中蕉鹿，两脚空忙。

名茶美酒，自有真味。好事者投香物佐之，反以为佳，此与高人韵士误堕尘网中何异。

花棚石磴，小坐微醺。歌欲独，尤欲细；茗欲频，尤欲苦。

善默即是能语，用晦即是处明，混俗即是藏身，安心即是适境。

虽无泉石膏肓，烟霞痼疾，要识山中宰相，天际真人。

气收自觉怒平，神敛自觉言简，容人自觉味和，守静自觉天宁。

处事不可不斩截，存心不可不宽舒，待己不可不严明，与人不可不和气。

居不必无恶邻，会不必无损友，惟在自持者两得之。

要知自家是君子小人，只于五更头，检点思想的是什么便见得。

以理听言，则中有主；以道窒欲，则心自清。

先淡后浓，先疏后亲，先远后近，交友道也。

苦恼世上，意气须温；嗜欲场中，肝肠欲冷。

形骸非亲，何况形骸外之长物；大地亦幻，何况大地内之微尘。

人当溷扰，则心中之境界何堪；人遇清宁，则眼前之气象自别。

寂而常惺，寂寂之境不扰；惺而常寂，惺惺之念不驰。

童子智少，愈少而愈完；成人智多，愈多而愈散。

无事便思有闲杂念头否，有事便思有粗浮意气否；得意便思有骄矜辞色否，失意便思有怨望情怀否。时时检点得到，从多入少，从有入无，才是学问的真消息。

笔之用以月计，墨之用以岁计，砚之用以世计。笔最锐，墨次之，砚钝者也。岂非钝者寿，而锐者夭耶？笔最动，墨次之，砚静者也。岂非静者寿而动者夭乎？于是得养生焉。以钝为体，以静为用，唯其然是以能永年。

贫贱之人，一无所有，及临命终时，脱一厌字；富贵之人，无所不有，及临命终时，带一恋字。脱一厌字，如释重负；带一恋字，如担枷锁。

透得名利关，方是小休歇；透得生死关，方是大休歇。

人欲求道，须于功名上闹一闹方心死，此是真实语。

（明）陈继儒《行书七言诗册》。识文：右赠邻翁。群峰盘尽吐平沙，瞻竹桥边见酒家。醉后日斜扶上马，丹枫一路似桃花。右题画。有个小扉松下开，堂前蔬果绕畦栽。老翁抱孙不抱瓮，刚欲灌花山雨来。右题画。陈继儒书于晚香堂中，时年七十有九。

病至，然后知无病之快；事来，然后知无事之乐。故御病不如却病，完事不如省事。

讳贫者，死于贫，胜心使之也；讳病者，死于病，畏心蔽之也；讳愚者，死于愚，痴心覆之也。

古之人，如陈玉石于市肆，瑕瑜不掩；今之人，如货古玩于时贾，真伪难知。

士大夫损德处，多由立名心太急。

多躁者，必无沉潜之识；多畏者，必无卓越之见；多欲者，必无慷慨之节；多言者，必无笃实之心；多勇者，必无文学之雅。

剖去胸中荆棘，以便人我往来，是天下第一快活世界。

古来大圣大贤，寸针相对；世上闲语，一笔勾销。

挥洒以怡情，与其应酬，何如兀坐；书礼以达情，与其工巧，何若直陈；棋局以适情，与其竞胜，何若促膝；笑谈以怡情，与其谑浪，何若狂歌。

拙之一字，免了无千罪过；闲之一字，讨了无万便宜。

斑竹半帘，惟我道心清似水；黄粱一梦，任他世事冷如冰。欲住世出世，须知机息机。

书画为柔翰，故开卷张册，贵于从容；文酒为欢场，故对酒论文，忌于寂寞。

荣利造化，特以戏人，一毫着意，便属桎梏。

士人不当以世事分读书，当以读书通世事。

天下之事，利害常相半。有全利而无小害者，惟书。

意在笔先，向庖羲细参易画；慧生牙后，恍颜氏冷坐书斋。

明识红楼为无冢之邱垄，迷来认作舍身岩；真知舞衣为暗动之兵戈，快去暂同试剑石。

调性之法，须当似养花天；居才之法，切莫如妒花雨。

事忌脱空，人怕落套。

烟云堆里，浪荡子逐日称仙；歌舞丛中，淫欲身几时得度？

山穷鸟道，纵藏花谷少流莺，路曲羊肠，虽覆柳荫难放马。

能于热地思冷，则一世不受凄凉；能于淡处求浓，则终身不落枯槁。

会心之语，当以不解解之；无稽之言，是在不听听耳。

佳思忽来，书能下酒；侠情一往，云可赠人。

蔼然可亲，乃自溢之冲和，妆不出温柔软款；翘然难下，乃生成之倨傲，假不得逊顺从容。

风流得意，则才鬼独胜顽仙；孽债为烦，则芳魂毒于虐祟。

极难处是书生落魄，最可怜是浪子白头。

世路如冥，青天障蚩尤之雾；人情如梦，白日蔽巫女之云。

密交，定有夙缘，非以鸡犬盟也；中断，知其缘尽，宁关葽菲间之。

堤防不筑，尚难支移壑之虞；操存不严，岂能塞横流之性。

发端无绪，归结还自支离；入门一差，进步终成恍惚。

打浑随时之妙法，休嫌终日昏昏；精明当事之祸机，却恨一生了了。藏不得是拙，露不得是丑。

形同隽石，致胜冷云，决非凡士；语学娇莺，态摹媚柳，定是弄臣。

开口辄生雌黄月旦之言，吾恐微言将绝；捉笔便惊缤纷绮丽之饰，当是妙处不传。

风波肆险，以虚舟震撼，浪静风恬；矛盾相残，以柔指解分，兵销戈倒。

豪杰向简淡中求，神仙从忠孝上起。

人不得道，生死老病四字关，谁能透过？独美人名将，老病之状，尤为可怜。

日月如惊丸，可谓浮生矣，惟静卧是小延年；人事如飞尘，可谓劳攘矣，惟静坐是小自在。

平生不作皱眉事，天下应无切齿人。

暗室之一灯，苦海之三老；截疑网之宝剑，抉盲眼之金针。

攻取之情化，鱼鸟亦来相亲；悖戾之气销，世途不见可畏。

吉人安祥，即梦寐神魂，无非和气；凶人狠戾，即声音笑语，浑是杀机。

天下无难处之事，只要两个如之何；天下无难处之人，只要三个必自反。

能脱俗便是奇，不合污便是清

处巧若拙，处明若晦，处动若静。

参玄借以见性，谈道借以修真。

世人皆醒时作浊事，安得睡时有清身；若欲睡时得清身，须于醒时有清意。

好读书非求身后之名，但异见异闻，心之所愿。是以孜孜搜讨，欲罢不能，岂为声名劳七尺也。

一间屋，六尺地，虽没庄严，却也精致；蒲作团，衣作被，日里可坐，夜间可睡；灯一盏，香一炷，石磬数声，木鱼几击；龛常关，门常闭，好人放来，恶人回避；发不除，荤不忌，道人心肠，儒者服制；不贪名，不图利，了清静缘，作解脱计；无挂碍，无拘系，闲便入来，忙便出去；省闲非，省闲气，也不游方，也不避世；在家出家，在世出世，佛何人，佛何处？此即上乘，此即三昧。日复日，岁复岁，毕我这生，任他后裔。

草色花香，游人赏其真趣；桃开梅谢，达士悟其无常。

招客留宾，为欢可喜，未断尘世之扳援；浇花种树，嗜好虽清，亦是道人之魔障。

人常想病时，则尘心便减；人常想死时，则道念自生。

入道场而随喜，则修行之念勃兴；登邱墓而徘徊，则名利之心顿尽。

铄金玷玉，从来不乏乎谗人；洗垢索瘢，尤好求多于佳士。止作秋风过耳，何妨尺雾障天。

真放肆不在饮酒高歌，假矜持偏于大庭卖弄。看明世事透，自然不重功名；认得当下真，是以常寻乐地。

富贵功名、荣枯得丧，人间惊见白头；风花雪月、诗酒琴书，世外喜逢青眼。

欲不除，似蛾扑灯，焚身乃止；贪无了，如猩嗜酒，鞭血方休。

涉江湖者，然后知波涛之汹涌；登山岳者，然

（明）陈继儒《山居图》

后知蹊径之崎岖。

人生待足，何时足；未老得闲，始是闲。

谈空反被空迷，耽静多为静缚。

旧无陶令酒巾，新撇张颠书草。何妨与世昏昏，只问君心了了。

以书史为园林，以歌咏为鼓吹，以理义为膏粱，以著述为文绣，以诵读为菑畬，以记问为居积，以前言往行为师友，以忠信笃敬为修持，以作善降祥为因果，以乐天知命为西方。

云烟影里见真身，始悟形骸为桎梏；禽鸟声中闻自性，方知情识是戈矛。

事理因人言而悟者，有悟还有迷，总不如自悟之了了；意兴从外境而得者，有得还有失，总不如自得之休休。

白日欺人，难逃清夜之愧赧；红颜失志，空遗皓首之悲伤。

定云止水中，有鸢飞鱼跃的景象；风狂雨骤处，有波恬浪静的风光。

平地坦途，车岂无蹶；巨浪洪涛，舟亦可渡。料无事必有事，恐有事必无事。

富贵之家，常有穷亲戚来往，便是忠厚。

朝市山林俱有事，今人忙处古人闲。

人生有书可读，有暇得读，有资能读，又涵养之，如不识字人，是谓善读书者。享世间清福，未有过于此也。

世上人事无穷，越干越做不了，我辈光阴有限，越闲越见清高。

两刃相迎俱伤，两强相敌俱败。

我不害人，人不我害；人之害我，由我害人。

商贾不可与言义，彼溺于利；农工不可与言学，彼偏于业；俗儒不可与言道，彼谬于词。

博览广识见，寡交少是非。

明霞可爱，瞬眼而辄空；流水堪听，过耳而不恋。人能以明霞视美色，则业障自轻；人能以流水听弦歌，则性灵何害。

休怨我不如人，不如我者常众；休夸我能胜人，胜如我者更多。

人心好胜，我以胜应必败；人情好谦，我以谦处反胜。

人言天不禁人富贵，而禁人清闲，人自不闲耳。若能随遇而安，不图将来，不追既往，不蔽目前，何不清闲之有。

暗室贞邪谁见，忽而万口喧传；自心善恶炯然，凛于四王考校。

寒山诗云："有人来骂我，分明了了知，虽然不应对，却是得便宜。"此言宜深玩味。

恩爱吾之仇也，富贵身之累也。

冯欢之铗弹老无鱼，荆轲之筑击来有泪。

以患难心居安乐，以贫贱心居富贵，则无往不泰矣；以渊谷视康庄，以疾病视强健，则无往不安矣。

有誉于前，不若无毁于后；有乐于身，不若无忧于心。

富时不俭贫时悔，潜时不学用时悔，醉后狂言醒时悔，安不将息病时悔。

寒灰内，半星之活火；浊流中，一线之清泉。

攻玉于石，石尽而玉出；淘金于沙，沙尽而金露。

乍交不可倾倒，倾倒则交不终；久与不可隐匿，隐匿则心必险。

丹之所藏者赤，墨之所藏者黑。

懒可卧，不可风；静可坐，不可思；闷可对，不可独；劳可酒，不可食；醉可睡，不可淫。

书生薄命原同妾，丞相怜才不论官。

少年灵慧，知抱夙根；今生冥顽，可卜来世。

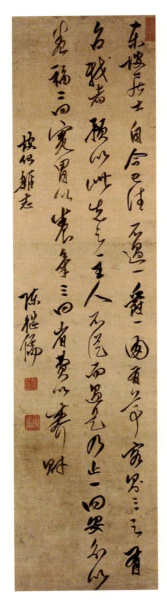

（明）陈继儒行书《坡公杂记》轴。识文：东坡居士自今已往，不过一爵一肉，有尊客则三之。有召我者，预以此先之，主人不从而过是乃止。一曰安分以养福，二曰宽胃以养气，三曰省费以养财。坡仙杂志陈继儒。

拨开世上尘气，胸中自无火炎冰兢；消却心中鄙吝，眼前时有月到风来。

尘缘割断，烦恼从何处安身；世虑潜消，清虚向此中立脚。

市争利，朝争名，盖棺日何物可殉蒿里；春赏花，秋赏月，荷锸时此身常醉蓬莱。

驷马难追，吾欲三缄其口；隙驹易过，人当寸惜乎阴。

万分廉洁，止是小善；一点贪污，便为大恶。

炫奇之疾，医以平易；英发之疾，医以深沉；阔大之疾，医以充实。

才舒放即当收敛，才言语便思简默。

贫不足羞，可羞是贫而无志；贱不足恶，可恶是贱而无能；老不足叹，可叹是老而虚生；死不足悲，可悲是死而无补。

身要严重，意要闲定；色要温雅，气要和平；语要简徐，心要光明；量要阔大，志要果毅；机要缜密，事要妥当。

富贵家宜学宽，聪明人宜学厚。

休委罪于气化，一切责之人事；休过望于世间，一切求之我身。

世人白昼寐语，苟能寐中作白昼语，可谓常惺惺矣。

观世态之极幻，则浮云转有常情；咀世味

之皆空，则流水翻多浓旨。

大凡聪明之人，极是误事。何以故？惟聪明生意见，意见一生，便不忍舍割。往往溺于爱河欲海者，皆极聪明之人。

是非不到钓鱼处，荣辱常随骑马人。

名心未化，对妻孥亦自矜庄；隐衷释然，即梦寐皆成清楚。

观苏季子以贫穷得志，则负郭二顷田，误人实多；观苏季子以功名杀身，则武安六国印，害人亦不浅。

名利场中，难容伶俐；生死路上，正要糊涂。

一杯酒留万世名，不如生前一杯酒，自身行乐耳，遑恤其他；百年人做千年调，至今谁是百年人，一棺戢身，万事都已。

郊野非葬人之处，楼台是为邱墓；边塞非杀人之场，歌舞是为刀兵。试观罗绮纷纷，何异旌旗密密；听管弦冗冗，何异松柏萧萧。葬王侯之骨，能消几处楼台；落壮士之头，经得几番歌舞。达者统为一观，愚人指为两地。

节义傲青云，文章高白雪。若不以德性陶镕之，终为血气之私、技能之末。

我有功于人，不可念，而过则不可不念；人有恩于我，不可忘，而怨则不可不忘。

径路窄处，留一步与人行；滋味浓的，减三分让人嗜。此是涉世一极安乐法。

己情不可纵，当用逆之法制之，其道在一忍字；人情不可拂，当用顺之法调之，其道在一恕字。

昨日之非不可留，留之则根烬复萌，而尘情终累乎理趣；今日之是不可执，执之则渣滓未化，而理趣反转为欲根。

文章不疗山水癖，身心每被野云羁。

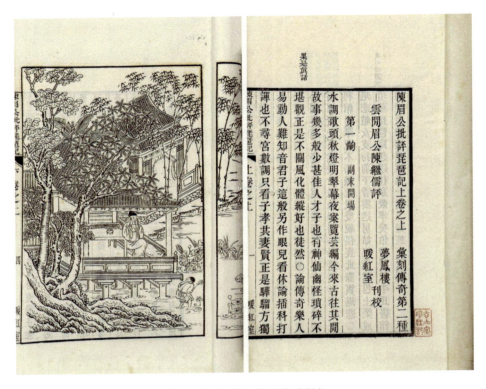

（元）高明撰《陈眉公批评琵琶记》，民国八年贵池刘氏暖红室刻本

集峭篇

忠孝吾家之宝，经史吾家之田。

闲到白头真是拙，醉逢青眼不知狂。

兴之所到，不妨呕出惊人心，故不然，也须随场作戏。

放得俗人心下，方可为丈夫。放得丈夫心下，方名为仙佛。放得仙佛心下，方名为得道。

吟诗劣于讲学，骂座恶于足恭。两而揆之，宁为薄行狂夫，不作厚颜君子。

观人题壁，便识文章。

宁为真士夫，不为假道学。

宁为兰摧玉折，不作萧敷艾荣。

随口利牙，不顾天荒地老；翻肠倒肚，哪管鬼哭神愁。

身世浮名，余以梦蝶视之，断不受肉眼相看。

达人撒手悬崖，俗子沉身苦海。

销骨口中，生出莲花九品；铄金舌上，容他鹦鹉千言。

少言语以当贵，多著述以当富，载清名以当车，咀英华以当肉。

竹外窥莺，树外窥水，峰外窥云，难道我有意无意；鸟来窥人，月来窥酒，雪来窥书，却看他有情无情。

体裁如何，出月隐山；情景如何，落日映屿；气魄如何，收露敛色；议论如何，回飙拂渚。

有大通必有大塞，无奇遇必无奇穷。

雾满杨溪，玄豹山间偕日月；云飞翰苑，紫龙天外借风雷。

（明）蓝瑛《溪桥话旧图轴》

西山雾雪，东岳含烟；驾凤桥以高飞，登雁塔而远眺。

一失脚为千古恨，再回头是百年人。

居轩冕之中，不可无山林的气味；处林泉之下，须常怀廊庙的经纶。

学者要有兢业的心思，又要有潇洒的趣味。

平民种德施惠，是无位之卿相；仕夫贪财好货，乃有爵的乞丐。

烦恼场空，身住清凉世界；营求念绝，心归自在乾坤。

觑破兴衰究竟，人我得失冰消；阅尽寂寞繁华，豪杰心肠灰冷。

穷通之境未遭，主持之局已定；老病之势未催，生死之关先破。求之今人，谁堪语此？

一纸八行，不过寒温之句；鱼腹雁足，空有往来之烦。是以嵇康不作，严光口传，豫章掷之水中，陈泰挂之壁上。

枝头秋叶，将落犹然恋树；檐前野鸟，除死方得离笼。人之处世，可怜如此。

士人有百折不回之真心，才有万变不穷之妙用。

立业建功，事事要从实地着脚。若少慕声闻，便成伪果。讲道修德，念念要从虚处立基。若稍计功效，便落尘情。

执拗者福轻，而圆融之人其禄必厚；操切者寿夭，而宽厚之士其年必长。故君子不言命，养性即所以立命；亦不言天，尽人自可以回天。

才智英敏者，宜以学问摄其躁；气节激昂者，当以德性融其偏。

苍蝇附骥，捷则捷矣，难辞处后之羞；茑萝依松，高则高矣，未免仰攀之耻。所以君子宁以风霜自挟，毋为鱼鸟亲人。

伺察以为明者，常因明而生暗，故君子以恬养智；奋迅以求速者，多因速而致迟，故君子以动持轻。

有面前之誉易，无背后之毁难；有乍交之欢易，无久处之厌难。

宇宙内事，要力担当，又要善摆脱。不担当，则无经世之事业；不摆脱，则无出世之襟期。

待人而留有余不尽之恩，可以维系无厌之人心；御事而留有余不尽之智，可以堤防不测之事变。

无事如有事时堤防，可以弭意外之变；有事如无事时镇定，可以销局中之危。

爱是万缘之根，当知割舍；识是众欲之本，要力扫除。

舌存，常见齿亡，刚强终不胜柔弱；户朽，未闻枢蠹，偏执岂及圆融。

荣宠旁边辱等待，不必扬扬；困穷背后福跟随，何须戚戚。

看破有尽身躯，万境之尘缘自息；悟入无怀境界，一轮之心月独明。

霜天闻鹤唳，雪夜听鸡鸣，得乾坤清绝之气；晴空看鸟飞，活水观鱼戏，识宇宙活泼之机。

要做男子，须负刚肠；欲学古人，当坚苦志。

亲兄弟折箸，壁合翻作瓜分；士大夫爱钱，书香化为铜臭。

心为形役，尘世马牛；身被名牵，樊笼鸡鹜。

懒见俗人，权辞托病；怕逢尘事，诡迹逃禅。

人不通古今，襟裾马牛；士不晓廉耻，衣冠狗彘。

囊无阿堵物，岂便求人；盘有水晶盐，犹堪留客。

种两顷负郭田，量晴较雨；寻几个知心友，弄月嘲风。

才士不妨泛驾，辕下驹吾弗愿也；诤臣岂合模棱，殿上虎君无尤焉。

荷钱榆荚，飞来都作青蚨；柔玉温香，观想可成白骨。

旅馆题蕉，一路留来魂梦谱；客途惊雁，半天寄落别离书。

借他人之酒杯，浇自己之块垒。

任他极有见识，看得假认不得真；随你极有聪明，卖得巧藏不得拙。

伤心之事，即懦夫亦动怒发；快心之举，虽愁人亦开笑颜。

论官府不如论帝王，以佐史臣之不逮；谈闺阃不如谈艳丽，以补风人之见遗。

是技皆可成名天下，唯无技之人最苦；片技即足自立天下，唯多技之人最劳。

傲骨、侠骨、媚骨，即枯骨可致千金；冷语、隽语、韵语，即片语亦重九鼎。

议生草莽无轻重，论到家庭无是非。

圣贤不白之衷，托之日月；天地不平之气，托之风雷。

有作用者，器宇定是不凡；有受用者，才情决然不露。夫人有短，所以见长。

集灵篇

投刺空劳，原非生计；曳裾自屈，岂是交游？

事遇快意处当转，言遇快意处当住。

俭为贤德，不可着意求贤；贫是美称，只是难居其美。

志要高华，趣要淡泊。

眼里无点灰尘，方可读书千卷；胸中没些渣滓，才能处世一番。

眉上几分愁，且去观棋酌酒；心中多少乐，只来种竹浇花。

茅屋竹窗，贫中之趣，何须脚到李侯门；草帖画谱，闲里所需，直凭心游杨子宅。

好香用以熏德，好纸用以垂世，好笔用以生花，好墨用以焕彩，好茶用以涤烦，好酒用以消忧。

声色娱情，何若净几明窗，一坐息顷；利荣驰念，何若名山胜景，一登临时。

竹篱茅舍，石屋花轩；松柏群吟，藤萝翳景；流水绕户，飞泉挂檐；烟霞欲栖，林壑将瞑。中处野叟山翁四五，予以闲身作此中主人。坐沉红烛，看遍青山，消我情肠，任他冷眼。

问妇索酿，瓮有新刍；呼童煮茶，门临好客。

花前解佩，湖上停桡；弄月放歌，采莲高醉；晴云微裹，渔笛沧浪；华勾一垂，江山共峙。

胸中有灵丹一粒，方能点化俗情，摆脱世故。

半坞白云耕不尽，一潭明月钓无痕。

茅檐外，忽闻犬吠鸡鸣，恍似云中世界；竹窗下，唯有蝉吟鹊噪，方知静里乾坤。

如今休去便休去，若觅了时无了时。若能行乐，即今便好快活。身上无病，心上无事，春鸟是笙歌，春花是粉黛。闲得一刻，即为一刻之乐，何必情欲乃为乐耶？

开眼便觉天地阔，挝鼓非狂；林卧不知寒暑，上床空算。

惟俭可以助廉，惟恕可以成德。

山泽未必有异士，异士未必在山泽。

业净六根成慧眼，身无一物到茅庵。

人生莫如闲，太闲反生恶业；人生莫如清，太清反类俗情。

读史要耐讹字，正如登山耐仄路，踏雪耐危桥，闲居耐俗汉，看花耐恶酒，此方得力。

世外交情，惟山而已，须有大观眼，济胜具，久住缘，方许与之莫逆。

九山散樵浪迹俗间，徜徉自肆，遇佳山水处，盘礴箕踞，四顾无人，则划然长啸，声振林木。有客造榻与语，对曰："余方游华胥，接羲皇，未暇理君语。"客之去留，萧然不以为意。

择池纳凉，不若先除热恼；执鞭求富，何如急遣穷愁。

万壑疏风清，两耳闻世语，急须敲玉磬三声；九天凉月净，初心诵其经，胜似撞金钟百下。

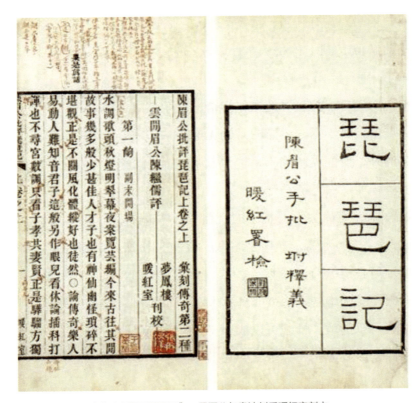

（元）高明撰《陈眉公批评琵琶记》，民国八年贵池刘氏暖红室刻本

烦恼之场，何种不有，以法眼照之，奚啻蝎蹈空花。

上高山，入深林，穷回溪，幽泉怪石，无远不到。到则拂草而坐，倾壶而醉，醉则更相枕借以卧，意亦甚适，梦亦同趣。

客散门扃，风微日落，碧月皎皎当空，花阴徐徐满地；近檐鸟宿，远寺钟鸣，茶铛初熟，酒瓮乍开；不成八韵新诗，毕竟一个俗气。

不作风波于世上，自无冰炭到胸中。

秋月当天，纤云都净，露坐空阔去处，清光冷浸此身，如在水晶宫里，令人心胆澄澈。

遗子黄金满籝，不如教子一经。

完得心上之本来，方可言了心；尽得世间之常道，才堪论出世。

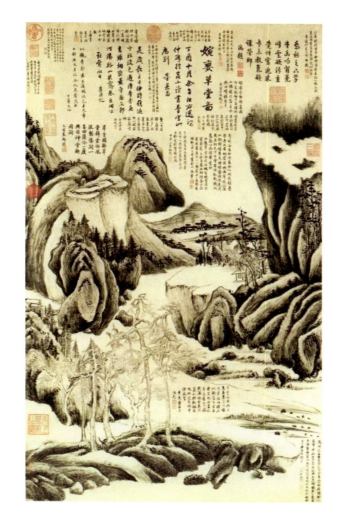

（明）董其昌为陈继儒作
《婉娈草堂图》

　　人有一字不识，而多诗意；一偈不参，而多禅意；一勺不濡，而多
酒意；一石不晓，而多画意。淡宕故也。

　　以看世人青白眼，转而看书，则圣贤之真见识；以议论人雌黄口，
转而论史，则左狐之真是非。

　　事到全美处，怨我者不能开指摘之端；行到至污处，爱我者不能施
掩护之法。

　　必出世者，方能入世，不则世缘易堕；必入世者，方能出世，不则

空趣难持。

调性之法，急则佩韦，缓则佩弦；谐情之法，水则从舟，陆则从车。

才子之行多放，当以正敛之；正人之行多板，当以趣通之。

人有不及，可以情恕；非义相干，可以理遣。佩此两言，足以游世。

冬起欲迟，夏起欲早；春睡欲足，午睡欲少。

无事当学白乐天之嗒然，有客宜仿李建勋之击磬。

郊居诛茅结屋，云霞栖梁栋之间，竹树在汀洲之外，与二三之同调，望衡对宇，联接巷陌，风天雪夜，买酒相呼。此时觉曲生气味，十倍市饮。

万事皆易满足，惟读书终身无尽。人何不以不知足一念加之书。又云：读书如服药，药多力自行。

少学琴书，偶爱清净，开卷有得，便欣然忘食；见树木交映，时鸟变声，亦复欢然有喜。常言五六月，卧北窗下，遇凉风暂至，自谓羲皇上人。

空山听雨，是人生如意事。听雨必于空山破寺中，寒雨围炉，可以烧败叶，烹鲜笋。

闭门即是深山，读书随处净土。

欲见圣人气象，须于自己胸中洁净时观之。

执笔惟凭于手熟，为诗文每事于口占。

闻人善则疑之，闻人恶则信之，此满腔杀机也。

士君子尽心利济，使海内少他不得，则天亦自然少他不得，即此便是立命。

读书不独变气质，且能养精神，盖理义收摄故也。

周旋人事后，当诵一部清净经；吊丧问疾后，当念一通扯淡歌。

卧石不嫌于斜，立石不嫌于细，倚石不嫌于薄，盆石不嫌于巧，山石不嫌于拙。

不惜费，必至于空乏而求人；不享受，无怪乎守财而遗诮。

对棋不若观棋，观棋不若弹瑟，弹瑟不若听琴。古云："但识琴中趣，何劳弦上音。"斯言信然。

君子虽不过信人，君子断不过疑人。

人只把不如我者较量，则自知足。

折胶铄石，虽累变于岁时；热恼清凉，原只在于心境。所以佛国都无寒暑，仙都长似三春。

鸟栖高枝，弹射难加；鱼潜深渊，网钓不及；士隐岩穴，祸患焉至。

于射而得揖让，于碁而得征诛，于忙而得伊周，于闲而得巢许，于醉而得瞿昙，于病而得老庄，于饮食衣服、出作入息，而得孔子。

前人云："昼短苦夜长，何不秉烛游？"不当草草看过。

优人代古人语，代古人笑，代古人愤，今文人为文似之。优人登台肖古人，下台还优人，今文人为文又似之。假令古人见今文人，当何如愤，何如笑，何如语？

看书只要理路通透，不可拘泥旧说，更不可附会新说。

简傲不可谓高，谄谀不可谓谦，刻薄不可谓严明，阘茸不可谓宽大。

作诗能把眼前光景、胸中情趣，一笔写出，便是作者。不必说唐说宋。

少年休笑老年颠，及到老时颠一般，只怕不到颠时老，老年何暇笑少年。

饥寒困苦福将至已，饱饫宴游祸将生焉。

打透生死关，生来也罢，死来也罢；参破名利场，得了也好，失了也好。

混迹尘中，高视物外；陶情杯酒，寄兴篇咏；藏名一时，尚友千古。

痴矣狂客，酷好宾朋；贤哉细君，无违夫子。醉人盈座，簪裾半尽；酒家食客满堂，瓶罂不离米肆。灯烛荧荧，且耽夜酌；爨烟寂寂，安问晨炊。生来不解攒眉，老去弥堪鼓腹。

皮囊速坏，神识常存，杀万命以养皮囊，罪卒归于神识。佛性无边，经书有限，穷万卷以求佛性，得不属于经书。

人胜我无害，彼无蓄怨之心；我胜人非福，恐有不测之祸。

书屋前，列曲槛栽花，凿方池浸月，引活水养鱼；小窗下，焚清香读书，设净几鼓琴，卷疏帘看鹤，登高楼饮酒。

人人爱睡，知其味者甚鲜；睡则双眼一合，百事俱忘，肢体皆适，尘劳尽消，即黄粱南柯，特余事已耳。静修诗云："书外论交睡最贤。"旨哉言也。

过分求福，适以速祸；安分远祸，将自得福。

倚势而凌人者，势败而人凌；恃财而侮人者，财散而人侮。此循环之道。

我争者，人必争，虽极力争之，未必得；我让者，人必让，虽极力让之，未必失。

贫不能享客而好结客，老不能徇世而好维世，穷不能买书而好读奇书。

沧海日，赤城霞，蛾眉雪，巫峡云，洞庭月，潇湘雨，彭蠡烟，广凌涛，庐山瀑布，合宇宙奇观，绘吾斋壁。少陵诗，摩诘画，左传文，马迁史，薛涛笺，右军帖，南华经，相如赋，屈子离骚，收古今绝艺，置我山窗。

偶饭淮阴，定万古英雄之眼，自有一段真趣，纷扰不宁者，何能得此；醉题便殿，生千秋风雅之光，自有一番奇特，踽踽牖下者，岂易获诸？

清闲无事，坐卧随心，虽粗衣淡食，自有一段真趣；纷扰不宁，忧患缠身，虽锦衣厚味，只觉万状愁苦。

我如为善，虽一介寒士，有人服其德；我如为恶，虽位极人臣，有人议其过。

读理义书，学法帖字，澄心静坐，益友清谈，小酌半醺，浇花种竹，听琴玩鹤，焚香煮茶，泛舟观山，寓意奕棋。虽有他乐，吾不易矣。

成名每在穷苦日，败事多因得志时。

宠辱不惊，肝木自宁；动静以敬，心火自定；饮食有节，脾土不泄；调息寡言，肺金自全；怡神寡欲，肾水自足。

让利精于取利，逃名巧于邀名。

彩笔描空，笔不落色，而空亦不受染；利刀割水，刀不损锷，而水亦不留痕。

（明）陈继儒《潇湘夜雨》

唾面自干，娄师德不失为雅量；睚眦必报，郭象玄未免为祸胎。

天下可爱的人，都是可怜人；天下可恶的人，都是可惜人。

事业文章，随身销毁，而精神万古如新；功名富贵，逐世转移，而气节千载一日。

读书到快目处，起一切沉沦之色；说话到洞心处，破一切暧昧之私。

谐臣媚子，极天下聪颖之人；秉正嫉邪，作世间忠直之气。

隐逸林中无荣辱，道义路上无炎凉。

闻谤而怒者，谗之囮；见誉而喜者，佞之媒。

摊浊作画，正如隔帘看月，隔水看花，意在远近之间，亦文章法也。

藏锦于心，藏绣于口，藏珠玉于咳唾，藏珍奇于笔墨。得时则藏于册府，不得则藏于名山。

读一篇轩快之书，宛见山青水白；听几句伶俐之语，如看岳立川行。

读书如竹外溪流，洒然而往；咏诗如萍末风起，勃焉而扬。

子弟排场，有举止而谢飞扬，难博缠头之锦；主宾御席，务廉隅而少蕴藉，终成泥塑之人。

取凉于箑，不若清风之徐来；激水于槔，不若甘雨之时降。

有快捷之才，而无所建用，势必乘愤激之处，一逞雄风；有纵横之论，而无所发明，势必乘簧鼓之场，一恣余力。

月榭凭栏，飞凌缥缈；云房启户，坐看氤氲。

发端无绪，归结还自支离；入门一差，进步终成恍惚。

李纳性辨急，酷尚奕棋，每下子安详，极于宽缓。有时躁怒，家人辈则密以棋具陈于前，纳睹之，便欣然改容，取子布算，都忘其恚。

竹里登楼，远窥韵士，聆其谈名理于坐上，而人我之相可忘；花间扫石，时候棋师，观其应危劫于枰间，而胜负之机早决。

六经为庖厨，百家为异馔；三坟为瑚琏，诸子为鼓吹。自奉得无大奢，请客未必能享。

说得一句好言，此怀庶几才好，揽了一分闲事，此身永不得闲。

古人特爱松风，庭院皆植松，每闻其响，欣然往其下，曰："此可浣尽十年尘胃。"

凡名易居，只有清名难居；凡福易享，只有清福难享。

有书癖而无剪裁，徒号书橱；推名饮而少慰借，终非名饮。

夜者日之余，雨者月之余，冬者岁之余。当此三余，人事稍疏，正可一意问学。

耳目宽则天地窄，争务短则日月长。

事有急之不白者，宽之或自明，毋躁急以速其忿；人有操之不从者，纵之或自化，毋操切以益其顽。

士君子贫不能济物者，遇人痴迷处，出一言提醒之；遇人急难处，出一言解救之，亦是无量功德。

处父兄骨肉之变，宜从容，不宜激烈；遇朋友交游之失，宜剀切，不宜优游。

问祖宗之德泽，吾身所享者，是当念其积累之难；问子孙之福祉，吾身所贻者，是要思其倾覆之易。

韶光去矣，叹眼前岁月无多，可惜年华如疾马；长啸归与，知身外功名是假，好将姓字任呼牛。

意慕古，先存古，未敢反古；心持世，外厌世，未能离世。

苦恼世上，度不尽许多痴迷汉，人对之肠热，我对之心冷；嗜欲场中，唤不醒许多伶俐人，人对之心冷，我对之肠热。

自古及今，山之胜多妙于天成，每坏于人造。

长于笔者，文章即如言语；长于舌者，言语即成文章。昔人谓"丹青乃无言之诗，诗句乃有言之画"。余则欲丹青似诗，诗句无言，方许各臻妙境。

类君子之有道，入暗室而不欺；同至人之无迹，怀明义以应时。

一翻一覆兮如掌，一死一生兮如轮。

集素篇

田园有真乐，不潇洒终为忙人；诵读有真趣，不玩味终为鄙夫；山水有真赏，不领会终为漫游；吟咏有真得，不解脱终为套语。

居处寄吾生，但得其地，不在高广；衣服被吾体，但顺其时，不在纨绮；饮食充吾腹，但适其可，不在膏粱；燕乐修吾好，但致其诚，不在浮靡。

披卷有余闲，留客坐残良夜月；褰帷无别务，呼童耕破远山云。

家居苦事物之扰，惟田舍园亭，别是一番活计；焚香煮茗，把酒吟诗，不许胸中生冰炭。

客寓多风雨之怀，独禅林道院，转添几种生机；染翰挥毫，翻经问偈，肯教眼底逐风尘。

茅斋独坐茶频煮，七碗后气爽神清；竹榻斜眠书漫抛，一枕余心闲梦稳。

但看花开落，不言人是非。

莫恋浮名，梦幻泡影有限；且寻乐事，风花雪月无穷。

白云在天，明月在地；焚香煮茗，阅偈翻经；俗念都捐，尘心顿尽。

暑中尝嘿坐，澄心闭目，作水观久之，觉肌发洒洒，几阁间似有凉气飞来。

胸中只摆脱一恋字，便十分爽净，十分自在。人生最苦处，只是此心。沾泥带水，明是知得，不能割断耳。

无事以当贵，早寝以当富，安步以当车，晚食以当肉。此巧于处贫矣。

覆雨翻云何险也，论人情只合杜门；吟风弄月忽颓然，全天真且须对酒。

性不堪虚，天渊亦受鸢鱼之扰；心能会境，风尘还结烟霞之娱。

身外有身，捉麈尾矢口闲谈，真如画饼；窍中有窍，向蒲团回心究竟，方是力田。

山中有三乐。薜荔可衣，不羡绣裳；蕨薇可食，不贪粱肉；箕踞散发，可以逍遥。

终南当户，鸡峰如碧笋左簇，退食时秀色纷纷堕盘，山泉绕窗入厨，孤枕梦回，惊闻雨声也。

世上有一种痴人，所食闲茶冷饭，何名高致？

桑林麦陇，高下竞秀；风摇碧浪层层，雨过绿云绕绕。雉雊春阳，鸠呼朝雨，竹篱茅舍，闲以红桃白李，燕紫莺黄，寓目色相，自多村家闲逸之想，令人便忘艳俗。

心苟无事，则息自调；念苟无欲，则中自守。

文章之妙：语快令人舞，语悲令人泣，语幽令人冷，语怜令人惜，语险令人危，语慎令人密；语怒令人按剑，语激令人投笔，语高令人入云，语低令人下石。

存心有意无意之间，微云淡河汉；应世不即不离之法，疏雨滴梧桐。

肝胆相照，欲与天下共分秋月；意气相许，欲与天下共坐春风。

客过草堂问："何感慨而甘栖遁？"余倦于对，但拈古句答曰："得闲多事外，知足少年中。"问："是何功课？"曰："种花春扫雪，看篆夜焚香。"问："是何利养？"曰："砚田无恶岁，酒国有长春。"

问："是何还往？"曰："有客来相访，通名是伏羲。"

山居胜于城市，盖有八德：不责苛礼，不见生客，不混酒肉，不竞田产，不闻炎凉，不闹曲直，不征文遣，不谈士籍。

尘缘割断，烦恼从何处安身；世虑潜消，清虚向此中立脚。

清闲之人不可惰其四肢，又须以闲人做闲事：临古人帖，温昔年书；拂几微尘，洗砚宿墨；灌园中花，扫林中叶。觉体少倦，放身匡床上，暂息半晌可也。

待客当洁不当侈，无论不能继，亦非所以惜福。

葆真莫如少思，寡过莫如

（明）谢时臣《雪山行旅图》

省事；善应莫如收心，解醪莫如淡志。

世味浓，不求忙而忙自至；世味淡，不偷闲而闲自来。

以俭胜贫，贫忘；以施代侈，侈化；以省去累，累消；以逆炼心，心定。

流年不复记，但见花开为春，花落为秋；终岁无所营，惟知日出而作，日入而息。

褻狎易契，日流于放荡；庄厉难亲，日进于规矩。

甜苦备尝好丢手，世味浑如嚼蜡；生死事大急回头，年光疾于跳丸。

若富贵由我力取，则造物无权；若毁誉随人脚根，则谗夫得志。

吾之一身，常有少不同壮，壮不同老；吾之身后，焉有子能肖父，孙能肖祖？如此期，必属妄想，所可尽者，惟留好样与儿孙而已。

若想钱，而钱来，何故不想；若愁米，而米至，人固当愁。晓起依旧贫穷，夜来徒多烦恼。

半窗一几，远兴闲思，天地何其寥阔也；清晨端起，亭午高眠，胸襟何其洗涤也。

行合道义，不卜自吉；行悖道义，纵卜亦凶。人当自卜，不必问卜。

奔走于权幸之门，自视不胜其荣，人窃以为辱；经营于利名之场，操心不胜其苦，己反以为乐。

宇宙以来有治世法，有傲世法，有维世法，有出世法，有垂世法。唐虞垂衣，商周秉钺，是谓治世；巢父洗耳，裘公瞠目，是谓傲世；首阳轻周，桐江重汉，是谓维世；青牛度关，白鹤翔云，是谓出世；若乃鲁儒一人，邹传七篇，始谓垂世。

书室中修行法：心闲手懒，则观法帖，以其可逐字放置也；手闲心懒，则治迂事，以其可作可止也；心手俱闲，则写字作诗文，以其可以兼济也；心手俱懒，则坐睡，以其不强役于神也；心不甚定，宜看诗及杂短故事，以其易于见意不滞于久也；心闲无事，宜看长篇文字，或经注，或史传，或古人文集，此又甚宜于风雨之际及寒夜也。又曰："手冗心闲则思，心冗手闲则卧，心手俱闲，则著作书字，心手俱冗，则思早毕其事，以宁吾神。"

片时清畅，即享片时；半景幽雅，即娱半景。不必更起姑待之心。

醇醪百斛，不如一味太和之汤；良药千包，不如一服清凉之散。

闲暇时，取古人快意文章，朗朗读之，则心神超逸，须眉开张。

逢人不说人间事，便是人间无事人。

独卧林泉，旷然自适，无利无营，少私寡欲，修身出世法也。

挟怀朴素，不乐权荣；栖迟僻陋，忽略利名；葆守恬淡，希时安宁；晏然闲居，时抚瑶琴。

人生自古七十少，前除幼年后除老。中间光景不多时，又有阴晴与烦恼。到了中秋月倍明，到了清明花更好。花前月下得高歌，急须漫把金樽倒。世上财多赚不尽，朝里官多做不了。官大钱多身转劳，落得自家头白早。请君细看眼前人，年年一分埋青草。草里多多少少坟，一年一半无人扫。

饥乃加餐，菜食美于珍味；倦然后睡，草蓐胜似重裀。

流水相忘游鱼，游鱼相忘流水，即此便是天机；太空不碍浮云，浮云不碍太空，何处别有佛性？

颇怀古人之风，愧无素屏之赐，则青山白云，何在非我枕屏。

人之交友，不出趣味两字，有以趣胜者，有以味胜者。然宁饶于味，而无饶于趣。

守恬淡以养道，处卑下以养德，去嗔怒以养性，薄滋味以养气。

吾本薄福人，宜行惜福事；吾本薄德人，宜行厚德事。

知天地皆逆旅，不必更求顺境；视众生皆眷属，所以转成冤家。

只宜于着意处写意，不可向真景处点景。

只愁名字有人知，涧边幽草；若问清盟谁可托，沙上闲鸥。

山童率草木之性，与鹤同眠；奚奴领歌咏之情，检韵而至。

闭户读书，绝胜入山修道；逢人说法，全输兀坐扪心。

老去自觉万缘都尽，那管人是人非；春来倘有一事关心，只在花开花谢。

是非场里，出人逍遥；顺逆境中，纵横自在。竹密何妨水过，山高不碍云飞。

口中不设雌黄，眉端不挂烦恼，可称烟火神仙；随意而栽花柳，适性以养禽鱼，此是山林经济。

午睡醒来，颓然自废，身世庶几浑忘；晚炊既收，寂然无营，烟火听其更举。

花开花落春不管，拂意事休对人言；水暖水寒鱼自知，会心处还期独赏。

心地上无风涛，随在皆青山绿水；性天中有化育，触处见鱼跃鸢飞。

宠辱不惊，闲看庭前花开花落；去留无意，漫随天外云卷云舒。

斗室中万虑都捐，说甚画栋飞云，珠帘卷雨；三杯后一真自得，谁知素弦横月，短笛吟风。

得趣不在多，盆池拳石间，烟霞具足；会景不在远，蓬窗竹屋下，风月自赊。

人在病中，百念灰冷，虽有富贵，欲享不可，反羡贫贱而健者。是故人能于无事时常作病想，一切名利之心，自然扫去。

闲中觅伴书为上，身外无求睡最安。

富贵大是能俗人之物，使吾辈当之，自可不俗；然有此不俗胸襟，自可不富贵矣。

从五更枕席上参看心体，心未动，情未萌，才见本来面目；向三时饮食中谙练世味，浓不欣，淡不厌，方为切实功夫。

当乐境而不能享者，毕竟是薄福之人；当苦境而反觉甘者，方才是

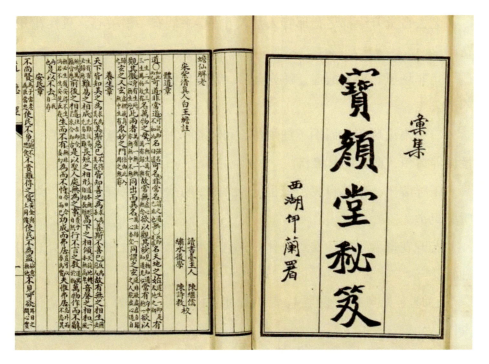

（明）陈继儒《宝颜堂秘籍》，民国十一年三月文明书局印行

真修之士。

物情以常无事为欢颜，世态以善托故为巧术。

廉所以惩贪，我果不贪，何必标一廉名，以来贪夫之侧目；让所以息争，我果不争，又何必立一让名，以致暴客之弯弓？

耳根似飙谷投响，过而不留，则是非俱谢；心境如月池浸色，空而不着，则物我两忘。

心事无不可对人语，则梦寐俱清；行事无不可使人见，则饮食俱稳。

集奇篇

我辈寂处窗下，视一切人世，俱若蟪蛄婴蜺，不堪寓目。而有一奇文怪说，目数行下，便狂呼叫绝，令人喜，令人怒，更令人悲，低徊数过，床头短剑亦呜呜作龙虎吟，便觉人世一切不平，俱付烟水。

吕圣公之不问朝士名，张师高之不发窃器奴，韩稚圭之不易持烛兵，不独雅量过人，正是用世高手。

佞佛若可忏罪，则刑官无权；寻仙若可延年，则上帝无主。达士尽其在我，至诚贵于自然。

以货财害子孙，不必操戈入室；以学校杀后世，有如按剑伏兵。

君子不傲人以不如，不疑人以不肖。

读诸葛武侯《出师表》而不堕泪者，其人必不忠；读韩退之《祭十二郎文》而不堕泪者，其人必不友。

世味非不浓艳，可以淡然处之。独天下之伟人与奇物，幸一见之，自不觉魄动心惊。

道上红尘，江中白浪，饶他南面百城；花间明月，松下凉风，输我北窗一枕。

立言亦何容易，必有包天包地、包千古、包来今之识；必有惊天惊地、惊千古、惊来今之才；必有破天破地、破千古、破来今之胆。

圣贤为骨，英雄为胆，日月为目，霹雳为舌。

平易近人，会见神仙济度；瞒心昧己，便有邪祟出来。

诗书乃圣贤之供案，妻妾乃屋漏之史官。

强项者未必为穷之路，屈膝者未必为通之媒。故铜头铁面，君子落得做个君子；奴颜婢膝，小人枉自做了小人。

有仙骨者，月亦能飞；无真气者，形终如槁。

一世穷根，种在一捻傲骨；千古笑端，伏于几个残牙。

大豪杰，舍己为人；小丈夫，因人利己。

一段世情，全凭冷眼觑破；几番幽趣，半从热肠换来。

识尽世间好人，读尽世间好书，看尽世间好山水。

舌头无骨，得言句之总持；眼里有筋，具游戏之三昧。

群居闭口，独坐防心。

当场傀儡，还我为之；大地众生，任渠笑骂。

三徙成名，笑范蠡碌碌浮生，纵扁舟忘却五湖风月；一朝解绶，羡渊明飘飘遗世，命巾车归来满室琴书。

人生不得行胸怀，虽寿百岁，犹夭也。

棋能避世，睡能忘世。棋类耦耕之沮溺，去一不可；睡同御风之列子，独往独来。

一勺水，便具四海水味，世法不必尽尝；千江月，总是一轮月光，心珠宜当独朗。

面上扫开十层甲，眉目才无可憎；胸中涤去数斗尘，语言方觉有味。

愁非一种，春愁则天愁地愁；怨有千般，闺怨则人怨鬼怨。天懒云沉，雨昏花蘦，法界岂少愁云；石颓山瘦，水枯木落，大地觉多窘况。

先读经，后可读史；非作文，未可作诗。

俗气入骨，即吞刀刮肠，饮灰洗胃，觉俗态之益呈；正气效灵，即刀锯在前，鼎镬具后，见英风之益露。

于琴得道机，于棋得兵机，于卦得神机，于兰得仙机。

世界极于大千，不知大千之外更有何物；天宫极于非想，不知非想之上毕竟何穷。

千载奇逢，无如好书良友；一生清福，只在茗碗炉烟。

作梦则天地亦不醒，何论文章；为客则洪蒙无主人，何有章句？

有此世界，必不可无此传奇；有此传奇，乃可维此世界，则传奇所关非小，正可借《西厢》一卷，以为风流谈资。

非穷愁不能著书，当孤愤不宜说剑。

心无机事，案有好书，饱食晏眠，时清体健，此是上界真人。

读《春秋》，在人事上见天理；读《周易》，在天理上见人事。

则何益矣，茗战有如酒兵；试妄言之，谈空不若说鬼。

镜花水月，若使慧眼看透；笔彩剑光，肯教壮志销磨。

委形无寄，但教鹿豕为群；壮志有怀，莫遣草木同朽。

议论先辈，毕竟没学问之人；奖惜后生，定然关世道之寄。

贫富之交，可以情谅，鲍子所以让金；贵贱之间，易以势移，管宁所以割席。

论名节，则缓急之事小；较生死，则名节之论微。但知为饿夫以采南山之薇，不必为枯鱼以需西江之水。

儒有一亩之宫，自不妨草茅下贱；士无三寸之舌，何用此土木形骸？

鹏为羽杰，鲲称介豪，翼遮半天，背负重霄。

怜之一字，吾不乐受，盖有才而徒受人怜，无用可知；傲之一字，吾不敢矜，盖有才而徒以资傲，无用可知。

问近日讲章孰佳，坐一块蒲团自佳；问吾侪严师孰尊，对一枝红烛自尊。

点破无稽不根之论，只须

（明）吴伟《灞桥风雪图》

冷语半言；看透阴阳颠倒之行，惟此冷眼一只。

古之钓也，以圣贤为竿，道德为纶，仁义为钩，利禄为饵，四海为池，万民为鱼。钓道微矣，非圣人其孰能之。

集豪篇

今世矩视尺步之辈，与夫守株待兔之流，是不束缚而阱者也。宇宙寥寥，求一豪者，安得哉？家徒四壁，一掷千金，豪之胆；兴酣落笔，泼墨千言，豪之才；我才必用，黄金复来，豪之语。夫豪既不可得，而后世倜傥之士，或以一言一字写其不平，又安与沉沉故纸同为销没乎！

桃花马上春衫，少年侠气；贝叶斋中夜衲，老去禅心。

岳色江声，富煞胸中邱壑；松阴花影，争残局上山河。

骥虽伏枥，足能千里；鹄即垂翅，志在九霄。

个个题诗，写不尽千秋花月；人人作画，描不完大地江山。

慷慨之气，龙泉知我；忧煎之思，毛颖解人。

不能用世而故为玩世，只恐遇着真英雄；不能经世而故为欺世，只好对着假豪杰。

绿酒但倾，何妨易醉；黄金既散，何论复来。

诗酒兴将残，剩却楼头几明月；登临情不已，平分江上半青山。

闲行消白日，悬李贺呕字之囊；搔首问青天，携谢朓惊人之句。

假英雄专映不鸣之剑，若尔锋铓，遇真人而落胆；穷豪杰惯作无米之炊，此等作用，当大计而扬眉。

深居远俗，尚愁移山有文；纵饮达旦，犹笑醉乡无记。

藜床半穿，管宁真吾师乎；轩冕必顾，华歆洵非友也。

车尘马足之下，露出丑形；深山穷谷之中，剩些真影。

吐虹霓之气者，贵挟风霜之色；依日月之光者，毋怀雨露之私。

清襟凝远，卷秋江万顷之波；妙笔纵横，挽昆仑一峰之秀。

闻鸡起舞，刘琨其壮士之雄心乎；闻筝起舞，迦叶其开士之素心乎？

友偏天下英杰人士，读尽人间未见之书。

读书倦时须看剑，英发之气不磨；作文苦际可歌诗，郁结之怀随畅。

交友须带三分侠气，作人要存一点素心。

栖守道德者，寂寞一时；依阿权变者，凄凉万古。

深山穷谷，能老经济才猷；绝壑断崖，难隐灵文奇字。

献策金门苦未收，归心日夜水东流。扁舟载得愁千斛，闻说君王不税愁。

世事不堪评，掩卷神游千古上；尘氛应可却，闭门心在万山中。

负心满天地，辜他一片热肠；变态自古今，悬此两只冷眼。

龙津一剑，尚作合于风雷。胸中数万甲兵，宁终老于牖下。此中空洞原无物，何止容卿数百人。

英雄未转之雄图，假糟邱为霸业；风流不尽之余韵，托花谷为深山。

满腹有文难骂鬼，措身无地反忧天。

大丈夫居世，生当封侯，死当庙食。不然，闲居可以养志，诗书足以自娱。

不恨我不见古人，惟恨古人不见我。

荣枯得丧，天意安排，浮云过太虚也；用舍行藏，吾心镇定，砥柱在中流乎？

曹曾积石为仓以藏书，名曹氏石仓。

丈夫须有远图，眼孔如轮，可怪处堂燕雀；豪杰宁无壮志，风棱似铁，不忧当道豺狼。

云长香火，千载遍于华夷；坡老姓名，至今口于妇孺。意气精神，不可磨灭。

据床嗒尔，听豪士之谈锋；把盏惺然，看酒人之醉态。

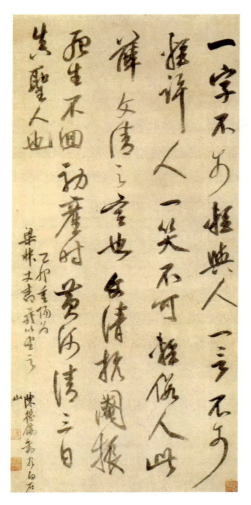

（明）陈继儒行草《书薛文清语轴》，上海博物馆藏。识文："一字不可轻与人；一言不可轻许人；一笑不可轻假人。"——此薛文清之言也。文清抗淴振，死生不回，初产时黄河清三日，真圣人也！乙卯重阳为梁叔丈书，并以望之。陈继儒书于白石山。

登高远眺，吊古寻幽，广胸中之邱壑，游物外之文章。

雪霁清境，发于梦想。此间但有荒山大江，修竹古木。

每饮村酒后，曳杖放脚，不知远近，亦旷然天真。

须眉之士，在世宁使乡里小儿怒骂，不当使乡里小儿见怜。

胡宗宪读《汉书》，至终军请缨事，乃起拍案曰："男儿双脚当从此处插入，其他皆狼借耳！"

宋海翁才高嗜酒，睥睨当世。忽乘醉泛舟海上，仰天大笑，曰："吾七尺之躯，岂世间凡土所能贮？合以大海葬之耳！"遂按波而入。

王仲祖有好形仪，每览镜自照，曰："王文开哪生宁馨儿？"

毛澄七岁善属对，诸喜之者赠以金钱，归掷之曰："吾犹薄苏秦斗大，安事此邓通靡靡！"梁公实荐一士于李于麟，士欲以谢梁，曰："吾有长生术，不惜为公授。"梁曰："吾名在天地间，只恐盛着不了，安用长生！"

吴正子穷居一室，门环流水，跨木而渡，渡毕即抽之。人问故，笑曰："土舟浅小，恐不胜富贵人来踏耳！"

吾有目有足，山川风月，吾所能到，我便是山川风月主人。

大丈夫当雄飞，安能雌伏？

青莲登华山落雁峰，曰："呼吸之气，想通帝座。恨不携谢朓惊人之句来，搔首问青天耳！"

志欲枭逆虏，枕戈待旦，常恐祖生，先我着鞭。

旨言不显，经济多托之工瞽刍荛；高踪不落，英雄常混之渔樵耕牧。

高言成啸虎之风，豪举破涌山之浪。

立言者，未必即成千古之业，吾取其有千古之心；好客者，未必即尽四海之交，吾取其有四海之愿。

管城子无食肉相，世人皮相何为；孔方兄有绝交书，今日盟交安在。

襟怀贵疏朗，不宜太逞豪华；文字要雄奇，不宜故求寂寞。

悬榻待贤士，岂曰交情已乎；投辖留好宾，不过酒兴而已。

才以气雄，品由心定。

为文而欲一世之人好，吾悲其为文；为人而欲一世之人好，吾悲其为人。

济笔海则为舟航，骋文囿则为羽翼。

胸中无三万卷书，眼中无天下奇山川，未必能文。纵能，亦无豪杰语耳。

山厨失斧，断之以剑。客至无枕，解琴自供。盥盆溃散，磬为注洗。盖不暖足，覆之以蓑。

孟宗少游学，其母制十二幅被，以招贤士共卧，庶得闻君子之言。

张烟雾于海际，耀光景于河渚；乘天梁而皓荡，叩帝阍而延伫。

声誉可尽，江天不可尽；丹青可穷，山色不可穷。

闻秋空鹤唳，令人逸骨仙仙；看海上龙腾，觉我壮心勃勃。

明月在天，秋声在树，珠箔卷啸倚高搂；苍苔在地，春酒在壶，玉山颓醉眠芳草。

胸中自是奇，乘风破浪，平吞万顷苍茫；脚底由来阔，历险穷幽，飞度千寻杳霭。

松风涧雨，九霄外声闻环佩，清我吟魂；海市蜃楼，万水中一幅画图，供吾醉眼。

每从白门归，见江山逶迤，草木苍郁。人常言佳，我觉是别离人肠中一段酸楚气耳。

人每诶余腕中有鬼，余谓鬼自无端入吾腕中，吾腕中未尝有鬼也。人每责余目中无人，余谓人自不屑入吾目中，吾目中未尝无人也。

天下无不虚之山，惟虚故高而易峻；天下无不实之水，惟实故流而不竭。

放不出憎人面孔，落在酒杯；丢不下怜世心肠，寄之诗句。

春到十千美酒，为花洗妆；夜来一片名香，与月熏魄。

忍到熟处则忧患消，谈到真时则天地赘。

醺醺熟读《离骚》，孝伯外敢曰并皆名士；碌碌常承色笑，阿奴辈果然尽是佳儿。

剑雄万敌，笔扫千军。

飞禽铩翮，犹爱惜乎羽毛；志士捐生，终不忘乎老骥。

敢于世上放开眼，不向人间浪皱眉。

云破月窥花好处，夜深花睡月明中。

三春花鸟犹堪赏，千古文章只自知。文章自是堪千古，花鸟三春只几时。

士大夫胸中无三斗墨，何以运管城？然恐酝酿宿陈，出之无光泽耳。

攫金于市者，见金而不见人；剖身藏珠者，爱珠而忘自爱。与夫决性命以饕富贵，纵嗜欲以损生者何异？

说不尽山水好景，但付沉吟；当不起世态炎凉，惟有闭户。

杀得人者，方能生人。有恩者，必然有怨。若使不阴不阳，随世披靡，肉菩萨出世，于世何补？此生何用？

李太白云："天生我才必有用，黄金散尽还复来。"杜少陵云："一生性僻耽佳句，语不惊人死不休。"豪杰不可不解此语。

天下固有父兄不能囿之豪杰，必无师友不可化之愚蒙。谐友于天伦之外，元章呼石为兄；奔走于世途之中，庄生喻尘以马。

得意不必人知，兴来书自圣；纵口何关世议，醉后语犹颠。

英雄尚不肯以一身受天公之颠倒，吾辈奈何以一身受世人之提掇？是堪指发，未可低眉。

能为世必不可少之人，能为人必不可及之事，则庶几此生不虚。

儿女情，英雄气，并行不悖；或柔肠，或侠骨，总是吾徒。

上马横槊，下马作赋，自是英雄本色；熟读《离骚》，痛饮浊酒，果然名士风流。

处世当于热地思冷，出世当于冷地求热。

我辈腹中之气，亦不可少，要不必用耳。若蜜口，真妇人事哉！

办大事者，匪独以意气胜，盖亦其智略绝也。故负气雄行，力足以折公侯；出奇制算，事足以骇耳目。如此人者，俱千古矣。嗟嗟！今世徒虚语耳。

说剑谈兵，今生恨少封侯骨；登高对酒，此日休吟烈士歌。

身许为知己死一剑，夷门到今侠骨香仍古；腰不为督邮折五斗，彭泽从古高风清至今。

壮志愤懑难消，高人情深一往。

先达笑弹冠，休向侯门轻曳裾；相知犹按剑，莫从世路暗投珠。

集法篇

一心可以交万友，二心不可以交一友。

凡事，留不尽之意则机圆；凡物，留不尽之意则用裕；凡情，留不尽之意则味深；凡言，留不尽之意则致远；凡兴，留不尽之意则趣多；凡才，留不尽之意则神满。

有世法，有世缘，有世情。缘非情，则易断；情非法，则易流。世多理所难必之事，莫执宋人道学；世多情所难通之事，莫说晋人风流。

晋人清谈，宋人理学，以晋人遣俗，以宋人提躬，合之双美，分之两伤也。

眼界愈大，心肠愈小；地位愈高，举止愈卑。

少年人要心忙，忙则摄浮气；老年人要心闲，闲则乐余年。

莫行心上过不去事，莫存事上行不去心。

忙处事为，常向闲中先检点；动时念想，预从静里密操持。

青天白日处节义，自暗室屋漏处培来；旋转乾坤的经纶，自临深履薄处操出。

以积货财之心积学问，以求功名之念求道德，以爱子女之心爱父母，以保爵位之策保国家。

何以下达，惟有饰非；何以上达，无如改过。

一点不忍的念头，是生民生物之根芽；一段不为的气象，是撑天撑地之柱石。

不可乘喜而轻诺，不可因醉而生嗔，不可乘快而多事，不可因倦而鲜终。

意防虑如拨，口防言如遏，身防染如夺，行防过如割。

白沙在泥，与之俱黑，渐染之习久矣；他山之石，可以攻玉，切磋之力大焉。

后生辈胸中落“意气”两字，有以趣胜者，有以味胜者。然宁饶于味，而无饶于趣。

礼义廉耻，可以律己，不可以绳人。律己则寡过，绳人则寡合。

凡事韬晦，不独益己，抑且益人；凡事表暴，不独损人，抑且损己。

觉人之诈，不形于言；受人之侮，不动于色。此中有无穷意味，亦有无穷受用。

爵位不宜太盛，太盛则危；能事不宜尽毕，尽毕则衰。

立身高一步方超达，处世退一步方安乐。

士君子贫不能济物者，遇人痴迷处，出一言提醒之，遇人急难处，出一言解救之，亦是无量功德。

救既败之事者，如驭临崖之马，休轻策一鞭；图垂成之功者，如挽上滩之舟，莫少停一棹。

是非邪正之交，少迁就则失从违之正；利害得失之会，太分明则起趋避之嫌。

事系幽隐，要思回护他，着不得一点攻讦的念头；人属寒微，要思矜礼他，着不得一毫傲睨的气象。

毋似小嫌而疏至戚，勿以新怨而忘旧恩。

遇故旧之交，意气要愈新；处隐微之事，心迹宜愈显；待衰朽之人，恩礼要愈隆。

忧勤是美德，太苦则无以适性怡情；淡泊是高风，太枯则无以济人利物。

做人要脱俗，不可存一矫俗之心；应世要随时，不可起一趋时之念。

从师延名士，鲜垂教之实益；为徒攀高第，少受诲之真心。男子有德便是才，女子无才便是德。

病中之趣味，不可不尝；穷途之景界，不可不历。

才人国士，既负不群之才，定负不羁之行，是以才稍压众则忌心生，行稍违时则侧目至。死后声名，空誉墓中之骸骨；穷途潦倒，谁怜宫外之蛾眉。

贵人之交贫士也，骄色易露；贫士之交贵人也，傲骨当存。

君子处事，宁人负己，己无负人；小人处事，宁己负人，无人负己。

砚神曰淬妃，墨神曰回氏，纸神曰尚卿，笔神曰昌化，又曰佩阿。

要治世，半部《论语》；要出世，一卷《南华》。

求见知于人世易，求真知于自己难；求粉饰于耳目易，求无愧于隐微难。

圣人之言，须常将来眼头过，口头转，心头运。

与其巧持于末，不若拙戒于初。

君子有三惜：此生不学，一可惜；此日闲过，二可惜；此身一败，三可惜。

昼观诸妻子，夜卜诸梦寐。两者无愧，始可言学。

士大夫三日不读书，则礼义不交，便觉面目可憎，语言无味。

与其密面交，不若亲谅友；与其施新恩，不若还旧债。

士人所贵，节行为大。轩冕失之，有时而复来；节行失之，终身不可得矣。

势不可倚尽，言不可道尽，福不可享尽，事不可处尽，意味偏长。

静坐然后知平日之气浮，守默然后知平日之言躁，省事然后知平日之贵闲，闭户然后知平日之交滥，寡欲然后知平日之病多，近情然后知平日之念刻。

喜时之言多失信，怒时之言多失体。

泛交则多费，多费则多营，多营则多求，多求则多辱。

正以处心，廉以律己，忠以事君，恭以事长，信以接物，宽以待下，敬以治事，此居官之七要也。

交友之先宜察，交友之后宜信。

圣人成大事业者，从战战兢兢之小心来。

酒入舌出，舌出言失，言失身弃。余以为弃身，不如弃酒。

青天白日，和风庆云，不特人多喜色，即鸟鹊且有好音。若暴风怒雨，疾雷幽电，鸟亦投林，人皆闭户。故君子以太和元气为主。

胸中落"意气"两字，则交游定不得力；落"骚雅"二字，则读书定不得深心。

惟书不问贵贱贫富老少，观书一卷，则增一卷之益；观书一日，则有一日之益。

坦易其心胸，率真其笑语，疏野其礼数，简少其交游。

好丑不可太明，议论不可务尽，情势不可殚竭，好恶不可骤施。

不风之波，开眼之梦，皆能增进道心。

开口讥诮人，是轻薄第一件，不惟丧德，亦足丧身。

（明）文征明《真赏斋图》

人之恩可念不可忘，人之仇可忘不可念。

不能受言者，不可轻与一言，此是善交法。

君子于人，当于有过中求无过，不当于无过中求有过。

我能容人，人在我范围，报之在我，不报在我；人若容我，我在人范围，不报不知，报之不知。自重者然后人重，人轻者由我自轻。

高明性多疏脱，须学精严；狷介常苦迂拘，当思圆转。

性不可纵，怒不可留，语不可激，饮不可过。

能轻富贵，不能轻一轻富贵之心，能重名义，又复重一重名义之念，是事境之尘氛未扫，而心境之芥蒂未忘。此处拔除不净，恐石去而草复生矣。

纷扰固溺志之场，而枯寂亦槁心之地。故学者当栖心玄默，以宁吾真体；亦当适志恬愉，以养吾圆机。

昨日之非不可留，留之则根烬复萌，而尘情终累乎理趣：今日之是不可执，执之则渣滓未化，而理趣反转为欲根。

待小人不难于严，而难于不恶；待君子不难于恭，而难于有礼。

欲做精金美玉的人品，定从烈火锻来；思立揭地掀天的事功，须向薄冰履过。

性不可纵，怒不可留，语不可激，饮不可过。

市私恩，不如扶公议；结新知，不如敦旧好；立荣名，不如种隐德；尚奇节，不如谨庸行。

有一念而犯鬼神之忌，一言而伤天地之和，一事而酿子孙之祸者，最宜切戒。

不实心，不成事；不虚心，不知事。

老成人受病，在作意步趋；少年人受病，在假意超脱。

为善有表里始终之异，不过假好人；为恶无表里始终之异，倒是硬汉子。

入心处咫尺玄门，得意时千古快事。

世间会讨便宜人，必是吃过亏者。

衣垢不浣，器缺不补，对人犹有惭色；行垢不浣，德缺不补，对天岂无愧心！

书是同人，每读一篇，自觉寝食有味；佛为老友，但窥半偈，转思前境真空。

天地俱不醒，落得昏沉醉梦；洪蒙率是客，枉寻寥廓主人。

老成人必典必则，半步可规；气闷人不吐不茹，一时难对。

重友者，交时极难，看得难，以故转重；轻友者，交时极易，看得易，以故转轻。

掩户焚香，清福已具。如无福者，定生他想。更有福者，辅以读书。

近以静事而约己，远以惜福而延生。

志不可一日坠，心不可一日放。

辩不如讷，语不如默，动不如静，忙不如闲。

国家用人，犹农家积粟。粟积于丰年，乃可济饥；才储于平时，乃可济用。

考人品，要在五伦上见。此处得，则小过不足疵；此处失，则众长不足录。

以无累之神，合有道之器，宫商暂离，不可得已。

精神清旺，随境都有会心；志气昏愚，到处俱成梦幻。

烈士不馁，正气以饱其腹；清士不寒，青史以暖其躬；义士不死，天君以生其骸。总之心悬胸中之日月，以任世上之风波。

孟郊有句云："青山碾为尘，白日无闲人。"于邺云："白日若不落，红尘应更深。"又云："如逢幽隐处，似遇独醒人。"王维云："行到水穷处，坐看云起时。"又云："明月松间照，清泉石上流。"皎然云："少时不见山，便觉无奇趣。"每一吟讽，逸思翩翩。

急不急之辩，不如养默；处不切之事，不如养静；助不直之举，不如养正；恣不禁之费，不如养福；好不情之察，不如养度；走不实之名，不如养晦；近不祥之人，不如养愚。

诚实以启人之信我，乐易以使人之亲我，虚己以听人之教我，恭己以取人之敬我，奋发以破人之量我，洞彻以备人之疑我，尽心以报人之托我，坚持以杜人之鄙我。

《陈眉公先生全集》

解读

陈继儒（1558～1639年），字仲醇，号眉公、麋公，松江府华亭（今上海市松江区）人。明朝文学家、画家。虽然出身穷寒，但不热衷于仕途，21岁中秀才，29岁时当街烧了儒生衣冠，表示终生不科举、不当官。从30岁开始，隐居在小昆山，后居东佘山，闭门著书立说，工诗善文，书法学习苏轼和米芾，兼能绘事，屡次皇诏征用，皆以疾辞。陈继儒藏书颇富，广搜博采奇书逸册，或手自抄校。他曾说：读未见书，如得良友；见已读书，如逢故人。对经、史、诸子、术伎、稗官与释、道等书，无不研习，博闻强识，追求一种世俗生活的朴实、宁静、温馨。文以行道，翰墨逸心，静以修身，得天然正气。陈继儒归隐后，依然家事国事天下事事事关心，特别是有关地方旱潦转输等事，其往往慷慨上书官府，洋洋千言，委曲条辨，当事者常常为之动容，由此被冠以"山中宰相"之名。钱谦益在《列朝诗集小传》中不仅说他与董其昌齐名，且名声之大，"倾动寰宇"。《明史》则称"三吴名士争欲得为师友"。

《小窗幽记》为陈继儒集编的修身处世格言，原来分为十二卷：醒、情、峭、灵、素、景、韵、奇、绮、豪、法、倩。主要讲述安身立命的处世之道和隐居山间的情趣。这部书是小品中的小品，有点语录体、格言体的样子，其中精妙绝伦的语言，道眼清澈的慧解，灵性四射的意趣，令人叹为观止。特别是对人生的思索、处世的智慧在"热闹中下一冷语，冷淡中下一热语，人都受其炉锤而不觉"。

该书笔法清淡，善于剖析事理，与明朝洪应明的《菜根谭》和清朝王永彬的《围炉夜话》一起并称"处世三大奇书"。在对浇漓世风的批判中，透露出哲人式的冷隽，其格言玲珑剔透，短小精美，促人警省，益人心智。

陈继儒《安得长者言》: 看中人，看其大处不走作；看豪杰，看其小处不渗漏

序

余少从四方名贤游，有闻辄掌录之，已复死心。茅茨之下，霜降水落时，弋一二言拈题纸屏上，语不敢文，庶使异日子孙躬耕之暇，

（明）陈继儒像（叶衍兰画）

若粗识数行字者，读之了了也。如云安得长者之言而称之，则吾岂敢！吾本薄福，人宜行厚德事；吾本薄德，人宜行惜福事。闻人善则疑之，闻人恶则信之，此满腔杀机也。

静坐然后知平日之气浮，守默然后知平日之言躁；省事然后知平日之费闲，闭户然后知平日之交滥；寡欲然后知平日之病多，近情然后知平日之念刻。

偶与诸友登塔，绝顶谓云：大抵做向上人，决要士君子鼓舞。只如此塔甚高，非与诸君乘兴览眺，必无独登之理。既上四五级，若有倦意又须赖诸君怂恿，此去绝顶不远。既到绝顶，眼界大，地位高，又须赖诸君提撕警惺，跬步少差，易至倾跌。只此便是做向上一等人榜样也。

男子有德便是才，女子无才便是德。

士君子尽心利济，使海内人少他不得，则天亦自然少他不得。即此便是立命。

吴荭云：与其得罪于百姓，不如得罪于上官。李衡云：与其进而负于君，不若退而合于道。二公南宋人也，合之可作出处铭。

名利坏人，三尺童子皆知之。但好利之弊使人不复顾名，而好名之过又使人不复顾君父，世有妨亲命，以洁身讪朝廷以卖直者。是可忍也？孰不可忍也。

宦情太浓，归时过不得；生趣太浓，死时过不得。甚矣！有味于淡也。

清苦是佳事，虽然天下岂有薄于自待而能厚于待人者乎？

一念之善，吉神随之；一念之恶，厉鬼随之。知此可以役使鬼神。

黄帝云：行及乘马不用回顾，则神去令人回顾。功名富贵而去其神者岂少哉？

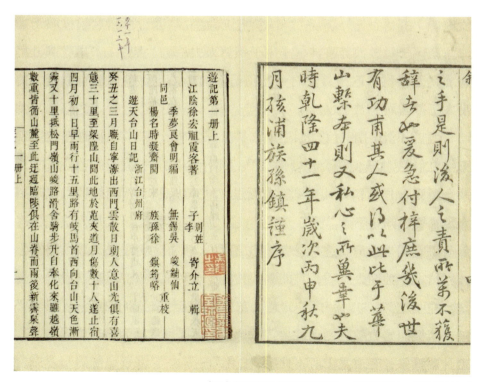

（明）徐霞客著《徐霞客游记》，清乾隆四十一年徐镇刻本

1033

士大夫当有忧国之心，不当有忧国之语。

做秀才，如处子，要怕人；既入仕，如媳妇，要养人；归林下，如阿婆，要教人。

广志远愿，规造巧异，积伤至尽，尽则早亡。岂惟刀钱田宅，若乃组织文字，以冀不朽至于镂肺镂肝，其为广远巧异，心滋甚，祸滋速。

大约评论古今人物，不可便轻责人以死。

治国家有二言，曰：忙时闲做，闲时忙做。变气质有二言，曰：生处渐熟，熟处渐生。

看中人看其大处不走作，看豪杰看其小处不渗漏。

火丽于木丽于石者也，方其藏于木石之时，取木石而投之水，水不能克火也，一付于物即童子得而扑灭之矣。故君子贵翕聚而不贵发散。

瓯甀子每教人养喜神，止庵子每教人去杀机。是二言，吾之师也。

朝廷以科举取士，使君子不得已而为小人也。若以德行取士，使小人不得已而为君子也。

奢者不特用度过侈之谓。凡多视，多听，多言，多动皆是暴殄天物。

鲲鹏六月息，故其飞也能九万里。仕宦无息机，不仆则蹶。故曰：知足不辱，知止不殆。

人有嘿坐独宿悠悠忽忽者，非出世人，则有心用世人也。

读书不独变人气质，且能养人精神，盖理义收摄故也。

初夏五阳，用事于乾，为飞龙草木，至此已为长旺。然旺则必极，至极而始收敛，则已晚矣。故康节云：牡丹含蕊为盛，烂漫为衰，盖月盈日午，有道之士所不处焉。

医书云：居母腹中，母有所惊，则主子长大时发颠痫。今人出官涉世，往往作风狂态者，毕竟平日带胎疾耳，秀才正是母胎时也。

士大夫气易动心易迷，专为"立界墙、全体面"六字断送一生。夫不言堂奥而言界墙，不言腹心而言体面，皆是向外事也。

任事者当置身利害之外；建言者当设身利害之中。此二语其宰相台谏之药石乎？

乘舟而遇逆风，见扬帆者不无妒念。彼自处顺，于我何关？我自处逆，于彼何与？究竟思之，都是自生烦恼。天下事大率类此。

用兵者仁义可以王，治国可以霸，纪律可以战，智谋则胜负共之，恃勇则亡。

出一个丧元气进士，不若出一个积阴德平民。救荒不患无奇策，只患无真心，真心即奇策也。

凡议论要透，皆是好，尽言也，不独言人之过。

吾不知所谓善，但使人感者即善也。吾不知所谓恶，但使人恨者即恶也。

讲道学者得其土苴，真可以治天下，但不可专立，道学门户使人望而畏焉。严君平买卜，与子言依于孝，与臣言依于忠，与弟言依于弟。虽终日谭学而无讲学之名，今之士大夫恐不可不味此意也。

天理，凡人之所生；机械，凡人之所热。彼以熟而我以生，便是立乎不测也。

青天白日，和风庆云，不特人多喜色，即鸟鹊且有好音。若暴风怒雨，疾雷闪雷，鸟亦投林，人亦闭户，乘戾之感至于此乎！故君子以太和元气为主。

颐卦：慎言语、节饮食。然口之所入者，其祸小；口之所出者，其罪多。故鬼谷子云：口可以饮，不可以言。

吴俗：坐定辄问新闻。此游闲小人入门之渐，而是非媒孽交构之端

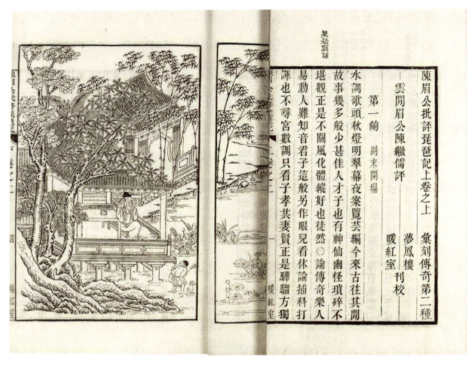

（明）陈继儒《陈眉公批评琵琶记》，民国间刘世珩暖红室刻本

也。地方无新闻，可说此便是好风俗、好世界。盖讹言之讹字，化其言而为讹也。

富贵功名，上者以道德享之，其次以功业当之，又其次以学问识见驾驭之，其下不取辱则取祸。

天下容有曲谨之小人，必无放肆之君子。

人有好为清态而反浊者；有好为富态而反贫者；有好为文态而反俗者；有好为高态而反卑者；有好为淡态而反浓者；有好为古态而反今者；有好为奇态而反平者。吾以为不如混沌为佳。

人定胜天，志一动气，则命与数为无权。

偶谭司马温公《资治通鉴》，且无论公之人品、政事，只此闲工夫何处得来？所谓君子乐得其道，故老而不为疲也，亦只为精神不在嗜好上分去耳。

捏造歌谣，不惟不当作，亦不当听，徒损心术，长浮风耳。若一听之，则清净心田中，亦下一不净种子矣。

人之嗜名节、嗜文章、嗜游侠，如嗜酒然，易动客气，当以德性消之。

有穿麻服白衣者，道遇吉祥善事，相与牵而避之，勿使相值其事，虽小其心则厚。

田鼠化为鴽，雀入大海化为蛤，虫鱼且有变化，而人至老不变何哉？故善用功者，月异而岁不同，时异而日不同。

好谭闺门及好谈乱者，必为鬼神所怒，非有奇祸则有奇穷。

有济世才者，自宜韬敛，若声名一出，不幸而为乱臣贼子所劫，或不幸而为权奸佞幸所推，既损名誉，复掣事几。所以《易》之"无咎无誉"，庄生之才与不才，真明哲之三窟也。

不尽人之情，岂特平居时？即患难时人求救援，亦当常味此言。

俗语近于市，纤语近于娼，诨语近于优，士君子一涉此，不独损威，亦难迓福。

人之交友，不出趣味两字。有以趣胜者，有以味胜者，有趣味俱乏者，有趣味俱全者。然宁饶于味，而无宁饶于趣。

天下惟五伦施而不报，彼以逆加，吾以顺受，有此病自有此药，不必较量。

罗仲素云：子弑父，臣弑君，只是见君父有不是处耳。若一味见人不是，则兄弟、朋友、妻子，以及于童仆、鸡犬，到处可憎，终日落嗔火坑堑中，如何得出头地？故云：每事自反，真一帖清凉散也。

小人专望人恩，恩过不感；君子不轻受人恩，受则难忘。

好义者往往曰义：愤曰义，激曰义，烈曰义。侠得中则为正气，太过则为客气。正气则事成，客气则事败。故曰：大直若曲。又曰：君子义以为质，礼以行之，逊以出之。

水到渠成，瓜熟蒂落。此八字受用一生。

医以生人而庸工以之杀人，兵以杀人而圣贤以之生人。

人之高堂华服，自以为有益于我，然堂愈高，则去头愈远；服愈华，则去身愈外。然则为人乎？为己乎？

神人之言微，圣人之言简，贤人之言明，众人之言多，小人之言妄。

欲见古人气象，须于自己胸中洁净时观之。故云：见黄叔度使人鄙吝尽消。又云：见鲁仲连、李太白使人不敢言名利事。此二者亦须于自家体贴。

泛交则多费，多费则多营，多营则多求，多求则多辱，语不云乎以约失之者鲜矣，当三复斯言。

徐主事好衣白布袍，曰：不惟俭朴，且久服无点污，亦可占养。

留七分正经以度生，留三分痴呆以防死。

晦翁云：天地一无所为，只以生万物为事。人念念在利济，便是天地了也。故曰：宰相日日有可行的善事，乞丐亦日日有可行的善事，只是当面蹉过耳。

夫衣食之源本广，而人每营营苟苟以狭其生；逍遥之路甚长，而人每波波急急以促其死。

士君子不能陶镕人，毕竟学问中火力未透。

人心大同处，莫生异同。大同处即是公论，公论处即是天理，天理处即是元气，若于此处犯手者，老氏所谓勇乎，敢则杀也。

孔子曰：斯民也，三代之所以直道而行也。不说士大夫独拈民之一，字却有味。

后辈轻薄，前辈者往往促算何者。彼既贱，老天岂以贱者赠之。

有一言而伤天地之和，一事而折终身之福者，切须检点。

人生一日或闻一善言，见一善行，行一善事，此日方不虚生。

王少河云：好色、好斗、好得，禽兽别无所长，只长此三件，所以君子戒之。

静坐以观念头起处如主人坐堂中看有甚人来自然酬答不差。

人鸟不乱行，人兽不乱群。和之至也。人乃同类而多乖睽，何与？故朱子云：执拗乖戾者，薄命之人也。

得意而喜，失意而怒，便被顺逆差遣，何曾作得主？马牛为人穿着鼻孔，要行则行，要止则止。不知世上一切差遣得我者，皆是穿我鼻孔者也。自朝至暮，自少至老，其不为马牛者几何哀哉！

世乱时忠臣义士尚思做个好人，幸逢太平复尔温饱，不思做君子，更何为也？

凡奴仆得罪于人者，不可恕也，得罪于我者，可恕也。

富贵家，宜劝他宽；聪明人，宜劝他厚。

天下惟圣贤收拾精神，其次英雄，其次修炼之士。

醉人胆大，与酒融浃故也。人能与义命融浃，浩然之气自然充塞，何惧之有！

会见贤人君子而归，乃犹然故吾者，其识趋可知矣。

出言须思省，则思为主，而言为客，自然言少。

只说自家是者，其心粗而气浮也。

一人向隅，满堂不乐；一人疾言，遽色怒气噤人，人宁有怡者乎？

士大夫不贪官，不受钱。一无所利济以及人，毕竟非天生圣贤之意。盖洁己好修，德也；济人利物，功也。有德而无功可乎？

未用兵时全要虚心用人，既用兵时全要实心活人。

孔子畏大人，孟子藐大人，畏则不骄，藐则不谄，中道也。

少年时每思成仙作佛，看来只是识见嫩耳。

薄福者，必刻薄，刻薄则福益薄矣；厚福者，必宽厚，宽厚则福益厚矣。

进善言，受善言，如两来船，则相接耳。

人不易知然，为人而使人易知者，非至人亦非真豪杰也。黄河之脉，伏地中者万三千里，而莫窥其际，器局短浅为世所窥，丈夫方自愧不暇，而暇求人知乎？

能受善言，如市人求利，寸积铢累，自成富翁。

扫杀机以迎生气，修庸德以来异人。

金帛多，只是博得，垂死时，子孙眼泪少，不知其他，知有争而已。金帛少，只是博得，垂死时，子孙眼泪多，亦不知其他，知有亲而已。

喜时之言多失信，怒时之言多失体。

以举世皆可信者终君子也，以举世皆可疑者终小人也。

古人重侠肠傲骨，曰：肠与骨非霍霍，簸弄口舌，耸作意气而已。郭解陈遵议论长依名节。

人不可自恕，亦不可使人恕我。

用人宜多，择友宜少。

不可无道心，不可泥道貌，不可有世情，不可忽世相。

心逐物曰迷，法从心曰悟。

后生辈胸中落，意气两字，则交游定不得力落；骚雅二字，则读书定不深心。

古之宰相舍功名以成事业，今之宰相既爱事业又爱功名；古之宰相如聂政涂面抉皮，今之宰相有荆轲生劫秦王之意，所以多败。

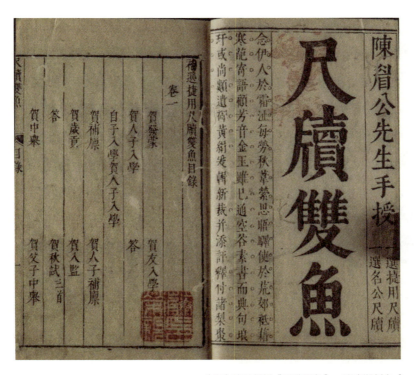

福建提用尺牍双鱼目录

卷一

贺发蒙

贺人子入学

　　答

自子入学贺入子入学

贺补廪

贺岁贡

　　答

贺中举

尺牍双鱼

贺友入学

贺人子入学

贺人子补廪

贺入监

贺秋武三首

贺父子中举

陳眉公先生手授
尺牘雙魚

選提用尺牘
選名公尺牘

念伊人於霜涯每勞秋葦縈思眺躡使於荒郊祇蕃
寒葭寄語頔芳音金玉雕巴通空谷素書而興句琅
环或尚題遺简黄緗发鬋新裁并添許穉付諸梨束

（明）陈继儒辑《尺牍双鱼》，明晚期刻本

周顗与何胤书云：变之大者莫过死生，生之重者，无逾性命，性命于彼甚切，滋味在我可轻。故酒肉之事莫谈，酒肉之品莫多，酒肉之友莫亲，酒肉之僧莫接。

嗜异味者，必得异病；挟怪性者，必得怪证；习阴谋者，必得阴祸；作奇态者，必得奇穷。庄子一生放旷，却曰：寓诸庸原跳不出中庸二字也。

待富贵人不难，有礼而难有体；待贫贱人不难，有恩而又难有礼。

怜才二字，我不喜闻。才者当怜人，宁为人所怜？邵子曰：能经纶天下之谓才。

闭门即是深山，读书随处净土。

孔子云：天生德于予，桓魋其如予何？盖圣人之气不与兵气合，故

（明）陈继儒《云山幽趣图》

知其不害于桓雠。今人懒习文字者，由其气不与天地之气及圣贤之清气合，故不得不懒也。

《陈眉公先生全集》

解读

《安得长者言》是陈继儒对社会、对人生的具有另类思考和辩证解读的一本劝世书。陈继儒一生秉承的做人理念是：真诚和随性，他不虚伪、不掩饰，因为心诚无伪，也因为不追求富贵利达，虽然他游离于山林和俗世，周旋于学者和达官贵人，但思想绝不受其左右，如莲花出于污泥而不染。所以，他的观点总是另类而深刻，也总是一针见血而直刺弊端。

作为一个隐居的名人，在漫长的几十年间，陈继儒曾一直在经营佘山精舍，构建读书台、顽仙庐、磊轲轩等。晚年仍不断增添亭台楼轩等构建，五十七岁筑水边林下，五十八岁为道庵，六十一岁造老是庵，六十二岁建代笠亭，六十六岁盖笤帚庵，七十岁在凤凰山茸精舍来仪堂。除偶尔出游外，他日常就隐居于佘山，或听泉、试茶，或踏落梅、坐蒲团，或山中采药，或村头戏鱼，更多地追求一种世俗生活的朴实、宁静、温馨的山居生活。《安得长者言》一书是他游学四方的所见所闻，研读经史子传的思考和感悟。文字朴实无华，空灵自然，信马由缰，娓娓道来。特别是，在书中，他发表的言论针对性和批判性都很强，如"闭门即是深山，读书随处净土"，"待富贵之人不难有礼，而难有体；待贫贱之人不难有恩，而难有礼"，"用人宜多，择友宜少"，"用人多多益善，交友应该少而精"，"留七分正经以度生，留三分痴呆以防死"，"救荒不患无奇策，只患无真心，真心即奇策也"，"闻人善则疑之，闻人恶则信之，此满腔杀机也"。比如他关于贪官清官，说"士大夫不贪官，不受钱，一无所利济以及人，毕竟非天生圣贤之意。盖洁己好修，德也；济人利物，功也。有德而无功，可乎？"如果为官只是不贪污，但却无作为，有德无功，那这当官的不就是泥塑的佛像吗？如"人当有忧国之心，不当有忧国之语"，都有很强的针对性。

陈继儒《岩栖幽事》：必出世者方能入世，必入世者方能出世

香令人幽，酒令人远，石令人隽，琴令人寂，茶令人爽，竹令人冷，月令人孤，棋令人闲，杖令人轻，水令人空，雪令人旷，剑令人悲，蒲团令人枯，美人令人怜，僧人令人淡，花令人韵，金石令人古。

人有一字不识而多诗意，一偈不参而多禅意，一勺不濡而多酒意，一石不晓而多画意，淡宕故也。

《多少箴》，不知何人所作，其词云：少饮酒，多啜粥；多茹菜，少食肉；少开口，多闭目；多梳头，少洗浴；少群居，多独宿；多收书，少积玉；少取名，多忍辱；多行善，少干禄；便宜勿再往，好事不如无。

山居胜于城市，盖有八德：不责苛礼，不见生客，不混酒肉，不竞田宅，不问炎凉，不闹曲直，不征文遣，不谈仕籍。如反此者，是饭侩牛店，贩马驿也。

真人面前莫弄假，痴人面前莫说梦。

苏子由云："多疾病，刚学道宜；多忧患，则学佛宜。以肉食无公卿福，以血食无圣贤德。"然则何居而后可？曰：随常而已。

洪崖跨白驴，驴名积雪。其诗云："下调无人采，高心又被嗔，不知时俗意，教我若为人。"黄山谷自题像云："前身寒山子，后身黄鲁直。颇遭时人恼，思欲入石壁。"

余谓"有古语云：上士闭心，中士闭口，下士闭门。我操中下法，庶几免乎？"

海味不咸，蜜饯不甜，处士不傲，高僧不禅，皆是至德。

有儿事足，一把茅遮屋。若使薄田不熟，添个新生黄犊。闲来也教儿孙，读书不为功名。种竹浇花酿酒，世学闭户先生。右调《清平乐》，余醉中付儿曹，以为家券。

宣和时，酒店壁间有诗云：是非不到钓鱼处，荣辱常随骑马人。

李北海书，当时便多法之。北海笑云：学我者拙，似我者死。

黄山谷常云：士大夫三日不读书，自觉语言无味，对镜亦面目可憎。米元章亦云：一日不读书，便觉思涩。想古人未尝片时废书也。

人无意，意便无穷。

陆平翁《燕居日课》云："以书史不园林，以歌咏为鼓吹，以理义为膏粱，以著述为文绣，以诵读为菑畬，以记问为居积，以前言为师友，以忠信笃敬为修持，以作善降祥为因果，以乐天知命为西方。"以金石鼎彝竹简之古文，可以正六书；以六书之字画，尚可正六经之讹字。

韩退之诗云："居间食不足，多官力难任。两事皆害性，一生常苦心。"子瞻诗云："家居妻儿号，出仕猿鹤怨。未能逐十一，安敢抟九万。"二公犹不能徘徊于进退之间。其后退之迷雪于衡山，子瞻望日于儋海，回视阖户拥衾，箪瓢藜藿，不在天上乎？故《考槃》诗云："独寐寤言，永矢弗谖。"

李之彦云："尝玩钱字旁，上着一戈字，下着一戈字，真杀人之物不悟也。"然则而两戈争贝，岂非贱乎！

吾子彦所述书室中修行法："心闲手懒，则观法帖，以其字可逐字放置也；手闲心懒，则治迂事，以其可作可止也；心手俱闲，则写字作诗文，以其可兼济也；心手俱懒，则坐睡，以其不强役于神；心不定，宜看诗及杂短故事，以其易于见意，不滞于久也；心闲无事，宜看长篇文字，或经注，或史传，或古人文集，此又甚宜于风雨之际，及寒夜也。"又曰："手冗心闲，则思；心冗手闲，则卧；心手俱闲，则着书作字；心手俱冗，则思早毕其事，心宁吾神。"

小儿辈不可以世事分读书，当令以读书通世事。

着棋不若抄书，谈人过不若述古人佳言行。

读史要耐讹字，正如登山耐歹路，踏雪耐危桥，闲居耐俗汉，看花耐恶酒，此方得力。

洞庭张山人云：山顶泉，轻而清；山下泉，清而重；石中泉，清而甘；沙中泉，清而冽；土中泉，清而厚。流动者长于安静，负阴者胜于向阳。山削者泉寡；山秀者有神。真源无味，真水无香。

与其结新知，不若敦旧好。与其施新恩，不若还旧债。

邵尧夫云：但看花开落，不言人是非。

掩户焚香，清福已具。如无福者，定生他想。更有福者辅以读书。

仇山村诗云：艰危颇得文章力，嫁娶各随男女缘。又云：无求莫问

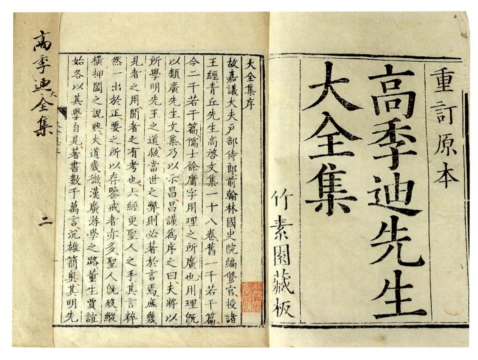

（明）高启《高季迪先生大全集》，清康熙间许氏竹素园精写刻本

朝廷事，有耻难交市井人。

东坡《乙帖》云："仆行年五十始知作活，大要是悭耳。而文以美名，谓之俭素，然侪为之。则不类俗人。"真可谓淡而有味者。诗云："不戢不难，受福不那。"口体之欲，何穷之有，每加节俭，亦是惜延福寿之道，住京师宜用此策也。余以为山林人，此策尤不可少。

莫言婚嫁早，婚嫁后，事不少；莫言僧道好，僧道后，心不了。唯有知足人，鼾鼾直到晓；唯有偷闲人，憨憨直到老。

傅大士云：宽着肚皮须忍辱，放开眉眼任从它。

读书当如斗草，遇一样采一样，多一样斗一样。

《陈眉公先生全集》

解读

《岩栖幽事》是陈继儒站在俗世之外俯瞰俗世而进行的深层次思考，其中既有摘录他人警言名句的，也有自己思考的真知。虽然全书内容有出世和消极无为的趋向，但他对人生处世的点拨和批判是很经典和到位的，如录的《多少箴》，"几多几少"就非常经典；如灵的宣和时酒店壁间诗，"是非不到钓鱼处，荣辱常随骑马人"就很现实；关于真正的道德高人，他以"海味不咸，蜜饯不甜，处士不傲，高僧不禅"做比喻，就很贴切；如摘抄"但看花开落，不言人是非"句，可谓是多少官途俗世人的深切体会。

吴从先《小窗自记》：万事皆易满足，惟读书终身无尽

参禅贵有活趣，不必耽于枯寂。客有耽枯寂者，余语之云：瘦到梅花应有骨，幽同明月且留痕。

侠之一字，昔以之加意气，今以之加挥霍，只在气魄气骨之分。

志要豪华，趣要淡泊。

万事皆易满足，惟读书终身无尽。人何以"不知足"一念加之书。

存心有意无意之妙，微云淡河汉；应世不即不离之法，疏雨滴梧桐。

以看世之青白眼，转而看书，则圣人之真见识；以论人之雌黄口，转而论史，则左狐之真是非。

眉公云：闭户即是溪山。嗟呼！应接稍略，遂来帝鬼之讥；剥啄无时，难下葳蕤之锁。言念及此，入山唯恐不深。

眉公曰：多读一句书，少说一名话。余曰：读得一句书，说得一

（明）吴彬《高山流水图》

句话。

夫处世至此时，笑啼俱不敢；论文于我辈，玄白总堪嘲。

贫贱骄人，傲骨生成难改；英雄欺世，浪语必多不经。

多方分别，是非之窦易开；一味圆融，人我之见不立。上可陪玉皇大帝，下可以陪卑田乞儿。

人如成心畏惧，则触处畏途。如满奋坐琉璃屏内，四布周密，犹有风意。

良心在夜气清明之候，真情在箪食豆羹之间。故以我索人，不如使人自反；以我攻人，不如使人自露。

投好太过，丑态毕呈；效颦自怜，真情反掩。试观广眉，争为半额，楚宫至今可憎。

曹仓邺架，墨庄书巢，虽抉秘于琅嬛，实探星于东壁。人文固天文相映，拥书岂薄福所能。

无欲者其言清，无累者其言达。口耳异入，灵窍忽启。故曰不为俗情所染，方能说法度人。

人生顺境难得，独思从愿之汉珠；世间尤物易倾，谁执击人之如意？

人谓胸中自内丘壑，方可作画。余曰：方可看山，方可作文。

　　《盗跖篇》曰："不耕而食，不织而衣，摇唇鼓舌，妄生是非。"故知无事之人，好生是非。

　　当厄之与，易于见德；反时之泽，谓之乘机。庚子山曰："舟楫无岸，海若为之反风；荞麦将枯，山灵为之出雨。"语极豁达。

　　颜之推《勉学》一篇，危语动人，录置案头，当令神骨竦惕，无时敢离书卷。

　　赏识既缪，不知天下有真龙；学力一差，徒与世人讥画虎。要之体认得力，自然下手有方。

（明）谢时臣《太行晴雪图》

落落者难合，一合便不可分；欣欣者易亲，乍亲忽然成怨。故君子之处世也，宁风霜自挟，无宁鱼鸟亲人。

可与人言无二三，鱼自知水寒水暖；不得意事常八九，春不管花落花开。

事到全美处，怨我者不能开指摘之端；行到至污处，爱我者不能施爱护之法。

四海和平之福，只在随缘；一生牵惹之劳，止因好事。

尘中物色，要加于人所至忽之辈，而鉴赏始玄；物外交游，当勘于心情易动之时，而根器始定。

古人敦旧好，遗簪遗履之事，悠然可思；今日重新欢，指天指日之盟，泛焉如戏。岂特愧夫乘车戴笠，亦且见笑于白犬丹鸡。

贫富之交可以情谅，鲍子所以让金；贵贱之间易以势移，管宁所以割席。

物色有先机，曾教染衣之柳汁；文章有定数，豫传照镜之芙蓉。

铄金之口，策善火攻，不知入火不焦者，有火浣之布；溃川之手，势惯波及，不知入水不濡者，有利水之犀。

买赋之金，多不为贪；连城之璧，售不为炫。盖千金可买一字，而一字关人荣辱，即千金不能酬；十五城可换一璧，而一璧系国重轻，即十五城不能抵。

得不偿失者，弹雀之隋珠；物重于人者，换马之爱妾。是皆颠倒于一念，遂难语以情之正也。

众醉独醒，固足自高，而十锦一褐，必为众厉。不观之饮狂泉者乎？举国之人皆狂，国王纵穿井以饮，不能无恙也。噫，吾深为振俗超类者危也。

矫言移去阿堵，有钱之念未融；婉称非复阿蒙，无人之目易转。

论名节，则缓急之事小；较生死，则名节之论微。但知为饿夫以采南山之薇，不必为枯鱼以需西江之水。

儒有一亩之宫，自不妨草茅下贱；士无三寸之舌，何用此土木形骸。

天下非至奇至怪，至诞至僻之人，则经常不正。故曰：不可无一，不能有二。

侈汰出于无用，不特暴殄天物，亦且何与快事？不见羊琇之兽炭，石崇之蜡薪乎？欲极奢华，反觉痴绝。

由少得壮，由壮得老，世路渐分明；丝不如竹，竹不如网，人情倍为亲切。

随缘说法，自有大地众生；作戏逢场，原非我辈本分。

凡天下可怜之人，皆不自怜之人，故曰无为人所怜；凡天下可爱之物，皆人所共爱，故曰不夺人所好。

以货财害子孙，不必操戈入室；以学术杀后世，有如按地伏兵。

慧心人专用眼语，浅衷者常以耳食。

汤若士《牡丹亭序》云："夫人之情，生而不可死，死而不可生者，皆非情之至者。"又云："事之所必无，安知情之所必有。"情之一字遂足千古，宜为海内情至者惊服。

荀爽谒李膺，以得御为喜；曹嵩迎赵咨，以不得见为天下笑。识者鄙其声名之相取。

天下最易渐染者，莫如衣冠语言之习。不唯贤者不免，贤者殆甚。盖贤者过之，一切新奇，正投所好耳。故晏子之卜居，孟氏之结邻，未论唇齿相依，先在面目可对。宋季雅曰："一百万买宅，千万买邻。"庶获我心。不则如诗所称"连林人不觉，独树众乃奇。"太自矜立矣。

问性何以习移？曰："北人便马，南从便船。"岂山川之利，生有所偏，从境所安，因而成性。

多情者不可与定媸妍，多谊者不可与定取与，多气者不可与定雌雄，多兴者不可与定去住，多酣者不可与定是非。

世情熟，则人情易流；世情疏，则交谊易阻。甚矣，处世之难。

必出世者方能入世，不则世缘易堕；必入世者方能出世，不则空趣难持。

赵州和尚提刀，达摩祖师面壁，总之一样法门，工夫各自下手。

名病太高，才忌太露。自古为然，于今为甚。

问调性之法，曰急则佩韦，缓则佩弦；问谐情之法，曰水则从舟，陆则从车。

读书可以医俗，作诗可以遣怀。有多读书而莽然，多作诗而戚然者，将致于诗书，抑致于疑于人？

绝好看的戏场，姊妹们变脸；最可笑的世事，朋友家结盟。呜呼！世情尽如此也。作甚么假，认甚么真，甚么来由，作腔作套，为天下笑。看破了都是扯淡。

说不尽山水好景，但付沉吟；当不起世态炎凉，唯有哭泣。

胸中不平之气，就倩山禽；世上叵测之机，藏之烟柳。

琴以不鼓为妙，棋以不着为高。示朴藏拙，古之至人。

英雄未展之雄图，假糟丘为霸业；风流不尽之余韵，托花谷为深山。

生平卖不尽是痴，生平医不尽是癖。汤太史云：人不可无癖。袁石公云：人不可无痴。则痴正不必卖，癖亦不必医也。

声色货利，原以为事成世界；清真淡泊，别以天道为法身。

先儒谓良心在夜气清明之候，予以真学问亦不越此时。

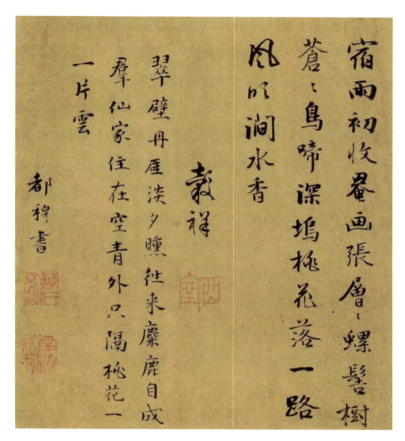

（明）都穆、王穀祥《书法手札》。识文：其一，宿雨初收罨画张，层层螺髻树苍苍。鸟啼深坞桃花落，一路风明涧水香。穀祥。其二，翠壁丹崖淡夕曛，往来麋鹿自成群。仙家住在空青外，只隔桃花一片云。都穆书。

　　问人情何似？曰：野水多于地，春山半是云。问世事何似？曰：马上悬壶浆，刀头分顿肉。

　　纵意之釂笑，成千古之忧；游口之春秋，中一生之毒。

　　不作好，不作恶，随地是选佛之场；应似马，应似牛，到处有游仙之乐。

　　才人经世，能人取世，晓人逢世，名人垂世，高人出世，达人玩世。宁为随世之庸愚，无为欺世之豪杰。

天下无不好谀之人，故谄之术不穷；世间尽是善毁之辈，故谗之路难塞。

任你极有见识，着得假，认不得真；随你极有聪明，卖得巧，藏不得拙。

大将不会行兵，空有十万犀甲；饱学不能运笔，徒烦两脚书厨。

伤心之事，即懦夫亦动怒发；快心之举，虽愁人亦开笑颜。

大屈大伸，张子房之拾履；微恩重报，韩王孙之致金。

是技皆可成名，天下唯无技之人最苦；片技即足自立，天下唯多技之人最劳。

千载奇逢，无如好书相遇；一生清福，无如幽事相仍。

有天外之片心，然后有惊人之奇句。

世路如此多歧，人情不甚相远。君子贵以同情齐世。

语云：调高和寡。夫调中疾徐抑扬之节，自足赓歌，何必求和，乃至云寡？况玄赏未已，高山流水之奏，不以子期死而绝响也。吁！可以慰矣。

怀多磊落，眉宇便是不同；性倘矜高，调笑得无太恶。

傲骨、侠骨、媚骨，即枯骨可致千金；冷语、隽语、韵语，即片语亦重九鼎。

三不朽：立德、立功、立言，今人操何术以行己？三大统：尚忠、尚文、尚质，今世遵何道以雄风？

贤人杂愚人而不惊，乃为真贤；愚人介贤人而不乱，乃为真愚。不则不致鸟之高飞，则致鸟之乱群矣。

求险中之胜者，必有幸中之险；希法外之恩者，不免恩外之法。

造物可愚弄人，必不能愚弄豪杰。

礼法中大辟，前倨而后恭；世路上重刑，貌陋而心险。

议生草莽无轻重，论到家庭无事非。

善论人者，先勘心事，然后论行事。要如古圣贤求忠臣孝子之苦心，斯真人品不以迹蒙，伪人品不以事袭。

圣贤不白之忠，托之日月；天地不平之气，托之风雷。

支离狂悖，千古不醒之醉也；颠倒颇僻，一生不起之病也。

如使善必福，恶必祸，则天下之报太浅；如使贤必举，愚必措，则人之得失甚平。天人不可测如此。

武士无刀兵气，书生无寒酸气，女郎无脂粉气，山人无烟霞气，换出一番世界，便为世上不可少之人。

天下固有父兄不能囿之豪杰，必无师友不可化之愚蒙。

买笑易，买心难。

清恐人知，奇足自赏。

鬼好揶揄，有影还须自爱；人丛睥睨，无情但听相尤。

"怜"之一字，吾不乐受，盖有才而徒受人怜，无用可知。"傲"之一字，吾不敢矜，盖有才而徒以资傲，无用可知。

今天下道之不行也，我知之矣，愚者过之，知者不及也。道之不明也，我知之矣，不肖者过之，贤者不及也。圣人复起，不易吾言。

立言贵有实际，驾高论，影响自疑。焦太史云："身居一室，而指顾寰海之图，家盖屡空，而侈谈崇高之奉。"有旨哉！

快欲之事，莫若饥餐；适情之时，莫过甘寝。求多于情欲，即侈汰亦茫然。

唯天下无各尽之道，所以有交贵之势。譬如子尽孝，弟尽敬，各有当然，不必以慈爱招也。世尽认为交尽之理，所以相责而相报也。夫道，岂为相报设哉？

点破无稽不根之论，只须冷语半言；看透阴阳颠倒之行，唯此冷眼一只。

防细民之口易，防处士之口难；得丘民之心易，得游士之心难。七国所以惧横议，暴秦所以下逐客。然而议固从惧起者也，乘其惧，益其横，一听之于自然，则不攻而自消。客固从逐而生事者也，严其逐，何处不可游，一与之为各适，则不逐而自安。

君子之狂，出于神；小人之狂，纵于态。神则共游而不觉，态则触目而生厌。故箕子之披发，灌夫之骂座，祸福不同，皆狂所致。

得意不必人知，兴来书自圣；纵口何关世议，醉后语犹颠。

天下万事不及古人，独谄佞不多于小人，骄吝不多于君子，直道而行，可以慰夫子三代之思也。

异宝秘珍，总是必争之物；高人奇士，多遗不祥之名。不如相安于寻常，受天地清平之福。

《四库全书》

解读

吴从先，字宁野，号小窗，明南直隶常州府人氏，约生于明嘉靖年间，卒于明崇祯末。关于他的事迹历史上载述不多。他曾与明末文人陈继儒等交游，毕生博览群书，醉心著述。其友吴逵云："宁野为人慷慨淡漠，好读书，多著述，世以文称之；重视一诺，轻挥千金，世以侠名之；而不善视生产，不屑争便径，不解作深机，世又以痴目之。"（《小窗清纪·序》）可见其为人豪爽重义，而又洒脱纯真。平日好为俳谐杂说及诗赋文章，颇有影响。著有《小窗自纪》四卷、《小窗艳纪》十四卷、《小窗清纪》五卷、《小窗别纪》四卷，均收录于《四库总目》并传于世。

《小窗自纪》原书四卷，明万历年间有刻本行世。全书数百则，洋洋洒洒，舒展自如，议论的范围几乎涵盖了人生的各个方面，于平淡中作惊人之语，在清新疏朗的字句中寄寓着深刻的哲理。吴从先对世俗人情的论述可谓入木三分、一语中的，如读书，写道"万事皆易满足，惟读书终身无尽"；如区别君子小人之狂态，说"君子之狂，出于神；小人之狂，纵于态"；关于出世入世，写道："必出世者方能入世，不则世缘易堕；必入世者方能出世，不则空趣难持"；说到可怜人，认为"凡天下可怜之人，皆不自怜之人，故曰无为人所怜"；等等。这些奇妙高论，不仅反映出作者的不俗气质和不羁之思想，也反映出作者的过人观察力和深刻的思辨能力，而不随人云亦云。

吴麟征《家诫要言》: 进学莫如谦，立事莫如豫，持己莫若恒，大用莫若畜

进学莫如谦，立事莫如豫，持己莫若恒，大用莫若畜。

毋为财货迷，毋为妻子蛊，毋令长者疑，毋使父母怒。

争目前之事，则忘远大之图；深儿女之怀，便短英雄之气。

多读书则气清，气清则神正，神正则吉祥出焉，自天佑之；读书少则身暇，身暇则邪间，邪间则过恶作焉，忧患及之。

通三才之谓儒，常愧顶天立地；备百行而为士，何容恕己责人。

知有己不知有人，闻人过不闻己过，此祸本也。故自私之念萌则铲之，谗谀之徒至则却之。

邓禹十三杖策干光武，孙策十四为英雄，所忌行步殆不能前。汝辈碌碌事章句，尚不及乡里小儿。人之度量相越，岂止什伯而已乎!

师友当以老成庄重、实心用功为良，若浮薄好动之徒，无益有损，断断不宜交也。

（明）王绂《秋林醉归图》

方今多事，举业之外，更当进所学。碌碌度日，少年易过，岂不可惜。

秀才本等，只宜暗修积学，学业成后，四海比肩。如驰逐名场，延揽声气，爱憎不同，必生异议。

秀才不入社，作官不入党，便有一半身分。

熟读经书，明晰义理，兼通世务。世乱方殷，八股生活，全然岭淡。农桑根本之计，安稳著数，无如此者。诗酒声游，非今日事。

才能知耻，即是上进。

鸟必择木而栖，附托非人者，必有危身之祸。见其远者大者，不食邪人之饵，方是二十分识力。

男儿七尺，自有用处，生死寿夭，亦自为之。

语云：身贵于物。汲汲为利，汲汲为名，俱非尊生之术。

人心止此方寸地，要当光明洞达，直走向上一路。若有龌龊卑鄙襟怀，则一生德器坏矣。

立身无愧，何愁鼠辈。

"打扫光明一片地"，囊贮古今，研究经史，岂可使动我一念。此七字真经也。

功名之上，更有地步，义利关头，出奴入主，间不容发。

少年作迟暮经营，异日决无成就。

少年人只宜修身笃行，信命读书，勿深以得失为念，所谓得固欣然，败亦可喜。

对尊长全无敬信，处朋侪一味虚骄，习惯既久，更一二十年，当是何物？

交游鲜有诚实可托者，一读书则此辈远矣，省事省罪，其益无穷。

人品须从小作起，权宜苟且诡随之意多，则一生人品坏矣。

制义一节，逞浮藻而背理害道者比比，大抵皆是年少，姑深抑之。吾所取者，历练艰苦之士。

多读书达观今古，可以免忧。

立身作家读书，俱要有绳墨规矩，循之则终身可无悔尤。我以善病，少壮懒惰，一旦当事寄，虽方寸湛如，而展拓无具，只坐空疏卤莽，秀才时不得力耳。

士人贵经世，经史最宜熟，工夫逐段作去，庶几有成。

器量须大，心境须宽。

切须鼓舞作第一等人勾当。

真心实作，无不可图之功。

不合时宜，遇事触忤，此亦一病。多读书则能消之。

忠信之礼无繁，文惟辅质；仁义之资不匮，俭以成廉。

莫道作事公，莫道开口是，恨不割君双耳朵，插在人家听非议；莫恃筑基牢，莫恃打算备，恨不凿君双眼睛，留在家堂看兴废。

家之本在身，佚荡者往往取轻奴隶。

家用不给，只是从俭，不可搅乱心绪。

四方兵戈云扰，乱离正甚，修身节用，无得罪乡人。

病只是用心于外，碌碌太过。

处乱世与太平时异，只一味节俭收敛，谦以下人，和以处众。

生死路甚仄，只在寡欲与否耳。

水到渠成，穷通自有定数。

待人要宽和，世事要练习。

四方衣冠之祸，惨不可言，虽是一时气数，亦是世家习于奢淫不道，有以召之。若积善之家，亦自有获全者。不可不早夜思其故也。

忧贫言贫，便是不安分，为习俗所移处。

孤寡极可念者，须勉力周恤。

厚朋友而薄骨肉，所谓务华绝根，非乎？戒之，戒之！

世变日多，只宜杜门读书，学作好人，勤俭作家，保身为上。

若身在事内，利害不容预计，尽我职分，余委之天而已。

家业事小，门户事大。

人心日薄，习俗日非，身入其中，未易醒寤。但前人所行，要事事以为殷鉴。

恶不在大，心术一坏，即入祸门。

本根厚而后枝叶茂，每事宽一分即积一分之福。揆之天道，证之人事，往往而合。

遇事多算计，较利悉锱铢，其过甚小，而积之甚大，慎之，慎之。

一念不慎，败坏身家有余。

世变弥殷，止有读书明理，耕织治家，修身独善之策。即仕进二字，不敢为汝曹愿之，况好名结交、嗜利召祸乎！

游谈损德，多言伤神，如其不悛，误己误人。

居今之世，为今之人，自己珍重，自己打算，千百之中，无一益友。

俗客往来，劝人居积，谀人老成，一字入耳，亏损道心，增益障蔽，无复向上事矣。

《丛书集成初编》

解读

吴征麟（1593~1644年），字圣生，一字耒皇，号磊斋。海盐（今浙江嘉兴）人。天启二年（1622年）进士，任建昌府推官时捉拿不法之徒，缉捕大盗，理政才干突出。后来进中央，任吏科给事中，累官太常少卿，敢于上言直谏。甲申年，李自成攻陷京师，他认为士大夫读书做人，国家灭亡之时，应该以身殉国，遂自杀。弘光朝谥忠节。著有《家诫要言》《忠节公遗集》。

在《家诫要言》中，吴征麟不是一般地要求孩子们做忠臣为孝子，而是上升到人生价值观角度，谆谆告诫子孙要以德为本、勤学立志、择友慎交、节俭持家，以"养祖宗元气，立一分人品"，要培养"英雄之气"，要做一个顶天立地的人，即所谓"男儿七尺，自有用处"，所以，他要求做人"器量须大，心境须宽"，勿汲汲于名利，"要打扫光明一片地"，同时，要求孩子们处乱世如何明哲保身，即"节俭收敛，谦以下人，和以处众"。

（清）黄均《山齐邀客图》

卷五 · 清朝民国

徐祯稷《耻言》：夫妻交市莫问谁益，兄弟交憎莫问谁直

徐斋曰："志道者，其始于遏欲乎？开畲者，诛莽；明镜者，刮翳。夫学亦求其害身心者去之尔，四勿三省渊舆，所以弗畔也夫。"

徐斋曰："清澹者，崇德之基也；忧勤者，建业之本也。古来无富贵之圣贤，无宴逸之豪杰。"

徐斋曰："士常使外不足，而中有余；常使华不逮，而实过之。是道也，以为德则积，以经业则立，以行于世则远。"

（清）徐祯稷《耻言》，清光绪三十二年南扶山房刻

或问于徐斋曰："为善者必得天乎？"曰："未也"。"为善者必得人乎？"曰："未也。夫为善易，积善难，士之于善也，微焉而不厌，久焉而不倦，幽隐无人知，而不间招世之疾，逢时之患而不变，是故

根诸心，诚诸言行，与时勉勉，不责其功夫，然后亲友信之，国人安之，而鬼神格之也。善积未至，其畴能与于斯乎？"

馀斋曰："事父母者莫善于顺，宜兄弟者莫善于让。故顺，孝之实也；让，友之本也。"

馀斋曰："荣华可耀而弗耀者，其神全也；目前可快而不快者，其规远也。故乔木无艳花，蕴火得久热。"

馀斋曰："《论语》者，讲学之祖乎？言理不离人事，言心不离天下，性与天道之言，盖罕之也。吾何敢言圣人所罕哉！"

里人有故宅，与匠师营之，潦集于堂，匠不顾，曰："易也，病在瓦。"左室宇挠，匠自牖瞯，曰："此病在栋，易之耳。"而后有楼岑如也，其体微欹，匠乃周视列础，蹙额曰："不可为也，病在基。"或告，馀斋曰："忠信孝友，是亦人之基已。"

馀斋曰："有为而不欲人知者，其致力也必毂，其进也必诣。"

馀斋曰："为论似迂，久而见征者，神其远也；始计若拙，究弗受悔者，识其深也。崇晦府君有之。"

馀斋曰："士有三不斗，毋与君子斗名，毋与小人斗利，毋与天地斗巧。"

馀斋曰："君子不以忍让人。"或问："何谓也？"曰："惟君子也能忍人，为人所忍，其人何如？"

馀斋曰："谓我不信而诶我者，戏我也；谓我信而诶我者，愚我也。士不受人戏，亦不受人愚。"

问："无端之毁，忿可释乎？"馀斋曰："可。"曰："何如？"曰："奚伤？"问："失意之境忧，可解乎？"馀斋曰："可。"曰："何如？"曰："无益。"

馀斋曰："常以骨肉之合暌，征人家之隆废，不失者十九矣。故有子孙，莫先教以睦。夫均一则不妒，有定分则不争。习之以礼让，明之以大义，然后间言不入。呜呼！坚石数仞，楔则裂诸；金堤百丈，蚁则决诸。骨肉之衅，肇于微，成于积。慎之哉！"

馀斋曰："为家者，严非类，倍于严寇盗。寇盗贼财，非类贼人。财败可再营，人败难为也。故狎交邪客，子弟之贼；三姑六婆，中闺之贼。于此不严，恶乎用其严？"

或问："居室之道奚尊？"馀斋曰："其俭哉！俭以寡营，可以立身；俭以善施，可以济人。"

馀斋曰："人问先府君何以殆子孙？曰：'无累。'何以教子孙？曰：'自立。'故没躬不殖生产。"

馀斋曰："爱美材者，嫌刀斧之利乎？爱良金者，忌煅炼之猛乎？姑息之是徇，甘软之与处，爱子弟乎？"

馀斋曰："先见后虑，彻事终始，智之深者也；周详持固，事成不瑕，才之真者也。躁猛自才，狡察自智，吾与也乎？"

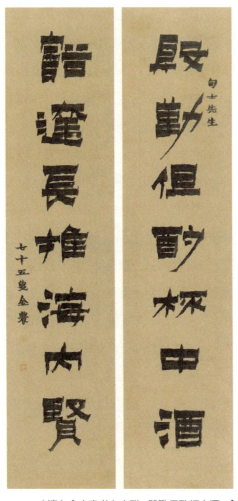

（清）金农隶书七言联：殷勤但酌杯中酒，豁达长推海内贤

徐斋曰："先子常言：于观人世久矣，天之报盈，尤速于其报恶也。夫处满招悔，不必大戾；为德自盈，犹将倾之。"

徐斋曰："人有言：'天道妒名而疾盈。'非妒名也，妒夫好名者；非疾盈也，疾夫怙盈者。故士名而不尸，盈而善持，天其保之。"

徐斋曰："噫！积委以传后，其医之传药者乎？"或曰："何谓也？"曰："上医传道不传方，下医传方不传药，医家之子不知道又不知方，而又药充舍，皆杀人之具也。"

徐斋曰："教之而信，必先有令人爱者；禁之而畏，必先有令人敬者。"

徐斋曰："患芽而莫之省也，乘于所快乎？难发而莫之收也，中于所狃乎？谚曰：安卧扬帆，不见石滩。靠天多幸，白日入阱。"

徐斋曰："士而多言，疾也；寡言，德也。尤慎四乘：夫乘怒而言将无激，乘快而言将无恣，乘醉而言将无乱，乘密昵而言将无尽。"

徐斋曰："言之不祥者有五：扬人失者，鸱鸮之言乎？构人衅者，风波之言乎？成人过者，毒酖之言乎？证人隐者，鬼贼之言乎？伤人心者，兵刃之言乎？"

《志》曰：海南有树，丛阴翳岩，析而薪之，烟不上炎，中春作葩，炜若错锦，承露而敷，日出即殒。土人见而薙之，名曰"翦树"。徐斋曰："人有材不益是用，则如无材；有文不垂世教，则如弗文，是翦树之类也。"

徐斋曰："遇显者而容改，貌恭也；谈嬻行而色动，心敬也。士欲令人貌恭乎？心敬乎？"

客徐斋曰："君子处世不辱其名，文中子以不辩止谤，谤固可受乎？"曰："士人言忠信，行笃敬，久而孚焉。一人谤之，众人不与也。夫一喙辩谤，则谤长，众不与谤，谤容不止乎？止谤之道，不在辩也。”

馀斋曰：“旷达之足尚也，以其中无俗韵乎？沂浴雩风，其人也。携色衔杯，名曰淫湎，不名旷达。”

馀斋曰：“有蠹之木，堪荷栋乎？有衅之舟，堪济远乎？利欲蠹之，荣名衅之，盖人之堪任道者鲜矣。”

馀斋曰：“居室而不俭者有五：奉先，一也；为逝者治棺椁，二也；为子弟敦师友，三也；疾求医药，四也：恤亲旧、周急乏，五也。亦称其力焉而已矣。”

馀斋曰：“故家遗风，在能存礼法，不在不失体势。”

馀斋曰：“曾晳之志，几于无欲矣。人有才易，无欲难。无欲后可与知几，知几后可与用世。此行藏所以独归颜氏也。以三子之才，而曰不知其仁，其未及者在斯乎？”

馀斋曰：“吾见仕宦而室不丰者，寡矣；吾见丰而不侈者，寡矣。显不可常，而习侈难反，故世家之能保者，寡矣。”

馀斋曰：“骤长之木，必无坚理；早熟之禾，必无嘉实。故为士者，遇不惮艰难，将以贞吾骨；成不嫌迟晚，将以厚吾才。”

或问“今天下用人之道，奚先？”馀斋曰：“先绝二疢。”“何谓二疢？”曰：“墨、竞。”“请益。”曰：“自近始。”

馀斋曰：“学者能高众也，毋以胜人；行标俗也，毋以绳人。免矣。”

馀斋曰：“独立之行，不徇流俗，然怨不可不恤也。高义之事，弗避小嫌，然累不可不虑也。”

馀斋曰：“方药非所以养也，然见方则识，遇药则储，惧夫疾而求之无及也，国之于戎亦若斯矣。”

或曰：“治敝固如治赢，去痰与火也，勿尽。”馀斋曰：“凡事不可不愍始也，至于藉痰与火以立命。悲夫！士不幸处此，谨养元气，以渐克焉，几可也。"

馀斋曰："以乖和竞让，征人世之德怨；以勤惰奢约，兆人家之成败；以盈损慎肆，卜人事之吉凶；以仁刻厚薄，推人福之悠促。譬如望丛求爵、循穴搜鼠，不获者盖寡矣。"

馀斋曰："世人谓行义者，其好名也；勤施者，其干福也。语云：'若避好名之嫌，则绝为善之路矣。'吾亦曰：若避干福之嫌，则绝济物之路矣。"

馀斋曰："易责人而乐讥俗，其亦弗思也已。夫己无遗行，后可责人；家罔阙事，后可讥俗。古人有言，吾暇乎哉？"

馀斋曰："制政，所以为民也。古者之政莫详于民事。盖田里、农桑以逮廛市，事为官，官为法，旦课而暮稽焉，故名各得而好不生。今壹废之，末政繁而本政隳矣，欲善治，其得诸？"

馀斋曰："居官一介不取易，一介不与难。然未能一介不与，而曰我能一介不取者，未之信也。"

馀斋曰："忍饥寒以厉操，难；不匮衣食而无苟得，易。故节勤者，养廉尚志之一助，非欲致赡。"

馀斋风于巴江，长年驭舟簸浪，色也夷然。馀斋问曰："子何巧而能静也？"对曰："小人与是舟周旋风涛二纪矣。夫风性也，江性也，舟之性也，心皆识之而身皆习之，识故弗疑，习故弗惊。吾何巧乎？亦何知吾静乎？"馀斋瞿然识之。

城南饶花圃，馀斋观焉，其树靡不端秀者。馀斋曰："奚而能若是也？"圃之人对曰："木始生甚柔，久则渐刚，吾汲其未刚也，绳之而直，规之而圆，经纬之而匀若一。其性不伤而成不觉，故能若是也。"又东邻菊，丛苗于西邻几半，曰："种异乎？"对曰："非也。东家治菊，必选花工之勤良者使之，主人身亲董焉。西家任不择人，主多他故，莫恒省也。"馀斋瞿然曰："吾闻言于场师，识教术焉。"

馀斋曰："仁，生理也。故卉木实中之含生者，命之仁。实即诚也，物之终始也。故卉木之既结，而又传生者，命之实。"

崇晦翁揭二语中堂，曰："圣贤诗书，总是义利之辨；宇宙事业，不过物我之平。"馀斋曰："天德王道，言约而尽矣。"

馀斋曰："先府君言士大夫常有五蔽：扬名、慕荣、进荣、进膻者，毁其名；尊生、厚享、受享、受过者，伐其生；怡神、寄玩、赏玩、赏侈者，撄其神。给事养僮仆、僮仆繁者，生其事；裕后求田舍、田舍广者，累其后。故全名存乎止足，保身存乎惜福，养性存乎寡欲，省事存乎简朴，传家存乎贻穀。"

（清）黄均《山齐邀客图》

浮屠氏日诵经为人祷福，或曰："何为己不如为人也？"馀斋曰："不然。夫福，虚也，而穑实也。以虚福易实穑，是为人不如为己也。"或曰："今若此者，独浮屠氏乎？"馀斋不答。

或问曰："为多营而善逐乎，毋宁懒矣；为柔附而媚容乎，毋宁傲矣。何如？"馀斋曰："营媚者，中人所羞；懒傲者，名士所托。宜有间也。虽然，托其名耳。士处季世，谧乎无容，将见懒焉；峥乎不挠，将见傲焉，非其实也。夫懒与傲，德之贼也，祸患之薮也，如之，何其可居也？"

馀斋曰："方壶府君不荐师，医亦不轻听人荐，曰：'师医者，兴替死生之所系也。'"

馀斋曰："实二而名一，则名立而不毁矣；行五而言三，则言出而亦寡矣。斯之谓有余地。"

馀斋曰："望焉而羡，至焉则厌。计日以期，涉艰不倦，嗜荣者之情与？得罔逊大，取罔遗小，乐可忘疲，多莫知饱，积贿者之情与？以嗜荣之心嗜学，以积贿之心积善，圣贤其远哉！涑水有言：如转户枢，在我而已。"

馀斋曰："论言于三代之下，不能不赏遍至者。论行于三代之下，不能不予独往者。若仇世以决志，矫心而赴名，则姑舍是。"

馀斋曰："有家者莫患乎昧大体而听小言。夫衅启于背语，而祸烈于传搆。若结妇妾之口，锢仆婢之唇，宜家将过半矣。"

馀斋曰："成事有三戒：气胜者偾，神浮者疏，言多者力不挚。大公以为见，气不期而平矣；远就以为谋，神不期而敛矣；践实以为功，言不期而括矣。故君子有不为，为必成；有不成，成必固。"

馀斋曰："谚云：'夜不号，捕鼠猫。'故当几者勿露。又云：'未雨轰轰，戽车莫停'，故成事者后言。"

馀斋曰："骨肉之伦，无忘亲厚而已矣。无忘也者，虽遇横逆，犹是也。弘而忍之之谓让，曲而联之之谓仁，潜移而默成之之谓圣。较则怨，怨则离，虽曲不自我，等之乎不祥。语曰：'夫妻交市，莫问谁益；兄弟交憎，莫问谁直。'此之谓也。"

馀斋曰："方壶府君有故人，语羡富贵。府君谓之曰：'君能求我，富贵何有？’其人愕然，请问，曰：‘观君饭蔬而袭布，饱暖匪乏矣；彼披锦列鼎者，于饱暖有加乎？然形孰与君逸，心孰与君闲，则君于富贵有余矣。吾故欲君反求其真我也。’友人怃然称善。"

馀斋曰："德高者归，言高者违，才高者雄，色高者穷，节高者服，气高者僇。故士崇其德而讷其言，丰其才而锄其色，励其节而平其气，故能成天下之大美。"

客挥越扇，其金烁然。或曰："今市善估，试涅以膏，迫以火。苟非真者，将黯焉以渝。"馀斋叹曰："吾于试金得试人焉。夫光华其表面，烁然于世者，非鲜也。利涅之而弗昏，势迫之而弗变，乃可信其真矣。"馀斋曰："常以除之晚侍先府君。炉炭初燃，童子鼓篷。先君曰：‘止。’少焉赤黑渐半，数举箸抑其焰，夜既久，充炉赤尽，白埃蒙生矣。先君顾曰：‘吾向抑之者，惧斯象之早见也。小子识之：无扬燎薪之火速尽，无益欹器之水速倾。’"

馀斋曰："庄生有言‘百里奚爵禄不入于心，故饭牛而肥’，兽牧犹然，矧伊民牧。今士潜而学，遇而行，爵禄之外，靡措心者，民之瘰宜哉。"

馀斋曰："人有能易，居所能难。不以能市利，士也乎哉！不以能市名，圣贤也乎哉！"

或问敬事，馀斋曰："毋忽而已矣。事无小而可易也，几无微而可玩也。故慎以虑始，毅以固终，豫以备卒，简以寡累，密以杜衅。谚曰：‘若欲不忙，浅水深防。若欲无伤，小怪大禳。’毋忽之谓也。"

馀斋曰："以器御器，助其波也。以薄报薄，分其过也。"

馀斋曰："为人日多暇，其生平当无过人者；为人日无暇，其生平当无过人者。方壶府君常诵之。"

馀斋曰："琢福之刃，莫铦于恃；保世之石，莫良于戒。"

馀斋曰："士之居身也，有廉隅，无铓角。其于世也，有仪范，无标帜。故道方而不乖，风操可宗而世不嫉。"

馀斋曰："强不可得众，而弱者得之。以独强，以来强，孰胜？巧不可得天，而诚者得之。以人巧，以天巧，畴获？"

问："朋友有过，当尽言与？"馀斋曰"然。在巽辞，在择人。夫不可与交者，弗与言也；不可与言者，弗与交也。"

馀斋曰："才子弟，制其爱，毋弛其诲，故不以骄败。不肖子弟，严其诲，毋薄其爱，故不以怨离。"

馀斋曰："马异视力，人异视识。或与群野竖共席，馔肝、炙江鲋，鲋味美而饶骨，群竖竞炙。顾食鲋者，党笑之，食鲋者赧焉，辍箸。易牙闻之，曰：'野人何识？吾怪夫箸辍者。'今夫贫约，佳事也；忍让，善道也。佳事而惭之，善道而忸焉，其犹野竖之识也夫。"

馀斋曰："形用乃习，神用乃生。故多暇之心，涉事即烦；久逸之身，当劳即困。"

馀斋曰："家有大不祥，嗜言利者当之。利风中于家庭，贼气入矣。市道行于骨肉，残形成矣。"或曰："然则废治生与？"

（清）胡澍篆书八言联：道德神仙长生无极，平康正直积善有征

曰："君子之室，男女上下，勤生而分业；食服吉凶，称家而尊俭。生可使足也，乌在其言利也？"

馀斋曰："世家子弟，戒四恃，绝六恶。四恃者：财足以豪，势足以逞，门第足以矜，小才足以先人。缘兹四恃，遂生六恶，曰奔，曰淫，曰懒，曰傲，曰刚狠，曰浮薄。"

或问馀斋曰："吾子斥异教，将其语尽非与？"曰："何为其然也？吾在都，见僧瞑趺将化，坐客乞言，僧举目，曰：'老衲去来自如，只为无事在心，无累在世。且举淡之一言，留赠贤辈。又有以道术疗人疾者，衣敝莫理。'问之，应曰："'何暇心及此。'斯二语者，吾识之矣。"

或问："知过易，改过难，何也？"馀斋曰："贪酒者耐醉，多欲者耐过。心之容过，其必有不能割者也。《书》称'不吝'，孔言'勿惮'。夫清吝之源，绝惮之根，其在寡欲乎？"

馀斋曰："宝鉴不韬光，无涩乎？操矛日刺锐，无刓乎？群僮市嬉，数呵不威，无反悔乎？故君子善藏明武，时而用之。"

馀斋曰："能刚者，勇乎？柔以为刚者，智乎？刚柔以宜者，义乎？义勇为上，动莫与膺；智勇次之，事靡不成；徒勇斯下，自与

（清）阮元隶书八言联：含和履中驾福乘喜，
年丰岁熟政乐民仁

祸并。"

徐斋曰："养正气者，无愧于神，斯不屈。若执意慢神，是客气也，神得祸之矣。抱淳德者，无求于世，斯不曲。若抗心傲世，是薄德也，世将戮之矣。"

徐斋曰："疾之条累百，由食者多；刑之条亦累百，由贿者多。故节嗜者，卫生之经；笃利者，危身之本。"

或曰："与君子言义，与庸人言命，何如？"徐斋曰："不然，与君子参言命，与庸人尚言义。夫幽而难齐者，命也；贪而善倖者，人情也。故淑慝以号之，是非以表之，犹惧弗率焉。若知命而安者，非君子畴克然？"

徐斋曰："易者弗久，难者克终，天人之道也。故事不可易成，名不可易得，福不可易享。"

徐斋曰："士贵绝所无益，而审所有益。"问："何谓绝无益？"曰："学无益勿习也，言无益勿道也，事无益勿为也，人无益勿与也，物无益勿好也。""何谓审有益？"曰："或益于德，或益于身，或益于家，或益于世。夫益于德，无弗务其三者，益此或以损彼，是故以义审之。"

或问："程氏言'孔颜乐处，可得寻与？'"徐斋曰："可不愧于天，不怍于人，循此寻之，远乎哉？"

徐斋曰："德莫盛于让，道莫高于晦。不与世争势利之事易，不以身居美善之名难。"

徐斋曰："语云：'事无全遂，物不两兴。'故天地之间，必有缺陷。夫明者不务求全其所可缺者，恐致损其所不可缺者。"

徐斋曰："方壶府君有言：'士贫以当贵，俭以当富。'或未达，曰：'士处今之俗，而免于侵腋耻辱者，其贵乎？不然，其贫乎？而免于窘迫求贷者，其富乎？不然，其俭乎？'"

馀斋曰："恩，慎其可继也；威，慎其可伸也。不继之恩，覆得怨焉；不伸之威，覆得侮焉。"

馀斋曰："犯而不较，其德弘也；委蛇而全，其用远也。故仁者能容，智者能忍。"

馀斋曰："人有我心，故佛老之说得而感之。儒者之道，以天地万物为心而已矣。"

馀斋曰："人不有所舍也，必无所成。是故舍无益者而成有益者，舍暂且小者而成久大者，则识于是乎尊矣。"

馀斋曰："有才者不可无识也。无识者，不可有才也。夫才骋之则多事，矜之则多怨，恃之则多祸。"

馀斋曰："道，公私而已矣。王公霸私，圣人公，佛老私。公者，君子所难纯；私者，世情所易人。圣学王道，吾恶从而睹诸？"

馀斋曰："美食无饱不成饱也，美宅无寝不成安也。夫立身之忠信也，立官之廉也，立家之俭也，庶美之所待以成也。"

或问："士而为善矣，有戒诸？"馀斋曰："奚而无戒也，戒在挟。夫挟善而言失也易，挟善而行失也尢，挟善而与人失也矜，言易行尢、与人矜比于凶德，其有弗自觉者也。是故，戒之戒之！冲冲若虚，温恭慎默，以为德基。"

富家得子而爱，诹于医，曰："若为使婴勿病乎？"医曰："子曷不云，若为使勿病婴乎？夫父爱者子多过母爱者，子多病余饱余燠，是生疾疢，而能以义制爱，婴病去半矣。"馀斋闻而叹曰："善夫，吾闻之，上医原病，下医攻病。"

馀斋曰："世有恒言不可不察也，夫言征斯信，信斯传，非经非传，而能传于百世。恒人之口者，其信也久矣，其征也必多矣，故夫言非至弗恒也，庸可忽诸！"

徐斋曰："片铜而晰万形，刮磨之功与；尺铁而刓百物，淬砺之力与。夫先惮自治而能治人者，吾未之闻。"

徐斋曰："用严者道莫利于简。夫严，故惮简，故安烦而细，严之所以穷也。"

或问泰以顺应君子，曰："当乐而思忧，蟋蟀过与？"徐斋曰："暂乐与长乐孰乐？夫忧先于事者，不入于忧事至而忧者，无及于事，故顺而不慆，泰而能常，善哉！蟋蟀可与乐矣。"

徐斋曰："多经疾苦，可与谋摄生；多历忧患，可与图涉世。"

徐斋曰："君子内治严以辨，外治宽以简，惟严辨于内也，然后能宽简于外。"

徐斋曰："勤敏者，所以居间乎？恬镇者，所以处迫乎？危惕者，所以行顺乎？宽夷者，所以历险乎？其道一也。"

徐斋观燎火者，焰过扬则杀之，衰乃加薪焉。叹曰："士之在世犹执燎矣，故处盈之道，亟损其末；处消之道，务益其本。"

徐斋曰："富家之浮蠹，窭人之生命；贵者之体势，细民之身家。以人生命供浮蠹，以人身家立体势，可第曰：我分当然而已乎？"

徐斋曰："吾常见夸己者以要誉，而受嗤也。吾常见媚人者以求悦，而招鄙也。夫士处世，无为可议，勿期人誉，无为可怨，勿期人悦。"

徐斋曰："人情嫉亢简，未尝不服淡正也，狎周圜，未尝不亲易直也。故高世而人弗憎，无求者得之，和世而己不失，任真者得之。"

徐斋曰："君子直不发人所不白，清不矫人所不堪，刚不绝人所不忍，察不掩人所不意，任不强人所不胜。"

徐斋曰："维人有身，心者主乎？形者奴乎？情欲者寇乎？劳心而养形，主奉奴乎？恣形而狥欲，奴引寇乎？耽欲而牿心，寇戕主乎？吾见主人之能觉者，鲜矣；吾见主人之觉而能断者，又鲜矣。"

徐斋曰："才者，能威故不苟，智者能明，故不察。震暴御人之我犯，威不足也；亿逆防人之我欺，明不足也。"

或问以致良知立教者奚若？徐斋曰："子以四教，文行忠信。"

或曰龙以难见称神，故至人贵潜。徐斋曰："不然，龙德泽物，待时而后行，神其时见也，非神其难见也。夫蛰物何限，潜遂贵龙哉！"

市夫以力受直，右市之人婪，左市之人饶，然而善瘵，徐斋问其繇，或告曰："左市夫有名限，右则否。"徐斋叹曰："左市人之可悲也，直则欲其分之寡也，力则不惜其殚也，以生易贿奚利哉？故君子戒见利而忘心，小人戒见利而忘身。"

徐斋曰："水其似至人之心乎？夫虚中而沤，有自然之圆，随物而流，有自然平圆，满已性平，通万物之性"

徐斋曰："君子嗜甘则思节，酣旨则思戒，防爱之钟也，矧于人乎？夫嬖姬而淑，骄子而孝，狎友而端，幸臣而忠，古今罕之。故恩不可偏，爱不可溺，惧贼夫人，亦自贻戚。"

徐斋曰："处难处之事，可以长识，调难调之人，可以炼性，学在其中矣。"

童子见橘方华，园丁振而堕之，叹曰："惜矣。"园丁曰："嘻，吾所惜与子异。"童子未喻，以问徐斋，徐斋曰："橘也乎哉，凡物之情，多华不利于实。"

友人题其门曰：净拭目、定立足、硬竖脊、紧束腹。徐斋过而三复叹，曰："士乎信能体此四者，达行则伟其烈，穷居则尚其节。"

或曰人有言：直如弦，死道边，谅乎？徐斋曰："然。然则，人将枉以生与曰君子直于理，非直于气，夫子常曰：好直不好学，又曰：直而无礼。乃知直有学焉，直亦有礼焉，人自死不学无礼，而令直受其名乎，根之以忠敬，出之以虚平，奚必死！"

野人植树，三岁而不荣，粪之以硫，春花殷枝，及夏槁死，馀斋太息曰："人莫病夫，本不足而借之外，为有余亦终于不足也已。故养生者饵石以供劳欲，居室者贷责以给豪靡，修名者欺饰以资矜炫，仕进者攀趋以徼显膴，类夫，慕春荣而不图其槁者也。"

或问富不如贫，贵不如贱，斯言何如？馀斋曰："此达言，非至言也。"敢问至言？曰："君子无入不自得"。然则死生如何？曰："夭寿不二。"问何谓不二？曰："《语》云'不愧不怍，生乐死乐'，此迩言即至言也。"

或问：语不云乎，事留余地，何如则可以留余地矣？馀斋曰："地也者，所以受也。虚则留之，譬彼绘采，厥地在素，损采而素自留，故处世能知不足之为有余也，则几矣。"

馀斋曰："德与人同，有大德者也；福与人同，有大福者也。据独善者无成，私独利者不享。"

馀斋曰："常侍于先子，客有自言好善者，先子曰：难言也。客不悦，先子曰：子好善，诚乎？曰：诚。曰：货与色，世人好焉，非之贱之弗止也，轻难而安险，覆辙踵于前弗见也，今子好善，能一非誉乎？能忘利害乎？则吾言过矣。客不能答。"

或问馀斋曰："崇晦翁亟称，士俭可以贫。此言何谓与？"馀斋曰："此先子有为言之也。盖感于以居室开祸者，而叹曰：苍生其日蹙乎！生斯世也，而免其惟贫，贫也而不困，且滥其惟俭。故俗之俭，贵其可以富；士之俭，贵其可以贫。"

或问馀斋曰：人有言猛虎丛可立躬，信乎？曰："然。"曰：何如？曰："地立其不败者，忠信是与；途遵其无竞者，谦恕是与。忠信积而能孚，谦恕行而得众，非一朝一夕之致也。尺棰击陶不碎亦璺，惟无如实中者，何矢石之悍也。抵悬襮而自废，故笃实无伪，可制魑魅，温恭慎默，可应暴客。天地昌君子扬焉，天地穷君子容焉，其有异术乎哉？"

馀斋曰："先子有言，金之声薄易发，水之藏浅易察，夫易形于言，而易动于色者，其成德而受福可知也。"

馀斋曰："怀匡俗之志者，不务绝俗之行；负济时之略者，不为愤时之言。夫用世有二难：曰真心、曰实济，以真心图实济，气也恶得而不平，词也恶得而不谨。"

馀斋曰："鹤田府君善喻人，亲交有过勿绝也，必规而道之；臧获有罪勿弃也，必诚而训之，多自新也者。常言：喻人而人不喻，其故有二：身不正不足以服，言不诚不足以动。"

馀斋问于人曰："士奚志？"曰："志圣人。""奚学？"曰："学为圣人。"馀斋曰："如子言志是也，而学非也。吾闻学为人而成圣者矣，未闻学为圣人而成圣者也。""或未达？"曰："言忠信，行笃敬，及其至也，谓之圣人。若行也将以法世，言也将以传世，学圣人弥勤，违圣人弥远。"

馀斋曰："衅浅而怨深，妨人之阴者也；罪微而祸巨，奸时之忌者也。"

馀斋曰："士而破欲美观听之心，则可谓有识力也已。夫观听者，他人之耳目也，而或损我德焉，损我名焉，损我生焉，以悦之则惑之甚者也，然而能破之者鲜矣。"

馀斋曰："里语云，畏己贫爱人富，小人之情与，君子反是。"或问曰："然则君子畏己富乎？夫富奚畏？"曰："畏其易淫而善累也。""累何如？"曰："多营累心，殖秽累名，漫藏累身，作法奢累子孙。"

北山有松，絜之十围，枯槎无荣，藤蔓是蘖，馀斋顾之而叹。或问焉，馀斋曰："夫藤之始附于木也，嫋然甚柔，盗木之滋，日长日坚，木乃受其绳束以死而不觉也，吾何叹哉？吾叹夫佞媚之以柔自固，渐以柔制，人及于丧亡，而人不觉者。"

馀斋曰："先子有言，轻俊机慧之人，学焉而不入于道。夫居道之器静以真，孔门诸士，颜也，姿颖以深潜得之，曾也，质鲁以笃实得之。"

客问馀斋："一言而尽圣学者有诸？"曰："不欺。""一言而尽王道者有诸？"曰："不忍。"

有里中豪家而后失所者，见馀斋，曰："嘻，天之于我也甚矣。"馀斋曰："子知丰乎，耘之粪之，暵潦浸之，曰天也。若博饮于遨，听亩之自芜者，非天也。吾子盈不知节，消不知戒，穷不知悔，天如子何，而俾受其尤？嘻！子之于天也则甚矣。"

人谓馀斋："夫俭，亦有不可为者，俗靡而己，朴如矫何，家优而奉啬，如吝何？"馀斋曰："不然，恶矫为其饰也，淡以明志，匪为市名，奚矫之有！恶吝为其殖也，节以善施，匪为多藏，奚吝之有！"

岁初凉，馀斋与农夫适野，视禾之珥舍者倍苗，馀斋曰："茂哉！"农父曰："否，是密。庖溲壤肥则长骤，及其成也，薪有馀而啬于谷。"又视水田多龟拆，馀斋曰："惰哉！"农父曰："否，夫秋将有烈风焉，饱水之禾，貌沃而质脆，夺其滋所以坚之也。"馀斋曰："物之道其有乘除乎？人之道其有补损乎？故图大成者，精华戒其早泄；存远虑者，休养无宜太过。"

乡有病于酒者，使医视之，其医非常医也，至则谢弗治，曰："是受之深，发之卒，晚矣，罔措吾术矣。"馀斋闻之，曰："酒病，非病也。及其病，越人不能疗也。夫世无不可为之疾，而疾有不可为之时，盖玩于微成于渐，而坏于积也。养生之言曰：知微善防，妙超岐黄。"

馀斋曰："人世无足，足在寡欲；劳生无间，间在信天。"

馀斋入佛庐而致恭焉，友人曰："子亦佞佛与？"馀斋曰："否。佛也仙也，皆谓鬼神。儒家之道，其于鬼神敬而不渎，吾尽吾道焉而已。"

馀斋曰："神守居沼，鱼也睦；鱼贼居沼，鱼也乱。夫居于人之间，君子善合人，小人善离人。"

馀斋曰："蹑百仞之峯者，身善危；瞩皜日之耀者，眸善眩。士居崇而履平，危乎远矣，处明而用晦，眩乎免矣。"

（清）董诰行书七言联：千秋鸿宝呈金鉴，一片冰心在玉壶

馀斋与客道逢馁夫，客识之，曰："故家子也。"馀斋顾从者予钱百。客从而瞯焉，呼市家选良酒脯，一餐而尽，色犹未餍，客曰："世之至圣大贤，极富贵不失贫贱容焉；至愚不肖，极贫贱不失富贵容焉，从者皆粲然。"馀斋顾曰："识之此通言，似诙也。"

馀斋曰："大眼天下，有法公焉而已矣；善感天下，有神诚焉而已矣。公之极诚之积,至治其在掌上乎?"

馀斋曰:"仁与义,合焉之为德,离焉之为贼,不义之仁,尤于不仁;不仁之义,尤于不义。"

馀斋曰:"吾求心体于《论语》《大学》,而见佛氏之言浅也;吾观世用于《易》《中庸》,而见老氏之论疏也。夫天下之理,私者必浅,诡者必疏。"

邻叟以金玉觞客,戒其仆曰:先酌玉时,客之将醉也,更以金。仆曰:"何哉?"曰:"惧醉客弗慎,而或败吾宝也。""然则金非宝与?"曰:"金败可改为,玉一败不可完矣。"馀斋曰:"爵禄之于人也,金乎?名节之于人也,玉乎?故士有不再之宝,不可玷有不偿之悔,不可蹈。"

或问泰·九三之义,馀斋曰:"人而处泰,其福也。福者,享之则耗,过享即尽。故君子戒于方泰,怀艰而守贞,虽有福不敢食也,食之云犹享也。夫天之数,乘以除;人之饳,损以补。天人感孚,机若影响。明者,恤之则时,保而能断,昧者勿恤,将日消而速反。"

馀斋曰:"圣贤志诚,豪杰心小。"或问:"心不足尽豪杰与?"曰:"兵轻敌者,畏法也;士忘身者,畏义也。君子有三畏,而名与利莫之能移也,威与难莫之能慑也。是故其心弥小其胆弥大,斯之谓豪杰。"

馀斋曰:"成事之人不易事,见事之人不多事。"

馀斋曰:"方壶府君在广,坐有言仕宦而薄产者,或誉之,或笑之。府君曰:俗情皆私子孙,斯人特甚耳。一坐服其雅言。"

或问馀斋"道奚在?"曰:"在心。""学道奚先?"曰:"在持心。持者,守之而,勿失也。"问其目,曰:"遇嗜欲持淡心,遇言动持谨心,遇人物持平心,道在其中矣。"

徐斋曰："《易》深《孝经》大。《易》圣矣，《孝经》神矣。读《易》如汲渊，窅不见底然，操梗以汲者，随浅深而得焉。读《孝经》如浮海，一望在目中，欲诣其津涯，而茫茫安适矣。"

《儒林宝训丛书》

解读

徐祯稷（1575~1645年），字权开，号厚源，一号徐斋，松江华亭（今属上海）人。明末诗文作家。著有《耻言》《明善堂诗稿》等书。

《耻言》是他规训子孙和门客的言论集锦，多以问答形式。之所以名为《耻言》，作者在开篇即谓"耻言者，家居谈说，偶识之简者也。言之未克行焉，庸无耻乎？存以备自省，亦以示后人，犹冀有能释予耻者"，即告诫子孙后人要言行一致，否则言而无行即为无耻。这本书充分体现了徐祯稷的学问博大精深，确实是立身处世之真言，据其弟子吴骐在跋中所述，"徐斋先生世载盛德，躬修周程之行，而不肯讲学，畏得名也，所著《耻言》二卷字字药石，然仅以传示子孙，亦不付梓。"

《耻言》一书多处仿《论语》等儒家典籍，全篇以语录体的问答形式展开，冠以"徐斋曰""或问"等句式。是书分上下卷，共二百三十五则，涉及为学、修身、持家、为人处世各个方面，其中多为名言警句。如论修身之法，"清淡者，崇德之基也。忧勤者，建业之本也。古来无富贵之圣贤，无宴逸之豪杰"，主张清淡忧勤为建业之本；立身之道，"忠信孝友，是亦人之基也"；治家方面，"为家者，严非类，倍于严寇盗。寇盗贼财，非类贼人。财败可再营，人败难为也"；名利方面，"德莫胜于让，道莫高于晦。不与世争势利之事易，不以身居美善之名难"；家庭伦理方面，"事父母者莫善于顺，宜兄弟者莫善于让"，等等，均是他读书和观察社会的切身体会，非常具有启发意义。特别要指出的是，作者善于从身边的事和自然现象做比喻引申，使深刻艰涩的大道理形象贴切，使人心领神会。

胡蓼邨《昆山胡氏家训》：忠信不欺，乃是处世的根本

敦 伦

天地间，为圣贤，为豪杰，任他盖世功名，不朽事业，离不得"纲常伦理"四字。伦常有五：

一是君臣。

事君贵忠，已仕的要赤心报国，未仕的亦要立志做个忠臣。

打炼做清官的志气、为国家的肝胆，安社稷、救苍生的经济作用，不待身都爵禄才忠爱也。更如早完赋税，好义急公，凛遵国法，敬事官长，为良民，不为刁民，皆是忠处。《诗》云："普天之下莫非王土，率土之滨莫非王臣。"那个无臣责耶？臣道固惟在一忠，只是忠内发出许多道理，非一言可尽。

如做了大臣，便应辅君正道，公忠为国，不执意见，不立党羽，不开贿赂，做个正直清廉建功立业的大臣；勿做伴食宰相，屈膝执政，惹人讥笑、唾骂。

讲官要启沃君心，敷陈恺切。

谏官须言人所不敢言，念念虚公诚恳；事事为着国计民生。

词臣馆课，不应单拈弄声韵，该究心经史，打透经世作用。

典试衡文，便要谢绝苞苴，遴拔单寒，铁面冰心，矢公矢慎。

思想做童生时，进学的难，便该进孤寒；思想做秀才时，中举人、进士的难，便该中孤寒。且朝廷把求贤的重任责成乎我，得一贤，便

能兴邦，得一不肖，便能丧邦。若把来做人情，肥身家，负国妨贤，明有国法，幽有冥谴，可不凛凛？

外任大臣督抚位最尊，权最重。督抚廉，司道府州县皆廉，地方皆受其福；督抚贪，司道府州县皆贪，地方皆受其祸。所以内大臣廉，便不想外臣打点；外大臣廉，便不想受有司馈送。上司不受有司馈送，有司便不敢吸取百姓脂膏。

理势相因，实是如此。然单廉亦没用，做封疆大臣，须要上不负天子，下不负苍生，转移风俗，返朴还醇，地方利害实实兴除一番，不是单单廉静寡欲，闭关坐镇也。

大吏还与百姓疏远。亲民之吏，莫如知府州县，府官称为公祖，县官称为父母官。既曰公祖父母，须把百姓看作子孙，十分爱惜他。

今人吏部堂上谒选时，便思量选美缺，存此一念，必然不肯做好官，那处地方必然受害了。不知缺，何论美恶？选了此处，便要救此一方民。

（清）邓石如篆书八言联：上栋下宇
左图右书，夏葛冬裘朝饔夕餐

又做守令不是单去比钱粮。百姓视我如父母，百姓事就是子弟事，春劝耕，秋省敛，单骑循行阡陌，慰谕父老，教百姓以孝弟忠信，做好人，行好事，社仓、义学、乡约、保甲诸法件件宜行，但要出以诚意，勿沽名，勿粉饰，凡有益地方，有裨民生事，总要出力担荷，就如己事一般，廉明仁恕，件件留心。如此才是循良，百姓自然抑戴攀留，立祠讴思，人称召杜；上司定然首荐，朝廷定然优擢，清白吏子孙必食世德之报。何等快活！何等便宜！

曾见贪酷吏，刻剥民财，敛怨百姓，人人切齿，究竟官坏财散，赃私累累，名实俱丧，何苦为此。

总之，臣无论内外大小，一般有应尽心力，一般有应为职业，果能随处自尽，从此升迁固好，不然，过有不合，挂冠而去，尽洒然自得，如此才是忠臣，才是良臣。

不是单做官，享富贵，为天地间痴肥大蠹也。至如遇着变乱，应扞卫者，便该极力扞卫；应致命者，便该致命。稍一怕死，到底仍死，便有泰山鸿毛之别了。岳忠武"不爱钱，不惜死"，两言实是千古人臣准的。臣节之不靖，都为爱钱惜死耳。

独怪今人才发科第，衣服、宫室、车骑、仆从，件件摹富贵气象，穷秀才一朝发迹，此项从何处来，势必管闲事，打抽丰，无所不为。未仕如此，既仕可知。

故贫贱时，有一介不取万钟不移气概，到得居官，自然清廉，自有功业。可观范文正公做秀才时，便以天下为己任，所以后来发出许多事业。刘念台先生曰："古人云：'不变塞有塞，方言不变'。今人平日于何处讨塞中面目，人人知此义，便是人臣事君的大头脑、大根柢也。"

一是父子。

父道贵慈，世间无不慈的父母。但患过慈，溺爱、姑息、护短、匿非，种种不明，不是爱他，乃是害他。过慈之病，常中于母，故母称慈，父称严，殊不知，严正所以成其慈。文王为人父，止于慈，岂是妇人之慈？

人家生男，父母须从幼教他学好，不可任其无廉耻，使强横，不顾尊卑，不知礼让，动辄相争，陷于顽恶。横渠先生谓："教小儿，先要安详恭敬。"

今世小学，不讲男女，从幼便骄惰坏了，到长益凶狠，只为未尝为子弟之事。阳明先生谓："后世记诵词章之习起，而先王之教亡。今教童子，惟当以孝、弟、忠、信、礼、义、廉、耻为专务。其栽培涵养之方，则宜诱之歌诗以发其志意，导之习礼以肃其威仪，讽之读书以开其知觉。"

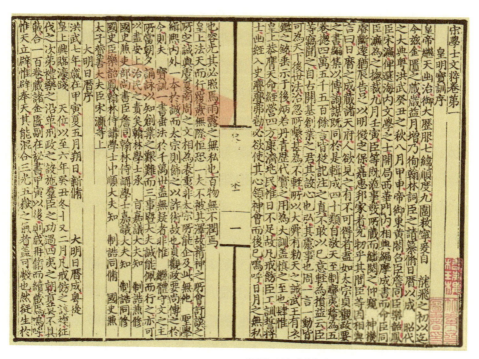

（明）宋濂《宋学士文粹》，明洪武十年郑济刻本

自警编云："养弟子如养芝兰，既积学以培植之，又积善以滋润之。父子之间，不可溺于小慈。自少律之以严，绳之以礼，则长无不

肖之悔。"观此可知，蒙养工夫，最为吃紧。

凡饮食言语、坐立跪拜之节，晨省昏定、推梨让枣之事，使之习惯于童年，自然成个令器。然过宽，固酿成大恶；过严，又伤天性。自有无过不及的道理，总要父母做个好样与后代看，否则贤子弟且克盖前愆，不肖子弟即谓诒谋不善。

又女子未嫁者，全在父母，朝夕训诲，勿顺其喜怒之性。今日在家事父母，即异日事舅姑、丈夫之法；今日在家待兄弟姊妹，即异日待妯娌小姑之法；今日在家使奴婢，即异日驭婢妾之法。少有过差，便当委曲开导，勿少姑息容忍，久之驯服，纯熟德器，若自然矣。

子道贵孝。《孝经》云："身体发肤受之父母，不敢毁伤，孝之始也。立身行道，扬名于后世，以显父母，孝之终也。"孝道甚大，顾世间，真孝子有几人？吾尝谓：人皆说子孙中举人、进士为大官，致财产累千万，谓之发。看来出一孝子顺孙，娶一贤孝媳妇，乃真发也。

人从十月怀胎，三年乳哺，直到成人娶媳，分家授产，费了父母无限心血，儿子气血方刚，父母精神已惫。为子的，方拥妻抱子，曾不少顾垂白双亲，残忍莫甚。虽使修舍作福，弥增罪戾。昔宋大本圆照禅师，人有饭僧者，必告之曰："汝先养父母，次办官租。如欲供僧，有余及之。"乃真参透语。

人内不敬父母，而外敬鬼神，较刀锥于父子兄弟，而施什伯于衲子缁流，此是大惑。且父母有产分授，则兄弟争财，到得生养死葬，又互相推诿。无产分授，则曰何件是亲所遗？试思堕地时，赤条条不曾带得一物来，如何便能长大挣业。昔韩淮阴一饭之德，报以千金。今扰人一茶一酒，临别辄道谢。父母罔极之恩，暮年受养，如扰外人，不知看多少颜色。出此儿孙，乃门祚之变，祖先在九泉必不护佑。

百行孝为先。尽得小孝，便为端人良士；尽得大孝，即可入圣超凡。其要生事、葬、祭三件，尽之子嗣宗祧关系，桑榆晚景，身后事，皆赖着他。父母幸在，便思往日多，来日少，富贵人该极力奉亲。即使力绵，亦应勉供甘旨。朱白民先生《爱日图》宜家置一册，仿此而行。下至赤贫，菽水亦可承欢。

父母待子最恕，必不苛求人子，果能先意承颜，如曾子养志，固是纯孝，不然亦逆来顺受，不嗔怒，不违逆，不亏体辱亲，不轻生致疾，以至有事服劳，此皆不费钱财的孝。独怪父母要儿子上进、学好、保身、不生疾病，此亦人子自己受用事，却不肯体贴亲心，恬不为怪，安得为子？

且父母白首齐眉，老年犹可相慰。若中道分鸾，父鳏母寡，此天下穷苦无告之人，尤为可怜。父母有限光阴不去奉养，殁后纵然罗列，亦复何益？所以三者之中，生事尤重。

一是夫妇。

夫主倡，贵振立夫纲，刑于有道，躬率孝友，随事以礼，义化诱使，克全妇顺。切勿昵于私爱，轻听妇言，不孝、不友、不慈、刻薄、残忍，病根皆由乎此。且养成骄悍，权柄内操，至不可制，为害非浅。步步宜正身以化，相敬如宾，亦勿动行刚暴，反目乖离，此最不祥。《律》四十无子，方许买妾。今人儿女盈前，动蓄姬妾，甚而纵嬖宠虐妻，庶孽夺嫡，至弃妻摒子，岂人所为？更有奸淫女婢、仆妇、乳母，伤天理，损阴德，莫此为甚。尝见人家有此，而主母毒打，投缳溺河者，试思致死者谁？王法天理均所难逃，所以齐家本于修身，一举一动不可苟且。

妇主随德为重，才次之。舅姑饥饱、寒暖、忧乐，儿子出外时多，反不能精细，孝顺媳妇偏能周到。至于操作勤苦，早起晏眠，料理中馈，精工整洁，小则相夫、立业、兴家，大则相夫、成德、成学，内

（明末清初）徐枋《草堂秋色山水图》。题款：秋色无远近出门尽寒山白云遥相识待我苍梧间。录李白诗意，丙寅（春三月），秦余山人徐枋写。

助关系不小。

一是昆弟。

《颜氏家训》曰："兄弟者，分形连气之人也。方其幼也，父母左提右挈，前襟后裾，食则同案，衣则传服，学则连业，游则共方，虽有悖乱之人，不能不相爱也。及其壮也，各妻其妻，各子其子，虽有笃厚之人，不能不少衰也。娣姒之比兄弟，则疏薄矣。今使疏薄之人，而节量亲厚之恩，犹方底而圆盖，必不合矣。唯友悌深至，不为旁人所移者，免夫！"

柳氏训诫曰："人家兄弟无不义者，尽因娶妇入门，异姓相聚，争长竞短，渐渍日闻，偏爱私藏，以至背戾，分门剖户，患若贼雠，男子能不为妇人言所惑者几人？"

又鲁斋许氏曰："兄弟同受父母一气所生者也。今人不明理义，悖逆天性，生虽同胞，情同吴越；居虽同室，迹如路人。以至计分毫之利，而疏绝至恩，信妻子之言，而结为死怨，岂知兄弟之义哉！"观此，则兄弟之祸，大率偏听巾帼所致。然亦有由仆吏外人谗构者，皆因无友爱至性，故至此。

兄弟不论异母，只论同父，一本所生，真如手足，痛痒相关，何分彼此？兄爱弟，善抚教之；弟敬兄，善承事之。弟有过，兄即箴规，不从，则流涕以道之；兄有过，弟为婉谏，不从，亦流涕以道之。兄有不合于弟，何妨引咎自责；弟或开罪于兄，何妨下拜请罪，嫌怨立化，不可留蓄半点在心。且有事相佐，饥寒相恤，有无相通，疾病、患难相顾，能同居合爨，如张公艺九世同居固善，即不能，亦宜事事痛痒相关，善相劝，过相规，勿分纤毫尔我。昔人堂前紫荆，死而复茂，友爱之诚，感动草木。

世人兄弟参商，或以贫富相忌，或以异母相嫌，或因妻子离间，或因阋墙积衅，遂致坐视骨肉流离，忧患莫恤。又其甚者，为争财产而斗殴、结讼，至同寇雠。

贫富何常，只要自家勤俭，竖着脊梁自挣，亦可开拓田园，光大基业，才是有志气人，苦苦于父母所遗作生活的，必不长进。昔人分产时，田取其瘠，屋取其陋，器物取其敝坏，奴仆取其老弱，后来家业反胜，复让与弟，何不学他？至父母有所传授，应悉听父母分析，父母至公的，即有厚薄，必有苦心深意，总是至公，为子的愈该曲体亲心，互相义让，切勿重钱财而轻视手足，信闺房而吴越同胞。如父母无所传授，各宜安分自挣，愈应怜念穷亲成立儿曹之苦，倍笃孝思，存此好念，人必敬之，天必佑之，终不做吃亏落薄人的。节孝朱先生云：“人家兄弟胸中尝作二想，则无不为友兄恭弟矣。当养生丧死时，应作譬如父母少生一子想；当析产授业时，应作譬如父母多生一子想。”此真至论，吾愿后人兄弟间，凡生养死葬事，不特同心协力，且宜耻后争先。

吾独怪今人财宝本是身外之物，强欲求之，不得则耻；孝弟是身内固有，不得如何不耻？又怪今人功名本如旅社，一过便去，苟其得而复失，则又深耻；孝弟乃是不可复失者，放而不求，如何不耻？不必言古圣贤孝弟之行，如大舜、武周、泰伯、伯夷各造其极，只如晨省昏定、推梨让枣，有何难事？而今人甘心不为，极而至于生不能养，死不能葬，大不孝于父母，有无不通，长短相竞，大不友于兄弟，亦恬不为怪。噫，是岂不孝不弟之人哉！即当孩提之时，顷刻不见父母，则哭泣不止，兄弟同床共席，则相怜相爱之孝子悌弟也。人皆望长而进德，奈何反至于此，则亦不敦孝弟之故耳。要知大舜、武周、泰伯、伯夷，不过敦笃乎孝弟而已。今且就人所易能者，立一榜样。昔老莱子，行年七十，身着五色斑斓之衣，作婴儿戏，欲亲之喜。司马温公兄伯康，年将八十，公奉如严父，保如婴儿。每食少顷，则问曰："得毋饥乎？"天少冷，则拊其背曰："衣得毋薄乎？"老而如此，未老可推；一事如此，他事可推。

有子曰："孝弟为人之本，乌有孝子悌弟而不修德行善者？"孔子曰：'孝悌之至，通于神明，光于四海。'乌有孝子悌弟而不为乡党所称、书策所载、皇天所佑者？其不孝不友者反是，何不勉之？"所言字字痛切，孝弟是大根本，所以重复言之。

一是朋友。

晦庵朱夫子曰："朋友者，天属之所赖以正者也。"必欲君臣、父子、兄弟、夫妇之间，交尽其道而无悖，非有朋友以责其善辅其仁，孰能使然？是则友列五伦，所以纪纲人伦者也，何等重大。乃今人于君臣、父子、兄弟、夫妇，不思求尽其道，而无藉于责善辅仁之益，以故恩疏义薄，离合无常。今之所谓朋友者，订盟结社，侈为声气之通；执袂拍肩，狠云忘形之友；酒食征逐，个个良朋；博弈呼卢，人人知己。究竟利交者，利尽则疏；势交者，势败则散。意气所投，愿为刎颈；一言不合，反面操戈。今日为异姓兄弟，明日即成吴越寇雠。可怖可叹。朋友之伦，至今几废。

　　夫朋友不可无，不可滥，须要自己有识，择个胜己之友。华阳范氏谓："与贤于己者处，则自以为不足；与不如己者处，则自以为有余。自以为不足，则日益；自以为有余，则日损。所以多闻者，与之相亲，则学进；端方者，与之相亲，则品立。"有学问、有志节、有肝胆者，相处数人，终身取益不尽。此在平时察识，切勿倾盖定交。大约肯为逆耳之言的，便是好人；若作阿谀之词的，便为匪人。好人认得一个，多一个心膂；匪人疏得一个，少一个贻累。

　　择交固在有识，而善交之道，只一久敬。道义之交，敬心自生；邪僻之交，肆意自起。昔王阳明先生《客座私祝》云："但愿温恭直谅之友来此讲学论道，示以孝友谦和之行，德业相劝，过失相规，以教训我子弟，使无陷于匪僻。不愿狂躁惰慢之徒来此博弈饮酒，长傲饰非，导以骄奢淫荡之事，诱以贪财黩货之谋，冥顽无耻，扇惑鼓动，以益

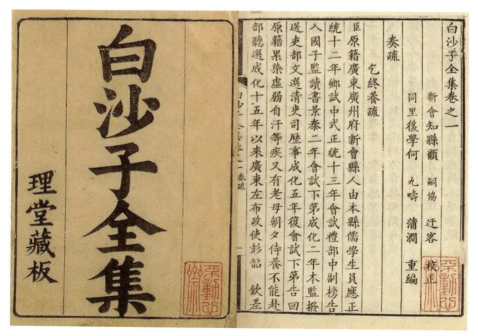

（明）陈献章《白沙子集》，清康熙五十年顾嗣协刻本

我子弟之不肖。呜呼！由前之说，是为良士；由后之说，是为凶人。我子弟苟远良士而近凶人，是为逆子。戒之戒之！"

杨忠愍公遗训云："你两个年幼，恐油滑人见了，便要哄诱你，或请你吃饭，或诱你赌博，或以心爱之物送你，或以美色诱你，一入他圈套，便吃他亏，不惟荡尽家业，且弄你成不得人。若是有这样人哄你，便想我的话来识破他，合你好是不好的意思，便远了他。拣着老成忠厚肯读书肯学好的人，你就与他肝胆相交，语言必信，逐日与他相处，你自然成个好人，不入下流也。"

顾南严先生家训云："不分族人、乡人，如有老成忠厚，知道理，畏法度，做出好事，可学他的，便当亲近取法；如有轻薄顽劣，不顾廉耻，甘犯刑宪，做出歹事，可怕他的，便当疏远为戒。如此，在宗族，为一族之善人；在乡党，为一乡之善人。善恶皆我之师，不必取法尧、舜，仪刑周、孔，吾之心师在是矣。"又云："莫亲酒徒，莫近赌贼。虽遇吉凶吊贺之事，亲友招饮，亦须樽节，不可乘兴尽醉，酣身濡首。虽遇长至元旦之节，往来拜贺，亦须检束，不可乘机寻乐，掷色耍钱。一入圈套，如身投陷阱，而卒莫能脱，将现良田厚产随至罄空，作人奴婢，向人求乞，以至穿窬窃取之事，吾不能保其不为也。"

徐果亭先生警戒子弟云："从来亲师取友皆以砥砺切磋，若比之匪人，则大易，以为戒言不及义，则论语谓其难，此燕僻之群、浮夸之子，即属亲知亦必畏而远之。惟与正人端士请正求益，勿以严惮而弗亲，勿以狎昵而乐就，至于樗蒲呼庐无赖之恶习、酗酒作过不肖之下流，此皆得罪祖宗，见绝士类，亦往往由损友而成，有一于此，所当痛苦流涕，自怨自艾者也。"

朱柏庐先生示门人云："古之益友三，今之益友更有三：友用心于内，友闭户，友寡辞，不求其益而益至。古之损友三，今之损友更有三：友名士，友多往来，友臧否人物，不受其损而损至。"又云："圣贤千般德意，都为人伦上认真；凡人千般病痛，都为人伦上游戏。苏子瞻一生大节，居家立朝，尽无破绽，独喜狎客、嫉正士，遂得罪于圣门。看彼有何恶念，有何成心，只是将朋友一伦当游戏看，则其病根尔。所以圣贤到尽伦处，只说个惟天下至诚，至诚何如，人是个极认真，不肯使乖，不肯游戏之人。"又云："《衡门》录载，子弟所当痛戒者不一，而以不听父兄师长之言及昵比淫朋为最。若除此二病，自能寻向上去，余皆不待戒矣。学者切须猛省。"

教　家

尽得伦理教家，思过半矣。但巨细事件尚多，此之不讲。不能教家，如何处世？正家之道，第一要闺门严肃。外言不入于内，内言不出于外。游方僧道，勿容立龛、打坐门首。巫觋、三姑六婆、闲杂女流，勿容出入。妓女、赌友、拳行酒徒、讼师、闲汉，勿容子孙往还，引之至家。尤切忌蓄养艳婢、俊仆、优伶，锢奴婢不及时婚配，此皆所以诲淫也。

温公家训："男仆女婢无故不得出入中门，令一僮子司其传接。即家主，亦应在外厅书房理事，不该昼处内室，要使男正位乎外，女正位乎内，内外肃然。一循乎礼，自然成个人家。闺门之内若少了个礼字，便是天翻地覆，百祸千殃，身亡家破，皆从此而起。总要为家主的立个模范，所以父祖做的，便是子孙楷式，主人行的，便是厮仆效法。非礼之言，切莫奈谈；醉饱之语，慎勿外泄。此教家之贵以礼也，而尤以勤俭为先。"

柏庐朱先生云："勤与俭，治生之道也。人情莫不贪生而畏死，然往往自绝其生理者，不勤不俭之故也。不勤则寡入，不俭则妄费，寡入而妄费则财匮，财匮则苟取，愚者为寡廉鲜耻之事，黠者入行险徼幸之途，生平行止于此而丧，祖宗家声于此而坠。呜呼！生理绝矣。又况一家之中有妻有子，不能以勤俭表率，而使相趋于贪惰，则既自绝其生理，而又绝妻子之生理矣。勤之一道，第一要深思远计。事宜早为、物宜早办者，必须预先经理。若待临时仓忙失措，鲜不耗费。第二要晏眠早起。清晨而起，夜分而卧，则一日而复得半日之功。若早眠晏起，则一日仅得半日之功。无论天道，必酬勤而罚惰，即人事赢绌，亦已悬殊。第三要耐烦吃苦。若不耐烦吃苦，一处不周密，一处便有损失、耗坏，故事须亲自为者，必亲自为之，须一日为者，必一日为之。人皆以身习劳苦为自戕其生，而不知是乃所以求生也。俭之为道，第一要平心忍气。一朝之忿，不自度量，与人角口斗力，构讼经官，事过之后，不惟破家，或且辱身，悔之何及。第二要量力举事。如土木之功，婚嫁之事，宾客酒席之费，切不可好高求胜。一时兴会，所费不赀，后来补苴，或行称贷，偿则无力，逋则丧德，何苦乃尔。第三要节衣缩食。绮罗之美，不过供人之叹羡而已。若暖其躯体，布素与绮罗何异？肥甘之美，不过口舌间片刻之适而已。若自喉而下，藜藿与肥甘何异？人皆以薄于自奉为不爱其生，而不知是乃所以养生也。此在故家子弟，尤宜加意。盖不勤不俭，约有二病：一则纨绮成习，素所不谙；一则自负高雅，无心琐屑，乃至游闲放荡、博弈酣饮。以有用之精神，而肆行无忌，以已竭之金钱，而益喜浪掷，此又不待苟取之为害，而已自绝其生理矣。孔子曰：'谨身节用，以养父母。'可知孝弟之道、礼义之事，惟治生者能之，又奈何不惟勤俭之为尚也。"

先生之言，至为警切。更详言之，事宜早为的，大则如父母茔域，男女婚嫁事；小则如衣服微破即补，居宅稍坏即修，以至门户须坚固，墙垣须高厚之类。物宜早办的，大则如父母自己百岁后事，嫁娶需用的物；小则如日用家伙，冬间收租所用的物，应做的事，应备的物，件件要预先停当。力不能，渐次为之。

居家不论男女，都要晏眠早起。《景行录》云："观寝兴之早晚，可识人家之兴替。"顾南严先生云："人以勤俭为根本，男耕女织，早起晏眠，不惜心苦，不事奢华，营运做家常，使足衣足食，不饥不寒，免致落于人后，自不受欺于人矣。"

又耐烦、吃苦，最是名言。祖义云："人生贵贱，皆当劳苦。只这一碗饭自劳苦来，若不劳苦，何以消之？不论富贵贫贱，做了当家人，那一件不该留心，即如临晚不看前后门户关锁，仓厩库房便有窃盗之失；不切谕女婢僮仆辈珍惜米粮、小心火烛，便有暴殄之罪、回禄之灾。居家尤在慎医药，不信祷赛。庸医杀人，信祷破财。若曰悔罪，何不祷于平日？若谓有悔，何不捐资作善，自得神佑。邻里最要和睦。出入恭谨，遇喜事应先请乡邻，元旦拜祖先父母及谒亲长后，便应到邻家贺节。平日有无相通，疾病患难相顾，盗贼水火惟邻人切近肯救。睦邻之要在严谕奴婢辈，不许无故闯入邻家，搬说言语。里中倘有下流恶少，最要礼貌他，忍耐他。做家主的，处安乐须常怀忧惧。先几远虑，忍气惜财，勿为口角微嫌，辄至兴讼。讼非美事，不惟结怨，抑且破家，有亲友调停便应息讼，且要看是非曲直，若不合在我，即当负荆请罪。凡人病痛，只是不肯认错。先不认错，后必大错，驯至坏事。又不肯吃亏，我不肯吃亏，人必受亏，安能成事。卜居宜择仁里，不须峻宇雕墙、穷极土木，只要完固坚好，不为风雨飘淋，不为盗贼窥瞰。置宅宜近河港，舟楫上下便的，宅边得空地少许，可种蔬菜，植花卉。小小数椽，常使庭除洒扫。座右多格言庄语，架上多书卷，门外多士君子，履堂中无故不闻鼓吹，家无停枢，时不缺祀，朔望必瞻礼祖先、神主、故旧、穷亲常来聚首，便是瑞气所聚。又婚嫁酒席勿好高求胜。"此尤至论。

顾南严先生云："婚娶不可贪慕富贵，但见财主官豪勉强结亲。今后嫁娶，须择有家法能积善之家，子姓醇厚，女德柔嘉者，从俭行礼，不可专一论财，不可徇世俗，动辄浪费。曾见人家以佳儿娶显贵小姐，以淑女嫁膏粱子弟，下稍结果痛苦难言。若婿得贤良，妇非骄妒，虽与小百姓穷秀才结为婚姻，亦不妨也。"

先安定云："嫁女须择胜吾家者，娶妇须择不如吾家者。"言皆透切有意思。后人若自己寒素，只检家世清白，养元气的人家与之结亲，就是市井，亦无害。独不可与衙门人订婚，必有后祸。又要晓得，联姻勿太早，女字人须在十岁外，则婿头角已露，贤愚可辨，男不妨十五岁外。早联姻亦要多费，且家业兴废无常。每见从幼联姻，时门第赫奕，数年后至不可问者，宜为殷鉴。酒席随力随分，吾行吾素，即嫁娶亦如此，但要礼到心诚耳。近来富贵人家穷奢极欲，谓大家体面应如此。谚云："富家一席酒，穷汉半年粮。"何可为训？独怪贫贱人亦效此，讲食品，侈宴会，结酒食之社，纵长夜之饮，一时高兴，平日受苦，此最愚痴。

人生劳碌奔波，只为经营衣食两件，好不大难，就使粗饭布衣，已非易事。近来不分贵贱贫富，都穿缎服，食犹忍得，衣必华丽，至于小儿遍身锦绣，女子巧妆异饰，妇人宝钗罗袖，僮仆华服光帽。人生财禄有定数，富贵人过享为不惜福，贫贱人勉强侈靡，直是不惜性命。试看历代帝王，且以躬行节俭而兴，奢华靡丽而亡，何况士庶？每见祖宗创业何等艰难辛苦，子孙惟知享用，家业废败狼狈，不忍言者甚多，宜作前车之鉴。

又人家切勿多做债，债根难拔，不还不可，还则不能，多所受累。只缘每事争虚体面，要好看，不审己量力，辄犯此病。然又晓得，治家忌奢，亦忌鄙啬。鄙啬之极，不生奢男，必遭横祸。惟君子俭以褆躬，泽以及物，后人勿死守俭字，竟将应用的概行节省，此吝也，非俭也，断断不可。

谚云："若要宽，先了官。"先公后私，理应如此。况当钱粮要紧时，若欠厘毫升合，便是抗粮逋赋，功令森严，切宜凛凛。

大约家业之兴，由精勤节俭；家业之废，因懒惰骄奢。所以人家养了女子，便要教他纺织，养了男子，从幼便要习知稼穑艰难。稍长，便该与他治生的道理，最忌游手游食，亦最忌见利即钻。倘命运屯蹇，福分轻微，不能进取功名，当以训蒙、

（明）谢时臣《仿黄鹤山樵山水图》

耕织营生，不可别寻分外下等道业。或作帮闲，或揽中保，或为媒妁，东走西奔，说长道短，小则图口腹，大则诈财货，至两相构讼，则亲友疑其偏向而怨尤，官司鄙其无藉而轻贱，廉耻丧尽，刑辱难逃，所得少而所失多，都为游手游食，没个生理，见利便钻上来。家法最要严谨，僮仆辈不可纵其放肆，开罪宗族、乡党，孽由奴作，罪坐家长，偶一犯此，便该正家法。然仆辈饥寒劳苦，又要主人体恤，做人家全赖此辈气力，此辈肯赤心忠良替主人出力，家业便长，主人主母须照顾他，他视我为衣食父母，我视他为义男义女，但贵贱微分耳。噫，

教家之道尽是矣。

处　世

教家非易，处世尤难。昔人云："春冰薄，人情更薄；江河险，人心更险。"

世路变态诡谲，顷刻万状，处世良大难事，然从此便可磨练学问出来，只是诚明和恕四字尽之。

孟子曰："至诚而不动者，未之有也。"一诚可动天地、感鬼神，何况于人？吾能忠信不欺，人虽负我，我不负人，只要求自己心上打得过。

昔范忠宣谓："吾辈各各只管我所以待人，勿问人所以待我。"范文正公在邓，邓人贾黯以状元及第归乡，谒文正，愿受教。文正曰："惟勿欺二字，可终身行之。"黯不忘其言，每语人曰："吾得范公一言，平生用之不尽。"可见忠信不欺，乃是处世的根本。

忠信不欺，即诚也。然圣贤诚则生明，今人夭人参半，尚未到至诚处，故识多障蔽，朴实头人往往受人欺侮，所以涉世又要有见识，理之是非，事之利害。人之善恶、邪正须仔细详审，了然明白，不为所惑，勿做个痴呆懵懂死忠厚人。然不可不明，又不可太明。好丑太明，则物不聚；贤愚太明，则人不亲；恩仇太明，则心不化。

士君子须内精明，而外浑厚。又要晓得，这个明，不是一味心计用事，流于机械变诈，此私智，非明也。老子云："聪明深察而近于死者，好讥议人者也；博辨闳远而危其身者，好发人之恶者也。"韩魏公见文字有攻人隐恶者，手自封记，深足法也。又云："执拗者福轻，和平之人其禄必厚；操切者寿夭，宽厚之士其年必长。"今人相对寡言语，胸藏鳞甲，一味深刻，此何所取。

谦和是处世要道。昔明道先生终日端坐，操行甚严，及接宾客，令人如在春风中，未尝以意气加人，故党祸不及。须知明道非是避祸，只是祸自犯他不着。所以处世务期收敛，才智若无若虚，容人之过，令其可改，舍己之长，曲彰人善，发一言，行一事，步步要养元气。若动以意气凌人，礼貌疏略，语言唐突，此最招尤。

又甚者，议人短长，谈人闺壶，起人诨名、绰号，攻发人阴私，伤厚损德，且必取祸。若谦和谨厚，不失礼于人，不触忤于物，闻人之恶，如负芒刺，闻人之善，如佩芝兰，那有此等罪过？顾南严先生云："争斗最为恶德，须是存心和顺，律己谦恭。如遇宗族、乡党往来交接，和颜悦色，下气怡声，不可偏执己见，自负勇力。小则出恶言以詈骂，大则肆威猛以斗殴，有犯于此，则祸出非常，法应大辟，亡躯命而危父母，非名门右族之好人也。"语甚悚切。

争斗固是恶德，即争斗所在，亦不可挺身强劝。若遇至戚争斗，自不忍坐视。孟子所云："同室之人斗者，救之，虽被发缨冠而救之，可也。若遇外人，便应远避。"又所云："乡邻有斗者，被发缨冠而往救之，则惑也，虽闭户可也。"常有以解劝而误受拳脚，至立毙者，吾眼内不知见了多少。后人处世，只应和气、忍耐，宗族乡党间尤该加意。

又处世不和，只因不肯吃亏、存厚，从来正人君子英雄豪杰都是肯吃亏、存厚的。昔杨忠愍公遗训云："与人相处之道，第一要谦下诚实。同干事则勿避劳苦，同饮食则勿贪甘美，同行走则勿择好路，同睡寝则勿占床席。宁让人，勿使人让我；宁容人，勿使人容我；宁吃人亏，勿使人吃我之亏；宁受人气，勿使人受我之气。人有恩于我，则终身不忘；人有仇于我，则即时丢过。见人之善，则对人称扬不已；闻人之过，则绝口不对人言。人有向你说某人感你之恩，则云他有恩于我，我无恩于他，则感恩者闻之，其感益深。有人向你说某人恼你、谤你，则云彼与我平日最相好，岂有恼我谤我之理，则恼我者闻之，其怨即解。人之胜似你，则敬重之，不可有傲忌之心；人之不如你，则谦待之，不可有轻贱之意。又与人相交，久而益密，则行之邦家，可无怨矣。"忠慤言言刻己，今人所不肯为，然做人涉世，理当如此。就世俗看来，忠慤何等没便宜，却不知通前彻后，一想正是极有便宜处。今人眼皮急，占得一分便宜也好，有意思的人看去，正如衣败絮走入荆棘丛中，已受了无数葛藤的累．却因不肯吃亏存厚上来。

又先儒云："我是无心，而人疑之，于我何与？我无是事，而人诬之，于我何惭？纵火烧空，何处着焰，风波汹涌，虚舟自开。所以遇辱能受，闻谤不辨，横逆所加，惟知自责。孟子三自反才成个大贤。"昔人云："有逆我者，只消宁省片时，便到顺境，方寸寥廓矣。"少陵诗云："忍过事堪喜。"看来忍之一字也，还是强制工夫，直须反己自修，方能恬然容受。吾清晨早起，便要想今日内，耳中必闻几句逆耳语，眼内必见几件不平事，必要撞着几个待我不堪的人，吾便预该点检身心，勿与违拂。大约处家制事，遭一番魔障，长一番练达；御人接物，容一番横逆，增一番气度。

处世该和，然和而不流，乃是君子之和。若不自守以正，违理随众，便是无气岸的人。又有见人满面春风，深恭厚貌，此中却叵测，这是阴险人，断不可学。遇着此等人，须识破他。做人留心，待他切不可受其笼络，

（明）顾宪成《泾皋藏稿》，清刻本

恕道尤处世之本。孔子谓："恕之一言，可以终身行之。"只为私意充塞，不能以心推心，看得人已一片，于君臣、父子、夫妇、昆弟、朋友，以至宗族乡党，臧获仆妾，动成违碍，能恕以待人，何人不可相与？何物不可化海？私念自消，客气自退，圣贤持身涉世的道理，极在此间得力。孔子又云："躬自厚而薄责于人，则远怨矣。"礼义廉耻，以之责己，则寡过；以之绳人，则寡合，寡合非涉世之道。是故小人责人，君子责己。又轻诺必寡信，轻与必滥取，轻信必易疑，此皆学问所在，不可不精察。

积 德

今人读书便思功名富贵，却不知都由积德上来。文字特其媒耳，所以讲过读书，便要讲积德，此不是要后人修天爵以要人爵，就道理说原该如此。

昔司马温公云："积书以遗子孙，子孙未必能读；积金以遗子孙，子孙未必能守；不如积阴德于冥冥之中，以为子孙长久之计。"旨哉斯语。

袁了凡先生云："凡系世家，未有不由祖德深厚而科第绵延者。余旧馆于当湖陆氏，见其堂中挂一轴文字，乃其先世两代出粟赈饥而人赠之者。文中历叙古先济饥之人子孙皆膺高位，谓陆氏他日必有显者。今自东滨公而下，三代皆为九卿，其言若左券云。"

观此乃知，子孙早发，享受富贵，皆是祖宗积德上来。今若再积去，其德愈厚，其福愈远。昔人云："现在之福积自祖宗者，不可不惜；将来之福贻于子孙者，不可不培。现在之福如点灯，随点则随减；将来之福如添油，愈添则愈润。富贵人但知享福，不知修福，福一享尽，贫贱随之，子孙往往狼狈。自古及今，无人省悟。"

朱柏庐先生云："积德之事，人皆谓惟贵然后其力可为，惟富者然后其财可为。抑知富贵者，积德之报。必待富贵而后积德，则富贵何日可得？积德之事，何日可为？惟于不富不贵时，能力行善，此其事为尤难，其功为尤倍也。盖德是天性中所备，无事外求，积德亦随在可为，不必有待。假如人见蚁子入水，飞虫投网，便去救之，此救之之心，不待人教之也。又如见乞人哀叫，辄与之钱，或与之残羹剩饭，此与之之心，亦不待教之也。即此便是德，即此日渐做去便是积。独今人于钱财田产他人所有者，却去孜孜矻矻经营日积，而于自己全副完备之德，不思积之，又大败之，不可解也。今亦须论积之之序。首从亲戚始。宗族亲党中，有贫乏孤苦，应量力周给。尝见人广行施与，不肯以一丝一粟援手穷亲，亦倒行而逆施矣。次及交与。与凡穷厄之人，朋友有通财之义，固不必言。其穷厄之人，虽与我素无往来，要知亦是人类，本吾一体，生则赈给，死则埋骨，亦当惟力是视，以全吾恻隐之心。次及物类。今人多好放生，究竟还是末务，有余力则行之，然此犹费财者也。至有不须费财者，如任奔走、效口舌、以解人之厄、急人之病、周旋人之患难，不过劳己之力，更何容吝？又有不费财并不费力者，如隐人之过，成人之善；又如启蛰不杀，方长不折。步步是德，步步可积。但存一积德之心，则无往而不积矣；不存一积德之心，则无往而为德矣。要知吾辈今日不富不贵，无力无财，可以行大善事，积大阴德。正赖此区区恻隐之心，就日用常行之中所见所闻之事，日积月累，成就一个好人，亦不求知于世，亦不责报于天，庶几生顺死安。若又不为，是真当面错过也。不富不贵时不肯为，吾又安知即富即贵之果肯为否也？"先生之言，何其透切！

若代人于事，竭心尽力，排难解纷，消释嫌怨，劝人为善去恶，随机化导，不过奔走口舌之劳，有何难事。昔人云：人于患难颠沛中，出一言解救之，上资祖考，下荫儿孙，言语方便，最是好事，不费半文，而成救人之功。如何不肯开口，更有并不烦开口而已。养无限元气，种无限厚德，莫若隐人之恶。人有阴私，吾攻发他，人前谈论他，谁不刺心饮恨？众人说他，我独静默，只一静默，便存多少厚道。更如去碍路之砖，指迷人之道，救溺水之蚁，活赴火之蛾，种种皆是积德事。有德的人，满腔都是恻隐，那一处不是积德的所在。而损德之大者，莫如财色两关。这两关打得破，方是圣贤豪杰。今人谋取人财，致其流离，何异大盗？即临财苟且，损人利己，都是欺心。财物皆有命数，不可纤毫勉强，非义之财，必不长享。纵使不仁致富，不有天灾，必生败类，子孙必不永远受用。只为人眼孔浅，不曾通前彻后，看那人兴废耳。愿后人不妄与，亦不妄取，只守着自己分内所应得，自然长享。

又要晓得，为善不求人知，才为阴德，无所为而为，才是真积阴德。究竟人不知，天必知之，或发其身，或昌其后。贫贱人能积德，可转而为富贵；富贵人不积德，亦可转而为贫贱。虽是积德不为求富贵，而天道好还，理实如此。《易》曰："积善之家，必有余庆；积不善之家，必有余殃。"《书》曰："惟上帝不常。作善降之百祥，作不善降之百殃。尔惟德罔小，万邦惟庆；尔惟不德罔大，坠厥宗。"观《易》《书》所载，明理人可知自择矣。

《苏州家训选编》

注解

本书是由胡蓼邨最初编写的《胡氏世谱》修订而来的。胡蓼邨，明清之际人，生卒年不详，据考证，为南宋时期著名理学家胡安国的后裔。胡安国（1074~1138年），又名胡迪，字康侯，号青山，谥号文定，学者称武夷先生，后世称胡文定公。胡蓼邨则是明代忠臣石远的幼子，大致生活于明末清初年间。他经历战乱之后，感慨于世谱的散失，故搜集遗文，网罗旧事，殚心竭力，四十余年才荟萃成书。谱中有图有考，有行实、传记、铭志、诗文，并且冠之封赠、诰敕，弁之以家训，考叙详明，议论精核，灿然成一家言。

在此，我们选录了关于敦伦、教家、处世和积德四个方面内容，一是就如何处理君臣、父子、夫妻、兄弟和朋友关系做了明确的阐述，二是对如何处理家庭内部问题做了规定，三是就子弟如何处世提出了"诚明和恕"，四是如何积德行善。虽然说是老生常谈，但以家训的形式、以对子弟的口吻来写，内容不仅通俗易懂，而且充满了亲情和规劝，看后使人肃然警然。

刘宗周《人谱》: 慎独省身，知过改过，成为完人

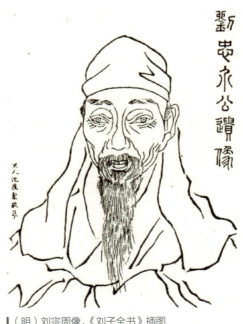

（明）刘宗周像，《刘子全书》插图

大哉人乎！无知而无不知，无能而无不能，其惟心之所为乎！《易》曰："天下何思何虑！天下同归而殊途，一致而百虑。"天下何思何虑！无知之知，不虑而知；无能之能，不学而能，是之谓无善之善。

君子存之，善莫积焉；小人去之，过莫加焉。吉凶悔吝，惟所感也。积善积不善，人禽之路也。知其不善以改于善，始于有善，终于无不善。其道至善，其

要无咎，所以尽人之学也。君子存之，即存此何思何虑之心，周子所谓"主静立人极"是也。然其要归之善，补过所繇，殆与不思善恶之旨异矣。此圣学也。

证人要旨

一曰凛闲居以体独。学以学为人，则必证其所以为人。证其所以为人，证其所以为心而已。自昔孔门相传心法，一则曰慎独，再则曰慎独。夫人心有独体焉，即天命之性。而率性之道所从出也。慎独而中和位育，天下之能事毕矣。然独体至微，安所容慎？惟有一独处之时可为下手法。而在小人仍谓之闲居为不善，无所不至。至念及，掩著无益之时，而已不觉其爽然自失矣。君子曰闲居之地可惧也，而转可图也。吾姑即闲居以证此心。此时一念未起，无善可着，更何不善可为？止有一真无妄在。不睹不闻之地，无所容吾自欺也，吾亦与之毋自欺而已。则虽一善不立之中，而已具有浑然至善之极。君子所为，必慎其独也。夫一闲居耳，小人得之为万恶渊薮，而君子善反之，即是证性之路。盖敬肆之分也。敬肆之分，人禽之辨也。此证人第一义也。

静坐是闲中吃紧一事，其次则读书。朱子曰："每日取半日静坐，半日读书。"如是行之一二年，不患无长进。

二曰卜动念以知几。独体本无动静，而动念其端倪也。动而生阳，七情着焉。念如其初，则情返乎性。动无不善，动亦静也。转一念而不善随之，动而动矣。是以君子有慎动之学。七情之动不胜穷，而约之为累心之物，则嗜欲忿懥居其大者。《损》之象曰："君子以惩忿窒欲。"惩窒之功，正就动念时一加提醒，不使复流于过而为不善。才有不善，未尝不知之而止之，止之而复其初矣。过此以往，便有蔓不及图者。昔人云：惩忿如推山，窒欲如填壑。直如此难，亦为图之于其蔓故耳。学不本之慎独，则心无所主。滋为物化，虽终日惩忿，只是以忿惩忿；终日窒欲，只是以欲窒欲。以忿惩忿忿愈增，以欲窒欲欲愈溃，宜其有取于推山填壑之象。岂知人心本自无忿，忽焉有忿，吾知之；本自无欲，忽焉有欲，吾知之。只此知之之时，即是惩之窒之之时。当下廓清，可不费丝毫气力，后来徐家保任而已。《易》曰："知几，其神乎！"此之谓也。谓非独体之至神，不足以与于此也。

三曰谨威仪以定命。慎独之学，既于动念上卜贞邪已足，端本澄源，而诚于中者形于外，容貌辞气之间有为之符者矣，所谓"静而生阴"也。于焉官虽止，而神自行，仍一一以独体闲之，静而妙合于动

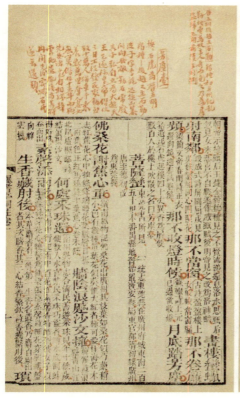

▎（清）朱彝尊《曝书亭集词注》，清嘉庆十九年刊本

矣。如足容当重，无以轻佻心失之；手容当恭，无以弛慢心失之；目容当端，无以淫僻心失之；口容当止，无以烦易心失之；声容当静，无以暴厉心失之；头容当直，无以邪曲心失之；气容当肃，无以浮荡心失之；容当德，无以徙倚心失之；色容当庄，无以表暴心失之。此记所谓九容也。天命之性不可见，而见于容貌辞气之间，莫不各有当然之则，是即所谓性也。故曰：威仪所以定命。昔横渠教人，专以知礼存性、变化气质为先，殆谓是与！

四曰敦大伦以凝道。人生七尺，堕地后，便为五大伦关切之身，而所性之理与之一齐俱到，分寄五行，天然定位。父子有亲属少阳之木，喜之性也；君臣有义属少阴之金，怒之性也；长幼有序属太阳之火，乐之性也；夫妇有别属太阴之水，哀之性也；朋友有信书阴阳会合之土，中之性也。此五者，天下之达道也，率性之谓道是也。然必待其人而后行，故学者工夫，自慎独以来，根心生色，畅于四肢，自当发于事业。而其大者，先授之五伦，于此尤加致力，外之何以极其规模之大，内之何以究其节目之详，总期践履敦笃，恺恺君子，以无忝此率性之道而已。昔人之言曰：五伦间有多少不尽分处。夫惟常怀不尽之心，而黾黾以从事焉，庶几其道于责乎！

五曰备百行以考旋。孟子曰："万物皆备于我矣。"此非意言之也。只繇五大伦推之，盈天地间，皆吾父子兄弟、夫妇君臣朋友也。其间知之明，处之当，无不一一责备于君子之身。大是一体，关切痛痒。然而其间有一处缺陷，便如一体中伤残了一肢一节，不成其为我。又曰："细行不矜，终累大德。"安见肢节受伤，非即腹心之痛？故君子言仁则无所不爱，言义则无所不宜，言别则无所不辨，言序则无所不让，言信则无所不实。至此乃见尽性之学，尽伦尽物，一以贯之。《易》称"视履考祥，其旋元吉"，今学者动言万物备我，恐只是镜中花，略见得光景如此。若是真见得，便须一一与之践履过。故曰："反身而诚，乐莫大焉。"又曰："强恕而行，求仁莫近焉。"反身而诚，统体一极也。强恕而行，物物付极也。其要无咎

六曰迁善改过以作圣。自古无现成的圣人。即尧舜不废兢业，其次只一味迁善改过，便做成圣人，如孔子自道可见。学者未历过上五条公案，通身都是罪过。即已历过上五条公案，通身仍是罪过。才举一公案，如此是善，不如此便是过。即如此是善，而善无穷，以善进善亦无穷。不如此是过，而过无穷，因过改过亦无穷。一迁一改，时迁时改，忽不觉其入于圣人之域。此证人之极则也。然所谓是善是不善，本心原自历落分明。学者但就本心明处一决，决定如此不如彼，便时时有迁改工夫可做。更须小心穷理，使本心愈明，则查简愈细，全靠不得。今日已是见得如此如此，而即以为了手地也。故曰：君子无所不用其极。

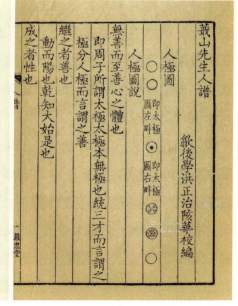

（明）刘宗周《人谱》，清雍正教忠堂刻本

改过说一

天命流行，物与无妄。人得之以为心，是谓本心，何过之有？惟是气机乘除之际，有不能无过不及之差者。有过而后有不及，虽不及，亦过也。过也而妄乘之，为厥心病矣。乃其造端甚微，去无过之地，所争不能毫厘，而其究甚大。譬之木，自本而根而干而标。水自源而后及于流，盈科放海。故曰："涓涓不息，将成江河。绵绵不绝，将寻斧柯。"是以君子慎防其微也。防微则时时知过，时时改过。俄而授之隐过矣，当念过便从当念改。又授之显过矣，当身过便从当身改。又授之大过矣，当境过当境改。又授之丛过矣，随事过随事改。改之则复于无过，可喜也。过而不改，是谓过矣。虽然，且得无改乎？凡此皆却妄还真之路，而工夫吃紧总在微处得力。

"子绝四，毋意，毋必，毋固，毋我"，真能谨微者也。专言毋我，即颜氏之克己，然视子则已粗矣。其次为原宪之克伐怨欲不行焉，视颜则又粗，故夫子仅许之曰"可以为难矣"，言几几乎其胜之也。张子十五年学个恭而安不成，程子曰：可知是学不成，有多少病痛在。亦为其徒求之显著之地耳。司马温公则云："某平生无甚过人处，但无一事不可对人言者，庶几免于大过乎！"若邢恕之一日三简点，则丛过对治法也。真能改过者，无显非微，无小非大，即邢恕之学，未始非孔子之学。故曰："出则事公卿，入则事父兄。丧事不敢不勉，不为酒困。"不然，其自原宪而下，落一格转粗一格，工夫弥难，去道弥远矣。学者须是学孔子之学。

改过说二

人心自真而之妄，非有妄也，但自明而之暗耳。暗则成妄，如魑魅不能昼见。然人无有过而不自知者，其为本体之明，固未尝息也。一面明，一面暗，究也明不胜暗，故真不胜妄，则过始有不及改者矣。

非惟不改，又从而文之，是暗中加暗、妄中加妄也。故学在去蔽，不必除妄。

孟子言："君子之过，如日月之食。"以喻人心明暗之机，极为亲切。盖本心常明，而不能不受暗于过，明处是心，暗处是过，明中有暗，暗中有明，明中之暗即是过，暗中之明即是改，手势如此亲切。但常人之心，虽明亦暗，故知过而归之文过，病不在暗中，反在明中。君子之心，虽暗亦明，故就明中用个提醒法，立地与之扩充去，得力仍在明中也。乃夫子则曰"内自讼"，一似十分用力。然正谓两造当庭，抵死雠对，止求个十分明白。才明白，便无事也。如一事有过，直勘到事前之心果是如何。一念有过，直勘到念后之事更当何如。如此反复推勘，讨个分晓，当必有怡然以冰释者矣。《大易》言补过，亦谓此

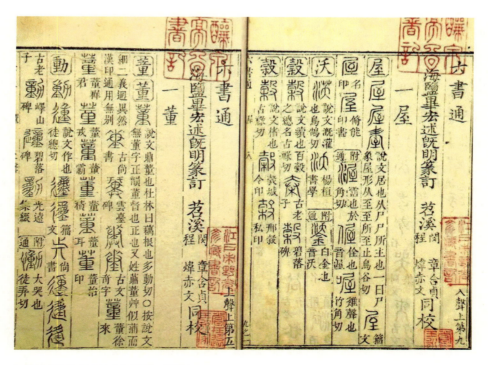

（明末清初）闵齐伋《六书通》，清刻本

心一经缺陷，便立刻与之补出，归于圆满，正圆满此旭日光明耳。若只是皮面补缀，头痛救头，足痛救足，败缺难掩，而弥缝日甚，仍谓之文过而已。

虽然，人固有有过而不自知者矣。昔者，子路，人告之以有过则喜。子曰："丘也幸，苟有过，人必知之。"然则学者虚心逊志，时务察言观色，以辅吾所知之不逮，尤有不容缓者。

改过说三

或曰："知过非难，改过为难。颜子有不善未尝不知，知之未尝复行也。有未尝复行之行，而后成未尝不知之知。今第曰知之而已，人无有过而不自知者，抑何改过者之寥寥也？"曰：知行只是一事。知者行之始，行者知之终。知者行之审，行者知之实。故言知则不必言行，言行亦不必言知，而知为要。夫知有真知，有常知。昔人谈虎之说近之。颜子之知，本心之知，即知即行，是谓真知。常人之知，习心之知，先知后行，是谓常知。

真知如明镜常悬，一彻永彻。常知如电光石火，转眼即除。学者繇常知而进于真知，所以有致知之法。《大学》言致知在格物，正言非徒知之，实允蹈之也。致之于意而意诚，致之于心而心正，致之于身而身修，致之于家而家齐，致之于国而国治，致之于天下而天下平。苟其犹有不诚、不正、不修、不齐、不治且平焉，则亦致吾之知而已矣。此格物之极功也，谁谓知过之知非即改过之行乎？致此之知，无过不知。行此之行，无过复行。惟无过不知，故愈知而愈致。惟无过复行，故愈致而愈知。此迁善改过之学，圣人所以没身未已，而致知之功与之俱未已也。

昔者程子见猎而喜，盖二十年如一日也。而前此未经感发，则此心了不自知，尚于何而得改地？又安知既经感发以后，迟之数十年，不更作如是观乎？此虽细微之惑，不足为贤者累，亦以见改过之难，正在知过之尤不易矣。

甚矣，学以致知为要也。学者姑于平日声色货利之念逐一查简，直用纯灰三斗，荡涤肺肠，于此露出灵明，方许商量。日用过端下落，则虽谓之行到然后知到，亦可。昔者子路有过，七日而不食。孔子闻之，曰："由知改过矣。"亦点化语也。若子路，可谓力行矣。请取以为吾党励。

《刘子全书》

注解

刘宗周（1578~1645年），初名宪章，字启东，一作起东，号念台，明绍兴山阴人。因讲学山阴县城北之蕺山，学者称其为蕺山先生。

生逢末世，刘宗周"立朝则犯颜极谏，临难则仗义死节"，可以说是一个道德风范，皎皎完人。他为官以清廉耿直著称，在任礼部主事时，大胆弹劾奸臣魏忠贤的种种罪恶，并屡次上书向皇帝提出有关朝政各项大事的建议，表现了其大无畏的崇高品质。为此，他三次被罢免官职，三次复出。清兵南下，国破家亡，满清起用明朝旧臣，明朝官员纷纷倒戈投靠清廷做了贰臣。清廷派人劝刘宗周替清朝做事，他一口回绝：我是明朝人，明朝官，不吃清朝一粒米一口水。绝食23天活活饿死。可以说，作为一个士大夫，刘宗周出仕为官，始终克勤为邦，终身保持勤俭的生活方式，不为财富厚碌引诱，以诚意、慎独之心保持一颗清廉之心，后世尊敬他为"一代完人"，彰显其伟大的人格道德风范。刘宗周著有《刘蕺山集》《刘子全书》《周易古文钞》等作品，黄宗羲、陈确、陈洪绶等人都是他的弟子。

《人谱》一书不仅是刘宗周的哲学著作，更是他修身做人的真实写照。他的一生就是完全按照《人谱》所言，做到知行合一、克己修身，追求完美的人格。这本书与袁了凡的《了凡四训》不同，在本书序言中他对袁了凡的福善祸淫、因果报应，特别是设计的"功过格"是持怀疑态度的，说道："了凡学儒者也，而笃信因果，辄以身示法，亦不必实有是事。传染至今，遂为度世津梁，则所关于道术晦明之故，有非浅鲜者。"他认为佛教谈因果、道教谈感应，都出于功利目的，不能真正成就圣贤人格。而儒者所传的《功过格》，也难免入于功利之门。他认为："今日开口第一义，须信我辈人人是个人。人便是圣人之人，圣人却人人可做。"如何成圣？这便是作《人谱》一书的目的。该书第一篇先列《人极图》，第二篇为《证人要旨》，第三篇为《纪过格》，最后附以《讼过法》《静坐法》《改过说》。"言过不言功，以远利也。"他认为"诸人者莫近于是"，"学者诚知人之所以为人，而于道亦思过半矣。将驯是而至于圣人之域，功崇业广，又何疑乎！"

《人谱》是刘宗周的绝笔。他后来在绝食期间对儿子刘灿说："做人之方，尽于《人谱》。"

《人谱》阐述了为人处世、修身养性的基本办法就是"慎独""改过"。慎独是贯穿于中国儒学、理学的一种修身方法。《中庸》彻始终的心法，《大学》诚意篇的方法，不管是阳明的"致良知"还是朱子的"存天理"，都是以慎独贯穿始终的，用王阳明的话说"私欲格去一层又见一层，格尽了自有端拱时"。慎独是一种积极的、每个人都可以做到的修身方法，通俗地说就是，白天要积极去做事且在事情上分辨义利，非义则不为利；晚上或空闲时要秉持良知，并反思和提升自我。其法简明易行，不玄虚，不神秘，非宗教，非哲学。其目的就是达到一种高尚的人格，成为一个完人、一个不俗的人，即"舍身取义，杀身成仁"，做到"不滞于物""不役于物""不蔽于物""不以物喜，不以己悲"。

寇慎《山居日记》: 只要耐得淡泊，无往不可

知在行前，是学问之功。若明觉之知，则贯彻乎行之终始。一息有昧，便于所行有不照顾处。学固有未行而先知者，亦有因行而加察者。行正行其所已知，知即知其所当行，非谓知可以为行也。

为学先知后行，既行仍不废知，乃不至于妄行。此为知行并进之实学。

秀才家要知天地间大道理、古今大事情。至于猥琐元奇，祗供口说，虽终身不知无害。

秀才不出户庭，而知天下国家之务，以天下为己任，皆由究心于大道理、大事情，否则小道可观，致远则泥矣。故君子不可小知，而可大受也。

道德，根本也；功业，枝干也；文章，花果也。虽然，道德功业非文章不传，若二典、三谟、六经、四书不在宇宙间，人安知所谓道德功业耶？故有果则木至今在，有文章则德业至今闻。若非谈道阐业，直谓之虚花耳、翦彩耳。无道德功业之文章，谓之虚花，惜不能久耳。世有一种象生花果，翦彩为之，花朵毕肖。士人文章不根道理、剿袭浮词者，何以异此！此昔人所以有翦彩为花之诮也。

讲学人不必另寻题目，只将四书六经发明得圣贤之道精尽，有心得，便是真正学问。学时有心得，即未仕时之经济也。

学者不必别为诡异之行，度越前人，只检点自家身上事，要合得经书，便是切己工夫。

道者日用事物当然之理，既曰当然之理，又曰事物，乃知离了事物便非道。又曰日用，乃知不关日用便非道。故学者学此日用事物当

然之理，讲者讲此日用事物当然之理。乃穷高极远者，与孔孟作对头；探赜索隐者，与宋儒添脚注。在朝不言朝，从政不谈政，他日投大遗艰，索平生所讲者而用之，未必得济。只是"日用"二字不曾理会耳。

王阳明先生《客座私祝》曰：但愿温恭直谅之士，来此讲学论道，示以孝友谦和之行，德业相劝，过失相规，以教我子弟，使毋陷于非僻。不愿狂躁惰慢之徒，来此博弈饮酒，长傲饰非，导以骄奢淫荡之事，诱以贪财黩货之谋，冥顽无耻，煽鼓惑动，以益我子弟之不肖。由前之说，是谓良士；由后之说，是谓凶人。我子弟苟远良士而近凶人，是谓逆子。戒之戒之！书此以贻我子弟，并以告夫士友之辱临于斯者。噫！吾辈亦当书此于座右。

东坡谪惠州，自言譬如生长此地便了。黄山谷谪宜州，自言做秀才时贫陋，原是如此。皆素患难之意。

素位而行之理，说来如此亲切。迁谪之臣，肯作此想，真无入而不自得矣。

荆川云：读书以治经明理为先，次则诸史可以备见古人经纶之迹，与古来成败理乱之几，次则载诸世务，可以应世之用者。此数者，其根本枝叶相萝，皆为有益之书。若祗可以资文辞者，则其为说固已末矣。况好文与好诗，亦正在胸中流出。有识见者，与人自别，正不必藉此零星簿子也。

近时读经观史，专为采取诗文材料，全无心得，不能贯通。零星簿子四字，切中其弊。

林平泉云：玩味书籍，若止思索义理，恐亦未为得法，须反求自己存心行事，以书验之，方有益。

世人见人文章之工丽者，辄称曰有才学。不知才自才，学自学也。才者性之所赋，学者己之所积。格物致知以明其理，嘉言善行以存诸心，古今事变以究其道。此学也，施之于文章，达之于经济，则才矣。有才无学，犹巧匠能构室而无斧斤；有学无才，犹篙师识水性而无舟楫。才也学也，相资为用，无魄真儒矣。

只要耐得淡泊，无往不可。所谓足乎己，无待于外。贫贱富贵，均有受用处，均有受苦处，不甚相远。所以古人安命任理，安之则随处皆好。

知富贵亦有受苦处，贫贱亦有受用处，可与言处境之学也。

养民生、复民性、禁民非，治天下之三要。不欺君、不卖法、不害民，作官持己之三要。

养生复性，必兼禁非，乃非姑息纵恶之政。不欺君、不卖法，必不害民，方只不欺之实事。

为官者切不可厌烦恶事，坐视民之冤抑。一切不理，曰我务省事，则事不能省，而民不得其所者多矣。

厌事必致滋事，耐烦转可不烦。为官者不可不知。

人见轻财乐施，概谓尚义。不知义者宜也，如权衡然，轻重多寡，固自有别。故吝财不施则惠啬，混施无等则恩滥，均为非义必也。在同宗，论服属轻重；在外戚，论亲情厚薄；在朋友，论交谊浅深。酌等而施，以次而及，斯为义矣。至于人当危急，情极可悯，吾一施而有起死回生之力，不问亲疏，随所急而厚助之，期于必济。此又不以施予之常理拘也。平时施恩有则，遇急难施助，则又以济事为度，不以亲疏常数拘也。

穷理者，穷这名利何用处，穷这名利与此身孰重，穷这名利可必得否，恐枉费心力。此理书上常说，只是看得不亲切耳。此亦穷理中之一端。曰穷理，凡理之所在，皆宜穷也。书上常说，人看得不亲切，深中读书弊习。可见读书秘诀，总要看得亲切耳。

洪容斋以乾坤之下六卦皆有坎，乃圣人防患备险之意。余谓屯蒙，未出险者也。讼师，方履险者也，戒之宜矣。若夫需者安乐之象，乃亦有险焉。盖斧斤鸩毒，多在于衽席杯觞之间；诩诩笑语，未必非关弓下石者也。于此一卦，尤加谨焉。世事险阻忧患，伏于宴安杯酌闲者不少，就需卦而体玩及此，可谓善读《易》矣。

凡人谋事，虽日用至微者，亦须龃龉而难成。或几成而败，既败而复成，然后其成也永久平宁，无复后患，若偶然易成，后必有不如意者。造物微机，不可测度如此。静思之，其忧勤惕励当何如。

恒言好人难做，好事难成。又曰：好事多磨折。予为之语曰：实在好事，原不易成。易成者必非好事。做好事者，毋忘惕励之心，并益坚其为善之志可也。

（清）包世臣草书八言联：春晖秋明海澄岳静，准平绳直规圆矩方

用人资格已定，非特臣子无所容其攀援，即人主亦不得恣其爱憎。故曰上有道揆，下有法守。虽然，亦非定论也，以元昊叛仁宗，因问用人守资格与擢才能孰先。丁文简公言承平无事，则守资格，缓急有大事大疑，则先才能。此又可以救资格一定之弊。如此方见用人之权衡。

大臣謦笑，所系不浅。宾客探听于外，仆隶窥伺于内，甚则子孙亲族，窥其议论之是非\意旨之好恶，以因缘为奸者，藏垢纳瑕，持其一事。凡居要路，皆当豫养沈静，不可轻喜易怒也。

夫民怀敢怒之心。畏不敢犯之法，以待可乘之隙，众心已离，而官司犹恣其虐以甚之。此治道之可忧也。是以明王推自然之心，置同然之腹，不恃其顺我者之迹，而欲得其无怨我者之心，体其意欲而不忍拂，知民之心不尽见之于声色，而有隐而难知者在也。马人望简括户口，不两旬而毕，留守萧保先怪而问之，人望曰：民产括之无遗，他日必长厚敛之弊，大率十得六七足矣。保先谢曰：公远虑，吾不及也。

上虞郭南知常熟县，虞山出软栗，民有献南者，南亟命种者悉拔去，曰：异日必有以此殃害常熟之民者。其为民远虑如此。

居官最忌作俑，无因一时口腹，遗地方永累也。

人情所甚利，与人情所大不便者，不可尽防。防必溃，一溃必甚。先王制法，调剂人情，羁之使不至于纵，又不壅之使至于溃。故人情常相安，而礼法不病。

世俗以炎凉为薄恶，然重厚之士，亦不能免此。愚谓势利生死之炎凉不可有，道德名分之炎凉不可无。李适之云：试问门前客，今朝几个来。此势利之炎凉，不可有也。翟公云：一死一生，始见交情。此生死之炎凉，不可有也。孔子云：韶尽善，武未尽善。盖不论当代之势利，而论古今之道义，此道德之炎凉，不可无也。又与下大夫言，侃侃如也；与上大夫言，誾誾如也。此名分之炎凉，不可无也。今人喜为炎凉者，固是鄙夫，不足挂齿。其有不为炎凉者，又未免如北宫黝之不受于褐宽博，亦不受于万乘之君。此岂君子之正道乎！（"炎凉"二字之义，即寒暖也。天时不能不寒暖，亦不能常寒常暖，此天道人情之自然，无足异者。每见士当穷厄，为时所轻，辄忿世情炎凉，此皆不知自反，不能随时之故。至于道德名分之炎凉，更为天经地义，不可假借。岂可视为薄恶，而怨天尤人，全不自反自责乎！）

人流品格，以君子小人定之，大率有九等。有君子中君子，才全德备，无往不宜者也；有君子，优于德而短于才者也；有善人，恂雅温朴，仅足自守，识见虽正，而不能自决，躬行虽力，而不能自保；有众人，才德识见，俱无足取，与世浮沉，趣利避害，碌碌尘俗中，无自表异；有小人，偏气邪心，惟己私是殖，苟得所欲，亦不害物；有小人中小人，贪残阴狠，恣意所极，而才足以济之，敛怨怙终，无所顾忌；有外似小人之君子，高峻奇绝，不就俗检，放旷出入，不就礼检，然规模宏远，小疵常累，不足以病之；有似君子之小人，老诈浓文，善藏巧借，为天下之大恶，占天下之大名，事幸不败，当世后世，皆为所欺而竟不知者；有君子小人之闲，行亦近正而偏，语亦近道而杂，学圆通变近于俗，敦尚古朴，则入于腐，宽便姑息，严便猛鸷。是人也，有君子之心，有小人之过者也，每至害道。（心术才识，各种人皆有。益见知人不易，而共事之当慎也。）

事亲者，养口体不如养志，固也。今父母有子而成科第，可不谓之养志乎？但既得科第之后，亲老或不能随子，十年五年，常不相见，即锦衣归省，内有妻孥，外有宾客，出入匆匆，其捧觞上寿，开口而笑者，又能有几日？甚则新庄故宅，父子各居，虽供养不缺，而饮食寒温，滋味咸酸之类，谁复为之检点？此无论养志，亦何曾叫得养口体！农夫贩子，父兄子弟，团圞一处，其饔飧无日不相共，其痛痒无刻不相关，即口体之养未全，而养志却无愧者。且寸薪粒米，皆从剜心沥血中来，如此养父母，味虽苦而情则甘。富贵家名曰禄养，而未能必躬必亲。如此养父母，味虽甘而情则苦。呜呼！为人子者，不惟不能养志，并且不能养口体，非其忍心如此，所谓终身由之而不知者也。（此段议论，发之陈眉公。余读之不觉泪下沾襟。）

父母教子，日求科第，日望居官，半生心血，业已自累。今转因科第居官，而还多受累。在父母口虽不言，能毋心悼乎？为科第居官之子，其亦猛省而时时思所以养口体养志者，庶不为科第罪人，居官之不孝子也。（眉公此论，寇公述之，均有关于伦化。）

好学是人生一福。有书可读，多良师友，时日多闲，衣食无累，又是好学人一福。杜林好学，家既多书，又外氏张竦父子喜文采，林从受学，此好学人一大福也。邴原有言：一则羡其不孤，一则羡其得学。非真好学，不知此味。

人肯好学，自是有福。若好学而时日可以容吾学，物力可以资吾学，又有良师益友相助为学，岂非大福乎？予自幼百事无能，惟喜读书，托先人荫庇，节衣缩食，望我读书曾有联云："有工夫读书，便是造化；将学术用世，方见文章。"至今思之，且幸且愧。

子弟读史鉴，足以广目前见识，资后来经济，言之亲切不浮。近世学者，恒以史鉴无关举业，有终身不阅史鉴者，焉得有真学问、好人材。

《学仁遗规》

注解

寇慎（1577~1669年），字永修，号礼亭，同官县（今属铜川市）人。明末清初人。万历四十四年（1616年），登进士，授刑部主事，升工部虞衡司郎中，后外任苏州府知府，在苏州任期，勤政爱民，关注民生，深得百姓爱戴，是一位身先士卒、敬民如天的先贤。后升任昌平副使，之后致仕归乡，家居三十年而闭门著作。寇慎埋头经史之学，潜心著书立说，以交友为乐。先后撰有《四书酌言》六卷、《历代史汇》十二卷、《山居日记》八卷、《同官县志》等。病故后，顾炎武为他撰写了《墓志铭》。

《山居日记》是寇慎晚年治学和对自己为官实践的思考。在书中，他认为士君子为学就是要从日用小事做起，要留心"日用事物"，否则，只能是空谈，误国误己，所以，他提出"君子不可小知，而可大受也"的论断，同时，他对社会各色人等进行了分析，按君子小人的品格特征，定为九类，包括有君子中君子、有君子、有善人、有众人、有小人、有小人中小人、有外似小人之君子、有似君子之小人、有君子小人等，这样划分和定性，在历史上是比较少见的，而且也是非常中肯的。特别是，寇慎从辩证法的角度，提出了一些非常深刻的论断，如关于做事，他认为小事也是不容易做好的，"凡人谋事，虽日用至微者，亦须龃龉而难成。或几成而败，既败而复成，然后其成也永久平宁，无复后患，若偶然易成，后必有不如意者。造物微机，不可测度如此。"如对社会上的"好人难做，好事难成"，他指出："实在好事，原不易成。易成者必非好事。"关于读书，关于养亲，关于为官，寇慎都有自己独特的思考和论述。

冯定远《家戒》：存心养性，只在慎独工夫

庄子曰："为善无近名，为恶无近刑。"亦是一句说话，但此是道家学问。不如《易》云："善不积不足以成名，恶不积不足以灭身。""积"字最妙，积善成名不是虚名，这名便不害事。若为恶于冥冥者，不有人祸，必有天殃；不于其身，必于其子孙。恶字一毫来不得，如老子云："天网恢恢，疏而不漏。"这话却好，小人只看了疏处，不曾看他不漏处，便去放肆，是他识见不济，看理不明也。"勿以善小而不为，勿以恶小而为之"，这便是积的工夫。

俗语亦有益人处。吴人谚云："风潮过了世界在。"吾一生用之，

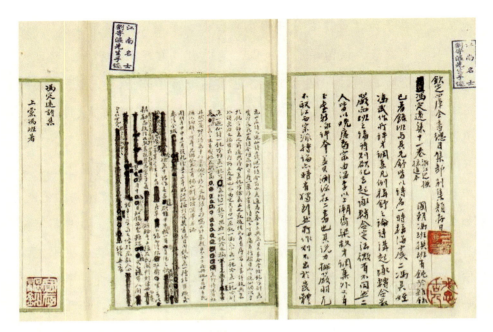

（清）冯班《冯定远诗集》，清光绪无锡刘继增编定稿本

虽经历事变，至今无大患。但众人汹汹时，不可随他，自己有个把捉，汹汹的定了，便受用。

太平时做错了事，却有救。乱世一毫苟且不得，一失脚便送了性命。

"信而好古"，"温故而知新"，是读书得力处。

儒者有一种门户，有一种习气，须洗得尽，方是好学的人，方是真儒。（名言，不到得忠恕地位，便有此二种夹杂。）

君子之孝，莫大于教子孙。教得好，祖宗之业，便不坠于地。不教子弟，是大不孝，与无后等。

儒者之业，莫如读书。记诵以为博，是读书病处，亦强似不读。

读书有一法，觉有不合意处，且放过去。到他时或有悟人，不可便说他不是。

君子立身行己，只要平实。不行险则无祸患，不作伪则无破败。（此语最有味，不可忽。）此是实实受用儒者功夫，不是老生常谈。"君子居易以俟命"，不愿乎外，只是一个平。戒慎乎其所不睹，恐惧乎其所不闻，方是实。

士人读书学古，不免要作文字，切忌勿作论。成败得失，古人自有成论，假令有所不合，阙之可也。古人远矣，目前之事，犹有不可审，况在百世之下，而欲悬定其是非乎！（此亦名言）宋人多不审细，止如苏子由论蜀先主云："据蜀，非地也；用孔明，非将也。"考昭烈生平，未尝用孔明为将，不据蜀便无地可措足。此论直是不读《三国志》。宋人议论多如此，不可学他。

致堂胡氏作《读史管见》，其论人也，如酷吏之狱词，见法辄取，不原情，不考事。君子恶称人之恶，此便是他心不正。癖于恶人，而不知其美，斯言之玷也。

孔子每言"仁"，孟子并言"仁义"。"义"字难体认，有胫胫小人之义，有匹夫匹妇自经于沟渎之义，更有刺客、游侠、盗贼、奸人之义，君子不可不明辨也。（义者，宜也。如所举三者，安得为宜？小人有勇而无义为盗，刺客游侠皆盗耳。）

既明且哲，以保其身，贤臣也；战战兢兢，如临深渊，如履薄冰，孝子也。偾国事，灭家族，以死求名者，贼儒也，乱臣逆子之尤者也。

所欲有甚于生者，死有所不敢爱。儒者之死忠死孝，仁之至，义之尽也。然子死孝，父必不全；臣死忠，君必有患。忠臣孝子，平居无事，不忍言之。近代有平居无事，处心积虑，冀君父之有难，以成其名者。其人名不便言。此乱臣贼子之不若也。让千乘之国好名者，君子犹不取。况乎幸君父之有难，社稷苍生、六亲九族，一切不顾，而可曰仁义乎？好名之患，真有不可言者。

（清）金农漆书七言联：越纸麝煤沾笔媚，古瓯犀液发茶香

曹孟德将杀陈宫，谓之曰："公台如卿老母何？"宫曰："老母在公，不在宫也。"婉而不屈，然竟全其母。方孝孺将死曰："必无十族。"此为不如陈宫矣。孝孺虽逊词，亦不免九族，然亦不至于十族矣。（两条须合看。）

诵农、黄之书，用以杀人，人知为庸医也；诵周、孔之书，用以祸天下，而不以为庸儒，我不知何说也。庸儒者，非孔子之徒也。不惟一时祸天下，又使后世之人不信圣人之道。

食人之禄者，死人之事。君子当大难，亦不徒死也。持其危，扶其颠，尽心力而为之，事穷势极，然后死焉。斯可以言事君之节矣，文文山其人也。

君子有心于古道，慎无以学术误天下。

乐无与于衣食也，金石丝竹，先王以化俗，墨子非之。诗赋无与于人事也，温柔敦厚，圣人以教民，宋儒恶之。

君子不亲教，延师亦是难事。气习相染，师不如友。爱子弟者，必慎其所与。得淳厚有家风者为上，其次则自好喜读书者，市井轻薄最不可近。

先兄谓我曰："见利思义，义不胜利，小人必不能自克。"我应之曰："不若见利思害。"（"见利思害"出《新序·节士篇》，以见得思义并举，言之则不偏也。）无故之利，害之所伏也。君子恶无故之利，况乎为不善以求之乎？君子固穷不求利，所以无害，则利莫大焉。（到底翻不得此案。人不知义，则利令智昏，虽大害之伏，不复顾矣。故九思条目又曰"见得思义"，孟子亦先曰："亦有仁义而已矣"。教人有主宰于中，然后与之剖析利害。）

或曰："裴晋公之功名富贵，可谓盛矣，还带小善，恐不足以致之。"余曰："大人君子好义为善，其根伏于胸中，如火之伏于薪下也，特未发耳。一发则燎原矣。晋公之致福，亦犹火发之燎原也。事之大小，非所计也。匹夫匹妇，一事之善，如将枯之禾，偶得一溉，其福微矣，然必胜于不为一善者。"

（清）钱大昕隶书六言联：蔼若芝兰芳馥，温如金玉精纯

韩善之道，其用民也残，其养民也狭。施之于乱世，可以徼利，事平则受其祸矣。秦二世而亡是也。天道神明，好此术者必有殃。

君子以礼义安人养人，俗儒则以礼义桎梏天下，不知礼义之本也。

汉儒释经，不必尽合，然断大事，决大疑，可以立，可以权，是有用之学，去圣未远。古人之道，其有所受之也。宋儒视汉人如仇，是他好善不笃处。（宋儒小病在有个道学门户，必求高出前人，然濂溪、明道诸公何曾有此？）

谈性命，叙人伦，苟无宋儒，人其为鬼魅乎？但于世事上少疏，施之于事，不见作用，朱子尝自说如此。

尚论古人，不是与古人争是非，好讥评者，其为学必不得益。

昔人有作《中山狼传》者，为负恩者喻也。中山狼所在有之，但无与老狯枯树语则可矣。斯言也，不更事者不知也。小人之敢于为恶，有助之者耳。

天下惟助恶者为无人心。

祸福之来，天与人相参。《诗》曰："自求多福。"《书》曰："天作孽，犹可违；自作孽，不可活。"一委之于命者，愚人也。纣曰："我生不有命在天。"此其所以亡也。

盛怒不可饮酒。

凡人之是非，当决之于君子；儒者之是非，当裁之以圣人之言。苟不合于仲尼，虽程、朱亦不可从也。圣人好读书，豪杰好读书，文人亦好读书，惟宋儒不好读书。（程朱为学，必由读书，讲明义理，惟陆学不尚读书耳。）

夫子曰："性相近也。"孟子曰："性善。"较说得透爽。夫子曰："习相远也。"朱子曰："气禀所拘，人欲所蔽。"较说得圆满。虎狼好搏噬，是气禀所拘；父子不相食，是性善。相近处正是善，相远处即是恶。大抵恶是第二层念头，善念是独发的，恶念是有对而发的。须知甘食悦色亦是善，方可言性善。好甘不好苦，好美不好恶，自爱也。未有不自爱而能爱人者。君子有时损己以益人，只从自爱处推出。

阮嗣宗至慎，不臧否人物。陶渊明诗篇篇说酒，不及时事。（阮与陶，皆在事外者也。有事在者，亦须深沉果决，不密则害成矣。）

顾仲恭先生不能作诗，尝自言不解其故。余告之曰："温柔敦厚，先生似不足。"

道家有雷门忠孝一派，其说曰：精炁者身之本也，不爱精炁者为不孝；心者身之君也，不敬其心者为不忠。我最爱此说。

君子处人骨肉之间，不可无作用，亦不必多巧，只是一个平恕，一个忍耐。

六亲不和有孝慈，君子不可不勉。（此语失老子本意，翁之意谓六亲虽不和，孝慈之道当尽其在我。）

婢妪用事，则妇女生变；外家太亲，则兄弟疏。

嫁女娶妇，但择儒素有家法者最善。古人云：娶妇当娶其不如我者，嫁女当择其胜我者。此言大有病。外家贫薄，为累最重，不可以一端尽。且妇女之性，罕能自卑，只如婢妾，此不如我家亦甚矣。一旦得宠，目无正嫡。不如我家，不足恃也。胜我之家，娣姒必多富贵，妇女以家势相轧，我家子女必为所薄，则一日不能安矣。胜我不如我相形，争之道也。儒者论事，多空中揣量，不试实事，故多败。齐家治国平天下道理，须是实实体贴。空中揣摩，便是白面书生，不通事势。为天下安用腐儒，谓此辈也。（所论亦未尽事理，此其一端也。）

宋儒有四大病，近代犹甚：不喜读书，则君子小人渐无别；不作文字，则词气鄙倍而不自知；不事功业，则无益于世；不取近代事，则迂疏。（全看程朱语录，原无此四者，此门徒末流之弊，亦不可不戒。）

君子使人可爱，不如使人可敬。敬人者人恒敬之，未有可敬而不可爱者也。（能养其中和之德，则敬爱兼之矣。）

孟母、敬姜，千古难得。妇人教子，未有不败坏者也。父欲教子者，必不可使母挽一字。

庄生喜言上古，上古之风，必不可再得于今日，徒使晋人放荡不事事。宋儒专言三代，其于三代之事，择焉而不精，语焉而不详，徒使方孝孺辈迂执不通。其言不同，误天下苍生则一也。（宋儒所谓三代者，亦谓当得其意而已。明道最通晓时务，伊川、晦翁亦何尝拘碍如后儒，唯横渠较疏耳。然方公之病，其根尚不在此。操切诸王，即非西铭道理。凡为天下国家有九经，修身之下，即曰亲亲，欲复三代，孰先于此？乃舍其大而图其细，亟亟纷更，并昧夫子"三年无改"之训，固非宋儒误之也。然今日略观宋人鉴断，于诸儒书不能贯通者，须亟示以此论。翁后有一条论建文主事，于余所见者有先得焉。）

为子弟择师，是第一要事。慎无取太严者。师太严，子弟多不令，柔弱者必愚，刚强者怼而为恶，鞭朴叱咄之下，使人不生好念也。凡教子弟，勿违其天资，若有所长处，当因而成之。教之者，所以开其知识也；养之者，所以达其性也。年十四五时，知识初开，精神未全，筋骨柔脆，譬如草木，正当二三月间，养之全在此际。噫！此先师魏叔子之遗言也。我今不肖，为负之矣。（少小多过，赖严师教督之恩，得比人数，以为师不嫌太严也。及后所闻见，亦有钝吟先生所患者，不可以不知。）

子弟不可把世间刻薄事教他。子弟刻薄，一时无所展其恶，必先施于父母，则不孝；必先用于兄弟，一家不和，则万事瓦裂矣。兄弟至亲至近，不和便伸手动脚不得。外人不和，只一遍相争，便走开去了。兄弟不和，终身并做一处，有许多不便。世人之不睦于兄弟者，自以为得计，我不知其何心。

子弟小时志大言大是好处，庸师不知，一味抑他，只要他做个庸人，把子弟弄坏了。又有一种人，一味奖誉，都不课实，后来弄得虚骄，都不成器。子弟小时，极难调养。与君子交当以恕，君子或有不如人意时也；与小人交当以敬，小人好侮人也。

不为快意语，不作快意事，人世尤悔，十分便减却七分。（此康节之言。）

言有近正而实不近人情，不合圣人之道者，儒者多有之。大略近于隘狭，便不是好话。

俗人说通变，只是小人而无忌惮，不是君子之时中。文人儒者，大有异端。不信五经，喜毁古贤人，招合虚誉，立党败俗，皆圣人之罪人，少正卯之流也。

善气迎人，亲于兄弟；逆气迎人，惨于戈矛。

知人则哲，惟帝难之。然亦有一法，大略取其平和近人情者，则十得六七矣。（风俗大坏之后，此言又不可堕于一偏，恐所谓人情者，非发皆中节之情也。）

周孔之道，是谓之儒。人不可不学儒，学儒必从师，师最难得。不近人情，不通世务，不读书者，便是小人儒。俗儒多傲，便不合孔子之道，儒者必谦。俗儒多短见，故好非古人。

凡学问皆须实见实行，不可虚空揣摩。

吾见人家教子弟，未尝不长叹也。不读诗书，云妨于举业也。以余观之，凡两榜贵人，粗得名于时者，未有不涉猎经史。读书好学之士，不幸而踬于场屋，犹为名于一时，为人所宗慕。其碌碌不知书者，假令窃得一第，或鼎甲居翰苑，亦为常人。其老死无成者，不可胜计。岂曰学古不利于举业乎？又不喜子弟学道，脱有差喜言礼义者，呼为至愚。不知所谓道者，只在日用中。惟不学也，居家则不孝不弟，处世则随波逐浪，作诸不善。才短者犹得为庸人，小有才者往往陷于刑辟，中世网而死，其人不可胜屈指也。见三十年前，士人立身，尚依名教，相见或言诗书，论经世之务，今则绝无矣。有一老儒，见门人读书，则杖之，罚钱一贯，斯人也，竟困于青衿而死，亦何益哉？（不读经则举业必庸猥，不涉史则后场其墙面矣。经须讲而后明，喜言理义者，通经之阶也。望子弟之远大者，安能舍是以为教哉。今去翁发此论时又四十年矣，噫！）

仁义，圣人之道也。徐偃王、宋襄公以之败亡，而儒者犹称之，斯亦仁义之感也。韩文公作《徐偃王碑》，公羊称文王之师，是已。近代建文君又不及此二君者也，至今好事者犹惜之。或曰："仁义足以败亡乎？"余曰："此徒慕而为之，其心则善矣，实不得圣人之道也。如燕哙之让子之，亦慕尧、舜也，此亦可称乎。"建文君有大罪，今人不知耳。夫子言孟庄子之孝，以不改父之臣与父之政为难能也。子曰："三年无改于父之道，可谓孝矣。"建文不孝，不孝足以亡国。但其心实慕善，当时臣下果于行其所学，颠覆典刑，遂以至于亡也。《尧典》曰："克明俊德，以亲九族。九族既睦，平章百姓。"建文之九族何如，是乌能法尧、舜哉？

人各有业，所以为生也。祖父之业，生而习焉，长而安焉。废而习其所习，败而无成者，十八九矣。读书，业之美而贵者也，奈何其废之乎？

人于其所业，当竭一生之力而为之，毋求其便者，必为其难者。吾少年学举子之业，教我者曰："此敲门砖也，得第则舍之矣。"但猎

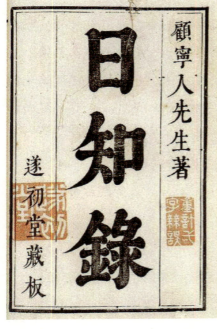

（清）顾炎武《日知录》，清康熙三十四年遂初堂本

取其浅易者，可以欺考官而已，远者高者，不足务也，必无人知，则跲矣。后从魏叔子先生，见谬当时先生，二先生之言曰："欺人者，欺之以所不知也。"尽天下之人，方竭才力以为举业，谁不知者？而子欲欺之以浅易，子其困矣。始知向来之误也。农必为良农，贾必为良贾，工必为良工。至于士人之业，乃欲为其不良者，何也？（今日几乎天下皆不知矣，然为欺者滔滔皆是，安得受知于考官？不如读书，其遇则可以变俗，不遇犹有以自得。）

为人之所不能为，知人之所不能知，尽心力而务之，不得利，必得名。人皆不如我，我得名利也。（韩子云：人之能为人，由腹有诗书，名利其外也。不可以为人，将若之何？）鼓钟于宫，声闻于外，天下未有有其实而无其名者。何云有文，钱牧翁重之，然无名者，其人妒嫉，同学者恶之也。妒极损名，如张汤有后，可以为法。

俗人多不喜子弟习技，只是一个俗。如书射自是正经学问，如何不知？（近礼乐之遗者为之，可以为人所役而取贱者，勿以自累。）他如琴奕之类近雅者，亦不妨为之。我见一周叟，投壶百发无误，意甚爱之。（琴德可以养性，奕则徒费日敝精而已，非若琴之为用。不当习投壶、古戏、本射之类。礼用之与燕射等，学之殊妙。）二郎好画，我不以为不可，但有一说，不精而为之，便是废日；苟能精之，则古人亦如此也。先君子不读星命之书，多为日者所欺，然犹无大害。如医亦是要事。毛斧季患嗽，以夏月多饮水，冷痰在膈中，医以为痨，药有天冬。我见之，愕然曰："服此将甚。"已而果剧，易医而痊。钱履之冬月病痢，医用黄连，其人腑脏素患虚寒，我与钱夕公皆云不可，履之不信也。后得名医来，夕公以其意告之，投桂附而痊，不然几毙。如此类不可尽述。君子不可不知医，不知则为庸医所欺，害至于杀身。读农、黄之书，操死生之权。或以为贱业，何哉？但不精亦误人，学之须审耳。我未尝自用药，有所鉴也。（医当知，为事亲也，先儒言之矣。）

为学全在小时，年长便不成。然年长矣，亦不可不勉为。为惠而望报，不如勿为，此结怨之道也。

小人至恶，然其所为，可以情理揣量，必有不利，彼亦不为也。惟愚人为不可知。愚者自以为智，其恶往往出人意外，不可防也。先兄每戒人勿近愚人，吾始谓不然，及更事多，然后信之。不惟愚人，老而耄者亦不可近。

终日言人之善，人未必信，然所益多矣。恶人所为，有人不肯信者，必不可言，待其自露可已。（或至亲厚者，不幸所狎非人，安得坐观？待其自露，所误已多矣。）友人有狎一小人者，吾谏之再三，至掩耳而起。后经半年，始谢吾曰："果如尊言。"盖悔之也。

下　篇

好伐恶者，老子所谓代大匠斫也，希有不伤其手者矣。朱夫子云："君子之待小人，不恶而严。"世有傲慢于此辈者，自以为严，过矣。严者须敬以处身。（粗而言之，衣冠可以御强暴。）

为善无他法，但处心平易，使常有喜气，自然无不善。

天主教人言：杀生无报应。吾应之

（清）翁方纲行书八言联：达性任情恭谦自卫，来欢致福动作有光

曰："儒者方长不折，草木无知，岂有冤报？只自全其仁心而已。"王梵志云："辛苦因他受，肥甘为我须，莫教阎老判，自取道何如。"

粗中者不可以诉情，好奇者不可与虑事，辩口者不可与言理。

凡为天下国家，虽有善法美意，行之必有次第，不知缓急先后则害事。

廉者量多窄，其病在酷而无所容，所以清官无后。为上不宽，圣人所戒。君子不为不可继。事有便于一时，而后世为弊者，不可不知也。

毋友不如己者，取友之道也。毋求备于一人，使人也器之，为上之道也。

君子有容人之量，所以可重。然有人焉，不可以情求，不可以理喻，不可以势御，更不可以利结，此人之难容者也。斯人也，所为如此，不有人祸，必有天殃。且宜待其自及，勿与争也。

（清）叶芳《九日行庵文宴图》

小人之怒，气衰则止，惟君子之怒不可犯。

终身让行，不枉一舍，此至言也。苟子曰："君子让而胜。"

三人行，必有吾师焉，况于古人乎！儒者曰："三代已后无完人。"后儒因之，遂不肯学三代以后之事。噫！三代之事，其传者百不一存也。不法后贤，其于天下之事不知者多矣。

一家之人，各以其是非为是非，则不齐。推之至于天下，是非不同，则风俗不一，上下不和，刑赏无常，乱之道也。李卓吾者，乱民也。不知孔子之是非，而用我之是非，愚之至也。孔子之是非，乃千古不易之道也。君君臣臣，父父子子，一部《春秋》，不过如此。

好今而不知古则俗，知近而不及远则陋。俗陋之人，难以语道矣。

读古人之书，不师其善言，好求诡异，以胜古人者，愚之首也。

人有好事，必成就之，勿沮败也。佐饔者尝焉，我将获其利。

过情之事，虽善不可为。

临事不可有成心，然志于善不为恶，其立志亦不可不定也。

为政不以方略，而曰我不贵权诈，此君子之过也。戒谕愈繁而民不从，无权略也。君子之有方略，所以便民，不以诈也。

盲者处平而不陷深溪，愚者守静而不陷危险，是谓善避其所短。为人不可不自知其短。

好更张者，不知为政；喜事者，难与为善。

好以言欺人者，无口者也。言虽辩，人不听之，则辩无益也。言即诚，人犹疑之，如是则诚亦不行矣，此与暗哑者同。

孟子曰："杀人之父，人亦杀其父；杀人之兄，人亦杀其兄。与自杀之也，一间而已。"呜呼！辱人之父兄，人必辱其父兄，今之好骂人者，不思而已。

近火先烧，近水先湿。好利之人不可近，我必丧其利也。好伤人者，人皆知避之矣。不知好利之至，未有不伤人者。

好小利必有大不利。

今之儒服者，其为善也，皆不取孔子之道，而好言释氏，儒教衰矣！儒教衰，则生民受其弊，此不在学释氏也，好善之念未尝忘于人心，有释氏而不学儒也。韩文公亦自不得不辨。学者能以儒道治天下齐家修身，则不在辨释氏。（正为不与辨，则人不知性善。）儒者亦自有性命之学，颜鲁公学道、学释，不妨为忠臣、为儒者。

君子之道，即圣人之道也。（须知地位相悬。）子产有君子之道四，乃云："子产于道概乎，未有闻。"（此语固有病。）

（清）王文治行书七言联：事若可传多具癖，人非有品不能贫

朱子之言，我有所不敢信。（然亦只有四事。）事上敬，行己恭，养民惠，使民义，此四者，终身由之，亦恐未必能尽。不知朱夫子内省于此何如。

杀人如草，却买螺蜆放生，以此为为善，吾不解也。近有夺母弟之生业而饭僧以求福者，此何心哉，此何心哉！

读书当读全书，节抄者不可读。

大儒之为义也，苍生受其福；小儒之为义也，不惜其身以祸天下。此不讲于义之过也。此亦不读书之病。

以书御者，不尽马之情，故不更事者不能读书。霍子孟不学无术，有才德者又不可以不读书。

　　宋人不以读书为学，故曰："颜鲁公、子产、管仲不学。"（颜鲁公固忠臣君子，然又非子产、管仲之比矣。）不知此诸君子者，立身行已，均天下、治国家，一块纯是读书中来。圣人极教人读书，子路云："何必读书？"夫子以为佞也。（读书亦不可混为一途，经亦书也，史亦书也，诸子亦书也，释典亦书也，百家小说亦书也，宋儒不留心杂书有之。为学第一事是读书，讲明义理，何为不以是为学？）

　　儒有好学而不能立功立事者，不是读书无益，只是不会看书。观其尚论古人处，皆是以意是非，不曾实实体验，如此则读书无益。斯言也，儒者必不信，请以一事为证。只在《论语》注中也，程子论讨陈恒，乃曰："上告天下，下告方伯。"其言甚正，以实考之，则是虚

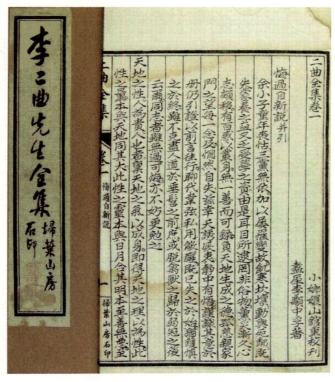

▍（清）李颙《李二曲先生全集》，民国十四年上海扫叶山房石印本

论。夫子尚不能得于鲁哀公，能请之周天子乎？当时无方伯，不知程子欲告何人，恐不免要告晋人。则夫子不能得于三家，能得于六卿乎？三家甚苦陈恒，自陈氏得政，鲁人无岁不被兵，于讨陈恒则不可。若晋之六卿，其善陈恒也至矣，岂可告乎？又云："率与国以讨之。"霸者为会盟，有诸侯，故能搂诸侯以伐诸侯，鲁人将与何国乎？此并不曾实实考究思量。程子千古之儒宗，我岂敢少之哉！只于考论文字少工夫。大略近来儒者为正论，多是硬板死局，不考实势，所以做不得事。小人苟且趋利，诋薄大儒，亦为儒者有此一种议论，与此辈作口实也。

能修身则六亲宜之，朋友敬之，虽末世薄俗无害也。能齐家则上下有节，衣食有度，虽贫而不困也。圣人之道，只在日用间。

有所不为，则人信之。

多能鄙事，则为人役，亦要酌量。艺之劳而贱者，身之灾也。

隐士不避贱业，能自贵也。有才能而自晦，谓之隐。无能之人，只谓之不肖。

善人为善，极有受用处，无过一个心安。

人畜守狗，为人用也，畏虎而恶之，为其噬人也。虎岂不如狗乎？先兄取人，好虎而恶犬，临难所以不救也。我至今以为叹。（此譬尚未亲切）

君子一饮一食，一言一语，一举一动，未有不让。子路率尔而对，夫子哂之。汉文即位，东向让者三，南向让者再，礼也。自藩王为天子，可无让乎？儒者讥之，为不知礼矣。若如所论，则一部《仪礼》，大半是伪，周公亦可讥乎？

临大难，当大事，不可无学术。

熟看《廿一史》，便知自古天下之不治，皆由于家不齐。然后可以看《大学》。不然便以为架子说话。（更须追寻其根源，方知正心诚意，不是风痹不知痛痒。）

《易》曰："立天之道，曰阴与阳；立人之道，曰仁与义。"《孟子》曰："仁之实，事亲是也；义之实，从兄是也。"有子曰："孝弟也者，其为仁之本与。"儒者务本，只在这里做工夫去，尽心则知性，知性则知天。恻隐之心，仁之端也；羞恶之心，义之端也；是非之心，智之端也；辞让之心，礼之端也。如此便可以观心。扩而充之，便是尽心。程子云："本来性中，只有个仁义礼智，何尝有孝弟？"这句话不晓得饭是米做，如此说，本来混成，无名无字，又何尝有仁义礼智？然程子亦非无所见，只是他不会做文字，语言说得爽口，便有滞处。学者当会他意思，便晓得他不错。

存心养性，只在慎独工夫。（不得说一边，此处须细读宋儒书。）

看朱夫子注《易》，知王弼殊不济。看《诗》却不如毛公。诗是八面，看得活泼泼的，朱子以文害词，以词害志，一肚皮不信，看得死了狭了，便无用。

毛公虽不必尽得，却有来历，说得开阔，郑工亦无大发明。朱夫子之《易》，更胜似程子，他人非所论也。朱子大略于文字处粗，《诗》是一部文章。

初随俗看性理，雅不服朱子，后读《朱子语类》，始知先儒俱是天下第一等人。但未免大醇小疵，后儒专取他那小疵处，便不好看。可恨集性理的全无见识，今日后生轻躁；非薄古人，皆不知学问者也。朱子引京房《易传》，性理疑似误字，当时人不学如此。

韩子爱今文而古之，欧阳子爱古文而今之，古之弊有限，今之弊不可胜言。有心于古文者，能稍变今日之俗文，易之以古，则善矣。（裁其冗长之句字，汗漫之波澜，使无千篇一律、万口雷同，如道园、圭齐、潜溪、东里数公，虽学有深浅，才有大小，熟烂则一，斯能变俗者矣。六经左史具在，奈何守一先生之学，不究其根源乎？）

君子见贤思齐，如读《春秋》，于易耳、竖刁之事，则当思贤臣之言不用，其祸如此。王景略之于苻坚，桓公之于管仲是也。如卫灵公之于史鳝，则善矣。读李习之《幽怀赋》，则当思韩门文字如此，韩退之之化也，其有功于万世如此。读唐史，见阳道州之事，则当思谏臣之道，不在屑屑言琐碎，苟塞责以取厌人主。如用宰相，国之大事，君子去，小人进，国家存亡所关，事无急于此者。诸葛公云："亲小人，远贤臣，后汉所以倾颓是也。"裴延龄不为宰相，道州

（民国）熊希龄行书七言联：养气不动真豪杰，好学凝思古圣贤

之力，如此则读书有益。若欧公《上范司谏书》，苏公《管仲论》，皆不足取。欧公读李翱文，是一篇大关系文字，但云韩吏部得一饱而足，非君子之言也。吏部为人见唐史，文集具在，岂不如习之乎？欧公性不好善，要求古人过朱，说话带口病，此是大过。其去谗人佞夫，不能以寸，诬善游词，君子勿为也。

有一禅者好狎娈童，又好赌博，我讥之，严武伯酷辩，以为禅者不妨。其论甚高，我不习禅，不解也。问之一法师，乃曰："居士视此人所作是慧是痴，若只是痴，便做不得。"我见其人，两目有类，相法当淫。乃自以为重瞳，思做天子，尤可怪。

福德报应之书，颇多肤浅，然尝读之，使人多发善念，亦养心之一助。

儒书尚实行，不离日用。欧阳子云："圣人教人，性非所急。"不知日用间喜怒哀乐，那一件不是性，修道之教，教个甚么？

不爱人，不仁也；不知世事，不智也。不仁不智，无以为儒也。未有不知人情而知性者。

善戏谑兮，不为虐兮。君子之戏，如虚舟之触，可喜也而不可怒。戏语毋伤人心，人有所讳，不可不避。好讦人之讳忌，祸之道也。

"己所不欲，勿施于人"，事之难者也。若晓得人所不欲，己虽不以为苦，亦不得施于人，方是恕。

小人做恶事，只事见事不透；君子为善，只是看理透。看理不透，虽有善意，往往成了不美之事。

持论刻，则使人不乐为善。

小人无所容，君子惧不免，如此未有不败者也。（戒之哉！）

我目所见二君子，皆不得中道：赵侪鹤不容小人，黄石斋不容君子。二君俱不可居上者也，不宽也。惜乎君子也，未闻孔子之大道也。（义胜仁不得春生秋杀，虽并行不悖，然天地之大德日生。）

读书须求古本，近时所刻，多不可读。

不学道而好仁，不妨忠厚，不学道而好义，必忮恶，皆愚也，而有分别。（周子论刚柔善恶尽之矣，固有分别败事则均。）

儒者只说是非，不论利害，是大病。利天下者是也，害天下者非也。是非莫大于此。（然则有利害而后有是非乎？言各有当，如此翻剥，反偏看《孟子》第一章，何等稳当。）

耕当问奴，织当问婢，毋使人以所不知所不能。

开卷疾读，日得数十卷，至老死不懈，可曰勤矣，然而无益。此有说也。疾读则思之不审，一读而止，则不能识忆其文。虽勤读书，如不读也。读书勿求多，岁月既积，卷帙自富。经史大书，只一遍读亦不尽。（好学深思，四字缺一不得。）

（清）王鉴《仿黄公望山水图》轴

少壮时读书多记忆，老成后见识进，读书多解悟。温故知新，由识进也。尝读《文中子》，问诸葛孔明能兴礼乐否。先君子曰："上下和辑是乐，朝廷军旅有制是礼。"又尝问曾子一贯，先君子曰："曾子孝。"于时闻之悚然。后更读《孝经》《大学》遂无疑。正心诚意，至德要道，只是这个。先君子学识如此，钱牧翁墓志殊未及。

书是君子之艺，程、朱亦不废。我于此有功，今为尽言之。先学间架，古人所谓结字也。间架既明，则学用笔。（当先学用笔，古人所以先永字八法也。）

恶人必有天报，不于其身，必于其子孙。我耳目所闻见多矣，灼热不谬，不可不知。恶人有隐德，好人有隐恶，其报更有甚者。

子孙有一贵人，不如有一君子；生一才子，不如生一长者。

处大变，与恶人遇，当有逊避之道。不在悻悻求死，临大节而不夺是也，求死非也。可以死，可以无死，死伤勇也。《孟子》曰："有安社稷臣者，以安社稷为悦者也。"《中庸》曰："天下国家可均也。"《中庸》不可能也，观于《管子》可见矣。然天下不均，社稷不安，以为君子中庸之道，我不信也。《孟子》"赵简子使王良与嬖奚乘"一段，看差了极误事。孟子却不差，儒者差耳。

君子失之野，宁失之文。弑父与君，而不知其恶，亦从一个"野"中来。野便无礼，无礼则无所不至。失之文，做恶来便有阂手处。

进德修业，只懈怠处，便是堕落处。

好言所不知，自欺也。因以欺人，德之弃也。君子戒之。

不学而思，遂成僻见，见处坚固，人道之路绝矣，今有人焉，程子尚是也。聪明人用心虚明，魔来附之，遂肆言无忌，至陷王难，今有人焉，金若采是也。儒者言学佛，如此二人之误，当自提省，不可像了他。扶鸾降仙，道家戒之，决不可为，惹魔也。金若采全坏于此。（若采致祸，尚不在此，然即此亦当戒也。）

少欲则易足，易足则身心安乐，此是真受用。

人之多欲，如火伏于薪下，纤红透风，则洞然不可扑灭。

一事引起，则诸恶俱发。须要铲去其根方妙。

血气盛时，起恶念，做恶事，却把捉得住，但存心好善便不难。及至血气既衰，从前习气，一时俱到，便把捉不住。此是自家实实体验来，他人所不知这个，只为心体不明，从前只是强制，所以如此。

劝人为善，不要把苦的劝他。至于劝老人，不可不先安他，强他便不好。

初看程夫子说英气害事，意不以为然，后读朱夫子《刚目》，多不合处，似乎议论过当。朱夫子自云和气少，始知只此便是英气害事。

礼者非从天降也，非从地出也，生于人心者也。荀子言性恶，便不知礼。他不过是道之以政，齐之以刑，一转便为李斯。

诗文风刺，须有为而发。若无端乱说，一味骂人，便不是人臣讽谏，做不得。家常说话，有时一发，则使人感动。程子之讲书，吾所不取，如此能使人主生厌。好于本文外生意尤不可。（经筵又与谏书不同。）

子路曰：“可使有勇，且知方也。”治赋如此，千古以来，诸葛孔明庶几似之，不知管仲如何？宋儒看得轻，只是不晓事。曾西云：“曾

（清）郎世宁《孔雀开屏图》，乾隆画上亲笔御题：“西域职贡昭咸宾，畜笼常见非奇珍。珠毛翠角固可爱，孚卵成雏曾罕闻。数岁前乃育两彀，鸡伏翼之领哺鶵。淋渗弱质随雌鸡，老雀笼中情反邈。三年小尾五年大，花下开屏金翠簸。綷羽映日焕辉辉，圜眼凌风张个个。低飞嫩筱高屋檐，绣翟双窥玳瑁帘。招之即来拍之舞，那虑翩翩葱岭尖。于禽亦识土产好，菁莪棫朴风人藻。盈廷济济固未能，离文揭览惭怀抱。

子畏子路。"朱夫子亦云:"孟子敬子路。"子路不知是何等人,曾子畏他,宋儒却为要尊曾子,苦苦排抑他。宋儒不知不敬子路,便是不学曾子。当时门人不敬子路,夫子亦不然。看书时须自省,如此大是无谓,便是宋儒心不正处。

君子当末世,自然不敌小人。合君子以攻小人不胜,败坏了国家大事,这个便是党。好君子,恶小人,公也,非党也。相攻以误事便为党,不可不知。

不为快意语,不作快意事,人世尤悔十分,便减却七分,言有近正而实不近人情,不合圣人之道者,儒者多有之,大略近于隘狭便不是好话。

凡学问皆须实见实行,不可虚空揣摩。

《钝吟杂录》

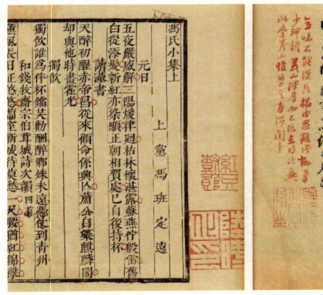
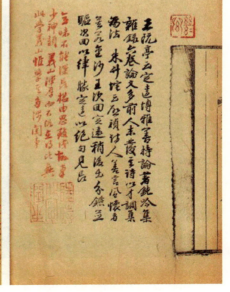

（清）冯班《冯氏小集》,清康熙汲古阁刊本

注解

冯定远（1602~1671年），名班，字定远，晚号钝吟老人。江苏常熟人。明末诸生，少时与兄冯舒齐名，人称"海虞二冯"。入清末仕。冯班为钱谦益弟子，被称为虞山诗派的传人之一。

在这篇家训中，冯班就如何读书学理，如何律己和待人，如何对待君子小人，如何立身律己做了阐述，特别是对当时的人心不古、学风凋敝做了批判，对学术的重要性做了阐述。做人，冯班认为贵在"平实"；"士君子不必有奇节。惟平惟实，可以保身"。从反面讲，"不行险则无祸患，不作伪则无破败"；从正面讲，"平则无一朝之患，实则患至可以不惧"。对名利之事不能汲汲以求，"浮名最害事"，要求人生少欲，做人要谨慎，特别是在乱世，做人一刻都不可苟且。从文中可以看出，冯班是一个有批判精神和具有特立独行品质的学者，对先贤圣人，特别是对宋代的理学做了批判和鉴别，要求不要盲从，要辩证地看问题。在选录过程中，对一些陈腐的观点做了删节，如歧视女性的言论。

陆世仪《思辨录》：如何放淡功名利禄之心

莫道做人是一样，看书是一样，作文又是一样，只是一个道理。如此，做人则人便端正；如此，看书则书便亲切；如此，作文则文章便有识力，有议论，都是一贯将去。

陆象山人物甚伟，其语录议论甚高，气象甚阔，初学者读之，可以开拓心胸。

陆象山曰：此是大丈夫事，么么小家相者，不足以承当。又曰：大世界不享，却要占个小蹊径，大人不做，却要为小儿态，直是可惜。又曰："上是天，下是地，人居其中，须是做得人，方不枉读以上数语，皆可令人感发兴起，志于圣人之道。"

朱子曰：人为学当如筑九层之台，须大做脚，始得具此胸襟，方可与入道。今人自待甚薄，何与语此！

全仁义礼智之德，而不能得位行道，是为天地负我；具耳目聪明之质，而不能为圣为贤，是为我负天地。此理上际天，下际地，皆须着人承当，非大其心胸，坚其骨力，却如何承当得！

卧病而起，静坐调息，见日光斜入帐中如二指许，因以息候之，凡再呼吸，而日光尽矣，因念逝者之速如此，人安可一息，不读书安可一息，不进德为之悚然，太息！

静坐中意味最长，人只忙碌过一生，不知掉却多少义理也。

学者于静坐中，可识病痛，若竟把静坐作工夫，反发病痛，减得一分势利，才进得一分学问，进得一分学问，便减得一分势利，所谓义利不容并立也。

学者要淡得功名，须是力学，待学得有些滋味，自然功名心渐渐淡，却不然，无所事事，而欲淡其功名，不惟不能，亦且未人多以锐志功名为有志，非也，此只是贪慕富贵，人若从此处认差，便终身不得长进。须有个千乘敝屣、三公不易的意思，方可与之言志。

人有志无志，只三五岁时便见得。大抵气禀清刚之人，便有志；浊者弱者便志气少，是已为气质拘蔽了也。

今人谓仕途进取，辄曰功名，习而不察，凡夤缘苟且之事皆不以为耻，曰：吾为功名耳。不知功名二字，固有辨矣。夫能建功故谓之功能，立名故谓之名，功名之所以有间于道德者，以其志在功名，于圣贤大学之道，或有所未明，进退出处之故。或有所未尽也。其视今之所谓功名，盖不啻天壤矣。许昌靳裁之言曰：志于功名者富贵不，足以累其心志，于富贵而已者，则亦无所不至矣。

胡氏以为志于富贵者，即孔子之所谓鄙夫，今之仕途进取其功名乎？抑富贵乎？如曰功名，则吾未见其有所建立也；如曰富贵，则亦鄙夫而已矣。士安可不自知所处！

志乎富贵者，得富贵则其心欣然而乐，失富贵则其心戚然而忧。志乎功名者亦然，得之则手舞足蹈，一失则嗒然若丧矣。

惟志乎道德者不然。富贵贫贱，夷狄患难，盖无人不自得，其所处非与人异也。然而所以处之者，则有间矣，此无他，内重则外轻也。

圣人之所以为圣人，只是一个志，故曰："有志者事竟成"。今人不能立志。非自暴即自弃也，如何成得个人物。

人不学道，都是怕道理拘束，甚有反咻，学道之人以为徒自苦者，此未知学道之乐也。然非从斯道中实下一番苦功，亦不知此道之乐。

只一晏安，便终身不得成个人，品此优柔之失也，溆以刚字克之。

则老必无同心同德之友，平居无讲道论德之契，则临难必无托妻寄子之人。

古人称求友求字，最好非有一番欣慕爱乐之意，虽有良朋，恐未必至，即至亦未必可得而交也。人患不求友，不求友则真友不至，而吾之学问不日益矣；又患过求友，过求友则伪友至，而吾之学问且日损矣。毋过毋不及，识其真辨其伪，是则存乎学问哉！

友不必才德全备者，然后与之友，即其人有一长可取者，亦当与之友，所谓节取是也。"益者三友"一章，便是榜样。识得三人皆我师之意，亦何人不可友，但初学非所及尔，大是得力。

久不至虞九山，房草长盈尺。尊素曰：为闲不用，则茅塞之矣。予曰：然，人心去恶，譬如除草，草长盈只未有不知恶之者。方其初生寸许时，则以为微而忽之矣，须是见草即除，才妙古人所以重慎独之功也。见草即除，犹是第二义。使其心为康庄大道，自然寸草不生。

十年惩忿工夫，今日始得一用。

人不可有胜心，一有胜心则为气所乘矣，要知胜心动时即是气。

修身工夫，博言之，则貌、言、视、听、思五者，约言之只是一个"敬"。

问"亦有心正而身未修者否"，曰：有之。只是内外不能合一，志不能率气，《孟子》"无暴其气"一节最好参看。

颜子不迁怒，则正心之功尽；不贰过，则修身之功尽。

切莫要做识得破、忍不过的事。

《论语》"视思明"一章全是说修身。修身，全是一思字贯，所谓先立乎其大者也。

无以小害大，无以贱害贵二语，孟子修身要诀。

持身之法，太矜庄则有迫切之失，太疏略则有荡佚之失，学者须是严整中见浑厚，简易处着精明。

《礼经》"如执玉，如捧盈"二句极可为，持身之法全是一个"敬"字。

昔人有言：天下甚事，不因忙后错了。世仪道：天下甚事，不因怒后错了。怒则忙，忙则错。气一动时，不可不实时简点。

问："吾辈克己，而他人或有加无已，奈何？"曰："天下是处，不可让与别人做。天下不是处，何妨让与别人做。"

予初学时，偶有友人相托一事，为某人解纷者。其人盖尝阴害予者也。予虽漫应之，而心不然。既而惕然曰："此岂非所谓己私者乎！"即克去之。后来凡遇此等事，皆不须用力。要知古人克己之说，不过如此。

昔人云："见利思义"。见色亦当思义，则邪念自息矣。四十二章经数语甚好，老者以为母，长者以为姊，少者如妹，幼者如女，敬之以礼。予少时每乐诵此数语，然细味之，犹有解譬降伏之劳。若能思义，则男有室，女有家，自不得一毫乱动，何烦解譬降伏。使君自有妇，罗敷自有夫，语宛而严，可为见色思义之勖。

（清）陆世仪像

人能常知此身之贵，常念此身之重，则自能不淫于色。人于利欲场中，每看得此身不贵重，甘心陷溺。至君父大事，却又看得此身贵重，忍辱苟全，皆惑也。切莫做识得破、忍不过的事。

凡人语言之间，多带笑者，其人必不正。笑有近于阳者，有近于阴者，近于阳者多君子，近于阴者必小人。

笑最害事有事当认真者一笑则认真遂懈有事当愧耻者一笑则愧耻俱无

人视瞻须平正，上视者傲，下视者弱，偷视者奸，邪视者淫。惟圣贤，则正瞻平视。所谓存乎人者，莫良于眸子也。

人相生于天然。语有之："有心无相，相逐心生。有相无心，相随心灭。"知上视之非，则去其傲；知下视之非，则去其弱。知偷视之非，则去其奸。知邪视之非，则去其淫。心既平正，则视瞻不期平正，而自无不平正矣，此之谓修身。此之谓欲修其身者，先正其心。

眼如日月，须照耀万物，勿为丰蔀所蔽。语有之："五色令人目盲。"五色皆我之丰蔀也。读书不能穷理，亦是丰蔀。

为尊者讳，为亲者讳，即是诚。

语曰：惟善人能受尽言。以今观之，即君子亦恶闻直言矣。故居今之时，言尤不可不谨。

君子之言，宁讷毋巧，讷则为质为朴，巧则为谗为佞，观"君子欲讷于言及巧言令色"节可以悟矣。

古人云，守口如瓶，防意如城，守防二字最妙，此处须煞下工夫，后生断不可以言语先人，此父兄所当戒。

言动之失，较视听之失更甚。盖视听之失在心，在心尚微可以挽回，言动之失在事在事，则着不可救疗故，君子犹兢兢于言行。

语有之：一言折尽平生福。此盖指刻薄之人言也。乃今之人，以能言刻薄之言为能，未语先笑，恬不知警，殊为可骇。此风亦始于近日，未知将来，作何底止！

刻者锓削之端，薄者消亡之渐，后生而习于刻薄，吾有以识其将来矣。

后生以口舌角胜者，谓之讨便宜。吾知其得便宜处失便宜也。

凡夜寝，好仰卧者多性气刚强之人；好偃卧者，多性气柔弱之人。寝容端正，好侧卧者，多性气中和之人。学者夜寝，须是侧卧，亦所以养吾性气使就中和也。

昔人云"咬得菜根百事可做"，此言诚然，然岂特一人咬得菜根，须一家咬得菜根然后百事可做。予家居多蔬食，偶有鱼肉，食之亦甚少。家人每劝餐，予曰：此不特惜物力，亦惜物命也。吾儒非不欲蔬食。人之一身，所系甚大，不得不借资于饮食，权其轻重故耳。岂可以吾儒不禁杀，而贪饕恣食乎？

范文正公，每日必念自己一日所行之事，与所食之食，能相准否。相准，则欣然，否则不乐。终日，必求补过。此可为吾人饮食之法。

（清）陆世仪《思辨录辑要》，清同治五年福州正谊书局刊本

酒以合欢，然每因此而失欢；酒以养病然，每因此而致病则，不如不饮之为愈矣。

语云：醉之酒以观其德。此言甚好。人虽有德，醉后则不能自持，亦白璧之瑕也。于此自持，则无之或失矣。

酒醉后亦各有天性，有乱不可言者，有多笑语者，有惟思困睡者，有醉则胸怀愈益洒然即倦亦不过少瞑片时者，此处即有贵贱贤愚之别。

陆桴亭曰：色之所在，动天地感鬼神，学者能察识乎此，则不期谨而自谨矣。人能常知此身之贵，常念此身之重，则自能不淫于色。

鉴明王先生曰：功名心须是放淡。予问：何以能淡？曰：只是安个命字。予曰："命"字上，须再加个"义"字。

功名亦人所不可无，须是实实有个自得处，方能淡得，所谓内重

（清）汤斌行书六言联：至要莫如教子，最乐无过读书

则外轻也。

君子疾没世而名不称。名，非圣贤之所讳也，但恶不务实而求名者耳。

凡为善须是寻常做去，不可分外寻讨，一经寻讨便属好名。

古人有挫廉逃名，"挫"字最可味，汉王君公侩牛自隐避世墙东，盖自污以免于乱世也。人当乱世最忌名高，名高之患或致群小之丛忌，或来正人之附和，皆于隐有妨，深心韬晦者不可不知。

或问：君子闻誉亦以为喜耶？曰：闻誉而我有其实，非誉也，名称其实也。此而不喜，非人情。但不以此自矜耳。若闻誉而我无其实，则惭愧不暇，而何敢喜焉！

闻人之誉而惧，闻人之毁而思，可与进德可与迁善矣。

昼坐当惜阴，夜坐当惜灯，遇言当惜口，遇事当惜心。闲时忙得一刻，则忙时闲得一刻。

凡处事，须视小如大，又须视大如小。视小如大，见小心；视大如小，见作用。昔人所谓胆欲大而心欲小也。

凡待小人，只不使无忌惮足矣，不必绳之过急。

或谓与倾险人处，甚有害。曰：甚有益。或问故，曰：正使人言语动作，一毫轻易不得，岂惟过失可少。于"敬"字工夫上，亦甚增益。

"谦"字"诌"字，本大悬绝。今人多把"谦"字看作"诌"字，又把"谄"字看作"谦"字，殊不可解。有人于此，道德深重，学问该博，此所当亲近而师事者也。则曰：予奚为而谄事之。至于势位所在，货财所聚，又不觉谈之慕之而趋之恐后也。后生于此处看不分明，人品安得不坏。

利亦训通，通则，不通则不利。以义为利者，通于人者也；以利为利者，专于己者也。通于人者，财散则民聚；专于己者，财聚则民散。

奄然注云：深自闭藏，极得乡愿情状，盖乡愿之才止可惑愚不肖，不能惑贤知，故深自闭藏者，恐见贤知，而一旦损其名也。不见贤知，而日与愚不肖为伍，且又求媚以得其欢心，则其取名巧而用意深矣。

天地间只有一个义字，更无甚利字。《中庸》曰："义者，宜也。"朱子训：元亨，利贞，亦曰利者宜也。乃知天地间惟义，为利不义便不利。故《大学》曰："国不以利为利，以义为利。"子思曰："仁义，所以利之也。"利亦训通，通则利，不通则不利。以义为利者，通于人者也；以利为利者，专于己者也。通于人者，财散则民聚；

（清）钱杜《层峦杳冥图》。识文：中有兰渚华池渌，流渟泞。激水推移。层峦杳冥，倒城阁。之嵯峨，暎丹林而浮迥。绕翠竹于山居，望苍松兮满岭，丙子秋日仿停云馆笔，钱杜。

（清）张伯行行书十言联：浮躁一分到处便招忧悔，因循二字从来误尽英雄

专于己者，财聚则民散。

"名利"二字是天地间公共之物。利惟公，故溥；名惟公，故大。自小人以名利为私，而"名利"二字，始目为膻途矣。自圣人观之，必得其名，必得其禄，名利何尝是膻物！

利与义合，则与和同。文言曰：利者，义之和也。利与义反，则与害对。《论语》曰："放于利而行，多怨。"

横逆之来，圣凡不免。然而所以待横逆之道，则有间矣。出乎尔，反乎尔，此凡庸之所以待横逆也。恶声至，必反之，此侠烈之所以待横逆也。宽柔以教，不报无道，此君子之所以待横逆也。"禽兽何难"，此孟子之所以待横逆也。"天生德于予，桓魋其如予何"，此孔子之所以待横逆也。吾人而无志于学圣贤则已，吾人苟有志于学圣贤，则凡待横逆之道，其于数者之间，可不知所以自处乎。

自守以勿过也，惟自守以勿过而已。

倾轧之恶，譬如人从中道行，忽为有力者所挤，其人退让而避于道左，则目之为偏。此退让者之罪乎？抑挤之者之罪乎？

日来仔细搜求自己罪过，只不宜做道学，然此念却退悔不得。

问"人多为流言以惑乱是非，为之奈何？"曰：流言之起，虽圣如周公亦无奈何，定之以人胜之以天而已。

人心为风俗之本，风俗又为气运之本。人心风俗如此，将来气运可知，当之者不可不猛省。

改过之人如天气新晴一般，自家固自洒然，人见之亦分外可喜。

仪每有小不慊意处，辄如瓦砾在心，如负重在身，必改之而后快。

凡已有过而不知改，不肯改，此自暴自弃，无忌惮之小人也，或不幸而有过，至为人所激迫，而反不能改，则彼此当两任其责。

古语云：改过不吝，"吝"字下得最妙。凡人有过，遂之不以为耻，至于改，反有羞吝的意思，总之胜心习气，不肯自认自家不是也。惟君子则真人，欲自己成一个人，惟恐闻过之不早，惟恐改过之不速，安得更有吝意！

已有过不当讳，朋友有过决当为之讳，讳者正所以劝其改，玉成其改也，故曰：君子成人之美，不成人之恶，彼以过失相规为名，而亟亟于成人之恶者，真刻薄小人耳，故子贡曰："恶讦以为直者"，子曰："攻其恶，无攻人之恶"。原攻人之恶，在上一等不过倾轧，在下一等不过下水拖人，总之同谓小人。马援曰："闻人之过，耳可得闻，口不可得言"，此言所当深佩。

凡人遇有微疾，却将闲书小说观看消遣，以之却病者，虽贤智往往有此举动，此实非也。闲书小说最动心火不能养心，乃以之养身可乎？愚谓人有微疾，最当观看理学书，能平心火，心火平则疾自退矣。

改过之人，如天气新晴一般，自家固自洒然，人见之亦分外可喜。识得此理，可以进德，并可以成人之美。

已有过，不当讳。朋友有过，决当为之讳。讳者，正所以劝其改，玉成其改也。故曰：君子成人之美，不成人之恶。彼以过失相规为名，而呕呕于成人之恶者,真刻薄小人耳。故子贡曰:恶讦以为直者。

冬温夏清,昏定晨省,是事父母小节。能读书修身,学为圣贤,使其亲为圣贤之亲,方尽得孝之分量,舜称大孝,亦只是德为圣人一句。

事父母不独尽敬养于庭帏中方谓之孝,凡一笑一嚬,举足动步,俱是事父母,知此方可与言孝。

以身事君不若以人事君,以人事父母不若以妻子事父母。

朋友是后来的兄弟,兄弟是天然的朋友。少同游,长同学,若得一心一德之兄弟,何乐如之。此古人所以深贵乎兄弟之互相师友也。(此人生之幸,门庭之瑞,不可不知,不可不勉。)

人所最不可解者,是兄弟嫉妒,彼秦越之人,漫不相关,尚或喜其富,慕其贵。惟兄弟之间,一富一贫,一贵一贱,则顿起嫉妒。彼其心,以为势相形,名相轧耳,不知以阋墙御侮之诗观之。则贫贱之兄弟,尚于我有益,而况其为富贵者乎?若能以父母之心为心,则何富、何贵、何贫、何贱?总之同气连枝也。

兄弟富贵,而不念贫贱者,其人固不足言。若自己贫贱,而嫉妒兄弟之富贵,则在贤者亦往往不免。盖起于先分形迹,见得他人富贵,不知父母同胞,有何形迹。一分形迹,早已为他人觑破,一文不值也。

以身孝父母,不若以妻子孝父母。以身孝父母,庸有不尽之时。以妻子孝父母,更无不到之处。子曰"父母其顺矣乎"一句,煞有意味。

家之有妻,犹国之有相,治天下以择相为本,治家以刑于寡妻为本。

刑于之化,第一在闺门衽席间,于此而无所苟,则更无有苟焉者矣。

闺门之中，最难是一"敬"字。古人动云"夫妇相敬如宾"，又曰："闺门之内，肃若朝廷。"皆言敬也。此处能敬，便是真工夫、真学问，于齐家乎何有。朱子有言："闺门衽席之间，一息断绝，则天命不行。"每念及此言，令人神悚。

闻某和尚为人说五戒，曰："在家居士，邪淫不可，正淫不妨。"予曰："关雎乐而不淫，若说淫便不正。"

教子工夫，第一在齐家，第二方在择师。若不能齐家，则其子自孩提以来，爱憎嗔笑，必有不能一轨于正者矣。虽有良师，化诲亦难。

古人云"教孝"，愚谓亦当教慈。慈者，所以致孝之本也。愚见人家，尽有中才子弟，却因父母不慈，打入不孝一边，遇顽嚚而成底豫者。古今自大舜后，能有几人。

教子须是以身率先，每见人家子弟，父兄未尝着意督率，而规模动定，性情好尚，辄酷肖其父，皆身教为之也。念及此，岂可不知自省。

欲省事不如勤事，若厌事则事愈烦。盖饥食渴饮、公私诸务，仍有不可废者，若一生厌弃，则委积丛脞，将不胜其扰矣。

若分外之事，则一以断绝为主，又不可托勤事之名也。

大抵能成大事者，不顾小节，朱子所谓"志有在，而不暇及也"。若其志果在一国，吾不责备其一家；若其志果在天下，吾不责备其一国。苟一无所成，谩言欺人，不过一无赖子弟而已。

成大事者不顾小节，此亦为英雄言之，若圣贤则步步踏实地做，去盈科而后进大学，所谓家齐而后国治，国治而后天下平也。

治家人生产，非必如今人封殖，只是条理得停当，使一家衣食无缺，如许衡治生之谓，盖衣食所以养廉，衣食足自不至轻易求人，轻为非礼之事，然后可立定脚根，向上做去。若忽视治生，不问生产，每见豪杰之士，往往以衣食不足，不矜细行而丧其生平者多矣。可不戒哉！

吾辈治生无别法，只一俭字是根本。古人所谓"咬定菜根，百事可做也"。若不识俭字，而反以经营为治生，何啻天壤。即治生一节，"圣狂"二字只在毫厘分寸间，可畏！可畏！

古人语：学问工夫必曰勿忘勿助，治生亦然。忘则便失之不及，助则便失之过，此间自有一大中至正之理，无过不及之，切莫为力量所不能为之事，是亦治生一诀也。

今人多宝爱骨董，铺张陈设，以供玩赏，殊为无谓。予向恶之。近日思得，此种器物，亦有用处，盖古者宗庙祭器，必用贵重华美之物，如瑚琏簠簋之类。虽家国不同，然古人祭器，必用重物无疑。今世士大夫，金玉之器，充满几席。而祖宗祭器，则仅取充数，殊非古人致孝鬼神、致美黻冕之意也。愚以为士大夫家，凡有家传重器，当悉以为祭器。贫者，则以精洁之器为之，断不可以滥恶之物进御鬼神也。

今士大夫家，每好言家法，不言家礼。法使人遵，礼使人化；法使人畏，礼使人亲。只此是一家中王伯之辨。

江君遴问风水之说，于理有之乎？曰：山水是天地骨血，其回合会聚处，自有真穴。所以古人建都，必择善地。然人子葬亲，又自有说。择地，次也，其要处在立心。立心欲亲之体魄安，不至有水泉蝼蚁之患。此天理之至情也。如是者得善地，而富贵应之。立心为求富贵，或停柩不葬，或欺盗侵夺。此人欲之恶念也。如是者虽得善地，而富贵不应焉。譬之种植，人心，则种子之善否也；风水，则土地之肥硗也。种子善，虽瘠土未尝不生。种子不善，虽极肥之土，未有种草而得荳，种稗而得谷者。所以儒者重心术，不重风水。

《陆子遗书》

注解

陆世仪（1611~1672年），字道威，号刚斋，晚号桴亭，别署眉史氏，江苏太仓人。明亡，隐居讲学，与陆陇其并称二陆。明末清初著名的理学家、文学家，被誉为江南大儒。他一生为学不立门户，志存经世，博及天文、地理、河渠、兵法、封建、井田无所不通。其理学以经世为特色，这既是对晚明理学空疏学风的批判，也适应明清之际社会变革的需要。明亡，隐居，筑桴亭，与同道讲学，历主东林、毗陵、太仓诸书院。屡次为当道荐举，但都力辞不出。著有《思辨录》《论学酬答》《性善图说》《淮云问答》，及诗文杂著等40余种、100余卷。少时从刘宗周讲学，后凿池，筑亭其中，自号桴亭。其学称"迁善改过"，最为笃实，敦守礼法，不虚谈诚敬之旨，施行实政，不空为心性之功。主张天文、地理、河渠、兵法诸切于世用之学，不可不讲。

本文选录自《思辨录》，是作者结合自己的学术研究和社会观察，对人生的思考结晶。《思辨录》书为作者札记师友问答及平生闻见所成，始于二十七岁时读书有得，原无伦次，后由其学友江士韶、盛圣传等辑成，初为四十四卷，名曰《思辨录》，今已佚。康熙四十八年（1709年），张伯行乃以《思辨录辑要》重

（清）杨晋《听蕉轩》

刊，为三十五卷，去原书所附诗文说三类。现存部分前后二集，前集二十二卷，分小学、大学、立志、居敬、格致、诚正、修齐、治平八类；后集十三卷，分天道、人道、诸儒、异学、经子、史籍六类。基本上体现了陆世仪的主要思想，为其代表著作。正如其学弟马负图序言中评价的："今桴亭先生著述甚富，而微言奥义，尤炳着于思辨录一书，有无远不届之聪明，无微不究之学力，又存之极其正，推之尽其大，直接危微精一之心传，宏开起弊扶衰之道统，其天人性命之际，不过诸儒所已言；至于纯粹透彻，使智愚皆畅然各得者，非诸儒之所能言也。"

本书的内容特点是"思辨"，是讲道理，而不纯粹是名句格言，如对义利的辨析，对喝酒利弊的分析，对赌博与娱乐的界定，对"谦""谄"的区别，对朋友的态度等等，都有独到的见解，虽说是一己之见，但仍然有借鉴和启发之处，如提出的"凡人语言之间，多带笑者，其人必不正"，"己有过，不当讳。朋友有过，决当为之讳"，"凡处事，须视小如大，又须视大如小"，"闲时忙得一刻，则忙时闲得一刻"，"儒者重心术，不重风水"，等等。

张杨园《初学备忘》: 反躬修己，
学问有恒，立志做个读书人

人有必为圣贤之志，后来工夫不整密，意思渐衰惰，不免终于庸人。若一向安于流俗，下梢何所底止，是可畏也。少年立志要远大，持身要紧严。立志不高，则溺于流俗；持身不严，则入于匪辟。三纲五常，礼之大体。人只看作治天下之经，于自家全无关涉，殊不知有

此身，便有此个道理。人之所以异于
禽兽者何物？《卫风》曰："人而无礼，
胡不遄死？"

士有百行，百行修而后成人，犹
身有百骸具而后成身。疲癃残疾，知
而恶之，败度废节，不知所恶，则是
生者而同死者之同也。

凡人立身，当思达不可行于天下
者，穷即不可自身为之，方能得志与
民由之，不得志独行其道。学者亲贤
乐善，是第一事。少年见刚毅正直、
老成笃实之人，能爱之敬之，其人必
贤；若疏之远之，其人必不肖。盖所爱

（清）张扬园像

敬者在此，则狂诞匪僻者，必在所远；若疏远者在此，则狂诞匪僻者必
在所亲故也。高忠宪公尝言："以此验人，百不失一。"吾尝以此自省，
亦以观人。

初学最紧要是"恭俭"二字。恭非貌为恭，以敬存心，则颜色语
言步趋之际，节文自谨，在家庭敬父兄，在学舍敬师长，是恭之实事。
俭非吝啬琐细，日常遇小物有不敢暴殄之意。凡居处饮食衣服，有不
敢过求之意，是俭之实事。以是二者驯习不舍，则侈肆之念，渐渐不
萌，久则渐渐消化，心思自能向正，上达之基，定于此矣。人之败德
丧行，未有不根于侈肆者。

少年之日，先要识得人之贤事、事之善恶、言之是非、则心术
自能向正，虽离父母师傅亦可不至于邪慝矣。谚云："知好恶"，此其
实也。

韩子曰："业精于勤，荒于嬉"。刘忠宣公曰："习勤忘劳，习逸忘惰。"人至嬉游忘惰，亦可哀矣。且思世间饱食终日，无所事事者何物。程子曰："农夫祁寒暑雨，深耕易耨，播种五谷，吾得而食之。百工技艺，作为器用，吾得而用之。甲胄之士，披坚执锐，以守土宇，吾得而安之。却如此间过了日月，却是天地间一蠹也。呜呼！蠹犹未足以言也。"

今世极多游民，是以风俗日恶，民生日蹙。虽其业在四民者，莫不中几分惰游之习，而士益甚。饱食终日，无所用心而已；群居终日，言不及义而已。究其为害，更甚于游民也。今宜蚤作夜思，求其所未知者，与夫所未能者，将终其身而有皇皇不及矣，亦何暇博弈饮酒游谈浪走哉？农夫之耕，夏失业，则禾

（清）张履祥行书手札一通。识文：八月间接衰兄书，知兄疾甚。继晤德甫兄，闻已得良医，且谢客静摄，因不即前也。三日前又晤德兄，云兄已得小愈，殊为慰之。韫兄来，所述闻于汝典者亦如德兄之言。稼事未竟，余冗复牵，恐不克鼓棹东来矣。阳明先生有云："病物亦难格。"惟仁兄深念之。弟即面候，所相勖者，不外于此。前有医教弟云："药治一半，自治一半。"谨以斯言转赠仲木仁兄，幸为道珍重珍重。

无秋；冬失业，则麦无秋；春失业，则菽无秋，故日思无越畔也。为学而逸游是耽，其不入于小人希矣。须知此身除却学问，更无一事可为。此生自小至老，忧乐穷达，无非学问之日。委心矢志，以求无负此读

书人三字。久久自能向上，小有小成就，大有大成就。《书》云："惰农自安，不昏作劳，不服田亩，越其罔有黍稷。"

凡人既读书，须实作个读书人。有读书人之容貌，有读书人之言语，有读书人之行事，要之以心术为本。都人士之诗所谓其容不改，出言有章，行归于周，万民所望。孟子所谓惟君子能由是路，出入是门也。今日百事俱被秀才作坏，观其平生，不如不识字愚民远甚，真是无所不至也。自非洗心涤虑，慕效古人，窃恐流俗所移，将不能免。世故日深，礼义之心日丧，虽有美质，二三十岁以往，同归不肖而已，可为深戒也。

（清）陈鸿寿隶书五言联：闲中有富贵，寿外更康宁

读书岂是徒要识字记故事而已，只要讲明事物之理，而求以处之，大小各得其宜。是故《大学》之道，可以修身，可以齐家、治国、平天下也。故云：非学无以广才，若事物不以经心，万卷何益？

程门四字教：曰存心，曰致知。朱门四字教：曰居敬，曰穷理。居敬所以存心也，穷理所以致知也，一也，而朱益紧切矣。学者舍是，更无学法，未有入室而不由户者。

一念放逸，而百邪并起；一念戒惧，而群私退听，故敬为德之聚。今日穷一理，明日穷一理，不急不辍，积之久久，自能融会贯通，涣然有得。今人说为学不实从事，于穷理只是悬空想像，究竟何益？想

（清）梁诗正书《宝亲王题唐寅画山静日长图》，台北故宫博物院藏

像得来，虽有所见，终是偏枯。若要执己不化，为害不浅。

许鲁斋为子弟说书，便问目前作何体验。想见其平生讲读，无一句一字，不从身心体当过来，所以切实有得。今当以此为法。

为学最喜是实，最忌是浮。《记》曰："甘受和，白受采，忠信之人，可以学礼。"忠信是一实字，故敬曰笃敬，信曰笃信，行曰笃行，好曰笃好，无所往而不用，是实也。其为人也厚而重，君子之徒也，本于一实；其为人也轻而薄，小人之徒也，本于一浮。程子曰："未有不诚而可以为善者也。"

学问之事，贵于有恒，最恶轻躁。人即昏惰，岂无一时奋发之意？但此意思，不能久长，旋已忘却，终是无益。虽是资性过人，进锐退速，同归于废而已。《易·恒》之辞曰："日月得天而能久照，四时变化而能久成"。日月四时无速运，亦无停息，只是一昼了一夜，一寒了一暑，一日如是，一岁亦如是，以至古今亦如是。是以化育盛而岁功成，富有日新，有不期其然而然者。吾人日进无疆之益，正宜如此。学问不能长进，只坐不致于一之故。日用功夫，既向此旋又向彼，方事此寻复事彼，一起一倒，那得

有益？若并叠心力，专于一路，自能月异而岁不同。《易》谓"三人行，则损一人，一人行则得其友"。损彼则益此，天下事，何者不然？

凡人常心不可失，常度不可改。《语》称有恒，《书》言常德、吉士，《诗》美"其仪一兮，心如结兮"，无非是也。自所执之业，以及衣冠言动，内外大小，有恒无恒，罔一不辙，总以存心为主。学者用心，苟能始终若一，则执业自是有成，立身自是不苟。若朝暮易趋，岁月变虑，鲜不为小人之归者。

天地间只一个消长道理。一身之中，善长而恶消，则为君子；恶长而善消，则为小人。一家之中，善长而恶消，则至于有余庆；恶长而善消，则至终有余殃，推之国之兴亡、世之治乱，莫不皆然。然消长分

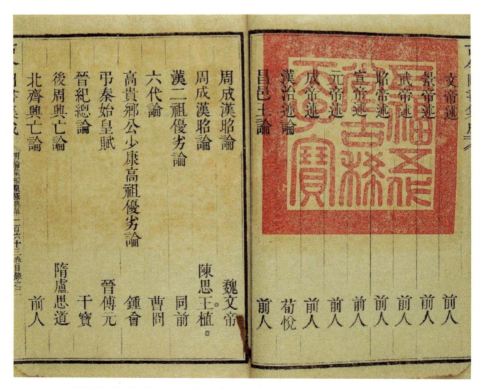

（清）陈梦雷等《钦定古今图书集成》，清活字版，此本为清内府重华宫乾隆皇帝御览之书

数。于此进一分，则于彼退一分。譬则水车一般，终无停止之势。是以古人有云："勿以善小而不为，勿以恶小而为之"。终身守此兢兢也。今人于所不宜为者，辄曰何妨；于所宜为者，辄曰何必。以此二言，长无限过恶，涓涓之流，至于怀襄，不可不戒也。

学问之道，惟虚受最有益。譬之一器，虚则凡物皆能入之。若先置一物于中，更何物能入。《易·咸》卦之象曰："山上有泽，咸；君子以虚受人"。山至高也，泽至卑也，以至高者，乃处至卑之下，可谓虚矣，虚故能受也（自注云：《易》象正解是以虚而通）。若山下有泽，则为损矣。舜，大圣人也，而曰舍己从人；颜渊，大贤人也，而曰以能问于不能、以多问于寡，有若无，实若虚，而况吾流本庸愚之流乎？然非诚有歉然不足之心，惟恐人之告之有所不尽，终亦不能相入。若有一毫自足自是之见，存于胸中，则声音笑貌之际，已有形之而不能隐老矣。此亦孟子所谓拒人于千里之外者也，最是学者大患。《说命》曰："惟学逊志，未有不逊于志，而能长益者也"。医家亦以中满为难治之疾，盖膏粱药石，俱不能进，则死亡无日矣。

程子云："人主一日之间，接贤士大夫之时多，亲宦官宫姜之时少，则足以涵养德性，而熏陶气质。"吾人平日，亦有然也。接诗书师友之时多，亲米盐妻子之时少，则德性气质，自是不同。一日不学，身心不知安顿何处。

今人与居，古人与稽，二者缺一不可。不古人与稽，则无以识事理之当然，别流俗之非是；不今人与居，则无以相观而善，切磋之益少，而所学或失之偏矣。

凡与人一相接，不有益，即有损，不可不慎。大约三种人宜近，然不可不择，贤士可以养德，明医可以养身，良农可以养生。若比匪人，则丧德；异端术士进，则丧身；嬉游无业之人处，则丧生。可为寒心也。

人不能无过，但期于改。盖人生气禀，既已不齐，有生以来，复为习染所锢，理义之心，丧失者多矣。一息不简点，视听言动，已不可知，小则日用云为，大则人伦事物，随所接而见，不可不省察也。然亦有自己以为无过，而不知已为大失者，正此心陷溺之深，而可哀痛者也。全赖父兄师友从而指出之，或旁人举而告之，或相与窃议之，不可不力求而力改也。子路，大贤也，而人告之以有过则喜；成汤，圣人也，而曰改过不吝。人能于此等处取法一二，便有可商量。

人无智愚贤不肖，多不喜闻过。

（清）吴熙载隶书六言联：恐修名之不立，欲寡过而未能

若实论之，只不喜闻过，一切下愚而已，不肖而已，更何贤与智之有？今人千百之中，无一人肯告以过者，甚者父兄师长，亦存几分情面，以为无招其怨也，何况余人。只缘自家不欲闻过，或从而文饰之，故人有以窥见其微，弗屑开口来告耳。古今能饰非，能拒谏者，莫如纣与丹朱，然其人可师法与否？先儒有云：攻人实过者，最难；能受人实攻者，尤难。吾不能自爱其身，至于有过，而此人者，不忍我之有过，而以相告，是其爱我过于我之自爱也。身者，父母之遗体，辱其身，是辱亲也。人不忍我之有过，而以相告，是其爱我，又爱及于我之亲也，而敢不敬听乎？然又非知之难，改之为难。亦有一种人，面从而中不然。亦有一种人，善屈服承受，而后来仍只如是，尤为无望。正

夫子所谓"吾未如之何"者，人而至此，亦可哀已。颜子有不善，未尝不知，知之未尝复行，此为不远之复，与文王"不闻亦式、不谏亦入"相类。下此得力，多在悔耳。悔者，自凶而趋吉者也。

人能于过时，颡有泚，背浃汗，一番惩艾，一番对治，后来临事，自知敬慎，不至大段错谬。孟子云："人恒过，然后能改"。《离》之初爻亦曰："履错然敬之，无咎"。履错而敬，犹贤于履错而不敬，恒改则恒无过。试思衣不在身，垢不忘洗；疥癣在肤，苦不忘治，况疾不止癣疥、污不止衣服，其忍之哉？凡闻人言而不从，与夫从而不改，于彼分毫无损，适以明其厚；其失仍在自家，益以重其罪。大凡姑息之爱，言多顺耳；德义之爱，言多逆耳。古曰：苦言药也。惟人亦然，严正者，益我德者也；狎昵者，长我愆者也。于此自审，思过半矣。大抵好我者之知我失，必不如恶我者之知我失之深而中。人能深察恶我者之言而改之，则庶乎其寡过矣。

不能反躬，是学者第一病。修己不切，实由于此。与人龃龉，亦由于此。《记》曰："不能反躬，天理灭矣"。灭天理，必穷人欲，民斯为下而已。曾子日省其身，只是反躬之学。孔子孟子，只教切己自省。

穷达寿夭，天也；知愚贤不肖，人也。在天者不可强，在人者有可为。君子为其所能为，小人求其所难强。子曰："不知命无以为君子。"古今人以不知命之故，枉为小人者众矣。游氏曰："居易未必常得，穷通皆好；行险未必常失，穷通皆丑"。好丑一成，怨仇不能毁，孝子慈孙不能改，于己取之而已矣。

作人总从幼起。"幼而不孙弟，长而无述焉，老而不死，是为贼"三语，自是相因。幼不孙弟，决是长而无述；长而无述，决是老而不死是为贼，有负其初心，败于末路者矣。中道悔过者几人，晚年进德者益少。

柳仲涂曰：祖宗忠孝勤俭以成立之，子孙顽率奢傲以覆坠之。忠孝勤俭，修身之大概也；顽率奢傲，身不修之大概也。修其身，则此下入者，可以次第举矣；身不修，而能举是数者，未之有也。此九经所以本于诚也。

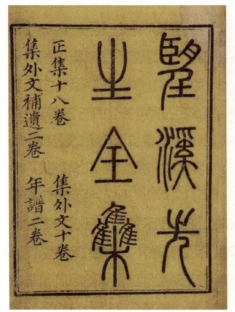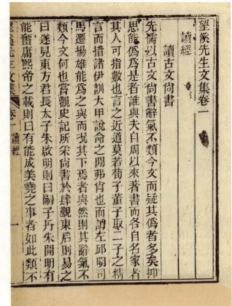

（清）方苞《望溪先生全集》，清咸丰元年戴钧衡刻本

家有贫富，族有大小，得乎此，贫有时富，小有时大；悖乎此，未见覆之不速也。今之为家者，知其利，不知其义，当其富贵，则强以凌弱。众以暴寡，而不思创业垂统可继之道；乃其贫贱，则弱丧屈辱，不可复振，繇其规模之不立也。

盖勤则进业，谨则寡失，守此二字，以之终身，养德以此，养身亦以此矣。惰者勤之反，肆者谨之反，人无限过恶，无限倾覆，未有不从此二字来。今之子弟，有不中此二字习气否，省之改之。尝将贤于我者自比，则于己常见不足，而学日进，志益谦，此上达之机也。

（清）彭元瑞行书七言联：其文有经术者贵，所居在廉让之间

若以不及我者自安，则于己但见有余，而志日损，心日放矣，不流于污下，不止也。夫上下相去，岂有极哉？恶如桀纣，在他人观之如此，桀纣之心，犹未以为恶也。予于戊子岁，适有所感，作《上达吟》曰："一从绝顶望云霄，一堕穷岩叹寂寥。今日相看何其远，不知分手在山腰"。诸君正在山腰时节，起脚一步，便分上下，可畏也。噫！草木犹知向上，而况人乎？

轻绝小人，人知难免于乱世，不知轻近小人，其得祸尤速而重，不可不戒也。远小人，即不免于祸，变自外至；近小人而取祸，咎自己作。自外至者，可任之天，自己作者，谁任其咎？

人无时无地，不与人处。在家庭，则有家庭之人；在宗族乡党，则有宗族乡党之人；在朋友，则有朋友之人；以至在朝廷，则有朝廷之人；在军旅，则有军旅之人。男子生桑孤蓬矢，即有天地四方之志，岂能鸟兽同群，一日不与人接？在我处之，俱要得其道理。人不能有贤而无不肖，事不能有顺而无逆，能与贤人处，不能与不肖人处，能处顺理之事，不能处逆理之事，只缘自家学问不足。天下无皆非之理，行有不得，反求诸己。古之圣贤，以此存心，以此克己，所以能在邦无怨、在家无怨。今日未接人事，其所与处，要亦不多几人，在家则父兄宗族，出外则师友而已。然自此处得安稳，将来入世，已大段见得安稳；自此不安稳，将来处处乖张，亦见于此。圣人教人，事事物物，有个规矩准绳，在学者但要信之笃，而守之固。入则孝，出则弟，谨而信，泛爱众，而亲仁，行有余力，则以学文，此是诸君今日最切要之义。诚能深体而力行之，更有一处不安稳否？譬如服满者，守定已验之方，久必有效，若过信庸医，与怙病而不服，且欲已疾，不已悖乎？

"狎侮"二字，最可痛恨。今年少人只争甚与不甚，要无不狎侮者。在家庭，不敬逊父兄；在书堂，不严惮师友，此为不孝弟之实。《孝经》云："爱亲者，不敢恶于人；敬亲者，不敢慢于人"。孟子曰："爱人者，人恒爱之；敬人者，人恒敬之"。反是而言，狎人者，人恒狎之；侮人者，人恒侮之，出尔反尔，犹桴鼓之应也。然则爱敬尽于人，则慢恶不及于亲，为子弟者，谁欲慢恶其亲者乎？何不自察也。即此一节，亏体辱亲，已有余矣，何必多行不义，然后为毁伤乎？又况狎侮之人，往往易至多行不义也。

"轻浮"二字，是子弟百恶之根。浮又是轻之本，轻言轻动，总由

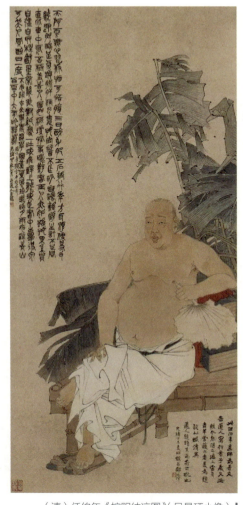

（清）任伯年《棕阴纳凉图》（吴昌硕小像）

于浮；不恒其德，亦由于浮。唯主忠信，可以治之。虽一物之细，非吾所有，不可妄取。管华终身，见于锄瓜之日。后生小子，于凡书籍笔札饮食服器，无所分别，一概狼藉苟且，见其后来大段，不得长进矣。风邪之中人也，适然而入于肌肤腠理之间，留而不出，传入经络，以至脏腑。及其发也，周身皆病，轻者亏损血气，变易形体，重则死亡。习气之中人也亦然。

三风十愆，（敢有恒舞于宫、酣歌于室，时谓巫风；敢有殉于货色、恒于游畋，时谓淫风；敢有侮圣言、逆忠直、远耆德、比顽童，时谓乱风。）时切检点，庶乎得守身之方矣。古人俱以"敢有"二字发语，可知托根只一"肆"字。诸君勿谓今日年少放诞恣肆不妨也，人为却"不妨"二字，败坏多少？

（清）梁同书行书七言联：秋田领鹤精神爽，春谷闻兰气味亲

放僻邪侈，"放"为首；骄奢淫佚，"骄"为首；克伐怨欲，"克"为首。人心骄纵，总由好胜，不肯屈下一念为之根，将来势便无所不至。所以君子修身，只有敬谨。

人只为"货色名势"四字，败尽一生。秉彝之良，人孰无之？但是四者之中，有一缠缚，此身便不得向上。推其极，不至于禽兽不止。须是斩截得尽，方得身心浩然。若只去泰、去甚，终不济事。所以学者于公私义利之际，不可不蚤辨也。

尝言文字最忌俗，俗不可医。凡作人亦最忌俗。其为人也，怀俗情、说俗语、行俗事，虽其质近忠信，一乡之愿人而已。今人亦有知避俗者，以耽情诗酒为高致，以书画弹棋为闲雅，以禽鱼竹石为清逸，以剧谈声伎为放达，以淡寂参究为静证。若此种种，最是流俗所尚。穷其指趣，反不如米盐妻子之犹得与于日用不知之数者也。其为俗恶，可胜唾哉？

流俗一种似是而非之论，粗知义理，即不难破，而尽惑之，可哀也。始举其说之最近理者，如"荣亲"二字，罗一峰先生曰：古人君子，荣亲以礼义；今之君子，荣亲以爵禄。夫爵禄亦视得之以道否耳，得之虽以道，其辱莫大乎是，犹自以为于亲有荣，则是所谓病狂丧心

（清）沈焯《托兴言情册·饮菜根滋味》

之夫而已矣。

读圣贤书，不笃信圣贤，而邪说是信，何以异于不爱其亲，而爱他人？不敬其亲，而敬他人乎？以是为聪明才智，吾不识也。

人好异说，只是不肯服行常道。如节嗜欲、定心气，可却疾永年，今于服食导引之说，乐从之者多。因嗜欲动于内，或是往事莫追，希望奇功速效也。父子笃、兄弟和、内外顺、隆于师友，笃于亲戚乡里，本可成家道、长子孙，今于祷祀鬼神，饭僧持戒之说，乐从之得多，因内省多疚，希望灭罪资福，或是见理不明，中无所主，妄希不难之获也。正如贪夫烧丹炼汞，渔色之人专意药物之补，所益不如所损，殆哉！读书之不本《四书》《六经》也，亦然。

凡人有善，善日长，恶亦日长。古人有言曰："树德莫如滋，去疾莫如尽"，盖以此也。今日幼年，有何大恶？如不敬父兄，不信师友，不知慕善，不耻作非之类，此是自暴自弃之根，他日流于非僻，甘于下愚，未有不由此也。譬如种是五谷，必有秀实之望；种是莨莠，必有害苗之忧。秉彝之良，人所自有，默省反观，为善为不善，可以自知也。自己不知，长者未有不告之，告之而不从，则亦莫如之何矣。

人未尝见君子，而陷溺于小人，犹可望其自新也。尝与君子游处，听其言，见其行，而无变于昔日之所为，非自暴，则自弃，民斯为下而已。人于先觉理道之书，不乐看；长者德义之言，不欲闻，非由气禀昏愚，必是疾染深锢，不复能相入也。虽圣贤与居，其如之何？

年少之人，未尝知忧，未尝知惧，晨夕嬉游，见老成者危言切论，掩耳而去，以为我生必无可忧，亦有何惧？不知命不于常，岂特王公为然？匹士庶人，盛衰苦乐，亦各有命，若涉大川，其无津涯，向后茫无可仗，但欲长此安平无事，岂是易得？或是世道变更，或是乡土乱作，或是家运前后不同，或是此身事出非意，惟有长怀忧惧，不敢肆言，不敢妄动，庶几自作之孽，可以少免。

《杨园先生全集》

注解

张履祥（1611~1674年），字考夫，又字渊甫，号念芝，号杨园，浙江桐乡人，世居清风乡炉镇杨园村（今属桐乡市），故学者称杨园先生。明末清初著名理学家，清初朱子学的倡导者。

张履祥生于下层知识分子家庭，少孤家贫，母以孔孟皆无父之儿教之。年十一，就馆于陆昭仲，十五应童子试，补弟子员。后以教馆谋生。又往藏山和靖书院，受业刘宗周。闻京师有变，遂弃诸生，隐居教授。著有《读易笔记》《愿学记》《近古录》《补农书》等。后人辑有《杨园先生全集》。其著作因付梓较晚，清初影响不大，至清末随着其著作刊印，在学界影响逐渐扩大，被视为上接程朱之绪，下开清献（陆陇其）之传，称为"朱熹后一人"。

《初学备忘》主要讲的是初学者如何立志、读书、修身，上五十条主要论述立志、为学之道，下五十条列举立志、为学、交友诸方面的错误做法，并提出改正的途径和方向。其语言浅显明快，问题提得尖锐，指出当时年轻人在学风问题上存在的弊端，如放僻邪侈、货色名势、轻浮异说，诸如"三风十愆"等不正行为和风气，特别是指出了如何反躬修身，如何不陷溺于小人之惑，如何扬善抑恶。

张杨园《训子语》: 立身处世，爱敬勤俭

人不可孤立，孤立则危。天子之尊，至于一夫而亡，况其下乎？一家之亲而外，在宗族当不失宗族之心，在亲戚当不失亲戚之心，以

至乡党朋友亦如之，以至朝廷邦国亦如之。欲得其心，非他，忠信以存心，敬慎以行己，平恕以接物而已。人情不远，一人可处，则人人可处，独病在我有所不尽耳。贤者与之，不贤者去之，何伤？久而不贤者终将服之。匪人昵之，正人弃之，殆已，究则匪人亦将离之。是以君子：不求人，求己；不责人，责己。

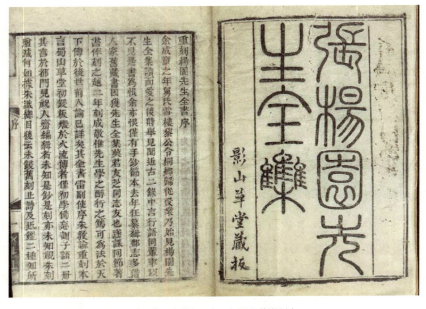

▌（清）张履祥《张杨园先生全集》，清道光二十一年影山草堂刻本

凡做人，须有宽和之气。处家不论贫富，亦须有宽和之气。此是阳春景象，百物由以生长，所谓"天地之盛德气也"。若一向刻急烦细，虽所执未为不是，不免秋杀气象，百物随以凋殒。感召之理有然，天道人事，常相依也。

做人最忌是阴刻。处心尚阴刻，做事多阴谋，未有不殃及子孙者。语云："有阴德者，必有阳报。"德有凶有吉，吉报不当希望于天，凶报可不惧乎？先人有言："存心常畏天知。"吾于斯语，夙夜念之。

处人伦事物之间，有顺有逆，即不能无德怨。曾子曰："出乎尔者反乎尔。"《诗》曰："投之以桃，报之以李。"盖言施报也，然微有不同。自处之道，有树德，无树怨，固然也。人情则不可知。处之之道，我有德于人，无大小不可不忘；人有德于我，虽小不可忘也。若夫怨出于己，当反己而与人平之；其自人施于我，则当权其轻重大小。轻且小者可忘，忘之；业而大者，报之为直，不能报为耻。要之，作事当慎谋其始。德不可轻受于人，怨须有预远之道。施德，当体上天栽者培之之心；处人，则念"怨不在大，期于伤心"之义。小如陵侮侵夺等类，大则义关伦纪者也。

（清）戴鸿慈行书六言联：有太和惟积德；
无难事在能勤

凡人用度不足，率因心侈。心侈，则非分以入，旋非分以出，贫固不足，富亦不足。若计口以给衣食，量入以准日用，素贫贱行乎贫贱，素富贵不忘艰难，所需自有分限，不俟求多也。若能于膳养之余，节省繁冗，用广祭产，与置赡族公田，非惟可以上慰祖宗之心，即下及子孙得以永久不替，理甚易明。世之亟于自私，缓于公义，侈于奉己，啬于亲亲者，吾每亲见其立覆矣。

人无论贵贱，总不可不知人。知人则能亲贤远不肖，而身安家可保；不知人则贤否倒置，亲疏乖反，而身危家败，不易之理也。然知人实难，亲之疏之亦殊不易。贤者易疏而难亲，不肖者易亲而难疏。贤者宜亲，骤亲或反见疑；不肖者宜疏，因疏或至取怨。所以辨之宜早。略举其要，约有数端：

贤者必刚直，不肖者必柔佞。

贤者必平正，不肖者必偏僻。

贤者必虚公，不肖必私系。

贤者必谦恭，不肖必骄慢。

贤者必敬慎，不肖必恣肆。

贤者必让，不肖必争。

贤者必开诚，不肖必险诈。

贤者必特立，不肖必附和。

贤者必持重，不肖必轻捷。

贤者必乐成，不肖必喜败。

贤者必韬晦，不肖必裱襮。

贤者必宽厚慈良，不肖必苛刻残忍。

贤者嗜欲必淡，不肖势利必热。

贤者持身必严，不肖律人必甚。

贤者必从容有常，不肖必急猝更变。

贤者必见其远大，不肖必见其近小。

贤者必厚其所亲，不肖必薄其所亲。

贤者必行浮于言，不肖必言过其实。

贤者必后已先人，不肖必先已后人。

贤者必见善如不及，乐道人善，不肖必妒贤嫉能，好称人恶。

贤者必不虐无告，不畏强御；不肖必柔则茹之、刚则吐之。

若此等类，正如白黑冰炭，昭然不同，举之不尽，总不外公私、义利而已。世谓知人之明不可学，予谓虽不能学，实则不可不学也。《中庸》言知人"不可以不修身"，而修身又"不可不知人"，二者相因，得则均得，失则均失。人苟能为知人之学，庶其无殆矣乎！

大凡人之心，想多只向好底一边，希望至于老死不已。贫想富，贱想贵，劳想逸，苦想乐，转转憧憧，无所纪极。且思天下岂有人人富贵逸乐之理？亦岂有在我尽受富贵逸乐，在人尽受贫贱劳苦之理？妄想如此，是以分内全不思省，宜其祸患猝来不意也。天地间人，各有分内当修之业，当修而不修，缺失不知几何？念及分内所缺、

（清）朱夑草书小山野水七言联：小山静绕栖云室，野水潜通浴鹤池

所失，自不得不忧，自不得不惧。知忧知惧，尚何敢肆意恣行，以取祸败？故曰："君子安而不忘危，治而不忘乱，存而不忘亡也。"此心自幼至老，何可一日不慄慄持之乎？

天地间人各一心，心有万殊，何能疑贰不生，始终若一？所仗忠信而已。以忠信为心，出言行事，内不欺己，外不欺人，久而家庭信之，乡国渐信之，甚至蛮貊且敬服之。由其平生之积然也。故曰："诚能动鬼神"。若怀欺挟诈，言不由中，行无专一，欺一二人，将至人人疑之；一二事不实，事事以为不实。凡所接对，莫不猜防怨恶，将何以

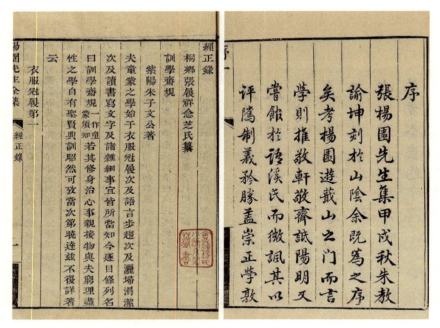

（清）张履祥《张扬园先生集》，清刻本

自立于天地之间？每见年少之日，自谓智能，虽在父子兄弟间，说不从实，举动诡秘，见恶亲长，取贱乡邻，虽至老死，后人犹引以为戒。哀哉！

人情乖异不在乎大，多因积小而成。如"干糇之愆"，言语之伤，最足酿隙。若更以小人间之，彼此谗构，遂至不解。故谨言语，接燕好，古人于此盖有深意也。

朋友之交，皆以义合，故曰："友也者，友其德也。"有远者，百里一士，千里一贤是也；有近者，塾舍同学及师之子、父执之子是也。至如《小雅·伐木》之篇，燕朋友也，而云"以速诸父""以速诸舅"。可知宗族亲戚之中，志同道合，则亦相与为友。总以道义为取舍，以久要为指归。然究竟远不如近，新不如故。语曰："朋友以世亲。"不易之论也。若夫酒食征逐，燕僻狎邪，为害匪细，则远之犹恐不及矣。

处乡党，只有谦以持身，恕以接物。谦则和，和则不竞；恕则平，平则寡怨。人生长于乡，犹鱼生长于水也。鱼出于水则死，人不容于乡则祸患随之矣。遇胜己者，不可萌忌嫉、卑诎之心；遇不如己者，不可起轻侮陵虐之意。《洪范》曰："无虐茕独，而畏高明。"非独乡党为然，乡党尤其切近者也。《易》曰："近而不相得则凶，或害之。"凡今之人，得罪于乡党而不获善其后者，目见耳闻至众矣。"出乎尔者反乎尔"，盍亦审思之乎？

人家不论贫富贵贱，只内外勤谨，守礼畏法，尚谦和，重廉耻，是好人家。懒惰则废业，恣肆则近刑，淫逸则败门户，丧身亡家，蔑不由此。

《杨园先生全集》

注解

本文选自张履祥的《训子语》，本书分两卷，上卷祖宗传贻积善，子孙固守农士家风，立身四要，曰爱、曰敬、曰勤、曰俭；下卷正伦理，笃恩谊，远邪慝，重世业，承式微之运，敦里俗为难，贤子孙与不肖子孙。本书不仅是关于家训的名篇，也是做人处世的圭臬。张履祥认为"善"要从小积起，"其始至微，其终至钜"，善则和气应，不善则乖气应。存心厚薄为寿夭祸福之分，宽和之气是天地盛德之气，不可刻急烦细，更不可存有阴恶之心。特别强调个人有"立身四要"，即爱、敬、勤、俭，以爱敬存心则一切邪恶均不得入，持家以勤俭为主，做人要以孝友睦姻任恤为主。强调人处贫困、困厄之时不可怨天尤人，不可依赖他人，尤需刻苦自励；遇顺境时也不可志骄气满，要居安思危，常怀慄慄危惧之心。特别要求要知人辨人，只有知人，才能亲贤人远小人，从而安身保家，为此，作者列举了二十多种"贤人"与"不肖"的特征，对贤与不肖之人做了具体而细微的辨析。

《训子语》语言凝练，情意真切，循循善诱，推心置腹地教导子弟。语气如师友般语重心长，像几个人围炉夜话，听智者娓娓地道出琐碎生活中做人的道理，令人自觉地升华为对生活的智慧抉择和对生命的自足自信。

申涵光《荆园小语》: 远小人，慎细微，保身避祸

贫贱时，累心少，宜学道；富贵时，施予易，宜济人。若夫贫贱而存济人之心，富贵而坚学道之志，尤加人一等。

常有小不快事，是好消息。若事称心，即有大不称心者在后，知此理，可免怨尤。

凡宴会，宾客杂坐，非质疑问难之时，不可讲说诗文，自矜博雅。恐不知者愧而之。

读书有不解处，标出以问知者，慎勿轻自改窜，"银""根"之误，遗笑千古。

人言果属有因，深自悔责；返躬无愧，听之而已。古人云："'何以止谤'？曰：'无辩'"，辩愈力，则谤者愈巧。

小人当远之于始，一饮

（清）申涵光《聪山集》，清康熙二年浑脱居刊本

一啄，不可与作缘。非不和恨也。泛然若不相识，其恨浅。若爱其才能，或事势想借，一与亲密，后来必成大仇。

结盟是近日恶道，古人不轻交，故必不负。今订盟若戏，原未深知，转眼路人，又何足怪。

勘一"利"字不破，更讲甚理学。

游大人之门，谄固可耻，傲亦非分，总不如萧然自远。

畏友胜生严师，群游不好独坐。

亲故有困窘相求，量情量力，曲加周给，不必云借。借则或不能偿，在人为终身负欠，在己后或责望，反失初心。

公门不可轻入。若世谊素交，益当自远。既属同心，必不疑我不疏傲。或事应面谒，亦不必屏人秘语，恐政有兴革，疑我与谋；又恐与我不合者适值有事，疑为下石。

人生承祖、父之遗，衣食无缺，此大幸也。便可读书守志，不劳经营。若家道素贫，亦有何法？惟勤学立行，为乡里所敬重。自有为之地者，若丧心以求利，人人恶之，是自绝生路矣。

书画古帖，可以寄兴，嘉者自当宝惜。若夫设机心，费重贿，则不必矣。

造作歌谣及戏文小说之类，讥

（清）梁同书行书七言联：美玉自藏圭璧用，寒松偏有雪霜心

讽时事，此大关阴骘，鬼神所不容。凡有所传闻，当缄口勿言。若惊为新奇，喜谈乐道，不止有伤忠厚，以讹传讹，或且疑为我作矣。

凡诗文成集，且勿梓行，一时所是，师友言之不服，久之自悟，未必汗流浃背也。俟一二年朝夕改订，复取证于高明，然后授梓。若乘兴流布，遍赠亲知，及乎悔悟，安能尽人而追之耶？若能不刻，刚更高。

与其贪而豪举，不若吝而谨饬。

故人仕宦者，贻书见招，以不赴为正。或久别怀想，抵署盘桓数日，款款道故，不及他事，切勿在外招摇，妄有关说。一贵一贱，交每不终，未必尽贵人之过也。

奸人难处，迂人亦难处。奸人诈而好名，其行事有酷似君子处；迂人执而不化，其决裂有甚于小人时。我先别其为何如人，而处之之道得矣。

古书自《六经》《通鉴》《性理》而外，如《左传》《国策》《离骚》《庄子》《史记》《汉书》，陶、杜、王、孟、高岑诸诗，韩、柳、欧诸集终身读之不尽，不必别求隐僻。凡书之隐僻，皆非其至者。

责我以过，当以虚心体察，不必论其人何如，局外之言，往往多中。每有高人过举不自觉，而寻常人皆知其非者，此大舜所以察迩言也。即诗文亦然，赞者未必皆当，若指我之失，即浅学所论，亦常有理，不可忽也。

人以诗文质我，批驳过直，往往致嫌。若一概从谀，又非古道。嘉者极力赞扬，谬者指其疵病，瑕瑜不掩，常寓鼓舞之意。至诚待人，必不我怨，嘉者逢人称说，谬者绝口勿言。其人闻之，必自感奋。

作应酬诗文，其害其一。儿之既久，流向熟俗一派，遂不可医。况委嘱纷纭，乌能尽应？应者不以为德，不应则谤毁百端，甚且尊贵人临之以势，违则惧祸，从则难堪。不如慎之于始，素无此名，庶几可免。

愚人指仙佛募化，称说灵异，以诳乡俗，或起祠、造经、铸钟、施药。我既不信，远之而已，不必面斥其非，恐愚众党护，有时致辱。

（清）钱杜《陈文述诗意册·长城秋月》

人有求于我，如不能应，当直告以故，切莫含糊，致误乃事。

交财一事最难，虽至亲好友，亦明白。宁可后来相让，不可起初含糊，俗语云："先明后不争"，至言也。

作寄远人书札，与家书同，当于前夕成之，临发匆匆，必多遗漏。

他人僮仆遇我或不恭，如坐不起，骑不下，称谓不如礼，彼与我无主仆之分，不足较也。若自己僮仆，须时时戒饬之。

顺吾意而言者，小人也，争急远之。

有了告我曰："某谤汝"，此假我以泄其所愤，勿听也。若良友借人言以想惕，意在规正，其词气不同，要视其人何如耳。

远方来历不明，假托为术士、山人辈，往往大奸窜伏其中，勿与交往。即穷人欲投靠为仆婢者，亦不可收。

朋友即甚相得，未有事事如意者，一言一事之不合且自含妒忌，少迟则冰消雾释，过而一留。不得遂轻嗤骂，亦不必逢人诉说，恐他友闻之，各自寒心耳。

好说人阴事及闺门丑恶者，必遭奇祸。

凡事只是古本正传，一好奇便处处不妥。

亲交中有显贵者，对人频言，必遭鄙诮。

我有冤苦事，他人问及，始陈颠末。若胸自不平，逢人絮絮不已，听者虽貌咨嗟，其实未尝入耳，言之何益。

借人书画，不可损污遗失，阅过即还。

借书中有讹字，随以别纸记出，署本条下。

冠履服饰，不必为崖异，长短宽狭适中者可久。

名胜之地，勿轻题咏，一有不当，远近为笑端，如昔人所记"飞阁流丹"之类，可鉴也。

子弟少年时，勿令事事自如。

宴饮招妓，岂以娱客，醉后潦倒，更致参差，总不如雅集为善。

责人无已，而每事自宽，是以圣贤望人而愚不肖自待也，不思而已。

从之性情，各有所偏，如躁急、迟缓、豪华、鄙吝之类。吾知而早避之，可以终身无忤。孔子不假盖于子夏，固是大圣人作用。

高年而无德，极贫而无所顾惜，两种不可与交。

亲友见访，忽有欲言不言之意，此必不得已事欲求我而难于启齿者，我便当虚心先问之。力之所能，不可推诿。

揖让周旋，虽是仪文，正以观人之敬忽。宋儒云："未有箕踞而一放肆者。"其在少年，尤当斤斤守礼，不得一味真率。

纵与人相争，只可就事论事，断不可揭其祖父之短，扬其闺门之恶，此祸关杀身，非只有长厚已也。

本富而对人说贫，本秽而对人说清，以人为可欺耶？方唯唯时，其人已匿笑之矣，谁迫之而必为此自欺语？

驰马思坠，挞人思毙，妄费思穷，滥交思累，先事预防之道也。

有聪明而不读书，有权力而不济人利物，辜负上天笃厚之意矣。既过而悔，何及耶？

优娼辈好嗤笑人，而敢为无礼，此自下贱本色，其趋奉不足喜，怠慢不足怒也。

有必不可行之事，不必妄作经营；有必不可劝之人，不必多费口舌。

自谦则人愈服，自夸则人必疑我。恭可以平人之怒气，我贪必至启人之争端，是皆存乎我者也。

幼时见先辈作生辰，多在壮年以后，今童稚而称觞矣。魏环溪曰："是乃母之难日，宜斋心以报亲"，其说虽是，愚谓亲在宜贺，即如我初生时，亲喜而贺客满堂也。父母既殁以后，是日愈增悲恸，何贺之有！

人于平旦不寐时，能不作一毫妄想，可谓智矣。

嗜欲正浓时，能斩断；怒气正盛时，能按纳；此皆学问得力处。

寄放人家财物，是极无益事。恐万一失落、损坏，彼此作难，苟非义不可辞，断勿轻诺。

冷暖无定，骤暖勿弃棉衣；贵贱何常，骤贵无捐故友。

吊宜早，贺宜迟，矫时尚也。其实分有亲疏，交有厚薄，迟早各有所宜，难拘此例。勿以人负我而隳为善之心，当其施德，第自行吾心所不忍耳，未尝责报也。纵遇险徒，止付一笑。

（清）尹秉绶隶书五言联：官闲读书乐，亲健得天多

不幸而有儿女之戚，此人生最难忍处。当先镇定此心，令有把握，不然所伤必多。

人有一事不妥，后来必受此事之累，如器有隙者，必漏也。试留心观之，知他人刚知自己矣。

觉人之诈而不说破，待其自愧可也。若夫不知愧之人，又何责焉。

登俎豆之堂而肆，入饮博之群而庄者，未之有也，是以君子慎所入。

正人之言，明知其为我也，感而未必说；邪人之言，知其佞我也，笑而未必怒。由其知从善之难。

仇人背后之诽论，皆是供我箴规。盖寻常亲友，当面言既不尽，背后亦多包荒。惟与我有嫌者，揭我之过，不遗余力，我乃得知一向所行之非，反躬自责，则仇者皆恩矣。

凡事要安详妥帖，俗所云："消停作好事也"。若急遽苟且，但求早毕，以致物或不坚，事或不妥，从新再作，用力必多。是求省反费，求急反迟矣。理之所非，即法之所禁，法所不逮，阴祸随之。故圣贤之经，帝王之律，鬼神之报，应相为表里。

面有点污，人人匿笑，而己不知，有告之者，无不忙忙拭去。若曰："点污在我，何与若事？"必无此人情。至告以过者，何独不然。

要自考品行高下，但看所亲者何如人；要预知子孙盛衰，但思所行者何等事。

好为诳语者，不止所言不信，人并其事事皆疑之。

闺阁之中，一有所溺，即是非颠倒，家无宁晷矣。

人皆狎我，必我无骨；人皆畏我，必我无养。

服金石酷烈之药，必致殒命，即坐功练气，往往致瘵损目。人能清欲寡心，无暴怒，无过思，自然血平气和，却疾多寿，何为自速其死哉！

志不同者不必强合，凡勉强之事，必不能久。

轻诺者必寡信，与其不信，不如不诺。

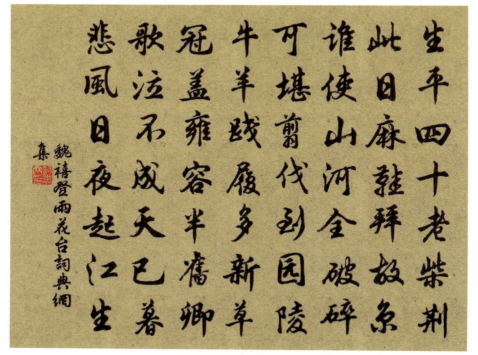

（清）魏禧《登雨花台》。释文：生平四十老柴荆，此日麻鞋拜故京。谁使山河全破碎？可堪翦伐到园陵！牛羊践履多新草，冠盖雍容半旧卿。歌泣不成天已暮，悲风日夜起江生。

见人耳语，不可窃听。恐所言之事，其人避我；又恐正值议我短长，闻之未免动意，且使其人惭愧无地自容矣。

有一艺，便有一艺累，如书画图章，初有人求甚喜；求者益多，渐生厌苦，故曰："道高日尊，技高日劳"。惟学书是正事，其余作无益害有益，皆所当戒，而画为甚。

有怨于人，小者含忍之，果义不可忍，圣人自有以直报怨之道。若夫挑讼匿讦，虽公变私，鬼神瞯之，必有阴谴。

将欲论人短长，先顾自己何苦。

见人作不义事，须劝止之。知而不劝，使友过遂成，亦我之咎也。

赴酌勿太迟，众宾皆至而独我候我，则厌者不独主人。

足恭者必中薄，面谀者必背非。

凡轻薄少年，衣饰华美，语言诡谲者，不可收为僮仆。

良友书札，必须珍藏，暇中展望，以当晤对。

子弟考试，不必预为请托，战胜固可喜，不售亦堪激发。常有代为作弊者以求倖者，导之以不肖，欲其贤焉，难矣。

有必不可已之事，便须早作，日挨一日，未必后日能如今日也。

出息称贷，往往致贫，不得已而有此，宁速卖田产器物以偿之。若负累既久，出息愈多。前之田产器物，情不忍弃者，至此弃之，亦不足矣。往见吾乡有家本丰富，故知时时取债以博贫名，而人卒不信，尤可笑也。若亲知挪借，尤当急偿。宁出息者，且留在后。

卜居当在僻壤，繁富之地，人情必浇。

居心不净，动辄疑人，人自无心，我徒烦扰。

遇有疑难事，但据理直行，得失俱可无愧。凡问卜、讨签、乞梦，皆甚渺茫，验与不验参半，不可恃也。

积书太盛，往往有水火诸厄，盖为造化所忌耳。五车万卷，富贵家侈为豪举。其实世间应有之书，亦自有限，不必定以多积求名也。

平时强项好直言者，即患难时不肯负我之人。软熟一辈，掉头去之，或且下石焉。

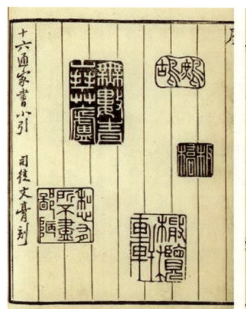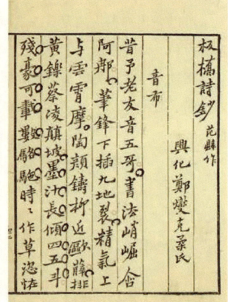

（清）郑燮《板桥诗钞》，清乾隆间司徒文膏精写刻本

人生学随时进，如春花秋实，自有节次。少年时志要果锐，气要发扬，但不越于礼足矣，不必收敛太早。如迂腐寂寞，譬如春行秋令，亦是不祥。

久利之事勿为，众争之地勿往。物极则反，害将及矣。

骤贵而行事如常者，其福必远。举动乖张，喜怒失绪，其道不终日。

量窄者不必强虐以酒，或醉而留卧，须令老成人护视，袁梧坡所记："客醉误饮瓶中旱莲花水，因而致毙"。吾北方冬夜火炕，煤毒更烈，不可漫视。如醉后欲归，亦遣人送付其家。

作道学事，不必习道学腔。

贫贱时眼中不著富贵，他日得志必不骄；富贵时意中不忘贫贱，一旦退休必不怨。

静坐勿自妄为，读书即是立德。

可以一出而振人之厄，一言而解人之纷，此亦不必过于退避也。但因为利，则市道矣。

用过术士、艺人以及梨园之属，量力酬给，切不可札荐他所。我之所苦，岂可及人？欲令此辈感德，反不顾亲知见怨，可谓轻重失伦矣。

不服一人与逢人便服者，皆妄人也。

风水之说有之乎？曰：有之。兴隆之家，必居胜地，其初不必有所择也。常见人既富贵，方延地师，移居迁葬，而家道反不如前，盖福至得吉壤，衰至则入凶地。人自修得以迓福耳。堪舆之权，乌能夺造化哉。

凡权要人声势赫然时，我不可犯其锋，亦不可与之狎，敬而远之，全身名之道也。

斋名因以为号，如晦庵、致堂之类，自宋已然。今有无斋而名止不一其名者总亦多事。无已则取字义典古，用以自箴足矣，即图章采用成句，亦须雅正者，勿为大方所笑。

戏而不谑，诗人所称。终日正襟庄语，即圣贤亦未必然。风流善谑，可以解颐。切勿互相讥诮，因戏成嫌。

每读一书，且将他书藏过，读毕再换，其心始专。

学问心先入为主，故立志欲高，如文必秦、汉，字必钟、王，诗必盛唐之类，骨气已成，然后顺流而下，自能成家。若入手便学近代，欲逆流而上，难矣。

横逆之来，正以征平日涵养。若勃不可制，与不读书人何异。

凡亲友借用车马器物，不可吝惜。然借者又须加意照管，勿令损坏。万一损坏，急与修制完好，切勿朦胧送还。

语云："闲居耐俗汉"，亦是无可奈何处。寻常亲故往来，安得皆胜侣。以礼进退，勿蹈浮薄

人言某负恩，某不义气，某不平，则为援引一二嘉事，以为解曰："据伊平日所为，尚在道理，今岂遽然耶？或出无心，或有何事，正急不暇检点，或疾病醉饱，喜怒失常，寻自悔矣。"诉者虽怒必少平。若因其诉我，遂述于我亦曾有负恩不义之事，则其人之过愈实，嫌隙遂成，谁使之欤。

闻人之善而疑，闻人之恶而信。其人生平必有恶而无善，故不知世间复有作善之人也。若夫造作傅会以诬善良，鬼神必殛之。

盛怒极喜时，性情改常。遇有所行，须一商之有识者，不然，悔随之矣。

说探头话，往往结果不来，不如作后再说。

貌相不论好丑，终日读书静坐，便有一种道气可亲。即一颦一笑，亦觉有致。若咨肆失学，行同市井，纵美如冠玉，但觉面目可憎耳。

仆辈搬弄是非，往往骨肉知交，致伤和气。有尝试者，直叱之使勿言，后不复来矣。

不孝不弟之人，不可与为友。少时一同学子，颇有才华，而门内无行，先君甚不悦曰："彼至亲且薄，况他不乎？"未几果为所螫，几及于祸，可鉴也。

技艺中，惟弹琴可理性情，兼一人闭户，陶然已足。至围棋陆博，必须两人对局，胜者色矜，负者气晦，本欲博欢，何苦反致忿忿。若夫佯负以媚尊显，设阱以赚财利，则人品随之矣。

（清）戴震像

人有晚节不终者，非是两截，盖本色露耳。故恭不诚则为大机械，和不诚则为真乡愿。

俭虽美德，然太俭则悭。自度所处之地，如应享用十分者，只享用七八分，留不尽之意以养福可也。悭吝太甚，自是田舍翁举动，鄙而愚矣。

经一番挫折，长一番见识；多一分享用，减一分志气。

行天下而后知天下之大也，我不可以自恃；行天下而后知天下之小也，我亦不可自馁。

小人固当远，然亦不可显为仇敌；君子固当亲，然亦不可曲为附和。

滥用者必苟得。挥金如土而欲其一介不取，势不能也。

邻人丧，家不可快饮高歌。对新丧人，不可剧谭大笑。

子弟僮仆有与人相争者，只可自行戒饬，不可加怒别人。

恭而无礼，遇君子固所深恶，即小人亦未尝不非笑之，枉自卑谄耳。

劝人息争者，君子也；激人起事者，小人也。

三姑六婆，勿令入门，古人戒之严矣。盖此辈或称募化，或卖簪珥，或为媒妁，或治疾病，专一传播各家新闻，以悦妇女。暗中盗哄财物，尚是小事，常有诱为不端，魔魅刁拐，种种非一，万勿令往来。致于娼妓出入卧房，尤为不可。

凡人气质，各有偏处，自知其偏而矫制之，久则自然。所以宋儒以变化气质为学问急务也。

兄弟分居，是人生最不忍言之事，然亦多有势不得不然者。如食指渐繁，人事渐广，各有亲戚交游，各人好尚不一。统于一人，恐难称众意；各行其志，又事无条理。况妯娌和睦者少，米盐口语易致参差。自度一家中，人人能学古人同居，固是美事，如其不然，反不如分爨为妥。果能友爱，正不关此，勉强联络，久必乖戾。

神该敬，不该谄，谄则渎，是大不敬。定为正神所吐。

遇诡诈人，变化百端，不可测度。吾一以至诚待之，彼术自穷。

巧人得福固多，得祸亦不少。拙者循理安分，似无大福，然亦不致有大祸。

处怨易，处恩难。怨只包含便了，受人之恩，何时报称？是以君子不轻受恩也。

作善岂非好事，然一有好名之心，即招谤祸之道也。

好便宜者不可与共财，多狐疑者不可与共事。

凡应人接物，胸中要有分晓，外面须存浑厚。

君子三戒，亦就概言之耳。若夫少而好得，钻营必力，百行俱怠；老而好色，为害益烈，丑态更多。看来好斗之人甚少，即有斗者，非为色即为得耳，大约多是为得者。

言动文雅，须要自然。若过作身分，妄自矜庄，反不如本色家常，不招非笑。

有一善逢人卖弄，有一恶到处遮饰，此是良心不昧处。至于行事反之，何哉？

翻人书籍，涂人书桌，折人花木，皆极招厌之事。而窃窥人筐箧中字迹，尤为不可。

（清）梁同书行书十言联：游山恨不远读书恨不博，养气要使完处身要使端

隐恶扬善，于他人且然，自己子弟，稍稍失欢，便逢人告诉，又加增饰，使子弟遂有不肖之名，于心忍乎？

仆婢初来宜严，若一纵则后难管。

凡慢神亵天之人必有祸，非果天神怒加之祸也。彼于天神且不敬，则远处不放恣，可知固有得祸之理。

人有轻于称贷，虽重息亦欣然者，非流荡不知事人，即预存不偿之心，断断勿予。

常有小病则慎疾，常亲小劳则身健。恃壮者一病必危，过懒者久闲愈懦。

闲中宜看医书，遇有病人，纵不敢立方制药，亦能定众说之是非，胜于茫然不知付诸庸医者矣。

人生不论贵贱，一日有一日合作之事。若饱食暖衣，无所事事，那得有好结果。

人品要兼文行。文人无行，固不足取，若村野农夫，尽有朴实者，遂谓之贤焉，可乎。夫子教弟子，亦曰："则以学文"，盖以行为本，文亦不可少者。

行一件好事，心中泰然；行一件歹事，衾影抱愧。即此是天堂地狱。

非望之福，祸必继之，急当恐惧修省，多行善事。若一骄则不可救矣。

和睦勤俭者家必隆，乖戾骄奢者家必败。此理如操券，断断不爽，且验之甚速。

花木禽鱼，皆足以陶情适趣，宣滞劳。若贪恋太甚，反多一累。花木择土宜者，远方异种，费财费力，而易坏无庸也。

赌真市井事，而士大夫往往好之。至近日马吊牌始于南中，渐延都下，穷日累夜，纷然若狂。问之，皆曰："极有趣"。吾第见废时失事，劳精耗财。每一场毕，冒冒然目昏体惫，不知其趣安在也。

受谏是难事，每见朋友以过失相规者，当面唯唯，转面即向人曰："伊道我某事不对，伊道我某事不对，伊不常亦作某事乎？"不思此友面诤，自是好意，我奈何背讦其过以相抵？且既知其所未当矣，我便宜取以为鉴，反又效之，何耶？

（清）钱杜《摹居商谷》。识文：云园花宴，怀旧雨也。旅食京华，寓孙古云袭伯云绘园者三年。花月之夕，辄置酒赋诗为乐。三载春明住，琴尊识旧家。高台秋酹月，小榭晚评花。废垒寻春燕，空庭散暮雅。故侯归未得，极目忆天涯。

庭联用于警诫，附记于后。

贫非省事无厅策，老忌多思罢苦吟。

学古之志未衰，每日必拥书早起。

干世之心早绝，无夕不把酒高。

并谢笔墨之缘，扪心更无别事。

未遂烟霞之志，闭门聊作深山。

心戚戚以何为，勉效用时之乐；老冉冉其将至，常防在得之讥。

就筋力未衰，尚可读书而寡过；幸家门再振，敢望积德以承先。

到眼都是好人，说甚黄虞叔季；闭户居然净土，哪分城郭山林。

年届知非，第恐童心未改；学期见道，莫言对域难窥。

义利辨以小心，须严一介；是非起于多口，务谨三缄。

念于世何功，饱食暖衣，已叨造化深仁，敢云富贵未及；愧在家为长，读书学道，勿玷先人遗训，庶令弟侄可宗。

器大自有容，何必过分泾渭；语多则易失，总之勿涉雌黄。

《丛书集成初编》

注解

申涵光（1620~1677年），字孚孟，一字和孟，号凫盟，凫明、聪山等，明太仆寺丞申佳胤长子。明末清初文学家，河朔诗派领袖人物。直隶永年（今河北永年县）人。少年时即以诗名闻河朔间，与殷岳、张盖合称畿南三才子。清顺治中恩贡生，绝意仕进，累荐不就。其诗以杜甫为宗，兼采众家之长。著有《聪山集》《荆园小语》等。

《荆园小语》文风有点类似宋朝林和靖的《省心录》，是作者经过自己对社会对人生深邃的观察和切身体会后得出的真知灼见，而不是随便抄录古人的名言名句，可以说是字字珠玑，充满了智者对人生的细心体会，所点拨之处都是容易被人忽略却又不可忽视的细节，而且其文辞细腻，发人深思，是人生处世的哲学与方法的经典汇集。作者观察的大多都是一般学者容易忽略的细节问题，如辩证地看待好事与坏事，"常有小不快事，是好消息。若事称心，即有大不称心者在后，知此理，可免怨尤"；在钱财的交往上，提出"宁可后来相让，不可起初含糊"，对待别人的请求，一定不能含糊，"人有求于我，如不能应，当直告以故，切莫含糊，致误乃事"；在言语上，切不可遭人厌和轻视，如"亲交中有显贵者，对人频言，必遭鄙诮"，等等，这些浅显通达的言语，无一不是来自于生活实践，是人生经验的提炼，也是人生教训的警示。

陈确《瞽言》：事事身体力行，见善必迁，知过必改

贤者见其远，不肖者见其近，吾言近而已。言近矣，则何以集？吾闻惟圣贤者为能不弃近言，吾固知天下后世之必多圣贤者也，故不以近言而弗集也。

文章入妙虚，无过是停当。学道入妙处，亦无过是停当。无不停当，即是可与权、不逾矩境界，穷神知化又何加乎！或问停当之说，曰："即理道之正者。""于何取诸？"曰："取之于吾心。吾心停当，道理自无不停当，故曰先正其心，故曰从心所欲不逾矩。从心不逾，正吾心极停当时也。"

人欲不必过为遏绝。人欲正当处，即天理也。如富贵福泽，人之所欲也；忠孝节义，独非人之所欲乎？虽富贵福泽之欲，庸人欲之，圣人独不欲之乎？学者只睹从人欲中体验天理，则人欲即天理矣，不必将天理、人欲判然分作两件也。虽圣朝不能无小人，要使小人渐变为

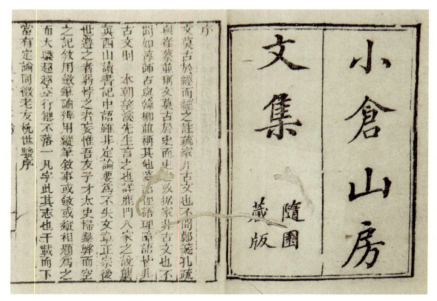

（清）袁枚《小仓山房文集》，随园藏版清刻本

君子。圣人岂必无人欲，要能使人欲悉化为天理。君子、小人别辨太严，使小人无站脚处，而国家之祸始烈矣，自东汉诸君子始也；天理、人欲分别太严，使人欲无躲闪处，而身心之害百出矣，自有宋诸儒始也。

君子中亦有小人，秉政者不可不知；天理中亦有人欲，学道者不可不知。

国手饶多，亦有败局，要无败著；圣人遇衰乱，亦有败事，要无败谋。语云"圣人无死地"者，妄也。确独以为惟圣人有死地耳，彼愚人者，又安所得死地哉！故愚人之死，与草木同腐；圣人之死，与天地同不朽。

吴仲木云："吾先忠节尝言，'要穷就穷，要死就死。'当时习闻此二言，却未理会得，只作寻常情激语听过。由今思之，欲为圣贤者，何得不发如许志愿。今世路上人岂尽不肖，要只是不能穷，不能死，遂流而至于此，可不惧哉！"

仲木曰："学者过端极多，不但过是过，即善亦是过也。如某时为某善，即有沾沾自喜之心，有不忘之心，有欲求人知之心，此等过端，又随之而至矣。"确曰：善哉，吴子之好学也！自非笃志求道者，乌能体验及此乎！然故无害，但进善不已，此病自除。如学书者初学时辄夸示某竖某画好，又学，又夸示某字某字好，此岂非病，却亦是生意也。有此兴会，方肯去学，学之不已，而字之好者已不胜指，但觉得某字某字尚未尽善而已。觉得未善，方可与言书矣。学道者亦然，进善不已，则喜不胜喜，必且欿然，反生不足之心。故曰"学然后知不足"，谚云：童生进学喜不了，尚书不升恼不了。此言甚鄙，以喻学人善不自善之心，固自曲肖也。

知过之谓智，改过之谓勇，无过之谓仁。学者无遽言仁，先为其智勇者而已矣。

好问好察，改过不吝之谓上智；饰非拒谏，自以为是之谓下愚。故上智者必不自智，下愚者必不自愚。下愚必自以为聪明才智之人，惟自以为聪明才智，故忠言必不可入，故曰"不移"。呜呼，下愚者吾得而见之矣，所为上智者，竟何人哉！

爱我者之言恕，恕故匿非；憎我者之言刻，刻必当罪。今人反喜爱我者之言，而怒憎我者之言，何也？

吴仲木曰："吾谓彭仲谋：'学莫若虚心，而若将有不然者。'适客至，未竟其说也。"确补之曰：所谓虚心亦有辨。果心如太虚，不著一物，惟善是取，如大舜之若决江河，则善矣。苟漫无主张，不辨是非可否，而惟人言之唯唯，此全是浮气，而世儒误以为虚心，则大害事矣。且人心学术之坏，甚有以诡随为无执著，以两可为能虚公。长此不已，将来竟是何物？故确窃以为学者但言虚心，不若先言立志，吾心先立个主意：必为圣人，必不为乡人。次言实心于圣人之学，非徒志之而已，事事身体力行，见善必迁，知过必改。终言小心于圣人之学，细加搜剔，须从有过得无过，转从无过求有过，不至至善不止。论语之"终身不违"，中庸之"戒慎不睹，恐惧不闻"，呜呼！至矣。尽小心与虚心相类，而"小"字较有持循。心小则析理深而赴义必，故心之小者必虚，而虚者未必能小。故曰："学问之道无他，求其放心而已矣。"放心不是此心全放出在外，倘于危微精一之学分毫体贴未尽，即是心所不到处，即是放心。故曰："颜子未到圣人地位，也只是心粗。"旨哉是言！诗云"惟此文王，小心翼翼。"文王我师也，周公岂欺我哉！则仲谋之所为不然者，其或出于此与？确于学茫然未知所从入，因忆仲木之语，偶见及此，遂书以贻二仲，还祈驳正。

圣凡之分，学与俗而已。习于学而日圣，习于俗而日凡。学为己，俗为人。事事循理为己，所谓"学而时习之"者也；事事徇欲为人，所谓俗而时习之者也。子曰"学而时习之，不亦悦乎"，确亦曰："俗而时习之，不亦苦乎！"人纵不知超凡而入圣，独不当避愁苦而就悦乐耶！

《中庸》曰"君子无入不自得"，曰"居易"，曰"行险"，曰"自驱罟擭陷阱"，着处指点，人却不醒，只自寻苦趣，奈何哉！

见过内讼，尝叹绝于大圣之世，以是知其极难，而蘧寡未能，颜复不远，子又何得不深思而称美乎！今人于学，未及蘧、颜之百一，辄云"吾无甚过"，岂非所谓自暴自弃，下愚不移者耶！

彼上古之所谓神圣者，则吾不敢知。若夫尧、舜以来，至于孔、颜，虽其学或未能尽同，要之惟兢兢寡过之意为多。合此而言精一时中之学者，只欺人耳。

至虚以观理，至勇以决机。夫虚而不为众所惑，勇而不为俗所挠者，非慎独之君子，其孰能之！

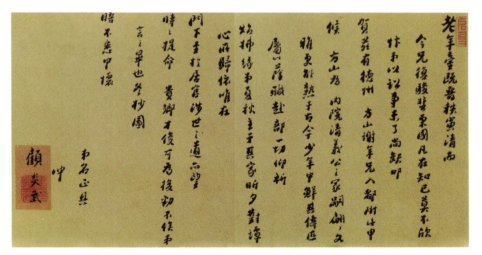

（清）顾炎武《行书手札》。识文：老年台既晋秩寅清，而今兄复骏蜚东国，凡在知己，莫不欣忭。弟以讼事未了，尚缺叩贺，兹有德州方山谢年兄入都，附此申候。方山为内院清义公之家嗣，翩翩文雅，更能熟于古今，少年中鲜其俦匹。属以荫职赴部，一切仰祈焙拂。缘弟夏秋主于其家，昕夕对谭，心所归依，唯在门下。至于居官涉世之道，亦望时时提命。贵乡才俊，可为后劲，不俟弟言之毕也。冬秒图晤，不悉中怀。弟名正具，冲，顾炎武。

《易》以诣极为穷理，今学者以讲明为穷理。二者相去何翅天壤，求古学之复，不亦远哉！古今学术不同，非有他也，虚实之间而已矣。明道云："只穷理便尽性至命"，阳明子云："必仁极仁，义极义，而后可谓穷仁义之理"，语皆精切。盖穷理即是尽性，性即理也，穷即尽也。大抵"穷、极、尽、至"等字，只是一义。古人特变文成句，学者须以意逆之，乃可通也。故穷理、尽性、至命，是并到之学，非有等级先后。若云穷理然后尽性，尽性然后至命，则不通矣。

张子尝云："学者求知人而不欲知天，求为贤人而不求为圣人，此秦汉以来学者大蔽"，不知正是张子蔽处。知人之尽，即是知天；贤人之尽，即是圣人，非有二也。《正蒙》大半是言天圣事，不若孔孟之切实远矣。某亦尝云：学者求知天而不求知人，求为圣人而不求为贤人，此又宋以来学者之大蔽也。

或问天，曰：未知人，焉知天。又问圣，曰：未能为庸，焉能为圣。

　　学者高谈性命，吾只与同志言素位之学，则无论所遭之幸与不幸，皆自有切实工夫，此学者实受用处。苟吾素位之学尽，而吾性亦无不尽矣。今舍素位，言性命，正如佛子寻本来面目于父母未生之前，求西方极乐于此身既化之后，皆是白口说梦，转说转幻，水底捞月，愈捞愈远，则何益之有乎！或曰：如子言学，却粗俗否？曰：吾言虽粗俗，如草蔬麦饭，却可疗饥；诸子言虽精微，如龙肝凤髓，却不得下咽也。

（清）沈曾植行书七言联：重向苏斋呼旧伴，偶从莲社会新机

　　主忠信，好问察，谨独知，行素位。此十二字，确近日所欲请事者也。要所谓圣学，亦不外此。诸子岂有意乎？若夫神而明之，则存乎人。呜呼！学固未可以言尽也。

　　古之学者为己，亦为人。今之学者不为人，亦不为己。古之学者，非不为人也，为人亦所以为己也。（元注：善天下，师百世，皆了得身以内事）今之学者，非不为己也，（元注：为私己）为己亦所以为人也，卒之名实俱丧，故曰：不为人，亦不为己。

　　君子不患人之不己知，患不自知也。（元注：自知谓知己过，颜子而下，罕见其人）

学问之道无他，惟时时知过改过。无不知，无不改，以几于无可改，非圣而何？上之，若颜子之不远复，有不善未尝不知，知之未尝复行，几于圣矣。次之，亦若子路人告之以过则喜，犹为贤者之事。下之，则如世俗之愿闻已过，终至于过恶日积，人莫敢言，真下愚不移矣。或问：颜子只自知自改，好修者能之。至子路之喜，更出常情之上，何反不若颜子？曰：圣贤之过甚微，或似过而实非过，或若无过而实有过，或偶失之无心，（元注：即是放心）或事出于不得已，皆非他人得知，而己自知之。自知自改，此大贤以上独步工夫，非颜子何足以当之！外此，则心粗气浮，易于得过而不自量，甚至众人皆知之而我尚未知。如子路之过，必待人告，此真是子路粗浮本色，然子路却具高明勇决之姿。高明故闻而能喜，勇决故喜而能改，可不谓贤乎？下此，更无学问之可言矣。然则为子路难，为颜子更难。吾何以知人之所不知而改之？曰：戒慎乎其所不睹，恐惧乎其所不闻，则能自知而自改矣。戒惧者，求放心之功也。故曰："颜子未到圣人地位，只是心粗。"谓其未能至于无不善故也。未能至于无不善，是心放处；有不善未尝不知，又是放而不放处。故曰："不远复。"复既不远，则颜子之去圣亦不远矣。若言其至，虽圣人不能无过。如颜子之学，仲尼而下诚未易见，独以好学许之，岂虚也哉！

千古称好学者，无过尧舜。但尧舜之学，性之也，故其好事比恒人加挚。谓性之无假于学者，真愚贼人之言也。

勤读书，勤作家，二者虽有雅俗之不同，要皆是好事。惟能学道，则作家者不患其俗，而读书者不病其浮，且吾未闻真能学道者而反致败家废读者也。

向未尝读书，从新要读书；向未尝作家，从新要作家，非得十数年工夫，皆茫无就绪。惟学道者则不然，向未尝学道，今日始学道，则今日便是圣贤路上人。果能一日立志，奋修于孝弟忠信，事事无愧，则虽目不识丁，家无担石，欲不谓之贤者而不可得矣。盖勤读书者，无过博雅，勤作家者，无过富厚，然并须穷年皓首之劳。而劝学道者之所成就，则直可为贤为圣，夫且求则得之，不需时日，然而人常为彼不为此，舍其所急者而图其所缓者，弃其所易者而求其所难者，何也？

读书人正好学道，不读书人益不可不学道，不然，则鲜有能保其身者。贫士正好学道，富人益不可不学道，不然，则鲜有能保其富者。

身不可使佚也，但须爱惜精神，为勤劳之本。肠不可使俗也，但须爱惜财物，为推舍之本。

世俗啧啧称夸，有所谓在行者，有所谓筋节者，有所谓便宜者，有所谓公道者，苟不虚心体察，流毒无已。试以道眼觑之：所谓在行，即市侩之别名；所谓筋节，即刻薄之转语；所谓便宜，即攘夺之招词；所谓公道，即自是之写照也。随常交易，要占便宜，此得便宜，则彼失便宜，非攘夺而何？人谓我公道，还未必公道，况自谓公道，必将有大不公道者存其间。略一反照，此等字便一一不敢出口矣。昔尝有"又占买杨梅"之语，此言虽小，可取喻大也。

全无算计可乎？曰：善算算身，不善算算人；善算算妻子，不善算父母兄弟。宁先时，毋后时，此与天算也；有旷人，无旷土，此与地算也。农桑之利，人收十五，我收十全；口体之资，人用十全，我用十五。宾昏丧祭，循礼而不循俗；日用饮食，从理而不从欲。以公道为未公道，失便宜处讨便宜。此乃吾之所谓在行、筋节者也。

余尝作知仁勇三言疏，谓知过之谓智，改过之谓勇，无不知、无不改之谓仁。岂惟三言疏而已，举千圣心法，皆尽此知过改过中。世儒谓"惟圣人无过"者，妄也。圣人有苦自知，直从千兢万业中磨练得出圣人人品。子曰"假我数年，五十以学易，可以无大过矣"。夫以天纵之圣，届知命之年，而又加以韦编三绝之勤，仅曰可以无大过，无过之学，谈何容易！颜子有不善未尝不知，知之未尝复行，乃是三月不违真消息。馀子非全无知改，然终无颜子克复工夫，那能至不迁贰地位，故仅可日月至焉耳。然则学圣人者，舍克己改过何由乎？今人一说着自己过失，便不肯招认，岂知不招己过，正已自写愚不肖招状也，可怜，可怜！

国事有是非，凡当国者不可不知；圣学有是非，凡言学者不可不知。皆须断然持之。下之，则一乡一家之中，亦有公是非。一味依违两可，乃孟子所云无是非之心非人者也。至于物我之间，有何是非？己非固非，己是亦非，则泰然无事矣。先居身于极是者，尽己之忠；后不执己之是者，循物之恕。孟子曰："行有不得者，皆反求诸己。"此真绝顶占地位之言，非仅退让之谓也。愚者不知，乃沾沾与人争是非，甚者至执非为是，可哀也哉！

举子之学，则攻时艺；博士之学，则穷经史，搜百家言；君子之学，则躬仁义，仁义修，虽聋瞽不失为君子；不修，虽破万卷不失为小人。士果志学，则必疑，疑必问，曾刍荛之勿遗，而况煌煌古训乎？何尝以不能读书为虑哉！

《陈确集》

注解

陈确（1604~1677年），初名道永，字非玄，后改名确，字乾初，浙江海宁人。明末思想家刘宗周的弟子。著有《大学辨》《葬书》《女训》《蕺山先生语录》《乾初道人诗集》《辰夏杂言》。

陈确年少以孝友著称，长大以文学驰名。明末时与黄宗羲、祝渊同受业于刘宗周。明亡后，刘宗周绝食死，陈确继刘之志，隐居乡里20年，足不出户，潜心著述。晚年得风湿症，生活极为贫困，仍写作不辍。在民族气节上以刘宗周为榜样，在哲学思想上却坚持反对宋明理学和佛学，与老师观点大相径庭。他认为理学奉为经典的《大学》并非圣贤之书，为此提出了一系列针锋相对的观点。如批判《大学》中"知止于至善"之说，认为"道无尽，知亦无尽"，"今日有今日之至善，明日有明日之至善"，根本没有绝对不变的"至善"标准。肯定人性善恶取决于后天的实践，与理学家的先天说相对立。主张"气""才""性"三者不能分立，批判朱熹"存天理，去人欲"的禁欲说教，认为："天理正从人欲中见，人欲恰到好处，即天理也，向无人欲，则亦并无天理之可言矣。"并抨击佛教，指出所谓"度尽众生"，实质上是要"灭绝众生"。

本书之所以书名之曰《瞽言》，是因为，瞽者，即眼睛瞎的人，形容没有辨别能力。以此作为书名，表现了陈确反世俗的勇气，表现出他不随俗、不妥协，敢于标新立异、独抒己见的斗争品格。对此，他在书的序言中写道：客有问曰："子赫然两目，而奚以瞽？"曰："今吾目若不瞽，而实无见也，而吾八年矣而弥甚，而犹日屑屑着葬论、大学辨不辍，咸惟西镜之恃耳，人又无以知吾目之不瞽也。且吾既瞽矣，吾言葬、论大学，则世皆切切然，莫不以吾言之瞽。人瞽吾言，吾又何敢不以'瞽言'自命乎？"所以，在书中他从另外一个角度辩证地提出了许多定义，如认为"人欲不必过为遏绝，人欲正当处，即天理也。如富贵福泽，人之所欲也；忠孝节义，独非人之所欲乎？"，"君子中亦有小人，秉政者不可不知；天理中亦有人欲，学道者不可不知"，"古之学者为己，亦为人。今之学者不为人，亦不为己"，"读书人正好学道，不读书人益不可不学道"，等等。所以，在这本书中，陈确主要是从理想人格的修炼角度，告诫人们如何识别"天理""天道""人欲""性命"，要成为正人君子，就必须有超脱凡俗的志向，有抓铁有痕、咬定青山不放松的勤学苦钻精神。

（清）任熊《十万图册·万松叠翠》

胡承诺《读书说》: 坚守力行，开卷有益

进　止

　　凡从事于学者，非欲一朝之服善，欲终身之去恶也。非喜其不逆于心，欲其征验于躬也。

（清）蒋士铨行书八言联：大雅扶轮小山承盖，碧叶独秀瑶源自清

人未尝无闲也，狎而玩之则逝而不留，求一言之研诸心不可得也；人未尝无知也，怠而弃之则积于无用，求一事之被诸躬不可得也。

圣门知即为行，子贡较量，知二知十而不敢自信者，恐行之不逮也。

学者潜心古人，不出于影响疑似而遂已，则志量宽舒，局面悠长，容貌谨敕，问难笃实，见者知为成德之器。若但以取功名为文章，所求必不精，所得必不实，规模促狭，志气急遽，终为庸人而已矣。

人一生之中岂能事事如意？不可因一事失意，遂以好学为无益。又一生之中岂能事事通解？不可因所解既多，遂纵心肆志，不屑配以实际。

岁月易逝，倏忽已老，虽前此所学，未免失时之患。然悔悟之初，即敦勉之始，不忧其不逮。虽少壮失学，老年尚可相偿，若此心已怠，此志已盈，与夫多设疑难，自取退缩，亟求微效，不耐持久。

心乎正道，则澹泊无味，语及快捷方式，则欣喜驰逐。若此者，老虽悔悟，亦恐日暮途远，未必能相偿也。且精爽在人，久而不用，必枯竭沈陷，而至于冥昧。迨乎晚年，朋侪日少，后生稚齿，义不可面规其过，即勉强好学，自谓以圣贤为师，定是矜气益甚，蒙蔽日深，与畔道等耳。

古有功名不可訾，而訾其学术者，昔人于王文成是也；学术不可訾，而訾其出处者，昔人于杨龟山是也。曾媚嫉之情，谣诼之口，未可为定论。善学者不可以此沮丧其志、二三其德也。

人　事

人事不可绝也，亦不可狎也。庄以持己，多致忤物。至于忤物，亦持己之累也。

和以与众，多致依附。至于依附，亦处群之羞也。

敬以待其来，信以践其往，来不可拒，去不必追。

得正大之道，得长久之道，又得可以君人长人之道，而后不即于非僻也。

无矜激苛忍之行，无鄙夷屑越之心，在吾宇下者视之如伤，众所同好者惟恐不逮。

以卑下人，以逊克己，非恶人之伎俩有以困我，而故下之也；非度我之道义不能上人，而故逊之也。

无所避而不可陵之，则不必有所避而后下之；有所挟而不可傲之，则不

（清）王鉴《仿王蒙山水》

（清）钱沣行书七言联：名美尚欣闻过友，业高不废等身书

必然所挟而后让之。

以人所具之性贵人为之，则无疚于人；以我所具之心向人竭之，则无憾于己。

爱己廉隅，亦爱人廉隅；尊己道德，亦尊人道德。

均平恳至，仁之至、义之尽也。

人道之相接，德礼而已矣。近而携贰者惟礼可以招之，自处以礼，人莫不敬，敬则无二心，不待相示以德而后服也。

远而闻风者，非德无以怀之。德者礼之积躬而有光华者也，积之而后盛，及之而愈远，非一事二事合礼而遂有其名也。

凡行礼者，叙亲疏之情，通万事之理，必从其实，必从其厚。

未有其事，不可居其名。

恩所当厚，义不可薄也。

礼以节情，情疏则礼略，不必强为浓也。

主善以内，目恶以外，非有私也，轻重亲疏之别也。

好不废过，恶不去善，不掩人之功，不蔽人之贤，不责人以力所不胜与礼所不备。

位有大小，势有强弱；地有远近，时有疾徐。皆所不责也。

侪伍相构而尊长平之，既平之后有相犯者，即以犯义责之，不欲其相伤也，谓之败前事而长后祸。

若力不能抗，约不能坚，则于其始辞之，不可中道而弃之。

有与同忧患者，必义而录之；有仕同盟好者，必恩而录之。

先世有厚施，子孙国人傅诵以为美谈，属有事会，则加报之，此教人重义乐恩也。

庆吊之事不周于用者，施者宜自责其慢，受者宜深喜其来。

当事而责其施，事已而忘之，有人心者决不至此也。

不信之疑不可加于所尊，不可施于所敬。

事所难处，宁以身受过，而尊者亲者之失不可显言也。

国兵之败必讳，内难之作必避，亲之过小而不可怨，皆臣子义也。虽云制法不可隔绝细人天性之谊，在礼虽不得为，而人情可通者，则亦许之。故受役公家者不夺其丧，不夺其养，不夺其志，不夺其讳，衰绖而从金革之事，事已而致之，不为罪也。

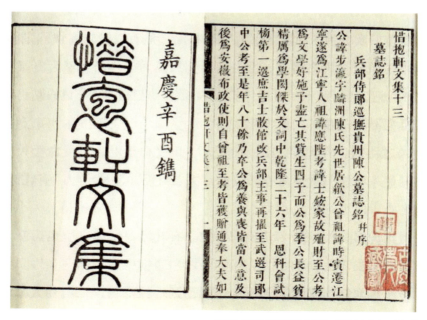

（清）姚鼐《惜抱轩文集》，清嘉庆六年刊本

不可背施，不可幸灾，不可贪爱，不可怒邻。

忧戚之情不可不念，义理之要不可不从。不念忧戚，是无人心也；不从义理，是无天心也。

小怨可不必计，以尊贵非报怨之资也；小善可不必狃，以小善未尽大任之量也。虽有怨于其亲，不可与他人谋其亲；虽有怨于人之所亲，不可教人叛其所亲以自快也。此皆礼之所在，非计利害而为之也。

言　行

谨言慎行，非土木之偶、首鼠之恭也。

凡道德文章、功名事业，贵乎在内者有以容纳，志量恢宏则容纳多矣；又贵在外者有所承载，局面宽展则承载富矣。

执守不坚，苦于易夺，纷华美丽，见之斯悦，悦斯夺矣。负荷不久，伤于易败，岁月推迁，志意潜移，移斯败矣。容纳不广，虽坚守无益；执持不坚，纵恢廓无成。见义不为，器识之偏也；中道而废，嗜欲之夺也。若此者，启口即谬，作事即乖，奚取谨言慎行哉？

理欲两念，自天子至于庶人大略相同，然有以理之名快欲之私者，有以理之实近乎欲之名者，亦有欲所不当然而防理所当然者，又有推欲之私为理之公者，要之以己同人，则欲之事皆可理行；以人从己，则理之机莫不荡而为欲。何以明之？

人之动也必有所奉，子受命于父，臣受命于君，君受命于天，日用之间、人事之节所受命者，道也。忧之与疑，皆易理也。有忧有疑，济物之心，何忧何疑，尽性之力。

遇灾而惧，有凶降名，是谓有礼。有礼者，四邻之望也。怒以止乱，巽以行权，是谓有为。有为者，救世之略也。

步不踰尺则纵横皆方，折旋中规矩则环佩枪鸣，是谓有度。有度者，万民之表也。

贱而有耻者，宠必不骄；柔不可犯者，强不可夺。远而不至孤立，近而不涉谄媚，有所矫拂，因其势而导之，有所闻示，援其类而讽之。有恩于人，不期其福，不徼其报，诚仁厚之德内结于心也，如是之谓理而君子所当法也。

临下不刚直，则匡衡之居省门；事上不和悦，则萧望之之轻丞相。长傲遂非，天性疏旷者可救，学问颇僻者不可救。富贵功名，此中莹通即为福，此中蔽塞必为祸。诡辟之论，偏倚之行，古人所最忌。今偏以此立名，出于己者无所捡择，故责于人者无所程量。

志淫则贱物贵我，心荡则好奇尚怪。以我之所同毁众之所同，皆不祥之人也，如是之谓欲而君子所当戒也。

君子不以谨慎为恭，而以理欲为辨。故凡有位之言皆法也，无位之言皆业也。

法则不可任意，业则不可苟居。陈治乱之机，辨义理之微，善恶以儆来事，藏否以示后学，大道为公而非以自为也。

重厚简默，不为流俗所喜，而有道者取之。

闭门却埽，未必免谗；缄口内修，谗无由至。

古人无绝物之教而有缄口之教也，此君子立言之则也。

不炫鬻以求名，不弛放以寄愤，恬然若将终身使世不见其人、人不知其美，但安处其常。常者，分之所止也。

虽有高位不可不辞，虽有盛名不可不避，虽有大辱不容不蹈，虽有小悔不容不居。惟以居心敬畏，物情自服；居心专一，事功必成；居心宽平，人必从化。

是非之在人者，勿存诸心；怨尤之在己者，勿忘其省。勿存诸心之谓无我，勿忘其省之谓内讼，此君子制行之指也。

盖君子一身所言所行，皆思济物，是以不用于世，良为可惜。若所具者无用之才，所习者无用之业，所处者无用之位，如井泥不可食，虽禽鸟亦不至矣。进德居业而有此象，其人亦不足惜矣。

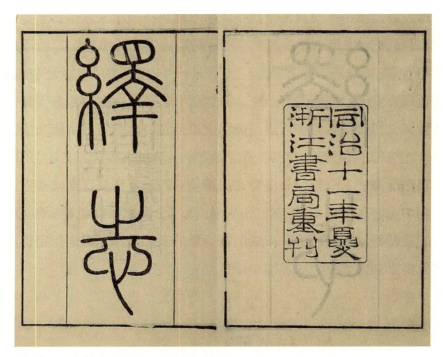

（清）胡承诺《绎志》，清同治十一年浙江书局刻本

屈 伸

天地之间莫非气也，屈伸往来，皆气为之。人日在此气中，故富贵不可常，年寿不可久，高门降蓬，修棘树庭，气之推迁也。生若朝露，死犹绝景，亦气之推迁也。强阳者久必得祸，此由伸而屈；恭顺者久必得福，此由屈而伸。屈伸之际，若有物焉主持其间。然以道观，不过往来常理，往必有来，来必有往，则屈必有伸，伸必有屈也。天地人物，日在屈伸中，云蒸雨降，谷夷渊实，所不能免，而况得失成败之数乎？

秦汉之交，诗书燔而经师重；汉魏之末，节行苦而任诞兴，亦屈伸相感召也。圣贤则道积而为德，故能主张乎气，而屈者可常伸，骤迁者可久住，所以有莫大之福，享期颐之寿。此非人力所为，亦非天所独厚，乃德之常伸于物上，久住于人间也。

人之德行行事亦复如是：阳藏于阴，居宠思危也；阴藏于阳，上交不谄也。寤寐相继，精神始健；顺逆相参，德业始成，阴阳之迭至也。所以天地生万物，既生之后，其气无不相通，故有感而即应。感者，此之所以达彼；应者，即彼之所以感此也。人道相聚，必有感应。既有感应，既有怨尤。既有怨尤，亦无不解之理，解则又相亲矣。若有私意，则气不通，不能感亦不能应，遂有积怨而终身不解者，与天绝者也。

故阴阳往来之理，人之所不能违，要之在天则为理之循环，在人则为情欲所使。母病而子心动，气之无间也；人呼而天不闻，气之有间也；气之所由闲，情欲为之也。必也观理深而御情严，则爱恶去取，皆非私意，故平格则上达于天，中孚则下达于物，凡有聚有散之物，皆不得认为己有。彭殇之异、猗顿黔娄之异，总在聚散中争修短苦乐，若能知道，则此倏聚倏散、此聚彼散之境遇，皆不当累其心也。凡有识有知之物，皆不得似灵秀自矜。蠢愚拟人，即盖世谋略、盖世文章，皆一时客形所值，如石火电光，不可久系。人特于不可系中争胜负好丑，非真形也。若能知道，则此或圣或凡、此圣彼凡之躯壳亦不甚相远也。要当有不可假借者，内之本体，不可不致其养，外之客象，不可不谨其防，则当坚守力行，不可游移逾越者也。

《丛书集成初编》

注解

胡承诺（1607~1681年），字君信，竟陵（湖北天门）人。明崇祯年间举人。入清隐居不仕，卧天门、巾柘间。顺治年间，部铨县职。

（清）陈鸿寿行书五言联：相与观所为，时还读我书

康熙五年（1666年）檄徵入都，次年至京师，以老乞归。归里后构筑石庄，自号石庄老人。史载其"博学工诗，尤长五言"（邓之诚《清诗纪事初编》卷3引王士禛语）。他的诗作多能表现下层人民的生活。晚年著有《绎志》，凡20余万言，内容驳杂，"由圣贤修身立命以及帝王之任官行政，制事治人，名臣贤士之所以持躬成业，凡民之所以居室尽伦，莫不兼综条贯"，"为有体有用之学"（《清史列传·胡承诺传》）。

本书选录的是他的《读书论》部分内容。对此书的价值，清王履谦作序称此书论理精赅，叙事准确，引证史籍丰富，考据经义详尽，且每叙一事立一题，层次分明，意义精深，对上足以供朝廷君相治国安邦，对下足以供百姓学士修身善行。《读书录》是作者对人生的"进止""人事""言行""屈伸"几个重要方面，以辩证的态度，通过自然规律和历史事件佐证，深究其中蕴含的哲理，虽然内容有点深奥难懂，但其折射出来的真理，是令人折服的。

魏叔子《日录》: 观人行事，须在大处；
观人立心，须在小处

事后论人，局外论人，是学者大病。事后论人，每将知人说得极愚；局外论人，每将难事说得极易。二者皆从不忠不恕生出。(邱邦士曰：事后局外极好论人，事后则其人之首尾尽露，局外则其人之四面俱见也，但须替他设身从事里局中想耳。)

人骨肉中有一悭吝至极人，我宁过于施济；有一残忍至极人，我宁过于仁慈；有一险诈至极人，我宁过于坦率；有一疏略至极人，我宁过于周密；有一烦琐至极人，我宁过于简易；有一贪淫至极人，我宁过于廉正；有一放肆至极人，我宁过于谨慎；有一浮躁轻薄至极人，我宁过于谦厚。正须矫枉过正，乃为得中。如此，方能全身远祸，并可解此人于厄。(邱邦士曰：须如此立意做耳，若论应事，又或有其人不好处，我亦姑如此，又不至形出其人之短，又其甚者，更能推几多施济仁慈之事于此人，与他悭吝残忍等相准过，不至大受祸耳。)

（彭躬庵曰：矫枉处正是中，如此看中字，方透，方有用。然此等事惟内本至诚，外无形迹，乃能人己无弊。否则操以暴，吾以仁，田单之爱人，乃王之教，鲜不入英雄作用中去矣。）

（清）魏禧像

人子事父母，当其喜，有欢欣，无偷肆；当其怒，有恐惧，无愤憾。此当内正其心志，而并外慎乎形色也。

论小人者必论其心，小人庸多善事，其心未有无所为而为者。若徒论外事，人品真伪，学术邪正，几不可辩矣。论君子者，又不当徒论其心，心虽纯正，而行事偶失，亦即是过。故论小人以心者，所以防小人之法；论君子以事者，所以造就君子之方。

轻信人不必多疑，而多疑人每易轻信。盖轻信者自信其信，多疑者亦自信其疑，故其不用疑时，遂而轻信无他。然轻信者能为君子所托，亦易为小人所欺。而多疑者每过用疑于君子，勿轻用信于小人。（邱邦士曰：过疑君子，不肯以君子待人也；轻信小人，君子不求合于能疑之人，小人知其能疑而有以用之也。弟和公曰：多疑之人，苛愚而易欺，故轻信也，其性信虚不信实。）

"术"字亦有不可少处，但不得已而用，专意利人耳用，谓之圣贤；可不必用而用，专意利己而用，谓之奸雄。

读古人书，与贤人交游，最不可为苟同，又不可苟为异。二者之失，总是胸无定力，学问中便有时势趋附，非诡即矫耳。

人极重一"耻"字。即盗贼倡优，若有些耻意在，便可教化。若其人虽未大恶，或遇羞耻之事，恬

（清）毛奇龄行书五言联：野树苍烟断，繁香翠羽寻

然可安，肆然不畏，则终身必无向善之日。推到极不善事，亦所肯为。

"耻"字是学人喉关。圣人教人，与小人转为君子，皆从耻上导引激发过去。人一无耻，便如病者闭喉，虽有神丹，不得入腹矣。（彭躬庵曰：恬然可安，肆然不畏，画出一个无耻人模样，即此便是大恶。）

嘲戏人自是恶事，尤不可入一二庄语，则戏者皆真，每令人恨。若规人遇失，不可入一二戏语，入戏语则真者皆戏，每令人玩，失规人之旨矣。（伯子曰：凡有可恨之实，人复难加以可恨之名，则其恨必深。盖既恨其可恨者，而其恨我不能加之意，则尤愤结而不可名言也，故嘲入庄语尤为不可。）

人交游当求十分至友，若不至十分，到极要紧处便用不着。又如其人举动狂悖，极力挽回不得，只得弃去。若已至十分，真如天性骨肉，则不至目瞑气绝，心中毕竟思意挽回，希幸万一可救。然十分关切，却从十分相信来，若有一分未信，积嫌开隙，便会到十分相疑。故交友者，识人不可不真，疑心不可不去，小嫌不可不略。

择师取友，方能迁善改过，然无师友可倚，将如之何？故凡交友，必要交倚恃得者，凡做人，必要做能为人倚恃，及终身可不倚恃人者。（季子曰：此亦推到极处，见人不可不自立耳，若终身不倚恃人，千古无此事。）

圣人动辄称说祸福不单，是劝戒后人如此。要见得圣人畏天畏民一段兢兢业业精神，又见得圣人呼吸动静与天为通一段微妙，与计功谋利，及慕而为善、惩而不为恶者，自判霄壤。

小人之一陷不可救，君子与有过焉。凡小人之心，初亦乐附君子，君子弃之已甚，彼进既不得附君子，退必力结小人，此招彼附，势不可解。向自附君子，尚知畏敬，及见弃时，视君子便如异物，稍稍责备，决裂放肆，成一狠敌，故处小人不可轻绝。我之言语，时或听信，否则此人日在小人中生活，终身不得闻一好言，见一好事矣。（邱邦士曰：须看是何等小人，亦有当绝之者。谢约斋曰：并要看自己身分。孔正叔曰：不止于全君子而兼欲救小人，论旨最厚最大。然得则为陈太丘，失则为康对山矣。彭躬庵曰：人胸中尝要存"不愧吾友"四字，若说恐其知而见责，便落二义。余最喜诵斯语。吾师杨一水先生过于信人，予尝语门人曰：生平被先生信怕了，所谓受绢愧于受杖。）

少年人最要忍口头锋住，与人相讥骂时尤要注意。盖人情原喜相胜，回他言语，定思驾过此人，人却难当，此便与攻发人之阴私一般。故凡骂语谑语，须有分寸，不但不中怨限，亦是自处忠厚之道。（邱而康曰："道其人实事，便同攻发阴私，若思驾过，恐至捏造毁谤，巧言如实矣，岂惟自失忠厚，且自陷于大恶而不顾，所谓始始乎阳，卒乎阴也。"）

▌（清）沈焯《托兴言情册·读书怀古》

人于横逆来时，愤怒如火，忽一思及自己原有不是，不觉怒情燥气，涣然冰消。乃知"自反"二字，真是省事养气、讨便宜、求快乐最上法门，切莫认作道学家虚笼头语看过。

余生平未尝遭险受横逆，十七岁时曾于席上以讹传道人阴事，不知此人即在对坐，予当下惊惭欲死，而此人并不相仇，且成文章知己，终身遂为此友所容。余告止山曰：平日谨言，一放肆，便刺手，可见天地爱我。然此人终不相仇，转会心粗手滑，恐又是弃我之意。每思少病人一病便重，愿诸君时赐提醒也。

谓门人曰：人如何谓之立志？且莫说学某圣某贤，凡人必须所为，必有所不为，先要辨得何等好事，是我断做得的，是我必要做的；何等不好事，是我不会做的，是我断不肯做的。

谓门人曰：汝于我言行，心中不然处，便须直说，必有一人受益。如汝说得是，则汝益了我；说得不是，则我又益了汝。（伯子曰：天下居惟四高人极难受益，年高、位高、识高、学高。年高位高者，难受益于常人，识高学高者，并难受益于君子。盖地步既高，又复自高，只思益人，岂思人益。卑者何人，岂敢益我。故受益学问，不但卑益心志，并当谦退于于词色之间。）

人孰无过，只要所过是朋友面骂得的，不可是朋友背地说得的。盖当面可骂，过虽大，毕竟属光明那边。背地方说，过虽小，毕竟属暧昧那边。

朋友除伤偷败化外，宁可十分责他，不可一分薄他。我有薄他之意，则诚意已衰，虽有正言不能感人，且易招怨。

过疾恶太严之人，不可轻易在他前道人短处，此便是浇油入火，其害与助恶一般。（季子曰：此是善全疾恶人一段苦心妙用，勿仅作厚道看过。）

妻子罪不可至可出，子之罪不至可杀，齐家者便要十分调理训化。刚断则伤恩，优容则害义，故豫教之方，不可不谨于早也。

料事者先料人，若不知其人才智高下，只在事上去料，虽情势极确，究竟不中。故能料愚者，不能料知；能料知者，并不能料愚。余尝笑《三国演义》孔明于空城中焚香扫地，司马懿疑之而退。若遇今日山贼，直入城门，捉将孔明去矣。

做大事人要三资具备：曰识，曰力，曰才。无识不足料变，无力不足持久，无才不足御梦。或曰：子億而多中，可谓识乎？曰：凡利害是非画然处不难辨，难在两端俱是难辨得出。且所谓億而中者，费几许踌躇，若利害争呼吸间能得耶？故识字尤是第一紧要。或曰：识可造乎？曰：可。造识之道有三：曰见闻，曰揣摩，曰阅历。见闻者，读古人书，听老人语，及博闻四方之故是也。辟如剪花，花样多，剪得快。辟如医药，药方多，医得稳。揣摩者，无是事，不妨作未然之想；事已往，不妨作更端之处。在己者拟而后言，议而后动是也；在人者不狥古今是非利害之迹，必实推求其所以然，使洞然于前后中边之理。或事已是而有更是，有未尽是，有竟非是者；或事已非而有更非，有未尽非，有竟非非者是也。阅历者，所谓局外之人，不知局内之事，局内之人，不知局中之情是也。天下事变不特无常法可守，并有非常理可推，故见闻揣摩之功五，阅历之功十。

施恩之道有二：一曰，施恩使己可继。常人喜于见恩，尽情施去，不计后日不给，恩衰成怨者有之。然不可执可继一语做成出内之吝，如果大处急处，不求可继可也。一曰，施恩使人可劝。常人轻于用恩，或多寡不中节，或缓急不中时，或轻重不中人，故财竭而人不蒙利，赏数而人不见荣。然不可因可劝一语做好行小慧，或抑人以扬己，或巧施以望报，则人心不平，天道亦忌之矣。

谓门人曰：人极难知。一人之身，即有不同：举一二事，有似极忠厚；举一二事，又似极忠权谲。此当何以辨之？总要先识得此人是君子，是小人，乃可进论其曲折也。（邱邦士曰：世无执一尽概其余之事，辨君子小人一语特近之耳。然英雄相遇，虽小事足概生平，此极有至理，却无理可说。）

观人行事，须在大处；观人立心，须在小处。人大节无亏，小失不足复论；而欺世盗名人，每于轻易忽略处露出全付出心术，合而而察之，人无遁情矣。（唐邢若曰：为善有以有心贵者，强恕而行是也。有以无心贵，善不近名是也。然露出处便是小人，一时失则亦是，天下人人福利也。）

朋友中有性多猜忌者，此非可以辨说解也，在积诚以感之。有性多坚僻者，此非可以谏净入也，在修身以示之。故朋友有隐过，非我所敢言也，或借事以自责，或援事以责人，或取他人之过类是者而反覆疵议之，或取他人之善反是者而再三称说之，阴移人于性情之间，而人不以为吾是，此责善之上术也。（季子曰：须看左钻右研，委曲耐烦处，是用心极厚。说到不以为吾是，几于善世不伐矣。推斯道也，为格心之大臣可也。）

听好言语，无津津有味之意，便是不曾立志。

毋毁众人之名以成一己之善，毋役天下之理以护一己之过。

人作便宜事，顺意无碍，便愁祸来。若一做吃亏，就是天地爱我。盖我原薄福，又丁斯世便宜之事，如何消受得起？（伯子曰：积劳可以当病，积惧可以当灾，积勤谨可以当智谋，能常忧者无恒亡，能守约者无真贫，能守挫者无终败。石公曰：处大顺之中，日见乐，不见不乐，吾惕然。处众人之中，见己长，惟见人之短，吾惕然。人遇亲友患难，即不能为力，要当于己身略一亏损。我若完全安坐，不但过心不去，天道人情必竟有不平处。凡直世乱国变、兵荒疾疫之时，随人随事，皆宜如此，不特在亲友间也。）

朋友除伤伦败化外，宁可十分责他，不可一分薄他。我有薄他之意，则诚意已衰。虽有正言，不能感人，且易招怨。

遇疾恶太严之人，不可轻易在他前道人短处。此便是浇油入火，其害与助恶一般。

听好言语，无津津有味之意，便是不曾立志。

毋毁众人之名，以成一己之善；毋役天下之理，以护一己之过。君子有时不免，毕竟足以误事，不仅有伤公厚而已。

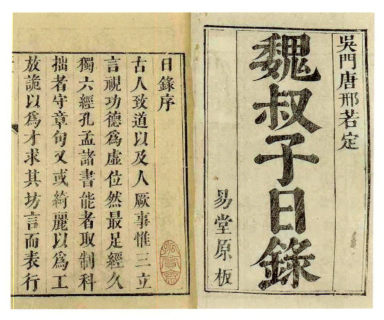

▌（清）魏禧《日录》，清道光二十五年宁都谢庭绶绶园书塾刻本

人最不可轻易疑人。今如误打骂人，人可回手回口。若误疑人，则此人一举一动，我有十分揣摩，他无一毫警觉。终身冤诬。那得申时。此逆亿所以为薄道也。

人有一种改不得过，迁不得善，进言者便不可执责善常理强说。如居丧当哀，有不哀者，本当责备，不知此人性情原自不及，不能以吾言而哀，吾言之而彼不能哀，则其人无以自容矣。故为友者须于平时察其不及处，说以义理，渐其性情，使之自化而后可也。（伯子曰：待至诚之人当至诚，待谲诈之人尤当至诚。盖谲诈之人病在不诚，我以至诚待之，正是彼之对药，渐积渐久，其病必瘳。若我以为其人未可诚动，偶参一分谲诈，彼原以诈逆人者，见我一分，必复加倍。我见彼加，而我益加，彼见我加，而彼又加，彼此相加无穷已，是不惟不得动彼以诚，并且有以陷我于诈也。夫如是而曰，彼人非我族类，以我感之，犹有不通，岂不谬哉？）

语曰：济人须济急，言事半而功倍也，然又须于我间时用之。每见富贵人偃然骄吝，及身当困急，始降礼轻财以要结人，人亦受之，虽百分不及闲时一分矣。

人做事，极不可迁滞，不可反覆，不可烦碎。代人做事，又极要耐得迁滞，耐得反覆，耐得烦碎。有一片热肠，方耐得。

亲人于患难，局中者不可不闲，局外者不可不忙。局中之闲，所以观学问，局外之忙，所以观性情。

人天资各有一种好处，但天资好处是天所与。如子孙袭祖父富贵，不是自己力量所能，毕竟要从学问中力行来，方算得手。

语曰：乐道人之善。乐道中亦有过处，不可不察。今有人一事可嘉，誉之过当，中人之资，承担不起，必至心满意骄，逐渐堕落。昔有士人既贵，语人曰：如我想可不至改节。其人曰：公固贤者，但恐被人敬癫耳。敬人而使癫，可谓不善用其敬矣。（曾止山曰：信怕敬癫，著实可味。）

或谓：子于言语之道庶几乎？曰：词气不和平，此大患也。常细求和平工夫，却不在词气上，须要心中不急不愤，不自是，不好上。（邱而康曰：具此四不则有三可，日可以进言，可以听言，可使与宾客言。）

人有肯受善者，毕竟要到曲直分明，屈于直而后服，非真虚也。每见一水夫子听言，虽童子贱役，一开口时便敬而听之。虚而能敬，此圣贤之用心也。（邱邦士曰：亦有先敬而未虚者，又不可不知，然毕竟尚不是敬。敬则无不虚，须敬而未虚者勘取。）

古今教人做好人，只十四字，简妙直切。曰：君子落得为君子，小人枉费做小人。盖富贵贫贱，自有一定命数。做君子，不会少了分内；做小人，不会多了分外。落得者，犹云拾得，言极其便宜也；枉费者，犹云折本，言极其吃亏也。

杜谗消衅之道，无过精察。今有谤人者曰："某人骂汝。"其人曰："纵骂我，不嗔也。"此人并精察俱不用，可谓大度长者矣。不知此等学问稍不及大圣贤廓然大公，胸中毕竟未能全化。谗言来时，一次不怒，五六次便怒；五六次不怒，十次便怒矣。尝有忍至九次，其后一次不忍，从前愤怒一齐发生，决裂狠断，十倍常人者。若能每事精察真假，如果真也，则当日逆来顺受，何所不容，或自反曰：

（清）钱坫篆书七言联：明月清风怀叔度，登山临水想巨源

我自处原有不是。如其假也，则既见此人之谲，使小人不能复行其说，又可辨彼人之诬，不至枉人于冥冥之中，断无有积疑成衅，一发莫御者矣。（邱邦士曰：闻谤时，第一当用不信的心，总见得非我亲见亲闻，我无从信处，则此中疑根已断了。若到有纵骂我三字在心，便当用后顺受、自反二法。此盖处人我，治性情，省事养心之法。若移下一等人说，恐有积疑成衅之患，则精察中亦反有弄假成真之时矣。）

古人教人听言，莫精捷于伊尹二十一字。曰："有言逆于汝心，必求诸道；有言孙于汝志，必求诸非道。"凡人逆心时，便觉非道。我却先从他是道处求，则其道出矣。凡人孙志时，便觉是道，我却先从非道处求，则其非道出矣。今人逆心，便从非道处求。孙志，便从是道处求，安得不好谀护过，小人日亲，君子日远乎？

人不服善有两种，如彼言是，此未大非，再三争辩，谓之识见不及，工夫全在造识。如是非较然可见，再三争辩，是不思也，若能降心细思则自明矣。又曰，两相争执，各不肯服，惟当退而深思，就正有道，或金谋博询之，则是者自出，不可持一往之气，骋一时之辨，以争胜负于立谈，费时日，耗神气，甚而伤雅道也。

施恩之人有始而鲜终，受恩之人忘恩而记怨，二者皆常情也，君子不可不戒。

或谓：贤士忘人势，比贤王忘势更难。曰：不然。我辈做秀才，行止坐卧便觉不是白丁，罗一峰所谓"学问十年，尚淘洗'状元'二字不去也。"若真能忘势人，定能忘人之势。大抵忘势功夫全在好善，贤王只见天地间有善可好，此外别无可好处，故不觉把势忘了。忘人势功夫全在乐道，贤士只见天地间有道可乐，此外别无可乐处，故不觉把人势亦忘了。我辈不能忘人势，自是不能乐道，他日富贵，必不能忘势矣。

朋友不能规过，或所见未及，或性情不恳笃，或无犯颜敢谏之气。然三者首在性情，性情肫切则识自无所不入，力自无所不出。夫朋友有过，吾苟闻之，如负芒刺在背，如人骂己姓名，夜有所得，则汲汲然不能待诸旦也。

天地生机，圣贤道理，二者极是两间不滞之物，刻刻流行，亦处处圆通，知生机之不滞，可以求仁矣，仁者无不爱也。知道理之不滞，可以学智矣，智者无不知也。

当事来，要辨得是、非、利、害四字。是非有时朦胧，须要一个透；利害最难逆料，且辨一个稳。然我辈立身利害要看得轻，是非要看得重。又曰：利害之权在天，是非之柄在己。利害是或然的，是非是画然的。利害不明，累在一时；是非不明，累在万世。又曰：辨是非利害，又要识得大小轻重缓急六字，否则不成畏利害小人，便成执是非迂儒。又曰：君子持节如女子守身，一失便不可赎，出处依附之间，所当至慎。

人不可读史，未读时觉自己尽高，七尺之躯，昂然独上。及见前代人物，忽不觉矮矬极了，大地虽宽，竟无站足之地。

君子使人可爱，宁使人可敬；爱必有其狎之，敬必有其疑之。狎生厌，厌生贱；疑生忌，忌生恶。与其厌而贱也，宁忌而恶。夫爱而不敬者爱终衰，因敬生爱，爱不穷矣。是故小人无敬，小人而人敬之，必外附君子之重。（李咸斋曰：此亦矫枉之言，少年辈宜日诵，成德人又自不同。）

人有薄其父母兄弟而厚他人者，莫不曰此丧心狂惑人也。然此等亦是人情之蔽，盖父母兄弟，我虽极情，不过寻常道理，父母兄弟不见可感，旁人不见可夸。若厚在他人，则受者感动词色，而人且以美名归之，是以薄所厚而厚所薄也。澄源察本，虽贤者亦不免矣。

闻之先辈曰，作功德事不要只说损己，须要看人实受益否，不然，劳费千万，究竟虚设。予谓此种不是好名，便是懒惰，究言之，只是不关切。今人谋身家、计子孙者岂有此。

予少时严于疾恶，见凶恶小人，必思驱除，虽怨尤丛身，自信理当如此。不知除残去暴，在得志乘权人，便当任为己事。若伏处贫贱，快逞里间，终是少年喜事之习未除。

患难危乱时，处贱役辈，极须得体，恩意不妨过周，词色不可过降。恩意不周，则彼有畔心，词色过降，彼将阴窥吾怯，欲以摇制其命。不然，亦骄悍难使矣。

人能无故学吃亏，无故习劳苦，无故淡嗜欲，皆是求福弭灾之道。

或问：子于财吝乎？曰：不吝于害义之事，而吝于不害事，或无吝事而有吝心，无吝心而有吝情，此孔子所叹为鄙夫也。

与仆役工作人处，宜降体和气，引之言话，有三大益。纵其所言，使下情得以上达，而我亦可知里巷好恶及一切土俗利害，物价贵贱，一也。言语往复，得舒其情，使之乐于从我，虽劳不苦，虽苦不怨，二也。话言间或论天理王法，或说善恶报应，随事广辟，亦可使其迁善改过，救补万一，三也。（彭躬庵曰：赵广汉、李允则、周文襄俱用此法，第三段尤不可及。谢约斋曰：若居人上，亦须以明为主，倘一不察，则下人遂有市重之意，或遂为其所用，其弊亦在于此。）

人以涉世为涉世，故委曲周旋，辄生厌苦，不知涉世处，即是自己做学问处。今如涉世要周详，学问中原不可放肆；要谦和，学问中原不可疏傲。若能体人涉世，便是学问，见自不见世情可厌恶处，而我日在委曲周旋中，亦不觉烦劳矣。（谢约斋曰：君子以为学为主，要在治心，而涉世亦在其中；倘以涉世为主，则便做成乡愿，分别只在此处。）

或问：子如何便是能裕？曰：若人将生平著述当面焚却，胸中无一毫懊恨顾惜，便是真裕。（谢约斋曰：须知子渊无一著述，而为百世师，黄叔度无一著述，而人以颜子拟之，则亦不必懊恨顾惜矣。甘健斋曰：此己最难克，然不克到此，终欠力量。）

拙君子定带几分巧，巧小人定露几分拙。君子之心一，一则专，专则精神周到，故虽拙而巧。小人之心杂，杂则分，分则精神疏漏，故难巧而拙。

凡人皆不可侮，无用人尤不可侮。盖无用之人，无势力无才智，天至此也穷了，惟天穷而无处，则天心必深悯念他。世间千人万人，遇著无告之人，便恻然动心，此便是天心可见处。天悯念他，我反欺侮他，便得罪于天。此等处，最可观人存心厚薄。（石公曰：胜我者不

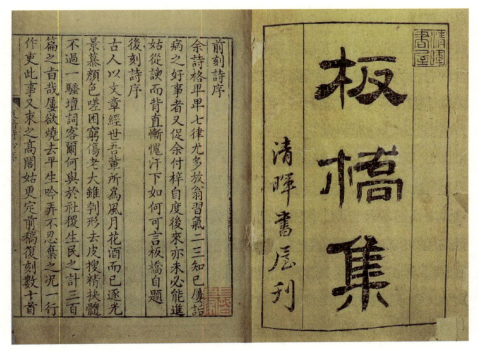

■（清）郑板桥《板桥集》，清代精写刻本清晖书屋刊

敢侮，如我者不必侮，不及我者不忍侮，何所容其侮，只自侮耳。）

杨一水师尝言："'邦有道，贫且贱焉，耻也；邦无道，富且贵焉，耻也。'两耻字最妙。有道而贫，或其人拙于货殖，若泯泯无闻，一命不及，是德业不修也，故贫尚不足耻，而贫且贱焉，耻也。无道而富，或其人坐席先业，若不识进退，希营美官，是廉节不砺也，故富尚不足耻，而富且贵焉，耻也。"此理本确，数年来亲见一番，愈觉有味。

处世当务详慎，不可尽兴燥脾。凡饮食、举动，言语、笔墨，一尽兴便放肆，一燥脾便刻薄。其始无害人之心，而其事必至于害人。初若不至杀身，终至杀身而有余也。

人情好谀，贤者不免。盖常人要人顺我，道理不顺。贤者虽无此，却人称其好时，便欣欣有喜色，此便是好谀之根。胸中自说不是好谀，喜其人志同道合，不知此时已入于谀中而不觉矣。不常时省察，便会到忠言逆耳之时。

或问：颜子早夭，是修德不必蒙福。曰：祸福寿夭，有一定命数，为恶得福，断非因其为恶，天故将此福与之。若肯为善，依旧享福，岂不落得做了君子。为善得祸，断非因其为善，天故将此祸与之。设或造恶，依旧蒙祸，岂不枉费做了小人。子谓颜渊之夭，果因修德，虽不为善可也。子谓颜渊之夭，不因修德，则毕竟修德更安稳耳。（季子曰：修德、造恶，祸福自在。然君子蒙祸，深人悲悼；小人蒙福，重人怪愤，而其卒亦鲜有不及祸者，《黄乌》之歌、《朱方》之叹是已。以此较量，自有亏赢。应嗣寅曰：世间死了多少恶人，便不提起，今人提起，便以颜子为口实，可见世间只"仁者寿"是常事耳。）

往室人谓予曰：汝做一件好事，便喜动辞色，何浅也！乃知学问偏隘处，妇人女子早已瞧破矣。因思人情于他人前便有矜持，有粉饰，虽父母兄弟在所不免。若妻子婢仆，我无忌惮之意，而情最狎，时最习，便有许多不检点处。人能于此随事受规，亦能补朋友所不及。

天下无不矫情贤者，无不近情圣人。然不曾矫情，未易便说近情二字。（谢约齐曰：矫情以去习，便是贤者；矫情以干誉，便是伪人。近情而令道，便是圣人；近情以狗俗，便是乡愿。）

急求人知，总是恶多善少，且不要说到好名上去。

（清）钱大昕隶书七言联：闲每劝人为善乐，贫惟教子读书勤

于财利见常人，于患难见豪杰，于安乐见圣贤。或谓：患难不难于安乐乎？曰：患难死生不易其操，有意气者偶能之，有志节者优为之。若处安乐，易生怠惰，怠惰之久，则嗜欲长，骄恣出矣。每见豪杰不屈于威武，不移于贫贱，而不能不淫于富贵，固知安乐非圣贤不能居。（邱邦士曰：以常情言，自是危难于安，故孔子曰："贫无怨难，富无骄易。"以有激而言，则安难于危，故孟子曰："生于忧患，死于安乐。"以天资言，则各有所近，故有临难不屈，而处富则淫；亦有居宠清苦，而遇难苟免者。其他财利、女色、荣爵、功名，忍于此、不忍于彼，可轻生、不可去欲者，抑又多矣。）

虚心有二：高以自居，执己之是，兼收他人之是者，谓之以己取人，反重在己，惟恐失人者也；卑以自牧，舍己之是，乐与他人之是者，谓之以己从人，所重在人，惟恐失已者也。此便有王霸纯杂之分矣。

不虚心有二：志大而识卓者，其心高，高则不虚，见于上，恐忽于下也；志密而行切者，其心实，实则不虚，明于近，恐蔽于远也。

或问：欲自考虚心与否，何如？曰：人有规我，屈已听之，未足言虚。其人将规我时，毕竟要思进言之方，便当自反，非自视太高，使人生疑，则锋芒太露，使人生畏。若真正虚心人，凡人胸有欲言，无所捡择，一味向前直说。然此非有从谏弗咈之学，未易语也。

学人病痛有与质性好处近似者。今如柔，美德也，性懦者近柔，吾欲克去懦处，却疑损了柔德，或竟认懦为柔，照察不精，便无从下手处。

毋谓己今日已为君子，毋宽己他日徐为君子，则己必可为君子矣。毋量人他日不能为君子，毋责人今日即当为君子，则人必可为君子矣。（邱而康曰：谓己已为是伪，徐为是欺。谓人不能为是诬，即当为是刻。伪与欺为不忠，诬与刻为不恕。）

人幼时不可令衣丝绮，尝食肥甘，盖幼年衣食所费无几，父母最易娇养其子，到后长大，其费不给，服粗茹淡，遂觉难堪。至养蒙当教淡泊，又不待论。人平日食用不可求精，卧处不可求安，盖平常无事尚是易为，若当疾病患难，稍不如意，倍增苦恼。至学问无求安饱，又不待论。

闻之先辈曰：作功德事，不要只说损己，须要看人实受益否。不然，劳费千万，究竟虚设。予谓此种不是好名，便是懒惰。究言之，只是不关切。今人谋身家，计子孙者，岂有此！

与役工作人处，宜降体和气，引之言话，有三大益。纵其所言，使下情得以上达，而我亦可知里巷好恶，及一切土俗利害，物价贵贱。一也；言语往复，得舒其情，使之乐于从我，虽劳不苦，虽苦不怨。二也；话言间，或论天理王法，或说善恶报应，随事广譬，亦可使其迁善改过，救补万一。三也大舜好察迩言，与人为善，即此意也。

人幼时，不可令衣丝缟，尝食肥甘。盖幼年衣食所费无几，父母最易骄养其子。到后长大，其费不给，服粗茹淡，遂觉难堪。至养蒙当教澹泊，又不待论。人平日食用，不可求精。卧处不可求安。盖平尝无事，尚是易为。若当疾病患难，稍不如意，倍增苦恼。至学问无求安饱，又不待论。

听人谈论，于吾所谓是者不可遽尔赞叹，所谓非者不可遽尔辨驳，须要仔细体认一番。（丘而康曰：此博学审问之后所以须慎思，而后明辨也。叔子从阅历中指出此两不可遽尔，工夫最切要。）

禧生平病在姑息，因姑息生迁就，因迁就生苟且，然姑息中有近是道理，所以根深难拔。在己处说学问中有渐次，意在脚踏实地，却便成一个今汝画。在人处说教人有方，意在循循善诱，即怕成一个教之姑徐徐云尔。二者相较，处人之道未必尽非，却同一个病根流出来。

忠告善道是至诚曲成处。试思我为何谏友，是本心不能自已，望他真实改过。若念及实要其人听受，必竟胸中有一番周回详审，不肯径情直遂，徒快我所欲言。盖忠告善道，虽是两层，却不能善道，毕竟算忠告不得，此中便夹杂了自己性情习气偏僻处在内。然所谓善道者，又非一味委婉，法语巽语，直谏、讽谏，各当其机而已。（邱邦士曰：所谓感人心而天下和平，于此亦见其实用处。谢约斋曰：受友谏者，止当鉴其忠告，原其不善道。）

人伐施有三等：最下者矜喜之心形于词色；其次者词色间极谦虚，胸中却终有物子在；其上者不伐不施。已自做得，却便觉我那不伐不施的好处，即此便是伐施。

听人说事理，即我所已知，只当静听，不可搀口接了去说，总是要嫌已长，妒心名心，一并发出耳。

凡人偏有所好，及立定一意要人从我，二者皆能召谀。尽谀人之术，只是投其所好。善谀者，我好忠义，彼便投以忠义；我好简朴，彼便投以简朴，甚至我好直谅，彼便正颜厉色，随事责善，投我以直谅。件件与谀字相反，却件件与谀字神妙，比嗜欲之好，更易惑人。人于谀根上不十分去得干净，鲜不为所乘者。（谢约斋曰：人肯以直谅加我，则我实受其益，何以为谀？盖以其有市心耳。但市心在彼则不可，在我则感佩之不妨也。）

予向喜"仁术"二字，初谓是理中当有此番委曲。久之，理上多了几许安排，又久之，理外生出各种诈伪，便把仁字放空，却将术字做了把柄。故日用应事须十分兢业，常提著履霜坚冰之意。（谢约斋曰：须是仁字十分深重，术则从中生出方妙；偏于术字上著喜，则仁字只是附和，久之，附和者去，而术为主矣。）

骨肉中亦有以仁术济事者，如大杖则走，不告而娶之类。但此事既济，心中有个自喜念头，虽出至诚，总是伪薄。盖天伦骨肉主于率性自然，不得已而行权宜，心中当有万分不敢不忍、纡回抑郁之意；若一念自喜，是直以用术为快意也。施之途人且不可，施于骨肉，尚可言哉？

人于境遇事物上不可有必得心。无必得心，则胸中自然安乐宽裕；若有必得心，则事先有这么多希望冀疑惑。及事不如意，不但忧愤难堪，恐便枉了学术、坏了心术去成就此事。

凡人言及害人非理事，我虽不与谋，若从旁附和一句，便自有罪。故处此有三道：以以至诚感悟之，上也；去其太甚，次也；漠然不置是非于其间，又其次也。（彭躬庵曰：须知是为人己寡过，不是老世法推开讨便宜。）

立意说谎人亦少，多因一时要说得好听，便生出无数虚诞。自揣言语之间，其不务好听者鲜矣。（彭躬庵曰：推此一念，令人疑一部廿一史有多少失实处。）

至诚未有不动，是要事事诚，念念诚，人人诚，才能动物。若只此一事一念一人上真实笃至，物不动时，便疑至诚有行不得处，不惟枉物，却枉了诚矣。

凡言语举动太尽情，则易失实。（谢约斋曰：集中言语大尽情处亦多，工夫须向里一步，则言语自有浑涵气象矣。）

心不足者以学补之，学不足者以心补之，二者如环无端，自有相生之妙。

人于习气过失最重处，一言一动便须立定成心，等待他来，有如病人防死，临阵防箭，乱世防贼一般。（彭躬庵曰：王文成谓持志如心痛，防过如貓等鼠，与此同妙。）

读书听言当自省者四：不虚心，便如以水沃石，一毫进入不得；不

▌（清）胡培翚《研六室文钞》，清道光十七年泾川书院刻本

开悟，便如胶柱鼓瑟，一毫转动不得；不体认，便如电光照物，一毫把捉不得；不躬行，便如水行得车，陆行得舟，一毫受用不得。

有过不令人知，是大恶事。然有过辄自表白，又未免因"不讳过"三字把改过功夫松了一分。（彭躬庵曰：有以不讳过讳过，有以极不谀为谀，惟无私乃能别白。）

无人处易肆，有人处易伪，举步动念尤易犯此。（谢约斋曰：惟其无人处肆，所以有人处伪，故工夫必以不愧屋漏为根本。）

人性质偏处，在择友取益以济之。然济了岂便中和，亦只成就得我一端好处；若不求相济，并一端好俱成不得。

求言闻过，当如病人求医，有得之则生、不得则死之意。不可如试官评文，取其瑜者，弃其瑕者而已。

有恶无善者是禽兽，无善无恶者是草木；人生平无大过恶，便怡然自足，不思为善，"焉能为有，焉能为亡"，此与草木何异！（邱而康曰：不思为善，在草木则可，在人即是大过恶，况草木亦各有天然之善以益于人。）

余生平交友做事，皆要拣有益处，然往往失人误事，盖分别太过，算计太精，止知以有益为有益，而不知以无益为有益。且立志要有益，是先有急迫为利之意，即此便已不裕，以应事物，乖众招尤无惑也。（石公曰：每读诸柬牍，可谓小心翼翼矣，然冰叔生平反构一二大难，几几有杀身丧家之虞者，此又何故？而平常之人，率意以行，未尝有虑祸防微之心，反与人无怨尤，终身梦寐俱安，则又何也？此中学问大须自反。夫子曰："慎言其馀则寡尤，慎行其馀则寡悔。"然则冰叔不免有尤悔者，必其繁于言而勇于行故也。夫言行之间，岂必无德者乃致尤悔，即仁言圣行，我微有自多于人之意，而尤悔自来矣。若冰叔之尤悔，又自不同。每与人有身家性命之仇怨，从此不自发晦，吾恐将来尚有意外也。大抵冰叔之人之文之行，皆如水晶射日，又如新剑出冶，光芒刺人，而锋锷淬手，此其所以来尤怨。若能痛自敛抑，亦可不必小心翼翼而自安矣。夫处权势而来弋，与处名行而来毁，其道一也，此老子所以尚退也。○此石公评予丁亥诸手柬也。以其言切于药石，故附志于此。）

我不识何等为君子，但看日间每事肯吃亏的便是；我亦不识何等为小人，但看日间每事好便宜的便是。

要真实保身家人，便已近君子一路。

凡刑杀之事，仁者见之愈生其仁，忍者见之愈生其忍。故君子远庖厨，亦恐有习惯成自然意在。

每见穷乡愚人倡优下贱，不由学习教训，常有至性勃发，超古绝今，即本人亦不自知其所以然，只不如此便过不得。可见天地生机，触处涌出，正如石压竹根，竹笋横生，又如芝草灵泉，原不择地。仔细体认，胸中有无限活泼生动之趣。

"知己"二字，是豪杰最伤心处，然最能误有血性、无学问之人。盖认理不明，则誉我者以为申于知己，毁我者以为屈于不知己，渐而顺我者亲，逆我者疏，甚而以谀词为德，以直谏为仇矣，可不慎哉！

余授徒水庄，不勒为教条者三：曰人之所不能，曰事之所难行，曰己之所未尝为者。

真好名者必不好胜，真好胜者必不恶人攻其短，必不事事求胜于人。（季子曰：此特为好名者，又好胜，又恶人攻短，又事事求胜者言耳，就其好而正之，易为力矣。"与之为无涯，达之，入于无疵。"《庄子·人间世》录中向偏处说皆此意。语云："三代以下，惟恐不好名。"好名则尚顾名义在）

为诸生讲"弟子入则孝"书，因谓吾辈读书一世，便读此节不完。

盖孝弟，谨信、爱众、亲仁、学文每事能到极处，即圣人不过此。然使不依此做去，便成了不孝不弟，行事放荡，言语虚花，待人残刻，乐交邪友，目不亲诗书之人，即是一个活禽兽了。当三省于斯言。

凡做好人，自大贤以下皆带两分愚字，至于忠臣、孝子、贞女、义士，尤非乖巧人做得。盖至情之人，一往独到，故私意世情，不能入其胸中。

听言闻过，只取其长益于我，不可有高下贤愚分别之念，尤不可计较进言者品行如何。若有教我以正未出于正之想，不但阻塞言路，便当面错过几许明镜良药矣。

巍巍乎舜、禹有天下而不与，是何等胸次。常常念此，极器小人胸中自能生阔大。行一不义，杀一不辜，而得天下不也为，是何等脚跟。常常念此，极苟且人，胸中自能生紧严。

今诸生自陈功过批论之：

示某曰：夫立身有本，治家有基，不于本与基致力，则如浮萍漂泊，永无定止。又交游泛滥，不求真君子可依倚者，一当患难贫困，则生平之力皆虚用，举目茫然，无一可缓急矣。自反于实，无悔而思吾言。

示某曰：词色间忤父母，有任性

（清）朱耷草书七言联：治家以勤俭为先，为官以谦和为首

情故为，此不孝之大者。有气质偏驳，欲改不能者。然天下断无不能改之气质，无事时，深自悔责，屈柔其气，调习其容。临事时，凝心聚神，以察其失，顽性将发，十分强忍，忍之既久，则成自然。子试以吾言用工一月，不验，不足信也。

示某曰：改过须用倒仓法，将病痛大头脑上极力掀翻，然后逐节整顿。所谓大头脑者，是君子小人分别之关，看得清楚，斩然断绝。所谓君子小人之关者，又只于举念行事时细察，此是正否、邪否，是光明否、暧昧否，是直遂否、诡谲否，是公平否、险刻否，则较然得其大节矣。

示某曰：父母不在，亦有可尽孝者。《记》曰："父母没，当为善，思殆父母令名，必果；为不善，思贻父母羞辱，必不果。"此项其大节也。至于意中常思慕音容，不忘其形，祭祀必敬，春秋省墓无缺，兄弟姊妹舅甥以情厚之，此皆所以致教于父母者。

示某曰：欲为善而不能发扬，此必有故。自后每遇善事，便想我此事为何做不出。或是才短力弱，便与师友商议此事当如何经画便行得；或是胸中懒惰，及有私意牵制，亦与师友商议，我有一念做此事，却又有一念不做，师友毕竟为我扶起好念，判去歪念。久之，见得到便做到矣，不但可以进德，亦可以造才也。

与人子弟交，能使其祖、父悦之，定是良友。为人子弟，能与祖、父之友为友，定是佳子弟。

善利己者不损人，善报仇者必种德。

疑生妄，妄生真，真生信，信生疑。善疑者必有所以实之，是故终身沉没而不活。

能识时务，方许谈天下事；既寡尤悔，乃敢论古之人。知人者必尽知其长短，然后可以用人，可以成人，可以论人。用人者取其所长，则其短无害也；成人者攻其所短，则其长无弊也；论人者长短不相尽，或于长中见短，或于短中见长。

用人宁使其用有余于体，交友宁使其体有余于用。故用人者或贪诈可使，交友者必忠信为先。

我为客则以义让主，我为主则以礼让客，此无争之道也。推之饮食器用，无不当然。

人称有度量，当别其义。度者，度也，尺寸井然不乱；量者，量也，升斗泯然无迹。兼此两者，乃成大器。

少年子弟，听后者当教其脚踏实地，敦朴者当引其心向空处。或问：何谓空处？曰：无是事作是事想，不当境作当境想，高怀古人，远忆名山大川之类是也。盖敦朴者资性当滞于有，每见现前，守成规，少高朗阔大之意，故须引向空处，发其天机，荡其志气，乃有入路。释氏所云"因诸渴仰，发明虚想，想积不休，能生胜气"，亦此意也。

以布施作功德者，斋僧不如济贫，济贫不如建桥、修路、设渡、施茶诸普济事，行普济事不如不妄取人财。

放生不如持斋，持斋不如戒杀，戒杀不如不行害人事。

美食不如美衣，美衣不如美室，美室不如赠人。赠交游声华之人，不如赠亲戚故旧；赠亲戚故旧，不如济疾苦颠连者；济疾苦颠连者，不如奉亲。

己所有者，可以望人而不敢责人也；己所无者，可以规人而不敢怨人也。故恕者推己以及人，不执己以量人。

人每自言我能虚心我能容人者，未之思也。我之才地学问事事过人，而能屈己以从之，乃谓之虚，否则狂而已矣。横逆之来，自反无一毫不是，而不与之较，乃谓之容，否则妄而已矣。

门人任安世问曰：先生说人，人每悦服，必须其道，可得闻乎？

曰：进言之道有三，而当机之用不与焉。一曰立信，一曰致诚，一曰任怒。吾平日所言所行，必勉去好利好胜、护党护过之习，然后论一事，责一人，人皆确然无疑我之意，而后言可出也，子夏曰"信而后谏"是也。

人有与我窃言左右亲昵之事者，不但不可漏言，即须督责训诲，亦当特加曲折，以泯其进言之迹，不使受责者意而知为何人。盖可意而知，必相怨恨报复，负忠告之厚心，而忠臣真友，亦相观为戒而缄口矣。至于或称公议以折之，或援有德望素所信服者之言以临之，又当别论。

人于习气偏僻处，若少时不加学问，到老越无把柄；闲时不加学问，到患难疾病越无把柄；贫贱时不加学问，到得志越无把柄；生时不加学问，到临死越无把柄。平时受病一分，要紧处便长出十分矣。师友讲求之益，不可一日怠也。

正人中有以技术诙谐为经世之事者，机圆力敏，最足辅正义所不及，然必须不失静重之气，方令人不生轻薄，于以感人，当亦有更深处。

谓门人曰：只一"诚"字、一"谦"字自处处人，终身受用不尽。然此二字最为老生常谈，须阅历之久，身经坐蹉跌，方觉是处身涉世秘诀，如获异闻也。

凡大器大用人之，未有不深沉静重者，即或英风豪气一往不可遏，决不犯轻浮浅露四字。

谓门人曰：最忌于众中称说己长及述他人如何赞誉于己，偶或引及，词色愈要谦谨，若稍尔飞扬，迹涉夸诞，便令旁观不雅。即称祖父功德，亦须与称述他人不同。予盖折肱而未已者，言之有深悔也。

读古人书，好附和，好翻驳，皆病也，能以敬畏古人之心而披其疵，则几矣。

与常人共财，当自损以让人；与贤人共财，均平而已，此方是忠厚尽处。

君子得小人之术则不可制，小人得君子之道亦不可制。教人者甚不可不使君子知小人之术，而慎无使小人通君子之道也。

责备贤者，须全得爱惜裁成之意，若于君子身上一味吹毛求疵，则为小人者反极便宜，而世且以贤者为戒矣。若当君子道消之时，尤宜深恕曲成以养孤阳之气。今世所谓责备贤者，吾惑焉。

谓门人曰：人无智术，不可济世全身，然最易堕入邪僻，反以杀身毒世者。故有智术人，不但不可用于不正，凡小处闲处俱不可用。盖每事每计，逞听明，求胜著，即此便犯天人之忌。且物数用则易敝，今如干将莫邪，闲时用以杀狗割鸡，必至锋锐消减；他日屠龙刺虎，反不堪用。予当谓"智术"二字，必须无愧"忠厚光明"四字，然难言矣。

谓子弟曰：人好气争胜者，于不平之事，遇胜己者，则曰势地不如我，是我大量容他，今彼可以凌我而让之，是畏懦也，如何不争。遇平辈，则曰汝与我一样人，而顾欲加我乎？如何不争。及遇不如己者，则曰汝事事不如我，乃敢欺我，况他人乎？如何不争。然则终身皆与人动气之日，了无退让休闲矣。此皆女子小人见识。故凡拂逆之来，先以情理平谕，情理在我，又退一步，则自然相安。士君子最不可有女子小人见识在胸也。

又曰：人好谀恶直者，明责之则以为面辱，隐讽之则以为讽刺，不中实则以妄言激怒，中实则以切骨嚌恨。先事而言，不曰迂阔，则曰预以小人度己；事后而言，不曰无益，则曰倖败以耻。我实见谏者有许多无道理处，只是终身不容人开口而已。可谓有言逆心，必求诸非道者也。

世上有一种行浊言清之人，有一种言清行浊之人。行浊言清者，行愈浊，言愈清，以文其恶，是立意自欺欺人之小人也。言清行浊者，初然高兴，言之不揣及其行事，背驰不顾，此则号为君子者亦不免矣，然不均谓之"假道学"不可得也。

谓门人孔之逴曰：处一事一物之智，有君子与小人，毫无异同，细论其心，亦是一样处，然学者必须见得大源流。君子之智，毕竟从大体明通中出来；小人之智，毕竟从大体狡诈中出来。故小人之智，令他再推扩一步，便与此事若黑白之不类矣。当谓后人看得圣贤行事，事事与常人不同，是奉承圣贤太过，自用意见，失却圣贤本色。若看得圣贤此事便与常人此事一样，又是自家心粗，学问无得，昧却圣贤本领。两者之间，须索细心理会也。

己酉九月初四夜，梦与伯兄论文达旦，醒而录其记忆者。予云：聪明人最有好议论，然不如老成阅历之人议论更精，说得便行得也。当阅历人极平常语，细思之字字稳当有深味，或于他日他事乃悟其言之妙。伯兄云：古人一字不轻下，一语有几层曲折，四面玲珑。又梦语赖韦、世杰云：人道我近日文十有八好，然不敢自信。试看所言，那件真能行得，人生学问，何日是住脚时。

天下之至洁者莫如火，火能浣释万物之秽，而不受其污。关尹子曰"火神无我"。盖以神用者，则形不累，无我则物不得加也。

人于文字上虚心求益，只算得聪明，于行己上受善改过，方谓虚心。或谓：二者俱是要好心，何以分别？曰：要求文字好者多，要求行己好者少矣。责善于文，譬如人好酒，只饮恶酒，我却以美酒换去，虽夺其旧物，而饮之倍甘，于他好酒本意实不相悖，故从之也易。责善于行，譬如人好酒，本意大相拂逆，故从之也难。或曰：今人于文字亦恶人讥弹，不肯一字受善，何也？曰：此所谓实丸而弃苏合，只是痴到极处耳。

余性不信人道人恶事，又多为人隐藏过失，然被人估算得定，挈捉得住，便会落其局中，此间不可不自寻出路。朋友爱我者，箴我姑息，谓当进以刚断，造为忍人，此语似偏而实确。（彭躬庵曰：姑息绝似厚道，其实相远。厚道是明明晓得，只不说破，绝不为人估算挈捉。）

门人任安世曰："成天下之大功者，享天下之大福；享天下之大福者，必其器量足以受之。今观先生文字议论得意处，辄喜不自胜，恐非受大福之器。"叔子嘿然良久，曰："此宿疾也。久不亲严师畏友，又复妄发矣。"

学有真伪，从来不免。尝叹昔之伪者，将他人平生得力处说向自己，可谓颜厚不愍。今之伪者，将自己骨髓受病处痛骂他人，可谓良心尽丧。夫既知此为骨髓之病而不肯医矣，又视为他人之病，不认己病，又痛骂他人之病，以自表其无病，又恳恳然观貌切脉，制方和药，以医他人之病。呜呼！此人虽有雷公、岐伯复生，亦且奈之何哉！

与常人共财，当自损以让人；与贤人共财，均平而已。此方是忠厚尽处。（彭躬庵曰：此语却令人心惊。似翻管、鲍一案，其实多自与，亦是均平。）

苏子由曰：天子于天下，非如妇人孺子之爱其所有，得天下而谨守之，不忍以分于人，此匹夫所谓智，而不知其无成者未始不自不分始，然此亦匹夫之愚者耳。石崇被收，叹曰："奴辈利吾财耳。"收者曰："知财为祸，何不早散之？"崇不能答。齐神武见天下将乱，散家财以结客。而吕嫠一妇人，知吕氏祸作，出珠玉宝器散堂下曰："毋为他人守也。"近有巨宦闻寇偪，装金银数十百扛置庭中，夫役皆逃，独与其妻列炬照诸箱筐，痛哭守之，两目尽肿，及天明而寇至，就执凌迟以死矣。《记》曰"积而能散"，此盖智于守财者也。

君子得小人之术则不可制，小人得君子之道亦不可制。教人者甚不可不使君子知小人之术，而慎无使小人通君子之道也。（邱邦士曰：得意在使无使处。）

责备贤者，须全得爱惜裁成之意，若于君子身上一味吹毛求疵，则为小人者反极便宜，而世且以贤者为戒矣。若当君子道消之时，尤宜深恕曲成，以养孤阳之气。今世所谓责备贤者，吾惑焉。（彭中叔曰：处贤者当如是，贤者自处不当如是。若出于爱惜裁成，即吹毛求疵亦不妨，自不同于嫉忌翘过者。）

与季弟论兄弟朋友如何方是至处：设或一事误我性命，死而不怨；

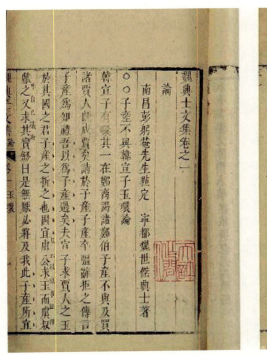

（清）魏禧等《魏氏三子文集》，清道光二十五年宁都谢庭绶绂园书塾刻本

一事救我性命，生亦不感。辟之自己失脚堕水，被人救活，虽自悔不谨，却决我怨薄自己之意。与未堕水之前只是一样。有人推我下水，自己极力扒得登岸，虽自幸再生，却决无感激自己之意，与未救活之前只是一样。如此乃真谓一体，方是兄弟朋友到第一至处也。（恽逊庵曰：罕辟至此，亦不可言矣。若一体意看到克髓处，方知此辟亦只寻常。季弟曰：只是兄弟朋友先已到至处，后来再加减不得耳。如登泰山，已到绝顶，任你会行，只在山前山后，安得增一更高去处来。增不得，便减不得。死而不怨，犹可言也；生亦不感，不可言矣。人生说谎最难，须如功臣家免死牌，一世不浪用去方得。）

谓门人曰：人无智术，不可济世全身，然最易堕入邪僻，反以杀身毒世者。故有智术人，不但不可用于不正，凡小处闲处俱不可用。盖每事算计，逞聪明，求胜著，即此便犯天人之忌。且物数用则易敝，今如干将莫邪，闲时用以杀狗割鸡，必至锋锐消减；他日屠龙刺虎，反不堪用。予尝谓"智术"二字，必须无"忠厚光明"四字，然难言矣。

诸子世杰、世效请曰：今欲处身处世，无怨恶而有济于务，其道何由？曰：曰诚，曰谦，曰恕，曰宽，曰敏，曰信，曰惠，曰公。诚则安，谦则荣，恕则通，宽则得众，敏则有功，信则人任焉，惠则足以使人，公则说。吾与人应事，夹一分诈伪，便有许多机涅破绽处，诚则内外坦然，面无怍色，故曰诚则安。自谦则人不忍毁之，故曰谦则荣。责人无已，只觉步步窒碍，许多行不去处，故曰恕则通。世杰曰：恕惠公矣，又须宽，何也？曰：宽者，器宇宏裕，规模远大，其量无所不容，故不曰得人，曰得众。智愚贤不肖皆在其囊载中，众莫众于此也。世效曰：宽矣，公矣，恕矣，又须惠，何也？曰：小人以享其利为有德，故邑有力役，趋天子之诏，不若其趋富民之佣也。

谓门人曰：世上无有不宜读书之人，贤者固益其贤下愚读之，纵不能益，决不至损。或谓人有读破万卷不辨一事者，此读书无用处也。余谓此人脱令不读书，遂能辨事否？然有两种人却不可读书，一种机巧之人，原有小慧，又参以古人智术，则机械变诈，百出不穷，不至害人杀身，断不罢手。一种刚愎之人，既自以为是，加之学问充足，则骄满之心，漫天塞地，必至一言不受，一非不改，即不杀身，亦成绝物，终身无长进日子矣。

古今以妇人酿成父子兄弟婚友乡邻之衅者，不一而足，总以妇人之性专一，自是非人，其言偏属有情有理，听言者又每是己妇而非人妇，虽贤智亦阴移而不觉，故不听妇言自是难事。然试一平心推勘，妇人与人争诟，百十次中，只有怨人责人，曾有一次肯说自己不是，向人谢过否？然则世上妇人，尽是无过圣人也。平勘到此，其言自有不可听处，且不必细细推论一事一语曲直所在。

谓子弟曰：人好气争胜者，于不平之事，遇胜己者，则曰：势地不如我，是我大量容他，今彼可以凌我而让之，是畏懦也，如何不争。遇平辈，则曰：汝与我一样人，而顾欲加我乎？如何不争。及遇不如己者，则曰：汝事事不如我，乃敢欺我，况他人乎？如何不争。然则终身皆与人动气之日，了无退让休闲矣。此皆女子小人见识。故凡拂逆之来，先以情理平论，情理在我，又退一步，则自然相安。士君子最不可有女子小人见识在胸也。

又曰：人好讳恶直者，明责之则以为面辱，隐讽之则以为讥刺，不中实则以妄言激怒，中实则以切骨衔恨。先事而言，不曰迂阔，则曰预以小人度己；事后而言，不曰无益，则曰幸败以耻。我实见谏者有许多无道理处，只是终身不容人开口而已。可谓有言逆心，必求诸非道者也。

世风日薄，施恩固难其人，即报恩之人不可得矣。岂惟报恩难得，即求一感恩之人不可得，更求一知恩之人亦不可得，此世所以愈无施恩之人。然施恩者须算定知恩无人，只认是自己应做事向前做去，方不退息善念。

世上有一种行浊言清之人，有一种言清行浊之人。行浊言清者，行愈浊，言愈清，以文其恶，是立意自欺欺人之小人也。言清行浊者，初然高兴，言之不揣，及其行事，背驰不顾，此则号为君子者亦不免矣。然不均谓之"假道学"，不可得也。

谓门人孔之遴曰：处一事一物之智，有君子与小人，毫无异同，细论其心，亦是一样处，然学者必须见得大源流。君子之智，毕竟从大体明通中出来；小人之智，毕竟从大体狡诈中出来。故小人之智，令他再推扩一步，便与此事若黑白之不类矣。尝谓后人看得圣贤行事，事事与常人不同，是奉承圣贤太过，自用意见，失却圣贤本色。若看得圣贤此事便与常人此事一样，又是自家心粗，学问无得，昧却圣贤本领。两者之间，须索细心理会也。

人有长自矜，便是一短；有短不讳，便是一长。若不讳短而又能用人之长，则为通才；矜己长而又妒人之长，则为绝物矣。

人有一病根，定发无数枝叶。如病在鄙吝，便有许多鄙吝事，论人者须将他许多鄙吝事只算一件病，不然，便觉其随事是病，别有好处，亦抹煞矣。且人有一大长，便足胜生平之短者。至于用人，则并有大恶不掩小善之时，但险毒嫉妒之人，纵不得已而用，只宜一时之事，倘任之重，用之久，则利一而害百矣。

人处财一分，定要十厘，便是刻；与人一事一语，定要相报，便是刻；治罪应十杖，定一杖不饶，便是刻；处亲属，道理上定要论曲直，便是刻。刻者不留有余之谓，过此则恶矣。或问亲属如何不论曲直？曰：若必论曲直，便与路人等耳。

有理之规谏，虽常人可受；无理之横逆，非君子不能容。然世之君子往往能受无理之横逆，而不能容有理之规谏，其何故也？盖君子自是而好名，无理横逆，其非在人，其是在我，我能容之，则我是愈彰而名益高矣；有理规谏，其非在我，其是在人，我若受之，则我之非益确而名有损矣。不知有过受谏，便增一美，疏而不受，反增一恶，欲护名而名愈败也。陆宣公曰："仲虺之诰成、汤，不美其无过，而美其改过；吉甫之颂仲山，不赞其无阙，而赞其补阙。"知言哉！

天下事理，自然而已，故无言者本也。而以明理立教，记事道情，有勃然郁于中，不得不发于言者，故文非不得已则不必作，知此而文

（清）王武《花鸟册》之四

之可作者日鲜矣。天下事理，易简而已，故辞寡者本也。而情与理有必待反复曲折而始明者，故应作之文非不得已不可长，知此则文之长者日鲜矣。吾当私志于是，然文笔日多，议论日繁，信乎立言之难也。

凡性情烦琐刻急猜察者，最能驱忠信之人为欺诈，盖不相欺诈则人无以容身也。至偶得人欺己事便诧为奇怪，不胜忿怒，又自矜明智虽欺，不知满前之人，平常之事，已日日在人欺诈中矣。

性情苛戾者能使骨肉不相亲，况远者乎？和平者能使仇家忘其怨，况平人乎？节性之道有三：一曰自反有过，一曰设身处地，一曰勉受直言。

谓门人李萱孙（成斋先生之子）曰：吾易堂八人，三人即世，五人皆迫老病，或为旦暮，未可知也。今欲统系后辈，敦通家之谊，接续前辈交道者，实有望于汝。东筦九姓之裔，十数世如宗族家人，吾易堂岂可再世如路人乎？忆汝尊尝语人曰："叔子于易堂，譬犹桶之有箍。"予尝深思其言，以自勉励箍必须宽大于桶，又须吃得亏，如今箍桶千槌百敲，皆在箍上。朋友虽择人而友，然人未有无过者，未有生平于我无一二事不是者，若一一计较，则衅隙立开。吾友既属君子，其小过可原，大过可责，而必不可薄，不可屑屑较量报施也。又曰：吾老矣，有三不了事：一愿天下有枝撑世界之人，一愿后辈有枝撑易堂子弟，一愿吾家有枝撑衰门子弟。然汝辈苟能以枝撑世界为事，则下二节已一齐了当矣。

谓子弟曰：人处家无数世亲戚，数世通家人，往返周旋，自是德衰福薄。

人生世上，第一要做一好人，次便要做一有用人。然好人无用，一人只算得一个人，有用则一人可抵百千万人矣。或问：如何有用人？曰：好人有用，最是难得，不敢轻望。先且辨一好人，求无害于世，可矣。

杨子曰："贵者富之荣也，富者贵之辱也"。叔子曰："富者贵之路，贵者富之门。"

天道后起者胜，毋为人先；人事先机者成，毋为人后。后毋为需，先为骤；骤必霆逐，需必蛰伏。语曰："迫而起，不得已而应。"斯之谓正。

客有父子见杀者，非其罪也。然居货不能舍，盛气不下人，不择交而妄托，此三者旅人之所忌而皆犯之，此所以见杀也。

有以人爱人者，有以我爱人者。以人爱人，惟恐他人之不爱此人也；以我爱人，则惟恐他人之爱之。（伯子曰：他人爱之，则己将不爱，岂惟不爱，或仇杀之矣。）

君子与小人相角，小人多胜，君子多败；小人受祸每轻，君子受祸每酷，汉、宋党祸可见矣。大抵君子不敌小人有三：君子之计常疏，小人之计常密，不敌一也。君子处置小人每怀不忍，不为已甚之心；小人处置君子，驱除惟恐不尽，下手惟恐不毒，不敌二也。君子遇祸，抗节挺受，无规辟之术，无乞哀垂怜之而目，故小人愈忍于杀君子；小人遇祸，则哀情媚态，千变万状，故君子愈不忍于杀小人，不敌三也。是故君子之御小人，其道有四：毋轻发难端，以挑小人之衅，一也。羽翼未成，因而剪除之，二也。时不可动，阳为优容，以待其变，二也。势有可为，放流诛杀，不为姑息，以养奸慝，四也。若夫微之革心，显之涣群，则非盛德化神，未易言此矣。

君子知命，不但安命而已，便有许多补救处。

能知足者，天不能贫；能无求者，天不能贱；能外形骸者，天不能病；能不贪生者，天不能死；能随遇而安者，天不能困；能造就人才者，天不能孤；能以身任天下后世者，天不能绝。

凡不能俭己者，必妄取于人；当省而不省者，必至当用而不用。

立意说谎人亦少，多因一时要说得好听，便生出无数虚诞。自揣言语之间，其不务好听者鲜矣。

我不识何等为君子，但看日间每事肯吃亏的，便是；我不识何等为小人，但看日间每事好便宜的，便是。要真实保身家人，便已近君子一路。此等人必不为恶也。

凡做好人，自大贤以下，皆带两分愚字。至于忠臣孝子、贞女义士，尤非乖巧人做得。盖至情之人，一往独到。故私意世情，不能入其胸中。予尝论朋友知己，若无些愚意在，终到不得十分至处。

先儒谓弑逆之人，只因见父母有不是处。盖小不平，则小计较；大不平，则大计较。积渐所至，势固然也。然则人子日用寻常之事，有与父母计较短长之心，便已阴在弑逆路上着脚矣。可不畏哉！

每见世俗，有疏同父异母之兄弟，而亲同母异父者，可谓大惑。同父异母兄弟，辟如以一样菜种，分种东西园中，发生起来。虽有东西之隔，岂得谓之两样菜。同母异父者，则以两样菜种，共种一园。发生起来，虽是同处，岂得谓之一样菜。

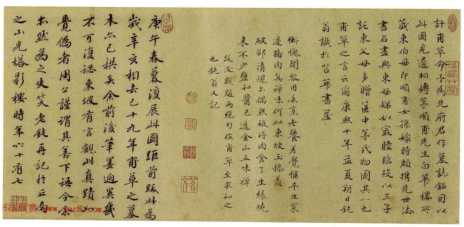

（清）汪琬《题记钱选萧翼智赚兰亭序图卷》，美国弗利尔美术馆藏

善利己者不损人，善报仇者必种德。似乎迂阔，其实切近。

余尝举古人"愿天常生好人，愿人常行好事"二语，谓足蔽四书经史、诸子百家中好话头。或谓欲约言之，只上六字已足。曰：不然。好人亦有各路，毕竟以有功德于世，肯利济人者为上。须知上六字，是劝世中为恶小人，有无可奈何之意，而祝之于天。下六字，是劝世中独善君子，有无限叮咛之意，故祝之于人。

家政当宽平整饬，故事不乱而人不怨，亦不能欺也。

听言者，不肯从人，固为自是。进言者，每事责人从己，自是不尤甚乎。且其弊，将使人远正直之士，杜忠谏之门。盖可从可违，虽非甚虚心之人，亦愿姑听而择焉。若从之则喜，违之则怒，人将惟恐有进言于其侧者。惧言而不从，必取尤怨，不如早远其人，豫杜其口，使不及言而已矣。欲效忠告者，不可不知也。

与伯兄论朋友。既识得此人真是君子一路，与之定交。无论不可以嫌疑小节，遽生疏薄。即令行己有真不是处，待我有真非理处，亦止当责其一事，而惜其生平。譬如脚上勿患恶疮，但当医疮，不当嫌脚。盖世道愈下，君子愈少。吾辈当如贫家惜财，不得不爱护保全也。至于初昧知人，或末路改辙，则毒蛇螫指，壮夫解腕，又自有义矣。

（清）钱沣楷书七言联：在己岂惭心作秤，于人长畏口为碑

世风日薄，施恩固难其人，即报恩之人，不可得矣。岂惟报恩难得，即求一感恩之人，不可得。更求一知恩之人，亦不可得。此世所以愈无施恩之人。然施恩者，须算定知恩无人。只认是自己应做事，向前做去，方不退息善念。凡施恩不终，甚至恩反成仇，皆由不曾觑破施恩是自己应做的事也。

《魏叔子文集》

注解

魏禧（1624~1681 年），字冰叔，一字叔子，号裕斋，宁都（今江西）人，清初文学家，与侯方域、汪琬并称"清初散文三大家"。少年时代的魏禧有过远大抱负，性格慷慨自信，乐于为人排忧解难，而且还喜欢与人谈论军事。孙静庵在《明遗民录》中评价他"善擘画理势，事前决成败，悬策而后验者十常八九"。明亡后，他隐居翠微峰，与好友和弟子们围坐在一起读史，讨论《易经》，并把读书之地命名为"易

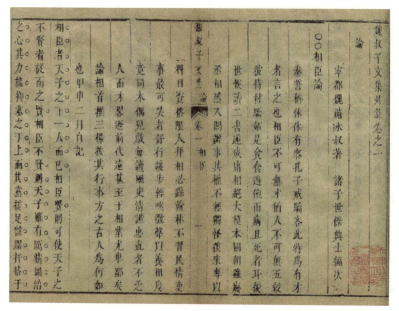

（清）魏禧《魏叔子文集》，清道光二十五年宁都谢庭绶绂图书塾刻本

堂"。人们称他们为"易堂九子"。清初，魏禧学问冠天下，康熙十七年（1677年），严沆、余国柱、李宗孔等举荐魏禧赴京应试为博学鸿儒，他坚辞不就，不肯仕清。

为什么要写《日录》，魏禧在《日录·引》中言："余幼承父兄之教有日，长而师友诲之有日；早涉世事，读古人嘉言懿行有日。见之闻之，密然有得于心则言之，已而录之，是曰《日录》。"这是《日录》的成书过程。魏禧还提到作此日录的目的是"或以自志警，或诏诸门人子弟"，可见《日录》不仅仅是一本记录平日作者见、闻、想、思的书，更是一本用来警示勉励作者自己及其门人子弟乃至天下人的。就内容而言，由于《日录》是作者平日所闻所见、所思所想的随笔记录，因此全文并没有一个完整的主线，其中每条都相当于一篇微型的论文，或直接陈述观点，或由事而发议论，或论证结合，字字珠玑，篇篇肺腑。

本书内容大体归纳成三卷：第一卷里言，第二卷杂说，第三卷史论。里言部分主要讲如何处理人情世故，内容杂多，或言如何劝人向善，或言如何与人相交，或言如何修身养性，或言如何化解纠纷，或言如何明哲保身，或言如何明辨是非，或言如何察言观色，或言如何趋吉避凶等等，不一而足。杂说主要包括两大部分，一个是讲为政，上至天子，下至里胥，大至征伐决断，小至乡民纠纷，俱有论及。另一个主要是讲为文，内容涉及文学史、文学评论、文学创作等多项内容。史论部分主要论及史书、史事、史实以及历史人物等。三卷之中，里言所占比重最大，史论次之，杂说占比重最小。其好友唐景宋在《日录·序》中说《日录》"以浅言出妙义，以至理人人情。别是非，示从违，昭昭然白黑之在目。其引人于理义，如饮江河，随量而满；如行药市，随病而瘳。有功于世道人心，更有在诸儒先语录之外者，即以辅翼六经孔孟诸书何愧焉"。正如其友著名理学家谢文洊在序言中写的，《日录》三篇"饥则以之代五谷，病则以之代药，由痛痒则以代抚摩抑挠，盖不能一日离也"。而陈宏谋在编辑《五种遗规》时选录了其中的不少内容，写道："观其《日录》，语皆透宗。觉精义妙理，俱在目前，未经人道。一为拈出，如闻晨钟，如服清凉散，足以发人深省，已人锢疾也。采录不多，而先生心地之爽朗，识力之坚定，已窥见一斑矣。"评价不可谓不高。《日录》是魏禧在深刻的学术研究基础上而写成的，是发自肺腑所作之文，每一则都是作者真诚内心的表露。

（清）恽寿平《墨笔山水图轴》

傅山《十六字格言》："改"之一字，是学问人第一精进工夫

静。不可轻举妄动。此全为读书地，街门不辄出。

淡。消除世外利欲。

远。去人远、无匪人之比。此有二义，又要往远里看，对近字求之。

藏。一切小慧不可卖弄。

（清）傅山像

忍。眷属小嫌，外来侮御，读《孟子》"三自反"章自解。

乐。此字难讲。如般乐饮酒，非类群嬉，岂可谓乐？此字只在闭门读书里面。读《论语》首章自见。

默。此字只要谨言。古人戒此，多有成言矣。至于讦直恶口，排毁阴隐，不止自己不许犯之，即闻人言，掩耳急走。

谦。一切有而不居，与骄傲反。吾说《易·谦》卦有之。

重。即"君子不重则不威"之重。气岸凌曾，不恶而严。

审。大而出处，小而应接，虑可知难。至于日间言行，静夜自审，又是一义。前是求不失其可，后是又改

革其非。

勤。读书勿怠，凡一义一字不知者，问人检籍，不可一"且"字放在胸中。

俭。一切饭食衣服，不饥不寒足矣。若有志，即饥寒在身，亦不得萌于求之意。

宽。为肚皮宽展，为容受地窄，则自隘自蹙，损性致病。

安。只是对"勉"字看。"勉"岂不是好字，量不可强不能为能、不知为知。此病中者最多。

蜕。《荀子》"如蜕如脱"。君子学问，不时变化，如蝉蜕壳。若得少自锢，岂能长进！

归。谓有所归宿，不至无所着落，即博后之约。

偶列此十六字教莲苏、莲宝（编者注：傅山的两个孙子），粗令触目略有所警。载籍如此话，说不胜记，尔辈渐渐读书寻义，自当遇之。魏收《枕中篇》最周匝，不可以人废言。于元魏书中看之。

昔人云：好学而无常家。家，似谓专家之家，如儒林毛诗、孟、易之类。我不作此解。家，即室家之家。好学人那得死坐屋底？胸怀

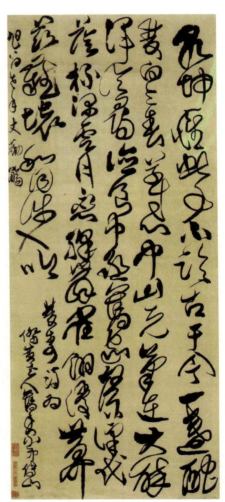

（清）傅山草书诗轴。识文：乾坤惟此事，不论古于今。一盏酡双白，三春草寸心。中山兔笔在，大醉浑沦寻。俭食中丞旧，家声汉代萌。杯深云月恋，彩舞雀翎漫。世界兹难坏，和同涉入吟。庆寿诗为旭翁老年丈劝觞。侨黄老人、旧年家弟傅山

（清）傅山《草书五律诗轴》。识文：风磴吹阴雪，云门吼瀑泉。酒醒思卧簟，衣冷欲装绵。野老来看客，河鱼不取钱。只疑淳朴处，自有一山川。书为松初先生词伯教政。傅真山。

既因怀居卑劣，闻见遂不宽博。故能读书人亦当如行脚阇黎，瓶钵团杖，寻山问水，既坚筋骨，亦畅心眼。若再遇师友，亲之取之，大胜塞居不潇洒也。底著滞淫，本非好事，不但图功名人当戒，即学人亦当知其弊。

学之所益者浅，体之所安者深。闲习体度，不如式瞻仪型；讽味遗言，不如亲承音旨。吾尝三复斯言，恒愿两郎之勤亲正人，遇之莫觌面失也。

明经取青紫，此大俗话。苟能明经，则青紫又何足贵？"修其天爵，而人爵从之"。从，犹"从他"之从。有也可，不有也可。"学也，禄在其中"，亦非死话对"馁"字言，则禄犹食。有食则饱，故学可作食，使充于中。圣贤之泽，润益脏腑，自然世间滋味，聊复度命，何足贪婪者？几本残书，勤谨收拾在腹中，作济生糇粮，真不亏人也。

"改"之一字，是学向人第一精进工夫，只是要日日自己去省察。如到晚上，把一日所言所行底想想，今日那一句话说得不是了，那一件事做得不是了，明日便再不说如此话，不做如此事了，便是渐渐都是向上熟境。若今日想，明日又犯，此等人，活一百年也没个长进。吃紧底是小底往大里改，短底往长里改，窄底往宽里改，躁底往静里改，轻底往重里改，虚底往实里改，摇荡底往坚固里改，龌龊里往光明里改，没耳性底往有耳性里改。如此去读书行事，只有益，决无损，久久自觉受用。

尔两人皆能读书。苏志高心细面气验，教之使纯气。宝颇疏快，而傲慢处多，当教之使知礼。谆谆言之，皆以隐德为家法，势利富贵不可毫发根于心。老到了，自知吾言。

《霜红龛集》

注解

傅山（1606~1684年），初名鼎臣，字青竹，后改名山，字青主，山西阳曲（今太原）人。生活在明末清初。入清后，穴居不仕，避居乡间，同官府若水火，表现了自己"尚志高风，介然如石"的品格和气节。他是一位博学多才的思想家、文学家、书画家、医学家。梁启超称他的学问"大河以北无人能及"，并将他与顾炎武、黄宗羲、王夫之等一起列入"清初六大宗师"行列。其为人清风峻节，儒林师表；其为学标新立奇，精神纯粹；其为医精湛绝伦，淡泊名利。

这十六字，是傅山写给两个孙子的家训。傅山《霜红龛集·卷二十五·家训》有《十六字格言》，注明为"己未七月二十日书教两孙"，后又有跋："偶列此十六字教莲苏、莲宝，粗令触目，略有所警，载籍如此，话说不胜记。尔辈渐渐读书寻义，自当遇之……"说明傅山的《十六字格言》是写给他的两个孙子傅莲苏、傅莲宝的。既是格言，则反映了傅山之为人为学之道的主要方面，是研究傅山人生观、社会观、治学观的宝贵资料；又因为是写给年轻人的，重在道德修养和治学态度，十六个字分别为：静、淡、远、藏、忍、乐、默、谦、重、审、勤、俭、宽、安、蜕、归。他强调读书要静，淡泊名利，远离小人，远处着想，学习要勤，衣食要俭，宽容待人。《十六字格言》所涉及的范围几乎涵盖了人生各方面，今天读起来仍然深膺人心。

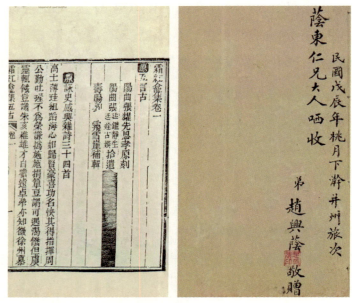

▌（清）傅山撰《霜红龛集》，清咸丰四年刊本

魏裔介《琼琚佩语》：造命在天，立命在我；日日知非，日日改过

为　学

一时劝人以口，百世劝人以书。（韩退之）

圣希天，贤希圣，士希贤。（周濂溪）

涵养须用敬，进学则在致知。（程明道）

六经须循环理会，义理无穷。（程伊川）

吾道自足，何事旁求。（张横渠）

学者于释氏之说，直须如淫声美色以远之。不尔，则骎骎然入于

其中矣。（程明道）

心不清则无以见道，志不确则无以立功。（林和靖）

读书，吾得其要，天命之性是也。（薛文清）

读书不向自家身心做工夫，虽读尽天下书，无益也。（薛文清）

开卷即有与圣贤不相似处，可不勉乎。（薛文清）

为学只是学天理人伦，外此便非学。（薛文清）

造化无一息之间，人之存心亦当无一息之间。（薛文清）

论性是学问大本大原。（薛文清）

才收敛身心便是居敬，才寻思义理便是穷理。二者交资，而不可缺一也。（薛文清）

自有文籍以来，汗牛充栋之书日益多，要当择其是而去其非，可也。（薛文清）

得圣学之真，则知异学之妄。（薛文清）

圣贤相传之道，尽性而已。（薛文清）

周子之几，超凡之梯；张子之豫，作圣之据；程朱之敬，立身之命。敬以立身，豫以作圣，几以超凡，吾计始定。（蔡虚斋）

赵文肃公曰：少年不学隳复隳，壮年不学亏复亏，老年不学衰复衰。一息不学谓之忘，一时不学谓之狂，

（清）潘祖荫行书七言联：信之为言有诸己，天将风日娱清怀

一日不学谓之荒。或问何谓学，曰：瞬有存，息有养，仁不可终食违，道不可须臾离，礼乐不可斯须去。（《脉望》）

观川流则思道体之无穷，视日月则知天行之不息。（《南牖日笺》）

君子不能无非心之萌，而旋即去之，故日进于圣贤；小人不能无良心之萌，而旋自昧之，故日近于禽兽。（赵梦白）

此生不学一可惜，此日闲过二可惜，此身一败三可惜。（黄正夫）

量思宽，犯思忍；劳思先，功思让；坐思下，行思后；名思悔，位思卑；守思终，退思早。（《玉剑尊闻》）

天地有万古，此身难再得。人生只百年，此日最易过。幸生其间者，不可不知有生之乐，亦不可不怀虚生之忧。（《座右编》）

太极之秘义，一洙泗之微言。（孙锺元）

读书不独变化气质，且能养人精神。盖义理收摄故也。（《拈屏语》）

孟子生而杨墨熄，程朱出而佛老衰。（曹厚庵）

为学全在精神，精神不足，未有能成者。精神者，二五之萃，人之本，德之舆也。爱养精神，完固其学，易明易成。（《研几录》）

修　己

制水者必以堤防，制性者必以礼法。（林和靖）

为学大益，在自求变化气质。（张横渠）

阳明胜则德性用，阴浊胜则物欲行。（张横渠）

正心之始，当以己心为严师。（张横渠）

动以天为无妄。（程伊川）

蝉蜕人欲之私，春融天理之妙。（张南轩）

心本可静，事触则动。动之吉为君子，动之凶为小人。（《遵生八笺》）

山势崇峻则草木不茂，水势湍急则鱼鳖不留。观山水可以观人矣。

（薛文清）

气昏物诱者性之害，识明理胜者学之功。（薛文清）

慎言谨行，是修己第一事。（薛文清）

名节者，道之藩篱。藩篱不守，其中未有能独存者。（陈白沙）

不自重者取辱，不自畏者招祸，不自满者受益，不自是者博闻。（《景行录》）

人之精神，贵藏而用之。苟衒于外，鲜有不败者。（邵子）

象以牙而成擒，蚌以珠而见剖，翠以羽而招网，龟以壳而致亡，雉以尾而受羁，鹦以舌而取困，麝以脐而被获，犀以角而就烹，金铎以声自毁，膏烛以明自煎。故勇士死于锋镝，智士败于壅蔽，好水者溺于水，驰马者堕于马。君子慎勿以炫露而招损哉。（《什类书》）

寡言者可以杜忌，多行者可以藏拙，寡智者可以习静，寡能者可以节劳。（《省身集要》）

器虚则注之，满则覆之；木小则培之，大则伐之。故虚可处，满不可处也；小可处，大不可处也。（何大复）

以简傲为高，以谄谀为礼，以刻薄为聪明，以阘茸为宽大，胥失之矣。（《省身长语》）

养得胸中无一物，其大浩然无涯。有欲则邪得而入，无欲则邪无自而入。且无欲则所行自简，又觉胸中宽平快乐，静中有无限妙理。（薛文清）

造化翕聚专一则发育万物有力，人心凝静专一则穷理作事有力，愈收敛愈充扩，愈细密愈广大，愈深妙愈高明。（薛文清）

人须是一切世味淡薄方好，不要有富贵相。常自激昂，便不得到坠堕。（胡文定）

凡人之心，存于有警，而佚于无制。（《自警编》）

君子事来而心始见，事去而心随空。(《座右编》)

言行拟古人则德进，功名付天命则心闲；报应念子孙则事平，受享虑疾病则用俭。(《座右编》)

容耐是忍事第一法，安详是处事第一法，谦退是保身第一法，涵容是处人第一法，置富贵贫贱死生常变于度外是养心第一法。(《座右编》)

造命者天，立命者我。(袁了凡)

日日知非，日日改过。(袁了凡)

天下聪明俊秀不少，所以德不加修、业不加广者，只为因循二字耽搁一生。(袁了凡)

颜曾希圣，四勿三省。(《玉剑尊闻》)

尽人伦，体天理。(朱勉斋)

提出良心，自作主宰，决不令为邪欲所胜，方是工夫。(金伯玉)

血气盛则克治难，欲养心者先治其气。(吴元沨)

戒之为言，最为入道之首而进德之先。(吴元沨)

节义傲青云，文章高白雪，若不以德性陶镕之，终为血气之私、技能之末。(《菜根谈》)

惇　伦

父善教子者，教于孩提；君善责臣者，责于冗贱。盖嗜欲可以夺孝，富贵可以夺忠。(林和靖)

以爱妻子之心事亲，则无往而不孝；以保富贵之心事君，则无往而不忠。(林和靖)

以忠孝遗子孙者昌。(林和靖)

尝思君臣父子夫妇兄弟朋友，有多少不尽分处。(程明道)

为家以正伦理、别内外为本，尊祖睦族为先，以勉学修身为要，

树艺牧畜为常。守以节俭，行以慈让，足己而济人；习礼而畏法，可以寡过，可以静摄，可以成德。（《遵生八笺》）

孝友德行第一事，故曰行仁之本。张仲以孝友人佐天子，君陈以孝友出尹东都，大舜以孝友为天子。（郑淡泉）

凡为子孙计者，当戒以忿怒致争。忿怒致争，其初甚微，其祸甚大。语曰：一朝之忿，忘其身以及其亲。此之谓也。性犹火也，方发之初，灭之甚易，既炎则焚山燎原，不可扑灭。若人屡相凌逼，当理遣之、逊避之。（《王氏家训》）

狄梁公以一身系唐宗社之重，贤者识其心，自白云一念中来。故曰：求忠臣于孝子之门。（陈白沙）

（清）潘祖荫行书七言联：物不求余随处足，事如能省即心清

《易》基乾坤，《诗》始关雎。夫妇之际，人道莫重焉。周太王、王季、文王、武王，有太姜、太妊、太姒、邑姜为配。周之子孙独盛于夏商，世祚亦最永。岂惟帝王，古今世家，亦多繇母德之贤。故婚配不可不慎。（《集语要》）

常观孝弟之风，多敦于贫贱之族，而衰于富贵之家。盖贫贱之族，骨肉相爱之情真也；富贵之家，势利争夺之私胜也。（《东谷赘言》）

闻君子议论，如啜苦茗，森严之后甘芳溢颊；闻小人谄笑，如嚼糖冰，爽美之后寒冱凝腹。（《樵谈》）

家人有过，不宜暴扬，不宜轻弃。此事难言，借他事隐讽之；今

日不悟，俟来日正警之。如春风解冻，如和气消寒，才是家庭的型范。（《菜根谭》）

敬　畏

恐惧者修身之本。事前而恐惧则畏，畏可以免祸；事后而恐惧则悔，悔可以改过。夫知者以畏消悔，愚者无所畏而不知悔，故知者保身，愚者杀身。大哉！所谓恐惧也。（林和靖）

坐密室如通衢，驭寸心如六马，可以免过。（林和靖）

敬胜百邪。（程明道）

敬只是主一也。（程伊川）

学者当提醒此心，如日之升，群邪自息。（朱文公）

心存焉则谓之敬。（吕东莱）

善保家者戒兴讼，善保国者戒用兵。讼不可长，讼长虽富家必敝；兵不可久，兵久虽大国必诎。（胡文定）

罗竹谷著《畏说》，曰：天子且有所畏，《诗》曰："我其夙夜，畏天之威。"孰谓士大夫而可不知所畏乎，圣人且有所畏，《鲁论》曰："畏天命，畏大人，畏圣人之言。"孰谓学者而可不知所畏乎！苟内不畏父兄之言，外不畏师友之议，仰不畏天，俯不畏人，猖狂妄行，恣其所欲，吾惧其入于小人之归也。（《鹤林玉露》）

君子之立身立言，不可不慎。称杨伯起者，以其辞暮夜之金也；薄扬子云者，以其献美新之文也。（《东谷赘言》）

欲为君子，非积行累善，莫之能致。一念私邪，立见为小人。故曰：终身为善不足，一日为恶有余。（《宾退录》）

圣贤成大事者，皆从战战兢兢之心来。（薛文清）

万事敬则吉，怠则凶。（薛文清）

易摇而难定、易昏而难明者，人心也。惟主敬则定而明。（薛文清）

人之為學千頭萬緒豈可無本領此程先生所以有持敬之語只是提撕此心教他光明則於事無不見久之自然剛健有力　誠敬寡欲皆是緊切用力家不可分先後亦不容有所遺此然非逐項用力但試

著實持守體察當自見耳　心熟後自然有見理家熟則心精微不見理只緣是心粗辭達而已矣義理儘無窮前人恁他說只未必盡須是自把來橫看豎看儘人深儘有在　學問如登塔逐層登

將上去上面一層雖不問人六自見得若不去實踏過却懸空妄想便知最下底層不曾理會得　古人多豪貧困而泰然不以累其心不知何道日窮須是忍之到熟家自無憾之念矣　讀書便是做事凡

做事有是非得失善家事者不過稱量其輕重耳讀書而講究其義理判別其是非臨事即此理　看書須是將大段分作小段字之勾之不容易放過

仲符表姪屬書格言為錄朱子語數則

庶昌

（清）黎庶昌录朱子格言赠表侄

在暗室屋漏中，常恐得罪天地鬼神。（袁了凡）

知天地神人顷刻不离，自然常存敬畏；知祖孙父子荣辱相关，自然爱惜身名。（《择言》）

勤　俭

一年之计在于春，一日之计在于寅。（《座右编》）

民生在勤，勤则不匮。一夫不耕，必受其饥；一妇不蚕，必受其寒，是勤可免饥寒也；农民昼则力作，夜则颓然甘寝，非心淫念无从而生，是勤可远患也。户枢不蠹，流水不腐，周公论三宗文王之寿，必归之无逸，是勤可致寿考也。故大禹必惜寸阴。（《鹤林玉露》）

俭于听可以养虚，俭于视可以养神，俭于言可以养气，俭于门闼可无盗贼，俭于嫔嫱可保寿命，俭于心可出生死。是知俭为万化之柄。（《谭子》）

有保一器毕生不璺者，有挂一裘十年不敝者，斯人也，可以司粟帛，可以亲百姓，可以掌符玺，可以即清静之道。（《谭子》）

生财不如节财，省用方能足用。（《王十朋理财策》）

不厚费者不多营，不妄用者不过取。（《谷贻录》）

走江湖不如乐田园，炼丹砂不如惜五谷，结权贵不如乐妻孥，奉仙佛不如歆祖考。（黎寿）

摄　生

水之有源，其流必远；木之有根，其叶必茂；屋之有基，其柱必正；人之有精，其命必长。（《抱朴子》）

多言则背道，多欲则伤生。（林和靖）

声色者，败德之具。（林和靖）

寡言省谤，寡欲保身。（林和靖）

广积聚者，遗子孙以祸害；多声色者，残性命以斧斤。（林和靖）

口腹不节，致疾之因。念虑不正，杀身之本。（林和靖）

吾尝夏葛而冬裘、饥食而渴饮，节嗜欲，定心气，如斯而已矣。（程明道）

天下同知畏有形之寇，而不知畏无形之寇。欲之寇人，甚于兵革；礼之卫人，甚于城郭。（吕东莱）

精神不运则愚，气血不运则病。（陆象山）

治身养性者，节寝处，适饮食，和喜怒，便动静。在己者得，而邪气无由入。（辛文子）

万般补养皆虚伪，惟有操心是要规。（许鲁斋）

人之将疾也，必先酒色之好；国之将亡也，必恶直谏之言。（辛文子）

耳目淫于声色，五脏动摇而不定，血气逸荡而不休，精神驰骋而不守，祸之来如邱山，无由识之矣。（辛文子）

持守正念之法，如执玉，如捧盈，战战兢兢，惟恐失坠。（《脉望》）

人身未尝有疾也，疾之生，必有致之之由。诚能预谨于饮食嗜欲之际，而慎察于喜怒哀乐之间，以固其元气，而调其荣卫，使寒暑燥湿之毒不能奸其中，虽微药石，固不害其为寿。（《方逊志》）

形劳而不休则蔽，精用而不已则竭。（庄子）

摄生之道，大忌嗔怒。（《百警世编》）

勿以妄想戕真心，勿以客气伤元气。（《康斋日记》）

衰病多事，如着敝絮入荆棘中，触处挂阂；简豫习静，如排沙寻金，往往见宝。（《集语要》）

常沈静则含蓄，义理深而应事有力，故厚重静定宽缓，乃进德之基，亦养寿之要。（薛文清）

只寡欲便无事，无事心便澄然矣。（薛文清）

迷于利欲者如醉酒之人，人不堪其丑，而己不觉也。（薛文清）

生死路窄，只在寡欲与否。（吴忠节公）

绝饮酒，薄滋味，则气自清；寡思虑，屏嗜欲，则精自明；定心气，少眠睡，则神自澄。（王阳明）

夫天有元气焉，善养生者养此而已矣。善固国者，固此而已矣。元气者何？仁也。（《藤阴箚记》）

安静可以养福。（《座右编》）

人常想病时则尘心自灭，人常想死时则道念自生。风流得意之事一过，辄生悲凉；清真寂寞之境愈久，转有滋味。（《崇修指要》）

人之精神有限，过用则竭。(《座右编》)

欲心一萌，当思礼义以胜之。(《座右编》)

地上有门曰祸门，而作恶者自投之；地下有门曰鬼门，而好色者自趋之。此二门者，皆一入而不出者也。(《座右编》)

服金石酷烈之药，必致损命。即坐功服气，往往损人。人能清心寡欲，自然血气和平，却疾多寿。(《荆园小语》)

福者备也，备者百顺之名也。人惟起居饮食日顺其常，福莫大焉。(《乐善录》)

接　物

飞鸟以山为卑，而层巢其巅；鱼鳖以渊为浅，而穿穴其中。然所以得之者，饵也。君子苟能无以利害身，则辱安从生乎。(曾子)

处事速不如思，便不如当，用意不如平心。(张无垢)

▎(清)吴伟业《梅村集》，清康熙刻本

人之于患难，只有一个处置：尽人谋之后，却须泰然处之。（程伊川）

凡为人言者，理胜则事明，气忿则招拂。（程明道）

惟正足以服人。（薛文清）

深以刻薄为戒，每事当存忠厚。（薛文清）

事来不问小大，即当揆之以义。（薛文清）

但当循理，不可使气。（薛文清）

木秀于林，风必摧之；堆出于岸，流必湍之；行高于人，众必非之。所以，良田每败于邪径，黄金多铄于众口，投杼且疑于三疑，市虎亦成于三人，青蝇簧鼓，无世无之。是以君子贵先觉也。（《谷贻录》）

泛交不如寡交，多求不如慎守。（《遵生八笺》）

虑事周密，处心泰然。（《南牖日笺》）

罪莫大于淫，祸莫大于贪，咎莫大于僭。此三者祸之本。（《南牖日笺》）

石生玉，反相剥；木生虫，还自食；人生事，还自贼。好事者未尝不败，争利者未尝不穷。（辛文子）

万物不能碍天之大，万事不能碍心之虚。（《南牖日笺》）

道心只在人心，应感上磨练；天理只在人事，变态中体贴。（《南牖日笺》）

说人之短，乃护己之短；夸己之长，乃忌人之长。皆由存心不厚、识量太狭耳。能去此弊，可以进德，可以远怨。（《省身集要》）

君子不迫人于险。当人危急之时，操纵在我，宽一分则彼受一分之惠。若阨之不已，鸟穷则啄，兽穷则搏，反噬之祸，将不可救。（《脉望》）

觉人之诈，不形于言；受人之侮，不动于色。此中有无穷意味。

（清）黎庶昌楷书八言联：至善至中寓理帅气，无声无臭惟虚惟微

（《拈屏语》）

市私恩不如挟公议，结新知不如敦旧好，立荣名不如种隐德，尚奇节不如谨庸言。（《菜根谭》）

君子不以己之长露人之短。天地间长短不齐，物之情也。必欲炫己之长露人之短，跬步成雠矣。言人之短者，谓种祸。（《笔畴》）

出　处

圣人不畏多难，而畏无难。（《容斋随笔》）

讲学论政，当切切询人。若夫去就语默，如人饮食寒温，必自斟酌，不可询人，亦非人所能决也。（胡安国）

与其得罪于百姓，不如得罪于上官。（吴芾）

与其进而负于君，不若退而合于道。（李衡）

圣贤处世，出有出的道理，处有处的道理。尽得道理，出也好，处也好。今人志于富贵功名，所以见的处不如出也。（《座右编》）

乱世之名，以少取为贵。（《座右编》）

自古豪杰之士，立业建功、定变弭难，以无所为而为者为高。若范蠡霸越而扁舟五湖，鲁仲连下聊城而辞千金之谢、却帝秦而逃上爵之封，张子房颠嬴蹶项而飘然从赤松子游，皆高出秦汉人物之上。（《鹤林玉露》）

进将有为，退必自修。君子出处，惟此二事。（薛文清）

修德行义之外，当一听于天。若计较利达日夜，思虑万端，而所思虑者又未必遂，徒自劳扰，祇见其不知命也。（薛文清）

德业常看胜我者，则愧耻自增；爵禄常看不及我者，则怨尤自息。（《人伦要鉴》）

仕宦居乡，百凡炫耀，所谓众皆悦之，其为士者笑之也。（《文雅社约》）

人　品

外重者内轻，故保富贵而丧名节；内重者外轻，故守道德而乐贫贱。（林和靖）

忠信廉洁，立身之本，非钓名之具也。（林和靖）

君子所贵，世俗所羞；世俗所贵，君子所贱。（程伊川）

宁可忍饿而死，不可苟利而生。（宋潜溪）

取与是一大节，其义不可不明。（薛文清）

名节至大，不可妄交非类。（薛文清）

愿为真士夫，不愿为假道学。邵文庄

视屋漏如明庭，对妻孥如大宾。（《玉剑尊闻》）

财散可来，名辱不复。（《玉剑尊闻》）

居乡勿为乡愿，居官勿为鄙夫。（《高子遗书》）

名节之于人，不金帛而富，不轩冕而贵。士无名节，犹女不贞，虽有他美，亦不足赎。故前辈谓爵禄易得、名节难保。（《官箴集要》）

不学之谓贫，无成之谓贱，心死之谓夭，失身之谓无后。（《弇州筠记》）

为人如构室，先须根基坚固，始可承载。忠诚敦厚，人之根基也。（《宁鸠子》）

只这主张形骸的一点良心，常然静定，便是超凡入圣。（《集语要》）

见人有得意事，便当生忻喜心；见人有失意事，便当生怜悯心。皆自己真实受用处。忌成乐欺，何预人事？自坏心术耳。(《座右编》)

诗书乃圣人之供案，妻妾乃屋漏之史官。(《座右编》)

世人若不求利即无害，若不求福即无祸。(《座右编》)

人能不以衣食自累，而读书厚自堤防，则置身洁白，而与圣贤同归矣。(《座右编》)

《畿辅丛书》

注解

《琼琚佩语》的作者是清初时期的参政大臣魏裔介。魏裔介（1616~1686年），字石生，号贞庵，又号昆林，直隶柏乡（今邢台市柏乡县）人。曾任授工科给事中、左都御史、太子太保、吏部尚书、保和殿大学士、太子太傅等职。著述有《兼济堂文集》传世。雍正间，祀贤良祠。魏裔介入阁办理国家大事时年仅40余岁，须发皆黑，历史上称之为"乌头宰相"。史称"清初相业，无出其右者"。时人曾说，自宋朝欧阳修以后，他是唯一的先为谏臣、后升宰相、历职长久并"展其嘉谟"之人。后人评价他条陈时事"敢言第一"，清初"诸大典"多依其"奏议所定"。

"一时劝人以口，百世劝人以书。"魏裔介本着劝人为善之良机，在退隐之后，从历史上的名人名篇中选录了《琼琚佩语》一书。本书分为学、惇伦、敬畏、勤俭、摄生、接物、出处、人品等十个部分，分门别类予以阐述。虽然作者秉承述而不作的文风，但其精心选录的内容则是层次分明、寓意深刻的，很多内容也是一般读者极少能够看到的。

汤斌《语录》：发愤为学，实心改过

天下事，莫过于因时苟且，而无真诚之意。动辄曰："时不可为也，事多掣肘也。"

齐家之道，与治国不同。臣之在国也，有犯无隐。若以此道施之于家，则不可。家之中，不得径行其直，须有委曲默为转移之法。齐家之道最难。周子云：家亲而国与天下疏。惟其亲故不可以义伤恩，又不可以恩掩义。然则教家者，亦惟渐渍化导而已，久当自变也。

教子弟只是令他读书。他有圣贤几句话在胸中，有时借圣贤言语，照他行事开导之。他便易有所悟处。

课子溥等读书，尝至夜分不辍。曰："吾非望汝蚤同早贵。少年儿宜使苦，苦则志定，将来不失足也。"

先生临殁，漏下二鼓，犹戒子溥等曰：孟子言"乍见孺子入井，皆有怵惕恻隐之心。"汝等当养此真心。真心时时发见，则可上与天通。若但依成规，袭外貌，终为乡愿，无益也。（许多事业，俱从这点真心，推暨出来，先生得力在此。宜其临终犹谆谆也。）

年少登科，切勿自喜。见识未到，学问未足，一生吃亏在此。即使登高第，陟高位，庸庸碌碌，徒与草木同朽耳。往往老成之人，一入仕途，建立一二事，便足千古。由其阅历深也。（今人止以科第为难，却不知科第后，其事更重，其名更难副也。）

彼此讲论，务要平心易气。即有不合，亦当再加详思。虚己商量。不可自以为是，过于激辨。舍己从人，取人为善，圣贤心传，正在于此。否则虽所论极是，亦见涵养功疏，况未必尽是乎。尤西川先生云："让古人，是无志；不让眼前人，是好胜。"

　　人非圣贤，孰能无过。吾辈发愤为学，必要实心改过，默默点检自己心事，默默克治自己病痛。若瞒昧此心，支吾外面，即严师胜友，朝夕从游，何益乎！

　　每见朋友中，自己吝于改过，偏要议论人过。甚至数十年前偶误，常记在心，以为话柄。独不思士别三日，当刮目相待。舜跖之分，只在一念转移。若向来所为是君子，一旦改行，即为小人矣。向来所为是小人，一旦改图，即为君子矣。岂可一眚便弃，阻人自新之路。

　　更有背后议人过失，当面反不肯尽言。此非独朋友之过。亦自己心地不忠厚，不光明，此过更为非细。以后会中朋友，偶有过失，即于静处尽言相告，令其改图。即所闻未真，不妨当面一问，以释胸中之疑。不惟不可背后讲说。即在公会，亦不可对众言之，令彼难堪，反决然自弃。交砥互砺，日迈月征，庶几共为君子。

　　先生抚吴时，问吴中上方山神最灵，祭赛最盛，起于何时。景（门

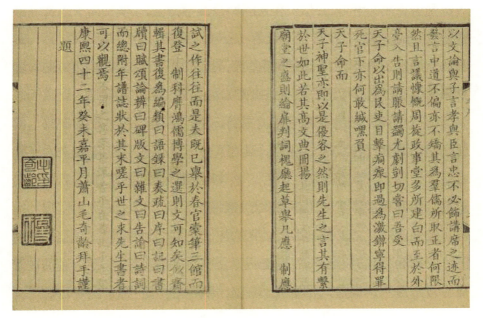

（清）汤斌《汤子遗书》，清康熙四十二年刻本

人范景）对曰：相传是南宋时，传流到今。灵异之说，皆出乡里传说耳。先生曰：鬼神福善祸淫，治幽赞化。若来祭享者，方免其祸。不来祭享者，即降以灾。直与世间贪官行事一般，定是邪鬼，决非正神，吾只是不信。

《汤子遗书》

注解

汤斌（1627~1687年），字孔伯，号荆岘，晚号潜庵。河南睢州（今河南睢县）人。清朝政治家、理学家、书法家，官至工部尚书，卒谥文正。汤斌一生清正廉明，是实践朱学理论的倡导者，为官所到之处体恤民艰，政绩斐然，被尊为"理学名臣"。

汤斌可以称之为学者型官员，是一个著名的理论家。他在学术上反对讲学空谈，力求笃行实践，主张"主敬""存天理"等学术思想。在为官执政上，则以恤民为主。本文选录的是他关于做官做人的一些书信和言论，要求人们如何改过，指出：人非圣贤，孰能无过。吾辈发愤为学，必要实心改过，默默点检自己心事，默默克治自己病痛。告诫人们如何通过细微之处和潜移默化的作用，达到正人君子的地步。

魏象枢《庸言》：省躬治物，勿之有欺

思士大夫不负所学，不负天子者何事？亦惟是省躬治物，勿之有欺耳。勿欺于人，有何不可告人之心；勿欺于天，有何不敢告天之事！既不敢告人，复不敢告天，必恣吾威福，为所欲为，视宦途为垄断，以人命为草菅，冀得富贵，世世享之，未几而祸及其身，或及其子孙，始欲侥幸微功，忏悔重过，噬脐何及哉？昔人云："惟府辜功"，又云：

"无倚势作威，无依法以削。"盖官者，势与法之藉而功过之府也。其于吏治也，功多则臧，过多则否；其于民生也，功多则安，过多则危；其于立身接物也，功多则得，过多则失。功过何等关系，可冒昧恣睢而不知简点乎！(《功过格序》)

天下之事有真事，须天下之人有真心，无真心而做真事，必不得之数也。前读先生"迂阔"一说，尽乎天下之人矣，而总于大法小廉之一语；又读先生"妄谈"五款，尽乎天下之事矣，而总于治人治法之两端。今日正坐此弊耳，寇贼纵横，粮饷浩繁，兵骄民困，主忧臣辱，此何等时！因循者曰"力不能也"，贪昧者曰"时若此也"，岂无贤豪？亦曰"掣吾肘矣，行不得也"。大事不敢任，小事不屑为，尚安得复有真心做真事者哉！某窃自欲死矣，愧欲以信朋友者信君父，而先不自信。求所以居仁由义，不愧不怍，如先生首篇教我者，盖戛戛难之！所谓真人面前不说假话也。若止循分尽职，岂今日之所急哉？(《答高念东书》)

书生即不能为朝廷建大功、持大议，以济时艰，然而爱人才、惜民命，书生犹或能之。若不大破势分利欲关头，则气不扬、骨不劲，安有靡靡然、唯唯然可任天下事哉！(《答徐子星书》)

功令森严，身名为重，内外情面，概宜谢绝。然后以处女之自爱者爱身，以严父之教子者教士。士风文运实嘉赖之，固高明之所素优，而又仆之所为翘望也。(《与秦尾仙学使书》)

执事廉介自持，肝肠如雪。尝言生平所见居官之家，祖父丧心取钱，欲为子孙百世之计，而子孙荡费只如粪土，不旋踵而大祸随之。此执事自爱爱人之格言也，尤当书绅以志不忘。若一切是非毁誉，悉归于天与命而平心处之，又何虑哉！(《答晋抚刘勉之》)

再入长安，惟以职业酬应为学问。妄谓即事即理，并言语亦可省却。虽一时诸君子留心此道，尚不乏人，而仕宦中必能立定脚跟，不为一切夺去者，乃可谓真人品，乃可谈真学问矣。仆亦常与互相砥砺，有存诸心而不敢出诸口者，惟"反己自修，与人为善"八个字耳。(《答郝雪海》)

居官者何尝不择吉日任事，而升者升、降者降、黜者黜，死者死，未尝皆吉也。娶妇者亦何尝不择吉日成婚，而寿者寿、夭者夭、孕者孕、绝者绝，未尝皆吉也。类而推之，诸事皆然。其义何居？魏子曰："君子则吉，小人则凶，理也。周以甲子兴，商以甲子亡，非明验乎！"

俭，美德也。余谓仕路诸君子崇尚尤急。数椽可以蔽风雨，不必广厦大庭也；痴奴可以应门户，不必舞女歌童也；绳床可以安梦魂，不必花梨螺钿也；竹椅可以延宾客，不必理石金漆也；新磁可以供饮食，不必成窑宜窑也；五簋可以叙间阔，不必盛席优觞也；经史可以悦耳目，不必名瑟古画也。去一分奢侈，便少一分罪过；省一分经营，便多一分道义。慎之哉！

一味疾人之恶，小人之祸君子者，十有八九；终日扬人之善，君子之化小人者，十有二三。(明此方能济事，不仅厚道也。)

友人某致魏子书曰："予以修路故，夺官矣。修路，州官责也；工弗竣，州官罪也。今不罪州官而罪道官，桃僵李代，是非不白，予何辨？"魏子曰："小臣先大臣而任劳，大臣先小臣而任过，体也。明公以水田插稻难开新路请者，为民耳。以为民之故而夺官，吾无憾矣。置辨是衔过也，衔过是求官也，求官非大臣体也。"孔子曰："观过斯知仁矣。"(人物终身不去官之理，只要论为何事去官，或公或私，不可不辨。)

今人见科目仕路中人，谓某某有功名矣。余不敢信，问客，客曰：

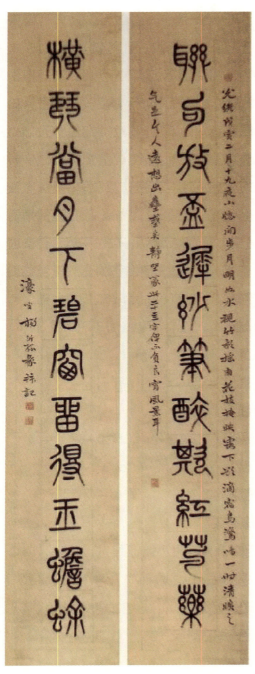

（清）杨沂孙篆书十二言联：联句放杯迟，妙笔醉斯红
芍药；横琴当月下，碧窗留得玉蟾蜍。

"列高榜，登甲第，得显官，居要路，非功名而何？"余始知今人之功名异于古人也。古人之功或在社稷，或在封疆，或在匡君，或在养民。古人之名，或在尸祝，或在口碑，或在文教，或在史传。一代之有功名者不数人，一人之有功名者不数事也。何今人功名之多也！（功名二字，得此阐发，与世俗所云，有义利之分。真是同床各梦。）

魏文侯择相。李克曰："居视其所亲，富视其所与，达视其所举，穷视其所不为，贫视其所不取，五者足以定之矣。"推此言也，可以取友，可以延师，可以联姻，可以荐士，可以听言。

见居官者，不问职掌尽否？兴利除害几何？百姓安危何似？辄问何时升转？何日出差？地方好否？宦囊有无？迁移者有谁照管？淹滞者是谁阻抑？凡问及此，即为薄待天下之人。

人君以天地之心为心，人子以父母之心为心，天下无不一之心矣；臣工以朝廷之事为事，奴仆以家主之事为事，天下无不一之事矣。

高景逸曰："居庙堂之上，则忧其民；处江湖之远，则忧其君。此士大夫实念也！居庙堂之上，无事不为吾君；处江湖之远，随事必为吾民，此士大夫实事也。"夫实事本于实念，愚尝自返，深用疚心。

居大臣而德不纯、才不粹，不如下僚；居下僚而政不平、刑不中，不如素士；居素士而理不明、学不正，不如庶民。（可见地位高一层，则责任更重一层，非虚掩其名而已也。）

偶见水与油，而得君子小人之情状焉。水，君子也，其性凉、其质白、其味冲。其为用也，可以浣不洁者而使洁，即沸汤中投以油，亦自分别而不相混。诚哉！君子也。油，小人也，其性滑、其质腻、其味浓。其为用也，可以污洁者而使不洁，倘滚油中投以水，必至激搏而不相容。诚哉！小人也。

吴芾云："与其得罪于百姓，不如其得罪于上官。"李衡云："与其进而负于君，不若退而合于道。"二公皆宋人也，合之可作出处铭。陕西进士刘玺云："与其得罪于赤子，宁得罪于乡士夫。"此其令乌程时，禁投私书告条也。枢云："与其得罪于寒门素士，宁得罪于要路朝绅。"此枢与陕西督学王功成书也，合之亦可作教养铭否？

恭谨忍让，是居乡之良法；清正俭约，是居官之良法。

士君子进不能表率一国，退不能表率一乡，皆足赧诵读羞、溺于诗酒者，相去一间耳。

伊尹一介不取，方能三聘幡然；柳下惠三公不易，乃可三黜不去。故曰："人有不为也，而后可以有为。"

人心一念之邪，而鬼在其中焉。因而欺侮之，播弄之，昼见于形像，夜见于梦魂，必酿其祸而后已。故邪心即是鬼。鬼与鬼相应，又何怪乎？人心一念之正，而神在其中焉。因而鉴察之，呵护之。上至于父母，下至于子孙，必致其福而后已。故正心即是神，神与神相亲，又何疑乎。

（清）魏象枢《庸言》，清康熙戊子精写刻本

程子曰："择地有五患，不可不谨。须使他日不为道路，不为城郭，不为沟池，不为贵势所夺，不为耕牛所及。"此择地之实理，非风水形势之言也。至于阳宅，亦有五患。愚亦窃取程子之意以补之曰：不近寺庙，不近城垣，不近卑湿，不近屠沽之所，不近奢淫之家，即吉宅也。若以祸福论之，只在修德与不修德者，各有所验。今人不修德而求地，将谓山川有灵，其许之乎？

人之存心忠厚者，必立言忠厚。立言忠厚者，必作事忠厚。身必享忠厚之福，子孙必食忠厚之报。

为人作墓志铭甚难。不填事迹，则求者不甘。多填事迹，则见者不信。甚至事迹无可称述，不得已而转抄汇语。及众家刻本以应之，譬如传神写照。向死人面上脱稿，已不克肖，况写路人形貌乎？愿世人生前行些好事，做个好人。勿令作墓志铭者，执笔踌躇，代为遮盖也。

士大夫书札中，云"启"，云"奏"，云"九顿首"，及寿杯内镌"千秋"等字者，意义尊隆，用之于朋友兄弟之间，失体矣。习而不察，

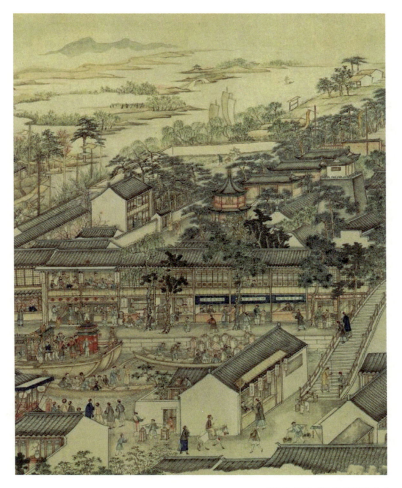

（清）徐扬《姑苏繁华图》

戒之。（推尊赞颂，惟恐不至，不但失体，亦且昧心。）

　　子为父母庆生辰，膝下称觞，情也，礼也。至于我之生日，乃母难之日也。若受亲戚邻里、门徒故交之祝，开筵扮戏，馈遗杀生，于心安忍。然斟酌情礼，凡我之生日，当斋心以报亲。令我之子孙，次日称觞以尽孝，庶几两全矣。（老年庆寿，事不能废。如此，犹为近理。若少年庆寿，决无此理。）

　　败家子有二种：淫荡赌博，骄奢纵佚，花费祖父之赀产者，败其家门也。此则愚顽不读书之人为之；妒贤病国，罔上行私，贪贿肥家，害人利己，辱没祖父之名节者，败其家世也。此则聪慧能读书之人为之，不可不辨。（败家门者，止于一家，败家世，必贻害于天下。人顾不以此为戒，且惟恐其不能为此。愚妄甚矣。）

市上肥甘之物，一二家不可买尽，须留些与众家一尝，才有滋味。富贵功名等物皆然。愚同年友王近微读而叹曰："予先子题小亭一联：但宽一步常无失，每积三分定有余，亦此意也。"

姻亲有寡妇守节者，固当频频周问，尤当加以敬谨。有时亲往，则坐于中堂。或奴仆往，则令立于中门外，语毕即出。凡周恤，止宜布粟而已。

昔人云：愿识尽世间好人，读尽世间好书，看尽世间好山水。余曰：识好人，先自贫贱愚拙始。读好书，先自学《庸》《论》《孟》始；

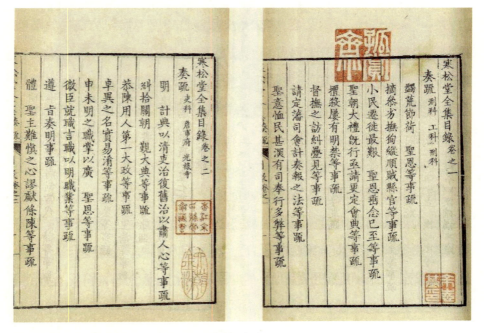

（清）魏象枢《寒松堂全集》，清康熙四十七年精写刻本

看好山水，先自祠墓田庐始。

昔人云：每闲坐，想古人无一在者，何念不灰。余曰；还想古人至今尚在处，何念不愤。

幼而读书以至于长且老，闻孔孟之教久矣。及其死也，儿孙用浮屠追荐之。令地下之魂，屏诸孔孟宫墙之外是可忍也，孰不可忍也。随俗迷谬，一至于此。幸而浮屠，幻事也。若其果真，则不孝之罪，安可赎哉！

风水，吾不敢知，知其理而已。祖父已死之骨，安厝未妥，子孙既不兴隆。况祖父在生之身，奉养未周，子孙岂无灾祸？欲于葬后享福利，须要生前致欢心。此吾所谓风水之理也。

世人都看戏场，何曾看得一个好人，好在何处，我当学他。看得一个不好人，不好在何处，我不当学他。更可怜者，终日笑花脸，自己常花脸而不一回顾也，可奈何？（人人看戏，肯把自己对照，则一场之戏，可发许多警省。）

开口先讲太极，便不是实学。只讲五伦，便好。

人有善则伐，得善则失。不善，则虽知而复行。惟颜子无伐也，弗失也。未尝复行也，吾师乎。

闻誉虑其或无，闻毁虑其或有，是为己之学。

读书不达世务，真是腐儒；读书不体圣言，真是呆汉。常把自己说得好话，一一自问，你既不行，谁教你说出来。

成德每在困穷，败身多因得志。

《寒松堂全集》

注解

魏象枢（1617~1687年），字环极（一作环溪），号庸斋，又号寒松，蔚州（今河北省蔚县）人。进士出身，官至左都御史、刑部尚书。

魏作为言官，敢讲真话；作为能臣，为平定"三藩之乱"立下大功；作为廉吏，他"誓绝一钱"，甘愿清贫；作为学者，注重真才实学。后人以"好人、清官、学者"六字，对他的一生进行了概括。现有魏象枢《寒松堂全集》九卷存世。在编辑《五种遗规》的过程中，陈宏谋把魏象枢所著《庸言》，关于立身行己的内容，编入《训俗遗规》，又从《寒松堂全集》中，把魏象枢关于从政的感悟予以摘录整理，为士大夫居官之鉴，并对魏象枢的为人进行了极高的评价："先生学问，以不欺为本，故胸次光明，议论忼爽。足以破流俗之惑，而振委靡之气，诚居官至言哉。"

魏象枢是清初誉满朝野的第一大谏臣清官。作为一个中央的纪检监察官员，为官地位最高时，曾掌司百官法纪的都察院左金都御史，又任从一品秩刑部尚书。手握大权时，他"誓绝一钱"，甘愿清贫；作为学者，他注重真才实学，主张经世致用。本书选录的虽然是作者从为官角度提出的官员戒律，但更多的是关于做人的原则。他提出士大夫为官的第一要义是"不欺"，勿欺于天，也勿欺于人，要真信做真事，即"执事廉介自持，肝肠如雪"，要求做事要留有余地，提出"但宽一步常无失，每积三分定有余"，"成德每在困穷，败身多因得志"，等等。

刘德新《余庆堂十二戒》：人兽关头，只争一念

人之所重者身，身之所处者世。六尺之躯，块然于天地间，位置果于何等。是非加意防闲，兢兢自守，鲜有不失足深坑，流为小人之归者。人兽关头，只争一念；白圭之玷，可不凛钦！

一戒恃才

语曰："美女不病不娇，才士不狂不韵。"此非君子之言也。美女何以病？怯其美而为柔怯可怜之状，故病也。才士何以狂？逞其才而为宕轶不羁之行，故狂也。此岂贞女正人之所为？而世乃以是为诩诩哉？美女而有幽闲贞静之仪，乃以全其美也；才士而有沉潜渊默之气，乃以成其才也。吾于世之所称为才者，不能无议焉。夫才之实不易言也，才之名不易副也。古大贤圣，如虞之五臣周之十乱，孔子乃以才目之。而今人岂有其千百之一二耶！而何以言才耶！即曰以一才一艺论也，则是如财赋、如兵戎、如礼乐、如刑名，凡人之诸乎是者皆才也。而世之论才者，又不以是。盖不过以文章之一事言耳。夫持三寸管，以摘纸上之空言，亦何益于天下事。而乃以是为才且自恃耶。且其以是文章之才自恃者，又未必真有是文章之才也。为制艺者，少知属比偶，即自负曰："吾茅归矣，吾王瞿矣。"为古文者，少知工铺叙，即自负曰："吾韩欧矣，吾秦汉矣。"为近体古风者，少知媲青白、别仄平，即自负曰："吾李杜矣，吾陶谢矣。"好大言，沽虚誉，此近世之通病也。吾闻之，司马光与人不言政事而言文章，欧阳修与人不言文章而言政事。夫有其才者且不矜，而乃无是才以妄自炫耶。里妇效西施之颦，而自曰美女；鲰生学子建之步，而自曰才士。吾恐不足当旁观者之粲然一笑也。

一戒挟势

有喻以势之可恃者，曰爇火风上，以烧风下之草，莫之能返也。投石山巅，以击山底之人，莫之能拒也。予即以势之不可恃者。喻曰：仆于平壤者，不必尽折足也。若踬高山之脊，则糜矣；蹶于行潦者，不必尽濡首也，若坠大河之浒，则没矣。呜呼！世之名家贵胄，高爵巨官，其席祖父阀阅之势，以及据一己赫奕之势者，皆蹑履高山之脊，

（清）俞樾隶书八言联：石气长清花姿自润，诗怀大畅琴德以稣

而荡舟大河之淲也。吾谓其当兢兢然塵登高临深之惧，而以宠荣为惊，以盛满为戒，为求无至于山之蹶河之坠而罹彼糜骨没身之祸，亦云幸矣。况乃乘顺风负山之便，而遂欲甘心于一日矜已凌人，肆毛鸷之威，报睚眦之怨，以为此蒸火投石之行耶！吾恐器满则覆，碁累则倾。其以之蒸人者，终以自焚也；以之投人者，终以自击也。请以古人论：李勣曰"吾见房杜仅能立门户，遭不肖子孙，颠覆殆尽。"然则祖父阀阅之势其可恃耶！主父偃为武帝所宠，公卿畏其口，赂遗至千金。或谓其太横，偃不悛，后竟以事族。然则一已赫奕之势，其可恃耶！夫祖父之势不可恃，一已之势不可恃，而世之人乃更有要公卿、通宾客，依城托社，援他人之势以恐吓陵轹其乡里之人，如所谓狐假虎威者，抑又何为哉！

一戒怙富

贫者富之反也。今必执向子富不如贫之说为言，无乃论之不近人情，而于经训有悖耶。虽然，富亦何过，顾所以处富者何如耳！富而能散为上，能保次之，最下则怙其富。疏广曰："富者，众之怨也。"夫彼此同间闾，各家其家，各事其事，何嫌何疑，顾独有怨于富者，则何耶？是有由，有无不均，多寡相耀。苟非守贫守道之君子，鲜不生一艳慕心，生一惭愧心。而且心羡其盛者，反口刺其非，耻我之不足者，遂忌人之有余。此恒人必至之情也为富者。当此之际，苟上之不能慕卜式马援之义，输粟分财，以佐国家之急，以赒乡族之艰，次又不能制节谨度，绝其偕心，革其奢习，以求免于罪戾。而顾凭财贿为气势，虎眈狼顾，恣为兼并武断不法之行，以陵铄其内外亲疏之人。夫如是，则众之怨者不将更结为仇耶？揆其猖狂自恃之意，岂不曰权贵可以苞苴请也？官长可以贿赂通也？罪犯可以金粟赎也？纵无礼于若，若将奈我何！呜呼，以是而言，千金之子，不死于市，诚如陶朱公所述矣。然试问朱公，杀人之中男何以卒不赦于楚，而其兄竟以丧归耶？

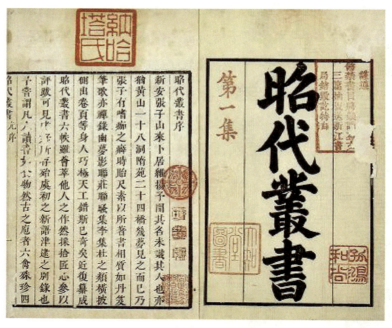

（清）张潮《昭代丛书》，清康熙间诒清堂刻本

一戒骄傲

予尝读《易》至"谦"卦而有感也。《易》之为卦六十有四，其吉凶悔吝错，见于六爻者比比是也。独"谦"则六爻皆吉焉，"谦"之时义诚大矣哉。夫知谦之吉，则反乎谦之悔吝凶可无问也。世之人昧

于此义，乃故存一自先自上之心，而发之以不肯后人、不肯下人之气，而恣睢睥睨之态出焉。此其为类有二：一则以势自雄，谓人既在吾后，吾自宜先之，人既在吾下，吾自宜上之。此所谓富贵者骄人，以尊傲卑者也。一则以才自命，谓我虽在彼后，而有所以先之者，我虽在彼下，而有所以上之者。此所谓贫贱者骄人，以卑傲尊者也。吾以为是二者皆过也。以势自雄，此非善居其势者也。以才自命，此亦非善用其才者也。吾且不述三代以后之为骄傲败者，而述三代以前之为骄傲败者。今之人孰不知丹朱为不肖子耶，孰不知鲧为凶人耶，然亦知丹朱与鲧之所以为不肖子为凶人耶，尧咨若时，而放齐以朱对，咨俾乂而四岳以鲧对，是朱与鲧之在当日，必皆具有绝人之才，为众所推许者也。然朱终以嚚讼不获嗣位，而鲧终以方命圮族绩用弗成见殛，遂得不肖子凶人之名，使后世传之，几不知其为何如恶劣人。然则骄傲之为害，一至是耶。嘻！谦受益，满招损，此不易之理也。人奈何甘受其损，而不自求其益也？

（清）傅山行书六言联：性定会心自远，身闲乐事偏多

一戒残刻

吾读班氏《酷吏传》，于他人不为齿，而窃喟然叹惜于严延年

也。昌邑之变，延年抗疏，谓擅废立，无人臣礼，君子韪之，以为烈比夷齐。且考其生平，亦廉正无私，是延年固汉臣中之不多见者。乃以疾恶太严，过行杀戮，竟被祸如其母氏之言。而史氏遂以之与宁成尹赏辈，同类并讥，万世播恶声焉，则甚矣。残刻之行为能杀人身而败人名也。间尝推原其故，盖天地以生万物为心，人之仁慈好生者，顺天地之心者也，故降之以福；人之残刻好杀者，逆天地之心者也，故降之以祸。以好生得生，以好杀招杀，理有固然，事所必至，亦何惜乎延年之身名俱丧耶！或者曰：信如是，则世之为官吏者，将必出重囚翻大狱，以行所为阴德事，而因觊于驷马三公之报耶？予曰：非是之谓也。法不可以不守也，情亦不可以不原也。彼有可杀之道，而吾必生之，是谓纵有罪，彼有可生之道，而吾必杀之，是谓贼不辜。然则，贼不辜，不甚于释有罪耶？善乎欧阳氏之言曰："求其生而不得，则死者与我俱无憾也。"此真仁人心也。然吾以为，欲制残刻之行于当官，当养仁慈之心于平日，何则？屠之门无仁人，岂其性固然，习使之也。古之人，于无故而伐一木、杀一兽，拟之曰不孝，斯盖绝其忍心之萌，而以成其不忍人之德也欤。

一戒放荡

子夏曰："大德不踰闲。小德出入可也。"儒者犹病其言，以为观人则可，自律则非。盖圣贤之道，慎小谨微，以求寡过。虽一举足一启口，亦不敢轻且易，而谓何事可荡轶于礼法之外耶？不谓世之恣纵者，匪惟小有出入，抑且大闲罔顾焉。厌为绳尺所拘，耽习夫猖狂不羁之行，往往曰："礼非为吾辈设也，吾游方之外也。"揆其意，岂不以昔之七贤八达辈为口实耶？然亦思此七贤八达辈为何如人耶？虽其中，不无因世之变，有托而逃，为混迹尘埃以自匿者，而要其越闲败检、得罪名教者，固比比矣。或以废君臣之义，或以绝母子之恩，或以溃男女之防，而且诩诩然相推曰"此贤也达也"，因之一倡万和，而天下之风俗由是坏，而天下之纪纲由是隳，晋室败亡之祸实出于此。君子深痛其祸，而究其为厉之阶，谓其罪浮于桀纣，而顾可真以是为贤且达耶？或曰：晋人既不可学，则必师宋人矣。清谈之放，道学之迂，一同耳。放差能乐，迂徒自苦，亦何必舍此取彼为？予曰：苦乐固别，福祸亦殊。礼者。古所制也；法者，今所守也，尔弃礼，不惧败矩度；尔蔑法，不惧罹罪辜耶？楚子将出师，入告夫人邓曼曰："余心荡。"曼曰："王禄尽矣。盈而荡，天之道也。"楚子果卒于师。夫荡于心，为死亡之兆，则荡于身者，又当何如也？然则儒者主敬之学，固养心之道，而实保身之道也欤。

一戒豪华

语云：德过百人曰豪。是豪之为名，以德称也。又云：和顺积中，英华发外，是华之为义亦以德著也。洵如是，亦何恶于豪，而为之戒哉？而不知此古人性分之谓，非今人势分之谓也。今人所矜为豪，多在驾高车、驱骃马，意气扬扬自得之间，而所艳为华，亦不过崇轮奂、美裘裳，以照耀于闾阎市井中已耳。此非范质所讥为纵得市童怜，还为识者鄙者耶？吾且不论此虎皮羊质、玉外珉中，见讥于有道长者，而窃为若人瞿瞿有祸福之惧焉。何以见其然也？人心好胜，天地忌盈，豪过则灭，华甚则竭，此必至之势也。不思古人宫成缺隅、衣成缺衽之义耶？试取从来之最豪华者论，富莫过于石季伦、李赞皇，季伦以人臣与贵戚斗富，虽以天子佐助之，犹为之诎。赞皇饮食珠玉之奉过于王者，然一则为孙秀所收，一则有岭南之窜，卒不克以免其身焉，岂非其暴殄之行有干天道故耶！夫以季伦之文章、赞皇之勋业，犹且至是，况在区区辈耶。诸葛武侯云："淡泊以明志，宁静以致远。"吾于其言有感。

一戒轻薄

尝读《苏子瞻传》有云："嬉戏笑骂，皆成文章。"在作传者，葢以是为之称也，而不知其一生受祸之本正坐此。何则？苏子以雄视百代之才，不能沉潜静默，以养成其远大之器，顾以笔墨为玩弄。当时之人，撅拾其九泉蛰龙之辞，而必置之死地，安知非受其侮辱者，而假此以为报复耶？此亦不厚重之祸也。予即以是类，著之为世之轻薄子诫焉。虽轻薄之事，予亦不能觏举，而所最忌者三：一则勿以己之少慢人之老也，无论近父近兄，礼宜尚齿，即以人生百年计之，自少至老，旦暮事耳，今日红颜之子，不即他日白头之翁耶？况寿夭不齐，安知不老者犹存，而少者或没耶？杨亿少入禁掖，每侮其同官之老者，一人曰："老终留与君。"一人曰"莫与他，免为人侮。"杨后未艾而卒。此以少慢老轻薄之可戒者也。一则勿以己之长晒人之短也。天下事吾所知能者，不胜所不知不能者，顾于人所不知不能者晒之，曷亦自反而计吾所知能者几何耶？温庭筠谒时相，相询以故实，温曰："事出《南华》，非僻也。冀相公燮理之暇，姑宜稽古。"时相薄其人而恶之，温卒不获一第。此以长晒短轻薄之可戒者也。一则勿以己之全，笑人之缺也。大凡形体不全之人，其讳护为最重，我故为玩其所不

（清）汤贻汾行书七言联：奇书古画不论价，山色江声相与清

足，以中其所忌，鲜有不深激其怒者。郤克与鲁卫诸臣使于齐，其形各有所缺，齐以其类为迎，且令妇人帷观之。克大怒，誓以必报，后卒有鞌之师。此以全笑缺轻薄之可戒者也。若引而伸之，触类而长之，其于轻薄之行，不思过半哉。

一戒酗酒

《传》有曰："兵犹火也，不戢将自焚。"吾即以酒犹兵也，不弭将自杀。吾今戒若以勿崇于饮，但袭取前人之言曰"内丧若德，外丧若仪"云云也。若或德仪之不恤，将有迂吾言而褎然笑者，吾且不为若德计，若仪计，而为若性命计。若当群然举白，鲸吸自豪，岂不曰"吾求一醉之为快也"。而不知醉中之祸，有不可胜言者。若之量为酒所胜，颓然而倒，不知天之高、地之厚，非梦如梦，非死如死。吁！危矣。迨至梦幸得觉，死幸得苏，而宿醒所苦，呕心吐肝，辄为作数日恶。夫吾人之身，寒暑燥湿之不克当者，宁堪经此摧折耶？即若之量不为酒所胜，而不能不为酒所使。酒胜则气麤，气麤则胆壮，喜而狂呼大笑，已可丑也。况一有所触，然而怒，非言可劝，非力可排，因而骂座行殴，杯盘之地，顿成戈矛之场。其以之得亡身丧家之惨者，盖比比也。是知酒弱者祸迟，酒强者祸速，然迟速皆祸也，弱与强皆无一可者也。呜呼！人之湎于酒者，纵不恤若仪，独不恤若性命耶！

一戒赌博

事之有益于人者，虽古凶人之所遗，吾亦有取焉。若鲧之城、桀之瓦是也。事之无益于人者，虽古圣人之所遗，吾亦无取焉，如尧之奕、老之樗蒱是也。夫以无益而不取，况乎其有害耶！旧事相沿，新机递创，浸假而有掷骰打叶之戏，浸假而有混江马吊之名。且昔人以之适性情者，今人以之规财贿，而赌博之事纷出焉。予尝曰：小人而赌博，盗之媒也；君子而赌博，贪之囮也。曷言之？夫赌博以求利，断未有能得利者。胜者什之一，负者什之九，此所谓乞头而外，无赌钱不输之方也。乃负矣，而必求一胜，再负矣，而又必求一胜，再三再四之不已，卒之有负无胜，则吾赀以罄，吾债以积，而吾心益以热。则凡苟可以得财贿者，将何所不至哉！吾故曰"此盗之媒，贪之囮也"。而世之人或有甚吾言者曰："吾辈之为此也，虽不无金钱之注，然岂真以规财贿耶？不过为适性情故耳。"纵百万一掷，曾无芥蒂于胸中。而乃一以为盗媒，一以为贪囮，且君子与小人同讥耶？而不知更不然，事不可以或废也，时不可以或失也。孔子之贤博奕，所以甚言不用心之不可耳，岂真以为贤耶？以可用之心，而用之不可用之物，则误用之心，与不用正相等。况身列士大夫之林，而可为此牧竖小人之事耶？而且心术以此坏焉，何也？觊觎之念一动，则必弄机关。而且体貌以此亵焉，何也？计较之心太明，则必起争竞。而且身命以此轻焉，何也？胜负之情正切，则必忘饮食、废寝眠。以是而言，非所谓不徒无益而又害之者耶！夫不为其有益而无害者，而为

（清）戴震篆书七言联：论古姑舒秦以下，游心独在物之初

其无益而有害者，适足以见其人之愚，而自贻伊戚也。噫！

一戒宿娼

世之荡轶子，出入于狎邪青楼中，而以风流自命。或有绳尺之士，过而讥之，彼且曰：吾不钻穴隙相窥、踰墙相从，自觉贤于尾生、相如远矣。寻常以金钱买歌笑，于阴骘何损？于名教何伤？而乃过为律耶？子曰：是大不然。夫语以可否而不悟者，语以利害未有不悟者也。若亦知夫倚门跕屣者之为何如人耶？凡人之大无耻者，必其大无情者也。彼以一人身为千万人传妻之身，朝送秦人，暮迎越客，其以前日陪欢于人者，今日陪欢于我，即知其以今日结爱于我者，异日更结爱于人也。彼为假情之娱，我为真情之认。我作有情之痴，彼作无情之黠，吁！亦愚矣。况且以是荡吾赀、败吾名、祸吾身。夫人之拥有厚赀者，岂无自而来？是非祖父积累之所贻，必吾身筋力之所致也。而顾荡诸有情无情之场，是何异取箧中金而掷之于水耶？且使为此狂夫浪子之行，而无贻辱于父母也，无贻讥于乡党也，或无害，有此行乃父母恶之矣，乡党贱之矣，亦何苦而出于此耶？更虑者，铅华香腻之地，实垢污凝渍之乡也，中其秽浊即成恶疾，已成恶疾便为废人。斧斤酖毒之祸，当未必烈如此。人生实难，而顾可自促其死哉！嗟乎，人之出入于狭邪青楼中者，闻吾言，亦可以猛然省矣。

《檀几丛书》

注解

刘德新，字裕公，清朝浚县知县，辽宁开原县人，生卒年不详，大致生活于清康熙年间。生于官宦之家，其父功勋卓著。刘德新科举不第，以父功为荫生。清嘉庆《浚县志·循政记》记载，刘德新"性清静，好黄老术，政暇辄披道士服"。自康熙八年（1669年）始任浚县知县，康熙十一年（1672年）调至淇县任知县，后于康熙十四年

（1675年）底又调回浚县继续任知县，前后共知浚县八年。康熙十八年（1679年）升任浙江金华府同知，先后任江西吉安府知府、浙江温州府知府及陕西直隶兴安府知府。刘德新在浚县任知县时，造县署，修县志，广施惠政，为民所爱戴。

本书包括十二个方面的内容，要求人们戒妄念、戒恃才、戒挟势、戒怙富、戒骄傲、戒残刻、戒放荡、戒豪华、戒轻薄、戒酗酒、戒赌博、戒宿娼，这十二戒都具有针对性，而且也是人们经常犯忌的问题。作者通过讲道理、讲利害，告诫人们妄念、恃才、挟势、嫖娼、酗酒等造成的恶果，最终导致身败名裂，并且以历史上的典型案例作为鉴戒。

史洁珵《德育古鉴》：千罪百恶，皆从傲上来

谷子云："口可以饮，不可以言。"是制之使不言也。程明道云："德进，则言自简。"是自然能寡言也。朱晦翁云："觉言语多，便检点。"是言而可不至失言也。昔人谓人生丧身亡家，言语占了八分。贺若弼父敦为宇文护所害，临刑，呼弼谓之曰："吾以舌死，汝不可不思。"因引锥刺弼舌出血，诫以慎口。人之爱子，常有过于爱其身者，但逊此毋几先之识耳！

何慎吾曰："凡恶之初作，只缘一念之差，未必不可劝禁；恶之既炽，犹有一念之明，未必不可解救。但世每拒绝如雠，而渠亦趋死如骛。及沦罔赦，悔恨无及。任世道之责者，所当引为己辜，奚啻怜悯而已也。若善则人我所同得，人每妄分彼此。高者惟欲善自己出，卑者亦不欲善自人行。甚有诬词以抵瑕，阴计以败美者矣！亦知乐人善

者之为善更多乎？矧能乐善者，不独诱掖于事始，奖劝于当机，善自我成者，为吾善也。即彼之善已完满，吾力能登吁，固以发潜德之光，即言可播扬，亦以鼓好修之趣，使已善者益者益加坚信，未善者闻风兴起。与人为善，君子之所以大哉！"

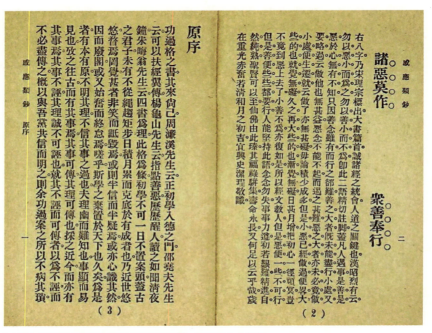

（清）史洁珵《德育古鉴》（《感应类钞》），民国二十八年版

王阳明先生有云："大凡朋友固以责善为贵，然必箴规指摘处少，诱掖奖劝意多，方是。"先辈又云："语人之短不曰直。"深足破人似是而非之见。

文征明，性不喜闻人过，有欲道及者，必巧以他端易之，使不得言。终其身以为恒。

昔马伏波诫兄子曰："吾愿汝曹闻人有过，如闻父母之名，耳可得闻，口不可得而言也。"至龟山杨先生则曰："口固不可得而言，耳亦不可得而闻也。"与衡山所操，同出一头地。又先辈有云："捏造歌谣，非惟不当作，且不当听。徒损心术，长浮风耳！若一听之，则清净田中，亦下一不清净种子矣！"此言最为入微。

祝期生，好讦人短，又好诱人为非。人有貌陋者，讥笑之；俊美者，调嘲之；愚昧者，诳侮之；智能者，评品之。贫者，鄙薄之；富者，讪谤之。官僚讦其阴私，士友发其隐曲。见人奢侈，誉为豪士；见人狠毒，赞为辣手。人谈佛理，目为斋公；人谈儒行，嗤为伪学。人言一善言，则曰："渠口中虽如此，心上未必如此。"人行一善事，则曰："这件事既做，那件事如何不做？"乱持议论，颠倒是非。晚年忽病舌黄，必须针刺出血升许乃已。一岁之间，发者五七次，苦不可言。竟至舌枯而死。姚若侯曰："嗟乎！期生之舌，美舌也。使竭其舌才而善用之，必能宣扬大教，劝化无边。其舌上青莲花，且弥天盖地矣！天生美才，何可易得，而竟以枯死，惜哉！夫舌有二业：恣杀物命，以供饕餮，是谓入业；恶言邪论，惑人害人，是谓出业。然入业犹曰有味存焉；若出业，则吾不知其味之所在矣！"

陈寔，字仲弓，平心率物，乡人争讼，辄求叛正。寔为谕以曲直，开以至诚，皆感动至曰："宁为刑罚所加，毋为陈君所短。"有盗夜入其室，止于梁上。寔阴见不发，呼之孙训曰："人不可不自勉，不善之人，未必本恶，习以成性，遂至为非。梁上君子是矣！"盗惊，投地规罪。寔徐譬之曰："视君状貌，不似恶人，宜深克己反善，此当由贫困。"遗绢二疋以归。自是邑无盗者。

勤得本分所有，不勤并失本分，可以消经营者之妄心，又非怠纵者可借口，天命人事，两得其平。陆象山教家，每晨挝，三挝鼓，子弟一人唱云："听、听、听！劳我以生天理定。若还懒惰必饥寒，莫到饥寒方怨命。"又唱云："听、听、听！衣食生身天付定。酒肉贪多折人寿，经营太甚违天命。"二训相参，真治生不易之理。陈几亭云：

"俗子治生，精明之处多是刻，宽厚之处多是昏。若能琐屑不较，而不失精明，泾渭了然，而务从宽厚，虽曰治生，抑亦通于学矣！"又云："贫者多高，富者多劣，亦为古高隐而概言之也。其实，家业日落，未必贤；产殖渐滋，未必不肖。如公子荆日增一日，勤俭所致，无损于品。若汰侈成性，入不供出，堕尽祖宗之业，弥彰其不肖耳。岂得自附于洒落，以不问家人生产为高致耶？"（愚按凡所贵于有财者，为其能用财也，毋庸视财太重，亦毋庸视财太轻。视太重者，必欲藏之朽蠹，是为守财；视财太轻者，一径荡费浪用，是为弃财。然凡彼荡费浪用者，一使之济人利物，却又不胜吝惜也。以此自负轻财，其惑不益甚乎？）

范文正公尝曰："吾每夜就寝，必计一日奉养之费，及所为之事。若相称，则熟寐；不然，终夜不能安枕，明日必求以称之者。"勋名德业，卓越古今。

（清）姚鼐行书七言联：家有素风惟孝友，世贻清泽在诗书

嗟乎！尽如公所云，吾人盍粥亦岂能消也耶？天下农工商贾之子，无不自食其力，而我辈泛泛一编，饱食终日，劳心劳力，两无所居。外既不能有益于时，内断不可有歉于己，端修清操，质之衾影而无惭，庶几亦是一种消食方法。先辈格言云："受享知惭愧。"能知惭愧者，差可受享矣，自不敢厚享矣！又公在杭州，子弟知其有退志，乘

间请治第洛阳，树园圃，为逸老计。公曰："人苟有道义之乐，形骸可外，况居室哉！吾今年踰六十，乃谋治第，顾何时而居乎？且西都士大夫园林相望，为主人者莫得常游，而谁独障吾游者？岂有诸己而后为乐耶？"

人俱以有诸己为乐，应只乐有诸己耳，未必能实享其乐也。白乐天诗云："多少朱门锁空宅，主人到老未曾归。"公言："为主人者莫得常游，谁障吾游者。"正笑尽此辈；而公之园林，直无边无界矣！本分俭啬中，煞甚潇洒快活也。

赵普将营西第，遣人于秦陇市良材数万。及第成，普时为西京留守，已病矣。诏诣阙，将行，乘小车一游第中，不再来矣！陈升之治宅润州，极宏壮。宅成，疾甚，惟肩舆一登西楼而已。极力经营，何用哉？

胡九韶，金溪人，造诣洁修。家甚贫，课儿力耕，仅给衣食。每日晡时，焚香九顿首，谢天赐一日清福。妻笑曰："一日三餐菜粥，何名清福？"九韶曰："吾幸生太平之世，无兵祸。又幸一家骨肉不至饥寒。三幸榻无病人，狱无囚人。非清福而何？"

邵尧夫先生云："无疾之安，无灾之福，举天下人不为之足。"至哉言也。布衣粝食，妻子相保，则恨不富贵。一旦祸患及身，骨肉离散，回想布衣粝食、妻子相保时，天上矣！聪明强健，则恨欲不称心，一朝疾病淹缠，呻吟痛苦，回想聪明强健时，天上矣！语云："上方不足，下方有余。"谚曰："别人骑马我骑驴，仔细量百不如。回头只一看，又有赤脚汉！"人能常作如是观，则无入而不自得矣！

司马君实曰："呜呼！大贤之深谋远虑，岂庸人所及哉？御孙曰：'俭，德之共也。侈。恶之大也。'共，同也，言有德者皆从俭来也。夫俭则寡欲。君子寡欲则不役于物，可以直而行；小人寡欲，则能谨身节用，远罪丰家。故曰：'俭，德之共也。'侈则多欲。君子多欲，则贪慕富贵，枉道速祸；小人多欲，则多求妄用，败家丧身。是以居官必贿，居乡必盗。故曰：'侈，恶之大也。'"

无福消受，斯不可享用。然则将为守钱儿乎？曰：积德以益福而已矣！盖格之所云俭者，非鄙啬之谓也。鄙啬之极，必生奢矣。固有祖宗锱铢积之，而子孙泥沙用之者矣。大凡人生而有些钱财，亦是前生种下些福分，不可不自惜，而又不可不自用。其米菽不舍，非惜也；骄奢暴殄，非用也。窦禹钧家无金玉之饰、衣帛之妾，而赖以全活者不可胜数，斯真为善惜！斯真为善用！前辈有诗云："忽闻贫者乞声哀，风雨更深去复来。多少豪家方夜饮，欢娱未许暂停杯。"嗟乎！岂特欢娱也。甚而腹胀膨脝，呕吐秽藉，思得少减涓滴而不能也。故有富人一盘飧，足供贫人七日饱者矣；一席宴，足供贫人终岁食者矣！究之一人之下箸，曾无几何，而谐狎之饕餐，婢仆之狼藉，总折算其一人之禄食也；何如少存节省，多作几年享受，旋行施济，以留与子孙领用乎？昔甘矮梅先生通五经，从学甚众，其徒有为御史者谒之，留之馔，唯葱汤麦饭而已。因口占一诗云："葱汤麦饭暖丹田，麦饭葱汤也可怜。试向城头高处望，人家几处未炊烟。"噫，意深矣！

司马温公尝自言："吾生平无他过人，但未尝有一事不可对人言者。"刘安世尝学于公，求尽心行己之要。公教之以诚，且令自不妄语始。

妄语一事，极不可解。人于有关系处说谎，还是有意欺人；乃寻常说话，最没要紧事，亦偏带几分虚头。想来甚是无谓，却不觉口中道出，自非实曾用力，诚未易免也。

范忠宣公纯仁，每戒其子曰："人虽至愚，责人则明；虽有聪明，恕己则昏。人但常以责人之心责己，恕己之心恕人，不患不到圣贤地位。"有友请教于公，公曰："惟俭可以养廉，惟恕可以成德。"

邝子元曰："恕之一字，固为求仁之要；量之一字，又为行恕之要。学量之功何先？曰：穷理。穷理则明，明则宽，宽则恕，恕则仁矣乎！"

韩忠献公尝言："君子小人之际，皆当诚以待之。知其小人，但浅与之接耳。"凡人于小人欺己处，必露其明以破之。公独不然；明足以照小人之奸，然每受之，未尝形于色。此种局量，非大学问不能。然全身远怨之道，无出于此。

《尚书》云："必有容，德乃大。必有忍，事乃济。"一毫之拂，即勃然怒；一事之违，即愤然发，是无涵养之力，薄福之人也。故曰：觉人之诈，不形于言，有无限余味。

薛文清公有云："辱之一字，最为难忍，自古豪杰之士多由此败。"尝考王昶戒子云："人或毁己，当退而求之于身。若己有可毁之行，则彼言当矣！若己无可毁之行，则彼言妄矣！当则无害于彼，妄则无害于身，又何反报焉？则其道在反己也。"陆文定公云："或非意相加，度其人贤于己者，则我当顺受，待其自悟。其同于己者，大则理遣，小则情恕。（卫洗马曰：人有不及，可以情恕；非意相干，可以理遣。）至不如己者，则以不足较置之。是其道在审人也。"昔贤云："逆我者，只消宁省片时，便到顺境，方寸寥廓矣！"故少陵诗云："忍过事堪喜，斯忍逆之方也。"郑孟发云："有以横逆加我者，譬如行草莽中，荆棘在衣，徐行缓解而已。"云游斋录云："凡有横逆之来，先思我所以取之之故，随思我所以处之之法，潜不动气，而静以守之，则患消而祸远矣！斯处横逆之道也。"合数言，而可无难于涉世矣！

夏忠靖公少时，有人触犯，未尝不怒。初忍于色，中忍于心，久之不觉俱化。故知量亦从学问来。

唐一庵尝语弟子曰："人知颜子'不校'难及，不知一'犯'字学他不来。"弟子曰："何谓？"先生曰："颜子持己应物，决不得罪于人。故有不是加他，方说得是犯。若我辈，人有不是加来，必是自取，何曾是犯？我辈未须学'不校'，且先学到'犯'字。"

高景逸曰："见过所以求福，反己所以免祸。常见已过，常向吉中行矣！自认不是，人不好再开口矣！非是为横逆之来，姑且自认不是。其实人非圣人，岂能尽善？人来加我，多是自取，但宜反求，道理自见。如此，则吾心愈细密，临事愈精详。一番经历，一番进益，省了多少气力，长了多少识见。小人所以为小人者，只是别人不是而已。"

陶侃为广州刺史，在州无事，辄朝运百甓于斋外，暮运于斋内。人问其故。答曰："吾方致力中原，过尔优游，恐不堪事，故自劳耳。"常语人曰："民生在勤。大禹圣人，乃惜寸阴；至于凡俗，当惜分阴，岂可但逸游荒醉？生无益于时，死无闻于后，真自弃也。"

受横受谤，所以降伏火性，为反求诸己地耳。若一径淡漠置之，便易流于悠悠任放；故须竖起脊梁，着实奋励一番，方是君子为己之学。程伊川自省云："农人祁寒暑雨，深耕易耨，吾得而食之，百工技艺，作为器物，

（清）达受篆书七言联：唯大英雄能本色，是真名士定风流

吾得而用之。介胄之士，披坚执锐以守土宇，吾得而安之。无功泽及人，而浪度岁月，宴然为天地间一蠹。"古人云："民劳则思，思则善心生。乐则淫，淫则恶心生。"孟子以饱食暖衣，逸居无教，为近于禽兽。然马牛尚能引重致远，直豢豕而已矣！

从善如登，从恶如崩，古人叹善难而恶易也。朱子云："要做好人，则上面煞有等级。做不好人，则立地便至。只在把住放行之间耳。"攀跻，分寸不得上；失势，一落千丈强。学者可不畏哉？

武林张恭懿公，名瀚，释褐，观政都察院。其时廷相王公为台长，一见即器重公。延坐，语之曰："昨雨后出街衢，一舆人蹑新履，自灰厂历长安街，皆择地而蹈，兢兢恐污其履。转入贯城，渐为泥泞，偶一沾濡，更不复顾惜。居身之道，亦犹是尔；倘一失足，无所不至矣！"公佩其言，终身弗忘。

党过，读南史，东坡因语之曰："王僧虔居建业中马粪巷，子孙笃实谦和。时人称马粪诸王为长者。东汉赞论李固云：'观胡广赵戒如粪土。'粪之秽也，一经僧虔，便为佳号；而比胡赵，则粪有时而不幸。汝可不知乎？"与王公此喻，同一真切微婉，得风人之遗。

张九成初年贫寒，衣衾不备，有送袭衣者，却不受，曰："士当贫苦，正是做功夫持节。若不痛自砥砺，则贪欲心生，廉耻丧矣，功夫何在？"

伊庵权禅师用功甚锐，在昼若未尝与人作一方便，至晚必流涕曰："今日又只怎么空过！"西域有胁尊者，年八十出家，少年诮之。尊者闻而誓曰："我若不通三藏、不断三界欲、得六神通、具八解脱，终不以胁至席。"乃昼则研究教理，夜则静虑凝神，三年悉证所誓。时人敬仰，号为"胁尊者"。

莲池师云："世间即一技一艺，其始学不胜其难，似万不可成者；

若置而不学，则终无成矣。故最初贵有决定不疑之心。虽能决定，而优游迟缓，则亦不成；故其次贵有精进勇猛之心。虽能精进，然或得少而足，或时久而疲，或遇顺境而迷，或逢逆境而堕，则亦不成；故其次贵有贞常永固不退转之心。诚能如此存心，何事不办哉？"

人孰无过，过而能改，乃大贤矣！然如此之决捷勇猛者，实罕其俦。顾泾阳云："李延平，初间是豪迈人，后来琢磨得与田夫野老一般；这便是一个善涵养气质的样子。吕东莱，少褊急。一日，诵《论语》'躬自厚而薄责于人'，平时愊怨，涣然冰释；这便是一个善变化气质的样子。"近闻一朝士，生平善怒，其母与一戒板戒之。怒发，便持此戒板击人。大堪发哂！

李文正昉，丁太夫人忧，起复充职。窦俨责之曰："鱼袋之设，取夙夜匪懈之义。以金为饰者，亦身之华也。子居忧，虽恩诏抑夺，不当有金玉之饰。"文正遽谢不敏，且志于心曰："为人子者，丧礼固非预习，然苟不中礼，非惟有亏名教，亦何面目处缙绅之列乎？固知窦兄真长者也。"

徐存斋阶，由翰林督学浙中，年未三十。一士子文中，用颜苦孔之卓。徐批云：杜撰，置四等。此生将领责，执卷请曰："苦孔之卓，出扬子法言，实非生员杜撰也。"徐起立曰："本道侥幸太早，未尝学问，今承教多矣！"改置一等。人服其雅量。

邵尧夫岁时耕稼，仅给衣食，名其居曰安乐窝，因自号安乐先生。旦则焚香燕坐；晡时酌酒三四杯，微醺即已。兴至，成诗自咏，就事欢然。出游城中，则乘小车，惟意所适。士大夫家识其车音，争相迎候；童稚皆驩，相谓曰："安乐先生至也。"或留信宿，乃去。

君子以太和元气为主，止庵子每教人去杀机，甀瓶子每教人养喜神。乃有无事而忧，对景而不乐，即自家亦不知是何缘故，岂非便是一座活地狱？昔人言："景物何常，惟人所处耳。"诗云："风雨如晦，鸡鸣不已。"原是极凄凉物事，一经点破，便作佳境。彼郁郁牢愁，出门有碍者，即春花秋月，未尝一伸眉头也。

程明道、伊川，各从群弟子同游僧舍。明道与伊川自寺门分道，会于法堂，弟子不觉皆随明道。伊川谓人曰："此是某不如家兄处。"

杨翥，字仲举。笃行不欺，仁厚绝俗，善处人所不堪。邻人作室，檐溜落其家，家人不能平。翥曰："晴日多，雨日少也。"邻人产子，恐所乘驴鸣惊之，即牵驴步行。墓碑为田家儿推扑，墓丁奔告。公曰："儿伤乎？"曰："无之。"曰："幸矣！"语田家："善护儿，勿惧也。"又或侵其址，有"溥天之下皆王土，再过来些也不妨"之句。尝夜梦食人二李。既觉，深自咎曰："吾必旦昼义利心不明，故至此。"不餐者三日。

宋肃王与沈元用，同使北地，馆于燕山悯忠寺。见一唐碑，辞甚骈丽，凡三千余言。元用素强记，即朗诵一再。肃王且听且行，若不经意。元用归馆，欲矜其能，取笔追书。不能记者阙之，凡阙十四字。肃王视之，即取笔尽补所阙，又改元用谬误四五处。置笔他语，略无矜色。元用骇服。语云："休夸我能胜人，胜如我者更多。"信不诬也。

（清）王文治行书七言联：事若可传多具癖，人非有品不能贫

陈几亭曰："君子有二耻：矜所能，耻也。饰所不能，耻也。能则谦以居之，不能则学以充之。君子有二恶：嫉人所能，恶也。形人所不能，恶也。能则若己有之，不能则舍之。"

萧颖士恃才傲物，尝携壶逐胜，憩于逆旅。风雨暴至，有紫衣翁领二童子避雨于此。颖士颇轻侮之。雨止，驺从入，翁上马呵殿而去，始知为吏部侍侍王丘也。明日造门谢罪，引至庑下，坐而责之。复曰："子负名傲物，其止于一第乎？"果终于扬州工曹。

江阴张畏岩，积学能文，有声艺林。万历甲午，乡试无名，大骂试官。有一道者在旁，微哂曰："相公之文必不佳。"张怒叱曰："汝乌知之？"道者曰："闻作文贵心平气和；心气如此，文安得工？"张不觉屈服请教。道者曰："文字固要佳，若命不该中，文虽工，无益也。须要自己做个转变，始得。"张曰："命已不中，如何转变？"道者曰："造命者天，立命者我。力行善事，

（清）杨晋《湖山高隐图》

广积阴功，而又加意谦谨，以承休命，何福不可求哉？"张曰："我贫士也，安得钱来行善事、积阴功乎？"曰："善事阴功，皆由心造。常存此心，功德无量。且如谦虚一节，并不费钱；如何不自反而骂试官乎？"张自此感悟，折节好修，丁酉果中式。

袁了凡曰：举头三尺，决有神明；趋吉避凶，断然由我。须使我存心制行，毫不得罪于天地鬼神；而虚心屈己，使天地鬼神时时怜我，方有受福之基。俗云："有志者事竟成。"盖人之有志，如树之有根，立定此志，须念念谦虚，处处方便，自然感动天地鬼神而造福由我。今之求登第者，初未尝有真志，不过一时兴到耳！兴到则求，兴阑则止。孟子曰："王之好乐甚，则齐其庶几乎！"予于举业亦云。

《易》曰："天道亏盈而益谦，地道变盈而流谦，鬼神害盈而福谦，人道恶盈而好谦。"故"谦"之一卦，六爻皆吉。王文成公示子正宪曰："今人病痛，大段是傲。千罪百恶，皆从傲上来。傲则自高自是，不肯屈下人。象之不仁，丹朱之不肖，皆只是一'傲'字，便结果了一生。汝曹为学，先要除此病根，方才有地步可进。傲字，反为谦，'谦'字便是对症之药。非但是外貌卑逊；须是中心恭敬，撝节退让，常见自己不足，真能虚以受人。尧舜之圣，只是谦到至诚处，便

（清）梁同书行书七言联：物不求余随意
足，事如能省即心清

是允恭克让、温恭允塞也。汝曹勉之！"其毋若伯鲁之简哉！

男女之防，人易蔑之。鬼神在旁，吾能不畏之哉？凛凛数言，可为闇室箴铭。

姚若侯曰：嗟乎！"不可"二字最难，诚难矣哉！旅客卧帷帐之间，美人灯月之下，漏长烛短，境冷情温，难矣哉！无他，忍而已矣！坚忍而已矣！狠忍而已矣！饥不乞虎餐，渴不饮酖酒。陈生之初曰"不可"也，忍之说也。两斗夺刀，血流不解；败军夺路，中箭不回。陈生之连曰"不可、不可"也，坚忍之说也。蝮蛇螫手，状士断腕；毒矢着身，英雄刮骨。陈生之大呼"不可"二字最难也，狠忍之说也。

《感应类钞》

注释

此书由康熙年间学者史洁理编写，原名《感应类钞》，后更名《德育古鉴》。书中以翔实的历史故事，从孝顺、和睦、慈教、宽下、劝化、救济、交财、奢俭、性行、敬圣和存心等方面，阐述了祸由我作、福自己求的道理，以此引导世人转恶为善、转迷为悟、转凡成圣。其核心思想是"惟德动天，惟善为宝，惟谦受福"，读此书，可以起到近报自己、远利子孙的效果，实为今人修身立命之必读、传授子孙之必备。本书初刊于康熙年间，继刊于乾隆年间。其后，聂缉椝（晚清封疆大臣）曾于光绪年间重刊此书。民国时期，聂其杰（聂缉椝之子）曾将此书更名为《德育古鉴》，大量刊印流通。

作者编写本书的目的在于使人向善修身，洁身自好，作者在序言中写道："盖古之君子，未有不从绳趋矩步，日积月累，而克底于有成者也。乃近世悠悠，瞀焉罔觉，甚者非笑而诋毁焉。或则半信而半疑焉；或亦心识其然，因循而废阁；或又始奋而终怠焉。嗟乎！斯学之弃置于天下也久矣！为是者有本有原，不明其理、不信其事之过也。夫理，幽而难知也；事，显而易见也考之往古，而有其事焉。其事可传，其理可传也。采之近今，而亦有其事焉。其事不诬，其理诚不可诬也。就其不诬而可传者，以为不诬，而不必尽传之。概以与吾党共信而明之，则余功过案之辑，所以不病其琐，而又不虞其漏也。"同时，参照袁黄《了凡四训》的主题和体例，认为恶有恶报，善有善报，"鬼神在上，本心难欺。入圣入禽，无非在我。为善纵未必得福，世无可不为之善；为恶纵未必得祸，世无可为之恶。而况为善则必得福，而可有不为之善；为恶则必得祸，而可有或为之恶耶！凡我人斯，庶共勉之。"书中列举的历史典故，可谓"指点善恶，历历醒人，读之如闻清夜钟。"但此书也有一些荒诞不经的迷信内容，包括因果报应之类，这是读者阅读时需要注意的。

张英《聪训斋语》：人生必厚重沉静，而后为载福之器

圣贤领要之语曰："人心惟危，道心惟微。"危者，嗜欲之心，如堤之束水，其溃甚易，一溃则不可复收也；微者，理义之心，如帷之暎灯，若隐若现，见之难而晦之易也。

人心至灵至动，不可过劳，亦不可过逸，惟读书可以养之。每见堪舆家，平日用磁石养针，书卷乃养心第一妙物！闲适无事之人，镇日不观书，则起居出入，身心无所栖泊，耳目无所安顿，势必心意颠倒，妄想生嗔，处逆境不乐，处顺境亦不乐。每见人栖栖皇皇，觉举动无不碍者，此必不读书之人也。古人有言："扫地焚香，清福已具。其有福者，佐以读书；其无福者，便生他想。"旨哉斯言，予所深赏！且从来拂意之事，自不读书者见之，似为我所独遭，极其难堪。不知

古人拂意之事，有百倍于此者，特不细心体验耳。即如东坡先生殁后，遭逢高、孝，文字始出，名震千古，而当时之忧谗畏讥，困顿转徙潮、惠之间，苏过跣足涉水，居近牛栏，是何如境界？又如白香山之无嗣，陆放翁之忍饥，皆载在书卷。彼独非千载闻人，而所遇皆如此。诚壹平心静观，则人间拂意之事，可以涣然冰释。若不读书，则但见我所遭甚苦，而无穷怨尤嗔忿之心，烧灼不静，其苦为何如耶！且富盛之事，古人亦有之，炙手可热，转眼皆空。故读书可以增长道心，为颐养第一事也！

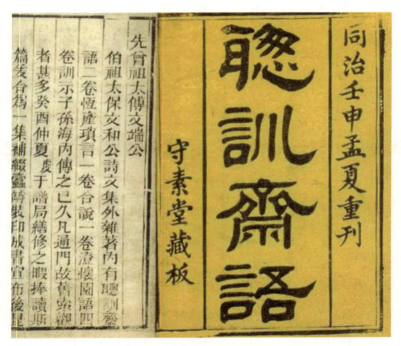

▍（清）张英《聪训斋语》，清同治壬申年刻本

圣贤仙佛，皆无不乐之理。彼世之终身忧戚、忽忽不乐者，决然无道气、无意趣之人。孔子曰："乐在其中"、颜子不改其乐，孟子以不愧不怍为乐；《论语》开首说"悦""乐"，《中庸》言"无入而不自

得"，程朱教寻孔颜乐处，皆是此意。若庸人多求多欲，不循理不安命，多求而不得则苦，多欲而不遂则苦，不循理则行多窒碍而苦，不安命则意多怨望而苦。是以跼天蹐地，行险徼幸，如衣敝絮行荆棘中，安知有康衢坦途之乐？惟圣贤仙佛，无世俗数者之病，是以常全乐体。香山字乐天，予窃慕之，因号曰"乐圃"。圣贤仙佛之乐，予何敢望？

窃欲营履道，一丘一壑，仿白傅之"有叟在中，白须飘然"，"妻孥熙熙，鸡犬闲闲"之乐云耳。

予拟一联，将来悬草堂中："富贵贫贱，总难称意，知足即为称意；山水花竹，无恒主人，得闲便是主人。"其语虽俚，却有至理。天下佳山胜水、名花美箭无限，大约富贵人役于名利，贫贱人役于饥寒，总无闲情及此，惟付之浩叹耳。

古人以"眠""食"二者为养生之要务。脏腑肠胃常令宽舒有余地，则真气得以流行而疾病少。吾乡吴友季善医，每赤日寒风，行长安道上不倦。人问之，曰："予从不饱食，病安得入？"此食忌过饱之明征也。燔炙熬煎香甘肥腻之物，最悦口而不宜于肠胃。彼肥腻易于粘滞，积久则

（清）傅山行书十一言联：浩博旁通，诗书上都不许俭；雍容薄忍，衣食边单用个勤

腹痛气塞，寒暑偶侵，则疾作矣。放翁诗云："倩盼作妖狐未惨，肥甘藏毒鸩犹轻。"此老知摄生哉！

炊饭极软熟，鸡肉之类只淡煮，菜羹清芬鲜洁渥之。食只八分饱，后饮六安苦茗一杯。若劳顿饥饿归，先饮醇醪一二杯，以开胸胃。陶诗云"浊醪觥劬饥"，盖藉之以开胃气也。如此，焉有不益人者乎？且食忌多品，一席之间，遍食水陆，浓淡杂进，自然损脾。予谓或鸡鱼之类，只一二种饱食，良为有益。此未尝闻之古昔，而以予意揣当如此。

安寝，乃人生最乐。古人有言："不觅仙方觅睡方。"冬夜以二鼓为度，暑月以一更为度。每笑人长夜酣饮不休，谓之"消夜"。夫人终日劳劳，夜则宴息，是极有味，何以消遣为？冬夏，皆当以日出而起，于夏尤宜，天地清旭之气，最为爽神，失之，甚为可惜。予山居颇闲，暑月，日出则起，收水草清香之味，莲方敛而未开，竹含露而犹滴，可谓至快！日长漏永，不妨午睡数刻，焚香垂幕，净展桃笙。睡足而起，神清气爽，真不啻天际真人！况居家最宜早起。倘日高客至，僮则垢面，婢且蓬头，庭除未扫，灶突犹寒，大非雅事。昔何文端公居京师，同年诣之，日宴未起，久之方出，客问曰："尊夫人亦未起耶？"答曰："然。"客曰："日高如此，内外家长皆未起，一家奴仆，其为奸盗诈伪，何所不至耶？"公瞿然，自此至老不宴起。此太守公亲为予言者。

山色朝暮之变，无如春深秋晚。四月则有新绿，其浅深浓淡，早晚便不同；九月则有黄叶，其颓黄茜紫，或暎朝阳，或回夕照，或当风而吟，或带霜而殷，皆可谓佳胜之极。其他则烟岚雨岫，云峰霞岭，变幻顷刻，孰谓看山有厌倦时耶？放翁诗云："游山如读书，浅深在所得。"故同一登临，视其人之识解学问，以为高下苦乐，不可得而强也。予每日治装入龙眠，家人相谓："山色总是如此，何用日日相对？"此真浅之乎言看山者。

人家僮仆，最不宜多畜。但有得力二三人，训谕有方，使令得宜，未尝不得兼人之用。太多则彼此相诿，恩养必不能周，教训亦不能及，反不得其力。且此辈当家道盛，则倚势作非，招尤结怨；家道替，则飞扬跋扈，反唇卖主，皆势所必至。予欲令家仆皆各治生业，可省游手游食之弊，不至于冗食为非也。且僮仆甚无取乎黠慧者。吾辈居家居宦，皆简静守理，不为暗昧之事。至衙门政务，皆自料理，不烦干仆巧权门之应对，为远道之输将，打点机密，奔走势利，所

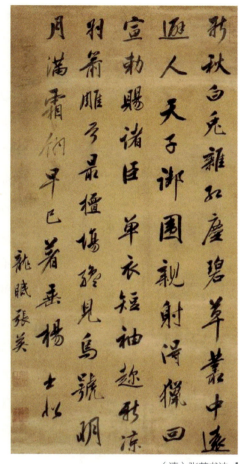

（清）张英书法

用者不过趋蹡洒扫、负重徒步之事耳，焉用聪明才智为哉？至于山中耕田锄圃之仆，乃可为宝。其人无奢望、无机智，不为主人敛怨，彼纵不遵约束，不过懒惰、愚蠢之小过，不必加意防闲，岂不为清闲之一助哉？

昔人论致寿之道有四：曰慈、曰俭、曰和、曰静。人能慈心于物，不为一切害人之事，即一言有损于人，亦不轻发。推之，戒杀生以惜物命，慎剪伐以养天和，无论冥报不爽，即胸中一段吉祥恺悌之气，

（清）张伯英楷书九言联：一月常致二十九日醉，百年须笑三万六千场

自然灾沴不干，而可以长龄矣。

人生福享，皆有分数。惜福之人，福尝有余；暴殄之人，易至罄竭。故老氏以俭为宝。不止财用当俭而已，一切事常思节啬之义，方有余地。俭于饮食，可以养脾胃；俭于嗜欲，可以聚精神；俭于言语，可以养气息非；俭于交游，可以择友寡过；俭于酬错，可以养身息劳；俭于夜坐，可以安神舒体；俭于饮酒，可以清心养德；俭于思虑，可以蠲烦去扰。凡事省得一分，即受一分之益。大约天下事，万不得已者，不过十之一二。初见以为不可已，细算之，亦非万不可已，如此逐渐省去，但日见事之少。白香山诗云："我有一言君记取，世间自取苦人多。"今试问劳扰烦苦之人，此事亦尽可已，果属万不可已者乎？当必恍然自失矣。

人常和悦，则心气冲而五脏安，昔人所谓"养欢喜神"。真定梁公每语人：日间办理公事，每晚家居，必寻可喜笑之事，与客纵谈，掀髯大笑，以发舒一日劳顿郁结之气。此真得养生要诀！何文端公时，曾有乡人过百岁，公扣其术，答曰："予乡村人无所知，但一生只是喜欢，从不知忧恼。"噫，此岂名利中人所能哉！

《传》曰："仁者静。"又曰："知者动。"每见气躁之人，举动轻佻，多不得寿。古人谓"砚以世计，墨以时计，笔以日计"。动静之分也。静之义有二：一则身不过劳，一则心不轻动。凡遇一切劳顿、忧惶、喜乐、恐惧之事，外则顺以应之，此心凝然不动，如澄潭、如古井，则志一动气，外间之纷扰皆退听矣。

此四者，于养生之理，极为切实。较之服药引导，奚啻万倍哉！若服药，则物性易偏，或多燥滞。引导吐纳，则易至作辍。必以四者为根本，不可舍本而务末也。《道德经》五千言，其要旨不外于此。铭之座右，时时体察，当有裨益耳。

人生不能无所适以寄其意。予无嗜好，惟酷好看山种树。昔王右军亦云："吾笃嗜种果，此中有至乐存焉。"手种之树，开一花，结一实，玩之偏爱，食之益甘，此亦人情也。阳和里五亩园，虽不广，倘所谓"有水一池，有竹千竿"者耶。花十有二种，每种得十余本，循环玩赏，可以终老。城中地隘，不能多植，然在居室之西数武，花晨月夕，不须肩舆策蹇，自朝至夜分，可以酣赏饱看一花一草，自始开至零落，无不穷极其趣，则一株可抵十株，一亩可敌十亩。山中向营赐金园，今购芙蓉岛，皆以田为本，于隙地疏池种树，不废耕耘。阅耕是人生最乐，古人所云"躬耕"，亦止是课仆督农，亦不在沾体涂足也。

人生于珍异之物，决不可好。昔端恪公言："士人于一研一琴，当得佳者；研可适用，琴能发音，其它皆属无益"，良然。磁器最不当好。瓷佳者必脆薄，一盏值数十金，僮仆捧持，易致不谨，过于矜束，反致失手。朋客欢燕，亦鲜乐趣。此物在席，宾主皆有戒心，何适意之有？瓷取厚而中等者，不至大粗，纵有倾跌，亦不甚惜，斯为得中之道也。名画法书及海内有名玩器，皆不可畜。从来贾祸招尤，可为龟

（清）汪洵七言联文：世道每从谦处好，人伦常在忍中全

鉴。购之不啻千金，货之不值一文。且从来真赝难辨，变幻奇于鬼神。装潢易于窃换，一轴得善价，继至者遂不旋踵。以伪为真，以真为伪，互相讪笑，止可供喷饭。昔真定梁公有画、字之好，竭生平之力收之，捐馆后，为势家所求索殆尽。然虽与以佳者，辄谓非是，疑其藏匿，其子孙深受斯累，此可为明鉴者也。

余尝观四时之旋运，寒暑之循环，生息之相因，无非圜转。人之一身与天时相应，大约三四十以前，是夏至前，凡事渐长；三四十以后，是夏至后，凡事渐衰，中间无一刻停留。中间盛衰关头，无一定时候，大概在三四十之间。观于须髮可见：其衰缓者，其寿多，其衰急者，其寿寡。人身不能不衰，先从上而下者，多寿，故古人以早脱顶为寿征；先从下而上者，多不寿，故须发如故而脚软者难治。凡人家道亦然。盛衰增减，决无中立之理。如一树之花开，到极盛便是摇落之期。多方保护，顺其自然，犹恐其速开，况敢以火气催逼之乎？京师温室之花，能移牡丹各色桃于正月，然花不尽其分量，一开之后根干辄萎，此造化之机不可不察也。尝观草木之性，亦随天地为圆转。梅以深冬为春，桃李以春为春，榴荷以夏为春，菊桂芙蓉以秋为春。观其节枝含苞之处，浑然天地造化之理。故曰："复，其见天地之心乎！"

予尝言享山林之乐者，必具四者而后能长享其乐，实有其乐。是

（清）石涛《唐人诗意山水册》

以古今来不易觌也。四者维何？曰道德，曰文章，曰经济，曰福命。
所谓道德者，性情不乖戾，不谿刻，不褊狭，不暴躁，不移情于纷华，
不生嗔于冷暖，居家则肃雍简静，足以见信于妻孥；居乡则厚重谦和，
足以取重于邻里：居身则恬淡寡营，足以不愧于衾影。无忤于人，无羡
于世，无争于人，无憾于己。然后天地容其隐逸，鬼神许其安享，无
心意颠倒之病，无取舍转徙之烦，此非道德而何哉？

　　佳山胜水，茂林修竹，全恃我之性情识见取之。不然，一见而悦，

数见而厌心生矣。或吟咏古人之篇章，或抒写性灵之所见，一字一句便可千秋，相契无言亦成妙谛。古人所谓"行到水穷处，坐看云起时"，又云："登东皋以舒啸，临清流而赋诗"，断非不解笔墨人所能领略。此非文章而何哉？

夫茅亭草舍，皆有经纶；菜陇瓜畦，具见规划；一草一木，其布置亦有法度。淡泊而可免饥寒，徒步而不致委顿。良辰美景，而匏樽不空，岁时伏腊，而鸡豚可办。分花乞竹，不须多费，而自有雅人深致；疏池结篱，不烦华侈，而皆能天然入画。此非经济而何哉？

从来爱闲之人，类不得闲；得闲之人，类不爱闲。公卿将相，时至则为之，独是山林清福为造物之所深靳。试观宇宙间几人解脱，书卷之中亦不多得。置身在穷达毁誉之外，名利之所不能奔走，世味之所不能缚束。室有莱妻，而无交谪之言，田有伏腊，而无乞米之苦。白香山所谓"事了心了"。此非福命而何哉？

四者有一不具，不足以享山林清福。故举世聪明才智之士，非无一知半见，略知山林趣味，而究竟不能身入其中，职此之故也。

夫药性原以治病，不得已而取效于旦夕，用是补续血气，乃竟以为日用寻常之物，可乎哉？无论物力不及，即及亦不当为。予故深以为戒。倘得邀恩遂初，此二事断然不渝吾言也。

古人美王司徒之德，曰"门

（清）张英《笃素堂文集》，清同治年间刻本

无杂宾"，此最有味。大约门下奔走之客，有损无益。主人以清正、高简、安静为美，于彼何利焉？可以啖之以利，可以动之以名，可以怵之以利害，则欣动其主人。主人不可动，则诱其子弟，诱其僮仆：外探无稽之言，以荧惑其视听；内泄机密之语，以夸示其交游。甚且以伪为真，将无作有，以侥幸其语之或验，则从中而取利焉。或居要津之位，或处权势之地，尤当远之益远也。又有挟术技以游者，彼皆藉一艺以售其身，渐与仕宦相亲密，而遂以乘机邀会，其本念决不在专售其技也。挟术以游者，往往如此。故此辈之朴讷迂钝者，犹当慎其晋接。若狡黠便佞，好生事端，踪迹诡秘者，以不识其人，不知其姓名为善。勿曰："我持正，彼安能惑我？我明察，彼不能蔽我！"恐久之自堕其术中，而不能出也。

《论语》云："不知命，无以为君子。"考亭注："不知命，则见利必趋，见害必避，而无以为君子。"予少奉教于姚端恪公，服膺斯语，每遇疑难踌躇之事，辄依据此言，稍有把握。古人言"居易以俟命"，又言"行法以俟命"。人生祸福荣辱得丧，自有一定命数，确不可移。审此，则利可趋而有不必趋之利，害宜避而有不能避之害。利害之见既除，而为君子之道始出，此"为"字甚有力。既知利害有一定，则落得做好人也。权势之人，岂必与之相抗以取害？到难于相从处，亦要内不失已。果谦和以谢之，宛转以避之，彼亦未必决能祸我。此亦命数宜然，又安知委曲从彼之祸不更烈于此也？使我为州县官，决不用官银媚上官，安知用官银之祸，不甚于上官之失欢也？

予官京师日久，每见人之数应为此官，而其时本无此一缺。有人焉，竭力经营，干办停当，而此人无端值之，或反为此人之所不欲，且滋诟詈。如此者，不一而足，此亦举世之人共知之，而当局则往往迷而不悟。其中之求速反迟，求得反失，彼人为此人而谋，此事因彼事而坏，颠倒错乱，不可究诘。人能将耳目闻见之事，平心体察，亦可消许多妄念也。

人生适意之事有三：曰贵，曰富，曰多子孙。然是三者，善处之，则为福；不善处之，则足为累。至为累而求所谓福者，不可见矣。何则？高位者，责备之地，忌嫉之门，怨尤之府，利害之关，忧患之窟，劳苦之薮，谤讪之的，攻击之场，古之智人，往往望而却步。况有荣则必有辱，有得则必有失，有进则必有退，有亲则必有疏。若但计丘山之得，而不容铢两之失，天下安有此理？但已身无大谴过，而外来者平淡视之，此处贵之道也。

佛家以货财为五家公共之物：一曰国家，二曰官吏，三曰水火，四曰盗贼，五曰不肖子孙。夫人厚积，则必经营布置，生息防守，其劳不可胜言；则必有亲戚之请求，贫穷之怨望，僮仆之奸骗，大而盗贼之劫取，小而穿窬之鼠窃，经商之亏折，行路之失脱，田禾之灾伤，攘夺之争讼，子弟之浪费；种种之苦，贫者不知，惟富厚者兼而有之。人能知富之为累，则取之当廉，而不必厚积以招怨；视之当淡，而不必深忮以累心，思我既有此财货，彼贫穷者不取我而取谁？不怨我而怨谁？平心息忿，庶不为外物所累。俭于居身而裕于待物，薄于取利而谨于盖藏，此处富之道也。

至子孙之累尤多矣。少小则有疾

病之虑，稍长则有功名之虑，浮奢不善治家之虑，纳交匪类之虑。一离膝下，则有道路寒暑饥渴之虑，以至由子而孙，展转无穷，更无底止。夫年寿既高，子息蕃衍，焉能保其无疾病痛楚之事？贤愚不齐，升沉各异，聚散无恒，忧乐自别，但当教之孝友，教之谦让，教之立品，教之读书，教之择友，教之养身，教之俭用，教之作家。其成败利钝，父母不必过为萦心；聚散苦乐，父母不必忧念成疾。但视已无甚刻薄，后人当无倍出之患；已无大偏私，后人自无攘夺之患；已无甚贪婪，后人自当无荡尽之患。至于天行之数，禀赋之愚，有才而不遇，无因而致疾，延良医，慎调治，延良师，谨教训，父母之责尽矣！父母之心尽矣！此处多子孙之道也。

予每见世人处好境，而郁郁不快，动多悔吝忧戚，必皆此三者之故。由不明斯理，是以心褊见隘，未食其报，先受其苦。能静体吾言，于扰扰之中，存荧荧之亮，岂非热火坑中一服清凉散，苦海波中一架八宝筏哉！

予自四十六七以来，讲求安心之法。凡喜怒哀乐、劳苦恐惧之事，只以五官四肢应之，中间有方寸之地，常时空空洞洞，朗朗惺惺，决不令之入，所以此地常觉宽绰洁净。予制为一城，将城门紧闭，时加防守，惟恐此数者阑入。亦有时贼势甚锐，城门稍疏，彼间或阑入，即时觉察，便驱之出城外，而牢闭城门，令此地仍宽绰洁净。十年来渐觉阑入之时少，不甚用力驱逐。然城外不免纷扰，主人居其中，尚无浑忘天真之乐。倘得归田遂初，见山时多，见人时少，空潭碧落，或庶几矣！

予之立训，更无多言，止有四语：读书者不贱，守田者不饥，积德者不倾，择交者不败。尝将四语律身训子，亦不用烦言夥说矣。虽至寒苦之人，但能读书为文，必使人钦敬，不敢忽视。其人德性，亦必温和，行事决不颠倒，不在功名之得失、遇合之迟速也。守田之说，详于《恒产琐言》。积德之说，六经、《语》《孟》诸史百家，无非阐发此义，不须赘说。择交之说，予目击身历，最为深切。此辈毒人，如鸠之入口，蛇之螫肤，断断不易，决无解救之说，尤四者之纲领也。余言无奇，止布帛、菽粟，可衣可食，但在体验亲切耳。

人生必厚重沉静，而后为载福之器。王谢子弟，席丰履厚，田庐仆役，无一不具，且为人所敬礼，无有轻忽之者。视寒畯之士，终年授读，远离家室，唇燥吻枯，仅博束脩数金，仰事俯育，咸取诸此。应试则徒步而往，风雨泥淖，一步三叹。凡此情形，皆汝辈所习见。仕宦子弟，则乘舆驱肥，即僮仆亦无徒行者，岂非福耶？乃与寒士一体怨天尤人，争较锱铢得失，讵非过耶？古人云："予之齿者去其角，傅之翼者两其足。"天地造物，必无两全。汝辈既享席丰履厚之福，又思事事周全，揆之天道，岂不诚难？惟有敦厚谦谨，慎言守礼，不可与寒士同一感慨欷歔，放言高论，怨天尤人，庶不为造物鬼神所呵责也。况父祖经营多年，有田庐别业，身则劳于王事，不获安享.为子孙者，生而受其福，乃又不思安享，而妄想妄行，岂不大可惜耶？思尽人子之责，报父祖之恩，致乡里之誉，贻后人之泽，惟有四事：一曰立品，二曰读书，三曰养身，四曰俭用。世家子弟原是贵重，更得精金美玉之品。言，思可道；行，思可法。不骄盈，不诈伪，不刻薄，不轻佻，则人之钦重，较三公而更贵。

予不及见祖父赠光禄公恂所府君，每闻乡人言其厚德，邑人仰之如祥麟威凤。方伯公己酉登科，邑人荣之，赠以联曰："张不张威，愿秉文文名天下；盛有盛德，期可藩藩屏王家。"至今桑梓以为美谈。

予行年六十有一，生平未尝送一人于捕厅，令其呵谴之，更勿言笞责。愿吾子孙，终守此戒，勿犯也。不足，则断不可借债；有余，则断不可放债。权子母起家，惟至寒之士稍可，若富贵人家，为之敛怨养奸，得罪招尤，莫此为甚。乡里间荷担负贩，及佣工小人，切不可取其便宜。此种人，所争不过数文，我辈视之甚轻，而彼之含怨甚重。每有愚人，见省得一文，以为得计，而不知此种人心忿口碑，所损寔大也。待下我一等之人，言语辞气，最为要紧。此事甚不费钱，然彼人受之，同于实惠，只在精神照料得来，不可惮烦，《易》所谓"劳谦"是也。予深知此理，然苦于性情疏懒，惮于趋承，故我惟思退处山泽，不要见人，庶少斯过，终日懔懔耳。

读书，固所以取科名，继家声，然亦使人敬重。今见贫贱之士，果胸中淹博，笔下氤氲，则自然进退安雅，言谈有味，即使迂腐不通方，亦可以教学授徒，为人师表。至举业，乃朝廷取士之具，三年开场大比，专视此为优劣。人若举业高华秀羙，则人不敢轻视。每见仕

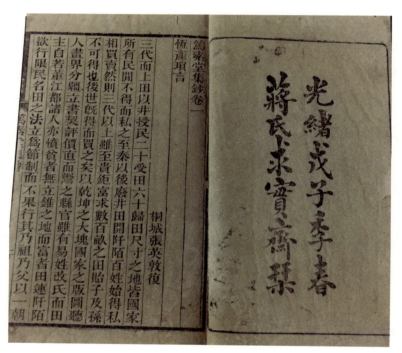

（清）张英《笃素堂集钞》，光绪戊子求实斋刻板

宦显赫之家，其老者或退或故，而其家索然者，其后无读书之人也；其家郁然者，其后有读书之人也。山有猛兽，则藜藿为之不采，家有子弟，则强暴为之改容，岂止掇青紫，荣宗祊而已哉！予尝有言曰："读书者不贱"，不专为场屋进退而言也。

父母之爱子，第一望其康宁，第二冀其成名，第三愿其保家。《语》曰："父母惟其疾之忧"，夫子以此答武伯之问孝，至哉斯言！安其身以安父母之心，孝莫大焉。

养身之道：一在谨嗜欲；一在慎饮食；一在慎忿怒；一在慎寒暑；一在慎思索；一在慎烦劳。有一于此，足以致病，以贻父母之忧，安得不时时谨凛也。吾贻子孙，不过瘠田数处耳，且甚荒芜不治，水旱多虞，岁入之数，仅足以免饥寒、畜妻子而已。"一件儿戏事做不得，一件高兴事做不得"，生平最喜陆梭山过日治家之法，以为先得我心，诚仿而行之，庶几无鬻产荡家之患。予有言曰："守田者不饥"。此二语，足以长世，不在多言。

凡人少年，德性不定，每见人厌之曰悭，笑之曰啬，诮之曰俭，辄面发热，不知此最是美名。人肯以此诮之，亦最是美事，不必避讳。人生豪侠周密之名，至不易副，事事应之，一事不应，遂生嫌怨；人人周之，一人不周，便存形迹。若平素俭啬，见谅于人，省无穷物力，少无穷嫌怨，不亦至便乎？

四者，立身行己之道，已有崖岸，而其关键切要，则又在于择友。人生二十内外，渐远于师保之严，未跻于成人之列，此时知识大开，性情未定，父师之训不能入，即妻子之言亦不听，惟朋友之言甘如醴而芳若兰。脱有一淫朋匪友，阑入其侧，朝夕浸灌，鲜有不为其所移者，从前四事，遂荡然而莫可收拾矣！此予幼年时知之最切。今亲戚中倘有此等之人，则踪迹常令疏远，不必亲密。若朋友，则直以不识其颜面，不知其姓名为善。比之毒草哑泉，更当远避。芸圃有诗云："于今道上揶揄鬼，原是尊前妩媚人"，盖痛乎，其言之矣！择友，何以知其贤否？亦即前四件能行者，为良友；不能行者，为非良友。予暑中退休，稍有暇晷，遂举胸中所欲言者，笔之于此。语虽无文，然三十余年，涉履仕途，多逢险阻，人情物理，知之颇熟，言之较亲，后人勿以予言为迂而远于事情也。

人生以择友为第一事。自就塾以后，有室有家，渐远父母之教，初离师保之严。此时乍得友朋，投契缔交，其言甘如兰芷，甚至父母、兄弟、妻子之言，皆不听受，惟朋友之言是信。一有匪人侧于间，德性未定，识见未纯，鲜未有不为其移者。余见此屡矣，至仕宦之子弟，尤甚！一入其彀中，迷而不悟，脱有尊长诫谕，反生嫌隙，益滋乖张。故余家训有云："保家莫如择友"，盖痛心疾首，其言之也！汝辈但于至戚中，观其德性谨厚、好读书者，交友两三人，足矣。况内有兄弟，互相师友，亦不至岑寂。且势利言之，汝则温饱来交者，岂能皆有文章道德之切劘？平居，则有酒食之费，应酬之扰，一遇婚丧，有无则有资给称贷之事，甚至有争讼外侮，则又有关说救援之事。平昔既与之契密，临事却之，必生怨毒反唇。故余

（清）曾国藩七言联：读破万卷诗愈美，行尽千山路转赊

1335

以为，宜慎之于始也。况且戏游征逐，耗精神而荒正业，广言谈而滋是非，种种弊端，不可纪极，故特为痛切发挥之。昔人有戒"饭不嚼便咽，路不看便走，话不想便说，事不思便做"，洵为格言。予益之曰："友不择便交，气不忍便动，财不审便取，衣不慎便脱"。

人之居家，立身最不可好奇。一部《中庸》，本是极平淡，却是极神奇。人能于伦常无缺，起居动作、治家节用、待人接物，事事合于矩度，无有乖张，便是圣贤路上人，岂不是至奇？若举动怪异，言语诡激，明明坦易道理，却自寻奇觅怪，守偏文过，以为不坠恒境，是穷奇梼杌之流，乌足以表异哉？布帛菽粟，千古至味，朝夕不能离，何独至于立身制行而反之也？

与人相交，一言一事皆须有益于人，便是善人。余偶以忌辰着朝服出门，巷口见一人，遥呼曰："今日是忌辰。"余急易之，虽不识其人，而心感之。如此等事，在彼无丝毫之损，而于人为有益。每谓同一禽鸟也，闻鸾凤之名则喜，闻鸺鹠之声则恶，以鸾凤能为人福，而鸺鹠能为人祸也；同一草木也，毒草则远避之，参苓则共宝之，以毒草能鸩人，而参苓能益人也。人能处心积虑，一言一动皆思益人，而痛戒损人，则人望之若鸾凤，宝之如参苓，必为天地之所佑，鬼神之所服，而享有多福矣。此理之最易见者也。

（清）李鱓行书四言联：花香鸟语，琴韵棋声

古称"仕宦之家，如再实之木，

其根必伤"。旨哉斯言，可为深鉴！世家子弟，其修行立名之难，较寒士百倍。何以故？人之当面待之者，万不能如寒士之古道。小有失检，谁肯面斥其非？微有骄盈，谁肯深规其过？幼而骄惯，为亲戚之所优容；长而习成，为朋友之所谅恕。至于利交而谄，相诱以为非，势交而谀，相倚而作慝者，又无论矣。

人之背后称之者，万不能如寒士之直道。或偶誉其才品，而虑人笑其逢迎。或心赏其文章，而疑人鄙其势利。甚至吹毛索瘢，指摘其过失，而以为名高；批枝伤根，讪笑其前人，而以为痛快。至于求利不得，而嫌隙易生于有无，依势不能，而怨毒相形于荣悴者，又无论矣。故富贵子弟，人之当面待之也恒恕，而背后责之也恒深。如此，则何由知其过失，而显其名誉乎？

故世家子弟，其谨饬如寒士，其俭素如寒士，其谦冲小心如寒士，其读书勤苦如寒士，其乐闻规劝如寒士，如此，则自视亦已足矣，而不知人之称之者，尚不能如寒士。必也谨饬倍于寒士，俭素倍于寒士，谦冲小心倍于寒士，读书勤苦倍于寒士，乐闻规劝倍于寒士，然后人之视之也，仅得与寒士等。今人稍稍能谨饬俭素，谦下勤苦，人不见称，则曰："世道不古，世家子弟难做"，此未深明于人情物理之故者也。

我愿汝曹，常以席丰履盛，为可危可虑、难处难全之地，勿以为可喜可幸、易安易逸之地。人有非之责之者，遇之不以礼者，则平心和气，思所处之时势：彼之施于我者，应该如此，原非过当；即我所行十分全是，无一毫非理，彼尚在可恕，况我岂能全是乎？古人有言："终身让路，不失尺寸。"老氏以让为宝。左氏曰："让，德之本也！"处里闬之间，信世俗之言，不过曰渐不可长，不过曰后将更甚，是大不然！人孰无天理良心，是非公道？揆之天道，有满损虚益之义。揆之鬼神，有亏盈福谦之理。自古只闻忍与让足以消无穷之灾悔，未闻忍与让翻以酿后来之祸患也。欲行忍让之道，先须从小事做起。余曾署刑部事五十日，见天下大讼大狱，多从极小事起。君子敬小慎微，凡事只从小处了。余行年五十余，生平未尝多受小人之侮，只有一善策，能转湾早耳。每思天下事，受得小气，则不至于受大气，吃得小亏，则不至于吃大亏。此生平得力之处。凡事，最不可想占便宜。子曰："放于利而行，多怨。"便宜者，天下人之所共争也，我一人据之，则怨萃于我矣，我失便宜，则众怨消矣。故终身失便宜，乃终身得便宜也。

　　汝曹席前人之资，不忧饥寒，居有室庐，使有臧获，养有田畴，读书有精舍，良不易得。其有游荡非僻，结交淫朋匪友，以致倾家败

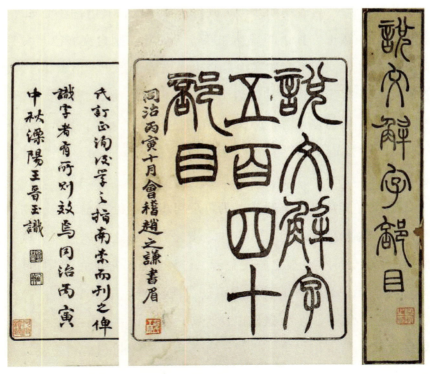

▌（清）何澄《说文解字五百四十部目》，清同治丙寅刻本

业，路人指为笑谈，亲戚为之浩叹者，汝曹见之闻之，不待余言也。其有立身醇谨，老成俭朴，择人而友，闭户读书，名日美而业日成，乡里指为令器，父兄期其远大者，汝曹见之闻之，不待余言也。二者何去何从，何得何失，何芳如芝兰，何臭如腐草，何祥如麟凤，何妖如鸺鹠，又岂俟余言哉？

汝辈今皆年富力强，饱食温衣，血气未定，岂能无所嗜好？古人云，凡人欲饮酒博弈，一切

（清）张英《聪训斋语》，清宝砚斋刻本

嬉戏之事，必皆觅伴侣为之，独读快意书，对佳山水，可以独自怡悦；凡声色货利，一切嗜欲之事，好之，有乐则必有苦，惟读书与对佳山水，止有乐而无苦。今架有藏书，离城数里有佳山水，汝曹与其狎无益之友，聴无益之谈，赴无益之应酬，曷若珍重难得之岁月，纵读难得之诗书，快对难得之山水乎？

座右箴：有四纲十二目

立品：戒嬉戏　慎威仪　谨言语

读书：温经书　精举业　学楷字

养身：谨起居　慎寒暑　节用度

择友：谢酬应　省宴集　寡交游

《谭子化书》训"俭"字最详。其言曰："天子知俭，则天下足；一人知俭，则一家足。且俭非止节啬财用而已也。俭于嗜欲，则德日修，

体日固；俭于饮食，则脾胃宽；俭于衣服，则肢体适；俭于言语，则元气藏而怨尤寡。俭于思虑，则心神宁；俭于交游，则匪类远；俭于酬酢，则岁月宽而本业修；俭于书札，则后患寡；俭于干请，则品望尊；俭于僮仆，则防闲省；俭于嬉游，则学业进。"其中义蕴甚广，大约不外于葆啬之道。

余镌一图章，以示子弟，曰："保家莫如择友"，盖有所叹息、痛恨、惩艾于其间也。古人重朋友，而列之五伦，谓其志同道合，有善相勉，有过相规，有患难相救。今之朋友，止可谓相识耳，往来耳，同官同事耳，三党姻戚耳。朋友云乎哉？

汝等莫若就亲戚兄弟中，择其谨厚老成、可以相砥砺者，多则二人，少则一人，断无目前良友，遂可得十数人之理！平时既简于应酬，有事可以请教。若不如己之人，既易于临深为高，又日闻鄙猥之言，污贱之行，浅劣之学，不知义理，不习诗书。久久与之相化，不能却而遂矣。此《论语》所以首诫之也。

人生第一件事，莫如安分。分者，我所得于天多寡之数也。古人以得天少者，谓之"数奇"，谓之"不偶"，可以识其义矣。董子曰："与之齿者，去其角；附之翼者，两其足。"啬于此，则丰于彼。理有乘除，事无兼美。予阅历颇深，每从旁冷观，未有能越此范围者。功名非难非易，只在争命中之有无。尝譬之温室养牡丹，必花头中原结蕊，火焙则正月早开。然虽开，而元气索然，花既不满足，根亦旋萎矣。若本来不结花，即火焙无益。既有花矣，何如培以沃壤，灌以甘泉，待其时至敷华，根本既不亏，而花亦肥大经久。此余所深洞于天时物理，而非矫为迂阔之谈也。曩时，姚端恪公每为余言，当细玩"不知命无以为君子"章。朱注最透，言"不知命，则见利必趋，见害必避，而无以为君子矣。""为"字甚有力。知命是一事，为君子是一事。

既知命不能违，则尽有不必趋之利，尽有不必避之害，而为忠、为孝、为廉、为让，绰有余地矣。小人，固不当取怨于他，至于大节目，亦不可诡随。得失荣辱，不必太认真，是亦知命之大端也。

解读

有清一代，最会做官的当属张英、张廷玉父子了。清代人对张氏一门有"父子大学士""三世得谥""四任江苏学政""六代翰林"等说法。张廷玉为宰相时，时人曾有言："张、姚两姓，占却半部绅。"而张家之所以人才辈出，与张英的持家之道和为人处世存养有极大的关系。《聪训斋语》里就说明了这一点。

张英（1637~1708年），字敦复，号学圃，安徽桐城人。家学渊源深厚，幼谈经书，过目成诵。康熙二年（1663年）中举人，六年中进士，十二年以编修充日讲起居注官。累迁侍读学士。十六年入值南书房，并赐居西安门内，开清代词臣居禁城之先河。二十八年，晋为工部尚书兼翰林院掌院学士，后调任礼部尚书。三十八年，拜文华殿大学士，兼礼部尚书。四十年得旨"准以原官致仕"。家居期间，张英把大量时间用在了读书撰述上。

《聪训斋语》是张英为子弟所作的家训。张英于退食之暇，随所欲言，取素笺书写家训84篇，示长子廷瓒，自言："予暑中退休，稍有暇晷，遂举

（清）张英七言联：桃花柳絮春开瓮，细雨斜风客到门

胸中所欲言者，笔之于此。语虽无文，然三十余年涉履仕途，多逢险阻，人情物理，知之颇熟，言之较亲。后人勿以予言为迂而远于事情也。"在书中，张英总结了自己仕宦二十多年来的人生经历和体验，留给子孙后代，希望他们能够领悟自己修身正己的做法以及为人处世的态度。对于修身，张英主张首先要"知命""安分"，不妄求功名，不贪图富贵，教导子孙应从"立品""读书""养身""择友"四个方面入手，提高自己的个人修养，提倡做人要知足常乐，忍让为先。对于治家，张英主张"惟肃乃庸"，提倡以谨慎的态度治家，对于日常生活要节俭持家，衣食起居，一切从简，训诫子孙不得奢侈浪费，不得沉迷歌舞赌博。除此之外，书中在修身立德、人生感悟等其他方面也有很多真知灼见，彰显了张英高深的道德学问。正所谓"父为子纲"，有如此以身作则、言传身教的父亲，其子孙自然会秉承家风、克己奉礼，长盛不衰。

张潮《幽梦影》：耻之一字，所以治君子；痛之一字，所以治小人

经传宜独坐读，史鉴宜与友共读。

无善无恶是圣人（如"帝力何有于我""杀之而不怨，利之而不庸""以直报怨，以德报德""一介不与，一介不取"之类），善多恶少是贤者（如"颜子不贰过""有不善未尝不知""子路，人告有过，则喜"之类），善少恶多是庸人，有恶无善是小人（其偶为善处，亦必有所为），有善无恶是仙佛（其所谓善，亦非吾儒之所谓善也）。

[评语]

黄九烟曰："今人一介不与者甚多。普天之下皆半边圣人也。利

之不庸者亦复不少。"江含征曰："先恶后善是回头人，先善后恶是两截人。"

天下有一人知己，可以不恨。不独人也，物亦有之。如菊以渊明为知己，梅以和靖为知己，竹以子猷为知己，莲以濂溪为知己，桃以避秦人为知己，杏以董奉为知己，石以米颠为知己，荔枝以太真为知己，茶以卢仝、陆羽为知己，香草以灵均为知己，莼鲈以季鹰为知己，蕉以怀素为知己，瓜以邵平为知己，鸡以处宗为知己，鹅以右军为知己，鼓以祢衡为知己，琵琶以明妃为知己。一与之订，千秋不移。若松之于秦始，鹤之于卫懿，正所谓不可与作缘者也。

［评语］

张竹坡曰："人中无知己而下求于物，是物幸而人不幸矣。物不遇知己而滥用于人，是人快而物不快矣。可见知己之难，知其难，方能知其乐。"

少年人须有老成之识见，老成人须有少年之襟怀。

［评语］

江含征曰："今之钟鸣漏尽

（清）祁寯藻行书十八言联：心欲小，志欲大，智欲圆，行欲方，能欲多，事欲鲜；言有教，动有法，昼有为，宵有得，息有养，瞬有存

1343

白发盈头者，若多收几斛麦，便欲置侧室，岂非有少年襟怀耶？独是少年老成者少耳。"

张竹坡曰："十七八岁便有妾，亦居然少年老成。"

李若金曰："老而腐板，定非豪杰。"

王司直曰："如此方不使岁月弄人。"

才子而富贵，定从福慧双修得来。

[评语]

冒青若曰："才子富贵难兼。若能运用富贵才是才子，才是福慧双修，世岂无才子而富贵者乎？徒自贪著，无济于人，仍是有福无慧。"

陈鹤山曰："释氏中云：'修福不修慧，像身挂璎珞；修慧不修福，罗汉供应薄。'正以其难兼耳。山翁发为此论，直是夫子知道。"

江舍征曰："宁可拼一副菜园肚皮，不可有一副酒肉面孔。"

为浊富不若为清贫，以忧生不若以乐死。

[评语]

李圣许曰："顺理而生，虽

（清）石涛《松涧草庐图》

忧不忧；逆理而死，虽乐不乐。"

吴野人曰："我宁愿为浊富。"

张竹坡曰："我愿太奢，欲为清富，焉能遂愿？"

律己宜带秋气，处世宜带春气。

人非圣贤，安能无所不知。只知其一，惟恐不止其一，复求知其二者，上也；止知其一，因人言，始知有其二者，次也；止知其一，人言有其二而莫之信者，又其次也；止知其一，恶人言有其二者，斯下之下矣。

［评语］

周星远曰："兼听则聪，心斋所以深于知也。"

倪永清曰："圣贤大学问不意于清语也。"

藏书不难，能看为难；看书不难，能读为难；读书不难，能用为难；能用不难，能记为难。

求知己于朋友易，求知己于妻妾难，求知己于君臣则尤难之难。

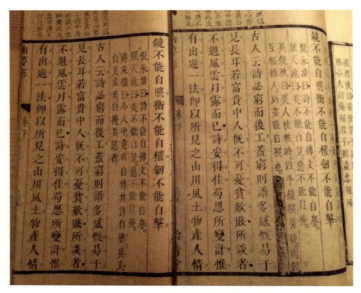

（清）涨潮《幽梦影》，清康熙三十七年刊刻

［评语］

张竹坡曰："求知己于兄弟亦难。"

江含征曰："求知己于鬼神则反易耳。"

少年读书如隙中窥月，中年读书如庭中望月，老年读书如台上玩月，皆以阅历之浅深为所得之浅深耳。

［评语］

黄交三曰："真能知读书痛痒者也。"

张竹坡曰："吾叔此论直置身广寒宫里，下视大千世界皆清光似水矣。"

毕右万曰："吾以为学道亦有浅深之别。"

富贵而劳悴，不若安闲而贫贱；贫贱而骄傲，不若谦恭之富贵。

［评语］

曹实庵曰："富贵而又安闲，自能谦恭也。"

许师六曰："富贵而又谦恭，乃能安闲耳。"

张竹坡曰："谦恭安闲乃能长富贵也。"

张迂庵曰："安闲乃能骄傲，劳悴则必谦恭。"

目不能自见，鼻不能自嗅，舌不能自舐，手不能自握，惟耳能自闻其声。

［评语］

弟木山曰："岂不闻'心不在焉''听而不闻'乎？兄其诳我哉！"

张竹坡曰："心能自信。"

释师昂曰："古德云：眉与目不相识，只为太近。"

值太平世，生湖山郡，官长廉静，家道优裕，娶妇贤淑，生子聪慧。人生如此，可云全福。

［评语］

许筱林曰："若以粗笨愚蠢之人当之，则负却造物。"

江舍征曰："此是黑面老子要思量做鬼处。"

吴岱观曰："过屠门而大嚼，虽不得肉亦且快意。"

李荔园曰："贤淑聪慧尤贵永年，否则福不全。"

有工夫读书谓之福，有力量济人谓之福，有学问著述谓之福，无是非到耳谓之福，有多闻直谅之友谓之福。

［评语］

殷日戒曰："我本薄福人，宜行求福，事在随时做醒而已。"

杨圣藻曰："在我者可必，在人者不能必。"

王丹麓曰："备此福者，惟我心斋。"

李水樵曰："五福骈臻固佳，苟得其半者，亦不得谓之无福。"

倪永清曰："直谅之友，富贵人久拒之矣，何心斋反求之也？"

人莫乐于闲，非无所事事之谓也。闲则能读书，闲则能游名胜，闲则能交益友，闲则能饮酒，闲则能著书，天下之乐孰大于是？

［评语］

陈鹤山曰："然则正是极忙处。"

黄交三曰："闲字前有止敬"功夫，方能到此。"

尤悔庵曰："昔人云：忙里偷闲。闲而可偷盗，亦有道矣。"

李若金曰："闲固难得，有此五者方不负闲字。"

一介之士必有密友，密友不必定是刎颈之交。大率虽千百里之遥，皆可相信，而不为浮言所动。闻有谤之者，即多方为之辩析而后已。事之宜行宜止者，代为筹画决断。或事当利害关头，有所需而后济者，即不必与闻，亦不虑其负我与否，竟为力承其事。此皆所谓密友也。

闲则能饮酒，闲则能著书。天下之乐，孰大于是。

文章是案头之山水，山水是地上之文章。

万事可忘，难忘者名心一段；千般易淡，未淡者美酒三杯。

[评语]

张竹坡曰："是闻鸡起舞，酒后耳热气象。"

王丹麓曰："予性不耐饮，美酒亦易淡，所最难忘者名耳。"

陆云士曰："惟恐不好名，丹麓此言具见真处。"

文名可以当科第，俭德可以当货财，清闲可以当寿考。

[评语]

聂晋人曰："若名人而登甲第，富翁而不骄奢，寿翁而又清闲，便是蓬壶三岛中人也。"

范汝受曰："此亦是贫贱文人无所事事自为慰新云耳，恐亦无实在受用处也。"

曾青藜曰："'无事此静坐，一日似两日。若活七十年，便是百四十。'此是'清闲当寿考'注脚。"

石天外曰："得老子退一步法。"

顾天石曰："子生平喜游，每逢佳山水辄留连不去，亦自谓可当园亭之乐，质之心斋以为然否？"

《水浒传》是一部怒书，《西游记》是一部悟书，《金瓶梅》是一部哀书。

读书最乐，若读史书，则喜少怒多，究之怒处亦乐处也。

发前人未发之论，方是奇书；言妻子难言之情，乃为密友。

凡事不宜刻，若读书则不可不刻；凡事不宜贪，若买书则不可不贪；凡事不宜痴，

若行善则不可不痴。

酒可好不可骂座，色可好不可伤生，财可好不可昧心，气可好不

可越理。

文名可以当科第，俭德可以当货财，清闲可以当寿考。

不独诵其诗，读其书，是尚友古人，即观其字画，亦是尚友古人处。

无益之施舍，莫过于斋僧；无益之诗文，莫过于祝寿。

妾美不如妻贤，钱多不如境顺。

创新庵不若修古庙，读生书不若温旧业。

酒可以当茶，茶不可以当酒；诗可以当文，文不可以当诗；曲可以当词，词不可以当曲；月可以当灯，灯不可以当月；笔可以当口，口不可以当笔；婢可以当奴，奴不可以当婢。

［评语］

江含征曰："婢当奴则太亲，吾恐忽闻河东狮子吼耳。"

周星远曰："奴亦有可以当婢处，但未免稍逊耳。近时士大夫往往耽此癖，吾翠驰骛之流，盗此虚名亦欲效帮相尚，滔滔者天下皆是也，心斋岂未识其

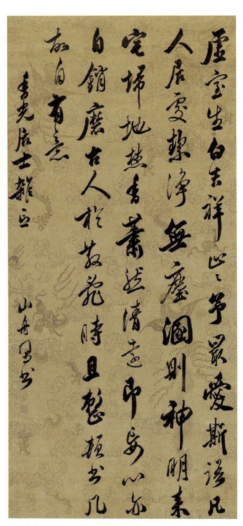

（清）梁同书书董其昌杂言立轴。识文：虚室生白，吉祥止止。予最爱斯语，凡人居处，洁净无尘溷，则神明来宅。扫地焚香，萧然清远，即妄心亦自消磨。古人于散乱时，且整顿书几，故自有意。

（清）孙怡让行书八言联：信敏恭谦文德渊府，欢好孝弟仁哲舆游

故乎？"

张竹坡曰："婢可以当奴者，有奴之所有者也；奴不可以当婢者，有婢之所同有，无婢之所独有者也。"

弟木山曰："兄于饮食之顷，恐月不可以当灯。"

余湘客曰："以奴当婢，小姐权时落后也。"

宗子发曰："惟帝王家不妨以奴当婢，盖以有阉割法也。每见人家奴子出人主母卧房，亦殊可虑。"

胸中小不平，可以酒消之；世间大不平，非剑不能消也。

不得已而谀之者，宁以口，毋以笔；不可耐而骂之者，亦宁以口，毋以笔。

［评语］

孙豹人曰："但恐未必能自主耳。"

张竹坡曰："上句立品，下句立德。"

张迂庵曰："非惟立德，亦以免祸。"

顾天石曰："今人笔不澳人更无用笔之处矣，心商不知此苦，还是唐宋以上人耳。"陆云士曰："古笔铭曰：'毫毛茂，陷水可脱，陷文不话。'"正此谓也。亦有识以笔而实讪之者，亦有骂以笔而若脊之者，总以不笔为高。

多情者必好色，而好色者未必尽属多情；红颜者必薄命，而薄命者未必尽属红颜；能诗者必好酒，而好酒者未必尽属能诗。

阅《水浒传》，至鲁达打镇关西，武松打虎，因思人生必有一桩快意事，方不枉生一场。即不能有其事，亦须著得一种得意之书，庶几无憾耳。

不治生产，其后必致累人；专务交游，其后必致累己。

（清）陈维崧《湖海楼全集》，清乾隆乙卯年刻本

[评语]

杨圣藻曰："晨钟夕磬"，发人深省。

冒巢民曰："若在我虽累己累人亦所不悔。"

宗子发曰："累己犹可，若累人则不可矣。"

江含征曰："今之人未必肯受你累，还是自家隐些的好。"

情之字，所以维持世界；才之字，所以粉饰乾坤。

[评语]

吴雨若曰："世界原从情字生出，有夫妇然后有父子，有父子然后有兄弟，有兄弟然后有朋友，有朋友然后有君臣。"

释中洲曰："情与才缺不可。"

昔人云：妇人识字，多致诲淫。予谓此非识字之过也。盖识字则非无闻之人，其淫也，人易得而知耳。

善读书者无之而非书，山水亦书也，棋酒亦书也，花月亦书也；善游山水者，无之而非山水，书史亦山水也，诗酒亦山水也，花月亦山水也。

贫而无谄，富而无骄，古人之所贤也；贫而无骄，富而无谄，今人之所少也，足以知世风之降矣。

昔人欲以十年读书，十年游山，十年检藏。予谓检藏尽可不必十年，只二三载足矣。若读书与游山，虽或相倍蓰，恐亦不足以偿所愿也。必也如黄九烟前辈之所云"人生必三百岁"而后可乎。

[评语]

江含征曰："昔贤原谓尽则安能，但身到处莫放过耳。"

孙松坪曰："吾乡李长蘅先生爱湖上诸山，有'每个峰头住一年'之句。然则黄九烟先生所云，犹恨其少。"

张竹坡曰："今日想来彭祖反不如马迁。"

镜不幸而遇嫫母，砚不幸而遇俗子，剑不幸而遇庸将，皆无可奈何之事。

[评语]

杨圣藻曰："凡不幸者皆可以此慨之。"

闵宾连曰："心斋案头无一佳砚，然诗文绝无点尘俗气，此又砚之大幸也。"

曹冲谷曰："最无可奈何者，佳人定随痴汉。"

天下无书则已，有则必当读；无酒则已，有则必当饮；无名山则已，有则必当游；无花月则已，有则必当赏玩；无才子佳人则已，有则必当爱慕怜惜。

[评语]

弟木山曰："谈何容易，即吾家黄山几能得一到耶？"

宁为小人之所骂，毋为君子之所鄙；宁为盲主司之所摈弃，毋为诸名宿之所不知。

[评语]

陈康畴曰："世之人自今以后慎毋骂心商也。"

江含征曰："不独骂也，即打亦无妨，但恐鸡肋不足以安尊拳耳。"

张竹坡曰："后二句足少平吾恨。"

李若金曰："不为小人所骂，便是乡愿；若为君子所鄙，断非佳士。"

傲骨不可无，傲心不可有。无傲骨则近于鄙夫，有傲心不得为君子。

[评语]

吴街南曰："立君子之侧，骨亦不可做；当鄙夫之前，心亦不可不傲。"石天外曰："道学之言，才人之笔。"

庞笔奴曰："现身说法，真实妙谛。"

无其罪而虚受恶名者，蠹鱼也；有其罪而恒逃清议者，蜘蛛也。

黑与白交，黑能污白，白不能掩黑；香与臭混，臭能胜香，香不能敌臭。此君子小人相攻之大势也。

[评语]

弟木山曰：“人必喜白而恶黑，黜臭而取香，此又君子必胜小人之理也。理在又乌论乎势。”

石天外曰：“余尝言于黑处着一些白，人必惊心骇目，皆知黑处有白。于白处着一些黑，人亦必惊心骇目，以为白处有黑。甚矣，君子之易于形短，小人之易于见长，此不虞之誉，求全之毁所由来也，读此慨然。”

倪永清曰：“当今以臭攻臭者不少。”

“耻”之一字，所以治君子，“痛”之一字，所以治小人。

[评语]

张竹坡曰：“若使君子以耻治小人，则有耻且格；小人以痛报君子，则尽忠报国。”

镜不能自照，衡不能自权，剑不能自击。

能读无字之书，方可得惊人妙句；能会难通之解，方可参最上禅机。

[评语]

黄交三曰：“山老之学，从悟而入，故常有彻天彻地之言。”

释牧堂曰：“惊人之句，从外而得者；最上之禅，从内而悟者，山翁再来人，内外合一耳。”

胡会来曰：“从无字处著书，已得惊人，于难通处着解，既参最上，其《幽梦影乎》？”

文人每好鄙薄富人，然于诗文之佳者，又往往以金玉、珠玑、锦绣脊之，则又何也？

[评语]

陈鹤山曰：“犹之富贵家张山臞野老、落木荒村之画耳。”

江含征曰："富人嫌其悭且俗耳，非嫌其珠玉文绣也"。

张竹坡曰："不文虽穷可鄙，能文虽富可做。"

陆云士曰："竹坡之言是真公道说话。"

李若金曰："高人之可鄙者在吝，或不好史书，或畏交游，或趋炎热而轻忽寒士。若非然者，则富翁大有裨益之处，何可少之。"

能闲世人之所忙者，方能忙世人之所闲。

袁翔甫补评曰："闲里着忙是懵懂汉，忙里偷闲出短命相。"

乡居须得良朋始佳，若田夫樵子，仅能辨五谷而测晴雨。久且数，未免生厌矣。而友之中，又当以能诗为第一，能谈次之，能画次之，能歌又次之，解觞政者又次之。

［评语］

江含征曰："说鬼话者又次之。"

殷日戒曰："奔走于富贵之门者，自应以善说鬼话为第一，而诸客次之。"

倪永清曰："能诗者必能说鬼话。"

陆云士曰："三说递进，愈转愈妙，滑稽之雄。"

注释

张潮（1650~约1709年），字山来，号心斋居士，歙县（今安徽省黄山市歙县）人。清代文学家、小说家、批评家、刻书家，官至翰林院孔目。张潮著作等身，著名的作品包括《幽梦影》《虞初新志》《花影词》《心斋聊复集》《奚囊寸锦》《心斋诗集》《饮中八仙令》《鹿葱花馆诗钞》等。张潮也是清代刻书家，曾刻印《檀几从书》《昭代从书》等。

《幽梦影》是一部清言小品文集，收录了作者的格言警句、箴言韵语等，共两百一十九则。每则字数少者十余字，多者亦不过一两百字。

作者取幽人入梦、似幻如影之意，尽情抒发对人生、自然的体验和感受，涵盖了破人梦境、发人深思的用心，其文题材广泛、文笔优雅、深蕴理趣，可以说是"所发者皆未发之论，所言者皆难言之情"，一出版即引起了人们的广泛关注。林语堂在他的英文名著《生活的艺术》中专门列出"张潮的警句"一章，对《幽梦影》大加赞扬："这是一部文艺的格言集，这一类的集子在中国很多，可没有一部可以和张潮自己所写的比拟。"很多欧美读者就是通过林语堂而知道了《幽梦影》，并把它称为"东方人的智慧书"。

本文选录的是关于为人处世方面的内容，这些内容均是作者自己对人世间的体会，属于一己之见，如关于"知己"，说"天下有一人知己，可以不恨"，并由人及物；关于读书，说"经传宜独坐读，史鉴宜与友共读"，提出经要靠悟，史要商榷；关于"傲骨""傲信"，指出"傲骨不可无，傲心不可有。无傲骨则近于鄙夫，有傲心不得为君子"。同时，对"清闲"，对"女子读书"，对"行善""积德"，对"多情""好色"，等等，都有自己很独特的看法，表达了作者对美好生活的追求，告诫了我们做人行事的基本原则。

在选录《幽梦影》的同时，我们也选录了当时人的一些经典评语，极有韵味，起到画龙点睛的作用，发人深思。

本书编写组 编

下册

历代修身处世经典采撷录

 中共中央党校出版社

史搢臣《愿体集》: 能容小人，是大人；
能处薄德，是厚德

少年子弟，不可令其浮闲无业，必察其资性才力，无论士农工贾，授一业与之习，非必要得利也。拘束身心，演习世务，谙练人情，长进学识，这便是大利益。若任其闲游，饱食终日，必流入花酒呼卢斗狠之中，诸般歹事，俱做出来。凡纵容子弟浮闲惯了，是送上了贫穷道路，虽遗金十万，有何益！

分析之事，不宜太早，亦不宜太迟。太早，恐少年不知物力艰难，浮荡轻废，以致济败。若太迟，则变幻多端。如子孙繁衍，眷属众多，家务统于祖父一人掌管。一切食用衣服，个个取盈，人人要足，全无体贴之心。或有取而私蓄不用，谁肯足用即不取。稍有低昂，即比例陈情。甚有明知家道渐衰，而取用如常。目击婢仆暗窃，视为公中之物，不以为意，漠然不顾。且衣服什物，取索不已。稍不遂意，即怀不满之心。莫若酌量各房人口多寡，每年给以衣食之费，令其自置自炊。俗云："亲生子，着己财。"使知物力钱财之难，不独惜财，亦且惜福。（遇道义之事，当以钱财为轻，至于衣食自奉，又当念钱财之难，方不妄费，方能惜福。）

父母教子，当于稍有知识时，见生动之物，即昆虫草木，必教勿伤，以养其仁。尊长亲朋，必教恭敬，以养其礼。然诺不爽，言笑不苟，以养其信。稍有不合，即正言厉色以谕之。不必暴戾鞭扑，以伤其忍。（养蒙之理，此为切近。）

朋友即甚相得，未有事事如意者。一言一事之不合，且自含忍。不得遂轻出恶言，亦必逢人诉说。恐怒过心回，无颜再见。且恐他

（清）张之万行书八言联：和气致祥厚德载福，健身逢吉美意延年

友闻之，各自寒心。

小人固当远，然亦不可显为仇敌；君子固当亲，然亦不可曲为附和。

交之初也，多见其善。及其久也，多见其过。未必其后之逊于前也，厌心生焉耳。人之生也，但念其过。及其死也，但念其善。未必其后之逾于前也，哀思动之耳。人能以待死者之心待生人，则其取材也必宽。人能以待初交之心待故旧，则其责备也必恕。宜思之。

古人云：有一人知，可以不恨，以明知己之难也。逢人班荆，到处投辖，然则知己若是其多乎。不过声气浮慕，以为豪举耳。一事不如意，怨谤丛起。不如慎交择友，自然得力。（可为近日鹜名广交者警。）

友先贫贱而后富贵，我当察其情。恐我欲亲，而友欲疏也；友先富贵而后贫贱，我当加其敬。恐友防我疏，而我遂处其疏也。

疏族穷亲无所归，代为赡养，乃盛事也。若视同奴隶，全不礼貌，反伤元气。

毋以小嫌疏至戚，毋以新怨忘旧亲。

闻人之善而疑，闻人之恶而信。惯好说人短，不计人长。其人生平，必有恶而无善。

贫贱时，眼中不着富贵，他日得志，必不骄；富贵时，意中不忘贫贱，一日退休，必不怨。

人每临终时，忧子孙异日贫苦，不思子孙贫苦从何处来，乃祖父积恶所至。平日事苛刻，讨便宜，损人利己，无所不为，是日日杀子孙也。平时杀子孙，至临终，则忧子孙。自我杀之，复自我忧之，则惑之甚也。

行一件好事，心中泰然。行一件歹事，衾影抱愧。即此，是天堂地狱。

"尽其在我"四字，可以上不怨天，下不尤人。亦可以仰不愧天，俯不怍人。

凡应人接物，胸中要有分晓，外面须存浑厚。

凡有望于人者，必先思己之所施；凡有望于天者，必先思己之所作。此欲知未来，先察已往。

（清）吴大澂篆书八言联：以文会友相观而善，与古为徒其富莫京

尽前行者地步窄。向后看者眼界宽。

嗜欲正浓时能斩断，怒气正盛时能按纳，此皆学问得力处。

欲人勿闻，莫若勿言；欲人勿知，莫若勿为。

对失意人，不谈得意事；处得意日，莫忘失意时。

体认天理，只在吾心安不安，人情妥不妥上。

临事肯替别人想，是第一等学问。

富贵家宜学宽，聪明人宜学厚。（聪明而不学厚，何所不为。）

护体面，不如重廉耻；求医药，不如养性情；立党羽，不如昭信义；作威福，不如笃至诚；多言说，不如慎隐微；求声名，不如正心术；恣豪华，不如乐名教；广田宅，不如教义方。

见遗金于旷途，遇艳妇于密室，闻仇人于垂毙，好一块试金石。

慎风寒，节嗜欲，是从吾身上却病法；省忧愁，戒烦恼，是从吾心上却病法。

我如为善，虽一介寒士，有人服其德；我如为恶，虽位极人臣，有人议其过。

主人为一家观瞻。我能勤，众何敢惰；我能俭，众何敢奢；我能公，众何敢私；我能诚，众何敢伪。此四者，不独仆婢见之，上行下效，且为子侄之模范。语云：心术不可得罪于天地，言行要留好样与儿孙。

凡人无不好富贵，不知"富贵"二字，岂是容易享受！其上以道德享之，其次以功业当之，又其次以学问识见驾驭之。如道德不足享，功业不足当，学问识见不足驾驭，虽得富贵，何能安享。是以君子每兢兢业业以保守之，非畏富贵之去也。每见富贵之去，必有祸患以驱之，正惧祸患之来也。

子弟少年，不当以世事分读书，但令以读书通世务，切勿顺其所欲。须要训之以谦恭，鲜衣美食，当为之禁；淫朋匪友，勿令之亲。则志趋自然朴实近理。其相貌不论好丑，终日读书静坐，便有一种文雅可亲，即一颦一笑，亦觉有致。若恣肆失学，行同市井，列之文墨之地，但觉面目可憎，即自己亦觉置身无地矣。

至乐无如读书，至要无如教子。富之教子，须是重道；贫之教子，须是守节。

万般皆下品，惟有读书高。世上岂真万般皆下品乎，此不过勉励幼学之言耳。若信以为真，便眼空一世，恐非远大之器所宜。是在贤父兄之教诲耳。

经一番折挫，长一番识见；多一分享用，减一分福泽；加一分体贴，知一分物情。

好利，非所以求富也；好誉，非所以求名也；好逸，非所以求安也；好高，非所以求贵也；好色，非所以求子也；好仙，非所以求寿也。今人所求，皆反其所好，无惑乎百无一成。

（清）钱杜《陈文述意册·画舫题襟》

有聪明而不读书建功，有权力而不济人利物，辜负上天笃厚之意矣。既过而悔，何及哉！

容得几个小人，耐得几桩逆事，过后颇觉心胸开豁，眉目清扬。正如人啖橄榄，当下不无酸涩，然回味时，满口清凉。

可以一出而救人之厄，一言而解人之纷，此亦不必过为退避也。但因以为利，则市道矣。

行客以大道为迂，别寻捷径。或陷泥淖，或入荆榛，或歧路不知所从，往往寻大路者，反行在前。故务小巧者多大拙，好小利者多大害。不如顺理直行，步步着实，得则不劳，失亦于心无愧。

见人私语，勿倾耳窃听；入人私室，勿侧目旁观。

凡经商十数年而不一归者，此止知有利，不知有天伦之乐也。若堂有双亲，不思归省，谓之无人心可也。

富贵之家，虽主人谦虚，而阍人多有骄悍之气。士君子于此，当自爱。可以无求，便宜少往。能令怪其不来，无令厌其数至也。

凡人出外，每带器械防身，能带未必能用。不特疑有重赀，而且防我害彼，势必先下毒手，是防身适足以害身也。每见江湖老客，衣囊萧索，钱财秘密，不贪路程，不冒风浪，择旅店，慎舟人，禁嫖绝赌，节饮醒睡，而宽袍大袖，粗帽敝衣，未尝见其失事也。

人生自幼至老，无论士农工商，智愚贤不肖，刻刻常怀畏惧之心。如明中畏天理，暗地畏鬼神，终身畏父母，读书畏师长，居家畏乡评，做官畏国法，农家畏旱涝，商贾畏亏折。兢兢业业，方了得这一生。

做人无成心，便带福气；做事有结果，亦是寿征。

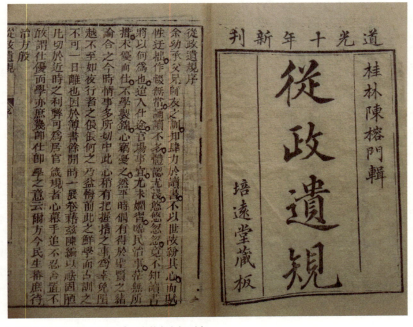

▌（清）陈宏谋《从政遗规》，清道光十年刊本

言有三不可听：昵私恩，不知大体，妇人之言也；贪小利，背大义，市人之言也；横心所发，横口所言，不复知有礼义，野人之言也。

事事顺吾意而言者，小人也，急宜远之。

一坐之中，有好以言弹射人者，吾宜端坐沉默以销之。此之谓不言之教。

人言果属有因，深自悔责。返躬无愧，听之而已。古人云：何以止谤，曰无辩。辩愈力，则谤者愈巧。

责我以过，当虚心体察，不必论其人何如。局外之言，往往多中。每有高人过举不自觉，而寻常人皆知其非者，此大舜所以察迩言也。

有人告我曰：某谤汝，此假我以泄其所愤勿听也。若良友借人言以相惕，意在规正，其词气自不同。要视其人何如耳。

好说人阴讳事及闺门丑恶者，必遭奇祸。且言之凿凿，如曾目睹。旁有鬼神，何不说得略活动些。

愚人指异端左道募化，称说灵异，以诳乡人。我既不信，远之而已，不必面斥其非。

觉人之诈而不说破，待其自愧可也。若夫不知愧之人，又何责焉。（业已诈矣，尚不可说，况不诈，而以为诈者耶？）

隐恶扬善，待他人且然。自己子弟，稍稍失欢。便逢人告诉，又加增饰，使子弟遂成不肖之名，于心忍乎！

我有冤苦，他人问及，始陈颠末。若胸中一味不平，逢人絮絮，听者虽貌为咨嗟，其实未尝入耳，言之何益！

人当厚密时，不可尽以私密事语之，恐一旦失欢，则前言得凭为口实。至失欢之时，亦不可尽以切实之语加之。怨忿平复好，则前言可愧。

向人说贫，人必不信，徒增嗤笑耳。人即我信，何救于贫。（真贫尚不必说，况不贫，而以为贫者耶？）

存心说谎，固不可。开口赌咒，亦不可。

人前做得出的，方可说；人前说得出的，方可做。"不为过"三字，昧却多少良心；"没奈何"三字，抹却多少体面。（四语义味无穷，非老于世务者不知。）

公门不可轻入。若世谊素交，尤当自远。或事应面谒，亦不必屏人私语。恐政有兴革，疑我与谋。又恐与我不合者，适值有事，疑为下石。

进一步想，有此而少彼，缺东而补西，时刻过去不得；退一步想，只吃这碗饭，只穿这件衣，俯仰宽然有余。

天生五谷以养人，不食则饥，缺之则死。每见高门巨室，田连广陌，视米谷为草芥。厨灶经年不一到，仆婢孩妪，抛撒作践。或沟厕白粲累粒，或几案馊秽成堆，略无禁忌。昔有一庵，邻于大宅。寺僧常见沟中米饭流出，密用水淘净，蒸晒一囷。不数年，而大宅缘事暴贫，僧人即以此饭饷之。大宅衔谢不已。后细询，知为沟中物也，嗟悔无及。屡见暴殄五谷之人，或罹饥寒困厄。此皆家长区置无方，以致如此。昔云："谁知盘中飧，粒粒皆辛苦。"吾辈安逸而享之，岂可狼藉以视之乎。明理惜福之士，当体察之。

（清）段玉裁篆书八言联：含英咀华扬榷今古，钩玄提隐镕铸中西

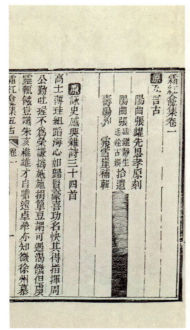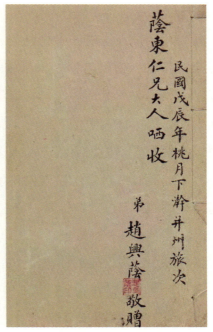

（清）傅山《霜红龛集》，清刻本

人家隆盛之时，产业多不税契。虽当事未必遍查，恐久之势去，子孙反受其累。

人子服阕，流俗相率庆贺。至期笙歌燕饮，结彩披红，谓除凶而就吉。夫恨未终天，欢成一旦。孝思罔极，岂无余哀。何喜可贺，悖谬甚矣。明理义者，不可不慎。

彼之理是，我之理非，我让之；彼之理非，我之理是，我容之。

门内罕闻嬉笑怒骂，其家范可知。座右多书名语格言，其志趣可想。

治家严，家乃和；居乡恕，乡乃睦。

读书正以明理为本也。理既明，则中心有主，而天下是非邪正，判然矣。遇有疑难事，但据理直行，得失俱可无愧，何须问卜、求签、祈梦。

语云：开卷有益，是书皆可资长学问。独今之小说，多将男女秽迹，敷为才子佳人。以淫奔无耻为逸韵，以私情苟合为风流，云期雨约，摹写传神，使阅者即老成历练，犹或为之摇撼。至于无识少年，内无主宰，未有不意荡心迷，神魂颠倒者。在作者本属子虚，在看者竟认为实。因而伤风败俗者有之，犯法灭伦者有之。虽小说中，原有寓意因果报应者。但因果报应，人多略而不看，将信将疑。况人好德之心，不能胜其好色之念。既以挑引于其前，鲜能谨持于其后。吾愿主持风化君子，于此等淫词，严请禁毁，使民惟经史是诵。厚风俗，保元气，是亦圣世之善政也。

横逆之来，正以征平日涵养。若勃不可制，与不读书人何异？

待小人宜宽，防小人宜严。

年高而无德，贫极而无所顾惜。惟此两种人，不可与之较量。

见人作不义事，须劝止之。知而不劝，劝而不力，使人过遂成，亦我之咎也。

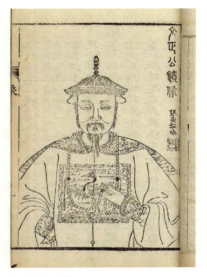

▌（清）汤斌撰王廷灿编《汤子遗书》，清康熙四十二年金阊刘氏刻本

能容小人，是大人；能处薄德，是厚德。

德业常看人胜于我者，则愧耻自增；境界常看人不如我者，则怨尤自寡。

凡权要人，声势赫然时，我不可犯其锋，亦不可与之狎。敬而远之，全身全名之道也。

纵与人相争，只可就事论事。断不可揭其父母之短，扬其闺门之恶。此祸关杀身，非止有伤长厚已也。

事无大小，以理为主。然我虽依理而行，恐所遇之人。或愚者不知理，强者不畏理，奸猾者故意不循理，则理又有难行之处。便当审度时势，从容处之。若小事，宁可含忍。倘万不能忍之大事，则质之亲友，鸣之官长，辨白曲直，彼终越理不得，自然输服。若恃我有理，便悻悻生忿，任意做去，则愚者终不明，强者终不屈，奸猾者必百计求胜，是有理翻成无理矣。（知此决无讼事。）

亲族朋友中，焉能个个相投，事事恰当。且嗜好不同，性情不一。即有与我不相得处，不过小忿微嫌耳。竟有其人已死，或报复孤孀，或逢人责诮。独不念其人既死，则万念冰释。当改嗔怒为怜悯，照拂提携，乡党自钦厚道。若芥蒂不忘，啧啧于口，徒伤忠厚耳。旁人视听，能不薄之乎。

君子不迫人于险。当人危急之时，操纵在我，宽一分，则彼受一分之惠。若扼之不已，鸟穷则攫，兽穷则搏，反噬之祸，将不可救。

现在之福，积自祖宗者，不可不惜；将来之福，贻于子孙者，不可不培。现在之福如点灯，随点则随竭；将来之福如添油，愈添则愈久。

肯为人说眼前报应，肯听人说报应诸事，肯将已验医方或抄或刻授人，亦是美事。

君子能扶人之危，周人之急，固是美事。能不自夸，则益善矣。

终日安坐，未饥而饭至，未寒而衣添。饮酒食肉，呼奴使婢，居有华堂，出有舟舆，可谓色色如意。不于此为善，更且使性气纵喜怒，有些子事便不耐烦，甚至行造罪孽，岂不可惜。尝念及此，久久自然寡过。

凡遇卖儿鬻女，及施粥、施袄、施茶、施药、施棺，若独力不能，须募众举行，此眼见功德。

人当贫贱时，为善，善有限；为恶，恶亦有限，无其力也。一当富贵时，为善，善无量；为恶，恶亦无穷，有其具也。故富贵者，乃成败祸福之大关，不可不慎。

径路窄处，须让一步与人行；滋味浓的，须留三分与人食。

人之所赖以生者，惟钱财。能于钱财上，宽一分待人，省一分济人，若能事事留心，久久习惯，虽不见福，而祸自消矣。如一味刻薄，以为得计，一遇飞灾，荡产倾家，所入不偿所出，悔之晚矣。

人以持斋戒杀为行善，是功德止及于禽兽，而不及民生，此善之微者也。人以济困扶危为行善，是功德能及民生，而旁及于禽兽，此善之广者也。若夫大利大害，居得为之位，而不兴之革之，与作恶者何异！

处富贵者，不知世有炎凉小人；处贫贱者，不知世有窥伺小人。是皆不关自己痛痒故也。

贫贱生勤俭，勤俭生富贵，富贵生骄奢，骄奢生淫佚，淫佚复生贫贱，此循环之情理。

馈送仪文，人情不免。贵于所送之物，令人得用。世俗动辄鸡鱼蹄鸭、糕馒吃食之类。若遇喜庆，塞满庭厨，焉能一时尽用。在隆冬尚可区处，炎夏顷刻馁败，常有物未出盒，已有臭气。在馈者必费数星，受者有何济益。余意可送之物颇多，何必拘于口腹。夏则手巾、凉鞋、砂壶、纸扇、枕簟、松茗、笔墨、磁器，以至纱罗葛苎，冬则红烛、乌薪、绒袜、暖帽、炉香、坐褥、书画、醇醪，以至绸缎靴裘，无不可送。不独令人可以适用，且免糜费暴殄之过，否则或竟用仪函，丰俭随人，受者款之，不受者璧之。彼此两便，亦交接可久之道耳。

富贵受贫贱人礼，以为当然，殊不知几费设处而来，即一箪一丝，宜从厚速答。

赴酌勿太迟，众宾皆至而独候我，则厌者不独主人。却则宜早辞，勿令人虚费。

常见有余之家，当极盛时，每一婚嫁丧葬，辄费数百金千金。及至衰落，遇有此事，即数十金数金，亦可敷演发脱。可见丰俭原在乎人。纵使豪华满眼，不过一瞬虚名，有何实济。姑以一二事言之。富贵之人，簪之可金者，未始不可银；衣之可缎者，未始不可绸；寒素之家，米之可精者，未始不可粗；酒之可浓者，未始不可淡。由此类推，不独积蓄有余，且为我生惜福。

人谓北方风土厚，其富贵也久；南方风土薄，其富贵也暂。予窃以为不然。富贵久暂，在奢俭，而不在厚薄；在人事，而不在风土。何也？如北方有余者，生子多系自乳，不过觅人抱负。南方之人，稍有余者，动辄雇觅乳媪。其乳媪之子，势必托亲戚代哺，送婴堂延命。痛痒无关，饥寒罔恤，疾病痘疹，十中难存一二。是损人子以益己儿，岂于阴骘无损。又如北方有田者，纵使富饶，多系自种，必须劳力劳心。南方之人，田与佃种，坐享其成，致令子孙游惰，耒耜不识，五谷不分，岂得为成家之器。又如北方妇女，脂粉不施，衫裙布素，首饰不过鬏髻簪戒而已。南方妇女，金珠钗钏，有余者不吝千金，合一家女媳妯娌计之，岂不损许多赀本。至于北方治席，不过猪羊鸡鸭，加以自产园蔬，非吉凶大事，不设方物。今南方偶酌，音乐绕梁，珍错毕集，顷刻而出四时之藏，一席而列各省之物。以此类推，何可胜算。可见富贵久暂，安得舍奢俭而言厚薄，舍人事而言风土哉！（富贵久暂，不尽由此，然此种道理，居家不可不知。）

祖宗富贵，自《诗》《书》中来；子孙享富贵，则弃《诗》《书》矣。祖宗家业，自勤俭中来；子孙享家业，则忘勤俭矣。此所以多衰门也，可不戒之。

待己者，当从无过中求有过，非独进德，亦且免患；待人者，当于有过中求无过，非但存厚，亦且解怨。

勿以人负我，而隳为善之心。当其施德，第自行吾心所不忍耳，未尝责报也。纵遇险徒，止付一笑。

富贵之家，常有穷亲戚来往，不戏谑父执贫交，躬送破衣亲友出门外。如此，足称厚道，富贵方得久长。

待富贵人，不难有礼而难有体；待贫贱人，不难有恩而难有礼。

排难解纷，实行门中第一义。能以言语和人骨肉，见人拘斗间，一语解释，其福无量。

骨肉贫者莫疏，他人富贵莫厚。其一切馈遗，须有常度，勿以富贵而加丰，贫而致薄。

自让，则人愈服；自夸，则人必疑。我恭，可以平人之怒气；我贪，必至启人之争端。是皆存乎我者也。

人固不可多事。然亲友有义不容辞者，以事重托，理宜委婉力行。行至必不能行，我心已尽，而亲朋自亦见谅。近见一种自了汉，止知自吃饭，自穿衣，若人稍有所托，即沉吟推诿。生平未尝代人挑一担，解一事，及到有事，未必不求人。若人人似我，又当何如。

周急恤贫，仁者犹病，焉敢迂言博济，强人所难。独是同一施与，有缓急之间，在己无伤于惠，在人便得其益者。每见有余之家，于岁底时，一切仆从工食、亲友补助，必捱至除夕，方肯给散。殊不知度岁之具，自己既欲早办，何不推己及人。且此日银纵到手，市物阑残，非贵即缺。衣履袍帽，从何置办。此中微情隐苦，有不能尽述者。予目击极多，故琐言之。

邻有丧，不可快饮高歌。至新丧之家，不可剧谈大笑。对新丧人，不可亵狎戏谑。凡亲友中，或有家庭之变，或有词讼疾病不测之事，当设身处地，为之谋虑。不可嘻嘻漠视，并无关切，恐近似幸灾乐祸矣。

攻人之恶毋太严，要思其堪受；教人之善毋过高，当使其可从。

我施有恩，不求他报；他结有怨，不与他较。这个中间，宽了多少怀抱。忍不过时，着力再忍。受不得时，耐心再受。这个中间，除了多少烦恼。

凡作事，第一念，为自己思量。第二念，便须替他人筹算。若彼此两利，或于己有利，于人无损，皆可为之。若利于己者十之九，损于人者十之一，即宜踌躇。若人与己之利害正半，便宜辍手。况利全在己，害全在人者乎。若损己以利人，尤上上人事，

（清）王文治行书八言联：日永于年春回于谷，官清如水人淡如秋

愿同志共图之。

事系幽隐，要思回护他，着不得一点攻讦的念头；人属寒微，要思矜礼他，着不得一毫傲睨的气象。

常见笔札中，有知感处，则云刻骨镂心，当在世世。有沾惠处，则云覆载之恩，举室焚顶。或云衔结难忘，犬马图报。余谓谦固美事，亦当斟酌措辞，须有分寸。若太过，则近乎诌矣。（将此等字句，看作泛常套语，人心风俗，概可知矣。）

凡作格言庄语，原以劝人为善。人虽未因其劝，而改弦易辙，即化为善，善念未必不动。作者之心血，不致空费。若作淫词艳曲，虽以戒人为恶。人乃忽视其戒，痴心想慕，将效为恶。恶事未必即行，而作者之造孽实多。

好便宜者，不可与之交财；多狐疑者，不可与之谋事。

观富贵人，当观其气概，如温厚和平者，则其荣必久，而其后必昌；观贫贱人，当观其度量，如宽宏坦荡者，则其富必臻，而其家必裕。

凡观人，须先观其平昔之于亲戚也，宗族也，邻里乡党也，即其所重者，所忽者，平心而细察之，则其肺肝如见。若至待我而后观人，晚矣。

凡遇不得意事，试取其更甚者譬之，心地自然凉爽矣。此降火最速之剂。

自信者不疑人，人亦信之，吴越皆可同胞；自疑者不信人，人亦疑之，骨肉皆成敌国。

人之谤我也，与其能辩，不如能容；人之侮我也，与其能防，不如能化。（此中有大学问在。）

见人与人忿争不休者，当劝之曰：天下事，未有理全在我，非理全在人之事。但念自己有几分不是，即我之气平。肯说自己一个不是，即人之气亦平。

待有余而后济人，必无济人之日；待有余而后读书，必无读书之时。

为人谋事，必如为己谋事，而后虑之也审，为谋而忠；为己谋事，又必如为人谋事，而后见之也明。当局易迷，局外者清。

处兄弟骨肉之变，宜从容，不宜激烈；遇朋友交游之失，宜剀切，不宜含糊。

无病之身，不知其乐也。病生，始知无病之乐；无事之家，不知其福也。事至，始知无事之福。

容人之过，却非顺人之非。若以顺非为有容，世亦安赖有君子。（一味以容过为厚道者，亦非也。）

古人以喜怒中节为和，今人以有喜无怒为和。

交财一事最难。虽至亲好友，亦须明白。宁可后来相让，不可起初含胡。俗语云：先明后不争，至言也。

（清）唐岱《观瀑图》

即或有人负欠，决非甘心不肖。理虽据而情须原，不必凌虐太甚，言语说尽，身分做尽。当看儿孙面上，稍稍宽容。遇众擎易举之事，亟宜赞助。不可从中阻住，使人无一线生路。所云：赞人陷人皆是口，推人扶人皆是手。但恐做尽说尽，天道好还，将来思人一赞一扶，不可得也。

人因困乏，或欠人货财，或借人衣物，一时无偿，人即呼为坏人。若赴诉求宽，又恶其巧言善辨。若面见面无言，又嫌其默讷柔奸。总之欠字压人头，不知何法可合人意。愚谓良心信行，人人俱有，孰不愿报德全信。总因无计设法，未免辗转推诿。俗云："人人说我无行止，你到无钱便得知。"且礼义生于富足，岂有余之人，甘失信于人哉。（世不少甘心负骗之人，然当而有力者，不可不知此种。）

钱财不可不惜，然亦不可苛刻。我能宽一分，则人受一分之惠。如小本生理，及挑负奔驰者，惟仗工夫气力，养家活口，尤当倍加优恤。在我厘毫之宽，所去有限，彼得一厘一文，所喜无穷。每见刻薄之人，取之尽锱铢，剥削半生，害生一旦，反至倾家荡产。又见宽厚之人，终日受人侵削，反能饱食暖衣，终身无祸者。比比然也。人欲自算，莫若观人。清夜将见所知者，屈指而计，刻薄之后人与宽厚之后人，较量之，孰享孰否，孰富孰贫，便见天之报施不爽矣。

子弟僮仆，有与人相争者，只可自行戒饬，不可加怒别人。他人僮仆，遇我不恭，如坐不起，骑不下，指为无礼，彼与我原无主仆之分，不足较也。

看古今文字，立意求其佳处，则竟得其佳。立意求其疵处，则亦染其疵。君子于人之善恶也亦然。故取长略短，道必日益。

锄奸杜恶，要放他一条去路。若使之一无所容，譬如防川者，若尽绝其流，则堤岸必溃矣。

　　事有急之不白者，宽之或自明；人有操之不从者，容之或自化。即家庭嫌隙，常有愈理而愈多，缓之则如故。（处事待人，因激烈而害事者不少。）

　　亲友婚丧之事，有窘乏者，能随力相助，方可代筹丰俭。若于事无所补，徒用关切虚言，似可不必。礼云："吊丧弗能赙，不问其所费。问病弗能遗，不问其所欲。"

　　人止如耕种之苦，不知炊煮之难。如有余之家，人口众多，日食何止三餐，爨烟至晚不断。火夫任劳，竟无宁刻。其当酷暑之时，茶水愈多。炙煿薰蒸，汗如雨下。较锄禾农夫，炉边铁匠，尚有闲时。司爨者，刻期供箸，难偷一瞬之凉。及至隆冬，敲冰汲水，淘米洗菜，渗入心骨。享用子弟，勿视饔飧之易，当辨服役之劳。

　　"经营"二字，须看得大。如耕农织妇，行商坐贾，无一非经之营之也。必要平心公道，而利有自然者，顺其自然，则无妄念，而不冒

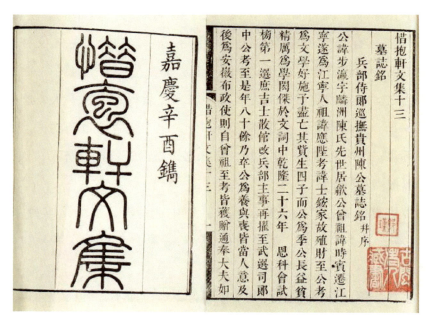

（清）姚鼐《惜抱轩文集》，清嘉庆六年刊本

险。如蓄有米而望米价贵，蓄有布而念布价增，则其心不平。如大入而小出，造假以混真，则其道不公。不平不公，皆出于利心太重。究之丰啬有数，未必即如其意，空起刻薄心肠，即或获利致富，天道福善祸淫，未必亲享其利。世有商贾成家，而子孙不享厚泽者，良由此也。

钱粮差徭，输纳自有定期，供应自有大例。惟预先措办，衣期急公，免滋差扰，自然快活。若迁延时日，使催者受比较之苦，而我亦终不能免，则何益矣。况国赋原系正供。避重就轻，闪差跳甲，恐一败露，为罪尤大。纵然隐秘，从来欺公不富，冥冥之中，亦必不放过。

近日虽有急公之人，鞭银不亲身投柜，米麦不自看入廒，托人代封代纳。多系私帖收去，并无印票为凭。非是闲懒好逸，只图些小便宜。及至捉比，势必重完。不独差扰使用，亦且拖累公庭。可见惜小费，必误大事；贪闲逸，反受劳烦。若轮当里甲，更宜慎重。

岁逢水旱，流离满道。仁人君子，谅皆垂慈。然非空空叹息也。或曰"俟其有而与之"，何时是有？何不分一二口食、一二文钱，亦可救饥度命。若曰善门难开，恐其不继。即密持钱米于流民往来之地，随缘给之。老幼残疾者，加之。不必居名，救得一人是一人，施得一日是一日。囊罄则止，何虑不继哉。今人建寺烧香，自谓功德。殊不知寺不建，佛未必露处；香不烧，佛未必饥饿。若移此以济人，佛必大悦，福报当百倍矣。

暗里算人者，算的是自己儿孙。空中造谤者，造的是本身罪恶。（行善事，最重人不知，故曰阴德；行不善事，又最怕人不知，故曰阴恶。）

王孙一饭，报以千金。至今止知为漂母，而不知姓氏者何也，施时无望报之心也。若望报而后施，是一味图利，而非仁人君子之心矣。

但世情浇薄，不以有施必报为劝，何以动愚人好施乐善之心哉。故有施必报，天理之自然，仁人述之以化俗。不望报而施，贤圣之盛德，君子存之以济世。（如此道理方足，总是躬自厚而薄责人之义。）

劝惜字纸，使人捡拾，不过在于通衢大道。若人家内，焉能入室寻觅？且妇女知惜字纸者少，任其委掷沟厕污秽之处，更为可惜。莫若令检拾字纸之人，笼上写一收买废坏字纸一帖。使愚夫愚妇，知字纸可以卖钱，或少护惜。究竟所费无多，所收甚普。

命应富贵者，美事忽然而至，无意而得，头头凑合。非其才智之巧也，命也；命应贫贱者，美事将成忽败，纵得必失，局局乖违。非其才智之拙也，亦命也。处顺境者，不可自夸其能；处逆境者，不可徒增怨恨。

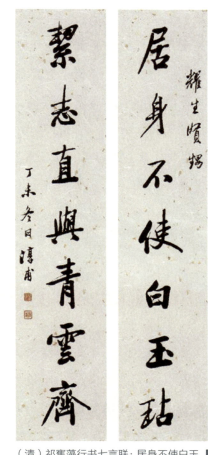

（清）祁寯藻行书七言联：居身不使白玉玷，洁志直与青云齐

《五种遗规》

注解

《愿体集》是清初学者史揲臣编纂的，关于作者的生平，除了陈宏谋在《五种遗规》里说"先生名典，江苏扬州人"外，尚找不到其他记载。

本书内容多是作者从宋明学者的文集中摘录和概述出来的浅显道

理，包括朋友之道、学问之道、品行之道、饮食之道、钱财之道等。关于家庭教育，强调父慈子孝、兄弟友恭的"合当如此"，对分家、继嗣、联宗、合婚、孩子教育都有独特的看法；对小人则认为"固当远"，但不可为仇；对朋友则强调，多念其善而忽略其过，切忌"惯说好人话，不计人长"。同时，强调对富贵和贫贱的辩证认识，对"好利""好誉""好高""好色""好逸"等做了界定，其他关于如何说话、如何保身、如何待人、如何免过等，虽然细微琐碎，但都持之有据，论之有理。

唐翼修《人生必读书》：士君子处心行事，须以利人为主

我初生时，不带一钱来，自孩提以至成人，百事费用，无非父母之财也。无奈世人，一至长大，各听妻子婢仆之言。兄弟分析，争多竞少，彼此皆谓父母有偏。似乎一切家财，皆当我所独得。而兄弟不当有，并父母亦不当有者。噫，何其愚也！人苟听妻子婢仆之言，不孝于亲。纵使父母亿万家财，尽归于我，未有不速败者。惟平心让财敦孝之人，天必佑其子孙，待常享富厚，断无爽也。吾愿世之人，凡妻子有争较财物之言，入于我耳，不唯不当听，且当即时训诫，勿使再言。至于婢仆，离间訾谇之言，当训诲妻子，不可听信，甚则挞之。则离间之言，自不敢再行，而孝行可完矣。

颜光衷曰：人子有大不孝，而竟忘其为不孝者，有八焉。父母爱惜之过甚，常顺适其性，骤而拂之，便违拗不从，甚或抵忤，一也。常先事勤劳，听子女安佚，遂谓父母宜勤劳，己宜安逸。偶令代劳作事，便多方推诿，二也。父母常为儿减口，遂谓父母当少食，己宜多食，

三也。语言粗率惯，父母前亦直戆冲突；行动无礼惯，父母前亦傲慢放弛，四也。见同辈，则礼貌委和；对双亲，则颜色阻滞；待妻子，则情意蔼然；伴二尊，则胸怀郁闷。有美食，则反食妻子，而不以养亲；有好衣，则反衣妻子，而不以奉亲，五也。财入吾手，便为己财，而在父母者，又谓吾当有之也。财足，则忘亲；财乏，则强求。窃取于亲，不得遂意，则怨亲。亲老不能自养，而寄食于吾，则又厌亲。甚且单父只子而争财者，有矣；少长互推而弃亲不养者，有矣。不知身乃谁之身，财乃谁之财。我

（清）吴友如《两院雅集图》

乳哺无缺，衣食无缺，以至今日，谁之恩乎？六也。恣情声色，外诱日浓，二更三鼓，挑灯望归，不顾也；游戏赌钱，破荡财产，双亲忧郁成病，不顾也，七也。父母于兄弟姊妹或有私与，乃怨亲偏党，关防争论，无所不至，甚且成仇，八也。以上数者，皆习成不孝，竟尔相忘。苟不细思猛改，则天地鬼神，谴责之加，必不能免矣。堂有双亲者，每日将此八件，反己自问，有则改之，所全不少。

凡贤达子孙，每从父母祖宗起见。视公众之事，公众之室产，必胜于己事己产也。无良之子孙，止知自为自利，公众之事，公众之室产，毫不经营，全不爱惜。其存心既私，必无善报，后日子孙，盛衰

可预卜也。

何士明曰：功名富贵，固自读书中来。然其中有数，非人力所能为。苟人力可为，将尽人皆贵显矣。尝见人家子弟，一读书，就以功名富贵为急。百计营求，无所不至。求之愈急，其品愈污。缘此而辱身破家者，多矣。至于身心德业，所当求者，反不能求。真可惜也。吾谓读书者，当朝温夕诵，好问勤思。功名富贵，听之天命。惟举孝悌忠信，时时励勉。苟能表帅乡间，教导子侄，有礼有恩，上下和睦，即此便足尊贵。何必入仕，然后谓之仕哉！至于不能读书者，安心生理，顾管家事，能帮给束脩薪水之资使，读书者得以专心向学，成就一才德迈众之人，则合族有光。即此便是学问，何必登科及第，然后谓之出人头地也。

（清）唐甄《潜书》，清光绪九年刻本

凡人立身，断不可做自了汉。人生顶天立地，万物皆备于我。范文正做秀才时，便以天下为己任，便有宰相气象。如今人，岂能即做宰相，但设心行事，有利人之意，便是圣贤，便是豪杰。为官也可，为士民亦可也。无如人只要自己好，总不知有他人。一身之外，皆为胡越。志既小，安能成大事哉！

圣贤无他长，只是见得己多未是，所以孜孜悔过迁善，而为圣贤。凶恶之所短，只是见得自己是，而人多不是，所以刻刻怨物尤人，而为凶恶。语云：世人皆言人心难测，而不知己之心更难测；世人皆言人心不平，而不知己之心更不平。苟非细察，安得知之。

王龙舒曰：人为君子，则人喜之，神佑之，祸患不生，福禄可永，所得多矣。虽有时而失，命也。非因为君子而失，使不为君子，亦失也。为小人，则人怨之，神怒之，祸患将至，祸寿亦促，所失多矣。虽有时而得，命也。非因为小人而得，使不为小人，亦得也，命有定分故也。故君子乐得为君子，小人枉了为小人。

士君子处心行事，须以利人为主。利人原不在大小，但以吾力量所能到处，行方便之事，即是惠泽及人。如路上一砖一石，有碍于足，去之，即是善事。惟在久久勤行耳，岂宜谓小善不足为。

严君平虽卖卜，与子言依于孝，与臣言依于忠，与弟言依于悌。终日利物，而无利物之名。士君子有志于惠泽及人者，不可不识此妙理。（由此推之，何事不可济物利人。）

"施药不如施方"，极善之言也。贫穷之人，尝苦于无钱取药，听其病死，殊为可伤。余闻人言海上单方，有不必费财，得之易而有奇效者。余每试之，果验。如好义君子，能各出所闻，遍贴于人烟凑集之所，则济人阴德，比于施药，加十倍矣。

古人所以重侠烈者，非无谓也。人当危迫之际，呼天不应，呼地不应，呼父母不应。忽有人焉，出力护持，不及于难，济天地父母之不逮，故知侠烈不可及也。

　　凡人之为不善者，造物未必即以所为不善之事报之，而或别于一事报之。别一事，又未必大不善也，而得祸甚酷。此造物报应之机权也。

　　凶人贪冒无耻，随处必欲占小利，而人亦畏之让之。独怪终身所占小利，必以一事尽丧之，而更过其所占之数。吉人守分循理，不敢妄为，而人亦欺之侮之，故凡事受歉。然冥冥之天，必将以大福之事补之，而浮于其所受歉之数。或及其身，或及其子孙。历观往辙，无不然者。

　　暗箭射人者，人不能防；借刀杀人者，已不费力。自谓巧矣，而造物尤巧焉。我善暗箭，造物还之以明箭，而更不能防；我善借刀，造物还之以自刀，而更不费力。然则巧于射人杀人者，实巧于自射自杀耳。

　　人情盛喜时，必率略于约信，轻易于许人。后日不能践言，多至债事，为人轻鄙。故喜极莫多言也。盛怒时，与人言语，颜色必变，词气必粗。知我者，谓我因怒而气暴；不知我者，谓我怒彼而发嗔，启人仇怨矣。又人怒时，一语不合，即加迁怒，甚且迁怒于毫无关涉之人。故怒极莫多言也。盛醉时，心气昏迷，不辨是非利害，举生平最机密之事，尽吐露于人，醒时有茫然不知者。即知而百计挽回，终无济也。故醉极莫多言也。

　　面赞人之长，人虽心喜，未必深感。惟背地称其长，则感有不可胜言者。此常情也。面责人之短，人虽不悦，未必深恨。惟背地言其短，则恨有不可胜言者。此亦常情也。夫人之与我，苟无怨，何必背地短之。若与我有怨，虽短之，而人不信。何也？以其出于仇人之口也。即信矣，不能代我而加之以祸。在彼闻之，益增其不可解之怒。是背地短人，愚者不为，若背地称人，正忠厚之事，智者所不废也。

　　先贤云："半句虚言，折尽平生之福。"释氏云："说谎为第一罪过。"尝见虚伪之人，从幼稚时，即喜谎言。及其长也，随念所起，造为虚假之论。空中楼阁，虽无意害人，而适逢其害者多矣，安得非罪过之大乎？尤可恶者，其炫耀己之才能学行也，则增一为十，矜夸粉饰，以为人可欺也。不知人皆厌听也，徒增己之丑耳。

戏谑之言，出于贫贱人之口，受者不过心怀忿忿，甚或口角是非而已。若富贵之人，其招祸也必大。盖我贵矣，虽戏言之，而彼虑我为实话也，必畏惧恐栗，轻则多方防我，重则先施毒手矣。

人之过端，得于传闻者，十有九伪。安可故意快我谈锋，增加分数，使其人小过成大，负玷终身。他日与

（民国）章太炎篆书七言联：性躁皆因经历少，心平只为折磨多

人有讼，人即据传闻为口实，或官府闻之，令其受殃。是我害之，罪莫重矣。故传闻人过，增加分数，关系己之阴骘尤大也。

局外而訾人短长，吹毛索垢，不留些子余地。试以己当其局，未必能及其万一。薛敬轩曰：在古人之后，议古人之失，则易；处古人之位，为古人之事，则难。

小人立心狠毒，度量浅狭，与人有怨，即以谗言中之。我心虽快，其如鬼神不悦何。语云："劝君莫要使暗箭，射人至死无人见。谁知鬼神代不平，偏向空中还重箭。"念及此，则人当度量宽宏，不可以谗言害人也。

（清）吴让之篆书七言联：心情杂念魔之出，天地清光画不来。题款：此何子贞太史集坐位帖字也。贞恒居士壬戌秋病中偶遇，意识不行时所见妙合此景，因属为书之。时同治二年，岁在癸亥春二月廿八日，吴让之并记。

富贵则人争趋之，盖有故也。彼有称扬提拔人之力，有祖庇曲护人之势，又有加祸于人之权。庸人不得不趋附之者，势也。贫贱则人疏远之，亦有故焉。一谓无所仰望于彼也，二恐其来借贷也，三恐其求我周恤也，四虑与贫贱人往来，减我体面也。庸人不得不疏远者，亦势也。乃知世态之厚薄亲疏，是理势之所固有，不必尽属炎凉也。明达者，不当以此介意焉。

俗人之相与也，有利生亲，因亲生爱，因爱生贤。情苟贤之，不自觉其心亲之而口誉之也。无利生淡，因淡生疏，因疏生贱。情苟贱之，不自觉其心厌之而口毁之也。是故富贵相交，虽疏日亲；一贫一富，一贵一贱，虽亲日疏。此情理之必至也。

世人评论是非，多系臆度，或由传闻，或因怨生诬。百无一宝，岂可轻信。若受谤之人，与我不相识者，则置而不传。若其人与我相识矣，必当审其虚实，有则隐之，无则为之辩白。庶称隐恶扬善之君子耳。

人生世间，自幼至壮至老，如意之事常少，不如意之事常多。虽大富贵人，天下之所仰羡以为神仙，而其不如意事，各自有之，与贫贱者无异。特所忧患之事异耳。从无有足心满意者，故谓之缺陷世界。能达此理而顺受之，则虽处患难中，无异于乐境矣。

早眠早起，其家无有不兴盛者。夜间久坐，膏火费繁。日间早起，则早膳之前，已可经营诸事。较之晏起者，一日如两昼焉。晏起之人，于紧要之事，每以日晏不及为而中止。百事废弛，皆由于此。又晏眠晚起，则门户失防，管理无人，窃物甚便，家多隙漏，衰败之根也。

早眠早起，勤理家务。节省衣食，使每岁留余，以备日后吉凶大事。

由湖马吊之类，染习既久，心志荡佚，奸人诱之，必流赌博。父母宜婉转教谕，子弟须深思猛省，斩断根苗。

勤葺屋宇器皿，毋令大坏难修。公众器皿屋宇，尤宜爱惜修治，不分人我。

讼至危险，小能变大；争财争产，得不偿失。

非重大万不得已之事，勿轻易进祠。

均调茶饭，迟早得宜，不使下人忍饥怀怨，妨工废事。

往来礼仪，量家贫富，以为丰俭，不可随俗胡行。

待客宴客，当因人数多寡、新旧亲疏，以酌品物丰俭。

勤晒衣冠书画谷粟，不得霉霉朽蛀。

勤关门户，遇吉凶诸事，身体虽疲，临睡之时，亦宜检点。洁净室宇，拂拭椅桌，半在自己，不可专靠他人。

训诲婢仆，安顿什物，必令位置停当，不使动作触碍，因而损伤。

完全器皿，毋使一器分散数处，致遗失毁坏。

绅衿富室子弟，倘家计一落，可妨亲至畎亩督耕，亲率家人经纪，切勿畏人轻笑。轻笑者无知小人，何足计较。

勤记账册，毋令遗忘，致有错误。

炉煤烟管，宜勤拭刷。燃灯过夜，檠底必置水盆。幼童小婢，宁令衾絮温厚，勿许被内安炉，烘熏被褥。稻草绵絮灯心，安放处，勿使火光相近。

保家要务，事在眼前，行之甚易。唯在一家大小，人人将此事理放心上也。（书此一段，贴于壁间，每日检点，正自有益。）

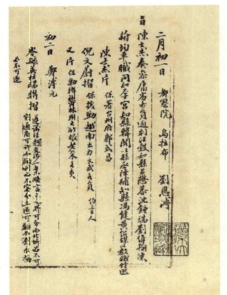

（清）翁同龢《翁文恭公军机处日记》，民国二十八年燕京大学图书馆影印本

凡婢仆虽至贱，亦当养其耻心。惟有耻心，方始可用。故虽有过，不当数责，不当频骂。数责频骂，虽辱不耻，廉耻既无，不可用矣。

凡置田地房屋，不宜急骤。须访来历明白，然后受之。试言其故，或母嫠而子不肖，听信奸人诓诱而卖者；或无子之产，非应承继之人卖者；或相持之产，未有归着者；或与势豪争衡，知力不敌，而来投献者，皆能致日后是非官讼也。至于坟茔中木石，与先贤墓堂基址，尤宜慎重，不可受也。

邻近利便之产，而适欲卖于我，宜增其价。不可因无人敢买，而低折其价，大伤阴骘。

冯琢庵曰：事之初起，往往甚小。因分人我而渐大，因争小利而益大。事已观之，又甚小。故善处事者，大事当使之小。此种道理，局外者清，当局多迷。临事不觉，事后自见。

德盛者，其心和平，见人皆可交。德薄者，其心刻傲，见人皆可鄙。观人者，看其口中所许可者多，则知其德之厚矣。看其人口中所未满者多，则知其德之薄矣。

人生涉世，有忽略之事。有过激之言。二者皆不自知。若知之，必不施之于人矣。宜代为推原，以为彼之过端，彼不自知也。勿置芥蒂于心，恶怒可释矣。若不能，则当直言以告，令其知之。彼必知过而谢罪矣。乃世之人，缄口不言。他日乘其有隙，搜索过端以报之。若受报之人，能自反者。必思曰：彼如是加我，或我平日有怨于彼。虚心下气，问其所以，彼将开诚言我之过，怨可由此两忘矣。无如亦不能也，于是怨毒相加，至于展转反覆，而无休息。若更有谗人交构于中，则报复益烈。嗟乎！忽略之事，过激之举，人孰无之，既不能推情宽恕，复不能坦怀直告，至令展转报复而无休息，岂非自成其衅乎！

凡人治家，一切田野园圃之物，不能不为人盗窃，但不至太甚可耳。慈湖先生曰：先君尝步至蔬圃，谓园丁曰："吾蔬每为人盗取，何计防之？"园丁曰："须弃一分与盗者，乃可。"先君大是之。叹曰：此园丁，吾之师也。尔等不可不谨记。

富贵居乡，被人侵侮，每每有之。然毕竟是我好处。若使人望影远避，无敢拾其田中一穗者，虽是快意，然其为人可知矣。

士人贫困时，乡人不知其后日尊贵，不加敬重。一旦荣达，则视乡人如仇雠，以为始轻慢我也。殊不知乡人中，亦有后日尊贵者。我何尝知其日后尊贵，而敬重之耶。不知自反，止责他人，何背谬也。

张安世家僮数十人，皆有技业。虞惊治家，亦使奴仆无游手。此绅宦之最有家法者也。至于邓禹，身为帝师，位居侯王，富贵极矣。有子十三人，读书之外，皆令各习一艺。推邓禹之心，盖欲拘束子孙身心，不使其空闲放荡。即或爵除禄去，子孙亦有以资身，不至饥寒潦倒。其为子孙谋，何深远也。

或问：人生无事不需财，故无不营营于利，亦无不因财而坏品行，有善处之法欤？曰：有之。在择术。不可因贫而窝赌，诱人子弟也；不可用炮火鹰犬，以伤禽逐兽也；不可贪口腹，而椎牛屠狗也；不可为媒为保，而令人财物落空，致人官讼也；不可因商贾贸易，串假伪之物以诳人也。为贫士者，不可武断乡曲，出入公门，而平地生波也。此必不可为者也。其有虽不可，而不能禁人不为者。但当日夜思维，吾力不能择术，而苟且为此，已非善行。则当充无欲害人之心。为册书者，不可飞洒钱粮，损人利己也；为胥吏者，不可搜寻弊窦，诱官施行也；不可得财枉法，令人冤无伸雪也。为两班者，不可借势居奇，勒索不已也；为讼师者，代人伸冤，不可虚架大题，令受者破身家，令告者坐反诬也。能如此，亦无害矣。至若贫贱者，更当安命。吾命当无妻子也，虽终身营求，必不能得妻子之奉养；吾命当缺衣食也，虽终身妄求，必不能得粱肉绮罗之适体。故知命已前定，则一切因利造孽之事，自然不作矣。此贫贱者，以义制利之法也。

富贵者之利财也，其义有三：一在知足。我高堂大厦，冬温夏凉，绮罗轻暖，不脱于身，肥甘膏粱，不绝于口。岂知有草房茅舍，厨灶栏厕，皆在一室者乎？岂知有寒无绵被，直卧于稻草中者乎？一日三餐薄粥，尚有不饱者乎？常以此自反于心，自然知足矣。二在明于道理。我虽积财如山，身既死，则不能分毫带去。惟因财所造之孽，反种种随吾身也。三当知子孙贫富有命。彼命优，我不遗之财，而自然有之；彼命薄，虽以万金与之，亦终不能担受，不数年而败去矣。如此三者，慎毋争利而伤兄弟手足之天伦也。毋争利而令亲戚朋友，情谊乖绝也。毋因人借贷押典，而取过则之息也。毋因交易，而斗斛权衡，入重出轻也。毋悭吝太过，而令诸礼尽废也。毋淡泊太过，而令婢仆怨恨也。此富贵者，以义制利之法也。

又问：中等之家，亦有法欤？曰：中等之家，既不至于饥寒无良。亦不至于因富造孽。农工商贾，各安本务。凡事量入以为出。每岁十分留二三，以备不虞。毋争虚体面，而多闲费。此中等之家，理财之法也。

颜光衷曰：顷有富者，贪利苛刻，计及锱铢。平时一意吝啬，不知礼义为何物也。身死，子孙不哀痛，不治丧，群相斗讼，其处女亦蒙首执牒，诉于公庭，以争嫁资，为乡党笑。其子孙自幼及长，惟知有利，不知有义故也。以义为利，义得而未尝不利，家国同此一理。

张庄简公书屏有云：客至留饭，四碗为程。简随便进，酒随量斟。法何妙也。近世人情，涂饰耳目，客至盛款，谓不露寒酸本色。及

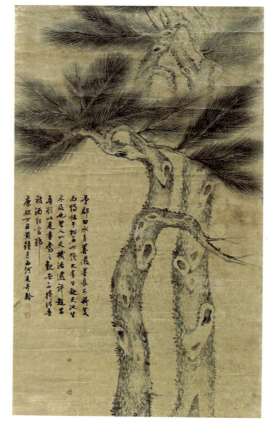

（清）毛奇龄《虬松图》

至贫乏逼身，寡廉鲜耻，全不顾惜，何止露出寒酸本色也。人之失算，莫此为甚。

悭吝与俭有大别。当于理之谓俭，吝于财之谓悭。寒不惜婢仆，而令之无绵，食不惜婢仆，而令之饥饿。剩肥余菜，不令婢仆沾唇。家财甚多，而三族之极贫无告者，有求不赈。利济之事，毫不肯为。乞丐至门，任彼呼号，而颗粒不与。盖俭者，用财不过则之谓，非无良残忍，只知有财而不用之谓也。愿人深辨乎此也。

世人用财，贵明义理。加厚于根本，虽千金不为妄费；浪用于无益，即一金已属奢侈。是以丰俭贵适其宜也。吾见有人，其待兄弟亲戚故旧也，丝毫必计，不肯少假锱铢。及争虚体面，为无益之事，以炫耀俗人耳目，则不惜无穷浪费。此全不知本末轻重，而丰俭倒施者也。人至于丰俭倒施，岂有善行足观也哉！

俭之一字，其益有三：安分于己，无求于人，可以养廉；减我身心之奉，以赒极苦之人，可以广德；忍不足于目前，留有余于他日，可以福后。

凡善救人者，必先解其怒，而徐徐求其宽宥，然后其言易入。若人怒人不是，我却以为是，何异炎炎之火，又投膏以炽之也。

《五种遗规》

注解

唐翼修，名彪，字翼修，浙江兰溪人。生卒年不详。清顺治十八年（1661年）贡生。自幼博览群书，曾求学于黄宗羲、毛奇龄之门，历任会稽、长兴、仁和训导。其"秉铎武林（杭州），课徒讲学"，长期从事教学工作，后退居归田，整理教育著作，时人誉其为"金华名宿"。其传世著作有《身易》二篇、《人生必读书》《读书作文谱》《父师善诱法》等书。

《人生必读书》首刊于清康熙五十三年（1714年），当时唐翼修已是七十四岁的耄耋老人，他以其毕生学养和心得而编纂此书，目的在于"为后人畜德之助"。《人生必读书》共十二卷，分为伦纪、德行、言语、智慧、治家、应世、理财、卫生、居官、丛杂等十部，每部分主题若干，涵盖了中国传统日用伦常中做人、处世、治家、为官、交际等各方面的内容，是士君子立身处世必备的人生锦囊。作者立足于对子孙后代治家和家族长盛不衰，就如何对待名利、朋友、得失进退，就治家的细节末尾之处，一一做了提示，勿以小害大，勿因此而遗祸。

王之鈇《言行汇纂》: 凡人施恩泽于不报之地，便是积阴德以遗子孙

父之于子，惟当教之道。谚曰：孔子家儿不识骂，曾子家儿不识斗，习于善则善也。

养子弟，如养芝兰。既积学以培之，更须积善以润之。

人之教子，饮食衣服之爱，不可不均；长幼尊卑之分，不可不严；贤否是非之迹，不可不辨。示以均，则长无争财之患；责以严，则长无悖逆之患。教以分别，则长无匪类之患。

立朝不是好官人，由居家不是好处士。平素不是好处士，由小时不是好学生。（蒙童之教，大有关系如此。）

凡儿童少时，须是蒙养有方。衣冠整齐，言动端庄。识得廉耻二字，则自然有正大光明气象。

吾之一身，尚有少不同壮，壮不同老。吾身之后，焉有子能肖父，

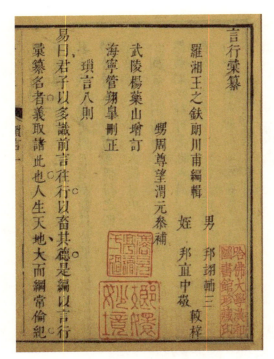

（清）王之鈇《言行汇纂》，清雍正年间王氏槐荫堂刻印

孙能肖祖，所可尽者，唯留好样与儿孙耳。

凡人施恩泽于不报之地，便是积阴德以遗子孙。使人敢怒而不敢言，便是损阴德处。

科第必须积德。故延师教子，早晚勤课，尚不足为慈。有子之后，更务立心为善，广行方便，方为大慈。

释氏云：要知前世因，今生受者是。吾谓昨日以前，而祖而父，皆前世也。要知后世因，今生作者是。吾谓今日以后，而子而孙，皆后世也，是所当发深省者。（言前世后世，便涉杳茫，祖父、本身、子孙，何等切近。此即儒释之分也。）

问祖宗之泽，吾享者是，当念积累之难。问子孙之福，吾遗者是，要思倾覆之易。

林退斋临终，子孙长跪请训，先生曰："无他言。若等只要学吃亏。从古英雄，只为不能吃亏，害了多少事。"

吴文正公云："德不积而求地，犹不耕而求获。"《存耕录》云："踏破铁鞋无觅处，得来全不费工夫。牛眠鹤举虽奇遇，只在方圆寸地图。"宋谦父曰："世人尽知穴在山，岂知穴在方寸间。好山好水世不欠，苟非其人寻不见。我见富贵人家坟，往往葬时皆贫贱。迨至富贵力可求，人事尽时天理变。"仁人孝子，可以知所自处矣。世人立宅营墓，交易婚嫁，以至动一椽一瓦，出行数百里，无不占方向，择日辰，汲汲以趋吉避凶为事。不知自己一箇元吉主人，却不料理。《慈湖先训》云："心吉则百事俱吉。"古人于为善者，命曰吉人。此人通体是吉，世间凶神恶煞，何处干犯得他？问祖宗之泽，吾享者是，当念积累之难。问子孙之福，吾遗者是，要思倾覆之易。

若富贵是一家私物，则前福贵人久据之，不及我矣。未富贵家，原从已富贵家分来，已富贵家仍听未富贵家分去。今地师说："吾能使主人万代富贵。"夫富贵止此数，若此家万代富贵，则彼家万代贫贱矣。地岂有此理，天未必有此心。只富地本心地，则天地人不能外者也。（苟明此理，省却多少机谋争占之事）

登人之堂，即知室中之事。语云："入观庭户知勤俭，一出茶汤便见妻。老父奔驰无孝子，要知贤母看儿衣。"子之孝，不如率妇以为孝。妇能养亲者也，朝夕不离。潮奉甘旨，而亲心悦。故舅姑得一孝妇，胜得一孝子。妇之孝，不如导孙以为孝。孙能娱亲者也，依依膝下。顺承靡违，而亲心悦。故祖父添一孝孙，又添一孝子。人之居家，凡事皆宜先自筹度，立一区处之方，然后嘱付婢仆为之，更宜三番四覆以开导之。如此周详，犹恐不能如吾意也。今人一切不为之区处，事无大小，但听奴仆自为。不合己意，则怒骂鞭挞继之。彼愚人，止能出力以奉吾令而已，岂能善谋，一一暗合吾意乎？不明如此，家安能治！

仆婢天资愚鲁，其性善忘，又多执性，所行甚非而自以为是，更有秉性躁戾者，不知名分，轻于应对。治家者，须明此理，于使令之际，有不如意，少者悯其智短，老者惜其力衰，徐徐教诲，不必嗔怒也。有诗云："此辈冥顽坠下尘，只应怜念莫生嗔。若能事事如君意，他自将身作主人。"

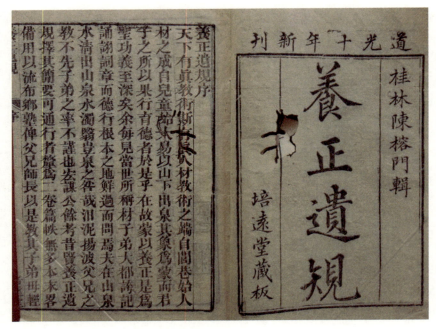

（清）陈宏谋《养正遗规》，清道光十年刊本

小过宜宽，若法应扑责，当即处分。责后呼唤，辞色如常。不可喷喷作不了语，恐愚人危惧，致有他变。

胡安国子弟，或出宴集，虽夜深不寝，以候其归，验其醉否。且问所集何客，所论何事，有益无益，以是为常。

《四库全书》

注解

王之鈇，生卒年不详，字佐仗，号朗川，湘阴人。康熙末诸生。究心濂洛关闽之学，人称朗川先生。著有《三闾大夫祠庙志》及《言行汇纂》十卷，《四库全书》存目著录。

按四库提要介绍，《言行汇纂》分四十门，"皆杂采古人嘉言懿行，以己意润饰之，皆不著所出，亦不尽原文所有。盖通俗劝善之书，为下里愚民而设者。故语多鄙俚，且多参以祸福之说云。"本书选录的内容主要是如何着眼于家庭教育，通过教育养成好的品行，保持家业不坠、祖泽绵延，指出："立朝不是好官人，由居家不是好处士。平素不是好处士，由小时不是好学生。蒙童之教，大有关系如此。"所以，强调教育要从娃娃抓起，要积德、要息怒、要宽容、要孝悌，以"积善润之"，并以宋代大儒胡安国每天深夜不眠坐等子弟回家为例，告诫人们教育子弟要从微小之处抓起，防微杜渐，养成良好的生活习惯。

黄施锷《黄博士实学录》：义理不怕见得钝，只怕见得浅

学者须先理会得本领端正。若只强记事件，虽记得许多骨董，只是添许多杂乱，添许多骄吝，世之误认致知者多矣。

圣贤之言，须当将来眼前过，口头转，心头运。

胡敬斋曰："见义理不怕见得钝，只怕见得浅。虽见得快，若不精细，亦不济事。"

穷理非一端，所得非一处，或在读书得之，或在讲论得之，或在思虑得之，或在行事得之。读书得之至多，讲论得之尤速，思虑得之最深，行事得之最实。

薛敬轩曰："读书以防检此心，犹服药以消磨此病，病虽未除，常使药力胜，则病自衰；心虽未定，常使书味深，则心自熟。"

为学不是虚谈道理，须随处详审，每日不问大事小事，处置合宜，便是学力到处。若泛观天下之书，不知善处事物，究于实际何益！

林志惟读《薛文清读书录》，掩卷而叹。家人问故，曰：予觉昨评一人，伤于刻矣。才见薛录云："圣人取人极宽，如仲叔圉王孙贾祝鮀，皆未必贤，以其才可用，犹皆取之。后之君子好议论者，于人小

过必辨论不置，而遗其大者。"予是以悔也。又觉昨处一事，动于气矣。才见薛录云："处人之难处者，正不必厉声色，与之辨是非、较短长，惟谨于自修愈约，彼将自服，不服者，妄人也。又何校焉！"予是以悔也。又觉昨言一事，近于诞矣，才见薛录云："常见人寻常事处之合宜，数数为人言之，陋亦甚矣。古人功满天地，德冠人群，视之若无者，分定故也。"予是以悔也。又觉昨诺一人，涉于轻矣，才见薛录云："凡与人言，即当思其事之可否，可则诺，不可则不诺。若不思可否而轻诺之，事不可行，则不能践厥言矣。"予是以悔也。噫！由前之悔，原于弗觉，今尚可诿于弗觉乎？

又曾读《大学·诚意章》，毛竦泪出，掩卷深思曰：尔闲居岂无流于不善而不自知乎？抑知之竟不羞耻而冒为之乎？千古小人，肺肝如见，尔肺肝岂能独深藏而不令人见也。欲人勿知，莫如勿为，慎之哉！举目皆我视，举手皆我指，纵有逃于视之指之者，而鬼神已指视于冥冥中，为谴愈大矣。

王少湖曰："学者须于人情所甚难处，打得过，方是学问。若平日虽晓得，临时却打不过，无贵乎学问矣。如处大拂逆，无忿怒意；处大变故，无惊乱意；处大困穷，无忧闷意；处甚卑贱，无轻亵意；见甚贵显者，无沮丧意；处大纷杂大烦劳，无厌恶意；当众人大崇敬，无自喜自满意；见甚相狎者，无轻慢意；处幽独之地，无自肆意；声色货利满前，无动心意。凡此皆于人所甚难处，打得过也。此非平日学问，大本原明白，主宰立得定，涵养工夫深，岂能如此！义理与客气常相胜，只看消长分数多少，为君子小人之别。"

治怒难，治惧亦难。克己可以治怒，明理可以治惧。

尹和靖曰："克己在克其所好，如好色即于色上克，好酒即于酒上克。人只看得事事皆好，便没下手处。然须择其偏好甚处失克。"

朱子曰："人之病痛一个人是一样，须仔细体察。自觉自病，便自治之，不须问人。亦非人所能预也。"

人之为学，最当于矫揉气质上用工夫，如懦者当强，急者当缓，视其偏而用力焉。人有终身好学，而气质不变者，学非其学也。知得如此是病，即便不如此是药，若更问何由得如此。则是骑驴觅驴，只成一场闲话说矣。

从善如登，从恶如崩。要做好人，上面煞有等级；要做不好人，则立地便至。曰如登，便有一步高于一步，难于一步之意；曰如崩，便有一步易于一步，下于一步之势。可畏哉！

古人云："人之情犹水也，规矩礼法为堤防。堤防不固，必至奔溃。"又曰："骏马驰奔而不敢肆足者，衔辔之御也；小人强横而不敢肆惰者，刑法之制也；意识流浪而不敢攀援者，觉照之功也。学者无觉照，犹骏马无衔辔。小人无刑法，何以绝贪欲、治妄想乎？"

吴康斋曰："凡处顺不可喜，喜心生，骄佚之所由起也；处逆不可厌，厌心生，即怨尤之所由起也。"

卧云子曰："圣贤贵刚，盖以制欲，非以制人。今人贵刚，用以制人，不以制欲。以制欲则为天德，以制人则为强梁矣。"

人之不幸，偶一失言而人不察，偶一失谋而事幸成，偶一恣行而获小利。后乃视为故常，恬不为意，以致败行丧检。此莫大之患也。

高忠宪公曰："受些穷光景，每事节省尽过得。临事着一苟字便坏，自身享用，着一苟字便安。吾一生得此力。"

顾泾阳戒其长君曰："今考试在即，吾终不以汝名闻于有司者，吾自有说。就义理上看，男儿顶天立地，如何向人开口道个'求'字。就命上看，穷通利钝，堕地已立，若可以势求、可以贿求，那不会求的便没分造化，亦太炎凉矣。就吾分上看，再仕再不效，有邱山之罪，犹然安享太平。在昔圣贤，往往流离颠沛，不能自存。我何人斯，不啻过分矣。更为汝干进，是无厌也。就汝分上看，若肯刻苦读书，工夫透彻，科甲亦自不难，何有于一秀才，若更肯寻向上去，要做个人，即如吴康斋胡敬斋两先生，只是布衣，都成大儒，连科甲亦无用处。汝识得此意，便是一生真受用也。"（致仕家居，为子弟应考求托，恶习已久，难得此平情至论。）

顾豫斋致政归，呼其子问之曰："汝曾学吃亏否？"林退斋临终训子弟曰："汝等只要学吃亏。"劝子弟学吃亏，非有远识者不能。时时事事虑子弟吃亏，而以得便宜喜者，非爱子弟者也。

程子曰："凡人家法，须月为一会以合族。古人有花树韦家宗会，可取也。吉凶嫁娶之类，更须相与为礼，使骨肉之意常相通。骨肉日疏者，只为不相见，情不相接耳。"刘漫堂每月朔治汤饼会族人，曰："今日会饮，善相劝，过相规。或有事抵牾者，彼此一见，自相忘于杯酒闲耳。"

朱子曰："朋友不善，情意自是当疏。但疏之以渐，若无大故，则不必峻拒之。所谓亲者无失其为亲，故者无失其为故也。"

王阳明曰："朋友之交，以相下为主。故相会之时，须虚心逊志，相亲相敬，或议论未合，要在从容和蔼，相感以诚。不得动气求胜，长傲遂非。"又曰："朋友须箴规指摘处少，诱掖奖劝意多。"

黄陶庵曰："交道之丧久矣，高者不过斗炫诗文，下者乃至征逐酒食。其聚会也，或甘言巧笑以取悦，或深情厚貌以相遁，求其责善辅仁者，善百不得一焉。近有同志斯道者十余人，为直言社，诸子奋志进修，苟一言不合乎道，一行未得乎中，小经指摘，立自刻责。饮食俱忘。"

胡振曰："富贵之家，常有穷亲戚往来，便是忠厚。今人以贫贱亲戚，常上富贵之门，则为削色，为不祥。予以为此正有光，吉祥之事。所谓大将军有揖客，顾不重耶？"

宋时有人丧父，梦父曰："汝但学镇江太守葛繁足矣。"其人往谒。葛曰："吾始者。日行一利人事，或二或三或至十数。今四十年，未尝少废"。又问何为利人事，公指坐凳曰："此物置之歪，则碍人足，吾为正之。若人渴，吾与之杯水。皆利人事也。自卿相至乞丐，皆可行。行之悠久，乃有益耳。"

袁了凡曰："有财有势者，其作福易，易而不为，是自暴也；易而愈为，是锦添花也。无财无势者，其作福难，难而不为，是自弃也；难而肯为，是一当百也。"

薛西原好施，人有疾，亲为简方合药，解棉衣以衣寒者。或曰："焉得人人而济之？"曰："但不负此心耳。"又曰："天地闲福禄，若不存些忧勤惕厉的心，聚他不来；若不做些济人利物的事，消他不去。"

林和靖曰："费多金为一瞬之乐，孰若散而活冻饿之人；处微躯于广厦之间，何如庇寒士一席之地。"

樵说："天不能家喻户晓，贤一人以诲众人之愚，不能家瞻户给，富一人以济众人之贫。"

高忠宪曰："昔日语科第，动曰半积阴功半读书。然阴功非但分人以财，孜孜汲汲。惟以救人济人为事。行之既久，此意纯熟，动念即是，方是阴功，此乃仁心也。仁心充足，仁术广被，百祥咸集，科第在其中矣。"

《家训》曰："世闲好事，莫如救难怜贫。若不遭天祸，施舍能费几何？故济人不在大费己财，但以方便存心。残羹剩饭，亦可救人之饥；破衣败絮，亦可救人之寒。酒筵省得一二品，馈赠省得一二器，衣服少置一二套，长物省去一二件。切切为贫人算计，存些赢余，以济人急难。去无用可成大用，积小惠可成大德。此为善中一大功课也。"

范文正在淮扬，有孙秀才上谒，公助钱一千。明年复谒，又助一千。因问何汲汲如此，孙蹙然曰："母老无复养。若日得百钱，则甘旨足矣。"公曰："吾为子补学职，月得三千以供养。子能安于学乎？"孙大喜。后十年有孙明复先生，以春秋授徒，道德高迈，朝廷召至，则前索助者也。公乃叹："贫之累人，虽才如明复，犹将汨没。况其下者乎？"

朱子曰："读书则实究其理，行己则实践其迹。念念向前，不轻自恕，则在我者虽甚孤高，然与他人原无干预。亦何必私忧过计，而陷于同流合污之地乎！"

程子曰："人恶多事。世事虽多，尽是人事。人事不教人做，更教谁做。"先辈曰："一味不耐烦，是学者大病。日用应酬，虽极鄙琐，能从此处寻出一团精细光景，才是学问工夫。若徒避事避人，自图安静，此暴弃之尤也。"

真西山曰："赵文子之贤，出于天资，而未尝辅之学，故志不能帅气。年未及耋，而偷慢形焉。其视毕公弼四世而克勤小物，卫武过九十而以礼自防，何相去之远也。此无他，有理义以养其心，则虽老而神明不衰。苟为不然，则昏于豢养，败于戕贼，未耄而已衰矣。"

黄陶庵曰："居承平之世，不知有丧乱之祸；处庙堂之安，不知有战阵之危；保俸禄之厚，不知有稼穑之苦；居吏民之上，不知有役使之劳。故难以应务经世。"

陈几亭曰："'忧勤惕厉'四字，反之便是'般乐怠敖'。大圣大贤，只是忧勤；乡人鄙夫，只是般乐。民安物阜，只因忧勤；纲解纽弛，只因般乐。非但此也。士子习举业者，一火铸就，亦为忧勤，断续无成，亦为般乐。四民温衣饱食，亦在忧勤；破家丧身，亦在般乐。此八字彻上彻下。舜禹讫于途人，帝王讫于氓庶。为人在世，不有益于养，必有益于教，不然，即天地闲一蠹物，贫贱闲游为小蠹，富贵闲享为大蠹。"

王阳明云："人在仕途，比之退处山林时，其工夫之难十倍。非得良友时时警发砥砺，则其平日志向，鲜有不潜移默夺，弛然日就于颓靡者。"

陆象山云："吾家合族而食，每轮差子弟管库三年，某当其职，所学大进。可知学者于烦冗事务劢，皆是进德修业之处，不可错过。"

范文正用士，多取气节，而阔略细故。辟置幕客，多取居谪籍者。或疑之，公曰："人有才能而无过，朝廷自应用之。若其实有可用之才，不幸陷于吏议深文，不因事起之，遂为废人矣。"公尝称诸葛武侯能用度外人，然后能周大事。

或问奏议似属空言，比见之行事者，善力得无减乎？袁了凡曰："善念满时，鬼神已知，况行事所以施济下民，奏议所以转移主意。一人有庆，四海永赖，其为福德，宁可计算。言事及覆旨者，但实以天下生全，万世太平为心，则婉转恳至，自有效验。锄邪扶正，自有神鉴，不然而矜名负气，致天子慁谏，权贵褊心，其害事亦正不少。此皆直道，犹恐有失。若借事权以报私怨，植邪党以排正人，逢主意而希奥旨，则更不可言矣。"

王阳明云："今人病痛，大段只是傲。千罪万恶，皆从傲上来。傲则自高自是，不肯屈下。傲之反为谦，谦字便是对证之药。非但外面卑逊，须是中心恭敬，常见自己不是，真能虚己受人。尧舜只是谦到至诚处，便是允恭克让，温恭允塞也。"

高忠宪曰："贫贱之心歉，富贵之气盈。心歉者善言易入，气盈者惟佞谀可投。二者之闲，相去远矣。在《易》大过之九三，以过刚而自用。其爻曰：'栋桡凶'。六二以虚中而取人，其爻曰；'或益之十朋之龟。'夫子曰：'栋桡之凶，不可以有辅也。或益之，自外来也。夫天下惟外来之益，其益无方。至于使人不可以有辅，凶可知矣。"

杨龟山曰："为政要威严，使事事整齐甚易，但失于不宽，便不是古人佳处。孔子言居上不宽，吾何以观之。"又曰："宽则得众。若使宽非常道，圣人不只如此说了。今人只要事事如意，故觉得宽政闷人，不知权柄在手，不是使性气处。何尝见百姓不畏官人，但见官人多虐百姓耳。然宽亦须有制始得，若务宽大，则胥吏舞文弄法，不成官府，须要权常在己。操纵予夺，总不由人，尽宽不妨。"

薛文清曰："为政通下情，不独是成物，亦是成己。盖我不知利在何处，弊在何处。而下以利弊输于，故下情者我师也；通下情者，能自得师者也。不通下情，而徒恃己之聪明，则聪明之作用，反为左右之借资，故曰通下情为急。"

魏庄渠曰："今世仕宦堪以庙食百世者，惟守令则然。令尤亲民矣，然百世仅一二见者何哉。卑者汨利，高者骛名，而实惠及民者寡耳。为民父母，毋谓民顽，毋嫌才短。才之短也，勤以补拙，问以求助。"

张崛嵊曰："君子而贫贱，命也。使其为小人焉，昏夜乞哀，犹然贫贱也。其幸而为君子，则其自取也。小人而富贵，命也。使其为君子焉，进礼退义，犹然富贵也。其不幸而为小人，则亦其自取也。"为君子，为小人，总在人之自取，并不关乎命。故圣人曰："不知命无以为君子，所谓小人枉自做小人，君子乐得做君子。"

高景逸曰："滋味入口经三寸舌耳。自喉以下，珍羞粗粝，同于冥然，奈何以三寸之爽轻戕物命乎？岂惟口腹，百年光景。三寸滋味耳。

有以须臾之守，垂芳百世，有以须臾之纵，遗臭万年。亦可思矣。"

尹和靖应进士举，发策者，议诛元祐大臣。尹读之，慨然曰："是尚可以干禄乎哉？"不对而出。归告其母，母曰："吾知汝以善养，不知汝以禄养也。"伊川闻之曰："贤哉！母也。"

张南轩曰："责己须备，人有片善，皆当取之。如晏平仲事君临政，未必皆是，然善与人交，圣人便取之。子产有君子之道四，其不合道处想多，只此四者，便是我之师。责己而取人，不惟养我之德，亦与人为善也。"

冯时可曰："一事逆而心憎，一言拂而心衔，甚至经年怀之而不释，易世志之而不忘。若然者，四海之中无乐地，百年之内无泰时。"

杨忠愍公曰："与人相处之道，第一要谦下诚实，同干事则勿避劳苦，同饮食则勿贪甘美，同行走则勿择好路，同睡寝则勿占床席。宁让人，勿使人让我；宁容人，勿使人容我。逐处曲尽恕道，所谓终身可行也。"

士君子原不当取怨于小人，而大节所在，不宜附和，不可诡随，得失荣辱不必太认真，亦知命之大端也。非谓人当冒险寻事，但素明此义，一旦遇大节，亦不至于专计利害，犯名义也。

人之过有从事上改者。强制于外，病根终在。善改过者，未禁其事，先格其理。如好怒，必思曰：人有不及，情所宜矜，悖理相干，于我何与？又思：天下无自是之圣贤，亦无尤人之学问，行有不得，皆己之德未修，感未至也。悉以自反，则谤毁之来，皆吾磨练玉成之地矣。过有千端，惟心所造。吾心不动，过安从生？正念时时现前，邪念自然污染不上。此精一之真传也。然不得执此自高自画，过无穷尽，改过岂有尽时。蘧伯玉年五十而犹知四十九年之非，古人改过之学如此。

江阴张畏岩，积学工文，揭榜无名，大骂试官"瞇目"。一道者在旁微哂曰："相公文必不佳。"张怒曰："汝不见我文，乌知不佳。"道者曰："作文贵心平气平。今听骂詈之词，不平甚矣，文安得工。"张屈服，就而请教。道者曰："命不该中，文虽工无益也。造命者天，立命者我。力行善事，广积阴功，而又加意谦谨，何福不可求！"张曰："我贫儒也，安得钱来行善事、积阴功乎？"道者曰："善事阴功，皆由心造。常存此心，功德无量，即如谦虚一节，并不费钱也。"张由此感悟，折节自持，后登高选。人行一善事，止于本身增一功德。若劝化得一人为善，则世界上遂多一善人；若劝化一恶人为善，则世界上少一恶人，又多一善人。其人又可转相劝化，以至于千百人。若笔之于书，直可劝化千百世，善根流传，永无穷尽。虽然，有其本焉。言者，心之声也。心诚则人动，心通则人格，心平则人理。不然，本之不正，晓晓焉。穷先贤之绪论，忝流辈之指南，岂惟人掩耳而过之，正犯太上所训口是心非之戒耳。

《学仕遗规》

注解

黄施锷（1673~1749年），字虞封，号悔斋，江苏吴县（今属苏州市）人。雍正元年（1723年）癸卯恩科三甲进士。任河南登封县知县，升淮安府教授。其在职期间勤政爱民，体恤当地的老百姓疾苦，深受当地人民的爱戴。《明清进士题名碑录》作施锷，并注释曰"碑作黄施锷"。死后被当地人民所纪念，在一些史书有其资料记载。

本文是陈宏谋从黄施锷的文集中摘录出来的，对为官者在为政实践中如何"穷理"、如何"从善"、如何"克己"、如何"识命"，引经据典，特别是摘录古人先贤的言论和实践，提出"宁让人，勿使人让我；宁容人，勿使人容我"，"义理不怕见得钝，只怕见得浅"，"克己在克其所好"，"从善如登，从恶如崩"，等等，都是至理名言。

石成金《传家宝·群珠》: 做好人，行好事，读好书，说好话

一字宝

"善"此一字乃人生日用之至宝也。但凡存心说话、行事，此字俱刻不可离也。

此宝不独自身受用不尽，即子孙亦受用不尽。古人云："善为至宝生生用，心作良田世世耕。"但不可始勤终怠，更不可望效心急，包管大有受用。至于"忍"字、"恕"字，皆从此字运出。

二 愿

愿天常生好人，愿人常行好事。

二愿甚宏，非大圣人不能有此。安得即遂所愿？

二 惟

惟俭可以助廉，惟恕可以成德。

俭则无贪淫之累，故能成其廉；恕则无人我之私，故能进于德。

二 宁

增一事宁减一事，（谓无益之事。）多一言宁少一言。（谓无益之言。）

无益之事莫行，免得劳神费力；无益之言莫说，免得招是惹非。

二 能

事当快意处能持，言当快意处

（清）上官周《三星高照》

能住。

事当快意处能持，不特此生可免寂寥，且可驾驭造化；言当快意处能住，不特终身自少尤悔，且觉趣味无穷。

二 无

尽心则无愧，平心则无偏。

心尽则职亦尽，自无愧怍于己；心平则政亦平，自无偏私于人。此居官至妙之法，亦应事至妙之法。

二 多

浮躁多败事，疲软多废事。世人之病，只此二件。总之于事无济。

二 少

闲事少管则鲜咎，闲言少说则省过。

何必自寻咎过？天下本无事，庸人自扰之。

二 从

病从口入，祸从口出。

慎其所入，防其所出，始可免于病祸。

二 莫

不可行之事口莫说，不可说之事心莫萌。

人前行得出的方可说，人前说得出的方可行。大约无不可对人说的，就无不可对天地鬼神说。

二 当

立身当高一步，处人当下一步。

持己待人之法，只要此二句已尽之矣。

二常看

德业常看胜如我者，则愧愤日增。（要向上想就知耻。）福禄常看不如我者，则怨尤自息。（要向下想就知足。）能体上句，则学问愈精；能体下句，则快乐无穷。

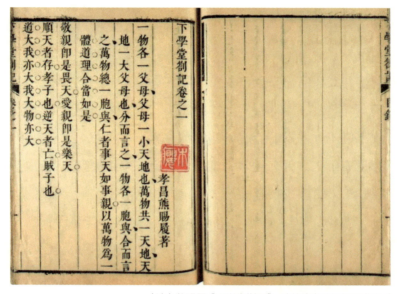

（清）熊赐履《下学堂劄记》，清乾隆湖北巡抚采进本

二宜学

富贵人更宜学善良，聪明人更宜学忠厚。

人在贫贱时为善，善有限；为恶，恶亦有限。无其力也。一当贵中为善，善无穷；为恶，恶亦无穷。有其具也。所以富贵者，乃成败祸福之大关，不可不更加慎重也。至于聪明人，若不浑厚，定多夭死，以发泄太尽也。花之千瓣者，多无实。亦是此理。

二不妄

不妄求则心安，不妄做则身安。

妄求者，求未必得成而精神亏虚；妄做者，做未必成而资财耗损。

二必无

待有余而后济人，必无济人之日。人心怎的足？待有暇而后读书，必无读书之时。人事怎得闲？

凡事不可因循等待，若因循等待，必致贻误。可惜。

二只消

见人不是处，只消一个"容"字。处己难过处，只消一个"忍"字。

有容德乃大，有忍事乃济。

二不如

百战百胜不如一忍，万言万当不如一默。

予每见有等人，浮气一动，辄上天下地，无所容身，只成其愚耳。熟知老聃妙法，讨多少便宜。

（清）钱杜《幽居图》

二莫若

欲人勿闻，莫若勿言；欲人勿知，莫若勿为。

言说于人所不闻，必传于人所共闻；事做于人所不见，必发于人所共见。俗云："墙有缝，壁有耳。"又云："若要人不知，除非己不为。"即此义也。

三　在

困天下之智，不在智而在愚；穷天下之辩，不在辩而在讷；服天下之勇，不在勇而在怯。

世人笑他没用，谁知正是他的大有妙用。

三 思

少思其长则务学，老思其死则务教，有思其无则务施。

三 天

天薄我以福，吾厚吾德以迓之。天劳我以形，吾逸吾心以补之。天厄我以遇，吾亨吾道以通之。

不必怨天，只当尽其在己。若能如此修持，自有回天之力矣。

三 养

安分以养福，宽胃以养气，省费以养财。

若过分，则享用日丰而福日薄；若食多，则胃不清而气下滞；若费多，则财有限而后不继。

三 磨

世路风霜，吾人炼心之境也；世情冷暖，吾人忍性之地也；世事颠倒，吾人修行之资也。

大丈夫处世，不可少此磨炼。玉磨成器，铁炼成钢。

（清）黄慎草书五言联，隙地犹栽竹，高怀只爱花

三不知

不到极逆之境，不知平日之安；不遇至刻之人，不知忠厚之易；不经难处之事，不知适意之巧。

事非经过则不知。当推想其难，则眼前俱成极乐。

三不可

清是做官本等，却不可矜清傲浊。（以立品言。）

慎是居上细心，却不可慎大忽小。（以存心言。）

勤是从政实地，却不可勤始怠终。（以行事言。）

（此三不可，是居官最妙之法，亦是处己最妙之法。）

三可惜

此生不学一可惜，此日闲过二可惜，此身一败三可惜。

世人失一财一物，辄曰可惜。正当如此，太可惜之事，反不可惜。（岂不真可惜哉！）

三无不

两悔无不释之憾，两求无不合之交，两怒无不成之祸。

四　好

做好人，行好事，读好书，说好话。

（予曾过镇江，瞻仰关圣亲笔篆碑，笔力古劲，真堪世宝。予因赘演四句曰："在生一日，须做一日好人；处世一日，须行一日好事；得闲一时，须读一时好书；对客一时，须说一时好话。"予又赘增四句曰："存好心，交好友，习好业，居好地。"请高明改正。）

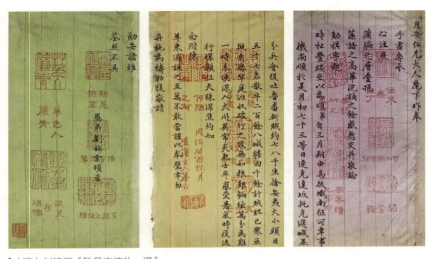

▌（清）刘锦棠《致月安信札一通》

四 本

勤俭治家之本，读书起家之本。

和顺齐家之本，循理保家之本。

（此四本之论，可谓亲切而著名矣。虽王文肃本箴一篇，未能胜过也。人人当勒之家庙，永为世宝。予因赞演四句曰："富之根本全在勤俭，贵之根本全在读书，喜之根本全在和顺，福之根本全在循理。"予又赞演四句曰："肯勤俭必然致富，肯读书必然发贵，肯和顺必然生喜，肯循理必然享福。"予又赞反四句曰："不勤俭难免饥寒，不读书难免下贱，不和顺难免离散，不循理难免祸害。"请教高明是否？）

四 计

一家之计在于和，一生之计在于勤。

一年之计在于春，一日之计在于寅。

（父慈子孝，兄友弟恭，夫妇和睦，奴婢驯良。此治家之要计也。欲求生富贵，须下死工夫。虽人之俗谈，实理之极当。至于耕种宜早，勿失其时，早起三朝当一工，若不加意于勤谨，则居家涉世，虽欲从容快乐，未必得也。予又赞反四句曰："一家之计，长若不和，众无所依；一生之计，幼若不勤，老无所安；一年之计，春若不耕，秋无所望；一日之计，寅若不起，日无所办。"祈高明改之。）

四 守

聪明智慧守之以愚，功盖天下守之以让，勇力震世守之以怯，富有四海守之以谦。

（此是持己待人最妙之法。予因赞演句曰："勿恃明而过察，勿自大而小人，勿仗勇而轻敌，勿倚富而欺贫。"高明读之何如？）

四 则

言行拟之古人则德进，功名付之天命则心闲，报应念及子孙则事平，受享虑及缺乏则用俭。

（依第一句，则无惰矣。依第二句，则无妄矣。依第三句，则无恶矣。依第四句，则无奢矣。）

四 德

富以能施为德，贵以下人为德，贫以无求为德，贱以忘势为德。

（木无土不能长，人无德不能昌。固要有其德耳。）

四 必

小非必惩，德之本也。微命必护，寿之源也。粒谷必珍，富之根也。只字必惜，贵之基也。

（人能依此四必，其德寿富贵，自必有矣。）

四 贵

齿以坚毁，故至人贵柔；刃以锐摧，故至人贵浑；神龙以难见称，故至人贵潜；沧海以汪洋难量，故至人贵深。

（老子最妙之法，只此四贵，即已说尽。）

四 当

无事以当贵，早寝以当富，安步以当车，晚食以当肉。

（此安贫快乐法也。予又赘增四句曰："无辱以当荣，无祸以当福，无愁以当仙，无累以当佛。"）

四 法

安详是应事第一法，涵容是待人第一法。

谦退是保身第一法，洒脱是养心第一法。

（后人增"宁耐是思事第一法"，要知已在"安详"二字内矣。后人又改第四句曰"置富贵贫贱、死生常变于度外，是养心第一法"，要知已在"洒脱"二字内矣。为学者，只是"心平气和"四个字，便无所处而不当。至于境界之顺逆，一概诿之于天数，则世间事无有能扰吾意者。是外以遇人，内以持身，道莫备焉。）

四　召

不自重者取辱，不自畏者招祸，不自满者受益，不自是者博闻。祸福无不自己求之者。

四　心

以爱妻之心爱亲则大孝，以保家之心保国则尽忠，以责人之心责己则寡过，以恕己之心恕人则全交。（人但反其所向，则敦伦涉世之道，无往而不尽矣。）

四　耐

耐贫贱不作酸语，耐炎凉不作激语，耐是非不作辩语，耐烦恼不作苦语。（能如此，诚世间大度汉，有许多作为，有许多受用。）

四　莫

人非贤莫交，物非义莫取，事非见莫说，念非善莫举。（予谓人有丑事，虽见，亦不可说。）

四　勿

无益之人勿亲，亦勿学；无益之事勿为，亦勿看；无益之书勿读，亦勿存；无益之话勿说，亦勿听。

（此四语，即前列关圣"四好"之注。予又赘增四句曰："无益之念勿举，无益之地勿往，无益之文勿作，无益之物勿置。"）

四　少

少言者不为人所忌，少行者不为人所短，少智者不为人所劳，少能者不为人所役。

（只须学此四少，则可驾御一世而游刃有余矣。信乎？以约失之者鲜矣。予因赘演四句曰："少言者可以杜祸，少行者可以藏拙，少智者可以习静，少能者可以节劳。"予又赘反四句曰："多言多败，多行多患，多智多苦，多能多累。"）

四无

贫不足羞，可羞是贫而无志；贱不足恶，可恶是贱而无能；老不足叹，可叹是老而无益；死不足惜，可惜是死而无补。

（此四者，总关无志，虽是为人，却枉过一世矣。）

四受用

闲中不放过，忙处有受用；静中不落空，动处有受用；暗中不欺隐，明处有受用；少时不怠惰，老来有受用。

（要预存受用之处，方得受用。否则，无受用矣。）

四常想

健时常作病想，可以保身；裕时常作乏想，可以守家；少时常作老想，可以力学；活时常作死想，可以进道。（人无远虑，必有近忧。）

四无谓

勿谓一念可欺也，须知有天地鬼神之鉴察；

勿谓一言可轻也，须知有左右前后之假窃；

勿谓一时可逞也，须知有子孙祸福之报应；

勿谓一事可忽也，须知有身家性命之关系。

（夫一念、一言、一时、一事之不可忽如此，是大有得于中庸戒慎恐惧之说，鲁论临深履薄之语者。人之生斯世也，能守此四语，则自正心诚意，以及齐家治国平天下之道，皆不出此范围矣。）

四所以

心不妄念，身不妄动，口无妄言，君子所以存诚；

内不欺己，外不欺人，上不欺天，君子所以慎独；

不愧父母，不愧兄弟，不愧妻子，君子所以宜家；

不负天子，不负生民，不负所学，君子所以用世。

（有此不妄、不欺、不愧、不负，才不虚生。）

四要知

处富贵之地，要知贫贱人的苦恼；

在少壮之时，要知老年人的辛酸；

居安乐之场，要知患难人的景况；

当旁观之境，要知局内人的痛痒。

（不独只要知道，还要存心体贴。）

四不与

轻言动之人不可与深计，易喜怒之人不可与远谋，好便宜之人不可与共财，多狐疑之人不可与共事。

（清）郎世宁《仙萼长春图册·菊花》

言动轻浮者，量必不深；喜怒容易者，情必不久；利徒多欺，疑心多变。此四者，乃知人待人之良法。

四无妄

耳无妄听，目无妄视，口无妄言，心无妄虑。

（予又赘增曰："事无妄为。"诚哉！"妄"之一字，为害甚大。）

四莫尽

福莫享尽，势莫使尽，话莫说尽，事莫做尽。

有福莫享尽，福尽身贫穷；有势莫使尽，势尽冤相逢。福兮常自惜，势兮常自恭。人生骄与奢，有始多无终。大凡一切言语事务，俱

(清)莫友芝节录《老子》语篆书条屏。识文：天地相合，以降甘露，民莫之令而自均。始制有名，名亦既有，夫亦将知止，知止所以不殆。辟道之在天下，犹川谷之于江海。子偲友芝。天下之至柔，驰骋天下之至坚。无有入无间，吾是以知无为之有益。不言之教，无为之益，天下希及之。同治戊辰早秋引书道德经言四纸，遥寄鄂生四兄同岁察正。弟莫友芝。

留余地，才有受用。

五 知

知恩，知道，知命，知非，知幸。

（不知此五件，便不成人。）

五 节

言语知节则愆尤少，举动知节则悔吝少，饮食知节则疾病少，爱慕知节则贪求少，欢乐知节则祸败少。

（节者，谓中庸之道。因不能尽绝，而发此语。）

五 关

仁厚刻薄是修短关，谦虚盈满是祸福关，勤俭奢惰是贫富关，保养纵欲是人鬼关，为善作恶是天堂地狱关。

（出此入彼，全在于一心。不可不慎。）

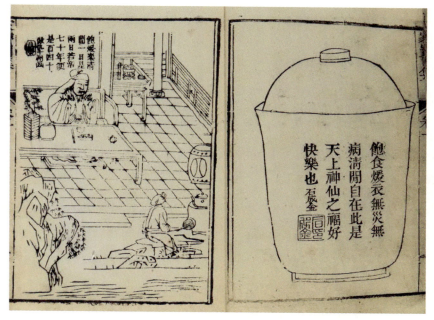

（清）石成金《传家宝》，清刻本

六　生

公生明，偏生暗，诚生神，端悫生通，诈伪生塞，夸诞生惑。

六　知

静坐然后知平日之气浮，守默然后知平日之言躁，省事然后知平日之费闲，闭户然后知平日之交滥，寡欲然后知平日之病多，近情然后知平日之念刻。

人之生斯世也，无非语言动作。然多一事则有多一事之累，少一事则有少一事之乐。乃知大学问俱从省事得来，当以斯六知语终日三复。

六　悔

官行私曲失时悔，富不俭用贫时悔，艺不少学老时悔，见事不习用时悔，醉发狂言醒时悔，安不将息病时悔。

与其悔之于后，莫若慎之于先。孔子曰："慎行其余，慎言其余。"总是一段兢业心思。但人之一世，不堪数晦，常铭此心，使不至或悔，则庶几矣。

六　戒

我戒毁言则人得清净，我戒嗔怒则人得和乐，我戒横取则人得保守，我戒挑逗则人得安常，我戒邪色则人得完名，我戒争竞则人得顺畅。

（即此自治，便是以福惠施人也。否则，纵能布施几人，而言语行事之中，或指及者众，得不偿失，准折销算，其何能济？）

六常想

即命当荣显，常作落寞想；即事当顺利，常作拂意想；即现颇足食，常作贫窭想；即人相爱敬，常作恐惧想；即家世望重，常作卑下想；即学问甚优，常作浅陋想。

（随在皆有不敢自恃之心，此亦履盛知谦之意也。）

六不如

与其烧香求福，不如为善；与其念佛免祸，不如去怨；与其妄取施惠，不如勿取；与其滥费于人，不如省费；与其结交权势，不如敦伦；与其买物放生，不如戒杀。

（凡人不思内省，故每求之于不可知。君子内省是务，但论其见在而尽其所当为，故宁在此而不在彼也。其孰得孰失，何去何从，当必有辨之者。）

七　毋

毋以床笫耗元阳，毋以饮食伤脾胃，毋以小嫌而疏至戚，毋以新怨而忘旧恩，毋以言语损现在之福，毋以田地造子孙之殃，毋以学术而害天下后世。

（清）阎若璩《潜邱札记》，清乾隆十年阎学林眷西堂刻本

（此七条，世人犯者颇多，都要切戒。）

七不知

不曾经过刀兵水火之苦，不知太平之福。

不曾经过凶荒饿莩之苦，不知丰稔之福。

不曾经过生离死别之苦，不知团聚之福。

不曾经过事变祸害之苦，不知安稳之福。

不曾经过饥寒逼迫之苦，不知饱暖之福。

不曾经过疾病痛楚之苦，不知康健之福。

不曾经过险峻风波之苦，不知坦静之福。

（人能常想此七条，虽处逆境而随在皆快乐矣。）

八 生

道生于安静，德生于平退，福生于清俭，命生于和畅，患生于多欲，过生于轻慢，祸生于多贪，罪生于不仁。（精义妙理，字字至言。）

八 治

正心治邪，读书治愚，参禅治想，独卧治淫，安分治妄，量力治贪，服药治病，痛饮治愁。

正心甚则达理，读书甚则见道，可见功效尚多。

八 轻

轻言者多悔，轻动者多失，轻诺者寡信，轻毁者寡交，轻合者易离，轻喜者易怒，轻取者必争，轻听者必疑。

是以君子贵乎持重，重则不迁不变，得乎天理人情之至当，浩浩然如千顷之波，人莫测其涯矣。

九莫生

家众拂意，莫生烦恼念否；安食身健，莫生淫欲念否；丘园清淡，莫生营植念否；道侣离索，莫生昏惰念否；怀君意重，莫生田舍念否；炎凉相迫，莫生烟火念否；朝市事闻，莫生光荣念否；声力加遗，莫生构撼念否；捉衿肘见，莫生遮盖念否。

有一于此，皆足以损性灵而坏坚贞。不可不察也！此可为学人对病之药。

十 常

起念常教纯正，出语常畏因果，富贵常怜困穷，快乐常恐灾祸，未来常存戒惧，现在常思知足，衣食常想来处，动静常付无心，逆境常当顺受，冤结常求解脱。（人若守此十常，永无烦恼矣。）

十 思

量思宽，犯思忍，劳思先，功思让，坐思下，行思后，名思晦，位思卑，守思终，退思早。

（此自责自强之法。夫思曰睿，睿作圣思义，甚大矣。）

十方便

寻方便在济贫，饥寒良可悯，推解莫厌频。

寻方便在敬老，光景迫桑榆，居食须安饱。

寻方便在息争，群小喜相构，和调仗端人。

寻方便在申枉，鉴彼覆盆冤，周旋脱罗网。

寻方便在怜才，美哉后来俊，勿惜齿牙推。

寻方便在矜愚，昏柔莫轻侮，启翼须勤渠。

寻方便在抚孤，伶仃怅无依，颠危亟相扶。

寻方便在惜下，仆役皆人子，百事从宽大。

寻方便在掩骸，白骨虽已朽，游魂实堪哀。

寻方便在除恶，宁独忍斯人，恶除良民乐。

（居官处世，信能行此十件，可称宇宙完人。）

十要得

于见善时要行得，于过失时要改得。

于贫穷时要耐得，于辛苦时要受得。

于拂意时要忍得，于烦恼时要遣得。

于私欲时要遏得，于言语时要检得。

于浓热时要淡得，于久远时要恒得。

（人能守此十要，一生快乐有余矣。）

俗　谚

天理良心，天下通行。

理字没多重，三人抬不动。

天子至尊，不过于理。（理能服傲。）

人有千算，不如天一算。

饶人不是痴，过后得便宜。

有麝自然香，何必当风立。

若要好，大做小。

酒在肚里，事在心里。

与人方便，自己方便。（灯台照人不照己。）

吃得亏，做一堆。

牡丹虽好，也要绿叶扶持。

亲生的子，着己的财。

过头饭好吃，过头话难说。

光棍不吃眼前亏。

堆金不如积谷。

早知灯是火，饭熟已多时。

人不可貌相，海不可斗量。

人穷智短，马瘦毛长。穷莫失志，富莫颠狂。

爹有娘有，不敌自有。

他人助得言，助不得钱。

自不正，焉能正人？

说得好听，行不得；说得好，不如行得好。

要知山下路，须问过来人。

人心不足蛇吞象。

睡不着，嫌床歪。

自搬砖，自磕脚。

省事俭用，免得求人。

人山擒虎易，开口告人难。

（清）洪亮吉篆书七言联：披襟仰挹初三月，濯足同寻第二汤。识文：梦湘四弟昔客秦中，订交灞上。小铎骊山之月，同试华清之汤，六易岁华再逢，日下索书柱帖，爰赠二言并以志二人相知本末云尔。时庚戌腊八后十日，卷施阁居士洪亮吉。

卢医不自医。

当局者迷，旁观者清。

何官无私，何水无鱼？

清水下白米。

巧媳妇煮不得没米粥。

乘我十年运，有病早来医。

兔儿不吃窝边草，大汉不呆真宝贝。

家有十年旺，神鬼不敢谤。

生铁铸门限，枉做千年调。

宁吃开口汤，不吃皱眉酒。

得意猫儿欢似虎。

巧人做了拙人看。（巧者拙之奴。）

打不断的亲，恶不断的邻。

一字入公门，九牛拔不出。

家有千口，主事一人。

宁做太平犬，莫做乱离人。

贫人想眼前，富人想来年。（锅里不争碗里争。）

秤锤虽小压千斤。

离家三日远，别是一家风。

官清衙役瘦，神灵庙祝肥。

荒田不耕，耕出来乱争。

吃得筵席打得柴。

不经一事，不长一智。（经一事，长百智。）

檀木扁担，宁折不弯。

钱在前头，人在后头。

细水长流。

穷木匠怎得吊下锉。

爱人些些，叫人爹爹。

骑在虎身上，难得下。

一个山头一个虎。

强龙不压地头蛇。

滚的不稳，稳的不滚。

打了一冬柴，煮锅腊八粥。

心正不怕邪。

不塞城门塞狗洞。

不是冤家不聚头。

在一行，怨一行。

未曾开言，三思而行。

装龙像龙，装虎像虎。

明人不做暗事。

家有三亩田，不离县门前。

明人自断，愚人官断。

赊三千，不如现八百。

骑着驴儿还寻驴。

零碎吃瓦扎，趸当疴宝塔。

好女儿吃不得两家茶。

会打官事打半截。（后听和解。）

驴头不对马嘴。

人不知己过，牛不知力大。

当过里长再认亲。

行得正，做得正。

人前显贵，闹里夺尊。

一物一行，行行出状元。

在家千日好，出外一时难。

一朝天子一朝臣。

欠字儿两头低。

没有爬不过的山。

大树底下好遮阴。

少张三不还李四。

阎王不怕鬼瘦。

若要人似我，除非两个我。

大家马儿大家骑。

有理不在高声。

说谎三年自哄自。（人都知道，不听）

清官难出滑吏手。

争破被儿没得盖。

有些颜色开染坊。

斗米望天干，贪多嚼不烂。

蚂蚁儿搬倒泰山。

吃着碗里，望着锅里。

看事容易做事难。

人怕出名猪怕壮。

千贯买田，万贯结邻。

孤掌难鸣。

打浑水好捉鱼。

亲戚远离乡，邻舍高打墙。

一朝权在手，便把令来行。

家中有剩饭，路上有饥人。

要饱还须家常饭，打墙板儿上下翻。

无事不登三宝地。

当场不战，过后兴兵。

人离乡贱，物离乡贵。

一家饱暖千家怨。

烈女怕闲夫。

鼓不打不响，话不说不明。

但是登途者，都为薄福人。

船到湾头自然直。

当坊土地当坊灵。

有钱时节节，无钱强扭捏。

宁添一斗，不添一口。

拾秤没肉卖。

说得一尺，不如行得一寸。

寒号虫儿，得过且过。

早起三光，迟起三慌。

要得宽，先完官。

寸金不换丈铁。

千年田土，八百主人。

有钱不置冤业产。

出头船儿先烂底。

杀人三千，自损八百。

不痴不聋，做不得阿家翁。

凡事留人情，日后好相见。

冤家宜解不宜结。（穷灶门，富水缸。）

贵人少语，贫子话多。

无病休嫌瘦，身安莫怨贫。

捉贼不如放贼。

失贼经官，破财不尽。

晴天不肯去，只待雨淋头。

远水救不得近火。

办酒容易请客难，请客容易款客难。

好男不吃分时饭，好女不穿嫁时衣。（全要自立。）

日食三餐，夜眠一宿，无量受福。

柴米夫妻，酒食朋友，盒儿亲戚。

恼一恼，老一老；笑一笑，少一少。（还少仙方）

家鸡打得团团转，野鸡打得贴天飞。

说话说与知音，送饭送与饥人。

木匠人家折脚凳，画匠人家纸家神。

只有千里的人情，没有千里的威风。

打人三日忧，骂人三日羞。

忧其因伤致死抵命，羞其当众对骂辱人。

家做懒，外做勤，别人家生活腰不疼。

三世修不到柜栏坐。（谓其不遭风波尘劳之苦，长享安稳团聚之福。）

种田不离田头，取鱼不离滩头。

又要好，又要巧，又要马儿不吃草，还要马儿跑得好。

养儿不要痴金溺银，只要见景生情。

天堂大路无人到，牢门紧闭有人敲。（往往自寻罪受。）

求人不如求己，能管不如能推。

打不疼，骂不羞，冷手抓着热馒头。

人人说我无行止，你到无钱便得知。

乡里狮子乡里跳，乡里鼓儿乡里敲。

张和尚，李和尚，须有哪一日轮到你头上。

初入行业三年事生，初吃馒头三日口生。

有缘千里来相会，无缘对面不相逢。

神无大小，灵者为尊；人无大小，达者为尊。

刀对刀，枪对枪，兵对兵，将对将。

远亲不如近邻，近邻不如对门。

满山里麻雀，家里不见个大公鸡。

田地若将糠秕换，子孙依旧换糠秕。

一个箩儿四条系，各人说的各人是。

有志不在年高，无志空长百岁。

人情若似初相识，到老终无怨恨心。（交贵久敬）

忙里要斟酌，耽迟不耽错。（许多好事，每每都因忙中坏了。）

家贫不是贫，路贫贫杀人。（开口谁说，举目谁亲。）

宁填万丈深坑，不填鼻下一横。（人之口腹无尽无数。）

抛去黄金抱绿砖。（不孝父母而拜干爷干娘，兄弟嫌隙而厚结义外人，好色欲而服补药，浪费而刻敛之类，皆是此也。）

无求到处人情好，不饮随他酒价高。

金凭火炼方知色，人与财交便见心。

处中易处还相处，交过难交切莫交。

阴天泥人儿，都是晴天做下的。（不可临渴掘井。）

良田万顷，不如薄技随身。（田租有限，技进无穷。）

良田万顷，不敌日进分文。（为人切不可无生理闲荡。）

家无生活计，吃尽斗量金。（坐吃山空。）

口吃千般无人知，身上褴褛被人欺。（敬衣不敬人，遍地如此。）

穿不穷，吃不穷，算计不到一世穷。（全要长远算计。）

宁可没钱使，不可没行止。

多借债，穷得快。（岁月如梭，利息归人。）

男大须婚，女大必嫁。不婚不嫁，弄出笑话。（及至丑行玷辱，追悔不来。）

金银到手非容易，用去方知来处难。（有钱时浪用，及至无钱时，想也想不来了。）

要无闷，安本分；要无愁，莫妄求。

与人不和，劝人养鹅；（费食甚多。）与人不睦，劝人起屋。（费财甚多。）

借债起房，自讨装胖。（这穷苦是自寻的。）

家虽富，莫把绸做裤。（折福损寿。）

当家才知柴米价，养儿方知父母恩。

田多养了众人，事多累了自身。

儿孙自有儿孙福，莫代儿孙作马牛。

强中更有强中手，恶人自有恶人磨。

莫言知事少，还欠读书多。（人情世事，一理贯通。）

公修的公得，婆修的婆得，不修的不得。

各人吃饭各人饱。

相识满天下，知心有几人？

得忍且忍，得耐且耐，不忍不耐，好事变坏。

（清）吴昌硕篆书七言联：高人古里唯树栗，渔子归舟具执花

久住令人贱，频来亲也疏。

世情看冷暖，人面逐高低。

白首贪得不了，一身能用多少？富家一席酒，穷汉半年粮。

好事不出门，恶事传千里。（世情可畏。）

有才堪出众，无衣懒出门。

钱是人的胆，衣是人的威；无胆又无威，人即变尿堆。（人皆轻贱。）

马行无力皆因瘦，人不风流只为贫。

闲时不烧香，忙时满炉装。（又云：忙时抱佛脚，闲时便抛却。义同此。）

记得小时骑竹马，看看又是白头翁。

小辱不肯放下，惹起大辱倒罢。（此受气人之通病。若大辱不罢，必至败亡。）

夕阳无限好，只恐不多时。

世无百岁人，枉做千年计。（又云：人生不满百，常怀千岁忧。义同此。）

酒中不语真君子，财上分明大丈夫。

从今学得乌龟法，得缩头时且缩头。（退步法，享许多快乐。）

饿死了莫做贼，气死了莫告状。（犯贼盗斩首，喜告状破家。）

不做媒人不做保，这个快活哪里讨？

人做媒人不肯嫁，鬼做媒人嫁夜叉。（人贵知机。）

会拣的拣儿郎，不会拣的拣田庄。（田财有限，人进无穷。此择婿法。）

打人莫打脸，骂人莫揭短。

无宿债不成父子，无宿缘不成夫妻。

穿破才是衣，到老才是妻。

一人担水吃，两人抬水吃，三人没水吃。（你推我倚，反致歧误。人情如此。）

有人倚，有人倚，没人倚，自挑起。

衙门钱，眼睛前；田禾钱，千万年。（官役索诈，萤光一亮，农工汗力，世代久长。）

酒食朋友朝朝有，急难之中无一人。

跌倒了自己爬，望人扶都是假，亲朋说的隔山话。

贫居闹市无人问，富在深山有远亲。（世态炎凉，到处皆然。）

门前系了高头马，不来亲的也来亲。（世态炎凉，到处皆然。）

知事少时烦恼少，识人多处是非多。

自己无运至，却怨世界难。

酒不醉人人自醉，色不迷人人自迷。（如茧丝自缚。）

有钱能说话，无钱话不灵。（钱在人前。）

君子一言，快马一鞭；许人一物，千金不移。

人无害虎心，虎无伤人意。（此召感之理。）

长短家家有，炎凉处处同。（知此理，则可随地安乐。）

在家不会迎宾客，出外方知少主人。

妻贤夫祸少，子孝父心宽。

自恨枝无叶，莫怨太阳偏。（持己妙法。）

不说自己井索短，只怨他家枯井深。（每每人不自知。）

路遥知马力，事久见人心。

有名岂在镌顽石，路上行人口似碑。

量大福也大，机深祸亦深。

二人一心，有钱买金；二人二心，无钱买针。

若要人不知，除非己莫为。（瞒得哪个？）

败家子弟用金如粪，成家子弟积粪如金。

财主只为升合起，穷汉只叫不大紧。（富从升合起，穷因不算来。）

养儿防老，积谷防饥。

得人钱财，与人消灾。（无功受禄，滴水难销。）

他弓莫挽，他马莫骑。（无益之事，何必多管。）

床上无病人，狱中无罪人，路上无行人，即是天下大福人。（莫看易得。）

万两黄金未为贵，一家安乐值钱多。（能知安乐是福，就是享福之人。）

教儿只说孩儿小，长大难管气不了。（见到大了收管不来，气死无益。）

宁买迎头长，不买迎头落。

童生进学喜不了，尚书不升终日恼。（始终总是一人，人心有甚尽足？）

交义莫交财，交财绝不来。

知音说与知音听，不是知音莫与谈。（不是知音，对牛弹琴。）

世上无难事，都因心不专。（予撰读书十戒，首二句曰"立志若专，反难为易。"）

是非只为多开口，烦恼皆因强出头。

成人不自在，自在不成人。（少年对症要药。）

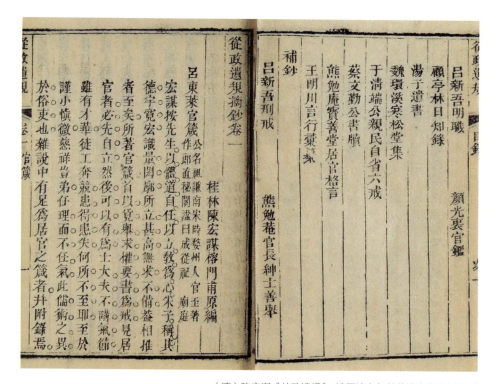

（清）陈宏谋《从政遗规》，清同治七年楚北崇文书局刻本

宁在人前全不会，莫在人前会不全。

逢人且说三分话，未可全抛一片心。（涉世极妙法。）

能言不是真君子，善处方为大丈夫。

宁可荤口念佛，不可蔬口骂人。

未曾立法，先想结煞。立了行不得，怎么收拾？

常将有日思无日，莫待无时想有时。（有日思无存不去，无日思有想不来。）

有钱常想无钱日，安乐常思病患时。

当家不得不俭，请客不得不丰。

话多不如话少，话少不如话好。

破家亡身，言语占了八分。（祸从口出，每多如此。）

做事莫伤天理，防备儿孙辱你。（要望后看。）

须向根头寻活计，莫从体面做工夫。（因"体面"二字，坏了许多实事。）

守己不贪终是稳，利人所有定遭亏。

人言未必真，听言听三分。（还要细察，不可就信。）

休与小人为仇，小人自有对头。（我且忍耐他，看着他。）

怪人休怪老了，劝人休劝恼了。（竟不怕怪，你奈他何？劝他太苦，反惹恶言。）

未来休指望，过后莫思量。落得心中好快活。

勤谨勤谨，衣饭有准；懒惰懒惰，必定忍饿。

男子无志，钝铁无钢；女子无志，烂草无穰。（全要立志。）

教子婴孩，教妇初来。（桑条从小熨，长大熨不直。）

但要有前程，莫做没前程。（但行好事，莫问前程。）

人人有面，树树有皮，道路各别，养家一般。

五黄六月不肯做，鸡儿跷脚乱思量。

将上不足，比下有余。（长存此想，极大快乐。）

百年随缘过，万事转头空。（全要看透。）

锅上瓢儿翻掉坎，也有媳妇做婆时。

你知我的本，我知你的根，说谎莫瞒当乡人。

棒头出孝子，娇养忤逆儿。

玉不琢不成器。

酒逢知己千杯少，话不投机半句多。

惜钱休教子，护短莫投师。

只学斟酒意，（恭敬心，欢喜心。）莫学下棋心。（要人败坏，要人死灭。）

劝人终有益，挑唆两无功。

你好我好，三好合到老。一个好，好不成。

打虎还得亲兄弟，上阵还须父子兵。

美不美，乡中水；亲不亲，故乡人。

为人不做亏心事，半夜敲门不吃惊。（何等坦然！）

家有贤妻，男儿不遭祸事。

篱牢犬不入，芦柴成把硬。

新箍马桶三日香，第四日臭膨膨。（厌旧喜新，世人通病。切须戒之。）

线儿放得长，鱼儿钓得大。

人不欺心，不遭官刑。（欺心即是欺天。）

九升斗儿盛十升，多了一升盛不下。

得饶人处且饶人，路逢窄处难回避。（冤家路儿窄。）

他家富贵前生积，你若回头也像他。（要知前世因，今生受者是；要知后世因，今生作者是。）

一人做事一人当，哪有嫂嫂替姑娘？（自作自受，请谁替代？）

《传家宝》

（清）姚孟起楷书七言联：饭软茶香闲里味，花光鸟语静中机

注解

《传家宝》乃清代文人石成金所编纂。本书原名《重刻添补传家宝俚言新本》，简称《传家宝》。石成金，字天基，号惺斋，扬州人，生于清顺治十六年（1659年），卒于乾隆初年。出身望族，天资聪颖，既有读书科考、出仕为官的经历，又与僧道交游，谙熟儒、释、道，加之他以著述为业，一生笔耕不辍，因此有大量通俗著作留世。正如作者所言："予于人情世事，无论大小雅俗，但有利益者，俱以浅言刊书行世，正续共计百余种。"

本书在康熙末年、乾隆初年已经刊行，卷首有当时扬州知府左必蕃手书序言，称石成金"著述甚富，皆大有益于身心之言"。并说他自己在"政事之暇，最喜读天基《传家宝》，因其言言通俗，事事得情，不啻警世之木铎，利人之舟楫"。

《传家宝》分为四集，每集八卷，共计三十二卷。此书虽非儒、释、道大乘之作，亦非《菜根谭》之类的禅机妙语，但却有以事论理之功。这本书最大的功用是，把几千年中华民族优秀传统文化的精华，把儒家、道家、佛学及其他学派高深繁琐的理论，结合历史典故和社会实践，以通俗浅显、雅俗共赏的语言，如辞赋、如诗词、如散文，既有对仗工整、用词讲究的辞赋诗歌，也有民间俗语和顺口溜，演绎出人人都可以一读就懂、人人爱读的国学通俗读本。本书着重于世事人伦之道，诸等根智，皆可阅读受益。对于修道者，有助于修身养性；对普通人，可利于平泰安康；对愚顽执迷者，可起规劝教诲之用。《传家宝》一书对世俗民风不无教化作用，对人心不无裨益，故应被后人所尊重。本部分选录的是以"一、二、三……"为标题的"一字宝""二愿""三不可""四受用""五节五关""六常想""七不知""八轻""九莫生""十要得"之类的绝句，语言如连接成串的珠子，朗朗上口，方便好记。同时，又选录了部分民谚俗语，都是老百姓日常生活的经验结晶，话虽粗浅，但道理深刻，许多谚语至今仍然在使用，是人生的"真理"，如"成人不自在，自在不成人"，"得饶人处且饶人，""酒逢知己千杯少，话不投机半句多"，"好事不出门，恶事传千里"，"恼一恼，老一老；笑一笑，少一少"，"逢人且说三分话，未可全抛一片心"，"知音说与知音听，不是知音莫与谈"，"打人莫打脸，骂人莫揭短"，"人有千算，不如天一算"，"美不美，乡中水；亲不亲，故乡人"，"若要人不知，除非己莫为"，等等，都是历史上流传几千年的至理名言。当然，有些顺口溜则已经没有现实意义，只是那个时代的产物，如"衙门向南开，有理无钱莫进来"，这是我们阅读时要注意的。

石成金《传家宝·绅瑜》: 志不可堕，心不可放

人要多福，全在知受享；人要多寿，全在惜精神。（不知受享，虽有福而虚度；不惜精神，虽有寿而自亏。然须以德行统之。否则，每致磨折也。）

平安即是福，功德即是寿，知足即是富，适情即是贵。（悟透此四句是我真彼假。）

心无忧虑，就是逍遥佛祖；身无病痛，就是快活神仙。（无忧无病，都要自致。）

为圣贤的妙法只在一点仁心，为豪杰的妙法只在一腔义气。（全在以仁义存心。）

人有极大之福，才肯读书。（书能知道理，书能重纲常；书能启聪

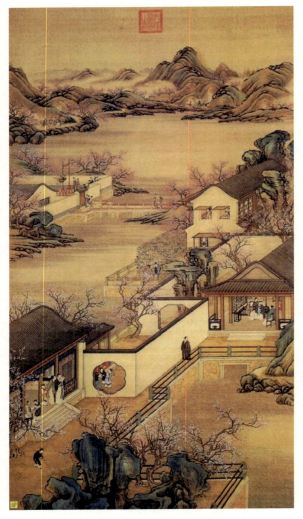

（清）唐岱《十二月令·二月》

明，书能广识见；书能取功名，书能保身家。人须熟读于胸中，真享极大之福。）

清闲无事，坐卧随心，虽淡饭粗衣，自然有一段佳趣。纷扰不宁，忧患缠身，虽锦袍玉食，只觉得万般愁苦。（有一种人，本是无事却自寻出多事来，都因没福消受也。）

从极迷处识迷，则到处俱醒；将难放处竟放，则万境俱宽。（极妙工夫）

身安不如心安。（有一人身甚劳苦，心却安闲。有一人身甚安闲，心却劳苦。孰是孰非，高人当自能辨。）

心宽强如屋宽。（心思窄狭，虽住高堂大厦，亦不能宽快也。）

休怨我不如人，不如我者尚众；休夸我能胜人，胜如我者还多。（须看远大些，自己有许多受用。）

不可乘喜而轻诺，不可因醉而生嗔，不可乘快而多事，不可因倦而鲜终。（误事成害，往往如此。）

居不必无恶邻，会不必无损友，惟能自持者两得之。见善人效之，见不善人改之。（善、不善，皆吾师也。）

凡事韬晦，不独益己，抑且益人。凡事表暴，不独损人，抑且损己。（要学人己两利之法。）

人只把不如我者较量，则知自足。（若能知足，即享大福。）

遇不韵之言行，须当简默，恐以诙谐生怨也。（易犯，切戒。）

开口讥诮人，是轻薄第一件，不惟丧德，亦足丧身。（大害。）

不实心不成事，不虚心不知事。（自益极大。）

有作用者，器宇定是不凡；有受用者，才情决然不露。（自警法，又是知人法。）

志不可堕，心不可放。（要紧工夫。）

不近人情，举世皆畏途；不察物情，一生俱梦境。（可惜虚生。）

我有功于人，不可念，而过则不可不念；人有恩于我，不可忘，而怨则不可不忘。（涉世第一法。）

凡横逆之来，先思所以取之之故，即得所以处之之法。不可便动气。（动气徒为自损。）

凡人语及所不平，气必动，色必变，辞必厉。惟韩魏公则不然。说到小人忘恩负义、欲倾己处，气象和平，如说寻常事。（明于人情，即具此度量。）

变化气质，居常无所见。惟当利害、经变故、遭屈辱，平时忿怒者到此能不忿怒，忧惶失措到此能不忧惶失措，才是能有得力处，亦便是用力处。（全在学识。）

天下惟五伦施而不报。彼以逆加，吾以顺受。有此病，自有此药。不必较量。（稍有较量，便是不知伦理。）

胸中摆脱一"恋"字，便十分爽净，十分自在。人生最苦处，只是此心沾泥带水，明明知得，却不能断割。（都是自寻苦恼）

"随缘"二字，极有意味。能体之者，有许多自在安稳。世人欲享和平之福，终身受用此二字不尽。（大安乐法。）

清福上天所惜，而习忙可以销福；清名上天所忌，而得谤可以销名。（知此，则虽忙虽谤，俱不怨尤矣。）

切不可听人之言而随和之。

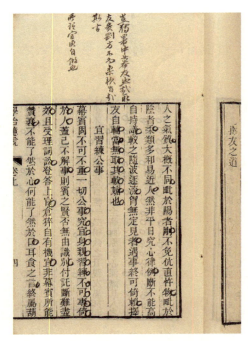

（清）汪辉祖《汪龙庄先生遗书》，清同治元年吴棠望三益斋初刻本

（须要自己斟酌。）

吾本薄福人，宜行厚德事；吾本薄德人，宜行惜福事。（这二十个字，一生受用不尽。）

闻人善则疑之，闻人恶则信之。此满腔杀机也。（急须改换。）

静坐，然后知平日之气浮；守默，然后知平日之言躁；省事，然后知平日之费闲；闭户，然后知平日之交滥；寡欲，然后知平日之病多；近情，然后知平日之念刻。（须要事事体验过来。）

偶与诸友登塔绝顶，谓云："大抵做向上人，决要士君子鼓舞。只如此塔甚高，非与诸公乘兴览眺，必无独登之理。既上四五级，若有倦意，又须赖诸公怂恿，此去绝顶不远；既到绝顶，眼界大，地位高，又须赖诸公提撕警觉，跬步稍差，易至倾跌。只此，便是做向上一等

（清）梅清《双松图》立轴

人榜样也。"（然虽如此，全要自己向上的念头立得真。）

一念之善，吉神随之；一念之恶，厉鬼随之。知此，可以役动鬼神。（一善便先天而天不违，何况鬼神乎？）

士君子尽心利济，须要海内人少他不得，自然上天也少他不得。即此便是立命。（若做官的与地方痛痒不关，甚且生事扰民，百姓反恨地方上多了他，这便是弃天。）

与其得罪于百姓，不如得罪于上官。（但恐不肯。）

名利坏人，虽三尺童子尽皆知之。但好利之弊，使人不复顾名；而好名之过，又使人不复顾君父。世有妨亲命以洁身、讪朝廷以卖直者，是可忍也，孰不可忍也？（真是大错！）

宦情太浓，归时过不得；生趣太浓，死时过不得。甚矣！有味于淡矣。（怎奈浓得不长。）

清苦是佳事。虽然，天下岂有薄于自待而能厚于待人者乎？（如一条窄路，自己挨身不过，别人如何走得？）

士大夫当有忧国之心，不当有忧国之论。（老成识见。）

贤人君子，专要扶公论正。《易》之所谓扶阳也。（正气相合。）

詹瓦子每教人养喜神，止庵子每教人去杀机。此二言皆吾之师也。（只是善为主宰。）

奢者，不特用度过侈之谓。凡多视、多听、多言、多动，皆是暴殄天物。（奢字妙解。）

读书不独变人气质，且能养人精神。盖理义收摄故也。（也须拣读有益好书。）

初夏，五阳用事于乾为飞龙，草木至此以为长旺。然旺则必极，至极而始收敛，则已晚矣。所以邵子云："牡丹含蕊为盛，烂熳为衰。月盈日午，有道之士所不处焉。"（看得透彻。）

乘舟而遇逆风，见扬帆者，不无妒念。彼自处顺，于我何关？我自处逆，于彼何与？究竟思之，都是自生烦恼。（天下事，大率类此，何苦自寻烦恼？）

救荒不患无奇策，只患无真心。（真心即奇策也。为官临民，一切兴利除害、为人积德，一切扶危救难，都是如此。）

捏造歌谣，不惟不当作，亦不当听，徒损心术，长浮风耳。若一听之，则清净心田中，亦下一不净种子矣。（造谣捏谤，扬俗且有以此及官长者。人情恶薄，深可浩叹！）

吾不知所谓善，但令人感者，即善也。吾不知所谓恶，但令人恨者，即恶也。（这才是真善、真恶。）

青天白日，和风庆云，不特人多喜色，即鸟鹊且有好音。若暴风怒雨，疾雷闪电，鸟亦投林，人皆闭户。乖戾之感至于此乎？故君子以太和元气为主。（此涉世妙法。暴戾之人，读之汗下，急当改悔！）

前人责人善者，隐恶而扬善，所以与人同归于善；今人责人善者，是己而非人，所以与人皆陷于恶。（至言。）

谈笑言论，常防识者在旁。（如此提防，自然谨言）

有穿麻服白衣者，路遇吉祥喜事，相与牵而避之，勿令相值。其事虽小，其心则厚。（一切诸事，俱当以此好心肠推而广之。）

好谈闺门及好谈乱者，必为鬼神所怒，非有奇祸，必有奇穷。（因其心中隐恶，必致天诛也。）

水到渠成，瓜熟蒂落。此八个字，受用一生。（知此即得大自在。）

小人专望人恩，恩过不感；君子不轻受人恩，受则难忘。（存心不同。）

罗仲素云："子弑父，臣弑君，只是见君父有不是处耳。"若一味见人不是，则兄弟、朋友、妻子以及于僮仆、鸡犬，到处可憎，终日落填火坑堑中，如何得出头地？乃曰："每事自反，真一帖清凉散也。"（人当嗔怒时，自己见得自己也有三分不足，其气自平。奈今

积学明理既久而氣質變焉則暗者必明弱者必立矣

録二程集句 和珅書

（清）和珅集二程句。识文：积学明理既久而气质变焉，则暗者必明，弱者必立矣。

人只不肯反省自觑。）

处富贵之地，要知贫贱人的痛痒；当少壮之时，须念衰老人的辛酸。（此博文公之家传至言。）

对失意人莫谈得意事，处得意时常想失意事。（周旋世务。）

事有急之不白者，宽之或渐明，毋躁急以速其忿。须要从容。人有操之不从者，纵之或自化，毋躁切以益其顽。（须要和易。）

惟正足以服人。（文靖公涉世法。）

君子涉世，惟在善治小人。太上消之，其次容之、忍之，与之争则最下矣。（老到见识。）

忍亦有辨：畏势而忍者，不足为忍；无可畏之势而忍者，是名为忍也。（忍字才明。）

害人之心不可有，防人之心不可无。此戒疏于虑也。宁受人之欺，毋逆人之诈。此警伤于察也。二语并存，精明而浑厚矣。（明哲人，足然浑厚。）

毋道人之短，毋说己之长。施人慎勿念，受施慎勿忘。（此崔子玉座铭，真高人高见。）

炎凉之态，富贵更甚于贫贱；妒忌之心，骨肉更甚于外人。此处若不当之以冷眼，御之以平气，鲜不日坐烦恼障中矣。（全要识透。）

百战百胜，不如一忍；万言万当，不如一默。（黄山谷心法。）

以石触絮，两无伤焉，柔胜也。以石触石，脆者不免，刚胜也。此道惟老氏能之。（须要勉学。）

少言沉默，最有利益。（养神气，免忌怨。）

朽株顽槐，世人不珍；露才扬己，复为世嗔。在世间做有用人，处世人做无用人。（不恃才能，就是有用人。）

天下无难处之人，只用三个"必自反"；天下无难处之事，只消两个"如之何"。(何难之有?)

受人之恩,虽深不报;怨,则浅亦报之。闻人之恶,虽隐不疑;善,则显亦疑之。此乃刻之极薄之尤也。须切戒之。(这样惨刻人,大有恶报。)

浮议虽不足恤,亦可以恐惧修者。(藉以自警。)

危崖之石先倾,掉枝之叶先落。万物惟平可以长久。(平字最妙,要妙知晓。)

不自重者取辱,不自畏者招祸,不自满者受益,不自是者博闻。吉凶悔吝,无有不由己者。(总是自致。)

一愿识尽世间好人,二愿读尽世间好书,三愿看尽世间好山水。眉公曰:"尽则不能,但身到处莫放过耳。"(有大愿人,每每当面错过。)

(清)沈曾植行书七言联:闲来置酒常招隐,独幸钞书不是愆

世路风霜,吾人炼心之境也。世情冷暖,吾人忍性之地也。世事颠倒,吾人修行之资也。(世人不可无此磨炼。)

只说自己是者,其心粗而气浮也。(且多讥议。)

不责人小过,不发人阴私,不念人旧恶,真是妙人。(可以养德,又可以远害。)

泛交则多费,多费则多营,多营则多求,多求则多辱。语不云乎:以约失之者,鲜矣。当三复斯言。(择交俭用。)

晦翁云:"天地一无所为,只以生万物。为事人若念念在利济,便是天地矣。"故曰，宰相日日有可行的善事，只是当面蹉过耳。（人俱如此，不独宰相。）

人生一日，或闻一善言、见一善行、行一善事，此日方不虚度。（所以每日里要替自己一查算。）

后辈轻薄前辈者，往往促寿。何也？彼既贱者，天岂以贱者赠之？（俊句可读，此是召感之理。）

有一言而伤天地之和、一事而折终身之福者，急须检点。（仔细存想。）

静坐以观念头起处，如主人坐在堂中看有甚的人来，自然酬答不差。（仔细察看。）

富贵家莫炫，炫则不长；聪明人莫刻，刻则不寿。

世乱时，忠臣义士尚思做个好人；幸逢太平，复尔温饱，不思做好人，更何为也？（大为可惜！）

会见贤人君子而归乃犹然故吾者，其识趣可知矣。（他原不曾见，怪他不得。）

得意而喜，失意而怒，便被顺逆差遣，自己何曾做得主？马牛为人穿着鼻孔，要行则行，要止则止，不知世上人一切差遣得我者，皆是穿我鼻孔者也。自朝至暮，自少至老，其不为马牛者几何？哀哉！（说到穿鼻，不觉喷饭。）

出言要思省，则思为主，而言为客。自然言少。（慎言妙法。）

士大夫不贪官、不受钱，一无所利济以及于人，皆竟非天生圣贤之意。盖洁己好修，德也；济人利物，功也。有德而无功，可乎？（功德二字，讲得明白。）

薄福者，必刻薄；刻薄则福更薄矣。厚福者，必宽厚；宽厚则福更厚矣。（厚薄都是自作自受。）

儒佛争辩，非惟儒者不读佛书之过，亦佛者不读儒书之过。此两家皆交浅而言深。（相争的，便不是真儒、真佛。）

人不可自恕，亦不可令人恕我。（况求人恕我，原不可多得。）

金帛多，只是博得临死时子孙眼泪少；不知其他，知有争而已。金帛少，只是博得临死时子孙眼泪多，亦不知其他，知有亲而已。（每见富贵家子孙互相争夺，甚有讦讼者，只是这几两银子要费去寻贫穷也。）

闭门即是深山，读书随处净土。（全在人能领会。）

说人所必不从，求人所必不与，强人以甚不便，制人以必不甘。君子须早见豫待，毋当境愧屈，临事周章。（知此，则无愧屈之虑。）

待富贵人不难有礼，而难有体；待贫贱人不难有恩，而难有礼。（待富贵人有体易，待贫贱人有礼难。夫穷愁下士，趋造势庭，求一见而不可得；即得见，而昂首伸足，箕踞万状，不可逼视。嗟乎！谦恭相接，冷暖同观，未数数见也。）

觉人之诈，不形于言；受人之侮，不动于色。此中有许多意味，又有许多受用。（好气象。不但远怨，且可厚德。急宜学，不可稍懈。）

苏东坡与人相处，不问贤愚贵贱，和气蔼然。常曰："我心平易，上可陪玉皇，下可陪田夫乞儿。"（好气象，急宜学。）

人有不及，可以情恕；非意相干，可以理遣。（得大快乐。）

礼义廉耻，可以律己，不可以绳人。律己则寡过，绳人则寡合。不独寡和，且招谤生怨。（此文纪公最妙法。）

两人相非，不破家亡身不止。只回头认自己一句错，便是无边受用。两人自是，不反面稽唇不止，只温语称人一句是，便是无限欢欣。（熟透人情。）

《书》："谦受益，满招损。"是以阳明先生尝以"傲"字戒人曰：

"今人千罪百恶，皆从'傲'字上来。傲则自高自是，不肯下人；子不孝，弟不悌，臣不忠，只是一个傲'字便结果了一生。极大罪恶，更无救解处。傲之反为谦，'谦'字便是对症良药。故尧舜之道，只是谦到至诚处，便是允恭克让，温恭允塞也。"（从来傲字坏了多少人品？急须改悔！）

攻人之恶毋太严，要思其堪受；教人以善毋过高，当令其可从。（大是。）

休与小人为仇，小人自有对头；休向君子谄媚，君子原无私惠。（快心之论。）

疑人轻己者，皆内不足也。（何必疑此。）

可爱之物，勿以求人；易犯之愆，勿以禁人；难行之事，勿以令人。（体贴人情世事。）

人如负我，我何与？我如负人，人有词。（真是长者。）

忌成乐败，何预人事？徒自坏心术耳。（成败有数，忌乐痴甚。）

人好刚，我以柔胜之；人用术，我以诚感之；人使气，我以理屈之。（天下无难处之事矣。何人处不得？）

自己犹不能快自己意，如何要人尽快我意？自己犹不能知自己心，如何要人尽知我心？（知此情理，便不烦恼。）

"恩仇分明"四个字，非有道者之言也。"无好人"三个字，非有德者之言也。（信此二语，便成不得长厚。）

完名美节，不宜独任，分些与人，可以远害全身；辱行污名，不宜全推，引些归己，可以韬光养德。（见识高。）

孔子去周，老聃送之曰："聪明深察而近于死者，好讥议人者也。博辩致远而危其身者，好发人之恶者也。"孔子曰："敬受教。"（此系家语，金人铭祖此。）

说得千般明晓，不如行得一事到底。（此陈宗暗最妙心法。）

面谀之辞，知之者未必感情；背后之议，衔之者常至亥骨。熟谙人情。

凡一事而关人终身，纵实见实闻，不可着口；凡一语而伤我长厚，虽闲谈酒谑，慎勿形言。（存心切记，功德无量。）

闻人过失，如闻父母之名。耳可得闻，口不可得言也。此马援训侄儿语也。（戒口莫说他人短，自短何曾说与人？）

遇沉沉不语之士，且莫输心；见怿怿自好之人，应须防口。（全要知人。）

喜时之言多失信，怒时之言多失体。（须要检点，免致后悔。）

亲戚故旧，当厚密时不可尽以私事语之。一旦失欢，彼且挟而中我矣。（我以真率待人，不意人心易变，则我之真率反成自害矣。不可不慎。）

失欢之时，毋出绝言，不独伤我厚道，且恐既平之后，更与通好，则前言可愧。（与人绝交，不出恶言。）

十语九中，未必称奇；一语不中，则愆尤骈集。十谋九成，未必归功；一谋不成，则訾议丛兴。君子所以宁默毋躁，宁拙毋巧。（老成阅历之见。）

言有尽而意无穷者，天下之至言也。是以语贵含蓄有神。（苏东坡一生得意，惟得此数句之妙。）

反己者逆耳，皆成药石；尤人者开口，即是戈矛。幸人毁者，德日崇；好毁人者，德日损。

以诚为终身行己之要，而其行之也，自不妄语始。（得法。）

己无言责，闻人谈论，但且虚受悦服，慎勿锋起求胜。详究取舍，在我而已。（气象和美，人不怨憎。）

（清）姚孟起《夙兴夜寐箴》，识文：鸡鸣而寤，思虑渐驰，盍于其间，澹以整之。或省旧愆，或绅新得，次第条理，了然默识。本既立矣，昧爽乃兴，盥栉衣冠，端坐敛形。提掇此心，皦如出日，严肃整齐，虚明静一。乃启方册，对越圣贤，夫子在坐，颜曾后先。圣师所言，亲切敬听，弟子问辨，反复参订。事至斯应，则验于为，明命赫然，常目在之。事应既已，我则如故，方寸湛然，疑神息虑。动静循环，惟心是监，静存动察，勿贰勿参。读书之余，间以游咏，发舒精神，休养情性。日暮人倦，昏气易乘，斋庄整齐，振拔精明。夜久斯寝，齐手敛足，不作思惟，心神归宿。养以夜气，贞则复元，念兹在兹，日夕乾乾。

不能谨于始，必当悔于终。能悔者，犹救得一半。（谨始方能令终。）

福莫福于少事，祸莫祸于多心。惟苦事者，方知少事之为福；惟平心者，始知多心之为祸。（天下本无事，庸人自扰之。）

人无不好富贵。不知"富贵"二字，岂是容易享受？其上以道德享之，其次以功业当之，统以学问识见驾驭之。不然，虽得富贵，何能安享？是以君子当此，每兢兢以守之，业业以保之，非虑富贵之去也，惧祸害随之也。（有功名富贵之人，远近怨妒、觊觎者，往往甚多。不如此保守，不取辱，则取祸，自然之势。但薄福之人，妄自尊大，妄自放肆，虽有功名富贵，亦不能享也。）

亲友中有显贵者，对人频言，必招鄙诮。（更有虚言欺人者，更为可鄙。)

待下固当和，和而无节，反生其侮。惟和而庄，则人自爱而畏。（御下良法。)

遇事和易处之，必无偾事。（应世要法。)

事未至，先一着；事既至，后一着。（高见。)

生事，事生；省事，事省。柔逊，护身之本；刚强，惹祸之因。（首二句，一反一正；次二句，一正一反。虽有四句，只重在正义二句，虽有正义二句，其实只重在"省事柔逊"四字，只须依此四字，一生即讨许多便宜，又受许多安乐。)

凡事不为已甚，此中道也。亦已甚不得。（过犹不及。)

增一事，宁减一事；多一言，宁少一言。（最有受用。)

要知留侯每事不犯手。欲行其术，托之黄石公；欲庇其身，托之赤松子；欲定储，又托之商山四皓。正英雄善藏其用也。（高人善藏其用，便是大做手。)

吉人无论作用安详，即梦寐神魂总是和气；凶人无论行事狠戾，即声音笑语总是杀机。都在自取做事最宜熟思缓处。要知熟思则得其理，缓处则得其当。（应事妙法。)

前人有言，行百里者，半九十。此言令终之难也。（真确。)

天下之事，缓则得，忙则失。先儒谓天下甚事，不因忙后错了？（一切言动，都要安详。十差九错，只为慌张。)

春至时和，花尚铺一段好色，鸟且啭几句好音。今幸逢盛世，复遇温饱，不思立好言、行好事，虽是在世百年，恰似未生一日。（切莫虚度)

福不可激，养喜神以为召福之本而已；祸不可避，去杀机以为远祸之方而已。（寻到祸福源头，自得避趋之法。)

地之秽者多生物，水之清者常无鱼。世人当存含垢纳污之量，不可恃好洁独行之操。（涉世最妙良法。）

图未就之功，不如保已成之业；悔既往之失，不如防将来之非。（此洪自诚最妙心法，极确极当。）

天地之气，暖则生，寒则死。所以性气清冷者，受享亦凉薄。惟和气热心之人，其福自厚，其泽亦长。（必然之理。）

人骄则志昏，志昏则计短。（应酬一切，骄最害事。）

无愧于事，不如无愧于身；无愧于身，不如无愧于心。

无口过易，无身过难；无身过易，无心过难。（要严诛心法。）

行遇刃者必避，食遇鸩者必舍。惧害己也。丽色藏剑，厚味腊毒，则不之察。愚矣哉！（泰山石上镌"矜愚"二字，读此晓然。）

学者能甘贫，则凡一切浮云外物，俱不足为累；能改过，则可以日新而进于善。大抵过失多于不能安贫中来，不能安贫，皆欲念为之累也。所以寡欲，即以寡过。（贫而能安，则寡过矣。）

小人亦是天地所生，决无尽灭之理。但当正己，令其自服。尤须虚心，令其自平。一涉矜激，便触出许多不肖来。（仁心委曲。）

为人要忠厚。若刻削，则不肖子

（清）姚鼐行书十言联：立言必雅未尝显己所长，持论从容初不言人之短孙应之矣。(势所必然。)

与人相处，当随事方便提撕，开其迷惑，其功甚普。如管宁与人子言孝、与人臣言忠、与人弟言悌。因事导人于善，此尤独善以善人之事也。(导人于善，善量始满。)

与其为无益以求冥福，不若为有益以济生人。(要实德。)

为善者，当先去其希望之心。勉行数事即思责效，邀福之心一生，非自悔即终衰，不至摇落无成不止也。(世人通病，切须记戒。)

善人，不善人之师；不善人，善人之资。(老子妙语。)

老来疾病都是壮时招的，衰后罪孽都是盛时作的。是以有识之人，当持盈履满之际，尤须加意兢兢。(若到悔时，情已迟矣。所以须要预慎。)

善人未能急亲，不宜预扬，恐来说谮之奸；恶人未能轻去，不宜先发，恐招媒孽之祸。(识见最高。)

恶忌阴，善忌阳。所以恶之显者祸浅，而隐者祸深；善之显者功小，而隐者功大。(妙解。)

心为子孙之根，根好枝叶必茂而且荣。(全要培根。)

居官有二语曰："惟公则生明，惟廉则生威。"居家有二语曰："惟恕则情平，惟俭则用足。"(铭心四字。)

事到行不去时，只索变通。(见机。)

建功立业者，多虚圆之士；偾事失机者，必执拗之人。

事不见机，必至取败。是以行事阻于时势，可休即休，慎勿依回以图必遂。(全要见机而作。)

诸事皆留个有余不尽的意思，便造物不能忌我，鬼神不能损我。若业必求满、功必求盈者，不生内变，必招外忧。(功成名遂而不善终者，皆不留余地所致。)

凡事从厚培植，甚远。（大受用。）

天薄我以福，我厚我德以迓之；天劳我以形，我逸我心以补之；天厄我以遇，我修我学以待之。天心仁爱，未有不怜而佑我也。（尽其在我，必邀天眷。）

锄奸杜幸，要放他一条去路。若使之一无所容，譬如塞鼠穴者，一切去路都塞尽，则一切好物俱咬破矣。（识见高远。）

贫不能济物者，遇人痴迷处，出一言提醒之；遇人急难处，出一言解救之，便是无量功德。（事极易，德极大。）

为人若无一点真恳的念头，便成个花子，事事皆虚矣。涉世若无一段圆活的机趣，便是个木人，处处有碍矣。（应世要法。）

说亲友失德过举，不如述前人嘉言懿行；既可示人以标榜，又可免我之口过。（两利之法。）

为善不见其益，如草里东瓜自应暗长；为恶不见其损，如庭前春云当必潜消。为善如春园之草，日见其长；为恶如磨刀之石，日见其消。

闻恶不可就恶，恐为谗夫泄怒；闻善不可就善，恐引奸人进身。（都要细加察实。）

都是眼前事，知足者仙境，不知足者凡境。总出世上因善用者，生机；不善用者，杀机。（全由自致。）

世人只因认得"我"字太真，遂多种种嗜好，种种烦恼。要知前人有云："不复知有我，安知物为贵？"又云："知身不是我，烦恼更何侵？"真破的之言。（人情世事，倏忽万端，不宜认得太真。尧夫云："前日所云我，而今又谁谁？不知今日我，又属后来伊。"常作是观，便可解胸中蕴矣。）

美酒饮教微醉后，好花看到半开时。（花看半开，酒饮微醉，此中大有佳趣。若至烂漫酕酊，便成恶境矣。履满盈者须思之。）

子生而母危，镪积而盗窥。何喜非忧也？贫可以节用，病可以保身，何忧非喜也？所以达人当顺逆一视，而欣戚两忘。（这才是高明人见解。）

若想钱而钱来。何故不想？若愁米而米至，人亦当愁。晓起依旧贫穷，夜来待多妄想。不独贫穷人，而富贵人更甚。（都是自寻愁烦。）

凡国家礼文制度、法律条例之类，若能熟观而深悉之，则有以应酬世务，而不戾乎时宜。（如任己见，事多不当。）

能言未是真君子，善处方为大丈夫。（敏于事而慎于言。）

犯而不校，最省事。（要学大量。）

张饱帆于大江，骤骏马于平陆，天下之至快。反思则忧。处不争之地，乘独后之马，人或我嗤，乐莫大焉。（浅见人哪里知道！）

以言讥人，取祸之大端；以度容人，集福之要术。（切实。）

处世，让一步为高，退步即进步的张本；待人，宽一分是福，利人实利己的根基。（都是自讨便宜。）

富贵人要宽厚，聪明人要敛藏。富贵人宜该宽厚，若反为忌刻，是富贵而贫贱其行矣。如何能享？聪明人宜该敛藏，若反为炫耀，是聪明而懵懂其病矣。（如何不败？）

奢者富而不足，何如俭者贫而有余？能者劳而多怨，何如拙者逸而全真？（人只学得"俭拙"二字，大有受用。）

世态炎凉，古今皆然。须当净拭冷眼，慎毋转动刚肠。（刚肠极惹祸害。）

屈己者能处众，好胜者必遇敌。（势所必然，情所必至。）

欲常胜者，不争；欲常乐者，自足。（见解最高。）

此身常放在闲处，荣辱得失，谁能差遣我？此心常安在静中，是非利害，谁能瞒昧我？（这才是我有主宰。）

与人言须要和气从容，如气忿则不平，色厉则取怨。（和气从容，乃待人最妙之法，时刻不可稍懈。）

恐惧者，修身之本。事前恐惧则畏，畏则免祸；事后恐惧则悔，悔则改过。所以智者保身，愚者杀身。（常存恐惧，受益甚大。）

与其有誉于前，孰若无毁于其后？与其有乐于身，孰若无忧于其心？（轻重分辨甚明，此昌黎实受心法，不可不知。）

剖去胸中荆棘，以便人我往来。此是天下第一个快活世界。（先要具此识量。）

遇诡诈之人，变幻百端不可测度；吾一以至诚待之，彼术自穷。（山鬼伎俩有限，老僧不答无穷。）

凡情留不尽之意则味深，凡兴留不尽之意则趣多。（诸事不可务尽。予屡见人以"留余"二字名斋轩堂屋者，意在如此。）

强人以难行之事，吾心何安？污人以不美之名，吾心何忍？（不独自己长厚，且免他人怨恨。）

凡遇不得意事，试取其更者譬之，心地自然凉爽矣。此降火最速之药。（知此妙法，长享快乐。）

富贵家受贫贱人礼物，以为当然。殊不知几费设处而来，即一扇一丝，宜从厚速答。（须要体恤其难。）

使人敢怒而不敢言者，便是损阴德处。随事皆然，当权尤甚。（彼则欣然得意，殊不知人怒既多，天怒必及矣。）

盛喜中不可许人物，盛怒中不可答人简。（即喜时之言多失信，怒时之言多失礼之义。其盛怒时亦不可会宾客。）

好便宜者，不可与共财；多狐疑者，不可与共事。（全要识人。）

父慈、子孝、兄友、弟恭，纵做到极处，俱是合当如是，着不得一毫感激念头。如施者任德，受者怀恩，便是路人，便成市道矣。（天理人情之应该也。）

事亲者当菽水承欢，子欲养而亲不在，虽椎牛以祭墓，何如鸡豚之逮亲存也。（全要亲在时竭力孝养。）

子弟宁可终岁不读书，不可令其一日近小人。（与小人相交，习成下流，为害甚大，最难救援。）

局量宽大，即住三家村里，光景不拘；智识卑微，纵居五都市中，神情亦促。（都在自己之智量高大。）

观人于临财，观人于临难，观人于忽忽，观人于酒后。（知人好歹，只此四法。）

凡亲友中有口出仁义之言，惯慷他人之慨者，急宜远之。（其存心必不可问。）

待下徒恩则骄，骄则不用命。（有恩无威，慈母不能令其子。）

凡有过，不宜狡饰；如狡饰，则触人之怒。（认过则无过。）

事有常变，履常思变；理有经权，用经达权。（活机在心。）

不赏，则鼓励无权；不罚，则教令不行。（令不行则事不成，须赏罚贵当。）

凡事不败于刚断，每败于幽柔。（幽柔最误事，不断更害事。）

机未足宜蓄，事暴至宜忍。（极顶机关。）

无所欲则无所累。（少一欲则少一累，多一欲则多一累。）

不图便宜，不得吃人亏；不求人，自然不怨人。（许多失手处，都因好便宜而来。）

待下有四语：容其过，诛其故，恤饥寒，严法度。（御人妙决。）

读书不熟不足为虑，讲书不明终身无益。（要知读书，只求明不求熟。盖未有明而不熟者。）

作文之法，要心细如毛，胆大如天。心不细，文无理路；胆不大，文无力量。

闻辱而怒，含蓄不深，纵报必浅；闻辱而笑，心机难测，报必不轻。（知得切当。）

以俭胜贫，贫忘；以施代侈，侈化；以果去累，累消；以逆炼心，心定。（秘法心传。）

静可坐，不可思；闷可对，不可独；劳可酒，不可食；醉可卧，不可淫；饱可行，不可卧。（依此数语，可以却病，可以延年。）

气收自觉怒平，神敛自觉言简，容人自觉味和，守静自觉天宁。（自求多福。）

处事不可不直捷，存心不可不宽舒，持己不可不严明，与人不可不谦和。（涉世妙法，四语已尽。）

不说人非，厚道也；不辩己非，高见也。（须要习熟。）

过分求福，适以速祸；安分远祸，将自得福。（不可过分。）

我不害人，人不我害；人之害我，由我害人。（召感之理。）

看得世事透，自然不重功名；认得当下真，是以常寻乐地。（才是高人。）

对富人诉贫，起彼借贷之疑；对势家夸富，动彼贪得之谋。凡平常言谈之间，如诉穷、为之哭穷，穷将至极；如夸富、为之卖富，富必不久。（俱当切戒。）

对病夫勿言某死，对贫人勿言己廉。言虽无意，听者必厌。（即如对失意人不谈得意事。诸事皆然，何必讨憎？）

起造房屋，须有条理，只要坚固紧接，不取广大浮华。（人少屋广，为之宅妖，乃衰败之象。）

行合道理，不卜自吉；行悖道理，纵卜亦凶。人当自卜，不必问卜。（诸事惟以理定。）

凡遇权要人，声势赫然，切不可犯其锋，亦不可与之狎。敬而远之，全身全名之道也。（当其声势，谁敢不畏？但其声势不久即败。若不避其锋，譬如舟冲风波，恐难保其不溺也。）

光明正大之人，所作所为任他人之可否、不与世较者，处心无愧怍也。（惟以理定，不畏人议。）

能明佛理，自不为邪说所诱。（理明则不惑。）

排难解纷，实行门中第一义。见人构斗间，能以一语和人骨肉，其福无量。（极大阴德。）

待有余而后济人，必无济人之日；待有暇而后读书，终无读书之时。（切莫姑待。）

处富贵勿听仆隶之言，值贫贱勿信妻孥之计。恐妻孥之计短，而仆隶之言贪且险也。（见得明切。）

人有必不得已事，便须早做；日捱一日，未必后日之能如

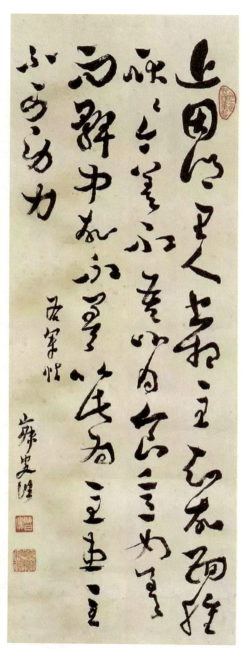

（清）沈曾植草书《临右军帖立轴》。识文：近因乡里人书，想至。知故面肿，耿耿。今差不吾，以为食意如差，而髀中故不差，以此为至患。至不可劳力。

今日也。（因循最害事。）

君子绝交，不出恶声；弃妻，不彰其过；去国，以微罪行。于所恶者如此，其于所亲者可知矣。（何等长学。）

不邀人敬，不受人慢，大抵情不可过，会不可数。抑情以止慢，疏会以增敬，然后相交可久。（交友妙法。）

"不为过"三字，昧却多少良心；"没奈何"三字，抹却多少体面。（不可犯此六字。）

小人固当远，然亦不可显为仇敌；免至为害。君子固当亲，然亦不可曲为附和。（免至遗讯。）

人只言人心难料，不知自心更难料；人只言人心不平，不知自心更不平。（识得自心，方可说人心。）

酒不顾身，色不顾病，财不顾亲，气不顾命。当事未值，谁不明知？亦能劝人，亦能自解。及当境界，仍复昏迷。但称暗昧之人，多是

（清）包世臣行书八言联：尽交天下贤豪长者，常作江上烟月主人

1460

聪明之士。(聪明反被聪明误。)

暗里算人,算的是自己儿孙;空中造谤,造的是本身罪恶。(凛然可畏,讼师尤甚!)

事在人为,而成之者天;福从天降,而召之者人。事所不能为者,天命也;事所能为者,天理也。命所能制者,人欲也;命所不能制者,人道也。(注得明切。)

成名每在穷苦日,败事多因得意时。(穷苦则专收,得意则骄肆。)

人于外物奉身者,事事要好,只有自来一个身与心却不要好。若得外物好时,却不知自己身与心已先不好了。(不知轻重。)

淫人妻女,天必报于妻女。此理如操券,断断不爽,且验之甚速。切须记戒。(劝君莫借风流债,借得便宜还得快。家中自有还债人,你要赖时他不赖。眼前债主能宽待,头上原中偏利害。卖妻还债有何妨,逼你卖妻必不卖。)

利可共而不可独,谋可寡而不可众。(独利败,众谋泄。)

婚姻论财究也,夫妇之道丧;埋葬求福究也,父子之恩绝。(妇凌其夫者,恃于富也;子露其父者,惑于地也。)

久利之事勿为,众争之地勿往。物极则反,害将及矣。(要有先见之明。)

人承祖父之遗,衣食无缺,此大幸也。便当读书守志,安分经营。若家贫,亦惟勤学立行,为乡党重。自有为之地而不思自立,是自绝其生路矣。(真可惜!)

能改过,则天地不怒;能安分,则鬼神无权。(都要自致。)

轻财足以聚人,律己足以服人,量宽足以得人,身先足以率人。(全在自己。)

贫贱时,眼中不着富贵,他日得志必不骄;富贵时,意中不忘贫贱，一旦退休必不怨。（识得透彻。）

天下无不好谀之人，所以谄术不穷世间，尽是善毁之辈，所以谗路难塞。（识得透，解得切。）

不到极逆之境，不知平日之安；不遇至刻之人，不知忠厚之易；不经难处之事，不知适意之巧。（历后方明。）

大丈夫可以一出而振人之厄，一言而解人之纷，此亦不必过自退避。但因以为利，则市道矣。（莫做自了汉。）

待小人宜宽，防小人宜严。（不宽则积怨，不严则被害。）

青楼翠馆之游，不但有关行止，此中不洁者，十有其九。一染其毒，不独毁伤面目，亦且毒种生育。慎之哉！（予亲见梅毒致死者甚多，又见毒流胎元者甚多。尚不知戒，是自寻天绝！）

成大业，致大名，决非逸豫可得，必自刻苦中来。若自刻苦中来，须有圆木惊枕之意，乃可。（诸事皆然，读书尤甚。）

学之不进，都由于因循。（"因循"二字耽误一生，犯此病者极多。）

读书贵知要，做人贵知切。（扼机心法。）

若识得名节之堤防、诗书之滋味、稼穑之艰难，即是好人。（怎奈他专不此，所以日流污下。）

学识未有不由谦虚进者，德业未有不由困衡成者。（若不习熟，何能向上？）

文由于积学，福由于积德。（各有来因。）

说探头话，往往结果不来，不如作后再说。（敏于事而慎于言。）

邻家有丧，不可快饮高歌；对新丧人，不可剧谈大笑。（不独自心不安，且惹人怨恨。）

人有轻于称贷，虽重息亦欣然者，非流荡不知事人，即预存不偿之心，断断勿与。（不肯以我之俭省，送彼浪用。）

（清）梅清《敬亭霁色》

自谦，则人愈服；自夸，则人必疑。我恭，可以平人之怒气；我贪，必至启人之争端。是皆存乎我也。（与人何尤？）

居心不净，动辄疑人，人自无心，我徒烦扰。（自多忧虑。）

遇有疑难事，但据理直行，得失俱可无愧。凡问卜求签，皆甚渺茫，验与不验参半，不可恃也。（才为有识。）

游显贵之门，谄固可耻，傲亦非宜。总不如萧然自适。（人只安分，即受多福。）

奸人难处，而迂人亦难处。要知奸人诈而好名，其行事有酷似君子处；迂人执而不化，其决裂有甚于小人时。我先别其为人，则处之之道得矣。（全要明辨。）

远方来历不明如术士、山人辈，每有大奸窜伏其中，不可轻与交往。即穷人欲投靠为僮仆者，亦不可收。（杜害妙法。或有以大名利诱人者，切不可轻信。）

责人无已，却每事自宽，是以圣贤望人而以愚不肖自待。（如此作为，可发一大笑。）

见人耳语不可窃听，恐其所言避我；又恐正值议我短长，闻之未免动意，且使彼人惭愧。（有识有量。）

该做道学事，不必习道学腔。（装模做样，反不是真道学。）'

少年时，每郁郁不乐，自亦不解何意。以今思之，只是妄想为扰耳。富贵本无穷尽，但须随时安分，便是安乐妙法也。（要知人心，原是不足的。）

言之当慎，正在快意时、遇快意人、说快意事。（值快意时则言不及检，遇快意人则言无所忌，说快意事则言不自觉。所以更当慎也。）

动不如静，语不如默，显不如藏，取不如舍，记不如忘，巧不如拙。（实益皆为我得，浅人哪里知晓？）

喜传语者，不可与语；好议事者，不可图事。（谨慎！）

忠孝是我家至宝，经书是我家良田。（宋杜孟，普州人。游太学，因童贯、蔡京用事，幡然而归。尝以宝田训子，时号为"宝田杜氏"。予妄为添改数字附此。）

论理要精详，论事要剀切，论人须浑厚。（精详则不介于疑似，剀

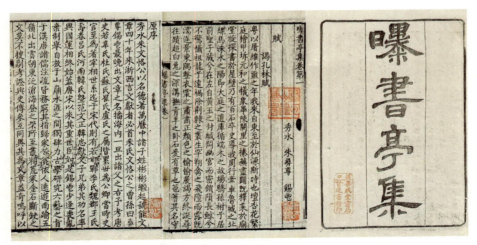

（清）朱彝尊、朱昆田撰《曝书亭集》，清康熙五十三年朱稻孙刻本

切则不近于浮夸，浑厚则不流于苛刻。）

不可乘喜而多言，不可乘快而多事。须有包含则有余味，发露太尽恐亦难继。（人能内自思省，则凡事必能收敛，语言必能缄默，自不至轻浮浅露，一发无余也。）

大聪明人，小事必朦胧；大懵懂人，小事必伺察。盖伺察乃懵懂之根，而朦胧正聪明之窟也。（识得透彻。）

真正英雄，都从战战兢兢、临深履薄做出来。血气粗卤，一毫用不得。（若是粗卤，即非英雄。）

为恶而畏人知，恶中犹有善念；为善而急人知，善处即是恶根。（洞见隐微。）

欲人勿闻，莫若勿言；欲人不知，莫若勿为。（事作于人所不见，必发于人所共见。即或人不能知，天地鬼神如何瞒得？）

事事顺我意而言者，小人也，急远之。（近则多害。）

密交定有夙缘，非以鸡犬盟也。中断知其缘尽，宁关妾菲间之。（知随缘二字，自无欣戚。）

人之多轻扬者，中无所有也。如空船浮于水面，摇摇靡定，盛载愈多，则愈觉沉重矣。（譬得确实，言行身心皆然。）

造谤者甚忙，受谤者甚闲。果非其谤，听其谤耳。（落得快活。）

人之于妻也，宜防其蔽子之过；于后妻也，宜防其诬子之过。（此熟谙人情之言。天下未有不正于妻而能正其子者，故曰刑于寡妻。）

不交不可知之人，自无不可知之祸。能积实可据之德，必有实可据之福。（祸福每由自致。）

常有小不快事，是好消息。若事事快心，即有大不快心者在其后。知得此理，可免怨尤。（每每应验。）

轻与者必滥，易信者必多疑。（理所必然。）

处事要斩截，存心要宽舒，持己要严明，待人要谦和。（此四语，涉世之法已悉，不可不时时熟习。）

要知自己是好人坏人，只于至更头睡醒时，检点思想的是什么，便见得。（善恶一分，因果即定。）

富贵之家，常有穷亲戚来往，便是忠厚。

轻诺者必寡信，与其不信，不如不诺。（诺而不信，误人事情，极招怨尤。）

仆辈搬弄是非，往往骨肉知交致伤和气。有尝试者，直叱之，令不敢言，后则不复来矣。（又有小人喜谈是非，不可轻信。）

志不同者不必强合。凡勉强之事，必不能久。（要知人情。）

无义之人，不得已而与之居，须要外和吾色，内平吾心，庶几不及于祸。（但得已，急远之。）

谦，美德也；过谦者，多诈。默，懿行也；过默者，藏奸。（识到极处。）

与人相争，只可就事论事，切不可扬其阴事。此祸关杀身，非独有伤长厚已也。（深求者，大坏事。）

一坐之中有好弹射人者，切不可形之于口舌争论。惟当端坐沉默以销之，此之谓不言之教。（强似语训。）

嗜欲正浓时能斩断，怒气正盛时能按捺。此皆学问得力处。（却是自讨便宜。）

有聪明而不读书，有权力而不济人利物，辜负上天笃厚之意矣。既过而悔，又何及耶？（深为可惜。）

倚势凌人，恃智愚人，犹如登冰山，自谓身高，但恐太阳当空，冰山消释，则身落泥涂，置足无所矣。愿以为戒。（倚势不能终身！）

行一件好事，心中泰然；行一件歹事，衾影抱愧。即此便是天堂地狱。（自己原是分明。）

大凡聪明之人，极是误事。盖惟聪明生意见，意见一生，便不忍舍割。往往溺于爱河欲海者，皆是极聪明之人。（若能识彼爱欲，不为沉溺，才是真聪明人。）

己情不可纵，当用逆法制之，其道在一"忍"字；人情不可拂，当用顺法调之，其道在一"恕"字。（"忍"字、"恕"字，受用不尽。）

少年人聪明太露，如花之千叶者，无实。若再开口出刻薄尖刺语及形容人者，不独无实，恐防根朽矣。（全在培养根本，自然长久茂盛。）

接下之言，须要简当，不可冗长。（对一切亲友之言，俱不可冗长。）

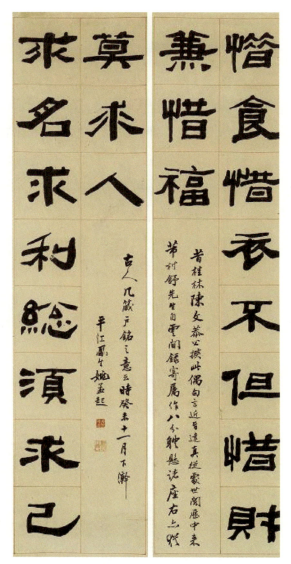

（清）姚孟起隶书十一言联：惜食惜衣，不但惜财兼惜福；求名求利，总须求己莫求人。识文：昔桂林陈文恭公撰此偶句，言近旨远，真从处世阅历中来。芾村舒先生自云间录寄，属作八分体，悬诸座右，亦犹古人几箴户铭之意云。时癸未十一月下浣。平江凤生姚孟起。

学者第一先要收心。如果心地清明，然后五官百骸方为我用。否则，志气昏惰，功无可进矣。（全要主翁在家。）

勿以人负我而堕为善之心。当其施德，但自行我心之所不忍耳，未尝责报也。纵遇险徒，只付一笑。（施恩望报，反成怨毁。）

交财一事最难。虽至亲好友，亦须明白，宁可后来相让，不可起初含糊。语云："先明后不争。"（财上分明，大丈夫。）

势到七八分即止，如张弓然，过满则折。（要知进退。）

经云：烦恼妄想，尤苦身心，便遭浊辱流浪，生死常沉苦海。盖烦恼皆因妄想而成，人能摒除一切妄想，只顺受目前境界，便富贵也安，贫贱也乐。（极妙安乐法。）

心苟无事，则息自调；念苟无欲，则中自守。（这才是调养真功。）

上天劳我以少，逸我以老；如少年懒惰，是不知当劳也；老年奔竞，是不知当逸也，皆谓之逆天。（逆天则有害。）

倚势欺人，势败而人欺我；恃财侮人，财散而人侮我。（财势不长，实自欺侮。切须谨戒！）

善人如璞玉，恶人如锥凿。玉不经锥凿，终不成器。凡毁我者，乃成我也。（奈今人不知，所以多怨尤。）

"孝悌、忠信、礼义、廉耻"，此八字是八个柱子。有八柱才能成屋，有八字才能成人。（世俗骂下流坏人为"忘八"，若忘一二字尚且不可，何况多乎？）

起家之人未有不始于勤，其后渐流于荒惰，深可惜也。起家之人未有不成于俭，其后渐废于侈靡，深可惜也。（慎勿废时，慎乃俭德，惟德永图。）

富盛时须要惜福，穷衰时须要守分。（惜福安分，贫富俱不可少。）

凡人为子孙计者，皆思创立基业，然不有至大至久者在乎？舍心地而田地、舍德产而房产已失矣。况惟利是图，自损阴骘，欲子孙永享，岂可得乎？（用心大错。）

才不宜露，势不宜恃，享不宜过。人能含蓄退逊，留有余不尽，自有无限受用。（有福人才肯从。）

凡有举动，先须细想，非有益于己，则有益于人。二者了无所益，则勿为也。（凡无益之事，念亦莫起。）

人家务宜蓄积，以防不虞。若或借债行商，势必卖田还债；若或赊钱造屋，势必卖屋还钱。如缠身之癞，医之不痊，无底之坑，填之不满。（自寻贫穷。）

有福有智，能勤能俭，创家者也；有福有智，不勤不俭，享成者也；无福无智，不勤不俭，败家者也。（分得明切。）

向者辩，今者讷；向者躁，今者静；向者多事，今者省事；向者易怒，今者忍辱。此皆昔非今是也。（全要悔过知非。）

饥来吃饭困来眠，此常理也。饥不吃饭而以酒炙夺之，困不安眠而以思虑夺之，未有不丧生者也。（能知此理则可却病延年。）

和其声而言之，则闻者喜；厉其声而言之，则闻者怒。诲人者不待易人之言，只就其言厉其声而告之，则闻者必为之动矣。（得世情之至理。能知此法，凡出语言诸人皆可和悦矣。）

人生于世，未有不劳心力者。或劳心而不劳力，或劳力而不劳心。若不劳心又不劳力，乃饥莩无用之人也。（年老人方可安逸。）

食在家者也，食粗而无人知；衣饰外者也，衣弊而人必贱。所以善处贫者，节食以完衣；不善处贫者，典衣而市食。（口吃千般无人知，衣服褴褛被人欺。）

人在病中，百念灰冷，虽有富贵，欲享不得，反羡贫财而健者。是以人能于无事时，常作病想，一切名利之心，自然扫去。（养心妙法。）

家长知礼，男女勤俭，虽衰门亦必有兴，其一时之贫富，未足论也。（已具好根，发旺可待。）

智者不与命斗，不与法斗，不与理斗，不与势斗。穷或强斗，鲜不败坏。（全在度德量力。）

古之学者，得一善言附于其身；今之学者，得一善言务以悦人。（试一内省，附身也未？）

禽兽受孕则不再交，人乃无期无度。亦将于此谓禽兽得气之偏，人得气之全，可乎？（人反不如。）

做个好人，个个说好，这便是扬名显亲。若做坏事，人人唾骂，这便是亡身辱亲。（各要勉做好人。）

天、地、人为三才。此人字关系最重，必须念念合天地，始可参而为三。否则，虽人而禽兽矣。（人莫自看轻了。）

纲常伦理认得真，酒色财气看得破，布帛菽粟守得定。只此就是天地完人，何须探学问。（这才是真学。）

嗜酒者多痰滞，好色者多痨瘵，贪财者多横死，尚气者多膈噎。（四者极有应验，世间之富于财者，多自矫强取来；惟矫强必悖天理，天理一悖而其心死矣，是以每多横死。）

言须要逊，逊则免祸。行须要严，严则远悔。

鬼神视人之所为，如在黑暗处看灯光处。人在灯光下，不知黑暗处有窥之者。（又有一种人，更在黑暗处作恶，只以人不能见，殊不知鬼神看得更真，报应更速。）

子不可待父慈而后孝，弟不可待兄友而后恭。堂上之语宜尊，室中之言莫听。（四句当铭于心。）

耳目见闻为外贼，情欲意识为内贼。只是主人翁惺惺不昧，独坐中堂，贼便化为家人矣。（工夫有二病：不入无记，则入妄想，人能学得惺惺不昧，便可超凡人圣。）

人欺未必是辱，人怕未必是福。（浅人视之则为辱、为福。）

世路中人，或图功名，或治生产，尽自正经争。奈天地间好风月、好山水、好书籍，了不相涉，岂非枉却一生！（明达人自当偷闲领受。）

人生在世无一刻不是缘，无一人不是缘。只好随缘度日，何必强生分别？（若生分别，自寻烦恼。）

人大言，我小语；人多烦，我少记；人悸怖，我不怒。淡然无为，神气自满。（是养生妙法。）

仁人心地宽舒，便事事成个宽舒气象。韩魏公言生平未尝见一不好人，可想其浩荡境界。（人我大益。）

治小人，宽平自在，从容以处之。事完，绝口不言，则小人无所闻以发其怒。（往往小人记恨害人者，多在利口遍传。）

务博之学不精，好大之愿不副，过望之福不享。（心高命不高，反不如心不高者之得便宜。）

非无安居也，无安心也；非无足财也，无足心也。（人若有了安足之心，则随地随时都享快乐。）

人只宜学吃亏。从古英雄，只为不能吃亏，害了多少事？（此林退斋先生临终训子语。要知能吃人的亏，才能成事享福。）

"矜"字从矛，"伐"字从戈。心中如何容得矛戈？（可畏可虑。）

德盛者，心中和平，见人皆可交。德薄者，心中刻鄙，见人皆可恶。静夜自思，我所许可者多，则德日进矣；我所未满者多，则德日减矣。（全要自己分别。）

事稍拂逆，便思不如我的人；心稍荒怠，便思胜如我的人。（如此思法，则境界乐而学问进。）

卒然逢人怒骂之时，一生病痛，有父兄所不及诫、师友所不及规者，都被和盘托出。此际正须返观速改，不可草率听过。已过谁肯直说？（须于此处领略。）

君子于人，当于有过中求无过，不当于无过中求有过。（如此非独人不怨，且自厚德。）

吾人为学，只要立志。若有困忘之病，亦只是志欠真切也。今好色之人，未尝病于困忘者，只是一真切耳。（予尝谓门人曰："立志若专，反难为易。"王阳明一生得力全在此。）

万病之毒，皆生于浓。我以一味药解之曰：淡。（此一字胜如速效金丹，专治一切牵缠不起之病。）

涉世六忍法：一忍触，（人犯我也。）二忍辱，（人凌我也。）三忍恶，（我憎人也。）四忍怒，（憎之重也。）五忍忽，（憎而发之轻也。）六忍欲。（贪而不知止也。守此六忍，受大利益，得大自在。）

今人事事要好，却于父子兄弟间都不加意。譬如树木根本已枯，虽剪彩为花，不独并无生气，且能得几日好看？（孝悌也者，其为人之本与。）

取不义之财，以供不肖妻儿妄费，以充权贵苞苴，以斋设徼福，皆谬用其者也。（晨昏颠倒。）

"俭"之一字，众妙之门。无求于人，寡欲于己，可以养德，可以养志，可以养廉，可以养福。（俭有许多受用。）

贪得者无厌，总是一念好奢所致。若是恬淡知足，要世间财利何用？清风明月不用钱，竹篱茅舍不费钱，读书明道不求钱。贪心何自而生乎？（我实彼虚。）

与民之惠有限，不扰之惠无穷。（居官涉世、修身治家，总括此二句。）

我无是心而人疑之，于我何与？我无是事而人诬之，于我何惭？（彼徒劳烦，我自恒然。）

欲知人之良善而有福者，当于言行忠厚见之。欲知人之险恶而无福者，当于言行刻薄见之。（尤当自勉。）

我如为善，虽一介寒士，有人感其德；我如为恶，虽位极人臣，有人议其过。（伪饰不得。）

毋以己之长而形人之短，毋以己之拙而忌人之能。（此二病，人所易犯。急须谨戒。）

凡事只耐烦做去，自然有成。才起厌心，便不能得。（天下无难事，都因心不专。其不耐烦者，志不坚也。）

子生而母危，财积而盗窥，何喜非忧也？贫可以节用，病可以保身，何忧非喜也？所以达人当顺逆一视而欣戚两忘。（理自如是。）

（清）吴云行书七言联：习勤能使一身振，悟道须教杂念清

德者，才之主；才者，德之奴。有才无德，即如家无主而奴用事，鲜不猖狂败坏矣。（全要有主。）

甘让君子，便是无志；不让小人，便是无量。（要辨所让之人。）

寡言择交，可以无悔咎，可以免忧辱。（涉世妙法。）

人情反复，世路崎岖。行不去，须知退一步之法；行得去，务加让三分之功。（"退让"二字，许多受用。）

谢事当谢于正盛之时，居身宜居于独后之地，谨德须谨于至微之事，说话务说于知音之人。（高人一等。）

人前行得出的方可说，人前说得出的方可行。（环句何味？）

《传家宝》

注解

本文最精彩的地方有两点：一是在修辞上讲究，大多句子和段落采用对仗，或字数相等、位置相对，或者平仄相谐、句式相似，或词性相同、结构相称，韵律感比较强，其内容都是作者从各种先贤名言名句中摘录和各种劝世箴言中编辑而来，如"为恶而畏人知，恶中犹有善念；为善而急人知，善处即是恶根"，"欲人勿闻，莫若勿言；欲人不知，莫若勿为"，"不赏，则鼓励无权；不罚，则教令不行"等，对仗工整，便于对比和记忆。有些则是排比句，连续三言四言或者五六言，把一个道理阐述清楚，如"谢事当谢于正盛之时，居身宜居于独后之地，谨德须谨于至微之事，说话务说于知音之人"。二是编纂者恰到好处的点评，具有画龙点睛的作用和启发，使本来有些艰涩和朦胧的句子更加清楚，如"谦，美德也；过谦者，多诈。默，懿行也；过默者，藏奸"一句，作者点评道"识到极处"，就非常加深理解，否则，读者不一定能够正确理解"过谦""过默"的寓意。当然，个别段落和句子也有词语堆砌之嫌。

石成金《传家宝·联瑾》: 志不可堕，心不可放

德业常看胜如我者，则愧耻自增；境遇常看不如我者，则怨尤自息。

有才而性缓，定属大才；有智而气和，才为大智。

处世让一步为高，退步即进步张本；待人宽一分是福，利人实利己根基。

知止自当除妄想，安贫须是禁奢心。

人虽至愚，责人则明，以责人之心责己则寡过；人虽聪明，恕己则昏，以恕己之心恕人则全交。

休怨我不如人，不如我者甚众；休夸我能胜人，胜如我者更多。

施恩望报，势必成仇；为善求知，必将得谤。

凡一事而关人终身，纵实见真闻，不可着口；凡一语而伤我长厚，虽闺谈酒谑，慎勿形口。

饱谙世事慵开口，会尽人情暗点头。

勤为无价之宝，忍是众妙之门。

退一步行即是安乐法，道三个好广结欢喜缘。

当乐境而不能享，毕竟薄福之人；陷苦境而反觉甘，才是真修之士。

心地上无风波，随在皆青山绿水；性天中有化育，触处见鱼跃鸢飞。

韶光去矣，叹眼前岁月无多，可惜年华如疾马；长啸归与，知身外功名是假，好将姓字任呼牛。

（清）李世杰行书七言联：虚心岂患同心少，处事方知敬事难

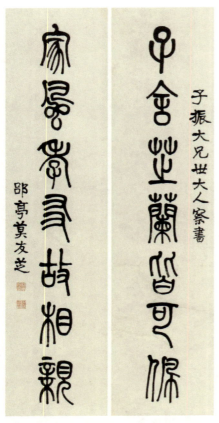

（清）莫友芝篆书七言联：子舍芝兰皆可佩，家风孝友故相亲

若富贵贫穷由我力取，则造物无权；若毁誉嗔喜随人脚跟，则才夫得志。

才子安心草舍者，可登玉堂；佳人适意蓬门者，堪贮金屋。

避庸懦之名，必走入刻薄中，天必怒，人必怨；爱狡猾之行，遂流至险恶道，祸亦起，福亦消。

过分求福，适以连祸；安分远祸，将自得福。

我过望于人，人未必遂如所望，生出多少怨憾；人薄求于我，我必须勉应其求，省了许大烦恼。

欲不除，似蛾扑灯，焚身乃止；贪无了，如猩嗜酒，鞭血方休。

"拙"之一字免了无千罪过，"闲"之一字讨了无万便宜。

世味浓，不求忙而忙自至；世味淡，不偷闲而闲自来。（白日若不落，红尘应更深。）

甜苦备尝好丢手，世味浑如嚼蜡；生死事大急回头，年光疾如跳丸。

荣宠旁边辱等待，不必扬扬；困穷背后福跟随，何须戚戚？

图未就之功，不如保已成之业；悔既往之失，不如防将来之非。

清闲无事，坐卧随心，虽粗衣淡饭，自有一段真趣；纷扰不宁，忧患缠身，即锦裳厚味，只觉万般愁苦。

心术不可得罪于天地，言行要留好样与儿孙。

平民皆种德施惠，便是无位的卿相；（赞得确。）仕夫徒贪权市宠，竟成有爵的乞儿。（骂得切。）

石火耳，电光耳，有限韶华，岂可与草木同腐同朽？野马也，尘埃也，无多气息，定要塞天地至大至刚。

己所不欲，勿施于人，莫作风波于世上；行有不得，反求诸己，自无冰炭在胸中。

日日与亲友处，见死亡者安得不乐、安得不悲？时时与圣贤对，有差别意宁不自愧、宁不自勉？

衣食不过温饱，惟勤省俭续生不乏；酒色何苦贪恋，惟顾撙节保寿不夭。

积金积产，是待子孙以不肖，我父祖何尝有遗？攻人责人，是望众人以圣贤，我自身谁来照管？

一丝一粒皆天地化工，皆父祖苦创，皆织女农夫辛力，当思如何报答；一言一动有家人瞻顾，有知交察识，有鬼神日月照临，当思如何自修。

恩虽乱施，每不期而自会；怨不可作，恐窄路之或逢。

性资既赋下愚，若再以懒添愚，则终身必不能结果；才调自知至拙，苟能将勤补拙，则后来或可为成人。

说短说长，宁说人长莫说短；施恩施怨，莫施人怨且施恩。

明识红楼为无冢之丘垅，迷来认作舍身岩；直知舞衣为暗动之兵戈，快去暂同试剑石。

倚高才而玩世，背后须防射影之虫；饰厚貌以欺人，面前恐有照胆之镜。

且慢说人，先把自家说说；不消谈命，好将天理谈谈。

一时芥蒂之仇，恨人不须入骨；几句诽谤之语，任他何用伤心。

作事退一步，彼时似懦怯，过后讨得安闲；出言让一句，当前若理屈，反思转觉情长。

讨人便宜，即是吃亏从此起；占人颜面，安知侮我不招来。

争名利要审自己分量，不要眼热别人，更生妒忌之心；撑门户要算自己来路，不要步趋别人，妄生棚拱之计。

达人知足，一榻已自恬如；昧者多求，万钟犹不满意。

先须言语简默，当启口且复缄藏；最要气象和平，有拂意更宜含忍。

伶俐人转博痴迷；混沌氏原多含蓄。

得饱便休，身外黄金无用物；遇闲且乐，世间白发不饶人。

读可荣身耕可富，勤能补拙俭能长。

见权要无谄可也，不必过为傲慢；遇匪类勿比可也，何至遂成寇仇。

知足常乐，能忍自安。

精神耗失，虽日日参著，更助欲火之燃；德行亏损，即时时经忏，只增神佛之笑。

能改过则天地不怒，能安分则鬼神无权。

不急之事切莫为，空劳神费力；无益之言切莫说，恐惹是招非。

知足者身贫而心富，贪得者身富而心贫。

宁可人负我，守而固知命之原；切莫我负人，推而大忠恕之道。

贫士肯济人，才是性天中惠泽；闲场能笃学，方为心地上工夫。

家坐无聊，应念食力担夫，红尘赤日；汝官不达，尚有高才秀士，白首青衿。

事事反己，世上无可怨之人；时时问心，腹中少难言之事。

君子固该当亲，然亦不可曲为附和；小人固该当远，然亦不可显为仇敌。

譬诸贤于我者，则道心日长；譬诸贫于我者，则侈心日消。

有作用者，器宇定是不凡；有受用者，才情断然不露。

莫作心上过不去之事，莫萌事上行不去之心。

饱谙世事，一任覆雨翻云，总慵开眼；会尽人情，随叫呼马唤牛，只是点头。

居贫不节省，则贫无了期；处富不受享，则富归何用。

岂可说无求，淡饭粗衣求便足；还须知保命，贬酒缺色命才安。.

四季和平之福只在随缘，一生牵惹之劳都因多事。（能知此则一生大快乐。）

饥乃加餐，蔬食美如珍味；倦然后睡，草榻胜似重茵。（此一联是处贫极乐法。）

驷马难追，吾欲三缄其口；隙驹易过，人当寸惜乎阴。

怨欲人死，恩欲人生，天地不管人恩怨；神竭我亡，精竭我病，鬼魔只看我精神。

事非亲见，切勿信口谈人；境未身临，安得从旁论事。

奉一杯古今水，愿先生洗去怨心；诵几句骷髅诗，望长者除开业障。

为勉强求生，诸事都驮在身上；恨始终安命，百忧方卸却心头。

三餐适当其时，不必服药；一觉直睡到晓，何须坐功。（时体此联，即可却病延年。彼饱伤思扰者，虽服药坐功毫无益也。）

说法者，讲空空无无，上为众生，下为自己；达观者，视生生死死，留则烦恼，去则逍遥。

不惜费必至于空乏而求人，不受享无怪乎守财而遗诮。（富客贫奢

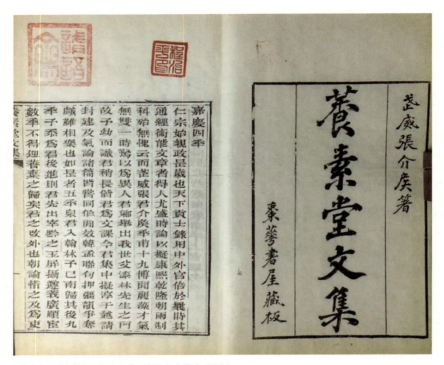

▍（清）张澍《养素堂文集》，清道光枣华书屋刻本

（均为大痴。）

切莫厌烦，当做的也要做做；须知分定，得闲处且略闲闲。

遇人好胜，慌忙从退让里潜藏；蒙怒难当，急早借谦虚中寄顿。

为善要藏，藏则阴功功始大；有才莫逞，逞招显祸祸将来。

微草微木，但得趣可当名园；（全要知趣。）一箸一杯，只充肠何须鼎食。

谨慎从容，过失纵多也少；张皇苟且，事为纵是还非。（匆忙中每多错误。前人云："忙里要斟酌，耽迟不耽错。"）

我愿学痴呆汉子，无疾病吃饭穿衣；老难学勤苦郎君，好光阴耕田凿井。

凡事要防，训诫瓜田李下；是行当慎，嫌疑嫂溺叔援。

路远日暮马力疲，凡是行人，早些休歇；年老家贫身苦病，莫为痴汉，少些思量。

心若不驰，闭目天空海阔；身难制欲，请看烛灭灯消。

孝悌忠信礼义廉耻，是撑天八根大柱；慈爱温良敬让谦和，真涉世几个神方。

老不知休，渴鹿舍江奔日；贪不知足，灯蛾拼死图明。

一日风，两日浪，仇家余怒当防；昨朝雨，今朝晴，天道流行难定。

语言莫多，恐忌者据为口实；机谋要少，怕户神默告天君。

早丢下恩情担子，莫上肩头；多传些清淡方儿，别安题目。

定住心不要他动作，他自澄清；谨闭口莫说人短长，人无恩怨。

怒气伏宽，用宽自然少怒；劳心喜逸，处逸慎勿忘劳。'

身世无多，幼壮老死，转眼便到；光阴有限，笑谈毁誉，反掌成空。

大藏五千四十八卷，但得一觉字便识因缘；百年三万六千余场，肯作些梦看何等自在。

暗室里要持心，恐我因他开怨府；得意中须谨口，怕他致我入愁门。

口舌讨便宜，从来何益；心肠用宽厚，到处堪容。

草榻心闲，布被逢春自暖；瓦盆饭饱，菜根放箸犹香。

莫说礼为迂，天地范围要用；何曾善不好，子孙贤孝由生。

留福与儿孙，未必尽黄金白镯；种心为产业，由来皆美宅良田。

忍得气，吃得亏，安身大宝；忘些情，割些爱，立命真符。

费苦心求得来，多见子孙乐处用；只恕念行将去，曾闻福寿厚中生。

（清）金农隶书六言联：摘藻期之肇绣，发议必在芬香

非良友莫深谈，恐设机关算我；得芳邻先定约，愿将节孝风人。

荣与辱都只片时，何不片时忍耐；善与恶无非一念，好将一念提防。

洗去妒心，他好由天妒不得；除开妄念，我生有命妄徒劳。

目见耳闻，欲从此中生出；酒场色阵，祸俱个里招来。

快意事休夸，自古败名因快意；伤心事莫说，从来结怨为伤心。

水柔石刚，石烂水不曾烂；善真恶假，恶消善不能消。

煮粥煮羹，即无饭未尝不饱；破裘破帽，但有着更复何求。

门关窃效藏身法，求寡过不但藏身；天戒多言卷舌星，少雄谈即是卷舌。

苦辩强争，赢得也输气力；穷欢极欲，损多何益精神。

看得破，吃得粗，安心令他无欲；甘些劳，受些苦，杜门放我偷生。

一忍住心，百辱场中自在；三缄其口，群争阵里安闲。

凡事了心，不必时时了口；若言逃静，还须急急逃名。

家常滋味多偏好，淡薄处要开口尝尝；妄费精神少不妨，驰骋时须转头看看。

爱欲伤肾，何曾略怕水枯；浓甘损脾，反说不如食补。

世味随，浓淡随他来，临时检察；愁根拔，嗔恨拔得去，到处安闲。

心中荣辱心不着，即无荣无辱；世外死生世肯忘，可任死任生。

忍能代祸真灵药，名安乐汤；俭可成家即妙因，称自在果。

自己有好不可说，若说一分名即减一分；他人有善必须扬，如扬一件德亦进一件。

短莫如长，人各有分量；祸才见福，大别有安排。

即天即地即神明，守心在此；任死任生任迟速，听命随行。

是有根，非亦有根，断是断非根始烂；垢为病，净亦为病，不垢不净病才除。

物非磨削难成器，要受些亏；人若矜骄易败名，禁不得好。

有意去害人，天地明明亲看见；无心中得罪，鬼神点点代涓除。

友不择滥交，此日胶漆，他时冰炭；（友要择而后交，不可交而后择。）家失和成隙，外伤手足，

（清）孙星衍《篆书轴》。识文：圣人治性情，中和以为宝。契教仙人伦，箕畴法天道。诸子偏不中，一艺自矜矫。奈何索虚无，释经难庄老。浮屠出东汉，妖梦孰稽考。六朝泊唐人，滥觞饰浮藻。循环报恩恩，惑众使祈祷。岂知真天人，高识空八表。责己怨自稀，无求物宁扰。不读非圣书，肯学侏儒饱。款署：壬子年古诗四首之一，孙星衍未定稿。

1483

内变心肠。（家和贫也好，不义富如何？）

怒即火，气即薪，火发添薪难熄；争如冰，让如日，冰坚遇日当融。

忠门孝门善门，个个此门宜进步；说得学得行得，人人三得要留心。

试闭目人与我皆空，但回观境与身俱妄。

斗辩场中缩舌，认作痴顽；酒杯阵里偃旗，由他攻战。（高人见识，难向浅人讲说。）

读书有神，下得十分工夫，即得十分效应；洗心无垢，去得一种驳杂，便得一种精纯。

快意雄谈，烦恼同时下种；（人要收敛。）忍心切齿，怨仇共口开门。（留些余地好解释。）

天理路上行走，遭逢俱是福星；机谋场内安身，撞遇尽皆仇敌。

佛祖无奇，但作阴功莫作孽；神仙有法，只生欢喜不生愁。

炎凉之态，富贵多于贫贱；妒忌之心，骨肉甚于外人。（世情如此，可畏可笑。）

财利算不尽，守拙亦可无过；富贵难强求，安分到有余闲。

凡事存一点天理心，虽不必责报于后，子孙赖之；每日说几句阴德话，纵未能尽施于人，鬼神鉴之。

事有机缘，不先不后，刚刚凑巧；命若蹭蹬，走来走去，步步踏空。（非关人之能与不能。）

事势已成败局，就该撇下，留在心中，越添愁闷；机缘未有头绪，当听自然，强去营为，多贻后悔。

削剥聚财，放利儿何曾长世；睚眦修怨，健讼子无不倾家。（丝毫不爽。）

做事只一味镇定从容，纵纷若乱丝，终当就绪；待人无半毫矫伪欺隐，虽狡如山鬼，亦自献诚。

念古来极冤人，则微毁微辱何须计较；观世间最恶事，则一眚一愆尽可优容。知此得大快乐。

我于人，一切宽解成就宜合如此，不足为恩；人于我，诸般横逆诽诋实无所伤，何须作怨。

争先的路径窄，退后一步，自宽平一步；浓艳的滋味短，清淡几分，自悠长几分。

身被名牵，樊笼鸡鹜；心为形役，尘世马牛。

阴骘广施，人生何处不相逢；冤仇莫结，路逢狭曲难回避。

淡泊是高风，若甚枯则何能济人利物；忧勤乃美德，如太苦则无以适性怡情。

每想病时，则尘心渐减；常思死日，则善念自生。

贫乃士之常，贫而能乐，清静之福自我受之；富为人之遇，富而好施，众美之善自我成之。

世事让三分，天空地阔；心田培一点，子种孙收。

创业维艰，祖父倍尝辛苦；守成不易，子孙宜戒奢华。

人极多算计，其如命何；（拗不过命。）天最有分明，只是性慢。（欺不过天。）

浮躁一点，到处便招尤悔；因循两字，从来误尽英雄。

志欲光前，惟是诗书教子；心存裕后，莫如勤俭传家。

言易招尤，对人须少谈几句；书能明理，教子宜多读两章。

处家庭难较量是非曲直，尽人事听主张德怨恩仇。

勤俭持家，惜分阴而崇啬宝；耕读为本，熟谷种以继书香。

若富贵贫穷由我智力，则造化反无权；（决无此理。）若毁誉嗔喜

（清）蓝孟《西湖草堂》

随人脚跟，则谗夫愈藉口。（可知枉然。）

人能知足，则随地可以自安；（大快乐。）若复无厌，则求望曷其有极。（大苦恼。）

福莫福于少事，惟苦事者方知省事之为福；祸莫祸于多心，惟平心者始知多心之为祸。

朝廷大奸不可不攻，容大奸必乱天下；朋友小过不可不容，攻小过则无全人。

醇醪百斛，难比一味太和汤；良药千包，不如半服清凉散。（"清和"二字，保身秘诀。）

口不含半粒，体不挂寸丝，来时如此而已；夜卧只八尺，日食只一升，身外何所用焉。

一生在君父恩中，问何报称；凡事看儿孙分上，劝且宽容。

读圣贤书，明体达用；行仁义事，致远经方。

丰俭依乎中和，无谄无骄；是非循乎天理，何忧何惧。

孝悌通神明，务先根本；言行动天地，慎尔枢机。

天地无私，为善自然获福；圣贤有教，修身可以齐家。

有工夫读书，便为造化；得功名到手，方是文章。

素位而行，无人不自得；居易俟命，乐亦在其中。

据德依仁，处世不逾规矩外；存心养性，致身常在太和中。

捱不过的事莫如早行，悔不来的言慎勿轻说。

事纵放得心下，再慎何妨；言若来到口边，三思更好。

怒中言，发之速、悔之迟，可思可省；世间财，得则难、用则易，宜俭宜勤。

读万卷书才宽眼界，种千钟粟要好心田。

世事变更，多卸肩休管，自无任劳任怨；人情翻覆，快缄口不说，哪有闲是闲非？

仁人之言蔼如其吉，君子之交淡而无文。

父母恩深，翁姑善至，趋庭当以尽孝为先；兄弟义重，妯娌情长，同室莫如取和为上。

学张公写百忍图，受许多快乐；得老子退一步法，讨无限便宜。

立身行道，扬名于后世；夙兴夜寐，无忝尔所生。

家本农桑，虽宦达当记得先人栉风沐雨；世守耕读，纵富贵莫忘却平日淡饭黄齑。

从五更枕席上参勘心源，才见本来面目；向三时饮食中谙炼世味，方为切实功夫。

多欲何穷，知足眼前皆乐土；我生有定，识时身外总浮云。

悟恩是仇种、情是怨根，则往日之爱河得渡；知无学为贫、无骨为贱，则当前之地位烦高。

地以上即天，毋曰天之高也；人以外即神，当曰神之格思。（可畏可敬，时刻瞒昧不得。）

不风之波何日定，把舵宜牢；开眼之梦几时醒，回头要早。（处世若大梦。）

讲学属分内事，若悟明心性，不必妄求佛老；怕死是身后忧，如消除冤愆，何防就对阎王。

聪明人本之以孝，不在文章；富贵人劝之以宽，非徒博济。

经几番知几番世事，（世事经过蜀道平。）交一遍识一遍人情。（人情历尽秋云厚。）

天道无差，用力须从根本上；圣言可畏，求安只在隐微中。

爱惜精神，要留此身担当宇宙；蹉跎岁月，问将何事报答君亲。

耕读两途，读可荣身耕可富；勤俭二字，勤能创业俭能盈。

奉公守法，虽然清淡，却昼夜常安；越理亏心，即致富贵，但神魂不乐。

孝悌忠信认得真，乃希圣希贤地位；酒色财气看得破，即学仙学佛根基。

世事如棋，起手当思好结局；人生若戏，开场须要美团圆。

鸟语枝头，会心处皆为真学问；花明槛外，触目时尽是大

（清）钱坫篆文七言联：有人问字时相过，无事观书手自抄

文章。

看果报无差，更当努力修己；知人心难测，惟以正气格天。

世路崎岖，只宜省言省事；（天下本无事，庸人自扰之。）人情反覆，还须慎始慎终。（事未入手，先思结局，方能始终如一。）

仰不愧、俯不怍，戒慎恐惧乃君子持身之本；上不欺、下不扰，正大光明是丈夫立世之方。

烦恼多，惟有寡言才事少；疾病少，皆因节欲养精多。（寡言节欲，延寿之最妙法。）

一朝间富贵狠狠争来，虽得还是失；百岁好光阴忙忙过去，纵寿亦为夭。（世人通病。）

邻舍要和，有事自来劝解；声名贵好，逢人他肯吹嘘。

修己、克己、安分守己，行几件天理事情，多福多寿；忍人、让人、切莫害人，存一片公道心肠，种子种孙。

戒色方用聋耳瞎眼死心三昧，（胜似仙丹。）养病法只寡言少食息怒数般。（真为秘诀。）

心体本空，空任口谤色嗔受俱容易；世缘惟淡，淡便饭蔬饮水享有何难。

处世无奇，但存心不愧天地；居家有道，惟忠厚以遗子孙。

孝莫辞劳，转眼便为人父母；善休望报，回头只看汝儿孙。（式样分明。）

履厚戴高，时时无负天地；谨微慎显，念念求对鬼神。

斗室安身，可养性情休说窄；坦途豁志，得伸步处不为难。

只耕田，只读书，自然富贵；（本分事业。）不欠债，不健讼，何等安宁。（快乐人家。）

斗室安居，未及积金先积德；（积德胜遗金。）布衣随分，虽无恒产有恒心。

谦受益，满招损，在一念屈伸之际；柔能有，刚则折，即修身消长之机。

与世无营，惟培养一庭和气；读书何事，只寻求这点良心。

善恶到头终有报，须兴让兴仁，当培受福弭灾之本；繁华过眼总成空，要克勤克俭，常思守成创业之难。（此熊县尊训之语，予改易数字，人能佩服，一生受用有余。）

饮酒莫教成酩酊，看花慎勿至离披。（邵子所谓美酒饮教微醉后，好花看到半开时。即同此义。帆只扬五分，船便安稳矣。）

热闹场中，人向前，我向后，退让一步，缓缓再行，则身不倾覆，安乐甚多；是非窝里，人用口，我用巧，忍耐几分，想想再说，则事无差谬，祸患何及。

莫擒他山之虎；（擒虎恐难。）休抛自己之珍。（抛珍可惜。）

仇边之弩易避，而恩里之戈难防；苦时之坎易逃，而乐处之阱难脱。（须要仔细。）

事稍拂逆，便思不如我的人，则怨尤自消；心若怠荒，即想胜似我的人，则精神自奋。

夜眠六尺，日食一升，何须百般计较；书读五车，才分八斗，未闻半日清闲。（唤醒许多求富求贵之人，句中数目字多撰得切。）

脚不乱走，口不乱谈，是快活事；心不妄求，身不妄作，即安乐窝。

世上几百年旧家，都由积德；天下第一等好事，还是看书。

雍穆人家，兄友弟恭子孝；太平世界，书声牧唱樵歌。

养喜神则精爽泰豫而身安，集和气则情意流通而家福。

世路风波，慎行谨言，庶几济川舟楫；人情险峻，平心和气，方得阅历坦途。

富贵尽戏场，演戏人多观戏少；功名皆争局，劝争客众息争稀。

《传家宝》

注释

本文大多数句子是以排比、对仗形式出现的，内容选录得比较精细，主要是告诫人们要知道因果报应、福祸相依的道理，但总的思想主题是多一事不如少一事、低调比高调好、做善比为恶好、寡言比多语好、少欲比多欲好。对此，我们必须辩证对待，在当今时代，如果都不出头不惹事，各人自扫门前雪，好吗？如果都遇事就退、见事就躲，那岂不是纵容恶人？如果都淡泊出世、不讲名利、优哉游哉，那社会还能进步吗？这些肯定是不足取的，需要我们辩证地理解。毕竟，这些做人处世的名言名句都产生于农业社会，时代色彩重，不鼓励人的进取，不鼓励争强好胜和推陈出新，这与当今的市场经济和鼓励科技创新是不协调的。但其中蕴含的一些大道理，至今仍然具有积极意义。

张廷玉《澄怀园语》：每行一事，必思算无遗策

凡人得一爱重之物，必思置之善地以保护之。至于心，乃吾身之至宝也。一念善，是即置之安处矣；一念恶，是即置之危地矣。奈何以吾身之至宝，使之舍安而就危乎？亦弗思之甚矣！

一语而干天地之和，一事而折生平之福。当时时留心体察，不可于细微处忽之。

昔我文端公，时时以"知命"之学，训子孙。晏闲之时，则诵《论语》，曰："不知命，无以为君子也。"盖穷通得失，天命既定，人当能

（清）张廷玉像

违？彼营营扰扰，趋利避害者，徒劳心力，坏品行耳，究何能增减毫末哉！先兄宫詹公，习闻庭训，是以主试山左，即以"不知命"一节为题。惜乎！能觉悟之人少也。

《周易》曰："吉人之辞寡。"可见多言之人，即为不吉，不吉，则凶矣。趋吉避凶之道，只在矢口间。朱子云："祸从口出。"此言与《周易》相表里。黄山谷曰："万言万当，不如一默。"当终身诵之。

一言一动，常思有益于人，惟恐有损于人。不惟积德，亦是福相。

文端公对联曰："万类相感以诚，造物最忌者巧。"又曰："保家莫如择友，求名莫如读书。"姚端恪公对联曰："常觉胸中生意满，须知世上苦人多。"又《虚直斋日记》曰："我心有不快，而以戾气加人，可乎？我事有未暇，而以缓人之急，可乎？"均当奉为座右铭。

向日读书设小几，笔砚纵横，卷帙堆积，不免蹰躇之苦。及易一大几，则位置绰有余地，甚觉适意。可知天下之道：宽则能容，能容则物安，而己亦适。虽然，宽之道亦难言矣！天下岂无有用宽而养奸贻患者乎？大抵内宽而外严，则庶几矣！

凡人病殁之后，其子孙家人，往往以为庸医误投方药之所致，甚至有衔恨终身者。余尝笑曰："何其视我命太轻，而视医昔之权太重若此耶！"庸医用药差误，不过使病体缠绵，多延时日，不能速痊耳。若病至不起，是前数已定，虽卢扁岂能为功？乃归咎于庸医用药之不善，不亦冤哉！

凡事当极不好处，宜向好处想；当极好处，宜向不好处想。

人生荣辱进退，皆有一定之数，宜以义命自安。余承乏纶扉，兼掌铨部，常见上所欲用之人，及至将用时，或罹参罚，或病，或故，竟不果用。又常见上所不欲用之人，或因一言荐举而用，或因一时乏材而用。其得失升沉，虽君上且不能主，况其下焉者乎？乃知君相造命之说，大不其然。

为善，所以端品行也。谓为善必获福，则亦尽有不获福者。譬如文字好则中式，世亦岂无好文而不中者耶？但不可因好文不中，而遂不作好文耳！

制行愈高，品望愈重，则人之伺之益密，而论之亦愈深，防检稍疏则身名俱损。昔闻人言：有一老僧，道力甚坚，精勤不怠。上帝使神人察之曰："其勤如初，则可度世；苟不如前，则诈伪欺世之人，可击杀之。"神伺之久，不得间。一日，僧如厕，就河水欲盥手。神曰："余得间矣。"将下击，僧忽念曰："此水人所饮食也，奈何以手污之。"因以口就水，吸而涤手。神于是出拜曰："子之心坚矣，吾无以伺子矣！"向使不转

（清）赵之琛隶书六言联：万事最难称意，一生怎奈多情

1493

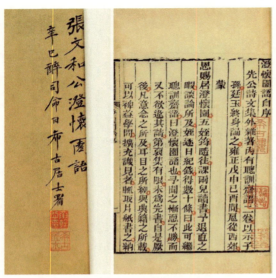

（清）张廷玉《澄怀园语》，清同治年戊辰刻本

念，则神鞭一击，不目前功尽弃耶！语虽不经，亦可借以自警。

余近来事务益繁，虽眠餐俱不以时，何暇复问家务？乃知古人所称"公尔忘私，国尔忘家"者，非有意忘之也，亦其势不得不忘耳！况受恩愈深，职任愈重，即本无私心，而识浅才疏，尚恐经理之未当。若再存私意于胸中，是乃存心之过，岂不得罪于鬼神哉！

大臣率属之道：非但以我约束人，正须以人约束我。我有私意，人即从而效之，又加甚焉。如我方欲饮茶，则下属即欲；我方欲饮酒，则下属即欲肆筵设席矣。惟存公正自矢，方不为下人所窥。一为所窥，则下僚无所忌惮，尚望其遵我法度哉？

凡事贵慎密，而国家之事尤不当轻向人言。观古人不言"温室树"可见。总之，真神仙必不说上界事，其轻言祸福者，皆师巫邪术，惑世欺人之辈耳！

"入宫见妒""入门见嫉"，犹云同居共事则猜忌易生也。至于与我不相干涉之人，闻其有如意之事，而中心怅怅；闻有不如意之事，而喜谈乐道之，此皆忌心为之也。余观天下之人，坐此病者甚多。时时省察防闲，恐蹈此薄福之相。惟我两先人，忠厚仁慈出于天性。每闻人忧戚患难之事，即愀然不快于心，只此一念，便为人隋之所难，而贻子孙之福于无穷矣。

古人以"盛满"为戒。《尚书》曰："世禄之家，鲜克由礼"盖席丰履厚，其心易于放逸，而又无端人正士、严师益友为之督责匡救，无怪乎流而不返也。譬如一器贮水盈满，虽置之安稳之地，尚虑有倾溢之患；若置之敧侧之地，又从而摇撼之，不但水至倾覆，即器亦不可保矣。处"盛满"而不知谨慎者，何以异是？

吾人进德修业，未有不静而能有成者。《太极图说》曰："圣人定之以中正仁义而主静。"《大学》曰："静而后能安，安而后能虑。"且不独学问之道为然也。历观天下享遐龄、膺厚福之人，未有不静者，静之时义大矣哉！

人生乐事，如宫室之美，妻妾之奉，服饰之鲜华，饮馔之丰洁，声技之靡丽，其为适意皆在外者也，而心之乐不乐不与焉。惟有安分循理，不愧不怍，梦魂恬适，神气安闲，斯为吾心之真乐。彼富贵之人，穷奢极欲，而心常戚戚、日夕忧虞者，吾不知其乐果何在也？

凡人耳目听睹，大率相同。若能神闲气静，则觉有异人处。雍正癸卯、甲辰间，予与高安朱文端公两主会试，每坐衡鉴堂阅文，予伏案握管，未尝停批，而四座同考官彼此互相谈论，或开龙门时，外场御史向内帘御史通问讯，予皆闻之，向朱公一一叙述。朱公曰："古称有五官并用者，予未遇其人，今于君见之矣！"予曰："公言太过，予何敢当，此不过偶然耳。"今年逾六十，迥不如前，可知耳目之用，亦随血气为盛衰也！

余近蒙圣恩，赐以广厦名园，深愧过分。昔文端公官宗伯时，屋止数楹，其后涛登台辅，数十年不易一椽，不增一瓦，曰："安敢为久远计耶！"其谨如此，其俭如此，其刻刻求退如此。我后人岂可不知此意，而犹存见少之思耶！

大聪明人当困心衡虑之后，自然识见倍增，谨之又谨，慎之又慎。

（清）张廷玉行书七言联：当知自己随和激，不问人间短与长

与其于放言高论中求乐境，何如于谨言慎行中求乐境耶？

他山石曰："万病之毒，皆生于浓。浓于声色，生虚怯病；浓于货利，生贪饕病；浓于功业，生造作病；浓于名誉，生矫激病。吾一味药解之，曰：'淡。'"吁，斯言诚药石哉！

人以必不可行之事来求我，我直指其不可而谢绝之，彼必怫然不乐。然早断其妄念，亦一大阴德也。若犹豫含糊，使彼妄生觊觎，或更以此得罪，此最造孽。

人之精神力量，必使有馀于事而后不为事所苦。如饮酒者，能饮十杯，只饮八杯，则其量宽然有馀；若饮十五杯，则不能胜矣。

天下万事，莫逃乎命，命有修短，非药石所能挽。文端公常言，仁和顾山庸先生曾患疽发背，医药数百金而愈。同时有邻居贫人，亦患此病，无医药，日饮薄粥，亦愈。其愈之月日与公同。以此知命有一定，不系乎疗治也。

余迁居不择日。或问之，余曰："天下人无论贫富贵贱，莫不择吉日者，莫如婚娶。然其间寿夭穷通不齐者甚多，可知日辰之不足凭，而吾生自有定命也，择日何为乎？"

处顺境则退一步想，处逆境则进一步想，最是妙诀。余每当事务丛集、繁冗难耐时，辄自解曰："事更有繁于此者，此犹未足为繁也。"

则心平而事亦就理。即祁寒溽暑，皆作如是想，而畏冷畏热之念，不觉潜消。

为官第一要"廉"。养廉之道，莫如能忍。尝记姚和修之言，曰："有钱用钱，无钱用命。"人能拼命强忍不受非分之财，则于为官之道，思过半矣！

"货悖而入者，亦悖而出。"平生锱铢必较，用尽心计，以求赢余，造物忌之，必使之用若泥沙，以自罄其所有。夫劳苦而积之于平时，欢欣鼓舞而散之于一旦，则贪财果何所为耶？所以古人非道非义，一介不取。

人家子弟承父祖之余荫，不能克家，而每好声伎，好古玩。

（清）王时敏《云峰树色图》

好声伎者，及身必败；好古玩，未有传及两世者。余见此多矣，故深以为戒。

昔人以《论》《孟》二语，合成一联，云："约，失之鲜矣；诚，乐莫大焉。"余时佩服此十字。

宋太宗谓吕端："小事糊涂，大事不糊涂。"西林相国谓："大事不可糊涂，小事不可不糊涂。若小事不糊涂，则大事必致糊涂矣。"斯言最有味，宜静思之。

天下有学问、有识见、有福泽之人，未有不静者。

天下矜才使气之人，一遇挫折，倍觉人所难堪。细思之，未必非福。

居官清廉乃分内之事。每见清官多刻，且盛气凌人，盖其心以清为异人之能，是犹未忘乎货贿之见也。至诚而不动者，未之有也。问如何著力，曰："言忠信，行笃敬。"

孝昌程封翁汉舒《笔记》曰："人看得自己重，方能有耻。"又曰："人世得意事，我觉得可耻，亦非易事。"此有道之言也。

程封翁汉舒曰："一家之中，老幼男女，无一个规矩礼法，虽眼前兴旺，即此便是衰败景象。"又曰："小小智巧，用惯了，便人于下流而不觉。"此二语乃治家训子弟之药石也。

凡人看得天下事太容易，由于未曾经历也，待人好为责备之论，由于身在局外也。"恕"之一字，圣贤从天性中来；中人以上者，则阅历而后得之；姿秉庸暗者，虽经阅历，而梦梦如初矣。

"人而不仁，疾之已甚，乱也。"熟读全史，方知此语之妙。

忧患皆从富贵中来，阅历久而后知之。

（清）张廷玉《澄怀园语》，清同治戊辰年刻本

"有不虞之誉，有求全之毁。"在《孟子》则两者平说。究竟不虞之誉少，而求全之毁多，此人心厚薄所由分也。孔子曰："如有所誉者，其有所试矣。"是圣人之心，宁偏于厚。其异乎常人者正在此。

开卷有益，此古今不易之理。犹记余友姚别峰有诗曰："掩书微笑破疑团"，尤得开卷有益自然而然之乐境也。余深爱之。

天理人情是一件，不得分而为二。《论语》曰："父为子隐，子为父隐，直在其中矣！"律文有"得相容隐"之条，即从《论语》中来。细玩夫子"某也幸，苟有过，人必知之"数语，其妙处不可以言传矣！至《孟子》"父子相夷"数句，则不免语病。

邵康节尝诵希夷之语，曰："得便宜事不可再作，得便宜处不可再去。"又曰："落便宜处是得便宜。"故康节诗云："珍重至人常有语，落便宜事得便宜。"元遗山诗曰："得便宜处落便宜，木石痴儿自不知。"此语常人皆能言之，而实能领会其意者，非见道最深之人不足以语此也。余不敏，愿终身诵之。

凡人于极得意、极失意时，能检点言语，无过当之辞，其人之学问器量，必有大过人处。

明儒吕叔简先生坤曰："家人之害，莫大于卑幼各恣其无厌之隋，而上之人阿其意而不之禁；尤莫大于婢子造言而妇人悦之，妇人附会而丈夫信之。禁此二害，而家不和睦者，鲜矣！"又曰："今骨肉之好不终，只为看得'尔我'二字太分晓。"此二段语虽浅近，实居家之药石也。

董华亭宗伯曰："结千百人之欢，不如释一人之怨。"余曰：此长厚之言也！凡人居官理事，旌别淑慝，乃其本职。人不能有善而无恶，则我不能有赏而无罚，即不能有感而无怨矣！乡愿之事，势不能为。如管仲夺伯氏骈邑三百，没齿无怨言；诸葛武侯废廖立为民，徙之汶山，武侯薨，立泣曰："吾终为左衽矣。"如伯氏、廖立者，皆公平居心之贤人也。彼世俗之人，小不如己意，则衔之终身矣，若欲释怨非，枉道废法，其何以哉？

凡人度量广大，不妒忌，不猜疑，乃己身享福之相，于人无所损益也。纵生性不能如此，亦当勉强而行之。彼幸灾乐祸之人，不过自成其薄福之相耳，于人又何损？不可不发深省。

偶因奏事，小憩内监直房。见壁间有祝枝山墨刻曰："喜传语者，不可与语；好议事者，不可图事。"余叹曰："此阅历之言也。"归，语儿辈识之。

吾乡左忠毅公举乡试，谒本房陈公大绶。陈勉以树立，却红柬不受。谓曰："今日行事俭，即异日做官清。不就此踣定脚跟，后难措手。"呜呼，不矜细行，终累大德。前辈之谨小慎微

朱子曰："《口铭》云：'病从口入，祸从口出。'"此语人人知之。且病与祸，人人之所恶也！而能致谨于入口、出口之际者盖寡。则能忍之难也。《书》曰："忍，其乃有济。"武王《书铭》曰："忍之须臾，乃全汝躯。"昔人诗曰："忍过事堪喜。"忍之时义大矣哉！

偶读明人《谷山于文定笔麈》，有曰："求治不可太速，疾恶不可太严，革弊不可太尽，用人不可太骤，听言不可太轻，处己不可太峻。"予持此论久矣。不意前人已先我言之，为之一快。

陆象山曰"名利如锦覆陷阱，使人贪而入其中，安有出头日子？"

薛文清曰"多言最使人心志流荡，而气亦损；少言不惟养得德深，又养得气完。"

陈眉公曰："颐卦'慎言语，节饮食。然口之所入其祸小，口之所出其罪多。故鬼谷子云：'口可以饮，不可以言。'"又曰："圣人之言简，贤人之言明，众人之言多，小人之言妄。"

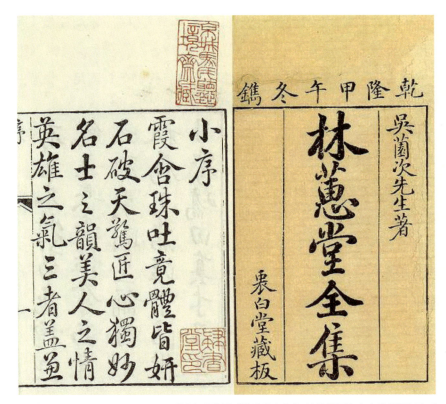

（清）吴绮撰《林蕙堂文集》，清乾隆甲午裛白堂精写刻本

伊川先生曰："只观发言之平易躁妄，便见德之厚薄，所养之深浅。"见人论前辈之短，曰："汝辈且取他长处。"

薛文清公曰："在古人之后，议古人之失则易；处古人之位，为古人之事则难。"此处不可不深省。

祝石林曰："身其金乎？世其治乎？或得、或丧、或顺、或逆、或称、或讥、或憾、或怿，无非锻炼我者。能受锻炼者益，不能受锻炼者损。"

陆士衡《豪士赋》云："身危由于势过，而不知去势以求安；祸积由于宠盛，而不知辞宠以招福。此富贵之通病也。"

吕叔简先生曰："余行年五十，悟得五不争之味。"人问之，曰：

"不与居积人争富；不与进取人争贵；不与矜节人争名；不与简傲人争礼节；不与盛气人争是非。"

明正统时，徐太医彪曰："药性犹人也。为善千日不足，为恶一日有馀。"正德末，吴太医杰曰："调药性易，调自性难。"

薛文清曰："静能制动，沉能制浮，缓能制急，宽能制褊，察其偏而矫之，则气质变。"

昔人云："富贵原如传舍，惟谦退谨慎之人得以久居。"身在富贵中者，当时诵此语。

陆放翁作《司马温公布被铭》曰："公孙丞相布被，人曰：'诈！'司马丞相亦布被，人曰'俭！'布被，能也；使人曰'俭'，不曰'诈'，不能也！"此语殊耐人思。

薛文清公曰："当官不接异色人最好。不止巫祝、尼媪宜疏绝，至于匠艺之人，虽不可缺，当用之以时，不宜久留于家。与之亲狎，皆能变易听闻，簸弄是非。儒士固当礼接，亦有本非儒者，或假文辞、字画以谋进，一与之款洽，即堕其术中。如房琯为相，因一琴工董庭兰出入门下，依倚为非，遂为相业之玷。若此之类，能审察疏绝，亦清心省事之一助。"薛公此语，切中富贵人之病。然此等事，习而不察者甚多，及觉悟而后悔亦已晚矣！

象山先生曰："学者不长进，只是好己胜。出一言，做一事，便道全是。岂有此理！古人惟贵知过则改，见善则迁。今各执己是，被人点破便愕然，所以不如古人。"先生此言，乃天下学者之通病。若能不蹈此病，则其天资识量过人远矣！倘见此而能省察悔悟，将来亦必有所成就。

古人云："教子之道有五：尽其性，广其志，养其材，鼓其气，攻其病。废一不可。"

解析

张廷玉（1672~1755年），字衡臣，号砚斋，又号澄怀主人，安徽桐城人。康熙时大学士张英次子。张廷玉深受康熙帝器重，曾多次扈从康熙帝出巡。雍正帝继位后，张廷玉更是受雍正帝倚重，历任礼部尚书、户部尚书、吏部尚书保和殿大学士（内阁首辅）、首席军机大臣等职务。

本文是张廷玉从为官的角度谈做人做事的原则和尺度。首先，他认为做事要为他人着想，即"一言一动，常思有益于人，惟恐有损于人"，与人为善，不害人，是做人做官的基本底线；其次，要求做人做事要经得起各种考验和历练，人在江湖，或得、或丧、或顺、或逆、或称、或讥、或憾、或怿，诸多顺境逆境，都可以视作"无非锻炼我者"，人只有如此反复历练，才能成为一个完人。同时强调，在考虑问题时，要持辩证态度，即"凡事当极不好处，宜向好处想；当极好处，宜向不好处想"。这样就可以做到用辩证思维，全方位思考，进退自如，有备无患。这确实是他的经验之谈。

郑板桥《郑板桥家书》：以人为可爱，而我亦可爱矣；以人为可恶，而我亦可恶矣

来书促兄返里，并询及寺中独学无友，何竟流连而忘返。噫！兄固未尝忘情于家室，盖为有迫使然耳。忆自名列胶庠，交友日广，其间意气相投，道义相合，堪资以切磋琢磨者，几如凤毛麟角。而标榜声华，营私结党，几为一般俗士之通病。于其滥交招损，宁使孤陋寡闻。焦山读书，即为避友计。兼之家道寒素，愚兄既不能执御执射，

又不能务农务商。则救贫之策，只有读书。但须简练揣摩方有成效，不观夫苏季子，初次谒秦王不用，懊丧归里，发箧得太公《阴符》之书，日夜攻苦，功成复出，取得六国相印，于以知大丈夫之取功名，享富贵，只凭一己之学问与才干。若欲攀龙附凤，托赖朋辈之提拔者，乃属幸进小人。愚兄秀才耳，比较六国封相之苏秦，固然拟不与伦，而比较敝裘返里之苏秦，尚觉稍胜一筹。

且焉学问之道，于其求助于今友，不如私淑于古人。凡经、史、子、集中，王侯将相治国平天下之要道，才人名士之文章经济，包罗万象，无体不备，只须破功夫悉心研究，则登贤书，入词苑，亦易易事耳。愚兄计赴秋闱三次，前两届均未出房，因此赴焦山发愤读书。客岁恩科，竟获荐卷，旋因额满见遗。具见山寺谜书，较有稗益。再化一二年面壁之功，以待下届入场鏖战，倘侥幸夺得锦标，乃祖宗之积德；仍不幸而名落孙山，乃愚兄之薄福，当舍弃文艺，专工绘事，亦可名利兼收也。（《焦山读书复墨弟》）

世道盛则一德遵王，风俗偷则不同为恶。谁非黄帝尧舜之子孙，而至于今日，其不幸而为臧获，为婢妾，为舆台、皂隶，窘穷迫逼，

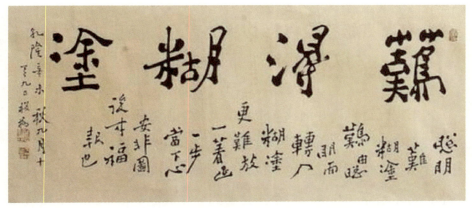

（清）郑板桥书法《难得糊涂》。下方的落款：聪明难，糊涂难，由聪明而转入糊涂更难。放一着，退一步，当下心安，非图后来福报也。左边落款：乾隆辛未秋九月十有九日，板桥。

无可奈何。非其数十代以前即自臧获、婢妾、舆台皂隶来也。一旦奋发有为，精勤不倦，有及身而富贵者矣，有及其子孙而富贵者矣，王侯将相岂有种乎！而一二失路名家，落魄贵胄，借祖宗以欺人，述先代而自大。辄曰："彼何人也，反在霄汉；我何人也，反在泥涂。天道不可凭，人事不可问！"嗟乎！不知此正所谓天道人事也。天道福善祸淫，彼善而富贵，尔淫而贫贱，理也，庸何伤？天道循环倚伏，彼祖宗贫贱，今当富贵，尔祖宗富贵，今当贫贱，理也，又何伤？天道如此，人事即在其中矣。试看世间会打算的，何曾打算得别人一点，直是算尽自家耳！（《杭州韬光庵中寄舍弟墨》）

以人为可爱，而我亦可爱矣；以人为可恶，而我亦可恶矣。东坡一生觉得世上没有不好的人，最是他好处。愚兄平生谩骂无礼，然人有一才一技之长，一行一言之美，未尝不啧啧称道。囊中数千金，随手散尽，爱人故也。至于缺厄欹危之处，亦往往得人之力。好骂人，尤好骂秀才。细细想来，秀才受病，只是推廓不开，他若推廓得开，又不是秀才了。且专骂秀才，亦是冤屈，而今世上那个是推廓得开的？年老身孤，当慎口过。爱人是好处，骂人是不好处。东坡以此受病，况板桥乎！老弟当时时劝我。（《淮安舟中寄舍弟墨》）

读书以过目成诵为能，最是不济事。眼中了了，心下匆匆，方寸无多，往来应接不暇，如看场中美色，一眼即过，与我何与也。千古过目成诵，孰有如孔子者乎？读《易》至韦编三绝，不知翻阅过几千百遍来，微言精义，愈探愈出，愈研愈入，愈往而不知其所穷。虽生知安行之圣，不废困勉下学之功也。东坡读书不用两遍，然其在翰林院读《阿房宫赋》至四鼓，老吏苦之，坡洒然不倦。岂以一过即记，遂了其事乎！

凡人读书，原拿不定发达。然即不发达，要不可以不读书，主意便拿定也。科名不来，学问在我，原不是折本的买卖。愚兄而今已发达矣，人亦共称愚兄为善读书矣，究竟自问胸中担得出几卷书来？不过挪移借贷，改窜添补，便尔钓名欺世。人有负于书耳，书亦何负于人哉！昔有人问沈近思侍郎，如何是救贫的良法？沈曰：读书。其人以为迂阔。其实不迂阔也。东投西窜，费时失业，徒丧其品，而卒归于无济，何如优游书史中，不求获而得力在眉睫间乎！信此言，则富贵，不信，则贫贱，亦在人之有识与有决并有忍耳。人有负于书耳，书亦何负于人哉！昔有人问沈近思侍郎，如何是救贫的良法？沈曰：读书。其人以为迂阔。其实不迂阔也。东投西窜，费时失业，徒丧其品，而卒归于无济，何如优游书史中，不求获而得力在眉睫间乎！信此言，则富贵，不信，则贫贱，亦在人之有识与有决并有忍耳。（《潍县署中寄

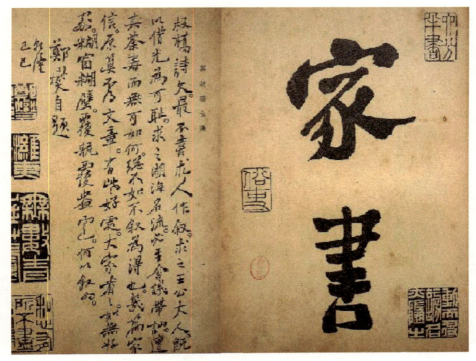

▍（清）郑板桥《家书》，清乾隆精写刻善本

舍弟墨第一书》）

我想天地间第一等人，只有农夫，而士为四民之末。农夫上者种地百亩，其次七八十亩，其次五六十亩，皆苦其身，勤其力，耕种收获，以养天下之人。使天下无农夫，举世皆饿死矣。我辈读书人，入则孝，出则弟，守先待后，得志泽加于民，不得志修身见于世，所以又高于农夫一等。今则不然，一捧书本，便想中举、中进士、作官，如何攫取金钱、造大房屋、置多田产。起手便错走了路头，后来越做越坏，总没有个好结果。其不能发达者，乡里作恶，小头锐面，更不可当。夫束修自好者，岂无其人；经济自期，抗怀千古者，亦所在多有。而好人为坏人所累，遂令我辈开不得口；一开口，人便笑曰：汝辈书生，总是会说，他日居官，便不如此说了。所以忍气吞声，只得捱人笑骂。工人制器利用，贾人搬有运无，皆有便民之处。而士独于民大不便，无怪乎居四民之末也！且求居四民之末而亦不可得也！

天下无田无业者多矣，我独何人，贪求无厌，穷民将何所措足乎！或曰：世上连阡越陌，数百顷有余者，子将奈何？应之曰：他自做他家事，我自做我家事，世道盛则一德遵王，风俗偷则不同为恶。（《范县署中寄舍弟墨第四书》）

《郑板桥集》

注解

郑板桥（1693~1766年），原名郑燮，字克柔，号理庵，又号板桥，人称板桥先生，江苏兴化人。康熙秀才，雍正十年举人，乾隆元年（1736年）进士。官山东范县、潍县县令，政绩显著，后客居扬州，以卖画为生，为"扬州八怪"重要代表人物。

乾隆十四年（1749年），郑板桥将他写给最珍爱的堂弟郑墨的封家书编订刊刻。板桥家书，多写于范县（今属山东菏泽市）和潍县（今山东潍坊市）任上，又以给郑墨信最多，达41篇，占现存家书三分之二还多。这本《郑板桥家书》就是郑板桥在外客居或仕宦时，郑墨在兴化主持家计，弟兄常常互通音信，纵谈人生，讨论学问，商量家事的记录。从中可看出板桥的胸怀抱负、情操气节：为政时关心民生、勤勉从政；治学上心无旁骛，面壁而居；不喜结交官府、不愿与俗士为伍，而喜与骚人、野衲手持狗肉作醉乡游。

《郑板桥家书》通篇都是说的家事，都是谈怎么为人处世的道理，其谆谆告诫亲人的"做个明理的好人"："夫读书中举中进士作官，此是小事，第一要明理作个好人。"他在刊印十六封家书时曾有篇"自序"，序中说："几篇家信，原算不得文章，有些好处，大家看看；如无好处，糊窗糊壁，覆瓿覆盎而已，何以叙为！郑燮自题，乾隆己巳。"板桥本是狂放之人，在此却把自己编印的家书说得如此不堪。但是，在写给自己弟弟和儿子的家信中，郑板桥真情实意地告诫他们如何读书、做人和处事，如何做一个正人君子，如何明哲保身。

叶玉屏《六事箴言》: 胆欲大则心欲小，智欲圆而行欲方

持　身

颜之推曰：有学问者触地而安。

孙思邈曰：胆欲大则心欲小，智欲圆而行欲方。

林逋曰：诚无悔，恕无怨，和无伤，忍无辱。

心可逸，形不可不劳；道可乐，身不可不忧。

为善易，避为善之名难。

畏能止祸，足能止贪。

张文节曰：人情由俭入奢易，由奢入俭难。

盛涛曰：士人夫行己，正如室女，当置身法度中，不得受人指点。

程明道曰：治怒为难，治惧亦难。克己可以治怒，明理可以治惧。

富贵骄人固不善，学问骄人害亦不细。

欲当大任，须是笃实。

克勤小物最难。

所见所期，不可不远且大，然行之亦须量力有渐。力小任重，恐终败事。

程伊川曰：只观发言之平易躁狂，便见德之厚薄，所养之深浅。

邵康节曰：事须安义命，言必道心脾。

司马温公曰：君子以俭为德，小人以侈丧身。

吾生平衣取蔽寒，食取充腹，亦不敢服垢敝，以矫俗干名。

吾无过人者，但生平所为，未有不敢对人言者耳。刘元诚问尽心行己之要，公曰："其诚乎。"问行之何先，曰："自不妄语始。"

张无垢曰：仓猝中，患难中，处事不乱，未必才识了得，必其胸中器局不凡，素有定力。不然胸中一乱，何以临事？古人平日欲熔养器局，正谓此也。

胡文定曰：治心修身，以饮食男女为切要。从古圣贤，自这里做功夫。

人须是一切世味淡得方好，不要有富贵相。

范忠宣曰：惟俭可以助廉，惟恕可以成德。

思虑应接亦不可废，但身在此，心合在此。

身心收敛，则自然和乐，不是别有个和乐，才整肃自和乐。

只是一个"敬"字好，方无事时敬于自持，及应事时敬于事，读书时敬于读书，自然该贯。

（清）包世臣行草八言联：林气映天竹阴在地，日长似岁水静于人

明理则气自强，胆自大。独坐不是主静，便是穷理。

人于日用间，闲言语省说一两句，闲人客省见一二也济事。若浑身都在热闹场中，如何得进？

黄鲁直曰：读书欲精不欲博，用心欲纯不欲杂。

汪信民曰：人常咬得菜根，则百事可做。

罗景纶曰：户枢不蠹，流水不腐。周公论寿，必归无逸。

王伯厚曰：处百患而求平安者，其惟危惧乎？故《乾》以惕无咎，《震》以恐致福。

方蛟峰曰：富莫富于蓄道德，贵莫贵于为圣贤，贫莫贫于不闻道，贱莫贱于不知耻。

杨敬仲曰：学者涵养有道，则气味和雅，言语闲静，临事而如无事。

许鲁斋曰：人精神要使在当处，于不当用处用了，殊可惜也。

薛文清曰：英气最害事，浑含不露圭角，最妙。二十一年治一"怒"字，尚未消磨得尽，以是知克己最难。

发言须句句有着落，不脱空方好，人于忙处，或妄发，所以有悔，惟心定则言必当理，而无妄发之失。

吕近溪曰：话多不如话少，话少不如话好。

吕叔简曰：殃咎之来，未有不始于快心者，故君子得意而忧，逢喜而惧。

得罪于法，尚可逃避；得罪于理，更没处存身，只我的心便放不过我。是故君子畏得甚于畏法。

把念头沉潜得下，何理不可得；把志气奋发得起，何事不可做。

当可怨可怒、可辨可诉、可喜可愕之际，其气甚平，这是多大的涵养。

相在尔室，尚不愧于屋漏，此是千古严师；十目所视，十手所指，此是千古严刑。

大其心，容天下之物；虚其心，受天下之善；平其心，论天下之事；潜其心，观天下之理；定其心，应天下之变。

不善之名，每成于一事，后有诸长不能掩也，而惟一不善传。君子之动，可不慎欤？

接人要和中有介，处理要精中有果，认理要正中有通。

身要严重，意要安定，色要温雅，气要和平，语要简切，心要慈祥，志要果毅，机要缜密。

圣人常自视不如人，故天下无有如圣人者。

为宇宙完人甚难，大都是半节人。前面破绽，后来修补，只看归宿处成个甚么人，以前都饶得过。

（清）髡残《秋晖蒙钓矶》立轴。识文：绣岭宫前西日晖，忽惊岚气上人衣。人家隔岸留残照，楼阁经年掩翠微。游子不知秋已暮，蹇驴直与世相违。何当写我临流处，黄石桥头看钓矶。千尺飞流落半空，散为烟雨尽蒙蒙。草堂留在匡庐曲，头白归来睡霭中。

心术以光明笃实为第一，容貌以正大老成为第一，言语以简重直切为第一。

学者说话，要简重从容。循物傍事，便是说话中涵养。

只竟夕检点，今日说得几句话关系身心，行得几件事有益世道，自谦自愧，恍然独觉矣。

精明也要十分，只须藏在浑厚里作用。古今得福，精明人十居其九，未有浑厚而得祸者。

圣人不作无用文章，其论道则为有德之言，其论事则为有见之言，其叙述歌咏则为有益世教之言。

大事难事看担当，逆境顺境看襟度，临喜临怒看涵养，群行群止看识见。

"忍激"二字，是祸福关。

一身德性用事则治，气习用事则乱。试检点终日说话，用几句恰好的，便见所养。

富以能施为德，贫以无求为德；贵以下士为德，贱以忘势为德。

屋漏之地，可服鬼神；室家之中，不厌妻子。然后谓真学实养。

慎言动于妻子仆隶之间，检身心于食息起居之际，这工夫便密了。

实处着脚，小处下手。

天地万物之理，皆始于从容，而卒于急促。急促者尽气也，从容者初气也。事从容则有余味，人从容则有余年。

心平气和，此四字非涵养不能做，工夫只在个定火。火定则百物俱照，万事得理，水明而火昏，静属水，动属火也。

高忠宪曰：恶念易除，杂念难除。

陈白沙曰：静能制动，沉能制浮，宽能治偏，缓能制急。

邹忠介曰：口谈性命理，身落世间行，此学道所忌也。

刘念台曰：一诚立而万善从之。

陈世宝曰："信步行将去，从天分付来。"此古人名言也，然余尝改之曰："顺理行将去，从天分付来。"如此则理正辞顺，为无弊矣。谓之信步，则有荒唐不检之患。

玉华子曰：万象皆能夺人之神，惟俭足以御之。

《赠言录》曰：乐莫乐于日休，忧莫忧于多求。

王道焜曰：气象要高旷，不可疏狂；心思要缜密，不可琐屑；趣味要冲淡，不可枯寂；操守要严明，不可激烈。

读书不独能变化气质，且能养人精神，盖收摄身心，渐令向理，处事酬物，自然安稳。

陈继儒曰：人生一日，或闻一善言，见一善行，行一善事，此日方不虚度。

夏寅曰：君子有三惜：此生不学可惜，此日闲过可惜，此身一败可惜。

徐官曰：谦者，有而不居之意，而卑屈之可羞者，则谓之贱；俭者，止而不过之意，而鄙啬之可耻者，则谓之吝。

孙仲元曰：范文正公《黄齑赋》，开侯淡泊明志，王曾志非温饱，才是家教。

陆桴亭曰：人能常知此身之责，常念此身之重，则自不淫于色。

切莫做识得破、忍不过的事。

范文正公每夕必念一日所行之事，与所食之食能相准否。准则欣然，否则不乐，明日必求补过。此可为吾人饮食之法。

《座右编》曰：人生减省一分，便超脱一分。如交游减便免纷扰，言语减便寡愆尤，思虑减则精神不耗，聪明减则混沌可完。不求日减而求日增者，真桎梏此生耳。

冯梦龙曰：居局内者，常留不尽可加之地，则伸缩在我。

高道淳曰：俗情浓酽处淡得下，俗情劳扰处闲得下，俗情苦恼处耐得下，俗情牵缠处斩得下，方见学识超越。

钱蔚宗《最乐编》曰：热闹场中，人向前我落后；是非窝里，人用口我用耳。

尝爱古人近河，不肯枉使水，其一段不忍暴殄之心，直与天地生机相接。

郑思肖曰：古人重立身，今人重养身。

《擎庵进善集》曰：古人以奢为耻，今人以不奢为耻，真可谓不如耻。

群居闭口，独坐防心。

心无妄思，足无妄走，人无妄交，物无妄受。

事当快意时须转，言当快意时须住。

郑思肖曰：心平则气和，志坚则力定。

魏环溪曰：昔人云，每想古人无一在者，何念不灰？余曰：还想古人至今尚在，何志不奋？

闻誉虑其或无，闻毁虑其或有，是为己之学。

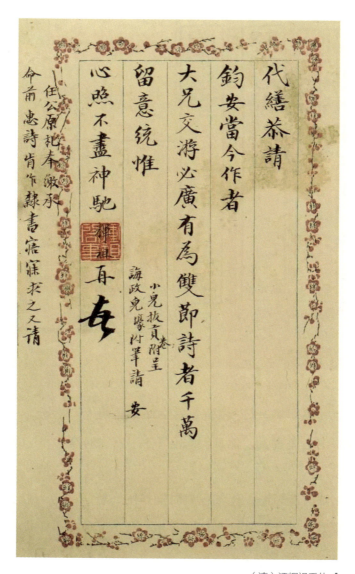

（清）汪辉祖手札

程汉舒曰：人看得已贵重，方能有耻。

看他人错处，时时当反观内省。

熊勉庵曰：力到处常行好事，力未到处常存好心。

治生莫若节用，养生莫若寡欲。

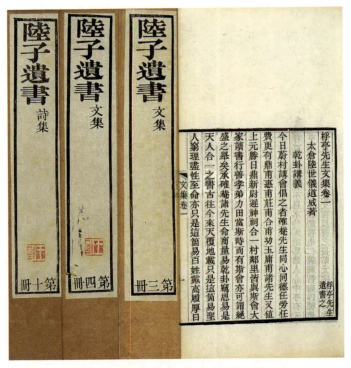

（清）陆世仪《陆子遗书》，光绪二十五年太仓唐受祺刻本

史搢臣《愿体集》曰：富贵家宜学厚，聪明人宜学愚。

贱时眼中不著富贵，他日得志必不骄；富贵时意中不忘贫贱，一旦退休必不怨。

嗜欲正浓时能斩断，怒气正盛时能按纳，皆学问得力处。

德于常看人胜于我者，则愧耻日增；境界常看人不如我者，则怨气日寡。

凡遇不得意事，试取其更甚者譬之，心地自然凉爽。

"尽其在我"四字，可以上不怨天，下不尤人；亦可仰不愧天，俯不怍人。

欲人勿闻，莫若勿言；欲人勿知，莫若勿为。

尽前行者地步窄，向后看者眼界宽。

王郎川《言行汇纂》曰：喜时之言失信，怒时之言失体。

张杨园曰：土薄则易崩，器薄则易坏；酒醇厚则能久藏，布帛厚则堪久服。存心厚薄，因寿夭福祸之分也。

尹少宰会一曰：方寸中有一时静机，便有一时生机。

崔南有曰：人心静则万事可做。

持 家

匡衡曰：宴好之私不形于动静，情欲之感无介于仪容。

马援戒兄子曰：吾欲汝曹闻人过失，如闻父母之名，耳可得闻，口不可得言也。

虞翮与弟书曰：长子容当为娶妇，远求小姓，足使生子。天之福人，不在贵族，芝草无根，醴泉无源。

文中子曰：童仆称恩，可以从政矣。

柳玭曰：为家以正伦理、别内外为本，以尊祖睦族为先，以勉修身为要，以树艺牧畜为常。守以节俭，弟以慈让，足己而济人，习礼而畏法，可以寡过，可以静摄而无扰扰于前矣。

余见名门右族，莫不由祖先忠孝勤俭以成立之，莫不由子孙顽率奢傲以覆坠之。成立之难如升天，覆坠之易如燎毛。

张横渠曰：教小儿先要安详恭敬。

司马温公曰：某事亲无以逾于人，能不欺而已，其事君亦然。

孝之大纲有四：一曰立德，二曰承家，三曰保身，四曰养志。

孝道何尽？及时为贵。毋使亲年日短，而悔吾心之未尽；毋使子力日裕，而伤吾亲之不逮。

刘忠定曰：子弟宁可终岁不读书，不可一日近小人。

范忠宣公戒子弟曰：人虽至愚，责人则明；虽有聪明，恕己则昏。尔曹但常以责人之心责己，恕己之心恕人，不患不到圣贤地位。

胡文定与诸子书曰：立志以明道，希文自期待。

杨大年曰：童稚之学，不止记诵。养其良知良能，当以先入之言为主。

吕荣公曰：孝子事亲，须事事躬亲，不可委之使令也。

人生内无贤父兄、外无严师友，而能有成者鲜矣。后生初学，只须理会气象，气象好时百事自当。气象者，词令容止，轻重疾徐，足以见之矣。不惟君子小人于此区分，亦贵贱寿夭之所由定也。

前辈说：后生才性过人者不足畏，惟读书寻思推究者为可畏耳。

"恩仇分明"，此四字非有道者之言也；"无好人"三字，非有德者之言也，后生戒之。

居家之病，曰饮食、曰土木、曰争讼、曰玩好、曰惰慢，有一于此，皆能破家。其次贫薄而务周旋，丰余而尚鄙啬，事虽不同，其终之害，或无以异。

张敬夫曰：为人父者，当修身以率其子弟，身修则将有不言而威、不令而从者矣。

黄鲁直曰：士大夫子弟，能知忠信孝友，斯可矣。然不可令读书种子断绝，有才气者出便当名世矣。

贾文元迥训子侄曰：古人厚重朴直，乃能立功立事，享悠久福。

士人所贵，节行为大。轩冕失之，有时复来；节行失之，终身不可得。

刘忠肃教子弟，先行实后文艺，每曰：士当以器识为先，一号为文人，无足观矣。

罗氏《训世编》曰：孝子事亲，不可使吾亲生冷淡心，不可使吾亲生烦恼心，不可使吾亲生惊怖心，不可使吾亲生愁闷心，不可使吾亲生有难言心，不可使吾亲有愧恨心。

许鲁斋曰：事亲大节，自是养体养志、致爱致敬。四事中致爱敬尤急。

李仲常戒子孙曰：凡物之罕得者，我独有之，必有奇祸。

张氏训子曰：人有三成人，知畏惧成人，知羞耻成人，知艰难成人，否则禽兽而已。

王文成曰：子弟美质，须令晦养深厚，天道不翕聚而不能发散。花千叶者无实，为英华太露也。

吕叔简曰：人子之道，莫大于事生。百年有限之亲，一去不回之日，得尽一时心，即免一时悔矣。

血气调于喜欢，疾病生于恼怒，寿亲之道无他，一"悦"字尽之矣。

闺门之事可传，而后知君子之家法；近习之人起敬，而后知君子之身法。

高忠宪曰：子弟能知稼穑之艰难，诗书之滋味，名节之堤防，可谓贤子弟矣。

归子慕《戒子奉世》曰：人能亲近贤者，虽下才不至堕落。

颜光衷《迪吉录》曰：勿谓亲心之慈，我可自恕；勿谓世道之薄，我犹胜人。

温节孝曰：远邪佞，是富家教子第一义；远耻辱，是贫家教子第一义。

朱方伯训子潮远曰：安贫读书，守礼修身为上。一个"谦"字一生受用不尽，两个"勤俭"字子孙享用不了。

陆桴亭曰：教家之道，第一以敬祖宗为本，敬祖宗在修祭法，祭法立，则家礼行而百事举矣。

士大夫家每好言家法，不言礼法。法使人遵，礼使人化；法使人

畏，礼使人亲。只此一家五霸之辨。冬温夏清，昏定晨省，是事父母小节。能读书修身，学为圣贤，使其亲为圣贤之亲，方尽得孝子之分量，以身孝父母，不若以妻子孝父母。以身孝父母，容有不尽之时；以妻子孝父母，更无不到之处。子曰："父母其顺矣乎？"一句煞有意味。

闺门之中，最难是敬。古人云：夫妇相敬如宾。又云：闺门之内，肃若朝廷。此处能敬，便是真工夫、真学问。

《自警编》云：养子弟如养芝兰，既积学以培植之，又积善以滋润之。

父子之间不可溺于小慈，自小律之以严，绳之以理，则长无不肖之悔。

王心斋曰：教子无他法，但令日亲君子，涵育熏陶，久自别。

孙征君曰：士大夫教子弟，乃第一要紧事，童蒙时便宜淡其浓华之念，子弟中得一贤人，胜得数贵人也。

陈德言曰：至乐莫如读书，至要莫如教子。

汤潜庵曰：教子弟只是令他读书，有圣贤几句话在胸中，时借圣贤言语，照他行事开导之，便易有省悟处。

陆清献公《示子弟》曰：读书做人，不是两件事。将所读之书，句句体贴到自己身上来，便是做人的法，方叫得能读书人。

熊勉庵《功德例》曰：堂上之命宜遵，室中之言莫听。

史搢臣《愿体集》曰：处兄弟骨肉之变，宜从容不宜激烈；遇朋友交游之失，宜剀切不宜含糊。

子弟少年，不当以世事分读书，但令以读书通世务。

人之于妻也，宜防其蔽子之过；于后妻也，宜防其诬子之过。

教子，当于稍有知识时，见生动之物，必教勿伤，以养其仁；尊长亲朋，必教恭敬，以养其礼；然诺不爽，言笑不苟，以养其信。

门内罕闻嬉笑怒骂，其家范可知；座右多书名语格言，其志趣可想。

魏叔子曰：人处家，无数世亲戚、数世通家人往返周旋，自是德衰行薄。

王朗川《言行汇纂》曰：问祖宗之泽，吾享者是，当念积累之难；问子孙之福，吾遗者是，要思倾覆之易。

张杨园曰：子弟虽肆诗书，不可不知稼穑之事；虽秉耒耜，不可不知诗书之义。

居　官

马廖曰：百姓从行不从言。

隽不疑曰：为吏太刚则折，太柔则废，威行施之以恩，然后树功扬名，永终天禄。

龚遂曰：治乱民如治乱绳，不可急也。

卓茂曰：律设大法，礼顺人情。

诸葛武侯曰：治世以大德，不以小惠。

方膺曰：事不辞难，罪不逃刑，臣之节也。

胡威对武帝曰：臣不如父，父清恐人知，臣清恐人不知。

文中子曰：闻谤而怒者，谗之囮也；见誉而喜者，佞之媒也。

魏郑公曰：兼听则明，偏听则暗。

崔仁师曰：凡治狱，当以仁恕为本。

徐有功曰：失出人臣之小过，好生圣人之大德。

刘晏曰：论大计者，不可惜小费。

（清）缪润绂行书蒋士铨诗。识文：北上最高峰，大江落手掌。江南地欲浮，江北山尽仰。天风吹我衣，下挟万松响。壮心忽一动，慨然发遐想。大千局屡变，六代事已往。谁求摄生药？不免埋草莽。决毗送冥鸿，灭没青云上。录蒋苕生偕袁简斋前辈游栖霞十五首之一。乙卯六月书于历下辛元驭曰：儿子从官者，有人来云贫乏不能存，此是好消息；若闻赀货充足，衣马轻肥，此恶消息。

欧阳公曰：凡治人，不问吏才能否，设施如何，但民称便，即是良吏。

论相道，当以持重安静为先。

程明道曰：职事不可以巧免。

刘安礼问临民，先生曰：使民各得输其情；问御吏，曰：正己以格物。

罗从彦曰：士之立朝，要以正直忠厚为本，正直则朝廷无过失，忠厚则天下无嗟怨。

吕正献公曰：为政去其太甚者。人才实难，当使之自新，岂宜使之自弃？

吕本中曰：事君如事亲，事官长如事兄，与同僚如家人，待群吏如

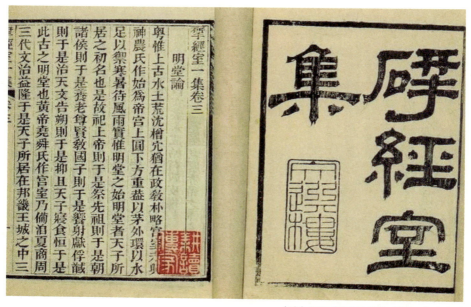

（清）阮元《揅经室集》，道光三年刻本

奴仆，爱百姓如子孙，处官事如家事，然后能尽吾心。

当官以暴怒为戒，事有不可，当详处之，心无不中。

当官处事，但务著实。

范蜀公曰：仕宦不可广求人知，受恩多，难立朝矣。

朱晦庵曰：民虽众，毕竟只一个心，甚易感。

古之名将，皆慎重周密，如吴汉、朱然，终日钦钦，常如对阵。要做大功名底，越要谨密，未闻粗鲁阔略，而能有成者。

吕东莱曰：当官大要，直不犯祸，和不犯义。

士能寡欲，安于清淡，不为富贵所淫，则其视外物也自然，进退不失其位。

李文定曰：仕宦至卿相，不可失寒素体，君子无入不自得者，正以磨挫骄奢，不至居移气、养移体也。

真西山曰：忠臣必廉，廉者必忠。

想古今事，未尝无所本。诸葛武侯生平所立事业奇伟，然求其所以，则开诚心、布公道、集众思、广忠益而已。盖此四者，乃武侯事业之本，而诚之与公又其本也。

秦观曰：祸莫深于穷治。

王伯厚曰：延平先生论治道，必以明天理、正人心、崇节义、砺廉耻为先。

烹鱼烦则碎，治民烦则乱，故以丛脞为戒。物久不用则蠹，政不常修则坏，故以屡省为戒。多事非也，不事事非也。

熊勉庵曰：催科不扰，催科中抚字；刑罚不差，刑罚中教化。

邵伯温曰：常闻之先辈曰，凡决人，有未经杖责者，宜谨之，恐其或有所立。

许鲁斋曰：人要宽厚、包容，却要分限严，分限不严，则事业不可立，人得而侮之矣。魏公素宽厚，及至朝廷大事，凛乎不可犯也，所以为当世名臣。今人宽厚者易犯，威严者少容，于事业之际皆有病。

吴草庐曰：县之于民最近，今之福惠所及，最速莫是官若也。

方以勤曰：近民必立威，立威必殃民。

薛文清曰：为政通下情为急。为官最宜安重，下所瞻仰，一发言不当，殊愧之。守官最宜简外事，少接人，谨言语。

正以处心，廉以律己，忠以事君，恭以事长，信以接物，宽以待下，敬以处事，此居官之七要也。

居官常知不能尽其职，则过人远矣。

刘忠宣曰：居官以正己为先，不独当戒利，亦当远名。

王文成曰：用兵何术？但能养得此心不动，乃术耳。凡胜负之决，不待临阵之下，只在此心动与不动之间。

杨一清曰：当今为政之务，在省事不在多事，在守法不在变法，在安静不在纷扰，在宽简不在烦苛。

吕叔简曰：为政以维持世教为主。世教不明，风俗不美，只是策励士大夫。

善用威者不轻怒，善用恩者不妄施。

无以小事动声色、亵大人之体。

居官只一个快性，自家讨了多少便宜，左右省了多少负累，万民省了多少劳费。

见利向前，见害退后，同功专美于己，同过委罪于人，此小人恒态，而丈夫之羞行也。

情有可通，莫于旧有者过裁抑，以生寡恩之怨；事在得已，莫于旧无者妄增设，以开多事之门。

富贵者，乃成败祸福之大关，不可不慎。

（清）王文治行书十一言联：堂构焕新猷忠厚常留余步，箕裘延世泽诗书恪守前型

邹忠介曰：植人犹植物，有植松柏者，有植桃李者，桃李可悦，松柏可材。

今日世界，能言者为次，惟默默调停为上。显而有名者，从名根起念；隐而济世者，从苍生起念。

仁可过也，义不可过也。

邱琼曰：民讼于心，甚讼于口也；民怂于天，甚讼于官也。

陆树声曰：禄位者，势分也；官守者，职分也。士大夫之视势分也宜假，其视职分也宜真。

任事者，当置身利害之外；建言者，当设身利害之中。

彭执中曰：住世一日，则做一日好人；居官一日，则行一日好事。

陈德言曰：遇事宁缓详无急遽，宁忍耐无发泄。万事俱从忙里错，昔人谓居官于清、慎、勤之外加一"缓"字，真药石之言也。

钱蔚宗曰：天下事皆当顾日后不当循目前，惟救荒只顾目前不当虑日后。读书要有进步，做官要有退步。

《昨日庵》曰：事有急之不白者，宽之或自明，毋躁急以速其忿；人有操之不从者，纵之或自化，毋操切以益其顽。

潘府曰：居官之本有三：薄奉养，廉之本也；远声色，勤之本也；去谗私，明之本也。

魏环溪曰：俭，美德也，仕路诸君子崇尚尤急。去一分奢侈，便少一分罪过；省一分经营，便多一分道义。

熊勉庵曰：今日居官受禄，须思当日做秀才时，又须思日后解官时。思前则知足，思后则知俭。

士大夫不贪官、不爱钱，却无所利济以及人，毕竟非天生圣贤之意。

积德累功，莫若居官为易，所谓顺风之呼，响应自捷，往往有一善而可当千百善者。

人到福贵，不独天道忌盈，一身受用太过，亦减子孙福泽。

王懿恩曰：仕宦人不可无官体，不可有官气。躬为民表，而褒越已甚；偶跻高位，而妄自尊崇，其失均耳，即居乡亦然。

处　事

陆象先曰：天下本无事，只是庸人扰之，始为烦耳。

夏忠靖曰：处有事当如无事，处大事当如小事，若先事张皇，则中无主矣。

薛文清曰：闻事不喜不惊者，可当大事。处大事不宜大厉声色，付之当然可也。

王文成曰：凡处事宜视小如大，又须视大如小。视小如大见小心，视大如小见作用。

切莫为力量所不能为之事，亦是治生一诀。

吕叔简曰：应万变，索万里，惟沉静者能之。是故水止则能照，衡定则能称。

君子应事接物，赢得心中有从容闲暇时便好。若应酬时劳扰，不应酬时牵扯，极是吃累底。

当急遽冗杂时只不动火，则神有余而不劳，从容而就理。一动火，种种不济。

事见到无不可时，便斩截做去，不要留恋。儿女之情，不足以语办大事者也。

义所当为，力所能为，心所欲为，亲友挽得回，妻孥劝得止，只是无志。

先众人而为，后众人而言。只一个耐烦心，天下何事不得了？天下何人不能处？

于天下之事者，智深勇沉，神闲气足，有所不言，言必当；有所不为，为必成。

事到手，且莫急，便要缓缓想；想得时，切莫缓，便要急急行。

处天下事，只消得安详二字，虽兵贵神速，也须从此二字做去。

天下无难处之事，只消是两个"如之何"；天下无难处之人，只消得三个"必自反"。

只挈定一个"是"字做，便是见诸天地而不悖、质诸鬼神而无疑底道理。

高忠宪曰：天下事败于邪见之小人、无见之庸人、偏见之君子。君子见一偏，遂与小人、庸人等，可不惧哉！

陈明卿曰：一念不及物，便是腐肠；一日不做事，便是顽汉。

陆桴亭曰：昔人有言，天下甚事不因忙后错了。

《赠言录》曰：处事不以聪明为先，而以尽心为急。凡事必使有可加，酒饮微醺花半开，此言足法。

张杨园曰：米盐妻子，庶事应酬，以道心处之，无非道者。

处　人

王昶曰：人或毁己，当退而求之身：己有可毁，彼言当矣；无可毁，彼言妄矣。当则无怨于彼，妄则无害于身，又何报焉？

卫洗马曰：人有不及，可以情恕；非意相干，可以理遣。

文中子曰：多言不可以与远谋，多动不可以与久处。

南文子曰：无功之赏，无力之礼，不可不察也。

隰子曰：察渊中之鱼者不祥，夫知人之所不言，其罪大矣。

陈希夷曰：开口说轻生，临大节决然规避；逢人称知己，即深交究竟平常。

王文正曰：为人不当收恩避怨。

尹师鲁曰：恩欲归己，怨将谁归？

（清）梅清《八黄岳居图》

邵康节曰：人非善不交，物非义不取，亲贤如就芝兰，避恶如畏蛇蝎。

君子与小人处，为小心侵凌，则修省畏避，动心忍性，增益预防，如此便有道理出来。

朱晦庵曰：朋友之交，责善所以尽我诚，取善所以益我德。

赵忠肃曰：自古欲去小人者，急之则党合而祸大，缓之则彼将自挤。

李文定曰：人不必待仕宦、有职事才为功业，但随力到处，有以及物，即功业也。

吴明卿曰：韩魏公说到小人忘恩负义欲倾己处，词气和平如道寻常事。

袁君载曰：古人言，"施人勿念，受人勿忘"，诚为难事。

张忠定曰：徇君子得君子，徇小人得小人。

陈龙川曰：己无他心，而防人之疑，是自信不笃也。

子犹曰：理外之事，亦当以理外置之。

许鲁斋曰：用人当用其所长，教人当教其所短。

夏忠靖曰：某幼时，有犯未尝不怒，始忍于色，中忍于心，久则自熟。殊不与人较量，何尝不自学来？

薛文清曰：觉人诈，不形于言，有余味。

待下固当谦和，而无节仪纳其侮，所谓重巽吝也。惟和而庄，则人自爱而畏。

君子以庄敬自持，则小人自不能近。

小人有功，当优之以赏，不可假之以柄。

在古人后议古人事易，处古人地为古人之事难。

一字不可轻与人，一言不可轻许人，一笑不可轻假人。至诚以感人，犹有不服，况设诈以行之乎？

吕叔简曰：临事肯替人想，是第一学问；为人辨冤白谤，是第一天理。

称人之善，我有一善，又何妒焉？称人之恶，我有一恶，又何毁焉？

听言观行，是取人之道；乐其言不问其人，是取善之道。

柔而从人于恶，不若直而挽人于善；直而挽人于善，又不若柔而挽人于善之为愈也。

论理要精详，论事要剀切，论人须带二三分浑厚。厚德之士，能掩人过；盛德之士，不令人有过。

古之君子，不以所能者病人，今人却以其所不能者病人。

责人要含蓄，忌太尽；要委婉，忌太直；要疑似，忌太真。与小人处，一分计较不得，须要放宽一步。

祸莫大于不仇人而有仇人之辞色，耻莫大于不恩人而诈恩人之状态。

两人相非，不破家亡身不止，只回头认自家一句错，便是

（清）包世臣草书七言联：题品云山归画卷，收罗风月入诗篇

1531

无边的受用；两人自是，不反面稽唇不止，只温语称人一句是，便是无限宽舒。

余行年已五十，悟得五不争之妙：不与居积人争富，不与进取人争贵，不与矜节人争名，不与简傲人争礼，不与盛气人争是非。

君子不辱人以不堪，不愧人以不知，不傲人以不如，不疑人以不肖。

《陈眉公集》曰：士君子尽心利济，使海内人少他不得，则天亦少他不得。

看中人看其大处不走作，看豪杰看其小处不渗漏。

天下容有曲谨之小人，断无放肆之君子。用人宜多，择交宜少。

袁了凡曰：一事而关人终身，纵实闻不可开口；一言而伤我忠厚，纵闲谑而宜慎言。

尤翁曰：凡非礼相加，其中必有所恃，小不忍而祸立至矣。

王懋曰：君子之治小人，不可为已甚。击之不已，其扱必酷。

刘真长曰：小人不可与作缘。

郭开符曰：小人当远之于始。

冯梦龙曰：能为不近人情之事者，其中正不可测。

高道淳《最乐编》曰：人用刚，我以柔胜之；人用术，吾以诚感人；人使气，吾以理屈之，天下无难之事矣。

《擎庵进善集》曰：言语之犯忌犹浅，词色之触怒最深。

惜人得用，惜财得使。急中好救人，难中好救人。一时济人以德，百世济人以书。

彭泽王氏曰：惠不期多，期于当厄。

尤西川曰：让古人是无志，不让眼前人是无量。

《昨非庵》曰：富贵之家，常有亲戚往来，便是忠厚。

《赠言录》曰：见人好学，多方赞成；见人差错，多方提醒；见人丰显，则谈其致富之由；见人苦难，则原其所处之不幸。

《座右编》曰：凡人行已，公平正直，可用此以事神，而不可恃此以慢神；可用此以事人，而不可恃此以傲人。虽孔子亦以敬鬼神、事大夫、畏大人言，况下此者乎？

魏环溪曰：世间第一种可敬人，忠臣孝子；世间第一各可怜人，寡妇孤儿。

李文贞曰：以父母之心为心，无不友之兄弟；以祖宗之心为心，无不和之族人；以天地之心为心，无不爱之民物。

史揖臣曰：小人固当远，亦不可显为仇敌；君子固当亲，亦不可曲为附和。

待小人宜宽，防小人宜严，容得几个小人，耐得几桩事，过后颇觉心胸开豁，眉目清扬。

一座中有好以言弹射人者，吾宜端坐沉默以销之，此谓不言之教。攻人之恶无太严，要思其堪受；教人之善毋过高，当思其可从。

天下事未有理全在我，非理全在人者，但念自己有几分不是，即我之气平；肯说自己一个不是，即人之气亦平。

见人作不义事，须要劝止之，知而不劝，劝而不力，使人过遂成，亦我之咎也。

（清）刘崐行书七言联：观物察理识至要，履顺居亨养太和

待富贵之人不难有礼，而难有体；待贫贱之人不难有恩，而难有礼。对失意人莫谈得意事。

魏叔子曰：事后论人，局外论人，是学者大病。

唐翼修曰：面赞人之长，未必深感，惟背后称人长，则感之深；面责人之短，未必深恨，惟背地言人短，则恨之深。

彭定求曰：临事让人一步，自有余地；临财放宽一步，自有余味。

《中华传世名著经典读本》

注解

《六事箴言》是清代文人叶玉屏所撰的一部汇集前贤先儒言论精华的语录体著作。叶玉屏，清朝中期人，生卒年和事迹均不详。

本书收录了自秦汉到明清150多位人物的言论383条，分为持身、持家、居官、居乡、处事、处人六篇。在甄选的150多位先贤中，既有朱熹、王守仁等一代鸿儒，又有诸葛亮、范仲淹、司马光这样的千古名臣，还有一些名不见经传的小人物。这本书在清末有一定的影响，如清朝末年著名官僚刘崐任江西学政时，即垂刻《朱子小思录》《六事箴言》等书。《六事箴言》言简意赅，至约至精，凝结着丰富的人生经验、精辟的哲理和深邃的思想。它既是前人立身处世的经验总结，也是给后人的一本弥足珍贵的人生教科书。

曹廷栋《老老恒言》：求人不如求己，呼牛不如呼马

《记·王制》云："九十饮食不离寝"，寝谓寝处之所，乃起居室之意。如年未九十，精力衰颓者，起居卧室，似亦无不可。少视听、寡言笑，俱足宁心养神，即祛病良方也。《广成子》曰："无视无听，抱

神以静，形将自正。"心者神之舍，目者神之牖；目之所至，心亦至焉。《阴符经》曰："机在目"，《道德经》曰："不见可欲，使心不乱。"平居无事时，一室默坐，常以目视鼻，以鼻对脐，调匀呼吸；毋间断，毋矜持，降心火入于气海，自觉遍体和畅。《定观经》曰："勿以涉事无厌"，故求多事，勿以处喧无恶。强来就喧，盖无厌无恶，事不累心也；若多事就喧，心即为事累矣！《冲虚经》曰："务外游，不如务内观。"

心不可无所用，非必如槁木、如死灰，方为养生之道。静时固戒动，动而不妄动，亦静也。道家所谓不怕念走，惟怕觉迟。至于用时戒杂，杂则分，分则劳，惟专则虽用不劳，志定神凝故也。

人藉气以充其身，故平日在乎善养，所忌最是怒。怒心一发，则气逆而不顺，窒而不舒；伤我气，即足以伤我身。老年人虽事值可怒，当思事与身孰重，一转念间，可以涣然冰释。

寒暖饥饱，起居之常，惟常也，往往易于疏纵，自当随时审量。衣可加即加，勿以薄寒而少耐；食可置即置，勿以悦口而少贪。《济生

（清）曹廷栋：《老老恒言》，清刻本

编》曰："衣不嫌过，食不嫌不及"，此虽救偏之言，实为得中之论。

六淫之邪，其来自外，务调摄所以却之也。至若七情内动，非调摄能却，其中喜怒二端，犹可解释。傥事值其变，忧、思、悲、恐、惊五者，情更发于难遏。要使心定则情乃定，定其心之道何如？曰"安命"。

凡人心有所欲，往往形诸梦寐，此妄想惑乱之确证。老年人多般涉猎过来，其为可娱可乐之事，滋味不过如斯，追忆间，亦同梦境矣！故妄想不可有，并不必有，心逸则日休也。

少年热闹之场，非其类则弗亲，苟不见几知退，取憎而已。至与二三老友，相对闲谈，偶闻世事，不必论是非，不必较长短，慎尔出话，亦所以定心气。语云：及其老也，戒之在得。财利一关，似难打破，亦念去日已长，来日已短，虽堆金积玉，将安用之？然使恣意耗费，反致奉身匮乏，有待经营，此又最苦事。故"节俭"二字，始终不可忘。

衣、食二端，养生切要事，然必购珍异之物，方谓于体有益，岂非转多烦扰？食但慊其心所欲，心欲淡泊，虽肥浓亦不悦口；衣但安其体所习，鲜衣华服，与体不相习，举动便觉乖宜。所以食取称意，衣取适体，即是养生之妙药。凡事择人代劳，事后核其成可也；或有必亲办者，则毅然办之；亦有可姑置者，则决然置之。办之所以安心，置之亦所以安心，不办又不置，终日往来萦怀，其劳弥甚。

老年肝血渐衰，未免性生急躁。旁人不及应，每至急益甚，究无济于事也，当以一"耐"字处之。百凡自然就理，血气既不妄动，神色亦觉和平，可养身兼养性。

年高则齿落目昏、耳重听、步蹇涩，亦理所必致，乃或因是怨嗟，徒生烦恼。须知人生特不易到此地位耳！到此地位，方且自幸不暇，

（清）曹廷栋草书杂录清言立轴。识文：新调初裁，歌儿持板待拍；阄题方启，佳人捧砚濡毫。绝世风流，当场豪举。窗中隐见江帆，家在半村半郭；松下时闻清梵，人称非俗非僧。午夜无人知处，明月催诗；三春有客来时，香风散酒。楼前桐叶，散为一院清荫。楼前桐叶，散为一院清阴；枕上鸟声，唤起半窗红日。……款识：癸卯中秋杂录清言，慈山翁时年八十有五。

何怨嗟之有！

寿为五福之首，既得称老，亦可云寿。更复食饱衣暖，优游杖履，其获福亦厚矣！人世间境遇何常？进一步想，终无尽时；退一步想，自有余乐。《道德经》曰："知足不辱，知止不殆，可以长久！"

身后之定论，与生前之物议，己所不及闻、不及知，同也。然一息尚存，必无愿人毁己者，身后亦犹是耳。故君子疾没世而名不称，非务名也，常把一"名"字着想，则举动自能检饬，不至毁来。否即年至期颐，得遂考终，亦与草木同腐。《道德经》曰："死而不亡者：寿！"谓寿不徒在乎年也。

《古人云丛书》

注释

曹廷栋（1699~1785年），字楷人，号六圃，又号慈山居士，浙江嘉善人，秀才。清代养生家。生活于清代康熙、乾隆年间，享年八十六岁（见《曹庭栋自编年谱》）。为了给母亲祝寿，他在自家花园挖土为池，累土为山以奉母，名之曰慈山，自号慈山居士。他天性恬淡，勤奋博学，于经史、词章、考据等皆有所钻研。尤精养生学，并身体力行，晚年为读书写作，不下楼者三十年，所坐木榻穿而复补。一生著述颇丰，主要有《宋百家诗存》《产鹤亭诗集》《易准》《昏礼通考》《孝经通释》《逸语》《琴学内篇》《外篇》及《老老恒言》等著作。曹廷栋自幼体弱多病，故多留心养生之学。七十五岁时，更是"薄病缠缠"，因著《老老恒言》，自记其养生之道。

《老老恒言》又名《养生随笔》，全书共五卷，延续了《黄帝内经》的养生思想，与《黄帝内经》的养生思想一脉相承，并形成了鲜明的养生风格。其养生思想主要体现在"首在养静""贵在养心""善于遣兴""慎饮食起居""顺应自然"等几个方面。另外，与其他的养生书相比，《老老恒言》还体现出"征引宏博""勇于批判""亲身体验""不务空言"等方面的特点。

汪辉祖《双节堂庸训》: 君不怀刑，守身为大

尽　心

心宰万事，人之成人，全恃此心。为此一事，即当尽心。于此一事所谓尽者，就此一事筹其始，以虑其终而已。人非圣贤，乌能念念皆善？全在发念时将是非分界辩得清楚，把握得定，求其可以见天、可以见人，自然去不善以归于善。不特名教纲常大节所系，断断差不得念头，即细至日用应酬，略一放心，便有不妥贴处。亡友孙迟舟（辰

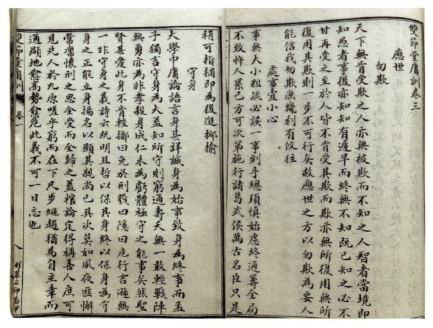

（清）汪辉祖《双节堂庸训》，民国彩华石印局版

东）尝语余曰："朱子言：人同此心，心同此理。今竟有事出理外者，心有不同乎？"余应之曰："同此理方为心，同此心方为人。若在理外，昔人谓之全无心肝，即孟子所云禽兽也。"我辈总当于同处求之，故惟事事合于人心，始能自尽其心。

人须实做

具五官，备四肢，皆谓之人，曰君臣、曰父子、曰夫妇、曰兄弟、曰朋友，是人之总名。曰士、曰工、曰农、曰商，是人之分类。然臣不能忠，子不能孝，便不成为臣、子；士不好学，农不力田，便不成为士、农。欲尽人之本分，全在各人做法。谚有云："做宰相，做百姓，做爷娘，做儿女。"凡有一名，皆有一"做"字。至于无可取材，则直斥曰"没做"，以痛绝之。故"人"是虚名，求践其名，非实做不可。

人从本上做起

俗曰"做人"，即有子曰"为人"。尝读《论语》开端数章，"圣功""王道"次第井井。圣人以学不厌自居。只一"学"字，已该千古人道之全。学者，所以成其为人，记者，恐人之为学无下手处，故紧接其"为人"也。"孝弟"一章，虑有干誉之学，次以巧令鲜仁，一贯之。传曾子以鲁得之，记曾子为学人榜样，而圣功备矣。"道千乘"一章，王道也。"圣功"、"王道"基于"弟子"。故"弟子"一章，孝弟

（清）张之万行书八言联：品节详明德性坚定，事理通达心气和平

信仁俱于前数章见过，此即弟子务本之学。以"行"不以"文"，如以文为学，则子夏列文学之科，何以言学只在君亲朋友实地？故做人须从本上起，方有著力处。

做人先立志

做人如行路，然举步一错，便归正不易。必先有定志，始有定力。范文正做秀才时，即以天下为己任。文信国为童子时，见学宫所祠乡先生欧阳修、杨邦乂、胡铨像皆谥"忠"，即欣然慕之曰："没不俎豆其间，非夫也。"卒之范为名臣，文为忠臣。亦有悔过立志如周处，少时无赖，闻父老三害之言，杀虎斩蛟，折节厉学，终以忠勇著名，皆由志定也。故孟子曰："懦夫有立志。"盖不能立志，则长为懦夫而已矣。

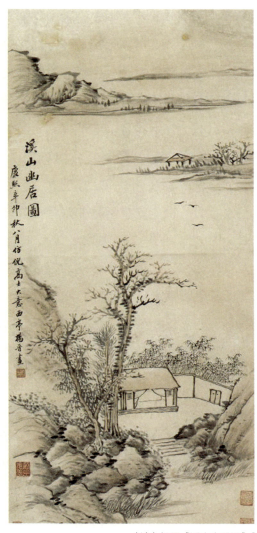

（清）杨晋《溪山幽居图》

须耐困境

番禺庄滋圃先生（有恭）抚浙时，手书客座楹贴曰："常觉胸中生意满，须知世上苦人多。"识者已知为宰相之器。人生自少至壮，罕有全履泰境者。惟耐的挫磨方成豪杰。不但贫贱是玉成之美，即富贵中亦不少困境。此处立不定脚根，终非真实学问。

常存退一步想

存一进念，不论在家、在官，总无泰然之日；时时作退一步想，则无境不可历，无人不可处。天下必有不如我者，以不如我者自镜，未有心不平、气不和者。心平气和，君子之所由坦荡荡也。

时日不可虚度

非仅"时不可失"之谓也。穿一日暖衣吃一日饱饭，费几多织妇农夫心力？得能安享便是非常福分。此一日中各事其事：男则读书者读书，习艺者习艺；女则或纺、或绩、浣汲、缝纫，不敢怠惰偷安，是为衣食无愧。不然，人以劳奉我，我以逸耗人，享福之时，折福已多。富贵子弟或致衣食无觅处，职是之由。

作事要认真

"世事宜假不宜真"，此有激之谈，非庄语也。毕竟假者立败，真者颠扑不破。虽认真之始，未必不为取巧者讥笑，然脚踏实地，事无不成。即成之后，谤疑冰释矣。

作事要有恒

能认真于始而不免中辍，断断不可。谚曰："扳罾守店"，言罾不必得鱼，手不离罾，必可得鱼。店不必获息，身不离店、必可获息。贵有恒也。又曰："磨得鸭嘴尖鸡贱。"言变计未必逢时，以无恒也。故作事欲成，全以有恒为主。

事必期于有成

作事之成与不成，即一事而可卜终身。福泽有首无尾，其人必无收束。尝历历验之，颇不甚爽。"不为则已，为则必要于成。"朱子所以垂训也。"靡不有初，鲜克有终。"诗人所以示诫也。念之哉，毋为有识者目笑。

要顾廉耻

事之失其本心，品不齿于士类，皆从寡廉鲜耻而起。顾廉耻乃忌惮，有忌惮乃能检束，能检束自为君子而不为小人。

贵慎小节

著新衣者，恐有污染，时时爱护；一经垢玷，便不甚惜；至于浣亦留痕，则听其敝矣。儒者，凛凛清操，无敢试以不肖之事。稍不自谨，辄为人所持，其势必至于逾闲败检。故自爱之士，不可有一毫自玷，当于小节先加严慎。

当爱名

圣贤为学，以实不以名。然君子疾没世而名不称焉。实至名归，亦学者所尚。谓名不足爱，将肆行无忌。故三代以下患无好名之士。好孝名，断不敢有不孝之心；好忠名，断不敢为不忠之事。始于勉强驯致，自然事事皆归实践矣。第务虚名而不敦实行，斯名败而诟讪随之，大为可耻。

勿好胜

夫爱名非好胜也。唯恐失名，自能求以实副；专以好胜为念，必至心驰于外务；胜人之虚名，忘修己之实学，则人以虚名相奉，势且堕人之术，受人之愚，而不自知其弊，终至失己而后已。

财色两关尤当著力

世言累人者曰："酒色财气。"然酗酒斗狠，乡党自好

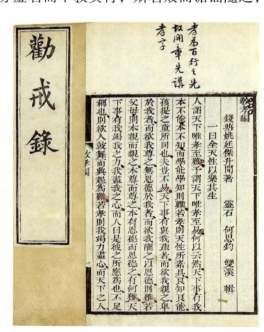

（清）姚廷杰《劝戒录》，清道光年间刻本

者尚知儆戒。唯"财色"二字，非有定识、定力，鲜不移其所守。昔人言："道有黄金不动心，室有美人不炫目，方是真正豪杰。"余独有要箴二则，能临境猛省，便百魔俱退。《财箴》曰："货悖而入者，亦悖而出。"《色箴》曰："淫人妻女者，妻女亦被人淫。"天道好还，相在尔室矣。

因果之说不可废

"因果"虽二氏之言，然《易》六十四卦皆言吉凶祸福；《书》四十八篇皆言灾祥成败；《诗》之《雅》《颂》，推本福禄寿考之故。"无所为而为善，无所畏而不为不善"，惟贤者能之，降而中才不能无藉于惩劝。

余年十五，检败簏得先人旧遗《太上感应篇图释》半部。诵其词，

▌（清）戴苍《魏禧看竹图》

绎其旨，考其事，善不善之报，捷如桴鼓。自念少孤多病，惧以身之不修，废坠先祀，怃然默誓。日晓起靧洗讫，庄诵《感应篇》一过，方读他书。

有一不善念起，辄用以自儆。比在幕中，率以为常，日治官文书，惟恐造孽，不敢不尽心竭力。从宦亦然，历五十年，幸不为大人君子所弃，盖得力于经义者犹鲜，而得力于《感应篇》者居多。故因果之说，实足纠绳。夙夜为中人说法，断不可废。

不可责报于目前

"惠迪吉，从逆凶。"理之一定，然亦有不可尽凭者。阴骘文所云："近报在自己，远报在儿孙"也。为善必报，君子道其常而已。不当以他人恶有未报，中道游移，以致为善不终。

名过实者造物所忌

造物忌名，非实至名归之名，乃声闻过情之名也。盛名所归，不但其实难副，兼恐其后难继。幸而得名，兢兢业业，求即于无过，自为鬼神呵护；若以名自炫，必有物焉败之。验往征今，若合符节。

不可妄与命争

贫富贵贱，降才已定。但天不与人以前知，听人之自尽所为。人能居

（清）袁枚楷书七言联：出人意表发奇论，入我眼中都好诗

心仁恕，作事勤合，久之必邀天鉴。机械变诈之人，剥人求富，倾人求贵，幸得富贵，辄谓人力胜天，可与命争，不知营谋而得亦有命所当然。心术徒坏，天谴随之。向使循分而行，固未尝不得也。

少年富贵须自爱

世上辛苦一生不得一垅，皓首穷经不得一第者，或袭祖先余荫，或藉文字因缘，少年时号素封跻臈仕，此非常之福也。幸履福基，时存惜福之心，行修福之事，福自无量。不然，禄算绵长，良不易易。

处丰难于处约

处约固大难事。然势处其难，自知检饬，酬应未周，人亦谅之。至境地丰亨，人多求全责备，小不称副，便致訾尤。加以淫佚骄奢，嗜欲易纵，品行一玷，补救无从。覆舟之警，常在顺风。故快意时，更当处处留意。

欲不可纵

纵欲败度，立身之大患，当于起手处力防其渐。凡声、色、货、利，可以启骄奢淫佚之弊者，其端断不可开。

贫贱当励气节

气节与肆慢不同。肆慢者，以贫贱骄人，必至恃贫无赖。位卑言高，皆获罪之道也。不泄沓以乞怜，不唯阿以附势，固穷厉志，守义不移。富者，余而自傲；贵者，莫不敬其有守，谓之气节。

择稳处立脚

如行军然，出奇制胜，危道也。仁人之师，堂堂正正，胜固万全，负亦不至只轮不返。两利相权，取其重；两害相形，取其轻。宁按部而就班，不行险以侥幸，是为隐处立脚。

居官当凛法纪

职无论大小，位无论崇卑，各有本分。当为之事，少不循分即干功令。凡用人、理财、事上、接下，时存敬畏之心，庶几身名并泰。

宦归尤当避嫌

幸而宦成归里，当以谨身立行，矜式乡党。一切公事不宜干预，地方官长无相往还。遇有知交故旧，更宜引嫌避谢，稍可指摘，即为后进揶揄。

勿　欺

天下无肯受欺之人，亦无被欺而不知之人。智者，当境即知；愚者，事后亦知。知有迟早，而终无不知。既已知之，必不甘再受之。至于人皆不肯受其欺，而欺亦无所复用；无所复用，其欺则一步不可行矣。故应世之方，以勿欺为要，人能信我勿欺，庶几利有攸往。

处事宜小心

事无大小，粗疏必误。一事到手，总须慎始虑终，通筹全局，不致忤人累己，方可次第施行。诸葛武侯万古名臣，只在小心谨慎。吕新吾先生坤《吕语集粹》曰："待人三自反，处事两如何。"小心之说也。余尝书以自儆，觉数十年受益甚多。

大节不可迁就

一味头方亦有不谐，时处些小通融，不得不曲体人情。若于身名大节攸关，须立定脚跟，独行我志。虽蒙讥被谤，均可不顾。必不宜舍己徇人，迁就从事。

宁吃亏

俗以"忠厚"二字为"无用"之别名，非达话也。凡可以损人利己之方，力皆能为而不肯为。是谓宅心忠待物厚。忠厚者，往往吃亏，为儇薄人所笑。然至竟不获大咎。林退斋先生遗训曰："若等只要学吃亏。"从古英雄只为不能吃亏，害多少事？能学吃亏充之，即是圣贤克己工夫。

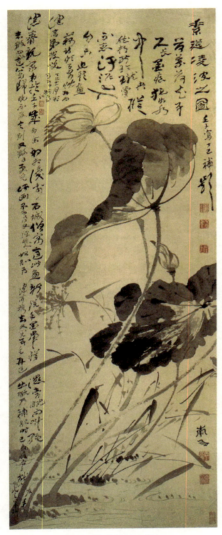

（清）高凤翰左手画《荷花图轴》

勿图占便宜

譬如路分三条，中为公，甲行其左，乙行其右，各相安也。甲跨中之左半，乙犹听之。跨至中之右半，乙纵无言，见者诧矣。若并乙之右一条而涉足焉，乙虽甚弱，不能忍也。倘遇两强，安能不竞至相竞，而曲直判，是非分，甲转无地可容。"占便宜者失便宜。"千古通论。

勿任性

不如意事常八九。事之可以竞气者，多矣。原竞气之由，起于任性。性躁则气动，气动则忿生，忿生则念念皆偏。在朝、在野，无一而可。到气动时，再反身理会一番，曲意按奈，自认一句不是，人便气平；让人一句是，我愈得体。

遇横逆尤当忍耐

凶狠狂悖之徒，或事不干己无故侵陵，或受人唆使借端扰诈，孟子所谓"横逆"也。此等人廉耻不知，性命不惜，稍不耐性，构成衅端，同于金注，悔无及矣。须于最难忍处，勉强承受，则天下无不可处之境。曩馆长洲时，有丁氏无赖子，负吴氏钱，虑其索也，会妇病剧，负以图赖，吴氏子斥其无良，吴氏妇好语慰之，出私橐赠丁妇，丁妇属夫急归，遂卒于家。耐性若吴氏妇，其知道乎？

让人有益处

且横逆者未尝无天良也，让之既久，亦知愧悟。遇有用人之处，渠未必不能出力。

断不可启讼

不惟官断十条路，难操胜券也。即幸胜矣，候批示，劳邻证，饶舌央人，屈膝对簿，书役之需索，舟车之往来，废事损财，所伤不小。总不如忍性耐气，听亲党调处，归于无事。彼激播唆讼者，非从中染指，即假公济私。一被摇惑，如纵孤舟于骇浪之中，彼第立身高岸，不能为力。胜则居功，负则归过于本人无用，断不可听。

勿斗争

逞一朝之忿，忘其身以及其亲。圣训切著，有理不在高声。争且不必，况斗乎？余阅事数十年，凡官中命案，不必多伤，亦不必致命也，偶然失手，便为正凶。故争竞之时，万万不可举手挞人。

言语宜慎

多言宜戒，即直言亦不可率发。惟善人能受尽言，善人岂可多得哉！朋友之分，忠告善道。善道云者，委婉达意与直言不同，尚须不可则止。余素戆直，往往言出而悔。深知直言未易之故。若借沽直之名，冷语尖言，讦人私隐，心不可问，贾祸亦速，又不在此例。古云"出口侵人要算人受得"。又曰："伤心之语，毒于阴兵。"非阅历人，不能道也。

小人不可忤

与君子忤，可以情遣，可以理谕，谅我无他，不留嫌怨。小人气质，用事志在必胜。忤之则隐怒不解，必图报复。故遇小人无礼，当容以大度。即宜公言，亦须稍留余地，庶不激成瑕衅。

嫉恶不宜太甚

余性褊急，遇不良人，略一周旋，心中辄半日作恶。不惟良友屡以为诫，即闺人亦尝谆切规谏。临事之际，终不能改。比读史至后汉党锢，前明东林，见坐此病者，大且祸国，小亦祸身。因书圣经"人而不仁，疾之已甚，乱也"十言于几，时时寓目警心，稍稍解包荒之义。涵养气质，此亦第一要事。

善恶不可不分

然善恶之辨，断不可小有模糊。或曰：皂白分则取舍严，取舍严则门户立，非大度之说也。曰：不然。不知而徇之，谓之暗；知而容之，谓之大度。暗则为人玩矣。毋显受人玩，宁佯受人欺。

勿苛人所短

此即使人以器之道也。人无全德，亦无全才。鸡鸣狗盗之技，有时能济大事。但悉心自审，必有能、有不能，自不敢苛求于人。故与人相处，不当恃己之长，先宜谅人之短。

勿过刚

刚为阳德。正人之性，大概多刚。然过刚必折，总非淑世淑身之道。千古君子为小人谗陷，率由于此。当为受者层层设想，使其有以自容，则宽柔以教，原不必全露锋棱。

遇事宜排解

乡民不堪多事，治百姓当以息事宁人为主。如乡居，则排难解纷为睦邻要义。万一力难排解，即奉身而退，切不可袒帮激事。如见人失势，从而下石，尤不可为。为者，必遭阴祸。

勿预人讼事

切己之事尚不宜讼事，在他人何可干预？如邻佐干证之类，断断不宜列名。盖庭鞫时，语挟两端，则易遭官府诃谴；公言之，必与负者为仇，大非保身之哲。

勿轻作居间

姻族中遇有立继、公议之事，于分于理不能自外者，不得不与。即不得已而讼案有名，亦不得不昌言。此有公议可凭，非一人所得偏也。若事关田产资财，恐有未了者，总不宜与事居间，后干讼累。至官司交易，一涉银钱，便为赃私过付，牵连获罪，尤当避而远之。

势力不可恃

恃势逞力，必有过分之事，损福取祸，万万不可。谚云："有一日太阳晒一日谷。"又云："有尺水行尺船。"皆刻薄语也。有太阳时，须算到阴云霖雨；有水时，须算到河流浅涸，自不敢恣所欲为。能以礼下人，全在有势力时，若本无势力可倚，不得不畏首畏尾，非让人也。天道恶盈，凛之哉！

信不可失

以身涉世，莫要于信。此事非可袭取，一事失信，便无事不使人疑。果能事事取信于人，即偶有错误，人亦谅之。吾无他长，惟不敢作诳语。生平所历，愆尤不少，然宗族姻党，仕宦交游，幸免龃龉。皆曰某不失信也。古云："言语虚花，到老终无结果。"如之何弗惧！

勿傍人门户

他人位高多金，与我何涉？依门傍户，徒为识者所鄙。且受恩如受债，一仰人鼻息，便终身不能自振。惟竖起脊骨，忍苦奋厉，方为有志之士。

勿贪受赠遗

势当穷迫无路，亦不得不藉人援手。无论姻亲、朋友，望其提携，切不可受其遗赠。盖品题作佳士，在人不费，在我有益。世无乐于解囊者。至靳我以言，酬我以资，其情分尽矣。断不能再为发棠之复。

（清）汤贻汾《策杖看山图》立轴

是受一人惠，即绝一人交，不可误贪近利。

贫贱勿取厌亲友

贫贱之人，仆仆于富贵亲友之家，纵一无干求见之者，总疑其有所请乞。且地处富贵，类无闲空工夫。我以闲散之身，参伍其间，原不免有众里嫌身之状。久则厌生，或为同辈所轻，或为阍人所慢，甚无谓也。

富贵勿薄视姻邻

生女无人道喜，载生男子，姻邻并贺，非贱女而贵男也。谓女生外向，而男子兴宗，荣可旁及也。原思辞禄，夫子即教以与邻里乡党，其义甚明；幸而得志，当存此心。如倚势以逞，至邻党寒心，姻亲侧目，未有不速祸者。

刻薄之名，又其余事已。故身处富贵，遇单微戚友，必须从优礼款，并训约子弟、僮仆，不许稍有亵狎，俾可久远往还，以尽笃亲重故之谊。

春夏发生，秋冬肃杀，天道也。惟人亦然。有春夏温和之气者，类多福泽；专秋冬严凝之气者，类多枯槁。固要岩岩特立，令人不可干

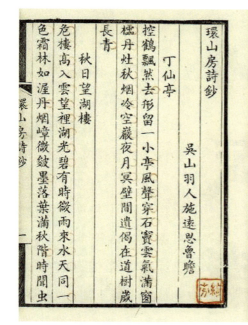

（清）施远恩《环山房诗钞》，清乾隆三十一年刻本

犯，亦须有蔼然气象，予人可近。孤芳自赏，毕竟无兴旺之福。

失意人当礼遇

趋炎附势，君子不为。然热闹场中遇落寞人，多不暇照应。不知我目中无彼，而彼目中有我，淡泊相遭即似有心倨侮。余年十四、五时，身孤貌寝，家难多端，几不为宗亲齿；数山阴李惟一先生，族姑夫也，一见相赏，谓"孺子不凡"。辄有知己之感，益自奋励，至今犹常念之。故生平遇失意人及孤儿、寒士，无不加意礼遇，亦有无意中得其力者。俗传："锦上添花，不如雪中送炭。"言近指远，当百复也。

保全善类

浇薄之徒，恶直丑正，非其同类，多被谤毁，受摧折。专赖端人君子为之调护扶持。遇此种事务，宜审时察势，竭力保全；切勿附和随声，致善类无以自树。事之关人名节者，更不可不慎。

敬官长

朝廷设官以治尊卑相统。不特富户、平人当守部民之分，即曾居显宦，总在地方官管内，礼宜谦恭致敬。俗所谓"宰相归来拜县门"也。若身在仕途，亦宜约敕子弟、家人，谨遵法度。投鼠忌器之故，不可不知。万不可被里人怂恿，把持抗阻，为官长之所憎嫉。

勿交结官长

仕路最险。同官为寮，可以公事往来。宦成退居，已不必与地方官晋接。若分止士

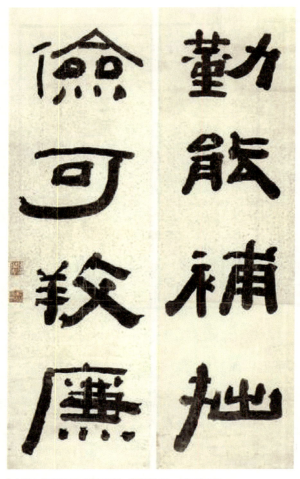

（清）陈鸿寿隶书四言联：勤能补拙，俭可养廉

庶，断不宜交结官长。盖略与官近，易为乡里属目。即不敢小有干预，而姻友之涉讼者，不无望其盼睐。谢而绝之，嫌怒遂生，彼不知自慎，以致身败名裂，更无论已。

睦邻有道

望衡对宇，声息相通，不惟盗贼、水火呼援必应，即间有力作之需，亦可借倩将伯。若非平时辑睦，则如秦人视越人之肥瘠矣。辑睦之道，富则用财稍宽，贵则行己尽礼，平等则宁吃亏毋便宜。忍耐谦

恭，自于物无忤。虽强暴者，皆久而自格。

受恩不可不报

士君子欲求自立，受恩之名，断不可居。事势所处，不得不受人恩，即当刻刻在念，力图酬报。如事过辄忘，施者纵不自功，亦问心有愧。

索债毋太急

负债须索，常情也。其人果力不能偿，亦勿追求太急。迫之于穷懦者，典男鬻女，既获罪于天；强者，征色发声，亦取怨于人；甚有抱惭无地酿成他故者，不可不虑。

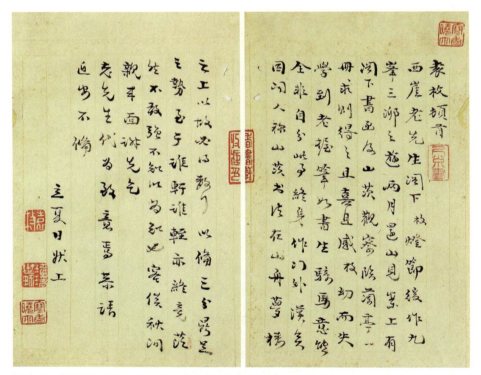

（清）袁枚《致西崖书札》。识文：袁枚顿首。西崖老先生阁下：枚灯节后作九峰、三泖之游，两月还山、见案上有阁下书函及山茨观察临《兰亭》一册，求则得之，且喜且感。枚幼而失学，到老握笔，如书生骑马，意态全非，自分此事终身作门外汉矣。因闻人称山茨书法在山舟、梦楼之上，以故必得数行，以备三分鼎足之势，至于谁轩认轻，亦终竟茫然，不敢强不知以为知也。容俟秋间亲来而谢，先乞老先生代为致意焉。恭请近安，不备。立夏日状上。

（清）何凌汉楷书七言联：存诚自不妄语始，学道惟治怒字难

贷亲不如贷友

炎凉之见起于至亲。倘境处贫困，向富戚告贷，我原意在必偿，彼先疑我必赖。以必偿之债，被必赖之名，无论未必肯贷。即肯贷矣，其声音笑貌总有一种夷然不屑光景。自爱之士，谁能堪此？且十年消长不一，他日有求于我，稍不遂意，辄以前事相苛。余为童子时，闻邻家有先世叨亲戚之助，至其子孙尚苦訾议者，故向当奇穷之日，每从朋友通融，不烦亲戚假借。盖朋友有通财之义，果称相知，自关休戚。既偿之后，无他口实。故存必偿之念者，贷于亲，不若贷于友。

宜量友力

然竭人之忠，尽人之欢，则又不可。虽密友至交，前逋未偿，必不宜再向饶舌。即我处必贷之势，亦先须权友之是否能贷。倘友实力有不及，而我必强以所难，安得不取憎于人？

讳贫伪贫皆不必

富少贫多，古今一致，故士以安贫为贵。然非侁居无事也，特不肯为悖理远天之事耳。有道而贫，儒者所耻，自当劬躬循分，求可免于长贫。若以贫为讳，将饰虚为盈，必致寡廉不顾。至实己不贫，而伪为贫状，此在居家则欲疏亲简友，在居官则图亏帑婪赃。鄙哉！不足道也。

受怜受忌皆不可

我丈夫也，何事可不如人而下气低头、乞人怜我，耻乎不耻？若才智先人，事事欲求出色，则锋棱太露，为人所忌，必至获咎。故受怜不可，受忌亦不可。

与人共事不可不慎

不幸与君子同过，犹可对人；幸与小人同功，已为失己。况君子必不诿过，小人无不居功。与人共事，何可不慎？故刚正若难逢时而坚守不移，终为人重；唯阿似易谐俗，而得中无主，卒受人愚。欲处处讨好，必处处招尤，乡愿固不可为，亦不易为也。

勿破人机关

此远怨之道也。一切财利交关、婚姻撮合、至亲密友相商，自应各以实告。如事非切己，何必攻瑕讦隐，破人机关？昔有愿人为盗诬引，屡质不脱，莫知所由。久之身以刑伤，家以讼破。盗始曰："吾今仇雪矣。某年除夕，吾鬶缸已售，汝适路过，指缸有渗漏，售主不受，吾无以济用，因试为窃，后遂滑手为之，致有今日。非汝，吾缸得鬶，岂为盗哉！"呜呼！

天下有结怨于人，而己尚懵然者，大抵自口召之。金人之铭，可不终身诵欤？

知受侮方能成人

为人所侮，事最难堪。然中人质地快意时，每多大意，不免有失。无端受侮，必求所以远侮之方；遇事怕错，自然无错；逢人怕尤，自然寡尤。事事涵养气度，即处处开扩识见。至事理明彻，终为人敬礼。余向孤寒时，未知自立，幸屡丁家衅，受一番侮，发一回愤，愈侮愈愤，黾勉有成，故知受侮者方能成人。

裕后有本

欲求子孙繁炽久长，谋积聚，图风水，皆末也。其本全在存心利物。肯受一分亏，即子孙饶一分益。创业之家，多由赤手；成名之子，半属孤儿，并不恃祖父资产。昔有人谈宦缺美恶者，余笑曰："缺虽恶，总胜秀才课徒。吾未见官鬻妻妾，只见官卖儿孙。"闻者诧曰："恶有是？"余历数数十年中闻见：横虐厚敛，蓄可累世者，一弹指间子孙零落，为被虐者所噬。而清苦慈惠之吏，子孙类能继起作官。如此，居家可知。

（清）李宗瀚行书七言联：时有好怀夸得句，徐观妙语可书绅

宜令知物力艰难

巨室子弟，挥霍任意，总因不知物力艰难之故。当有知识时，即宣教以福之应惜。一衣一食为之讲解来历，令知来处不易。庶物理、人情，渐渐明白。以之治家，则用度有准；以之临民，则调剂有方；以之经国，则知明而处当。

宜令习劳

爱子弟者动曰："幼小不宜劳力。"此谬极之论。从古名将相，未有以懦怯成功。筋骨柔脆，则百事不耐。闻之旗人教子，自幼即学习礼仪、骑射。由朝及暮，无片刻闲暇。家门之内，肃若朝纲。故能诸务娴熟，通达事理，可副国家任使。欲望子弟大成，当先令其习劳。

宜令知用财之道

财之宜用与用之宜俭，前已详哉言之。但应用不应用之故，须令子弟从幼明晰。能于不必用财（如僭分、继富等类）及万万不可用财（如缠头、赌博等类）之处，无所摇惑，则有用之财不致浪费。遇有当用（如嫁婚、医药、丧祭、赠遗等类）之处，方可取给裕如，于心无疚。

昔吾越有达官公子，务为豪侈，积负数千金，将鬻产以偿。受产者约日成交，公子张筵款接，薄暮未至。居间人出视，则布衣草履，为阍者所拒，伫候门外半日矣。导之入曰："此某也。"公子敬而礼之。宴毕赠以仪曰："先生教我，不敢弃产。"居间人询其故，曰："彼力能受吾产，尚刻苦如此。吾罪过，何面目见先人。"遂痛改前之所为，出衣饰尽偿宿负，谢门下客，减奴仆，节日用，讫为保家令子。今已再传，犹袭其余资云。

宜令勿游手好闲

此患多在富贵之家。盖贫贱者以力给养，势不能游手好闲。富贵子弟衣鲜齿肥，无所忧虑；又资财饶足，帮闲门客及不肖臧获相与，淆其聪明，蛊其心志，障蔽其父兄之耳目，顺其所欲，导之以非，庄语不闻，巽言不入，舍嬉娱之外，毫无所长；一旦势去财空，亲知星散，求粗衣淡饭不可常得。岂非失教之故欤？小说家称："富家儿中落，持金碗行乞，知乞之可以得食，而不知金碗之可以易粟。"语虽恶谑，有至义焉。

宜杜华奢之渐

略省人事，无不爱吃、爱穿、爱好看。极力约制，尚虞其纵；稍一徇之，则恃为分所当然。少壮必至华奢，富者破家，贵者逞欲。宜自幼时，即杜其渐，不以姑息为慈。

父严不如母严

家有严君，父母之谓也。自母主于慈，而严归于父矣。其实，子与母最近，子之所为，母无不知，遇事训诲，母教尤易。若母为护短，父安能尽知？至少成习惯，父始惩之于后，其势常有所不及。慈母多格，男有所恃也。故教子之法，父严不如母严。

读书以有用为贵

所贵于读书者，期应世经务也。有等嗜古之士，于世务一无分晓。高谈往古，务为淹雅。不但任之以事，一无所济；至父母号寒，妻子啼饥，亦不一顾。不知通人云者，以通解情理，可以引经制事。季康子问从政，子曰："赐也达，于从政乎何有？"达即通之谓也。不则迂阔而无当于经济，诵《诗三百》虽多，亦奚以为？世何赖此两脚书厨耶！

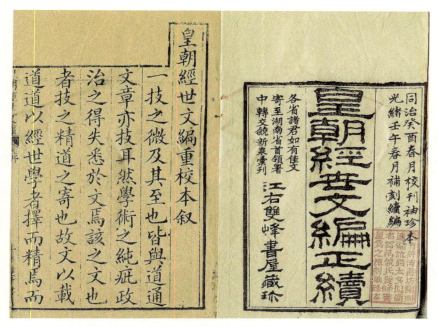

▌（清）祝长龄《皇朝经世文编续》，清同治间刻本光绪间续刊

读书求于己有益

书之用无穷。然学焉，而得其性之所近，当以己为准。己所能勉者，奉以为规；己所易犯者，奉以为戒；不甚干涉者，略焉。则读一句，即受一句之益。余少时，读《太上感应篇》，专用此法。读"四子书"，惟守"君子怀刑"及"守身为大"二语，已觉一生用力不尽。

须学为端人

希贤希圣，儒者之分。顾圣贤品业，何可易几？既禀儒术，先须学为端人。绳趋尺步，宁方毋圆。名士放诞之习，断不可学。

作文字不可有名士气

父兄延师授业，皆望子弟策名成

（清）汤贻汾行书七言联：并抛杯酌方为懒，少事篇章恐碍闲

务，无责其为名士者。士人自命宜以报国兴宗为志，功令自童子试至成进士，必由四书文进身。钟鼎勋猷，皆成进士后为之。能早成一日进士，便可早做一日事业：可以济物，可以扬名。好高务远者，嘤嘤然以名士自居，薄场屋文字不足揣摩，误用心力与寒畯角胜，迨白首无成，家国一无所补，刊课艺炫嚣虚声，颜氏所讥雙谂痴符也。抑知前明以来，四书文之传世者，类皆甲科中人。苦志青衿，仅仅百中之一。何去何从，其可昧所择欤？

文字勿涉刺诽

言为心声，先贵立诚。无论作何文字，总不可无忠孝之念。涉笔

（清）汤贻汾《断桥秋色图》立轴。识文：雨后溪声吼似雷，高楼倚醉想衔杯。断桥秋色无多远，只隔蘼芜绿几堆。雨生汤贻汾作。

游戏已伤大雅，若意存刺诽，则天遣人祸未有不相随属者。"言者无罪，闻者足戒。"古人虽有此语，却不可援以为法。凡触讳之字，讽时之语，临文时切须检点。读乌台诗案，坡公非遇神宗，安能曲望矜全？盖唐宋风气不同，使杜少陵、李义山辈，遇邢、章诸人，得不死文字间乎？士君子守身如执玉，慎不必以文字乐祸。

浮薄子弟不可交

血气未定时，习于善则善，习于恶则恶，交游不可不谨。与朴实者交，其弊不过拘迂而止；交浮薄子弟，则声色货利，处处被其煽惑。才不可恃，财不可恃，卒至隳世业、玷家声，祸有不可偻指数者。

勿轻换帖称兄弟

交满天下，知心实难。余生平识面颇多，从无凶隙之事。然以心相印者，寥寥可数。惟此数人，势隔形分，穷通一致。每见世俗结缔，动辄齿叙，同怀兄弟，莫之或先。有朝见而夕盟者；

有甲款而乙附者。公宴之后，涂遇不相知名，大可笑也。既朋友，即系五伦之一，何必引为兄弟？如其无益，不如途人。故功令换帖之禁，皆宜遵守，不必专在仕途也。

择友有道

人不易知，知人亦复不易。居家能伦纪周笃，处世能财帛分明，其人必性情真挚，可以倚赖。若其人专图利便，不顾讥评，纵有才能，断不可信。轻与结纳，鲜不受累。或云"略行取才"，亦是一法，然千古君子之受害于小人，多是"怜才"二字误之。

业儒亦治生之术

子弟非甚不才，不可不业儒。治儒业日讲古先道理，自能爱惜名义，不致流为败类。命运亨通，能由科第入仕固为美善；即命运否寒，藉翰墨糊口，其途尚广，其品尚重。故治儒业者，不特为从宦之阶，亦资治生之术。

读书胜于谋利

不特此也，文字之传可千古，面藏镪不过数世；文字之行可天下，而藏镪不过省、郡；文字之声价，公卿至为折节，而藏镪虽多，止能雄于乡里；文字之感孚，子孙且蒙余荫，而藏镪既尽，无以庇其后人。故君子之泽，以业儒为尚。

勿慕读书虚名

然"业儒"二字须规实效，若徒

（清）梁同书行书七言联：开卷群言守其雅，抚琴六气为之清

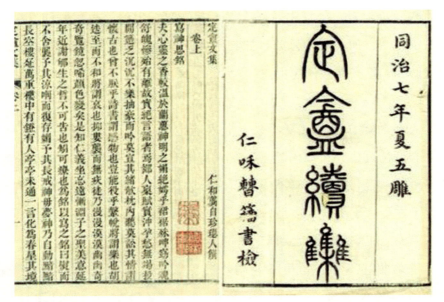

（清）龚自珍《定盦文集》，清同治七年刻本

务虚名，转足误事。富厚之家，不论子弟资禀，强令读书，丰其衣食，逸其肢体，至壮岁无成，而强者气骄，弱者性懒，更无他业可就，流为废材。子弟固不肖，实父兄有以致之。故塾中子弟，至年十四、五不能力学，即当就其材质，授以行业。农、工、商、贾，无不可为。谚云"三十六行，行行出贵人。"有味乎其言之也。

勿任子弟匿瑕作伪

为父兄者，无不愿子弟学问胜人。然因其本领平常，姑听匿瑕不出及作伪盗名，则万万不可。故子弟所作文字，遇亲友索观，必须责令面奉教益。

凡有文会，亦不当稍任规避。盖受人指摘，可望感愧奋发，功力渐进。若意在藏拙，未有不燕石自珍者。至作伪之弊，尤为可虑。窗下倩雇、捉刀、习为常技；临场必有怀挟、枪手等事。作奸犯科，所关匪细。近阅邸抄：江西有一童生，县试时以枪手考列第一，院试败露，学使奏鞫治罪。其父年逾八十，亦坐远戍，不准收赎。原其由起，始于匿瑕，终于作伪。涓涓不绝，将成江河，可不戒于初乎？

艺事无不可习

人惟游惰，必致饥寒。其余一名一艺，皆可立业成家。但须行之以实，持之以恒。有一事昧己瞒人，便为人鄙弃。昔仁和张氏，以说书艺花为生，得有辛工，随手散去。有劝其为子孙计者。曰："吾福子孙多矣。"诘之，曰："若辈生具耳、目、手、足，尽可自活。"真达识哉！

勿妄言相墓术

幕客、医师之外最足误人者，莫如相幕师卜葬之术。言人人殊，袭其词而不能通其理，毫厘千里，为祸甚大。古云："只有人发地，未有地发人。"积善之家，自获吉壤。积不善之家，虽有吉壤，而福不足以承之，转为厉阶。吾目中所见，因求地而破产者，比比也。先陇不幸侵于蚁水，不得不迁。

若冀子孙富贵，迁葬父祖遗骸，不孝甚矣。而相墓之无识者，好持迁葬之说，自神其术，造孽何可胜算！其他误于取舍，营葬水蚁之地，致令破家绝嗣，得不蒙阴谴乎？吾喜览百氏之书，独不读地理家言，惧蔽于识也。后人慎毋轻学相墓师以误人，亦毋为相墓师所惑以自误。

作事须专

无论执何艺业，总要精力专注。盖专一有成，二三鲜效。凡事皆然。譬以千金资本专治一业，获息必夥。百分其本，以治百业，则不特无息，将并其本而失之。人之精力亦复犹是。

临财须清白

财利交关，最足见人真品。天下无不能计利之人，其不屑屑较量、甘于受亏者，特大度包荒耳。显占一分便宜，阴被一分轻薄。故虽至亲、密友，簿记必须清白。

勿自是

事到恰好之谓"是"。读书应世大率"是"处少，"不是"处多。常恐"不是"，则必精求其"是"，可以为学，可以淑身。一有"自是"之念，便觉"不是"在人，争端易起。穷则忤人，达则病国，可勿慎诸？

勿自矜

读书中状元，从宦为宰相，皆儒者分内事。况状元、宰相尚是空名。循名责实，大惧难副。又况不能为状元、宰相乎？恃才而狂，挟贵而骄，昔人所谓"器小易盈"，非惟不直一钱，且有从而获祝者。《易》曰："谦受益，满招损。"万事皆然。举一隅，余可类推。

当明知止知足之义

致显宦、号素封，皆由祖宗积累。承庥食报，当念国恩家庆，酬称两难。刻刻矜持，尚防磋跌；一意进取，必致肆行无忌。日中则昃，月盈则亏，将有噬脐无及者。"知止不殆"、"知足不辱"二语，当铭之座右，时时深省。

言动当念先人

人非圣贤，不能终身无过。盖棺论定之后，犹视子孙贤否，以资尚论。子孙贤，则人举其父祖善行，推福所自来；子孙不肖，则人摘其父祖瑕疵，溯殃所由积。为人子孙，奈何以一己行事，上累父祖。班孟坚因张安世而恕张汤，朱晦翁因张栻而宽张浚。常存此念，庶不敢贻玷先人。

门阀不可恃

幸踵祖宗门阀，席丰履厚，得所凭依。进身之途，治生之策，诸比常人较易。然必克自树立，则延誉有人，汲引有人，在在事半而功倍。若穿衣吃饭之外，曾无寸长足录，虽门阀清华，于身无补，适足为人鄙弃，玷辱家声。所谓银匠之后有节度使，不足耻；节度使之后为银匠，乃足耻也。尝闻人言：会稽陶堰陶氏，当前明时，甲科鼎盛，郡邑鲜与伦比。同里陈氏有成进士者，乘轿拜客，陶氏无赖子见而揶揄之曰："小家儿，何遽学官样？"进士下轿谢曰："惶恐惶恐。寒族无奈兄辈人多，小家名不敢辞，贵族大家只是弟辈一流人多。"耳闻者哑然。进士固器小，然陶氏子当前受辱，可为恃门阀者炯戒。

干蛊大难

　　祖父有隐疵，全赖子孙荡涤。第积垢有因，湔洗不易。与君子同功，不得并君子扬名；与小人同过，必且代小人受谤。无他，憎其父祖者，刻核其子孙。人情类然。故"犁牛之子"虽骍角，而人欲勿用也。不幸而处此境地，尤当痛自饬厉，事事求全，归善于亲，不可有毫厘失行，予人口实。我能使人敬人，自不敢道及前愆；我能使人爱人，更不忍追言先慝，方为贤孝子孙。昔山阴沈某，少负文誉，尝膺博学鸿词科荐举。御试黜落，人咎其所出不良，自号"牛粪灵芝"。以灵芝自比，而比其亲于牛粪，坎壈终身，为乡党不齿。生二子：一号"蔗皮"，一号"角心"，并无所取材，今寂寂久矣。不知"干蛊"之义，获罪

（清）袁枚行书七言联：憨无过事，富不学奢

于天如此。

须作子孙榜样

贤子孙，良不易为。即欲为贤祖父，亦谈何容易！创业成家者，固非劳心劬力不可；即承先人余荫，小不勤饬，断不能守成善后。生之而无以为养、无以为教，便孤祖父之名。夫子教我以正，夫子未出于正，子孙虽不敢显言，未尝不敢腹诽。无论居何等地位，一言一动，要想作子孙榜样，自然不致放纵。

不可道他人先世短处

浇薄小人，不乐成人之美，好道他人先世短处，以资谈柄。试设身以处，先人被人瑕疵，于心何安？损福招祸，莫此为甚。况吹毛索瘢，何所不至？万一他人反唇相稽，污我先人以不美之名，不孝之罪更何以自解？能一转念，断不忍轻易出口。不特此也，尝闻争詈之时，

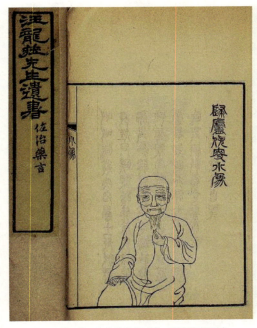

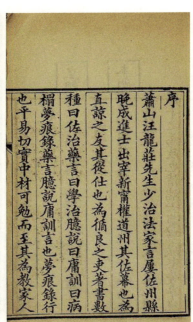

（清）汪辉祖《汪龙庄先生遗书》，清光绪年刊本

以诟辱人之先世为快，虽怒不择言与有心攻讦不同，然毕竟口孽，且使子孙效为刻薄，总非昌后之道。

为后人留余地

高明之家，鬼瞰其室。造物忌巧，天道恶盈。居家刻薄者，资无久享；居官贪残者，后有余殃。盖火烈为人所畏，既成烬，便无火气；水懦为人所狎，虽断流，犹剩水痕，故称世曰泽。诵"君子有谷，诒孙子"之诗，可以知所藉手。

穷达皆以操行为上

士君子立身行世，各有分所当为。俗见以富贵子孙，光前耀后，其实操行端方，人人敬爱。虽贫贱终身，无惭贤孝之目。若陟高位、拥厚资，而下受人诅，上干国纪，身辱名裂，固玷家声，即幸保荣利，亦为败类。古人所以崇令名也。余尝持此论，励官箴、规士行，识者不以为非。故所言《蕃后》诸条，多安贫守分之事，不专望子孙富贵。且富贵何可多得？苟能富贵，愿日诵"思诒父母令名"之句。

得志当思种德

为学志科名，末已。然达则行道，究以入仕为贵。人人可以做官，我独幸荷国恩，此由祖德绵长，适逢运会。第政柄在手，不能种德，便至造孽，总无中立之理。曩辛卯赴礼部试，吴菉庵（斐）明府同上计车，言吾邑风水

（清）钱沣楷书七言联：于无事后观其静，
及得为时尽所长

1569

单薄，鲜世传进士，且进士之后，类多不振。余曰："然则不如返辙南归为老举人，留儿孙科第矣。"因历数式微之家，则皆进士而起家知县者。余曰："是非进士之不大其后，而知县之自隳其先也。"盖官之有权者，种德不难，造孽亦易。微特知县，等而上之，至于督抚及风宪、刑名之官，无不如是。惟得志时，常以造孽为戒。惟恐于物有伤，自然于人有济。庶先人之泽，不致自我而湮。

人当于世有用

"有用"云者，不必在得时而驾也。即伏处草野，凡有利于人之事，知无不为；有利于人之言，言无不尽。使一乡称为善士，交相推重，皆薰其德而善良，是亦为朝廷广教化矣。硁硁然画地，以趋求为自了汉，尚非天地生人之意。

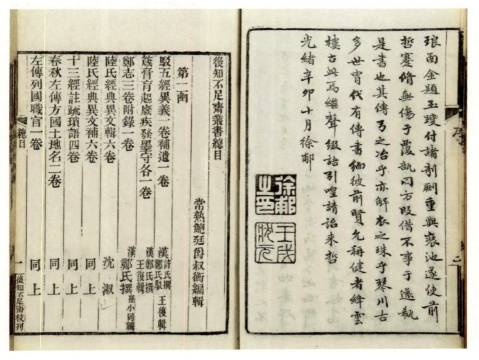

（清）鲍廷博《后知不足斋丛书》，清光绪辛卯年刻本

恶与过不同

"恶"与"过"迹多相类，只争有心无心之别。过出无心，犹可对人；若有心为恶，则举念时干造物之诛，行事后致世人之怒。不必其在大也，大事多从小事起，必不可为。

清议不可犯

常人谗口势固不能尽弭，然不授之以隙，亦未必无端生谤。至为士君子清议所不容，则真有觍面目矣。故事之有干清议者，虽有小利，断不可忍耻为之，流为无所忌惮之小人。

宜知盈虚消长之理

谚云："十年富贵轮流做。"庚金伏于盛夏。暑气方炎，凉飚旋起。处极盛时，非刻刻存敬畏之心，必不能持盈保泰。艺花者，费一年辛力，才博三春蕊发，花开满足，转眼雕零。甚矣，兴之难，而败之易也。梅之韵幽而长，桂之香艳而短，千叶之花无实。故发泄不可太尽，菁华不宜太露。余自有知识迄于今兹，五、六十年间所见，戚友兴者什之二，败者什之八。大概谨约者兴久，放纵者败速。匪惟天道，有人事焉。知此义者，可以蕃后。

听言不可不察

人有失误，惟祖若父可以厉色严词，明白教诲。伯叔兄长，色稍和，词稍缓矣。朋友之规谏，旁引曲喻而已，全在自家留心体察。闻有谈他人得失者，总须反观自照。必待实指本身，已成笨伯。若褒如充耳，先圣所谓吾未如之何也已矣。其他种种世事，亦毕生学习不尽。惟听一事解一事，触类引伸，便无地非学矣。至祖父、家庭叙述亲友盛衰、贤否，原想子孙知所法戒，更不可作闲话听过，方不负教诲苦心。

宜常念忠恕之道

余数十年间阅事，方悟忠恕之道须臾不可离。盖心有一毫不尽，事必无成。只知有己而不知有人，必到处窒碍。觉"忠恕"二字理，日在人眼前。不常存此心，微特不能希贤希圣，即求为寻常寡过之人，亦不可得。

人在自为

天之生人，原不忍令其冻饿，虽残废无能，尚可名一技以自活，况官体具备乎？上之可为圣、为贤；下之至为奸、为慝；贵之可为公、为卿；贱之至为乞、为隶。在人之自为，而天无与焉。父母之于子亦然。流俗妄人乃谓祖、父未有资产，以致子孙穷困。此大悖之说也。必有资产而后可为祖、父，则成家多在中年以后，娶妇生子非五六十岁不可。有是理乎？不能为祖、父光大门闾，而以不肖之身归罪祖、父。为此说者，全无心肝，靦然人面。而袭其说以自宽，吾知其能为祖、父者罕矣。

不孝者不祥

孝能裕后，前已切实言之。今复申以此条者，盖孝量无尽，而不孝易见。孩稚稍有知识，父母即取坊本刻像二十四孝故事，为之讲解，冀迪其良知，又费几许心力，方得授室成人。

（清）陈鸿寿隶书七言联：课子课孙先课己，成仙成佛见成人

世风浇薄，一有室家，即置父母于不顾，专为妻子。惜力靳资财如性命，视手足为途人，甚且发于声，不仅诽于腹。

纵为父母者隐忍不言，天能不夺其魄乎？故有孝而不报者，未有不孝而不报者。孝而不报，必孝有未至；不孝之报，则其子眼见其父之所为，必且过之。孙则更甚于子，一再传之，后欲求一不孝之子孙，亦不可得。余不逮事父，二母又不获安一日之养，天地间大罪人也。惟念吾祖、吾父，并以孝友著闻，微末之躬上承三世，故禀二母之教，不敢不孝。今有男子五人矣。尽解此义，勉承先泽，吾之幸也。苟或不然，吾祖、吾父实昭鉴之，讵肯令不孝子克蕃厥后哉！

善恶不在大

有利于人，皆谓之善；有损于人，皆谓之恶。不必显征于事也。一念之起，鬼神如见，尚不愧于屋漏，君子所以慎诸幽独。凡人发念，大都专求利己，故恶多于善。久之习惯，尽流于恶所。当于童稚时，即导以善端。童稚无善可为，但节其嗜好，正其爱恶，使之习大驯顺，不敢分毫恣纵，自然由幼至长，渐渐恶念少而善念多，可为树德之基。袁了凡先生《功过格》是检身要术，余于佐幕时尝试行之，借以自饬。

（清）陈宏谋《从政遗规》，清光绪己卯年江西书局刊本

宦游以后，役役奔走，万念起止不常，境过辄忘，不及填注，此事遂废。比来年衰少睡，昼之所为每于枕上记忆，善事极鲜，而不可上质鬼神之事，终不敢为。后人常存此意，或者可无大恶，庶几日即于善，为善必昌，蕃后之本，端在于是。

《汪龙庄先生遗书》

注解

　　汪辉祖（1730~1807年），字焕曾，号龙庄，浙江萧山人。乾隆四十年（1775年）进士，乾隆五十二年为湖南宁远县知县，五十六年署道州牧，一月后再调善化令，后因足疾乞休回乡。

　　汪返归故里后，定居县城苏家潭。乾隆五十八年（1793年），应召主持修复萧山西江塘，因其主事得力，工程坚固，且耗资少。此外，他还上书请减萧山牧地的赋税等，深切关注民生。其后，汪辉祖悉心著述，著有《元史本证》《史姓韵编》《九史同姓名录》《二十四史同姓名录》《二十四史希姓录》《辽金元三史同名录》等，尤以《学治臆说》《佐治药言》《病榻梦痕录》行世甚广。

　　《双节堂庸训》成书于乾隆五十九年（1794年），印染着汪辉祖的人生底色，共计有"述先""律己""治家""应世""蕃后""师友"等6篇，共219条，其中不乏可资取鉴之处，具有很强的针对性与实用性，既闪耀着儒家正统思想的教育光辉，又饱含着汪辉祖业幕一生所积累的处世经验，融合了圣贤之道、囊括了人世沧桑。相较而言，《双节堂庸训》更接地气，看似"庸"，实则"真"，书中诸多有关做人、立志、读书、为官、道德、言语、交友等方面的精彩论述，至今仍然可作为修身齐家之镜鉴。

汪辉祖《学治臆说》: 盛名不可居，清名不可博

勿彰前官之短

人无全德，亦无全才。所治官事必不能一无过举，且好恶之口，不免异同。去官之后瑕疵易见，全赖接任官弥缝其阙失。居心刻薄者，多好彰前官之短，自形其长。前官以迁擢去，尚可解嘲。若缘事候代，寓舍有所传闻，必置身无地。夫后之视今犹今之视昔，不留余地以处人者，人亦不留余地以相处，徒伤厚德，为长者所鄙。

勿苟为异同

立身制事，自有一定之理。惟人是倚，势必苟同；以己为是，势必苟异。苟同者不免诡随，苟异者必致过正，每两失之，惟酌于理所当然而不存人己之见，则无所处而不当。故可与君子同功，亦不防为小人分谤。

多疑必败

疑人则信任不专，人不为用；疑事则优柔寡断，事不可成。二者皆因中无定识之故。识不定则浮议得以摇之。凡可行可止，必先权于一心。分不应为者，咎有不避；分应为者，功亦不居。自然不致畏首畏尾，是谓胆生于识。

事慎创始

非万不得已，止宜率由旧章。与民休息，微特孽不可造，即福亦

（清）汪辉祖《学治臆说》，清光绪十三年山东书局刻本

不易为。不然，如社仓如书院，岂非地方盛举？而吾言不必创建，独非人情乎哉？社仓之弊前已言之。书院之名，经始劝捐于民，总不无所费。及规模既定，或倚要人情而荐刻主讲，其能尽心督课者，什不得三四。师既仅属空名，弟亦遂无实学。以闾阎培植子弟之资，供长吏应酬情面之用，已为可愧。其尤甚者，资不给用，则长吏不得不解囊以益之，而归咎于始谋之不藏，是何为乎？夫书院犹有遗累，况其他哉！故善为治者，切不可有好名喜事之念，冒昧创始。

遇仓猝事勿张皇

天下未有不畏官者。官示以不足畏，则民玩，至官畏民，而犷悍之民遂无忌惮矣。抗官哄堂，犯者民而使之敢犯者，官也。事起仓猝定之以干，尤贵定之以静，在堂勿退堂，在座勿避座，庄以临之，诚以谕之，望者起敬，闻者生感，犷悍者无敢肆也。张皇则酿事矣。临民者不必猝遇其事，而不可不豫其理。所以豫之者，全在平日有亲民之功，民能相信，则虽官有小过及事遭难处，亦断不致有与官为难者。

退不可游移

仁而进，经也；不获已而思退，权也。志乎进，则尽职以俟命，虽遇吹毛之求索，分不得辞。靳于退则知止而洁身，虽有破格之恩荣，义无可恋，故既明去就之界，当择一途自立。如游移不决，势必首鼠两端，进退失据。

退大不易

进之难，非难进之谓也。凭人力以求进，必好为其难，往往天不可以人胜，徒有失已之悔。此其故，难难言之。至退亦不易，则非及之者不能知也。不获乎上，万无退理。然遇上官宽仁体恤、转得引身以退，幸而获上重其品者，欲资为群僚矜式，爱其才者，欲藉为官事赞襄，责以匪懈之义，不可偷安，督以从公之分，不宜避事，病则疑为伪饰，老则恶其佯衰，感恩以恩縻之，惧威以威怵之。非平素无牵挂之处，必临事多瞻顾之虞，须看得官轻，立得身稳，方可决然舍去，嗟乎！是岂一朝一夕之故哉！

治贵实心尤贵清心

治无成局，以为治者为准。能以爱人之实心，发为爱人之实政，则生人而当谓之仁，杀人而当亦谓之仁。不然，姑息者养奸，则刚愎者任性，邀誉者势必徇人；引嫌者谁知有我，意之不诚，治于何有？若心地先未光明，则治术总归涂饰，有假爱人之名而滋厉民之弊者，恶在其为民父母也？故治以实心为要，尤以清心为本。

事未定勿向上官率陈

率陈之故有二：一则中无把握，姑恬上官意趣；一则好为夸张，冀

（清）沈焯《托兴言情册·饮水思源》

博上官称誉。不知案情未定，尚待研求，上官一主先入之言，则更正不易。至驳诘之后，难以声说。势必护前迁就，所伤实多。

上官必不可欺

天下无受欺者，矧在上官。一言不实，为上官所疑，动辄得咎，无一而可。故遇事有难为，及案多牵窒，宜积诚沥恳，陈禀上官，自获周行之示，若诳语支吾，未有不获谴者。苍猾之名，宦途大忌。

《汪龙庄先生遗书》

注解

《学治臆说》是汪辉祖的一本吏治笔记，记录了他在幕友时期和担任州牧县令期间的吏治心得和所见所闻。为什么要作《学治臆说》？汪辉祖在后记中做了说明，是汪辉祖应其二子继坊、继培之请，将自己平日从政佐治的经验，整理出一百二十则。上卷主要谈及选幕僚、处理政务，而以审案为重点；下卷主要谈及治理恶棍、除盗、理财，而以勤职为重点。《学治续说附说赘》一卷，是应其弟子、河南夏邑知县慎习岩之请，整理出五十则理政佐治经验。

同《佐治药言》等书一样，汪辉祖这本书因是学幕者之必读课本而得以广泛流传，被誉为"宦海舟楫""佐治津梁"，居官佐幕者几乎人手一册，视为枕中鸿宝。史学大家章学诚在《汪龙庄七十寿言》中就曾这样说："居闲习经，服官究史，君有名言，文能称旨，布帛菽粟，人情物理。国相颁其政言，市贾刊其佐治，雅俗争传，斯文能事。"同样，这部深刻洞察底层官吏心态和做事的图书，也是为人处世之镜鉴。

王豫《蕉窗日记》：气忌盛，心忌满，才忌露

魏敏果曰："仙欲一身长生，佛欲万物无生，儒欲万世之人。生生不穷，其分量大小自见，学术邪正自明。"

胡文敬曰："人好闲散虚静者，不入于老，定入于释。好事功者，多入权谋。顺理则无病。"

朱子曰："天地别无勾当，只是以生物为心。"

朱子曰："学要常亲细务，莫令心粗。"

王文成曰："人须在事上磨炼做工夫，乃有益。若只好静，遇事便乱。"

陆宣公曰："惟俭可以助廉，惟恕可以成德。"

昔人云："每闲坐，思古人无一在者，何念不灰。"魏敏果曰："还想古人至今尚在，何念不奋。"

宁可使子弟终岁不读书，不可一日近俗人。盖俗人开口，便是一团人欲，易得坏人。

魏敏果曰："遇利欲苟且之事，远祸害则当重身家；遇民社重大之事，立名节则当轻身家。"

君子之学养心，小人之学害心。

愿化功名为道德，毋认富贵为功名。

敬则心细，敬则发用，自不苟。

士不可一刻忘却耻字。

年力未衰，辄思引退，与年力既衰而犹贪恋荣禄者，皆负心也。

为学从切实处下手，自不落空。

黄忠节蕴生曰："勿与庸人谋事，勿与俗人共事。"

卢忠肃移书戒子弟云：“名须立而戒浮，志欲高而勿妄，庭以内悃愊无华，庭以外卑谦自牧。”

林冏卿好赒贫乏，每曰：“与其为无益以求冥福，不若为有益以济生人。”

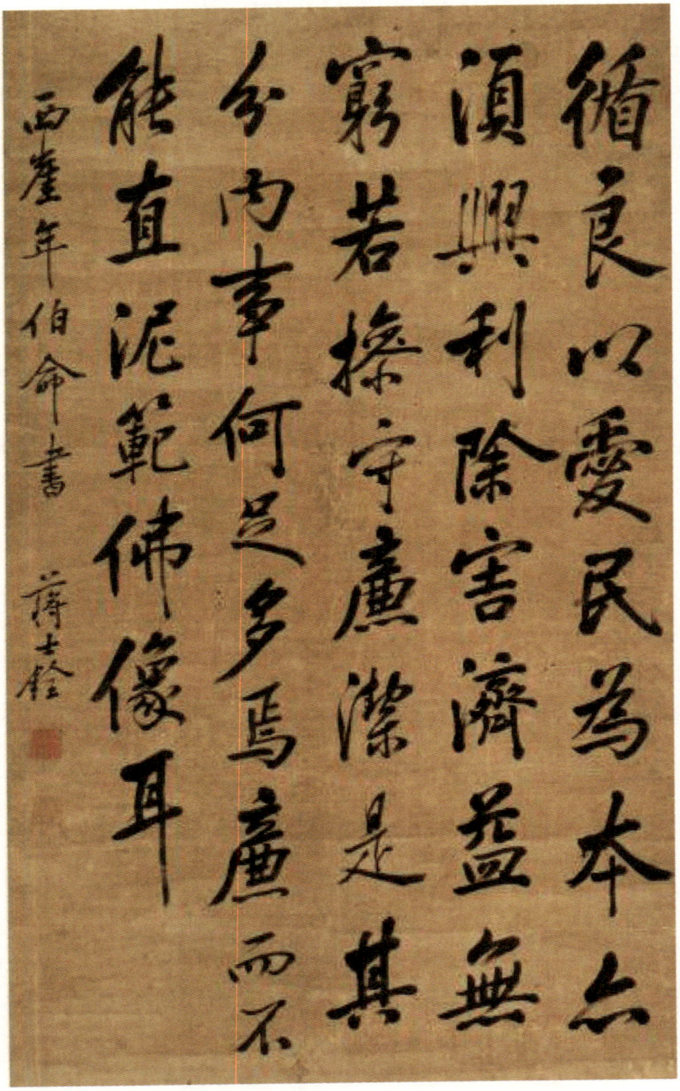

（清）蒋士铨《行书录古文立轴》

朱恭靖闻居官以墨败者，必掩面曰："此耳闻之过，焉有冠裳而盗跖者。"

收放心是孟子教人第一着。

曹月川曰："一诚足以消万伪，一敬足以敌千邪。"

仁者如春风之被物，膏雨之润物，故曰仁人之生理也。

顾端文曰："官辇毂志不在君父，官封疆志不在民生，居水边林下志不在世道上，君子无取焉。"

吕叔简曰："穷寇不可追也，遁辞不可攻也，贫民不可威也。"

程纯公曰："富贵骄人固不善。学问骄人，害亦不细。"

宁直毋媚，宁介毋通，宁恬毋竞。

魏敏果曰："理明而天地在眉睫，况万物乎？"

顾宁人曰："巧召杀，忮召杀，吝召杀。"

汤默斋曰："荐贤不可示德，除奸不可示威。"

熊文端曰："随在随时，皆可识仁体。"程子观鸡雏，张子听驴鸣，皆此意也。

胡文敬曰："难不贵苟免，功不贵幸成。"

不独为利而仕不可，即为名亦不可。

俗儒之害在世道人，与老佛等。

魏敏果曰："成德每在困穷，败身度因得志。"

易堂曰："听好言语，无津津有味之意，便是不曾立志。"

史搢臣曰："毋以小嫌疏至戚，毋以新怨忘旧亲，郑鄹受诬枉死。"

熊文端曰："唐之郭汾阳，宋之曹鲁公，明之徐中山，虽曰未学，吾必谓之学矣。"

陆清献自箴云："到老始知气质驳，寻思只是读书粗。"

卞孚升《戒友书》云："人家兄弟多，性情苟不甚乖戾，断不可取

（清）钱杜《碧嶂清谷》

巧，使父母独觉我好。一有此意，则天伦薄而家道乖矣。"

史揖臣曰："事事顺吾意而言者，此小人也。急宜远之。"

士君子不可菲薄人为不足教。

张文端曰："守田者不饥"。此一语足以长世，不在多言。

王伯厚云："君子在下位，犹足以美风俗，汉之清议是也。小人在下位，犹足以坏风俗，晋之放旷是也。"《诗》云："君子是则是效。"

薛文清自言："二十年治一'怒'字，尚未消磨得尽。"以是知克己最难。

薛文清曰："为政通下情为急。"

范蜀公不喜为人作荐书，有求者不与，曰："仕宦不可广求人知，受恩多则难自立矣。"

熊勉庵曰："不嗔越欣，只平平照常理断。"

陆桴亭曰："今士大夫家，每好言家法不言家礼。法使人遵，礼使人化；法使人畏，礼使人亲。只此是一家中王伯之辨。"

胡文敬曰："孔颜以下，才莫高于明道，才莫大于孟子。愚谓才莫纳于朱子。"熊文端曰："孔子圣之至，朱子儒之至。"

文中子曰："多言不可与远谋，多动不可与久处。"唐文襄满壁书

"志士不忘在沟壑"语。

宋文宪临财廉，尝大书其门曰："宁以忍饿死，不可苟利生。"

薛文清致政，归途绝粮，或以为怨。公曰："我虽困而道自亨也。"

胡端敏自著赞曰："瞒人之事弗为，害人之心弗存，有益于国之事，虽死弗避。三者吾将本以终身。"

王文成中会试，同舍有以不第为耻。公慰之，曰："世以不得第为耻，吾以不得第动心为耻。"

薛文清曰："常沈静，则含蓄义理深而应事有力。"又曰："不可乘喜而多言，不可乘快而易事。"

轻言则纳悔。

吕叔简曰："气忌盛，心忌满，才忌露。"又曰："学者只看得世上万事万物，种种是道，心才觉畅然。"

胡文敬曰："儒者养得一身之正气，故与天地无闲；势老养得一身之私气，故逆天悖理。"

凡读无益之书，皆是玩物丧志。

吕叔简曰："名心盛者必作伪。又曰：实言、实行、实心，无不孚人之理。"

胡文敬曰："以才取人最难，小人多有才也。"

胡文敬曰："才觉私意起，便克去，此是大勇。"又曰："做当今一个好人，须壁立千仞。"又曰："闻人之谤当自修，闻人之誉当自惧。"又曰："清高太过则伤仁，和顺太过则伤义，是以贵中道也。"又曰："才不称不可居其位，职不称不可食其禄。"又曰："志不可一日坠，心不可一时放。"又曰："春秋即人事以明天理，用天理以处人事。"又曰："颜子克己，便是王者事，王者无私。"

《丛书集成初编》

注解

　　王豫（1768~1826年），字应和，号柳村，又号翠洲农、小辋川主人，镇江人，后移籍江都。活动于清代嘉庆、道光年间。工于诗，诗风清淡，集名《种竹轩诗钞》。先后辑印《群雅集》《群雅二集》《江苏诗征》《京江耆旧集》《于喁集选》等，保存了许多湮没不传的诗人姓名和作品。《蕉窗日记》为其代表作，其中著名诗句："成德每在困穷，败身多因得志"，"才不称不可居其位，职不称不可食其禄"等，为后世名言句。

　　正如作者在序言中写的，在闲暇之余，"唯取有关身心性命，及裨益世道人心之言，日录数则，为之讲说。而予籍以印证其得失，每一返诸己，辄自愧汗。予虽不敢不勉，然予果何所成耶。"由此可以看出，这是作者对照古圣贤语录，对自己的言行所作的检讨。在书中，作者阐述了什么是"耻""廉""德""才""道""无私"，如何做一个"壁立千仞"的有担当的仁人，如何做一个临大节而不顾性命的君子，如何在"私意"起之时就克去，等等，这些对人修身处世都是有所裨益的。

潘德舆《示儿长语》: 守身如执玉，保德保性命

心法吟

为禽为兽，为孝为忠；天壤悬隔，方寸之中。
尔心能存，目明耳聪；尔心不存，目瞽耳聋。
尔心能存，荣及祖宗；尔心不存，灾及尔躬。
何穷何通，何吉何凶；正心淫心，天不梦梦。
毋黠而惰，宁拙而恭；宁直而啬，毋曲而丰。

五经之外，更无信从；五伦之外，更无事功。

五常之外，更无心胸，士不治心，不如力农。

《作人诗》七章

作人先立志，志立乃根基。人无向上志，念念入涂泥。从善天所命，尔毋迷途歧。

念念循善念，大端为顺亲。何不从亲训，而乃从他人？悖德者自思，何以有此身？

顺亲非面貌，反身诚为主。外顺内悖之，禽兽衣冠伍。魂梦内省来，欺诈速宜去。

诚心顺亲者，作事必识羞。惟恐辱吾亲，戏荡是吾仇。匪人引货色，断不与交游。

识羞知正路，步步学谨慎。守身如执玉，保德保性命。一言不敢妄，矧敢有恶行？

谨慎自勤业，读书真读书。熟读复细思，无处肯模糊。将求古人心，立品与之俱。

凡吾之所言，经传咸已具。古训谁不闻？嗜欲绊乃误。斩欲始作人，失足悔迟暮。

右诗七章，章章相衔接而下，以首章为提纲，以末章为归宿。

中五章：顺亲，仁也；诚身，信也；识羞，义也；谨慎，礼也；读书，智也。五常具备，万事万物之理，不出乎此矣。所以不言五常之

（清）潘德舆《养一斋词》，清道光年间刻本

名目，不依其自然之次序者，以言其理，则名目可不言也。且五常之理，甚大而精，姑言浅近急切之端，以自成其次序耳。

顺亲、诚身，虽非浅近，而小子肯听父母教训，亦为顺亲；肯踏实作事，绝不说谎欺人，亦为诚身，此皆最急之事。识羞、谨慎，皆踏实做工夫处，故即次之。读书，在作人为余事，乃智之一端，故置之后。然非此不能明理以诚其身，故足与上四者相配而立也。总之，先非立志，则善无原；终非斩欲，则恶不净。

以"作人"二字命题，明从此，则为人；不从此，则为禽兽也。欲为人乎？欲为禽兽乎？如之何勿思？孟子曰："我固有之也，弗思尔矣。""岂爱身不若桐梓哉？弗思甚也。""心之官则思，思则得之；不思则不得也。""人人有贵于己者，弗思耳。"故"思"字最要。思之熟乃能立志耳。程子亦曰："为恶之人，未尝知有思；有思，则为善矣。"一心为善，非立志而何。

知羞能吃苦，踏实自生明（肯吃苦而不寻乐，必是个出色男子）。

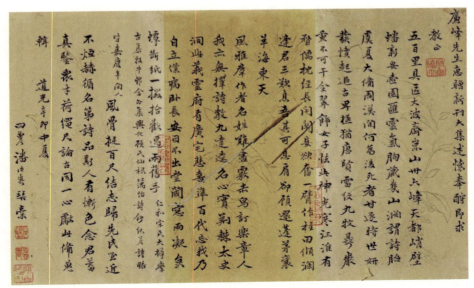

（清）潘德舆《致廉峰书札》

理义为真我,《诗》《书》是后天。

聪明而浮游,非有成之材也。鲁钝之质而又有浮游之心,吾不知之矣。

"孝弟忠信,礼义廉耻"八字,尔辈知其当然,而不知其所以然。故视若束缚人之物而苦之也。知其所以当然之故,则不苦之矣。此非思不可也。口讲耳闻,皆当然者也。学也,学而不思则罔,罔则苦也。

讲日记故事,孝子悌弟,便有思齐之心,方是有才情后生。

肯读书者,远到不信道,为下愚。

只要一个真心,"真心"者,耻也。

先求专诚不欺,再讲余事。

天下无一事能假,天下无一人可欺。不能假而假之,其徒假也:可笑;不能欺而欺之,其自欺也:可哀。

浑朴如孺子,微细如鸟雀,而不能欺之言色间,况进于此者乎?

孝弟者,人之元气;廉耻者,人之骨干;忠信者,人之心肝。试思此,有一时可无者乎?

经、史,饮食也,所谓"后天"也,亦不可废也。

作人二大要:敬、信。

作文学韩愈,作诗学杜甫,作字学王羲之,作时文学归有光,此皆今人所知也。独作人不知学孔子,何也?有言学孔子者,则笑其不知量。朱子所谓"让第一等,与别人做"是也。所谓"书不记,熟读可记;义不精,细思可精。惟有志不立,直是无著力处"是也。亦可悲也夫,亦可悲也夫!

君子无四好:无好色,无好货,无好名,无好便安。

诚者,万善之会归;伪者,万恶之渊薮。

学者四不足畏、四大足畏:鬼神、气化也,不足畏;贫贱、时运

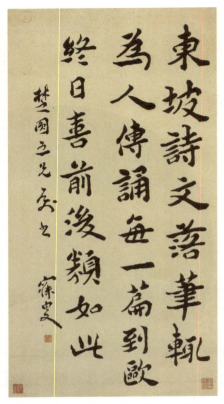

（清）《楷书东坡诗文轴》。识文：东坡诗文，落笔辄为人传诵，每一篇到，欧终日喜，前后类如此。款署：楚圆五兄属书，寐叟。

也，不足畏；诽谤、俗情也，不足畏；生死、命数也，不足畏。嗜欲不除，禽兽也，大足畏；品行不立，粪土也，大足畏；学问不广，傀儡也，大足畏；时日易过，草木也，大足畏。

二三十岁方可交友。宁迟无早，宁少无多，宁涩无甜，宁孤无泛。

择友六法：事亲，看其孝；临财，看其廉；立言，看其直；处久远，看其信；临患难，看其仁；常相见，看其敬。古人友多闻者，是多闻典礼道艺，有助身心。多闻治乱兴亡，有关劝戒。今之多闻者，博杂之学也，既骄且吝，庸足为友乎？

四书五经之外，所当朝夕看者，其《通鉴纲目》《小学》《近思录》乎？

学者三难过关：货色关、科名关、仙佛关。

事亲二大要：养志（父母在日），守身（直贯终身）。

吾家先人始著仕绩，自吾十一世祖冰壑公，武昌二尹也。吾九世祖、副都御史熙台公，在明武宗朝，以直谏闻。在明世宗朝，以军绩著。年逾五十便归田在家，修家庙、定祭田、创宗谱，在郡建昭恤院，以白杨公之冤。辑《文献志》，以阐淮人之美。其他兴利除害之事尚多。出，不苟出；处，亦不苟处。《明史》本传只书仕迹，故未及归田后耳。

家藏奏疏、杂文、诗稿，子孙敬谨展诵，便当感激奋发，求自树立，无作我前人羞。否则碌碌无闻，已非绳武之美，况昏愚流荡，颠覆其家范也乎！慎之哉，慎之哉！吾家先人入郡邑志者，隐逸、独行、仕绩、文苑传中皆有之。为子孙者，当世济其美，不可一日自惰。予尝自励云：光阴易逝书难读，门户难撑品易污。小子识之哉！

杨秉"三不惑"，故足为清白吏子孙。"三不惑"者，不惑于酒、不惑于色、不惑于财也。贫儒少年，初学入手，当切切以杨公为法。此处立不住脚，永无指望。

酒色财气，俗言也。观人先观此四者。于此四者不动心，天下动心事亦寡。

（清）边寿民行书五言联：松柏有本性，瑾瑜发奇光

不欺不荡，长读长讲，后生有此，大器之相也。

多才易，寡过难。

饥寒，岂可求人，却不当有致饥寒之理；鲁钝，岂足为罪，却不当抱鲁钝以终。

接物五要：明辨、信实、长厚、谦谨、公直。

治家六法：孝、弟、恭、恕、勤、俭。

治家三礼：谨尊卑之序，严内外之辨，肃宾祭之仪。

读书不破名利关，不足言大志。读书非为科名计也，读书非为文章计也，此展卷时便当晓得者。

读书到昏怠时，当掩卷端坐，振起精神。不可因循，咿唔而不自觉也。

读书不欺人，事事不欺人矣。

《四书集注》讲义理处，犹五经也，不可草草看过。

读书，但得一句便可终身行之。如《大学》只一句："毋自欺也。"《中庸》只一句："择善而固执之。"《论语》只一句："修己以敬。"《孟子》只一句："求其放心。"

《孟子》读得透时，不独学问大进，并气魄亦壮，文字亦佳。

人情不可失，世故可不从。

遵时与从俗大有异，不可不辨。

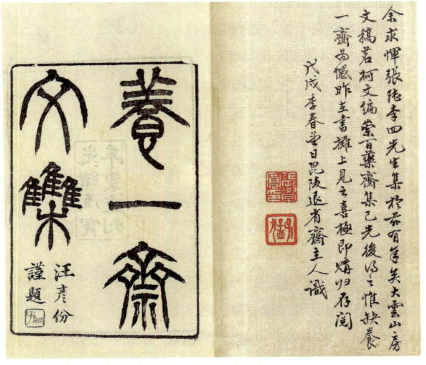

（清）李兆洛《养一斋文集》，道光二十四年其子李慰望刻本

天文、地舆、礼、乐、兵、刑、食货，此学问大头脑也，略能通晓文义，便当讲求，故经史如饮食也。八家古文中，韩、欧、曾之文，可多读。

以为善骄人，此与以能吃饭骄人何异？以读书多、能文章骄人，则如以能饮酒骄人者矣。以善钩取富贵骄人，则如本有异癖，能食土炭而骄人焉，弥足怪矣。

读"五经"，经文一字不可节去；"三传"，且拣紧要读耳。

《易》，只是分个阴阳；《书》，只是分个治乱；《诗》，只是分个贞淫；《春秋》，只是分个邪正；《礼》，只是分个敬怠。君子扶阳而抑阴，制治而鉴乱，保贞而防淫，黜邪以崇正，主敬以胜怠，小人一切反是。故五经之道行而天地位、万物育；五经之道衰而三纲沦、九法堕。

胡文定公《教子书》曰："饮食男女，古圣贤都从这里做工夫起，可不慎乎？"文定此言，人禽关、金锁银匙也。

作恶者，断不自以为作恶，必以为寻乐，不知恶成而乐何往哉？灭身、覆宗，皆寻乐之心害之耳。君子寻道而已矣，道得而乐在其中，故君子有乐而不寻乐。

以作恶为寻乐，则必以作善为寻苦。故庸陋之夫作恶，如下坂之丸；作善，如逆水之舟也。夫天性之内，本有善而无恶，及为气质所拘，物欲所蔽，遂以恶顺而善逆。欲为善者，须步步用逆法。才要畅快，便思收敛。虚一步，艰难一步；实一步，长进一步。细看市井之徒，何人不自觉欢娱，朝朝歌笑，此皆作恶习惯而不自知也。逆水牵船，一步放松不得。慎之，慎之（"步步用逆法"，明高忠宪公语也）。

"下愚不移"，不是蠢愚、鲁钝不能开明转动，是他误用聪明，自暴自弃。

为善，不遽有福，而必有福；为恶，不遽有祸，而必有祸。数在理中，终久自验。人眼光短，天气候大，故以为无凭耳。

善之得福，此善气与善气相感通也；恶之得祸，此恶气与恶气相感通也。总是自然而然，不曾有一毫勉强计较。盖水必就湿，火必就燥之道也。能谓水就湿、火就燥有勉强计较乎哉？然则谓善、恶两途，天计较其报应者，妄矣。然则伪为善，以求报应，而切切计较其间者，谬矣。

人之所以为人者，理义也，非形气也。顾舍形气，则理义安所寄，是故君子慎言行也。书之所以为书者，理义也，非字句也。顾舍字句则理义安所寄，是故初学者求训诂也。

勿以不知为知，勿以不能为能。勿以知，傲人之不知；勿以能，傲人之不能。四者皆笃实长厚之道，亦远耻避祸之法也。

言人之恶，在盛世为德薄，在末世为祸端，慎之哉，慎之哉！惟居官建言，则当弹击奸邪，无所回避耳。

佛，不必信；僧，不必骂。信佛，是不智也。今之僧，假此以博衣食耳，骂之则不仁也。

佛者，圣之贼也；仙者，佛之奴也。

仙，断无；养生长年，或有之。

行己有耻，博学于文。圣门教人浅近著实法，人人可循者也。

"敬"、"信"二字，皆彻上彻下、彻始彻终之道，无终食之间可违者也。

圣贤去人果远乎？则仁义去人远矣。人皆有所不忍，人皆有所不为，仁义果远乎哉？

吉人惟为善，故吉；凶人惟为不善，故凶。而不曰"善人"曰"吉人"，不曰"恶人"曰"凶人"者，可知理能包数，数断不能逃理也。然则龙逢、比干之死时，亦曰"吉"；共工、欢兜富贵时，亦曰"凶"。

圣人论人才，不曰"善"、"恶"，而曰"枉"、"直"者，真善乃为"直"也，无恶迹也可以"枉"也。"枉直"二字，真取出心肝来看人了。如此，方是知人。

国无礼必乱，家无礼必亡。礼，在"五常"则范乎仁、义、智、信；在"五经"则贯乎《易》《诗》《书》《春秋》。"人而无礼，胡不遄死"，"不吊不祥，威仪不类"，可不敬戒乎？

阴阳、堪舆、星占、子平、相法，皆有害义而惑人之语，以理义自持者，方能不为所惑也。

知子平之术，非知命也。唐李虚中能以年、月、日断人禄寿，而己则饵金丹暴死，可谓知命乎？

读书未仕，亦有君臣之义乎？曰：如之何其未有也？作秀才，不好讼，不揽漕，不入有司衙署，皆是也。初应童子试不匿丧，考不怀挟，不为人作文字，不隽人作文字，不通关节贿赂，皆是也。"遵王之路"即义也，而谓之无君臣之义可乎？

"其亡其亡，系于苞桑"八字，保国、保家、保身、保心皆然，即《尚书》一"钦"字也。但说个"其亡其亡"，便"系于苞桑"乎？隋炀帝曰："好头颅，谁当斫之。"亦知其必亡矣，而何益耶？故知两"其"字，有许多事实在也。

"吉人为善，惟日不足；凶人为不善，亦惟日不足"，"作德心逸日休；作伪心劳日拙"数语，写君子、小人情性，真绘日绘影、绘水绘声之技。虽云《古文尚书》是伪作，然此等，皆非圣人不能道，其殆有所本而言欤！

《风》之《七月》，《雅》之笃《公刘》，多读他几遍。不独使人肯习勤苦也，长厚古朴之意，亦油然生矣。

讲书而不读书，犹向面朋而乞米也；读书而不解书，犹食美物而

（清）陈宏谋《养正遗规》，清光绪己卯年江西书局刊本

不化也。喜读文而不喜读书，犹好饮酒而不啖饭也；不喜读书而常常作文，犹无米而朝夕炊爨也。今之学文章者，鲜不犯此病矣。

近寒士家子弟，迫于衣食，而不求其材之成就，遂至百无一佳者。其病在"三早"而已矣。一曰作文早，二曰应试早，三曰教馆早。此"三早"者，皆为学之大忌也。

不荡难，不欺尤难。不欺者之不荡，乃真不荡也；常读难，常讲尤难，常讲者之常读，乃有用之常读也。

读书不易熟，非尽关资质之钝，心不易入，耳未听著读也。不拘何事，入心则易，不入心则难，独读书而不然乎？故为学之道，一言以蔽之曰治心。

立志要作第一等人，不尽是第一等人也。若立志要作第二、三等人，少间利欲当前，便和禽兽也都做了。故尚志最先（立志，是做人的基本，如谷之有种，木之有根也）。

一生，不能不与世俗之小人居，其何以处之？曰"敬"与"和"而已矣。敬，则彼不敢犯；和，则彼不忍犯。且小人之为小人，暴慢而已矣。敬，足以化彼之慢；和，足以化彼之暴。彼方为我所化，而犯我乎哉？其有犯者，以正容镇之，以大度容之，不必辨也，不必争也，而彼亦久而悟焉矣。除此二法，更无他法。若夫畏其犯而曲意以徇之，防其犯而厉色以拒之，皆失身招辱之道而已。

曾子曰："居处不庄，非孝也；事君不忠，非孝也；莅官不敬，非孝也；朋友不信，非孝也，战陈无勇，非孝也"。论"孝"至此，精矣，大矣！予又为世俗之稍知孝道者，赘以数言曰：妻子不肃，非孝也；兄弟不爱，非孝也；族姻不睦，非孝也；乡党不和，非孝也；师长不敬，非孝也。

一收心便耳聪目明，虽中、下之材亦然。然则何为聪明哉？收心而已矣；何为不聪明哉？不收心而已矣。故聪明过人者，无他异焉，心易收而已矣。

"父母惟其疾之忧。"不独父母在时当体此志也，虽终身可也。故曾子之"战战兢兢、如临深渊、如履薄冰"也，谓之守身可，谓之养志亦可。

君子之心一，小人之心万，只争这些子。

小人之心万，只是二、三。二、三，非万也。二、三，未有不万者也。《书》曰："德二、三，动罔不凶"；《诗》曰："士也罔极，二、三其德"，此之谓也。

有明黄石斋先生致命之日，犹作小楷数百字，岂真铁石心哉？只是一耳。

今人之才学，非才学也。君子以有耻为学，以改过为才。学不能有耻，无本之学；才不能改过，无益之才。

"一刀两断"，只在为亡。为人处能一刀两断，则壁立万仞矣。

有盖世之志，方有盖世之气；有盖世之识，方有盖世之量。

谦则有益，恒则无损。

"胆欲大，心欲小；智欲圆，行欲方。"孙思邈方外之人，而《小学》采其言，以此十二字，足为千秋之宝训也。

二十岁内，子弟正是紧要关头，为善为恶，皆在此时分途。慎之哉，慎之哉！一坠火坑，终身拔不出来，毋谓眼前受用为可乐也。小则灭身，大则灭宗。祖、父之身，而非己一人之身可以灭之乎？况使门户颠坠，祭祀斩绝，而一灭无所不灭乎？言至此，心胆真欲坠地，而可不畏乎？可不痛乎！

子弟衣食，不可求美，宴游不可数，与朋友不可骤交，闲人不可多见，淫词不可寓目，时日不可偷过。

做秀才要做个好秀才，做官要做个好官，方不贻父母骂辱耳。不然，虽位至公卿，终为不孝之子。

除好色、好货、好名、好便安外，犹有病耶？有"四好"而万恶来，无"四好"而万善来。无之，殊不易，须猛力克耳。

子弟偏好必中"四毒"：一色毒（邪思、秽语、淫视、浪游）。二货毒（钱财、器用、衣服、玩好）。三名毒（诈伪、争斗、夸耀、妒忌）。四便安毒（闲散、游戏、贪饮、好眠）。

既中四毒、虽得善药、难治"四症"：一傲症（刚愎自用、闻善不服）。二惰症（虽不自用、颓靡难堪）。三隔症（非傲非惰、胸实不开）。四杂症（亦有所解、心自乱麻）。

四症既深、善药不治、必成"四死"：一性情死（良心销灭、永无转念）。二耳目死（聪明锢塞、无路开导）。三身死（淫昏凶险、亏体促寿）。四家死（世德倾颓、门祚颠坠）。

呜呼！凡子弟稍有人心者，闻吾"四毒"、"四症"、"四死"之说，得不悚然自振拔哉！一悚然自振拔，而症有起色，可以不死矣。彼"四毒"，又乌能害人也。危哉！微哉！

佳子弟十德（或问予：佳子弟若何，故书此）：敦孝弟、务信实、存长厚、知名节、慎交游、恒诵读、循恭逊、持静默、习勤苦、崇俭朴。

今世士人家子弟，朝夕于师长、书策之前，而长有五恶：鄙陋、怠惰、淫荡、欺诈、桀傲。

立身立业、二主二辅：内怀廉耻（立身之主），外饬威仪（立身之辅）；痛读经书（立业之主），亲习文辞（立业之辅）。

（清）朱彝尊隶书七言联：老圃地宽花富贵，醉香天阔酒神仙

子弟变化气质二急务：读书、择交（刘元城有言："子弟宁可终岁不读书，不可一日近匪人。"然则二者之中，择交尤急。）

不顺乎亲，则不信于友，此良友也。吾以为不顺乎亲者，必交败德之友矣。《易》曰："比之匪人，不亦伤乎？"伤其身，即伤其亲而已矣。

不爱其亲而爱他人者，谓之悖德；不敬其亲而敬他人者，谓之悖

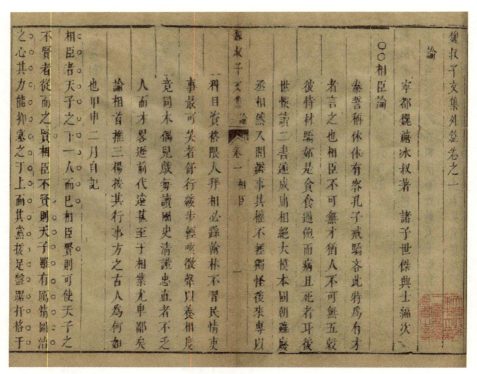

（清）魏禧《魏叔子文集》，清道光二十五年宁都谢庭绶绂图书塾刻本

礼。古人爱敬良友之心，犹不敌爱敬其亲之心之半也，而又焉有势利
之交哉？而又焉有浮荡之交哉？今人于势利、浮荡之人，则敬之、爱
之，惟恐不当其意，居然过于己之亲焉，非大悖而何？

"傲不可长，欲不可纵。"二语相因，盖长傲者欲必纵，纵欲者傲
愈长，终于亡其心身而已矣。

"无若丹朱傲，惟漫游是好。傲虐是作，罔昼夜额额，罔水行舟，
朋淫于家，用殄厥世。"此数句只以一"傲"字括之。傲则必慢，傲则
必好游戏，傲则必虐人，傲则必多燕朋，傲则必淫，傲则不顺天地之
常。故昼夜不息，罔水而亦行舟。夫孝该百行则傲该万恶，孝之为言
顺也，傲字正相反。舜之孝，丹朱之傲，一圣一愚，天地悬绝，水火
不相入，顺而不顺之间而已（舜，圣之至也，故能化丹朱而使不为乱。

《书》曰"虞宾在位"是也。)

与父、师常相亲者，心胸必易明，学业必易进。

子弟初亦未见大恶，但于圣贤之格言，谓为迂腐而无益，不便于身心者，其人必大奸邪流荡之徒。

诸恶从一"薄"字生出。

"敬胜百邪"，朱子语也。切记，切记！

就事察事而义出矣，将心比心而仁出矣。

始不知理，继不行理而患，遂入于膏肓而不可救。不知由于不思，须沈苦反复而思之；不行由于不断，须著力猛克而断之

嗜欲如水之流，非礼让廉耻以防之，何不可以滔天哉？

少年人于可喜之事到前，须想到三件事：一曰身命、二曰品行、三曰学问。

寻乐则必逐欲，逐欲则必伤身，伤身则必害亲。夫害亲者，亲之仇也。然则寻乐者，是寻其父母之仇人而与之为乐也，亦大不仁哉（诸欲之中，色财二关最难打过。打过此二关，大半近理矣）！

呜呼！汝来前，汝能听吾言，则此数千言者，汝守之，以善其一身，而并以传汝之子孙。予虽不德，将与有荣焉。而此数千言者，且将为传家之宝训也。不然，予虽谆谆言之，汝则藐藐听之，则此数千言者，将视为迂腐之物，不足为重而止足为笑，并席间之废纸而犹不如者也。夫不言，予之过也；不听，汝之罪也。予尽予之心而已矣，能强汝乎哉？

《丛书集成初编》

注解

潘德舆（1785~1839年），字彦辅，号四农，江苏山阳（今淮安）人。道光八年（1828年）江南解元。清代知名文人。

潘德舆"幼而聪慧，记诵如成人"，道光三年（1823年），于车桥邵氏宅外建书屋三间，使命名为"养一斋"，书联云："教悌崇廉耻，博洽精文章"以自勉，表达其立身处世、淡泊宁静的志趣和嗜学不倦的毅力。从此，"养一先生"闻名于世。道光十五年（1835年），潘德舆中举后将近8年，在京"大挑一等"，分发安徽候补知县，他虽认为"当知县可以救世，不可不为"（《家书》），然由"候补"为"实授"，又谈何容易。但最终于"以科目资浅截留"未赴任。不久即去阜宁任观海书院讲席，又馆于仪征、扬州姚莹家塾，继续其教读生涯。

潘德舆一生命运多舛，六次参加会试，未能考取进士，一生在乡里设帐授徒，著书立说。他精于学术文章，认为挽回世运莫切于文章，文章之根本在忠孝，源在经术。谓天下大病不外三言：曰吏、曰例、曰利。世儒负匡济大略，非杂纵横，即陷功利，未有能破"利"字而成百年休养之治者。所与游者，皆一时俊彦。其文精深博奥，有《养一斋集》十六卷《养一斋诗话》十卷。

《示儿长语》名其曰是写对儿子的教诲，实际上是他一生读书治学、做人处世的研究和实践结晶。与一般家训不同的是，潘德舆从"治心"角度，对如何立志做人、如何读书、如何辨明是非、如何明哲保身诸多方面进行了经典性阐述，特别是对古往今来做人做事的思想进行提炼，如提出做人做事要避免的"四好""四毒""四症""四死"，内容都很经典，也具有针对性。因为针对的是儿子的成长，潘德舆从教育的角度，以老师对学生的口吻，娓娓道来，入情入理，虽语言浅显，但内容深刻，微言大义，发人深思。

周际华《共城从政录》：凡事须立定主意、咬定牙关去做

立 志

《学记》云："士先志。"凡事必要立定主意，站定脚跟，咬定牙关去做事，方有成。若见异思迁，或委靡不振，到底一事无成，比如欲行千里，立定心肠要走，日复一日，终有到时。若一日不走，便一日不到，此亦事理之至明者矣。故《大学》首重知止，乃能得止，总视乎志之定不定尔。诸生读古人书便要志在古人，看准了哪一条路是我当走的，即竭力以赴。哪一条路，是我不当走的，即死心不为。谚云：有志者事竟成，切莫把念头错过。

立 身

人莫不爱身，幸而得为读书人，是何等身分，此更要自爱了。故内而格致诚正，外而齐治均平，皆以一身任之，若把此身看成了，便可无所无为，而心思骸骨皆为无用，岂止无用已哉，必将败度败礼以速戾于厥身，是不如不有此身之为愈矣。吾身能为圣贤岂不好，即不能到圣贤地位，断不可流于不肖，故爱身为学人第一要务，诸生能看得此身甚重，然后事业可图，否则罔之生也。幸而免尔，岂不危哉！

立 品

士君子立品宜高，取法乃大，所谓"正其谊不谋其利，明其道不计其功"。其立品者，峻也，彼卑污之习，声色货利之谋，丑声秽行，为鬼为蜮，是谓败类，衣冠中岂宜有此。既为士人，即宜从气节上用心，气节可伸，虽贫贱何辱，虽富贵何荣，卓然如苍松翠竹，经岁寒而不变，乃为可贵，孟子曰："人有不为也，而后可以有为。"其品之所在，光明磊落，当不似龌龊寒酸焉。

（清）俞樾隶书七言联：处世守老氏三宝，立身在儒行一篇

立 德

孔子曰："据于德，训行道，而有得于心"。之谓此事原不是高远难行的，只要在人生日用间随处体贴，如吾事吾亲，能尽一点心，能出一点力，便是一点孝。自大本大原之地，以至于一言一动之微，推而广之，无所不实，则德已无所不具矣。读书人不从己身上积德，每见圣贤行事、概以为非我所能道之，不明何问乎德，德之不立，何所为据。诸生能以家常行习间，事事物物逐处讲求，先明乎道，乃可蓄德，事业文章何所施而不顺也！

立 功

儒者有道德而后有事功。事功根于道德，非矜言才气、驰逐荣华之谓也。人生际遇各殊，莫不各有当为之事，即莫不各有当尽之功。幸而得志于时，则为相为卿，功在天下，等而下之，一官一邑，各随其职分所为，皆可以展吾抱负。即不幸山林终老，无所发挥，而遇事程材，亦足以成人善俗，如汉之王彦方、陈太邱辈，仪型乡里，薰其德皆为善良，非儒者功耶！处士纯盗虚声，愿先生宏此远谟，是不可无立功之愿。

立 言

言以阐道，古来载籍极博，必其道明见于心，见于行而后发于言也，取士以制艺，将以其言验其所识与其所行尔，非徒摭拾陈言，敲金戛玉，袭取声调，掠影浮光，仅仅焉为博青紫计也。学者作文原是藉题发挥，各抒底蕴，若先不明其理，必其言之无物。朝廷三年考校，凡得一士即以为服官之选，岂可以无味之谈、违心之论，与人家国事哉！诸生有志为文，宜取古人立言之旨，而深味之，然后味乎其言而言，且不朽也。夫临行本也，文艺末也，求其本末，知所先后，可与人德矣，岂徒掇科第已哉！

立　名

声闻过情，君子之耻。盖无其实而荣其名，实足为士行之累尔。然疾没世而名不称，其又谓之何也？彼甘心废弃之流，见事则葸其或坚僻成性，又故与世违者，无不托名高洁，以遂其偷惰取侮之私。不知好高洁亦名也，而卒未尝高且洁焉，其亦适成为无用之名而已矣。况至于不顾其名，又岂止于无用耶？果其立志为人，当必有奋发于中，

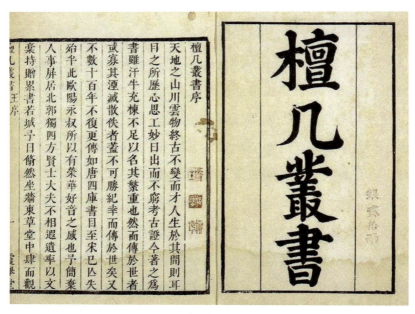

（清）王晫、张潮《檀几丛书》，清康熙年间刻本

而日章于外者，故君子原无近名之心，而不可无立名之道。

立　诚

　　所谓诚，其意者毋自欺也。这是人间关头。诚则为人，不诚则鬼，诚伪之辨，敬肆之所由分。即人禽之所由判也，是以君子慎之。孔子曰谨曰信曰忠曰敬，千言万语，总是要学人矢一片诚心。心信得过，方可为人，若自问先不自信，又何以求信于人乎？天地之诚，于物之可见验之；圣人之诚，于人所不见。基之始于一心而成于万，事忍于一夕而积之终身，稍有欺罔，魂梦难安矣！学者曷自思之。

《官箴书集成》

注解

　　周际华（1772~1846年），字石藩，初名际岐，后更今名，清朝贵州贵筑县（今贵阳市）人。嘉庆三年（1798年）举人，嘉庆六年进士。授内阁中书，历任辉县知县、陕州知州、高淳知县、兴化知县、江都兼署泰州知州。他是道光年间著名的循吏。在辉县时，率民疏浚河道，劝民植桑种树，毁淫祠，兴义字；在陕州时，修峡石驿道路；在兴化时，为水患，心系亿万生灵之性命，又教民间女子学习纺织，使木棉之利大兴；在泰州时，因江都沿江居民连年遭水灾，又请开义仓，赈济灾民，使人心稳定。他一生写了大量的诗词，著作有《省心录》《共城从政录》《海陵从政录》《家荫堂诗稿》《感深知己录》等。

　　《共城从政录》是周际华的为官实践和做人感悟。他从道光六年（1826年）至道光十五年在辉县主政长达十年时间。《共城从政录》则详细记录了他在辉县的施政情况，反映了其作为一代循吏的教化理念与实践。本部分选录的内容是他关于为官做人、为政处世的基本标准，立志就是立下恒心，即"立定主意，站定脚跟，咬定牙关去做事，方有成"；立身就是不要把自己看轻了，这身是"内而格致诚正，外而齐治均平",是要成就大事业的;立品,就是要有气节,"卓然如苍松翠竹,经岁寒而不变",有所为有所不为;立德就是做好事、积善行,从日常生活中的点滴做起,"只要在人生日用间随处体贴,如吾事吾亲,能尽一点心,能出一点力,便是一点孝";立功,就是为国家为社会建功立业,"各随其职分所为,皆可以展吾抱负";立言,就是要独立思考,"必其道明见于心,见于行而后发于言也";立名,并不是浪得虚名,而是要给人间留下好榜样,"君子原无近名之心,而不可无立名之道";立诚,则是对人一片诚心,不自欺欺人,实际上就是实事求是,不尚空谈,不欺世盗名。

金缨《格言联璧》:大着肚皮容物,立定脚跟做人

学问类

古今来许多世家,无非积德;天地间第一人品,还是读书。

读书即未成名,究竟人高品雅;修德不期获报,自然梦稳心安。

为善最乐,读书便佳。

诸君到此何为,岂徒学问文章,擅一艺微长,便算读书种子;在我所求亦恕,不过子臣弟友,尽五伦本分,共成名教中人。

聪明用于正路,愈聪明愈好,而文学功名益成其美;聪明用于邪路,愈聪明愈谬,而文学功名适济其奸。

战虽有阵,而勇为本;祭虽有仪,而诚为本;丧虽有礼,而哀为本;士虽有学,而行为本。

飘风不可以调宫商,巧妇不可以主中馈,词章之士不可以治国家。

经济出自学问,经济方有本原;心性见之事功,心性方为圆满。舍

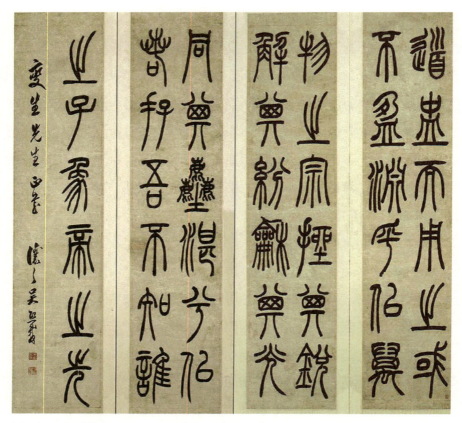

（清）吴熙载《篆书四屏》。识文：道盅而用之，或不盈渊乎。似万物之宗，挫其锐，解其纷，和其光，同其尘，湛兮似若存。吾不知谁之子，象帝之光。款署：变生先生正藏。让之吴熙载。

事功更无学问，求性道不外文章。

何谓至行？曰庸行。何谓大人？曰小心。何以上达？曰下学。何以远到？曰近思。

竭忠尽孝，谓之人；治国经邦，谓之学；安危定变，谓之才；经天纬地，谓之文；霁月光风，谓之度；万物一体，谓之仁。

以心术为本根，以伦理为桢干，以学问为菑畲，以文章为花萼，以事业为结实，以书史为园林；以歌咏为鼓吹，以义理为膏粱，以著述为文绣，以诵读为耕耘，以记问为居积；以前言往行为师友，以忠信笃敬为修持，以作善降祥为受用，以乐天知命为依归。

懔闲居以体独，卜动念以知几，谨威仪以定命，敦大伦以凝道，备百行以考旋，迁善改过以作圣。

收吾本心在腔子里，是圣贤第一等学问；尽吾本分在素位中，是圣贤第一等工夫。

万理澄彻，则一心愈精而愈谨；一心凝聚，则万理愈通而愈流。

宇宙内事，乃己分内事；己分内事，乃宇宙内事。

身在天地后，心在天地前；身在万物中，心在万物上。

观天地生物气象，学圣贤克己工夫。

下手处是自强不息，成就处是至诚无息。

以圣贤之道教人易，以圣贤之道治己难；以圣贤之道出口易，以圣贤之道躬行难；以圣贤之道奋始易，以圣贤之道克终难。圣贤学问是一套，行王道必本天德；后世学问是两截，不修己只管治人。

口里伊周，心中盗跖，责人而不责己，名为挂榜圣贤；独懔明旦，幽畏鬼神，知人而复知天，方是有根学问。

（清）俞樾隶书十四字联：问何人，啸傲乾坤，只图个无荣无辱；愿此后，婆娑风月，那管他呼马呼牛

无根本底气节，如酒汉殴人，醉时勇，醒来退消，无分毫气力；无学问底识见，如庖人炀灶，面前明，背后左右，无一些照顾。

理以心得为精，故当沉潜，不然，耳边口头尔；事以典故为据，故当博洽，不然，臆说杜撰也。

只有一毫粗疏处，便认理不真，所以说惟精，不然，众论淆之而必疑；只有一毫二三心，便守理不定，所以说惟一，不然，利害临之而必变。

接人要和中有介，处事要精中有果，认理要正中有道通。

在古人之后，议古人之失，则易；处古人之位，为古人之事，则难。

古之学者得一善言，附于其身；今之学者得一善言，务以悦人。

古之君子，病其无能也，学之；今之君子，耻其无能也，讳之。

眼界要阔，遍历名山大川；度量要宏，熟读五经诸史。

先读经后读史，则论事不谬于圣贤；既读史复读经，则观书不徒为章句。

读经传则根柢厚，看史鉴则事理通，观云天则眼界宽，去嗜欲则胸怀净。

一庭之内，自有至乐；六经以外，别无奇书。

读未见书，如得良友；见已读书，如逢故人。

何思何虑，居心当如止水；勿助勿忘，为学当如流水。

心不欲杂，杂则神荡而不收；心不欲劳，劳则神疲而不入。

心慎杂欲，则有余灵；目慎杂观，则有余明。

案上不可多书，心中不可少书；鱼离水则身枯，心离书则神索。

志之所趋，无远勿届，穷山距海不能限也；志之所向，无坚不入，锐兵固甲不能御也。

把意念沉潜得下，何理不可得？把志气奋发得起，何事不可为？

不虚心，便如以水沃石，一毫进入不得；不开悟，便如胶柱鼓瑟，一毫转动不得；不体认，便如电光照物，一毫把捉不得；不躬行，便如水行得车，陆行得舟，一毫受用不得。

读书贵能疑，疑乃可以启信；读书在有渐，渐乃克底有成。

看书求理，须令自家胸中点头；与人谈理，须令人家胸中点头。

爱惜精神，留他日担当宇宙；蹉跎岁月，问何时报答君亲。

戒浩饮，浩饮伤神；戒贪色，贪色灭神。戒厚味，厚味昏神；戒饱食，饱食闷神。戒妄动，妄动乱神；戒多言，多言伤神。戒多忧，多忧郁神；戒多思，多思挠神。戒久睡，久睡倦神；戒久读，久读枯神。

存养类

性分不可使不足，故其取数也宜多，曰穷理，曰尽性，曰达天，

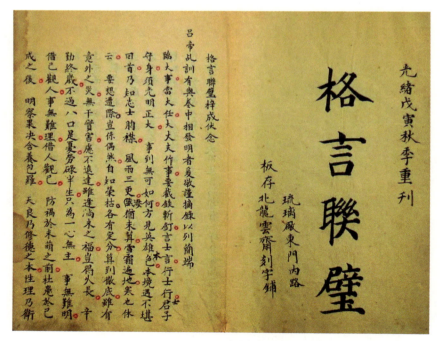

（清）金缨《格言联璧》，清光绪十六年刻本

曰入神，曰致广大、极高明；情欲不可使有余，故其取数也宜少，曰谨言，曰慎行，曰约己，曰清心，曰节饮食、寡嗜欲。

大其心，容天下之物；虚其心，受天下之善；平其心，论天下之事；潜其心，观天下之理；定其心，应天下之变。

清明以养吾之神，湛一以养吾之虑，沉警以养吾之识，刚大以养吾之志，果断以养吾之才，凝重以养吾之气，宽裕以养吾之量，严冷以养吾之操。

自家有好处，要掩藏几分，这是涵育以养深；别人不好处，要掩藏几分，这是浑厚以养大。

以虚养心，以德养身，以仁养天下万物，以道养天下万世。

涵养冲虚，便是身世学问；省除烦恼，何等心性安和！

颜子四勿，要收入来，闲存工夫，制外以养中也；孟子四端，要扩充去，格致工夫，推近以暨远也。

喜怒哀乐而曰未发，是从人心直溯道心，要他存养；未发而曰喜怒哀乐，是从道心指出人心，要他省察。

存养宜冲粹，近春温；省察宜谨严，近秋肃。

就性情上理会，则曰涵养；就念虑上提撕，则曰省察；就气质上销镕，则曰克治。

一动于欲，欲迷则昏；一任乎气，气偏则戾。

人心如谷种，满腔都是生意，物欲锢之而滞矣，然而生意未尝不在也，疏之而已耳；人心如明镜，全体浑是光明，习染熏之而暗矣，然而明体未尝不存也，拭之而已耳。

果决人似忙，心中常有余闲；因循人似闲，人中常有余忙。

寡欲故静，有主则虚。

无欲之谓圣，寡欲之谓贤，多欲之谓凡，徇欲之谓狂。

人之心胸，多欲则窄，寡欲则宽；人之心境，多欲则忙，寡欲则闲；人之心术，多欲则险，寡欲则平；人之心事，多欲则忧，寡欲则乐；人之心气，多欲则馁，寡欲则刚。

宜静默，宜从容，宜谨严，宜俭约。四者，切己良箴。

忌多欲，忌妄动，忌坐驰，忌旁骛。四者，切己大病。

常操常存，得一"恒"字诀；勿忘勿助，得一"渐"字诀。

敬守此心，则心定；敛抑其气，则气平。

人性中不曾缺一物，人性上不可添一物。

君子之心不胜其小，而气量涵盖一世；小人之心不胜其大，而志意拘守一隅。

怒是猛虎，欲是深渊。

忿如火，不遏则燎原；欲如水，不遏则滔天。

惩忿如摧山，窒欲如填壑；惩忿如救火，窒欲如防水。

心一松散，万事不可收拾；心一疏忽，万事不入耳目；心一执着，万事不得自然。

（清）季守正隶书十八言联：遇事只一味，镇定从容，虽纷若乱丝，终当就绪；待人无半毫，矫伪欺诈，纵狡如山鬼，亦自献诚

1611

一念疏忽，是错起头；一念决裂，是错到底。

古之学者，在心地上做功夫，故发之容貌，则为盛德之符；今之学者，在容貌上做功夫，故反之于心，则为实德之病。

只是心不放肆，便无过差；只是心不怠忽，便无逸志。

处逆境心，须用开拓法；处顺境心，要用收敛法。

世路风霜，吾人炼心之境也；世情冷暖，吾人忍性之地也；世事颠倒，吾人修行之资也。

青天白日的节义，自暗室屋漏中培来；旋乾转坤的经纶，自临深履薄处得力。

名誉自屈辱中彰，德量自隐忍中大。

谦退是保身第一法，安详是处事第一法，涵容是待人第一法，洒脱是养心第一法。

喜来时一检点，怒来时一检点，怠惰时一检点，放肆时一检点。

自处超然，处人蔼然；无事澄然，有事斩然；得意淡然，失意泰然。

静能制动，沉能制浮，宽能制褊，缓能制急。

天地间真滋味，惟静者能尝得出；天地间真机括，惟静者能看

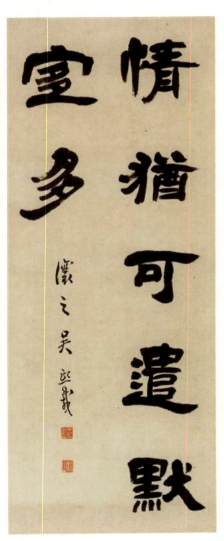

（清）吴熙载隶书七言句：情犹可遣默宜多

得透。

有才而性缓，定属大才；有智而气和，斯为大智。

气忌盛，心忌满，才忌露。

有作用者，器宇定是不凡；有智慧者，才情决然不露。

意粗性躁，一事无成；心平气和，千祥骈集。

世俗烦恼处，要耐得下；世事纷扰处，要闲得下；胸怀牵缠处，要割得下；境地浓艳处，要淡得下；意气忿怒处，要降得下。

观操存在利害时，观精力在饥疲时，观度量在喜怒时，观镇定在震惊时。

大事难事看担当，逆境顺境看襟度，临喜临怒看涵养，群行群止看识见。

轻当矫之以重，浮当矫之以实，褊当矫之以宽，执当矫之以圆，傲当矫之以谦，肆当矫之以谨，奢当矫之以俭，忍当矫之以慈，贪当矫之以廉，私当矫之以公。放言当矫之以缄默，好动当矫之以镇静，粗率当矫之以细密，躁急当矫之以和缓，怠惰当矫之以精勤，刚暴当矫之以温柔，浅露当矫之以沉潜，溪刻当矫之以浑厚。

持躬类

聪明睿知，守之以愚；功被天下，守之以让；勇力振世，守之以怯；道德隆重，守之以谦。

不与居积人争富，不与进取人争贵，不与矜饰人争名；不与少年人争英俊，不与盛气人争是非。

富贵，怨之府也；才能，身之灾也；声名，谤之媒也；欢乐，悲之渐也。

浓于声色，生虚怯病；浓于货利，生贪饕病；浓于功业，生造作病；浓于名誉，生矫激病。

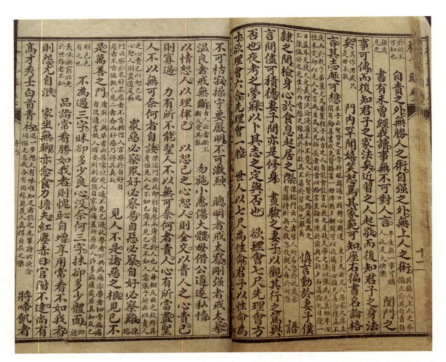

（清）金缨《格言联璧》，民国上海尚古山房石印本

想自己身心，到后日置之何处；顾本来面目，在古时像个甚人。

莫轻视此身，三才在此六尺；莫轻视此生，千古在此一日。

醉酒饱肉，浪笑恣谈，却不错过了一日；妄动胡言，昧理从欲，却不作孽了一日。

不让古人，是谓有志；不让今人，是谓无量。

一能胜予，君子不可无此小心；吾何畏彼，丈夫不可无此大志。

怪小人之颠倒是非，不知惯颠倒方为小人；惜君子之受世折磨，不知惟折磨乃见君子。

经一番挫折，长一番识见；容一番横逆，增一番器度；省一分经营，多一分道义；学一分退让，讨一分便宜；增一分享用，减一分福泽；加一分体贴，知一分物情。

不自重者取辱，不自畏者招祸，不自满者受益，不自是者博闻。

有真才者，必不矜才；有实学者，必不夸学。

盖世功劳，当不得一个"矜"字；弥天罪恶，当不得一个"悔"字。

诿罪掠功，此小人事；掩罪夸功，此众人事；让美归功，此君子事；分怨共过，此盛德事。

毋毁众人之名，以成一己之善；毋没天下之理，以护一己之过。

大着肚皮容物，立定脚跟做人。

实处着脚，稳处下手。

读书有四个字最要紧，曰：阙、疑、好、问；做人有四个字最要紧，曰：务、实、耐、久。

事当快意时须转，言到快意时须住。

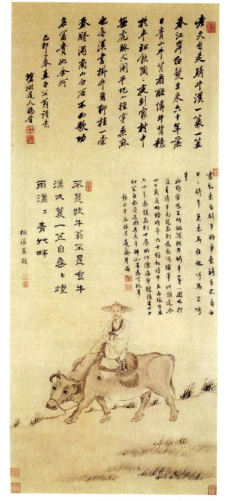

（清）杨晋《石谷骑牛图》

物忌全胜，事忌全美，人忌全盛。

尽前行者地步窄，向后看者眼界宽。

留有余不尽之巧，以还造化；留有余不尽之禄，以还国家；留有余不尽之财，以还百姓；留有余不尽之福，以贻子孙。

四海和平之福，只是随缘；一生牵惹之劳，总因好事。

花繁柳密处拨得开，方见手段；风狂雨骤时立得定，才是脚跟。

（清）鲍廷博《知不足斋丛书》，清乾隆鲍廷博刻

步步占先者，必有人以挤之；事事争胜者，必有人以挫之。

能改过，则天地不怒；能安分，则鬼神无权。

言行拟之古人则德进，功名付之天命则心闲，报应念及子孙则事平，受享虑及疾病则用俭。

安莫安于知足，危莫危于多言；贵莫贵于无求，贱莫贱于多欲；乐莫乐于好善，苦莫苦于多贪；长莫长于博识，短莫短于自恃；明莫明于体物，暗莫暗于昧几。

能知足者，天不能贫；能忍辱者，天不能祸；能无求者，天不能贱；能外形骸者，天不能病；能不贪生者，天不能死；能随遇而安者，天不能困；能造就人材者，天不能孤；能以身任天下后世者，天不能绝。

天薄我以福，吾厚吾德以迓之；天劳我以形，吾逸吾心以补之；天危我以遇，吾享吾道以通之；天苦我以境，吾乐吾神以畅之。

吉凶祸福，是天主张；毁誉予夺，是人主张；主身行己，是我主张。

要得富贵福泽，天主张由不得我；要做贤人君子，我主张由不得天。

富以能施为德，贫以无求为德；贵以下人为德，贱以忘势为德。

护体面，不如重廉耻；求医药，不如养性情；立党羽，不如昭信义；作威福，不如笃至诚；多言语，不如慎隐微；博声名，不如正心术；

恣豪华，不如乐名教；广田宅，不如教义方。

行己恭，责躬厚，接众和，立心正，进道勇。择友以求益，改过以全身。

敬为千圣授受真源，慎乃百年提撕紧钥。

度量如海涵春育，应接如流水行云。操存如青天白日，威仪如丹凤祥麟。言论如敲金戛石，持身如玉洁冰清。襟抱如光风霁月，气概如乔岳泰山。

海阔从鱼跃，天空任鸟飞，非大丈夫不能有此度量！振衣千仞冈，濯足万里流，非大丈夫不能有此气节！珠藏泽自媚，玉韫山含辉，非大丈夫不能有此蕴藉！月到梧桐上，风来杨柳边，非大丈夫不能有此襟怀！

处草野之日，不可将此身看得小；居廊庙之日，不可将此身看得大。

只一个俗看头，错做了一生人；只一双俗眼睛，错认了一生人。

心不妄念，身不妄动。口不妄言，君子所以存诚；内不欺己，外不欺人，上不欺天，君子所以慎独。不愧父母，不愧兄弟，不愧妻子，君子所以宜家；不负国家，不负生民，不负所学，君子所以用世。以性分言，无论父子兄弟，即天地万物，皆一体耳，何物非我？于此信得及，则心体廓然矣。以外物言，无论功名富贵，即四肢百骸，亦躯壳耳，何物是我？于此信得及，则世味淡然矣。

有补于天地曰功，有关于世教曰名，有学问曰富，有廉耻曰贵，是谓功名富贵；无为曰道，无欲曰德，无习于鄙陋曰文，无近于暧昧曰章，是谓道德文章。

困辱非忧，取困辱为忧；荣利非乐，忘荣利为乐。

热闹荣华之境，一过辄生凄凉；清真冷淡之为，历久愈有意味。

心志要苦，意趣要乐；气度要宏，言动要谨。

心术以光明，笃实为第一；容貌以正大，老成为第一；言语以简重，真切为第一。

勿吐无益身心之语，勿为无益身心之事，勿近无益身心之人，勿入无益身心之境，勿展无益身人之书。

此生不学一可惜，此日闲过二可惜，此身一败三可惜。

君子胸中所常体，不是人情是天理；君子口中所常道，不是人伦是世教；君子身中所常行，不是规矩是准绳。

休诿罪于气化，一切责之人事；休过望于世间，一切求之我身。

自责之外，无胜人之术；自强之外，无上人之术。

书有未曾经我读，事无不可对人言。

闺门之事可传，而后知君子之家法矣；近习之人起敬，而后知君子之身法矣。

门内罕闻嬉笑怒骂，其家范可知；座右遍陈善书格言，其志趣可想。

慎言动于妻子仆隶之间，检身心于食息起居之际。

语言间尽可积德，妻子间亦是修身。

昼验之妻子，以观其行之笃与否也；夜考之梦寐，以卜其志之定与否也。

欲理会七尺，先理会方寸；欲理会六合，先理会一腔。

世人以七尺为性命，君子以性命为七尺。

气象要高旷，不可疏狂；心思要缜密，不可琐屑；趣味要冲淡，不可枯寂；操守要严明，不可激烈。

聪明者，戒太察。刚强者，戒太暴。温良者，戒无断。

勿施小惠伤大体，毋借公道遂私情。

以情恕人，以理律己。

以恕己之心恕人，则全交；以责人之心责己，则寡过。

力有所不能，圣人不以无可奈何者责人；心有所当尽，圣人不以无可奈何者自诿。

众恶必察，众好必察，易；自恶必察，自好必察，难。

见人不是诸恶之根，见己不是万善之门。

"不为过"三字，昧却多少良心；"没奈何"三字，抹却多少体面。

品诣常看胜如我者，则愧耻自增；享用常看不如我者，则怨尤自泯。

家坐无聊，当思食力担夫，红尘赤日；官阶不达，须念高才秀士，白首青衿。将啼饥者比，则得饱自乐；将号寒者比，则得暖自乐；将劳役者比，则优闲自乐；将疾病者比，则康健自乐；将祸患者比，则平安自乐；将死亡者比，则生存自乐。

常思终天抱恨，自不得不尽孝心。常思度日艰难，自不得不节费用。常思人命脆薄，自不得不加修持。常思杀债难偿，自不得不惜口腹。常思世态炎凉，自不得不奋志气。常思法网难漏，自不得不戒非为。常思身命易倾，自不得不存善念。

以媚字奉亲，以淡字交

（清）王翚《秋树昏鸦图》

友，以苟字省费，以拙字免劳，以聋字止谤，以盲字远色，以吝字防口，以病字医淫，以贪字读书，以疑字穷理，以刻字责己，以迂字守礼，以狠字立志，以傲字植骨，以痴字救贫，以空字解忧，以弱字御侮，以悔字改过，以懒字抑奔竞风，以惰字屏尘俗事。

对失意人，莫谈得意事；处得意日，莫忘失意时。

贫贱是苦境，能善处者自乐；富贵是乐境，不善处者更苦。

恩里由来生害，故快意时须早回头；败后或反成功，故拂心处莫便放手。

深沉厚重，是第一等资质。磊落雄豪，是第二等资质。聪明才辩，是第三等资质。

上士忘名，中士立名，下士窃名；上士闭心，中士闭口，下士闭门。

好讦人者身必危，自甘为愚，适成其保身之智；好自夸者人多笑，自舞其智，适见其欺人之愚。

闲暇出于精勤，恬适出于祗惧，无思出于能虑，大胆出于小心。

平康之中，有险阻焉。衽席之内，有鸩毒焉。衣食之间，有祸败焉。

居安虑危，处治思乱。

天下之势，以渐而成；天下之事，以积而固。

祸到休愁，也要会救；福来休喜，也要会受。

天欲祸人，先以微福骄之；天欲福人，先以微祸儆之。

傲慢之人骤得通显，天将重刑之也；疏放之人艰于进取，天将曲赦之也。

小人亦有坦荡荡处，无忌惮是也；君子亦有长戚戚处，终身之忧是也。

君子犹水也，其性冲，其质白，其味淡，其为用也，可以浣不洁者而使洁，即沸汤中投以油，亦自分别而不相混。诚哉君子也！小人譬油也，其性滑，其质腻，其味浓，其为用也，可以污洁者而使不洁，倘滚油中投以水，必至激搏而不相容。诚哉小人也！

凡阳必刚，刚必明，明则易知；凡阴必柔，柔必暗，暗则难测。

称人以颜子，无不悦者，忘其贫贱而夭；指人以盗跖，无不怒者，忘其富贵而寿。

事事难上难，举足常虞失坠；件件想一想，浑身都是过差。

怒宜实力消融，过要细心检点。

探理宜柔，优游涵泳，始可以自得；决欲宜刚，勇猛奋迅，始可以自新。

惩忿窒欲，其象为《损》，得力在一"忍"字；迁善改过，其象为《益》，得力在一"悔"字。

富贵如传舍，惟谨慎可得久居；贫贱如敝衣，惟勤俭可以脱卸。

俭则约，约则百善俱兴；侈则肆，肆则百恶俱纵。

奢者富不足，俭者贫有余；奢者心常贫，俭者心常富。

贪饕以招辱，不若俭而守廉。干请以犯义，不若俭而全节。侵牟以聚怨，不若俭而养心。放肆以遂欲，不若俭而安性。

静坐，然后知平日之气浮；守默，然后知平日之言躁；省事，然后知平日之心忙；闭户，然后知平日之交滥；寡欲，然后知平日之病多；近情，然后知平日之念刻。

无病之身，不知其乐也，病生始知无病之乐；无事之家，不知其福也，事至始知无事之福。

欲心正炽时，一念着病，兴似寒冰；利心正炽时，一想到死，味同嚼蜡。

有一乐境界，即有一不乐者相对待；有一好光景，便有一不好底相乘除。

事不可做尽，言不可道尽，势不可倚尽，福不可享尽。

不可吃尽，不可穿尽，不可说尽；又要洞得，又要做得，又要耐得。

难消之味休食，难得之物休蓄，难酬之恩休受，难久之友休交，难再之时休失，难守之财休积，难雪之谤休辩，难释之忿休较。

饭休不嚼便咽，路休不看便走，话休不想便说，事休不思便做，财休不审便取，气休不忍便动，友休不择便交。

为善如负重登山，志虽已确，而力犹恐不及；为恶如乘骏走坂，鞭虽不加，而足不禁其前。

防欲如挽逆水之舟，才歇手便下流；为善如缘无枝之树，才住脚便下坠。

胆欲大，心欲小；智欲圆，行欲方。

真圣贤决非迂腐，真豪杰断不粗疏。

龙吟虎啸，凤翥鸾翔，大丈夫之气象；蚕茧蛛丝，蚁封蚓结，儿女子之经营。

格格不吐，刺刺不休，总是一般语病，请以莺歌燕语疗之；恋恋不舍，

（清）吴熙载行书七言联：交如作画须求淡，山似论文不厌平

忽忽若忘，各有一种情痴，当以鸢飞鱼跃化之。

问消息于蓍龟，疑团空结；祈福祉于奥灶，奢想徒劳。

谦，美德也，过谦者怀诈；默，懿行也，过默者藏奸。

直不犯祸，和不害义。

圆融者无诡随之态，精细者无苛察之心，方正者无乖拂之失，沉默者无阴险之术，诚笃者无椎鲁之累，光明者无浅露之病，劲直者无径情之偏，执持者无拘泥之迹，敏练者无轻浮之状。

才不足则多谋，识不足则多虑，威不足则多怒，信不足则多言，勇不足则多劳，明不足则多察，理不足则多辩，情不足则多仪。

私恩煦感，仁之贼也；直往轻担，义之贼也；足恭伪态，礼之贼也；苛察歧疑，智之贼也；苟约固守，信之贼也。

有杀之为仁，生之不为仁者；有取之为义，与之为不义者；有卑之为礼，尊之为非礼者；有不知为智，知之为不智者；有违言为信，践言为非信者。

愚忠愚孝，实能维天地纲常，惜不遇圣人裁成，未尝入室；大诈大奸，偏会建世间功业，倘非有英主驾驭，终必跳梁。

知其不可为而遂委心任之者，达人智士之见也；知其不可为而犹竭力图之者，忠臣孝子之心也。

小人只怕他有才，有才以济之，流害无穷；君子只怕他无才，无才以行之，虽贤何补。

敦品类

欲做精金美玉的人品，定从烈火中锻来；思立揭地掀天的事功，须向薄冰上履过。

人以品为重，若有一点卑污之心，便非顶天立地汉子；品以行为主，若有一件愧怍之事，即非泰山北斗品格。

人争求荣，就其求之之时，已极人间之辱；人争恃宠，就其恃之之时，已极人间之贱。

丈夫之高华，只在于道德气节；鄙夫之炫耀，但求诸服饰起居。

阿谀取容，男子耻为妾妇之道；本真不凿，大人不失赤子之心。

君子之事上也，必忠以敬；其接下也，必谦以和。小人之事上也，必谄以媚；其待下也，必傲以忽。

立朝不是好官人，由居家不是好处士；平素不是好处士，由小时不是好学生。

做秀才如处子，要怕人；既入仕如媳妇，要养人；归林下如阿婆，要教人。

贫贱时眼中不着富贵，他日得志必不骄；富贵时意中不忘贫贱，一旦退休必不怨。

贵人之前莫言贱，彼将谓我求其荐；富人之前莫言贫，彼将谓我求其怜。

小人专望受人恩，受过辄忘；君子不轻受人恩，受则必报。

处众以和，贵有强毅不可夺之力；持己以正，贵有圆通不可拘之权。

使人有面前之誉，不若使人无背后之毁；使人有乍处之欢，不若使人无久处之厌。

媚若九尾狐，巧如百舌鸟，哀哉！羞此七尺之躯；暴同三足虎，毒比两头蛇，惜乎！坏尔方寸之地。

到处伛偻，笑伊首何仇于天？何亲于地？终朝筹算，问尔心何轻于命？何重于财？

富儿因求宦倾赀，污吏以黩货失职。

亲兄弟析箸，璧合翻作瓜分；士大夫爱钱，书香化为铜臭。

士大夫当为子孙造福，不当为子孙求福。谨家规，崇俭朴，教耕读，积阴德，此造福也；广田宅，结姻援，争什一，鬻功名，此求福也。造福者，澹而长；求福者，浓而短。

士大夫当为此生惜名，不当为此生市名。敦诗书，尚气节，慎取与，谨威仪，此惜名也；竞标榜，邀权费，务矫激，习模棱，此市名也。惜名者，静而休；市名者，躁而拙。

士大夫当为一家用财，不当为一家伤财。济宗党，广束修，救荒歉，创办义举，济人利物，此用财也；靡苑囿，教歌舞，奢燕会，积聚珍玩，赏目悦心，此伤财也。用财者，损而盈；伤财者，满而覆。

士大夫当为天下养身，不当为天下惜身。省嗜欲，减思虑，戒忿怒，节饮食，此养身也；规利害，避劳怨，营窟宅，守妻子，此惜身也。养身者，啬而大；惜身者，膻而细。

处事类

处难处之事愈宜宽，处难处之人愈宜厚，处至急之事愈宜缓，处至大之事愈宜平，处疑难之际愈宜无意。

无事时常照管此心，兢兢然若有事；有事时却放下此心，坦坦然若无事。无事如有事，提防才可弭意外之变；有事如无事，镇定方可消局中之危。

当平常之日，应小事，宜以应大事之心应之，盖天理无小，即人事观之，便有一个邪正，不可忽慢苟简，须审事之邪正以应之方可；及变故之来，处大事，宜以处小事之心处之，盖人事虽大，自天理观之，只有一个是非，不可惊惶失措，但凭理之是非以处之便得。

缓事宜急干，敏则有功；急事宜缓办，忙则多错。

不自反者，看不出一身病痛；不耐烦者，做不成一件事业。

日日行不怕千万里，常常做不怕千万事。

必有容，德乃大；必有忍，事乃济。

过去事，丢得一节是一节；现在事，了得一节是一节；未来事，省得一节是一节。

强不知以为知，此乃大愚；本无事而生事，是谓薄福

居处必先精勤，乃能闲暇；凡事务求停妥，然后逍遥。

天下最有受用，是一闲字，闲字要从勤中得来；天下最讨便宜，是一勤字，勤字要从闲中做出。

自己做事，切须不可迁滞，不可反复，不可琐碎；代人做事，极要耐得迁滞，耐得反复，耐得琐碎。

谋人事如己事，而后虑之也审；谋己事如人事，而后见之也明。

无心者公，无我者明。

置其身于是非之外，而后可以折是非之中；置其身于利害之外，而后可以观利害之变。

任事者，当置身利害之外；建言者，当设身利害之中。

无事时戒一"偷"字，有事时戒一"乱"字。

将事而能弭，遇事而能救，既事而能挽，此之谓达权，此之谓才；未事而知来，始事而要终，定事而知变，此之谓长虑，此之谓识。

提得起，放得下；算得到，做得完；看得破，撇得开。

救已败之事者，如驭临崖之马，休轻策一鞭；图垂成之功者，如挽上滩之舟，莫少停一棹。

以真实肝胆待人，事虽未必成功，日后人必见我之肝胆；以诈伪心肠处事，人即一时受惑，日后人必见我之心肠。

天下无不可化之人，但恐诚心未至；天下无不可为之事，只怕立志不坚。

处人不可任己意，要悉人之情；处事不可任己见，要悉事之理。

见事贵乎理明，处事贵乎心公。

于天理汲汲者，于人欲必淡；于私事耽耽者，于公务必疏；于虚文熠熠者，于本实必薄。

君子当事，则小人皆为君子，至此不为君子，真小人也；小人当事，则中人皆为小人，至此不为小人，真君子也。

居官先厚民风，处事先求大体。

论人当节取其长，曲谅其短；做事必先审其害，后计其利。

小人处事，于利合者为利，于利背者为害；君子处事，于义合者为利，于义背者为害。

只人情世故熟了，甚么大事做不到；只天理人心合了，甚么好事做不成。

只一事不留心，便有一事不得其理；只一物不留心，便有一物不得其所。

事到手，且莫急，便要缓缓想；想到时，切莫缓，便要急急行。

事有机缘，不先不后，刚刚凑巧；命若蹭蹬，走来走去，步步踏空。

接物类

事属暧昧，要思回护他，著不得一点攻讦的念头；人属寒微，要思矜礼他，著不得一毫傲睨的气象。

凡一事而关人终身，纵确见实闻，不可著口；凡一语而伤我长厚，虽闲谈酒谑，慎勿形言。

严著此心以拒外诱，须如一团烈火，遇物即烧；宽著此心以待同群，须如一片春阳，无人不暖。

持己当从无过中求有过，非独进德，亦且免患；待人当于有过中求无过，非但存厚，亦且解怨。

事后而议人得失，吹毛索垢，不肯丝毫放宽，试思己当其局，未必能效彼万一；旁观而论人短长，抉隐摘微，不留些须余地，试思己受其毁，未必能安意顺承。

遇事只一味镇定从容，虽纷若乱丝，终当就绪；待人无半毫矫伪欺诈，纵狡如山鬼，亦自献诚。

公生明，诚生明，从容生明。

人好刚，我以柔胜之；人用术，我以诚感之；人使气，我以理屈之。

柔能制刚，遇赤子而贲育失其勇；讷能屈辩，逢暗者而仪秦拙于词。

困天下之智者，不在智而在愚；穷天下之辩者，不在辩而在讷；伏天下之勇者，不在勇而在怯。

以耐事了天下之多事，以无心息天下之争心。

何以息谤？曰：无辩。何以止怨？曰：不争。

人之谤我也，与其能辩，不如能容；人之侮我也，与其能防，不如能化。

是非窝里，人用口，我用耳；热闹场中，人向前，我落后。

观世间极恶事，则一眚一愿，尽可优容；念古来极冤人，则一毁一辱，何须计较。

彼之理是，我之理非，我让

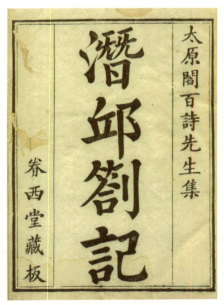

（清）阎若璩《潜邱札记》，清乾隆十年闰学林眷西堂刻本

之；彼之理非，我之理是，我容之。

能容小人是大人，能培薄德是厚德。

我不识何等为君子，但看每事肯吃亏的便是；我不识何等为小人，但看每事好便宜的便是。

律身惟廉为宜，处世以退为尚。

以仁义存心，以勤俭作家，以忍让接物。

径路窄处，留一步与人行；滋味浓处，减三分让人嗜。

任难任之事，要有力而无气；处难处之人，要有知而无言。

穷寇不可追也，遁辞不可攻也，贫民不可威也。

祸莫大于不仇人，而有仇人之辞色；耻莫大于不恩人，而诈恩人之状态。

恩怕先益后损，威怕先松后紧。

善用威者不轻怒，善用恩者不妄施。

宽厚者，毋使人有所恃；精明者，不使人无所容。

事有知其当变而不得不因者，善救之而已矣；人有知其当退而不得不用者，善驭之而已矣。

轻信轻发，听言之大戒也；愈激愈厉，责善之大戒也。

处事须留余地，责善切戒尽言。

施在我有余之惠则可以广德，留在人不尽之情则可以全交。

古人爱人之意多，故人易于改过，而视我也常亲，我之教益易行；今人恶人之意多，故人甘于自弃，而视我也常仇，我之言必不入。

喜闻人过，不若喜闻己过；乐道己善，何如乐道人善。

听其言必观其行，是取人之道；师其言不问其行，是取善之方。

论人之非，当原其心，不可徒泥其迹；取人之善，当据其迹，不必深究其心。

小人亦有好处，不可恶其人，并没其是；君子亦有过差，不可好其人，并饰其非。

小人固当远，然断不可显为仇敌；君子固当亲，然亦不可曲为附和。

待小人宜宽，防小人宜严。

闻恶不可遽怒，恐为谗夫泄忿；闻善不可就亲，恐引奸人进身。

先去私心，而后可以治公事；先平己见，而后可以听人言。

修己以清心为要，涉世以慎言为先。

恶莫大于纵己之欲，祸莫大于言人之非。

人生惟酒色机关，须百炼此身成铁汉；世上有是非门户，要三缄其口学金人。

工于论人者，察己常阔疏；狃于讦直者，发言多弊病。

人情每见一人，始以为可亲，久而厌生，又以为可恶。非明于理而复体之以情，未有不割席者；人情每处一境，始以为甚乐，久而厌生，又以为甚苦。非平其心而复济之以养，未有不思迁者。

观富贵人，当观其气概，如

（清）包世臣草书七言联：山水之间有清契，林亭以外无世情

温厚和平者，则其荣必久，而其后必昌；观贫贱人，当观其度量，如宽宏坦荡者，则其福必臻，而其家必裕。

宽厚之人，吾师以养量；慎密之人，吾师以炼识；慈惠之人，吾师以御下；俭约之人，吾师以居家；明通之人，吾师以生慧；质朴之人，吾师以藏拙；才智之人，吾师以应变；缄默之人，吾师以存神；谦恭善下之人，吾师以亲师友；博学强识之人，吾师以广见闻。

居视其所亲，富视其所与，达视其所举，穷视其所不为，贫视其所不取。

取人之直恕其戆，取人之朴恕其愚，取人之介恕其隘，取人之敬恕其疏，取人之辩恕其肆，取人之信恕其拘。

遇刚鲠人，须耐他戾气；遇俊逸人，须耐他妄气；遇朴厚人，须耐他滞气；遇佻达人，须耐他浮气。

人褊急，我受之以宽宏；人险仄，我待之以坦荡。

奸人诈而好名，其行事有确似君子处；迂人执而不化，其决裂有甚于小人时。

持身不可太皎洁，一切污辱垢秽，要茹纳得；处世不可太分明，一切贤愚好丑，要包容得。

宇宙之大，何物不有？使择物而取之，安得别立宇宙，置此所舍之物！人心之广，何人不容？使择人而好之，安有别个人心，复容所恶之人！

德盛者其心和平，见人皆可取，故口中所许可者多；德薄者其心刻傲，见人皆可憎，故目中所鄙弃者众。

律己宜带秋气，处世须带春风。

善处身者，必善处世，不善处世贼身者也；善处世者，必严修身，不严修身媚世者也。

爱人而人不爱，敬人而人不敬，君子必自反也；爱人而人即爱，敬人而人即敬，君子益加谨焉。

人若近贤良，譬如纸一张，以纸包兰麝，因香而得香；人若近邪友，譬如一枝柳，以柳贯鱼鳖，因臭而得臭。

人未己如，不可急求其知；人未己合，不可急与之合。

落落者难合，一合便不可离；欣欣者易亲，乍亲忽然成怨。

能媚我者，必能害我，宜加意防之；肯规予者，必肯助予，宜倾心听之。

出一个大伤元气进士，不如出一个能积阴德平民；交一个读破万卷邪士，不如交一个不识一字端人。

无事时埋藏着许多小人，多事时识破了许多君子。

一种人难悦亦难事，只是度量褊狭，不失为君子；一种人易事亦易悦，这是贪污软弱，不免为小人。

大恶多从柔处伏，须防绵里之针；深雠常自爱中来，宜防刀头之蜜。

惠我者小恩，携我为善者大恩；害我者小仇，引我为不善者大仇。

毋受小人私恩，受则恩不可酬；毋犯士夫公怒，犯则怒不可救。

喜时说尽知心，到失欢须防发泄；恼时说尽伤心，恐再好自觉羞惭。

盛喜中勿许人物，盛怒中勿答人柬。

顽石之中良玉隐焉，寒灰之中星火寓焉。

静坐常思己过，闲谈莫论人非。

对痴人莫说梦话，防所误也；见短人莫说矮话，避所忌也。

面谀之词，有识者未必悦心；背后之议，受憾者常若刻骨。

攻人之恶毋太严，要思其堪受；教人以善毋过高，当使其可从。

不可无不可一世之识，不可有不可一人之心。

事有急之不白者，缓之或自明，毋急躁以速其忿；人有操之不从者，纵之或自化，毋苛刻以益其顽。

遇矜才者，毋以才相矜，但以愚敌其才，便可压倒；遇炫奇者，毋以奇相炫，但以常敌其奇，便可破除。

直道事人，虚衷御物。

岂能尽如人意，但求不愧我心。

不近人情，举足尽是危机；不体物情，一生俱成梦境。

己性不可任，当用逆法制之，其道在一"忍"字；人性不可拂，当用顺法调之，其道在一"恕"字。

仇莫深于不体人之私，而又苦之；祸莫大于不讳人之短，而又讦之。

（清）钱泳隶书八言联：风月高情南华秋水，琴尊远契北苑春山

辱人以不堪，必反辱；伤人以已甚，必反伤。

处富贵之时，要知贫贱的痛痒；值少壮之日，须念衰老的辛酸；入安乐之场，当体患难人景况；居旁观之地，要谅局内人苦心。

临事须替别人想，论人先将自己想。

欲胜人者先自胜，欲论人者先自论，欲知人者先自知。

待人"三自反"，处世"两如何"。

待富贵人，不难有礼而难有体；待贫贱人，不难有恩而难有礼。

对愁人勿乐，对哭人勿笑，对失意人勿矜。

（清）钱杜《鸡笼山绿野堂图》

见人背语，勿倾耳窃听；入人之室，勿侧目旁观；到人案头，勿信手乱翻。

不蹈无人之室，不入有事之门，不处藏物之所。

俗语近于市，纤语近于娼，诨语近于优。

闻君子议论，如啜苦茗，森严之后，甘芳溢颊；闻小人言语，如嚼糖霜，爽美之后，寒冱凝胸。

凡为外所胜者，皆内不足；凡为邪所夺者，皆正不足。

存乎天者，于我无与也，穷通得丧，吾听之而已；存乎我者，于人无与也，毁誉是非，吾置之而已。

小人乐闻君子之过，君子耻闻小人之恶。

慕人善者，勿问其所以善，恐拟议之念生，而效法之念微矣；济人穷者，勿问其所以穷，恐憎恶之心生，而恻隐之心泯矣。

时穷势蹙之人，当原其初心；功成名立之士，当观其末路。

踪多历乱，定有必不得已之私；言到支离，才是无可奈何之处。

惠不在大，在乎当厄；怨不在多，在乎伤心。

毋以小嫌疏至戚，毋以新怨忘旧恩。

两惠无不释之怨，两求无不合之交，两怒无不成之祸。

古之名望相近则相得，今之名望相近则相妒。

齐家类

勤俭治家之本，和顺齐家之本，谨慎保家之本，诗书起家之本，忠孝传家之本。

天下无不是的父母，世间最难得者兄弟。

以父母之心为心，天下无不友之兄弟；以祖宗之心为心，天下无不和之族人；以天地之心为心，天下不无爱之民物。

（清）沈曾植行书七言联：倾壶待客花开后，出竹吟诗月上初

人君以天地之心为心，人子以父母之心为心，天下无不一之心矣；臣工以国家之事为事，奴仆以家主之事为事，天下无不一之事矣。

孝莫辞劳，转眼便为人父母；善因望报，回头但看尔儿孙。

子之孝，不如率妇以为孝，妇能养亲者也。公姑得一孝妇，胜如得一孝子。妇之孝，不如导孙以为孝，孙能娱亲者也。祖父得一孝孙，增一辈孝子。

父母所欲为者，我继述之；父母所重念者，我亲厚之。

婚而论财，究也夫妇之道丧；葬而求福，究也父子之恩绝。

君子有终身之丧，忌日是也；君子有百世之养，邱墓是也。

兄弟和其中自乐，子孙贤此外何求。

心术不可得罪于天地，言行要留好样与儿孙。

现在之福，积自祖宗者，不可不惜；将来之福，贻于子孙者，不可不培。现在之福如点灯，随点则随竭；将来之福如添油，愈添则愈明。

问祖宗之泽，吾享者是，当念积累之难；问子孙之福，吾贻者是，要思倾覆之易。

要知前世因，今生受者是；吾谓昨日以前，尔父尔祖，皆前世也；要知后世果，今生作者是；吾谓今日以后，尔子尔孙，皆后世也。

祖宗富贵，自诗书中来，子孙享富贵，则弃诗书矣；祖宗家业，自勤俭中来，子孙享家业，则忘勤俭矣。

近处不能感动，未有能及远者；小处不能调理，未有能治大者。亲者不能联属，未有能格疏者；一家生理不能全备，未能有安养百姓者；一家子弟不率规矩，未有能教诲他人者。

至乐无如读书，至要莫如教子。

子弟有才，制其爱毋弛其诲，故不以骄败；子弟不肖，严其诲毋薄其爱，故不以怨离。

雨泽过润，万物之灾也；恩宠过礼，臣妾之灾也；情爱过义，子孙之灾也。

安详恭敬，是教小儿第一法；公正严明，是做家长第一法。

人一心先无主宰，如何整理得一身正当；人一身先无规矩，如何调剂得一家肃穆。

融得性情上偏私，便是大学问；消得家庭中嫌隙，便是大经纶。

遇朋友交游之失，宜剀切，不宜游移；处家庭骨肉之变，宜委曲，不宜激烈。

未有和气萃焉，而家不吉昌者；未有戾气结焉，而家不衰败者。

闺门之内，不出戏言，则刑于之化行矣；房幄之中，不闻戏笑，则相敬之风著矣。

人之于嫡室也，宜防其蔽子之过；人之于继室也，宜防其诬子之过。

仆虽能，不可使与内事；妻虽贤，不可使与外事。

如仆得罪于我者尚可恕，得罪于人者不可恕；子孙得罪于人者尚可恕，得罪于天者不可恕。

奴之不祥，莫大于传主人之谤语；主之不祥，莫大于行仆婢之谮语。

治家严家乃和，居乡恕乡乃睦。

治家忌宽，而尤忌严；居家忌奢，而尤忌啬。

无正经人交接，其人必是奸邪；无穷亲友往来，其家必然势利。

日光照天，群物皆作，人灵于物，寐而不觉，是谓天起人不起，必为天神所谴，如君上临朝，臣下高卧失误，不免罚责；夜漏三更，群物皆息，人灵于物，烟酒沈溺，是谓地眠人不眠，必为地祇所诃，如家主欲睡，仆婢喧闹不休，定遭鞭笞。

楼下不宜供神，虑楼上之秽亵；屋后必须开户，防屋前之火灾。

从政类

眼前百姓即儿孙，莫谓百姓可欺，且留下儿孙地步；堂上一官称父母，漫道一官好做，须尽些父母恩情。

善体黎庶情，此谓民之父母；广行阴骘事，以能保我子孙。

封赠父祖易得也，无使人唾骂父祖难得也；恩荫子孙易得也，无使我毒害子孙难得也。

洁己方能不失己，爱民所重在亲民。

国家立法，不可不严；有司行法，不可不恕。

（清）金缨《格言联璧》，民国十九年郭氏双百鹿斋精写刻本

严以驭役而宽以恤民，亟于扬善而勇于去奸，缓于催科而勤于抚众。

催科不扰，催科中抚众；刑罚不差，刑罚中教化。

刑罚当宽处即宽，黎庶皆上天儿女；财用可省时便省，丝毫皆下民脂膏。

居家为妇女们爱怜，朋友必多怒色；做官为左右人欢喜，百姓定有怨声。

官不必尊显，期于无负国法；道不必博施，要在有裨民物。

禄岂须多，防满则退；年不待暮，有疾便辞。

天非私富一人，托以众贫者之命；天非私贵一人，托以众贱者之身。

在世一日要做一日好人，为官一日要行一日好事。

贫贱人栉风沐雨，万苦千辛，自家血汗自家消受，天之鉴察犹恕；富贵人衣税食租，担爵受禄，万民血汗一人消受，天之督责更严。

平日诚以治民而民信之，则凡有事于民，无不应矣；平日诚以事天而天信之，则凡有祷于天，无不应矣。

平民肯种德施惠，便是无位底卿相；士夫徒贪权希宠，竟成有爵底乞儿。

无功而食，雀鼠是已；肆害而食，虎狼是已。

毋矜清而傲浊，毋慎大而忽小，毋勤始而怠终。

勤能补拙，俭以养廉。

居官廉，人以为百姓受福，予以为赐福于子孙者不浅也，曾见有约己裕民者，后代不昌大耶？居官浊，人以为百姓受害，予以为贻害于子孙者不浅也，曾见有瘠众肥家者，历世得久长耶？

以林皋安乐懒散心做官，未有不荒怠者；以在家治生营产心做官，未有不贪鄙者。

念念用之民生，则为吉士；念念用之套数，则为俗吏；念念用之身家，则为贼臣。

古之从仕者养人，今之从仕者养己。

古之居官也，在下民身上做工夫；今之居官也，在上官眼底做工夫。

在家者不知有官，方能守分；在官者不知有家，方能尽分。

君子当官任职，不计难易，而志在济人，故动辄成功；小人苟禄营私，只任便安，而意在利己，故动多败事。

职业是当然底，每日做他不尽，莫要认作假；权势是偶然底，有日还他主者，莫要认作真。

一切人为恶，犹可言也，惟读书人不可为恶，读书人为恶，更无教化之人矣；一切人犯法，犹可言也，惟做官人不可犯法，做官人犯法，更无禁治之人矣！

士大夫济人利物，宜居其实，不宜居其名，居其名则德损；士大夫忧国为民，当有其心，不当有其语，有其语则毁来。

以处女之自爱者爱身，以严父之教子者教士。

执法如山，守身如玉，爱民如子，去蠹如仇。

陷一无辜，与操刀杀人者何别？释一大憝，与纵虎伤人者无殊！

针芒刺手，茨棘伤足，举体痛楚，刑惨百倍于此，可以喜怒施之乎？虎豹在前，坑阱在后，百般呼号，狱犴何异于此，可使无辜坐之乎？

官虽至尊，决不可以人之生命，佐己之喜怒；官虽至卑，决不可以己之名节，佐人之喜怒。

听断之官，成心必不可有；任事之官，成算必不可无。

无关紧要之票，概不标判，则吏胥无权；不相交涉之人，概不往来，则关防自密。

无辜牵累难堪，非紧要，祗须两造对质，保全多少身家；疑案转移甚大，无确据，便当末减从宽，休养几人性命。

呆子之患，深于浪子，以其终无转智；昏官之害，甚于贪官，以其狼藉及人。

官肯著意一分，民受十分之惠；上能吃苦一点，民沾万点之恩。

礼繁则难行，卒成废阁之书；法繁则易犯，益其决裂之罪。

善启迪人心者，当因其所明而渐通之，毋强开其所闭；善移易风俗者，当因其所易而渐反之，毋强矫其所难。

非甚不便于民，且莫妄更；非大有益于民，则莫轻举。

情有可通，旧有者不必过裁抑，免生寡恩之怨；事在得已，旧无者不必妄增设，免开多事之门。

为前人者，无干誉矫情，立一切不可常之法，以难后人；为后人者，无矜能露迹，为一朝即改革之政，以暴前人。

事在当因，不为后人开无故之端；事在当革，毋使后人长不救之祸。

利在一身勿谋也，利在天下者谋之；利在一时勿谋也，利在万世者谋之。

莫为婴儿之态而有大人之器，莫为一身之谋而有天下之志，莫为终身之计而有后世之虑。

用三代以前见识，而不失之迂；就三代以后家数，而不邻于俗。

大智兴邦，不过集众思；大愚误国，只为好自用。

吾爵益高，吾志益下；吾官益大，吾心益小；吾禄益厚，吾施益博。

安民者何？无求于民，则民安矣；察吏者何？无求于吏，则吏察矣。

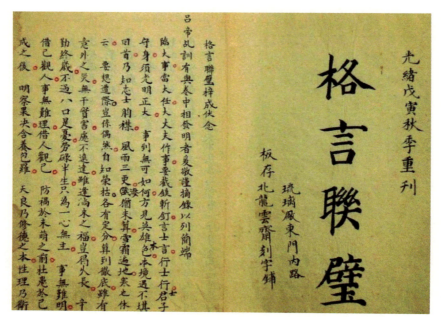

（清）金缨《格言联璧》，清光绪四年刊印

不可假公法以报私仇，不可假公法以报私德。天德只是个无我，王道只是个爱人。

惟有主，则天地万物自我而立；必无私，斯上下四旁咸得其平。

治道之要在知人，君德之要在体仁，御臣之要在推诚，用人之要在择言，理财之要在经制，足用之要在薄敛，除寇之要在安民。

未用兵时，全要虚心用人；既用兵时，全要实心活人。

庙堂之上，以养正气为先；海宇之内，以养元气为本。

人身之所重者元气，国家之所重者人才。

惠吉类

圣人敛福，君子考祥；作德日休，为善最乐。

开卷有益，作善降祥；崇德效山，藏器学海。

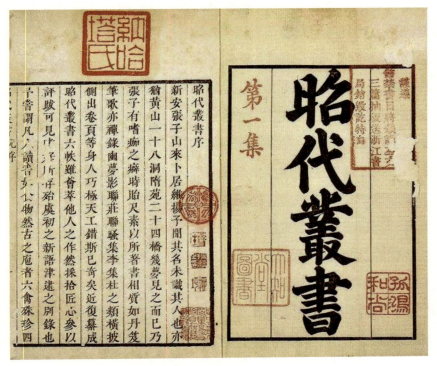

（清）涨潮《昭代丛书》，清康熙年间治清堂刻本

群居守口，独坐防心；知足常乐，能忍自安。

穷达有命，吉凶见人。

以镜自照见形容，以心自照见吉凶。

善为至宝，一生用之不尽；心作良田，百世耕之有余。

世事让三分，天空地阔；心田培一点，子种孙收。

要好儿孙，须方寸中放宽一步；欲成家业，宜凡事上吃亏三分。

留福与儿孙，岂必尽黄金白镪；积德为产业，由来皆美宅良田。

存一点天理心，不必责效于后，子孙赖之；说几句阴骘语，纵未尽施于人，鬼神鉴之。

非读书不能入圣贤之域，非积德不能生聪慧之儿。

多积阴德，诸福自至，是取决于天；尽力农事，加倍收成，是取决于地；善教子孙，后嗣昌大，是取决于人。

事事培元气，其人必寿；念念存本心，其后必昌。

勿为一念可欺也，须知有天地鬼神之鉴察；勿谓一言可轻也，须知有前后左右之窃听；勿谓一事可忽也，须知有身家性命之关系；勿谓一事可逞也，须知有子孙祸福之报应。

人心一念之邪，而鬼在其中焉。因而欺侮之，播弄之，昼见于形像，夜见于梦魂，必酿其祸而后已。故邪心即是鬼，鬼与鬼相应，又何怪乎！

人心一念之正，而神在其中焉。因而鉴察之，呵护之，上至于父母，下至于儿孙，必致其福而后已。故正心即是神，神与神相亲，又何疑焉！

终日说善言，不如做了一件；终身行善事，须防错了一桩。

物力艰难，要知吃饭穿衣，谈何容易；光阴迅速，即使读书行善，能有几时。

只字必惜，贵之根也；粒米必珍，富之源也；片言必谨，福之基也；微命必护，寿之本也。

作践五谷，非有奇祸，必有其穷；爱惜只字，不但显荣，亦当延寿。

茹素虽佛氏教也，好生非上天意乎！

仁厚刻薄，是修短关；谦卑骄满，是祸福关；勤俭奢惰，是贫富关；保养纵欲，是人鬼关。

造物所忌，曰刻曰巧；万类相感，以诚以忠。

做人无成心，便带福气；做事有结果，亦是寿征。

执拗者福轻，而圆通之人其福必厚；急躁者寿夭，而宽宏之士其寿必长。

《谦》卦六爻皆吉，"恕"字终身可行。

作本色人，说根心话，干近情事。

一点慈爱，不但是积德种子，亦是积福根苗，试看哪有不慈爱底圣贤；一念容忍，不但是无量德器，亦是无量福田，试看哪有不容忍底君子。

好恶之良萌于夜气，息之于静也；恻隐之心发于乍见，感之于动也。

费千金而结纳势豪，孰若倾半瓢之粟以济饥饿；构千楹而招徕宾客，何如茸数椽之屋以庇孤寒。

悯济人穷，虽分文升合，亦是福田；乐与人善，即只字词组，皆为良药。

谋占田园，决生败子；尊崇师父，定产贤郎。

平居寡欲养身，临大节则达生委命；治家量入为出，干好事则仗义轻财。

善用力者就力，善用势者就势，善用智者就智，善用财者就财。

身世多险途，急须寻求安宅；光阴同过客，切莫汩没主翁。

莫忘祖父积阴功，须知文字无权，全凭阴骘；最怕生平坏心术，毕竟主司有眼，如见心田。

天下第一种可敬人，忠臣孝子；天下第一种可怜人，寡妇孤儿。

孝子百世之宗，仁人天下之命。

形若正，不求影之直而影自直；声若平，不求响之和而响自和；德若崇，不求名之远而名自远。

有阴德者，必有阳报；有隐行者，必有显名。

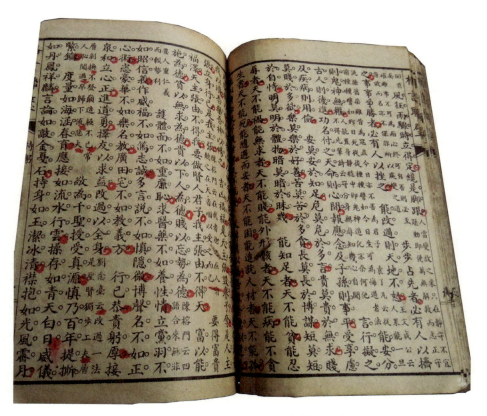

（清）金缨《格言联璧》，清咸丰元年版

施必有报者，天地之定理，仁人述之以劝人。施不望报者，圣贤之盛心，君子存之以济世。

面前的理路要放得宽，使人无不平之叹；身后的惠泽要流得远，令人有不匮之思。

不可不存时时可死之心，不可不行步步求生之事。

作恶事须防鬼神知，干好事莫怕旁人笑。

吾本薄福人，宜行惜福事；吾本薄德人，宜行积德事。

薄福者必刻薄，刻薄则福愈薄矣；厚福者必宽厚，宽厚则福益厚矣。

有工夫读书，谓之福；有力量济人，谓之福；有明道济世著述，谓之福；有聪明浑厚姿质，谓之福；无是非到耳，谓之福；无疾病缠身，谓之福；无尘俗撄心，谓之福；无兵凶荒歉之岁，谓之福。

从热闹场中出几句清冷言语，便扫除无限杀机；向寒微路上用一点赤热心肠，自培植许多生意。

入瑶树琼林中皆宝，有谦德仁心者为祥。

谈经济外，当谈道义，可以化人；谈心性外，当谈因果，可以劝善。

藏书可以邀友，积德可以邀天。

作德日休，是谓福地；居易俟命，是谓洞天。

心地上无波涛，随在皆风恬浪静；性天中有化育，触处见鱼跃鸢飞。

贫贱忧戚，是我分内事，当动心忍性，静以俟之，更行一切善，以斡转之；富贵福泽，是我分外事，当保泰持盈，慎以守之，更造一切福，以凝承之。

世网那时跳出，先当忍性耐心，自安义命，即网罗中之安乐窝也；

尘务不易尽捐，惟不起炉作灶，自取纠缠，即火坑中之清凉散也。

热不可除，而热恼可除，秋在清凉台上；穷不可遣，而穷愁可遣，春生安乐窝中。

富贵贫贱，总难称意，知足即为称意；山水花竹，无恒主人，得闲便是主人。

要足何时足，知足便足；求闲不得闲，偷闲即闲。

知足常足，终身不辱；知止常止，终身不耻。

急行缓行，前程总有许多路；逆取顺取，命中只有这般财。

理欲交争，肺腑成为吴越；物我一体，参商终是兄弟。

以积货财之心积学问，以求功名之心求道德，以爱妻子之心爱父

（清）方苞《古文约选》，清雍正十一年果亲王府刊本

母，以保爵位之心保国家。

移作无益之费以作有益，则事举；移乐宴乐之时以乐讲习，则智长；移信邪道之意以信圣贤，则道明；移好财色之心以好仁义，则德立；移计利害之私以计是非，则养精；移养小人之禄以养君子，则国治；移保身家之念以保百姓，则民安。

做大官底是一样家数，做好人底是一样家数。

潜居尽可以为善，何必显宦？躬行孝弟，志在圣贤，纂辑先哲格言，刊刻广布，行见化行一时，泽流后世，事业之不朽，蔑以加焉？

贫贱尽可以积德，何必富贵？存平等心，行方便事，交法前人懿行，训俗型方，自然谊敦宗族，德被乡邻，利济之无穷，孰大于是？

一时劝人以言，百世劝人以书。

静以修身，俭以养德；入则笃行，出则友贤。

读书者不贱，力田者不饥；积德者不倾，择交者不败。

明镜止水以澄心，泰山乔岳以立身；青天白日以应事，霁月光风以待人。

省费医贫，恬退医躁，独卧医淫，随缘医愁，读书医俗。

以鲜花视美色，则孽障自消；以流水听弦歌，则性灵何害。

征事宜读史，澄心宜静坐；谈道宜访友，福后宜积德。

悖凶类

富贵家不肯从宽，必遭横祸；聪明人不肯学厚，必夭天年。

倚势欺人，势尽而为人欺；恃财侮人，财散而受人侮。暗里算人者，算的是自家儿孙；空中造谤者，造的是本身罪孽。

饱肥甘衣轻暖，不知节者损福；广积聚骄富贵，不知止者杀身。

文艺自多，浮薄之心也；富贵自雄，卑陋之见也。

位尊身危，财多命殆。

机者，祸患所由伏，人生于机，即死于机也；巧者，鬼神所最忌，人有大巧，必有大拙也。

出薄言，做薄事，存薄心，种种皆薄，未免灾及其身；设阴谋，积阴私，伤阴骘，事事皆阴，自然殃流后代。

积德于人所不知，是谓阴德，阴德之报，较阳德倍多；造恶于人所不知，是谓阴恶，阴恶之报，较阳恶加惨。

家运有盛衰，久暂虽殊，消长循环如昼夜；人谋分巧拙，智愚各别，鬼神彰瘅最严明。

天堂无则已，有则君子登；地狱无则已，有则小人入。

为恶畏人知，恶中尚有转念；为善欲人知，善处即是恶根。

谓鬼神之无知，不应祈福；谓鬼神之有知，不当为非。

势可为恶而不为，即是善；力可行善而不行，即是恶。

于福作罪，其罪非轻；于苦作福，其福最大。

行善如春园之草，不见其长，日有所增；行恶如磨刀之石，不见其消，日有所损。

使为善而父母怒之，兄弟怨之，子孙羞之，宗族乡党贱恶之，如此而不为善，可也；为善则父母爱之，兄弟悦之，子孙荣之，宗族乡党敬信之，何苦而不为善？使为恶而父母爱之，兄弟悦之，子孙荣之，宗族乡党敬信之，如此而为恶，可也；为恶则父母怒之，兄弟怨之，子孙羞之，宗族党乡贱恶之，何苦而必为恶？

为善之人，非独其宗族亲戚爱之，朋友乡党敬之，虽鬼神亦阴相之；为恶之人，非独其宗族亲戚叛之，朋友乡党怨之，虽鬼神亦阴殛之。

为一善而此心快惬，不必自言，而乡党称誉之，君子敬礼之，鬼神福祚之，身后传诵之；为一恶而此心愧怍，虽欲掩护，而乡党传笑之，王法刑辱之，鬼神灾祸之，身后指说之。

一命之士，苟存心于爱物，于人必有所济；无用之人，苟存心于利己，于人必有所害。

膏粱积于家，而剥削人之糠秕，终必自盲其膏粱；文绣充于室，而攘取人之敝裘，终必自丧其文绣。

天下无穷大好事，皆由于轻利之一念。利一轻，则事事悉属天理，

（清）吴熙载《篆书崔子玉座右铭》四条屏。识文：毋道人之短，毋说己之长。施人慎勿念，受施慎勿忘。世誉不足慕，唯仁为纪纲。隐心而后动，谤议庸何伤？毋使名过实，守愚圣所藏。在涅贵不缁，暧暧内含光。柔弱生之徒，老氏诫刚强。行行鄙夫志，悠悠故难量。慎言节饮食，知足胜不祥。行之苟有恒，久久自芬芳。

为圣为贤，从此进基；天下无穷不肖事，皆由于重利之一念。利一重，则念念皆违人心，为盗为跖，从此直入。

清欲人知，人情之常，今吾见有贪欲人知者矣！柔其颐，垂其涎，惟恐人误视为灵龟而不饱其欲也；善不自伐，盛德之事，今吾见有自伐其恶者矣！张其牙，露其爪，惟恐人不识为猛虎而不畏其威也。

世之愚人，每以奢为有福，以杀为有禄，以淫为有缘，以诈为有谋，以贪为有为，以吝为有守，以争为有气，以瞋为有威，以赌为有技，以讼为有才，可不哀哉！

谋馆如鼠，得馆如虎，鄙主人而薄弟子者，塾师之

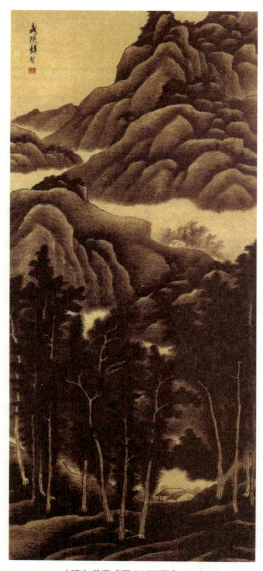

（清）龚贤《夏山过雨图》，南京博物院藏

无耻也；卖药如仙，用药如颠，贼人命而诿天数者，医师之无耻也；觅地如瞽，谈地如舞，矜异传而谤同道者，地师之无耻也。

不可信之师，勿以私情荐之，使人托以子弟；不可信之医，勿以私情荐之，使人托以生命；不可信之堪舆，勿以私情荐之，使人托以先

骸；不可信之女子，勿以私情媒之，使人托以宗嗣。

肆傲者纳侮，诲过者长恶，贪利者害己，纵欲者戕生。

鱼吞饵，蛾扑火，未得而先丧其身；猩醉醴，蚊饱血，已得而随亡其躯；鹬食鱼，蜂酿蜜，虽得而不享其利。

欲不除，似蛾扑灯，焚身乃止；贪不了，如猩嗜酒，鞭血方休。

明星朗月，何处不可翱翔？而飞蛾独趋灯焰；嘉卉清泉，何物不可饮啄？而蝇蚋争嗜腥膻。

飞蛾死于明火，故有奇智者，必有奇殃；游鱼死于芳纶，故有酷嗜者，必有酷毒。

慨夏畦之劳劳，秋毫无补；悯冬烘之贸贸，春恩广覃。

吉人无论处世平和，即梦寐神魂，无非生意；凶人不但作事乖戾，即声音笑貌，浑是杀机。

仁人心地宽舒，事事有宽舒气象，故福集而庆长；鄙夫胸怀苛鄙，事事以苛刻为能，故禄薄而泽短。

充一个公己公人心，便是吴越一家；任一个自私自利心，便是父子仇雠。

理以心为用，心着于欲则理灭，如株干斩而本亦败坏；心以理为本，理被欲蔽则心亡，如水泉竭而河亦干枯。

鱼与水相合，不可离也，离水则

（清）全祖望行书八言联：农夫不怠越有黍稷，儒者立志佩若蕙兰

1652

鱼槁矣；形与气相合，不可离也，离气则形坏矣；心与理相合，不可离也，离理则心死矣。

天理是清虚之物，清虚则灵，灵则活；人欲是渣滓之物，渣滓则蠢，蠢则死。

毋以嗜欲杀身，毋以货财杀子孙，毋以政事杀百姓，毋以学术杀天下后世。

毋执去来之势而为权，毋固得丧之位而为宠，毋恃聚散之财而为利，毋认离合之形而为我。

贪了世味的滋益，必招性分的损，讨了人事的便宜，必吃天道的亏。

精工言语，于行事毫不相干；照管皮毛，与性灵有何关涉？

荆棘满野，而望收嘉禾者愚；私念满胸，而欲求福应者悖。

庄敬非但日强也，凝心静气，觉分阴寸晷，倍自舒长；安肆非但日

（清）金缨《格言联璧》，民国庚午年郭氏双百鹿斋

1653

愉也，意纵神驰，虽累月经年，亦形迅驶。

自家过恶自家省，待祸败时，省已迟矣；自家病痛自家医，待死亡时，医已晚矣。

多事为读书第一病，多欲为养生第一病，多言为涉世第一病，多智为立心第一病，多费为作家第一病。

今之用人，只怕无去处，不知其病根在来处；今之理财，只怕无来处，不知其病根在去处。

贫不足羞，可羞是贫而无志；贱不足恶，可恶是贱而无能；老不足叹，可叹是老而无成；死不足悲，可悲是死而无补。

事到全美处，怨我者难开指摘之端；行到至污处，爱我者莫施掩护之法。

供人欣赏，侪风月于烟花，是曰亵天；逞我机锋，借诗书以戏谑，是名侮圣。

罪莫大于亵天，恶莫大于无耻；苛刻心术之恶，过莫大于深险。

言语之恶，莫大于造诬；行事之恶，莫大于苛刻；心术之恶，莫大于深险。

谈人之善，泽于膏沐；暴人之恶，痛于戈矛。

当厄之施甘于时雨，伤心之语毒于阴冰。

阴岩积雨之险奇，可以想为文境，不可设为心境；华林映日之绮丽，可以假为文情，不可依为世情。

诋缁黄之背本宗，或衿带坏圣贤名教；晋青紫之忘故友，乃衡茅伤骨肉天伦。

炎凉之态，富贵其于贫贱；嫉妒之心，骨肉其于外人。

兄弟争财，父遗不尽不止；妻妾争宠，夫命不死不休。

受连城而代死，贪者不为，然死利者何须连城？携倾国以告殂，淫者不敢，然死色者何须倾国？

乌获病危，虽童子制梃可挞；王嫱臭腐，惟狐狸钻穴相窥。

圣人悲时悯俗，贤人痛世疾俗；众人混世逐俗，小人败常乱俗。

读书为身上之用，而人以为纸上之用；做官乃造福之地，而人以为享福之地；壮年正勤学之日，而人以为养安之日；科第本消退之根，而人以为长进之根。

盛者衰之始，福者祸之基。

福莫大于无祸，祸莫大于邀福。

注释

《格言联璧》（又名《觉觉录》《传世言》）一书是集先贤警策身心之语句，垂后人之良范，条分缕析，情恰理明，是我国历史上很重要的一部修身处世之集大成。

本书纂集者金兰生，字缨，浙江省江阴人。生活在清后期。曾继承父志，辑成《几希堂续刻》等书。他用数年工夫，遍览经史典籍和先哲语录，遇有警醒世人、言简意赅、在人们口头或文章里代代相传的名言即予抄录。后因卷帙浩繁，刊刻资金难以筹集，于是再三选绎，删繁就简，将其中部分语句先行刊出，成为此书。此书自咸丰元年（1851年）刊行后，即广为传诵，所谓"地不分南北、人不分贫富，家家置之于案，人人背诵习读"。一些士大夫人家甚至将此书置于左右，朝夕参悟。盖以金科玉律之言，作暮鼓晨钟之警，以圣贤之智慧济世利人，以先哲之格言鞭策启蒙。

在此书第一次刊印时，金缨有一个简短的序言说：

余自道光丙午岁（1826年，道光二十六年），敬承先志，辑《几希堂续刻》。刻工竣后，遍阅先哲语录，遇有警世名言，辄手录之。积久成帙，编为十类，题曰《觉觉录》。惟卷帙繁多，工资艰巨，未能遽付梓人。因将录内整句，先行刊布，名《格言联璧》，以公同好。至全录之刻，姑俟异日云。咸丰元年辛亥（1851年）仲夏山阴金缨兰生氏谨识。

与其他同类书相比，该书的特点是不崇佛道玄虚，不谈林泉山水，不作浓情艳语，而是大力阐扬经世致用和"内圣外王"之道，具有强烈的入世倾向。其中不乏为人处世的智慧法则，治家教子的谆谆教诲，修身养性的道理箴言，字字珠玑，句句中肯，雅俗共赏，发人深省。其说理之切、举事之赅、择辞之精、成篇之简，皆冠绝古今，堪称立身处世的金科玉律、修心养性的人生智慧、千古不易的至理名言。

《格言联璧》全书以类编次，计有"学问""存养""持躬"（附"摄生"）"郭品""处事""接物""齐家""从政""惠吉""悖凶"，共十一类。各类之间，并非泾渭分明，一些内容有所交错，要之皆以"修己、行仁、省躬、察物为归。"其内容广博，意蕴深厚，涵盖了社会人生的各个方面，反映了传统社会的道德观念。我国历史上各个时代的思想精髓都有所涉及，厚重睿

（清）王晋《幽山雅居》

智的思想通过简练的话语得到了明晰的呈现。此外，它的篇类编排也体现了一定的内在逻辑和顺序。除了最后两章的"惠言类"和"悖凶类"属于"善言善行"和"恶言恶行"的分章总结外，前九类大体上遵循着宋代以来君子修身"格物""致知""诚意""正心""修身""齐家""治国""平天下"的思想脉络。

胡达源《弟子箴言》: 尽其在我，乃有人事；听其在天，必有天理

奋志气

人当幼学之时，即具大人之事。孟子曰"尚志"，志于仁，充其恻隐之心，可以仁育万物矣；志于义，充其羞恶之心，可以义正万民矣。居仁由义，体用已全，此士之志也，此士之事也，此大人之事也。

吴大澂批语：立志为学者第一要义。立志为圣贤、为名臣、为循吏，有此志乃有此事，如射者之有的，志在中的也。中与不中，则功力之浅深判焉，学问之道亦如是。

孟子养气之说，发前圣所未发。浩然之气，至大而无限量，至刚不可屈挠，盖天地之正气，而人得之以生者也。惟能直养无害，则合乎道义以为之助，而其行之勇决无所疑惧矣。人皆有是气，亦贵夫养之而已。吾谓学圣人者，当自此始。

吴大澂批语：志，气之帅也；气，体之充也。张子谓："天地之塞吾其体，人人皆有此浩然之气，若不能配夫道义，则流而为血气之勇，非至大至刚之气也。"

知言养气，孟子绝大本领、绝大学问。朱子曰："惟知言，则有以

（清）胡林翼像

明夫道义，而于天下之事无所疑；养气，则有以配夫道义，而于天下之事无所惧。所以当大任而不动心也。"此孟子接引后学，将一生得力处现身指点，学者急须领取。

平旦之气，良心自存，当保养于萌蘖发生之际。赤子之心，大人不失，惟扩充其纯，一无伪之天，一则完其固有，一则救其梏亡，大人固足尚矣。若已至于梏亡，则惟于夜气清明之时，实用其操存之力，岂此几希者，遂不可以复哉！

吴大澂批语：平旦之气，为一日之初，未与物欲相交，此早气也。赤子之心，为一生之初，未与人欲相杂，亦早气也。早气最可惜、最可宝。

"闻伯夷之风者，顽夫廉，懦夫有立志。""闻柳下惠之风者，薄夫敦，鄙夫宽。"奋乎百世之上，百世之下闻者莫不兴起。圣人固百世之师也，乃其兴起者，即圣人之徒也。有兴起之志气，即有兴起之学问。果毅奋发，孜孜不已，何患不到圣贤地步？

富贵子弟，易于骄淫，苟能脱去纨绔气习，勉强学问，卓然树立，即孟子所谓"富贵不能淫"。贫贱子弟，易于委靡，苟能竖起寒酸脊梁，洒落风尘，卓然振拔，即孟子所谓"贫贱不能移"。此两种人，扩而充之，岂非大丈夫哉！吾爱之敬之。

或谓富贵子弟，有所赖而树立，较贫贱子弟似为稍易，吾谓不然。试观世间多少富贵子弟，怙侈性成，自甘暴弃，一蹶不能复振，而大学问、大经济类皆起于贫贱，何也？有所赖者，志气荡而易流；无所赖者，志气困而易奋也。固处富贵者，如下峻坂之马，步步控勒，庶免蹉跌；处贫贱者，如驾上滩之舟，步步支撑，庶免奔驶。二者皆杰士也。

吴大澂批语：生于忧患而死于安乐，此富贵之所以不如贫贱也。若贫贱子弟而歆慕富贵，是谓之无志。

告以义而欣然色喜者，善心之所发也；责以正而赧然色惭者，耻心之所动也。耻者，吾所固有羞恶之心，此心一动，踔厉风发，勇往直前，无为其所不为，无欲其所不欲，便可进于圣贤。甚矣，耻之于人大矣。

责人之甘为庸愚则怒，教人之学圣贤则惊。抑思吾人不学圣贤，便是庸愚，不肯受庸愚之名，而甘蹈庸愚之实，何怒之有？若肯学圣贤之道，即便是圣贤之徒，何惊之有？孟子道性善，称尧舜，明示以尧舜可为，又引成覸、颜渊、公明仪之言，鼓其奋迅勇猛之气。有为者亦若是，岂欺我哉！

吴大澂批语：今人不以圣贤之道责己，而专以圣贤之道责人，宜其格不相入也。圣不自圣，贤不自贤，用功在自反、在暗修，方为切实学问。

尧、舜君民，伊尹之志也；克己复礼，颜子之学也。周子曰："志伊尹之所志，学颜子之所学，过则圣，及则贤，不及则亦不失于令名。"熊敬修先生曰："志伊尹之所志，当自一介始；学颜子之所学，当自四勿始。"希贤之士当于此实下工夫。

学者立志，必要做第一等事，必要做第一等人。程子曰："言学便

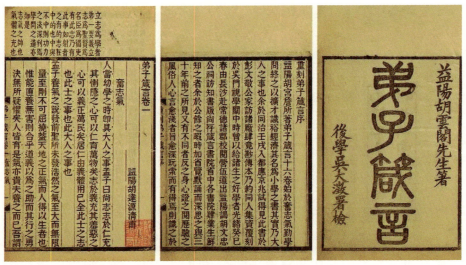

（清）胡达源撰、胡林翼校、吴大澂手批《弟子箴言》，同治九年覆刻本

以道为志，言人便以圣为志。"

孔子"不得中行而与之，必也狂狷乎"，朱子曰："看来这道理，须是刚硬，立得脚住，方有所成。孔子晚年方得曾子，曾子得子思，子思得孟子，都如此刚果决烈，若慈善柔弱的，终不济事。然其工夫，只在自反常直，仰不愧，俯不怍，则自然如此，不在他求也。"按此言，人必刚硬果决，乃能肩荷得重大担子。要只在自反常直，此道义之助，刚大之本体也。不然，只是血气之强耳，奚足贵哉！

吴大澂批语：无欲则刚，即不愧不怍之谓也。

"惟有志不立，直是无著力处，须反复思量，见病痛起处，勇猛奋发，不复作此等人，一跃跃出。"此朱子为学者特地提醒，须知道勇猛奋发，有沉舟破釜工夫，一跃跃出，便是超凡人圣境界。

"只从今日为始，随时提撕，随处收拾，随物体究，随事讨论，则日积月累，自然纯熟，自然光明。"按朱子"只从今日为始"一语，要人奋励向前，不可稍有等待，而又随时、随处、随物、随事，皆有一段精神贯注，更无松懈，如此工夫，何患不纯熟？何患不光明？

"中庸说细处，只是谨独谨言谨行，大处是武王、周公达孝。经纶天下，须是谨言谨行，从细处做起，方能充得如此大。"朱子之意，谓学者志向以远大为归，工夫以切近为要，有切近处，乃能有远大处。

"为天地立心，为生民立命，为往圣继绝学，为万世开太平。"何等志气！何等学问！此横渠先生担荷斯道之言，千载下读之，令人兴起。

吴大澂批语：大贤任道之勇，有此志气，不以出处穷达论也。若身居高位，有斯世斯民之责而不能以此立志，岂不可愧可恨？

修曰"自修"，强曰"自强"，是立心寻向上去；暴曰"自暴"，弃曰"自弃"，是甘心堕落下来。全在自己主张，总要学"君子上达"。

人无百年不衰之筋骸，而有百年不衰之志气。血气用事，嗜欲梏亡，则筋力易衰；志气清明，义理充裕，则精神自固。故曰："不学便老而衰。"恐嗜欲之梏亡也。

物闲则蠹，人闲则废。此身在家庭，伦纪之事系焉；此身在天下，民物之事系焉。为闲人者，即废人也，此心安乎？

吴大澂批语：好闲而百事废弛，直为天地间一废人耳。若终日勤动之人，事事就理而此身仍觉甚闲，亦有真学问者不能到此地位。

"贞固足以干事"，具有全副精神。精神生于志气，志气奋乎道义。

德之慧，术之智，皆从疢疾中奋发振起出来。故经锻炼者为精金，经磨砺者为良士。

顶天立地的人，泛言之，是戴高履厚之俦；实言之，有经天纬地之事。三才者，天地人，切莫轻看此"人"字。

每念程子"大其心使开阔"，岂徒托之空言、高望远志而已乎？后来将《大学》《中庸》《论语》《孟子》，切实读去，方见得道理包罗、规模宏远，心思便自开阔。

吴大澂批语：心中不著一事，自然开阔，此即廓然大公、物来顺应之气象。若终日扰扰，无非私意，此心如乱丝之不可理，故"养心者莫善于寡欲"。

朱子编辑《小学》，又何以切近如此？只为聪明子弟不从小学培壅根基，志气浮荡，终鲜成就，故步步引人规矩，使他志定气凝，后来便是颠扑不破。

父生之，师教之，君成之，可以对君父师友而无惭愧之心，其识趣何如，其建树何如。

君子所贵，世俗所羞；世俗所贵，君子所贱。吾志乎君子所贵焉而已。

见患难而避，遇得失而动者，其志气先自靡也。君子知命守义，不为害怵，不为利昏。

吴大澂批语：志气从学问中磨炼而成，乃有撼山不动之概。

计较者，必趋于苟贱不廉之地；圆熟者，必流为阿谀巧便之人。君子大中至正，以道义自处，并以道义处人。

东汉名节，可以厉畏葸退缩之风；西晋清谈，适足长浮薄虚愞之习。君子于名节有取焉。

脚跟站定，如磐石砥柱，不可动摇；眼界放开，如黄鹄高举，见天地方圆。

诸葛武侯之气象甚大，唐之陆宣公、宋之范文正，亦皆杰出之才，当其草茅坐论，器识宏远，一旦措之，裕如也。"穷则独善其身，达则兼善天下"，其抱负岂偶然哉！

吴大澂批语：平日无此器识，一旦出而用世，妄以古名臣自许，亦见其空言无补耳。

为一乡可少之人，非必才高一乡也；天下不可少之人，非必才高天下也。有果锐之气以运其才，才无不用处，即才无不到处。

范文正公作事必要尽其力，曰："为之在我者当如是，其成与否，则有不在我者。虽圣贤不能必，吾岂苟哉？"此可见文正沉毅之气。

是非正，天理明，三纲五常立，清其大本大原，庶几君子之归乎！

"刚则常伸于万物之上，欲则常屈于万物之下。自古有志者少，无志者多。"此谢上蔡所以致慨也。

志如大将，气如三军，大将指挥，三军雷动，未有志奋而力不足者。

吴大澂批语：胡文忠公生本领，只是以志运气中，志所能及之处，即气所能到之处。

"风烈则雷迅，雷激则风怒，二物相益者也。"君子以见善则迁，有过则改，两"则"字可想其勇决迅速之神。

"洊雷，震，君子以恐惧修省。"人当平安之日，每存恐惧之心，未有不吉者也。即当恐惧之时，而加修省之力，未有不亨者也。故曰：乾以惕无咎，震以恐致福。

"山下出泉，蒙，君子以果行育德。"泉之出也，惟其果决必行，故能流而成川。山之静也，惟其淳涵不竭，故能出之有本，动静交修，养正之道也。要其得刚中之道，成发蒙之功，吃紧则在一"果"字。

吴大澂批语：学者志不立，只是不果。

艮上巽下为蛊。巽则无奋迅之志，止则无健行之才，因循苟且，积渐而至于坏，此致蛊之由也。必须奋发刚毅，大力斡旋，有"振民育德"之功，而《蛊》可治矣。不植不立，不振不起，吃紧则在一"振"字。

吴大澂批语：自己力量振不起，不过与世浮沉而已，安有干蛊之才？

《儒行》凡十七条，言自立者二，曰："夙夜强学以待问，怀忠信以待举，力行以待取。"又曰："忠信以为甲胄，礼仪以为干橹，戴仁而行，抱义而处。"言特立者二，曰："委之以货财，淹之以乐好，见利不亏其义，劫之以众，沮之以兵，见死不更其守。"又曰："澡身而浴德，陈言而伏，静而正之，上弗知也。粗而翘之，又不急为也。不临深而为高，不加少而为多。同弗与，异弗非也。"夫卓然拔俗，不假扶植而自立；翘然出众，独标风节而特立者，诚不愧于儒矣。学者果践其言，不亦君子儒哉？

（清）胡林翼楷书八言联：璧日晒光卿云舒采，瑰华擢颖天鹿吐琼

吴大澂批语：自立特立，有绝无依傍之气概，皆儒者立身之大要。

居处而侈溢，饮食而浓溽，在庸人为之，则为徇欲，在君子视之，则为害义。吾心正大清明，将以求人之安也，断不以四肢之安而侈其愿；将以给人之欲也，断不以口腹之欲而肆其情。《儒行》曰："其居处不淫，其饮食不溽，其刚毅有如此者。"居处饮食，本属小事，然而有制有节，则非刚毅不能，况其大者乎？

浮躁者不可以穷理，无沈毅之气以人之也；委靡者不可以任事，无奋发之气以出之也。

吴大澂批语：一出一入，如人呼吸

之气，与天地之气相贯通，养气者即养此天地之正气。

悠久，天地之所以成物也，春夏秋冬，四时之运行以渐；恒久，君子之所以成业也，藏修游息，一心之贞固有常。

有立志者，怠志不足以乘之；有定志者，歧志不足以摇之。有真气者，客气不足以动之；有正气者，邪气不足以犯之。要其纯实坚确、浩乎沛然，不外集义工夫，非所以袭取也。

体懈神昏，未可以更新矣；志轻气浮，未可以图成矣。君子自爱自重，有振作，断无因循，希圣希贤，愈奋发，亦愈坚忍。

相者谓吾富贵，信乎？必有所以致富贵之理；命者谓吾贫贱，信乎？必有所以处贫贱之道。尽其在我，乃有人事；听其在天，必有天理。

吴大澂批语：张子云："富贵福泽，将厚吾之生也。贫贱忧戚，庸玉汝于成也。"此二语，最为透彻，见得此理，可富、可贫、可贵、可贱。

天下之大，何地无才？才固不择地而生也，即不能因地而限也。自古英贤硕彦，或产僻壤穷乡，而翘然独出乎众者，其志趣广大，其见识高远，及至功德成就，乡里生光，人岂限于地哉？

人不尽死于安乐，而安乐之可死者多矣；人不尽生于忧患，而忧患之可生者多矣。古今大圣大贤，困穷拂郁，耐人之所不能耐，忍人之所不能忍，及其担当大任，即在此中磨砺出来。其困也，天默相之；其顺也，天玉成之。不因境而挫者，未有不因境而成者也，人岂限于境哉？

吴大澂批语：树木不经冬则不能发生，田土不积雪则不能肥美，大器必由盘错而成，乃天地自然之理。

读经史足以增长志气，亲师友足以激厉志气，周览名山大川足以开拓志气，趋跄清庙明堂足以整齐志气。有感而兴起，其偶也；天君自主持，其常也。

《贤良三策》，开汉室儒学之先者，董子也。“勉强学问，则闻见博而知益明；勉强行道，则德日起而大有功”，此言天德工夫。“正心以正朝廷，正朝廷以正百官，正百官以正万民，正万民以正四方”，此言王道本领。“渐民以仁，摩民以义”“兴太学，置明师，以养天下之士”，此言教化规模。“诸不在六艺之科、孔子之术者，皆绝其道，勿使并进”，此言学术一则治术自一。蔡闻之先生谓是语足定汉家四百年天下之基，岂溢美哉！

吴大澂批语：天德王道合学术治术而为一，此董子之学，古圣贤之教也。王者本此以治天下，自可定万年有道之基。

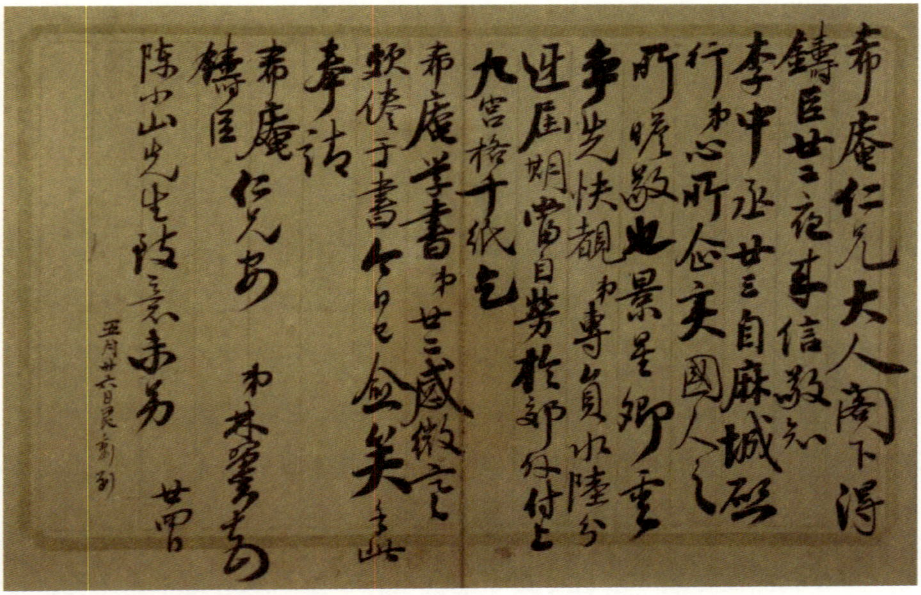

（清）胡林翼书信。识文：庵仁兄大人阁下：得铸臣廿二夜来信，敬知李中丞廿三自麻城启行，弟心所企，实国人之所瞻敬也。景星卿云，争先快睹。弟专员水陆分迓，届期当自劳于郊外。付上九宫格千纸，乞希庵学书。弟廿二感微寒，颇倦于书，今日已愈矣。手此。奉请希庵，铸臣仁兄安。弟林翼顿首廿四日

　　《原道》一篇，韩子扶翼道统而作也，孟子而后，第一大文字，第一大见识，非体道有得者不能也。韩子之时，异端并起，大道晦塞，而独尊尧、舜、禹、汤、文、武、周公、孔、孟，为斯道之正传。独称孟子之功不在禹下，独排斥释氏，滨于死而不顾。此等大纲大节，皆卓然有见，自具眼孔，发前贤所未发，使天下后世学者，有所闻而兴起，可谓豪杰之士矣。

　　吴大澂批语：韩子谓孟子之功不在禹下，吾谓韩子之功不在孟子下。当释老盛行、正教衰微之日，天下滔滔，微韩子则道将息矣。

　　《西铭》一篇，横渠先生以天地父母之心为心，胸中浑然，万物一体，生生之意，充满无间，此求仁之要旨也。吾之体性，得于天地父母，皆可以为圣为贤。彼汩于私欲者，自为悖子耳、自为贼子耳、自为不才子耳！必要为圣为贤，尽天地之性，充天地之体，斯为肖子。熟味此文，如许恺恻，如许阔大，所谓以天下为一家，中国为一人，参天地、赞化育者，具见于此。先生闻生皇子甚喜，见饿殍者食便不美，即此意也。

　　吴大澂批语：罗忠节公生平，得力于《西铭》一篇，以此教生徒，以此练勇营，是谓经天纬地之才，惟胡文忠知公有此本领。

　　朱子道承孔、孟，学契周、程，其《周子赞》曰："道丧千载，圣远言湮。不有先觉，孰开我人？书不尽言，图不尽意。风月无边，庭草交翠。"《程伯子赞》曰："扬休山立，玉色金声。元气之会，浑然天成。瑞日祥云，和风甘雨。龙德正中，厥施斯普。"《程叔子赞》曰："规圆矩方，绳直准平。允矣君子，展也大成。布帛之文，菽粟之味。知德者稀，孰识其贵？"《张子赞》曰："早阅孙吴，晚逃佛老。勇撤皋比，一变至道。精思力践，妙契疾书。《订顽》之训，示我广居。"其《自赞》曰："从容乎礼法之场，沉潜乎仁义之府，是予盖将有意焉，而力莫能与也。佩先师之格言，奉前烈之余矩，惟阇然而日修，或庶几乎斯语。"按此五赞，各抒精诣，妙契真传，往复读之，恍如亲炙。学者有志于圣贤之道，其潜心体察焉。

吴大澂批语：周、程、张子之学，惟朱子能融会而贯通之故，其赞语亲切而有味，非他人所能道。

魏鹤山曰："濂溪先生，奋自南服，超然独得，以上承孔孟垂绝之绪，曰诚、曰仁、曰太极、曰性命、曰阴阳、曰鬼神、曰义利，纲条彪列，分限晓然，学者始有所准的，而知其身之贵，果可以位天地、育万物，果可以为尧舜、为周孔，而其求端用力，又不出乎暗室屋漏之隐，躬行日用之近也。"按濂溪开导学者，乃知其身之贵，果可以位天地、育万物、为尧舜、为周孔。人惟视其身最贵，斯其志最大，而其学最切且近，则所诣岂不远哉！

吴大澂批语：人有此身，人人皆能为圣为贤，孟子所谓良贵，乃天之所予，人不得而夺之，人亦不得而贱之。

真西山先生曰："天之生斯人也，与物亦甚异矣，而孟子以为几希，何哉？盖所贵乎人者，以其有是心也。是心不存，则人之形虽具，而人之理已亡矣；人之理亡，则其与物何别哉？故均是人也，尽其道之极者，圣人之所以参天地也；违其理之常者，凡民之所以为禽犊也。圣愚之分，其端甚微，而其末甚远，岂不大可惧耶？"又曰："吾党之士，傥有志于圣贤之学，则当反躬内省，于人道之当然者，有一毫之未至，必将皇皇然如渴之欲饮、馁之欲食也，凛凛然如负针芒而蹈茨棘也。"先生苦口婆心，恳恳欵欵，招引天下有志之士，学者当悚然而起矣。

吴大澂批语：孟子谓人与禽兽相去几希，其言至沉痛矣，其理则至真切，尽其道则与天地合德，违其理则与禽兽同归。西山先生之言，真是发人猛省。

范淳甫先生曰："刚有血气之刚，有志气之刚；勇有匹夫之勇，有天下之勇。此二者不可不察也。始盛而终衰，壮锐而老消，此血气之刚也；其静也正，其动也健，此志气之刚也。血气之刚可得而挫也，志气之刚不可得而挫也。不度其可而为之，不虑其后而发之，此匹夫之勇也。居之以德，行之以义，此天下之勇也。匹夫之勇可得而怯也，天下之勇不可得而怯也。"此论义理精粹，实本于孟子"养气""大勇"之说而推阐之，然则直养之功、集义之说，岂可不急讲哉！

吴大澂批语：浩然之气至大至刚，人之所得于天地者，本无血气、志气之别，但无学问以涵养之故，流为血气之刚、匹夫之勇耳。学问之道无他，孟子所谓集义是也。

胡明仲寅，文定公长子，朱子谓公议论英发，人物伟然，向尝侍之坐，见其数杯后，歌孔明《出师表》，诵陈了翁《奏状》等，可谓豪杰之士也。《读史管见》乃岭表所作，当时并无一册文字随行，只是记忆。按公当绍兴之际，其所歌诵，慨然有恢复之志，可谓抱负非常。其《读史管见》词严义正，即本于安国《春秋》，有刚大正直之气。公真豪杰矣哉！

陆象山先生，初读书至"宇宙"二字，忽大省曰："宇宙内事，即己分内事；己分内事，即宇宙内事。"又曰："四方上下曰宇，古往今来曰宙。宇宙便是吾心，吾心即是宇宙。千万世之前，有圣人出焉，同此心、同此理也；千万世之后，有圣人出焉，同此心、同此理也。东海有圣人出焉，同此心、同此理也；西海有圣人出焉，同此心、同此理也"云云。先生此论，自少时发之，见得此心与宇宙最阔大、最亲切，参赞经纶，自是吾人分内事。

辛未春，达源以优贡试礼部，其秋南归，侍家大人朝夕讲诵。乙亥，四弟达澍充补宗学教习，达源则肄业成均，戊寅举京兆，己卯进士及第，前后留京五载。大人手书前贤粹语，再三督策，大旨以奋励志气为先。书曰："挺特刚介之志常存，则有以起偷惰而胜人欲。一有颓靡不立之志，则甘为小人，流于卑污之中，而不能振拔矣。"

吴大澂批语：读此数语，可使顽廉懦立。

又曰："丈夫处世，即甚寿考，不过百年。百年中除老稚之日，见于世者，不过三十年。此三十年，可使其人重于泰华，可使其人轻于鸿毛。是以君子慎之。"又曰："以虚心逊志，精探仁义道德之奥，以刚肠强力战胜纷华靡丽之交。"

吴大澂批语：家训如此警切，宜乎明德之后有达人也。

又曰："学者须要竖得这身子起，志不可放倒，身不可放弱。"又曰："战战兢兢，是不敢有些子放肆；戒慎恐惧，是不敢有些子惰慢。"又曰："尝默念为此七尺之躯，费却圣贤多少言语，于此而不能修其身，可谓自贼之甚矣。"又曰"每至夕阳，检点一日所为，若不切实煅炼，身心便虚度一日。流光如驶，良可惊惧"云云。达源每得一书，反复诵读，如亲承提命，顿觉精神振刷，志气激扬。迩年来，大人年益高，神明愈健，家书络绎，蝇头小楷皆属名言至论，夙夜省览，敢不谨守而实践之耶？大人熟于前贤语录，特撮举以示训，故未详其姓氏云。

正身心

身者，家国天下之本也，完得此身分量，只靠着一"修"字；心者，身之所主也，全得此心本体，只靠着一"正"字。心正则身正，身正则家国天下无不正矣。

吴大澂批语：心乃种树之果根，由果生枝叶，亦由果出果，烂则无根，安有枝叶哉？

"天君泰然，百体从令。"孔子谓"操则存、舍则亡"，孟子言存心、言养心、言收放心，岂可听其出入而不加保守哉！范氏曰："往古来今，孰无此心？心为形役，乃兽乃禽。"吁，可畏也！

孟子特指出"心之四端"，为学者导引其绪；特揭出"扩充"二字，为学者开示其功。苟能充之，足以保四海；苟不充之，不足以事父母。关系如此，令人神悚。

吴大澂批语：四端易见，有扩充之功则四端可恃。

先立乎其大者，尊之曰"天与"，推之曰"大人"，看此心何等郑重。

"指不若人，则知恶之；心不若人，则不知恶。"桐梓则知养之，身则不知所养。曰不知，岂竟不知耶？曰弗思，岂竟弗思耶？

独中不戒惧，以独之无人知耳。抑知外面有许多监察者乎？十目所视，十手所指，曾子提撕紧切，不啻大声疾呼，森然可畏哉！

吴大澂批语：以独处为共见共闻之地，正可于此处实下戒慎恐惧工夫。

掩其不善而著其善，谓且欺谩得过去，不料视己者如见其肺肝然，直如冷水浇背、热油灌顶，更从何处躲闪？

异端虚无寂灭，能令此心清净，究竟空渺而无实用，便是块然。学者之心，须令湛然虚明，随感而应，得其正耳。故忿懥、恐惧、好乐、忧患，即此四者之发，见得存养，见得省察。

吴大澂批语：存养、省察须从忿懥、恐惧、好乐、忧患上时刻提防，吾心之累不外此四者而已。

如鉴之空，好丑无所遁其形；如衡之平，轻重不能违其则。有此虚明之心，为一身之主，则五官百骸，莫不听命，而动静语默，无不中礼，此身心相关之道也。

心若不存，一身便无主宰，"视而不见，听而不闻，食而不知其味"，确有此仿佛光景，朱注补出"敬以直之"，是正心要法，最宜深省。

敬者，千古学圣之宗旨也。敬则内无妄思，常提醒此心，凝一虚明，虽百邪纷扰，自有主而不淆，则心无不正矣。敬则外无妄动，常检摄此身，整齐严肃，虽万感沓来，自有主而不乱，则身无不正矣。故"敬"字是彻上彻下工夫。

吴大澂批语："内无妄思""外无妄动"二语是居敬切实工夫，程朱言敬，句句从身心上体验得来。吾辈只要着实做去，不为口耳之学，自然与古人有

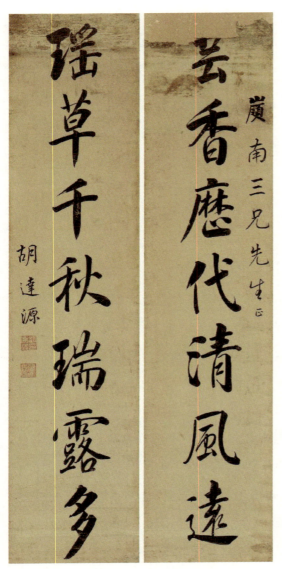

（清）胡达源行书七言联：芸香历代清风远，瑶草千秋瑞露多

一二印合处。

朱子《敬斋箴》曰："正其衣冠，尊其瞻视。潜心以居，对越上帝。足容必重，手容必恭。择地而蹈，折旋蚁封。出门如宾，承事如

祭。战战兢兢，罔敢或易。守口如瓶，防意如城。洞洞属属，毋敢或轻。不东以西，不南以北。当事而存，靡他其适。勿贰以二，勿叁以三。惟精惟一，万变是监。从事于斯，是曰持敬。动静弗违，表里交正。须臾有间，私欲万端。不火而热，不冰而寒。毫厘有差，天壤易处。三纲既沦，九法亦敦。吁乎小子，念哉敬哉！墨卿司戒，敢告灵台。"此箴发明持敬之方，合内外，贯动静，可谓详密精切之至矣。学者存养省察，舍是曷由乎哉？

吴大澂批语：意固精密，文亦详明，朱子此箴可与程子《四箴》并读。

无事时提策此心，不令其虚悬无著；有事时镇定此心，不令其纷乱无主。心常惺惺，便觉一身气脉紧凑强固，无昏惰懈弛之弊，及应事接物，整肃周详，表里如一矣。

一语一默，一坐一行，事无大小，皆不可苟，处之必尽其道。程子作字甚敬，曰："只此是学。"盖事有大小，理无大小，大事谨而小事不谨，则天理即有欠缺间断，故作字必敬者，所以存天理也。

吴大澂批语：执事敬一语，事之所包者广，无一事之不敬，乃无时之不敬，敬则心常存而不放。

身心若要勤紧收拾，须将"整齐严肃"四字，时悬于心目之间。

学者以九容范其身，则身在规矩中矣；以九思范其心，则心在规矩中矣。此持敬之要法也。朱子曰："九容九思，便是涵养。"

虽至鄙至陋处，皆当存谨畏之心而不可忽。工夫愈精密，身心愈谨严。

矫轻警惰，轻则浮躁，惰则弛慢，轻者必惰，惰者必轻，二者常相因也。惟一"敬"字，可以矫之警之。薛敬轩先生曰："矫轻警惰，只当于心志言动上用功。"

吴大澂批语：此张子用功得力语，可为"敬"字注脚。

心之光明，不欺于屋漏；事之正大，不愧于妻子。非主敬存诚，不能有此精密，如此乃可谓真实工夫。

吴大澂批语：常存不欺之心，庶无可愧之事。省察愈严，工夫愈密。光明正大，须如明镜之高悬，时时拂拭，不使一尘之掩盖，便是人欲净尽之境，岂易言哉，岂易言哉！

诚者，天理之本然，真实无妄者也。既无虚假，又无间断，故可以尽其性，可以尽人物之性，可以赞天地之化育。推其极，大莫能名；要其本，只是不虚假、不间断。郑氏曰："大人无诚，万物不生；小人无诚，则事不成。"是故君子诚之为贵。

吴大澂批语："诚"字乃万物万事之根本，故曰"不诚无物"。

诚之者，择善而固执之者也。择执之中，有学知利行一等，又有百倍其功者，则困可以知，勉可以行，诚固非复绝不可

（清）孙星衍篆书六言联：所居廉让之间，如入芷兰之室

及之境也。诚身有道，岂限于困勉哉！

诚，《说文》：信也，《广雅》：敬也，《增韵》：纯也、无为也，《乐记》：著诚去伪，礼之经也。学者勿视为高远，只道居处恭、执事敬非诚乎？言忠信、行笃敬非诚乎？且从此进步，便是至诚。

吴大澂批语：去伪便是诚，无一毫虚假之念，便是至诚。此心一动，当自省察，是真是伪，是实是虚，此便是存诚工夫。

"静虚则明"，周子之教也。静前工夫，少不得知止有定；静时存养，少不得戒慎恐惧；静后效验，则古今之事理无不悉，天下之情变无不明。故曰："惟天下之静者，乃能见微而知著。"

吴大澂批语：求静求虚，而不用存养省察之功，不免流于禅学。吾儒之异于释教者以此。

水澄清可以鉴毫发，镜虚澈可以数须眉，静而已矣。心常交感万物，而有主则静焉，其理定而不淆，其气清而不杂，其处事接物、言动威仪，适中其节而止于符。

朱子教人半日静坐，半日读书，如此三年，无不进者。静坐之法，唤醒此心卓然常明，志无所适而已。初入静者，不知摄持之法，惟体贴圣贤切要之言，常自警策，勿令懒散。饭后必徐行百余步，不可多食酒肉，致令昏浊；卧不得解衣，欲睡则卧，乍醒即起。静坐至七日，则精神充溢矣。久之无少间断，妙用无穷。

吴大澂批语：禅家以诵经为习静之方，吾儒以体贴圣贤言语为摄心之要，其理则一，其功用则不同矣。

静亦非徒寂守而已，即有时临事匆忙，应接不暇，而其神闲识定，条理秩然，此是何等静镇，语云"石破天惊，神色不变"，盖从涵养得来。

吴大澂批语：静时做得工夫，当于动时验之，非真有心得者不能道此。

浮躁浅率，褊窄迫促，德不足才亦不足；凝重宽厚，广大从容，德有余福亦有余。

吾身心浩然之气，充塞天地。孟子说不动心，工夫在养气；说养气，工夫在持志集义。朱子曰"人须是有盖世之气"，即孟子所谓浩然之气也。此气无一时不保养，无一刻不充塞，最为切要。

吴大澂批语：浩然之气不为物欲所挠，斯至大至刚而无馁。

"言有教，动有法；昼有为，宵有得；瞬有养，息有存。"此张子示人以乾乾惕厉之学，修省之极功也。自古圣贤无不从朝乾夕惕中来，吾辈正须学此。

吴大澂批语：张子说到瞬存息养工夫之缜密，至矣。

李延平先生曰："爱身明道，修己俟时。"此八字如许担当，如许涵养。

克己者自全其心，而无疚于内，故能仰不愧天，俯不怍人。正己者自尽其道，而无求于人，故能上不怨天，下不尤人。

吴大澂批语：内无疚于心，外无求于人，纯是为己之学。圣人告子夏，只说为己为人，言简而意该。

暗室屋漏之隐，凝一而不杂以私，况其显者乎！夫妇居室之近，整齐而不参以妄，况其远者乎！

问："颜子地位，有甚非礼处？"曰："只心术间微有些子非礼处，须用净尽截断了。"又曰："克己别无巧法，譬如孤军猝遇强敌，只是尽力舍死向前而已。"朱子此说，见得颜子工夫，并见得学者工夫。

吴大澂批语：克己之克，以"四勿"字截断之，非有大勇不能。

是非者，天下之定理，差之毫厘，谬以千里。审求其是，决去其非，则皆天理之正、人生之直矣。

"几者动之微，吉之先见者也。"周子只说"几"字，言当辨之于微也。豫者，事理素定于内，而顺行于外也。张子每说"豫"字，言当辨之于早也。存天理，遏人欲，合二子之言乃备。

吴大澂批语：君子用功，须于人所不见不闻之地惩忿窒欲，皆当辨之于微，辨之于早。燎原之火不灭，将自焚也。

"衣锦尚䌹"，君子之暗然退藏于密，圣人之寂然，惟无一点矜夸，乃有无穷蕴蓄。谢上蔡与伊川相别一年，只去得一个"矜"字，可谓切己体察。

吴大澂批语："矜"字最难去，不去"矜"字，学问皆长傲之苗。

学者更须去得一个"争"字。心平气和，可以辨古今之理，可以论天下之事。盖事理非一人之私，不可有人之见，亦不可有我之见。虚怀公论，方于事理有济。

吴大澂批语：争有不必争者，有不得不争者。无益之辨、不急之争，君子不为也。

更须去得一个"偏"字。性情之偏，见于好恶；好恶之偏，见于措施；措施之偏，害于家国。化其执拗之私，适于平正之道，此中煞有工夫。

吴大澂批语："偏"字流弊最大，至于执拗而祸及家国天下，则是偏之为害也。

更须去得一个"忌"字。人才关系最大，其心好之，实能容之，造福无穷矣；娼疾恶之，实不能容，害可胜言哉！"忌"字病痛甚多，不独人才为然，类而推之，凡在人者，皆作在我者观，可以无忌矣。

吴大澂批语：忌者皆私心耳，只有"公"字可以克"忌"字。

更须去得一个"伪"字。立心制行，处己接物，近在家庭乡党，远在朝廷绝域，皆当真实无妄，不假安排布置。在己则无愧于心，在人则深信于我。推而行之，无不利也。若有一毫伪念，人便看破，事便难行，断不能掩饰弥缝。作伪心劳日拙，尚其儆之。

吴大澂批语："伪"字只可自欺，不能欺人，非必祷张为幻也。只有一毫不真不实之念，便是伪莠之不能乱苗，为其无实也。

更须去得一个"难"字。自古有担当的人，学问事功，皆无畏难苟安之见，故能有志竟成。倘曰苟如是，是亦足矣，将进是，不亦难乎？明知可为，靡焉退缩，此等人断无长进。懦夫有立志，愿起而振之。

以才智陵人，以言语先人者，皆客气也。客气用事，断无进机。能消磨得客气，有一段谦下虚受之心，可以进学矣。《诗》曰："温温恭人，维德之基。"

吴大澂批语：客气是学者之大病，学问骄人，尤甚于富贵之骄人也。

威仪，德之符也。有诸内者敬慎之心，形诸外者退让之节。外貌斯须不庄不敬，则慢易之心人之矣。诗曰："抑抑威仪，维德之隅。"

庄子云："为不善于显明之中者，人得而非之；为不善于幽暗之中者，鬼神得而责之。"君子无人非，亦无鬼责。《诗》曰："相在尔室，尚不愧于屋漏。"

刚善为严毅，刚恶为强梁；柔善为慈祥，柔恶为懦弱。有善而无恶者，得刚柔之中也。或偏于强梁，或偏于懦弱，则气质未变，有不得其正者矣。《诗》曰："维仲山甫，柔亦不茹，刚亦不吐。不侮矜寡，不畏强御。"

吴大澂批语：刚柔之由于气质者，性情之偏也。刚柔之根乎学问者，时措之宜也。

"吉凶者，失得之象也；悔吝者，忧虞之象也。"悔便是吉之几，吝便是凶之渐。

吴大澂批语："悔"字有转凶为吉之象，故曰"吉之几"。

"忧悔吝者存乎介，震无咎者存乎悔。"善恶将动而未形，辨之于纤介之际，得失已分而可救，补之于晦悟之余。

身不行道，不行于妻子，故家人之爻曰"反身"。行有不得者，皆反求诸己，故蹇之象曰"反身修德"。

损，德之修也。所当损者，惟忿与欲而已。兑之说，故以惩其忿；艮之止，故以窒其欲。

有乾之刚健，则足以胜其私；有震之奋迅，则足以鼓其气。故大壮之象，"君子以非礼弗履"。

恶甚微而将长，不可不谨其微；阴始生而渐进，不可不防其渐。《姤》之初，一阴方生，而柔道之牵，势将难遏，"系于金柅"，所以制羸豕之踟蹰也。圣人之戒严矣。

一部《易经》，只消"惧以终始"四字，便可包括。惧以始，当防微杜渐；惧以终，当持盈守成。朱子云："危惧故得平安，慢易则必倾覆，《易》之道也。"

吴大澂批语：始以防微杜渐，终以持盈守成，圣人寡过之学，一"惧"字尽之矣。

三风十愆，儆于有位，而具训于

（清）俞樾隶书八言联：君子修德无不获报，儒者明理奚为费辞

（清）祁寯藻楷书五言联：定而后能静，言之必可行

蒙士，盖童蒙始学之士，则详悉以是训之，欲其知所做也。且曰"作善降之百祥，作不善降之百殃"，以天命、人事、祸福申戒之，总其大旨，不外"祗厥身"三字，能敬则风愆俱泯，不敬则风愆俱至。《伊训》之言，可谓切要，不独警动太甲，而亦万世之炯戒也。

坐以待旦，孜孜为善之心也。始见于《书》之言汤，再见于孟子之言周公。盖圣人忧勤惕厉，其检于身者，惟恐不及；其施于事者，惟恐未遑。故身无不修，事无不理，况在学者，尤宜刻自鞭策。

"不矜细行，终累大德；为山九仞，功亏一篑。"此慎德工夫，虽一颦一笑、一动一作，皆应仔细修省。以小处为宽，将有不止于小处者，故流金烁石，而一阴生，寒于此始；堕指折胶，而一阳生，暑于此萌。萌芽一分，即增长一分；怠忽一分，即欠缺一分，可不戒哉！

吴大澂批语：勿以善小而不为，勿以恶小而为之，两"小"字足见武侯一生谨慎夫。

《酒诰》饮酒之事有三，祭祀用酒、父母庆用酒、养老用酒，一则曰"德将无醉"，再则曰"克永观省，作稽中德"呜呼！反观内省，身心不敢放肆，谨于酒者如是，何忧其沉湎哉！

方正学先生《幼仪杂箴》云："酒之为患，俾谨者荒，俾庄者狂，俾贵者贱，而存者亡。有家有国，尚慎其防。"此语最为警切。

刚大之气，足以干事；浮躁之气，足以败事。吾辈火气易动，往往发不中节，处事多乖。故理胜者，有真气干得事来；私胜者，皆火气，却不济事。

吴大澂批语：真气与火气之别，只在理胜、私胜上辨之。

治怒为难，治惧亦难。克己可以治怒，明理可以治惧。盖怒者，气之盈也，气怒而不可遏，惟克己者，只见己之不是，便不与人校，而忿怒之私自消。惧者，气之怯也，气怯而不能充，惟明理者，实见理之至正，便自反而直，而怯懦之心自振。薛敬轩先生曰："二十年治一'怒'字，尚未消磨得尽，以是知克己最难。"

吴大澂批语：怒为气盈，当虚其心以平之。惧为气怯，当实其理以充之。

儒有不陨获于贫贱，无所慕于外也；不充诎于富贵，无所满于中也。立得定时，便觉浩浩落落，至于"货色"二字，须脱然无累，乃有进步工夫。朱子曰："学者不于富贵贫贱上立得定，则是入门便差了。"又曰："吾辈于货色两关打不透，更无话可说。"

吴大澂批语：货色为人之大欲，孟子言养心只说到寡欲，则无欲之难也，人欲净则纯乎天理矣。

饮食男女，人之大欲存焉，然而无节，则断送一生矣。故敬身者于欲之所不能无、情之所不能止者，一拨便醒，以明镜照之；一醒便断，以慧剑斩之。

医方四物所以养血也，四君所以养气也。然人之血气，全在自己保养，火不动而水常足，则血无耗矣；怒有节而神不伤，则气无损矣。吕新吾先生曰："清心寡欲，不服四物；省事休嗔，不服四君。"修于内者，无待于外，此至足之道也。

吴大澂批语：病之由外入者，寒热之所感也。病之由内生者，气血之所累也。外感易祛，内患不易治，治之之方清心、寡欲、省事、休嗔四味而已。

波靡之中，难言品行；势利之内，岂有圣贤？习俗之移人也，可畏矣哉！惟能于千万庸众之中，克自振拔，不至陷溺，俨如鹤立鸡群，斯为君子。

一念善恶，天人之分也。持之斯须，则已登于道岸；失之斯须，则且坠于深渊。持守之几甚暂，得失之界甚危，尚其慎此一念哉！

吴大澂批语：一念初发，即用持守之功，辨之不可不早也。

事有益于身心者，则奋迅以行之；物有害于身心者，则果决以绝之。何也？吾身心苟受其益，虽黾勉赴之犹恐不及；苟受其害，虽探汤视之，尚恐不严。一念因循，百端丛脞，须有斩钉截铁手段。

吴大澂批语：圣人许子路可以从政，只一"果"字，"果"字中有许多力量。

进退出处，超然无累，此等境界，须是本源清、学守定。

李光弼治军，虽敌所不至，亦巡逻不懈，何等严密！"撼山易，撼岳家军难"，何等武毅！此便是两人小心敬畏处，先儒以此释瑟僴之义，盖其心战兢恐惧，无稍疏懈，则严密者，欲自不能人；武毅者，欲自不能屈。吾窃以《淇澳》之诗"切磋琢磨"工夫极细，而"瑟僴"二字，尤为学者之要道也。

吴大澂批语：防欲如防敌，理不胜则欲即乘之，所谓"人心惟危"也，一"危"字最警切。

炼识炼胆，昔人有是言也。识可炼乎？凡经权常变之理，皆体会于心，则识定矣。识定者，权衡有准。胆可炼乎？凡道义刚大之气，皆充足于心，则胆定矣。胆定者，雷霆不惊。

吴大澂批语：识炼成能决大疑，胆炼足能当大事。

慎言语

孔子观于后稷之庙，有金人焉，三缄其口，而铭其背曰："古之慎言人也，戒之哉！无多言，无多事，多言多败，多事多害。勿谓何伤，其祸将长；勿谓何害，其祸将大。勿谓不闻，神将伺人；焰焰弗灭，炎炎若何。涓涓不壅，终为江河。绵绵不绝，或成网罗。毫末不折，将寻斧柯。诚能慎之，福之根也。口是何伤，祸之门也。强梁者不得其死，好胜者必遇其敌。君子知天下之不可上也，故下之；知众人之不可先也，故后之。江海虽左，长于百川，以其卑也。天道无亲，常与善人。戒之哉！"孔子既读斯文也，顾谓弟子曰："此言实而中，情而信。《诗》云：'战战兢兢，如临深渊，如履薄冰。'行身如此，岂口过患哉！"盖尝三复是篇，金人铭辞有"戒慎卑下"之意，孔子引诗有"临深履薄"之心。然则慎言之道，非徒守口而已也。

吴大澂批语：惟君子能下人、能后人，自卑者无好胜之心，自谦者无盈满之患，金人刻辞为千古箴铭之祖。

颐卦上艮下震，上下二阳，中含四阴。上止而下动，外实而中虚，颐之象也。君子观其象，慎言语，以养其德；节饮食，以养其体。谚云："祸从口出，病从口入。"颐之所系，岂不重哉！

吴大澂批语：颐之训为养，善养者不外言语、饮食，以谚语解《易》，最为切当。

言行，君子之枢机也。枢动则户开，机动则矢发，小则招荣辱，大则动天地，可不慎乎？子曰："出其言善，则千里之外应之，况其迩者乎？出其言不善，则千里之外违之，况其迩者乎？"感应之速如此。

人之招祸，惟言为甚。密于言语，则是非不形而祸可免矣。子曰："乱之所生也，则言语以为阶。君不密则失臣，臣不密则失身，几事不密则害成，是以君子慎密而不出也。"节初九曰："不出户庭，无咎。"

"将叛者其辞惭，中心疑者其辞枝，吉人之辞寡，躁人之辞多，诬善之人其辞游，失其守者其辞屈。"此六者，皆人之情著于辞而不可掩也。人之辞以情迁，《易》之辞亦以情迁，明于吉凶之道，审于利害之几，可以知所谨矣。

吴大澂批语：修辞立其诚，诚于中则形于外，不诚之辞愈掩愈著，学者不必于辞令上用工夫，却于辞令上见工夫。

《楚语》左史倚相曰："昔卫武公年数九十有五矣，犹箴儆于国，曰：'自卿以下至于师长士，苟在朝者，无谓我老耄而舍我，必恭恪于朝夕以交戒我。在舆有旅贲之规，位宁有官师之典，倚几有诵训之谏，居寝有暬御之箴，临事有瞽史之道，宴居有师工之诵，史不失书，蒙不失诵，以训御之。'于是作《懿戒》以自儆。"吾尝读诗，窃叹武公晚年箴戒之词，夙兴夜寐，笃志力行，既惓惓于威仪，复凛凛于言语，其曰"慎尔出话"，而惧其玷之无可磨，"无易由言"，而虑其雠之无不报。再三申戒，战兢自持。呜呼！武公之学于是为已密矣，故其没也，谓之"睿圣武公"。

吴大澂批语：武公年愈九十，犹好学不倦，今人未至武公之年，自以为岁月已晚，追悔无及，仍不免自弃耳。

人之易其言也，无责耳矣。见责于君子，犹可为鉴戒之益；见责于小人，则不免耻辱之加，且不独耻辱而已，语言之恨，机伏戈矛。《书》曰"惟口兴戎"，《诗》曰"无言不雠"，然则易言之责，岂小也哉！

隐恶扬善，圣人之心也；荐贤举能，君子之道也。蔽贤之言，上则病国，下则病民。言无实不祥，不祥之实蔽，贤者当之，可以鉴矣。

吴大澂批语：以蔽贤为大病，自汲汲以荐贤为己任，古圣人之用心如此，古大臣之用心如此。

仲弓居敬行简，简以御天下之烦，而况于言乎？言简而当，而取于佞乎？佞者，一事无不尽之言；简者，一言无不尽之理。

审确而和缓者，言之有伦也，而心有以主之；轻浮而躁急者，言之不慎也，而心先已淆之。程子曰："心定者其言重以舒，不定者其言轻以疾。"

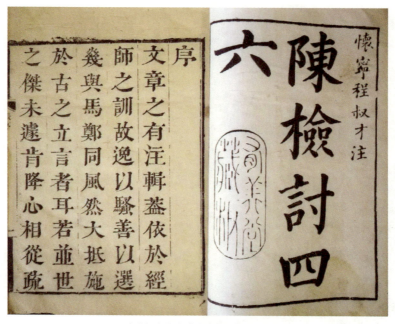

（清）陈维崧《陈检讨集》，清康熙三十二年有美堂精刻本

甲辰启蒙后，祖父襟江公手示曾祖映塘公所书小楷一册，笔画精妙，似《黄庭》《洛神》，时置案头，爱其字之工，不知其言之切也。戊申春，颇省辞义，另行钞出，有《劝孝弟》《睦族邻》《慎言语》《崇谦让》数诗，警切沉挚，足垂法守。其《慎言语》诗曰："缄口金人训，兢兢恐惧身。出言刀剑利，积怨鬼神嗔。简默应多福，吹嘘总是春。白圭宜三复，此意可书绅。"盖谓出言利于刀剑，积怨及于鬼神，惟简默可滋厚福，即吹嘘皆属仁言。呜呼！兢兢恐惧，公之省察克治可想矣。而"吹嘘总是春"五字，尤见天地生物气象，所谓仁人之言，其

利溥也，我后人其敬听之。

吴大澂批语："吹嘘总是春"五字，何等气象，文忠公心术、学问不愧家学渊源，言为心声，勿以寻常诗句视之。

一言而造无穷之福，一言而去无穷之害，在朝廷可也，在乡党亦可也；一言而断天下之疑，一言而定天下之业，在治功可也，在学术亦可也。"太上立德，其次立功，其次立言。"立言所以补功德之不足也。

人有恻隐之心，我以言成之；人有暴戾之心，我以言化之。此长善救恶于未然者也。既有恻隐之事，我以言充之；既有暴戾之事，我以言解之。此长善救恶于已然者也。呜呼！感人以言，虽属浅事，而苦口婆心，总

（清）高凤翰《草堂艺菊图》

期同归于善，其所济岂浅鲜哉！

吴大澂批语：教人以善谓之忠，化之于未然、救之于已然、有风化之责者不能委之于空言无补，无补者心不诚耳。至诚而不动者，未之有也，孟子之言，岂欺我哉？

闻人之善而疑，闻人之恶而信，非君子之心也；疑人之善而附会以败之，信人之恶而指引以证之，则小人之尤也。善即可疑，群焉推许，

为善者益奋，而善人多矣；恶即可信，代为掩覆，为恶者自惭，而恶人寡矣。子曰"乐道人之善"、"无攻人之恶"，皆当铭诸座右。

吴大澂批语：隐恶扬善，大舜犹如此存心。今学者好言人过，不言人善，轻薄之风，有志者宜力矫之。

一言而坏风俗，一言而损名节，一言而发人阴私，一言而启人仇怨，其害甚大，其祸甚速，断断不可言也。或人有可疵，尽言以翘其过；人有可责，微言以谏其非，其意未尝不善，要必深知其人之能受其言而吾言之实有所济乃可耳。不然，吾愿三复白圭不置矣。

誉我则喜，毁我则怒，人情之常也。然我因誉而喜，因毁而怒，独不思可誉者何在、可毁者何在乎？王昶《诫子书》曰："人或毁我，当退而求之于身，若己有可毁之行，则彼言当矣；若己无可毁之行，则彼言妄矣。当则无怨于彼，妄则无害于身，又何反报焉？"斯言可以为法。

吴大澂批语：反覆思之，怒自平矣。

人可以毁誉加于我，我不可以毁誉加于人。昔伏波将军戒其兄子云："闻人之恶，如闻父母之名，耳可得而闻，口不可得而言也。"闻人之恶，且不可言，况无端而毁之乎？

与清者称伯夷可也，与贪者言，则涉于讥矣；与和者称柳下可也，与鄙者言，则疑于诮矣。吾即以无心出之，人未必不有心听之；人若以有心责之，吾岂能以无心谢之乎？

吴大澂批语：言者无心，闻者有心，群居闭口，可无失言。

喜谈闺阃，此天下之大恶也。无稽之语，得自传闻，自我播之，甚于枉杀；自我止之，胜于理冤。吕新吾先生云："只管你家门户，休说别个女妻。第一伤天害理，好讲闺门是非。"

吴大澂批语：新吾先生语，可为学者座右铭。

口中雌黄，有出于轻躁者，有出于险刻者，未闻齿牙之奖厉，徒惊舌剑之锋芒。辱人颜面，既不能堪；恨人心怀，必将思逞。此等罪过，较之谈人闺阃，其轻重不相远矣。

唇齿之伤，甚于猛兽之害；刀笔之烈，惨于酷吏之刑。一言耳，辱其身，并辱其祖父，并辱其子孙，伤惨之情，积憾数世，在人心固所必报，即天理亦所不容。出尔反尔，岂不大可惧哉！

侈口曰无人才，此妄言也。人各有才，才不必奇，能修其业，能举其职，即才也；才不必全，矜其所短，用其所长，即才也。且高才硕德，或深自韬晦，阻于见闻，以管窥天，而曰天尽是乎？惟即侪伍之中，奖其清俊之彦，培植得一人，即成就得一人。乐育之心，陶镕不倦，好善之士，鼓舞奋兴。何地无才？生之在天，成之在我。岂敢以鄙夷之言，轻量天下士乎？

吴大澂批语：天下有已成之才，有待成之才。已成者吾敬之、慕之，力能汲引则汲引之；待成者吾培之、植之，鼓舞而作兴之。所谓用人用其所长，教人教其所短，何患天下无人才哉？

狃偏见以论古今之理，挟小智以谈天下之事；见于此未见于彼，知其一不知其二，揆诸事理，有断断不可通者，且嚣然自是，坚其执拗之私，逞其刚愎之论，是谓狂言。其言不用，而是非既谬，已为心术之忧；其言若用，则措置失宜，更为天下之害。

吴大澂批语：狂言宜戒。

姜菲，小文也，可以成贝锦，比谮人者，因细小而文致人之大罪；哆侈，微张也，可以成南箕，比谮人者，因疑似而巧构人之实罪。"捷捷幡幡"，情状百出，是谓谗言。"投畀豺虎，豺虎不食"，巷伯恶之。

吴大澂批语：谗言宜戒。

无羞恶之心，而为阿媚之态；工逢迎之计，而习善柔之辞，是谓巧言。孔子以"巧言"对"令色"，不过致饰于外，务以悦人耳。诗曰"巧言如簧"，则指谗贼之口，为鬼为蜮，其情尤可畏矣。

吴大澂批语：巧言宜戒。

一语当其理，便如的破冰开；一语当其情，便如肝披胆露；一语当其时，便如惊雷迸笋；一语当其事，便如拨云见天。言者怡然，闻者豁然，相悦以解矣。不审是非而强聒之，不达权变而渎陈之，不知其厌听而觍缕之，是谓多言。多言者，既失于己，无济于人。

吴大澂批语：多言宜戒。

百世之下，非古之道者，古圣之罪人也；生今之世，反古之道者，今圣之罪人也。此其刚愎成性，辩

（清）张廷济行楷七言联：大鹏鸟飞九万里，蟠桃子熟三千年

论甚雄，所谓愚而自用、贱而自专，灾及其身，有固然而无疑者。

古之立言者，六经也；今之立言者，词章也。六经之言惟其常，常故有典有则，而皆得其平；词章之言惟其变，变故愈趋愈歧，而多失其正。

简淡如太羹元酒，使人味之而弥永者，古圣之质言也；甘美如珍馐脍炙，使人含咀而餍饫者，古圣之嘉言也。惟于此探讨其味中之味，乃能阐发其言外之言。

吴大澂批语：六经中至理名言可以省身、可以劝世，箴、砭、药、

石，取之不尽，无待外求也。古圣人之言，淡而弥永，拟之太羹元酒，其信然与？

怀仁抱义，尽性明伦，训世之言也；忠君爱国，济人利物，经世之言也。守其常则布帛之文，菽粟之味；达其变则金石可贯，鬼神可通。须有此一段精神见识，始可与立言，不然皆辞费也。

吴大澂批语：可出、可处、可常、可变，皆此一段精神见识，充溢于其中，胡文忠一生本领，实不外此数言。

家大人尝谓达源兄弟曰："朱子《小学近思录》，启迪谆谆，扶植后进；西山先生《大学衍义》，琼山先生《大学衍义补》，惓惓于诚正修齐，切切于家国天下。一缕精心，诚实恳到，可谓体要之言。宜于经史外，分日展览，裨益良多。"

语言正大，消得人多少邪心；语言恺恻，长得人多少善念；语言浑厚，养得人多少和气；语言奖劝，成得人多少德行。满腔是与人为善之心，开口即与人为善之道，存得此心，何敢容易说话？

吴大澂批语：与人为善，有此心乃有此语。语言之有益于己、有益于人如此，可不慎哉？

与人言义，义定则有当为之事，有不当为之事；与人言命，命定则有自致之福，有不可妄致之福；与人言法，法定则有自免之道，有不可幸免之道。知法之不可犯，即君子怀刑之心也；知命之不可强，即君子俟命之心也；知义之不可违，即君子喻义之心也。此中大有感触，大有转机，吾言未必无补。

家庭之言，天伦恩义之所系也，断不可有偏好、偏恶之心。一涉乎偏，则家道必乖，何以对吾亲？堂陛之言，天下安危之所系也，断不可存私喜、私怒之见。一涉乎私，则治术必坏，何以对吾君？

吴大澂批语：在家无偏好偏恶之心，居官自无私喜私怒之见。家政与国政理本相通，情无二致，但观其平日学问工夫何如耳。

与同等者言，直而当；与位尊者言，和而诤。其理直，其辞直，侃侃如也；其辞婉，其理直，訚訚如也。学者须识得圣人气象，自然合宜，在朝在乡，事上接下，可以类推。

吴大澂批语：圣人在朝在乡事上接下之气象，记者曲意形容之，学者当细心体察之。

有廓然大公之心，斯有廓然大公之论。自私自利者伤天下之元气，抑天下之人材，恬然不以为可惜。若此心廓然，如鉴之空，如衡之平，绝不以己私与焉，则"平正通达"，至理名言，我身与天下为公矣。

吴大澂批语：伤元气、抑人才，为千古之罪人。王荆公，一流人是也。

规过之言，须令人有悔悟意。不甚其过，所以示可转之机；不斥其过，所以作自新之气。劝善之言，须令人有歆动意。引以易从，明指其趋向之路；导以不倦，并生其鼓舞之心。

以古事证今言，我有据而人易信；以浅言道俗事，辞不费而人易从。故知泛而无征者，非典要之语；隐而求深者，非平易之情。

宽厚之言，包涵一切，是非却极分明，不可以徇私夺理；姑息之言，苟且一时，是非却没分晓，适足以长恶遂非。

吴大澂批语：宽厚与姑息，似是而非。包涵者为有容之量，苟且者为违心之论。

言者心之声也，诚于中形于外，不可以伪为也。最怕满口是圣贤说话，满腔是庸众心肝，纵然好听，而体察践履处却少，以此感人，其能动乎？

礼义廉耻，人之大防也，只可峻其防，不可溃其防。一言而溃之，罪孰大焉？声色货利，性之大贼也，只可御其贼，不可纵其贼。一言而纵之，罪孰大焉？

当幼学时，得一言感动，便终身不忘，谨守教训，其所人者早也；在错路上，得一言唤醒，便回头不走，急就康庄，其所悔者真也。以言教人者，宜因其幼而感之，因其错而醒之。

吴大澂批语：先入之言，当从蒙养始，提撕警觉，事半而功倍。

推奖君子，不妨其言之详，非要誉也，所以彰君子之德，而树小人之型；屏斥小人，不妨其言之少，非示宽也，所以回小人之心，而消君子之祸。

怒多横语，喜多狂言，此时有定，可以见其涵养。家庭多率语，卑贱多慢言，此时不差，可以见其慎密。

做宽厚事，有严厉语，严以成其宽也；有宽容语，做刻薄事，宽以济其刻也。可以严成宽，不可以宽济刻。

吴大澂批语：以宽济刻，尤足坏人心术。

清议，公论也。挟其诡僻之私，快其侮慢之说，则为处士横议。是非倒置，邪正混淆，而世道人心，有败坏不可收拾者矣。正人心，息邪说，孟子所为深惧而力救之与！

吴大澂批语：如何为清议，如何为横议，好直言者当详辨之。

以鸟鸣春，以虫鸣秋，物之鸣感于其时矣。大叩则大鸣，小叩则小鸣，钟之鸣，应于其人矣，不失其时、不失其人者，言之则也。

圣人论事，有经有权。权所以适其平也，故能平天下之不平，而聪明自用者，动以"权"字行一己之私，饰一己之罪，而不思其言之谬于圣人也。学者立言，且只守经，未可率意道个"权"字。

吴大澂批语：行权则流弊多，守经则流弊少。通权达变，贤者犹不免有过当处，况学者未能守经，固不可以轻言权也。

小人怀诈之言，其情必露，诈由于矫揉，情发于不觉，见于眉睫之间，动于口颊之际，未有不肺肝如见者也。明理以烛其几，随事以惩其过，庶几有饰辞、无败事。

诚、淫、邪、遁，言之病也；蔽、陷、离、穷，心之失也。"生于其心，害于其政；发于其政，害于其事。"非心通于道而明于天下之理者，其何以知天下之言而无所疑哉？故君子慎言，尤贵知言。

亲君子

《易》之道，阳为君子，阴为小人，阴阳之消长，即君子小人之进退也。"小往大来"，上下交为泰；"大往小来"，上下不交为否。泰之初九，"拔茅茹，以其汇；征吉"，君子之拔而进也；否之初六，"拔茅茹，以其汇；贞吉，亨"，君子之拔而退也。然则保泰休否，君子之所关系，岂不重哉？且不独世之否泰也，即如学者一身之所成就，日与君子处则进于高明，日与小人处则流于污下。有君子而又有小人间之，则高明者或至障隔；有小人而又有君子匡之，则污下者必有转机。君子之裨益于吾身者，如此其切也。天地不能有阳而无阴，人不能有君子而无小人，亦贵乎善择焉而已也。

吴大澂批语：万事万物之理，无不备于三百八十四爻中，取而观之、玩之，可以免一身之过，可以断天下之事。

《易》中都是"贞吉"，不曾有"不贞吉"；都是"利贞"，不曾说"利不贞"。如占得乾卦固是大亨，下则云"利贞"。盖正则利，不正则不利，至理之权舆，圣人之至教寓其间矣。大率是为君子设，非小人所得窃取而用。学者能识得一"贞"字，有正固之理，存正固之心，行正固之事，此君子所以无不吉也，无不利也。

有好问愿学之心，斯信从者笃，故曰"童蒙求我"；有专一向道之志，斯启发者真，故曰"初筮告"。

《说命》言"置诸左右"，又曰"朝夕纳诲"。君子常接于左右，则无匪僻邪慝之害，而学日严；纳诲无间于朝夕，则有长善救恶之资，而德日进。高宗思道已精、见道已明，尚且如此，况在学者，安可不以君子自辅耶？

吴大澂批语：左右皆正人君子，皆辅德之助也。左右皆便辟善柔，长恶之资也。

忠言逆耳利于过，良药苦口利于病。君子匡救之言，犹医者猛烈之药也，我能听之，则过者可以自新，而悔者可以免咎。故曰："若药弗暝眩，厥疾弗瘳。"

吴大澂批语：勇于改过，天下无不可治之病。

舅氏汤栗里先生，乾隆丙午科以习《诗经》中式，主司赏其经义博通。吾幼时尝听讲《南山有台》之诗，曰："乐得贤也，得贤则能为邦家立太平之基矣。此盖小序之说。所谓'基'者，如兴道致治，建功树业，以内则柱石乎王朝，而邦畿巩固，以外则屏藩乎四国，而侯服奠安。基本既立，邦家有光，父母共戴矣。然所以致此者，盖必有其本也，一则曰'德音不已'，再则曰'德音是茂'，有其德而后治功懋，有其德而后福寿臻。是虽为君子赞美之辞，而实本君子感召之理，非偶然也。"讲毕，顾谓达源曰："这君子在人领取。"

吴大澂批语：讲书讲到亲切处，须在自己身上体贴一番，方有进益。

又一日讲"切磋琢磨，瑟倜赫喧"，喟然叹曰："武公是学问中人，列国中罕见此锻炼工夫。'有斐君子'，卫人所为赋《淇澳》也，且曰'不忮不求，何用不臧'，见于《雄雉》之诗。何孔门克己之功、求仁之方，而行役之妇人能言之？岂非先王学问道德之遗泽独存于卫哉？'百尔君子'，可以兴矣。"

吴大澂批语：武公好学，遗泽孔长，今之疆吏，古诸侯之列也。独

（清）王翚《溪桥峻岭图》

不闻有耄而好学者，读卫公、武公之诗，当亦幡然知愧矣。

　　密于内者，无间可息，无隙可乘，心之所以如结也；形于外者，容止有常，冠服有章，仪之所以不忒也。赖其表正之功，愿其年寿之久，'淑人君子'，《鸤鸠》之托兴，岂偶然哉？

（清）伊秉绶隶书五言联：大观得至乐，知足无妄怀

吾于《木瓜》，见报德之隆焉。桃李虽薄，而不敢以为薄；瑶玖虽厚，而非敢以为厚。吾于《缁衣》，见好贤之至焉。改造改作，既始终之无间；适馆授粲，复前后之不渝。故三复《木瓜》，可以风世之薄道往来而较量于锱铢者；三复《缁衣》，可以风世之不承权舆而供亿之寝薄者。

吴大澂批语：有心世道者当三复此诗。

弟子泛爱众，而又必亲仁。此仁者，是浑厚笃实，平正慈祥，从众中看出，自然不同。此"亲"字，是常与居游，时共讲习，以爱众较之，弥更亲切。盖在少年习于放逸，敬惮之余或至疏远，故以亲仁为难。亲近既久，如雾露中行，虽未湿衣，却已渐渐沾润。

吴大澂批语：敬惮者易疏，狎昵者易亲，圣人勉弟子以亲仁，正与下章毋友不如己者可以参看。

"人不足与适也，政不足间也，惟大人为能格君心之非。"张子曰："非惟君心，至于朋游学者之际，彼虽议论异同，未欲深较，惟整理其心，使归之正，岂小补哉？"按张子以感格君心之道，用为感孚朋友之心，明义理以致其知，杜蔽惑以诚其意，其挽维补救之功受益甚大。盖君子之心，自处以正，未有不愿人之同归于正者也，何殊于君友哉？

吴大澂批语：愿人同归于正，此君子与人为善之心。"有诸己而后求诸人，无诸己而后非诸人"，此君子薄责于人之意。

在上者知人，则平治天下之道也；在下者知人，则保安身家之道也。君子小人之分，可不早辨哉？然而未易辨也。且即其性情之发于外者观之，曰刚直、曰平正、曰虚公、曰谦恭、曰敬慎、曰诚实、曰特立、曰持重、曰韬晦、曰宽厚慈良、曰责己必严、曰嗜欲必淡、曰好恶有常、曰见其远大、曰隐恶扬善。君子之道，虽不尽乎此，而即此可以得其概矣。小人反是，曰柔佞、曰偏僻、曰徇私、曰骄慢、曰恣肆、曰险诈、曰附和、曰轻捷、曰表暴、曰苛刻残忍、曰律人必甚、曰势利必热、曰喜怒无定、曰狃于近小、曰妒贤嫉能。小人之道，虽不尽乎此，亦即此可以得其概矣。

吴大澂批语：有知人之明乃见用人之公。君子有君子之过，原其过而始终不失为君子；小人有小人之才，爱其才而始终不改为小人。知人之难，用人者所当审也。

其道德无所不包，其经济无所不备，可经可权，可常可变。古有其人，读书而尚友之；今有其人，景行而亲炙之。

百步之外，树正鹄而射者，识其的之有定也；五都之肆，操规矩而匠者，识其巧之有凭也；百行之中，慕圣贤而师者，识其学之有本也。

水行者不可无舟楫，陆行者不可无鞭策。君子其为人之舟楫、鞭策乎？

候砖景而丝丝递增者，人每不觉；砺品行而寸寸加益者，人亦不知。此不知不觉中其熏陶默化，受益良深。

吴大澂批语：转移风气，如寒之变暑，暑之变寒，其变也，以渐积之久而气候回不同矣。学问之进益，气质之变化，亦如此。

君子立志必为圣贤，居心必存宽大，行事必循规矩，出言必合理义。有不可屈挠之志，则圣贤同归；有不可狭小之心，则胞与同量；有不可苟且之事，则措置咸宜；有不可轻易之言，则推行悉当。君子者，

▌（清）胡林翼《胡文忠公遗集》，清光绪湖北崇文书局重雕

率马之骧也，我伏枥安之，乃旷然不胜其远，夙驾而追之，则我与君子一也。

吴大澂批语：见贤思齐，有为者亦若是。立志为君子，立志为圣贤，不可有退让之心，一退让即自弃也。

目之所见，耳之所闻，其浸渍濡染，有日变月化，而不知其然者，不可不慎也。孟子幼时，舍近墓，嬉戏为墓间筑埋之事。孟母曰："此非所以居子也。"乃去舍市，其嬉戏为贾衒。孟母曰："此非所以居子也。"乃徙舍学宫之旁，其嬉戏乃设俎豆，揖让进退。孟母曰："此真可以居子矣。"夫居处之地，见闻最亲，与善者居则入于善，与恶者居则入于恶，未有不影响相应者也，故亲君子者乃可以为君子。

吴大澂批语：习俗移人，往往不知不觉，久而与之俱化矣。近朱者赤，近墨者黑，居处之不可不慎也。然染恶而入于下流者其势易薰，德而为善良者其化难。

郭泰字林宗，太原介休人也，与河南尹李膺相友善，于是名震京师。性明知人，好奖训士类。当其时，茅季伟之避雨危坐，孟叔达之堕甑不顾，皆劝令就学以成其德。贾淑之洗心向善，左原之犯法见斥，或进之而改过自新，或慰之而前言自愧，虽在恶人，转为善士，实人伦之陶铸，而侪等之楷模也。

吴大澂批语：奖进士类，鉴别人伦，能使向善者益勉于善，不善者改行为善，此即圣人所谓君子成人之美，不成人之恶也。居乡如此，尚有裨于风化，况为一州之主、一县之长乎？况一省之大吏乎？

许劭字子将，汝南平舆人也。少立名节，好人伦，多所赏识，天下言拔士者咸称"许、郭"。初为郡功曹，太守徐璆甚敬之，府中闻子将为吏，莫不改操饰行。同郡袁绍，公族豪侠，去濮阳令归，车徒甚盛，将入郡界，乃谢遣宾客，曰："吾舆服岂可使许子将见？"遂以单车归家。呜呼！劭之贤，能使人改操饰行，舆服省约，岂非其自处有道而足以感人者乎？

吴大澂批语：子将一郡功曹而能使人敬惮之如此，其平日自处之正直无私，亦可想见。

曩时与弟达澍、达灏、达潜读后汉《党锢传》，当时名士品目，有三君、八俊、八顾、八及、八厨之称。窦武、刘淑、陈蕃为三君。君者，言一世之所宗也。李膺、荀昱、杜密、王畅、刘祐、魏朗、赵典、朱寓为八俊。俊者，言人之英也。郭林宗、宗慈、巴肃、夏馥、范滂、尹勋、蔡衍、羊陟为八顾。顾者，言能以德行引人者也。张俭、岑晊、刘表、陈翔、孔昱、范康、檀敷、翟超为八及。及者，言其能导人追宗者也。度尚、张邈、王考、刘儒、胡母班、秦周、蕃向、王章为八厨。厨者，言能以财救人者也。窃叹诸君子抗节励行，皆蒙党锢，何其屯也？家大人进达源等而训之曰："汝知诸君子之所以成名，即所以

（清）刘墉行书七言联：旧学商量加邃密，新知涵养转深沉

取祸乎？《传》不云乎'匹夫抗愤，处士横议，遂乃激扬名声，互相题拂，品核公卿，裁量执政'乎？况海内希风之流，共相标榜，为之称号，如三君、八俊云云者，岂诸君子之福耶？春秋时孔门弟子三千，七十之徒可谓贤矣，其所遭之时可谓艰矣，而卒未闻蒙党人之议者何也？有高世之节，无立异之心，有应求之情，无党同之见。故曰：'君子矜而不争，群而不党。此圣人之教，所以垂范百世也与？小子志之！"

吴大澂批语：此四语可以除标榜之风，去门户之见。

林逋在杭州，世皆以高士、诗人目之，考其所著《省心录》，则笃行君子也。篇首云："闻善言则拜，告有过则喜。"有圣贤之气象。又云："坐密室如通衢，驭存心如六马，可以免过。"

吴大澂批语：以林和靖为笃行君子，可谓读书得闲。

又云："高不可欺者天也，尊不可欺者君也，内不可欺者亲也，外不可欺者人也。四者既不可欺，心其可欺乎？心不欺，人其欺我乎？"

吴大澂批语：四不欺乃圣贤学问。

其他名言至论，皆有圣贤学问工夫，非徒诗画俊逸而已。李恭惠公及知杭州，每访林逋于孤山，望见林麓，即屏导从，步入其庐。一日冒雪出郊，独造逋清谈，至暮而返。呜呼！冒雪清谈，流连永日，其所开说启悟无穷，若恭惠者，可不谓能亲贤者乎？

岳麓书院之东，有道乡祠，相传邹道乡先生经过，山僧列炬迎宿于此，后因立祠祀之。戊午春，侍家大人读书岳麓，瓣香拜焉。大人曰："先生道学行义，知名于时，其遇事接物，犹虚舟然，而坚挺之姿，如精金良玉，不可磨磷。其极谏被谪，非其罪也。至所云'圣人之道，备于六经。六经千门万户，何从而入？'大要在《中庸》一篇，其要在'慎独'而已。但于十二时中，看自家一念从何处起，即检点不放过，云云。此即是君子慎独之学。"于时曙烟正裛，朝旭初升，几杵晨钟，发人深省。

吴大澂批语：癸巳重阳日，偕僚友登岳麓山，归途经道乡祠，僧人导入小憩，有仰止之思焉。

范忠宣公纯仁字尧夫，文正公之次子，以恩补官，中进士第，相哲宗。尧夫少时，文正公门下，多延贤士，如胡瑗、孙复、石介、李觏之徒，与尧夫从游，昼夜肄业，置灯帐中，夜分不寝。尧夫贵，夫人犹收其帐，顶如墨色，时以示子孙曰："尔父少时勤学，灯烟迹也。"按尧夫品行经济，有文正之风，即其帐顶烟迹，岂异文正之以水沃面哉？然而德器成就，未必非胡瑗、孙复诸君子切磋琢磨之力，则文正之多延贤士可师矣。

吴大澂批语：门下多贤士，皆子弟之名师益友，故人乐有贤父兄也。

蔡齐字子思，举进士第一，通判济州，日饮醇酎，往往致醉。时太夫人年已高，颇忧之。一日贾存道过济，齐馆之数日。存道爱齐之贤，虑其以酒废学生疾，乃为诗示齐曰："圣君宠重龙头选，慈母恩深鹤发垂。君宠母恩俱未报，酒如成病悔何追！"公矍然起谢之。自是非亲客不对酒，终身未尝至醉。呜呼！存道劝人以善，子思有过则改，皆不愧君子矣。

吴大澂批语：存道惟爱齐之贤，故出语之真挚足以感动而使之悔过。

明道先生受学于周茂叔，茂叔窗前草不除，问之，云："与自家意思一般。"后明道书窗前有草茂覆砌，或劝之芟，明道曰："不可，欲常见造物生意。"又置盆池，畜小鱼数尾，时时观之，或问其故，曰："欲观万物自得意。"草之与鱼，人所共见，惟明道见草则知生意，见鱼则知自得意。盖程子受学于周子，周子得道于孔子。鸢飞鱼跃，活泼泼地，此中具有会心。

吴大澂批语：笃志好学者无往而非学，否则玩物耳。

朱光庭字公掞，见明道于汝州，归谓人曰："某在春风中坐了一月。"载绎斯言，教者畅以天机，学者会以天趣，非实在融洽亲切，不能如此形容。

横渠先生喜谈兵。年十八，慨然以功名自许。上书谒范文正公，一见知其远器，欲成就之，责之曰："儒者自有名教，何事于兵？"因劝读《中庸》，先生虽爱之，而犹未以为是也。又访诸释、老之书，反求之六经。嘉祐初，见二程子于京师，共语道学，先生乃涣然自信曰："吾道自足，何事旁求？"先生聪颖绝人，始而谈兵，继而释、老，其视《中庸》、六经之书，殆未屑意也，赖有范、程诸君子招呼接引，得入贤关，其所成就岂小也哉？

吴大澂批语：好谈经济之学，好读释老之书，观此可以憬然悟矣。自命为何等人，即当求何等学。

五峰先生宏字仁仲，文定公之季子。南轩求见，先生辞以疾。他日见孙正孺而告之，孙道五峰之言曰："渠家好佛，宏见他说甚。"南轩方悟前此不见之由，于是再谒之，语甚相契，遂受业焉。南轩曰：

（清）邓石如篆书《程夫子四箴》四条屏。识文：视箴曰：心兮本虚，应物无迹，操之有要，视为之则，蔽交于前，其中则迁，制之于外，以安其内，克己复礼，久而诚矣。听箴曰：人有秉彝，本乎天性，知诱物化，遂亡其正，卓彼先觉，知止有定，闲邪存诚，非礼勿听。言箴曰：人心之动，因言以宣，发禁躁妄，内斯静专，矧是枢机，兴戎出好，吉凶荣辱，惟其所如，伤易则诞，伤烦则支，己肆物忤，出悖来违，非法不道，钦哉训辞。动箴曰：喆人知几，诚之于思，志士励行，守之于为，顺理则裕，从欲惟危，造次克念，战兢自持，习与性成，圣贤同归。

"杕若非正孺，几乎迷路。"呜呼！世之能指迷者多矣，指其迷而不悟，其若之何？五峰以好佛晓之，正孺即告之，南轩且再谒而受业焉，何患其迷路哉？

吴大澂批语：误入迷途后一旦悔悟，便须决然合去，出此入彼，非有真力量不能。

籍溪先生宪字原仲，文定公之从子，乡人士子，从游日众。每教诸生于工课余暇，以片纸书古人懿行，或诗文铭赞之有补于人者，粘置壁间，俾往来诵之，咸令精熟。夫古人不可见矣，而其懿行垂诸史册，名言著于简编，熟诵深思，将浸淫浇灌，变化而不自知也，而况于亲炙之者乎？

吴大澂批语：以古人之嘉言懿行为座右铭，即多识蓄德之功，朝夕省览，触目警心，受益于不知不觉，此治痛者培补元气之方。

李延平先生侗字愿中，南剑之剑浦人。少游乡校有声，已而闻郡人罗仲素得河洛之学于龟山之门，遂往学焉。罗公清介绝俗，虽里人鲜克知之，见先生从游受业，或颇非笑，先生若不闻。从之累年，受《春秋》《中庸》《语》《孟》之语，从容潜玩，有会于心，尽得其所传之奥。罗公少然可，亟称许焉。先生天资英迈，从罗公受业者且累年矣。从容潜玩，有会于心，何患不得其所传之奥耶？

吴大澂批语：宋儒受授之渊源皆从二程夫子一脉而来，河洛之学所以直接孔孟之道统也。

朱韦斋先生，与籍溪胡宪、白水刘勉之、屏山刘子翚友善，疾革，属晦庵先生父事之，既而禀学于三君子，屏山尝告之曰："吾于《易》得人德之门，所谓'不远复'者，乃吾三字符也。"又学于李延平，始就平实，乃知向日从事于释、老之说皆非。按有宋大儒，多从禅学过来，至会得圣贤道理，乃就平实，便将禅学销铄无余，所谓"不远复"

者，其殆庶几乎？

陈同父亮，天资异常，俯视一世。尝与晦庵先生书，词气激烈，晦庵答曰："以兄之高明俊杰，世间荣悴得失，本无足为动心者，而细读来书，似未免有不平之气。区区窃独妄意，此殆平日才太高、气太锐、论太险、迹太露之过，是以困于所长、忽于所短，虽复更历变故，颠沛至此，犹未知所以反求之端也。鄙意更欲贤者百尺竿头，进取一步。"此晦庵以君子之道责同父，直谅之风，千载犹可想见。

吴大澂批语：以陈同父之天资，不免太高、太锐、太险、太露之病，今之学者恃才傲物，不能无意气之累，当以朱子此书为韦弦之佩。

远小人

圣人扶阳抑阴之道甚严。坤之初曰"履霜"，即戒其坚冰之至，姤之初曰"羸豕"，即防其蹢躅之凶，可谓制之于始、慎之于微矣，而其所以决去小人而使之尽者，莫如夬卦之明且切也。夬以五阳决一阴，其势似易，然其名义必正，故"扬于王庭"；其警戒必周，故"孚号有厉"；其自治必先，威武不尚，故"告自邑，不利即戎"，此象辞之义也。初戒其轻往，二戒其惕号，至五之"夬夬"，小人之道消矣。乃上六则曰"无号，终有凶"，盖一阴未尽，苟无呼号之备，则乱本犹在，祸患复

（清）朱彝尊隶书七言联：品节比真金介石，心神如秋月春云

生。汉之王允，唐之五王，岂非其明验哉？此爻辞之义也，明乎此义，则学者之于便辟、善柔、便佞，岂可不远乎？

吴大澂批语：以五阳决一阴，尚有终凶之戒。盖一阴不去，即为五阳之累；细行不矜，终为大德之病。

阴生于不觉，每起于人之所忽，此长则彼消，君子道长，小人道消，消亦消之于不觉，所谓防祸于未然，弥患于无形也。曰潜移，曰默化，其权实操诸君子。

"君子以远小人，不恶而严。"《程传》云："远小人之道，若以恶声厉色，适足以致其怨忿，惟在乎矜庄威严，使知敬畏，则自然远矣。"张子曰："'恶'读为'憎恶'之'恶'，远小人不可示以恶也。恶则患及之，又焉能远？'严'之为言，敬小人而远之之意也。"郭氏曰："君子当逐之时，畏小人之害，志在远之而已。远之之道何如？不恶其人而严其分是也。孔子云：'疾之已甚，乱也。'不恶则不疾矣。"诸说皆可参观。

吴大澂批语：小人当悯之，当劝之，当默化之，一恶则与君子为敌矣。

发蒙之道，贵在阳刚。蒙之九二，以阳刚为内卦之主，当发蒙之任者也，其德刚明，其行果决，童蒙求之无不吉也；六四既远于阳，所比、所应、所居皆阴，此蒙之所以困也。人当童蒙之时，无不可教者，特不亲阳刚之君子，而近阴柔之小人，必至败坏而不可救，故曰："困蒙之吝，独远实也。"《程传》云："实，谓阳刚也。"

吴大澂批语：养正之功，以亲君子为第一。要义为父兄者能为子弟择师友，此家教之本也。

比之六三，所居之位，阴柔而不中正，承、乘、应皆阴，是为"比之匪人"。爻辞不言凶咎，《象传》则曰："不亦伤乎？"盖"伤"之一字，近之在乎身心性命之微，远之关乎天下国家之大，当其比也，不自觉矣，及其伤也，害可胜言哉？

吴大澂批语："比之匪人"，不言凶而凶，可知《象传》只下一"伤"字，所包者广其辞约，其旨远也。

不善不入，君子守身之常法；不磷不缁，圣人体道之大权。学者未至圣人地位，且当以子路为法。

吴大澂批语：惟坚与白乃能不磷不缁，若未至圣人地位而自以为坚、自以为白，谬矣。

孔子之于阳货，辞顺而礼恭；孟子之于王驩，辞严而礼正。先儒以"孟子锋芒发露，不及孔子之浑然。学者于此，宜致察焉"。

孟子"正人心，息邪说，距诐行，放淫辞"，所以闲先圣之道而救天下之患，立生民之极，此其功不在禹下也。董仲舒之言曰："今师异道，人异论，百家殊方，指意不同，臣以为诸不在六艺之科、孔子之术者，皆绝其道，勿使并进，邪辟之说灭息，然后统纪可一，法度可明，民之所从矣。"先儒推论其功，以为不在孟子下。老庄之学，流弊日滋，放荡之害，至刘伶、阮籍而甚；清谈之祸，至王弼、何晏而炽。他如神仙之荒唐，方术之悠缪，阴谋之诡秘，邪说诚行，生民之蠹，正道之贼也。孔子曰："攻乎异端，斯害也已。"可不慎哉？

吴大澂批语：崇正学者必黜邪说。邪教盛行之时，圣人之道不绝如线，有一人焉力起而争之、辟之、屏绝之，圣教于是乎复明。汉之董仲舒、唐之韩昌黎，皆有功于正学者也。

乡原，乱德之害，在一"似"字。百行中几有百似，百似中却无一是。此孔子所以深恶痛绝，而孟子直指为邪慝也。

吴大澂批语：凡事凡物皆有相似者，足以乱真。有相似而相近者，有相似而相反者，不可以不辨。"刚、毅、木、讷，近仁"，有子之言似

（清）梁鼎芬七言联：讲学是非惟实事，读书愚智在虚心

夫子，此相似而相近者也。莠之乱苗，不可以食，郑声之乱乐，不可为训，此相似而相反者也。药草亦各有伪充者，性相近则尚可用，性相反则误人不浅矣。

闻者是驾空求名之人，色取行违，虚声假借，患在居之不疑；乡原是浮沉谐俗之人，同流合污，阉然媚世，患在自以为是。此两种人，胸中一定把握，不肯退悔，故终无转机。

名者，实之宾也。实至名归，此一定之理也，乃有欺世而盗名者，虽未穿窬其身，而已穿窬其心，故定其罪曰"盗"，彼且俯首无辞矣。

隐恶讳过，在己无伤于刻薄，在人可生其愧耻。乃有称人之恶者，尊君亲上，上下之定分，忠敬之本心；乃有居下而讪上者，此于人心世道，大有关系，故圣人恶之。

吴大澂批语：好称人之恶者即不知上下尊卑之分，且不问其事之真不真，不察其情之冤不冤，徒以快吾之口舌供人之谈笑，所以其人可恶也。

曲意徇物，掠美市恩，可以正微生高之直；行不由径，非公不至，可以识澹台灭明之贤。观人者于其细处见其大端。

居广居，立正位，行大道，见孟子泰山岩岩气象。权势窃取，妾妇顺从，见仪、衍阿谀苟容伎俩。

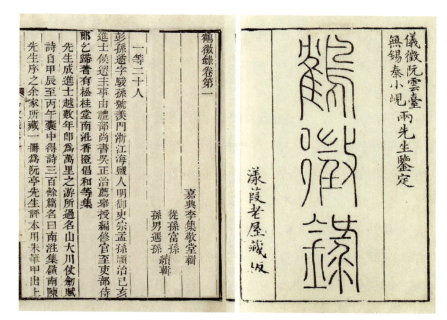

（清）李集、李富孙《鹤征录》，清同治十一年漾葭老屋刊本

犯而不校，圣门惟颜子能之。此是心中广大，万物一体，如一人之身，手足爪牙之相犯，何从计较？孟子乃有三自反工夫，愈修省，愈虚冲，尤见学者用力处，至指之曰妄人，绝之曰禽兽，譬之蚊虫、虱子，何足与之校哉？

吴大澂批语：犯而不校，颜子广大之学问。三自反者，孟子精密之工夫，学者先学孟子，由强勉而至自然，此中自有次序，不可以骤几也。

妄人之横逆，害在一人一时，禽兽奚择，又何难焉？可以不校。处士之横议，害在天下万世，率兽食人，人将相食，不可不辩。

吴大澂批语：一可以不校，一不可不辩。截然两义，剖析甚明。

陈仲子，世家也，何待延喘息于残李哉？曰："辟兄离母，焉得不如此？"曰："仲子之兄非不友，何以避？仲子之母非不慈，何以离？且即不慈不友，亦无可逃之理。廉士之称固谬，人伦之罪更大。"

夜气之清，不敌旦昼之梏；一日之曝，无补十日之寒。

吴大澂批语：操存舍亡，工夫之不可间断也。瞬存息养，光阴之不可虚度也。

乐正子之从子敖，以铺啜为便。孟子之责乐正子以古道自尊，夫不衷诸道而苟便是图者，未有不失其守者也。师弟良规，发人深省。

羿不能取友而杀身，孺子能择交而免祸。孟子正羿之罪，而许孺子之生，全在取友之端与不端耳。

吴大澂批语：取友不端，祸机所伏。

在沟壑而不恨，丧其首而不顾，此虞人守正之节也；以法驰驱则不获，废法诡遇则不贯，此御者守道之心也。枉己者不能直人，可轻为去就哉？

聚敛以夺民之财，则鸣鼓而击之；争地以伤民之命，罪岂容于死哉？故曰："善战者服上刑。"

富贵之利达之所以求，与齐人墦间之所以乞，在人看做两样，在君子则看作一样，其情其状，可羞可泣，却是一点不差。惟孟子礼义分明，一介不取，万钟弗屑，故能洞见小人五脏，痛下针砭。学者充其羞恶之心，养其刚大之气，则卓然有以自立矣。

吴大澂批语：梁鸿不因人热，非矫也，亦充其羞恶之心而已。余为诸生时，馆于某观察处，月得修金五千文。同事诸友商诸釐局，委员每节致送节敬数十千，余独耻而不受，人皆笑其愚。

笔端刻薄，岂有宽厚心肠；口中雌黄，必无远大见识。

谈死友之过，道中冓之言，此等心术，试问何如？可以谏，正言以斥之；不可谏，掩耳而过之。

吴大澂批语：词严义正。

言笑便作圆美态，此是巧言令色；言笑故作刚方态，此是色厉内荏。有识者自宜辨之。

吴大澂批语：此两种人皆中不足耳，配义与道乃无自馁之气。

君子耻独为君子，小人亦耻独为小人，多方引诱，以成人之恶为快。惟在我自主持，则此辈无所施其伎俩。

木心不正者，其发矢必不直，非良弓之材也；金质不炼者，其制器必不坚，非精金之品也。人苟心术不正，其为材也缪矣；学问不深，其为器也浅矣。

吴大澂批语：金以炼而愈精，本亦金也。铜则炼之为精铜，铅则炼之为精铅，银则炼之为精银，不能使铜、铅、银皆炼为金，生质之高下，亦有限于天者矣。

骄淫之人，不可近也。我虽未即骄淫，而耳目濡染，有变易而不觉者。险诈之人，不可近也。我虽未必险诈，而势利挤排，有倾陷而不已者。

道义中有全交，势利中无完友。质直敢言者为诤友，善柔顺意者非良朋。

郑卫之音，足以摇荡其性情；珍玩之物，足以移易其嗜好。推之宫室、车马、衣服，无不以侈肆贻害，皆小人之蛊惑，有以致之。学者顾惜身家，断宜猛省。

吴大澂批语：养心莫善于寡欲。

言无据者不信，事无证者难凭。小人之言，虚无悄恍。樊丰之谮杨震，指为怨怼；石显之谮萧望之，则曰怨望。试问怨有何迹？怼者何言？虚实即可立判，而乃逆其腹心之隐，遽加之罪可乎？故听讼者无证不能以定罪，听言者无据不可诬人。

吴大澂批语：举一人必观其实事，劾一人必察其实迹。陈平盗嫂，曾参杀人，毕竟虚实自有定论。

闻善则喜，闻谗则怒，此明断之大用也。

吴大澂批语：不喜亦不怒，有予人以不可测者，阅历深则趋避熟，居高位而老于世故，往往有之，君子不取也。

有不誉之誉，不毁之毁，惟心如明镜，斯物无遁情。

有一言而遗祸百年者，有一事而流毒四海者，听其言似乎可信，即其事亦属可行，而不知其害之无穷，何也？以一人之私坏天下之公也。

以私喜用人者，原非举天下之才，我喜之耳，不计人之贤否；以私怒退人者，亦非除天下之害，我怒之耳，不计事之安危。如此居心，岂有济耶？

吴大澂批语：无私喜、无私怒，用人未有不公者。

奔竞之风炽，则恬退者不能望其光尘；谄谀之习行，则木讷者不能输其诚悃。

吴大澂批语：知人，用人之大要。

简默沉静者，大用有余；轻薄浮躁者，小用不足。以浮躁为才，则必偾事；以沉静为拙，则必失人。

任天下之事者，非才不能胜其重，但喜其才之能任大事而不察其心术之正不正，未有不受其蒙蔽者。幸而不用则祸不及于天下，不幸而大用则天下受其祸，而为千古所吐骂之人，观人者可不慎诸？

新法之行，明道先生有君子、小人两分其罪之说，不可不知。当其时，"君子正直不合，介甫以为俗学，不通世务；小人苟容谄佞，介甫以为有材，能知变通。介甫性很，众人皆以为不可，则执之愈坚。君子既去，所用皆小人，争为刻薄，故害天下益深。故曰新政之改，亦是吾党争之太过，成就今日之事，涂炭天下，亦须两分其罪可也。"

吴大澂批语：此明道先生和平语，为君子者亦当以此自责，若论介甫之执拗，争之太过，固无挽回之术，即不与争亦无悔悟之时，此其所以为小人也。

陈忠肃公瓘字了翁，因朝会，见蔡京视日久而不瞬，尝以语人曰："京之精神如此，他日必贵，然矜其禀赋，敢敌太阳，吾恐此人得志，必擅私逞欲，无君自肆矣。"寻居谏省，遂攻其恶。京闻公言，因所亲以自解，且以甘言啖公。公曰："杜诗所谓'射人先射马，擒贼须擒王'，不得已也。"于是攻之愈力。呜呼！公知京之擅私逞欲，可谓明矣，而京且以甘言啖之，卒不能免其攻击，可谓勇矣。

吴大澂批语：君子观人于微，故有先见之明。

寇莱公准，好士乐善，丁谓出其门。准为相，谓参政，会食都堂，羹染准须，谓起拂之。准正色曰："身为执政而亲为宰相拂须耶？"谓惭不胜。准恃正直而不虞巧佞，故卒为所陷。准尝荐谓才于李沆，沆曰："顾其为人，可使之在人上乎？"准曰："如谓者，相公终能抑之使在人下乎？"沆笑曰："他日当思吾言。"则沆知人之明，过于准远矣，况乎"执政拂须"之言，更有以启其怒哉？故处小人者，当察其巧佞，而不可以正直自矜。

吴大澂批语：莱公信一丁谓，有累知人之明，惜哉！

李文靖公沆为相，真宗问治道所宜先。沆曰："不用浮薄、新进、喜事之人，此最为先。"帝问其人，曰："如梅询、曾致尧等是矣。"故终真宗之世，数人皆不进用。夫浮薄者，不识大体；喜事者，妄为更张。文靖之言，不刊之论也。

吴大澂批语：浮薄者有似乎明敏，喜事者或类乎整饬，非老成之有定识者不能辨。

陈忠肃公瓘，为越州佥判，蔡卞为帅，尝为瓘语张怀素道术通神，能呼遣飞禽走兽，至言孔子诛少正卯，彼尝谏以为太早，汉楚成皋相持，彼屡登高观战，不知其岁数，殆非世间人也。瓘每窃笑之，及将往四明，而怀素且来会稽，卞留少俟，瓘不为止，曰："子不语怪、力、乱、神，以不可训也。斯近怪矣，州牧既信重，士大夫又相诣合，下民视之，从风而靡。使真有道者，固不愿此，不然，不识之未为不幸也。"后二十年，怀素败，多引名士，或欲因是染瓘，竟以寻求无迹而止，非瓘素论守正，则不免于罗织矣。夫人有定识、有定力，祸福不得淆其明，利害不能夺其守，何者？圣贤中正之道为之主也。若忠肃之远怀素，庶几近之。

吴大澂批语：左道惑人，断无不招祸之理，不能禁绝之，亦当远避之。

或问康侯与秦桧厚善之故。朱子曰："秦尝为密教，翟公巽知密州，荐试宏词。游定夫过密，与之同饭于翟，奇之。后康侯问人才于定夫，首以秦为对，云其人类文若，又云无事不会。后京城破，虏欲立张邦昌，执政而下，无敢有异议，惟秦抗论以为不可。康侯益义其所为，力言于张德远诸公之前。后秦自虏中归，与闻国政，康侯瞩望尤切，尝有书疏往还，讲论国政。后来秦太横肆，则康侯已谢世矣。"按秦桧，小人之尤者也，而康侯、定夫，留意人才，为之赏鉴推奖，盖其才诚有过人者。呜呼！往古来今，未有小人而无才者也，即一饭之顷、一事之当，其能洞悉不爽哉？康侯、定夫且如此，况其下焉者乎？

吴大澂批语：以一、二面信人之贤否，以一、二事定人之邪正，惟有德者能之，德可恃而才不可恃也。

有才而不用，诚觉可惜。用之而误国，又觉可恨，然则观人者不论其才之大小，当先辨其心术之正不正，君子小人之用心，必有微露于不自觉者。

程子曰："玉之温润，天下之至美也；石之粗厉，天下之至恶也。然两玉相磨，不可以成器，以石磨之，然后玉之为器，得以成焉。犹君子之与小人处也，横逆侵加，然后修省畏避，动心忍性，增益豫防，而义理生焉，道德成焉。"邵子曰："有才之正者，有才之不正者。诗云：'他山之石，可以攻玉。'其小人之才乎？"按此以小人之恶，成君子之美。盖修省至则义理日生，畏惧深则道德日进，惟君子能善用之耳。苟非玉也，岂能受其磨砺哉？

吴大澂批语：玉不遇石，不能成其美。君子不遇小人，君子仍不失为君子。

朱子曰："知人虽难，亦有自然之理。凡阳必刚，刚必明，明则易知；凡阴必柔，柔必闇，闇则难测。圣人作《易》，以阳为君子，阴为小人，推此以为观人之法。凡其光明正大，疏畅洞达，如青天白日、高山大川，如龙虎之为猛，而麟凤之为祥，磊磊落落，无纤介可疑者，必君子也。其依阿淟涩，回互隐伏，如鬼蜮狐蛊，如盗贼诅祝，闪倏狡狯，不可方物者，必小人也。君子小人之极，既定于内，则言谈举止，亦时露之，而况事业文章，尤粲然可见，小人虽难知，亦岂得而逃哉？"夫以小人为可近者，大都无知人之明者也。邪正混淆，是非错乱，不以小人为非，且以小人为是，陷溺既久，日趋污下，虽欲远之，不可得矣。故朱子知人之说，所宜急讲焉。

吴大澂批语：君子之用心多厚，小人之用心多诈，以小人而貌为君子，君子之所以受其欺也。若明知其小人而自以为能驾驭之，则君子之过矣。

辨义利

《文言》曰："利者，义之和也。"义截然而不可越，似乎不和，然处之各得其宜，则无不和矣。义之和处便是利。又曰："利物足以和义。"夫不言利己，而言利物，则公且溥矣。不言行义而言和义，则顺而安矣。利之公溥处是义，义之顺安处是利，义利原是一贯，乃或歧而二之，则有见利而不顾义，且有专骛于利而背乎义者，此不可不辨也。

吴大澂批语：利物之利与利己之利截然有公私之判，义与利有相济处、有相反处，不可以不辨。

君子敬以直内，义以方外，敬义立而德不孤。"直、方、大，不习无不利"，则不疑其所行也。《程传》云："君子主敬以直其内，守义以方其外。敬立而内直，义形而外方，敬义既立，其德盛矣，不期大而大矣，德不孤也。无所用而不周，无所施而不利，孰为疑乎？"按此所谓无不利者，皆本于直方大，而所以直方大者，皆由于敬义夹持，岂苟言利哉？

裁制者为义，适宜者为利，此义利之本原也。直方者为义，便宜者为利，此义利之分途也。《书》曰："不殖货利。"此则以财贿为利也。财贿之见，不难破除，然在圣人纯乎天德，无一毫人欲之私者尚且戒其不殖，况其下此者乎？切勿看得容易。

（民国）伊立勋隶书八言联：温雅之资英秀之气，清肃其义宽惠其仁

吴大澂批语：见利忘义，临时之不能自克也，由于重利之心，平日之不能力除也。有定识乃有定力，破除此见，良非易易。

喻义喻利，君子小人趣向之分。精神独注，全在两喻字，怀德怀刑，皆义也，怀土怀惠皆利也。两怀字、两喻字，道得何等透切！

吴大澂批语：义利之界，不严便堕入小人一流，不可惧哉？

义者，天理之所宜。于此宜，于彼亦宜，虽裁制万物而人不怨；利者，人情之所欲。于我利，于人不利，虽计较一分而人必争。

吴大澂批语：天理人欲，两途各判。天理上损一分，于人欲上加一分；人欲上淡一分，于天理上足一分。如阴阳之互为消长，二者不可得兼也。

讨便宜的人占得一分，不管人少却一分，占得十分，不管人少却十分。利者，人之所同欲也，可公而不可私，可共而不可专。放于利而行，未有不怨者也。千夫所指，不疾而死，害孰大焉！

吴大澂批语：肯吃亏之人让人占得便宜，觉自己十分受用；不肯吃亏之人被人占得便宜，觉自己十分懊恼。

人知求利之利，不知求利之害，说到不夺不餍，却是毛骨

（清）王时敏《山水》立轴

悚然。

仁者必爱其亲,义者必急其君,是仁义未尝不利也,苦心引导,特为提醒。

求登垄断,财利尽人囊中;据守要津,富贵尽为己有。以市心行市道,人皆以为贱,贪恋一个"利"字,却不能躲闪一个"贱"字。

徇欲溺情则万钟可受,矫情干誉则千乘可轻,抑知让千乘者,见色于豆羹,于大处矫揉,小处却自发露。受万钟者,不屑于呼蹴,于小处明白,大处却肯糊涂,其病全在义利上欠分晓。

吴大澂批语:于小处观人,见其平日之操持;于大处观人,见其临时之识力。毕竟大处要紧,若沾沾于箪食豆羹上计较,恐其近于矫揉也。

孟子言"嚣嚣"二字,一见于赞伊尹,再见于告宋句践。所谓嚣嚣者,无欲而自得者也。道义足于己,非义非道者,虽重禄弗顾,千驷弗视,一介不取,一介不与,胸次正大光明,直是壁立千仞,曾何物足以动其心哉?宋句践者,特游士耳,岂能语此?盖孟子尊德乐义,穷则独善其身,达则兼善天下,实具此嚣嚣境界,故特现身说法,为游士拓开眼孔。读《孟子》者可以知所务矣。

宋牼之志在罢兵,非从人之为楚,亦非横人之为秦。宋牼之号在言利,虽平一时之争,却贻万世之害。义利分途,兴亡异辙,所系岂浅鲜哉?

求在我者,仁义礼智。求在外者,富贵利达。特指之曰:"有益无益,愦愦者自应唤醒。"

吴大澂批语:世俗之见,往往以求人为有益,原不计得不得也,盖不知求在我者之有益耳,即知求在外者之无益,而姑妄求之,以为人事之不可不尽,此谬论也。

居乡而为乡愿，居官而为鄙夫，总是"利"字上打不破。

"附之以韩魏之家，如其自视欿然"，学者须有此一段见识。

吴大澂批语：此一段见识，扩而充之，即舜禹有天下而不与气象。

孟子于齐，馈不受，于宋于薛皆受，总在有处无处耳。无处则于义无当，是货之也。陈臻止就事迹较量，孟子则以义理断制，"焉有君子而可以货取乎？"

吴大澂批语：不为货取，便有壁立千仞气象。

男女不待命则为父母国人所轻贱，欲仕不由道则为正人君子所不容。比之钻穴逾墙，可以起人羞恶。

胁肩谄笑，譬之夏畦；未同而言，赧其赧赧。此其本心已失，情状卑污，宜君子所甚恶也，学者不可以应酬小节自毁廉隅。

吴大澂批语：孟子最重羞恶之心，故引曾子胁肩谄笑之喻，正与坟间乞食之人同一可耻。战国人心风俗之坏，非此不足以发其聋聩。

"孔子主我，卫卿可得。"弥子伎俩未必有此，特藉此以熏灼人耳。且即有此，圣人以礼义进退，岂有一毫游移，姑应之曰："有命。"辞婉气和，而弥子熏灼之心顿觉冰消雪释。

"观近臣以其所为主，观远臣以其所主"，此泛言观人之法也。学者于此，正须处处把握一个义字，乃不差错。

辞受者，交际之道也；进退者，出处之权也。孟子言之最详，大指在分别义利。吾谓利字是一块试金石，义字是一个定盘针。

吴大澂批语：义利二字看得真切，乃从自己身上体验出来的。

舍生取义是秉彝之良心。当生则生，当死则死，惟义所在，孟子反复推勘，宛转提醒，至章末，此之谓失其本心，直是大声棒喝，受万钟者当三日耳聋。

吴澂大批语：人之本心，皆知义之所在，当取则取，当舍则舍，当辞则辞，当受则受，当生则生，当死则死，能不失则其本心无往而非义也。

"做官夺人志"。程子以夺志为戒，惧人之失其所守也。获上治民，二者做官之大要。获上有道，不可以非道干；治民有道，不可以非道取。

朱子曰："凡事不可著个'且'字，鲜有不害事。"斯言最宜深省，"且"字有苟安之意，偶有一得，再不勇往向前，则跂于圣贤者鲜矣。又有将就之意，每处一事，总是依违自便，则缪于道义者多矣。

吴大澂批语："且"字误人不浅，柔懦之人尤易犯此病根。

每事求自家安利处，便不是义，便不可入尧舜之道。须勤勤提省于纤微毫忽之间，不得放过此，朱子辨义利精细处。

朱子曰："工夫须是一刀两段。所谓一棒一条痕，一掴一掌血！使之历历分明开去，莫要含糊。"按此言一念之公私，一事之是非。省察体勘，极其分明，极其果断，不容有一毫含糊，一丝假借，真是一刀两段。

吴大澂批语：公私之辨、是非之界稍有含糊假借处，须下此一刀两截手段。

南轩先生曰："学莫先于义利之辨，而义也者，本心之所当为而不能自已。非有所为而为之者也。一有所为而为之，则皆人欲之私，而非天理之所存矣。"按义利之问，只分别在此，即如为官清廉，君子实见得为官本应如此，小人便见得我做得清廉，人便说好，是为要誉地步。

义处易辨，近义处难辨；利处易辨，近利处难辨。全在精心体认，此中大有工夫。

吴大澂批语：权衡出入之间全在一心之自度，心如称物之秤，天理即秤上之星，理欲交错处即义利夹杂处。

君子义利分明，道德粹于中，物欲淡于外，故可贫可贱，可富可贵，可常可变，可经可权。

精于义者，眼界大，心地平；徇于利者，眼界小，心地险。

吴大澂批语：眼界之大小，心地之平险因之而异，我以此观人，人亦以此观我。

从义理上讲求，尽合得圣贤绳尺；从势利中探讨，便恐是穿窬心肠。

大人物皆正大光明，无不可言之事。小家数多琐屑微暧，有不可问之心。然其心固未尝昧，也正宜猛省。

吴大澂批语：不正大便涉琐屑，不光明便多暧昧，自己的存心瞒不得自己，然亦瞒不得他人。

（清）梁同书行书七言联：拈花微笑人如佛，戴笠行吟自谓仙

积粪之秽，蜣螂转之；腥膻之污，蝇蚁附之，贪于所爱也。贪爱者忘其污，徇欲者忘其秽，秽而不已，并忘其身，可叹也已。

吴大澂批语：污者忘其污，秽者忘其秽，利欲之惑人如此，然人之好洁者已掩鼻而过之矣。

义，正路也；利，捷径也。正路之迂，不如捷径之便，然赋鹿鸣者幸周行之示，望终南者讥捷径之非，何去何从，必有能审之者。

吴大澂批语：忡岂望阴德之获报哉？特悯书生之卒于旅舍，不忍干

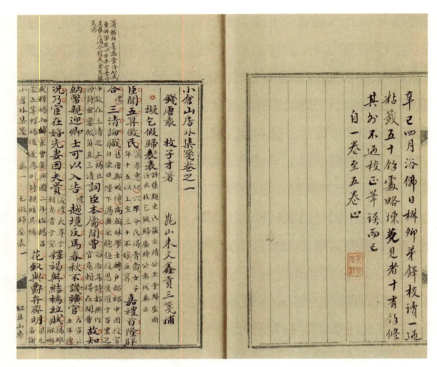

▍（清）袁枚《小仓山房外集》，清朱氏稿本

没此金，实明于义利之辨也。

明道先生始生，神气秀爽，异于诸儿，数岁即有成人之度。赋《酌贪泉诗》曰："中心如自固，外物岂能迁。"先达已许其志操矣。

朱子曰："左氏是一个审利害之几，善避就底人，其间议论有极不是处，如周郑交质之类，是何议论？其曰：'宋宣公可谓知人矣，立穆公，其子飨之，命以义夫！'只知有利害，不知有义理。此段不如《公羊》说'君子大居正'，却是儒者议论。"又曰安国《春秋》，"明天理，正人心，扶三纲，叙九法，体用该贯，有刚大正直之气。"按义者，制事之权衡，撲道之模范，有经有权，有常有变，有微有显，有进有退，而时措咸宜者也。要不外乎刚大正直，稍有屈挠，稍有偏徇，则利心害之矣。

吴大澂批语：刚大正直之气人人有之，所谓天地之塞吾其体也。孟子之知言养气，养此气也；配义与道，充此气也。然非集义之功，不足以语此。

淳熙辛丑二月，陆象山先生九渊寓白鹿洞书院，讲"君子喻于义，小人喻于利"，曰："学者于此当辨其志，人之所喻，由其所习，所习由其所志。志乎义则所习者必在乎义，所习在义，斯喻于义矣。志乎利则所习者必在乎利，所习在利，斯喻于利矣。故学者之志，不可不辨也。科举取士久矣，名儒钜公皆由此出，今为士者固不能免此。然场屋之得失，顾其技，与有司好恶如何耳，非所以为君子小人之辨也。而今世以此相尚，使汩没于此而不能以自拔，则终日从事者虽曰圣贤之书，而要其志之所向，则有与圣贤背而驰者矣。推而上之，则又惟官资崇卑、禄廪厚薄是计，岂能悉心力于国事民隐，以无负于任使之者哉！从事其间，更历之多，讲习之熟，安得不有所喻，顾恐不在于义耳。诚能深思是身，不可使之为小人之归，其于利欲之习怛焉为之痛心，专志乎义而日勉焉。博学、审问、慎思、明辨而笃行之，由是而进于场屋，其文必皆道其平日之学、胸中之蕴，而不缪于圣人。由是而仕，必皆共其职，勤其事，心乎国，心乎民而不为身计，其得不谓之君子乎？"朱子跋曰："熹率僚友与俱至于白鹿书堂，请得一言以警学者。子静既不鄙而惠许之，至其所以发明敷畅，则又恳到明白，而皆有以切中其隐微深痼之病。听者莫不竦然动心焉，于此反身而深察之，则庶乎可以不迷人德之方矣。"按象山此论，恳到明白，听者竦然动心，朱子所谓切中隐微深痼之病，信矣。迄今读之，如暮鼓晨钟，发人深省。

吴大澂批语：官先事，士先志，所志在此，则所习亦在此。

居官者当以国事为重，以勤恤民隐为急，舍此则皆利欲之习耳。

未仕之先以利欲为学，而仕之后仍以利欲为治，终其身为小人而已。

吴大澂批语：当时岳麓书院肄业生徒不知凡几，惟公独得授受之真，不负罗先生教育之苦心矣。陈文恭所谓千百人中培植得一二人，此一二人又可转相化导正教之，有功于天下，顾不重哉？

崇谦让

孔子观于鲁庙有欹器焉，曰："吾闻欹器者虚则欹、中则正、满则覆。"顾谓弟子挹水注之，中而正，满而覆，虚而欹。孔子喟然叹曰："吁，恶有满而不覆者哉？"子路曰："敢问持满有道乎？"曰："聪明圣智，守之以愚；功被天下，守之以让；勇力抚世，守之以怯；富有四海，守之以谦。此所谓挹而损之道也。"呜呼！古帝有欹器之箴，孔子传持满之戒，其旨深哉！

吴大澂批语：守愚、守让、守怯、守谦，古圣人持满之戒，贤智之士当共守之，孔子之言，见欹器而发，无往非学问也。

"谦：亨，君子有终"。《程传》云："有其德而不居谓之谦，人以谦巽自处，何往而不吉乎？君子志存乎谦巽，达理故乐天而不竞，内充故退让而不矜，安履乎谦，终身不易。自卑而人益尊之，自晦而德益光显，此所谓君子有终也。在小人则有欲必竞，有德必伐，虽使勉慕乎谦，亦不能安行而固守，不能有终也。"按序卦"有大者不可以盈，故受之以《谦》"，有者易盈，盈者必败，有而不居者，其谦乎？程子所云，"达理故乐天而不竞，内充故退让而不矜"，尤能道出谦字实际。

吴大澂批语："有大不可以盈"为君子言之也，人知器小者易盈，不知器大者亦有时而盈，盈则必败，圣人之所以兢兢于"满招损、谦受益"也。

"君子以裒多益寡，称物平施"。其义所包甚广，即以谦论，凡人自高者常多，必抑其轻世傲物之心，而多者哀之。下人者常寡，必增其谦卑逊顺之意，而寡者益之，则物我之间各得其平，亦谦德之象也。

吴大澂批语：抑其盈满之心而增其谦逊之意，如此说哀多益寡，尤切君子守谦之义。

当天下之大任，建天下之奇勋，可谓劳矣，而以其功下人者，德愈盛，礼愈恭，谦抑自居，永保禄位，故曰："劳谦，君子有终，吉。"学者一材一艺，便有矜色，对此能无自惭？

吴大澂批语：器满必覆，人满必败，终身无自满之心，终身皆进德之心，日愈下则德愈盛，故能当天下之大任，建天下之奇勋。

（清）祁寯藻行书七言联：学能通达知真味，心以和平得坦途

谦者，非徒貌、言退让也。此心冲虚，不敢有一毫满假之处。我才也，不恃才而狂；我能也，不恃能而傲；我富贵也，不恃富贵而骄。不仅是也，"天道亏盈而益谦，地道变盈而流谦，鬼神害盈而福谦，人道恶盈而好谦"。盈者有侈然自肆之心，凡所为之事无不侈然。谦者有抑然自下之心，凡所为之事无不抑然。此天地鬼神好恶祸福相因而至也，故谦卦六爻皆吉。

吴大澂批语：谦退出于本心者，实见得我才不可恃，我能不可恃，我富贵更不可恃，何敢傲物，何敢骄人？若稍有满假之心，貌为谦抑，适形其傲，假作退让，益见其骄，何益之有哉？

行师者有威武自恃之心，无谦抑下人之意，自骄者寡谋，轻敌者弛备，未有不败者也。谦之六五曰"利用侵伐"，上六曰"利用行师"，以谦虚之德，处崇高之时。临事而惧，计出万全，故能使人怀德畏威，无往而不利也。《书》曰："满招损，谦受益。"益以此赞禹、舜，以此格苗，谦之时义大矣哉！

吴大澂批语：将骄必败，尤行军者所当戒。

以贵下贱，卑礼以进经纶之材；以虚受人，逊志以资道德之益。

让名者名归之，让利者利归之，何也？名者，天下之所争也，造物之所忌也。无实之名，名必不显。即或张皇一时，久且必败。试观古来笃实潜修之士，德蕴于躬行，孚于家，达于乡里州郡，其心歉歉然，常若不足，而闻望四达，众誉同归，所谓"君子之道闇然而日章"也。利者人情之所贪恋，而或专之；人情之所吝惜，而或侈之。淫溢荒嬉，泰然自肆，卒之多藏者厚亡、滥用者奇穷，利果安在？善处利者权其力之所自得分之，所应有礼之，所必用兢兢焉，以盈满是戒，而究无盈满之虞。夫孰有利于此者哉？

《曲礼》一篇，特写出一副恭敬辞让之心，非止繁文缛节。"见父之执，不谓之进不敢进。不谓之退不敢退。不问不敢对，此孝子之行也。""年长以倍，则父事之。十年以长，则兄事之。五年以长，则肩随之。"此长幼之节也，柔其血气，平其性情，作其忠爱，谦让积于中而达于外矣。

吴大澂批语：爱亲敬长之意皆于《礼》文寓之，循循规矩之中使人孝弟之心油然生矣。

"并坐不横肱"，学者须识得此意，更须能推广此意。

吴大澂批语：吕新吾先生曰："能替别人想是第一等学问。"即此意也。

子云："夫礼者，所以章疑别微以为民坊者也。故贵贱有等，衣服有别，朝廷有位，则民有所让。"夫等贵贱者明尊卑之秩，别衣服者严小大之闲；位朝廷者，正上下之分。礼有定制，行无越思，不期让而自让矣。

子云："君子贵人而贱己，先人而后己，则民作让。"杨子曰："自后者，人先之；自下者，人高之。"我以让施，人以让报，理固然也。

子云："善则称君，过则称己，则民作忠"，"善则称亲，过则称己，则民作孝。"夫忠臣孝子，未有见君亲之过者也，求补乎臣子之过而已。忠臣孝子，未有见己之善者也，求全乎君亲之善而已。

吴大澂批语：体贴忠臣孝子之心得此数语，尤为恳切。

"以能问于不能，以多问于寡，有若无，实若虚，犯而不校。"朱子曰："颜子之心，惟知义理之无穷，不见物我之有间，故能如此。"此说实道得颜子心曲，今人偶有一知半解，便不屑问人，无若有，虚若实，义理无穷而此心已穷，更从何处进步？物我之间，未能一体，安得犯而不校？即曾子之追思颜子，学者亦可以憬然而悟矣。

吴大澂批语：物我无间，何以能犯而不校？譬之一身气血相贯，脉络相通，左手不与右手计短长，手足不与头目争劳逸，为一体之痛痒相关耳。故麻木之病谓之不仁，惟仁者能于物我之间视为一体。

地不满东南，天后倾西北，日月有盈亏，昼夜有长短。凡事多欠缺之处，人心无满足之时。吾见为足而已，无不足矣。吾惧其满，庶可持其满矣。

吴大澂批语：处境常观不如我者则人人知足，学问常观胜于我者则人人知不足。

反躬责己，须用进一步法。接物待人，须用退一步法。

一日不再食则饥，乃或一食而费数人之食。终岁不制衣则寒，乃或一衣而费数岁之衣。天之所生，地之所产，人之所用，止有此数，

（清）张伯英楷书八言联：脱略荣华不应
征聘，流连宴喜付写衿期

而过其节焉则盈也，非谦也，即此可以类推。

吴大澂批语：汉文帝惜中人十家之产而不筑露台，天子犹然，况其下焉者乎？

不敢以意气凌人，不敢以言语骄人，不敢以逆亿待人。

天之高能覆，地之厚能载，德之大能容。

吴大澂批语：泰山不让土壤，河海不择细流，有容人之德乃有容人之量。

自矜其智，非智也，谦让之智，斯为大智；自矜其勇，非勇也，谦让之勇，斯为大勇。

处事留有余地步，发言有无限包涵，切不可做到十分，说到十分。

谦让者饰于外则易，由于中则难；矫于暂则易，持于久则难。由中者内外如一，持久者始终不渝。

吴大澂批语：此中有学问工夫，非可以一时矫饰也。

伊川先生言："人有三不幸。少年登高科，一不幸；袭父兄之势为美官，二不幸；有高才、能文章，三不幸。"吾谓此三者，能以谦让处之，未必不幸。程子之意，当于言外领之。

吴大澂批语：有此三者，或以科第骄人，或以财势骄人，或以学问骄人，程子以为不幸，正抑其骄矜之气，勿以此沾沾自喜，有戒之之意焉。

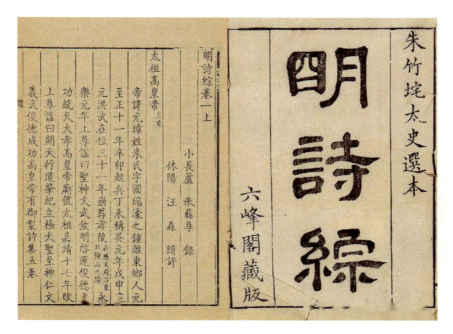

（清）朱彝尊《明诗综》，康熙四十四年写刻精刊本

朱孝友先生仁轨隐居养亲，尝诲子弟曰："终身让路，不枉百步；终身让畔，不失一段。"此言终身之让似为多矣，究无百步之枉，一段之失，何惮而不为乎？

吴大澂批语：此语可以兴让，所谓吃亏人终不吃亏也。

郭汾阳王《辞太尉疏》曰："太尉职雄任重，窃忧非据，辄敢上闻。伏奉诏书，未允诚恳。臣畴昔之分，早知止足，今兹累请，窃惧盈满，义实由衷。事非矫饰，志之所至，敢不尽言。自兵乱以来，纪纲寝坏，时多躁竞，俗少廉隅。德薄而位尊、功微而赏厚实繁有众，不可殚论。臣每见之，深以为念，昔'范宣子让，其下皆让。栾黡为汰，弗敢违也。'臣诚薄劣，窃慕古人，务欲以身率先，大变浮俗，是用勤勤恳恳，愿罢此官，庶礼让兴行，由臣而致也。臣位为上相，爵为真王，参启沃之谋，受腹心之寄，恩荣已极，功业已成。寻合乞骸，保全余

（清）胡林翼行书八言联：金玉其心芝兰其室，仁义为友道德为师

齿，但以寇仇在近，家国未安，臣子之心，不敢安处，苟西戎即叙，怀恩就擒，畴昔官爵，誓无所受，必当追踪范蠡，继迹留侯，臣之鄙怀，切在于此。"按史称汾阳再造唐室，遭谗基诡夺兵柄。然朝闻命，夕引道，无纤芥自嫌，可谓忠贯日月矣。及读此疏，劳而不伐，有功而不德，兢兢焉盈满是惧，倘所称"劳谦君子"者与？

吴大澂批语：汾阳以行伍起家，位至上相尚能不矜不伐，如此所谓高而不危、满而不溢，故能长保其富贵也。大凡武臣，建大功之后而能以令名终者必有过人之见识。

尚节俭

《论语》言"节用"，《周礼》以"九式均节财用"，无过不及之谓。节俭与奢反，有收敛简约之意，非吝啬之谓也。此理上下同之，未有不节俭而财用有余者也。

吴大澂批语：国用节则不伤财、不害民，家用节则不妄取、不外求，爱民者必以节俭为天下先，自爱者必以节俭为一家率。

节俭者，持盈保泰之要也。国之富，其初未有不俭者，骄泰已甚，而国不可支矣。家之富，其初未有不俭者，奢侈已甚，而家不可保矣。惟君子豫防于骄泰未发之先，杜塞其奢侈将萌之渐，大处固严，即纤小处亦谨，显处固严，即隐微处亦谨。

"国奢则示之以俭，国俭则示之以礼"，礼以救俭，俭以救奢，此君子维持风俗之道也。一乡一家之中，观感尤切，全赖有人补救，庶可力挽颓风。

吴大澂批语：风俗之美也，始于一家，达于一乡，由近及远，感化于不知不觉，其败也亦然。

"食之以时，用之以礼"，此节俭之大端也。古者鱼不满尺，人不得食。果实未熟，不得采取。限一"时"字，便有多少生意，而物力充矣。冠婚丧祭，人有常制，宾客饮食，物有常品。限一"礼"字，便有一定章程，而财用裕矣。至于家给人足，菽粟几如水火，太平景象令人皋然高望而远志也。

吴大澂批语：解"时"字说得阔大，飞、潜、动、植，皆天地生物之心所寓，不时而食则物不得遂其生，君子所不忍也。

用天之道，分地之利，谨身节用，以养父母，此庶人之孝也。孝子事亲，不敢以非礼辱其身，不敢以滥用亏其养。

天之所生，当为天惜之。地之所产，当为地惜之。人之所成，当为人惜之。留有余，不尽之意，便有充然各足之时。

吴大澂批语：一"惜"字有多少妙用，一"留"字有无限生机。

春生、夏长、秋收、冬藏，收藏

（清）陈介祺篆书七言联：千亩苍烟秋放鹤，一帘凉月夜横琴

是天地节俭处，不然春生夏长，天地之气亦不能充积极其盛也。人身亦小天地，有发舒处，即有收敛处，其于财也，亦若是而已矣。

吴大澂批语：以收藏为天地之节俭，至理名言，前人所未道。

圣人在上，躬行节俭为天下先。吾谓士君子空言节俭，亦属无补，当以躬行先之则人，皆曰"某且为之"，不得以俭啬责人矣。于是俭者乐从，奢者勉从，而节俭之风可以渐次而四达矣。

节俭之事，在识大体，去繁文，审时势。冠婚丧祭，礼之所在，赠遗赈恤，义之所宜，此大体也，不可吝也。宫室车马，厌常而喜新，衣服簪珥，踵事而增丽，此繁文也，不可为也。称家之有无，则财不绌；权岁之丰歉，则用有余，此时势也，不可忽也。此三者，在家长易知，而子弟为难，在丈夫易知，而妇人为难。惟以身导之，以言教之，庶乎得其要也。

吴大澂批语：于节俭之中见时措之宜，为家长者各书一通悬之座，各可以得奢俭之中而无弊，此之谓节以制度。

衣食艰，廉耻丧，衣食足，礼义兴，一定之理也。故学者以治生为急，而治生则以节俭为先。

遇小事敬谨，便是战兢，将来上达有望；见小物爱惜，便是撙节，将来后福无穷。

"一粥一饭，当思来之不易，半丝半缕，恒念物力维艰。"此治家格言也，人苟念物力之艰，来处之不易，不独粥饭丝缕而已。朱子即事，提醒此心，学者凡事当存此心。

吴大澂批语：昆山朱柏庐先生《治家格言》，虽极浅近，却有至理。

乡里富家，不应有官样器具；士庶本分，不应有官样衣冠。

一人之俭，能化导于一家，其家长可敬；一家之俭，皆禀命于一人，其家众可爱。

家以无事为福，虽藿饭藜羹，自有至乐；士以多文为富，虽荜门蓬户，亦有余欢。

恶衣菲食，俭也，徒以此省钱则陋；敝车羸马，俭也，若以此沽名则谲。

吴大澂批语：为大吏者以俭沽名，易滋流弊。凡事以诚动者人亦应之以诚，以诈行者人必应之以诈。

乡里之俭易，官府之俭难，能破除一切习气，便有主张。

吴大澂批语：以一身之节俭省百僚之供亿，何难自作主张？或以为旧例所有、不必自我减，人情所同、不必我独异，甚至一夕之宿费至千金，一遇之地累及数县，于心何忍乎？此官府之习气，必思有以破除之。

子无滥用，祖父之田园可保；臣无滥用，国家之府库常充；官无滥用，百姓之仓箱自足。

古书万卷，古帖万本，古砚万方，大雅之事也。惟其子孙节俭，可以守之。然而世之能守者，盖亦鲜矣。

家道隆隆日起，莫不由于内助之贤。若妇人侈服饰，不知艰难，耽安逸，怠于检点，漏孔一开，伊于胡底？坤为地，为母，为吝啬，此妇道之正也。

"如今花样不同"，此宫锦行家语也。学织者便须更张机杼，另作一番新锦。成衣者便思更张剪裁，另出一番新样。推之首饰器物，无不各有时款，人人效尤，争奇斗巧，转瞬新样，又不同矣。此语之贻害，岂不甚哉？故君子有匡俗之心，断无随俗之事。

吴大澂批语：新样愈变愈巧，用度日费一日，酬应愈增愈繁，世道日穷一日，此岂好消息哉？不能转移风气，即为风气所转移，不随俗者能有几人？

权其子母，析及秋毫，理财者类如此；利其田产，隙启骨肉，争财者类如此。苟能节俭，则秋毫不必析而骨肉不必争矣。平心细想，自是至理。

农事起家，勤于稼穑，其祖宗沾体涂足，骨瘁筋劳，一丝一粟，皆念物力维艰。至子孙席丰履厚，则有视金玉如泥沙，轻粟米如粪土者，此不知稼穑之艰难耳。真西山先生尝谓，"田事既起，晓霜未释，忍饥扶犁，冻皴不可忍，则燎草火以自温，此始耕之苦也。燠气将炎，晨兴以出，伛偻如啄，至夕乃休，泥涂被体，热烁湿蒸，暑日流金，田水若沸，耘籽是力，稂莠是除，爬沙而指为之戾，伛偻而腰为之折，此耘苗之苦也。迨垂颖而坚栗，惧人畜之伤残，缚草田中以为守舍，数尺盈膝，仅足蔽雨，寒夜无眠，风霜砭骨，此守禾之苦也"。先生备言农家情状，历历如绘，幸而年丰人乐，岁有余资，或至谷满仓箱，田连阡陌，乡里称为富户，杖履已属衰翁，以此田园遗诸孙子，可不谓劳哉！为后人者诚能取西山先生之言反复展诵，念祖宗稼穑艰难如此，其至也，有不勉为节俭者乎？

吴大澂批语：子孙不知祖父之艰难，士大夫不知稼穑之艰难，是谓忘本。真西山之言勤勤恳恳，读者当细昧之。

终岁勤动劳苦，非设身处地不能深知其情状。

士大夫，国家之望也，节俭之风尤为切要。周赞《羔羊》，表委蛇之有度；唐赓《蟋蟀》，知好乐之无荒。示之以俭，则人崇质朴，户尽淳良，此风俗之所系也。折辕之车可驾，珍宝山积，张堪不失其清；粗粝之食自甘，生鱼悬庭，羊续特全其节，此操守之所系也。若夫晏子素风，名闻于齐国而泽覆三族，延及交游；文子俭德，誉播于鲁邦而惠及国人，厘怀衣食自俭以丰人，其为泽也，不亦溥乎？此又施与之所系也。故俭可以厉俗，可以助廉，可以广德，知此义者不期俭而自俭矣。

吴大澂批语：俭德确有此三益，士大夫居乡居官，一身之关系不浅。

张庄简公书屏有云："客至留饭，四碗为程，菜随时进，酒随量斟。"此有得于温公物薄情厚之意。

吴大澂批语：老辈风范，不奢不俭，可为薄俗针砭。

惜精神者，可以却病。省支用者，可以却贫。却病者一身安乐，却贫者一家安乐。

吴大澂批语：余以好古之癖不免增无益之费用，又以考古之功不免耗无益之精神，犯此二病，当力戒之。

财犹水也，堤防以限之则灌溉不竭，决口奔腾，其涸可待矣。财犹火也，炉炭以护之则温燠可常，当风吹拂，其焰立消矣。

近见有先贫后富子弟，每念前人辛苦，古朴是敦。一衣服则

（清）钱杜《林泉栖息图》

日质而洁，某公之所遗也。一器皿则曰古而泽，某公之所置也。守前人之淳素，绝时俗之纷华，又能尊师取友，通晓大义，出纳惟谨，非

仅守钱之资，推解惟时，更有指困之谊，此等子弟，幸而得之，是其前人忠厚之报。

吴大澂批语：如此贤子弟不易得。

又见有先富后贫子弟，人方以为不堪，而彼则安然受之，且毅然任之，遂乃号令一家概从节俭，服饰则昔华而今质，饮食则昔丰而今约，馈遗则权其厚薄，宾客则接以朴诚，易车马为安步，省奴婢而习劳，斩钉截铁，生面独开，此手固可回澜，人皆称其干蛊，数年之间，元气顿复，门闾重新，此等子弟在家则为承先启后之英才，在国则为旋乾转坤之硕辅矣。

吴大澂批语：如此贤子弟更不易得。

家之盛衰无常，贫富亦无常，惟祖父有厚德者，其子孙可富、可贫，富者能保其富，贫者不终于贫。

又见有贫约而交际富厚者，衣蓝缕而腹有诗书，面清癯而胸藏经济，襟怀洒落，言语朴诚，不轻易假借衣服，不时常称贷银钱，此在平日，已足见重于人。至于交际之时，礼所应有，称家之有无，义所应为，量力之大小，行我之俭，不以为矫，守我之清，人不以为傲，虽富厚者方将敬之礼之，而又何歉焉？又见有富厚而交际贫约者，不敢以鲜衣美食混彼洁清，不敢以缛节繁文扰其淡泊，推解之物，必应其时，赠予之情，必得其实。一席之费足供十日之餐，可以损我而益彼。锦上之花，不如雪里之炭，断不肯继富而薄贫。此等子弟，非明于理、达于事者不能。吾窃言之而有余慕也。

吴大澂批语：先大夫尝言先祖在日，每喜结交文人学士。有布衣顾醉经先生，名承能，为古文师法归震川，年七十余布袍朱履、白须飘然，先祖极敬礼之，下至仆隶见顾先生至无不肃然起敬者。又有寒士数人，时以书画相投赠，岁晚必送数十金，或以袍褂为馈。岁礼维时，家已中落，而先祖之交际贫约者必诚，必敬，必尽力以周济之，至今亲族称道弗衰。

弱者与乌获争力，则腰臂为之折矣。盲者与离娄争明，则睅眦为之裂矣。窭者与陶朱相耀，得无类是。或曰："贫富，人所时有也，假如婚姻之好，一富一贫，能无典贷以成礼乎？"曰："是不然也。礼，称家之有无，既为婚姻，则如一家，必相体恤，准情酌理，无失男女之时耳。岂有以婚姻一日之美观，不顾男女将来之衣食乎？"故贫富相耀，君子慎之。

吴大澂批语：吾乡俗语有"一面开花"之说，富家既与贫家为婚，自应格外体恤，若以一日之美观，不顾男女将来之衣食，此大谬矣。

北地而求南蔬，西土而求东菜，则非地之所有。冬月而求夏菜，秋月而求春蔬，则非时之所生。异物为贵，虽蔬菜不可必得，而况于珍物乎？乃求异物者惟在必得，以口腹自累，并以口腹累人，此不可不知也。

吴大澂批语：偶或得之，互相馈遗，亦人情之所有，但不可必得耳。

传舍，天下之舍也，而或破坏之，不顾其他。驿马，天下之马也，而或鞭棰之，不惜其后，非节俭之心也。惟君子知有天下之公，当惜天下之物。

吴大澂批语：此二语最好。

魏光禄大夫徐邈，志高行洁，才博气雄。或问于卢曰："徐公当武帝时，人以为通。白为凉州刺史还，人以为介，何也？"钦曰："往者毛孝先、崔季珪用事，贵清素之士，时皆变易车服以求名，而徐公不改其常，故人以为通。比来天下奢靡相效，而徐公雅尚自若，故前日之通乃今日之介也，是世人无常而徐公有常耳。"吾谓人惟有常，不以奢俭改其行，不以穷达易其操，然而能为徐公之常者，岂易易哉！

吴大澂批语：有常即素位而行也，素富贵行乎富贵，素贫贱行乎贫贱，即不以奢俭改其行，不以穷达易其操也。

濂溪先生自少信古好义，以名节自砥砺，奉己甚约，俸禄悉以周宗族、奉宾友，及分司而归，妻子饘粥或不给，而亦旷然不以为意，襟怀潇洒，雅有高趣，惟其自砺也严，故其奉己也约，惟其自奉也约，故其恤人也周。

吴大澂批语：自奉不能俭约即不能优于亲族朋友，亦有自奉极奢而待人极吝者，此之谓不近人情。

李文靖公沆自奉甚薄，所居陋巷，厅事无重门，颓垣败壁，不以屑意，堂前药栏坏，妻戒守舍者勿葺以试沆，沆朝夕见之，经月终不言。妻以语沆，沆笑谓其弟维曰："岂可以此动吾念哉！"家人劝治居第，沆曰："身食厚禄，计囊装亦可以治第，但念内典以此世界为缺陷，安得圆满如意？巢林一枝，聊自足尔，又安事丰屋为哉？"夫内自重者不以外物动其心，内自足者不以居处侈其欲，若文靖者，可谓知其大矣。

吴大澂批语：士大夫自有用心之地，故于居室之美恶不以介意，非拥厚赀而吝于用也。若居家一无所事，一无所好，专事经营土木之工，第宅园林夸耀于乡里，是谓外重内轻。

王文正公旦作舍人时，家甚虚，尝贷人金以赡昆弟，过期不入辍，所乘马以偿之。后其侄子野先生阅家藏书而得其券，召家人示之曰："此前人清风，吾辈当奉而不坠，宜秘藏之。"又得颜鲁公为尚书时乞米于李大夫墨帖，刻石以摸之，遍遗亲友。故先生清德所至有冰蘖声。按文正以俭约率子弟，每见家人服饰稍过，即瞑目叹曰："吾门素风一至于此"，亟令减损。子野清德如此，其能仰体文正之训者与？

吴大澂批语：卖马以偿昆弟之债，不足为异，然在风俗凉薄之时，此为厚德矣。子野先生又能世守清风而不坠，亦可敬也。

王文正公曾字孝先，青州发解，南省廷试，皆为首冠。中山刘子仪为翰林学士，戏语之曰："状元试三场，一生吃著不尽。"公正色答曰："生平之志，不在温饱。"一日同榜孙冲之子京来谒，饬子弟云："已留孙京吃食，安排馒头。"馒头时为盛馔也，食后合中送数轴简纸，开看皆是他人书简后截下纸，其俭德如此。按公德器深厚，操履诚实，仁宗时推为贤相，其品学已定于"生平之志，不在温饱"一言，故其俭德纯任自然，非勉强也。

吴大澂批语：当拈一联语云："平生志不在温饱，相公无地起楼台。"

范文正公之子纯仁娶妇将归，或传妇以罗为帷幔者，公闻之，不悦曰："罗绮岂帷幔之物耶？吾家素清俭，安得乱吾家法，敢持至吾家，当火于庭。"当是时，公为参政，禄如已厚，而帷幔之设不施罗绮，则他物之朴素可知矣。且帷幔之奢侈由此而开，即家法之清俭从此而坏，所关岂浅鲜哉？

吴大澂批语：以罗为帷幔，今世已习焉不察矣，宋时家法犹有古风。

《欧文忠公与其侄书》云："欧阳氏累世蒙官禄，吾今又被荣显，致汝等并列官品，当思报效，如有差使，尽心向前，不得避事。至于临难死节，亦是汝荣事。昨书中欲买朱砂来，吾不阙此物。汝于官下宜守廉，何得买官下物？吾在官所，除饮食外不曾买一物，汝可观此为戒也。"文忠此书，说到尽心向前，临难死节，直以致身之义训之。朱砂虽小，官物也，必其心可以无私，斯其身可以许国，未有贪污佟汰而忠荩卓著者也。

（清）沈德符《游良常山诗》。识文：斋心游地肺，高步蹑云关。尘迹不能到，仙真时往还。风雷生绝壑，猿鹤响空山。百折丹台水，潺暖出世间。茅君餐术处，古洞号华阳。天际云耕下，林端白鹄翔……白云无限情。款识：游良常山作，请正循初先生，沈德潜。

吴大澂批语：朱砂非贵重之物，欧公尚谆谆戒之，亦杜渐防微之意。

蔡君谟尝书小吴笺云："李及知杭州，市《白集》一部，乃为终身之恨。"此清节可为世戒。

胡文定公曰："人须是一切世味淡薄方好，不要有富贵相。孟子谓堂高数仞，食前方丈，侍妾数百人，我得志不为，学者须先除去此等，常自激昂，便不到得坠堕。尝爱诸葛孔明当汉末时，躬耕南阳，不求闻达，后来虽应刘先主之聘，三分天下，身都将相，亦何求不得？乃与后主言：'成都有桑八百株，薄田十五顷，子孙衣食，自有余饶，臣身在外，别无调度，不别治生以长尺寸，臣死之日，不使廪有余粟，库有余财，以负陛下。'及卒，果如其言。如此辈人，真可谓大丈夫矣。"按"世味淡薄"四字，是学者一生树立根基，特举孟子、孔明以为榜样，使人知所步趋。

吴大澂批语：以桑田贻子孙，此武侯治生之计，亦不矫情。立异可为大臣致身事君者法，不然心乎国、心乎民，尚鳃鳃焉为子孙衣食之谋乎？

温公曰："先公为群牧判官，客至未尝不置酒，或三行，或五行，不过七行，酒沽于市，果止于梨、栗、枣、柿，肴止于脯、醢、菜、羹，器用瓷漆，当时士大夫皆然，人不相非也。会数而礼勤，物薄而情厚，近日士大夫家酒非内法、果非远方珍异、食非多品、器皿非满案，不敢会宾友，常数日营聚，然后敢发书。苟或不然，人争非之，以为鄙吝，故不随俗奢靡者鲜矣，风俗颓弊如是。居位者虽不能禁，而忍助之乎？"按此言今昔奢俭之不同，即今昔风俗所由异也。抑思会数而礼勤、物薄而情厚，味以真契，交以淡成，淳朴挚诚，高风可想，而必靡靡以相效乎？此温公之训，所当谨守弗失者也。

吴大澂批语：近今士大夫风气亦与二十年前奢俭不同，观温公之语，能无慨然？

张文节公知白为相，自奉清约，外人颇有公孙布被之讥，公叹曰："今日之俸，虽举家锦衣玉食，何患不能？顾人之常情，由俭如奢易，由奢如俭难，今日之俸，岂能常有？身岂能常存？一旦异于今日，家人习奢已久，不能顿俭，必至失所，岂若吾居位、去位、身存、身亡如一日乎？"按"由俭入奢易，由奢入俭难"，真千古格言。不独有家者宜知之，即大臣当国，必以撙节之道严其侈汰之闲，不可不防其渐也。

吴大澂批语：此二语人人知之，而由俭入奢往往不能自克，由寒士而拔巍科，以村学究而跻显秩，幸毋忘本来面目也。

汪信民尝言："人能咬得菜根，则百事可做。"胡康侯闻之，击节

（清）唐岱《仿董巨山水》立轴

叹赏。夫人有淡泊自安之志，即无计较美利之私，能摆脱得肥甘气习，乃能肩荷得艰钜担子，此康侯所以叹赏也。不然，岂咬得菜根，便能干事耶？

吴大澂批语：有坚忍之力，乃能胜远大之任。

蒙师徐健斋先生性严正，随事指授，不少宽假。一日，同学中有妄费纸笔者，先生大声呵之，曰："汝不知此纸从四川来耶？此笔从湖州来耶？乃听汝任意损坏耶？妄费如此，他物不称是耶？"同学者长跪请罪，悚然而退，至今敦行节俭，乡里称为长者，先生之教也。

吴大澂批语：纸笔不可妄费，其他可知，先生之教弟子，不仅为惜纸笔也。知惜物、不知惜物为童子时已可略见一斑。

少时侍家大人受经，随时讲解，暑月露坐，讲《七月》之诗。先慈汤恭人凭栏静听，若未尝涉意者，及至改岁之时，兄弟辈求衣服肉脯，恭人曰："汝读《七月》而未之闻耶？汝父不云乎民之大命，惟食与衣，财之盈绌，亦惟食与衣。女功在蚕绩，丝麻布帛，衣服之常，而狐狸则公子之裘，豳之民未尝有裘也。男功在禾稼，黍稷菽麦，饮食之常，而羔羊则公堂之祝，豳之民未闻有肉也，民之终岁勤苦，亦已甚矣，而其衣服饮食又复节俭如此，此所以为盛也。我时闻之，深加嗟叹，汝等读书，较农民更宜明理，何乃诲之谆谆，而听之藐藐乎？"呜呼！言犹在耳，而慈颜见背已四十年，每一念及，辄不胜警省已。

吴大澂批语：贤母之教，可敬可佩！

是冬大雨雪，山无可采，水无可渔，贫者难以自给，先慈请于家大人曰："吾家俭素，尚无冻馁，园蔬数亩，杂米为羹，可以哺饥，节省子弟衣服以分给裸裎，可以蔽体，量其力之所能，尽其心之所安，得毋稍有补于近邻之贫者乎？"家大人曰："善哉！此举使尔为陶朱，则天下无冻馁矣。"呜呼！自处以俭，济人甚周，岂非仁者之心哉？

（清）陈介祺隶书八言联：见善则迁有过则改，庄敬日强安肆日偷

吴大澂批语：园蔬杂米，可以哺饥，节省衣服，可以救寒，此小康之家能为之也。慈母之心仁人，之惠奉为家法，播为美谈。推而广之，"一家仁、一国兴仁"，真可使天下无动馁矣。

儆骄惰

惧以终始，易之道也，未有惧而骄惰者也。《乾》九三"惕则无咎"，上九"亢则有悔"，经之垂教如此。今按《文言》传，君子进德修业曰"忠信"，曰"修辞立其诚"，故能居上位不骄，在下位不忧，"乾乾"，因其时而惕，此所以无咎也。亢之为言也，知进而不知退，知存而不知亡，知得而不知丧，满极必倾，盛极必败，此所以动而有悔也，推之三百八十四爻，义皆类此，观象者会通焉可矣。

吴大澂批语：乾卦六爻纯阳，至九五而极盛，盛极必衰，故以"亢龙有悔"警惕之，知进退存亡而不失其正者乃持盈保泰之道。

兢兢业业，君臣交，儆戒其逸欲，保以敬慎，圣贤论治之本也。益戒舜曰："儆戒无虞，罔失法度，罔游于逸，罔淫于乐。"皋陶戒舜曰："无教逸欲有邦。"禹戒舜曰："无若丹朱傲，准慢游是好，傲虐是作。"舜，大圣也，而禹、皋、益所戒如此，盖以人心惟危，圣主不可以瞬息懈其操存，大臣不可以夙夜忘其儆戒，所以严怠荒之渐也。圣人且然，况在学者。

吴大澂批语：舜有臣五人，皆进思尽忠之臣，故君臣交儆，不避忌讳。以舜之好问、察迩言，明目达聪，虚怀纳谏，然后有益、禹、皋陶之戒，如此其恳切也。不然，大圣如舜何致有游逸、淫乐、傲慢之失吉哉？

"内作色荒，外作禽荒，甘酒嗜音，峻宇雕墙"，此禹之训也。有天下者固宜知儆，即士庶亦当深戒，六者原不可废，而必至于荒，必至于甘且嗜，必至于峻且雕，历观往古，大则丧其国，次则丧其家，次则丧其身，所谓"有一于此，未或不亡。"圣人之戒严哉！

吴大澂批语：历观史册，叔季之君，荒淫无度，不出此数端，故禹之垂诫，可为万世帝王之师法，何况执政之大臣、亲民之牧令、居乡之士大夫乎？

饱食暖衣，逸居而无教，有不荒乐无节者乎？豳风《七月》，其男耕，其妇馌，其女桑，蚕事方毕，麻事又起，而"八月载绩"矣。陈风淫荡无度，男女聚会歌舞，至于"不绩其麻，市也婆娑"，可谓荡矣。况乎如茇之赞，握椒之贻，何异乎秉蕑赠芍之风哉？孟子云："逸居而无教，则近于禽兽。"可不惧哉？

内有贤助而家日兴，鸡鸣警戒，所以成其勤也。外有良朋而学日进，杂佩以报，所以成其德也。无惰慢之情，而有忧勤之意，玩味此诗，令人兴起。

"挑兮达兮，在城阙兮。"轻儇放恣，肆意遨游，当时学校之士，流荡如此，则讲习讨论之功荒而礼义廉耻之心丧，尚可问乎？《子衿》之诗所为戒也。

吴大澂批语：士习端则民风自厚，青衿挑达之习始于学校，而寝成为风俗。有心世道者不思有以训戒而挽回之乎？

《敬姜劳逸论》曰："卿大夫朝考其职，昼讲其庶政，夕序其业，夜庀其家事，而后即安。士朝而受业，昼而讲贯，夕而习复，夜而计过，无憾而后即安。自庶人以下，明而动，晦而休，无日以怠。"呜呼！君子劳心，小人劳力，"劳则思，思则善心生，逸则淫，淫则忘善，忘善则恶心生"，此古今之至言也。乃有骄奢淫佚，习为昏迷，三风十愆，甘蹈覆辙，天将明而始寝，日正午而犹眠。诗曰："既愆尔止，靡明靡晦，式号式呼，俾昼作夜。"吾读《荡》之五章，不禁废书而叹也。

吴大澂批语：劳则思，逸则淫，善恶之判，古今一辙。骄淫之风至于俾昼作夜，子弟之逸，父兄之忧也。

《曲礼》曰："毋不敬，俨若思。"是克治骄惰之法。

"敖不可长，欲不可从，志不可满，乐不可极"。长敖则丧德，从欲则败度，志满则人离，乐极则生悲，四者皆人情所有而不可过，故约之使合于中也。家大人以"生之者众、食之者寡、为之者疾、用之者舒"四语作对，且云《大学》此段，为上文"骄泰"二字对病之药。

吴大澂批语：以《大学》理财之道对《曲礼》长傲之戒，治家之要言也。

"衣毋拨，足毋蹶"，二者非独失容，即此是轻率不收敛处。

骄者气盈，而惰慢之气设于身体，惰由骄生也，惰者气歉，而狎侮之情见于辞色，骄由惰生也，二者如循环然。

盈者客气也，却难得消除。歉者馁气也，却难得振拔。能损抑便无骄处，能整肃便无惰处。

吴大澂批语：性刚者类多气盈，性柔者类多气歉，不学则不能抑其骄而振其惰。

生来便成骄惰，未见其人，大抵由气习染来。子弟少年，知识未定，见父兄豪纵，习惯自然。或朋友交游，类多轻肆，或城市风俗，半属矜夸，渐渍既深，淫佚逾甚，欲不骄惰，其能已乎？故脱尽气习，便是君子。

吴大澂批语：气质之偏，惟学可以补之，习染之深亦惟学可以涤之。长一分学力，便去一分骄惰。

外骄不可堪也，而内骄尤；貌惰不可支也，而心惰尤甚。

有功于人，便有矜色，有惠于人，便有德色，此是骄态。矜而不已，必有慢言。德而不已，必有狎志，此是惰容。

吴大澂批语：骄气如病者之浮躁，惰气如病者之委顿，浮躁不已，阳气外散，必转而为委顿，其势亦相因也。

识浅气浮，擅作威福，每假势以凌人，故侯门有骄仆，权门有骄吏，傲慢无礼，殊出人情之外，岂以学问之士等于仆吏之流。

予智者智无不周，而蔽于童稚之见，其智先自小也；予雄者雄无不服，而败于赢弱之手，其雄先自轻也。

热闹中以平静处之，靡丽中以清素处之。鼎油方沸，而张其焰焉，油将立尽矣。云锦方舒，而尚其纲焉，锦且日章矣。

突有难堪之事，以定心静气当之，尽排解得多少毂辐，以怒色厉声处之，便激发出多少纠纷。

吴大澂批语：有排解之心而无排解之术，往往以火济火，遂至决裂，而不能平者无定心静气以处之也。

智深勇沉，详审闲暇，当大事而有余；心粗气浮，急遽轻率，应小事而不足。

有一分谦退，便有一分受益处；有一分矜张，便有一分挫折来。

《荀子》曰："人有三不祥：幼而不肯事长，贱而不肯事贵，不肖而不肯事贤。"骄惰之心，傲慢之态，有一于此，不祥孰甚。

无论挟长、挟贵、挟兄弟，但心中有一"挟"字，便已浮薄。

闻道者以义理为衡，恃才者以权术自逞。盆成括昧于义理，肆情妄作，焉得不死，故曰："君子以有才为幸，小人以无才为幸。"

倨傲者人望而畏之，只成得一个侮慢自贤；懒散者人望而鄙之，只成得一个怠惰自甘。且看后来结果何如。

吴大澂批语：侮慢者终于自是，怠惰者终于自弃，安得有好结果？贵而骄惰，有不失其贵者乎？富而骄惰，有不失其富者乎？才能而骄惰，有不失其才能者乎？考之于古，验之于今，历历不爽而尚不悟也，惜哉！

暴戾则失中和之气，怠荒则失刚大之气，因其偏而克之，可与为善。

"孝若曾子参，方能当一字可；才如周公旦，容不得半点骄。"相传是商文毅公联语，时有恃才傲物之士，俯视一世，及见此联，不觉爽然自失，乃折节励行，惭奋交集，卒为通儒。

（清）阎敬铭隶书七言联：文有才华正超洁，行无城府自高明

讲学以会友，则道益明；取善以辅仁，则德日进。若势利自高，矜夸无礼，才华自诩，暴气陵人，蛇蝎视之可也。《管子》云："骄倨傲慢之人，不可与交。"

吴大澂批语：以文会友，必其同声同气之人。以友辅仁，必有相切相磋之益。若以势利才华互相夸炫，所与交者亦皆骄倨傲慢之人，趾高气扬各不相下，凶终隙末，可立而待也。

礼乐诗书之族，可以成德；忠厚节俭之族，可以成身。嫁女者择焉，《管子》云："满盛之家，不可以嫁子。"

舅姑尊如父母，定分也。夫妇配以乾坤，定名也。慢视舅姑，则定分乖矣。轻侮夫婿，则定名乱矣。故虽贵族之女嫁贱，不敢以贵相陵。富室之女嫁贫，不敢以富相耀。

骄侈之意，不可加于妯娌，并不可加于奴婢，况其尊焉者乎？惰慢之容，不可形于床第，并不可形于闺阁，况其远焉者乎？

吴大澂批语：臧获视如子女，闺门肃若朝廷，方是大家气象。

辞锦绣而用绢素，乘竹篼而却金舆，世称柳公绰妻韩氏，德性如此，节度之夫人，宰相之孙女，试想其心有一毫骄志否？

二程子饮食衣服无所择，童仆有过，不令以恶言骂之，侯夫人之教也。吕荣公事事循蹈规矩，祁寒暑雨侍立不敢坐，申国夫人之教也。

此皆先去其骄情惰志，故能德器成就，大异于人。

小时骄纵，父母之姑息成之。大时骄纵，师友与有过焉。故严父之前无骄子，严师之门无燕朋。

宗族者，本支之所属也。亲戚者，婚姻之所系也。有富贵相则意隔而情离，人得毋笑其浅薄乎？

吴大澂批语：富贵人家须有宗族亲戚之贫者，时常来往，乃是好气象。若舆马煊赫，所交游者皆富贵中人，贫穷亲族望而生畏，不转瞬而其败立见矣。

恭谨子弟可以数世享其禄，骄惰子弟断不能数世蒙其休。《管子》曰："釜鼓满，则人概之。人满，则天概之。"

以文章自高，以权势自大，以财贿自豪，皆是根基薄，眼孔小。左史，古今之大文也，左史之文雄百代，百代之文不能如左史，即能如左史，亦仅与之并驾齐驱耳，况万万不如左史哉！然则文章何能自高也？况权势乎？况财贿乎？

吴大澂批语："根基薄、眼孔小"，二语断定古今来狂妄骄傲之徒，学士文人尤当兢兢自爱，不可沾染此习。

"豫若冬涉川，犹若畏四邻。"莫不知涉川之难而四邻之可畏也，乃盈满自肆者侈焉而忽之，故曰："保此道者不欲盈。"

不欲盈者，不自以为盈也。不自以为盈而所盈者大矣，故曰："大盈若冲，其用不穷。"

吴大澂批语：学然后知不足，知不足必无自满之日。器小易盈，大受者常不足。

"我有三宝，宝而持之，一曰慈、二曰俭、三曰不敢为天下先"。人惟不能无我而争，故勇而不能慈，广而不能俭，先而不能后。"夫惟不争，故天下莫能与之争。"

吴大澂批语：三宝可贵，人人皆能之，无待外求者也。但根基浅薄之人不知其可贵，如登宝山，空手而归耳。

德不当其位，功不当其禄，能不当其官，泰然而处之，自以为当也，骄孰甚焉？宴然而处之，不求其当也，惰孰甚焉？

吴大澂批语：韦苏州曰："自惭居处崇，未睹斯民康。"又曰："邑有流亡愧俸钱。"居官而不能尽心，不能尽力，可惭可愧者多矣，人苦不知惭，不知愧耳。

郤錡将事不敬，孟献子知其必亡；成子受脤不敬，刘康公决其不反，皆惰慢之先见也，是故君子勤礼，勤礼莫如致敬。

忠臣孝子，不为昭昭信节，不为冥冥惰行。谨于明显处易，谨于闇昧处难，学者当于此实下功夫。

吴大澂批语：此即君子慎独工夫。

敬则强立而万善举，怠则懈弛而万事废。丹书曰："敬胜怠者吉，怠胜敬者灭。"

吴大澂批语：庄敬日强，安肆日偷，不敬即肆，肆胜则敬退。

一命之荣，有定分，有定职。安分者无攀援，亦无陵轹。尽职者无旷废，亦无鄙夷。以簿尉而傲县令，以县令而傲守牧，其人可知，即其事亦可知。

吴大澂批语：傲上不可陵下，亦不可各尽其道，乃同寅协恭之谊。

弹琴而治，任人者逸；戴星而治，任力者劳。虽有劳逸之分，皆尽心为政者也。苟无戴星之劳，徒有弹琴之逸，是亦骄惰而已矣，未见其能治也。

吴大澂批语：凡事先劳而后逸，勤理民事，案无留牍，乃可从容坐理而无废事，任己者劳，任人者逸。舜有臣二十二人，各尽其职，乃可无为而治。

吐哺握发，所以求天下之贤也。夹袋药笼，所以储天下之才也。其心休休，其意勤勤悬悬，岂可以訑訑之声音颜色加哉？

吕氏《童蒙训》曰："当官者先以暴怒为戒，事有不可，当详处之，必无不中。若先暴怒，只能自害，岂能害人？"吾谓暴怒不可，轻喜亦不可，任情偏听，虽一人之喜，而已贻害于众人；一时之喜，而已贻害于数世。

吴大澂批语：轻喜轻怒，皆有流弊。

事之始，我不可谢其责；事之成，我不必矜其功。虚其心，须想到从头彻尾；坚其力，断不可有初鲜终。

《弟子职》一篇，具载《管子》书中，其曰："先生施教，弟子是则。温恭自虚，所受是极。见善从之，闻义则服。温柔孝悌，毋骄恃力。志毋虚邪，行必正直。游居有常，必就有德。颜色整齐，中心必式。夙兴夜寐，衣带必饰。朝益暮习，小心翼翼。一此不解，是谓学则。"又曰："少者之事，夜寐早作。既拚盥漱，执事有恪。摄衣共盥，先生乃作。沃盥彻盥，汛拚正席，先生乃坐。出入恭敬，如见宾客。危坐向师，颜色毋作。受业之纪，必由长始；一周则然，其余则否。始诵必作，其

（清）铁保行书八言联：束身以圭观物以镜，种德若树养心若鱼

次则已。"以下复历言坐作进退、饮食寝处之仪，其敬礼于先生者至矣，其勤谨以供弟子之职者备矣，古人教条如此，安得有骄惰子弟？吾愿塾师之养童蒙者当令各书通，置之座右，使朝夕省观，且时加提命焉。

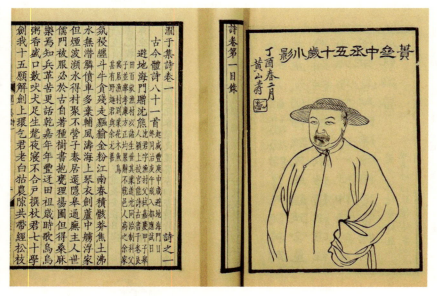

（清）张佩纶《涧于集诗卷》，清光绪黄冈饶星舫写版陶子麟刻

吴大澂批语：管子霸才，而于童蒙养正之功犹勤恳如此，不失先圣教弟子之意，故圣人犹有取焉。

陶侃镇荆州，性聪敏恭勤，终日敛膝危坐，军府众事，检摄无遗，未尝少闲，常语人曰："大禹圣人，乃惜寸阴，至于众人，当惜分阴。岂可逸游荒醉，生无益于时，死无闻于后，是自弃也。"诸参佐以谈戏废事者，命取其酒器蒱博之具，投之于江，将吏则加鞭扑，曰："摴蒱，牧猪奴戏耳。老庄浮华，非先王之法言，无益实用。君子当正其威仪，何有蓬头跣足，自谓宏达耶？"噫，以侃之才，可谓生有益于时，死有闻于后者，而兢兢然分阴是惜，岂偶然哉？

吴大澂批语：晋人尚清谈，以旷达为高，饮酒蒲博，废时失事，士大夫相习成风。陶公独矫其弊，运甓习勤，分阴是惜，故为参佐痛戒之。

柳批尝著书戒其子弟曰："崇好优游，耽嗜曲蘖，以衔杯为高致，以勤事为俗流，习之易荒，觉已难悔。"书凡五章，皆痛切，此特为骄惰者戒也。

何晏自矜一时才杰，尝为名士品目曰："唯深也，故能通天下之志，夏侯泰初是也；唯几也，故能成天下之务，司马子元是也；唯神也，故不疾而速，不行而至，吾闻其语，未见其人。"盖以自况也。管辂知何晏、邓飏必败，尝曰："邓之行步，筋不束骨，脉不制肉，起立倾倚，若无手足，此为鬼躁。何之视候，魂不守宅，血不华色，精爽烟浮，容若槁木，此为鬼幽。"何晏自况与管辂所评，骄惰之确证也。呜呼！何晏竞为清谈，祖尚虚无，至敢糟粕六经，肆无忌惮，奈何当时士大夫且从而慕效之乎？

吴大澂批语：清谈之流弊即骄惰之病根，而当时以才智自矜，睥睨一切，几于举国若狂，有识者早知其必败矣。

横渠先生曰："教小儿先要安详恭敬。今世学不讲，男女从幼便骄惰坏了，到长益凶狠，只为未尝为子弟之事，则于其亲已有物我不肯屈下，病根常在，又随所居而长，至死只依旧。为弟子则不能安洒扫应对，接朋友则不能下朋友，有官长则不能下官长，为宰相则不能下天下之贤，甚则至于徇私意，义理都丧也，只为病根不去，'随所居所接而长。'"此张子为子弟痛下针砭，此等病根，始初防之则易，后来去之则难，总在小时教训耳，为父兄者知之，为子弟者勉之。

吴大澂批语：横渠此一段教训，不徒为子弟痛下针砭也，自朋友、官长以至宰相皆当悚然猛省。

明道先生曰："富贵骄人固不善，学问骄人，害亦不细。"夫义理无穷，即勤学好问，犹恐不足，安敢有一毫骄矜之意。若有此意，不但学问不能长进，而傲慢丧德，尤悔丛生，其害可胜言哉！彼以富贵骄人者，更不足道矣。

吴大澂批语：学问骄人，非必有矜夸之意见于词色，但见得人之学皆不如我，侈然有自满之心，便与富贵骄人一般。

韩维与伊川先生善，屈致于颍昌，暇日同游西湖，命诸子侍。行次，有言貌不庄敬者，伊川回视，厉声叱之："汝辈从长者行，敢笑语如此？韩氏孝谨之风衰矣。"韩遂皆逐去之。先生为人，庄敬以直其内，严毅以方其外，人望而畏惮之，而颍昌子弟，乃敢笑语如此，是其骄惰之情已可概见，而先生且厉声叱之，所以警戒者甚严。即此见古人友谊敦笃，不肯歧视子弟处。

吴大澂批语：世家子弟与人往来，但闻面谀之词，不曾受过面叱之训，故肆无忌惮如此。

吕东莱先生字伯恭，少时性气粗暴，嫌饮食不如意，便敢打破家事。后因久病，只将一册《论语》早晚闲看，忽然觉得意思一时平了，遂终身无暴怒。又因读"躬自厚而薄责于人"有省，遂能变化气质。先生天性英豪，学问沉实，朱子称其"禀之既厚而养之深，取之既博而成之粹"，可谓成德君子矣。向使非熟玩《论语》，徵其骄傲，涣然自趋于和平宽大之途，岂复有后来纯粹之诣哉！

吴大澂批语：今之学者人人读《论语》，多能记诵，何尝有一语体贴到自己身上，何尝能变化气质？若东莱先生，可谓善读《论语》者矣。

吾督学黔中，按试思南府，属题出"人能充无穿窬之心"二句，细绎其义，深自警省。时男林翼、侄保翼在署读书，因书示之曰："穿窬，小人也，未有君子而穿窬者也。穿窬之心，小人之心也，则虽君子而或有不免者矣。充无穿窬之心，则凡名利之所在，非礼非义之介于毫末者，皆必慎之。然则穿窬可免也，穿窬之心不易免也。今吾此职，计廉俸所入，以一分公诸伯叔，以一分公诸族戚师友，以一分作衙门度支，及入京用费，处分已定，充然有余，人求无愧此心耳。无愧此心，则无愧君父矣。苟有分外之用，即有分外之心。苟有分外之心，即穿窬之心也。位不期骄，禄不期侈，骄侈者，穿窬之心所由来也。吾旦夕兢兢，罔敢偷肆，急思鞭辟近里著己。林保等务知警省，毋求适口体耳目以葆此心，幸甚幸甚！"

（民国）张伯英隶书八言联：修身践言谓之善行，履信思顺又以尚贤

吴大澂批语：小人之穿窬，不可告人者也。事有不可告人者，皆穿窬之类。一念之动，有不可告人者，亦皆穿窬之心。

又书示之曰："吾向所严穿窬之心，特以利禄言耳，而孟子推至'无受尔、汝之实'，则是在人有轻贱之意在己，即有惭愤不肯受之心，苟能即此推之，充满无所亏缺，无适而非义矣。且推至'以言餂之'，'以不言餂之'，有意探取于人，即为穿窬之类，其用情最隐，其为事易忽，其用力防闲愈密矣。孟子此章，比例最为浅近，扩充即是圣贤。"

吴大澂批语：圣贤学问，以恻隐羞恶之心为仁义之大端，义之所不安者，事事皆作穿窬观，无非将羞恶之心推勘。

至极细密处，学问自有进益，孟子往往以浅近取譬，使人知所警觉，学者当细心体会，庶不负孟子苦口劝人之意。

戒奢侈

《序卦》"得其所归者必大"，物所归聚必成其大，故归妹之后，受之以丰。震上为动，离下为明，以明而动，动而能明，此致丰之道也。然其所以保此丰盛者，岂易易哉？圣人特戒之曰："日中则昃，月盈则食，天地盈虚，与时消息。"盖天地之道，盈虚消息，惟其时而已矣。未有日中而不昃，月盈而不食者。君子处此，宜兢兢保守，不至于过盛则可不至于倾坏。日未尝中，故能不昃，月未尝盈，故能不食，人未尝奢侈，故能尝丰。

吴大澂批语：人之处境，或丰或啬，亦天地盈虚消息之理，丰者不能无啬，啬者可以复丰，人能兢兢自守，则可丰可啬，可富可贫，可贵可贱，有保丰之道，而不能必丰盛之常保。

作福作威玉食，此在上之权，而臣民之所不敢妄干者也。颇僻者不安其分，僭忒者或逾其常，《洪范》之戒，万世之大防也。

旅獒之贡，召公戒之，谓方物之献，惟服饰器用之常耳，岂可作"无益以害有益"，"贵异物而贱用物"哉？然而人心之侈，以为此小节耳，何害大德？一事如此，事事如此，遂至不可禁遏，岂不因小节贻之害乎？故曰"不矜细行，终累大德。为山九仞，功亏一篑"，其致戒严矣。后世士庶之家，乃以珍禽奇兽丧志荡心，岂于此篇独未尝肄业及之耶？

吴大澂批语：召公之戒，直言之曰"不宝远物"，而终之曰"所宝惟贤"，旨深哉！

"不贵异物贱用物"，真西山先生曰："工商之巧，不如农桑之朴。

锦绣之奢，不如布帛之温。"推类而言，最为明畅。

桧风始于《羔裘》，衣服光泽，乐游燕而好逍遥，此桧之所以亡也。曹风始于《蜉蝣》，衣裳鲜明，玩细娱而忘远虑，此曹之所以亡也。夫以衣服之盛，似非大故，而诗人且为之忧思而伤恻焉，何也？饰于外者荒于内，溺其小者忘其远，而欲责其事之必举，职之无阙，断断不能，况以一人之侈，渐染众人，大为人心风俗之累，

（清）王原祁《春峦积翠》立轴

其弊可胜言耶？读《诗》者其留意焉。

吴大澂批语：衣服饮食之奢侈，人之所易忽。防微杜渐，习染之关乎风气者，其弊甚大。

有泰然夸大之心，有余者矜其势耀，不足者强为张皇，故凡事从其大者为奢，有嚣然侈肆之意；宜简者变本加饰，已丰者踵事而增，故凡事从其多者为侈。

位过其德，禄过其才，任过其力，言过其行，此奢侈之大也。

吴大澂批语：古圣贤之不得禄位者多矣，既得禄位而不称其职，所

谓力小而任重也。

为天下用财者惠，不妨于丰。为一己用财者礼，必严其过。

吴大澂批语：用财之权衡，不可不审，当丰则丰，当俭则俭，吝于用财者反是。

有世家之名，当顾惜祖宗体面；有公子之名，当顾惜父母体面。愈收敛，愈觉矜贵；愈侈肆，愈觉卑污。

饮宴嬉游，坏多少子弟。行步出人，无得人茶肆、酒肆，此语最宜谨守。

吴大澂批语：吾乡风气近十年来愈趋愈下，子弟入茶坊酒肆，不以为异，甚至教读之师亦以茶馆为聚谈之所，日以为常，旷课、荒功、废时、失业，自以为小节耳，而流弊甚大。

丝竹陶写性情，大雅所不废，而或按谱调笙，审音度曲，操其艺者既妨职业之常，恒舞于宫，酣歌于室；荡其心者又开淫佚之窦，究观流弊，可为悚然。

蒱博，戏具也，其未得时，奢望侈心，攫财如饿虎；其既得时，奢情侈态，挥金如泥沙。恣意怠荒，徒为此豪举以败行检、以丧身家，正复何益？

吴大澂批语：赌风之甚，莫甚于今日，世家子弟陷溺于其中，而荡俭逾闲者不少。

声伎游宴，此中浪费，伊于胡底？而能淡然无所好，如吕正献公者不惟省费，兼以养心，可谓卓然自立者矣。

缝人掌缝线之事，屦人掌屦繶之事，隶于冢宰，此王者之制也。若士庶之家，则皆成于妇功。后世妇职不勤，而缝屦之事有不习其业者，不害于逸乎？

妇人主中馈，居室之大端也，亲历庖厨，可知物力艰难，可防仆婢偷盗，可以供宾祭，可以奉师友。若茫然不知，百端废弛，何贵有此妇人？昔某官以贪劣查抄原籍家产，其居室壮丽，百物具备，而独无厨灶，问之则门外酒肆领本开张，宅中饔飧食物皆给单支算，不自举火。呜呼！侈汰如此，岂独妇人不习中馈之劳，并不见有厨灶之设，其败也宜哉！

吴大澂批语：此等奢侈之习，骇人听闻。

"一斗珍珠，不如升米。织金妆花，再难拆洗；刺凤描鸾，要他何用？使的眼花，坐成劳病。妇女妆束，清修雅淡，只在贤德，不在打扮。不良之妇，穿金戴银，不如贤女，荆钗布裙。"此吕近溪先生语也。教女子者，日以此讲论熏陶，自知奢侈之弊。乃或不以德行相责，而以冶容相先，编珠缀玉，压彩盘金，互羡争夸，日新月异。无识男子，以悦妇人，惟恐其不当也。妇人不足责，为男子者独未之思耶？

吴大澂批语：女子能明此义，便是贤女。幼时全赖父母之教，既嫁从夫，尤在丈夫之董、陶、涵、育矣。

"工事竞于刻镂，女事繁于文章。"此管子之言，盖古今之通病也。世俗以华屋相矜，大兴土木，穷丽极工，稍不如式，辄为拆改，经年累月，繁费不赀，往往工匠尚未出门，而楼阁则已易主，愚孰甚焉？女子服饰之侈，比之男子，不啻百倍，首戴昆冈之璀璨，身被骊颔之晶莹，论价方珍，难以数计，一旦囊空财尽，而珠不可衣，玉不可食，始悔当初侈汰之过，抑已晚矣，然则刻镂文章，果何益哉？

吴大澂批语：尝见中落之家，饥不得食，寒不得衣，其妇人犹自夸耀嫁时服饰之奢、珠玉之富，旁人窃非，笑之，而恬不知耻，宜其晚境之穷，无聊赖也。噫，一富一贫，回首不过二十年，何如寒门朴素之风，始终如一哉！

厕内以绛纱为帐，其居室可知。军中以函水养鱼，其平时可想。

此等暴殄之徒，天岂能宽其罚哉？

晋王济字武子，性豪侈，时洛京地贵，济好马射，买地作埒，编钱匝地，时人号曰"金沟"。又武子以人乳饮豕，肥美异于常味，此自古罕闻之事，殊堪骇异！

勿坏古制。即如器具，旧者朴素浑坚，新者工巧轻薄，与其巧而薄，不如朴而坚。

吴大澂批语：喜新厌故之心，不如守旧之可久。

勿随流俗。滔滔者日下，砥柱可以回狂澜；靡靡者日颓，隆栋可以支广厦。

吴大澂批语：踵事增华之习，不如返朴之葆真。

"不恨我不见石崇，恨石崇不见我。"此争胜自豪之语也，凡事争胜，已属不可，况奢侈乎？

奢贵戒其渐。象箸始于商，前此未尝有也。箕子叹曰："今为象箸，必为玉杯。玉杯象箸，必将食熊蹯豹胎，他物又将称是。"吾观箕子之言，而知圣人之防其渐也。渐之既开，其流必甚。象箸玉杯，在常人见得甚小，在圣人见得甚大，在常人依违目前，在圣人力防流弊。

吴大澂批语：玉杯象箸，古帝王之所戒者，今则习以为常，而不觉其奢侈，世风之所以日下也。

奢贵绝其诱。曾有仕宦之家子弟，颇聪慧，而自甘暴弃，侈汰性成，见有道君子，缪为恭敬，貌合神离，而所与交好者，皆匪辟浮华之士，所与讲求者，皆逾越闲检之端，奸声乱色，无所不为，自诩一时豪迈，及解组赋闲，立形拮据，向所称交好者，云散风流，漠然不顾。呜呼！冷暖人情，此时之不顾本无足怪，独奈何昔日肯与之游哉？故诱我者当绝也。

奢足以折福。老年享福福在，少年享福福消，盖盈虚之定数也。

老者劳心劳力，子孝孙贤，衰暮之时，受用丰足，其分宜然。少年过分，非所宜也。汪龙庄先生曰："昔吾浙有达官生子，属吏凡献蟒袍二百余件，皆定制顾绣，其长不逾二尺。余曰：'蟒袍非常服可比，计二十岁状元及第，三十岁作太平宰相，八十岁荣归，亦不能衣蟒至二百余件之多，今襁褓中遽受此数，恐福已消尽耳。'不数岁，达官贿败，其子亦殇。"即先生之言推之，人有定分之福，当存过分之戒，一事消磨，良可惧也。

吴大澂批语：老年享福一生，勤俭之所积也。少年享福，祖父荫庇之所贻也。袭祖父之余泽而不自爱惜，不复栽培，断无久享之理。

奢足以招尤。宫室车马，衣服饮食，违其常而趋异，其指为不祥，舍其旧而图新，皆斥为过饰。甚至天资可学，而有德者以纨绔鄙之，竟外于门墙。阀阅虽高，而抱道者以豪华薄之，不登于荐剡。一念侈汰，尤悔丛生，徒与浮薄子弟连袂摩肩，夸多斗靡，卒至断送一生，岂不可惜？

吴大澂批语：切指奢之流弊，历历如绘，旁观者为之可惜，当局者竟不自悟。

（清）王懿荣楷书七言联：排斥异端存正学，留连民命恋卑官。落款：云门此次出都，柏巖送别有此一韵，因摘句书赠。光绪戊戌夏四月懿荣记。

奢则必懒。伺候者衣轻食鲜，奔走者颐指气使，外长其傲慢之态，内生其淫佚之心，艰于语言，几同缄口，迟其步履，宛若痿痹，此等行为，无复生理，遂至妇女怠荒，日三竿而未起；子弟懈弛，酒百榼以常酣。及乎典藏屡空，补苴无术，不知此时亦有悔心否？

奢则必贪。自古俭吏未有不廉者，自古奢吏未有不贪者，何也？非贪无以济其奢也。人一而我百，人十而我千，所费者既已加倍于人，人十我十，人千而我千，所人者岂能独倍于我？不节之用，莫能塞其漏卮；无厌之求，乃至开其贿孔。呜呼！脂膏沾润，或滥取于闾阎，粮饷侵渔，或剥削乎军士，亦复何所不为哉？

吴大澂批语：每见州县之豪奢者，一任之中亏空至盈千累万，幸而不致褫职，剜肉补创，终其身不得优裕，何挥霍之不留余地哉？

其害必至于丧身。晋散骑常侍石崇，前扬州都督苞之子也。与中护军羊琇、后将军王恺三人皆富于财，竟以奢侈相高。后孙秀收石崇，崇叹曰："奴辈利吾财耳。"收者曰："知财为祸，何不早散之？"崇不能答，遂族诛。呜呼！积而能散，财岂足为身累哉？乃徒奢侈自肆，极一己之欲，而无济人之心，其及于祸也，不亦宜乎？

其害必至于破家。晋之何曾，日食万钱，犹云无下箸处，奢豪之性，已实作俑，子弟有不化之者乎？故曾之子劭遂至日食二万钱，其孙绥及机与羡汰侈尤甚，皆不克终。永嘉之末，何氏竟无遗种。司马温公曰："何曾讥武帝偷惰，取过目前，不为远虑。知天下将乱，子孙必与其忧，何其明也！然身为僭侈，使子孙承流，卒以骄奢亡族，其明安在哉？"

吴大澂批语：丧身破家，伤风败俗，流害伊于何底？祖父以节俭贻子孙，子孙尚不能守况。导之以骄奢淫逸，而能长保其富贵乎？读史者当究其祸乱之所由生，即知其灭亡之所自取。涓涓不息，将成江河，其几至微，可不慎之又慎哉？

其害必至于败俗。方石崇、王恺之争为奢靡也，恺以饴沃釜，崇以蜡代薪，恺作紫丝步障四十里，崇作锦步障五十里，崇涂屋以椒，恺用赤石脂。其时互相争尚，靡靡成风。车骑司马傅咸上书曰："先王之治天下，食肉衣帛皆有其制，奢侈之费，甚于天灾！古者人稠地狭，而有储蓄，由于节也；今土广人稀，而患不足，由于奢也。欲时人崇节俭，当诘其奢，奢不见诘，转相高尚，无有穷极矣。"呜呼！奢侈之费，甚于天灾！傅咸之言，诚万世之格言也，谁实为之而贻风俗之累乎？

《左传》："齐庆封来聘，其车美，孟孙谓叔孙曰：'庆季之车，不亦美乎？'叔孙曰：'豹闻之，服美不称，必以恶终，美车何为？'"后庆封来奔，献车于季武子，美泽可以鉴，展庄叔见之曰："车甚泽，人必瘁，宜其亡也。"夫俭，德之共也；侈，恶之大也。其外有骄奢淫佚之态，其内即有怙侈灭义之心。《书》称："欲败度，纵败礼，以速戾于厥躬。"躬之，速戾安在，其能久耶？故叔孙则曰"必以恶终"，庄叔则曰"人必瘁"，皆即外以知其内，即物以推其心。殃咎之来，岂或爽哉？

吴大澂批语：一车之美，尚不能保其身。奢俭之几，即兴衰之兆，即此可以类推。

后汉梁冀为大将军，权震中外，大起第舍，妻孙寿对街为宅，殚极土木，互相夸竞，堂寝皆有阴阳奥室，连房洞户，柱壁雕镂，加以铜漆，绮疏青琐，图以云气仙灵。台阁周通，更相临望，飞梁石磴，陵跨水道。骇鸡犀、夜光璧充实帑藏，名驹龙马秣于内厩，鸣钟吹竽，日夜相继。及桓帝诛冀，收其资产以实国库，诏减天下一岁租税之半，散其苑囿以业穷民。按梁冀跋扈，极恶大罪，东汉之贼也，岂独奢侈之罪而已哉？顾桓帝所与诛梁冀者，唐衡、单超、左悺、徐璜、贝瑗，皆封列侯，而五侯者又复侈汰横肆，岂不大可异哉！

北史魏崔冏戒其子曰："恭俭，福之舆；傲侈，祸之机。乘福舆者浸以康休，蹈祸机者忽而倾覆。"此言自有至理，历观古今，未有恭俭而不获福者，未有傲侈而不取祸者。

唐裴冕为相，性本侈靡，好尚车服及营珍馔名马，每会宾客，滋味品数，坐客有昧于名者。自创巾子，其状新奇，市肆因而效之，呼为"仆射巾"。呜呼！裴冕身为仆射，以俭率下，将使敦尚朴质，俗登淳古，岂不美哉？乃仅以巾子新奇名其仆射耶！

唐史称元载恣为不法，侈僭无度，代宗十二年诛元载，有司籍其家财，胡椒至八百石，他物称是。当是时，杨绾相继为相，清简俭素，制下之日，朝野相贺，孰不好俭而恶奢哉？

吴大澂批语：近有浙人，以暴富起家，奢淫无度，冒功保至道员，不数年而败。闻其籍没时珊瑚、顶珠有百余颗，貂桂五六十件，岂非石崇、元载之流亚与？史册所书，当时实有其事，非言之过甚也。

杨绾之为相也，郭子仪方宴客，减坐中声乐五分之四；京兆尹黎干驺从甚盛，即日省之，止存十骑；中丞崔宽第舍宏侈，亟毁撤之。胡致堂先生曰："郭公、黎干、崔宽，事类而情殊。子仪，成人之美者也。干与宽，则畏之者也。"吾尝读史至此，窃叹绾之俭德于是为至矣，成其美者与畏其威者虽其情或有不同，要皆善补过之君子也。

吴大澂批语：以一己之清风亮节，能使同官争自敛抑，风化之所关不浅，公美之曰"善补过之君子"，后之人当知所取法也。

唐史臣裴垍称："郭汾阳权倾天下而朝不忌，功盖一世而上不疑，侈穷人欲而议者不之贬。"夫汾阳再造唐室，大难削平，回纥感诚，朝恩服善，田承嗣跋扈强藩，接其书即拜。虽齐桓、晋文，比之为褊，厚奉养，多侍妾，将相王侯之位，亦非过分，岂得谓侈穷人欲哉？后之人，功勋不逮万一，而援汾阳以肆侈汰，多见其不知量也。

明王弇州云："严世蕃积费满百万，辄置酒高会，其后四高会矣，而干没不止。尝与所厚客屈指天下富家，居首等者凡十七。虽溧阳史恭甫最有声，亦仅得二等之首。"又世蕃穷极奢侈，有金丝帐，累金为之，轻细洞彻。有金溺器、象牙厢之

（清）王鉴《仿许道宁山水》

类。按嘉靖之时，严嵩当国，世蕃实济其凶，所谓小儿"东楼"者也，贿赂通行，侈肆无状，卒至世蕃伏诛，财产抄没，嵩且寄食故旧以死，果何为哉？

扩才识

《蒙》"君子以果行育德"。德可育，才亦可育。《大畜》"君子以多识前言往行，以畜其德"。德可畜，才亦可畜。才之存，主处是德；德之发，见处是才，故君子德备而才全。

吴大澂批语：君子但言育德，富德者德有余则才自裕，才优于德非干事之大才。

九德、六德、三德，未尝言才而才在其中矣。有才而无德，其体不立；有德而无才，其用不全。

天资英拔，才识通明者，此生质之美也。讲习扩充，才识老炼

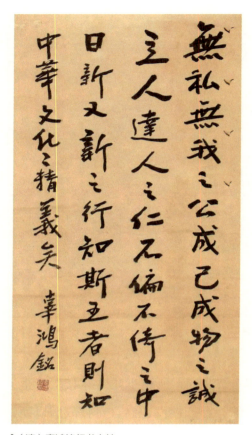

（清）辜鸿铭行书立轴

者，此学问之功也。或问："'君子不器'是就格物致知上做工夫，看得道理周遍亲切，故施之于用，无所不宜否？"朱子曰："也是如此，但说得著力了。"吾谓学者未到君子地位，正须著力扩充。

经以断理，史以断事，是非得失之几，可一言而决矣。平日读一经，便精究其理，了然无疑；读一史，便研穷其事，若我当面处置。久久融洽，猝然遇有事理，迎机剖决，自然无不妥当。

吴大澂批语：见理不明，则遇事不能决，"明""决"二字交柜为用，读经所以精其识，读史所以坚其识，如读律之熟，悉例案，断事较有把握。

《论语》一书，切近平实，是家国之模范，事物之权衡。言虽至近，理自该通，岂可以平易忽之？

《大学》由"明德"起至于平天下，《中庸》自"率性"起至于天下平，具言天德王道，广大精微，曾子、子思，学有本原，举而措之，规模宏远矣，学者童而习之，切勿滑口读过。

孔、颜而后孟子，才识自是第一，程子谓其有英气，便有圭角，然惟有此英气，乃能担当。

吴大澂批语：孟子当战国时世道人心有江河日下之势，不能不痛切言之，障百川而挽狂澜，非孟子无此力量。

孟子当礼法废坏之后，制度节文不可复考，而以丧礼、经界告滕文，因略以致详，推旧而为新，不屑屑于既往之迹，而能合乎先王之意，朱子称为命世亚圣之才，信哉！

颜子与诸葛武侯皆有王佐之才，颜子未及用，武侯未尽其用，其气象规模可以想见。

"学须静也，才须学也，非学无以广才，非静无以成学。"诸葛武侯戒子之书，真格言也，切实用功，反复寻讨，方得其言之妙。

吴大澂批语：武侯之学得力于静，此圣贤根柢工夫。武侯之戒子书，乃自道其生平用力处。

大则旋乾转坤，密则分条析缕，坐户庭而知九州岛四海，居今日而知数世百年，才识充周，流通无间。

无成见则通，无俗见则大，无私见则公，无偏见则平。

吴大澂批语：圣人之"勿意、勿必、勿固、勿我"，与此四语相类，"意"与"我"皆私见也，"必"与"固"即成见、偏见也，而俗见亦在"意""必"之中。

才识不逮古人，可以救弊补偏，莫轻言兴利除害。据目前之利，不数年而害已迭生，据目前之害，不数年而害将更甚，以此见古人之远大，后人之浅近。

吴大澂批语：救弊补偏即兴利除害之本，如何能救得，如何能补得，用心尤为细密，与好大喜功者不同。

"胆欲大而心欲小，智欲圆而行欲方"，如此便觉高人一等。

吴大澂批语：心不小则不能遗大投艰，行不方则不能通权达变，尽此二语便是大学问、大经济，不止高人一等矣。

可与守经，可与达权，可与安常，可与应变，方见才识之大。

蔑古非才，泥古亦非才。自用自专者固不可，若使拘文牵义，亦属辀辖难行，故曰："化而裁之，存乎变；推而行之，存乎通；神而明之，存乎其人。"

有君子之才，有小人之才，才识同而所用不同。君子之才公而正，小人之才私而偏。公正者，天下受其福；偏私者，天下受其殃。

吴大澂批语：古之大奸慝皆中偏私之病。

《吴大澂手批本弟子箴言》

解读

胡达源（1777~1841 年），字青（清）甫，亦字云阁，号芸阁，湖南益阳人，清中兴名臣胡林翼的父亲。他幼承家学，二十岁入岳麓书院，为院长罗典弟子。嘉庆二十四年（1819 年）殿试一甲第三名进士。授翰林院编修，晋国子监司业，擢少詹事、日讲起居注官，充实录馆纂修。嘉庆帝赏其书注，命为提调官，总领馆事。书成，典试云南，视学贵州。1841 年夏，胡达源在北京病逝，朝野上下惜其"鸿才硕德未尽于用"。此后 20 年间，其子胡林翼在贵州和湖北治军、察吏、安民，被誉为"中兴第一流人"，一定程度上弥补了胡达源的遗憾。

《弟子箴言》（又名《治家良言汇编》）共十六卷，可以说是胡达源一生学问实践的结晶，也是胡林翼最下功夫编辑校对的一部书。为什么要写这样一部书，他在《序言》中写道："匠者之有规矩，不易之法也；儒者之有教令，不易之理也。浸灌乎仁义中正之理，以范乎准绳规矩之中，要必自弟子始。"胡达源重视幼年的教育，认为从幼年就要开始树立正确的三观，并引用二程兄弟的话说："人之幼也，心知未有所主，则当以格言至论日陈于前，使皆盈耳充腹，若固有之后，虽有谗说摇惑，不能人也。"特别是以自己亲身实践为例，从六岁就开始在父亲身边接受良好的教育，对于古人嘉言善行，随时指授，辄有所感触于心。稍长，侍家大人讲席，督策益严，凡掖之使进于善、杜之使远于恶者，引据古今，旁通互证，津津焉不倦于口，正是有父母朋友师长从小对他的"提撕警觉"，使他才对做人处世的道理"莫不精微洞透，劝戒炳然，夙夜秉承，而不敢放逸怠惰以自暴弃者也。"基于此，胡达源认为有必要编辑这样一本书教育子弟后人，"导之则从，禁之则止，孰不乐其弟子之贤，而虑其弟子之恶哉？矧吾倦倦之意，所责望于弟子者尤远且大乎！"，从而达到"弟子苟鉴于是而知勉焉，奋发果毅，笃实践履，毋好奇，毋自是，毋畏难苟安，以圣贤为必可学，以道德为必可行，时敏日新，无少间断，其有不臻于德崇而业广者鲜矣。"

钱泳《履园丛话·臆论》：富贵如花，不朝夕而便谢；贫贱如草，历冬夏而常青

情

天地不可以无情，四时万物皆以情而生；人生不可以无情，三纲五常皆以情而成。推而广之，风云月露，因人而情；山川草木，因人而情。声色可以移情，诗酒可以陶情。情之所感，寝食忘焉；情之所钟，死生系焉。然则情也者，实天地之锁钥，人生之枢纽也。然情有公私之别，有邪正之分。情而公，情而正，则圣贤也；情而私，情而邪，则禽兽矣，可不警惧乎！

读万卷书行万里路

语有云："读万卷书，行万里路"。二者不可偏废，然二者亦不能

兼。每见老书生纸堆中数十年，而一出书房门，便不知东西南北者比比皆是。然绍兴老幕，白发长随，走遍十八省，而问其山川之形势、道里之远近、风俗之厚薄、物产之生植，而茫然如梦者，亦比比皆是也。国初魏叔子尝言人生一世间，享上寿者不过百岁；中寿者亦不过七、八十岁，除老少二十年，而即此五六十年中，必读书二十载，出游二十载，著书二十载，方不愧"读万卷书，行万里路"者也。

示　子

欲子弟为好人，必令勤读书，识义理，方为家门之幸，否则本根拔矣。今人既不能读书，岂能通义理，而欲为好人得乎？天下岂有不读书、不通

（清）钱泳隶书七言联：两晋文章彭泽酒，三唐风雅杜陵诗

义理之好人乎？

语云："忤逆弗天，打一代，还一代。"其言虽俗，甚是有理。余则曰："欲知祖宗功德，今日所受者是也；欲知子孙贤愚，今日所行者是也。"

勿以小善为无益，小善积得多，便成大善；勿以小恶为无伤，小恶积得多，便是大恶。

君子小人之分，在乎公私之间而已。存心于公，公则正，正则便是君子；存心于私，私则邪，邪则便为小人。

妇言是听，兄弟必成寇仇；惟利是图，父子将同陌路。而不知兄弟者，手足也，不可偏废；父子者，根本也，岂可离心。

凶人为不善，善人自必笑其非；而善人为善，凶人亦必笑其非也。故贤者视己，似己非而人是；愚者视己，必己是而人非。

天人异论

金正希先生云："圣贤所自信者天命，而人事则未敢必也。"

蒋雉园先生云："有不可知之天道，无不可知之人事。"家竹汀宫詹曰："两先生皆通儒也，其言异，其旨一。夫子曰：'不尤人'，人事可必乎？又曰'不怨天'，天道可知乎？"

难得糊涂

郑板桥尝书四字于座右曰"难得糊涂"，此极聪明人语也。余谓糊涂人难得聪明，聪明人又难得糊涂，须要于聪明中带一点糊涂，方为处世守身之道。若一味聪明，便生荆棘，必招怨尤，反不如糊涂之为妙用也。

五　福

《洪范》五福，富居第二。余以为富者极苦之事，怨之府也。有贵而富者，有贱而富者，有力田而富者，有商贾而富者，其富不一，其苦万状，岂曰福乎？盖做一富人，谭何容易，必至殚心极虑者数十年，捐去三纲五常，绝去七情六欲，费其半菽如失金珠，拔其一毛有关痛痒，是以越悭越富，越富越悭，始能积至巨万，称富翁。若慷慨尚义，随手挥霍，银钱易散，不能富也。或驳之曰："力田、商贾之富，或致如此，若今之吏役、长随、包漕、兴讼之辈，有一事而富者，有一言而富者，亦何必数十年殚心极虑耶？"余答之曰：子不见吏役、长随等人中有犯一事而穷者矣，或一死而穷者矣。总之，如沟浍之盈，冰雪之积，其来易，其去亦易。若力田、商贾之富，譬如围河作坝，聚水成池，然不可太满，一旦风雨坝开，亦可立时而涸，要知来甚难而去甚易也。

《洪范》五福，其三曰康宁。盖五福之中，康宁最难，一家数十口，长短不齐，岂无疾病，岂无事故。今人既寿矣，既富矣，而不康宁，以致子孙寥落，讼狱频仍，或水火为灾，或盗贼时发，则亦何取乎寿、富哉！

或问云：寿、富非福，何者为福？余则曰：寿非福也，康宁为福；富非福也，攸好德为福。人生数十年中，不论穷达，苟能事行乐，知止足，亦何必耄耋期颐之寿耶？苟能足衣食，知礼节，亦何必盈千累万之富耶？

人生全福最难，虽圣贤不能自主，惟攸好德，却在自己，所谓故大德必得其位，必得其禄，必得其名，必得其寿也。然人生修短穷达，岂有一定，宁攸德而待之，毋丧德而败之可也。

君子小人

君子、小人，皆天所生。将使天下尽为君子乎？天不能也。将使天下尽为小人乎？天亦不能也。《易》曰："君子道长，小人道消。"然则小人道长，君子道消，此天地之盈虚，亦阴阳之运会也。

行仁义者为君子，不行仁义者为小人，此统而言之也。而不知君子中有千百等级，小人中亦有千百等级。君子而行小人之道者有之，小人而行君子之道者有之；外君子而内小人者有之，外小人而内君子者有之，不可以一概论也。

富贵贫贱

富贵如花，不朝夕而便谢；贫贱如草，历冬夏而常青。然而霜雪交加，花草俱萎，春风骤至，花草敷荣。富贵贫贱，生灭兴衰，天地之理也。

大处判，小处算，此富人之通病也；小事谙，大事玩，此贵人之通病也；而皆不得其中道，所以富贵之不久长耳。余尝论好花如富贵，只可看三日，富贵如好花，亦不过三十年。能于三十年后再发一株，递谢递开，方称长久。然而世岂有不谢之花，不败之富贵哉！

富者持筹握算，心结身劳，是富而仍贫；贵者昏夜乞怜，奴颜婢膝，是贵而仍贱。如此而为富贵者，吾不愿也。

恩怨分明

《史记·信陵君列传》，或者之言曰：“人有德于公子，公子不可忘也；公子有德于人，愿公子忘之也。”此言最妙，然总不如以直报怨、以德报德二语之正大光明。今见有人毕竟在恩怨上分明者，吾以为终非君子。富者持筹握算，心结身劳，是富而仍贫；贵者昏夜乞怜，奴颜婢膝，是贵而仍贱。如此而为富贵者，吾不愿也。

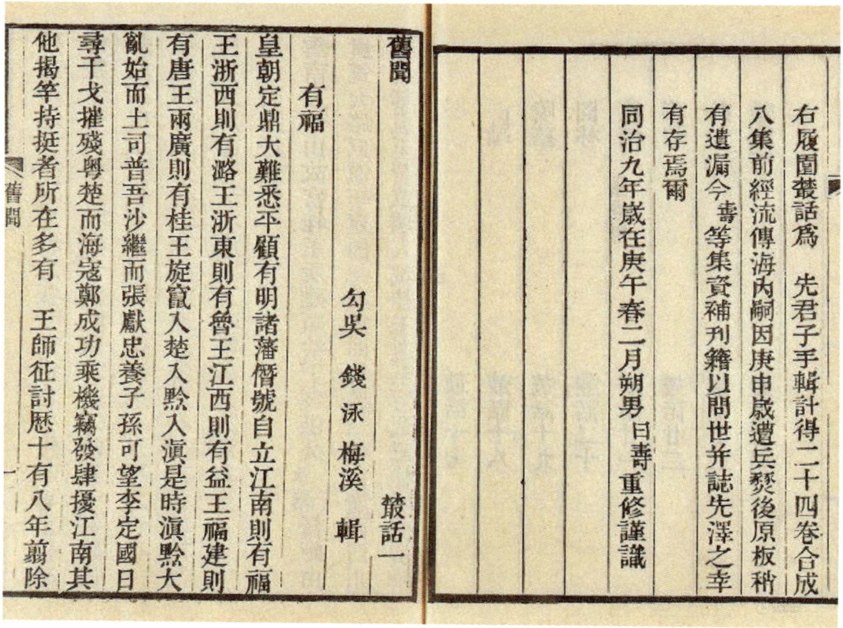
右履園叢話爲　先君子手輯計得二十四卷合成八集前經流傳海內嗣因庚申歲遭兵燹後原板稍有遺漏今壽等集資補刊籍以問世并誌先澤之幸有存焉爾
同治九年歲在庚午春二月朔男曰壽重修謹識

舊聞　叢話一
勾吳　錢泳　梅溪　輯
有福
皇朝定鼎大難悉平顧有明諸藩僭號自立江南則有福王浙西則有潞王浙東則有魯王江西則有益王福建則有唐王兩廣則有桂王旋竄入楚入黔入滇是時滇黔大亂始而土司普吾沙繼而張獻忠養子孫可望李定國日尋干戈摧殘粵楚而海寇鄭成功乘機竊發肆擾江南其他揭竿持挺者所在多有　王師征討歷十有八年翦除

（清）钱泳《履园丛话》，清道光刻本

烘开牡丹

吾尝谓今人既富矣，又何加焉，曰捐官。有捐官而十倍于富者，有捐官而立见其穷者，总之如烘开牡丹，其萎易至，虽有雨露之功，岂复能再开耶？所谓倘不烘开，落或迟者，其言甚确。商贾作宦，固由捐班，僧道做官，须谋方丈。然而亦要看运气，看做法，做得好自可以穷奢极欲，做得不好终不免托钵沿门。

不多不少

银钱一物，原不可少，亦不可多，多则难于运用，少则难于进取。盖运用要萦心，进取亦要萦心，从此一生劳碌，日夜不安，而人亦随之衰惫。须要不多不少，又能知足撙节以经理之，则绰绰然有余裕矣。余年六十，尚无二毛，无不称羡，以为必有养生之诀。一日，余与一富翁、一寒士坐谭，两人年纪皆未过五十，俱须发苍然，精神衰矣。因问余修养之法，余笑而不答，别后谓人曰："银钱怪物，令人发白。"言其一太多一太少也。

忠厚之道

人之诚实者，吾当以诚实待之，人之巧诈者，吾尤当以诚实待之，乃为忠厚之道，莫谓我之心思，人不知之也。觉人之诈，不形于言，此中有无限意味。

贫乏告借

凡亲友有以贫乏来告借者，亦不得已也，不若随我力量少资助之为是。盖借则甚易，还则甚难，取索频频，怨由是起。若少有以与之，则人可忘情于我，我亦可忘情于人，人我两忘，是为善道。

为善为恶

大凡人为善者，其后必兴，为恶者，其后必败，此理之常也。余谓为善如积钱财，积之既久，自然致富；为恶如弄刀兵，弄之既久，安得不伤哉？此亦理之常也。

不贫不富

商贾宜于富，富则利息益生；僧道宜于贫，贫则淫恶少至。儒者宜不贫不富，不富则无以汩没性灵，不贫则可以专心学问。

官久必富

语云"官久必富"。既富矣，必不长，何也？或者曰，今日之足衣足食者，皆昔日之民脂民膏也，乌足恃乎？一旦败露，家产籍没，而为官吏差役剖分偷窃，人情汹汹，霎时俱尽，可叹也。余尝诵某公抄家诗云："人事有同筵席散，杯盘狼藉听群奴。"

（清）卢文弨、彭元瑞《信札》二通。右一识文：珠缀叶明星簇，山无纤翳水无尘。面面清晖堪揽掬，此时诗景豁我眸。此际诗情贮吾腹，捻次小学王右丞……己亥仲夏，题为秀桥先生正，东里卢文弨。
左一识文：第二泉边三载住，腊屐未到山前路。始知行脚是劳人，却愧填胸无好句。君亦东西南北游，竹炉茶鼎空尘浮……题似秀桥学长先生，南州彭元瑞。

收藏为旺

虞山江蕴明尝问闵处士铭曰:"术家言水旺于冬,何以至冬反落?"处士曰:"意以收藏为旺耳。"此言最有味。今大富极贵之家,如能事事收敛,谦退而行,自可大可久,即收藏为旺之义也。

吃 亏

"吃亏"二字,能终身行之,可以受用不尽。大凡人要占些小便宜,必至大吃亏;能吃些小亏,必有大便宜也。

无 学

功名富贵,未到手时,望之如在天上,一得手后,亦不过尔尔。然从此便生出无数波折,无数觊觎,既得患失,劳碌一生,而终不悟者,无学故也。故诸葛武侯戒子书曰"学须静也,才须学也,非学无以广才,非静无以成学"也。

谨 言

遇富贵人切勿论声色货利,遇庸俗人切勿谈语言文字,宁缄默而不言,毋驶舌以取戾。此余曩时诫儿辈之言也,可以为座右铭。

所 业

人莫不有所业,有所业便可生财,以为一岁之用。又必坚忍操持,则一岁如是,明岁又如是,积之既久,自有盈余;即无盈余,亦不至于冻馁矣。凡子孙众多者,必欲使之名执一业,业成而知节俭,又何患焉。今见世家子弟,既不读书,又无一业自给,终日嬉笑,坐食山空,忽降而为游惰之民,自此遂不可问。臧获皂隶,为盗为娼者,岂有种耶?

利 己

今人既富贵骄奢矣,而又丧尽天良,但思利己,不思利人,总不想一死后,虽家资巨万,金玉满堂,尚是汝物耶?就其中看,略有良

心者，不过付与儿孙享用几年，否则四分五裂，立时散去。先君子尝云，人有多积以遗授于子孙者，不如少积以培养其子孙也

名　利

《易》曰："善不积，不足以成名。"《孝经》曰："立身行道，扬名于后世。"《论语》曰："君子去仁，恶乎成名。"可见仁之与名，原是相辅而行，见利思义，以义为利。孟子曰："何必曰利，亦有仁义而已矣。"可见义之与利，又是相辅而行。后世既区名利与仁义为两途，已失圣人本旨，而又分名与利为两途，则愈况愈远矣。

名利两字，原人生不可少之物，但视其公私之间而已。夫好名而忘利者，君子之道也；好利而忘名者，小人之道也；求名而计利、计利而求名者，常人之道也。吾见名不成、利不就者有之矣，未有不求名不求利者也。若果不求名不求利，不为仙佛，定似禽兽。

治　家

《易》曰："家人嗃嗃，悔厉吉。妇子嘻嘻，终吝。"然吾见家人嗃嗃而操切太过者，不但不吉，凶悔随之。吾见妇子嘻嘻而和易近人者，岂特不吝，家道兴焉。总之，治家以"和平"两字为主，即治国亦何独不然，权归于上者。但愿贤子孙，子孙多良，其家乃昌。权归于下者，不可听奴仆。奴仆执柄，其家将陨。

雅　俗

富贵近俗，贫贱近雅。富贵而俗者比比皆是也，贫贱而雅者，则难其人焉。须于俗中带雅，方能处世，雅中带俗，可以资生。

培　养

大凡一花一木，虽得雨露自然之功，而欲其本根之蕃茂，花叶之鲜新，非培养不能也。先君子偶种凤仙花数十盆，置于庭砌，朝夕灌溉，颇费精神。及花开时，千枝万蕊，五色陆离，竟有生平未经见之

奇者。次年灌溉稍懈，仍是单叶常花，平平无奇矣。乃知培养人材，亦犹是耳。或曰："每见丛莽中时露好花一枝，则谁为之培养耶？"余曰："本根有花，虽不培养，亦能开放。然狂风撼其枝，严霜凌其叶，吾见其有花亦不舒畅矣。"

子弟如花果，原要培植，如所种者牡丹，自然开花；所种者桃李，自然结实。若种丛竹蔓藤，安能强其开花结实乎？虽培植终年，愈生厌恶。

夤　缘

每见官宦中有一种夤缘钻刺之辈，至老不衰，一旦下台，恍然若梦，门有追呼之迫，家无担石之储，在此人固自甘心，而其妻子者将何以为情耶？余尝有《游山诗》云："踏遍高山复大林，不知回首夕阳沉。下山即是来时路，枉费夤缘一片心。"盖为此等人说法耳。

顺　逆

人生顺逆之境，亦难言之。譬如行舟遇逆风，则舍橹上纤，迟迟我行。或长江大河，不能施纤者，惟有守风默坐而已，见顺风船过去，辄妒之慕之，未几风转，则张帆箭行，逍遥乎中流，呼啸于篷底，而人亦有妒我羡我者。余尝有诗云："顺逆总凭旗脚转，人生须早得风云。"然既遇顺风，张帆不可太满，满则易于覆舟。一旦白浪翻天，号救不应，斯时也，虽欲羡逆风之船而不可得矣。

宽　急

或问富者所乐在何处，曰不过一个宽字而已；贫者所苦在何处，曰不过一个急字而已。然而处富者常戚戚，天下皆是，处贫者常欣欣，实少其人。故孔子曰，"贫而乐，富而好礼"，皆为人所难。若颜子箪瓢陋巷，不改其乐，非有圣贤工夫，未易言也。

贫　富

"贫"者是天下最妙字，但守之则高，言之则贱。每见人动辄言贫，或见人夸富，最为贱相。余则谓：动辄言贫，其人必不贫；见人夸富，其人必不富。乃知处富者不言富，乃是真富；处贫者不言贫，方是安贫。

刻　薄

吾乡有富翁，最喜作刻薄语，尝谓人曰："钱财，吾使役也；百工技艺，吾子孙也；官吏士绅，亦吾子孙也。"人有诘之者，富翁答曰："吾以钱财役诸子孙，焉有不顺命者乎？"语虽刻薄，而切中人情。

余尝谓发财人必刻薄，惟其刻薄，所以发财；倒运人必忠厚，惟其忠厚，所以倒运。

同此心

同此心也，而所用各有不同，用之于善则善矣，用之于恶则恶矣。故曰：人能以待己之心待其君，便是忠臣；以爱子之心爱其亲，即为孝子。

童蒙初入学舍，即有功名科第之心，官宦初历仕途，先存山林逸乐之想，故读书鲜有成，而仁宦鲜有廉也。

安心于行乐者，虽朝市亦似山林；醉心于富贵者，虽山林亦同朝市。

不会做

后生家每临事，辄曰"吾不会做"，此大谬也。凡事做则会，不做则安能会耶？又做一事，辄曰"且待明日"，此亦大谬也。凡事要做则做，若一味因循，大误终身。家鹤滩先生有《明日歌》最妙，附记于此："明日复明日，明日何其多。我生待明日，万事成蹉跎。世人苦被明日累，春去秋来老将至。朝看水东流，暮看日西坠。百年明日能几何，请君听我《明日歌》。"

大才智

有才而急欲见其才，小才也；有智而急欲见其智，小智也。惟默观事会之来，不动声色，而先机调处，思患预防，斯可谓大才智。

回头看

余见市中卖画者，有一幅，前一人跨马，后一人骑驴，最后一人推车而行，上有题云："别人骑马我骑驴，后边还有推车汉。"此醒世语，所谓将有余比不足也。有题张果老像曰："举世千万人，谁比这老汉？不是倒骑驴，凡事回头看。"此亦妙语。

凡事做到八分

风雨不可无也，过则为狂风淫雨。故凡人处事，不使过之，只需做到八分，若十分便过矣。如必要做到恰好处，非真有学问者不能。

厚道势利之别

凡遇忠臣孝子及行谊可师、文章传世者之子弟，必竦然敬礼焉，此厚道之人也；凡遇大臣贵戚及豪强富商、有钱有势者之子弟，必竦然敬礼焉，此势利之徒也。

得气长短厚薄

人得天地之气，有长短厚薄之不同，万物皆然，而况人乎？试看花草之属，有春而槁者，有夏而槁者，有秋而槁者，有冬而槁者。虽松柏经霜未尝凋谢，然至明年，春气一动，亦要堕叶。故知人有夭殇者，有盛年死者，有寿至七八九十至百岁者，不过得气之长短厚薄耳。

过

人非圣贤，谁能无过，只要勿惮改而已，改过迁善而已。天下但有有过之君子，断无无过之小人。吾辈与人交接，舍短而取长可也，但要辩明君子、小人之界限。苏文忠公云："我眼中所见，无一个不是好人。"是真君子之存心也，所以一生吃亏，然亦一生堕小人术中而终免于祸。

俭

《晏子春秋》云："啬于己，不啬于人，谓之俭。"谭子《化书》云："奢者心常贫，俭者心常富。"故吾人立品，当自俭始。凡事一俭，则谋生易足，谋生易足，则于人无争，亦于人无求。无求无争，则闭门静坐，读书谈道，品焉得而不高哉！

苦

乡曲农民入城，见官长出入，仪仗肃然，便羡慕之，视有仙凡之隔，而不知官长簿书之积，讼狱之繁，其苦十倍于农民也。而做官者于公事掣肘送往迎来之候，辄曰："何时得遂归田之乐，或采于山，或钓于水乎？"而不知渔樵耕种之事，其苦又十倍于官长也。

悭

或问有致富之术乎？曰：有。譬如为山，将土一篑一篑堆积上去，自然富矣。然有三大关焉：自十金积到百金最难，是进第一关；自百金积到千金更难，是进第二关；自千金积到万金尤难，是进第三关。过此

（清）钱沣书法

三关，日积日富矣。亦尚有秘诀焉，问何诀，曰：悭。

累

古人有云，多男多累。余谓凡天下有一事必有一累，有一物必有一累。富贵功名，情欲嗜好，何莫非累，岂独多男哉？故君子知其累也，而必行之以仁义，则其累渐轻。小人不知其累也，而反滋之以私欲，则其累愈重。是以道家无累，尚清静也；佛家无累，悟空虚也；圣人无累，行仁义也。

田为利之源，亦为累之首，何也？盖天下治，则为利，天下不治，则为累。以田为利，大富将至；以田为累，大患将至。

醒

人生一切功名富贵得意之事，只要一死，即成子虚；梦中一切功名富贵得意之事，只要一醒，亦归乌有。当其生时，岂复计死？当其梦时，岂复计醒耶？是以人生一世，变化万端，若能凡事看空，即谓之仙佛可也；若能凡事循理，即谓之圣贤可也。

注解

钱泳（1759~1844年），字立群，号台仙，一号梅溪，清代江苏金匮（今属无锡）人。长期做幕客，足迹遍及大江南北。工诗词、篆、隶，精镌碑版，善于书画，作印得三桥（文彭）、亦步（吴迥）风格。画山水小景，疏古澹远。有仿赵大年《柳塘花坞图》，藏故宫博物院。著有《履园丛话》《履园谭诗》《兰林集》《梅溪诗钞》等，辑有《艺能考》。

《履园丛话》是钱泳创作的一部笔记小说体著作。该书讲述了作者以亲身经历为依照，对清代的政治、经济、文化、社会生活等各个方面的进行记载，共二十四卷，计有旧闻、阅古、考索、水学、景贤、耆旧、臆论、谭诗、碑帖、收藏、书画、艺能、科第、祥异、鬼神、精怪、报应、古迹、陵墓、园林、笑柄、梦幻、杂记等，基本上一卷为一门内容。内容广而杂，书中所记多为作者亲身经历，即使得诸传闻，也必指出来源，具有较大的史料参考价值。本文主要选录了《履园丛话》中的《臆论》《报应》《旧闻》《阅古》等篇中的内容，多是关于作者对历史和现实社会的观察体会，这些论述多是体贴人情、洞悉世态之论，如"君子小人之分，在乎公私之间而已""处富者不言富，乃是真富，处贫者不言贫，方是安贫""觉人之诈，不形于言""大凡人要占些小便宜，必至大吃亏；能吃些小亏，必有大便宜也""遇富贵人切勿论声色货利，遇庸俗人切勿谈语言文字，宁缄默而不言，毋驶舌以取戾"，等等，都是作者对人情世故的深刻观察和总结。

梁章钜《楹联续话》海纳百川，有容乃大；壁立千仞，无欲则刚

格　言

道光癸巳，引疾里居。日向街巷旧书摊中搜求故纸，忽得孙寄圃阁老楹帖一对。阁老手迹，余所认识，非他手所为。而笔法腴润，是作翰林时书，不如后此之苍劲也。句云："甘守清贫，力行克己；厌观流俗，奋勉修身。"款云："天池年伯大人制句命书，济宁愚侄孙玉庭。"乃知此联系为先大父天池公所作。阁老与先叔父九山公为乙未同年，此必系九山公同居馆职时为先大父索书者。因急购归，重加装裱。先代训言藉兹不坠，当拳拳服膺，如日侍先大人严正之容，非仅作墨宝珍庋也。

《香祖笔记》云："余家自高曾祖父以来，文房正厅皆置两素屏，一书心相三十六善，一书阳宅三十六祥，所以垂家训、示子孙也。又各房正厅一联云：'继祖宗一脉真传，克勤克俭；教子孙两行正路，惟读惟耕。'"

▌（清）梁章钜《楹联丛话十二卷》，清道光二十年刊本

余前编《联话》，敬载先资政公常书楹帖云："非关因果方为善；不计科名始读书。"此吾乡习传之语，不知撰自何人，言极切近可守，浑然无弊。后阅亡友顾南雅莼《思无邪斋遗集》一条云："尝见陈句山先生所书楹联，作'不关果报方行善；岂为功名始读书'二语，殊未了。古今果报之爽者十有八九，若此念未忘，其阻善机者多矣。至于'功名'二字，在三不朽之列，正读书人所当念念不忘者，以为立功立名之地，此殆误以科名当之耳。兹为人书楹帖，特改六字，云：'必忘果报能为善；欲立功名在读书'其义乃圆"云云。其实"科名""功名"

义各有当，未见句山之必误也。

谢默卿曰："虎邱山后女坟湖北，风景幽绝。岸旁一古刹，悬一联于客堂云：'干净地常来坐坐；太平时早去修修。'语极冷隽。画舫往来，笙歌鼎沸之外，忽听此禅窟机锋，真如暮鼓晨钟，发人深省。"

桂林吕月沧掌秀峰书院，尝拟题讲堂一联云："先有本而后有文，读三代两汉之书，养其根，俟其实；舍希贤莫由希圣，守先正大儒之说，尊所闻，行所知。"甫欲制板悬挂，而骤归道山。其门弟子尚有能述之者。

唐陶山家有果克堂，自题联云："克己最严，须从难处去克；为善必果，勿以小而不为。"

彭文勤公有集句堂联云："立身行道，扬名于后世；夙兴夜寐，无忝尔所生。"

齐梅麓集《诗经》语作宗祠联，云："凡今之人，不如我同姓；聿修厥德，无忝尔所生。"又敬思堂联云："曲礼蔽于无不敬，逸诗删以未之思。"又一长联云："士恒士，农恒农，工恒工，商恒商，族少闲民，便有兴隆景象；父是父，子是子，兄是兄，弟是弟，门无乖气，方为孝友人家。"

丹徒张伯冶巡检骐，偕其嘉偶钱莲因女、史守璞并以诗画擅名。论画则伯冶为精，论诗则莲因尤健。粤西边瘠之区，莲因间关随宦，能相其夫。甘于末秩，不以富贵利达薰其心，不愧女士之目。尝因伯冶豪饮健谈，为手书楹帖于座右云："人生惟酒色机关，须百炼此身成铁汉；世上有是非门户，要三缄其口学金人。"以闺媛能为此格言，真不愧女士也。

扬州马氏小玲珑山馆中，有郑板桥所撰楹帖，云："咬定几句有用书，可忘饮食；养成数竿新生竹，直似儿孙。"以八分书之，极奇伟。

后归淮商黄姓，始拟撤去，复有爱其文义者，乃力劝留存。

黔中巡抚署斋有颜悝甫检手题一联，云："两袖入清风，静忆此生宦况；一庭来好月，朗同吾辈心期。"殊有理趣，而措词蕴藉，不涉腐气，故佳。

汉口有同善堂，所以施惠。新立规制，冀垂久远。邑人乞朱兰坡联句，题云："同德即同心，从教救病嘘枯，体天意好生而布惠；善终如善始，愿得提纲挈领，遵圣言思永以图功。"又，铜陵大通镇设救生船，亦为其局中制联云："博爱之谓仁，当知拯难扶颠，恺恻常同施补救；见险而能止，但愿风帆浪舶，仓皇转得报平安。"

太傅朱文正师视学浙中时，因原籍绍兴，特榜其门楹曰："铁面无私，凡涉科场，亲戚年家须谅我；镜心普照，但凭文字，平奇浓淡不冤渠。"

姚文僖公文田督学时，每试院辄题一联云："科场舞弊皆有常刑，告小人毋撄法纲；平生关节不通一字，诚诸生勿听浮言。"又自撰堂联云："世上几百年旧家，无非积德；天下第一件好事，还是读书。"语皆近质而实，足以训俗。

张兰渚先生喜书格言为楹帖。为闽抚时，尝属余书一长联，云："戒之在斗，戒之在色，戒之在得；职思其居，职思其外，职思其忧。"或疑"先生此时何以尚须戒斗？"余曰："圣贤言语彻上彻下，可以自警，可以警人。且圣人所谓斗，岂必在角膂力，逞戈矛，凡口给御人，文字抵触，皆与斗无异。居高位者尤宜慎之，庶不招尤不偾事耳。"

张仲甫中翰应昌，兰渚先生哲嗣也。最恪谨，守家法。近手录先生所集经语楹联见寄，如云："有忍乃有济；无爱即无忧。"上句出《尚书》，下句则《四十二章经》中语也。又一联云："洗心曰斋，防患曰戒；循法无过，修礼无邪。"上句出《易系辞注》，下句则《战国策》中语也。

张仲甫斋中亦有自撰联句云："贪嗔痴即君子三戒，戒定慧通圣经五言。"自注：即定、静、安、虑、得。此以释语为儒书注脚也。又一联云："阴阳风雨晦明，受之以节；梦幻露电泡影，作如是观。"此凑合《左氏传》《周易》语以对佛经也，盖仍是兰渚先生家法。又有一联云："扫地焚香，清福已具；粗衣淡饭，乐天不忧。"则纯是儒家语也。

万廉山郡丞承纪尝制大篆一联见赠，云："仁仁义宜，以制其行；经经纬史，乃成斯文。"见者

（清）梁章钜行书十三言联：客来醉客去睡老无所事殊可愧，论学粗论政疏诗不成家聊自娱

皆以为写作俱工。余尝入其书室，读其自集子部语篆联云："凡避嫌者内不足，有争气者无与辨。"是极好格言，贺耦庚盛喜之。惜其字句未能匀称，平仄亦尚未谐耳。

黎湛溪河帅喜拈"要办事，莫生事，要任怨，莫敛怨"四语，尝请节相孙季圃公作对语。公应之曰："可兴利，毋近利，可急功，毋喜功。"药石之言，正河帅所宜省勉也。河帅即属陈曼生郡丞分书为联，悬之署斋客位云。

黄右原曰："有客赠联云：'每思于物有济，常愧为人所容。'又

云：'久病始知求药误，衰年方悔读书迟。'又云：'过如新竹芟难尽，学似春潮长不高。'皆格言中隽语。"

花晓亭曰："有赠宣刺史瑛一联云：'办事人多能事少，爱民心易治民难。'下七字独沉著有味，真格言也。今人但从事其易者，已为好官耳。又一联云：'凡事总求过得去，此心先要放平来。'亦言浅意深，可铭座右。"

朱兰坡家塾中有培风阁，自题联云："仿君子懋修，志无怠，功无荒，箴游观所其无逸；求古人陈迹，经有程，史有课，譬稼穑乃亦有秋。"又有志勤堂联云："士所尚在志，行远登高，万里鹏程关学问；业必精于勤，博闻强识，三余蛾术惜光阴。"字字沉实，足以型家矣。

林少穆自题厅事一联云："海纳百川，有容乃大；壁立千仞，无欲则刚。"名臣风矩，惟其有之，是以似之。按：近见一厅事有书此十六字为联，而两句乃上下互乙，遂以对语为出语。其意则同，但不应掩其名而用其句耳。

少穆卸两广督篆后，有引疾归田之意。尝豫撰书楼一联云："坐卧一楼间，因病得闲，如此散材天或恕；结交千载上，过时为学，庶几炳烛老犹明。"寄书嘱余为

（清）梁章钜行书跋《李文及妻刘氏合葬墓志》

作隶字。余谓此愿未易酬，且俟他日把臂入山时再了此案可矣。

孙寄圃节相玉庭由湖北布政使入觐，睿庙有"为守兼优"之谕。公于大堂敬题楹联云："领三楚雄藩，来旬来宣，问何以推心赤子；承九重懿训，有为有守，要无惭对面青山。"

余陈臬山左，荐泰安令徐树人宗幹为卓异，闻其所至有政声。其宰武城时，遇岁歉频年缓征。又以病乞假，手制一联悬之厅事云："惟贫病相兼，乃称寒士；并钱漕不取，才算清官。"复闻其宰任城楹联云："老吏何能，有讼不如无讼好；小民易化，善人终比恶人多。"皆可以劝。

陈家相明府桂龄为河南襄城令时，建汜川书院。费耕亭太守庚吉联云："闻使君讲院新开，说礼敦诗，名相风流推后起；愿诸生贤关早辟，读书论道，大儒理学有真传。"盖明府为桂林陈文恭公后裔也。

严问樵曰："余宰栖霞，每奉家君子手谕，谆谆以立身居官为勖。蒙赐一联云：'职在地方，但无忘该管地方，即为尽职；民呼父母，倘难对自家父母，何以临民。'庸受而谨书之，悬之厅事，朝夕自勉。因复推广其意，撰联书于堂楹云：'暗室中自有鬼神，倘鉴余少昧天良，甘为一钱誓死；公堂上谁非父母，最怜尔难宽国法，苦从三木求生。'"又曰："有一县令自题其讼堂云：'有一日闲，且种汝地；无十分屈，莫入吾门。'亦书一联悬之。"

《归田琐记》

注解

梁章钜（1775~1849年），字闳中，晚号退庵，福建长乐人。梁家世代书香，嘉庆七年（1802年）进士，授翰林院庶吉士。后历任礼部主事、充军机章京，入直军机。道光时授湖北荆州知府、淮海河务兵备道、署江苏按察使、山东按察使。后又升江苏布政使。他在江苏8年多，曾4次代理巡抚，颇有政绩。后来梁章钜见朝政日非，事不可为，遂称病辞职。梁章钜工诗，精鉴赏，富收藏，喜欢研究金石文字，考订史料。勤于读书，学识渊博，"自弱冠至老，手不释卷，盖勤勤于铅椠者五十余年矣"。生平著述极多，共70余种，著名者有：《文选旁证》《浪迹丛谈》《称谓录》《归田琐记》《三国志旁证》《南省公余录》《退庵随笔》《枢桓纪略》等，在清代督、抚中著述最多。

梁章钜的父亲名叫梁赞图，喜诗词楹联，曾自题联曰："谦卦六爻皆吉；恕字终身可行。"同时赠联给儿子："非关因果方为善，不计科名始读书。"父亲的这个雅好传给了梁章钜，使梁章钜"青出于蓝而胜于蓝"，最终成为楹联大师。梁章钜做官遍及江南各省，"扬历大邦"，与当时各界名流、骚人墨客皆有交流，这种地位非常有利于他"博访遐搜"，"诹遍八方"。正如作者在楹联序中所云："流连胜地，避近名流，所见所闻，辄有埤益。因复条举而件系之……"可以说，梁章钜的《楹联丛话》不是华丽的词句堆砌，而是从生活实践中采撷而来，都是做人处世的座右铭。

本文选录的是梁章钜收录的一部分关于人生格言的对联，如"继祖宗一脉真传，克勤克俭；教子孙两行正路，惟读惟耕"，"甘守清贫，力行克己；厌观流俗，奋勉修身"，"克己最严，须从难处去克；为善必果，勿以小而不为"，"立身行道，扬名于后世；夙兴夜寐，无忝尔所生"，"人生惟酒色机关，须百炼此身成铁汉；世上有是非门户，要三缄其口学金人"，等等，可谓是最精练的做人处世格言，读之使人心有所思、情有所感。

（清）梁章钜《退庵随笔》，晚清二思堂丛书本

齐学培《见吾随笔》: 论世知人，须要设身处地；持躬接物，切莫举念瞒天

人生富贵福泽，贫贱困苦，皆堕地时所定，所谓命也。然命中所应无者，天忽予之，皆由力行善事，广积阴功，自然转祸为福。观袁了凡先生《立命》篇自悟；命中所应有者，天忽夺之，皆由作恶日久，造业日深，以致转福为祸。观《敬信录》唐李登事自见，人可不必怨天，不必尤人，不必求神，不必问卜，荣枯利钝，只凭此心之善不善决之。《孟子》云："祸福无不自己求之者。"《太上》篇云："祸福无门，惟人自召。"此一定不易之理。人当时时感发，时时猛省。

少年登科，谓之不幸。伊川夫子为少年轻躁者，痛下针砭。如果登科后，去其骄张之气，归于沉潜，消其浅露之胸，加以培养，上则建功立名，次则著书立说，虽早亦何不可，朱文公十九登科，罗一峰亦早年登第，一为名贤，一为名宦。总要在身心性命上做工夫，虽早亦好，迟亦好，不然，早固不幸，迟亦不幸也。

人之五官百骸，俱听一心号令。心为尧、舜，五官百骸便是禹、皋、稷、契；心为桀、纣，五官百骸便是飞廉、恶来。甚矣！天君之不可不尊也。

力能驭六马，而不能制一心；才能障百川，而不能谨一口。故防意如城，守口如瓶，二语宜书座右。

将心放在当中，任他鬼怪妖魔，揶揄难入；若身甘居流下，即使世尊大士，呵护无从。

照貌用镜，照心用书；磨墨用砚，磨心用友；洗衣以灰，洗心以理；正物以绳，正心以礼。多读善书，则心愈光明；遍交直友，则心愈激发。依礼而行，则心不染于物欲；秉礼自守，则心不入于偏邪。

心无渣滓，好如出水芙蕖；意有牵缠，便似沾泥柳絮。

蔓草荒榛，尽是昔年歌舞之地；腴田华屋，多启后人争讼之场。念此，则营营无厌之心，可以少息。

满腔只藏着一善念，而凡贪念、嗔念、痴念、妒忌念、褊急念，一概驱逐在外。如铜墙铁壁，不使丝毫杂入此中，何等洁净，何等宽泰！

舍伦常，无品行；舍经史，无文章；舍气节，无功名；舍心性，无学问。

平旦鸡鸣，悟人生而静之始；深宵蝶梦，疑混沌未开之初。

花开正满，便藏一段飒机；子落初收，已含一番生意。鬼神变化之道，天地循环之理，于此可见。

名者，忌之根，当思所以消忌；利者，怨之薮，当思所以解怨。

三公之贵，当不得一骄字；万金之产，当不得一懒字。

人以节气为第一，宁使人忌，毋受人怜；人以忍辱为最先，宁受人欺，毋使人恨。

"炎凉"二字，人谓世情浇薄。不知，我果卓然自立，人虽轻我贱我，于我何辱？我不卓然自立，人即重我尊我，于我何荣？炎凉在人，而不使其炎凉者在我，人亦求其在我者而已。

石激湍头，悟气量之浅迫；珠藏海底，识性分之渊涵。

嗜欲为伐性斧斤，名利为缠身缰锁。非具只眼者，不能看破；非具大力者，不能脱开。

"精气"二字从米，知五谷之养人；"忿忍"二字有刀，悟七情之害性。

能守拙，自不为人所役；能寡言，自不为人所厌；能敛才，自不为人所忌；能慎行，自不为人所疑。

不与好辩者争是非，其辩自穷；不与好斗者争强弱，其斗自息；不与好智者争巧拙，其智自困。

兰本香草，而当门者必锄；樗本散材，而居岩者多寿。人无论巧拙，不可不择地而处也。

作事全在精神。精神散，则一事无成；精神聚，则万事皆理。试观远视近视者，利用镜，神聚故也。匠人睨而视之，亦得聚字诀。

灯光不如日光，而暗室藉以烛物；水力不及雨力，而旱天赖以滋苗。故用人不必求全，而应务当知救急。

治家之道，宜法公子荆一"苟"字；修身之要，当佩程夫子"四勿"箴。

说话千般，不如躬行一件；操持片念，便可受用终身。

己有过，检点不尽，何暇道人之过；人之长，追赶不上，何敢诮己之长。

五官惟目最重：圣门"四勿""九思"，以视为先；释家六根，以眼为首；《太上感应篇》，连说见字。盖目为为善之引路，亦为为恶之先锋。故治心者，先治目。

反己自修，谤毁皆成药石；逢人自炫，誉闻何啻戈矛？

欲文过者愈文愈彰，善补过者愈补愈少。

千里之程，一日百里者，百日可到；一日五十里者，二十日可到；甚至一日一里者，千日亦可到。惟忽作忽辍者，终无到期。

自知不通，便是通处；自谓无过，便是过处。自喜受用，正有不受用处；自甘困苦，终有不困苦处。

人不可无道学心，不宜有道学气；人不可少利济事，不必居利济名。

循谨之人，纵无美报，亦少奇祸；放诞之人，虽逃文网，必有天刑。

兵刃之盗贼，有限；衣冠之盗贼，无穷。兵刃之盗贼，易防；衣冠之盗贼，难制。

恃财傲人者，其祸小；恃才傲人者，其祸大。以言教人者，其效浅；以身教人者，其效深。

贫者多谄，谄无所用，必傲，是可鄙而又可憎也；富者多骄，骄无所施，必吝，是取怒而又取怨也。

太上化人，其次容人，又其次让人。其下者，与人校；其最下者，与人争。

胸中有一求字，便消却多少志气；胸中存一耻字，便振起多少精神。

至人之喜怒，因人而生，可喜则喜，可怒则怒，喜怒所以无偏；常人之喜怒，由己而发，非喜而喜，非怒而怒，喜怒所以不当。

圣人照物，如日月然，彻表彻里，彻始彻终；贤人照物，如悬镜然，妍媸毕露，无所逃遁；常人照物，如秉烛然，照一件，见一件，照一时，见一时，烛明则见，烛灭则昏矣。

第一等人畏义理，第二等人畏清议，第三等人畏祸福，第四等人畏刑罚，最下者无所畏。无所畏，不可救药。

以少年而享老年之福，福必不长；以小才而负大才之名，名其立败。

磨墨偏斜，为顺手也；食物致病，为顺口也；行路由径，为顺足也。一"顺"字，最宜留心。

钱从两戈，利用实伤人之物；酒名三酉，夜饮为昏性之缘。

廊庙经纶，俱从屋漏做出；圣贤学问，皆由赤子参来。

人之所以赶不上圣贤者，只无恒二字，便了却一生。孔子云：得见有恒者，斯可以。恒者，作圣之基。

人情本厚，己自薄之，毋怪人之薄我也。古语云：无求自觉人情厚。此真破的之言。

金不炼，不精；玉不琢，不美；树不历冰雪，不坚；果不经风霜，不熟；人不耐艰苦，不能有成。

善念初生，如入光明地界；恶念乍起，如登危险矶头。

家不入三姑六婆，则闺门常肃；家不藏淫书艳曲，则子弟多贤。

欲知曾点之狂，非耽风浴；要寻颜子之乐，岂在箪瓢？

临患难，为召忽莫效夷吾；遇邪缘，为鲁男莫效柳下。

学谨厚者，不过失为拘迂；学高旷者，恐易流于纵肆；学质直者，不过失为粗疏；学精明者，恐易流于酷刻。故原壤登木，庄子鼓盆，伦纪因之败坏；商鞅弃灰，申子置镬，民物遂以疮痍。

人日戴天，而不知天之所以为天也。夫天，即理也。人能循理，则合乎天矣；人不循理，则拂乎天矣。人不能一日不戴天，即不能一日不循理；人不能一息在天之外，即不能一息越理之中。木离土则枯，鱼离水则死，人离天理，独可常存乎？

身上有垢，数日不浣，便难忍耐；心中有垢，经年不浣，竟可自安。何也？弗思甚也。

心静，虽入朝市，亦静；心乱，虽居山林，亦乱。静乱之分，其心不在境也。

内照反观，随处皆形缺陷；瞒心昧己，无刻不犯灾刑。

静坐非全无思虑，惟从义理上想去，正是主静工夫。若一味枯坐，清净寂灭，便入禅教矣。

着意操存，虽险极人情，明如止水；无心检点，纵眼前物件，杳隔重山。

和而不同，慑服多少奸雄之辈；约则鲜失，保全多少才智之人。

世间无难处之事，只要忍得气，忍一时气，减一时忧；世间无难处之人，只要吃的亏，吃一分亏，享一分福。

行事须行九分，留有余步；用功当用百倍，发自强心。

路险反少蹉跌，路平多致颠倾，宜小心不宜大意；树短毋虑动摇，树高易形摧折，可藏拙不可逞才。

临事固贵果断，然果断工夫，全在平日格物致知，审时度势。事到手，自有一定不易道理，应之裕如。否则，如持衡者，平日分两未曾认清，临时焉能称物。

处家之道，喜怒不可轻发，轻发则亵。雨主滋物，绵绵数日，人反怨之；雷主震物，号号终宵，人反忽之。

人只从一条正路走，何等宽平顺适。彼走小路者，或被棘棘钩缠，或被污泥陷溺，或被崎岖倾跌，歧之又歧，悔何及已！

绳紧缚必断，刀急下必伤，门重闭必坏，事着忙必错。

《易》曰："言有物，而行有恒。""物"字宜玩，凡言之无关于伦常日用人心风化者，皆为无物之言。文贵有内心，内心即物也；诗贵有寄托，寄托即物也。古来之以诗文名世者，大都借题发挥，寄托遥深，字字俱从血性中流出，所以不朽。

文以载道，非阐道之文，名为书蠹；字贵人神，非有神之字，名为墨猪。

文肖乎人。其人诚笃，文必庄重不佻；其人高洁，文必清矫不群；其人豪迈，文必洒脱不羁；其人温和，文必从容不迫。阅文者，虽未面其人，而其人之性情品谊学问，皆流露行间，阅其文如见其人也。

好攻人短者，必护己短；好夸己长者，必忌人长。

与人同事，宜让功，不宜争功；与人共劳，宜任怨，不宜推怨。

待人不可藏假，藏假必倾；处世莫太认真，认真则破。为人谋事，当具热肠；与人共名，当着冷眼。

与小人处，不宜与辨。辨则其计可售，不辨则其法自穷。

明知人欺而受其欺，明知人谤而受其谤，是谓有量。见人之贤不让其贤，见人之才不让其才，是谓有志。

人或毁我，有则改之，无则加勉，何啻药石之投；人或誉我，如恐不及，如患弗胜，益懔冰渊之坠。

撄人怒者，取祸之道。使人怒而不敢言者，其祸尤大；动人感者，积德所致。使人感而不能忘者，其德愈深。

见贫贱人，不可生厌恶心，尤当加以怜悯；见富贵人，不可生妒忌心，尤当加以尊敬。人失意时，不可存淡漠心，尤宜加以劝慰；人得意时，不可存诡谀心，尤宜加以规谏。如此，方可谓存心忠厚。

分外无求，何怕炎凉世界；心中有主，不愁危险人情。

嫉人不宜太深，防激生变；誉人不宜过当，恐纵多骄。

恶人者，宜知其好处，不可一味抹煞；爱人者，宜知其病处，不可一味称扬。

凡稠人广众之中，说话更宜加谨。倘高谈阔论，有暗中人心病者，在己虽出无心，而在彼视为有意，怀恨取祸，端在于此。

凡人誉我必喜，毁我必怒。要知誉我者，当，受之无愧；不当，愧且不遑。何喜之有？毁我者，当，反之宜惧；不当，惧益加修。何怒之有？

人一身，耳、目、手、足、口、鼻、四肢、百骸、五脏、六腑、指甲、头发，皆有用处，惟眉无用处。然非此，便不成相矣。故人知有用之为用，而不知无用之为用，其用更微。

挑肩贸易者，切不可占便宜。我多用数钱，不见欠缺；彼多人数钱，便觉盈余。世有千百金，可以浪费；而一二钱，必要较量苛刻。何不思之甚也！

良心未丧，盗贼亦有悔罪之时；吝念不除，富贵终无济人之事。火动，则散；水动，则浊；人动，则昏。程夫子所以教人用绳系足之法。静则生明也。

以水投石，石不能受；以石投水，水能受之。柔，克刚也。

论世知人，须要设身处地；持躬接物，切莫举念瞒天。

小人，好利；君子，好名。好利者，无论矣，好名之心重，亦是一大病。为善好名，则心不诚；为学好名，则志不笃；为事好名，则意不专。故民无能名，方为至圣；民无得称，方为至德。

为善，不望报，是为真善；读书，不求名，方谓知书。

万事纷乘，总归一理；万物沓至，不外一情。得其理，顺其情，而天不治。

家人有严君，亲而又尊也；元后作父母，尊而又亲也。一家尊亲，则家齐；一国尊亲，则国治；天下尊亲，则天下平。

规矩准绳，法也。不平之以心，则偏矣。故治法，不如治心；发好布令，言也。不示之以身，则悖矣。故言教，不如身教。

锄大奸，不宜轻动；除积弊，不宜太急；立新法，不宜过严；用旧人，不宜屡易。

人生罪孽，贪、嗔、痴三字不能脱开；居官箴铭，清、慎、勤三言可以长守。

（清）陈鸿寿行书四言联：处厚不薄，有实若虚

为治者，非大利害不可更张，即令更张，亦必先除害，而后与利，则人心服，而事易成。不然，未施信于民；而求民信，难矣。

事上司，固宜敬谨，然事关重大，亦不可轻易顺从；驭下吏，务要严明，倘事属细微，亦不可作难苛察。

雷惊物，风散物，惊所当惊，惊之功与散同；霜杀物，露滋物，杀所当杀，杀之功与滋同。故圣王之世，以生道杀民，而民不怨。

为治之道，勿以苛察为能，勿以鲁莽从事，勿以模棱两可、自示忧容，勿以执拗一偏、自矜果断。

居官贵廉，然廉必须省用，欲省用必须减人。人冗则用繁，虽欲廉不能廉，而弊窦开矣。

为官者，不外"知、仁、勇"三字。民无遁情，知也；狱无冤囚，仁也；案不留牍，勇也。具此三者，方不愧为民父母。

居官者，不可窥上司意旨，曲为逢迎；不可循同寅私情，自贻牵累；不可靠幕友腹心，受其贿卖；不可听胥吏语言，任其蒙蔽。四者，居官之大要也。

出仕后，不可忘却初心；致仕后，尤当保全晚节。

人有才而无德，譬彼漏卮，虽文采可观，终归废物。人有德而无才，值同古鼎，纵时俗不合，的是奇珍。

交刚暴之人易，交阴柔之人难；教愚蠢之子易，教才智之子难。处贫贱，须退一步想；希圣贤，当进一步观。

圣人负生知之质，而常抱冲虚；愚人擅一艺之长，而辄相夸耀。是故，圣益圣，愚益愚。

圣人之心，浑然天理。"浑"字最妙，浑则无圭角，浑则无欠缺，浑则无太过不及。

圣人教人，毫不强人所难。如"克复"二字，是圣门传心要诀。然人欲是后来的，天理是生来的，人欲净尽，天理流行，亦不过克其所本无，复其所固有而已。

世人攘攘扰扰，谁打破名利关头？君子战战兢兢，方立定圣贤根脚。

心如青天白日，貌如霁月光风，非入圣贤之门者，未易臻此。

天下所最难对者，一己耳。能对得己住，则对朋友，对君父，对天地鬼神，无不可矣。

解人一难，胜读几卷阿弥；让人片言，当吃半年斋素。

患难之来，须识大诚小惩，天之垂爱无尽；宠荣忽至，要如临深负重，我方坐享能长。

人有辱于我者，当思所以取辱之由；人有谤于我者，当思所以得谤之故。究其由，察其故，而反躬刻责，则辱自泯，谤自息矣。

古人有《得半歌》，唤醒一切人。一生覆危蹈险，至死不顾者，皆求全之心中之也，事不求全，而得半自足，何晏如也。余因《半字歌》，又进一说，曰惟学不可半途而废。

一日无拂意事，学问便无增长处；一日无惬意时，学问便无实获处。

为学者，最患不知自已病痛。譬如患毒麻木，不知痛痒，虽针灸而亦无所用，毒便难治。

以众闻众见之心，用于不闻不见之地，则学进；以不闻不见之功，验于众闻众见之地，则学成。

处世不可无知足心，不知足，有苦日而无乐日；读书不可存自足心，一自足，有退境而无进境。

君子敬在居常，虽临患难而不变；小人肆在平日，故当危险而辄惊。

一味见人不是，虽鸡犬亦觉可憎；一味见己不善，即豺狼亦堪共处。

步步踏着实地，眼前虽似迂阔，后来自有收成；事事务争虚名，口头虽博声称，异日终难掩饰。

得意则喜，失意则悲，由无涵养；责人则明，知己则暗，端为偏私。

人不可无所长，百工技艺，有见长之处，未有不得力于此者。故君子不尚泛务，而贵专家。

不善用人者，我为人用；善用人者，人为我用。

人一身所服者，冬一裘，夏一葛而已；一日所食者，饭一盂，菜一盘而已。其余，皆非所急需，而必拼命抵死，朝朝暮暮，营营扰扰，常作无厌之求，抑亦愚矣。

安分，以当贵；俭用，以当富；无忧，以当福；立德，以当寿；守拙，以当智；秉直，以当勇；居闲，以当仙；忍辱，以当佛。

种树，悟修身之法；芟草，悟除恶之法；防川，悟谨言之法；掘井，悟勤学之法；舞剑，悟写字之法；嚼果，悟读书之法；观涛，悟行文之法；斩丝，悟理事之法；堕甑，悟应变之法；食蔗，悟处境之法；量材，悟用人之法；弹棋，悟行兵之法；烹宰，悟治国之法；絜矩，悟平天下之法。

谋生之计，不可无；趋利之心，不可有。

人当睡去时，即日中有用之物，所积之财，所置之产，所爱之人，所恋之事，尽行抛去。迨至醒来，便不能舍。人能时时作睡去想，又将睡去时作死去想，世味便如嚼蜡矣。

人不戒杀而放生，徒增罪业；为好施而妄取，专博虚名。

物之成败有数，若因败而生嗔，于物何补？反多一番气恼；遇之穷达无常，若因穷而生怨，于遇何加？反增一番愤闷。知此，凡拂逆之来，自可怡然顺受。

山中有五趣：鸟语花香，助幽隐趣；松涛岩瀑，助豪壮趣；磬声梵音，助清淡趣；丹崖翠壁，助超远趣；石泉水月，助雅洁趣。

即事论事，自无羡谈；因人用人，自无废事；随境处境，自无越思。

人当暑天，每谓炎热，不堪忍耐。试在家中，忽想路上行人，便凉快矣；在路上，忽想峻岭挑担人，便凉快矣；在峻岭上，忽想狱中披枷带锁人，便凉快矣。天下事，退一步想，自有许多受用处。若一味向前想去，虽位极三公，富至百万，亦如苦海中过日矣。

花开花落，可知富贵无常；春去春来，堪叹光阴有限。

语挚情真，怒骂皆成功德，神清气静，梦寐亦见工夫。

常履平地，竟忘平地之宽，必至乘危陟险，方见；安居无事，谁解无事之乐，必待时穷势迫，方知。

言不可说尽，力不可用尽，势不可行尽，福不可享尽，便宜休要占尽，机关切莫使尽，为人只求自尽。凡事，当留有余不尽。

月晕而风，础润而雨，几使然也。人不知几，未有不罹其祸。翔而后集，鸟知几也；悠然而逝，鱼知几也。何以人而不如鸟鱼乎？《易》曰："君子见几而作，不俟终日。"言其断也。

守一恕字，处世良方；进百忍图，齐家要诀。

见道未明，真如梦中过日；逢人自是，何异井底观天。

世言"本分"二字最难：稍太过，便溢乎本分之外；稍不及，便歉乎本分之中。必如君子之素位而行，思不出位，方可。

有义理之性，有食色之性。义理之性，在一"养"字；食色之性，在一"制"字。制外，所以养中也。

人不能离"造化"二字。造者，自无而之有；化者，自有而之无。

得名须要保名，名可保自可大；享福尤当惜福，福愈惜则愈增。

阴阳燮理，见丙吉之问牛；祸福循环，悟塞翁之失马。

看花只看半开时，何等风流，何等蕴藉！

善念以渐而充，恶念以渐而积，学问以渐而进，祸患以渐而成。一"渐"字，是上达下达关头。

顺口之物少吃，逆耳之言多听，益我之友宜亲，损人之事莫做。

无过便是功，何事如天手段；居功便是过，须知若谷胸怀。

人一生，无邪缘相凑，无讼事牵累，无蠢妻逆子气恼，无五官百骸病痛，便是一大快活人。

"让"字大佳，用之为学，则不佳；"贪"字大病，用于为善，则非病。

处小事不疏忽，处大事不矜持，处常事不懒惰，处变事不张皇。非涵养到者，不能。

人用智，我以拙守之；人用刚，我以柔全之；人用诈，我以诚通之；人用动，我以静镇之。

听言轻发，必至招尤；应事着忙，定多贻误。

处事不可模糊，然亦不宜过于苛察；持身不可污鄙，然亦不宜过于清高。

恐贻后悔，不如慎之于先；既失先机，尤当补之于后。故蛊事之坏，取诸甲；巽事之权，取诸庚。圣人慎始终之意也。

处事，论是非，不论利害。若论利害，则畏首畏尾，事难行去。然是非明，而利害随之。有目前见为利，而事后受其害者；有目前见为害，而事后受其利者。总于是非别之也。

事两可者，必择一可者应之。然可之中，又有轻重精粗缓急疏密之处，是可之中又有可焉。应事者，不可不审也。

应天下事，无论巨细，只要一"真"字。若能认真，虽细微事，亦极费精神。若不认真，虽临大事，亦含糊过去。惟真则诚，诚能动物。不诚，未有能动者也。

一日所行之事，现在者，宜着精神，不可苟且忽略；事已过者，不留；事未至者，不想。得此法以应务，第一安闲，第一快乐。

思不出位，妄念私念皆除；事能原情，公道恕道皆备。

世间争端未息，与人恋恋不休，冤冤相报者，皆由胜心所致。然吾谓天下之存胜心者多，而真能胜人者实少，如人辱我，我亦辱之，彼此均耳，何胜之有？惟人辱我，我容之，人仍辱我，我更力容之，人非禽兽，断无不省矣。此所谓制胜在我，能容人者，是真能胜人者也。

不必入寺烧香，父母便是活佛；何须记言书动，妻孥可作史官。

爱及发肤者为孝，临大节而能捐躯殒身者，更孝；不辞鼎镬者为忠，当大难而能托孤寄命者，更忠。

广交不如寡交，寡交不如善交。广交者滥，寡交者陋，惟善交者，可以取益，可以远祸。

善为子孙计者，以笔砚为良田，以诗书为至宝，以仁义礼智为广居，以孝弟忠信为布帛菽粟。世世子孙，保守勿失，是为清白传家。

刑罚政令，是君治民之大权。居官者，惟知一一受之于君，非己所得而私。用刑时，自不敢率意妄断；出令时，自不敢任意妄行。

为师之道，所关阴骘匪浅。人家些小器物，授之百工，尚且叮咛嘱托，必欲其造作工致，况以子弟从师，一生之成败系之，即一家之隆替系之，并祖宗之荣辱系之。为师者，当严加约束，养其德性，启其知识，充其才质，必使学问有成而后止。为子弟者，虽一时畏惮，而终身受益无穷。迨至显亲扬名，不但一身感之，其父兄亦感之，其祖宗亦感之。否，或任其嬉游，听其纵放，甚至蒙蔽主人，代为掩饰，日流于匪僻，而靡所底止。为弟子者，虽一时快乐，而终身坑误不浅，迨至败家丧身，始知悔悟，噬脐无及矣。师与天地君亲并列，而误人子弟，其伤阴骘何如哉？余授徒四十余年，常书此以自警。

事长上，须知下有儿孙；待奴婢，要知彼亦人子。

谈天文，说地理，伦纪上不究心，终成虚架子；求高第，望巍科，阴骘中多抱疚，必属落魄人。

富贵家，有穷亲戚常相往来，有寒宗族时相欢叙，有旧朋友长相过从，定是忠厚人家，享富贵必能久远。

治病莫如养心，心安则病自减；禳灾必须改过，过寡则灾渐消。

饭后毋多言，多言伤气；病后毋多言，多言损神；醉后毋多言，多言惹祸。

少应酬，则多闲；少言语，则寡过；少驰逐，则免祸；少嗜欲，则减病。

惜谷，为养命之源；惜字，为读书之本；惜财，为持家之要；惜福，为延寿之方。

从外入者，病易除；从内出者，病难除。故除身病者，十有八九；除心病者，十仅一二。

（清）丁观鹏　唐岱《十二月令图轴·三月》

身稍劳动，则病少生；口甘淡泊，则病少入；心极平和，则病少缠。惟好懒、好味、好气之人，时常多病，如小儿谨闭房中，不见风日，病尤易中。病虽气运所关，然病寻人者少，人寻病者多耳。

种树，不必枝枝叶叶培之，只顾根本；治病，不必上上下下察之，只顾元气。

人之病也，大半由于自致。郭开符曰：三十以前，不知爱惜精神，我去寻疾病；四十以后，才知爱惜精神，疾病又来寻我。旨哉言也！

天地节，而四时成。不节，则冬行春令，春行夏令，夏行秋令，秋行冬令。而况人乎？饮食不节则脾滞，筋力不节则体疲，嗜欲不节则精竭，言语不节则气伤，起居不节则神倦，日用不节则财匮。节之时义，大矣哉！

能知内重外轻，则德日进；能知先难后易，则业日崇；能知开来继往，则道日宏；能知谨小慎微，则学日邃。

学澹泊，先去贪念；学和平，先去妒念；学忍辱，先去嗔念；学静默，先去妄念；学公正，先去私念；学诚笃，先去欺念。

人谓天资高者多不用心，不知不用心者，便是资不高。如资果高，穷一理，必穷至极处，自然由表彻里，由粗入精，必致义理融会贯通而后止。其不用心者，正由资质庸弱，得其糟粕，自谓道在是矣，有何进境。

天下祸患之来，大半由于自取。自取者何，不能忍也。忍有二义：人来犯我，忍而不发，是谓忍气；物来诱我，忍而不入，是谓忍性。语云：忍字敌灾星。至言也。

"敬""恕"二字，是彻上彻下功夫。

元旦日，自有一番新气象，人能自新其德。苟日新，日日新，又日新，岂非第一日为第一等事乎！有志者，请以此日为始。

震无咎者存乎悔，悔字为改过大关头。悔而不改者，非真悔也。真悔，则能改必矣。

能全人骨肉，是天下第一阴功，居官者尤宜留意；能息人纷争，是天下第一方便，居乡者尤宜存心。

"耐烦"二字，最难。不耐烦，必至进锐退速，始勤终怠，此便是无恒病根。

处贫，见守力；处逆，见忍力；处难，见定力；处变，见识力。

人莫不乐为君子，而为善者卒少；人莫不恶为小人，而为恶者卒多。其故何哉？善者主敬，一动一静，恪遵礼法，不容妄为，是以难也；恶者常肆，一动一静，任其放纵，无所拘束，故易溺也。独不思为善不已，福自随之，片念操持，一生受用；为恶不已，祸必及之，片刻欢娱，一生潦倒。一则多少便宜，一则多少失算。所谓君子落得为君子，小人枉自为小人也。可不勉哉！可不惧哉！

积德故是美事，能积阴德更美：不求人知，不求人见，皆诚念所结；作恶固属凶事，若作隐恶更凶：无人指摘无人攻发，其患害尤深。

《易》曰："吉、凶、悔、吝生乎动。"吉居其一，而凶、悔、吝居其三。人身一动，百为交集，万感纷乘，非如临深履薄，战战兢兢，有不动辄得咎乎？况敢无忌惮心，肆意妄行，宜其堕入苦海者多矣。

修身之法，宜动静交养。有动无静，失于憧扰；有静无动，流于虚寂。动而不乱，动中有静也；默而能识，静中有动也。一动一静，互相省察，则私意自无所容，而心德全矣。

"火气"二字，为害最大。接人有火气，必惹是非；应事有火气，必至错乱；居家有火气，必见乖离；立朝有火气，必相倾轧。薛文清曰："某二十年，治一'怒'字，尚不能消磨殆尽，方信克己之难。"吕东莱性卞急。一日，诵孔子"躬自厚，而薄责于人"语，忽发深省，而忿懥涣然，后与人言，未尝有疾辞遽色。

少年英锐之气，自不可少，然不济以沉潜，加以韬晦，则锋芒太露，必遭伤折。观唐四杰，可悟矣。

勤俭，美德也。勤而无度必劳，劳反少功；俭不中礼必吝，吝则生怨。

无论士农工商，吃一日饭，做一日事，便是世间良民。若游手嬉闲，浪度岁月，未有不流入匪僻者。

处人时要体贴，治己时要提撕，应务时要谨慎，用功时要勇猛。能体贴则情平，能提撕则心聚，能谨慎则事成，能勇猛则学进。

果报之说，世有信者，有不信者。其不信者，因见世人为善者多遭磨折，为恶者每获荣昌，以致疑惑顿生，谓天道无知，不足凭者。殊不知为善者磨折，即贫贱忧戚、玉汝于成之意也；为恶者荣昌，即恶不积、不足以灭身之谓也。且安知为善者非外袭善迹，而内无善心；为恶者虽偶被恶名，而实无恶意。天之祸福人，如圣人褒贬人一般，非寻常耳目所能悉者。又安知本人为善，非因祖宗之余殃，而责偿前债；本人为恶，非因祖宗之余泽，而得庇后昆。且安知为善恶者，未曾到头，此宗案卷，天公尚未通盘结算，故有速报，有迟报，有速在目前报者，有迟至数年及数十年始报者。速报祸小，迟报祸大，速报福轻，迟报福重，报应之理，毫发不爽。奈世之不信者，为善不坚，为恶不改，将昧昧以终其身也。哀哉！

"言行"二字，圣人谆谆垂戒，而最发人深省者，莫如"机枢之发、荣辱之主"二言。人纵不求荣，独不思远辱乎？奈何妄言妄动，而甘受辱也。

十二时中，将一时静坐，此收心第一法。

人之一身，一小天地也。仁、义、礼、智、体四德也，视、听、言、动、法五行也，阴、阳、血、气顺时令也，明、动、晦、休通昼夜也。故天、地与人，谓之三才。

积德者天不能贫，安分者天不能灾，乐道者天不能苦。

天地生物，原以给生人之用，而未形其不足。其不足者，病在一奢字。富家一饭，足供穷人数月之粮；贵家一衣，足给贫民半年之产。以致暴殄日深，物力日竭，繁华太甚，饥馑荐臻。此亦天运循环之理。主持风化者，宜力挽之。

吃饭，便思农人之苦；穿衣，便思蚕妇之苦；用器，便思百工之苦。如此，庶不至暴殄天物。

刃之利者，易摧；衣之美者，易敝；笔之佳者，易秃；名之盛者，易倾。凡物以本质为贵。纸，以素为本，而后加以绚采；味，以淡为本，而后调以酸咸；衣，以布为本，而后饰以绵缬；人，以诚为本，而后发以才华。

先上船者后登岸，先开花者早结子。一"先"字最令人喜，尤令人怕。

理、欲不容并立。纯是理为君子，纯是欲为小人，人所易知也。惟理欲混杂，谓为君子不得，谓为小人亦不得。阳为君子阴为小人，名为君子实为小人，仍不如专为小人者，猛省回头犹可望其为君子也。

今人之所谓狂，即昔人之所谓傲也。象之恶只一"傲"字，丹朱之不肖亦只一个"傲"字，傲之为祸最烈。欲治傲病，惟谦字是对症妙药。

七情中惟一"怒"字难去，然亦不可少。不当怒而怒者暴，当怒而不怒者馁。天有祥云甘雨，亦不可无烈风迅雷。

估物价，宜多说些；问人年，宜少说些。亦是曲体人情之处。

瘫疽，大毒也，始起于缕；野火，盛焰也，始起于一星。故君子慎微。

（清）朱彝尊隶书五言联：名教有乐地，诗书皆雅言

　　或谓处贫贱者境逆，逆则多苦；处富贵者境顺，顺则多乐。予谓不然。苦乐在心不在境。使贫贱不安于贫贱，苦则真苦；富贵能安于富贵，乐则真乐。使贫贱而安于贫贱，苦亦何尝不乐；富贵不安于富贵，乐亦何尝不苦。如此，则易贫贱而富贵，处富贵不忘贫贱之苦，则能保富贵也；易富贵而贫贱，处贫贱不慕富贵之乐，则能守贫贱也。古人云：知足不辱，知止不殆。

　　或谓富贵之家，行善者易；贫贱之家，行善者难。不知行善，无分富贵贫贱，亦随其人之力量而为之。一念之善，上格苍穹；一事之善，克增福寿。惟问此心之诚不诚耳。

　　世不能有善人而无恶人，如有善而无恶，则天只生麒麟凤凰，不必复生豺狼枭獍矣。惟在人勿入其类，勿撄其锋，避之得其法耳。

　　恩不可忘，虽一饭亦当知感；怨不可念，即片语切莫长留。

　　天道福善祸淫，不曰恶而曰淫，万恶淫为首也。且淫字，所包甚广，凡一切溺于利欲者皆是。

　　人之逾防检，败名节，无所不至，无所不为者，多为一贫字起见。不畏贫者，便是杰士；能安贫者，便是君子。

　　火炽隆盛，过夜便灰；怒气蒸腾，需时自熄。故挑事者为拨火棒，人不为其所拨，则免祸矣。

　　目着点尘，则眩；耳藏微块，则聋；齿沾寸丝，则碍；鼻匿织秽，则塞；心怀满腔私欲，如何不昏。

　　心不虚，不能容物；心不灵，不能应物；心不公，不能平物；心不正，不能绳物；心不诚，不能动物。惟虚灵公正，而归本于诚，则处世接事，胥统之矣。

　　凡事必有对待。有富贵，必有贫贱；有安乐，必有忧患。人每从一面想，不肯从对面想，以致陷溺于富贵安乐，而渐入于贫贱患忧者，往往然矣。惟智者能明之。

一年可过得去，便是一年富足；一日可过得去，便是一日富足。若虑到终身，便如春蚕作茧，自寻烦恼矣。

置身宜高，气宜下；立志宜大，心宜小；待人宜宽，己宜严；晰理宜详，事宜简。

日复一日，年复一年，问此身于世何补；诵先王言，服先王服，对古人觉已多惭。

得意时，宜防失足；败意时，切莫灰心。

毋说过头话，毋饮过量酒，毋挂满顶帆，毋登满载车。

世间惟阴骘、阴德最好。除此，"阴"字最忌。

器量大小，固属生来的，然亦可学而至。如今日忍一事，明日又忍一事，今日容一件，明日又容一件，渐学渐充，器小者未始不可成大。如皮囊盛物，始而易满，如用力安放，亦渐添渐宽。学即用力也。朱子教人变化气质，若气质限定，则无所用其变化矣。

性刚者，为人正直；性健者，虑事周详。乾，所以无咎。斗败者，辱在一身；斗胜者，害殆后代。讼，所以终凶。

以义交者久，以利交者暂。

"进退"二字，观人之大目也。难进易退者，君子；易进难退者，小人。未有易退而不由于难进者，亦未有难

（清）朱彝尊画像

退而不由于易进者。操鉴衡者，宜察之于先。

自矜者，由器量浅狭。如器量宏大，万物皆备于我，天下事皆我所当尽之事，极掀天揭地之功，皆分内事也。何矜之有？

富贵熏心，如灯蛾之赴火；腥膻萦念，似黠鼠之投机。

思患预防，是人生要着。积谷防饥，积钱防老，积水防火，积善防殃。

莫谓千里为远，寸步为近，千里者寸步之积也。故差以毫厘，失之千里；莫谓百年甚宽，片刻甚促，百年者片刻所致也。故禹惜寸阴，陶惜分阴。

人生百年，日夜平分，那有几许光阴，任而蹉跎荒废；世间万事，内外交扰，若非本此道理，安能应接周详。

聚蚊成雷，聚米成山，知人力大有可恃；变田为海，变台为沼，叹世事原无足凭。

善谏人者，用刺不如用讽；精处事者，能发尤贵能收。

有求足之心，终无足日；无偷闲之念，自有闲时。

境遇窘极，寻出一线生机，全神皆振；嗜欲浓时，想起一个死字，百念俱灰。

目明者，不能反视其背；力大者，不能自举其身：必得人相助为理。移山者，志决而险可平；筑室者，道谋而用不集：惟在己自审其机。

眼界放得宽，大地山河，无非粒粟；心情收得紧，康庄坦道，如履春冰。

清风明月，取之无禁，用之不竭，人多不知享受；利薮名场，求之有道，得之有命，人偏苦于贪求。

吃小亏者，得大便宜；占小利者，受大苦恼。

喜人难，怒人易，怒人而迁怒于人尤易；报恩易，抱怨难，抱怨而当怨于人尤难。

以势力傲人，人有受屈之时，其祸小；以学问傲人，人存忌刻之心，其祸大。

粪可肥田，知天下无弃物；盗可举用，知天下无弃人。

自起善念，谁人赞成？自其恶念，谁人阻扰？惟在一己决之。凡当行之事，属善一边，便宜尽力做去，成败利钝在所不计，必要做到圆满方止；不当行之事，属恶一边，便宜尽力除去，纤毫丝忽，在所不容，必要除到净尽方休，所谓勇也。

为大事，切不宜惜小费。如惜小费，必至耽迟，事反无济；不惜小费，必能紧速，事终有成。

进一步想，烦恼便生；退一步想，悠闲自得。

初入暗室，茫无所见，稍坐片刻，便知处向。即此，可悟静则生明之理。

先儒云：世上人，大都认不得几个字。予初阅之，骇然。继见注云：人惟孝子，方算认得一"孝"字；人惟忠臣，方算认得一"忠"字。必如此，世上认得字的人能有几何？反己自思，通身汗下。

人之怨天尤人者，由不知反己自问耳。己必有获罪于天下处，天始降之以祸；人必有开罪于人之处，人始责之以言。惟当天人交迫之时，自怨自艾之不暇，何怨天尤人之有！

《清言小品菁华》

注解

齐学培，字兰畹，号见吾，室名曰新草堂，清徽州婺源（今属江西）人。其生平不详，大约生活于清嘉庆道光年间，是当时徽州的一个学者。从其自序中看，本书是受了《了凡四训》的启发而编写的，他说：

"抱疴四载，批阅善书格言，颇有所得，觉五十年前之事，如梦初醒，始恍然於人生在世生可带来、死可带去者，惟一善耳。凡富贵贫贱，得失寿夭，俱有数存，俱有命定，而惟善可以修造，惟善可以挽回。历观古往今来，感应因果，毫发不爽。因于觉悟之余，随其见之所到，意之所存，援笔书之，凡若干条，法吕新吾先儒'呻吟'二字之意，自病自医。明知病入膏肓，偷生旦夕，万不能如先儒之自视其身，常若病中，时时呻吟，事事呻吟，察之严而防之密，犹冀不至复蹈前此之种种，自速其死，去吾故吾，全吾今吾，而'见吾'之名所由命也，爰自题曰《见吾随笔》。"

该书的意旨效法明代学者吕坤的《呻吟语》，形式上也同《呻吟语》，还有《菜根谭》，主要讲的是他在历经人世沧桑后的感悟。书中谈性理、谈向善，话题是多少代人讲过、多少代人听腻的话题，但他能结合自己几十年的切身体会，渗透古往今来的成败悲欢，讲得真诚，文字又好，所以人们愿意听、愿意看。当时学者方维城在道光三十年写的序言中高度评价了此书的重要性，指出：其书"理似玄而实精，论似创而实确，固从读书会悟而得，半由处世阅历而来，可以治心，可以保身，可以觉世，可以警

（清末民初）杜宝桢行书七言联：涉世无如本色者，立身何用浮名焉

世，非淹通经史、博览群书者不能作，亦不能读。古人读书，有恍然吾亦见真吾之乐，先生得其乐矣。"而号称同业门人的王炳在重刻时题词："敬读是集，精理名言，曾见叠出，惟其阅历深、涵养邃，故能头头是道，语语透宗。请急付刊，以为斯世之晨钟暮鼓。"而和其同年的镇江学者杨荣在序中说："展读一过，不觉心为之静，气为之和，容膝之地俯仰甚宽，拂意之事恬适无迕。盖其言，皆从人情物理推勘而出，眼前指点，动自警心，故感人之速如此。先生风尘澒迹，而其荣粹然，其言蔼如，知其味道者深，曾抱疴四载，是编多病中所述，尤为见道之言。趣付剞劂，足以正人心，维世俗，不独能移我情已也。"

朱锡绶《幽梦影续》：少年处不得顺境，老年处不得逆境，中年处不得闲境

善贾无市井气，善文无迂腐气。

学导引是眼前地狱，得科第是当世轮回。

求忠臣必于孝子，余为下一转语云：求孝子必于情人。

日间多静坐，则夜梦不惊，一月多静坐，则文思便逸。

贪人之前莫炫宝，才人之前莫炫文，险人之前莫炫识。

[评语]

悼秋云："妒妇之前莫炫色。"

忏绮生云："安人之前英炫才。"

文人富贵，起居便带市井；富贵能诗，吐属便带寒酸。

[评语]

华山词客云："不顾俗眼惊。"

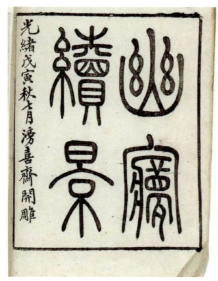

（清）朱锡绶《幽梦续影》，清光绪刻本

王寅叔云："黄白是市井家物，风月是寒酸家物。"

能食淡饭者方许尝异味，能涸市嚣者方许游名山，能受折磨者方许处功名。

非真空不宜谈禅，非真旷不宜谈酒。

观门径可以知品，观轩馆可以知学，观位置可以知经济，观花卉可以知旨趣，观楹帖可以知吐属，观图画可以知胸次，观童仆可以知器宇，访友人不待亲接言笑也。

无风雨不知花之可惜，故风雨者，真惜花者也；无患难不知才之可爱，故患难者，真爱才也。风雨不能因惜花而止，患难不能因爱才而止。

琴不可不学，能平才士之骄矜；剑不可不学，能化书生之懦怯。

美味以大嚼尽之，奇境以粗游了之，深情以浅语传之，良辰以酒食度之，富贵以骄奢处之，俱造化本怀。

楼之收远景者，宜游观不宜居住；室之无重门者，便启闭不便储藏。庭广则爽，冬累于风；树密则幽，夏累于蝉。水近可以涤暑，蚊集中宵；屋小可以御寒，客窘炎午。君子观居身两全，知处境无两得。

忧时勿纵酒，怒时勿作札。

不静坐不知忙之耗神之速，不泛应不知闲之养神者真。

读古碑宜迟，迟则古藻徐呈；读古画宜速，速则古香顿溢。读古诗以挹而后永。

物随息生，故数息可以致寿；物随气灭，故任气可以致天。欲长生只在呼吸求之，欲长乐只在和平求之。

谈禅不是好佛，只以空我天怀，谈无不是羡老，只以贞我内养。

路之奇者入不宜深，深则来踪易失；山之奇者入不宜浅，浅则异境不呈。

木以动折，金以动缺，火以动焚，水以动溺，惟土宜动。然而思虑伤脾，燔炙生冷皆伤胃，则动中须静耳。

习静觉日长，逐忙觉日短，读书觉日可惜。

少年处不得顺境，老年处不得逆境，中年处不得闲境。

素食则气不浊，独宿则神不浊，默坐则心不浊，读书则口不浊。

对酒不能歌，盲于口；登山不能赋，盲于笔；古碑不能模，盲于手；名山水不能游，盲于足；奇才不能交，盲于胸；庸众不能容，盲于腹；危词

（清）汤金钊行书七言联：到眼经书皆雪亮，束身名教自风流

不能受，盲于耳；心香不能嗅，盲于鼻。

静一分，慧一分；忙一分，愦一分。

至人无梦，下愚亦无梦，然而文王梦熊，郑人梦鹿。圣人无泪，强悍亦无泪，然而孔子泣麟，项王泣骓。

感逝酸鼻，感恩酸心，感情酸手足。

富贵作牢骚语，其人必有隐憾；贫贱作意气语，其人必有异能。高柳宜蝉，低花宜蝶，曲径宜竹，浅滩宜芦，此天与人之善顺物理，而不忍颠倒之者也；胜境属僧，奇境属商，别院属美人，穷途属名士，此天与人之善逆物理，而必欲颠倒之者也。

星象要按星实测，拘不得成图；河道要按河实浚，拘不得成说；民情要按民实求，拘不得成法；药性要按药实咀，拘不得成方。

爱则知可憎，憎则知可怜。

云何出尘？闭户是；云何享福？读书是。

厚施与即是备急难，俭婚嫁自然无怨旷，教节省胜于裕留贻。

（清）钱杜《松涧听泉图》

利字从禾，利莫于禾，劝勤耕也；从刀，害莫甚于刀，戒贪得也。

乍得勿与，乍失勿取，乍怒勿责，乍喜勿诺。

素深沉，一事坦率便能贻误；素和平，一事愤激便足取祸。故接人不可猝然改容，持己不可以偶尔改度。

孤洁以骇俗，不如和平以谐俗；啸傲以玩世，不如恭敬以陶世；高峻以拒物，不如宽厚以容物。

任气语少一句，任足路让一步，任笔文检一番。

以任怨为报德则真切，以罪己为劝人则沉痛。

偏是市侩喜通文，偏是俗吏喜勒碑，偏是恶妪喜诵佛，偏是书生喜谈兵。

真好色者必不淫，真爱色者必不滥。

侠士勿轻结，生人勿轻盟，恐其为我轻死也。

宁受嘻蹴之惠，勿受敬礼之恩。

贫贱时少一攀援，他时少一掣肘；患难时少一请乞，他日少一疚心。

舞弊之人能防弊，谋利之人能兴利。

善诈者借我疑，善欺者借我察。

过施弗谢，自反必太倨，过求弗怒，自反必太卑。

［评语］

梁叔云：自反非倨，彼其人必系畸士；自反非必，彼其人必为重臣。

（清）郑簠隶书五言联：实义在饮酒，浮名莫著书

英雄割爱，奸雄割恩。

［评语］

兰舟云：爱根不断，终为儿女累。

《古今说部丛书》

注解

朱锡绶，字啸篔，号弇山草衣。江苏镇洋（今太仓）人。生卒年不详。道光二十六年（1846年）举人。曾任湖北黄安知县、枝江知县等职。在任枝江知县时，所住的地方为"紫阳书院"。据清代进士王柏心《勅授修职郎宜山王公传》载：清咸丰年间，枝江知县朱锡绶因倾慕《围炉夜话》作者王永彬的学识、美德，竟"乞病侨居"王永彬家乡石门村（今枝城镇余家桥村），"与公结邻，欢冷无间"。

朱锡绶是一个一生官场不得意的人，据《幽梦续影》的序言中所说，"著作甚富，屡困名场，后作令湖北，不为上官所知，郁郁以殁，祖荫裳韬之年，奉手受教，每当岸帻奋麈，陈说古今，诲童发蒙，使人不倦。自咸丰甲寅，先生作吏南行，遂成契阔。先生诗集已刊版，毁于火，他著述亦不存，仅从亲知传写，得此一编，大率皆阅世观物、涉笔排闷之语。"这本《幽梦续影》与张潮《幽梦影》、郑逸梅《幽梦新影》合称"幽梦三影"。

毋庸讳言，由于作者的身世，在书中有很多愤恨消极的内容，但也正因为作者的身世和对社会、对人生的冷眼观察，得出一些很有见解也很有益的内容，如"善诈者借我疑，善欺者借我察"，"忧时勿纵酒，忧时勿作札"，"少年处不得顺境，老年处不得逆境，中年处不得闲境"，"任气语少一句，任路让一步，任笔文检一番"，"真好色者必不淫，真爱色者必不滥"，等等，诸如此类的话，是作者关于人生社会的真知灼见，虽然偏激，但也有一定道理。

王永彬《围炉夜话》: 不与人争得失, 惟求己有知能

博学笃志, 切问近思, 此八字, 是收放心的工夫; 神闲气静, 智深勇沉, 此八字, 是干大事的本领。

薄族者, 必无好儿孙; 薄师者, 必无佳子弟。吾所见亦多矣。

恃力者, 忽逢真敌手; 恃势者, 忽逢大对头。人所料不及也。

饱暖, 人所共羡, 然使享一生饱暖, 而气昏志惰。岂足有为饥寒人所不甘? 然必带几分饥寒, 则神紧骨坚, 乃能任事。

宾入幕中, 皆沥胆披肝之士; 客登座上, 无焦头烂额之人。

不必于世事件件皆能, 惟求与古人心心相印。

不能缩头者, 且休缩头; 可以放手者, 便须放手。

不镜于水而镜于人, 则吉凶可监也; 不蹶于山而蹶于垤, 则细微宜防也

不忮不求, 可想见光明境界; 勿忘勿助, 是形容涵养工夫。

不与人争得失, 惟求己有知能。

卜筮以龟筮为重, 故必龟从筮从, 乃可言吉。若二者, 有一不从, 或二者俱不从, 则宜其有凶无吉矣。乃《洪范》稽疑之篇, 则于龟从筮逆者, 仍

（清）梁同书行书七言联: 雅涵本从天性得, 冲和常有道心知

曰作内吉。于龟筮共违于人者，仍曰用静吉，是知吉凶在人，圣人之垂戒深矣。

人诚能作内而不作外，用静而不用作，循分守常，斯亦安往而不吉哉。

把自己太看高了，便不能长进；把自己太看低了，便不能振兴。

贫贱非辱，贫贱而诣求于人者为辱；富贵非荣，富贵而利济于世者为荣。

贫无可奈，惟求俭；拙亦何妨，只要勤。

泼妇之啼哭怒骂，伎俩要亦无多，静而镇之，则自止矣；谗人之簸弄挑唆，情形虽若甚迫，淡而置之，则自消矣。

莫大之祸，起于须臾之不忍，不可不谨。

每见待子弟，严厉者，易至成德；姑息者，多有败行，则父兄之教育所系也。

又见有子弟，聪颖者，忽入下流；庸愚者，转为上达，则父兄之培植所关也。

（清）郑板桥《晴竹图》。题识：扬州鲜笋趁鲥鱼，烂煮春风三月初。分付厨人休斫尽，清光留此照摊书。板桥郑燮画并题

每见勤苦之人，绝无痨疾；显达之士，多出寒门。此亦盈虚消长之机，自然之理也。

谩夸富贵显荣，功德文章，要可传诸后世；任教声名暄赫，人品心术，不能瞒过吏官。

门户之衰，总由于子孙之骄惰；风俗之坏，多起于富贵淫奢。

名利之不宜得者，竟得之，福终为祸；困穷之最难耐者，能耐之，苦定回甘。

明犯国法，罪累岂能幸逃？白得人财，赔偿还要加倍。

父兄有善行，子弟学之或无不肖；父兄有恶行，子弟学之则无不肖。可知父兄教子弟，必证其身以率之，无庸徒事言词也。

君子无过行，小人嫉之亦不能容。可知君子处小人，必平其气以待之，不可稍形激切也。

富不肯读书，贵不肯积德，错过可惜也；少不肯事长，愚不肯亲贤，不祥莫大焉。

富贵易生祸端，必忠厚谦恭，才无大患；衣禄原有定数，必节俭简省，乃可久延。

富家惯习骄奢，最难教子；寒士欲谋生活，还是读书。

发达虽命定，亦由肯做工夫；福寿虽天生，还是多行阴骘。

伐字从戈，矜字从矛，自伐自矜者，可为大戒；仁字从人，义（编者注：义的繁体字为"義"）字从我，讲仁讲义者，不必远求。

凡遇事物突来，必熟思审处，恐贻后悔；不幸家庭衅起，须忍让曲全，勿失旧欢。

凡事谨守规模，必不大错；一生但足衣食，便称小康。

凡事勿徒委于人，必身体力行，方能有济；凡事不可执于己，必广思集益，乃罔后艰。

凡人世险奇之事，决不可为。或为之而幸获其利，特偶然耳，不可视为常然也。可以为常者，必其平淡无奇，如耕田读书之类是也。

风俗日趋于奢淫，靡所底止，安得有敦古朴之君子，力挽江河；人心日丧其廉耻，渐至消亡，安得有讲名节之大人，光争日月。

大丈夫处事，论是非不论祸福；士君子立言，贵平正尤贵精详。

打算精明，自谓得计，然败祖父之家声者，必此人也；朴实浑厚，初无甚奇，然培子孙之元气者，必此人也。

德泽太薄，家有好事，未必是好事。得意者，何可自矜？天道最公，人能苦心，断不负苦心。为善者，须当自信。

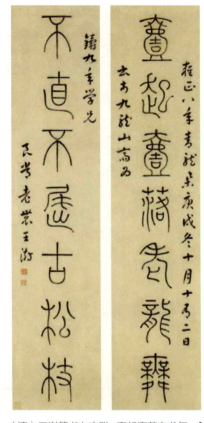

（清）王澍篆书七言联：壹起壹落老龙舞，不直不屈古松枝

德足以感人，而以有德当大权，其感尤速；财足以累己，而以有财处乱世，其累尤深。

淡中，交耐久；静里，寿延长。

但患我不肯济人，休患我不能济人；须使人不忍欺我，勿使人不敢欺我。

但责己不责人，此远怨之道也；但信己不信人，此取败之由也。

但作里中不可少之人，便为于世有济；必使身后有可传之事，方为此生不虚。

待人宜宽，惟待子孙不可宽；行礼宜厚，惟行嫁娶不必厚。

敌加于己，不得已而应之，谓之应兵，兵应者胜。利人土地，谓之贪兵，兵贪者败。此魏相论兵语也。然岂独用兵为然哉？凡人事之成败，皆当作如是观。

地无余利，人无余力，是种田两句要言；心不外驰，气不外浮，是读书两句真诀。

道本足于身，切实求来，则常若不足矣；境难足于心，尽行放下，则未有不足矣。

读书不下苦功，妄想显荣，岂有此理？为人全无好处，欲邀福庆，从何得来？

读《论语·公子荆》一章，富者可以为法；读《论语·齐景公》一章，贫者可以自兴。

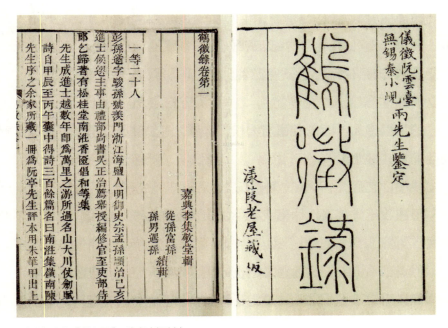

▌（清）李集《鹤征录》，清嘉庆间刻本

读书无论资性高低，但能勤学好问，凡事思一个所以然，自有义理贯通之日。

立身不嫌家世贫贱，但能忠厚老成，所行无一毫苟且处，便为乡党仰望之人。

《东坡志林》有云：人生耐贫贱易，耐富贵难；安勤苦易，安闲散难；忍疼易，忍痒难。能耐富贵、安闲散、忍痒者，必有道之士也。余谓如此精爽之论，足以发人深省，正可于朋友聚会时，述之以助清谈。

多记先正格言，胸中方有主宰；闲看他人行事，眼前即是规箴。

敦厚之人，始可托大事，故安刘氏者，必绛侯也；谨慎之人，方能成大功，故兴汉室者，必武侯也。

天地生人，都有一个良心。苟丧此良心，则人去禽兽不远矣；圣贤教人，总是一条正路。若舍此正路，则常行荆棘之中矣。

天地无穷期，光阴则有穷期，去一日，便少一日；富贵有定数，学问则无定数，求一分，便得一分。

天虽好生，亦难救求死之人；人能造福，即可邀悔祸之天。

天下无憨人，岂可妄行欺诈？世上皆苦人，何能独享安闲？

天有风雨，人以宫室蔽之；地有山川，人以舟车通之。是人能补天地之阙也，而可无为乎？人有性理，天以五常赋之；人有形质，地以六谷养之。是天地且厚人之生也，而可自薄乎？图功未晚，亡羊尚可补牢；虚慕无成，羡鱼何如结网。

桃实之肉暴于外，不自吝惜，人得取而食之。食之而种其核，犹饶生气焉。此可见积善者有余庆也。栗实之肉秘于内，深自防护，人乃破而食之。食之而弃其壳，绝无生理矣。此可知多藏者必厚亡也。

念祖考创家基，不知风霜沐雨，受多少苦辛，才能足食足衣，以贻后世；为子孙计长久，除却读书耕田，恐别无生活，总期克勤克俭，

（清）钱沣楷书七言联：读书常似食鸡爪，作事先从咬菜根

毋负先人。

能结交直道朋友，其人必有令名；肯亲近耆德老成，其家必多善事。

莲朝开而暮合，至不能合，则将落矣。富贵而无收敛意者，尚其鉴之；草春荣而冬枯，至于极枯，则又生矣。困穷而有振兴志者，亦如是也。

浪子回头，仍不惭为君子；贵人失足，便贻笑于庸人。

鲁如曾子，于道独得其传，可知资性不足限人也；贫如颜子，其乐不因以改，可知境遇不足困人也。

论事，须真识见；做人，要好声名。

观规模之大小，可以知事业之高卑；察德泽之浅深，可以知门祚之久暂。

观周公之不骄不吝，有才何可自矜？观颜子之若无若虚，为学岂容自足？

观朱霞悟其明丽，观白云悟其卷舒，观山岳悟其灵奇，观河海悟其浩瀚，则俯仰间皆文章也。对绿竹得其虚心，对黄花得其晚节，对松柏得其本性，对芝兰得其幽芳，则游览处皆师友也。

耕读固是良谋，必工课无荒，乃能成其业；仕宦虽称显贵，若官箴有玷，亦未见其荣。

耕所以养生，读所以明道，此耕读之本原也，而后世乃假以谋富贵矣；衣取其蔽体，食取其充饥，此衣食之实用也，而时人乃藉以逞豪奢矣。

古今有为之士，皆不轻为之士；乡党好事之人，必非晓事之人。

古之克孝者多矣，独称虞舜为大孝，盖能为其难也；古之有才者众矣，独称周公为美才，盖能本于德也。

古人比父子为"桥梓"，比兄弟为"花萼"，比朋友为"芝兰"。敦伦者，当即物穷理也；今人称诸生曰"秀才"，称贡生曰"明经"，称举人曰"孝廉"。为士者，当顾名思义也。

郭林宗为人伦之鉴，多在细微处留心；王彦方化乡里之风，是从德义中立脚。

甘受人欺，定非懦弱；自谓予智，终是糊涂。

孔子何以恶乡愿，只为他似忠似廉，无非假面孔；孔子何以弃鄙夫，只因他患得患失，尽是俗心肠。

看书，须放开眼孔；做人，要立定脚根。

陶侃运甓官斋，其精勤可企而及也；谢安围棋别墅，其镇定非学而能也。

肯救人坑坎中，便是活菩萨；能脱身牢笼外，便是大英雄。

和平处事，勿矫俗以为高；正直居心，勿机关以为智。

和气迎人，平情应物；抗心希古，藏器待时。

和为祥气，骄为衰气，相人者，不难以一望而知；善是吉星，恶是凶星，推命者，岂必因五行而定。

何谓享福之人？能读书者便是；何谓创家之人？能教子者便是。

何者为益友？凡事肯规我之过者是也；何者为小人？凡事必徇己之私者是也。

济世虽乏赀财，而存心方便，即称长者；生资虽少智慧，而虑事精详，即是能人。

积善之家必有余庆，积不善之家必有余殃，可知积善以遗子孙，其谋甚远也。

贤而多财则损其志，愚蠢而多财则益其过，可知积财以遗子孙，其害无穷也。

见小利，不能立大功；存私心，不能谋公事。

见人行善，多方赞成；见人过举，多方提醒。此长者待人之道也。

闻人誉言，加意奋勉；闻人谤语，加意警惕。此君子修己之功也。

敬他人，即是敬自己；靠自己，胜于靠他人。

家之富厚者，积田产以遗子孙，子孙未必能保。不如广积阴功，使天眷其德，或可少延。

家之贫穷者，谋奔走以给衣食，衣食未必能充。何若自谋本业，知民生在勤，定当有济。

家之长幼，皆倚赖于我，我亦尝体其情否也；士之衣食，皆取资于人，人亦曾受其益否也。

家纵贫寒，也须留读书种子；人虽富贵，不可忘力稼艰辛。

交朋友增体面，不如交朋友益身心；教子弟求显荣，不如教子弟立品行。

教弟子于幼时，便应有正大光明

（清）朱耷草书七言联：小山静绕栖云室，野水潜通浴鹤池

气象；检身心于平日，不可无忧勤惕厉工夫。

教小儿宜严，严气足以平躁气；待小人宜敬，敬心可以化邪心。

俭可养廉，觉茅舍竹篱，自饶清趣；静能生悟，即鸟啼花落，都是化机。

进食需箸，而箸亦只随其操纵所使，于此可悟用人之方；作书需笔，而笔不能必其字画之工，于此可悟求己之理。

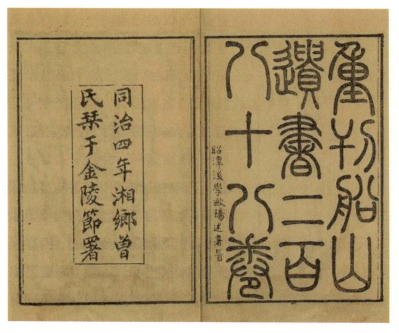

（清）王夫之《船山遗书》，清同治四年刻印

讲大经纶，只是落落实实；有真学问，决不怪怪奇奇。

谨守父兄教条，沉实谦恭，便是醇潜子弟；不改祖宗成法，忠厚勤俭，定为悠久人家。

居易俟命，见危授命。言命者，总不外顺受其正；木讷近仁，巧令鲜仁。求仁者，即可知从入之方。

君子存心但凭忠信，而妇孺皆敬之如神，所以君子落得为君子；小人处世尽设机关，而乡党皆避之若鬼，所以小人枉做了小人。

君子以名教为乐，岂如嵇阮之逾闲；圣人以悲悯为心，不取沮溺之忘世。

齐家先修身，言行不可不慎；读书在明理，识见不可不高。

气性不和平，则文章事功，俱无足取；语言多矫饰，则人品心术，尽属可疑。

气性乖张，多是夭亡之子；语言深刻，终为福薄之人。

求备之心，可用之以修身，不可用之以接物；知足之心，可用之以处境，不可用之以读书。

求个良心，管我；留些余地，处人。

钱能福人，亦能祸人，有钱者不可不知；药能生人，亦能杀人，用药者不可不慎。

权势之徒，虽至亲亦作威福，岂知烟云过眼，已立见其消亡；奸邪之辈，即平地亦起风波，岂知神鬼有灵，不肯听其颠倒。

清贫，乃读书人顺境；节俭，即种田人丰年。

习读书之业，便当知读书之乐；存为善之心，不必邀为善之名。

孝子忠臣，是天地正气所钟，鬼神亦为之呵护；圣经贤传，乃古今命脉所系，人物悉赖以裁成。

行善济人，人遂得以安全，即在我亦为快意；逞奸谋事，事难必其稳便，可惜他徒自坏心。

性情执拗之人，不可与谋事也；机趣流通之士，始可与言文也。

小心谨慎者，必善其后，惕则无咎也；高自位置者，难保其终，亢则有悔也。

心静则明，水止乃能照物；品超斯远，云飞而不碍空。

心能辨是非，处事方能决断；人不忘廉耻，立身自不卑污。

兄弟相师友，天伦之乐莫大焉；闺门若朝廷，家法之严可知也。

知道自家是何等身分，则不敢虚骄矣；想到他日是那样下场，则可以发愤矣。

知过能改，便是圣人之徒；恶恶太严，终为君子之病。

能知往日所行之非，则学日进矣；见世人之可取者多，则德日进矣。

志不可不高，志不高，则同流合污，无足有为矣；心不可太大，心太大，则舍近图远，难期有成矣。

治术本乎儒术者，念念皆仁厚也；今人不及古人者，事事皆虚浮也。

忠实而无才，尚可立功，心志专壹也；忠实而无识，必至偾事，意见多偏也。

忠有愚忠，孝有愚孝，可知忠孝二字不是伶俐人做得来；仁有假仁，义有假义，可知仁义二途不无奸险人藏其内。

种田人，改习廛市生涯，定为败路；读书人，甘与衙门词讼，便入下流。

正己，为率人之本；守成，念创业之艰。

正而过则迁，直而过则拙，故迁拙之人，犹不失为正直；高或入于虚，华或入于浮，而虚浮之士，究难指为高华。

粗粝能甘，必是有为之士；纷华不染，方称杰出之人。

处境太求好，必有不好事出来；学艺怕刻苦，还有受苦时在后。

处世，以忠厚人为法；传家，得勤俭意便佳。

处事，要代人作想；读书，须切己用功。

处事要宽平，而不可有松散之弊；持身贵严厉，而不可有激切之形。

处事有何定凭，但求此心过得去；立业无论大小，总要此身做得来。

愁烦中具潇洒襟怀，满抱皆春风和气；昧暗处见光明世界，此心即白日青天。

川学海而至海，故谋道者，不可有止心；莠非苗而似苗，故穷理者，不可无真见。

常人突遭祸患，可决其再兴，心动于警惕也；大家渐及消亡，难期其复振，势成于因循也。

常存仁孝心，则天下凡不可为者，皆不忍为，所以孝居百行之先；一起邪淫念，则生平极不欲为者，皆不难为，所以淫是万恶之首。

常思某人境界不及我，某人命运不及我，则可以自足矣；常思某人德业胜于我，某人学问胜于我，则可以自惭矣。

成大事功，全仗着赤心斗胆；有真气节，才算得铁面铜头。

成就人才，即是栽培子弟；暴殄天物，自应折磨儿孙。

程子教人以静，朱子教人以敬。静者，心不妄动之谓也；敬者，心常惺惺之谓也。又况静能延寿，敬则日强。

（清）梁同书行书立轴：大富贵亦寿考

为学之功在是，养生之道亦在是。静敬之益人大矣哉，学者可不务乎？

世风之狡诈多端，到底忠厚人颠扑不破；末俗以繁华相向，终觉冷淡处趣味弥长。

世之言乐者，但曰读书乐、田家乐，可知务本业者，其境常安；古之言忧者，必曰天下忧、廊庙忧，可知当大任者，其心良苦。

士，必以诗书为性命；人，须从孝悌立根基。

士既知学，还恐学而无恒；人不患贪，只要贫而有志。

事但观其已然，便可知其未然；人必尽其当然，乃可听其自然。

事当难处之时，只让退一步，便容易处矣；功到将成之候，若放松一着，便不能成矣。

势利人装腔做调，都只在体面上铺张，可知其百为皆假；虚浮人指东画西，全不向身心内打算，定卜其一事无成。

十分不耐烦，乃为人大病；一昧学吃亏，是处事良方。

数虽有定，而君子但求其理，理既得，数亦难违；变固宜防，而君子但守其常，常无失，变亦能御。

奢侈足以败家，悭吝亦足以败家。奢侈之败家，犹出常情，而悭吝之败家，必遭奇祸。

庸愚足以覆事，精明亦足以覆事。

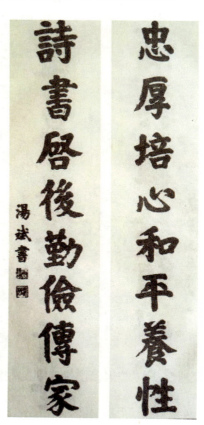

（清）汤斌行书八言联：忠厚培心和平养性，诗书启后勤俭传家

（清）髡残《山高水长》

庸愚之覆事，犹为小咎，而精明之覆事，必见大凶。

舍不得钱，不能为义士；舍不得命，不能为忠臣。

守分安贫，何等清闲，而好事者，偏自寻烦恼；持盈保泰，总须忍让，而恃强者，乃自取灭亡。

守身必严谨，凡足以戕吾身者，宜戒之；养心须淡泊，凡足以累吾心者，勿为也。

守身不敢妄为，恐贻羞于父母；创业还须深虑，恐贻害于子孙。

善谋生者，但令长幼内外，勤修恒业而不必富其家；善处事者，但就是非可否，审定章程而不必利于己。

山水，是文章化境；烟云，乃富贵幻形。

身不饥寒，天未尝负我；学无长进，我何以对天？

神传于目，而目则有睑，闭之可以养神也；祸出于口，而口则有唇，阖之可以防祸也。

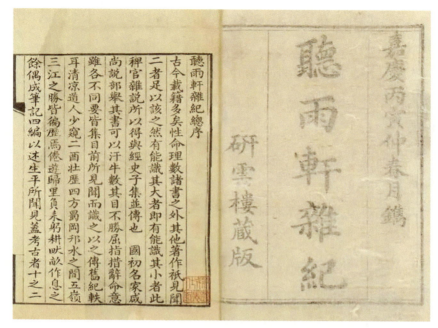

（清）徐承烈《听雨轩杂记》，清嘉庆十一年研云楼精写刻本

生资之高在忠信，非关机巧；学业之美于德行，不仅文章。

盛衰之机，虽关气运，而有心者，必责诸人谋；性命之理，固极精微，而讲学者，必求其实用。

儒者多文为富，其文非时文也；君子疾名不称，其名非科名也。

人品之不高，总为一利字看不破；学业之不进，总为一懒字丢不开。

人犯一苟字，便不能振；人犯一俗字，便不可医。

人得一知己，须对知己而无惭；士既多读书，必求读书而有用。

人皆欲贵也，请问一官到手，怎样施行？人皆欲富也，且问万贯缠腰，如何布置？

人皆欲会说话，苏秦乃因会说话而杀身；人皆欲多积财，石崇乃因多积财而丧命。

人之生也直，人苟欲生，必全其直；贫者士之常，士不安贫，乃反其常。

人之足传，在有德，不在有位；世所相信，在能行，不在能言。

人生不可安闲，有恒业，才足收放心；日用必须简省，杜奢端，即以昭俭德。

人生境遇无常，须自谋一吃饭本领；人生光阴易逝，要早定一成器日期。

人虽无艰难之时，要不可忘艰难之境；世虽有侥幸之事，断不可存侥幸之心。

人心统耳目官骸，而于百体为君，必随处见神明之宰；人面合眉眼鼻口，以成一字曰苦，知终身无安逸之时。

人称我善良则喜，称我凶恶则怒。此可见凶恶非美名也，即当立志为善良。我见人醇谨则爱，见人浮躁则恶，此可见浮躁非佳士也，何不反身为醇谨。

自奉，必减几分方好；处世，能退一步为高。

自己所行之是非，尚不能知，安望知人；古人以往之得失，且不必论，但须论己。

自家富贵不着意里，人家富贵不着眼里，此是何等胸襟！古人忠孝不离心头，今人忠孝不离口头，此是何等志量！

自虞廷立五伦为教，然后天下有大经；自紫阳集四子成书，然后天下有正学。

子弟天性未漓，教易入也，则体孔子之言以劳之，勿溺爱以长其自肆之心；子弟天性已坏，教难行也，则守孟子之言以养之，勿轻弃以绝其自新之路。

紫阳补大学格致之章，恐人误入虚无，而必使之即物穷理，所以维正教也；阳明取孟子良知之说，恐人徒事记诵，而必使之反己省心，所以救末流也。

作善降祥，不善降殃，可见尘世之间，已分天堂地狱；人同此心，心同此理，可知庸愚之辈，不隔圣域贤关。

最不幸者，为势家女作翁姑；最难处者，为富家儿作师友。

财不患其不得，患财得而不能善用其财；禄不患其不来，患禄来而不能无愧其禄。

才觉已有不是，便决意改图，此立志为君子也；明知人议其非，偏肆行无忌，此甘心为小人也。

在世无过百年，总要作好人、存好心，留个后代榜样；谋生各有恒业，那得管闲事、说闲话，荒我正经工夫。

存科名之心者，未必有琴书之乐；讲性命之学者，不可无经济之才。

聪明勿使外散，古人有纩以塞耳，旒以蔽目者矣；耕读何妨兼营，古人有出而负耒，入而横经者矣。

纵容子孙偷安，其后必至耽酒色而败门庭；专教子孙谋利，其后必至争赀财而伤骨肉。

（清）郑孝胥行书十二言联：利人损己出于自然，斯为宏量；解纷排难而无所取，绝非时流

夙夜所为，得无抱惭于裘影；光阴已逝，尚期收效于桑榆。

矮板凳，且坐着，好光阴，莫错过。

偶缘为善受累，遂无意为善，是因哽废食也；明识有过当规，却讳言有过，是护疾忌医也。

耳目口鼻，皆无知识之辈，全靠着心作主人；身体发肤，总有毁坏之时，要留个名称后世。

一信字是立身之本，所以人不可无也；一恕字是接物之要，所以终身可行也。

一室闲居，必常怀振卓心，才有生气；同人聚处，须多说切直话，方见古风。

一生快活，皆庸福；万种艰辛，出伟人。

一言足以招大祸，故古人守口如瓶，惟恐其覆坠也；一行足以玷终身，故古人饬躬若璧，惟恐有瑕疵也。

以汉高祖之英明，知吕后必杀戚姬，而不能救止，盖其祸已成也；以陶朱公之智计，知长男必杀仲子，而不能保全，殆其罪难宥乎？

以直道教人，人即不从，而自反无愧，切勿曲以求荣也；以诚心待人，人或不谅，而历久自明，不必急于求白也。

义之中有利，而尚义之君子，初非计及于利也；利之中有害，而趋利之小人，并不顾其为害也。

意趣清高，利禄不能动也；志量远大，富贵不能淫也。

"忧先于事，故能无忧，事至而忧无救于事。"此唐使李绛语也。其警人之意深矣，可书以揭诸座右。

尧舜大圣，而生朱均；瞽鲧之愚，而生舜禹。揆以余庆殃之理，似觉难凭。然尧舜之圣，初未尝因朱均而减；瞽鲧之愚，亦不能因舜禹而掩。所以人贵自立也。

有不可及之志，必有不可及之功；有不忍言之心，必有不忍言之祸。

有真性情，须有真涵养；有大识见，乃有大文章。

有守虽无所展布，而其节不挠，故与有猷有为而并重；立言即未经起行，而于人有益，故与立功立德而并传。

有生资，不加学力，气质究难化也；慎大德，不矜细行，形迹终可疑也。

有才必韬藏，如浑金璞玉，黯然而日章也；为学无间断，如流水行云，日进而不已也。

友以成德也，人而无友，则孤陋寡闻，德不能成矣；学以愈愚也，人而不学，则昏昧无知，愚不能愈矣。

言不可尽信，必揆诸理；事未可遽行，必问诸心。

严近乎矜，然严是正气，矜是乖气，故持身贵严而不可矜；谦似乎谄，然谦是虚心，谄是媚心。故处世贵谦而不可谄。

颜子之不校，孟子之自反，是贤人处横逆之方；子贡之无谄，原思之坐弦，是贤人守贫穷之法。

饮食男女，人之大欲存焉，然人欲既胜，天理或亡；故有道之士，必使饮食有节，男女有别。

隐微之衍，即干宪典，所以君子怀刑也；技艺之末，无益身心，所以君子务本也。

无论作何等人，总不可有势利气；无论习何等业，总不可有粗浮心。

无执滞心，才是通方士；有做作气，便非本色人。

无财非贫，无学乃为贫；无位非贱，无耻乃为贱；无年非夭，无述乃为夭；无子非孤，无德乃为孤。

（清）石涛《苍翠凌天图》

误用聪明，何若一生守拙；滥交朋友，不如终日读书。

伍子胥报父兄之仇而郢都灭，申包胥救君上之难而楚国存，可知人心足恃也；秦始皇灭东周之岁而刘季生，梁武帝灭南齐之年而侯景降，可知天道好还也。

为学，不外"静敬"二字；教人，先去"骄惰"二字。

为乡邻解纷争，使得和好如初，即化人之事也；为世俗谈因果，使知报应不爽，亦劝善之方也。

为善之端无尽，只讲一"让"字，便人人可行；立身之道何穷，只得一"敬"字，便事事皆整。

为人循矩度，而不见精神，则登场之傀儡也；作事守章程，而不知权变，则依样之葫芦也。

文行忠信，孝悌恭敬，孔子立教之目也，今惟教以文而已；志道据德，依仁游艺，孔门为学之序也，今但学其艺而已。

稳当话，却是平常话，所以听稳当话者不多；本分人，即是快活人，无奈做本分人者甚少。

王者不令人放生，而无故却不杀生，则物命可惜也；圣人不责人无过，惟多方诱之改过，庶人心可回也。

与朋友交游，须将他好处留心学来，方能受益；对圣贤言语，必要我平时照样行去，才算读书。

与其使乡党有誉言，不如令乡党无怨言；与其为子孙谋产业，不如教子孙习恒业。

遇老成人，便肯殷殷求教，则向善必笃也；听切实话，觉得津津有味，则进德可期也。

余最爱《草庐日录》有句云："澹如秋水贫中味，和若春风静后功。"读之觉矜平躁释，意味深长。

欲利己，便是害己；肯下人，终能上人。

用功于内者，必于外无所求；饰美于外者，必其中无所有。

《国学经典丛书》

注解

王永彬（1792~1869年），字宜山，人称宜山先生，湖北荆州府枝江（今湖北宜都）人。其一生经历了乾隆、嘉庆、道光、咸丰、同治五个时期。他不爱荣华富贵，生性纯茂冲远，不喜科举，很晚才恩获贡生科名，为修职郎，参与编修同治版本《枝江县志》，担任"分修"。他涉猎广泛，在著述授业之余，经史诸子书法医学皆习，尤好吟诗，其同郡文友王柏心为其撰写《勅授修职郎宜山王公传》记载："公著述外，尤好吟咏，与高安周柳溪、彝陵（夷陵）罗梦生结诗社，号吟坛三友"。

其《围炉夜话》，与洪应明之《菜根谭》、陈继儒之《小窗幽记》共称为"处世三大奇书"。他在序言中解释自己著《围炉夜话》的缘由，说道："围炉夜话，寒夜围炉，田家妇子之乐也。顾篝灯坐对，或默默然无一言，或嘻嘻然言非所宜言，皆无所谓乐，不将虚此良夜乎？余识字农人也。岁晚务闲，家人聚处，相与烧煨山芋，心有所得，辄述诸口，命儿辈缮写存之，题曰：围炉夜话。但其中皆随得随录，语无伦次且意浅辞芜，多非信心之论，特以课家人消永夜耳，不足为外人道也。倘蒙有道君子惠而正之，则幸甚。"作者围着火炉一边烤火取暖，一边思考人生，想出好的句子就让儿辈们用笔几下来，汇集成册。本书以"安身立业"为总话题，分别从道德、修身、读书、安贫乐道、教子、忠孝、勤俭等十个方面，揭示了"立德、立功、立言"皆以"立业"为本的深刻含义。

曾国藩《五箴（并序）》：养心修身，立志居敬谨言有恒

少不自立，荏苒遂泪今兹。盖古人学成之年，而吾碌碌尚如斯也，不其戚也！继是以往，人事日纷，德慧日报，下流之赴，抑又可知。夫疢疾所以益智，逸豫所以亡身，仆以中才而履安顺，将欲刻苦而自根拔，谅哉其难之欤！作五箴以自创云：

立志箴

煌煌先哲，彼不犹人。藐焉小子，亦父母之身。聪明福禄，予我者厚哉！弃天而佚，是及凶灾。积悔累千，其终也已。往者不可追，请从今始。荷道以躬，舆之以言，一息尚存，永矢弗援。

居敬箴

天地定位，二五胚胎。鼎焉作配，实回三才。严恪斋明，以凝女命。女之不庄，伐生戕性。谁人可慢？何事可弛？弛事者无成，慢人者反尔。纵彼不反，亦长吾骄，人则下女，天罚昭昭。

主静箴

斋宿日观，天鸡一鸣。万籁俱息，但闻钟声。后有毒蛇，前有猛

虎。神定不慑，谁敢予侮？岂伊避人，日对三军。我虚则一，彼纷不纷。驰骛半生，曾不自主。今其老矣，殆扰扰以终古。

谨言箴

巧语悦人，自扰其身。闲言送日，亦搅女神。解人不夸，夸者不解。道听途说，智笑愚骇。骇者终明，谓女贾欺。笑者鄙女，虽矢犹疑。尤侮既丛，铭以自攻，铭而复蹈，嗟女既耄。

有恒箴

自吾识字，百历及兹。二十有八载，则无一知。曩者所忻，阅时而鄙。故者既抛，新者旋徙。德业之不常，日为物迁。尔之再食，曾未闻或愆。黍黍之增，久乃盈斗，天君司命，敢告马走。

《曾文正公全集》

注解

曾国藩（1811~1872年），初名子城，字伯函，号涤生，谥文正，湖南湘乡（今属双峰）人，晚清重臣、名臣，同时也是著名文士和思想家。道光年间中进士，入翰林，擢部堂，历经十多年的京官生涯。太平天国运动爆发，他适逢丁母忧回籍，被任命为湖南"团练大臣"，借机练成湘军，统之镇压太平天国，历时十年余。其间于咸丰十年（1860年）充任两江总督，后兼荣列"相国"（大学士）。又曾挂帅镇压捻军，"无功"而退返两江之任。后移调直隶总督，在任近两年。同治九年（1870

（清）曾国藩行书七言联：长将静趣观天地，自有幽怀契古今

年），正在直隶总督任上的曾国藩奉命前往天津办理天津教案，因丧权辱国引起全国朝野的唾骂。曾国藩一生统军理政之外，文事不辍，又重修身、齐家，思想蕴涵丰厚。

《五箴》既是曾国藩对自己的要求，也是他对自己兄弟子侄的要求，能看出他不平凡的抱负，他立志做一个"以道为己任"的圣贤，并要求自己从静坐、守礼、谨言、有恒四个方面来做，以古圣贤为榜样，以圣贤书为指针，以实现治国平天下为目标，做一个顶天立地、光宗耀祖的完人。在这里，曾国藩特别强调了要"敬"，人天地被称为三才，庄严敬肃，谨肃严明，就是要尊重自己的生命和人格，只有自己尊重自己了，才能使别人尊重你。同时，要保持自己的镇定，没遇大事有静气，遇到任何艰难险阻都不慌乱。特别是强调了有恒，说话要有根据和内容，行动要有准则和规矩，不能朝三暮四和半途而废，"人但有恒，事无不成。"

曾国藩《君子慎独论》：屋漏而懔如帝天，方寸而坚如金石

细思古人工夫，其效之尤著者，约有四端：曰慎独则心泰，曰主敬则身强，曰求仁则人悦，曰思诚则神钦。

慎独者，遏欲不忽隐微，循理不问须臾，内省不疚，故心泰。主敬者，外而整齐严肃，内而专静纯一，斋庄不懈，故身强。求仁者，体则存心养性，用则民胞物与，大公无我，故人悦。思诚者，心则忠贞不贰，言则笃实不欺，至诚相感，故神钦。四者之功夫果至，则四者之效验自臻。余老矣，亦尚思少致吾功，以求万一之效耳。

尝谓独也者，君子与小人共焉者也。小人以其为独而生一念之妄，积妄生肆，而欺人之事成。君子懔其为独而生一念之诚，积诚为慎，而自谦之功密。其间离合几微之端，可得而论矣。

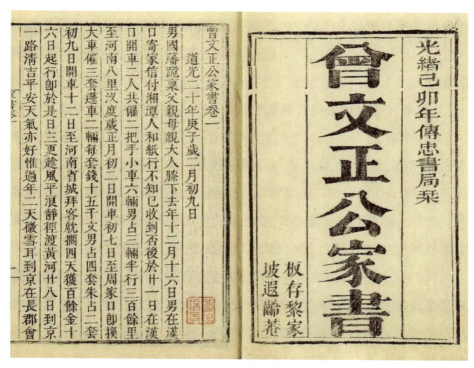

（清）曾国藩《曾文正公家书》，清光绪己卯年传忠书局刻印

盖《大学》自格致以后，前言往行，既资其扩充；日用细故，亦深其阅历。心之际乎事者，已能剖晰乎公私；心之丽乎理者，又足精研其得失。则夫善之当为，不善之直去，早画然其灼见矣。而彼小人者，乃不能实有所见，而行其所知。于是一善当前，幸人之莫我察也，则趋焉而不决。一不善当前，幸人之莫或伺也，则去之而不力。幽独之中，情伪斯出，所谓欺也。惟夫君子者，惧一善之不力，则冥冥者有堕行；一不善之不去，则涓涓者无已时。屋漏而懔如帝天，方寸而坚如

金石。独知之地，慎之又慎。此圣经之要领，而后贤所切究者也。

自世儒以格致为外求，而专力于知善知恶，则慎独之旨晦。自世儒以独体为内照，而反昧乎即事即理，则慎独之旨愈晦。要之，明宜先乎诚，非格致则慎亦失当。心必丽于实，非事物则独将失守。此入德之方，不可不辨者也。

《曾文正公全书》

注解

"慎独"是中国古代儒学倡导的一种道德修养方法。此语最早载于《礼记·中庸》："道也者，不可须臾离也，可离非道也。是故君子戒慎乎其所不睹，恐惧乎其所不闻。莫见乎隐，莫显乎微，故君子慎其独也。"所谓"慎独"或"慎其独"，可通俗地解释为：小心翼翼地固守本性，无怨无悔地遵循，矢志不渝地追求。其实说到底就是"慎心"，在各种利诱面前靠强大的"精神防线"来抵挡形形色色的诱惑。

"慎独"是一种内在的道德力量和高度的自觉性，作为一种道德修养，就是在别人看不到的时候慎重行事，在别人听不到的时刻保持清醒，不要认为事情有隐藏，就可以去做，而放松对自己的要求，当一个人独处的时候，更应该严格要求自己，防患于未然，自重自爱，把握自己。"慎独"就是要遏制自己的贪欲，连最微小、最隐蔽的地方也不可以放过，行事要遵循自然之理，一刻也不要间断。

"慎独"是一种根植于内心的修养，一种无须提醒的深刻自觉，一种时时用道德和法纪约束自己的崇高境界。这种修身养性的办法，不仅古代为正人君子所推崇和实践，而且今天仍然具有积极的意义。刘少奇在其著名篇章《论共产党员的修养》中，将"慎独"作为党性修养的有效形式和最高境界加以提倡。他指出，即使在个人独立工作、无人监督、有做各种坏事可能的时候，能够"慎独"，不做任何坏事。

习近平总书记强调："时刻自重自省自警自励，做到慎独慎初慎微慎友"。慎独慎初慎微慎友，为领导干部加强党性修养、陶冶道德情操、筑牢廉洁自律防线明确了方法和路径。领导干部在工作和生活中要带头做到慎独慎初慎微慎友，像珍惜生命一样珍惜自己的节操，做一个一尘不染的人，永葆共产党人政治本色。

曾国藩《修身十二款》：刻刻留心，第一功夫

不圣则狂，不上达则下达，危矣哉！自十月朔立志自新以来，两月余渐渐疏散，不严肃，不谨言，不改过，仍过我矣。树堂于昨初一重立功课，新换一个人，何我遂甘堕落耶？从此谨立课程，新换为人，毋为禽兽。

一、敬：整齐严肃，无时不惧。无事时心在腔子里，应事时专一不杂。清明在躬，如日之升。

二、静坐：每日不拘何时，静坐四刻，体验静极生阳来复之仁心，正位凝命，如鼎之镇。

三、早起：黎时即起，醒后勿沾恋。

四、读书不二：一书未点完，断不看他书，东翻西阅，徒徇外为人，每日以十叶为率。

五、读史：丙申年购《廿三史》，大人曰："尔借钱买书，吾不惜极力为尔弥缝，尔能圈点一遍，则不负我矣！"嗣后每日点十叶，间断不孝。

六、谨言：刻刻留心，是功夫第一。

七、养气：气藏丹心，无不可对人言之事。

八、保身：十月廿二奉大人手谕曰："节劳节欲节饮食，时时当作养病。"

九、日知所亡：每日记《茶余偶谭》二则，有求深意是徇人。

十、月无忘所能：每月作诗文数首，以验积理之多寡，养气之盛否，不可一味耽着，最易溺心丧志。

十一、作字：早饭后作字半时，凡笔墨应酬，当作自己课程，凡事不为待明日，愈积愈难清。

十二、夜不出门：旷达疲神，切戒切戒。

（道光二十二年十二月初七日）

《曾文正公全书》

注释

《修身十二款》实际上是曾国藩为自己制定的每日学习工作要则。中国自古就有立功（完成大事业）、立德（成为世人的精神楷模）、立言（为后人留下学说）的"三不朽"之说。曾国藩从小发愤图强，立志"澄清天下"。立志之后持之以恒，铢积寸累，对人对己坦坦荡荡，每日自修、自省、自律，实现了立功、立言、立德的封建士大夫的最高追求。他中年以后，坚持修身十二款：敬、静坐、早起、读书不二、读史、谨言、养气、保身、日知所亡、月无忘所能、作字、夜不出门。他不信医药，不信僧巫，不信地仙，守笃诚，戒机巧，抱道守真，不慕富贵，"人生有穷达，知命而无忧。"曾国藩每天记日记，对每天言行进行检查、反思，一直贯穿到他的后半生，不断给自己提出更多要求：要勤俭、要谦对、要仁恕、要诚信，知命、惜福等，力图将自己打造成当时的圣贤。

作为一个封建士大夫，这种严格自律精神是非常值得我们借鉴的，虽然《修身十二款》内容不一定完全适合我们当今的年轻人，但其中蕴含的自律、自我批评、坚持学习、不断反省自己、坚持不懈、持之以恒等精神，是值得我们学习和借鉴的。

曾国藩《书赠仲弟六则》：清俭明慎恕静，缺一不可

清

《记》曰："清明在躬。"吾人身心之间，须有一种清气。使子弟饮其和，乡党薰其德，庶几积善可以致祥。饮酒太多，则气必昏浊；说话太多，则神必躁扰。弟于此二弊，皆不能免。欲保清气，首贵饮酒有节，次贵说话不苟。

俭

凡多欲者不能俭，好动者不能俭。多欲如好衣、好食、好声色、好书画古玩之类，皆可浪费破家。弟向无癖嗜之好，而颇有好动之弊。今日思作某事，明日思访某客，所费日增而不觉。此后讲求俭约，首戒好动。不轻出门，不轻举事。不持不作无益之事，即修理桥梁、道路、寺观、善堂，亦不可轻作。举动多则私费大矣。其次，则仆从宜少，所谓食之者寡也。其次，则送情宜减，所谓用之者舒也。否则今日不俭，异日必多欠债。既负累于亲友，亦贻累于子孙。

明

三达德之首曰智。智即明也。古来豪杰，动称英雄。英即明也。明有二端：人见其近，吾见其远，曰高明；人见其粗，吾见其细，曰精明。高明者，譬如室中所见有限，登楼则所见远矣，登山则所见更远矣。精明者，譬如至微之物，以显微镜照之，则加大一倍、十倍、百倍矣。又如粗糙之米，再舂则粗糠全去，三舂、四舂，则精白绝伦矣。高明由于天分，精明由于学问。吾兄弟忝居大家，天分均不甚高明，专赖学问以求精明。好问若买显微之镜，好学若舂上熟之米。总须心中极明，而后口中可断。能明而断谓之英断，不明而断谓之武断。武

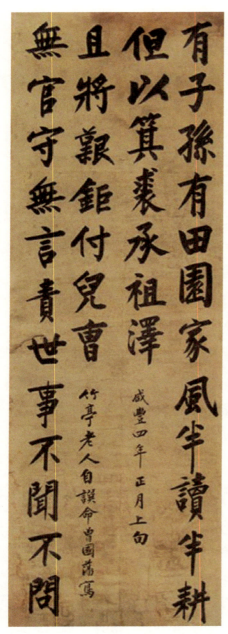

（清）曾国藩行楷书竹亭老人十九言联：有子孙有田园家风半读半耕，但以箕裘承祖泽；无官守无言责世事不闻不问，且将艰巨付儿曹。款署：咸丰四年正月上旬，竹亭老人自撰，命曾国藩写。

断自己之事，为害犹浅；武断他人之事，招怨实深。惟谦退而不肯轻断，最足养福。

慎

古人曰钦、曰敬、曰谦、曰谨、曰虔恭、曰祗惧，皆慎字之义也。慎者，有所畏惮之谓也。居心不循天理，则畏天怒；作事不顺人情，则畏人言。少贱则畏父师，畏官任。老年则畏后生之窃议，高位则畏僚属之指摘。凡人方寸有所畏惮，则过必不大，鬼神必从而原之。若嬉游、斗牌等事而毫无忌惮，坏邻党之风气，作子孙之榜样，其所损者大矣。

恕

圣门好言仁，仁即恕也。曰富，曰贵，曰成，曰荣，曰誉，曰顺，此数者，我之所喜，人亦皆喜之。曰贫，曰贱，回败，曰辱，曰毁，口逆，此数者我之所恶，人亦皆恶之。吾辈有声势之家，一言可以荣人，一言可以辱人。荣人，则得名、得利、得光耀。人尚未必感我，何也？谓我有势，帮人不难也。辱人则受刑，受罚，受苦恼，人必恨我刺骨。何也？谓我仗势欺人太甚也。吾兄弟须从恕字痛下工夫，随在皆设身以处地。我要步步站得稳，须知他人也要站得稳。所谓生也，我要处处行得通，须知他人也要行得通。所谓达也，今日我处顺境，预想他日也有处逆境之时；今日我以盛气凌人，预想他日人亦以盛气凌我之身，或凌我之子孙。常以恕字自惕，常留饶地处人，则荆棘少矣。

静

静则生明，动则多咎，自然之理也。家长好动，子弟必纷纷扰扰。朝生一策，暮设一计，虽严禁之而不能止。欲求一家之安静，先求一身之清静。静有二道：一曰不入是非之场，二曰不入势利之场。乡里之词讼曲直，于我何干？我若强为剖断，始则陪酒饭，后则惹怨恨。官场之得失升沉，于我何涉？我若稍为干预，小则招物议，大则挂弹章。不若一概不管，可以敛后辈之躁气，即可保此身之清福。

《曾文正公全书》

注解

曾国藩兄弟五人，曾国藩居长，另有曾国荃、曾国璜、曾国葆、曾国华。作为长兄，曾国藩和诸位兄弟保持着良好的关系。他认为，"兄弟和睦，就算是穷苦小户人家，也一定能兴旺；兄弟不和，即便是世家大族，也一定会衰败。"从《曾国藩家书》中看，曾国藩在战火纷扰、交通极为不便的年月，虽身为京官还要东拼西凑借钱过日子的情况下，他一边为官，一边顾家，挤时间坚持写家书。曾国藩在京城做官，兄弟们远在湖南老家求学。虽然远隔千里，但他无时无刻不关注着诸位兄弟的日常生活和学习进步，他在信里不仅分享每日心得，跟进兄弟们的学习进度，还不忘介绍家乡和京城里良师益友们的成就，信里一一详细记载和点评，其用心良苦使人感动。

（清）王时敏《答菊园》轴

在这篇文章中，他向兄弟提出了做人处世的六项要则，即：清、俭、明、慎、恕、静，其中核心内容是慎，曾国藩说："慎独则心安，自修之道，莫难于养心，养心之难，又在慎独。能慎独，则内省不疚，可以对天地质鬼神。人无一内愧之事，则天君泰然，此心常快足宽平，是人生第一自强之道，第一寻乐之方，守身之先务也。"意思是说，一个人在独处时，也能做到思想和言行举止谨慎，沉淀心性，就能在处事过程中问心无愧，心安理得。修身养性最难的地方就是养心，磨炼心性，关键是做到"慎独"。能在独处中不断地自我反省，做到俯仰无愧于天地，内心光明圣洁，就接近了圣人的境界，那天地鬼神也很敬佩他。

曾国藩《不忮》《不求》: 善莫大于恕，德莫凶于妒；
知足天地宽，贪得宇宙隘

不 忮

善莫大于恕，德莫凶于妒。妒者妾妇行，琐琐奚比数。

己拙忌人能，己塞忌人遇。己若无事功，忌人得成务。

己若无党援，忌人得多助。势位苟相敌，畏逼又相恶。

己无好闻望，忌人文名著。己无贤子孙，忌人后嗣裕。

争名日夜奔，争利东西鹜。但期一身荣，不惜他人污。

闻灾或欣幸，闻祸或悦豫。问渠何以然，不自知其故。

尔室神来格，高明鬼所顾。天道常好还，嫉人还自误。

幽明丛垢忌，乖气相回互。重者灾汝躬，轻亦减汝祚。

我今告后生，悚然大觉寤。终身让人道，曾不失寸步。

终身祝人善，曾不损尺布。消除嫉妒心，普天零甘露。

家家获吉祥，我亦无恐怖。

不 求

知足天地宽，贪得宇宙隘。岂无过人姿，多欲为患害。

在约每思丰，居困常求泰。富求千乘车，贵求万钉带。

未得求速偿，既得求勿坏。芬馨比椒兰，磐固方泰岱。

求荣不知餍，志亢神愈忲。岁燠有时寒，月明有时晦。

时来多善缘，运去生灾怪。诸福不可期，百殃纷来会。

片言动招尤，举足便有碍。戚戚抱殷忧，精爽日凋瘵。

矫首望八荒，乾坤一何大。安荣无遽欣，患难无遽憝。

君看十人中，八九无倚赖。人穷多过我，我穷犹可耐。

而况处夷涂，奚事生嗟忾。于世少所求，俯仰有余快。

俟命相终古，曾不愿乎外。

《曾文正公全书》

注解

《不忮》《不求》是曾国藩作为遗嘱的形式写给儿子纪泽、纪鸿的。

什么是"不忮不求"？这一句话最早见之于《诗经·邶风·雄雉》的最后两句"不忮不求，何用不臧"，忮，嫉妒，忌恨，伤害，即嫉人之有而欲害之也。求，贪求，即"耻己之无而欲取之也"。这句话大意是：不嫉妒，不贪求，干什么都不会不好。

曾国藩为什么要写下这两首诗呢？这是因为同治九年（1870年），在天津所发生的一场震惊中外的教案。天津民众为反对天主教会在保教国（法国）武力的庇护下肆行宣教，攻击天主教教会机构而造成数十人被谋杀。此后教会动用武力，外国军舰来到天津，七国公使向总理衙门抗议。清政府于是派出曾国藩进行处理。曾国藩压力巨大，感到非常棘手，但又不能推脱，他感到此次去凶多吉少，就在临行前以遗嘱形式写下了给两个儿子的《不忮》《不求》诗。对此，他在诗的序言中交代说：

余即日前赴天津，查办殴毙洋人、焚毁教堂一案。外国性情凶悍，津民习气浮嚣，俱难和协。将来构怨兴兵，恐致激成大变。余此行反复筹思，殊无良策。余自咸丰三年募勇以来，即自誓效命疆场，今老年病躯，危难之际，断不肯吝于一死，以自负其初心。恐邂逅及难，而尔等诸事无所禀承。兹略示一二，以备不虞。

余生平略涉儒先之书，见圣贤教人修身，千言万语，而要以不忮不求为重。忮者，嫉贤害能，妒功争宠，所谓"怠者不能修，忌者畏人修"之类也。求者，贪利贪名，怀土怀惠，所谓"未得患得，既得患失"之类也。忮不常见，每发露于名业相侔、势位相垺之人；求不常见，每发露于货财相接、仕进相妨之际。将欲造福，先去忮心，所谓人能充无欲害人之心，而仁不可胜用也。将欲立品，先去求心，所谓人能充无穿窬之心。而义不可胜用也。忮不去，满怀皆是荆棘；求不去，满腔日即卑污。余此二者常加克治，恨尚未能扫除净尽。尔等欲心地干净，宜于此二者痛下工夫，并愿子孙世世戒之。

在此，曾国藩集一生成败，给两个儿子集中阐述了他认可的最贴切、最管用的做人处世哲学，就是于不忮不求处痛下功夫，"将欲造福，先去忮心""将欲立品，先去求心"，"大约以能立能达为体，以不怨不尤为用。立者，发奋自强，站得住也。达者，办事圆融，行得通也"，即不要动辄怨天尤人，为人自身奋发图强，处事刚柔并济圆融贯通。曾国藩说，"凡人作一事，便须全副精神往在此一事，首尾不懈。不可见异思迁，做这样想那样，坐这山望那山。人而无恒，终身一无所成"，简言之，做事要有恒心。就如他一副对联写的："养活一团春意思，撑起两根穷骨头。"养活一团春意思，心里要有像春天一样的活力，此为世上做人、官场安身立命之根本。

王师晋《资敬堂家训》：传家久远，不外"读书积德"四字

为人之道，内则尽其孝弟，外则须择交。正人君子必爽直，必诚实，平居必好学，与之交，庶得其益。若轻浮小人，必作事消沮闭藏，虽文采足观，断不可与之订交。见富贵者奉承不遗余力，见贫寒者即轻薄之，此等小人亦不可近。更有一等貌为君子，心术险狠，一堕其

术，丧身亡家，孔子所谓"乡愿"是也，当远之如鸩酒毒蛇，以不见为幸。师长品学兼优，尽心教读，当事之如父，倘家有正事，竭力相助，得其欢心，一切奉侍，皆须虔洁。子弟成人以后，心存利济，观圣贤一生，总要斯世斯人同归乐，利老安少，怀何等心肠。

吾人学问渊深，出而为官，存心教养，伏而在下，著书立说，可法天下后世。居家保守先业，持家以俭，待人以宽。时存悲悯之心，目击老幼残疾，穷民无告，皆当救援，一切飞走动植之物，亦须护持。天地之心好生，人当常体此意。至于亲族之孤寒者，更宜格外扶持，如遇年荒，米珠薪桂，穷人难以存活，当仗义疏财，人我一体为念。

言语须要谦和，不可凌人。试观《谦》卦，《六爻》皆吉。言语尖酸刻薄，妄自夸大，既亏人品，复干天和，寻至破家辱身，非细故也。《诗》云："白圭之玷，尚可磨也。斯言之玷，不可为也。"须日日讽诵，以戒口过。

处家之道，有余断不可放债。放债之弊，不可枚举。一则已受盘剥之名，人受催迫之累，伤情面、结怨毒，莫此为甚。族谊亲情，有过不去者，不如周恤之，人与己可以两忘。居家调度得宜，续置清白房产，收些花息，最为稳妥。货殖一道，如资质不近，断不可勉强行之，事出勉强，必有破伤之祸。苟其才足经营，每年余些稻米，丰年或稍亏折，凶年亦可济人。古人有经济之才，治家宽然有余，出仕亦可惠及黎民。

读书一道，人人志在显扬，文字必须博大昌明、高华名贵，其功却自简练揣摩得来。然尤重者，须志在圣贤，暗室屋漏之中，有神明也。常存先圣先贤之志，诵读之下，宜反诸身心，何者可以企及之，何者可以则效之。力量有余，留心经济之书，兵政、河渠、钱漕、法律，皆宜详悉，为通简之学。不可以文章诗赋蔚然可观，遂侈然自足。

为学之道，须要有专心，有恒心，有勇心，有纯一不已之心，方能成就一大器。何为专心？如读《论语》，细加融会，不知《论语》外又有书，读他经亦然，方能读一经得一经之益。

何为恒心？为学之要，如织机然，积缕成丝，积丝成寸，积寸成尺，积尺以成丈匹，此贤母训子之语，实千古为学之定则。若半途而废，如绢止半匹，不能成功。

何为勇心？"舜，人也；我，亦人也。"古之人功德被天下，遗泽及后世，只此一点自强不已之心，便做到圣贤地步。故为学须以古人为法则，所谓"学如不及，犹恐失之"者也。

何为纯一不已之心？人之为学，须如川之流，不舍昼夜；如天之健，运行不息；如日月之代明，不分晦朔。人生自少壮以至于老，无一非学之境，无一非学之时。厄穷当学，显达当学。

（清）刘绎篆书五言联：看松当雨后，饮酒趁花时

所学者何？修身齐家、致君泽民之理而已。凡此言学，虽来必尽，然即此以用力，亦可追仰古人矣。

昨今两日，天气晴朗，丰年之象，深为心喜。然人生在世，值离乱惊值，则恐惧修省；一遇时世平安，则易生逸乐，此常人之心皆然。士君子有志于圣贤，当不以时之安危变其节操。财色最足昏人志气，财非必贪墨无厌也，有一念厚己薄人，即当除之于念虑；色非必耽于花柳也，即雇媪侍婢，有一念不正，其何以对天地神祇？何以对祖宗？何以对子孙？于初起看书，亦就其浅近者时相则效，身心性命之地，毫无觉察，反身多愧。近则绳之幽居独处之地，觉一念不正，即多罪过。然欲心之正、念之纯，"凛乎若朽索之驭六马"，难之甚。然人不可不勉其难。至工夫纯熟，熙熙皞皞，同曾点之游春，以视夫子"饭疏食饮水"、"乐以忘忧"，此中功夫，层级相去又远。吾之言此，诚知精粗不类，然心之所欲，言不暇细较也。

连日天好，命工人浇灌花木，细思得农人种植之法，士子科举之功，学人进修之业也。夫花木取其馨香美丽，非有污秽之物培之，则花木必不茂盛。农夫不加粪土于田中，焉能五谷丰登，以供祭祀，以养群生。士子非励志读书，焉能纡青拖紫。前之苦，后之甘，恒为倚伏。大凡学人饮冰茹蘖，猛志潜修，栖栖皇皇，上不受知于君相，下不见信于同人。迨其后，大则享祀万世，小亦感格天人。吾于浇灌花木而得此理，后之人毋以事小而不致思也。

思古人立师、保、传，以训嗣君。师以圣学启适其心，保以成其

德、养其身，傅以辅相其德业学问。自天子至于庶人，其爱子之心同，所以期望之、保爱之无不同。则父母之心，无不欲子之成圣贤、享寿考。然而为子孙能体父母之心者，千而一焉，万而一焉。何则？天理之明，不能敌嗜欲之私。嗜欲之私日重，天理之明日暗。房帷燕溺之私，父母有不能言者。至父母所不能言，而父母之心伤矣。何则？幽恐其伤德，明恐其伤身。在父母之心，自怨自艾，而子之心能体父母之心否乎？闺门之内，自以为无人知，庸何伤？不知外而之传，播若新闻，一人传十，十人传百，遍乡间无不知之。

　　乡间载泥来培壅树木。思树木非土不植，培之宜勤，人家安可不勤修令德，以培植子孙，思之惧！思之危！声色货利，我身家之斤斧也。慎独以立其基，积善以养其根，一团和气，如春令温和、绵绵密密，不使乖戾之气中于身心，则人家可以悠久矣。

　　能省俭处即省俭，俭以养廉，俭为美德。若济人利物之处，而亦啬于用，则为吝。吝与俭不同，有公私之分。去奢华，捐粉饰，留有余以补不足，是真俭也。若一味鄙啬，是守财虏，所为又为人所轻贱

（清）杨晋《秋山图》

也。"俭"之一字，诸美毕备，非独钱已也。俭于嗜欲，可以保元育神；俭于言语，可以息是非，养精气；俭于饮食，可以养脾胃；俭于思虑，可以一心静志；俭于交游，可以省酬应；俭于忿怒，可以免怨尤。诸如此类，不可枚举。推类以思天下事，无一事不当俭者。三复斯言，可以守身保家矣。

前日偶然带翻水盂，泼水在桌上。桢儿将抹布一揩，桌上遂有痕迹，细擦之，尚不能净。因悟损友日浸月染，被其所污不少，非痛改力行，琢磨功课，安能尽去其污？可见日亲贤良师傅，虽不见骤然有益，而馨香日久，与之俱化。若损友，则一刻不可近。戒之！慎之！

园中看新竹挺生，有不可遏之势。人之为学，亦须蒸蒸日上，不可存委靡不振之心。勃然怒发，无倚傍他人，有特立独行之概，其庶几哉！

凡读书士子，须下忘食忘寝之功。有人一己百、人十己千之诣力，自可成名立业。成名之后，须与地方兴利除害，忠君报国。亏空固不可，若孳孳为利，同市井一般，不如家居之为得也。限于天资，无力读书，亦须孳孳向善，勤苦劳力，以谋衣食，修德累功，以培植子孙。

子弟固望其聪明，读书有成，否则诚实一派，亦颠扑不破。若好浮华，走时势，最为下品。

士而业精于勤则发，不发，则后之子孙必有发者。农工商贾，无不以勤而兴、惰而废。而勤又不可不俭，一切饮食、衣服、玩好之物，皆足以破家。不俭则不廉，"俭以养廉"一语，最可玩味。古圣克勤于邦，克俭于家，所以垂为万世法也。

圣贤之学，非所敢望，而不可无此志。或见识已窥于高远，或学问已造于精纯，虽未能融化，而由此做进去，便是圣贤地步。下此则积功累仁，思有过，几于无过，由勉强以进于自然，亦不失为醇谨之士。

传家久远，不外"读书积德"四字，若纷纷势利，真如烟花过眼，须臾变灭。

勤俭，治家之本；和顺，齐家之本；谨慎，保家之本；诗书，起家之本；忠孝，传家之本。

以父母之心为心，天下无不友之兄弟；以祖宗之心为心，天下无不和之族人；以天地之心为心，天下无不爱之民物。

《中华家训大观》

注解

王师晋（1804~1880年），字以荘，号敬斋，祖籍原为浙江秀水县新塍镇。《资敬堂家训》一书是由王师晋所撰写、其曾孙王大隆辑录而

（清）左宗棠七言行书对联：闭门读书交人事，脱巾独步闻鸟声

成。其内容凝聚了家族内部成才报国、勤俭治家、忠孝廉节、尊宗敬祖的道德风范。在做人方面，他提出要"持己以俭、待人以宽"，结交正人君子，谈吐间要保持谦和之态，"言语尖酸刻薄，妄自夸大，既亏人品，复干天和，寻至破家辱身，非细故也"。在为学上，提出"为学之道，须要有专心，有恒心，有勇心，有纯一不已之心，方能成就一大器。"他强烈推荐"四书五经"一类儒家经典书籍，因为这些书籍均是古代圣贤以其自身阅历和资质为基，耗尽毕生所著。在治家上，王师晋深受勤俭为本的治家思想影响，严格区分了俭与吝：过分注重私人

利益，一味守财，虏获他人所得是为人唾弃的行为，是吝啬；俭则是在去除奢华粉饰之后，勤俭节约，是一种顾全大局的治家方式。

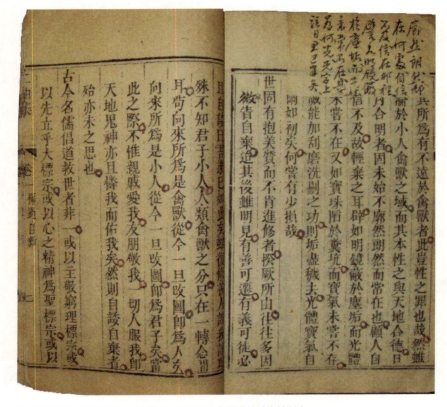

▎（清）李颙《二曲集》，清光绪三年陕西石泉彭懋谦信述堂精刻本

林纾《二箴》：一戒心胸狭窄没气量，二戒语言肆惮立仇怨

余少刻苦自励，恪守仲氏贫而无谄之训，至于困馁不能自振，而言益肆，气益张，乃不知为贫贱之骄人也。中年渐解敛抑，顾蓄其余烟，触枯辄爇。老至仍不自制，良友高子益而谦，至于把吾腕痛哭力

谏，私计天下之爱惜其朋友者，仁至谊尽无如吾子益者矣，更弗克勉，将不名为人。因作二箴，用以自创。

气　箴

人惟尔愚，故挑尔怒。猵衷弗载，声色呈露。是非俱倒，与尔何与？疥尔行能，痤尔撰述。谬悠之口，尔执为据。以一罾万，侯祝侯诅。日即俚下，嗟尔老暮。让路徐行，故室疋步？藉砭吾疵，或起沉痼。流水清冷，闲云高素，尔倘知足，奚谤毁之骛？

言　箴

轻世藐人，言始无惮。阴克易仇，长德成粲。髯鬓花皤，乃类风汉。斥俗洗奢，女言先谩。议人得失，亦可云讪。恃尔能言，指数毛发，转转流播，受者次骨。人之訾女，女曰污予，易地相处，视女何如？人匪圣哲，安得无短？反唇稽女，为悔以晚。伤时非厚，侈长近满。慎弗诋撝，力强餐饭。

（清）袁枚行书四言联：憨无遇事，富不学奢

《畏庐文集》

注解

本文包括两篇箴文和一篇序言。序言主要是说明作《二箴》的缘由。

林纾（1852~1924年），原名群玉，幼名秉辉，字琴南，号畏庐、畏庐居士，笔名冷红生。自号践卓翁。福建闽县（今福州）人，近代著名文学家、翻译家。

　　《气箴》篇是针对自己"气张"的缺点写的，认为一个人所以"气张"，一是因为"愚"，不明事理；二是因为"猵衷"，心胸狭窄，没有气量，容不下事情。针对由于"气张"而"骄人"的问题，进行自我贬抑，自我修养，如"流水""闲云"做到"清冷""高素"，培养自己的涵养气量。《言箴》篇是针对自己"言肆"而写的。认为自己语言肆惮的根本原因就是"轻世藐人"，自高自大，因此规谏自己要"慎弗诋摭"，即说话办事都要虚心谨慎。我们经常说人要学会自我批评，能够不断反思和检讨自己的缺点。林纾的这两篇箴言，就是很好的自我修养的模范。

丁福保《少年进德录》: 安莫安于知足，危莫危于多言；贵莫贵于不求，贱莫贱于多欲

总　论

（民国）丁福保像

　　叶梦得曰："人欲常和豫快适，莫若使胸中秋毫无所歉。"孟子言："仰不愧天俯不怍人为一乐。"此非身履之，无以知圣贤之言为不妄也。

　　人之操行，莫先于无伪。能不为伪，虽小善亦有可观，其积累之，必可成其大。苟出于伪，虽有甚善，不特久之终不能欺人，亦必有自怠而不能自掩者。

　　赵清献公每夜常烧天香，必擎炉

默告，若有所秘祝者。客有疑而问公，公曰："无他。吾自少昼日所为，夜必哀敛，奏知上帝。"已而复曰："吾一矢区区之诚，安知必能尽达？姑亦自防检，使不可奏者知有所畏，不敢为耳。"

林和靖《省心录》曰："高不可欺者天也，尊不可欺者君也，内不可欺者亲也，外不可欺者人也。四者既不可欺，心其可欺乎？心不可欺人，其欺己乎？"

诚无悔，恕无怨，和无仇，忍无辱。

有过知悔者，不失为君子。知过遂非者，其小人欤？

以忠沽名者，讦；以信沽名者，诈；以廉沽名者，贪；以洁沽名者，污。忠信廉洁，立身之本，非钓名之具也。有一于此，乡愿之徒，又何足取哉？

心可逸，形不可不劳；道可乐，身不可不忧。形不劳则怠惰易弊，身不忧则荒废不立。故逸生于劳而常休，乐生于忧而无厌，是忧劳也，所以为逸乐欤！

贺阳亨曰："寒微之家有骤兴者，必是先世积有阴德。而自己心地好，志气好，所以能有今日。世人以为骤，而不知先世之积德非一日矣。若视为今日骤起，回忆先世苦寒不如意之人之事，今日思量报某仇，明日思量报某事快某忿，乡里侧目，则元气损伤，立见其瘁矣。"崛起之家，最易有此设想。不知祖宗积累而兴之甚难，子孙乘势而败之甚易。可惧可惜！

世间惟财色二者，最迷惑人，最败坏人。故自一妻之外，皆为非己之色。淫人妻女，妻女淫人，夭寿折福，殃留子孙，皆有明验显报。少年当竭力保守，视身如白玉，一失脚即成粉碎；视此事如鸩毒，一入口即立死。须臾坚忍，终身受用；一念之差，万劫莫赎。可畏哉！可畏哉！

（清）刘献廷《广阳杂记》，清光绪潘祖荫刻功顺堂刻本

至于非分之得，今人以为福，古人以为祸。吾见人非分得财，非得财也，得祸也。积财愈多，积祸越大，往往忽遭横祸，前所积者，一朝而尽。不然，即生出异常不肖子孙，做出无限丑事，资人笑话。何如力持勤俭二字，终身不取一毫非分之财，泰然自得，衾影无怍，胜于秽浊之富，不且百千万倍耶？

俗情浓艳处，淡得下；俗情苦恼处，耐得下；俗情抑郁处，遣得下；俗情耽溺处，撇得下；俗情劳攘处，闲得下；俗情牵绊处，斩得下；俗情矜张处，抑得下；俗情侈放处，敛得下；俗情难忍处，忍得下；俗情难容处，容得下。斯为有超世之识，且有超世之守。

胸中不平要鸣，脑中有得要说，只是无量以容。

顾东桥公著左右二警词，左曰："言行拟之古人，则德进；功名付之天命，则心闲；报应念及子孙，则事平；受享虑及疾病，则用俭。"右曰："好辩以招尤，不若韬默以怡性；广交以延誉，不若索居以自全；

厚费以多营，不若省事以守俭；逞能以诲妒，不若韬智以示拙。"

王锡爵《本箴》曰："孝弟为立身之本，忠恕为存心之本，立志为进修之本，读书为起家之本，严肃为正家之本，勤俭为保家之本，寡欲为养身之本，慎言为远害之本，节欲为却病之本，清谨为当官之本，谨厚为待人之本，择友为取益之本，虚心为受教之本，自修为止谤之本，凝重为受福之本，一经为教子之本，积善为裕后之本，方便为处事之本，权宜为应变之本，胆略为任事之本，实胜为得名之本，圣贤以心地为本，君子专力于务本。"

聂寿卿座右铭曰："短不可护，护则终短；长不可矜，矜则不长。尤人不如尤己，好圆不如好方。用晦则莫与争智，撝谦则莫与争强。多言者老氏所戒，欲讷者仲尼所臧。妄动有悔，何如静而勿动；大刚则折，何如柔而勿刚。吾见进而不已者败，未见退而自足者亡。为善斯游君子之域，为恶则入小人之乡。吾侪书绅带以自警，刻盘盂而若伤。惟常存于座右，庶夙夜之不忘。"

吕新吾曰："传家两字，曰读与耕。兴家两字，曰俭与勤。安家两字，曰让与忍。防家两字，曰盗与奸。亡家两字，曰淫与暴。休存猜忌之心，休听离间之言，休作过分之事，休专公共之利。吃紧在各求尽分，切要在潜消未形。子孙不患少而患不才，产业不患贫而患喜张，门户不患衰而患无志，交游不患寡而患从邪。不肖子孙，眼底无几句诗书，胸中无一段道理，神昏如醉，体懒如瘫，意纵如狂，行卑如丐。败祖宗成业，辱父母家声，是人也，乡党为之羞，妻子为之泣。可入吾祠，葬吾茔乎？戒石俱在，朝夕诵念。"

吕新吾曰："凶人为不善，其初非与人远也。指五尺童子而谓之曰：'汝他日为盗。'未有不艴然怒者，非佯怒也。彼其恶盗之情，与不为盗之本心，确乎不可移也。然穿窬劫杀者往往而是，此其人何尝不过童子之年哉？欲心所艳，一旦为迷，邪念所积，潜滋已久，忽不自觉其至是也。"

是故为恶非天，为善非命，在我而已。吾语人以善为性之当为，恶为理之不可为，未必吾听。若夫为一善，而此心快惬，不必自言，而乡党称誉之，君子敬礼之，鬼神福祚之，身后传诵之，子孙荣之。为一不善，而此心愧怍，虽欲掩护，而乡党传笑之，王法刑辱之，鬼神灾祸之，身后指说之，子孙羞之。此二者，孰得孰失？夫有小善而矜，闻小过而喜，是人人皆知善之当为，奈何弃身于恶而陷此百凶乎？

作好人，眼前觉得不便宜，总算来是大便宜。作不好人，眼前觉得便宜，总算来是大不便宜。千古以来，成败昭然，如何迷人尚不觉悟？真是可哀。

遇事不肯浮游，逢人不肯辜负，说话不肯自欺，方谓之忠信。

气象要高旷，而不可疏狂；心思要缜密，而不可琐屑；趣味要冲淡，而不可偏枯；操守要严明，而不可激烈。

戒酒后语，戒食时嗔，忍难耐事，恕不明人。

名病过高，才忌太露，自古为然，今为甚。

万病之毒，皆生于浓。浓于声色，生虚怯病；浓于货利，生贪饕病；浓于功业，生造作病；浓于名誉，生矫激病。噫！浓之为毒甚矣。吾以一味药解之，曰淡。

凡人言语正到快意时，便截然能忍默得；意气正到发扬时，便翕然能收敛得；愤怒嗜欲正到腾沸时，便廓然能消化得，此非天下之大勇者不能也。

心头不善，念经无益；非义取财，布施无益；不惜元气，服药无益；生不孝亲，死祭无益。

月到梧桐上，风来杨柳边，大丈夫不可无此襟怀；海阔从鱼跃，天空任鸟飞，大丈夫不可无此度量；珠藏川自媚，玉韫山含辉，大丈夫不可无此蕴藉；玄酒味方淡，太音声正希，大丈夫不可无此风致；秋月扬明辉，冬岭秀孤松，大丈夫不可无此节操；两仪常在手，万化不关心，大丈夫不可无此作用。

以书史为园林，以歌咏为鼓吹，以义理为膏粱，以著述为文绣，以诵读为菑畲，以记问为居积，以前言往行为师友，以忠信笃敬为修持，以作善降祥为受用，以乐天知命为依归。

（清）唐岱、丁观鹏《十二月令图轴》之八月

贪利者害己，纵欲者戕生，肆傲者纳侮，讳过者长恶。

有机心者必有阴祸，有隐德者必有显报。

言行要留好样与子孙，心术不可得罪于天地。

曹月川构勤苦斋，书其户曰：勤勤勤，不勤难为人上人；苦苦苦，不苦如何通今古。

喜谈人善，恶称人恶。有称人善者，喜动颜色，问其始末，记念不忘；有称人恶者，佯若不闻，或举言以沮之，终身不以语人。

韩文公曰："一时劝人以口，百世劝人以书，较之与人为善，虽有形迹，然对症发药，时有奇效，不可废也。"

齿以坚毁，故至人贵柔；刀以锐摧，故至人贵浑。神龙以难见称瑞，故至人贵潜；沧海以汪洋难量，故至人贵深。

以孝弟为本，以忠义为主，以廉洁为先，以诚实为要。

临事让人一步，自有余地；临财放宽一分，自有余味。

富贵人宜学宽，聪明人宜学厚。富贵人不肯从宽，必招横祸；聪明人不肯从厚，必夭天年。

祸莫大于纵己之欲，恶莫大于言人之非。

朱文公曰："执拗乖戾者，薄福之人也。"

色心正炽时，一念著病，兴便冰寒；利心正炽时，一念到死，味同嚼蜡。

人生折福之事非一，而无实盗名为最；人生取祸之事非一，而恃强妄行为最。

屈己者能处众，好胜者必遇敌。

安莫安于知足，危莫危于多言；贵莫贵于不求，贱莫贱于多欲。

口腹不节，致疾之由；念虑不正，杀身之本。

轻财足以聚人，律己足以服人，量宽足以得人，身先足以率人。

见扶杖老人，需真心敬重；见孩提有志气者，须加意爱护。

我贫无谄，又当无怨；我富无骄，又须有情。

富贵者处其暂，贫贱者处其常。我若富贵，不可骄；人若富贵，不可羡。我贫贱，断不可屈；人贫贱，断不可欺。

节饮医醉，独宿医淫，衣布医艳，茹蔬医腥，输粮医累，偿逋医羞，训子医老，息讼医仇，慎言医祸，敏事医心，反求医侮，无辩医谤，安分医贪，卑己医骄，省费医贫，勤学医贱，静坐医烦，清淡医寂，种花医俗，啜茗医睡，弹琴医躁，索句医愁，研理医愚，达观医滞，去非医过，矫性医偏。

以责人之心责己则寡过，以恕己之心恕人则全交。

人以品为重，若存一点卑污黩货之心，便非顶天立地汉子；品以行为主，若有一件衾影惭愧之事，即非泰山北斗品格。

人生世上，如白驹过隙，自出生至老死，倏忽间耳，何苦不做一个好人，徒造许多罪孽回去。故吉人为善，惟日不足，亦为于此见得透耳。

人只一念贪私，便消刚为柔，塞智为昏，变慈为惨，染洁为污，坏了一生人品。故古人以不贪为宝。

人若不以理治心，其失无涯。故一念之刻即非仁，一念之贪即非义，一念之慢即非礼，一念之诈即非智。此君子不可一念起差，至大之恶，由一念之不善而遂至滔天。

胆欲大，见义勇为；心欲小，文理密察；智欲圆，应物无滞；行欲方，截然有执。

人之为善，必当立矢死而后已之志，切不可有始而无终。盖人为善之心一懈，则上天眷佑之心即止，而其末路决不能全美矣。

罗长裿先生《别兄子春骐语》曰：

好善之人，有和霭之气护之；好恶之人，有凶戾之气护之。和霭之气在躬，疫疠不能染，刀兵水火不能杀，一切不祥之事，莫能犯之。其人既殁，善气分中于子若孙之体。子孙行一善，即长一分善气；行一恶，即减一分善

（清）阎敬铭楷书五言联：凡事踏实地，此心无俗情

气。减之既尽，恶气乃潜滋暗长于其间，而祸败随至矣。世有行恶而无恶报者，皆其祖父之善气有未尽也。若凶戾之气在躬，则一切不祥之事，纷至沓来，身世所遭，事事倾危，件件驳杂。恶气方盛时，势如燎原之火，即造物亦无如之何，必俟气衰祸败，乃著其死也，恶气亦分中于子若孙之体。子孙积恶不改，恶气益增，必招灭门之祸；子孙知而改之，则恶气渐减，善气渐生，始仅可以免祸，继遂可以致福。世有行善而无善报者，皆其祖父之恶气尚未尽也。

吾平生好持酿善气之论，匹夫一念感之，于善气必有所增。细物一念仇之，于善气必有所损。故事事曲加体验，不敢无故害一生物，何况生人。不敢有心负一死者，何况生者。汝以孤露之身，体弱多病，宜时时省察此论，以为保寿命来后福之基。刻苦自己，可以致福；刻苦他人，必至招祸。

凡宗戚邻里，有急事来移借钱谷者，务须设法与之。尤无力者，赠助之。我辈何处不可节省，箧中少几袭袍褂，室中少几席桌椅，壁上少几幅字画，腾出钱文，已能周人之急。至于婚娶之费，玩好消遣之资，一一节之省之，以为善举，则利之及人者更广。值此四邻财匮，我辈承父兄之荫，岁有余粟，此时不讲求通融，异日恐心有余而力不足矣。

能施与否，在汝斟酌为之。若我家与人交涉之事，如收租，如粜谷，如年终会店账，清工钱，总须安排自己吃亏，万不可稍有占便宜之意。倘图些微利己，时时见小，计较目前，玷辱家风，久后虑有飞来之祸。

弟妹自应保抱提携，不可稍涉大意，或致伤其发肤。至雇工佃户，亦须遇之有恩，不宜辄以厉声厉色相加。渊明有言："此亦人子也。"若事事要人如我之意，试思我何事能如人之意乎？孔子曰："惠则足以使人。"惠非仅有工钱，有日食也。必能时时体恤，事事关切。勿强以智所不及，勿劳以力所不逮耳。若任性使气，动辄打骂，则左右一无可靠之人，尤恐招家奴杀主之祸。

禽兽虫鱼，同是血肉之躯。我之躯体不可残，何忍残物之肢体？我之性命不可促，何忍促物之性命？试思加之金铁，则摧裂其心肝，投之汤火，则糜烂其皮肉。向使我不幸而有金铁水火之祸，此时欲死不得，求生不能。其情其景，人物岂有异耶？夫花蜂、桃虫、飞蛾、行蚁之属，皆无损于人，固不应伤其生命。若家畜之猫犬鸡鸭，尤当加意爱护，使有茁壮之观，亦是乐趣。且君子远庖厨，若好以刀俎之事为儿戏，则真古谚所谓灶下养耳。大父云："人生短命、多病、毒虫螫、刀兵杀，杀生报也。"可不戒哉？不独此也，举手而擦损肌肤，举足而折伤腰膝，凡足取我身之一痛者，皆杀生之戾气所招也。

（清）王灏刊《畿辅丛书》，清光绪五年刻本

　　吾人凶德，莫甚于怒。致己之疾病，亵己之威望，取人之贱恶，招人之仇憾。在怒者岂不知此，无如其量最狭，其气最浊，既不能领取宽和之味，复不能消受平安之福。此种病根，神药难医，亦戾气之纠缠已甚耳。

　　缓是儒者气象。举足不缓则轻佻，举手不缓则鄙俚，出言不缓则躁妄，下笔不缓则荒谬。小之贻一时之嘲笑，大之取终身之尤悔。然嘲笑者，微色发声也，尤悔者，困心稀虑也。苟能时时省察，事事斟酌，久之遂以浮动为可耻矣。

　　少贱多能，古今不易之理。汝辈少便不贱，故艺事之最要者如写如算皆不能工。倘更自逸自暇，则此身竟如泥塑木雕，在世有何意味？吾意浣衣薙发二事，则不能假手仆从。至扫地烹茶及糊窗糊壁等事，亦宜习为，后来战艺庶不致事事棘手。若清理书籍，布置文具，张挂字画，则断不可颐指他人者也。

　　耻过作非，恶之大者，然其始亦误于回护一念耳。此念原是善恶相半，盖回护则自知其过，善也；回护则自成其过，恶也。所当于念头初起时，急将君子日月之食，小人肺肝之露，两两比较，自然善念坚而恶念消。回思过举，如太清微云，曾不足累其真体，则不至因差成怒，一误再误矣。圣人言恕可终身行之，吾辈当知不恕之一刻不可行也。己所不欲，勿施于人，尚是处己之恕；若处人之恕，则必用孟子之三自反而于孟子所谓奚择者，要知其是一种怜悯之肠，见得此固人类不幸，而禽兽其行，大可哀耳。若误会何难之旨，谓以彼顽狠之性，直可驱而纳之罟擭陷阱之中，是又不恕之大者。

　　吾兄在日，于汝读书之课程，不自主政，而命吾主之。今兄遂谢世，吾所以报兄于地下者，只有教汝读书成名一事。且汝学不成，行不修，名不著，人不责汝为不肖子，而责吾为不肖弟。吾宁死不愿见汝学之不成，行之不修也。吾北去后，有自湘上来者，道汝性情和缓，举止安详，学业精进，则吾在异乡加饭，为先兄贺矣。

编者年来寡过未能，因自题其小影曰："汝能粗衣素食钦？汝能不妄取他人之金钱钦？不安于心，不可告人之事，汝果能不为钦？汝能刻苦自励，不为财货嗜欲之奴隶钦？汝之一言一动果能真实不伪，无惭于清夜钦？呜呼！汝其自视类君子钦？类小人钦？昌黎曰：'其不至于为君子而卒为小人也昭昭矣。'果如此，不其戚钦？遂书此以自警。"

修　身

耳不闻人之非，目不视人之短，口不言人之过，庶几为君子。

宁要人说迂说腐，不要人夸巧夸捷。

存心光明正大，言论光明正大，行事光明正大，斯之谓君子。

有器局人，大都胸次不乱，所以做事有力。

真廉无廉名，立名正所以为贪；大巧无巧术，用巧乃所以为拙。

豪爽而能精细者少，精细而能豪爽者难。

劝人息争者君子也，激人起事者小人也。

君子浩然之气大，小人自满之气大。

憎我者祸，仇我者死，皆当生悲悯心。不可稍为庆幸，致伤心术。

闻善则疑，闻恶则信，此种人满腔恶绪，绝无善缘。

闻善言则拜，告有过则喜，圣贤是何等气象。

恕自己一过，则万过必从之而生。

口中无刻薄尖酸议论。

有真品者，检身常若不及，又何暇矫矫示异于众。若临深以为高，加少以为多，其人可知。

心境如青天白日，立品如光风霁月，这才是儒者气象。

（清）王鉴《隔水笙簧图》

耐贫贱不作酸语，耐炎凉不作激语，耐是非不作辩语，耐烦恼不作苦语。

高存乎操守，大存乎器量，厚存乎根柢，深与远存乎识虑。

一念之善，吉神随之；一念之恶，厉鬼随之。

君子之心，欲人同其善；小人之心，欲人同其恶。

将欲论人长短，先思自己如何。

且静坐抚良心，今日所为何事？莫乱行，从正道，前途自遇好人。

大丈夫心事，当如青天白日，使生平无一事瞒人，此是大快乐。

为善如负重登山，虽已奋兴，其力犹恐不及；为恶如乘马下坂，不加鞭策，其足已惧难羁。

为恶而畏人知，恶中犹有善念；为善而急人知，善处即是恶根。

勿以善小不为，勿以恶小为之。

立 志

立志可以为学，而学亦即学为立志也。俨然学焉，志实不立，虽诵读多、考索悉，终不免为小人之归矣。

人若半途能立志，直如起死回生。

半途自隳其志者，反是。

刘融斋曰："立志只是立其为善不为恶，从正不从邪之志。"

王沂公平生之志，不在温饱。范文正公做秀才时，便以天下为己任。明道程子自十五六时，闻周子论道，遂厌科举之业，慨然有求道之志。此皆可为立志之法。

朱子曰："为学须先立志。志既立，则学问可次第著力。志不定，终不济事。只从今日为始，随处提撕，随处收拾，随处体究，随事讨论，则日积月累，自然纯熟，自然光明。"

大凡立身行己，须是立脚之初，便确乎不可拔，到后来习得定，死生祸福，都不能夺。

朱子曰："书不记，熟读可记；义不精，细思可精。惟有志不立，直是无著力处。"而今人贪利禄而不贪道义，要作贵人而不要作好人，皆是志不立之病。直须反复思量，究见病痛起处，勇猛奋跃，不复作此等人。见得圣贤所说千言万语，都无一字不是实语，方始立得此志。就此积累工夫，迤逦向上去，大有事在。

横渠先生曰："有志于学者，不论气之美恶，只看志如何。匹夫不可夺志也，惟患学者不能坚勇。"

徐存斋曰："为学只在立志。志一放倒，百事都做不成。且如夜坐读书，若志立得住，自不要睡，放倒下去，便自睡著，此非有两人也。志譬如树根，树根既立，才可加培溉。凡百学问，都是培溉底事。若根不立，即培溉无处施耳。"

汤文正公曰："徇情欲而舍性命，图安逸而忘远大，无顶天立地志气，无希圣希贤学问，不足以为人也。"

人当自信自守。凡义所宜为，力所能为，心所欲为，而亲友挽得回，妻孥劝得止，只是无志。

今之为学者，如登山麓。方其迤逦，莫不阔步，及到峻处便止，须是要刚决果敢以进。

马文忠公曰："丈夫处世，即寿考不过百年。百年中除老稚之日，见于世者，不过三十年。此三十年，可使其人重于泰山，可使其人轻于鸿毛，是以君子慎之。"

慎 独

慎独，独字有理有欲，慎则所以存理去欲也。大之为志，小之为念，无非独，即无非当慎者。

伊川先生曰："凡人善恶，形于言，发于行，人始得而知之；但萌于心，起于虑，鬼神已得而知之。故君子贵于慎独。"

人可欺，神则难欺；人有党，神则无党。人间之屈弥甚，则地下之伸弥畅。今日之纵横如志者，皆十年外业镜台前，觳觫对簿者也。

子孙一语一言，不可有妄诈。暗室屋漏，不可有欺心。一有之后，虽谆谆其言，谁复信汝敬汝？俗云："一行有失，百行俱倾。"曾子曰："十目所视，十手所指。"

穷通贫富，数已注定。君子落得为君子，小人枉自为小人。逢遗金于旷途，遇艳妇于私室，而不动心者，乃为真人品。

坐密室如通衢，驭寸心如六马，是处处检摄处。

懈意一生，即为自弃。

闲居勿极其欢，寝处勿忘其患，居其安勿忘其危。

明道先生曰："学始于不欺暗室。"

心无私欲，自然会刚；心无邪曲，自然会正。

为善不求人知，求知非真为善；受谤不急自解，无辩可以止谤。

勿作隐恶于暗室，罔招阴谴于神明。

青天白日处节义，从暗室屋漏中培来；旋乾转坤的经济，自履薄临深处得力。

暗箭射人者，人不能防；借刀杀人者，己不费力。不知造化尤巧。汝善暗箭，造物还之以明箭，而更不能防；汝善借刀，造物还之以自刀，而更不费力。然则巧于射人杀人者，乃巧于自射自杀耳。

汤文正公曰："人身之外皆天，人心之内亦天，故举念即与天通，是以君子必慎其独也。"

汤文正公曰："圣贤掀天揭地事业，总要暗室屋漏中工夫。暗室屋漏中有不慊于心，便与天理有亏欠，如何能做出光明俊伟事业来？亦有英雄建功立业，而屋漏多亏欠者，虽于世未必无补，毕竟是无本之枝，转眼萎谢，反不如布衣之士，后世馨香也。"

对人为道义之言，暗室为私利之事，其盗也欤？

（清）伊秉绶隶书八言联：养志和神好古乐道，依经守义温故知新

人为不善，最是闲居时。大庭广众，应事接物，毕竟畏人指摘，言动不敢放肆。一至闲居，则弛然自肆，无复畏忌，种种邪妄念头，相继而起。不知人虽不知，吾心其可欺乎？天地鬼神其可欺乎？吾心不可质天地鬼神，胸中便消沮闭藏，不待见君子而后厌然也。

陆子曰："昼观诸妻子，夜卜诸梦寐，两无所愧，然后言学。"

汤文正公曰："学者动静起居，虽暗室屋漏，常如天地鬼神，临之在上。应事接物，自然不须安排，隐现一致。否则虽勉强矜持，终不自然，必有手忙脚乱时。"

独也者，君子与小人共焉者也。小人以其为独，而生一念之妄，积妄生肆，而欺人之事成。君子懔其为独而生一念之诚，积诚为慎，而自慊之功密。彼小人者，一善当前，幸人之莫我察也，则趋焉而不决。一不善当前，幸人之莫或伺也，则去之而不力。幽独之中，情伪斯出，所谓欺也。惟夫君子者，惧一善之不力，则冥冥者有堕行，一不善之不去，则涓涓者无已时。屋漏而懔如帝天，方寸而坚如金石，独知之地，慎之又慎。

（民国）郑孝胥行书七言联：不藏秋豪心地直，每见紫芝眉宇开

改 过

朱子曰："苟欲闻过，但当一一容受，不当复计其虚实，则事无大小，人皆乐告而无隐情矣。若切切计较，必与辩争，恐非告以有过则喜之意也。"

人能暴吾过者，吾师也；人能是非吾言者，教我者也。切不可当面错过，反生瞋怒。孔子曰："过则勿惮改。"

世人糊涂，抵死不肯认自家不是。

人不可自恕，亦不可令人恕我。

朱子奏疏有云："一念之萌，则必谨而察之。此为天理耶，为人欲耶？果天理也，则敬以扩之，而不使其少有壅阏；果人欲也，则敬以克之，而不使其少有凝滞。此可见省察必兼扩充克治。"

无事便思有闲杂念头否，有事便思有粗浮意气否，得意便思有骄矜辞色否，失意便思有怨望情怀否。

改过自新者，可分故我今我，作两人看。目前现有当为之事，空悔既往无益，古人所以不回顾破甑也。

问：昔者有过，今日无过，可谓之过乎？曰：昔者疾，今日愈，可谓之疾乎？只怕自谓已愈之时，仍是病人耳。

责我以过，当尽心体察，不必论其人何如。局外之言，往往多中。每有高人过举不自觉，而寻常人皆知其非者，此大舜所以察迩言也。

能受善言，如市人求利，寸积铢累，自成富翁。

为人所狎，与为人所恨，皆当急急自反。

轻薄之态，施之君子，则自丧其德；施之小人，则自杀其身。可勿惧哉？

人能除去傲性，才得妥帖。

看他人错处，时时当返观内省；说他人是非处，时时将人己一一勘验。

俭，美德也，过则为悭吝鄙啬；让，懿行也，过则为曲谨足恭。

周子曰："人之生，不幸不闻过，大不幸无耻。必有耻则可教，闻过则可贤。"

仲由喜闻过，令名无穷焉。今人有过不喜人规，如护疾而忌医，宁灭其身，而无悟也。噫！

夫人一日不知非，则一日安于自是。若能日日知非，日日改过，则此身为义理再生之身，可以造命。

只常常看自己有不是处，便是进步。

一念不慎，败坏身家而有余。

人当每事自反。若一味见人不是，则兄弟朋友妻子，以及于童仆鸡犬，到处可憎，终日落火坑中，不得出头矣。

双江聂先生豹曰："圣人过多，贤人过少，愚人无过，盖过必学而后见也。不学者，冥行妄作以为常，不复知过。"

有一言而伤天地之和，一事而折终身之福者，切须检点。

责己者可以成己之德，责人者适以长己之恶。

天下无难处之处，只要两个如之何；天下无难处之人，只要三个必自反。

汤文正公曰："人非圣贤，孰能无过。"吾辈发愤为学，必须实心改过，默默检点自己心事，默默克治自己病痛。若瞒昧此心，支吾外面，即严师胜友朝夕从游何益乎？每见朋友中，自己吝于改过，偏要议论人过，甚至数十年前偶误常记在心，以为话柄。独不思士别三日，当刮目相待。舜跖之分，只在一念转移。若向来所为是君子，一旦改行，即为小人矣。向来所为是小人，一旦改图，即为君子矣。岂可一眚便弃阻人自新之路。更有背后议人过失，当面反不肯尽言，此非独朋友之过，亦自己心地不忠厚不光明，此过更为非细。以后会中朋友，偶有过失，即于静处尽言相告，令其改图。即所闻未真，亦不妨当面一问，以释胸中之疑。不惟不可背后讲说，即在公会中亦不可对众言之，令彼难堪，反决然自弃。交砥互砺，日迈月征，庶几共为君子。改过迁善，为圣学第一义，我辈勉之。

终日不见己过，便绝圣贤之路；终日喜谈人过，便伤天地之和。

罪己则无尤。

汤文正公曰："不见己过，是心不存。一检点来，喜怒哀乐，多不中节；视听言动，多不合礼。自己克治不暇，何敢责备他人？"

刻　励

薛敬轩先生曰："须是尽去旧习，重新做起。"张子曰："濯去旧见，以来新意。"余在辰州府，五更忽念己德所以不大进者，正为旧习缠绕，未能掉脱，故为善而善未纯，去恶而恶未尽。自今当一刮旧习，一言一行，求合于道，否则匪人矣。

工夫切要，在夙夜、饮食、男女、衣服、动

（清）任熊《十万图册·万林秋色》

静、语默、应事接物之间，于此事事皆合天则，则道不外是矣。

方正学先生曰："人或可以不食也，而不可以不学也。不食则死，死则已；不学而生，则入于禽兽而不知也。与其做禽兽也宁死。"

志不可隳，心不可放。

处治安之世，而戒以危亡；履盛满之势，而戒以知止；当嗜欲之场，而戒以节忍。若讳其言而不之信，及其乱亡祸败，追思其言，则无及矣。是故早见而戒未然者之谓豫。

行坦途者肆而忽，故疾走则蹶；行险途者畏而慎，故徐步则不跌。然后知安乐有致死之道，忧患为养生之本，可不省诸！

富贵，不祥之器也。古之君子，不得已而受之。是以兢兢以守之，业业以保之者，非畏富贵之去也，惧祸患随之也。今之人骤得富贵，则遂易其志虑，荧惑其身心，无所不为矣。殊不知高明之家，鬼瞰其室，焉能长保其富贵哉？此陈婴之母所以贤也。

学者不得成就，皆骄矜二字，便结果了一生，须以谦虚二字治之。

朱子曰："此生不学一可惜，此日闲过二可惜，此身一败三可惜。"

学古人，要学第一等古人，虽力不能至，不敢不勉。

忧患疾痛，皆养生善知识；放逐闲废，皆仕宦善知识。

祖宗富贵，自诗书中来，子孙享富贵，则贱诗书矣。家业自勤俭中来，子孙得家业，则忘勤俭矣。此所以多衰门也。戒之哉！

人只事事存心，处处存心。一念不矜张，一念不欺伪，一念不疏忽，一念不颓惰，积久不懈，渐近自然，其进德殆不可量。

为善而未即获福，君子必自责曰："此必我之积善未深也，此必我之善心未笃也。"不可偶生怨尤之念。为善而幸邀天眷，君子必加励曰："我之积善益宜广也，我之善心益宜坚也。"不可少萌懈惰之志。

尽心则无愧，平心则无偏。常存不如人之心，则业日进。

吕新吾曰："懒散二字，立身之贼也。"千德万业，日怠废而无成；千罪万恶，日横恣而无制，皆此二字为之。

唐顺之《与仲弟书》曰："汝兄在山中，若不能谢遣世缘，澄澈此心，或只游玩山水，笑傲度日，是以有限日期，作无益之费，即与在家何异？汝在家，亦能忍节嗜欲，痛割俗情，振起数十年懒散气习，将精神归并一路，使读书务为心得，则与在山中何异？"

反己者触事皆成药石，尤人者动念即是戈矛。

立身以无愧为难，宁身以无玷为难，保身以无疾为难。

常有小病则慎疾，常亲小劳则身健。恃壮者一病必危，过懒者久闲愈懦。

伊川先生曰："问：'人言语紧急，莫是气不定否？'曰：'此亦当习，习到言语自然缓时，便是气质变也.'学至气质变，方是有功。"

伊川先生曰："学者须是务实，不要近名。有意近名，则大本已失，更学何事？为名而学，则是伪也。今之学者大抵为名，为名与为利，清浊虽不同，然其利心则一也。"

人只言人心难料，不知自心更难料；人只言人心不平，不知自心更不平。识得自心，方可说人心。

寒山子曰："修性之道，除嗜去欲，啬神保和，所以省累也。内抑其心，外检其身，所以寡过也。先人后己，知柔守谦，所以安身也。善推于人，不善归己，所以养德也。功不在大，过不在小，所以积功也。然后内行充而道在我矣。"

子孙不论寒暑，日日要起早，夜夜要眠迟。古人云："一日之计在乎寅。"又云："夜迟眠，清早起。"如此则何事不成，何功不就，何志不遂。

不奋发则心日颓靡，不检束则心日恣肆。

学者做工夫，譬如炼丹，须先将百十斤炭火煅一晌，方可用微火渐渐养成。今人未尝煅炼，便将微火养，如何得成为学？正如撑上水

（清）赵之琛隶书六言联：万事最难称意，一生怎奈多情

船，一篇不可放过。

譬如人在梦中，只争个觉与不觉。今既有将觉之机会，须猛省振衣一起，以收开复之功。若再悠悠，又将做梦矣。

吾本薄福人，须行惜福事；吾本薄德人，须行积德事。

夏峰孙先生曰："静坐读书，须先淡其安饱之念，方称好学。自世人以富贵为性命，以贫贱为仇敌，而坏心术，丧名节，祗此欲恶两念为之祟耳。"

程子曰："大凡学者学处患难贫贱，今观孔颜乐处，不出乎世情所谓淡泊忧愁中，即伊川气貌容色，逾胜平生，亦自涪川贬后见之。益信圣贤所为乐，不于富贵得志时。"学者正要于此处见得分明。又曰："世人不知学者勿论，即素有志于学，动辄曰：'目前为贫所苦，为病所苦，为门户所苦，为忧愁拂逆所苦。'不知学之实际，正在此贫病拂逆种种难堪处，不可轻易错过。若待富厚安乐时始向学，终身无学之日。学之晦于天下也久矣。"

汤文正公曰："学者志气，常如朝日。孔子发愤忘食，乐以忘忧，不知老之将至，是何如精神？今人志气昏惰，绝对没有精进勇猛之意，何由成得事？"

周子曰："实胜，善也；名胜，耻也。"故君子进德修业，孜孜不息，务实胜也。德业有未著，则恐恐然。畏人知，远耻也。小人则伪而已。故君子日休，小人日忧。

圣人之道，入乎耳，存乎心，蕴之为德行，行之为事业。彼以文辞而已者，陋矣。

吕新吾先生曰："吾学工夫，只有事心一著，最为吃紧。若把一心被耳目口鼻四肢驱策如犬马，役使如奴婢，男儿七尺之躯，不能为他做一主张。发之言动，措之事业，纵有一二可观，都是气质作用，安得尽合道理，协于天则。必须发大勇猛，振萎靡之气，坚果确之心。勿以戒慎恐惧为桎梏，勿以怠荒恣肆为脍炙。于发愤忘食之中，尝乐以忘忧之味。久则和顺于道德，优游于矩度，驯焉安焉，才是得力处。呜呼！呼吸一过，万古无轮回之时；形神一离，千载无再生之我。悠悠一世，可为恸哭。"

人自朝至暮检点，若爱人的意思多，则生意满腔，便是上达机括；若恶人的意思多，则怒气填胸，便是堕落的机括。当恶人时，止见其人当恶，不知此心一有所著，不能消化，或至迁怒不已，胸中便昏天黑地，且将见恶于君子矣，何暇恶人。

罗信南曰："先考尝撰《果报论》，以训子弟云：今之谈果报者，往往故神其说，卒有验有不验，而人反疑而不信。不知果报只在目前，至平至实，人自不察耳。如好读书则有明通之报，懒读书则有昏昧之报；尚奢侈则有败家之报，务勤俭则有兴家之报；为善良则有安全之报，为盗贼则有刑狱之报；保身体则有强健之报，纵酒色则有斲丧之报。他若忠虽被害，而千秋无不敬仰，奸虽幸免，而万世无不唾骂。君子虽困，终不失君子之雅望；小人虽亨，终不掩小人之秽名。凡此者，非皆果报之必然而无不然者乎？《书》云：'天道福善祸淫。'又云：'作善降之百祥，作不善降之百殃。'所谓福与祥，即善中本有之福与祥。而富贵寿考之存夫数者，仍未可知也。所谓祸与殃，即不善中本有之祸与殃。而贫贱死亡之存夫数者，仍未可知也。不论分外之果报，第论分内之果报，斯凿然可据。而人皆有乐于为善，不敢为不善之心矣。"

慎　言

枚乘曰："欲人无闻，莫若勿言；欲人无知，莫若勿为。"

汤文正公曰："彼此讲论，务要平心易气。即有不合，亦当再加详思，虚己商量，不可自以为是，过于激辩。舍己从人，取人为善，圣贤心传，正在于此。否则，虽所论极是，亦见涵养功疏，况未必尽是乎。"

尤西川先生云："让古人，是无志；不让眼前人，是好胜。"

好谈闺阃及好谈乱者，必为鬼神所怒，非有奇祸，必有奇穷。

富人极善愁穷，使穷人不得开口。故与富人相与，只宜淡交。傥或无东少西，切勿仰面道及，决然不来济我，殊愧失言。若相知谈心，则又不妨。

人纵十分能事，犹当谦让未遑。况吾涉历未几，尚不更事，尤宜养辩于讷，藏锋于钝。断不可议论风生，向人前称能，使人鄙吾为油嘴猴子。

凡父子、叔侄、兄弟、夫妻、姑媳、妯娌间，或以小事有言语偶乖处，然风雷无竟日之怒，亦即刻自消矣。断不可乘隙离间，搬是搬非，添说挑拨离间，搬弄是非，添油加醋，使人家骨肉参商。此专为妇人之训，并对丈夫言也。

经目之事，犹恐未真。今人刻薄，喜谈淫乱，造言生事，妄议人闺阃，供其戏笑。我一概勿听、勿信、勿传、勿述。非存厚道，理固然也。

语言切勿刺入骨髓，戏谑切勿中人心病，又不可攻发人之阴私，若者俱使人怀恨。一时快口，终被中伤。诗曰："善戏谑兮，不为虐兮。"又曰："谑浪笑傲，中心是悼。"如之何弗思？

宽　和

清介是君子分内事。若恃其清介以陵物，则殊嫌客气不除。

山势崇峻，则草木不茂；水势湍激，则鱼鳖不留。

或有不平，纵我理长，亦当听人谏止为是。昔金华有杨姓者，与邻陈姓者争篱笆一带，乡里为解平之，并不听。讼成十年，两家尽废，后悔之已迟。谚曰："篱笆一带，两家尽败。"

少陵诗云："丈夫垂名动万年，记忆细故非高贤。"东坡诗云："临风饱食得甘寝，肯使细故胸中留。"盖学道有得，心自坦荡。细故牵缠，不能解脱，或忿忮睚眦，皆道力未深也。

高深甫曰："不怨天，不尤人。行有不得，反求诸己，心境何等平静。"

世人与人不合，即尤人；才不得于事，即怨天。心忿志劳，无一时之宁泰，是岂安命顺时之道。

心地上无风波，随处皆青山绿水；性天中有化育，触处见鱼跃鸢飞。

口中不设雌黄，眉端不挂烦恼，可称烟火神仙。随意而栽花竹，适性而养禽鱼，此是山林经济。

存心直道，不识人世有机械事；淡泊敝衣，不识人世有嗜好事；委心任运，不识人世有径宝事。

度量放宽些，一切好歹都要容得；眼界放大些，一切高下都要罩得。

做人要正直无欺，真实无伪；又要温厚和平，弗太棱角峤厉。

做人须留正经七分，略装聋做哑作痴呆一二分，弗宜乖巧太露，原有几分受益处。若察察为明，件件认真，则争是争非，会是会非。淘闲气，争饿气，疏亲眷，坏朋友，自有许多不便宜。

颜色辞气，贵乎和平。如谏人之失，而能温颜下气以道之，纵不见听，亦未必怒。若平常言语，初无伤人之意，而颜色亢厉，未免为人所怪恨，不可不知。

人肯于先生面上加厚一分，亲友面上用情一分，而于租户面上宽让一分，于奴仆面上薄责一分，此是现在功德，胜烧香万万也。

薄福者必刻薄，刻薄则福愈薄矣；厚福者必宽厚，宽厚则福益厚矣。

嫉恶之心，固不可无。然当宽心缓思可否，审度时宜而处之。不可闻恶遽怒，先自焚烧。纵使时能去恶，亦已病矣。况伤于暴急，而有过中失正之病乎。觉人之诈，不形于言；受人之侮，不动于色。此中有无穷意味，无穷受用。

救 济

岁逢水旱，流离满道。仁人君子，谅皆垂慈，然非虚为叹息已也。或曰："俟其有而与之。"何时是有？待其有也，骨已朽矣。分一二口食，积之亦可救饥；施一二文钱，积之亦可度命。若以善门难开，恐其不继，密持钱米于流民往来之地，随缘给之，老幼残疾者加之。不居名，不露相，救得一人是一人，施得一日是一日。囊罄则止，何虑其不继也。

问："欲救人，而财物不能，奈何？"曰："救人不徒在财物。或代白其冤，或解释其事，或以一人倡众人，或以此劝掖富贵有力者为之，皆救人大德也。"

节吾一日之肥甘，以饱枵腹，其为肥甘孰大焉；省吾一衣之文绣，以盖裂肤，其为文绣也更美焉；减吾一事之玩好，以济无聊，其为玩好尤佳焉。

贫而好施，功倍于富；贵而好聚，恶倍于贫。

天非私富一人，盖托以众贫者；天非私贵一人，盖托以众贱者。

亲旧借贷，只须量力捐助以尽我心，勿出本图利以生后隙。如力量实不能应，须实告以故，切莫含糊，致误乃事。至于孤嫠婚丧，诬枉困甚者，尤必恳恻援济，但能施慎毋德色。

士君子贫不能济物者，遇人痴迷处，出一言提醒之，遇人急难处，施一力解救之，亦是无量功德。

扶危周急，固为美事，能不自夸，则其德益厚。

凡放债及开典铺者，戥平斗斛，出入不可用两样，若小出大入，刻剥贫民，最为损德。多有主人忠厚，而掌管者每私行此法，主人不可不察。

人有称贷，谊当应急，慨然即与。或有或无，切勿风雨累人奔走，使人怀恨。

与其为无益以求冥福，不若为有益以济生人

天贤一人，以诲众人之愚，世反逞所长，以形人之短；天富一人，以济众人之困，世反挟所有，以凌人之贫。岂非天之戮民哉？

我欲求人，甚难开口，当思人欲求我，便该应命。故只愿人有求我之时，断不可有求人之日。

古语云："世间第一好事，莫如救难怜贫。人若不遭天祸，舍施能费几文？故济人不在大费己财，但以方便存心。残羹剩饭，亦可济人之饥；敝衣败絮，亦可救人之寒。酒筵省得一二品，馈送省得一二器，少置衣服一二套，省去长物一二件，切切为贫人算计。存些赢余，以济人急难。去无用可成大用，积小惠可成大德，此为善中一大功德也。"

布施，有以财施，有以心施，有以力施。人但知以财济人为布施，不知凡我之施于人者，皆布施也。故身虽无财济人，苟为子而孝养父母，为下而忠勤事上，为长而仁慈安众，为师而勤于教导，为友而诚于琢磨。一言一语，必期有益于人；一动一止，必欲无损于世。以及出力救焚拯溺持危扶颠之类，种种方便利物，勿使有所损害，皆布施也。

亲友贫窘时，见吾苦难开口。或于冰冻十二月，见有衣单，不妨脱一件与之。或于青黄不接时，见其食贫，不妨携升斗周之。默体其心，阴行善事，庶几君子哉。

疏族穷亲无所归，代为赡养，乃盛德事。若视为奴隶，全无礼貌，则非厚道，反伤元气矣。

凡救难济贫诸事，倘力有未周，必须多方设处，募众举行。不可因己无力，即生灰心。

凡人事事可以让人，惟有行善决不当让人。如救难济贫，刊布善书等好事，凡力所能为者，便宜勇往以为之，决不可让于别人去做。若吝惜钱财，退让不前，此乃根气浅薄之人，恐无以善其后矣。

富贵人库有余财，仓有余粟；丽衣美食，呼奴使婢；居有华堂，出有舟车，无有一事不如意者。乃不于此时济人利物，广行善事，辜负上天笃厚之意矣，岂不大可惜乎？试思到空拳回首时，富贵于汝乎何有？至此而悔无及矣。

潜居尽可以为善，奚必当路。躬行孝弟，力修仁义，纂辑善书，刊刻广布，使一时化其行，后世蒙其泽，事业之不朽，孰大于是？贫贱尽可以作福，奚必富贵？周人之急，分文升合，皆是福田。劝人为善，片语只字，皆为良药。而又无意好名，不求人知，则天必佑之，神必卫之。福泽之无穷，孰大于是？

一命之士，苟存心于爱物，于人必有所济；无用之人，苟存心于利己，于人必有所害。

吕新吾曰："财者，天下之财也，流通之物，专之不祥。故其聚也以贪吝，其散也以祸殃。古今厚集，多以祸散。与其祸散也而累吾身，孰若以善散也而积吾德乎？"

患难颠沛，人所时有。偶一遇之，当如痛瘵之在躬，速为解救。或以一言伸其屈抑，或以百方救济其颠连。崔子曰："惠不在大，救人之急可也。"

孀居守志，无所依倚，而家贫不能自给者，岁时助给粟帛，以坚其志，但须同所亲识与之。至于孤儿，必须多方扶植，使之得至成立。

遇贫乏者，宜随力赈之，不必计其多寡。若待富而行，恐吾终无济人之期。

放亿万之羽毛，未若销兵以全赤子；饭无数之缁褐，不如散廪以活饥民。

惩　忿

吴康斋先生曰："因暴怒，徐思之，以责人无恕故也。欲责人，须思吾能此事否？苟能之，又思曰：吾学圣贤方能此，安可遽责彼未尝用功与用功未深者乎？况责人此理，吾未必皆能乎此也。以此度之，平生责人，谬妄多矣。信哉！躬自厚而薄责于人，则远怨，以责人之心责己，则尽道也。"

《四戒汇纂》曰："气准于理，乃人生正气。"即孟子所云："浩然之气，至刚大而塞天地者也。"根本于至性至情，而又必集义以生之。不参以因循畏法之私，亦不假以矫强激昂之概。古今来忠孝节义，撑宇宙之纲常，振庸流之萎靡者，全赖此一团正气。

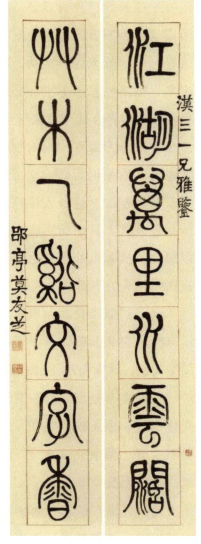

（清）莫友芝篆书七言联：江湖万里水云阔，草木一谿文字香

一往无前，独行其是。如古人之有气节者，气正未可少也。若兹所谓气之当戒者，血气也。人有禀质刚僻，量褊浅而少容，性暴躁而难忍，平居既无涵养之功，临事又无抑制之力。偶有拂意之事，外侮之来，辄不胜忿懑不平，必欲逞吾气以求胜。甚至有一朝之忿，忘其身以及其亲者，此全以血气用事。

若不急为警省，则太刚必折。吾未见任性使气之人，而不至覆败者也。亦有平时以理自处，反之一己，若无不是之处。而横逆之徒，忽以非礼相加，直令人按捺不下，不得不拂然生气者。然亦当稍为退步，且就其人其事而熟思之，权其轻重缓急。如果万不得已，亦必静以镇之，从容以处置之，所谓退步自然宽也。不得徒以浮情胜气，一直作到尽头。不留余地以处人，并不留余地以自处也。

至于理似难受，而事本细微，情固不平，而人无足较者，亦惟稍示宽容，自必渐归冰释，于己原无所损。若逞一时忿恨，必且尚虚气而酿实祸。天下有小不能忍而至决裂难收者，皆血气浮之为害也。

气字须有分别。有一时浮气，有生来禀气。若止言制浮气，不言变化禀气，则无根本之功。若仅平日调养，而临事不加抑制，以发动必不中节。吕东莱曰："二十年治一怒字，尚未消融得尽。"故人生于气，不可无根本功夫也。

治浮气惟有惩忿，而惩忿惟在能忍。盖忍者众妙之门，小忍小益，大忍大益，暂忍暂益，久忍久益。化有事为无事，变大事为小事。忍之忍之，凶人小人无奈我何也。人有未是，以理谕之，我论理彼亦论理，理胜者气必伸焉。人有未是，以气加之，我负气彼亦负气，两负气，财势弱者，理胜亦屈焉。人情世态，甚可畏也。是以君子处世，宁任理而行，不可负气。

横逆之来，心不能平。然有当思者四：一思岂我毫无不是，而彼以横逆加我乎？恐咎未必尽在彼也。即使不是在彼，我亦何必与之相较。再思凶人气质愚昧，礼义是非，全未之晓。所言所行，即如亲父亲兄，尚欲争胜，何况他人。如此凶人与之较量，徒自吃亏，以招祸也。三思量大者福始大。故宁我容人，毋令人容我也。四思公道自在人心。彼豪横，我退让，则善必归我，何必以忿怒置胸中也。

《古箴》曰："人之七情，惟怒难制。制怒之药，忍为妙剂。医之不早，厥躬斯戾。滔天之水，生乎其微；燎原之火，起于其细。两石相撞，必有一碎；两虎相斗，必有一毙。怒以动成，忍以静济。怒主乎张，忍主乎闭；始怒之时，止须忍气。忍之至再，渐无芥蒂；再忍三忍，即张公艺。"

必能忍人之所不能忍，方能为人之所不能为。凡人具大受之才者，必有大受之量。子房不以为人纳履而耻，韩信不以受人胯下为辱，后日皆成莫大功名。乃知当屈辱之境，横逆之加，乃煅炼豪杰之炉锤，琢磨圣贤之砥锉。能受其琢磨煅炼，斯成大器；不能受者，其器不大故也。

老子云："知其荣，守其辱。谓荣之将至，辱必先之。贵乎能守以待之也。"古来豪杰之士，遇大屈辱，坦接受之，而若不知者，正欲留此身以为日后用也。人苟小有挫折，辄忿懑抑郁，夭折其身，则虽有无限奇才，亦湮没不彰矣，何济于事乎？故昔人称勾践范雎之量宏，讥屈原贾谊之量隘也。

讼者危事，岂宜轻动。无理能败，有理亦能败。古人云："官断有十条。"非虚言也。凡人好讼，未有不破家者。舟舆有费，旅寓酒食有费，吏胥公例有费，况有意外不测之费乎。人生涉世，被人凌侮，不讼，止忍气于一人；既讼，则受侮于人人。仇人之挑唆，光棍之把持，干证之反覆，讼师之刁难，差人之需索，经承之舞弊，贪官之鱼肉，清官之误断，皆不免焉。其与止受一人之凌侮者，大相悬矣。兼之本业抛荒，精神凋敝，举家惊怖，其为害也。智者必能辨之。虽然，倘平日不循理守法，好生事而占便宜，我虽不讼人，人将讼己，可不戒乎。家中子弟族人，与外人争闹，只当责备自家子弟族人，庶无生事之扰，人亦谅我无所纵而不怨。

村坊邻里，偶因争角积成嫌怨。丁多者恃其人众，家富者挟其多财，机巧者逞其智谋。彼此惧不相下，仇怨终无了时，其实所争无几也。当局有明理之人，务必急思退步；旁观有公正之士，尤宜极力调停。庶几同归于好，斯所忍小而所全多矣。

尚气好胜，虽人常情，但不可争小利而忘大义，负虚气而酿实祸。每见世人，或因尺地而卖数十亩以争者；或因百钱而费数千贯以争者；或因一言之忿，遂至忘身以及亲者。人能识破此意，含容忍耐，当听人和解，则省财省力，心身安宁。比之忿争斗讼，荒费本业，忘身及亲者，相去奚啻什百哉。

好讼者小事闲气，往往争告累年，不以是非为曲直，惟以胜负为强弱。甚有牵累致死，破产殆尽，伤情害气，而不顾不恤者，此愚人之极也。昔有诗云：些少争差莫若休，不经府县与经州；费心吃打赔茶酒，赢得猫儿失了牛。

陆放翁家训曰："诉讼一事，最当谨始。使官司公明可恃，尚不可争讼。况官行关节，吏取货赂。乡人暗弱不明，为吏所欺，为招摇讼者诓骗，何所不至。且乡里间所讼，不过侵占地界，逋欠钱物，及凶悖凌犯耳。姑徐谕之，勿遽与讼也，若能置而不校尤善。"

孔旼曰："怒气剧炎火，焚烧徒自伤；触来勿与竞，事过心清凉。"

薛文清公曰："辱之一事，最所难忍。自古豪杰之士，多由此败。窃意辱之来也，察其人何如。彼为小人，则直在我，何必怒；彼为君子，则直在彼，更不可怒。不审辱之所自来，一以怒应之，此其所以相仇而相害也。"

人心不同，如其面焉。如静躁不同，彼喜动，此喜静。见识不同，此见为是，彼见为非。好恶不同，好华者喜奢，务实者喜俭。起念不同，心乎私者为私，心乎公者为公。则与人同事，而欲其尽如我意，必不可得之数矣。

人生病在"任气"二字。一任气，便与道德有碍，行谊有乖，不可不勉强克治。躁急者宜时时想"和缓"二字，轻佻者宜时时想"宁静"二字，浅露者宜时时想"慎密"二字，怠惰者宜时时想"勤敏"二字。且不但心中时时想，口中亦当时时念。久便习惯，此变化气质功夫也。

（清）陈鸿寿隶书五言联：所得乃清旷，但取不磷缁

劳余山曰："处心虽正，或挟忿气以临之，则人不服，事必败。宁得谓人尽非理乎？"

唐翼修曰："韩魏公谓小人不必远求，三家村里，便有一人。知其为小人，以小人处之，如与之相较，则自小矣。且不必三家也。兄弟四五人中，便有一小人。安得有许多闲气，与之相较？此最宜识得透者也。"

《古今药石》云："人好刚，吾以柔胜之；人用术，吾以诚感之；人使气，吾以理屈之。天下无难处之人矣。"

知　足

良田万顷，日食二升；大厦千间，夜眠八尺。终日泪泪者何为哉？刻薄从悭吝而生，浪费乃好施之病。

人生不过"寝食"二字。今富贵家以酒夺食，以色妨寝，不如强饭安眠者多矣。

人在病中，百念灰冷。虽有富贵，欲享不可，反羡贫贱而健者。是故人能于无事时常作病想，一切名利之心，自然扫去也。

自足以当富，不役以当贵，无辱以当荣，无灾以当福，无事以当仙。

（清）张裕钊楷书七言联：无求但觉人情厚，克己方知世路宽

只如此以为过分，更如何方谓称心？

人能受一命荣，窃升斗禄，便当谓足于功名。敝裘短褐，粝食菜羹，便当谓足于衣食。竹篱茅舍，圭窦绳枢，便当谓足于居处。藤杖芒鞋，蹇驴短棹，便当谓足于游行。有山可采，有水可渔，便当谓足于田园。笔砚精良，琴书静雅，便当谓足于珍宝。门无剥啄，心有余闲，便当谓足于荣华。布衾六尺，高枕三竿，便当谓足于安享。看花酌酒，对月当歌，便当谓足于欢娱。礼义悦心，诗画充腹，便当谓足于丰赡。

进一步想，有此则失彼，缺东则补西，时刻过去不得。退一步想，只吃这碗饭，只穿这件衣，俯仰宽然有余。

张无尽见雪窦，教以惜福之说二则。其言曰："事不可做尽，势不可倚尽，言不可道尽，福不可享尽。凡事不尽处，意味偏长。"

贪得者身富而心贫，知足者身贫而心富。积财可以避患，患亦生于多财。与其患生于积财，不若无财亦无患。

吾人不可以不知命。人之所志无穷，而所得有限者，命也。命不与人谋也久矣。安之故常有余，违之则常不足。惟介以植内，和以应外，听其自来，以安命也。

庸人多求多欲，不循理，不安命。多求而不得则苦，多欲而不遂则苦。

（清）阎敬铭行书七言联：凡事都有恰好处，此心总无不敬时

不循理则行多窒碍而苦，不安命则意多怨望而苦。是以踢天蹐地，行险徼幸，如衣敝絮，行荆棘中，安知有康衢坦途之乐。

人生命中之福分，其厚薄本自不同。如前世作善，祖宗积德者，则其命中带来之福分，本已深厚，即稍为斫削，犹不至十分穷困。若妄自恃其福分之厚，而恣意作恶，则本根坏而福寿减折矣。如前世未尝为善，祖宗又不积德者，则其命中带来之福分，本已浅薄，必力为培植，方能免乎困难。若不自知其福之薄，而再加斫削，则本根绝而灾危立至矣。但命中福分薄者多而厚者少，安可不力加培植而妄自斫削乎？

君子而贫贱，命也。使其为小人焉，昏夜乞哀，犹然贫贱也。其幸而为君子，则其自取也。小人而富贵，命也。使其为君子焉，进利退义，犹然富贵也。其不幸而为小人，则亦自取也。

四海和平之福，只在随缘；一生牵惹之劳，总因好事。

不妄求则心安，不妄作则身安。

与其有求于人，不若无欲于己；与其令人可贱，不若以贱自安。

非无安居，无安心也；非无足财，无足心也。

紧行慢行，前程只有这些路；逆取顺取，命中只有这些财。

名高忌起，宠极妒生。

譬如对弈，且饶一着；譬如行路，且退一步。退一步前程愈宽，紧十分到头难解。

待足何时足？知足便足；求闲何日闲？偷闲便闲。

食能止饥，饮能止渴，畏能止祸，足能止贪。

填不满欲海，攻不破愁城。

休怨我不如人，不如我者甚众；休夸我能胜人，胜于我者恒多。

欲不除，如蛾扑灯，焚身乃止；贪无了，如猩嗜酒，鞭血方休。

势到七八分即止。如张弓然，过满则折。

好胜者必争，贪荣者必辱。

福莫享尽，势莫使尽，话莫说尽，事莫做尽，心莫用尽。乐不可极，极乐生哀；欲不可纵，纵欲成灾。

留有余不尽之巧还造化，留有余不尽之禄还朝廷，留有余不尽之财还气数，留有余不尽之福还子孙。广厦细旃，侍者不称苦，而坐者称苦。安车远道，负者不言劳，而乘者言劳。岂非不平之事哉？

多一分享用，减一分志气；经一番挫折，长一番见识。

得饱便休，身外黄金无用物；遇闲且乐，世间白发不饶人。

知足常乐，能忍自安。

人骑我笠，人锦我褐，人肉我藿，人屋我穴。人若笑我，是不知我；我若羡人，是不知天。

知成之必败，则求成之心不必太坚；知生之必死，则保生之道不必过劳。

居盈满者，如水之将溢未溢，切忌再加一滴；处危急者，如木之将折未折，切忌再加一搦。

想到没得著时，便是布衣也好；想到没得吃时，便是藿菜也罢。

莫扯满篷风，常留转身地。弓太满则折，月太满则缺。

夕阳无限好，只恐不多时。

人生未老而享既老之福，则终不得老；未贵而享已贵之福，则终不得贵。

食期充腹，多宰杀以何为？屋止庇身，穷高华而何益？

（清）查士标《山水图》

吃一顿饭，当思农夫之苦；穿一件衣，当思织女之劳。能如此，自不敢暴殄天物。

退一步前程更大，让三分后路还宽。

人知利之为利也，而不知无害之为利也；人知害之为害也，而不知有利之为害也。

东坡《咏物》曰："蜗涎不满壳，聊足以自濡；升高不知疲，竟作粘壁枯。"

白居易《池上篇》曰："十亩之宅，五亩之园。有水一池，有竹千竿。勿谓土狭，勿谓地偏，足以容膝，足以息肩。有堂有庭，有桥有船，有书有酒，有歌有弦。有叟在中，白发飘然，识分知足，外无求焉。如鸟择木，姑务巢安？如鱼居沼，不知海宽。仙鹤怪石，紫菱白莲，皆吾所好，尽在吾前。时饮一杯，或吟一篇，妻孥熙熙，鸡犬闲闲。优哉游哉，吾将终老乎其间。"

《不知足》诗曰：终日奔波只为饥，才方一饱便思衣。衣食两般皆具足，又想娇容美貌妻。娶得美妻生下子，恨无田地少根基。买得田园多广阔，出入无船少马骑。槽头结了骡和马，叹无官职被人欺。县丞主簿还嫌小，又要朝中挂紫衣。若要世人心里足，除是南柯一梦回。

（清）杨岘隶书五言联：汲古得修绠，荡胸生层云

处富贵之地，要知贫贱的痛痒；当少壮之时，要知衰老的辛酸；居安乐之场，要体患难人的景况；处旁观之地，要知局内人的苦心。

善人富，谓之赏；淫人富，谓之殃。

当得意时须寻一条退路，然后不死于安乐；当失意时须寻一条出路，然后得生于忧患。

达人知足，一箪已自恬如；昧者多求，万钟犹不满意。

知足者大富也，实富也；不知足者大贫也，实贫也。大凡人之贫，非因乏财，乃因贪财。

假令尔有衣足御寒，有食足饱腹，有室安居，足蔽风雨，是亦不易得也。人多望之，幸得之，必以为大福矣。尔得之，而尚自视甚贫，忧愁无已，抑何不自足也。故曰："贪吝之情，使人于富中贫乏。"

君子以道充为贵，心安为富，晚食当肉，缓步当车，故常泰，无不足。

朱子曰："耕牛余宿草，仓鼠有余粮，万事分已定，浮生空自忙。"

人生衣食财禄，皆有定数，当留有余不尽之意。故俭约不贪，则可延寿；奢侈过求，受尽则终。未见暴殄之人，得皓首也。

饱肥甘，衣轻暖，不知节者损福；广积聚，骄富贵，不知止者杀身。

张贵胜曰："事者，闲之反也。人若有事，则此身便不安闲，随尔风雨疾病，不得不奔驰料理。苟能上无公逋，下无私负，和羹淡菜，胜似珍馐；曲肱安寝，赛如高枕。古云：'富则多事。'又云：'无事为福。'深有味乎斯言。以此一譬，则有事可化为无事，而况本无所事，何幸如之。

病者，健之反也。人若有病，则此躯怎能康健？随尔饮食起居，不由不呼号困顾。苟能四体兼强，五官并适，步履优游，可当车马；举止便利，无异神仙。古云：'愁能致病。'又云：'病足伤生。'深有会乎斯言。以此一譬，则有病可几于无病，而况实无大病，何乐如之。

死者，生之反也。人若至死，则此心更不由我做主，随尔妻孥田宅，锦花世界，不怕不尽行抛撒。苟能色空空色，水月镜花。尘缘不扰，参破迷关；爱恨荡涤，扫除障碍。古云：'随尔宦情浓，归时带不来；由你生趣重，死时装不去。'深有悟乎斯言。以此一譬，则贪嗔渐断，烦恼减除，冤既可解，恩亦可释。自然忿争遽息，情欲顿消。不求生而转可生，常忆死而反不死，何快如之。"

汉仲长统《乐志论》曰："使居有良田广宅，背山临流，沟池环匝，竹木周布，场圃筑前，果园树后。舟车足以代步涉之难，使令足以息四体之役；养亲有兼珍之膳，妻孥无苦身之劳。良朋萃止，则陈酒肴以娱之；嘉时吉日，则烹羔豚以奉之。蹰躇畦苑，游戏平林。濯清水，追凉风；钓游鲤，弋高鸿。风于舞雩之下，咏归高堂之上。安神闺房，思老氏之玄虚；呼吸精和，求至人之仿佛。与达者数子，论道讲书；俯仰二仪，错综人物。弹《南风》之雅操，发清商之妙曲。逍遥一世之上，睥睨天地之间；不受当时之责，永保性命之期。如此则可以陵霄汉，出宇宙之外矣，岂羡夫入帝王之门哉。"

《养心歌》曰：

得岁月，延岁月，得欢悦，且欢悦；

万事乘除总在天，何必愁肠千万结。

放心宽，莫胆窄，古今兴废如眉列；

金谷繁华眼底尘，淮阴事业锋头血。

陶潜篱畔菊花黄，范蠡湖边芦絮白。

临潼会上胆气雄，丹阳县里箫声绝。

时来顽铁有光辉，运退良金无艳色。

逍遥且学圣贤心，到此方知滋味别；

粗衣淡饭足家常，养得浮生一世拙。

赵灿英曰："白乐天诗云：'亲故欢娱僮仆饱，始知官爵为他人。'予谓岂惟官爵，凡多积而不善为我用者，徒为他人造孽，于己惟招怨报耳。"

《安贫诗》四首：

黄菜叶，用盐炒，只要撑得肚皮饱；

若因滋味妄贪求，须多俯仰增烦恼。

破衲头，无价宝，补上又补年年好；
盈箱满笼替人藏，何曾件件穿到老。

硬木床，铺软草，高枕无忧酣不了；
锦衾绣褥不成眠，翻来覆去天已晓。

旧房屋，只要扫，及时修理便不倒。
近来多少好楼台，半成瓦砾生青草。

杨升庵《四足歌》：

茅屋是吾居，休想华丽的。画栋的，不久留；雕梁的，有坏期。只求他能遮能避风和雨，再休想高楼大厦，但得个不漏足矣。

淡饭充吾饥，休想美味的。膏粱的，不久吃；珍馐的，有断时。只求他粗茶淡饭随时济，再休想鹅掌豚蹄，但得个不饥足矣。

丑妇是吾妻，休想美貌的。俊俏的，生是非；妖娆的，把命催。只求她温良恭俭翁姑敬，再休想花容月色，但得个贤惠足矣。

蠢子是吾儿，休想伶俐的。聪明的，惹是非；刚强的，把人欺。只求他安分守己寻生理，再休想英雄豪杰，但得个孝顺足矣。

于天下之事有可否，则断以至公，而勿牵于内顾偏听之私；于天下之议有从违，则开以诚心，而勿误以阳开阴合之行。则庶乎德业盛大，表里光明，中外远迩，心悦诚服。

会做事的人，必先度事势，有必可做之理，方去做。不然，则谨守常法。

应酬时有一大病痛，每于事前疏忽，事后检点，检点后辄悔吝。

闲时慵懒，忙时急迫，急迫后辄差错。此其弊皆由于失先后著耳。肯把检点心放在事前，省得检点，又省得悔吝；肯把急迫心放在闲时，省得差错，又省得牵挂。

将事而能弥，当事而能救，既事而能挽，此之谓达权，此之谓才；未事而知其来，始事而要其终，定事而知其变，此之谓长虑，此之谓识。

会做快活人，凡事莫生事；会做快活人，省事莫惹事；会做快活人，大事化小事；会做快活人，小事化无事。

凡人处事，只问道理如何，随而应之，无往不中，攸往咸宜。若先有主，做来毕竟不是。

无事如有事提防，方可免意外之变；有事如无事镇定，方可消局中之危。

欲事至不惑，须穷理；欲事至不惧，须养气；欲物来不扰，须主敬；欲物来不欺，须存诚。

古语云："事到七八分即已。如张弓然，过满则折。"其在争讼一端，尤不可十分作尽，事当利害关头，死生界限，切须留神斟酌，断不可逞一时英雄，极力担承，致悔无及。

大嚼多噎，大走多蹶。

朱子尝语陈同父曰："真正大英雄，都于战战兢兢临深履薄得之。若血气粗豪，一点用不著也。"

勿谓一念可欺也，须知有天地鬼神之鉴察；勿谓一言可轻也，须知有前后左右之窃听；勿谓一事可忽也，须知有身家性命之关系；勿谓一时可逞也，须知有祸福子孙之报应。

宋高宗云："每日做得一件好事，一年须有三百六十件。"

事才入手，即当思其发落。

先去私心，而后可以治公事；先平己见，而后可以听人言。

做事不求快心，求安心；立法不要人畏，要人服。

法令必行则法尊，令出不反则令重。

驭下者苛虐固所不忍，纵肆尤所不宜。

除奸去佞，要放他一条去路。

当断不断，反受其乱。

脱尽习气，便是个高人。

无以小事动声色。

不动气，事事好。

未忙先做，事至却闲。

一件刻薄事做不得，一句刻薄话说不得，一点刻薄念头动不得。

莫作心上过不去的事，莫萌事上行不去的心。

分外之事，一毫不可与。

最无味者是管闲事。

遇事贵有断制，办事最要撒脱。

英气最害事，浑涵不露圭角最好。

事来莫放，事过莫追，事多莫怕。

事以密成，语以泄败。

不可行的事，口莫说；不可说的事，心莫萌。

人前做得出的方可说，人前说得出的方可做。

有益于人，无损于己，当乐为之；有益于人，稍损于己，亦勉为之；有损于人，无益于己，决不可为；徒益于己，有损于人，更不可为。

救既败之事，如驭临崖之马，再休轻策一鞭；图垂成之功，如挽上滩之船，切莫少停一棹。

庸人之情有三变：事未至，人人逞说；事已至，人人避难；事已过，人人居功。

事不见机，必至取辱。

违心事不可做，背理事不可做，造孽事不可做，害人事不可做。

（清）赵之琛隶书六言联：践仁义之区域，保道德为规箴

凡事惟适中可久。

料无事，必有事；怕有事，必无事。

世上事，越做越不得了。

无事时不教心空，有事时不教心乱。

忧先于事，可以无忧；事至而忧，无益于事。

无事不可生事，有事不可怕事。

常有小不快事，乃好消息。若事事称心，即有大不称心者在其后。

初闻得事来，便手忙脚乱，到后来亦只此，何须忙得？

孟超然曰："昔岁在京师，陈文恭公尝语余曰：'吾生平得力，只一细字。'当时公兼冢宰，于案牍一字必核。同官颇有以为琐碎者，余亦附和其说。今思之，公自言得力不妄，我辈俱病在粗耳。"

第二十章 交际

许鲁斋先生曰："凡在朋侪中，切戒自满。惟虚故能受，满则无所容。人不我告，则止于此尔，不能日益也。故一人之见，不足以兼十人。我能取之十人，是兼十人之能矣。取之不已，至于百人千人，则在我者岂可量也哉。"

谦固美德，但过谦者多诈；默为懿行，然过默者藏奸。

风尘扰攘中，决无好步履；交际寒暄内，决无好人品。圣贤取人，宁拘无随，宁落落，毋容容也。

人若闻仁义道德之言，辄以为迂腐，而妄加非毁者，此自暴之下愚也，其后必遭殃祸。

凡观人，须先观其平昔之于父母也、祖宗也、兄弟也、族戚也、朋友也、邻里乡党也。即其所重者所忽者，平心而细察之，则其肺肝如见矣。

观人者，当略其小而观其大，略其迹而察其心，方可识其人之真。人有禀性温柔，不敢伤触人，并未尝见其有凶暴之行，人皆以为好人，似宜邀天眷矣。乃家道日见衰微，且寿元或致不永者，此必其于家庭间不能孝友，且衷多贪鄙，惟思利己损人。或更有淫秽隐慝，貌似善而心实不善者也。人有禀性刚直，多致忤逆人，且恒见其有严厉之为，人皆以为凶人，似宜遭天谴矣。乃所为无不顺利，而子孙反多昌盛者，此必其于家庭间克敦孝友，且中怀公正，常思扶弱锄强。或更有却色等隐德，外似恶而心实大善者也。盖俗眼皆以皮相，而天眼则以骨相也。

激之而不怒者，非有大量，必有深机。

人之深者有两种：一曰深沉。如纳言自守，容人忍事，内里分明，外边浑厚，不露圭角，不逞才华，此德之上者。一曰奸深。如闭口存心，机深挟诈，形迹诡秘，两目斜抹，片语针锋，此恶之尤者，切不可以深沉君子与奸深并观也。

天下容有曲谨之小人，必无放肆之君子。

丈夫行谊，自孝心生。淡于亲，其余无可求也已。妇人仁孝，自耻心生。轻于耻，其余无可求也已。

待人当于有过中求无过，不当于无过中求有过。

君子不辱人以不堪，不愧人以不知，不傲人以不如，不疑人以不肖。

与多言人默坐相对，使吾严重之风，与之反而相形，则彼躁妄之气，不觉因而俱敛。不必身为善也，人有善而我揄扬之，这便是菩萨心。不必身为恶也，人无恶而我诬罔之，这就是蛇蝎口。

听人语言，务令畅遂，勿遏以己见，勿挠以他端。惟谈及市井淫媟者，则宜引古人嘉言，或举目前正事，以阻绝之。勿令得竟其说，使子弟备闻之。

飞语无凭，必稽其实，一人毋信，尚审诸同。行事可疑，更度其时势，一节可指，必考其生平。君子慎无轻议人也。

毁我者谁？向我毁人者是也。以我媚人者谁？以人媚我者是也。

人之有恩，可念不可忘；人之有仇，可忘不可念。

人未己知，不可急求其知；人未己合，不可急求其合。

交友最要审择，多识一人，不如少识一人。若是贤友愈多愈好，只恐人才难得，知人实难耳。语云："要作好人，须寻好友。引醻若酸，哪得甜酒？"此真格言也。

王阳明先生《客座私祝》曰："但愿温恭直谅之友，来此讲学论道，示以孝友谦和之行。德业相劝，过失相规，以教训我子弟，使无陷于非僻。不愿狂躁惰慢之徒，来此博弈饮酒，长傲饰非，导以骄奢淫荡之事，诱以贪财黩货之谋。冥顽无耻，扇惑鼓动，以益我子弟之不肖。呜呼！由前之说，是谓良士，由后之说，是谓凶人。我子弟苟远良士而近凶人，是谓逆子。戒之，戒之。将有远行，书此以戒子弟，并告夫士友之辱临于斯者，请一览教之。"

人必当近君子，远小人。盖君子之言，多厚道端谨。此言先入于吾心，到吾之临事，自然出于长厚端谨矣。小人之言，多刻薄浮浅。此言先入于吾心，到吾之临事，自然出于刻薄浮浅矣。且如朝夕闻人尚气好凌人之言，吾亦将尚气好凌人而不觉矣。朝夕闻人游荡不事绳检之言，吾亦将游荡不事绳检而不觉矣。如此者非一端，非大有定力者，必不能免渐染之患也。

明道先生曰："富贵骄人固不善，学问骄人，害亦不细。"

王阳明曰："责善，朋友之道，然须忠告而善道之。悉其忠爱，致其婉曲，使彼闻之而可从，绎之而可改，有所感而无所怒，乃为善耳。若先暴白其过恶，痛毁极诋，使无所容，彼将发其愧耻愤恨之心。虽欲降以相从，而势有所不能，是激之而使为恶矣。故凡讦人之短，攻发人之阴私以沽直者，皆不可以言责善。虽然，我以是而施于人不可也，人以是而加诸我，凡攻我之失者，皆我师也，安可不乐受而心感之乎？某于道未有所得，其学卤莽耳，谬为诸生相从于此，每终夜以思，恶且未免，况于过乎？人谓事师无犯无隐，而遂谓师无可谏，非也。谏师之道，直不至于犯，而婉不至于隐耳。使吾而是也，因得以明其是；吾而非也，因得以去其非。盖教学相长也。诸生责善，当自吾始。"

王阳明曰："君子之学，务求在己而已。毁誉荣辱之来，非独不以动其心，且资之以为切磋砥砺之地。故君子无入而不自得，正以其无入而非学也。若闻誉而喜，闻毁而戚，则将皇皇于外，惟日不足矣，其何以为君子？"

吕新吾曰："亲朋聚集，戏谑欢呼，把臂拍肩，蹑足附耳。只是要殷勤亲热，比党阿徇，才号同心知己。稍不稠浓，便说淡薄。这都是世俗态儿女情。你看那有道交游，德业劝你成就，过失责你改图。或说往古圣贤，或论世间道理，不出淫狎之言，不评他人长短，不约无益闲游，不干诡随邪事。较量起来，哪个是好友？"

凡亲友有欲言不言之意，此必有不得已事。欲求我而难于启齿者，便当揣其意而先问之。力所能为，不可推诿。

见人有得意事，便当生欢喜心；见人有失意事，便当生怜悯心。忌

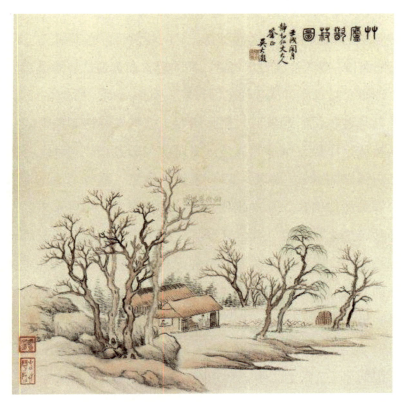

（清）吴大澂《竹庐歗菽图》轴

人之成，乐人之败，何损于人？何益于己？徒自坏心术耳。

凶猛之人，狡狯之徒，轻薄之子，当一切远绝之，不可反济彼以为奸恶。吾见世人有遇凶狡者，结为朋党，逞其凶猛，杀伤人众，以致覆宗灭祀。有见偷薄者，习媚效轻，恣情纵欲，淫人妻女，以致家破人亡。否者，俱得以安全。俗云："平生不作亏心事，半夜敲门也不惊。"吾子孙其谅之。

凡有宾客，当尽迎送奉承之礼。将至，衣冠忙迎之。登堂已坐，即献茶。茶罢，叙寒暖后，又呼各子弟庄肃见之。再献茶。客欲别，又衣冠而送之，不可苟率。或具盘飧，俱当随力而行，不可勉强。譬诸马焉，不能千里，必欲行之，未见其不毙也。或茶饭，或菜蔬，自是吾儒风味。彼美酒肥羊，堆盘狼藉，乃口腹之所为，奚足贵哉？虽有时欲之议，切不可顾。司马温公曰："果止梨栗枣柿，肴止脯醢菜羹。"其言最确，宜取法焉。

无义之人，不得已而与之居，外和我色，内平吾心，庶几不及于祸。

人苟有一长，师之皆足以为身心之益。宽厚之人，吾师以养量；慎密之人，吾师以练识；谦恭善下之人，吾师以亲师友；博物洽闻之人，吾师以广见闻；慈惠之人，吾师以御下；俭约之人，吾师以居家；通变之人，吾师以生慧；质朴之人，吾师以藏拙；聪明才辩之人，吾师以应变；缄默寡言之人，吾师以存神。以此推之，何人非吾师，而又何在不可取益乎？

大凡惠我者小恩，携我为善者乃大恩。害我者非仇，引我为不善者乃大仇。

友先贫贱而后富贵，我当察其情，恐我欲亲而友欲疏也。友先富贵而后贫贱，我当加其敬，恐友防我疏，而我遂处其疏也。

人以诗文质我，批驳过直，固多致嫌。若一概从谀，又非古道。嘉者极力赞扬，谬者指其疵病。且嘉者逢人说项，谬者勿与人言。如此待人，自不我怨矣。

人家子弟，宁可终岁不读书，不可一日近小人。

过从不问寒暑，切磋只在身心。问馈止以诗书，饮撰安于箪豆，方成为道义之交。

取人要知圣人取狂狷之意。狂狷皆与世俗不相入，然可以入道。若憎恶此等人，便不是好消息。所与皆庸俗人，己未有不入于庸俗者。出而用世，便与小人相昵，与君子为仇，最是大利害处，不可轻看。吾见天下人坐此病者甚多，此以知圣人是万世法眼。

不可专取人之才，当以忠信为本。自古君子为小人所惑，皆是取其才，小人未有无才者。

人之性行，有所短则必有所长。与之交游，当常念其长，不顾其短，方可与之久处。

与刚直人居，日闻法言，久之自有益；与善柔人居，日闻谀言，久之必有损。故美味多生疾病，药石可以长年。

先淡后浓，先疏后密，先远后近，交友之道也。总之，以道义相勉，始终一敬，方为善交。

凡见人为友朋义举，地方公事，切勿借利害两端，冷言诽语，任意讥论。盖自己既见义不为，可忍假此阻挠，希图掩饰。有种人本无才德识见，每凭祖父余荫，丰衣足食，万事不问。自以为安分守己，实则如死灰槁木，虚生人世。况于人有害无利，谓其罪也，如乡愿之贼德，亦不为过。

小人有不是处，事过即绝口不言。俾无所闻，以发其怒。

小人固当远，然亦不可显为仇敌。君子固当亲，然亦不可曲为附会。

奸人难处，迂人亦难处。奸人诈而好名，并行事酷有似乎君子处。迂人执而不化，其决裂有甚于小人时。

强人以难行之事，吾心何安？污人以不美之名，吾心何忍？

谀人而使之不觉，此奸之尤者，所当急远。

用人不宜刻，刻则思效者去；交友不宜滥，滥则贡谀者来。

说人所必不从，求人所必不与，强人以甚不便，制人以必不甘。此种情形，不过自讨苦吃。

畏友胜于严君，群游不如独坐。

遇沉沉不语之士，且莫输心；见悻悻自好之人，应须防口。

以势利交者，安得不终离？

顺吾意而言者，小人也，宜远之。

己情不可纵，当用逆法制之，其道在一忍字。人情不可拂，当用顺法调之，其道在一恕字。

谢上蔡七年去一"矜"字，常恐不得去；薛文清公二十年治一"怒"字，常患不能治。可想见克治之难，可想见用力之专。

亲戚往来，礼物既不可缺，又不可丰，直表忱而已。若图炫耀，必致贫穷，何补焉？且俭者美德也，又德之共也，人不可不识。吾见有人图一时之美观，致终身之穷窘，诚为可笑。俗云："一时能浅薄，几度免求人。"

亲旧老契，切不可慢之，乃根本之亲契也。一慢之，是慢祖宗。若昵新好，忘旧根者，非孝子慈孙。

朋友以义合者也，不可有忿争，又不可有矜欺。但存忠信以耐其交，但互箴规以成其德，但忘尔我以绝其私。彼桃李一时艳，风波当时起者，君子鄙之。

邻里乡党，以和为上，不可有欺骗嫉妒之心。大抵不和多起于财产，当尔为尔，我为我。吾见有等人，昧心以僭人产业，瞒己以夺人财货，一旦讼兴怨结，家破人亡，而所得不偿所失者多矣。或有患难，力宜救护，毋以彼不然而亦不然。夫爱人者未有人不爱之也。所谓恩仇分明，非有道之言，前人已道破矣，子孙勿以此言藉口。

亲友有所假贷，如值有余，随力助之可也。设借不还，频索必至伤情。

小人所以见用者才也，小人所以坏事者亦才也。无才不能动人，其动人之处，即败事之处。

待小人宜宽，防小人宜严。

待君子易，待小人难，待有才之小人则尤难，待有功之小人则更难。

待人有道，不疑而已。使人有心害我邪，虽有疑不足以化其心。使人无心害我邪，疑则己德内损，人怨外生。

朋友有不是处，宁可十分责备他，不可一点轻薄他。

好便宜的，不可与共财；多狐疑者，不可与共事。

亲戚当往来无间，不可以贫而疏之，贵而谄之。今汝虽富贵，安知后时不贫贱乎？今彼虽贫贱，安知后时不富贵乎？吾见世俗有等人，见衣裳褴褛，形貌黧黑者，便不认为亲戚。见气焰薰人，罗绮烂然者，虽不觌面，则曰此我至戚，我当待之，胁肩谄笑，百端趋奉。不惟亲戚宗族亦有然者，见富贵者不曰舍弟，则曰家兄，否者则曰此我东家之老翁也，甚曰非我族也。噫！如是之人，诚为可愧。

与佞人交，如雪入墨池，虽融为水，其色愈污；与正人居，如炭入薰炉，虽化为灰，其香不灭。

凡宗族亲戚朋友，须知有酌盈济虚意思。若必视彼所来，为吾所往，则市之道也。

自谦则人愈服，自夸则人必疑。我恭可以平人之怒气，我贪必至启人之争端。

陈白沙曰："情不可过，会不可数。抑情以止慢，疏会以增敬。终身守此，然后故旧可保。"又曰："朝廷大奸，不可不攻；朋友小过，不可不容。容大奸必乱天下，攻小过则无全人。故君子之于人，当于有过中求无过，不当于无过中求有过。"

清白二字，可以律己，不可以绳人。律己必见许于君子，绳人将招恨于小人。

礼义廉耻，可以律己，不可以绳人。律己则寡过，绳人则寡合。

毋多受小人私恩，受不可酬；毋一犯士君子公怒，犯不可救。

（清）李流芳《雨中山色图》（局部）

有紧要之事，不可轻与人言；有紧要之札，不可轻落人手。

凡人无故用情，必有所为。

能善驭小人者，然后能为大人。

小人之交，易合亦易离；君子之交，难合亦难离。

看天下无一个不好的人，胸次方见其大。

论人之过，当原其心，不可绳其迹；取人之善，当据其迹，不可诛其心。

人有不及，可以情恕；非义相干，可以理遣。

受人之托，更要忍耐得。

不能受言者，不可多与之言，此是善交法。

贫富之交，可以情谅，鲍子所以让金；贵贱之间，易以事移，管宁所以割席。

处 世

寒山问曰："世人轻我、骗我、谤我、欺我、笑我、妒我、辱我、害我，何如？"拾得答曰："我唯有敬他、容他、让他、耐他、随他、避他、不理他，再过几时看他。"

随缘二字，极有意味。

凡事包容，觉有余味，

一敬足以息百邪，一和足以消众戾。

有耻者不辱人，处处思人之有耻。谁不如我，则辱人之意，无自而生。

顺之则喜，拂之则怒，惟妇人孺子为然，大丈夫当处兹不动。

当乐境而不能受，毕竟薄福之人；当苦境而反能甘，方是真修之士。

人有投我之所好，而以言诱我者，能察之，无为其所诱而至流于淫荡，则智矣。人有知我之所恶，而以言激我者，能察之，无为其所激而至忿斗，则明矣。

闻恶不可急嗔，恐为谗夫泄忿；闻善不可就亲，恐引奸人进身。

言有三不可听：昵私恩，不知大体，妇人之言也；贪小利，背大义，市人之言也；横心所发，横口所言，不复知有礼义，凶人之言也。

罗信南曰："人阅世稍深，知才智之难恃，则慕道德。知道德之可袭，则务矫饰，其操之而不敢舍也。生于市心，其市之而不即偿也，又生倦心，故终以无成。"

处富贵之地，要知贫贱人痛痒；当少壮之时，须念衰老人辛酸；居安乐之场，当体患难人景况；处旁观之地，要知局内人苦心。

天欲福人，必先以微祸儆之；天欲殃人，必先以小喜骄之。

我贵而人奉，奉此峨冠博带耳。原非奉我，我胡为喜？我贱而人侮，侮此布衣草履耳。原非侮我，我胡为怒？

今人每以刻薄之见待人，转以忠厚之道望人。不知天下亦以忠厚之道望我，而转以刻薄之见待我也。

自命不凡之概，在己先有绝众之意，而傲之以高。然后众有绝己之意，而偿之以孤。

毁古人已成之名，无益。

世态熟者天机亡。

处父兄骨肉之变，宜从容不宜激烈；遇朋友交游之失，宜剀切不宜优游。

天若以荣华富贵与我，我便当以约己济人答天。若只恃其荣华富贵，绝不思到约己济人，天遂有怒我时候；天若以贫贱困厄与我，我便当以守正修节答天。若一味守正修节，绝不怨贫贱困厄，天终有怜我时候。

耳中常闻逆耳之言，心中常有拂意之事，才是进德行业的砥石。若言言悦耳，事事快心，便把此生埋在鸩毒中矣。

毋忧拂逆，毋喜快心，毋恃久安，毋惮初难。

（清）沈曾植隶书七言联：平旦所息长在抱，清风自来初无私

君子对青天而惧，闻雷霆而不惊。履平地而恐，涉风波而不惧。

圣人不怨天，不尤人，心地多少洒落自在。常人才与人不合，即尤人；才不得于事，即怨天。其心忿怅劳扰，无一时宁泰，是岂安命顺时之道？

暑中尝默坐灯心，闭目作水观。久之觉肌发洒洒，几案间似有爽气。须臾触事，前境顿失。故知一切境惟心造，真非妄语。

凡人为善，不当望报。

嗜利徇名之子，见富贵之福，而不见富贵之祸。富贵之福有限，而富贵之祸无穷。有限者得其华，无穷者丧其实。孰择焉？

不交财帛，显不出人心好歹；不遇造化颠沛，看不出人品高低。

聪明圣智，守之以愚；功被天下，守之以让；勇猛盖世，守之以怯；富有四海，守之以谦。

世路风波，翻覆莫测，细思惟有让人为妙。让则争者息，忿者平，怨者解。天下莫大之祸，俱消于让之一字中矣。

人若知进而不知退，知欲而不知足，必有困辱之累，悔吝之咎。

人有毁我者，我即十分有理，亦必有致此之由，我当痛自刻责；人有誉我者，人即十分确当，到底有些过情之称，我当深自愧励。

非分之福，无故之获，非造物之钓饵，即人世之机阱，切须猛省。

刚强极，多至杀身破家。柔弱者，眼前虽不如意，久则有余味。故老子曰："刚强者，死之徒；柔弱者，生之徒。"

凡人病根，大抵从傲来。人能先除傲字，众善自生。

人有拂郁，先用一"忍"字，后用一"忘"字，便是调和气汤。

先学耐烦，切莫使气。性躁心粗，必非大器。

融得性情上偏私，便是一大学问；消得家庭内嫌隙，便是一大经纶。

内要伶俐，外要痴呆；聪明逞尽，惹祸招灾。

人试检点一日之内，事亲能竭力否？御下能体惜否？处兄弟能和美否？对妻孥能敬爱否？交友能远损就益否？出言能无违心否？行事能无悖理否？待人能无失礼否？如是件件体贴，庶不愧乎为人。

汤文正公曰："遇横逆之来而不怒，遭变故之起而不惊，当非常之谤而不辩，可以任大事矣。"

又曰："遇拂逆事，征声发色，皆为锻炼琢磨之助，不可草草过去。"

凡任用之人，须择淳谨端庄者，不可苟且以取无穷之害。孟子曰："国人皆曰贤，然后察之，见贤焉，然后用之。"此之谓也。

处世让一步为高，退步即进步的张本；待人宽一分是福，利人实利

（清）张裕钊行书七言联：事能知足心常泰，人到无求品自高

己的根基。

待富贵人不难有礼，而难有体；待贫贱人不难有恩，而难有礼。

攻人之恶毋大严，要思其堪受；教人以善毋太过，当使其可从。

君子不迫人于险。当人危急之时，操纵在我，只宜放宽一分。若扼之不已，鸟穷则攫，兽穷则搏，反噬之祸，将不可救。

逆我者只消一个"忍"字，定省片时，便到顺境，方寸寥廓矣。故曰："忍过事堪喜。"傅大士曰："宽著肚皮须忍辱，放开眉眼任从他。"瓢瓢子每教人养喜神，止庵子每教人去杀机，二语真足书绅。

忍为众妙之门，当书忍字佩服。富者能忍保家，贫者能忍免辱。父子能忍孝慈，兄弟能忍义笃，朋友能忍情长，夫妇能忍和睦。忍时人皆耻笑，忍过人自愧服。张公艺九世同居，只以忍为题目。

忍亦有辨，畏势贪利而忍者，不足为忍。无可畏之势，无可贪之利而忍者，是名为忍也。故古语云："忍难忍处方为忍，容可容人未是容。"

或问夏原吉："公量可学乎？"公曰："我幼时有犯者，未尝不怒。始忍于色，终忍于心，习久自熟。遇极难忍处，亦处之如常，略不与较，何尝不自学来。"

美名不宜独任，分些与人，可以远害全身；辱名不可尽推，引些归己，可以韬光养德。

人失礼于我，是人之过，非我之过也，我何必生怒；我失礼于人，则是我之过，而非人之过矣，我安可不自责。

司马温公曰：诚实以启人之信我，乐易以使人之亲我；虚己以听人之教我，恭己以取人之敬我；自检以杜人之议我，自反以杜人之罪我；容忍以受人之欺我，勤俭以补人之侵我；量力以济人之求我，尽心以报人之任我；恩宜终身永佩，怨宜过念即忘。君子记恩不记仇。

富贵受贫贱人之礼，以为当然。殊不知彼乃几废设处而来，即一箪一丝，宜从厚速答。

事系幽隐，要思回护他，着不得一点攻讦的念头。人属寒微，要思矜礼他，着不得一毫傲睨的气象。

径路窄处，留一步与人行；滋味浓处，减三分让人吃。

凡为人谋，须把人的事，直认为自己事，且比自己更要十分周到，方了得个忠字。

与人相处，虽贵情意投合，亦不可狎昵太甚。笑语戏谑之际，必当有节。

醉者自言我醒，醒者自言我醉。富者讳富，以贫谀之则解颐；贫者讳贫，以贫刺之则切齿。愚者必自居于灵，说他蠢不啻杀父之仇。狡者亦复如是，吾谓之拂性。

名利皆不可好也，然好名者比之好利者差胜。好名则有所不为，好利则无所不为也。

结怨于人，谓之种祸；舍善不为，谓之自贼。

悖入悖出，自作之愆。杀人人杀，相酬之道。

大凡存心正直者，便是阴骘。

事事存顾惜名节之心。

病至然后知无病之快，事来然后知无事之乐。故治病不如却病，完事不如省事。

病中之趣味，不可不尝；穷途之景况，不可不历。

我无是心，而人疑之，于我何与？我无是事，而人疑之，于我何惭？居心不净，动辄疑人，人自无心，我徒烦扰。

气盛便没涵养。

胸中要有分晓，外面须存浑厚。

嫉恶如仇，须防激变。

处家制事，遭一番魔障，长一番练达；御人接物，容一番横逆，增一番器度。

若或有人负欠，实系贫穷，非本心不愿还者，必不可十分刻追，一则损德，一则招祸。

富贵之家，纵主人谦虚，而阍人多有骄悍之气。士君子于此，可以无求，便宜少往，况主人未必尽谦虚乎。故曰："宁令人怪其不来，毋令人厌其数至也。"

嘱托公门，所得无几。况两持之事，利一害一，苟冤有良善，大伤阴骘，折损功名，短促寿算。故君子以戒关说绝干求为第一义。

仕宦居家，被人侵侮，固亦常有是事，然毕竟是我好处。若使人望影远避，无敢拾田中一穗者，虽足快意，其为人可知矣。

肩担小民，一钱五分本钱，入市营利，一家性命所系。我却要在他身上去计便宜，能有几何？

谚云："朱门生饿殍，白屋出公卿。"虽未必尽然，然富贵而贫贱，贫贱而富贵，犹暑往寒来，循环之理。每见世家轻薄子，开口便鄙笑他为暴发户，何许人，独不思自己祖父亦从暴发户何许人来。若徒仗先世余荫，虚华架势，大言不惭，不惟衰祸所伏，且为识者所哂。更有因亲族荣显，己便满面富贵，通体骄矜，不顾他人指摘，此又小人之尤者也。

尚气好胜，人之常情，但不可争小利而忘大害，尚虚气而酿实祸。今人不忍一言之忿，或争铢两之利，遂相构讼。夫我欲求胜于彼，则彼欲求胜于我，仇仇相报，遂至破家荡产，祸遍子孙。岂若含忍退让，听人和解，则省财省力，心安身宁。且不结深仇怨，使子孙亦蒙其庇，宁不善乎？故古语曰："善保家者戒兴讼，善保国者戒用兵。"

爱人者人恒爱之，敬人者人恒敬之。我恶人人亦恶我，我慢人人亦慢我。此感应自然之理。切不可结怨于人，结怨于人，譬如服毒，其毒日久必发，但有大小迟速之不同耳。人家祖宗，受人欺侮，其子孙传说不忘，乘时遘会，终须报之，彼我同然，出尔反尔，岂可不戒也。

凡待人接物，须是自家作主，切不可因人起见。如人薄我，我亦薄之。人慢我，我亦慢之，甚至人谤毁我，而我亦谤毁之，则与彼同一见识，有何差别？所谓悟人反被迷人转也。须是彼薄我不薄，彼慢我不慢，彼谤毁我不谤毁，方不为人所转而能转人。

捉人打人，最是恶事，最是险事。未必便至于死，但一捉一打，或其人不幸遭病死，或因别事死，便不能脱然无累。保身保家，此为最要。极不堪者，自有官法，自有公论，何苦自蹈危险耶？况自家人而外，乡党中与我平等，岂可以贵贱贫富强弱之故，妄凌辱人乎？

凡人正当盛气，若遽阻他，反不投机，是增人之过也。待气平时，方缓缓与说，尚可冀改。

治小人宽平自如，从容以处之。事已则绝口不言，则小人无所闻以发其怒。

世间陷阱，在在有之，要人惺惺耳。眼一少眛，足一少偏，心一少惑，则坠落其中，安能出哉？及其坠也，乃悔前日之所为，晚矣！此君子贵乎知微。

与君子以情，与小人以貌，与平交以礼，与下人以恩。

恶者莫与之争，暴者莫与之抗，愚人善人老人不可欺。

世人相与，非面上，即口中也。人之心，固不能掩于面与口，而不可测者，则不尽于面与口也。故惟人心最可畏，最不可知，此天下之陷井而古今生死之衢也。予有一拙法：推之以至诚，施之以至厚，持之以至慎。远是非，让利名，则禽兽可骨肉而腹心矣。将令深者且倾心，险者且化德，而何陷阱之予及哉？不然，必予道之未尽也。

人不自重，而轻与人争，往往取辱。非但亲友等辈之间，即一切细人，亦不可轻易肆言动手。倘彼一时不逊，必受耻辱。纵使惩治，在彼无足轻重，在我已伤体面。

面讦人私，大非厚道；阴怀毒害，最坏良心。

暗里算人，算的是自己儿孙；空中造谤，造的是本身罪孽。

要作长命人，莫作短命事；要作有后人，莫作无后事。

事前恐惧则畏，畏则免祸；事后恐惧则悔，悔则改过。

谢事当谢于正盛之时，居身宜居于独后之地，谨德宜谨于至微之事，说话务说于知音之人。

愈收敛，愈充拓；愈细密，愈广大；愈深妙，愈高明。

克己可以治怒，明理可以治惧。

不欺人，自不欺心始。

行事说话，先存心为自己想一想，再存心替人想一想，乃是第一等学问。

图未就之功，不如保已成之业；悔既往之失，不如防将来之非。

吕新吾曰："毁我之言可闻，毁我之人不必问也。使我有此事也，彼虽不言，必有言之者。我闻而改之，是又得一不受业之师也。使我无此事也耶，我虽不辩，必有辩之

（清）许宝善《自怡轩古文选本》，清光绪年间精刻本

者。若闻而怒之，是又多一不受言之过也。"

南野欧阳先生德曰："自谓宽裕温柔，焉知非优游怠忽？自谓发强刚毅，焉知非躁妄激作？忿戾近齐庄，琐细近密察，矫似正，流似和。毫厘不辨，离真愈远，然非实致其精一之功，消其功利之萌，亦岂容以知见情识而能明辨之。"有一属官因听先生讲学，曰："此学甚好，只是簿书讼狱繁难，不得为学。"先生曰："我何尝教尔离了簿书讼狱悬空去讲学？尔既有官司之事，便从官司的事上为学，才是真格物。如问一词讼，不可因其应对无状，起个怒心；不可因他言语圆转，生个喜心；不可恶其嘱托，加意治之；不可因其请求，屈意从之；不可因自己事务冗烦，随意苟且断之；不可因旁人潜毁罗织，随人意思处之。这许多私意，只尔自知，须精细省察克治，惟恐此心有一毫偏倚，枉人是非，这便是格物致知。簿书讼狱之间，无非实学，若离了事物为学，却是著空。"

张文端公曰："乡里间荷担负贩及佣工小人，切不可取其便宜。此种人所争不过数文，我辈视之甚轻，而彼之含怨甚重。每有愚人，见省得一文，以为得计，而不知此种人心忿口碑，所损实大也。待下我一等之人，言语辞气，最为紧要，此事甚不费钱，然彼人受之，同于实惠。只在精神照料得来，不可惮烦，《易》所谓劳谦是也。"

昔人有戒饭不嚼便咽，路不看便走，话不想便说，事不思便做，询为格言。予益之曰："友不择便交，气不忍便动，财不审便取，衣不慎便脱。"推而广之，其义无穷。

爱寄人家财物，是极无益事。万一失落损坏，将如之何？故苟非义不可辞，断勿轻诺。至烦寄家书远信，不可推诿，到则交付的确，切勿沉搁羁迟。

血气之怒不可有，理义之怒不可无。

凡亲友借用车马器物，不可吝惜。若我向亲友借用者，必须加意照顾，勿令损坏。万一损坏，急为修制完好，切勿朦胧掩饰送还。

凡见人行一善事，或其人志可取，而资可进，皆须诱掖而成就之。或为之奖借，或为之白其诬而分其谤，务使成就而后已。故仁人长者，必匡直而辅翼之。在一乡可以回一乡之元气，在一国可以培一国之命脉，其功德最大。

凡与人共事，同功不难，同过为难。君子宁身受恶名，不可使人有逸行。好洁己者，常不顾人。此天下之大恶，鬼神所不佑也。

闻谤不怒，虽谗焰薰天，若举火焚空，终将自息；闻谤而怒，虽巧心力辩，如春蚕作茧，自取缠绵。故曰："止谤莫如无辩。"又曰："止谤莫如自修。"

良药苦口利于病，忠言逆耳利于行。

人以厚道待人，正是自己占地步处。故曰："宁令我容人，勿令人容我；宁令人负我，毋令我负人。"

施而望报者不诚，贵而忘贱者不久。

持身不可太皎洁，一切污辱垢秽，要茹纳得；与人不可太分明，一切贤愚好丑，要包容得。古语曰："水至清则无鱼，人至察则无徒。"若执拗刻薄者，必薄福之人也。

对失意人，莫谈得意事；处得意时，常想失意事。

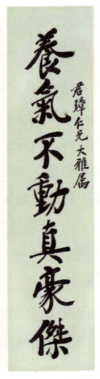

（清）郑孝胥行书七言联：养气不动真豪杰，居心无物转光明

1930

轻诺常寡信，多藏必厚亡。富贵不可妒，贫贱不可欺。

劝君莫着一毫私，若着一毫私，终无人不知；劝君莫用半点术，若用半点术，终无人不识。

凡事肯吃亏，便是好人；凡事占便宜，便是恶人。盖一则损己利人，一则损人利己也。

假货欺人，使用假银，乃极损德事。而假药尤关系人性命，其损德更甚。

意外之虞最难免，惟时时收敛，更使子弟童仆，人人谨慎，或可免。

晁文元公曰："不怕忿生，却贵惩速。惩胜忿平，转祸为福。"

（清）石涛《苍翠凌天图》

富弼少时，人有骂之者，佯为不闻。傍曰："骂汝。"弼曰："恐骂他人。"又曰："呼君姓名，岂骂他人？"弼曰："恐同姓名者。"其人闻之大惭。

邻里亲戚之家，子孙往来，当守口如瓶，防意如城。切不可传说人之是非，私窃人之财物，又不可窥觑人之女色。一或有之，终身抱耻，而必屏之如参商矣。

吾平素未尝有不可行之事，亦未尝有不可对人言之语。吾宗子孙，深当自警。倘遇不肖者，有不可行之事，不可对人言之语，切莫形诸纸笔。苟一形之，迹难泯灭，贻祸非轻。彼匿名书，谤人简，尤不可为。何也？人之为人，要存忠厚。又己或被人之谤，不必与辩。

子孙凡接人，凡处事，或经营，或仕宦，皆要小心谦恭为上。《书》云："谦受益。"俗云："小心百事可做，大胆一事难成。"又云："小心天下去得，大胆寸步难移"者是也。更毋得游花街柳巷，茶坊酒肆，以荡其心。毋得听市井之语、郑卫之音，以乱其耳。

无赖小人，倘有财米交关，一味拼命图赖欺诈，是其本心。此自我不幸处，我当养气权耐，使人晓谕，锄其暴气，切勿亲自争长竞短，损威伤重。

目不睹非礼之色，耳不听非礼之言，口不道非礼之事，足不践非礼之地。

犯而不校，最省事。

人能捐百万钱嫁女，不能捐十万钱教子；能尽一生之力求利，不肯辍半生之功读书；宁竭货财以媚权贵，不肯舍些微以济贫乏。弗思甚矣。

"恩仇分明"四字，非有道者之言也；"无好人"三字，非有德者之言也。

面谀之词，知之者未必感情；背后之议，衔之者常至刻骨。

人能守天理王法人情六字，则一生无罪过。

德业但看胜如我者，则愧愤日增；福禄但看不如我者，则怨尤自息。

凡人举动异常，每为不祥之兆。

崎岖险阻，皆从人欲上生出来。若循天理而行，在在皆是坦途。

必有容，德乃大；必有忍，事乃济。一毫之拂，即勃然怒；一事之违，即忿然发，是无涵养之力，薄福之人也。

涉世应物，有以横逆加我者，譬犹行草莽中，荆棘在衣，徐行缓解而已，彼荆棘亦何足怒哉？如是则方寸不劳，而怨可释。故古人言受横逆者，如虚舟之撞我，又如飘瓦之击我，便能犯而不校。孟子说三自反，固是持身之法，亦是养性之方。盖一味见人不是，则兄弟朋友妻子，以及僮仆鸡犬，到处可憎。若每事自反，十分怒却减五分，真一帖清凉散也。

邵康节曰："君子生于浊世，当思所以善处。必须虚己接物，和易谦恭，方为处世良法。"

人之富贵及有智力者，切不可恃之以欺凌人。凡自恃其富贵者，其富贵必不久；自恃其智力者，其智力必终诎。且丛怨贾祸，为害不浅。

陈几亭曰："横逆之来，不校自是度量，自反乃是工夫。若一味不校而无自反之功，久之渐成顽钝。故必如孟子之自反，而后可语颜子之不校也。"

辱人以不堪必反辱，伤人以已甚必反伤。

爱人而人不爱，敬人而人不敬，君子必自反也；爱人而人即爱，敬人而人即敬，君子益加谨也。

古语云："做秀才，如处子，要怕人。"苟自恃其有护身符，辄横行无忌，必有奇祸。若出入衙门，结交官府，以鱼肉平民者，亦如之。至于刁写词状，斗合争讼，其召祸更烈，且多主绝嗣。如明苏州黄鉴，父善舞文，起灭词讼。鉴弱冠登进士，为近侍。苏人咸曰："父事刀笔，而子若此，天理何在耶？"景泰间宠眷特甚，及天顺复位，待以

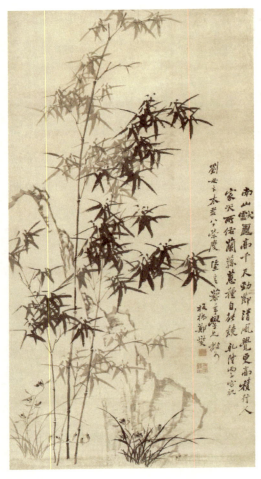

（清）郑板桥《竹石兰蕙图》。题跋为七言绝句："南山献寿高千尺，劲节清风觉更高。积行人家天所佑，兰荪蕙种自能饶。"款署："乾隆丙子，写祝刘母卞太君八十荣庆暨青藜年学兄教可。板桥郑燮。"

旧恩，跻大理少卿。一日上御内阁，见案间一本角独露，微风扬之。命取观，乃鉴所进禁锢南宫疏。上叹曰："鉴之奸至是耶？"召至掷本示之，连自呼万死，遂灭族。

人有小儿，须常戒约，莫令损折邻家果木之属；养牛羊鸡鹜之类，须常自守，莫令践踏损啄邻里菜茹六种之属。

语云："僧房不可深入。"盖奸淫之僧，多藏妇女于密室，人若深入而遇见之，必立尽其命。此亦游行之当慎处。

有以名利之说来者，勿问大小，悉宜应以淡心；有以是非之说来者，勿问彼此，悉宜处以平心；有以学问之说来者，勿问合否，悉宜承以虚心。

顾端文曰："平居无事，不见可喜，不见可瞋，不见可疑，不见可骇。行则行，住则住，坐则坐，卧则卧。即众人与圣人何异？至遇富贵，鲜不为之充诎矣。遇贫贱，鲜不为之陨获矣。遇造次，鲜不为之扰乱矣。遇颠沛，鲜不为之屈挠矣。然则富贵一关也，贫贱一关也，造次一关也，颠沛一关也。到此真令人肝腑具呈，手足尽露，有非声音笑貌所能勉强支吾者。故就源头上看，必其无终食之间违仁，然后能于富贵贫贱造次颠沛处之如一。就关头上看，必其能于富贵贫贱造次颠沛处之如一，然后算得无终食之间违仁耳。"

吕新吾曰："大其心，容天下之物；虚其心，受天下之善；平其心，论天下之事；潜其心，观天下之理；定其心，应天下之变。"

只一事不留心，便有一事不得其理；一物不留心，便有一物不得其所。

第二十三章　理财

男女刻薄者，必不长寿，且必无子。然惟妇人刻薄极做得出，若男子刻薄，或有悔心。

《四戒汇纂》曰："人生终日营营，皆为衣食之计，不能一日不需财也。故圣人不禁人取利，唯教人思义。农桑者衣食之源，勤俭者治家之本，耕读者分内之事，经营者生理之常，公平者积福之基，知足者不贪为宝。尽在己之力，不敢好逸而恶劳。存撙节之心，务期量入以为出。循自然之命，不得损人而利己。

求财有道，而不可邪谋。得之有命，而不可奸夺者也。俗人不知此理，以为习巧者富之计，用诈者富之术。不由正道，刻薄营私。犯国法而不畏，干天怒而不惧，丧良心而不顾，害平人而不恤，败人纪而不问。当其得利

（清）阎敬铭楷书七言联：明理始肯替人想，改过方为知己非

时，未尝不喜其术之工也。转盼之间，或消耗冷退，化为乌有；或骄奢浪费，荡然无余；或天灾人祸，而害且莫测。则亦何益之有哉？金边有戈，禾边有刀，故君子利毋苟取，见利防害，所以安身而立命也。"

胡九韶曰："幸生太平之世，无兵祸，又幸一家骨肉不至饥寒，又幸榻无病人，狱无囚人，非清福而何？"此真可谓知足者矣。若中怀奢望，好货无厌，有盈筲之帛，而心如忧寒也；对充室之金，而心如忧饥也。即使其有铜山之富，太仓之粟，田园遍乡邑，犹不能满其欲。日夜焦劳，算无遗策。只为一点贪心，造出无穷罪恶。一旦无常，而田园万顷，徒供儿女之争；金宝十箱，终作街坊之市，亦可哀矣。夫室可以避风雨，衣可以御寒冷，食可以疗饥饿，人生足矣。人其厚于积德，而无务厚于积货也。

颜壮其曰："居官之人，业自诗书礼乐中来，岂不知廉洁足尚。第习见夫营官还债，馈遗荐拔，非此不行。初犹染指，而积久日滋，性情已为芬膻所中矣。且人心何厌，至百金则思千金，至千金则思万金。盖实有钱癖焉，大都为子孙计耳。不知多少痴豪子弟而灭门，多少清白穷寒而发迹。矧福禄有数，多得不义之财，留债与子孙偿，非所云福也。"

张横渠先生曰："奸利二字，所指甚广。凡非本分中事，即奸利也。如私盐私铸，镞人踹人，捉痴舞文，是奸利之事也。大凡瞒心昧己，欺天罔上，从奸谋中得来者，皆奸利也。夫利所以养人者也，一人即生，命中即有应得衣禄，岂奸则得，不奸则失乎？"

谚云："越奸越巧越贫穷，奸巧原来天不容；富贵若从奸巧得，世间驸汉吸西风。"此言其近道矣。

石祖徕曰："李氏扬州人，其夫贸易为业，常诫之曰：'无易良杂，若取不义之财，快一时之意。'抚其子曰：'宜以此子为念，毋令留余殃也。'"

交财一事最难，虽至亲好友，亦须明白。宁可后来相让，不可起初含糊。俗语云："先明后不争。"至言也。

顾泾阳曰："利字寻到本源处是义，究到末流处是害。故以义为主，利在其中矣。以利为主，害在其中矣。"

人存戒心，方有此分晓。见利忘义者，不知戒也。

（清）钱沣书《程子四箴》。识文：心兮本虚，应物无迹；操之有要，视为之则。蔽交于前，其中则迁；制之于外，以安其内。克己复礼，久而诚矣。人有秉彝，本乎天性；知诱物化，遂亡其正。卓彼先觉，知止有定；闲邪存诚，非礼勿听。人心之动，因言以宣；发禁躁妄，内斯静专。矧是枢机，兴戎出好；吉凶荣辱，惟其所召。伤易则诞，伤烦则支；已肆物忤，出悖来违。非法不道，钦哉训辞！哲人知几，诚之于思；志士励行，守之为为。顺理则裕，从欲惟危；造次克念，战兢自持；习与性成，圣贤同归。

三星子曰："老子曰：'知足者富。'又曰：'罪莫大于可欲，祸莫大于不知足。'又曰：'甚爱必大费，多藏必厚亡。知足不辱，知止不殆，可以长久。'墨子曰：'非无足财也，无足心也。'此皆先贤格言，临财可以为法。"

衣不过蔽体。衣千金之裘者，犹以为不足，不知鹑衣缊袍者固自若也；食不过充肠。罗万钱之食者，犹以为不足，不知箪食瓢饮者固自乐也；室不过蔽风雨。峻宇雕墙者，犹以为不足，不知蓬户瓮牖者固自安也；器不过适用。玉杯象箸，犹以为不足，不知污樽杯饮者固自适也。

陈几亭曰："谚称富人为财主，言其主持财帛也。祖父传业虽不可废，然须约己周人。当舍处，虽多弗吝；不当舍时，虽少不妄。能守能散，是名财主；曰悭曰吝，是名财奴。"

治家最忌者奢侈，人合知之；最忌者鄙吝，人多不知也。鄙吝之极，必生奢男。济穷乏，一毫不拔；供浪耗，一掷千金。惟俭以持躬，泽以及众，方为达观之道。

唐翼修曰："生财有道，圣人治国平天下，亦必以理财为要务。况生民日用饮食，非财不行。其所以为戒者，戒其非分之取也，戒其见利忘义也，戒其贪而无厌陷溺于中而不知返也，戒其奸谋诈伪昧著良心，损人以利己也。故贫贱之求财，先在择术之慎。不可因贫而窝赌，诱人子弟也；不可贪口腹而椎牛屠狗也；不可为媒为保而诳语造非，令人财物落空，致人官讼也；不可因商贾贸易，串假伪之物以诓人也。为寒士者，不可武断乡曲，出入公门，而平地生波也。厕身官衙，司刑名钱谷之役者，不可营私舞弊，遗害良善也；不可诱官兴波，生事扰民也；不可得财枉法，令人冤无伸雪也；不可惜事生衅，勒索不已也。为平民者，不可诈力相欺，占人便宜，以为得计也；不可拖欠钱粮，反咎官长之征比也；不可借贷不还，反恨财东以图脱骗也。此贫贱者所以戒财也。"

富贵者于财，一在知足。我高堂大厦，文绣章身，膏粱适口矣。要知彼草房茅舍，寒无棉被，薄粥不饱者，举目皆是。以此自反于心，不惟知足，且应感慨好义矣。一在明理。我虽积财如山，身后不能带去，惟因财所造之孽，反种种随吾身也。一在知子孙贫贱有命。我虽积多财以与之，倘若不能担受，不数年而败去矣。知此三者，慎毋争利，而伤手足天伦也。毋因利而令亲戚朋友情谊乖绝也；毋因人借贷押典，而取过则之息也；毋因交易而斗斛权衡，入重出轻也；毋悭吝太过，而令诸礼尽废也；毋淡泊太过，而令婢仆怨恨也。此富贵者见利思义，亦所以戒财也。

中等之家，不致饥寒迫身，不致因富造孽，亦不能倚势作奸。农工商贾务本业，求天然之利，取本分之财。凡事量入为出，毋争虚体而多闲费。此中等之家，理财即所以戒财也。

袁君载曰："人之存心仁厚者，其用尺度量衡，必公平均一，不贪小利而亏他人，此即善也。其存心私刻者，专图利己，买物卖物，异其尺秤，借出收归，异其斗斛。轻重大小之间，得利几何？而丧失本心，幽暗之中，鬼神在焉，未有不遭天谴者也。古人云：'人之富厚，虽由于智识勤苦而得，然亦有命存焉。'乃欲以狡诈求之，如米挽水，盐加灰，漆串油之类，侥幸获利，欣然以为得计。不知造物随即以他事取去，终不久享，所谓徒造孽也，何益之有哉？"

轻财足以聚人，律己足以服人，量宽足以得人，身先足以率人。

多积阴德，诸福自至，这一般利，是取之于天；尽力农事，加倍收获，这一般利，是取之于地。善教子孙，后嗣昌盛，这一般利，是取之于人。诸如此利，俱不用文约，不费资本，不定分数，不用追讨，不伤和气，不取怨恶，不招词讼，不致坑陷，不怕花费。却正大光明，传得久远。

置产者吃亏三分，便享用十分；征租者少收一合，便多积几年。

一日一钱，千日一千；绳锯木断，水滴石穿。

不惮重息称贷，非流荡无知，即豫怀不偿之念，慎之。

富贵之后，坐食而无生理，家计日贫。人劝之躬耕，则云不耐劳苦；劝之生理，则云苦乏资本。细微经纪，力可勉为，乃不屑为，以为有玷家声。未几贫困至极，下流污行，无不为焉。何向者无玷家声之事，乃不屑为，而后日大玷家声之事，竟甘心为也？

天下之物，有新有故。屋久而颓，衣久而敝。臧获牛马，服役久而老且死。独田之为物，虽百千年常新。即农力不勤，土敝产薄，一经粪溉则新矣。或荒芜草宅，一经垦辟则新矣。多兴陂池，则枯者可以使之润；勤薅茶蓼，则瘠者可以使之肥。从古及今，无有朽蠹颓坏之虑，是洵可宝也。

今人家子弟，鲜衣怒马，恒舞酣歌。一裘之费，动至数十金，一席之费，动至数金。不思吾乡十余年来谷贱，竭十余石谷，不足供一筵，竭百余石谷，不足供一衣。安知农家作苦，终年沾体涂足，岂易得此百石？况且水旱不时，一年收获，不能保诸来年。以如玉如珠之物，而贱价粜之，以供一裘一席之费，岂不深可惧哉？古人有言："惟土物爱厥心臧。"故弟子不可不令其目击田家之苦，开仓粜谷时，当令其持筹，使稍有知觉，当不忍于浪掷。奈何深居简出，但知饱食暖衣，绝不念物力之可惜，而泥沙委之哉？

天下财货所积，则时时有水火盗贼之忧。珍异之物，尤易招尤速祸。草野之人，有十金之积，而不能高枕而卧。独有田产，不忧水火，不忧盗贼。虽有强暴之人，不能竞夺尺寸；虽有万钧之力，亦不能负之而趋。千顷万顷，可值万金之产，不劳一人守护。即有兵燹离乱，背井去乡，事定归来。室庐蓄聚，一无可问，独此一块土，张姓者仍属张，李姓者仍属李。芟夷垦辟，仍为殷实之家。呜呼！举天下之物，不足比其坚固。其可不思所以保之哉？

田产出息最微，较之商贾，不及三四。然月计不足，岁计有余。岁计不足，世计有余。尝见人家子弟，厌田产之生息微而缓，羡贸易之生息速而饶。至鬻产以从事，断未有不全军尽没者。无论愚弱者不能行，即聪明强悍者，亦行之而必败。

人思取财于人，不若取财于天地。予见放债收息者，三年五年，得其息，如其所出之数，其人已晓晓有词矣。不然，则怨于心，德于色，浸假而并没其本。间有酷贫之士，得数十金，

（清）髡残《山高水长》

可暂行于一时，稍裕则不能矣。惟田地则不然，薄植之而薄收，厚培之而厚报。或四季而三收，或一岁而再种。中田以种稻麦，旁畦余垄以植麻菽衣棉之类。有尺寸之壤，则必有锱铢之入。故曰："地不爱

（清）杨沂孙隶书六言联：忠信所以进德，
礼乐不可去身

宝。"此言最有味。始而养其祖父，既而养其子孙。无德色，无倦容，无竭欢尽忠之愿，有日新月盛之美。受之者无愧怍，享之者无他虞。虽多方以取，而无罔利之咎。不劳心计，不受人忌疾。

古人之意，全在小处节俭。大处之不足，由于小处之不谨。月计不足，由于每日之用过多也。此外则有赌博狎邪侈靡，其为败坏者无论矣。更有因婚嫁而鬻业者，夫有男女则必有婚嫁，只当以丰年之所积，量力治装，奈何鬻累世仰事俯育之具，以供一时之华美？岂既婚嫁后，遂可不食而饱，不衣而温乎？

处承平之日，行量入为出之法，自不致狼狈困顿，而为鬻产之事。惟一遇兵燹水旱，则必逃亡，逃亡则田必荒芜，此时赋税必多而且急，数端相因而至。有田之家，其为苦累，较常人更甚。此时轻弃贱鬻，以图免追呼，必至之势也。然天下乱离日少，太平日多，及其平定，则产业既鬻于人，向时富厚之子，今无立锥矣。此时当大有忍力，咬定牙根，平时少有积蓄，或鬻衣服，或鬻簪珥，藉以完粮。打叠精神，招佃辟垦，凡百费用，尽从吝啬，千辛万苦，以保守先业。大约不过一二年，过此凶险，仍可耕耘收获，不失为殷厚之家。譬如熬过隆冬苦寒，春明一到，仍是柳媚花明矣。此际全看力量。

大约人家子弟，最不当以经理田产为俗事鄙事，而避此名。亦不当以为故事，而袭此名。细思此等事，较之持钵求人，奔走嗫嚅，孰得孰失，孰贵孰贱哉？

《礼》云："临财毋苟得。"诚以财为人所至重，而取舍之间，乃一生品行攸关。故人之临财，必须揆之以义。义所应得者，虽多不必辞。义所不应得者，虽少不可受。惟能于此一毫不苟，方是正人君子。

有财贵善用，须要约己周人。当舍处，虽多勿吝；不当用处，虽少勿受，方是用财之道

凡人坏品败名，钱财占了八分。

凡借人财物，必当如期速还。此即在至亲骨肉，亦必不可爽信。若一爽信，不惟坏品，且下次必无应手矣。

（清）钱坫篆书七言联：心田喜气良如玉，耳畔清言眇入神

凡交易取财未尽，及赎产不曾取契，宜即催讨杜结，不可凭恃人情契密，不为之防。

凡与人分财，必须均平。若少有偏私，则心不公而品从此坏矣。

董望峰《嗜利箴》云：堪笑世人皆逐利，利心一重命还轻；囊中子母亲于母，袖里家兄胜似兄。厚德因之甘薄行，廉操为此尽污名；营求使尽千般计，死去何能带一文。

世人身居富贵，常因谋置产业，费尽心力者，曰吾以贻子孙耳。不思古人说得好："儿孙自有儿孙福，莫为儿孙作马牛。"又曰："子孙不如我，要他做甚么？子孙强如我，要他做甚么？"此皆十分透澈语。

彼为子孙计者，劳心劳力，图方圆，占便宜，甚至谋人之业，夺人之产。乃身殁未寒，仇家群起而报复，子孙反受其殃，卒致业不能保。是不惟为子孙作马牛，并为子孙作蛇蝎，是以产业为冤孽也。抑有因谋产害人而致构患亡身者，且为自身作蛇蝎矣。

田宜多置，屋宜少造。若徒事屋宇奢华，不置田以图生息，为养生之计，便非善作家之人，立见其败矣。至于置田，宜整块不宜零星，致有奔走收米之劳；价宜从贵，不宜求贱，非徒以济卖产者不得已之急也，价贵则原主无找绝取赎之心。

置买产业，界限要分明，价值宜平允。不可乘人之急，故濡迟以抑勒其价，亦不可利人之产，务图谋以强勉其售。盖交易贵平，处心宜厚。当思兴替无常，今日弃产之人，即前时置产之人，或即其子孙也。

凡置田买宅者，有五不买。何为五不买？老年之父，孀居之母，有不才子，不能管教，或少孤子，蠢愚子，不识好歹，而听信奸人拔置，所鬻之值，十不偿一者不买。已绝之产，未有著落，相持之产，未经判断者不买。坟茔中之房屋木石，与先贤祠庙不买。与势相争，自知不敌，因此以来投献者不买。累世之邻，非十分输心欲卖，万不得已者不买。此则五不买。而就中惟欺人孤儿寡妇，与侵及泉下者为尤甚。凡置产为子孙长久之计者，宜致审于斯焉。

至富莫起屋，至贫莫弃田。

贻　谋

为人祖者，莫不思利其后世。然果能利之者，鲜矣。何以言之？今之为后世谋者，不过广营生计以遗之。田畴连阡陌，邸肆跨坊曲。粟麦盈囷仓，金帛充箧笥。慊慊然求之犹未足，施施然自以为子子孙孙累世用之莫能尽也。然不知以义方训其子，以礼法齐其家。自于数十年中，勤身苦体以聚之。而子孙于时岁之间，奢靡游荡以散之，反笑其祖考之愚，不知自娱；又怨其吝啬，无恩于我，而厉虐之也。始则欺绐攘窃以充其欲，不足则立券举债于人，俟其死而偿之。观其意，惟患其考之寿也。甚者至于有疾不疗，阴行鸩毒，亦有之矣。然则向之所以利后世者，适足以长子孙之恶而为身祸也。顷尝有士大夫，其先亦国朝名臣也。家甚富，而尤吝啬。斗升之粟，尺寸之帛，必身自出纳，锁而封之。昼则佩钥于身，夜则置钥于枕下。病甚困绝，不知人，子孙窃其钥，开藏室，发箧笥，取其财。其人后苏，即扪枕下求钥不得，愤怒遂卒。其子孙不哭，相与争匿其财，遂致斗讼。其处女亦蒙首执牒，自讦于府庭，以争嫁资，为乡党笑。盖由子孙自幼及长，惟知有利，不知有义也。夫生生之资，固人所不能无。然勿求多余，多余希不为累矣。使其子孙果贤邪，岂蔬粝布褐，不能自营，至死于道路乎？若其不贤邪，虽积金满堂，奚益哉？多藏以遗子孙，吾见其愚之甚也。

孙叔敖为楚相，将死，戒其子曰："王数封我矣，吾不受也。我死，王则封汝，必无受利地。楚越之间，有寝丘者，此其地不利，而名甚恶。可长有者，惟此也。"孙叔敖死，王以美地封其子，其子辞。请寝丘，累世不失。

汉相国萧何买田宅，必居穷僻处。为家不治垣屋。曰："今后世贤，师吾俭；不贤，无为势家所夺。"

为人母者，不患不慈，患于知爱而不知教也。古人有言曰："慈母败子，爱而不教，使沦于不肖，陷于大恶，入于刑辟，归于乱亡。非他人败之也，母败之也。"自古及今，若是者多矣，不可悉数。

吴司空孟仁尝为监鱼池官，自结网捕鱼。作鲊寄母，母还之曰："汝为鱼官，以鲊寄母，非避嫌也。"

晋陶侃为县吏，尝临鱼池。以一鲊遗母，母封鲊责曰："尔以官物遗我，不能益我，乃增吾忧耳。"

北齐黄门侍郎颜之推家训曰："父子之严，不可以狎；骨肉之爱，不可以简。简则慈孝不接，狎则怠慢生焉。由命士以上，父子异宫，此不狎之道也；抑搔痒痛，悬衾箧枕，此不简之教也。"

曾子之妻出外，儿随而啼。妻曰："勿啼，吾归为尔杀豕。"妻归以语曾子，曾子即烹豕以食儿，曰："毋教儿欺也。"

汉汝南功曹范滂，坐党人，被收。其母就与诀曰："汝今得与李杜齐名，死亦何恨？既有令名，复求寿考，可兼得乎？"滂跪受教，再拜而辞。

子弟之职，孝弟第一，谨畏第二，俭约第三，学问第四，才名第五。

古语云："严父有好子"。又云："桑条从小育。"人家生子，当子婴稚之时识人颜色。知人喜怒，便加教诲，不可溺小慈。必律以严，绳以法。使为则为，使止则止。不许他任性，不许他妄言。比及数岁，可省笞责。父母威严而有慈，则子女畏慎而生孝矣。倘或但爱无教，饮食云为恣其所欲，宜戒反笑，应诃反奖。骄慢已习，乃求制之，捶挞至死而无威，忿怒日隆而增怨。

丰殖者骄侈之具，多藏者祸乱之招。为祖父而以财货贻子孙，是愚之也，是戕之也，非贤父母矣。为子孙而望祖父以财货贻之，是欲自愚也，是欲自戕也，非贤子孙矣。

凡子弟所当痛戒者不一，而以不听父兄师长之言，及昵比淫朋为最。若戒此二者，自能寻向上去矣。

凡子弟言语要缓，颜色要和，步趋要谨。不可疾言遽色，不可疾走跳踯，女子亦然。

子弟十岁上下，志识未定，记性偏清。一善言入耳，终身不忘；一邪言入耳，亦时时动念。先入之言为主，愿亲朋惠我子弟，勿述市井之事，尤戒媟秽之谈。或称贤圣高踪，或陈古今治迹。孝弟忠信，山水图书，使听好言，勿入邪妄。倘遇恶客，开口淫秽戏谑，宜令子弟回避。

祖父教训子孙，尤宜为之痛戒者，惟赌博一事。盖赌博不惟耗财破家已也，彼此角胜，同于劫夺，则坏心地也；埋头酣战，百事不理，则废正业也；名利无成，为人轻贱，则损品望也；昼夜不息，寒暑不顾，则致疾病也；仇家出首，痛受官刑，则召侮辱也；己身角战，子孙习见，则失家教也。以致父子不睦，夫妇相争，则又伤天伦矣。如此多害，而可染其习乎？且迩来赌局，纯用诈弊，有三人当局，而明谋一人者；有几人令观，而交射一人者。手口眉目，皆劫人之利匕。弟兄叔侄，俱巧陷之阴机。愚人误投其网，鲜有不全败者，岂可不猛省痛戒。至于设局窝赌，自己欲贪微利，而引诱良家子弟，群聚为此不肖之事，致使之废业亡家，流为极贫下贱，此与设阱害人者何异，是真堪为切齿者也。

世之为父者多严，为母者多慈，但严不可失之于苛，慈不可失之于纵。每见父之太严者，一味苛求，督责太甚，致其子畏惧不前。即语言问答，皆逡巡不敢出口。甚至父子之间，情义乖离，为不祥之大，此皆为父者太严之过也。母之太慈者，一味姑息纵容其子闲荡，致其于终身流为不肖。且挟恩恃爱，反致忤触其母而无忌，酿成其子为不孝之人，此皆为母者太慈之过也。吾愿世之为父者严中有慈，为母者慈中有严，方为中道。

子弟三两岁时，便要教之孝弟。如叔伯兄嫂，教之称呼。至长时自然依依爱敬，尊长见之自然道好，闲人观之，亦自然称赞。若孩提不知称呼，长大便觉礼文疏略，情意冷淡，至亲如同路人，父母失教之故也。至有人少时爱之，喜教骂人者，小儿认以为真，习成自然，久而不觉，是教人以偷也。故古之贤母，最重胎教。

为子孙作富贵计者，十败其九；为人作善方便的，其后受惠。

刻薄之徒，处处豫行算尽，件件豫行占尽，焉得留有余步，以贻子孙。

《传》曰："孔子家儿不识骂，曾子家儿不识斗"。家教然也。

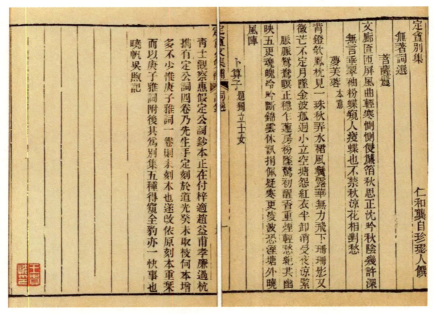

（清）龚自珍《定庵别集》，清同治七年刊本

但存方寸地，留与子孙耕。

父兄暴戾，子弟学样。父兄幸或免祸，子弟必有贻殃。

人家子弟，知识少开，课诵之余，一切家计出入，人情世故，须为讲究。即如饮食方面，使其知耕种辛勤；衣服，使其知机杼工苦，并田庄望岁时丰稔，经营慨物力艰难。渐渐说到创业守成，防危虑患，多方比喻。此等言语，较之诗书易于入耳，使之平日了然胸中，及长庶几稍知把捉矣。

子弟气习欲端。语云：士先器识而后文艺，学者须要恂恂儒雅，谦虚自牧。毋傲物凌人，见尊长尤宜敬顺卑仰。

富贵家子孙，承祖父余荫，必须时时念其创业之艰，而兢兢焉勤俭以守之，方可谓之贤子孙。苟不念祖父创业之艰，而一味奢纵嫖赌，浪费产业，甚至祖父死不数年，而家业荡然，衣食不给，流为饿殍，此真不肖之甚，而可痛可恨者也。古人云："名门大族，莫不由祖考忠孝勤俭以成立之，亦莫不由子孙顽率奢傲以覆坠之。成立之难如升天，覆坠之易如燎毛。"败家子若能三复斯言，而及早回头，犹可转败为成，而不终于贫困也。

十贤子孙，未必能兴家；一不肖子孙，破家为有余。人不知教子孙，而徒为之营生；不为子孙积善，而为子孙积财。多积不义之财，以付不肖子孙，其败尤速，安得为智？

草木子曰："祖宗富贵，自诗书中来。子孙享富贵，则贱诗书矣。祖宗家业，自勤俭中来。子孙得家业，则忘勤俭矣。此所以多衰门也。"

为人祖父者，必教训子孙，为传家第一要著。间有不肖子孙，不率教训者，不必责备子孙，亦惟自省而已。子孙之悖逆，必自己不能孝顺者也；子孙之争阋，必自己不能友爱者也。子孙之痴愚懦弱，受人弄，受人侮，必自己用智用术，使势使强，惯讨便宜，不肯吃一分亏者也。类此而推，种种不爽。然则欲子孙之贤，必先自己修德。修德若何？亦曰孝亲、敬长、睦族、和乡、恤贫、救难、忍辱、吃亏而已。能如是者，方不愧为人祖父。留此好样儿孙，谓之真教训。

李惠谷云：知子莫如父。当年少时观其读书之利钝，行事之醇疵，

（清）邓廷桢篆书六言联：慎言语节饮食，蓄道德能文章

即可觇终身之贤不肖也。使其贤也，他日自能成立，何必劳心劳力，积财以遗之，而损贤者之志邪！使其不肖，他日必致败坏，又何必劳心劳力，积财以遗之，而益不肖之过邪！纵不能蓄储以为凭籍之地，亦岂可妄求而自取损德之殃？世乃有明见其子不肖，犹挟兔狡而规利，逞鼠技以贻谋，殊不知一传而倾覆，有不待父之瞑目，而家资已散而属之他人矣。

小儿嬉戏，挞蝶践蚁杀蜂之类，须痛切禁之。非惟杀生，亦炽其杀心，长大不知仁慈。

人若开口便刻薄尖酸，好议论人者，不惟无福，而且无寿。为父兄者，必当严为禁止。

富人有爱其小儿者，饰以金宝。小人于僻静处坏其性命而取其物，虽闻于官，置于法，何益？

人之有子，必使各有所业。贫贱有业，不至于饥寒；富贵有业，不至于为非。凡富贵之子弟，沉酒色，好赌博，异衣服，饰舆马，与群小为伍，以致破家者，非其本心之不肖，由无业以消日，遂起为非之心。小人赞其为非，有哺啜钱财之利，常乘间而赞成之也。

（清）张裕钊楷书四屏。题识：光绪癸未年清和月廉卿张裕钊

人身顶天立地，为纲常名教之寄，甚贵重也。不自知其贵重，少年比之匪人，为赌博宿娼之事。清夜睨而自视，成何面目！若以为无伤而不羞，便是人家下流子弟。甘心下流，又复何言？

揖让周旋，虽是仪文，正以观人之敬忽。其在少年，当兢兢守礼，不得一味率真。即如酒席间，安席告坐之类，亦宜教之留心，庶不至当场出丑。

世之聚财者，皆谓我聚之以与子孙耳。然安知不聚与盗贼，聚与水火，聚与仇敌，聚与官府乎？尔以贪吝渐聚之，安知尔子孙不以淫荡忽散之。故温公曰："积财以贻子孙，子孙未必能守。不如积阴德于

冥冥之中，以为子孙长久之计。盖财者万罪之器，以幼子拥多财，更如狂夫拥利剑也，忤己害人，俱不免矣。"

子多年长，自然分析。使知稼穑之难，守成之不易。但必须均平，不可偏向，以起后日争端。亦当自存一分，以为娱老之资。若尽举而析之，势必计日计月，轮流供膳。或有不贤之媳，不能承顺，当行而止，应有说无，致老身不能安适，往往父子之间，易生嫌隙。又子孙内或有不肖者，虑其侵害他房，不得已而豫为分派，止可逐时量给钱谷，不可即以田产与之。若给与田产，彼必逐渐典卖。典卖既尽，窥觎他房，必致争讼，使贤者被其侵害，同至破荡。

凡人家子弟，未冠勿遽称别号，未娶勿遽衣文绣。《礼》曰："老少异粮。""童子不衣裘帛。"夫不衣裘帛者，非止谓年幼不宜，亦使知老少之分，又使知惜福也。

抱儿者，不可令其打人以为欢。父母不可引其手令击己面，亦不可令其动出淫媟语以詈人，此亦是初教当慎处。

严亲多令嗣，溺爱有败子。少年子弟，勿令其事事自如。

少年子弟，千万不可游手好闲无业。或大或小，必要寻一件事与他做，则身心得以拘束，世务得以演习，人情得以谙练，学识得以长进，经营得以惯熟。这便是大利益处，何必堆金积玉哉！

身体有父兄防闲，是真福；过失有父兄规责，是真安；门户有父兄樘持，是真仙；事业有父兄指引，是真路。

远邪佞，是富家教子弟第一义；远耻辱，是贫家教子弟第一义。

绝嗣之坟墓，无非刻薄狂生；妓女之祖宗，尽是贪花浪子。

广积聚者，遗子孙以祸害；多声色者，戕性命以斧斤。

达　观

子沈子老矣，无田可耕，无园可锄，无屋可处。大率皆无耳，更愿于身无病，于心无念，于人无往还，于世无交涉，于妻儿无爱恋，则亦于死生无凝滞矣。天地万物，同归于无，岂不快哉？

可怜三万六千日，不放身心静片时。

清闲一日，便受用一日；奔忙一日，便虚度一日。

心如无事即长生。

世间万事不能全，到处急须了彻；人生百年都是幻，此心切莫糊涂。

名利场中，五刑具备，逍遥物外，百障皆空。

喜生忧，忧生喜，若循环

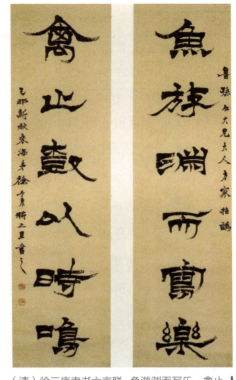

（清）徐三庚隶书六言联：鱼游渊而写乐，禽止树以时鸣

然。假如原未有得，忽得之，斯喜矣。既得复失，斯忧矣。已失复得，又喜矣。达者得之，知后或失之，失之如本来之无有，此所以无忧无喜也。

生死者，生人所必有。圣人昼夜视之，任其来，任其去而已矣。大禹以死为归，张子以没为宁，未尝厌且畏也。庄生畏而强齐，佛氏厌而求脱，几不达哉。

处处与人顶真，全不知自己身子，却是个假的。

奔走于富贵之门，自视不胜其荣，人窃以为辱；经营于名利之场，操心不胜其苦，己反以为乐。

若想钱而钱来，何故不想？若愁米而米至，人固当愁。晨起依旧贫穷，夜来徒多烦恼。

心为形役，尘世马牛；身被名牵，樊笼鸡鹜。

觑破兴衰究竟，人我得失冰消；阅尽寂寞繁华，豪杰心肠灰冷。

贫贱一无所有，及临终脱一厌字；富贵无所不有，及临终带一恋字。脱厌如释重负，带恋如担枷锁。

世无百岁人，枉作千年计。

举世尽为愁里老，谁人肯向死前休。

邵尧夫《省事吟》：虑少梦自少，言稀过亦稀；帘垂知日永，柳静觉风微。但见花开谢，不闻人是非；何须寻洞府，度岁也应迟。

无名氏《仿康节先生诗》：万事由天莫强求，何须苦苦用机谋；饱三餐饭常知足，得一帆风便可收。生事事生何日了，害人人害几时休？冤家宜解不宜结，各自回头看后头。堪叹人心毒似蛇，谁知天眼转如车；去年妄取东邻物，今日还归西舍家。无义钱财汤泼雪，倘来田地水推沙；若将狡猾为生计，恰像朝开暮落花。

白乐天《对酒诗》：蜗牛角上争何事，石火光中寄此身；随富随贫且随喜，不开口笑是痴人。

《少年德进录》

注解

《少年德进录》是民国无锡文人丁福保编纂。

丁福保（1874~1952年），字仲祜，号畴隐居士，一号济阳破衲。江苏无锡人，近代藏书家、书目专家。光绪二十二年（1896年）考取秀才。一年后，曾参加南京乡试未中。曾经受张之洞之聘，在京师大学堂译学馆担任算学及生理卫生学教习。后因为曾习日语，受朝廷派遣到日本考察医学。回国后曾发起组织中西医学研究会，编辑出版《中西医学报》，还在上海开设了丁氏医院。

丁福保热心国学的研究和整理，编印了《汉魏六朝名家集初刻》《全汉三国晋南北朝诗》《历代诗话》《历代诗话续编》以及《道藏精华录》《佛学指南》《佛学初阶》等大型图书。正因为他的博览群书，编辑了《少年德进录》，作为中国人修身养性、处世做人的一本教科书。

《少年德进录》共二十七章，包括幼学、孝友、修身、立志、改过、勤俭、救济、读书、交际、刻励、慎言、戒杀、宽和、惩忿、窒欲、知足、治家、治事、处世、志节、理财、闲适、卫生、贻谋、达观、养生篇，荟萃了前人的至理名言。"其警精透辟处，如当头棒喝，能唤醒痴迷。如暮鼓晨钟，能发人猛省。凡吾国少年，急宜购置座隅，为朝夕省察之资也。"之所以花费十年之久编纂这样一本书，作者在序言中写道：

余髫龄后，喜阅儒先书籍，掇其言之切于日用者，历十余年不辍，名曰《少年德进录》。置诸座隅，为朝夕省察克治之资。惟性气褊躁，力与心违，暴弃到今，负疚山积。今岁诊病之暇，董理旧稿，切己体察：二十年中无一语能实践者。校阅时不啻芒刺之在背也。呜呼！头童齿脱，已非故我。四十无闻，宣尼所叹。昌黎曰："聪明不及于前时，道德日负其初心，其不至于为君子而卒为小人也昭昭矣。"其吾之谓欤。刊之，因志吾之过焉。虽然袁了凡有言曰："从前种种，譬如昨日死，从后种种，譬如今日生。"继是以往，服膺此书，兢兢业业，日处于忧勤惕厉，以检束其身心，庶可补救万一。敢不日抱是书以自省也夫。

这本书虽然名曰《少年德进录》，似乎是针对性少年的，实际上是广大读者的一个国学精华普及本。作者从历代典籍和先贤论述中摘录编辑出千年流传不衰被奉为修身养性、做人做事经典的名言警句，分门别类进行编辑加工，可谓殚精竭虑、用心良苦、裨益实多。与《菜根谭》《格言联璧》不同的是，本书分类更加清晰缜密，内容更加浅显通俗，更加适合阅读。